"十二五"普通高等教育本科国家级规划教材

现代冶金工艺学
——钢铁冶金卷
（第 2 版）

主　编　朱苗勇
副主编　魏　国　储满生

U0342605

北　京

冶　金　工　业　出　版　社

2022

内 容 提 要

本书为冶金工程专业主干课程"冶金学"钢铁冶金部分的配套教材,系统阐述了钢铁冶金过程的基本原理与工艺,介绍了炼铁、炼钢、连铸的新工艺、新设备和新技术。全书分为炼铁和炼钢两篇,炼铁篇包括现代高炉炼铁工艺、高炉炼铁原料、高炉炼铁基础理论、高炉炉料和煤气运动、高炉操作制度与强化冶炼、低碳高炉炼铁技术、非高炉炼铁等内容;炼钢篇包括炼钢的基础理论、炼钢用原材料和耐火材料、氧气转炉炼钢、电炉炼钢、炉外处理、连续铸钢等内容。书中还介绍了钢铁冶金节能减排的新工艺、新技术方面内容,如炼铁方面的提高煤炭资源的有效利用炼焦 SCOPE21 新技术,炼钢方面的 LD-ORP、MURC 技术,连铸方面的薄带连铸技术等。

本书为高等院校冶金工程专业的教学用书,也可供从事钢铁生产的技术人员、管理人员以及相关专业的师生参考。

图书在版编目(CIP)数据

现代冶金工艺学. 钢铁冶金卷/朱苗勇主编. —2 版. —北京:冶金工业出版社,2016.12(2022.6 重印)

"十二五"普通高等教育本科国家级规划教材

ISBN 978-7-5024-7412-6

Ⅰ. ①现… Ⅱ. ①朱… Ⅲ. ①钢铁冶金—高等教育—教材 Ⅳ. ①TF

中国版本图书馆 CIP 数据核字(2016)第 322374 号

现代冶金工艺学——钢铁冶金卷(第 2 版)

出版发行	冶金工业出版社	电 话	(010)64027926
地 址	北京市东城区嵩祝院北巷 39 号	邮 编	100009
网 址	www.mip1953.com	电子信箱	service@ mip1953.com

责任编辑 郭冬艳 宋 良 美术编辑 吕欣童 版式设计 孙跃红
责任校对 禹 蕊 责任印制 李玉山
北京印刷集团有限责任公司印刷
2011 年 6 月第 1 版,2016 年 12 月第 2 版,2022 年 6 月第 6 次印刷
787mm×1092mm 1/16;37 印张;901 千字;578 页
定价 75.00 元

投稿电话 (010)64027932 投稿信箱 tougao@cnmip.com.cn
营销中心电话 (010)64044283
冶金工业出版社天猫旗舰店 yjgycbs.tmall.com
(本书如有印装质量问题,本社营销中心负责退换)

第 2 版前言

钢铁是国民经济发展最重要的支柱材料之一，是制造业的"粮食"。钢铁工业是我国国民经济的重要基础性产业，其发展需要大量高素质人才。作为冶金人才培养的教育体系，随着冶金学科的不断深入发展，内容也需不断更新。其发展过程遵循着从宽广到细分，又从细分到综合的科学发展规律，体现了社会需求与专业结构、人才素质之间的相互联系。

新中国成立初期，受到计划经济体制的制约和苏联高等教育模式的影响，我国专业人才的培养目标主要是行业培养专业技术人才。在此后的 20 多年里，我国冶金类专业划分很细，冶金科学技术人才被分割在冶金物理化学、炼铁、炼钢、电冶金、特钢、轻金属冶金、重金属冶金、稀有金属冶金、贵金属冶金等多个专业内进行培养。在当时的计划经济体制下，从招生到分配均由国家统一安排，培养的学生主要从事对口专业工作。

改革开放以来，随着我国经济建设和科学技术的飞速发展，冶金工程学科得以迅速发展和完善，各学科之间相互渗透和交叉。国外先进教育模式的引入，也促进了冶金工程学科的改革。从 20 世纪 80 年代末开始，冶金类专业组合为冶金物理化学、钢铁冶金和有色金属冶金三个学科，并与材料学学科、材料成型与加工学科及热能工程学科共同组成了学科群，我国冶金科学技术和人才培养进入了新的发展时期。

20 世纪 90 年代以来，随着我国经济体制从计划经济向市场经济转轨，拓宽专业面向市场势在必行。1998 年，教育部将我国高等学校 20 余个工科类专业整合为冶金工程、金属材料工程、无机非金属材料工程和高分子材料与工程等四个一级学科，并提出了综合性的办学方针。冶金工程专业涵盖了冶金物理化学、钢铁冶金和有色金属冶金三个方向。

作为冶金工程专业的主干课，"冶金学"其内涵已发生了较大的改变。它不仅应包括钢铁冶金学和有色金属冶金的内容，而且教学学时必须适应专业宽口径的变化，对教学内容进行调整和改革很有必要。为此，东北大学组织有关人员进行"冶金学"课程的教学改革与实践，组织了相应的教材编写工作，分钢铁冶金和有色金属冶金两大部分内容。2005 年，由冶金工业出版社出版了

《现代冶金学（钢铁冶金卷）》。考虑到"冶金学"课程的工艺性特点，以及这些年冶金工业及相关行业的迅速发展，教材建设也应适应课程特点和行业发展的需求，为此，东北大学申请了编写《现代冶金工艺学（分钢铁冶金卷和有色冶金卷）》项目，并被教育部列入"普通高等教育'十一五'国家级规划教材"。由于当前国际钢铁业十分重视资源能源利用和环境保护、清洁生产，钢铁企业普遍关注与社会、环境友好，并向可持续的循环经济方向发展。世界工业发达国家均高度关注节能减排共性关键技术的开发：欧洲启动了"突破计划"，即二氧化碳的减排及废弃资源的再利用；欧盟15国48家钢铁企业启动了超低 CO_2 炼钢 ULCOS （ultra low CO_2 steelmaking） 项目；日本开发了以减少高炉 CO_2 排放技术和从高炉煤气中分离、回收 CO_2 的技术为目标的 COURSE50 项目。此外，新工艺、新流程和新技术不断涌现，使钢铁制造流程向连续、紧凑和高效化发展；大型化、自动化和信息化技术的应用，提升了钢铁工业的整体水平；我国钢铁行业目前也面临产能过剩、效益下滑的困境，正处于转型升级、绿色发展的关键期。因此，"冶金学"课程就应不断适应社会和行业发展的要求，其配套教材内容也须进行不断的更新和完善。为此，我们再次申报了"十二五"国家级规划教材并获得批准。本次修订，增加了有关钢铁冶金节能减排的新工艺、新技术等内容，如炼铁方面的提高煤炭资源的有效利用炼焦 SCOPE21技术，炼钢方面的 LD-ORP 和 MURC 技术，连铸方面的薄带连铸等，增强了教材的时代感，以期为我国发展成为钢铁强国培养创新性人才。

本书由东北大学冶金学院教师编写，各章的执笔人为：炼铁篇第1章~第5章—魏国，第6章、第7章—储满生；炼钢篇第8章、第9章、第10章—朱苗勇，第11章—朱苗勇、钟良才，第12章—战东平、阎立懿，第13章—郑淑国、战东平，第14章—朱苗勇，参加编写工作的还有罗森、祭程、蔡兆镇、王卫领等。在成稿过程中，王文忠教授、施月循教授、杜钢教授、萧泽强教授、朱英雄教授提出了许多宝贵意见并参与审核工作。全书由朱苗勇统编定稿。

由于编者水平所限，书中不足之处，诚望读者批评指正。

编　者
2016 年 9 月
于东北大学

目　　录

炼　铁　篇

炼 钢 篇

绪　　论

钢铁冶金是根据物理化学、热力学、动力学、传输原理和反应工程以及金属学等基本原理，从矿石中提取金属，经精炼，再用各种加工方法制成具有一定性能的钢铁材料的过程。按工艺流程角度，可分为炼铁工艺学和炼钢工艺学两大领域。

炼铁工艺是以含铁矿石为主要原料，以焦炭、煤为主要能源，生产炼钢主原料——生铁（或铁水），并生产部分铸造生铁和铁合金的过程。

炼钢工艺是将铁水、直接还原铁或废钢（铁）加热、熔化，通过化学反应去除金属液中的有害杂质元素，配加合金并浇注成半成品——铸坯的过程。

公元前14世纪，人类开始使用铁器，这是人类文明的一大进步。钢铁冶金作为一门生产技术，最早起源于黑海南岸的山区，但在最初的一千多年内冶金技术发展十分缓慢，直至14~16世纪欧洲才出现水力鼓风的炼铁炉，生产铸铁，但基本上是经验式的实践，技术水平较低，生产规模不大。16世纪，欧洲的冶金著作《火法技艺》和《论冶金》问世，对冶金技术发展起到了承前启后的作用。明末（1637年）宋应星所著的《天工开物》中，较详细地记载了我国当时的冶金技术。可以说，18世纪末冶金学才从自然科学中汲取营养，逐渐发育成一门独立的近代学科。

虽然人类使用钢铁的历史源远流长，但在18世纪中叶之前，人们对钢铁冶金尚没有系统的理性认识。1700~1890年间，一系列重要的技术发明创造使炼铁工业得到蓬勃发展。1709年，达比（A. Darbg）用焦炭代替木炭炼铁获得成功，使冶金企业摆脱了对木炭资源（森林）的依赖；1828年，尼尔森（J. B. Neilson）采用热风，使炼铁焦比降低，生产效率成倍提高，这些工作为钢铁冶金深入研究创造了条件。18世纪下半叶，伯格日曼（T. Bergman）在对钢的研究中做出结论："钢是铁与碳交互作用的产物"，使人们对钢铁生产有了较正确的理解；此外，还提到氧化及还原是冶金的化学基础。在此基础上，伴随着近代自然科学理论和实验方法的产生和发展，逐步形成钢铁冶金学科。特别是在冶金热力学等理论指导下，人们逐渐掌握钢铁冶炼的内在规律。20世纪下半叶以来，计算机的发展对钢铁产业产生了深刻的影响：一是计算机的应用使自动化技术与钢铁工艺紧密结合；二是电子器材对材料性能提出了新的要求，使钢铁冶金学发展成为材料科学的一个主要组成部分。应该说近几十年来，机械、电子、信息、计算机、材料等相关基础科学和理论发展为钢铁工业提供了先进的技术手段，加速了生产的现代化，同时也促进并完善了钢铁冶金学科的发展，开始了钢铁冶金的辉煌年代。

钢铁冶炼中铁元素主要来源于铁矿石。从铁矿石中提取铁元素有高炉炼铁、直接还原和熔融还原等方式，产品有液态铁水和固态金属铁。高炉炼铁仍是炼铁工艺的主流，原因在于高炉炼铁技术较为成熟，单体设备生产能力大，消耗低，铁水质量较好；不足的是必须用高质量焦炭。高炉采用喷煤技术不仅降低了焦比，而且由于可少用焦炭，缩小了焦炭生产规模，减少了环境污染，相应地增强了高炉炼铁工艺的生命力。

20 世纪 50 年代，高炉冶炼提出以原料为基础，采用大风、高温等技术操作方针，使炼铁技术有了新的进步。1959 年，我国太钢、本钢高炉突破中等冶炼强度的制约，把冶炼强度提高到 $1.1 \sim 1.3 t/(m^3 \cdot d)$，开创了世界高冶炼强度的先例，并在此基础上总结出高炉强化理论（吹透强化，上、下部调节剂），促进了高炉炼铁学的发展。

20 世纪 70 年代以来，高炉炼铁技术向着大型化、高产、优质、低耗、长寿、清洁的方向发展，各项技术经济指标有明显提高，大型高炉平均利用系数达 $2.0 \sim 2.2 t/(m^3 \cdot d)$，有的大型高炉达到 $2.5 t/(m^3 \cdot d)$ 以上；焦比为 350kg/t，个别高炉降至 300kg/t 以下，达到国际先进水平。

高炉大型化是现代钢铁工业发展的重要标志之一，为了扩大生产规模，提高质量，降低消耗，提高劳动生产力，高炉必须大型化。目前我国还存在不少小高炉，淘汰落后中、小高炉，逐步实行大型化是高炉炼铁的发展趋势。

将生铁精炼成熟铁和钢的方法经历了许多变化。古代用生铁进行氧化精炼的方法称为炒熟铁或炒钢，把生铁、矿石和燃料共同放在简单的炉灶中，鼓风使生铁熔化成小滴，在落下时与矿石或空气中的氧起作用，同时工匠用力搅拌，使生铁中的碳充分氧化去除，成为可锻造的熟铁。由于此法是在固态或半固态下冶炼，劳动强度大，不可能发展成大规模的生产，得到的产品质量也很差。

现代炼钢法始于 1856 年由英国人亨利·贝塞麦（H. Bessemer）发明的酸性底吹转炉炼钢法，该方法首次解决了大规模生产液态钢的问题，奠定了近代炼钢工艺方法的基础。由于空气与铁水直接作用，贝塞麦炼钢方法具有较高的冶炼速度，成为当时主要的炼钢方法。但是，贝塞麦工艺采用酸性炉衬，不能造碱性炉渣，因而不能进行脱磷和脱硫。1879年，英国人托马斯（S. G. Thomas）发明了碱性底吹转炉炼钢法，成功地解决了酸性转炉不能冶炼高磷生铁的问题。由于西欧许多铁矿为高磷铁矿，直到 20 世纪 70 年代末，托马斯炼钢法仍被法国、卢森堡、比利时等国的一些钢铁厂所采用。几乎与贝塞麦炼钢工艺开发成功的同时，1856 年，平炉炼钢方法（称为 Siemens-Martin 法）也发明成功。最早的平炉也是酸性炉衬，随后，碱性平炉炼钢方法也很快开发成功。当时，平炉炼钢操作和控制较转炉炼钢平稳，能适用于各种原料条件，生铁和废钢的比例可以在很宽的范围内变化。1899 年，电弧炉炼钢方法发明成功。至 20 世纪 50 年代氧气转炉炼钢发明前，平炉是世界上最主要的炼钢方法。

第二次世界大战结束后，20 世纪 50 年代，世界钢铁工业进入了快速发展时期，这一期间开发成功的氧气顶吹转炉炼钢技术和钢水连续浇注技术对随后的钢铁工业发展起到了非常重要的推动作用。1952 年，奥地利发明氧气顶吹转炉炼钢方法，由于具有反应速度快、热效率高、钢质量好、品种多等优点，迅速被日本、西欧等国采用。20 世纪 70 年代，氧气转炉取代平炉成为主要的炼钢方法。在氧气顶吹转炉炼钢迅速发展的同时，法国、德国、美国等国家发明了氧气底吹转炉炼钢方法，通过喷吹甲烷、重油、柴油等对喷口进行冷却，使纯氧能从炉底吹入熔池而不致损坏炉底。我国也在此期间发明了通过炉侧吹入氧气的全氧侧吹转炉炼钢法，并在国内得到了推广应用。20 世纪 80 年代中后期，西欧、日本、美国等相继开发了氧气顶底复吹转炉炼钢方法，氧气由顶部氧枪供入，同时由炉底喷口吹入氩、氮、氧等气体。氧气顶底复吹转炉炼钢同时具备顶吹转炉炼钢和底吹转炉炼钢的优点，目前世界上较大容量的炼钢转炉多数采用了氧气顶底复吹转炉炼钢工艺。

最早提出将液态金属连续浇注成形的设想可追溯到 19 世纪 40 年代，美国的塞勒斯（G. E. Sellers）于 1840 年，莱恩（J. Lainy）于 1843 年，英国的贝塞麦（H. Bessemer）于 1846 年提出了各种连铸有色金属的方法。1913 年，瑞典人皮尔逊（A. H. Pehrson）提出结晶器以可变的频率和振幅做往复振动的想法。1933 年，德国人容汉斯（S. Junghans）真正将这一想法付诸实施。1954 年，苏格兰人哈利德（Halliday）开发的连铸结晶器"负滑脱"振动技术，真正有效地防止了铸坯与结晶器壁的黏连，使钢连铸的关键技术得以突破，从而使此技术步入工业应用阶段。与模铸相比，连铸在建设投资、节能、钢材收得率、产量和质量等方面具有明显的优势。20 世纪 60 ~ 70 年代，日本、西欧钢铁工业开始大规模采用连铸，至 20 世纪 80 年代，世界连铸比超过模铸，日本、德国、法国、意大利、韩国等钢铁发达国家连铸技术迅速发展，连铸比均超过了 90%。

连续铸钢技术的采用不仅完全改变了旧的铸钢工序，还带动了整个钢铁企业的结构优化，因此被许多冶金学家称为钢铁工业的一次"技术革命"。由于连铸生产节奏快，为了适应连铸，必须缩短炼钢冶炼时间。因此，传统的炼钢工序与功能被进一步分解，铁水预处理、电炉短流程、钢水炉外精炼等重大技术快速发展。

铁水预处理最初主要用于冶炼少数高级钢或高硫铁水辅助脱硫。20 世纪 80 年代，日本的钢铁企业开始大规模采用铁水"三脱"（脱硅、脱磷、脱硫）预处理，在高炉出铁沟喷吹氧化铁和 CaO 进行脱硅，在铁水包或混铁车内喷粉进行脱硫和脱磷处理。采用铁水"三脱"预处理和钢水炉外精炼后，转炉炼钢功能被简化为"钢水的脱碳和提温容器"，转炉吹炼时间减少至 9 ~ 12min。此外，炼钢产生的炉渣量显著减少，减轻了炼钢的环境负荷。

传统电弧炉炼钢时间长达 4 ~ 6h，采用连铸后，必须缩短电弧炉冶炼时间以保证与连铸节奏相匹配。现代化的电弧炉炼钢采用超高功率、余热预热废钢、氧-燃助熔以及二次精炼等技术，电弧炉冶炼功能也由传统的熔化、脱碳、脱磷、脱硫、脱氧等简化为熔化和脱碳升温，冶炼时间缩短至 40 ~ 50min。与氧气炼钢工艺相比，电弧炉炼钢具有建设投资少、流程短、劳动生产率高等优点。近年来电弧炉炼钢工艺发展很快，在美国、意大利、印度、马来西亚等国，电弧炉炼钢产量已超过氧气转炉炼钢产量。

20 世纪 50 年代中后期，DH、RH 等钢水炉外精炼方法开发成功，最初主要用于高级钢脱除氮、氢等处理。20 世纪 70 年代后期，尤其是钢铁工业大规模采用连铸技术后，炉外精炼技术迅速发展，精炼方式包括吹氩搅拌、喂线、氩氧精炼、电弧加热、真空处理等多种方式，功能则由最初的钢水脱气发展为加热升温、渣-钢精炼脱硫和脱氧、超低碳钢脱碳、成分微调、去除夹杂物等多种功能。目前，现代化钢厂钢水炉外精炼比接近 100%，原来由转炉和电弧炉炼钢承担的脱硫、深度脱碳、脱氧、合金化、夹杂物控制等任务，多数转为由炉外精炼工序承担。

毋庸讳言，21 世纪，钢铁仍将是人类社会最主要的、不可替代的结构材料，也是产量最大、覆盖面最广的功能材料。进入铁器时代以来，钢铁一直是人类社会所需的最重要材料。2004 年，全世界钢产量首次突破 10 亿吨，目前已达到 16 亿吨。非金属材料中，虽然水泥产量最高，但水泥抗拉与抗折性无法与钢铁相比，应用范围有很大的局限性。高分子材料中，塑料年产量约为 1 亿吨，也比钢铁应用规模小。因此，钢铁作为一种重要的基础原材料，在经济发展中发挥着举足轻重的作用。尽管近年来钢铁面临着陶瓷材料、高分子材料、铝等有色金属材料等其他材料的挑战，但由于其在铁矿石储量、生产成本、回收再利用率、综合性能等方面具有明显优势，可以预测，钢铁在材料行业中所占据的统治地位不会改变。

近几十年来，钢铁工业的科学技术进步得到了前所未有的发展，推动了钢铁工业在产品、工艺和装备上的更新换代，使世界钢铁工业朝着高效、低耗、清洁和优质的方向发展。例如，高炉喷吹煤粉、高炉长寿、熔融还原、铁水"三脱"、炉外精炼、顶底复吹、薄板坯连铸连轧等一大批新技术被开发应用；信息网络、仿真模拟、人工智能等高新技术在钢铁制造过程中的应用水平不断提高，使我国钢铁工业取得了令人瞩目的成就。2015年全国粗钢产量达8.04亿吨，占世界总产量近50%，连铸比达到了98.3%，成为国民经济的重要基础产业，支撑国民经济快速发展，建成了世界上最完整、基础最雄厚的现代化钢铁工业体系。

但与此同时，我们必须看到：在生产成本、原燃料消耗、环境保护等方面，我国的钢铁工业与世界先进水平相比尚存在较大差距，某些特殊钢铁材料仍依赖进口，行业面临产能过剩、优质钢铁资源短缺、能源与环保压力骤增等问题。随着全面建设小康社会，城镇化、西部大开发、东北振兴、中部崛起等举措的全面推进，建筑、能源、交通、汽车、机械、石油、化工、轻工等基础工业的快速发展，钢铁工业的基础性和重要性将更加凸显，在满足国家发展战略和重大需求，实现新型工业化，成为制造业强国，钢铁工业的重要支撑作用无可替代。

炼铁篇

LIANTIE PIAN

1 现代高炉炼铁工艺

1.1 高炉炼铁生产流程

高炉炼铁的本质是铁的还原过程，即使用焦炭作燃料和还原剂，在高温下将铁矿石或含铁原料中的铁从氧化物或矿物状态（如 Fe_2O_3、Fe_3O_4、Fe_2SiO_4、$Fe_3O_4 \cdot TiO_2$ 等）还原为液态生铁。

冶炼过程中，炉料（矿石、熔剂、焦炭）按照确定的比例通过装料设备分批地从炉顶装入炉内，高温热风从下部风口鼓入，与焦炭反应生成高温还原性煤气；炉料在下降过程中被加热、还原、熔化、造渣，发生一系列物理化学变化，最后生成液态渣、铁聚集于炉缸，周期地从高炉排出。煤气流上升过程中，温度不断降低，成分逐渐变化，最后形成高炉煤气从炉顶排出。

现代高炉炼铁生产工艺流程如图 1-1 所示。

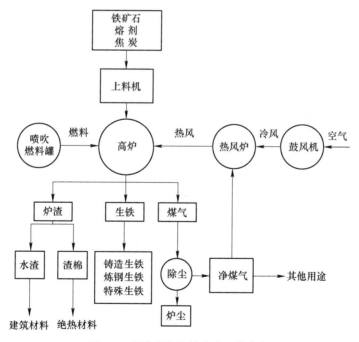

图 1-1　现代高炉炼铁生产工艺流程

由此可见，高炉炼铁生产过程非常复杂，除高炉本体以外，还包括原燃料系统、上料系统、送风系统、渣铁处理系统、煤气处理系统等辅助系统。通常，辅助系统的建设投资是高炉本体的 4~5 倍。生产中，各个系统互相配合、互相制约，形成一个连续、大规模的高温生产过程。

此外，高炉生产具有连续、不间断的特点。高炉开炉之后，整个系统必须日以继夜地进行生产，除了计划检修和特殊事故暂时休风外，一般要到高炉一代寿命终了时才停炉。

1.2　高炉本体及主要构成

高炉本体是冶炼生铁的主体设备。将正在运行中的高炉突然停炉并进行解剖分析，结果表明，根据物料存在形态的不同，可将高炉划分为五个区域：块状带、软熔带、滴落带、燃烧带、渣铁盛聚带（图1-2）。

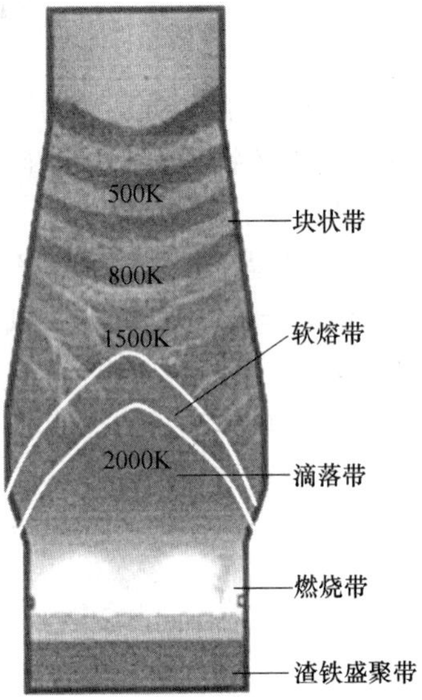

各区域内进行的主要反应及特征分别为：

（1）块状带。炉料中水分蒸发及受热分解，铁矿石还原，炉料与煤气热交换；焦炭与矿石层状交替分布，呈固体状态；以气固相反应为主。

（2）软熔带。炉料在该区域软化，在下部边界开始熔融滴落；主要进行直接还原反应，初渣形成。

（3）滴落带。滴落的液态渣铁与煤气及固体碳之间进行多种复杂的化学反应。

（4）燃烧带。喷入的燃料与热风发生燃烧反应，产生高热煤气，是炉内温度最高的区域。

（5）渣铁盛聚带。在渣铁层间的交界面及铁滴穿过渣层时发生渣金反应。

图1-2　高炉料柱结构及区域分布

为了保障高温条件下的长期、稳定生产，高炉逐渐形成由耐火砖衬、冷却设备和炉壳三部分组成的本体结构（图1-3）。其中，耐火砖衬用来形成高炉工作空间，承受高温和冶炼过程侵蚀，并保护冷却器免受高温热流的冲击；冷却器保护耐火砖衬的工作表面温度低于其允许的温度，或在其表面形成渣皮保护层抵御侵蚀，还可保护炉壳免受高温作用变形而开裂。炉壳是密封高炉和冷却器安装的载体，同时也起到承重和传递载荷的作用。

高炉内部工作空间的形状称为高炉内型。高炉内型从下往上分为炉缸、炉腹、炉腰、炉身和炉喉五个部分，该容积总和反映了高炉所具备的生产能力。高炉内型的形状和尺寸主要与原燃料条件和操作制度有关，合理的内型有利于高炉操作顺行、高产、低耗。

高炉的容积有两种表示方法，即有效容积和工作容积。有效容积指高炉铁口中心线到炉喉有效高度范围内（H_u）的容积，常用于我国和俄罗斯。工作容积指高炉风口中心线到炉喉之间的容积。

随着冶炼条件的改善、装备水平和操作水平的提高，高炉逐步向大型化发展，内型也逐步向矮胖型发展，见表1-1。

2010年，我国重点钢铁企业共有3000m³以上高炉31座，2000～2999m³的高炉58座，1000～1999m³的高炉126座，1000m³以下371座。欧洲共有高炉58座，平均炉容2063m³，2013年有45座高炉在生产。日本共有高炉28座，平均炉容4157m³，年产量8000余万

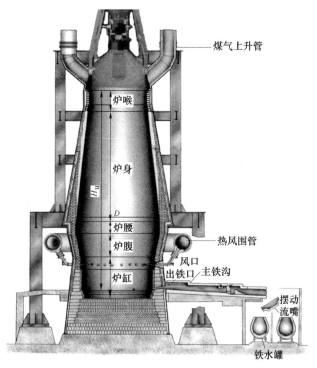

图 1-3　现代高炉炉体剖面图

吨。韩国有 11 座高炉在生产，平均炉容 4526m³，其中，POSCO Gwangyang 1 号高炉容积达到 6000m³，日产铁水 1.5 万吨以上。

表 1-1　高炉内型变化情况

高炉容积/m³	H_u/D	
	20 世纪 70~80 年代	20 世纪 90 年代至今
>2000		2.0~2.3
1000~2000	<2.9	2.3~2.6
300~1000	2.9~3.5	2.6~3.0
<300	>3.5	>3.0

1.2.1　高炉内衬

高炉内耐火材料砌筑的实体称为高炉内衬，其作用是形成高炉工作空间。由于高炉冶炼过程温度高，且存在复杂的物理化学反应，炉衬在冶炼过程中将受到侵蚀和破坏，当炉衬被侵蚀到一定程度时需要采取措施修补。停炉大修便是高炉一代寿命的终止。

对高炉内衬的基本要求如下：（1）各部位内衬与热流强度相适应，以保持在强热流冲击下内衬的稳定性；（2）各部位内衬与侵蚀破损机理相适应。由于炉衬的侵蚀和破坏与冶炼条件密切相关，不同位置的耐火材料受侵蚀破坏机理不同，因此各部位采用不同的内衬材料，既可以延缓内衬破损速度，又有利于降低高炉建设成本。

通常，炉喉部位的炉衬主要承受入炉料的冲击和磨损，一般选用钢砖或水冷钢砖。炉身部位常选用抗化学侵蚀和耐磨性好的致密黏土砖、高铝砖等。炉身中下部和炉腰选用抗热震、耐渣侵蚀的耐火材料。炉腹部位的热流强度很大，任何耐火材料都无法长时间作用，生产中主要靠渣皮工作。炉缸风口部位一般采用组合砖砌筑。炉缸下部和炉底常采用导热性好、抗渗透性高、抗化学侵蚀性好、孔隙率低的热压小块炭砖、微孔炭砖等砌筑。

各地区、企业高炉的炉衬形式和耐火材料的选择各不相同。图1-4所示为一种典型的高炉内衬结构。

1.2.2　高炉冷却设备

按在高炉内的安装形式不同，冷却器可分为卧式冷却板和立式冷却壁。前者有时也称为水箱，是点冷却；后者有时称为立冷板，是面冷却。冷却板和冷却壁从结构形式上又分为多种形式，如双室、四室、六室冷却板，光面、镶砖、凸台冷却壁等。图1-5列举了几种典型的高炉冷却器。

首钢京唐1号高炉的炉缸和铁口区采用铜冷却壁，高炉炉体采用全冷却壁结构，炉腹、炉腰、炉身下部采用4段高效铜冷却壁。炉身中上部采用7段镶砖铸铁冷却壁，炉喉钢砖下部设1段C形水冷壁。炉腹至炉身为冷却壁与砖衬一体化薄壁结构，冷却壁镶砖热面直接喷涂耐火材料。高炉本体炉底、冷却壁、风口全部采用纯水密闭循环冷却系统。

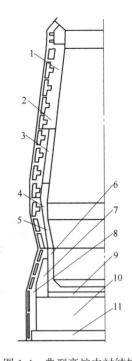

图1-4　典型高炉内衬结构
（高炉有效容积 $V_u = 2580m^3$）

1—高铝砖；2,9—铝炭砖；3,5,8—半石墨化
SiC砖；4—NMD炭砖；6—刚玉莫来石砖；
7—半石墨化炭砖；10—石墨化SiC砖；
11—焙烧炭砖

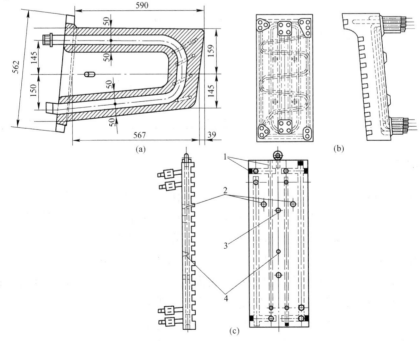

图1-5　几种典型的高炉冷却器
（a）卧式冷却板；（b）镶砖冷却壁；（c）铜冷却壁
1—铜塞子；2—螺栓孔；3—销钉孔；4—热电偶位置

1.3 高炉附属系统

除高炉外，炼铁生产还必须具备许多附属设备，主要设施包括原料输运系统、炉顶装料系统、热风炉送风系统、煤气除尘系统、出铁场及渣铁处理系统、燃料喷吹系统。

1.3.1 原燃料输运系统

原燃料输运系统由储矿槽及输送、给料、排料、筛分、称量等设备组成。根据冶炼工艺要求，把矿、焦等原燃料配成一定重量和成分的"料批"，及时、准确、稳定地将合格原料从储矿槽送上高炉炉顶。由于胶带机具有连续运输、能力大、周期短、利于密封和环保的特点，国内外大型钢铁生产企业高炉上料系统多采用胶带机输运方式。

通常，炼铁原燃料（包括烧结矿、球团矿、块矿、杂矿、熔剂、焦炭等）先经由供料系统的胶带机运送至供料转运站，通过卸料车分别装入相应料仓内（如烧结矿仓、球团矿仓、焦炭仓、块矿仓等）。矿仓和焦仓下设闸门，可以调节仓口的放料流量。

矿仓下设矿筛，筛分后将粒度大于 5mm 的合格矿装入烧结矿、球团矿称量罐。称量罐下设放料闸门，将称量好的烧结矿、球团矿向仓下胶带放料，再由上料主胶带机运至高炉。粒度小于 5mm 的筛下物由胶带机运至返矿仓。通常，返矿仓上布置振动筛，粒度 3~5mm 的筛上物由胶带机运至高炉料仓的矿丁仓回收利用；粒度小于 3mm 的筛下物装入粉矿仓，由胶带机运至烧结厂。

焦仓下设有焦筛。通常，将筛分后粒度大于 25mm 的合格焦炭装入焦炭称量罐，将称量好的焦炭向仓下胶带放料，再由上料主胶带机运至高炉。粒度小于 25mm 的筛下物由返焦胶带机运至返焦仓。返焦仓上布置焦丁振动筛，粒度 10~25mm 的筛上物经胶带机运至焦丁仓，多余的焦丁可汽车外运。粒度小于 10mm 的筛下物装入焦末仓，由胶带机运至烧结厂。

1.3.2 炉顶装料系统

高炉炉顶装料设备兼有布料和密封炉顶回收煤气的作用。通常，炉顶系统由炉顶装料设备、炉顶均排压系统、液压站、干油润滑站、布料溜槽齿轮箱水冷密闭循环系统、探料尺、炉顶设备框架及炉顶检修设施等组成。

目前在用的主要有钟式装料和无钟装料两种不同的设备。钟式高炉装料时，炉料从大钟滑落到炉内，由堆尖两侧按一定角度形成料面（图1-6）。无料钟炉顶的装料是通过旋转溜槽进行单环、多环、扇形或定点布料（图1-7）。

1.3.3 热风炉送风系统

高风温是现代高炉炼铁的重要技术特征，是高炉降低燃料消耗，提高产量的有效技术措施。热风炉送风系统包括鼓风机、加湿或脱湿装置、热风炉及一系列管道、阀门，主要任务是保证连续可靠地供给高炉冶炼所需数量和足够温度的热风。

蓄热式热风炉是现代高炉送风系统的主要设备之一。其基本工作原理是：煤气在燃烧室燃烧，高温烟气通过蓄热室加热格子砖，然后再使鼓风通过炽热的格子砖加热并送入高

炉。热风炉的加热能力用每立方米高炉有效容积所具有的加热面积表示，一般为 $80m^2/m^3$
或更高。

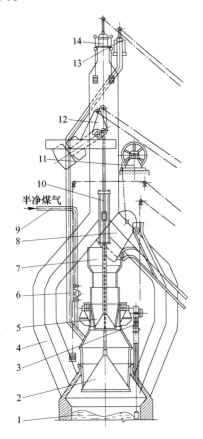

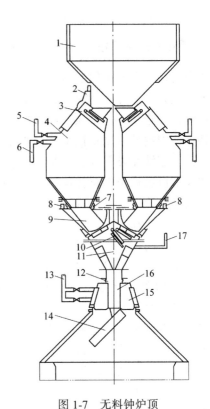

图1-6　典型双钟炉顶装料设备总图

1—料面；2—大钟；3—探料尺；4—煤气上升管；
5—布料器；6—大钟均压阀；7—受料漏斗；8—料车；
9—均压煤气管；10—料斗吊架；11—绳轮；
12—平衡杆；13—放散阀；14—大气阀

图1-7　无料钟炉顶

1—受料漏斗；2—液压缸；3—上密封阀；4—料仓；
5—放散管；6—均压管；7—波纹管弹性密封；8—电
子秤；9—节流阀；10—下密封阀；11—气封漏斗；
12—波纹管；13—均压煤气或氮气；14—溜槽；15—
布料器传动气密箱；16—中心喉管；17—蒸汽管

蓄热室热风炉有三种基本结构形式，即内燃式热风炉、外燃式热风炉和顶燃式热风炉
(图1-8)。目前，国内外 $5000m^3$ 级高炉上多采用外燃式热风炉。其主要优点是：气流分布
较好，拱顶对称，尺寸小，结构稳定性较好；但也存在外形较高、占地面积大，以及拱顶
应力大，砖型多等问题。

通常，每座高炉配置三或四座热风炉，轮流交替地燃烧和送风，高炉连续不断得到高
温助燃空气。热风炉的大小和各部尺寸，取决于高炉所需风温和风量。

1.3.4　煤气除尘系统

高炉冶炼过程中，从炉顶排出大量煤气，其中含有CO等可燃气体，可以作为热风
炉、焦炉的燃料。但是，由高炉炉顶排出的煤气温度为 $150\sim300℃$，标态含有 $40\sim100g/m^3$

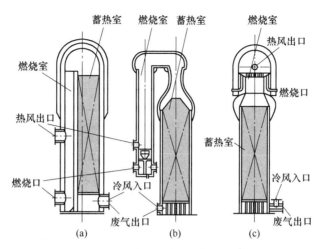

图 1-8　热风炉主要结构形式

（a）内燃式；（b）外燃式；（c）顶燃式

粉尘，必须经过粗除尘（如重力除尘器、旋风除尘器）、半精细除尘（如洗涤塔）、精细除尘（如文氏管、静电除尘器）等除尘设备处理，使其含尘量降到 15mg/m³ 左右才能作为燃料使用。图 1-9 为高炉粗煤气管道示意图。

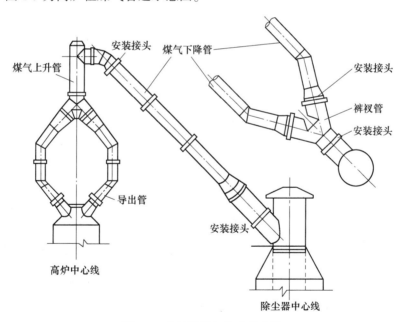

图 1-9　高炉粗煤气管道示意图

　　根据粗除尘后煤气除尘设备的不同，可将高炉煤气处理方法分为湿法除尘和干法除尘，流程分别如图 1-10、图 1-11 所示。

　　湿法除尘常采用洗涤塔—文氏管—脱水器系统，或一级文氏管—脱水器—二级文氏管—脱水器系统。高压高炉还需经过调压阀组—消声器—快速水封阀或插板阀。

　　干法除尘有两种：一种是用耐热尼龙布袋除尘器（BDC）；另一种是用干式电除尘器（EP）。为确保 BDC 入口最高温度小于 240℃，EP 入口最高温度小于 350℃，在重力除尘器加温控装置或在重力除尘器后设蓄热缓冲器。

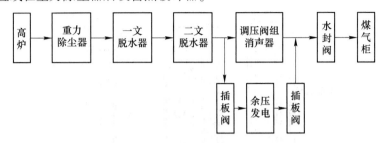

图 1-10　高炉煤气湿法净化系统流程

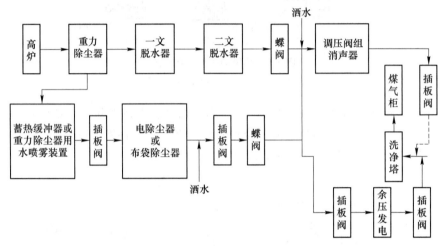

图 1-11　高炉煤气干法净化系统流程

高炉除尘设备包括粗除尘（如重力除尘器、旋风除尘器）、半精细除尘（如洗涤塔）、精细除尘（如文氏管、静电除尘器）等。图 1-12 列出了几种常见除尘设备。

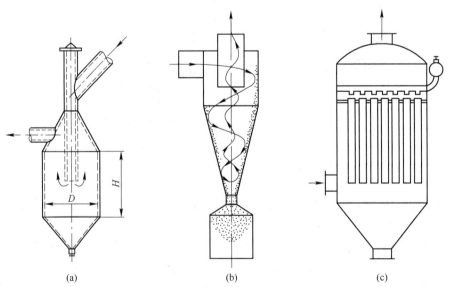

图 1-12　重力除尘器和旋风除尘器

（a）重力除尘器；（b）旋风除尘器；（c）布袋除尘器

重力除尘器是高炉煤气除尘系统中最常见的一种除尘设备。其工作原理是煤气经中心导入管后，由于气流突然转向，流速突然降低，煤气中的灰尘颗粒在惯性力和重力作用下沉降到除尘器底部。

旋风除尘器的工作原理见图1-12（b），含尘煤气从切线方向进入后，在煤气压力能的作用下产生回旋运动，灰尘颗粒在离心力作用下，被抛向器壁集积，并向下运动进入积灰器。

布袋除尘器是一种过滤除尘设备，含尘煤气流通过布袋时，灰尘被截留在纤维体上，而气体通过布袋继续运动，属于干法除尘，可以省去脱水设备，投资较低。对采用余压透平发电系统的高炉，干法布袋除尘的优点更为突出，可以提高余压透平发电系统入口煤气温度和压力，提高能源回收效率。

1.3.5 出铁场及渣铁处理系统

现代高炉风口平台、出铁场需方便工人操作和设备维护及检修的机械化，主要包括炉前出铁场及其设备，渣、铁输送设备，铸铁机，生铁炉外处理设备，水渣场设备等，其任务是及时处理高炉排放出的渣、铁，保证高炉生产正常运行，获得合乎规格的生铁和炉渣产品。

风口平台主要是为了实现机械化换风口操作，因此其净宽度需基本满足设备最小通行宽度要求。

出铁场是指布置着铁沟和渣沟的炉前平台，其面积大小取决于渣铁沟的布置和炉前操作需要。现代高炉基本不在炉前铸铁，出铁场长度仅与渣铁沟流嘴数目及布置有关，而高度则要保证任何一个渣铁沟流嘴下沿不低于4.8m，以便机车能够通过。出铁场长度一般40~60m，其宽度由渣铁运输铁路线决定。液压泥炮与铁口开口机是开堵铁口的关键设备，布置在风口平台之下。

出铁场布置形式有双出铁口单出铁场、四出铁口环形出铁场（图1-13）等多种形式，随具体条件和技术方案而异。目前1000~2000m³高炉多用两个出铁口，2000m³以上的高炉则需3~4个出铁口，轮流使用，基本上是连续出铁。

高炉在出铁期间会产生烟尘（一次烟尘），其主要产尘点有铁口、主沟、撇渣器、铁沟、渣沟、摆动流槽等，约占出铁场烟尘总量的85%。通常采用在上述部位加罩密闭、强制抽风的方法去除。对于开堵铁口时产生的烟尘（二次烟尘），采用铁口区域上吸罩强力除尘的方法进行处理。

对于炼铁过程产生的炉渣，目前主要采用环保型水渣处理技术，将炉渣全部水淬粒化以回收利用。同时设置干渣坑，作为事故备用。水渣处理过程应尽可能实现蒸汽全回收，冲渣水循环使用，减少污染气体排放和水量消耗。

环保型INBA法为常见的水渣处理方法，其系统分为粒化、脱水和水循环三个部分。高温熔渣流入深水粒化箱时，渣沟下面的粒化头喷出压力约0.2MPa的压力水冲击，高温熔渣流被击碎，并沉入粒化箱深水区，碎渣在深水区迅速粒化。渣水混合物凭自重流入脱水转鼓内的分配器，均匀分配进入缓冲箱，经细目滤网过滤得到成品水渣，由胶带机运至水渣栈桥装车外运。

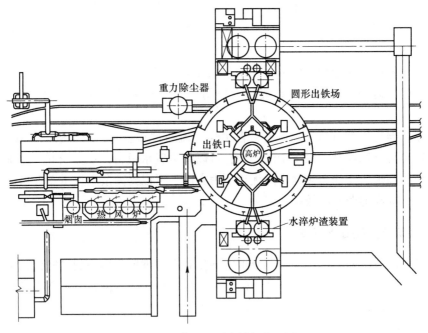

图 1-13　典型环形出铁场布置图

1.3.6　燃料喷吹系统

燃料喷吹系统包括燃料的制备、储存、空压机、高压泵和一系列管道阀门输送设备及喷嘴等，任务是向高炉喷入所需燃料，以代替部分焦炭，降低焦炭消耗。

高炉喷煤系统常使用中速磨煤机集中制粉，多个喷煤罐交替进行喷吹、装煤操作。喷煤罐出煤管汇总到喷煤总管后进入混合器，形成煤粉与空气的混合物，输送到高炉煤粉分配器，经由喷煤支管、喷煤枪喷吹入高炉。

1.4　高炉冶炼产品

高炉冶炼的主要产品是生铁，炉渣和高炉煤气为副产品。

1.4.1　生铁

生铁是铁与碳及其他一些元素的合金。通常，生铁含铁 94% 左右，含碳 4% 左右，其余为硅、锰、磷、硫等少量元素。

一般来说，生铁和钢的化学成分的主要差别是碳含量 $w[C]$。钢中 $w[C]$ 最高不超过 2.11%。高炉生铁 $w[C]$ 在 2.5%~4.5% 范围内，铸铁中不超过 5.0%（此时 Fe_3C 含量约占 75%，当铸铁中 Fe_3C 含量达 100% 时，$w[C]=6.67$%）。当铸铁中 $w[C]>5.0$% 时，铸铁甚脆，没有实用价值。而 $w[C]$ 在 1.6%~2.5% 之间的钢铁材料，由于缺乏实用性，一般不进行工业生产。

生铁可分为炼钢生铁、铸造生铁。炼钢生铁供转炉、电炉炼钢使用，占生铁产量的

80%～90%。铸造生铁又称为翻砂铁或灰口铁，主要用于生产耐压铸件，占生铁产量的10%左右。铸造生铁的主要特点是硅含量较高，在1.25%～4.25%之间。硅在生铁中能促进石墨化，使化合碳游离成石墨碳，增强铸件的韧性、耐冲击性，并易于切削加工。炼钢生铁和铸造生铁成分的国家标准见表1-2、表1-3。

表1-2　炼钢生铁国家标准（GB 717—1998）

牌　号			L04	L08	L10
化学成分/%	C		≥3.50		
	Si		≤0.45	>0.45～0.85	>0.85～1.25
	Mn	一组	≤0.40		
		二组	>0.40～1.00		
		三组	>1.00～2.00		
	P	特级	≤0.100		
		一级	>0.100～0.150		
		二级	>0.150～0.250		
		三级	>0.250～0.400		
	S	特类	≤0.020		
		一类	>0.020～0.030		
		二类	>0.030～0.050		
		三类	>0.050～0.070		

注：各牌号生铁的碳含量，均不作报废依据。

表1-3　铸造生铁国家标准（GB 718—2005）

牌　号		Z34	Z30	Z26	Z22	Z18	Z14
化学成分/%	C	>3.30					
	Si	>3.20～3.60	>2.80～3.20	>2.40～2.80	>2.00～2.40	>1.60～2.00	>1.25～1.60
	Mn 1组	≤0.50					
	Mn 2组	>0.50～0.90					
	Mn 3组	>0.90～1.30					
	P 1级	≤0.060					
	P 2级	>0.060～0.100					
	P 3级	>0.100～0.200					
	P 4级	>0.200～0.400					
	P 5级	>0.400～0.900					
	S 1类	≤0.030					
	S 2类	≤0.040					
	S 3类	≤0.050					

高炉还可生产特殊生铁，如锰铁、硅铁、镜铁（$w[Mn]=10\%\sim25\%$）、硅镜铁（$w[Si]=9\%\sim13\%$，$w[Mn]=18\%\sim24\%$）等，主要用作炼钢脱氧剂和合金化剂。此外，生铁中还可能含有部分微量元素。以生铁中微量元素含量之和（铅、锡、锑、砷、钛、钒、铬、锌）为指标，当其小于0.1%时称为高纯生铁，国内外适宜生产高纯生铁的矿源稀少。我国本钢生铁中磷、硫含量极低，微量元素含量总和小于0.08%，素有"人参铁"之称。

1.4.2　高炉渣

由于冶炼矿石品位、焦比及焦炭灰分不同，高炉生产每吨生铁产生的炉渣量差异很大。我国大中型高炉每吨生铁渣量在 300~500kg 之间。一些原料条件差、技术水平低的高炉，每吨生铁渣量甚至超过 600kg。

高炉渣主要是由钙、镁、硅、铝的氧化物构成的复杂硅酸盐系。一般高炉渣的成分（质量分数）为：$w(CaO) = 35\% \sim 44\%$，$w(SiO_2) = 32\% \sim 42\%$，$w(Al_2O_3) = 6\% \sim 16\%$，$w(MgO) = 4\% \sim 13\%$。

此外，高炉渣中含有少量硫化物和碳化物，如 MnO、FeO、CaS 等。使用特殊矿冶炼的高炉渣还含有其他物质，如我国包钢高炉渣中含有 CaF_2、K_2O、Na_2O，攀钢高炉渣中含有 TiO_2、V_2O_5。

高炉渣的工业用途广泛，如在炉前急冷粒化成水渣，制成水泥和建筑材料；酸性渣还可在炉前用蒸汽吹成渣棉，作为绝热材料；炉渣还可代替天然碎石作为路基材料。冶炼多元素共生的复合矿时，炉渣中常富集有多种元素（如稀土、钛等），这类炉渣可进一步利用。

高炉渣出炉温度通常高于 1450℃，热含量为 1680~1900kJ/kg，对于这部分显热，目前尚无很好的利用方法。

1.4.3 高炉煤气

冶炼每吨生铁可产生 1600~3000m³ 的高炉煤气，其中 CO 占 20%~25%，CO_2 占 15%~20%，N_2 占 55% 左右，H_2、CH_4 含量很少。高炉煤气含有大量的炉料粉尘，经过除尘处理可使含尘量降到 10~20mg/m³。高炉煤气热值较低，除尘处理后的发热值为 3350~3770 kJ/m³，可作为气体燃料使用。但高炉冶炼产生的煤气量、成分及发热值与高炉操作参数及产品种类有关，如高炉冶炼铁合金时，煤气中几乎没有 CO_2。

高炉煤气是钢铁联合企业的重要二次能源，主要用作热风炉燃料，还可供动力、炼焦、烧结、炼钢、轧钢等部门使用。

1.5 高炉技术经济指标

高炉生产的技术水平和经济效果可用如下技术经济指标来衡量。

（1）有效容积利用系数（η_u），指高炉单位有效容积的日产铁量：

$$\eta_u = \frac{P}{V_u} \tag{1-1}$$

式中　P——生铁日产量，t/d；

　　　V_u——高炉有效容积，m³。

可见，利用系数越大，生铁产量越高，高炉的生产率也就越高。P 和 η_u 都是生产率指标。对一定容积的高炉，η_u 随 P 成正比增加。式中，生铁日产量是以炼钢生铁为校准计算的，其他各种牌号的生铁可按冶炼难易程度折合为炼钢生铁吨数。铸造生铁的折算系数随硅含量的不同而存在差异，通常为 1.14~1.34。一般高炉有效容积利用系数为 2.0~2.8t/(m³·d)。对容积相差较大的高炉，P、η_u 无可比性，如小高炉的有效容积利用系数有时甚至超过了 4.0t/(m³·d)。近年来，有学者提出以"面积利用系数"，如单位炉缸面积一昼夜的产量，作为比较高炉生产能力的指标。

（2）焦比（K），指生产每吨生铁所消耗的焦炭量（干焦）。对高炉生产而言，焦比越低越好：

$$K = \frac{Q}{P} \tag{1-2}$$

式中　Q——焦炭日消耗量，kg/d。

1）燃料比（$K_燃$）。喷吹燃料时，高炉的能耗情况用燃料比表示，即 1t 生铁消耗各种入炉燃料的总和。

$$K_燃 = (K_{焦炭} + K_{煤粉} + K_{重油} + \cdots) \tag{1-3}$$

2）综合焦比（$K_综$）。综合焦比是指生产 1t 生铁实际耗用的焦炭量（焦比）以及各种辅助燃料折算为相应干焦（$K_干$）的和。

$$K_综 = K + K_干 \tag{1-4}$$

不同辅助燃料对干焦的置换比差异较大。通常，煤粉为 0.7~0.8kg/kg，天然气为 0.65kg/kg，重油为 1.2kg/kg，焦粉为 0.9kg/kg，沥青为 1.0kg/kg。现代大中型高炉的焦比一般在 400kg/t 左右，燃料比一般在 500kg/t 左右。我国宝钢三座高炉 2003 年燃料比平均值为 492.5kg/t。

（3）冶炼强度（I），指单位体积高炉有效容积内的焦炭日消耗量：

$$I = \frac{Q}{V_u} \tag{1-5}$$

冶炼强度是标志高炉强化程度的指标之一。在喷吹燃料条件下，相应的有综合冶炼强度（$I_综$），即不仅计算焦炭消耗量，还计算喷吹燃料按置换比折合成的焦炭量。

由式(1-1)~式(1-3)可推导出有效容积利用系数、焦比和冶炼强度三者之间的关系为：

$$\eta_u = \frac{I}{K} \tag{1-6}$$

有效容积利用系数 η_u 与冶炼强度 I 成正比，与焦比 K 成反比。要提高有效容积利用系数，强化高炉生产，应从降低焦比和提高冶炼强度两方面考虑。在当前能源紧张的情况下，首先应考虑降低焦比（燃料比）。

（4）焦炭负荷，指每批炉料中铁、锰矿石的总重量与焦炭重量之比，是用以评估燃料利用水平、调节配料的重要参数。

（5）生铁合格率，指合格生铁量占高炉总产量的百分比。此外，优质生铁占生铁总量的百分比称为优质率。合格率和优质率都是生铁质量指标。对生铁质量的考查，主要看其化学成分（如硫和硅含量）是否符合国家标准。

（6）休风率，指高炉休风时间占规定作业时间的百分比。降低休风率是增产节约的重要途径。

（7）生铁成本，指生产 1t 生铁所需的费用。它是衡量高炉生产经济效益的重要指标。

（8）高炉一代寿命（炉龄），通常指从高炉点火开炉到停炉大修或高炉相邻两次大修之间的冶炼时间。一般大高炉的一代寿命在 15 年左右。日本住友金属和歌山炼铁厂第 4 高炉的寿命长达 27 年 4 个月。

衡量炉龄的另一个指标是 $1m^3$ 炉容在一代炉龄期内的累计产铁量。2013 年 9 月停炉的宝钢 3 号高炉一代炉龄达 18 年 11 个月，累计产铁超过 6829 万吨，单位炉容产铁量 1.57 万吨。

从影响高炉长寿的工作区域来看，现代高炉长寿有两个限制性环节：一是炉缸炉底寿命；二是炉腹炉腰及炉身下部寿命。

高炉要真正实现长寿，必须具备如下几个条件：(1) 高炉内型合理；(2) 耐火材料质量优质；(3) 先进的冷却系统和冷却设备；(4) 完善的自动化检测与控制手段；(5) 高水平监测维护手段。

表 1-4、表 1-5 分别为近年我国重点钢铁企业、国外先进高炉炼铁技术经济指标。

表 1-4　我国重点钢铁企业高炉炼铁技术经济指标

	2013 年	2012 年	2011 年	2010 年	2009 年	2008 年	2007 年	2006 年
全国生铁产量/万吨	70897	65790	62969	59021	54374	47067	47660	41364
利用系数/t · $(m^3 \cdot d)^{-1}$	2.46	2.51	2.53	2.59	2.62	2.61	2.67	2.67
燃料比/kg · t^{-1}	511	514	522	518	519	532	524	521
入炉焦比/kg · t^{-1}	362	363	374	369	374	396	392	396
喷煤比/kg · t^{-1}	149	151	148	149	145	136	132	125
热风温度/℃	1169	1184	1179	1160	1158	1133	1125	1100
入炉矿品位/%	56.35	56.73	57.56	57.41	57.62	57.32	57.71	57.78
休风率/%	1.82	1.57	1.46	1.64	1.66	2.10	1.527	1.77
炼铁工序能耗/kgce · t^{-1}	398.09	402.48	404.57	407.3	410.65	432.13	426.8	439.6

表 1-5　世界部分高炉炼铁的主要技术经济指标

企　业　名　称	有效容积利用系数 /t · $(m^3 \cdot d)^{-1}$	焦比 /kg · t^{-1}	煤比 /kg · t^{-1}	风温/℃	渣铁比 /kg · t^{-1}
日本钢管公司福山厂	2.500	386	89	1050	329
日本新日铁公司大分厂（1 号炉）	2.271	352	121	1208	305
日本新日铁公司大分厂（2 号炉）	2.260	347	127	1210	306
日本神户制钢加古川厂	2.140	320	201	1181	282
韩国浦项公司光阳厂	2.310	318	181	1206	280
韩国浦项公司浦项厂（3 号炉）	2.135	397	106	1105	315
韩国浦项公司浦项厂（4 号炉）	2.282	366	145	1115	311
中国台湾中钢公司	2.130	409	85	1160	291
美国钢铁公司加里厂	3.010	318	181	1150	252
德国蒂森公司施维尔根厂	2.200	320	179	1220	248
法国索拉克公司敦刻尔克厂	2.100	309	170	1170	313
荷兰霍高文公司艾默伊登厂	2.200	336	177	1160	236
意大利 LIVA 公司塔兰托厂	2.460	348	133	1200	288
芬兰罗德洛基公司拉赫厂	2.830	340	79(重油)	1080	220

思 考 题

1-1 高炉炼铁的工艺流程由哪几部分组成？

1-2 高炉炼铁有哪些技术经济指标？

1-3 高炉生产有哪些特点？

1-4 高炉送风系统的主要作用是什么？

1-5 高炉生产有哪些产品和副产品，各有何用途？

1-6 影响现代高炉炉役寿命的主要因素有哪些，如何能够实现高炉长寿？

② 高炉炼铁原料

炼铁原料的发展趋势是采用精料。通过改进原燃料的质量，可保证高炉在高压、高风温、高负荷的生产条件下能稳定顺行，为降低焦比和提高冶炼强度打下物质基础。对精料的具体要求可概括为"高、熟、净、匀、小、稳"六个字。此外，应重视炉料的高温冶金性能及合理的炉料结构。

2.1 铁矿石和燃料

高炉炼铁必备的三种原料中，焦炭作为燃料和还原剂，是主要能源；熔剂（如石灰石），主要用来助熔、造渣；铁矿石则是冶炼的对象。这些原料是高炉冶炼的物质基础，其质量对冶炼过程及冶炼效果的影响极大。

2.1.1 铁矿石

2.1.1.1 铁矿石的分类及特性

高炉冶炼用的铁矿石有天然富矿和人造富矿两大类。天然块矿通常称为生料。铁含量在 50% 以上的天然富矿经适当破碎、筛分处理后，可直接用于高炉冶炼。贫铁矿一般不能直接入炉，需经过破碎、富选并重新造块，制成人造富矿（烧结矿或球团矿）再入高炉。人造富矿铁含量一般在 55%~65% 之间。由于人造富矿事先经过焙烧或烧结高温处理，又称为熟料，其冶金性能远比天然富矿优越，是现代高炉冶炼的主要原料。

我国富矿储量很少，多数是含 Fe 30% 左右的贫矿，需要经过富选才能使用。

A　矿石和脉石

能从中经济合理地提炼出金属来的矿物，称为矿石。如铁元素广泛地、程度不同地分布在地壳的岩石和土壤中，有的比较集中，形成天然的富铁矿，可以直接利用来炼铁；有的比较分散，形成贫铁矿，冶炼困难又不经济。随着选矿和冶炼技术的发展，含铁较低的贫矿经过富选也可用来炼铁，矿石的来源和范围不断扩大。

矿石中除了用来提取金属的有用矿物外，还含有一些工业上没有提炼价值的矿物或岩石，称为脉石。对冶炼不利的脉石矿物，应在选矿和其他处理过程中尽量去除。但矿石中脉石的结构和分布直接影响矿石的选冶性能。如果含铁矿物结晶颗粒比较粗大，则在选矿过程中易于实现有用矿物的单体分离；反之，如果含铁矿物呈细粒结晶嵌布在脉石中，则要进一步细磨矿石才能分离出有用矿物。

B　天然铁矿石的分类及特征

天然铁矿石按其主要矿物，分为磁铁矿、赤铁矿、褐铁矿和菱铁矿等几种，主要矿物组成及特征见表 2-1。

表 2-1 常见天然铁矿石的矿物组成及特征

名 称	主要成分 化学式	理论铁含量 /%	实际富矿铁含量 /%	颜色	最低工业品位 /%	特 性
磁铁矿	Fe_3O_4	72.4	45~70	黑色	20~25	P、S 含量高，坚硬，致密，难还原
赤铁矿	Fe_2O_3	70.0	55~60	红色	30	P、S 含量低，质软，易碎，易还原
褐铁矿	$nFe_2O_3 \cdot mH_2O$	55.2~66.1	37~55	黄褐色	30	P 含量高，质软疏松，易还原
菱铁矿	$FeCO_3$	48.2	30~40	灰、 浅黄色	25	易破碎，焙烧后易还原

（1）赤铁矿，又称红矿，主要含铁矿物为 Fe_2O_3，其中 Fe 占 70%，O 占 30%。赤铁矿有 $\alpha\text{-}Fe_2O_3$ 和 $\gamma\text{-}Fe_2O_3$ 两种晶形。其在常温下无磁性；但在一定温度下，当 $\alpha\text{-}Fe_2O_3$ 转变为 $\gamma\text{-}Fe_2O_3$ 时便具有磁性。其色泽为赤褐色到暗红色。由于硫、磷含量低，其还原性较磁铁矿好，是优良原料。赤铁矿的熔融温度为 1580~1640℃。

（2）磁铁矿，主要含铁矿物为 Fe_3O_4，具有磁性。其化学组成可视为 $Fe_2O_3 \cdot FeO$，其中 FeO 占 30%，Fe_2O_3 占 69%；TFe 占 72.4%，O 占 27.6%。磁铁矿颜色为灰色或黑色。由于其结晶结构致密，所以还原性比其他铁矿差。磁铁矿的熔融温度为 1500~1580℃。这种矿物与 TiO_2 和 V_2O_5 共生时，称为钒钛磁铁矿，只与 TiO_2 共生的称为钛磁铁矿，其他常见混入元素还有镍、铬、钴等。在自然界中纯磁铁矿很少见，常常由于地表氧化作用，使部分磁铁矿氧化转变为半假象赤铁矿和假象赤铁矿。假象赤铁矿是仍保留磁铁矿的外形，但 Fe_3O_4 已被氧化成 Fe_2O_3 的矿石。一般用 $w(TFe)/w(FeO)$ 的值来区分：

1）$w(TFe)/w(FeO) = 2.33$，为纯磁铁矿石；

2）$w(TFe)/w(FeO) < 3.5$，为磁铁矿石；

3）$w(TFe)/w(FeO) = 3.5~7.0$，为半假象赤铁矿石；

4）$w(TFe)/w(FeO) > 7.0$，为假象赤铁矿石。

其中 $w(TFe)$——矿石总含铁量（又称全铁），%；

   $w(FeO)$——矿石 FeO 含量，%。

（3）褐铁矿，通常是含水氧化铁的总称，可细分为水针铁矿（$3Fe_2O_3 \cdot 4H_2O$）、褐铁矿（$2Fe_2O_3 \cdot 3H_2O$）、水赤铁矿（$2Fe_2O_3 \cdot H_2O$）等多种矿物。这类矿石一般含铁较低，但经过焙烧去除结晶水后，铁含量显著上升。其颜色为浅褐色、深褐色或黑色。含硫、磷、砷等有害杂质一般较多。

（4）菱铁矿，又称碳酸铁矿石，因其晶体为菱面体而得名，颜色为灰色、浅黄色、褐色。其化学组成为 $FeCO_3$，也可写成 $FeO \cdot CO_2$，其中 FeO 占 62.1%，CO_2 占 37.9%，常混入镁、锰等的矿物。一般含铁较低，但若受热分解放出 CO_2 后，品位显著升高，而且组织变得更为疏松，很易还原。所以，使用这种矿石一般要先经焙烧处理。

2.1.1.2 铁矿石的质量评价

铁矿石的质量直接影响高炉冶炼效果，必须严格要求。通常从以下几方面评价。

A 成分

a 矿石品位

品位即铁矿石的铁含量，它决定着矿石的开采价值和入炉前的处理工艺。入炉品位越高，越有利于降低焦比和提高产量，从而提高经济效益。经验表明，矿石品位提高 1%，则焦比降低 2%，产量增加 3%。因为品位提高，酸性脉石大幅度减少，冶炼时可少加石灰石造渣，因而渣量大大减少，既节省热量又促进炉况顺行。

矿石的贫富一般以其理论铁含量的 70%来评估。实际铁含量超过理论铁含量的 70%，称为富矿。但这并不是绝对固定的标准，因为它还与矿石的脉石成分、杂质含量和矿石类型等因素有关，如对褐铁矿、菱铁矿和碱性脉石矿铁含量的要求可适当放宽。由于褐铁矿、菱铁矿受热分解出 H_2O 和 CO_2，品位提高。碱性脉石矿 CaO 含量高，冶炼时可少加或不加石灰石，其品位应按扣去 CaO 含量的铁含量来评价。

$$w(Fe)_{扣CaO} = \frac{w(TFe)}{1 - w(CaO)} \times 100\% \qquad (2-1)$$

式中　$w(TFe)$——原矿全铁含量，%；

　　　　$w(CaO)$——原矿 CaO 含量，%。

但若矿石带入的碱性脉石数量超过造渣的总需要量，也会给冶炼带来困难。具有开采价值的铁矿石最低工业品位，主要取决于资源和技术经济条件，并没有统一的标准。

b　脉石成分

脉石中含有碱性脉石，如 CaO、MgO；也有酸性脉石，如 SiO_2、Al_2O_3。一般铁矿石含酸性脉石者居多，即 SiO_2 含量高，需加入相当数量的石灰石造成碱度 $w(CaO)/w(SiO_2) \approx 1.0$ 的炉渣，才能满足冶炼工艺的需求。因此，希望酸性脉石含量越少越好。CaO 含量高的碱性脉石则具有较高的冶炼价值。如某铁矿成分为 Fe 45.30%，CaO 10.05%，MgO 3.34%，SiO_2 11.20%，自然碱度 $w(CaO)/w(SiO_2) = 0.9$，$w(CaO+MgO)/w(SiO_2) = 1.2$，接近炉渣碱度的正常范围，属于自熔性富矿，其品位为：

$$w(Fe)_{扣CaO} = \frac{45.30\%}{1 - 10.05\%} \times 100\% = 50.4\%$$

若考虑 MgO，则品位为 52.3%。脉石中的 MgO 还有改善炉渣性能的作用，但这类矿石不多见。

脉石中的 Al_2O_3 含量也应控制。若 Al_2O_3 含量过高，使炉渣中 $w(Al_2O_3)$ 超过 20%，则炉渣难熔而不易流动，冶炼困难。印度塔塔钢铁公司（TISCO）矿石中 Al_2O_3 含量高，炉渣中 $w(Al_2O_3)$ 高达 25%左右。通常可提高炉渣 $w(MgO)$ 以解决炉渣流动性的问题。

有的矿石脉石中还含有 TiO_2、CaF_2、碱金属（K、Na）氧化物、$BaSO_4$ 等，它们对冶炼都有一定影响。

c　有害杂质和有益元素的含量

有害杂质通常指硫、磷、铅、锌、砷等，它们的含量越低越好。铜有时为害，有时为益，视具体情况而定。表 2-2 所示为铁矿石中有害杂质的危害及界限含量。

表 2-2　铁矿石中有害杂质的危害及界限含量

元 素	界限含量/%		危害及某些说明
S	≤0.3		使钢产生热脆，易轧裂
P	0.2~1.2	对碱性转炉生铁	磷使钢产生冷脆，烧结及炼铁过程皆不能除磷
	0.05~0.15	对普通铸造生铁	
	0.15~0.6	对高磷铸造生铁	

元素	界限含量/%	危害及某些说明
Zn	≤0.1~0.2	Zn 于 900℃挥发，蒸气上升后冷凝沉积于炉墙，使炉墙膨胀，破坏炉壳；烧结时可除去 50%~60%的 Zn
Pb	≤0.1	Pb 易还原、密度大，与铁分离沉于炉底，破坏砖衬；Pb 蒸气在上部循环积累，形成炉瘤，破坏炉衬
Cu	≤0.2	少量 Cu 可改善钢的耐腐蚀性，但 Cu 过多则使钢热脆，不易焊接和轧制；Cu 易还原并进入生铁
As	≤0.07	As 使钢冷脆，不易焊接；要求生铁 $w[As]$≤0.1%；炼优质钢时，铁中不应有 As
Ti	(TiO₂) 15~16	Ti 降低钢的耐磨性及耐腐蚀性；使炉渣变黏，易起泡沫；TiO₂ 含量过高的矿应作为宝贵的 Ti 资源
K, Na		易挥发，在炉内循环积累，造成结瘤，降低焦炭及矿石的强度
F		F 在高温下汽化，腐蚀金属，危害农作物及人体；CaF₂ 侵蚀破坏炉衬

硫是对钢铁危害大的元素，它使钢材具有热脆性。所谓"热脆"，就是硫几乎不熔于固态铁而与铁形成 FeS，而 FeS 与铁形成的共晶体熔点为 988℃，低于钢材热加工的开始温度（1150~1200℃）。热加工时，分布于晶界的共晶体先行熔化而导致开裂。因此，矿石含硫越低越好。但硫可改善钢材的切削加工性能，易切削钢中硫含量可达 0.15%~0.3%。高炉炼铁过程可去除 90%以上的硫。脱硫需要提高炉渣碱度，导致焦比增加、产量降低。根据鞍钢经验，矿石中硫含量每增加 0.1%，焦比升高 5%。一般规定，矿石中 $w(S)$≤0.06%为一级矿，$w(S)$≤0.2%为二级矿，$w(S)$>0.3%为高硫矿。对于高硫矿石，可以通过选矿和烧结的方法降低硫含量。

磷是钢材中的有害成分，使钢具有冷脆性。磷能溶于 α-Fe 中（可达 1.2%），固溶并富集在晶粒边界的磷原子使铁素体在晶粒间的强度大大增高，从而使钢材的室温强度提高而脆性增加，称为冷脆。但含磷铁水的流动性好，充填性好，对制造复杂铸件有利。此外，磷可改善钢的切削性能，易切削钢中磷含量可达 0.08%~0.15%。矿石中的磷在选矿和烧结过程中不易除去，在高炉冶炼过程中，磷几乎全部进入生铁。因此，生铁磷含量取决于矿石磷含量，要求铁矿石磷含量低。

铅、锌和砷在高炉内都易还原。铅不溶于铁且密度比铁大，还原后沉积于炉底，破坏性很大。铅在 1750℃时沸腾，挥发的铅蒸气在炉内循环能形成炉瘤。锌还原后在高温区以锌蒸气形式大量挥发上升，部分以 ZnO 沉积于炉墙，使炉墙胀裂而形成炉瘤。砷可全部还原进入生铁，它可降低钢材的焊接性并使之"冷脆"。生铁砷含量应小于 1%，优质生铁不应含砷。铁矿石中的铅、锌、砷常以硫化物形态存在，如方铅矿（PbS）、闪锌矿（ZnS）、毒砂（FeAsS）。烧结过程中很难排除铅、锌，因此要求其含量越低越好。一般要求铅、锌含量不超过 0.1%。含铅高的铁矿石可以通过氯化焙烧和浮选的方法使铅、铁分离。含锌高的矿石不能单独直接冶炼，应该与含锌少的矿石混合使用，或进行焙烧、选矿等处理，降低铁矿石中的锌含量。烧结过程中能部分去除矿石中的砷，可以采用氯化焙烧方法排除。通常，要求铁矿石砷含量不超过 0.07%。

铜在钢中含量若不超过 0.3%，可增加钢材抗蚀性；当超过 0.3%时，则降低其焊接性，并有热脆现象。铜在烧结中一般不能去除，在高炉中又全部还原进入生铁。故铁水铜含量取决于原料铜含量。一般铁矿石允许铜含量不超过 0.2%。

碱金属钾、钠在高炉下部高温区大部分被还原后挥发，在高炉上部又被氧化而进入炉料中，造成循环累积，使炉墙结瘤。因此，必须严格控制矿石中碱金属含量。我国普通高炉碱金属（K_2O+Na_2O）的入炉限制量为 5~7kg/t，国外高炉碱金属（K_2O+Na_2O）的入炉限制量为低于 3.5kg/t。

氟在冶炼过程中以 CaF_2 形态进入渣中。CaF_2 能降低炉渣的熔点，增加炉渣流动性，当铁矿石中含氟高时，炉渣在高炉内过早形成，不利于矿石还原。矿石中含氟不超过 1% 时，对冶炼无影响；当含量达到 4%~5% 时，需要注意控制炉渣的流动性。此外，高温下氟挥发对耐火材料和金属构件有一定的腐蚀作用。

铁矿石中常共生有锰、铬、镍、钴、钒、钛、钼，包头白云鄂博铁矿还含有铌、钽及稀土元素铈、镧等。这些元素有改善钢铁性能的作用，故称有益元素。当它们在矿石中的含量达到一定数值时，如 $w(Mn)\geqslant5\%$、$w(Cr)\geqslant0.06\%$、$w(Ni)\geqslant0.2\%$、$w(Co)\geqslant0.03\%$，$w(V)\geqslant0.1\%$，$w(Mo)\geqslant0.3\%$，$w(Cu)\geqslant0.3\%$，则称为复合矿石，经济价值很大，应考虑综合利用。

如果铁矿石中的有害杂质含量较高，如 $w(Pb)\geqslant0.5\%$、$w(Zn)\geqslant0.7\%$、$w(Sn)\geqslant0.2\%$时，应视为复合矿石加以综合利用。

B 粒度和强度

入炉铁矿石应具有适宜的粒度和足够的强度。粒度过大会减少煤气与铁矿石的接触面积，使铁矿石不易还原；过小则增加气流阻力，同时易吹出炉外形成炉尘损失；粒度大小不均则严重影响料柱透气性。因此，大块应破碎，粉末应筛除，粒度应适宜而均匀。一般要求矿石粒度在 5~40mm 范围内，并力求缩小上、下限粒度差。

铁矿石的强度是指铁矿石耐冲击、耐摩擦的强弱程度。随着高炉容积的不断扩大，入炉铁矿石的强度也要相应提高。否则易生成粉末、碎块，一方面增加炉尘损失，另一方面使高炉料柱透气性变坏，引起炉况不顺。

C 还原性

铁矿石的还原性是指铁矿石被还原性气体 CO 或 H_2 还原的难易程度，是评价铁矿石质量的重要指标。矿石还原好，有利于降低焦比、提高产量。改善矿石还原性（或采用易还原矿石）是强化高炉冶炼的重要措施之一。

影响铁矿石还原性的因素主要有矿物组成、矿石结构的致密程度、粒度和孔隙率等。

D 化学成分稳定性

铁矿石成分的波动会引起炉温、炉渣碱度和性质以及生铁质量的波动，造成炉况不顺，使焦比升高，产量下降；同时，炉况的频繁波动使高炉自动控制难以实现。因此，必须严格控制炉料成分的波动范围。稳定矿石成分的有效方法是对矿石进行混匀处理。

2.1.1.3 铁矿石的准备处理

一般的铁矿石很难完全满足上述质量要求，必须在入炉前进行必要的准备处理。

天然富矿需经破碎、筛分，以获得合适而均匀的粒度。

褐铁矿、菱铁矿和致密磁铁矿应进行焙烧处理，以去除其结晶水和 CO_2，提高品位，疏松其组织，改善还原性，提高冶炼效果。

贫铁矿的处理比较复杂。一般需经过破碎、筛分、细磨、精选，得到含铁 60% 以上的精矿粉，经混匀后进行造块，制成人造富矿，然后按高炉粒度要求进行适当的破碎、筛分，之后才能入炉。

A 破碎和筛分

破碎和筛分是铁矿石准备处理工作中的基本环节。通过破碎和筛分，使天然富矿的粒度达到"小、匀、净"的入炉标准，使贫矿中的铁矿物与脉石单体分离，以便于选矿。

破碎的常用设备有颚式、锥式、辊式破碎机，球磨机和棒磨机。筛分的常用设备有固定条筛、圆筒筛、振动筛等。

B 混匀

为了保证矿石化学成分的稳定，需在储矿场按平铺切取法进行混匀。一般采用先破碎、筛分，后混匀的流程，减少粒度不均匀产生的偏析和成分波动。对于烧结、球团的原料同样需要混匀，以保证烧结矿成分稳定。

C 焙烧

焙烧是指在适当的气氛中，使铁矿石加热到低于其熔点的温度，在固态下发生物理化学反应的过程。例如，氧化焙烧是在空气充足的氧化性气氛中进行，保证燃料完全燃烧和矿石的氧化，可用于去除 CO_2、H_2O 和 S（碳酸盐和结晶水分解，硫化物氧化），使致密矿石的组织变得疏松，易于还原。

焙烧菱铁矿，在 500~900℃ 之间分解：

$$4FeCO_3 + O_2 \Longrightarrow 2Fe_2O_3 + 4CO_2(g) \tag{2-2}$$

褐铁矿在 250~500℃ 之间发生脱水反应：

$$2Fe_2O_3 \cdot 3H_2O \Longrightarrow 2Fe_2O_3 + 3H_2O(g) \tag{2-3}$$

氧化焙烧可使矿石中的硫氧化：

$$3FeS_2 + 8O_2 \Longrightarrow Fe_3O_4 + 6SO_2(g) \tag{2-4}$$

还原焙烧的目的是使贫赤铁矿中的 Fe_2O_3 转变为具有磁性的 Fe_3O_4，以便于磁选。

$$3Fe_2O_3 + CO \Longrightarrow 2Fe_3O_4 + CO_2(g) \tag{2-5}$$

$$3Fe_2O_3 + H_2 \Longrightarrow 2Fe_3O_4 + H_2O(g) \tag{2-6}$$

氯化焙烧则是为了回收赤铁矿中的有色金属，如锌、铜、砷等，或去除其他有害杂质。

D 选矿

选矿是依据矿石的性质，采用适当的方法把有用矿物和脉石机械地分开，从而使有用矿物富集的过程。通过选矿可使矿石品位提高，去除部分有害杂质，回收有用元素（如钒、铬等），使矿物资源得到充分利用。

通过选矿获得的有用富集矿物称为精矿，如铁精矿等；其余部分称为尾矿，主要由脉石组成，一般废弃。在对复合铁矿石选矿时，常有一些有用元素富集于尾矿中（如钒钛磁铁矿中的钛、包头矿中的稀土元素等），必须将它们进一步精选出来。

选矿有如下两个重要的技术经济指标：

（1）精矿产率（γ）。精矿产率即选出的精矿重量与所用原矿重量的百分比，可计算得到 1t 原矿能产出的精矿量。根据金属平衡，可导出精矿产率的计算式为：

$$\gamma = \frac{\alpha - \theta}{\beta - \theta} \times 100\% \tag{2-7}$$

式中　α——原矿铁含量,%;

　　　β——精矿铁含量,%;

　　　θ——尾矿铁含量,%。

（2）金属回收率（ε）。金属回收率即精矿中的金属重量与原矿中金属总重量的百分比,计算式为:

$$\varepsilon = \frac{\beta\gamma}{\alpha} \times 100\% \tag{2-8}$$

精选铁矿石的方法主要有:

（1）重选,利用含铁矿物和脉石密度的差异选分。当两者粒度相近而在介质中沉落时,密度大的含铁矿物将迅速沉降而与脉石分开。常用的介质为水。用密度大于水的液体作介质时,称为重液选。

（2）磁选,利用有用矿物和脉石导磁性不同的特点进行选分。在磁场作用下,强磁性的颗粒（如 Fe_3O_4）便与弱磁性（如 Fe_2O_3）或无磁性（如石英）的颗粒分开。如以纯铁的导磁系数为100%,则强磁性的磁铁矿为40.2%,中磁性的钛铁矿为24.7%,弱磁性的赤铁矿为1.32%,无磁性的黄铁矿、石英脉石等在0.5%以下。赤铁矿若用磁选则需先进行磁化焙烧。一般用干式磁选机处理粗粒矿石,用湿式磁选机处理细粒矿石。

（3）浮选,利用矿物亲水性的差异进行选分。将矿物磨碎到一定粒度,使有用矿物和脉石矿物基本达到单体分离。在细磨矿浆中进行充气搅拌时,亲水性强的颗粒表面容易被水润湿而下沉,亲水性弱的颗粒浮起,从而使有用矿物和脉石分离。为了提高浮选效果,常使用各种浮选药剂来调节和控制浮选过程,如可在矿粒表面形成薄膜、控制润湿度、促进浮起的捕集剂,形成气泡和稳定泡沫、防止浮起颗粒下沉的气泡剂等。

E　造块

富选得到的精矿粉、天然富矿破碎和筛分后的粉矿以及一些含铁粉尘物料（如高炉、转炉炉尘,轧钢皮,铁屑,硫酸渣等）不能直接加入高炉,必须用烧结或制团的方法将它们重新造块,制成烧结矿、球团矿或预还原炉料入炉。

铁矿粉造块并非简单地将细矿粉制成团矿,而是在造块过程中采用一些技术,以生产出优质的冶炼原料。例如,加入 CaO、MgO 以提高矿石碱度;在可能的条件下加入还原剂 C,改善矿石的还原性能。铁矿粉造块过程还可以去除某些杂质元素。

铁矿粉造块技术使高炉冶炼的各项技术经济指标均得到大幅度提高。

2.1.2　熔剂

高炉冶炼条件下,脉石及灰分不能熔化,必须加入熔剂以生成低熔点化合物,形成流动性好的炉渣,才能实现渣、铁分离并自炉内顺畅排出。此外,加入熔剂形成一定碱度的炉渣,如$w(CaO)/w(SiO_2) = 1.0 \sim 1.2$,可去除生铁中有害杂质硫,提高生铁质量。

现代高炉大多使用高碱度烧结矿加酸性炉料。当烧结矿碱度适宜、酸性炉料配比准确、原料化学成分波动较小时,所需加入的熔剂量较少。一些重点企业的熔剂用量小于1kg/t。

2.1.2.1 熔剂的种类

由于矿石脉石和焦炭灰分多是酸性氧化物（SiO_2+Al_2O_3），所以高炉所使用的熔剂多为碱性熔剂（石灰石 $CaCO_3$、白云石 $CaCO_3 \cdot MgCO_3$）等。现代高炉造渣所需熔剂通常在造块过程中加入。一些使用天然富矿或酸性球团矿的高炉，仍需加入石灰石。

石灰石中 CaO 的实际含量为 50% 左右，此外还含有少量的 $MgCO_3$、SiO_2、Al_2O_3 等。扣除中和 SiO_2 所需的 CaO 后，石灰石中有效 CaO 的含量一般为 45%~48%。

直接装入高炉的石灰石粒度范围应为 20~50mm，入炉前应筛除粉末及泥土杂质。

为了调整高炉渣的硫含量、改善炉渣的流动性、提高脱硫能力，有时在炉料中加入含镁熔剂，在高炉炉渣中 Al_2O_3 含量高时效果特别显著。常用的含镁熔剂为白云石，其理论成分为 $CaCO_3$ 54.2%，$MgCO_3$ 45.8%。我国少数企业以菱镁石（$MgCO_3$）或蛇纹石（$3MgO \cdot 2SiO_2 \cdot 2H_2O$）作含镁熔剂，后者可同时作为酸性熔剂。日本及欧洲许多国家普遍以蛇纹石、橄榄石作含镁熔剂。

当高炉使用含碱性脉石的铁矿石冶炼时，需要加入酸性熔剂。实际生产中多采用兑入酸性矿石的办法，很少使用酸性熔剂。仅当渣中 Al_2O_3 含量过高（大于 18%）、炉况失常时，才加入硅石、硅砂等石英质酸性熔剂改善造渣。

2.1.2.2 对碱性熔剂的质量要求

（1）碱性氧化物含量高，酸性氧化物含量少。一般要求 $w(CaO+MgO)>50\%$，$w(SiO_2+Al_2O_3)<3.5\%$。对于石灰石，其有效熔剂性能用有效 CaO 含量 $w(CaO)_{有效}$ 表示：

$$w(CaO)_{有效} = w(CaO) - R \cdot w(SiO_2) \qquad (2-9)$$

式中　　　　　R——炉渣碱度，即渣中 CaO 与 SiO_2 质量分数的比值；

$w(CaO)$，$w(SiO_2)$——分别为石灰石中 CaO、SiO_2 的含量，%。

（2）硫、磷含量低。石灰石一般硫含量为 0.01%~0.08%，磷含量为 0.001%~0.03%。

（3）强度高，粒度均匀，粉末少。直接装入高炉的石灰石粒度上限，以其在达到900℃温度区能全部分解为准。

2.1.3 高炉燃料

2.1.3.1 焦炭

木炭由木材在足够温度下干馏而成，是最早使用的高炉燃料。它固定碳含量高、灰分低（一般在 0.5%~2.5% 之间），几乎不含硫，孔隙率高，但机械强度差。随着钢铁工业的发展，高炉容积不断扩大，木炭的机械强度无法满足要求，且造成森林资源大量消耗，因此早已被淘汰。1735 年，英国高炉使用焦炭炼铁获得成功，从此，焦炭成为现代高炉冶炼的主要燃料和能源基础。

A　焦炭的生产工艺流程

将煤在焦炉内隔绝空气加热到1000℃左右，经过干燥、热解、熔融、黏结、固化、收缩等阶段最终制得焦炭、化学产品和煤气的过程，称为高温干馏或高温炼焦，一般简称为炼焦。

现代焦炭生产过程分为洗煤、配煤、炼焦和产品处理等工序。

（1）洗煤。原煤在炼焦之前先进行洗选，目的是降低煤中所含的灰分和去除其他杂质。

（2）配煤。将各种结焦性能不同的煤按比例配合炼焦，目的是在保证焦炭质量的前提下，扩大炼焦用煤的使用范围，合理地利用资源，并尽可能地多得到一些化工产品。

（3）炼焦。将配合好的煤装入炼焦炉的炭化室，在隔绝空气的条件下通过两侧燃烧室加热干馏，经过一定时间最后形成焦炭。图2-1为焦炉结构示意图。结焦过程在焦炉炭化室内进行，炭化室中的煤料受到两侧燃烧室加热，热流从两侧炉墙同时传递到炭化室中心。因此，结焦过程也是从靠近炉墙的煤料开始逐渐向中心移动。在整个结焦时间内，炭化室中的煤料是分层变化的，靠近炉墙的先成熟，中心煤料最后成熟。因此，沿炭化室宽度方向上，焦炭质量通常是不均匀的。靠墙处焦炭强度好，中心部分焦炭疏松多孔、强度差。

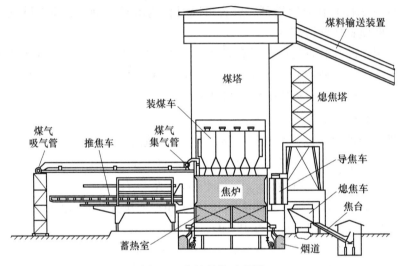

图2-1 焦炉结构示意图

（4）产品处理。将炉内推出的红热焦炭送去熄焦塔熄火，然后进行破碎、筛分、分级，获得不同粒度的焦炭产品，分别送往高炉及烧结等用户。熄焦方法有干法和湿法两种。湿法熄焦是把红热焦炭运至熄焦塔，用高压水喷淋60～90s。干法熄焦（CDQ）是将红热的焦炭放入熄焦室内，用惰性气体循环回收焦炭的物理热，时间为2～4h。在炼焦过程中还会产生炼焦煤气及多种化学产品。焦炉煤气是烧结、炼焦、炼铁、炼钢和轧钢生产的主要燃料。各种化学产品是化学、农药、医药和国防工业部门的主要原料。

B 焦炭的作用

在高炉冶炼过程中，焦炭具有如下作用：

（1）燃料。焦炭在风口前与鼓风中的氧反应燃烧，放出热量。高炉冶炼所消耗热量的70%～80%来自燃料燃烧。

（2）还原剂。高炉冶炼主要是矿石中的铁和其他合金元素的还原过程。焦炭及其燃烧产生的CO是铁及其他氧化物进行还原的还原剂。

（3）料柱骨架。由于焦炭占高炉料柱1/3～1/2的体积，在高炉冶炼条件下，焦炭既不熔融也不软化，能起到支持料柱、维持炉内透气性的骨架作用。在高炉下部，矿石和熔剂已全部软化并熔化为液体，只有焦炭仍以固体状态存在，从而保证高炉下部料柱的透气性，使炉缸煤气初始分布良好。焦炭的这一作用目前还没有其他燃料能代替。

（4）生铁渗碳的碳源。每吨炼钢生铁渗碳消耗的焦炭在50kg左右。

C　焦炭工业分析和元素分析

按水分、灰分、挥发分和固定碳测定焦炭的组成称为工业分析；按焦炭所含碳、氢、氮、氧、硫等元素测定的组成称为元素分析。

（1）水分（M）。影响焦炭水分的主要因素是熄焦方式。采用传统的湿法熄焦时，水分含量为4%~6%，高时可达10%以上；采用干法熄焦时，一般为0.5%。焦炭水分含量波动会引起称量不准而造成炉温波动。水分含量过高还会使焦粉黏附在焦块上，影响焦炭筛分效果而恶化高炉内料柱的透气性。

（2）灰分（A）。焦炭灰分主要是酸性氧化物 SiO_2、Al_2O_3。焦炭灰分含量越高，生产中就要用越多的 CaO 来造渣，造成渣量增大、焦比升高。我国高炉用焦炭的灰分含量一般在11%~15%之间，比其他国家要偏高（7%~10%）。这是由我国煤资源的成分特点所决定的。

（3）挥发分（V）。挥发分含量常用来判断焦炭是否成熟，挥发分含量过高表示有生焦，强度差；过低则表示焦炭过火，焦炭裂纹多、易碎。一般成熟焦炭的挥发分含量在0.5%~1%之间。挥发分主要由碳的氧化物和氢组成，也含有少量的 CH_4 和 N_2，其组成与配煤和炼焦工艺有关。

（4）固定碳（$C_固$）。煤经高温干馏后残留的固态可燃性物质，称为固定碳。

（5）氢、氮、硫、氧。氢在焦炭中以有机氢和挥发分中 H_2 的形态存在。焦炭中氢含量为0.4%~0.6%。氮在焦炭中以有机氮和挥发分中氮的形态存在，焦炭中的氮含量在0.7%~1.5%之间。焦炭中的氮在焦炭燃烧时会形成氮氧化物 NO_x 而污染环境。硫在焦炭中以无机硫化物、硫酸盐和有机硫三种形态存在。焦炭的硫含量主要取决于炼焦配煤中的硫含量，在炼焦过程中，煤中的硫大部分转入焦炭，其他则进入焦炉煤气。氧在焦炭中的含量很少。

D　焦炭的机械强度和热强度

焦炭的机械强度是指成品焦炭的耐磨性、抗压强度和抗冲击能力。测定焦炭机械强度的方法是转鼓试验。目前使用的转鼓有两种，即大转鼓（松格林转鼓）和小转鼓（米库姆转鼓），见表2-3。

表 2-3　焦炭转鼓指数

等　级	大转鼓（松格林转鼓）/kg		小转鼓（米库姆转鼓）/%	
	鼓内>25mm	鼓外<10mm	M_{40}	M_{10}
一级品	≥325	<40	≥80.0	≤8.0
二级品	310~324	41~50	≥78.0	≤10.0

大转鼓是过去常用的测定焦炭强度的方法。取粒度大于25mm的块焦410kg，放在直径为2.0m、宽0.8m的转鼓内（鼓外缘由 ϕ25mm 的圆钢相隔25mm焊成），转鼓以10r/min的转速转15min。用鼓内残留的焦炭质量（kg）表示转鼓指数。转鼓指数越大，焦炭

强度越好。鼓外小于 10mm 的焦炭质量（kg）为焦炭耐磨指数。小转鼓是国际通用的测定焦炭强度的方法。它是一个直径和宽度皆为 1.0m 的封闭转鼓，内壁焊有 100mm×50mm×10mm 的角钢四块，互成 90° 布置。取粒度大于 60mm 的焦块 50kg 装入鼓内，以 25r/min 的转速转 4min，然后将试样用直径为 40mm 和 10mm 的圆孔筛进行筛分。以粒度大于 40mm 的焦炭所占的质量百分数 M_{40} 作为焦炭破碎强度指数，以小于 10mm 的焦粉所占的质量百分数 M_{10} 表示焦炭磨损强度指数。M_{40} 越大，M_{10} 越小，说明焦炭强度越好。

小转鼓比大转鼓测试方便，表达更为确切。但大、小转鼓强度指标只代表焦炭的冷态强度，不能代表焦炭在高炉内的实际强度。在炉内高温条件下，焦炭强度有很大变化。因此，焦炭的高温热态强度对高炉冶炼更有实际意义。

焦炭的热强度主要是指焦炭入炉后在高温下的耐磨性，其测定方法是：取粒度为（20±1）mm 的干焦 0.2kg，先测定其反应性，然后将试样全部装入直径为 130mm、长 70mm 的小转鼓内，以 20r/min 的速度转 30min，取出后过 10mm 的方孔筛，以试样粒度大于 10mm 的质量与原质量的百分比作为热转鼓指数。目前，国内外要求该指标大于 60%。

冷态强度与热态强度具有一定关系。一般来说，M_{40} 高的焦炭，其热稳定性较好。焦炭的热转鼓耐磨性与 M_{10} 有良好的相关性。

E 高炉生产对焦炭质量的要求

（1）碳含量高，灰分含量低。固定碳和灰分是焦炭的主要组成部分，两者互为消长关系。焦炭灰分含量高，固定碳含量相应降低，单位焦炭提供的热量和还原剂少，导致高炉冶炼的焦比升高、产量降低。实际生产中有"灰分含量降低 1%，则焦比降低 2%，产量提高 3%"的经验。降低焦炭灰分含量的主要措施是加强洗煤、合理配煤。炼焦过程不能降低灰分含量。

（2）有害杂质少。高炉中的硫约 80% 来自焦炭。当焦炭硫含量高时，需要多加石灰石以提高炉渣碱度脱硫，致使渣量增加。洗煤、炼焦过程中可去除 10%~30% 的硫。此外，合理配煤也是控制焦炭硫含量的措施之一。焦炭含磷一般很少。

（3）成分稳定，挥发分含量适中，含水率低且稳定。

（4）强度高。机械强度差的焦炭，在转运过程和炉内下降过程中破裂产生大量粉末，使料柱透气性恶化，炉况不顺。M_{40} 和 M_{10} 指标作为日常生产检验指标，其重要性仍不可忽视。

（5）焦炭均匀，使高炉透气性良好，但粒度稳定与否取决于焦炭强度。

（6）焦炭高温性能（包括反应性 CRI 和反应后强度 CSR）。反应性是衡量焦炭在高温状态下抵抗 CO_2 气化能力的化学稳定性指标。焦炭的反应性高，在高炉内易被溶损，则强度下降显著。因此，希望焦炭反应性低些。反应后强度是衡量焦炭在经受 CO_2 和碱金属侵蚀状态下，保持高温强度的能力。显然，焦炭高温强度高有利于生产。

2.1.3.2 喷吹燃料

由于全球焦煤资源的缺乏和日益减少，焦炭价格逐年上涨，节约焦炭已成为炼铁生产的重要任务。主要途径有：改善原燃料质量和高炉冶炼过程，降低焦比；从风口喷吹辅助燃料，代替部分焦炭；寻求焦炭代替品（型焦）；开发少用焦炭或不用焦炭的炼铁新工艺等。

从风口向高炉内喷吹辅助燃料是大幅度降低焦比的有效措施。目前，喷吹燃料已占高炉全部燃料用量的 10%~30%，有的达 40%。高炉喷吹用燃料可分为固、液、气体三种。

（1）气体燃料。用于喷吹的气体燃料有天然气、焦炉煤气、热转化气（如裂化石油气、重油裂化气）等，其理化性能见表 2-4。它们易与空气混合，燃烧效率高；可预热提高燃烧温度，燃烧过程易于控制，输送方便。高炉喷吹气体的种类和数量主要取决于当地资源条件。

表 2-4 高炉常用喷吹气体燃料的成分及特性

喷吹燃料	密度 /kg·m^{-3}	成分/%							发热值 /kJ·m^{-3}
		CH$_4$	C$_2$H$_6$	C$_m$H$_n$	N$_2$	CO$_2$	CO	H$_2$	
天然气（四川）	0.7	97.6	0.4		1.6	0.4			35700
焦炉煤气（鞍钢）		28.4	3.0	2.4	0.9	2.9	5.8	55.6	19400

（2）液体燃料。常用于喷吹的液体燃料有重油，有时还有柴油、焦油。重油是由石油分馏提取汽油、柴油、煤油后剩下的产品。其中可燃物多，含碳 86%~89%，氢 10%~12%，硫、灰分、水分含量少。重油发热量高达 40~42MJ/kg，燃烧温度高，火焰辐射能力强，喷吹效果好，储存方便，喷吹设备简单，易于操作控制，是适宜高炉喷吹的优质燃料。国外高炉应用较多，我国受资源限制而极少使用。

（3）固体燃料。一般认为，高炉喷吹用煤应满足低灰分、低硫分、低水分、适宜挥发分等质量要求。例如，喷吹用煤的灰分低于或接近焦炭灰分，最高不大于 15%；硫小于0.7%。无烟煤固定碳高，发热值高，是最常见的固体喷吹燃料。从国内外高炉生产实践来看，高炉喷吹煤种的范围很广，包括无烟煤、烟煤、褐煤等各煤种都可以用来喷吹。如德国蒂森公司喷吹过从挥发分为 9% 的无烟煤到挥发分达 50% 的褐煤。日本也将低挥发分无烟煤、高挥发分烟煤等不同煤种用于高炉喷吹。

由于各煤种燃烧性能、产地及运输方式差异较大，国内外通常采用碳含量和发热值高的无烟煤与挥发分高、燃烧性好的烟煤配合，进行混合喷吹。通常控制混合煤的挥发分含量在 20% 左右，灰分含量在 15% 以下。

在高炉生产中，通常使用小于 200 目（0.074mm）粒度占 70%~80% 的煤粉用于喷吹。但也存在着一些特殊情况，如英国钢铁公司斯肯索普厂在生产中使用粒度为 0.25~3mm、小于 2.0mm 占 98% 的粒煤进行喷吹。

2.2 烧 结 矿

富矿粉和贫矿富选后得到的精矿粉都必须重新造块才能用于高炉冶炼。烧结矿高温强度高，还原性好，冶炼性能优于天然富矿；已含有一定的 CaO、MgO，具有足够的碱度，高炉可不加或少加石灰石。

此外，通过烧结可部分去除矿石中的硫、锌、铅等有害杂质，减少其对高炉的危害；使用烧结矿冶炼有利于减少高炉冶炼天然矿时出现的结瘤问题；烧结中还可广泛利用各种含铁粉尘和废料。

2.2.1 烧结矿质量指标

烧结矿的质量好坏对高炉生产起着非常重要的作用。对烧结矿质量的要求为：品位高，强度好，成分稳定，还原性好，粒度均匀，粉末少，碱度适宜，有害杂质少。

2.2.1.1 强度和粒度

烧结矿强度好、粒度均匀，可减少运输过程中和炉内产生的粉末，改善高炉料柱透气性，保证炉况顺行。同时，烧结矿强度提高意味着烧结机产量（成品率）增加。

国内外多采用标准转鼓的方法来评价烧结矿强度。取粒度为 25~150mm 的烧结矿试样 20kg，置于直径为 1.0m、宽 0.65m 的转鼓中（鼓内焊有高 100mm、厚 10mm、互成 120° 布置的钢板三块）。转鼓以 25r/min 的转速旋转 4min，然后用 5mm 的方孔筛往复摆动 10 次进行筛分，取其中大于 5mm 部分的质量百分比作为烧结矿的转鼓指数（DI）：

$$DI = \frac{20 - A}{20} \times 100\% \qquad (2\text{-}10)$$

式中　A ——试样中小于 5mm 部分的质量，kg。

一般要求烧结矿的转鼓指数大于 75%。还有一些其他强度试验和表示法，如美国材料试验协会的 ASTM 转鼓指数用大于 6.4mm 部分的质量百分数表示，ASTM 转鼓指数越大，烧结矿强度越好，一般要求达到 60%~80%。

冷态强度不能完全反映烧结矿在炉内高温还原条件下的行为，因此，低温还原粉化、还原性等热态强度指标也应重视。

2.2.1.2 低温还原粉化性

铁矿石在 400~600℃ 区间的还原过程中，由于 Fe_2O_3 还原为 Fe_3O_4 引起的晶格变化，导致铁矿石出现裂缝而容易粉化。在高炉上部低温区域，矿石粉化现象越严重，高炉上部的透气性就越差；粉化的矿石及焦炭粉末具有较高活性，易与周围的物料黏结，从而引起高炉结瘤等问题。因此，低温还原粉化性能是评价矿石质量（特别是烧结矿）的重要指标之一，通常使用 RDI 指数表征。

RDI 指数的测定方法为：筛分粒度范围为 10.0~12.5mm 的铁矿石试样，在（105±5）℃ 下烘干 2h 处理。将试样放入还原管中加热至 500℃，恒温 30min 后通入流量还原气体，连续还原 1h 后取出，冷却到 100℃ 以下。将还原后的样品放入转鼓内，以（30±1）r/min 的转速共转 300 转，用 6.30mm、3.15mm 和 0.5mm 的筛子手工筛分，记录各粒级筛上的试样质量。其中，以粒度大于 3.15mm 部分所占比例为该矿石的低温还原粉化指数，记为 $RDI_{+3.15}$。该值越大，表示还原后的铁矿石经过转鼓试验后的粉化程度越小，冶金性能越好。

实际生产中，也有企业习惯使用 $RDI_{-3.15}$ 指标，其表示转鼓后粒度小于 3.15mm 部分所占比例。

2.2.1.3 还原性

烧结矿还原性好，有利于强化冶炼并相应减少还原剂消耗。由于模拟高炉条件进行还原试验非常困难，生产中习惯采用烧结矿中的 FeO 含量表示还原性。一般认为，若 $w(FeO)$ 高，表明烧结矿中难还原的硅酸铁 $2FeO \cdot SiO_2$（还有钙铁橄榄石）多，烧结矿过熔而使结构致密、孔隙率低，故还原性差；反之，若 $w(\mathrm{FeO})$ 低，则还原性好。一般要求 $w(\mathrm{FeO})$ 应低于 10%。

烧结矿强度和 FeO 含量有一定相关关系，即 $w(\mathrm{FeO})$ 高，强度也高，但还原性变差。烧结生产的重要任务之一就是要使烧结矿既获得足够的强度，又有良好的还原性。

2.2.1.4　碱度

烧结矿碱度一般用 $R = w(\mathrm{CaO})/w(\mathrm{SiO_2})$ 表示。按照碱度的不同，烧结矿可分为以下三类：

(1) 酸性（或普通）烧结矿，即碱度低于炉渣碱度的烧结矿（$R<1.0$）。高炉使用这种烧结矿，需加入一定量的石灰石以达到预定炉渣碱度。

(2) 自熔性烧结矿，即碱度等于或接近炉渣碱度的烧结矿（$R=1.0\sim1.4$）。高炉使用自熔性烧结矿时，一般可不加或少加石灰石。

(3) 熔剂性烧结矿，即碱度明显高于炉渣碱度的烧结矿（$R>1.4$）。此外，还有高碱度（$R=2.0\sim3.0$）、超高碱度（$R=3.0\sim4.0$）烧结矿。由于这种烧结矿 CaO 含量高，使用时无需加石灰石，其往往与酸性矿配合冶炼以获得碱度合适的炉渣。

为了改善炉渣的流动性和稳定性，烧结矿中常含有一定量的 MgO（如 2%~3% 或更高），使渣中 $w(\mathrm{MgO})$ 达到 7%~8% 或更高。烧结矿和炉渣的碱度可按 $w(\mathrm{CaO+MgO})/w(\mathrm{SiO_2})$ 来考虑。表 2-5 列出了我国烧结矿行业标准铁烧结矿的技术要求。

表 2-5　我国烧结矿行业标准铁烧结矿的技术要求

类　别		品级	化学成分/%				物理性能/%			冶金性能/%	
			TFe	CaO/SiO$_2$	FeO	S	转鼓指数 DI (+6.3mm)	抗磨指数 (−0.5mm)	筛分指数 (−5mm)	低温还原粉化指数 RDI (+3.15mm)	还原度 RI
			允许波动范围		不大于						
碱度	1.50~2.50	一级	0.5	0.08	12.0	0.08	≥66.0	<7.0	<7.0	≥60	≥65
		二级	1.0	0.12	14.0	0.12	≥63.0	<8.0	<9.0	≥58	≥62
	1.00~<1.50	一级	0.5	0.05	13.0	0.06	≥62.0	<8.0	<9.0	≥62	≥61
		二级	1.0	0.1	15.0	0.08	≥59.0	<9.0	<11.0	≥60	≥59

2.2.2　烧结过程及主要反应

2.2.2.1　烧结过程

带式抽风烧结是目前生产烧结矿的主要方法，其工艺流程如图 2-2 所示。其他烧结方法有回转窑烧结、悬浮烧结等，其烧结原理基本相同。

抽风烧结过程是将铁矿粉、熔剂和燃料经适当处理，按一定比例加水混合，铺在烧结机上，然后从上部点火、下部抽风，自上而下进行烧结，得到烧结矿。取一台车剖面分析，抽风烧结过程大致可分为五层（见图 2-3），即烧结矿层、燃烧层、预热层、干燥层和过湿层。从点火烧结开始，这五层依次出现，一定时间后又依次消失，最终剩下烧结矿层。

(1) 烧结矿层。主要反应是液相凝固、矿物析晶。随着烧结过程的进行，该层逐渐增

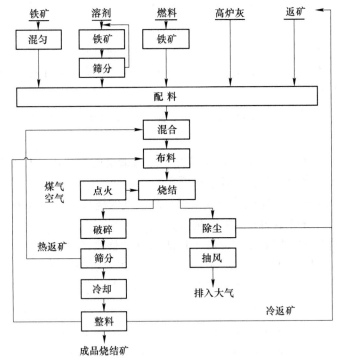

图 2-2　抽风烧结一般工艺流程

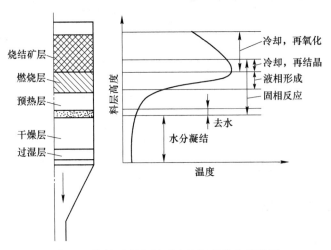

图 2-3　烧结过程各层反应及温度分布示意图

厚，抽入的空气通过烧结矿层被预热，而烧结矿层则被冷却。在与燃烧层接近处，液相冷却结晶（1000~1100℃）并固结形成多孔的烧结矿。

（2）燃烧层。主要反应是燃料燃烧，温度可达 1100~1500℃，混合料在固相反应下软化并进一步发展产生液相。从燃料着火开始到燃烧完毕需要一定时间，故燃烧层有一定厚度，为 15~50mm。燃烧层过厚，导致料层透气性差，烧结产量降低；过薄则使烧结温度低，液相不足，烧结矿固结不好。燃烧层沿着高度下移的速度称为垂直烧结速度，一般为 10~40mm/min。这一速度决定着烧结机的生产率。

（3）预热层。混合料被燃烧层的高温气体迅速加热到燃料的着火点（一般为700℃左右，但在烧结层中实际为1050~1150℃），并进行氧化、还原、分解和固相反应，出现少量液相。

（4）干燥层。其与预热层交界处的温度为120~150℃，烧结料中的游离水大量蒸发，使粉料干燥。同时，料中热稳定性差的一些球形颗粒可能破裂，使料层透气性变坏。

（5）过湿层，即原始的烧结混合料层。由于上层来的废气中含有大量的水蒸气，当其被湿料层冷却到露点温度以下时，水气便重新凝结，造成过湿现象，使料层透气性恶化。为避免过湿，应确保湿料层温度在露点以上。

烧结过程是许多物理和化学变化过程的综合。其中，有燃烧和传热、蒸发和冷凝、氧化和还原、分解和吸附、熔化和结晶、矿（渣）化和气体动力学等过程。下面对各过程分别进行研究和讨论。

2.2.2.2　燃料的燃烧

烧结料中固体碳的燃烧为形成黏结所必需的液相和进行各种反应提供了必要的条件（温度、气氛）。烧结过程所需要热量的80%~90%由燃料燃烧供给。然而，燃料在烧结混合料中所占的比例很小，按重量计仅为3%~5%，要使燃料迅速而充分地燃烧，必须供给过量的空气，空气过剩系数达1.4~1.5或更高。

混合料中的碳在温度达到700℃以上即着火燃烧，发生以下反应：

$$C_{焦} + O_2 == CO_2 \tag{2-11}$$

$$C_{焦} + \frac{1}{2}O_2 == CO \tag{2-12}$$

$$2CO + O_2 == 2CO_2 \tag{2-13}$$

$$CO_2 + C == 2CO \tag{2-14}$$

在烧结过程中，反应（2-11）易于发生，在高温区有利于反应（2-12）和反应（2-14）进行。因此，烧结废气中含有CO_2、CO以及过剩的O_2和不参与反应的N_2。图2-4所示为烧结过程中废气成分变化的一般规律。

燃料燃烧虽然是烧结过程的主要热源，但仅靠它并不能把燃烧层温度提高到1300~1500℃的水平。相当部分的热量是靠上部灼热的燃烧矿层将抽入的空气预热提供的。热

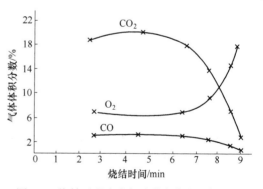

图2-4　烧结过程中废气成分变化的一般规律

烧结矿层相当于一个"蓄热室"，热平衡分析表明，蓄热作用提供的热量约占供热总量的40%。

随着烧结料层的增厚，烧结自动蓄热量增加，有利于降低燃料消耗。但进一步增厚料层，烧结矿层形成稳定的蓄热层后，则蓄热量将不再增加，燃耗也不再降低。料层高度的增加受透气性的限制。

随着烧结过程的进行，燃烧层向下移动，烧结矿层增厚，自动蓄热作用越发显著，越

到下层燃烧温度越高。由于上层温度不足（一般为1150℃左右），液相不多，强度较低；而下部温度过高，液相多，强度高，但还原性差，导致烧结矿质量不均。

烧结过程的总速度取决于燃料燃烧速度和传热速度两者之间的最慢者。在低燃料量条件下，氧量充足，燃料着火点低，燃烧速度较快，烧结速度取决于传热速度；在燃料量正常或较高条件下，则烧结速度取决于燃烧速度。

烧结过程主要是对流传热。传热速度主要取决于气流速度、气体和物料的热容量。根据热平衡推导可得出传热速度（W）如下：

$$W = \frac{c_{气} \cdot v_0}{c_{料} \cdot (1 - \varepsilon)} \tag{2-15}$$

式中　$c_{料}$，$c_{气}$——分别为气体和物料的体积比热容；

v_0——气体的假定流速，$v_0 = \varepsilon v$（v 为气流在孔隙中的速度）；

ε——料层孔隙率。

由式（2-15）可见，增加气流速度，改善料层透气性，可使传热速度增加，高温区下移加速，产量增加。$c_{料}$、$c_{气}$ 与物料特性有关。

燃料燃烧速度主要取决于燃料的反应性、粒度、气体氧含量和流速（料层透气性）以及温度等因素。粒度小，使透气性变坏，不利于燃烧和传热。一般认为，烧结用的燃料粒度以1~3mm为最佳。在实际生产中，燃料经破碎必然产生小于1mm的粒级，一般要求小于3mm粒级的部分占70%~85%。

2.2.2.3　水分的蒸发和凝结

为了混料造球，常外加一定量的水（精矿粉加水7%~8%，富矿粉加水4%~5%）。这种水称为游离水或吸附水，在100℃温度下即可大量蒸发除去。

如用褐铁矿烧结，则还含有较多结晶水（化合水），需要在200~300℃下才开始分解放出；脉石中含有黏土质高岭土矿物（$Al_2O_3 \cdot 2SiO_2 \cdot H_2O$），需要在400~600℃下才能分解，甚至在900~1000℃下才能去尽。因此，用褐铁矿烧结时需要更多的燃料，配比一般高达8%~9%。

此外，分解出的水会与碳发生如下反应，使得烧结过程燃耗增加。

500~1000℃ 时　　$2H_2O + C = CO_2 + 2H_2$　　$\Delta H = 99600 J/mol$　　(2-16)

1000℃ 以上时　　$H_2O + C = CO + H_2$　　$\Delta H = 133100 J/mol$　　(2-17)

烧结料中水分蒸发的条件是气相中水蒸气分压（p_{H_2O}）低于该料温条件下水的饱和蒸汽压（p'_{H_2O}）。在烧结干燥层中，由于水分不断蒸发，故 p_{H_2O} 不断升高；相反，由于温度不断降低，p'_{H_2O} 则不断下降，当 $p_{H_2O} = p'_{H_2O}$ 时，蒸发和凝结处于动态平衡状态，干燥过程也就结束。废气离开干燥层后，继续将热传给下面的湿料层，温度继续下降，p'_{H_2O} 继续降低。当 $p_{H_2O} > p'_{H_2O}$ 时，废气温度低于该条件下的露点温度，便产生水气的凝结，产生过湿现象，致使料层透气性恶化。如果采取预热措施，使得烧结混合料层的温度超过露点温度（一般在50~60℃），则可避免或减轻过湿现象，提高烧结矿的产量和质量。

2.2.2.4　碳酸盐的分解

在使用菱铁矿和菱锰矿烧结时，烧结料中含有 $FeCO_3$ 和 $MnCO_3$。菱铁矿在烧结过程中比较容易分解。生产熔剂性或高碱度烧结矿时，需配入一定量的石灰石或白云石。$CaCO_3$

的分解温度较其他碳酸盐高，其分解反应为：

$$CaCO_3 \xrightarrow[880℃\ 剧烈]{720℃\ 开始} CaO + CO_2 \qquad \Delta H = 178000J/mol \qquad (2\text{-}18)$$

其分解速度与温度、粒度、外界气流速度和气相中 CO_2 浓度等相关，温度升高，粒度减小，气流速度加快，气相中 CO_2 浓度降低，则分解加速。在使用精矿粉生产熔剂性或高碱度烧结矿的条件下，石灰石粒度起决定作用。若石灰石粒度过大，则可能来不及完全分解，分解出的 CaO 不能充分进行矿化作用而以自由 CaO 形式残存于烧结矿中（俗称白点），当其吸收大气水分时便发生消化反应：

$$CaO + H_2O = Ca(OH)_2 \qquad (2\text{-}19)$$

结果使体积膨胀，造成烧结矿粉化。为保证石灰石在烧结过程中完全分解，必须严格控制其粒度小于 3mm。

在高炉冶炼过程中，石灰石开始分解温度约为 740℃，激烈分解温度为 960℃。由反应式（2-18）看出，其分解消耗大量的热，使焦比升高；在高温区则使碳发生气化反应：

$$CO_2 + C_焦 = 2CO \qquad \Delta H = 166000J/mol \qquad (2\text{-}20)$$

因此，石灰石直接入高炉不仅吸收大量的热，还多消耗碳，使焦比升高。减少石灰石入炉具有重要的意义。

2.2.2.5　铁氧化物的分解还原和氧化

总体而言，烧结过程是氧化性气氛，但由于烧结料中碳分布的偏析和气体组成分布的不均匀性，使得在燃烧颗粒表面附近或燃料集中处 CO 浓度较高，存在局部还原性气氛。从微观角度来看，在料层中既有氧化区也有还原区，因此对铁矿物同时存在氧化、还原、分解等反应。

在同一温度下，分解压越大的物质越易分解，并易被还原剂还原。赤铁矿（Fe_2O_3）具有较大的分解压，在 1300~1350℃ 或更高温度的实际料层中，完全可以进行热分解：

$$3Fe_2O_3 \xrightarrow{1350℃} 2Fe_3O_4 + \frac{1}{2}O_2 \qquad (2\text{-}21)$$

在有 CO 存在的区域，只要温度达 300℃ 左右，Fe_2O_3 就很容易被还原：

$$3Fe_2O_3 + CO = 2Fe_3O_4 + CO_2 \qquad (2\text{-}22)$$

此反应所需的 CO 平衡浓度很低，所以一般烧结矿中自由 Fe_2O_3 很少。在有固相反应生成 $CaO \cdot Fe_2O_3$ 的条件下，Fe_2O_3 较难还原，烧结矿中 FeO 含量较低。

磁铁矿（Fe_3O_4）分解压很小，较难分解。但在有 SiO_2 存在时，Fe_3O_4 的分解压接近 Fe_2O_3 的分解压，故在 1300~1350℃ 或更高温度的实际料层中，完全可进行热分解：

$$2Fe_3O_4 + 3SiO_2 = 3(2FeO \cdot SiO_2) + O_2 \qquad (2\text{-}23)$$

在 900℃ 以上，Fe_3O_4 可被 CO 还原：

$$Fe_3O_4 + CO = 3FeO + CO_2 \qquad (2\text{-}24)$$

在有 SiO_2 存在时，还原反应更易进行：

$$2Fe_3O_4 + 3SiO_2 + 2CO = 3(2FeO \cdot SiO_2) + 2CO_2 \qquad (2\text{-}25)$$

在有 CaO 存在时，不易生成 $2FeO \cdot SiO_2$，故不利于反应（2-25）进行。因此，烧结矿碱度提高后，FeO 含量会有所降低。

FeO 分解压力很小，在一般烧结条件下，FeO 很难被 CO 还原为 Fe。即使还原得到的少量金属铁，也很容易被抽入的空气氧化。烧结矿中金属铁量甚微，一般在 0.5% 以下。

在燃烧层中距炭粒较远的区域，氧化性气氛较强，可以使 Fe_3O_4 和 FeO 氧化：

$$2Fe_3O_4 + \frac{1}{2}O_2 = 3Fe_2O_3 \tag{2-26}$$

$$3FeO + \frac{1}{2}O_2 = Fe_3O_4 \tag{2-27}$$

烧结过程同时存在氧化、还原反应，可根据烧结前含铁原料和烧结后烧结矿的氧化度来分析两种反应进行的程度。

氧化度（Ω）是烧结矿或铁矿粉中与铁结合的实际氧量与全部铁以 Fe_2O_3 形态结合时的氧量之比：

$$\Omega = \left(1 - \frac{w(Fe)_{FeO}}{3w(TFe)}\right) \times 100\% \tag{2-28}$$

式中 $w(Fe)_{FeO}$——烧结矿或铁矿粉中以 FeO 形态存在的铁量，%；

         $w(TFe)$——烧结矿或铁矿粉的全铁量，%。

可将烧结用铁矿粉的氧化度（$\Omega_原$）和烧结矿的氧化度（$\Omega_烧$）按式（2-28）分别计算出来并加以比较，若 $\Omega_原 > \Omega_烧$，表明烧结过程中氧化反应占优势；若 $\Omega_原 < \Omega_烧$，表明还原反应占主导地位。

由式（2-28）可见，在烧结矿品位相同的情况下，烧结矿中 FeO 含量越低，其氧化度越高，还原性越好。

燃料用量的多少是影响烧结过程氧势的主要因素。燃料量增加，气相中 O_2 减少。因此，减少燃料用量是降低烧结矿中 FeO 量、保证强度的主要条件。

2.2.2.6 有害杂质的去除

烧结过程可部分去除矿石中硫、铅、锌、砷、氟、钾、钠等对高炉有害的物质，从而改善烧结矿的质量，有利于高炉冶炼顺行。

烧结可以去除大部分的硫。对于以硫化物形式存在的硫，主要反应为：

$$2FeS_2 + \frac{11}{2}O_2 \xrightarrow{>366℃} Fe_2O_3 + 4SO_2 \tag{2-29}$$

$$2FeS + \frac{7}{2}O_2 = Fe_2O_3 + 2SO_2 \tag{2-30}$$

铁矿石中的硫有时以硫酸盐（$CaSO_4$、$BaSO_4$ 等）的形式存在。硫酸盐的分解压很小，开始分解的温度相当高，如 $CaSO_4$ 高于 975℃、$BaSO_4$ 高于 1185℃，因此其去硫比较困难。但当有 Fe_2O_3 和 SiO_2 存在时，可改善其去硫热力学条件：

$$CaSO_4 + Fe_2O_3 = CaO \cdot Fe_2O_3 + SO_2 + \frac{1}{2}O_2 \tag{2-31}$$

$$BaSO_4 + SiO_2 = BaO \cdot SiO_2 + SO_2 + \frac{1}{2}O_2 \tag{2-32}$$

硫化物烧结去硫主要是氧化反应。高温、氧化性气氛有利于去硫，两者都与燃料量直接有关。硫化物的去硫反应为放热反应，而硫酸盐的去硫反应则为吸热反应。因此，提高烧结温度对硫酸盐矿石去硫有利。而在烧结硫化物矿石时，为稳定烧结温度、促进脱硫，应相应降低燃耗。

在生产熔剂烧结矿时，生成的 SO_2 在过湿层溶于水，并与 CaO、石灰石、铁酸钙等发生硫酸化反应，形成难以分解的硫酸钙：

$$CaCO_3 + SO_2 + \frac{1}{2}H_2O \xrightarrow{60℃} CaSO_3 \cdot \frac{1}{2}H_2O + CO_2 \tag{2-33}$$

亚硫酸钙脱水反应为：

$$CaSO_3 \cdot \frac{1}{2}H_2O \xrightarrow{113℃} CaSO_3 + \frac{1}{2}H_2O \tag{2-34}$$

在更高温度下有氧存在时：

$$CaSO_3 + \frac{1}{2}O_2 \xrightarrow{>900℃} CaSO_4 \tag{2-35}$$

烧结料中石灰物质的硫酸化使去硫效率平均降低 5%～7%。熔剂性烧结矿中以 CaS 形态存在的硫较多，表明 CaO 吸硫降低了烧结过程的去硫效率。因此，不宜使用高硫铁矿生产高碱度烧结矿。

砷的脱除需要有适当的氧化气氛。砷氧化成为 As_2O_3，容易挥发，但过氧化生成 As_2O_5 则不能气化。因此，烧结去砷率一般不超过 50%。若加入少量 $CaCl_2$，可使去砷率达 60%～70%。

烧结去氟率一般只有 10%～15%，有时可达 40%。若在烧结料层中通入水气，可使其生成 HF，大大提高去氟率。硫、砷、氟以 SO_2、As_2O_3、HF 等有毒气体形式随废气排除，严重污染大气，危害生物和人体健康。因此，许多国家对烧结废气制定了严格的排放标准。

对一些含有碱金属钾、钠和铅、锌的矿石，可在烧结料中加入 $CaCl_2$，使其在烧结过程中相应生成易挥发的氯化物而被去除和回收。如加入 2%～3% $CaCl_2$，可去铅 90%，去锌 65%；加 0.7% $CaCl_2$，钾、钠的脱碱率可达 70%。但采用氯化烧结时，应注意设备腐蚀和环境污染问题。

2.2.3　烧结矿固结机理

烧结料的固结经历了固相反应、液相生成和冷却固结三个阶段。液相黏结是关键环节。

2.2.3.1　固相反应

颗粒之间的固相反应是在未生成液相的低温（500～700℃）条件下，烧结料中的组分在固态下进行反应并生成新的化合物。固态反应的机理是离子扩散。烧结料中各种矿物颗粒紧密接触，在晶格中各结点上的离子可以围绕它们的平衡位置振动。温度升高，振动加剧，当温度升高到使质点获得的能量（活化能）足以克服其周围质点对它的作用能时，其便失去平衡而产生位移（即扩散）。这种位移可在晶格内进行，也可扩散到表面并进而扩散到相邻接的其他晶体的晶格内进行化学反应。相邻颗粒表面电荷相反的离子互相吸引，进行扩散，从而形成新的化合物，使之连接成一整体。

固相反应产物往往是低熔点化合物，它们开始发生固相反应的温度如表 2-6 所示。

表 2-6　烧结过程中可能产生的固相反应及开始反应温度

反应物	固相反应产物	开始反应温度/℃	反应物	固相反应产物	开始反应温度/℃
$SiO_2+Fe_2O_3$	Fe_2O_3 在 SiO_2 中的固溶体	575	$MgO+Fe_2O_3$	含镁富氏体	700
SiO_2+2CaO	$2CaO \cdot SiO_2$	500, 610, 690	$FeO+Al_2O_3$	$FeO \cdot Al_2O_3$	1100
$2MgO+SiO_2$	$2MgO \cdot SiO_2$	680	$CaO+MgCO_3$	$CaCO_3+MgO$	525
$MgO+Fe_2O_3$	$MgO \cdot Fe_2O_3$	600	$CaO+MgSiO_3$	$CaSiO_3+MgO$	560
$CaO+Fe_2O_3$	$CaO \cdot Fe_2O_3$	500,600,610,650	$CaO+MnSiO_3$	$CaSiO_3+MnO$	565
$CaCO_3+Fe_2O_3$	$CaO \cdot Fe_2O_3$	590	$CaO+Al_2O_3 \cdot SiO_2$	$CaSiO_3+Al_2O_3$	530
$MgO+Al_2O_3$	$MgO \cdot Al_2O_3$	920, 1000	$Fe_3O_4+SiO_2$	$2FeO \cdot SiO_2$	990

在铁矿粉烧结料中添加石灰时，主要矿物成分为 Fe_2O_3、Fe_3O_4、CaO、SiO_2 等。这些矿物颗粒间互相接触，在加热过程中发生固相化学反应，如图 2-5 所示。

固相反应在温度较低的固体颗粒状态下进行，只局限于颗粒间的接触面发生位移，反应速度一般较慢，所以固相反应不可能得到充分发展，但固相反应生成的低熔点化合物为形成液相打下了基础。

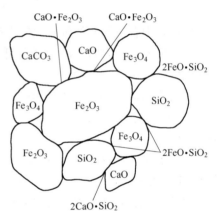

图 2-5　烧结固相化学反应示意图

2.2.3.2　液相黏结及基本液相体系

烧结矿的固结主要依靠发展液相来完成。固相反应形成的低熔点化合物足以在烧结温度下生成液相。随着燃料层的移动，温度升高，各种互相接触的矿物又形成一系列的易熔化合物，在燃烧温度下形成新的液相。液滴浸润并溶解周围的矿物颗粒，从而将它们黏结在一起；相邻液滴可能聚合，冷却时产生收缩；往下抽入的空气和反应的气体产物可能穿透熔化物而流过，冷却后便形成多孔、坚硬的烧结矿。由此可见，烧结过程中产生的液相及其数量直接影响烧结矿的质量和产量。

表 2-7 列出了烧结原料特有的化合物和混合物熔化温度。

表 2-7　烧结原料特有的化合物和混合物熔化温度

系　统	液 相 特 性	熔化温度/℃
$FeO-SiO_2$	$2FeO \cdot SiO_2$	1205
	$2FeO \cdot SiO_2-SiO_2$ 共熔混合物	1178
	$2FeO \cdot SiO_2-FeO$ 共熔混合物	1177
$Fe_3O_4-2FeO \cdot SiO_2$	$2FeO \cdot SiO_2-Fe_3O_4$ 共熔混合物	1142
$MnO-SiO_2$	$2MnO \cdot SiO_2$ 异分熔化	1323
$MnO-Mn_2O_3-SiO_2$	$MnO-Mn_3O_4-2MnO \cdot SiO_2$ 共熔混合物	1303
$2FeO \cdot SiO_2-2CaO \cdot SiO_2$	$(CaO)_x \cdot (FeO)_{2-x} \cdot SiO_2(x=0.19)$	1150
$2CaO \cdot SiO_2-FeO$	$2CaO \cdot SiO_2-FeO$ 共熔混合物	1280
$CaO-Fe_2O_3$	$CaO \cdot Fe_2O_3 \rightarrow$ 液相$+2CaO \cdot Fe_2O_3$ 异分熔化	1216
	$CaO \cdot Fe_2O_3-CaO \cdot 2Fe_2O_3$ 共熔混合物	1200

系　　统	液相特性	熔化温度/℃
FeO-Fe$_2$O$_3$-CaO	（18%CaO+82%FeO）-2CaO·Fe$_2$O$_3$固溶体的共熔混合物	1140
Fe$_3$O$_4$-Fe$_2$O$_3$-CaO·Fe$_2$O$_3$	Fe$_3$O$_4$-CaO·Fe$_2$O$_3$ Fe$_2$O$_3$-2CaO·Fe$_2$O$_3$共熔混合物	1180
Fe$_2$O$_3$-CaO·SiO$_2$	2CaO·SiO$_2$-CaO·Fe$_2$O$_3$-2CaO·Fe$_2$O$_3$共熔混合物	1192

表中所列的化合物在烧结所能达到的温度范围内都能形成液相，其中有以下四种典型物系。

A　FeO-SiO$_2$液相体系

铁矿粉中的FeO和SiO$_2$接触紧密，在烧结过程中易化合成2FeO·SiO$_2$（铁橄榄石），其熔点为1205℃。2FeO·SiO$_2$还可与SiO$_2$或FeO组成低熔点共晶混合物（见图2-6），其熔点为1178℃或1177℃；2FeO·SiO$_2$又可与Fe$_3$O$_4$组成熔点更低的混合体（1142℃）。

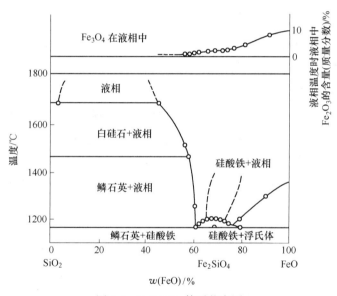

图2-6　FeO-SiO$_2$体系状态图

这个体系是生产低碱度酸性烧结矿的主要黏结相，其生成条件是必须有足够数量的FeO和SiO$_2$。FeO的形成需要较高的温度和还原性气氛。SiO$_2$含量则主要取决于精矿品位和矿石类型，酸性脉石矿品位提高，则SiO$_2$含量降低，但总含有一定量的SiO$_2$。2FeO·SiO$_2$是难还原物质，以它为主要黏结相的烧结矿强度好，但还原性差。

B　CaO-SiO$_2$液相体系

当生产自熔性烧结矿时，外加的CaO与矿粉中的SiO$_2$作用，在烧结过程中生成两种可熔的硅酸钙液相，即硅灰石CaO·SiO$_2$（CS），熔点为1544℃，它与SiO$_2$在1486℃时形成最低共熔点；硅钙石3CaO·2SiO$_2$（C$_3$S$_2$），熔点为1475℃，它与CaO·SiO$_2$在1455℃时形成最低共熔点。其他还有正硅酸钙2CaO·SiO$_2$（C$_2$S）等，但其熔点为2130℃，在烧结中不能熔化为液相，见图2-7。

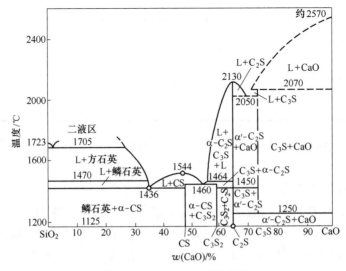

图 2-7　CaO-SiO$_2$ 体系状态图

由于硅酸钙液相体系的化合物和固溶体熔化温度较高（在 1430℃ 以上），在烧结的温度条件下此液相不会产生很多。

C　CaO-Fe$_2$O$_3$ 液相体系

在生产熔剂性烧结矿时，需要加入大量 CaO。CaO 与矿粉中的 Fe$_2$O$_3$ 在 500~600℃ 下即可进行固相反应，生成铁酸钙 CaO·Fe$_2$O$_3$，其熔点为 1216℃。由图 2-8 可以看到，这个体系还有几种化合物，如 2CaO·Fe$_2$O$_3$（1449℃）、CaO·2Fe$_2$O$_3$（1226℃）、CaO·Fe$_2$O$_3$-CaO·2Fe$_2$O$_3$ 共晶（1205℃）。这个体系化合物熔点比较低、生成速度快，对生产熔剂性烧结矿具有重要意义。

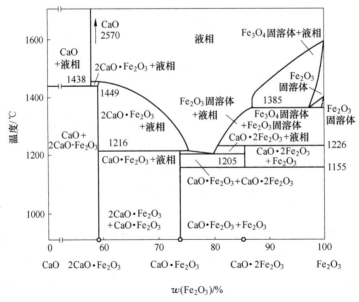

图 2-8　CaO-Fe$_2$O$_3$ 体系状态图

形成铁酸钙液相体系的条件是 CaO 与 Fe_2O_3 同时存在。当温度达到 1300℃ 左右时，烧结料中出现熔体，熔体中 CaO 与 SiO_2（或 FeO）的亲和力比 CaO 与 Fe_2O_3 的亲和力大得多，所以 $CaO \cdot Fe_2O_3$ 中的 Fe_2O_3 将被 SiO_2 置换出来，甚至被还原为 FeO。只有当 CaO 大量存在、在与 SiO_2 和 FeO 结合后还有多余的 CaO 时，才会出现较多的铁酸钙。因此只有在碱度高时，铁酸钙液相才能起到主要黏结作用。提高精矿品位，降低 SiO_2 含量，对形成铁酸钙液相是有利的。Fe_2O_3 在 1300℃ 以上的高温下不稳定，为保证其存在，必须保持较低的烧结温度和较强的氧化性气氛。因此生产熔剂性或高碱度烧结矿，发展 CaO-Fe_2O_3 液相体系乃是以低配碳量、低温烧结操作为特征。这既可以节省大量燃料，又能获得 FeO 含量低、还原性好且强度足够的产品，使烧结矿强度和还原性之间的矛盾得到妥善解决。

D CaO-FeO-SiO_2 液相体系

在生产自熔性烧结矿时，若温度高，还原性气氛强，则大量存在的 CaO、FeO 和 SiO_2 便可能结合生成钙铁硅酸盐低熔点化合物，如钙铁橄榄石 $(CaO)_x \cdot (FeO)_{2-x} \cdot SiO_2$（$x = 0.25 \sim 1$）、钙铁辉石 $CaO \cdot FeO \cdot 2SiO_2$、铁黄长石 $2CaO \cdot FeO \cdot 2SiO_2$。这些化合物能形成一系列的固溶体（见图 2-9），并在固相中产生复杂的化学变化和分解作用。提高碱度，增加烧结料中的 CaO 量，可降低液相生成温度。在 $w(CaO) = 10\% \sim 20\%$ 的范围内，这个体系化合物的熔化温度范围大部分都在 1150℃ 之内。钙铁橄榄石与铁橄榄石同属一个晶系，构造相似，还原性较差，易在高温和还原性气氛下生成。钙铁硅酸盐的熔化温度较铁橄榄石低，液相黏度小，故烧结时透气性较好，但易形成大气孔烧结矿。

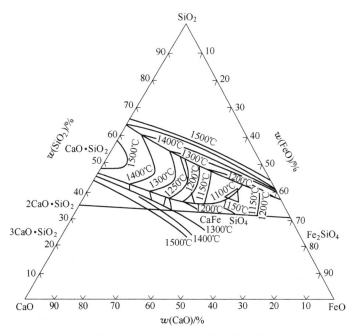

图 2-9 CaO-FeO-SiO_2 体系状态图

在烧结过程中，若液相太少，则黏结不够，烧结矿强度不好；若液相过多，则产生过熔，使烧结矿致密，孔隙率降低，还原性变差。无论靠何种液相黏结，数量都应适当。

2.2.3.3　冷却固结

烧结矿的冷却固结实际上是一个再结晶过程。

燃烧层移过后,烧结矿的冷却过程随即开始。随着温度的降低,液相黏结着周围的矿物颗粒而凝固。各种低熔点化合物(液相)开始结晶。首先是晶核的形成,凡是未熔化的矿物颗粒和随空气带来的粉尘都可充当晶核。晶粒围绕晶核逐渐长大。冷却快时,结晶发展不完整,因此裂纹较多,强度较差;冷却慢时,晶粒发展较完整,强度较好。上层烧结矿容易受空气急冷,强度较差;下层烧结矿的强度则较好。

在液相冷凝结晶时,由于各种矿物的膨胀系数不同,因而在晶粒之间产生内应力,使烧结矿内部产生许多微细裂纹,导致强度降低。

在烧结矿冷却固结中,$2CaO \cdot SiO_2$ 虽不能形成液相,但在冷却过程中产生 α、α'、β、γ 四种晶型变化。当温度下降到850℃时,$\alpha'-2CaO \cdot SiO_2$ 转变为 $\gamma-2CaO \cdot SiO_2$,体积增大约12%;当冷却至675℃时,$\beta-2CaO \cdot SiO_2$ 转变为 $\gamma-2CaO \cdot SiO_2$,体积又增大10%。这种相变产生很大的内应力和体积膨胀,使得已固结成形的烧结矿发生粉碎,强度大减。因此,烧结过程中要尽量避免正硅酸钙的生成,严格掌握冷却温度,有效控制其晶型转变。

在烧结料的脉石中 Al_2O_3 含量高时,固结过程会出现铝黄长石($2CaO \cdot Al_2O_3 \cdot SiO_2$)、铁铝酸四钙($4CaO \cdot Al_2O_3 \cdot Fe_2O_3$)、铁黄长石($2CaO \cdot Al_2O_3 \cdot Fe_2O_3$)等。当 MgO 含量较多时,会出现钙镁橄榄石($CaO \cdot MgO \cdot SiO_2$)、镁黄长石($2CaO \cdot MgO \cdot 2SiO_2$)及镁蔷薇石($3CaO \cdot MgO \cdot 2SiO_2$)等。

2.2.3.4　烧结矿的矿物组成及结构

从烧结矿的固结过程可以看出,烧结矿是一种由多种矿物组成的复合体,液相成分是决定烧结矿矿物组成的重要因素。液相的成分和数量,首先取决于原料性质,如矿物类型、化学成分、粒度组成等;其次取决于烧结工艺条件,如配碳量、碱度、温度、气氛、料层透气性等。因此,受原料条件和烧结工艺条件影响,各种烧结矿的矿物组成不尽相同。熔剂性烧结矿和自熔性烧结矿的主要矿物组成为磁铁矿、铁酸钙、钙铁橄榄石,其他还有少量的富氏体、石英、玻璃相等。

烧结矿的结构一般是指在显微镜下矿物组成的形状、大小和它们相互结合排列的关系。随着生产工艺条件的变化,不同烧结矿在显微结构上也有明显的差异。以下是常见的烧结矿显微结构:

(1)粒状结构,是由烧结矿中先结晶出的自形晶、半自行晶或他形晶的磁铁矿与黏结相矿物晶粒相互组成的。

(2)斑状结构,是由磁铁矿斑状晶体与较细粒的黏结相矿物相互结合而成的。

(3)骸状结构,是指在烧结矿早期结晶的磁铁矿晶体中,有黏结矿物充填于其内,而仍大致保持磁铁矿原来的结晶外形和边缘部分的骸晶状结构。

(4)单点状共晶结构,是指烧结矿中磁铁矿呈圆点状存在于橄榄石晶体中,以及赤铁矿呈圆点状晶体分布在硅酸盐晶体中的结构。前者是 $Fe_3O_4-Ca_x \cdot Fe_{2-x} \cdot SiO_4$ 系共晶形成的,而后者是该系统共晶体被氧化而形成的。

(5)熔蚀结构,常在高碱度烧结矿中出现,磁铁矿被铁酸钙熔蚀,是晶粒细小、呈浑圆形状的磁铁矿,与铁酸钙紧紧相连而形成熔蚀结构。两者之间有较大的接触面和摩擦力，因此镶嵌牢固，烧结矿有较好的强度。熔蚀结构是高碱度烧结矿的主要矿物结构。

由于液相冷却析晶时浓度及温度的不均匀性以及矿物晶体本身的特点不同，各种集合体可以树枝状、针状、柱状、片状、板状等形式凝固组成。

烧结矿的矿物组成及其结构是影响烧结矿质量（主要是强度及还原性）的重要因素。研究表明，烧结矿强度具有加和性，即其强度由各矿物强度与该矿物所占份额的乘积的总和表示出来。烧结矿中常见矿物对强度与还原性的影响，按顺序排列如下：

赤铁矿→磁铁矿→铁酸钙→钙铁橄榄石→玻璃相　　　（强度由高到低）

赤铁矿→磁铁矿→铁酸钙→钙铁橄榄石→铁橄榄石　　（还原性由好变差）

另外，烧结矿的还原是还原性气体扩散到反应界面进行的，因此还原性好坏与矿物晶体大小、分布情况及孔隙率等有关。大块或者被硅酸盐包裹着的难还原，晶粒细小且密集、黏结相少的易还原，孔隙率高（大孔和微孔）、晶体嵌布松弛以及裂纹多的易还原。

2.2.4　强化烧结过程分析

2.2.4.1　烧结生产指标

带式烧结机的生产率（Q）可用式（2-36）计算：

$$Q = 60 \cdot K \cdot B \cdot L \cdot \gamma \cdot d \tag{2-36}$$

式中　Q——带式烧结机的生产率，$t/(台 \cdot h)$；

K——烧结料成品率，即单位质量混合料所出产的成品烧结矿量（即除去水分、挥发分、烧掉的燃料等烧损和返矿之后的成品量），一般 $K = 0.5 \sim 0.7$；

B——烧结机台车宽度，m；

L——烧结机有效（抽风）长度，m；

γ——烧结混合料堆密度，t/m^3；

d——垂直烧结速度，即燃烧层垂直下移的速度，可用料层厚度 H 和烧结时间 t 求出，即 $d = \dfrac{H}{t}$，m/min，而 t 又可根据台车运行速度 v 和抽风长度 L 来计算（即 $t = \dfrac{L}{v}$，min）。

带式烧结机抽风面积 $A = B \cdot L$，m^2。通常用 A 表示带式烧结机的大小，如 $A = 75m^2$，即称为 $75m^2$ 烧结机。

将 $d = \dfrac{Hv}{L}$ 代入式（2-36）得：

$$Q = 60 \cdot K \cdot \gamma \cdot B \cdot H \cdot v \tag{2-37}$$

由式（2-37）看到，在一定的原料和设备条件下，B、L、γ、K 基本上是固定因素，只有 d 是可变因素。$Q \propto d$，烧结产量与垂直烧结速度成正比。而 d 主要与抽过料层的空气量有关，在抽风机能力和负压一定时，垂直烧结速度主要取决于料层透气性。

2.2.4.2　烧结料层透气性

改善料层透气性是强化烧结过程、提高烧结矿产量和质量的关键。改善料层透气性可以提高垂直烧结速度，增加产量；由于供氧充足，反应充分，从而保证了烧结矿的质量。

　　烧结料层是由矿石、熔剂和燃料等的颗粒组成的，属于散料料层。烧结时，气体经过料层中类似平行但又互相联通的、形状曲折复杂的气体管道。料层透气性可用一定流量的气体通过一定高度和截面料层所产生的压差来表示；也可用在压差一定时，通过一定高度和截面料层的气体流量（流速）来表示。气体流量（流速）越大或压差越小，表示料层透气性越好。

　　散料层中气流运动性质的雷诺数采用修正的形式：

$$Re_c = \frac{\rho v_0}{\mu(1 - \varepsilon)S_0} \tag{2-38}$$

而阻力损失则用卡门公式或欧根公式描述：

$$\frac{\Delta p}{H} = \frac{150\mu v_0(1 - \varepsilon)^2}{\varphi d_0^2 \varepsilon^3} + \frac{1.75\rho v_0^2(1 - \varepsilon)}{\varphi d_0^2 \varepsilon^3} \tag{2-39}$$

式中　　Δp ——料层阻力，Pa；

　　　　　H ——料层高度，mm；

　　　$\rho，\mu$ ——分别为气体的密度和动力黏度系数；

　　　　　v_0 ——空炉速度；

　　　　　ε ——料层的孔隙率；

　　　　　S_0 ——颗粒的比表面积；

　　　　　d_0 ——颗粒的平均直径；

　　　　　φ ——形状系数。

　　伏依斯（E. W. Voice）提出烧结过程中主要流体力学参数的经验式为：

$$P = \frac{Q}{A} \cdot \left(\frac{H}{\Delta p \times 9.8}\right)^n \tag{2-40}$$

式中　　P ——料层的透气性指数，即单位压力梯度下单位面积通过的气体流量；

　　　　　Q ——通过料层的风量，m^3/min；

　　　　　A ——炉算面积，m^2；

　　　　　n ——系数，通过试验确定，它与烧结料粒度大小及烧结过程有关，一般其平均值为 0.6。

　　应用伏依斯公式可以分析烧结生产过程，例如，提高料层透气性可以提高抽风量，提高负压等可以提高烧结矿产量；如果不改变料层透气性和负压，料层高度的增加将降低产量。

　　伏依斯公式的优点是计算方便，易于分析各工艺参数之间的相互关系，但没有明确透气性指数 P 的内容，看不出其影响因素。

　　为说明透气性指数的内容和影响透气性的因素，需要将其与欧根公式结合起来分析。将欧根表达式代入式（2-40），得出：

$$P = \frac{v}{(\Delta p/H)^{0.6}} \tag{2-41}$$

　　在层流时

$$P = \frac{\varphi^{0.6} d_0^{1.2} \varepsilon^{1.8} v^{0.4}}{20.2\mu^{0.6}(1 - \varepsilon)^{1.2}} \tag{2-42}$$

在紊流时

$$P = \frac{\varphi^{0.6} d_0^{0.6} \varepsilon^{1.8}}{1.4 \rho^{0.6} v^{1.2} (1-\varepsilon)^{0.6}} \tag{2-43}$$

从式（2-43）可以看出，料层的透气性指数主要取决于料层孔隙率和混合料的颗粒大小 d_0。

实际生产中，将燃料和熔剂破碎至粒度小于 3mm 时，出现了相当数量的细粉，将其和精矿粉混合，加水造成粒度为 3~5mm 的小球。控制好返矿平衡和增加铺底料，或在精矿粉烧结中配入部分天然矿，都将改善料层的透气性指数，从而提高烧结的产量和质量。

实际上，烧结过程中各带的阻力损失有很大差异。图 2-10 所示为实测烧结料层中各层阻力损失的变化。从图可知，燃烧层及干燥预热层阻损最大，是改善料层透气性的关键所在。因此，改善烧结透气性除了改善原始烧结料的透气性外，还应控制燃烧层的宽度和消除过湿层，以降低阻力、提高烧结矿产量。

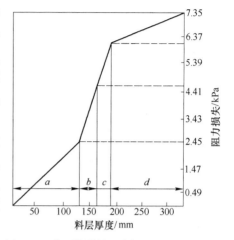

图 2-10　实测烧结料层中各层阻力损失的变化
a—烧结矿层；b—燃烧层；c—预热层；
d—冷料层（过湿层）

2.2.4.3　强化烧结措施

在生产实践中为提高烧结矿的产量和质量，采用了一些改善烧结作业的技术措施，主要有：

（1）混合料预热。如前所述，混合料预热是为了将混合料温度提高到（或接近）露点，使气流温度保持在露点以上，防止气流中水分凝结、恶化料层的透气性。生产中常常是热返矿和蒸汽两种预热手段并用，而且混合料粒度越细，预热增产效果越显著。一些烧结厂用冷却烧结矿的热废气吹入料层预热，取得了很好的效果。

（2）加生石灰或消石灰。混合料中配入一定量的生石灰代替石灰石粉，可以强化烧结过程。生石灰在混合料中消化成为极细的消石灰（$Ca(OH)_2$）胶凝体颗粒，分布于混合料中，夺取精矿等颗粒间和表面的水分，使这些颗粒相互间与消石灰颗粒靠近而产生毛细力，使混合料中初生小球的强度和密度增大。但生石灰消化时体积激增并放出热量，使水分蒸发，如掌握不当，会对混合料的成球有破坏作用。故其用量要适宜，且粒度应小于 5mm。为解决生石灰使用中的问题，有些企业使用消石灰代替生石灰，它能加固料球的强度并提高其稳定性，使之在干燥或过湿条件下保持不破。但在实际生产中，消石灰含水率波动很大，结块后在混合料中分布不很均匀，降低了其使用效果。

（3）热风烧结。为了克服烧结层上、下部温度和热量不均造成的烧结矿强度变差现象，在点火后一段时间内用热风（500℃）供气烧结。热风带入的物理热使烧结料层上、下部热量和温度分布趋向均匀，由于抽入热风，上层烧结矿处于高温作用时间较长，大大减轻了因急冷造成的表层强度降低，所以热风烧结具有改善表层烧结矿强度的重要作用。此外，热风烧结可降低混合料中的配碳量，从而降低气氛的还原性，使烧结矿中 FeO 含量降低 2%~4%；燃料分布均匀程度提高，利于形成均匀分散的小气孔，提高烧结矿的孔隙率。这些都使烧结矿的还原性得到改善。

（4）分层布料和双层烧结。为了节约燃料，克服烧结矿上、下层质量不均匀的问题，可以采用分层布料，使烧结混合料层碳含量自上而下逐层减少。

2.2.5 烧结新工艺

为了满足高炉冶炼对精料的要求，不断有新的烧结工艺和技术被开发、应用。目前已获得实际生产效果的烧结新工艺介绍如下。

2.2.5.1 低温烧结新工艺

低温烧结可显著改善烧结矿质量，具有节能的优点。日本、澳大利亚及我国都进行了这方面的研究，并将它应用到实际烧结矿生产中，获得了高还原性、低 FeO 含量的烧结矿，取得了显著的经济效益。

低温烧结工艺的理论基础是"铁酸钙理论"。铁酸钙，特别是针状复合铁酸钙（常以 SFCA 表示）是还原性和强度均好的矿物，但只能在较低的烧结温度（1250~1280℃）下获得，为促进 SFCA 的生成，在以磁精粉为原料的烧结中，要求 $w(Al_2O_3)/w(SiO_2)$ 的值在 0.1~0.35 范围内。

低温烧结新工艺可以在现有烧结生产设备不做大改造的情况下，通过加强烧结原料的准备、优化烧结工艺、控制烧结温度等技术措施来实现。其主要的工艺措施如下：

（1）加强原料准备，特别要控制好粒度，富矿粉小于 8mm 的部分应占 90%；焦粉小于 3mm 的部分应占 85%~90%，其中小于 0.125mm 者占 20%；石灰石小于 3mm 的部分应占 90%；蛇纹石小于 1mm 的部分应大于 80%。

（2）将烧结矿碱度控制在 1.8~2.0 范围内。

（3）低燃料、低水分、高料层作业，同时改进布料。

（4）严格控制烧结温度在 1250℃ 左右，不要超过 1300℃，以避免 SFCA 分解，点火温度以 1050~1100℃ 为宜。

（5）以磁精粉为原料时，要特别注意确保 Fe_3O_4 的充分氧化，这要求高料层中有较宽的高温氧化带，1100℃ 以上的高温区应保持 5min 以上。

2.2.5.2 球团烧结新工艺

由日本钢管公司开发并于 1988 年 12 月在福山 550m² 烧结机上实现的球团烧结新工艺，通过强化混合料制粒、燃料外配、新型布料等，使烧结产量大幅度提高，利用系数由 1.35t/(m²·h) 上升到 2.55t/(m²·h)，燃耗和电耗下降 20% 左右，所得烧结矿呈葡萄状，还原性较好，低温还原粉化现象减弱。

我国炼铁工作者针对国内以细精粉烧结为主、产量偏低、质量差、能耗高的情况，也进行了球团烧结工艺的研究和开发，力图解决生产中烧结料层透气性差的问题。一些企业已成功实现工业化生产。

2.2.5.3 低 SiO_2、高还原性烧结矿生产新工艺

低 SiO_2 烧结矿一般是指烧结矿中 $w(SiO_2)<5.0\%$ 的烧结矿，它具有以下优点：使入炉品位提高，渣量减少；改善烧结矿冶金性能，尤其是软熔温度升高、软熔区间变窄，可使

高炉的软熔带位置下移、厚度变薄，有利于高炉内间接还原的发展、料柱透气性和透液性的改善。这对大喷煤量下的高炉顺行有着重要的意义。

自 1986 年瑞典皇家工学院的 Edstrom 等人开始研究低 SiO_2 烧结矿以来，一些国家相继开展了降低烧结矿中 $w(SiO_2)$ 的实践。日本在 20 世纪 80 年代中后期，烧结矿中 $w(SiO_2)$ 已降到 4.8%，90 年代降到 4.5% 左右。我国各钢铁厂对高铁、低硅烧结技术日益重视，不少烧结厂都在尽可能提高烧结矿的铁品位，如宝钢、莱钢、太钢等烧结矿的全铁品位都达到了 58%~59%，$w(SiO_2)$ 降到 5% 以下。

根据烧结机理可知，烧结矿是液相固结的产物，单纯降低烧结矿的 $w(SiO_2)$ 有可能导致烧结矿的液相量不足，从而引发烧结矿强度变差的问题。因为在二元碱度不变时，SiO_2 的减少也意味着 CaO 的减少，而 SiO_2 和 CaO 都是构成烧结矿液相的主要组元。因此，如何在低温烧结的工艺条件下，在降低烧结矿 SiO_2 含量的同时确保在烧结过程中产生质量及数量均适宜的"有效黏结相"，是这一新工艺能否在生产上成功的技术关键。为此，必须采取相应的对策，具体如下：

（1）为弥补因 SiO_2 减少而使黏结相量减少的问题，需要适当提高烧结矿二元碱度，以增加烧结矿中 CaO 含量，从而增加烧结矿中的铁酸钙量，这对维持必要的黏结相量、改善烧结矿的还原性都有利。

（2）适当提高烧结原料的粉核比。因为黏结相起源于粒度较细的粉粒，粒度细的粉粒能促进固相反应的快速进行，易于生成烧结液相。

（3）铁矿粉的种类和自身特性，对烧结矿中铁酸钙物相的生成和烧结体的固结状况有着重要影响。在把握铁矿粉烧结特性的基础上，通过配矿设计形成合适的烧结相，既可满足低 SiO_2 烧结矿对黏结相量的要求，也可满足高还原性的要求。

2.2.5.4 厚料层烧结技术

20 世纪 80 年代，以烧结精矿为主的中国企业，料层厚度普遍在 300mm 左右。

研究和生产实践发现：厚料层烧结能改善烧结矿质量，提高成品率，有利于降低固体燃料消耗和总热耗；同时，还可降低烧结矿中 FeO 含量并提高还原性。因此，近二十年来，厚料层烧结技术在我国得到了广泛应用。目前，国内烧结行业的料层厚度逐步提高到 600mm 左右，部分已提高到 700~800mm。

然而，在烧结原料和抽风机等设备条件一定的情况下，提高料层厚度将导致料层阻力增加，垂直烧结速度降低，从而影响到烧结矿产量。因此，分析厚料层对烧结产量的影响，必须综合考虑两者的作用。当烧结速度降低的负面影响等于或小于成品率提高的正面影响时，产量才会提高，否则产量会降低。

由此可见，在当前烧结料层厚度已达 700mm 的条件下，若要提高烧结料层厚度，必须相应采取改善原料结构、强化烧结治理、改善料层透气性、降低烧结漏风率等措施，才能真正有效提高烧结机产量。

2.3 球 团 矿

球团矿是另外一种重要的人造块状原料。它是将精矿粉、熔剂（有时还有黏结剂和燃料）的混合物在造球机中滚成直径为 8~15mm 的生球，然后干燥、焙烧、固结成为具有良好冶金性质的含铁原料。

球团过程中，物料的物理性质，如密度、孔隙率、形状、粒度和机械强度等发生变化；其他性质，如化学组成、还原性、膨胀性、高温还原软化性、低温还原软化性、熔融性等也发生了变化，冶金性能得到改善。

球团法按固结方法可分为高温固结和低温固结两种类型，如图 2-11 所示。

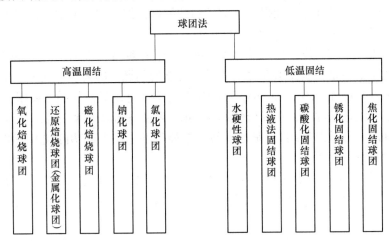

图 2-11 球团固结方法分类图

2.3.1 球团矿质量指标

2.3.1.1 生球质量指标

质量优良的生球是获得高产、优质球团矿的先决条件。优质生球必须具有适宜而均匀的粒度、足够的抗压强度和落下强度以及良好的抗热冲击性。

（1）生球粒度。近年来球团粒度逐渐变小，生产实践表明，粒度为 6~12mm 的球团较理想。由于球团粒度均匀、孔隙率大、气流阻力小，在高炉中还原速度快，为高炉高产低耗提供了有利条件。目前大多数生产厂家都以生产 6~16mm 的球团为目标。

（2）生球抗压强度。生球必须具有一定的抗压强度，以承受生球在热固结过程中的各种应力、台车上料层的压力和抽风负压的作用等。抗压强度使用压力机进行检测。一般选取 10 个粒度均匀的生球（通常直径为 12.5mm）在压力机上加压，直到破裂为止。以生球破裂时的平均压力值作为生球平均抗压强度。生球的抗压强度随焙烧方法的不同而异，目前尚无统一标准，一般带式焙烧机要求单球抗压强度达 9.8~29.4N，链箅机-回转窑要求单球抗压强度达 9.8N。

（3）生球落下强度。生球必须有足够的落下强度，以保证生球在运输过程中既不破裂又很少变形。其检验方法是，选取 10 个直径为 12.5mm 的生球，自 457.2mm 高处自由落在钢板上（有的则落在皮带上），反复数次，直至出现裂纹或破裂为止。记录每个生球的落下次数并求出其平均值，作为落下强度指标。

（4）生球破裂温度。生球在干燥时受到水分强烈蒸发和快速加热所产生的应力作用，从而使生球产生破裂式剥落，影响了球团的质量。生球的破裂温度除了与干燥介质状态有关外，还与原料的组成及理化性质有关。

2.3.1.2　球团矿质量指标

球团矿质量要求的项目主要有粒度、机械强度、还原性、软化及熔点、化学成分及其稳定性。近年来，对高温还原条件下的强度以及热膨胀性能也开始受到重视。

（1）冷强度。冷强度是球团矿入炉前的一项重要指标，主要反映球团矿的抗冲击、抗摩擦、抗压能力。检验方法包括落下试验、转鼓试验及抗压强度试验等。落下强度反映球团矿的抗冲击能力，即产品的耐转运能力。转鼓试验可同时反映出球团的抗冲击和抗摩擦的综合特性，是球团质量鉴定的主要手段之一。抗压强度可用材料试验机测定。

（2）还原性。评价球团矿还原性的主要指标是还原度，即还原过程中失去的氧量与试样在试验前氧化铁所含的总氧量之比的百分数。测定炼铁原料还原性的方法很多，比较不同原料还原性时，应采用相同方法测定的结果。

与球团矿还原性能有关的指标还有：低温还原粉化指标（500~600℃）、还原膨胀指标。

低温还原粉化性的测定方法与烧结矿相同。通常，球团矿的还原粉化现象不如烧结矿明显，$RDI_{+3.15}$ 指数约大于80%。

球团矿还原时会出现体积膨胀现象。一般认为高炉不宜使用体积膨胀率超过15%的球团矿，原因是大量使用时可能造成悬料。球团矿体积膨胀性测定方法：用水银置换法测出球团矿还原前和冷却后的体积，根据还原前后体积的变化和氧的损失可计算出膨胀率和还原度。

（3）高温软化及熔融特性。球团矿和其他炉料一起降至高炉炉身下部，被煤气还原，温度逐渐升高直至熔化。为了避免黏稠的熔化带扩大，造成煤气分布的恶化、降低料柱的透气性，应尽可能避免使用软化区间特别宽及熔点低的球团矿及其他炉料。有关球团矿软化性能及软化温度的测定方法较多，但基本思路都是模拟高炉内气氛、温度和负荷条件，通过试样的收缩和膨胀及压降变化进行分析。

2.3.1.3　球团矿与烧结矿质量比较

目前国内外普遍认为，球团矿与烧结矿相比，在冶金性能上有以下优点：

（1）粒度小而均匀，有利于高炉料柱透气性的改善和气流的均匀分布。通常，球团粒度为8~16mm的部分占90%以上，即使整粒最好的烧结矿也难以相比。

（2）冷态强度（抗压和抗磨）高，在运输、装卸和储存时产生的粉末少。

（3）还原性好，有利于改善煤气化学能的利用。

（4）原料来源较宽，产品种类多。适于球团法处理的原料包括磁铁矿、赤铁矿、褐铁矿以及各种含铁粉尘、化工硫酸渣等。不仅能制造常规氧化球团，还可以生产还原球团、金属化球团等。

（5）适于处理细精矿粉。为了提高选矿过程铁的收得率，细磨铁精矿的粒度从小于200目（0.074mm）减少到小于325目（0.044mm）。这种过细精矿透气性不好，影响烧结矿产量和质量的提高。而细精矿易于成球、球团强度高，适于用球团方法处理。

由于冶金性能良好，自20世纪60年代以来，球团矿生产得到很大发展。据统计，2015年，全球球团矿产量超过4亿吨。

2.3.2　球团生产过程

2.3.2.1　造球

铁精矿粉滚动成球的基本依据是，水对矿粉的润湿作用和造球机械作用力的结合。

A　铁矿粉表面的物理化学特性

干粉料粒度越细，比表面积越大，表面的自由能越大。这种体系有自动减少其自由能的倾向，即减少相间界面，使颗粒结合。但是，不同物质具有不同的亲水性，它与该物质的化学成分、晶格类型和表面状态有关。如具有完全或部分金属键的结晶物质（如全部金属和硫化物）和有层状结构的物质（如云母、石墨等），不易吸水，称为疏水性物质；具有离子键和共价键等极性键的物质，如大部分氧化物和二元化合物（氯化钠、溴化钾以及硫酸盐、碳酸盐、硅酸盐）等，称为亲水性物质。铁矿粉属于亲水性物质，破碎成为矿粉后易被水润湿，具有良好的成球性。

B　散料中水的特性及作用

水在矿粉成球中起很大作用。保持适宜水分是矿粉成球的重要条件。

通常，散料中的水有三种形态：一是结合水，又分为强结合水（吸附水）和弱结合水（薄膜水）；二是自由水，包括毛细水和重力水；三是结晶水或化合水。在特殊状态下，还有蒸汽水和凝固水两种形态。造球过程中，物料所含吸附水、薄膜水、毛细水和重力水的总和称为全水量。

矿粉被水润湿时，首先吸着结合水形成吸附水层，其厚度与矿物成分、亲水能力、颗粒特性、吸附离子成分以及温度、压力等有关，一般为 5×10^{-6} mm。在吸附水层的外围形成薄膜水。吸附水和薄膜水结合起来组成分子结合水。分子结合水是使生球获得强度的原因之一。矿粉越细，亲水性越强，则分子结合力越强，生球机械强度越好。

矿粉继续吸着水将开始形成毛细水。毛细水依靠表面张力的作用形成毛细压力（毛细力）。液体表面张力大、矿粉粒度细，则毛细压力大、成球性强。毛细水的结合强度实际由物料的亲水性和毛细管的直径而定。毛细压力是矿粉成球并获得强度的重要原因。

当矿粉完全被水饱和时，还可能存在重力水。它是在重力和压力差的作用下发生移动的自由水，对成球不利。

综上分析，不同形态的水对矿粒成球起着不同的作用。毛细水能将矿粒拉向生球表面，而分子结合水能使矿粒黏结在一起。当体系被水充满时，仅有分子结合力起作用。这说明毛细水在形成生球的过程中起主导作用，而分子结合水则决定着生球的机械强度。

C　细磨物料的成球性

细磨物料的成球性，表示物料在自然状态下滴水成球的性能及其在机械作用下密集的能力。它可理解为生球的形成和长大速度及其强度。因此，成球性是一项综合指标，它可用成球性指数（k）来判断。

$$k = \frac{W_分}{W_毛 - W_分} \tag{2-44}$$

式中　$W_分$——细磨物料的最大分子湿容量，%；

　　　$W_毛$——细磨物料的毛细湿容量，%。

显然，$k = f(W_毛, W_分)$，即其为 $W_分$ 和 $W_毛$ 两个综合参数的函数。$W_分$ 反映了细磨物料的表面能量状态，如比表面积、亲水性、粒度组成及分子结合力等；而 $W_毛$ 则反映了细磨物料的宏观结构状态，如孔隙率等。故成球性指数 k 实际上是反映细磨物料结合力的一个综合参数，用它可估计矿粉滚动成球的能力。细磨物料的成球性可按 k 值的大小分成以下几类：

(1) $k<0.20$，无成球性；

(2) $k=0.20\sim0.35$，弱成球性；

(3) $k=0.35\sim0.80$，中等成球性；

(4) $k>0.80$，优等成球性。

D 成球过程

细磨物料的成球可分为三个成长阶段，即成核阶段、过渡阶段和生球长大阶段。

(1) 成核阶段。母球是造球的核心，是毛细水含量较高的紧密颗粒集合体。开始加水润湿矿粉时，颗粒之间仍处于松散状态，薄膜水和毛细水不能发挥作用，成球还不能开始。对矿粉进一步加水润湿，通过造球机的滚动作用，矿粉得到局部紧密，产生毛细效应，即矿粉中的水分由于毛细力作用向四周扩散，而周围矿粉颗粒借助毛细力作用则被拉向水滴中心，从而形成母球。

(2) 过渡阶段。母球滚动受压而逐步紧密，颗粒间被水充填的孔隙减少，过剩的毛细水被挤到母球的表面，易粘上一层润湿程度较低的矿粉。继续滚动压密，毛细水外排，过湿的母球表面又粘上一层矿粉。如此反复，母球便不断长大，直到母球表面水分含量低于适宜毛细水含量时为止。若要继续长大，则需外补水，使母球表面过湿。如果水分含量过大，超过最大毛细湿容量时，颗粒完全被水饱和，这时过量的水分（重力水）便在重力作用下发生迁移，其浮力作用使颗粒脱离接触，瓦解母球强度，甚至使母球丧失滚动能力，对成球和生球强度十分不利。母球长大也依赖于毛细效应，其成球速度取决于毛细水的迁移速度。毛细水能在毛细力和外力的作用下发生较快的迁移。

(3) 生球长大阶段。依靠毛细力作用形成的生球强度不高。因此，当母球长大到适当尺寸时需停止加水润湿，靠机械作用把生球中多余的水分挤出。由于进一步的压紧作用，有可能使颗粒间的薄膜水层互相接触、迁移，形成一个为众多颗粒所共有的水膜，产生强大的分子结合力，使生球强度不断提高、水分降低、密度增加。当生球达到一定的粒度和强度后，便从造球机中自动滚出。

由上可见，母球形成主要依靠加水点滴润湿；毛细效应对母球长大具有决定作用；而在生球密实阶段，则主要靠机械作用下分子结合力的加强使生球强度提高。在加水润湿和机械力作用的前提下，加强毛细力、分子结合力和颗粒间的内摩擦力，是提高生球强度的关键。这三种力的数值越大，生球强度就越高。如果将全部毛细水从生球中排出，便得到机械强度最高的生球。

E 生球强度控制

a 原料性质

(1) 亲水性。亲水性强的矿粉，毛细力和分子结合力都大，成球性也好。褐铁矿亲水性最好，赤铁矿次之，磁铁矿最差。脉石对铁矿物的亲水性也有很大影响，以致可改变上述顺序。石英亲水，而硫化物和云母岩则是疏水的。

(2) 孔隙率。矿粒孔隙率高，分子湿容量大，成球性好。褐铁矿比磁铁矿孔隙率高，湿容量大，更易于成球。褐铁矿粉加水润湿时，表面被溶蚀而产生微粒胶体物，可大大提高生球强度。

（3）颗粒表面性状。表面粗糙、呈针状的颗粒具有较大的接触面积和比表面积，成球性好。褐铁矿多孔、疏松、亲水性强，比致密、亲水性弱、表面平滑的磁铁矿的成球性好，赤铁矿的成球性居中。往成球性差的矿粉中兑入一定数量的褐铁矿粉，可提高生球强度。

b 粒度

粒度从三方面影响成球：一是大小；二是组成；三是颗粒形状。粒度小且有合适的粒度组成则颗粒间排列紧密，毛细管平均直径也小，颗粒间黏结力就大。随着粒度的减小，比表面积增大，而比表面积的大小是决定生球中颗粒黏结强度的一个重要因素。比表面积的大小主要取决于细粒级别（0.01~0.001mm）的含量。为了得到强度好的生球，一般要求小于0.074mm（200目）的含量在65%以上。粒度过细，导致毛细管过小，使毛细管的阻力增大，毛细水的迁移速度降低，因而成球的速度也降低，造球时间延长。不过生产中生球的强度具有决定性的意义，所以一般都将矿粉磨得很细，造球速度靠其他因素加快。颗粒的形状主要是影响比表面积，同样粒级的颗粒，褐铁矿以针状和片状形式存在，其比表面积比多角形的磁铁矿等大，因而其成球性较好。

c 添加剂

常用的添加物是皂土（或称膨润土）和消石灰。加入添加剂可改善物料的成球性。添加物本身是亲水性好和比表面积大的物质，改善了造球物料的亲水性；同时，它们能提高颗粒间的黏结力，起着颗粒间分子力的传递作用，其黏结性越大，生球的机械强度也就越大。我国皂土加入量一般在0.5%~1.5%之间。

d 工艺操作

（1）加水加料方法。进入造球机之前，把物料水分控制在稍低于适宜水分，造球过程中按照"滴水成球，雾水长大，无水压紧"的原则在球盘的不同部位补加少量水，即大部分补加水以滴状加在"成球区"的料流上，使散状精矿粉较快地形成母球；少部分的水以雾状加到"长球区"的母球表面上，促使母球迅速长大；而在"压球区"不加水，以防表面过湿的球遇水发生黏结而降低强度。加料的方法是：将大部分物料下到"长球区"，以利于母球迅速长大而压紧；小部分下到"成球区"，以满足形成母球的需要。

（2）造球时间。滚动造球所需时间视成品球的尺寸和原料成球的难易程度而定，一般为3~10min。增加造球时间对提高生球质量有好处，但产量下降；缩短造球时间，生球的机械强度低，而且多余的水分不能排出，将延长焙烧时的干燥时间。造球的大部分时间是用在母球长大阶段。在生产上采取一些措施，如将补加水喷得很细、适当提高造球机充填率、合理设置刮板等，可缩短造球时间，保持生球质量良好。

（3）球的尺寸。生球的大小在很大程度上决定了造球机的生产率和生球强度。生球的尺寸越小，生产率越高。从强度来看，生球落下而不破坏的最大落下高度与生球直径的平方成反比，而生球的抗压强度则与其直径的平方成正比。目前生产中，球团尺寸是根据用户要求而定的，一般高炉生产使用的球团尺寸为8~16mm，而电炉炼钢生产使用的球团直径常大于25mm。

（4）物料的温度。我国杭钢等厂在混合料烘干后造球，料温有所提高，在提高造球机的产量和生球质量方面都取得良好的效果。这是由于料温提高后，水的黏度降低、流动性变好，加快了母球的长大。当然，随着温度的升高，水的表面张力也降低，会影响成品球的机械强度。由于温度上升时，水的黏度比它的表面张力减小得多，在实际生产中表现为预热对造球有利。但是物料加热温度不宜过高，以控制在50℃为宜。

2.3.2.2 干燥

生球干燥是在预热、焙烧阶段之前进行的一道中间作业，其目的是为了使球团能够安全承受预热阶段的温度应力。通常情况下，添加有亲水性黏结剂（如消石灰或膨润土）的生球含有较多水分。这些水分一方面可导致生球塑性变形；另一方面，由于受生球"破裂温度"（一般为400~500℃）的影响，而使其在预热阶段（预热温度高于900℃）产生裂纹或"爆裂"。因此，在球团进入预热和焙烧阶段之前必须进行干燥，以满足下步工序的要求。

破裂温度即指球团结构遭到破坏的温度。球团受破坏可分为以下两种类型：

（1）干燥初期的低温表面裂纹；

（2）干燥末期的高温爆裂。

干燥过程中，部分球团爆裂会使球层透气性变坏，给预热、焙烧带来困难，最终导致生产率下降、成品球团矿质量不均、废品率上升等；球团表面所产生的裂纹也会使焙烧后的球团矿强度降低。因此，必须建立适宜的干燥制度，以获得优质球团。

随干燥过程的进行，生球将发生体积收缩，其收缩特性与物料性质有关。生球收缩对干燥速度和生球质量具有双重影响。若收缩不超过一定限度（尚未引起开裂），则产生圆锥形毛细管，可加速水分由中心移向表面，从而加速干燥；这种收缩还能使生球中的粒子紧密，增加强度。但不均匀收缩时会产生应力，表面收缩大于平均收缩而受拉，中心收缩小于平均收缩而受压。如果生球表层所受的拉应力或剪应力超过生球表层的极限抗拉、抗剪强度，生球便开裂，质量下降。

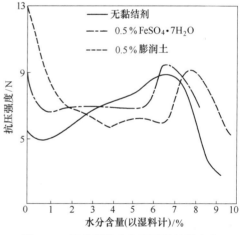

图 2-12 天然磁铁矿生球干燥过程水分含量的变化与抗压强度的关系

实践表明，生球水分一般有60%~90%是在恒温等速干燥阶段蒸发的，其余在降速干燥阶段去除。在干燥过程中，生球强度不断地发生变化，其一般规律如图2-12所示。

从图2-12看出，随着水分含量的降低，强度有一个最低点，然后再升高。原因是：水分减少到一定量后，毛细黏结力减小，结构也由毛细转变为网络或摆线，这时球最易破损；随后由于添加剂形成的胶体黏结桥，生球强度提高。

2.3.2.3 焙烧

A 焙烧过程

生球的焙烧是球团生产过程中最为复杂的工序，它对球团矿生产起着极为重要的作用。滚动成型所得的生球仍需通过焙烧，即通过低于混合物料熔点的温度下进行高温固结，使生球发生收缩而且致密化，从而使生球具有良好的冶金性能（如强度、还原性、膨胀指数和软化特性等），以此保证高炉冶炼的工艺要求。

　　按焙烧设备的不同，高温氧化球团工艺可分为三类：（1）竖炉；（2）带式焙烧机；（3）链算机-回转窑（图 2-13）。根据不同情况，可使用固、液、气体燃料。

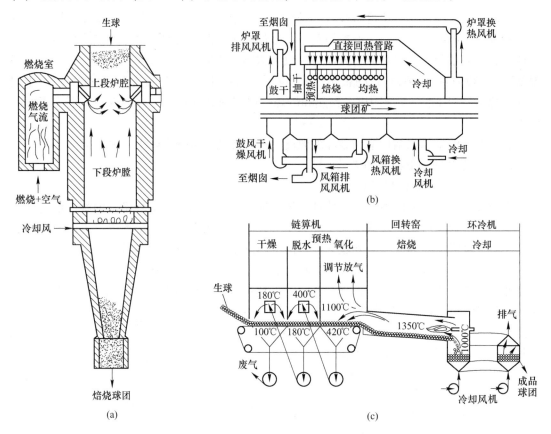

图 2-13　三种典型球团焙烧工艺
(a) 氧化球团焙烧竖炉；(b) 带式球团焙烧机；(c) 链算机-回转窑工艺

　　竖炉是产生于 20 世纪 40 年代的球团焙烧设备，根据截面可分为圆形和矩形截面两种结构。生球装入竖炉后均匀下降，燃烧室生成的热气体由喷火口进入炉内，球团自上而下与热气体进行热交换，完成焙烧过程。竖炉结构简单，材质价廉，热利用好，是过去几十年我国球团生产的主要设备。其主要缺点是球团焙烧不均，球团质量较差，适于处理磁铁矿，单机生产能力低。目前我国有 200 余座竖炉在生产，约占产能 40%。其中，小于 8m² 的竖炉将逐渐被淘汰，10～12m² 的矩形竖炉在一定时期内还会存在。

　　带式焙烧机和回转窑，原料适应性强，可处理各种矿石，生产能力大。我国鄂州链算机-回转窑球团生产线年产能为 500 万吨，京唐带式焙烧机球团生产线年产能为 400 万吨。链算机-回转窑焙烧均匀，球团质量好，设备材质便宜，但易结圈，影响生产顺行。带式焙烧机便于操作管理，但上下层焙烧不均，台车算条需用耐高温合金材料。

　　球团焙烧过程（以带式球团焙烧机为例）通常可分为干燥、预热、焙烧（含均热）和冷却四个阶段（见图 2-14）。

　　在这些阶段中，有物理过程，如水分蒸发、矿物软化及冷却等；也有化学过程，如水化物、碳酸盐、硫化物和氧化物的分解及氧化和成矿作用等。它们与球团的热物理性质（比热容、导热性、导湿性）、加热介质特性（温度、流量、气氛）、热交换强度和控制的升温速度等有关。对不同的物料，尽管具体的变化与其化学组成和矿物组成有关，但是许多现象是一致的，如各组成间发生的某些固相反应、出现的新物质、生成的各种二元或三元化合物、某些组成或生成物的结晶和再结晶等。

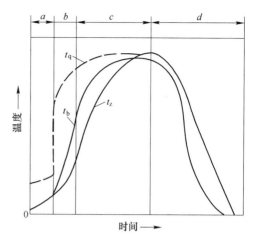

图 2-14 球团焙烧过程温度变化图
a—干燥；b—预热；c—焙烧（含均热）；d—冷却；
t_q—气体温度（炉温）；t_b—表面温度；
t_z—球团中心温度

生球干燥后，在进入焙烧之前存在一过渡阶段，即预热阶段。预热的温度范围为300~1000℃。在预热过程中，各种不同的反应，如磁铁矿转变为赤铁矿、结晶水蒸发、水合物和碳酸盐分解及硫化物煅烧等，是平行或者连续进行的。因此，在预热阶段内，预热速度应与化合物的分解和氧化协调一致。

球团焙烧初期，由于颗粒表面原子扩散，使球内各颗粒黏结形成连接颈（见图 2-15（a）），颗粒互相黏结使球的强度有所提高。在颗粒接触面上，空位浓度提高，原子与空位交换位置，不断向接触面迁移，使连接颈长大。随着温度提高，体积扩散增强，颗粒接触面增加，粒子之间距离缩小（见图2-15（b））。初始时粒子之间的孔隙形状不一，相互连接，而后即形成圆形通道（其形成首先发生在三个颗粒交界处，见图2-15（c））。这些通道收缩，有的孔隙封闭，使孔隙率减少；同时，产生再结晶和聚晶长大，使球团致密、强度提高。

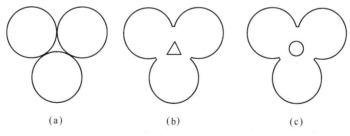

（a）　　　　　　（b）　　　　　　（c）

图 2-15 球形颗粒焙烧时的黏结模型

B 焙烧固结机理

焙烧时，随着生球矿物组成与焙烧制度（主要是气氛和温度）的不同，发生着不同的固结反应。

（1）晶桥联结。晶桥联结机理是 1952 年由库克和彭研究建立的。在氧化性气氛中，磁精矿粉生球在200~300℃时开始氧化产生 Fe_2O_3 微晶。在新生成的 Fe_2O_3 微晶中，原子具有高度的迁移能力，微晶长大形成连接桥，称为 Fe_2O_3 "微晶键"，将生球中颗粒互相黏结起来。当温度上升到1100℃以上时，Fe_3O_4 完全氧化，生成的微晶再结晶，原本互相隔开的微晶长大连接成一片的赤铁矿晶体，球团矿获得了最高的氧化度和很大的机械强度。如果磁铁矿生球在中性或还原性气氛中焙烧，当温度提高到 900℃ 时，生球中的 Fe_3O_4 晶粒可以再结晶和晶粒长大，球团以 "Fe_3O_4 晶桥键" 固结。如果生球中的铁氧化物是以 Fe_2O_3 形态存在，在高温下 Fe_2O_3 可以发生再结晶与晶粒长大而形成晶桥固结。与第一种情况相比，后两种情况下的固结力较弱。晶桥固结的关键是焙烧温度的控制。首先，在 Fe_3O_4 氧化形成 Fe_2O_3 外壳后要小心控制加温速度，使氧能透过外壳向内部扩散，达到完全氧化，否则球内部可能残存磁铁矿核心，影响球团矿的质量；其次，若焙烧温度过高将产生液相，球团相互黏结而严重影响生产。

（2）固相烧结。当温度提高到 1100℃ 时，生球颗粒之间发生固相烧结作用，这是一种在粉末冶金及陶瓷工业中主要应用的固结机理。生球颗粒之间开始由于固相扩散而形成渣化联结颈，而后由于球团空隙减少，密度增加而增大强度。

（3）液相烧结。焙烧过程中，如果生球中 SiO_2 含量较高，焙烧温度过高时，可能产生一定的熔化而出现液相（与烧结矿生产相似），冷却过程中液相凝固把生球中矿粒黏结起来。实践表明，这种渣键联结的强度较低。同时，液相产生还会使球团之间相互黏结而结块，因而在生产中常加以抑制。一般球团矿中液相量小于 5%。

一般认为，磁铁矿球团焙烧固结机理是先氧化为 Fe_2O_3，而后再结晶固结。

对于赤铁矿精矿球团，主要是通过 Fe_2O_3 的高温再结晶，使晶粒迅速长大而固结。同样，在 CaO 含量较多时，还会有 $CaO \cdot Fe_2O_3$ 液相黏结作用。赤铁矿球团焙烧固结要求有比较高的温度（高于 1270℃），但若超过 1350℃，Fe_2O_3 将产生分解。因此，赤铁矿球团焙烧温度应在 1270~1350℃ 之间，同时应保证中性或弱氧化性气氛。

C　影响球团矿焙烧质量的因素

（1）生球质量。生球质量是影响焙烧固结和成品球团质量的先决条件。凡有利于提高生球质量，特别是提高其强度和热稳定性、可防止生球破裂的因素，都有利于成品球团矿强度的提高。组成球团的矿粉粒度越细，焙烧时可获得越大的氧化程度和焙烧固结程度，使球团强度提高。

（2）焙烧温度。温度是影响球团固结的决定因素。焙烧温度升高有利于颗粒间物质的迁移和固结，但只有当温度达到和超过坦曼（Tamman）温度（物质熔点温度的 2/3）时，原子才具有明显的活动性，球团强度才显著提高。适当提高温度可提高球团强度、缩短焙烧时间、提高生产率，但若温度过高，会使球团软化过熔。超过 1350℃ 时，则 Fe_2O_3 会再分解，使球团强度降低；同时降低设备寿命，增加能耗。适宜的焙烧温度还与原料条件有关。对高品位、低 SiO_2 的酸性球团，焙烧温度可控制在 1300~1350℃ 之间。磁铁矿球团氧化放热，球团实际温度比气体高 25~30℃，故其焙烧温度可比赤铁矿球团低。若加入 CaO 生产熔剂性球团，则有低熔点铁酸钙形成，焙烧温度不能太高，一般应控制在 1150~1250℃ 之间。

（3）加热速度。在干燥阶段，升温过快会引起水分蒸发过激而使球团破裂。在加热、焙烧阶段，升温过快会使球团由外向内的传热速度大于氧化速度，使内部未被氧化的 Fe_3O_4 与 SiO_2 生成低熔点的 $2FeO \cdot SiO_2$，阻碍了内部 Fe_3O_4 的进一步氧化，结果使球团矿组织结构不均，产生同心圆层状结构和同心环状裂纹，强度降低。

（4）高温保持时间。在一定焙烧温度下，延长高温保持时间可使原子扩散和氧化反应及结晶固结充分进行，提高球团强度。但保温时间过长会引起过熔和黏结，使球团质量和产量降低。

（5）焙烧气氛。焙烧气氛直接影响铁氧化物的存在形态，从而影响焙烧固结过程和球团质量。在中性和还原气氛下，磁铁矿球团中 Fe_3O_4、FeO 易与 SiO_2 等形成液相，冷却时形成不均质脆性玻璃体，强度降低。

（6）燃料的种类和性质。在球团或料层中配加 1%～2% 的焦粉或煤粉可增加"内部热源"，使上、下层加热均匀并缩短高温焙烧时间，提高球团质量和产量。将焦粉、煤粉与熔剂混磨均匀，制成内配碳球团，可防止球床发生集中燃烧而造成局部高温和还原性气氛引起的不良后果。使用高热值燃料和较大的空气过剩系数，可获得氧势较高的焙烧介质，保证氧化焙烧固结的正常进行。但应注意防止火焰过分集中。

2.4 其他固结方法

烧结和球团虽然有很多优点，并发展成为典型的铁矿粉制块工业生产方法，但也有下列缺点：

（1）高温作业，消耗能源，污染环境；

（2）还原剂（碳）不能在成品中保持，因而不能用烧结和球团方法制造一种含还原剂（碳）的单一炼铁原料。

长期以来，人们一直在研究粉料造块的其他方法，特别是低温条件下的固结方法。但目前，仅有极少数方法在钢铁生产中进行了工业试验。

2.4.1 压力造块法

散粒物料在高压作用下可压制成紧密的料块。这种聚合作用仅仅依靠分子吸引力，但是这种作用力对于有塑性变形的物质较为有效。因为可使球形颗粒的引力在压力下变形成为两平面引力，使分子吸引力有很大增加。铁矿粉的塑性变形很小，因此，单纯依靠高压很难制成具有一定强度的压块。温尼斯基曾根据实验数据总结出一个表示铁矿粉密度变化率与压力之间关系的公式，经过计算可知，即使压力增加到 100MPa、体积收缩率不超过 10%，压块强度增加也是有限的。为此，曾应用几种变通的方法生产压块，具体有以下几种：

（1）先用压机制成型坯，再将型坯进行高温焙烧。方团矿就是这种方法的产品。20 世纪 20 年代，此法在欧洲和美国曾得到过一定发展，但因其消耗高、质量差、不适宜于高炉生产而未得到推广。

（2）在铁矿粉中加入黏结剂后再压制。

（3）将铁矿粉加热到一定温度（800～1050℃），使矿粉具有塑性后再加以热压。

后两种方法曾在美国和我国进行过试验，但都因成本高、效果差而未获成功。可是它们可应用于压制铁合金生产和直接还原生产中的粉末产品，特别是可将流态化法生产的细粒海绵铁粉压成块状产品，既有利于运输，也可防止海绵铁粉再氧化。通常使用对辊压力机或模压机在冷态或热态下压制，有时在压制时也加入黏合剂（如石灰、水玻璃或糖浆等）以增加制品的耐压强度。

2.4.2　黏结剂固结法

使用黏结剂固结铁矿粉的想法由来已久，并进行了大量和广泛的试验，尝试了种类繁多的黏结剂，如石灰，MgO、蜡、糖浆、各种胶、淀粉、糊精、亚硫酸纸浆废液、水玻璃、NaOH、碳酸盐、氯化物（$MgCl_2$，$CaCl_2$）、硼酸盐、皂土、黏土、硅藻土、海生植物、泥煤（腐殖酸）、塑料等，大部分未获成功。失败的原因有如下几个：

（1）黏结强度太低；

（2）黏结剂高温失去强度（有机物）；

（3）固结时间太长（硫酸盐）；

（4）黏结剂成本太高。

下面列出几种比较有意义的方法：

（1）水泥固结球团。瑞典格朗冷固法用 5%~10% 的波特兰水泥熟料与矿粉制成球团，混在精矿粉中养护以防止变形及粘连，然后筛出精矿物，在硬化仓中养护 5 天，再于堆场存放 3 周后使用，强度可达 100kg/球 以上，在高温下水泥失去强度时新的熔结桥已生成，可保证球团强度。这种方法的缺点是：

1）养护期太长，需要很大场地堆放；

2）水泥用量太大；

3）球团内掺入酸性脉石，使矿石品位降低，高炉冶炼渣量增加。此外，有人认为此种球团高温强度差、还原膨胀大，不能使用。美国卓尔法大致相似，但用蒸气养护法缩短养护期。

（2）高压蒸养法。精矿粉中加入细磨石灰，造球后置入高压釜中以高压蒸汽养护 4~8h，能使球团强度达到近 1000N/球。这种球团在还原热态下不但不发生膨胀，甚至发生收缩，高温下强度仅降低 50%。此法的缺点是矿石必须有 6%~8% 的 SiO_2 才能有效固结，如 SiO_2 太少，可配加 1% 细磨石英，但这样会降低铁矿的品位。有些铁矿即使含有足够的 SiO_2，蒸养后仍然达不到一定强度。

（3）氯化物对粉粒固结能起有效作用，其机理至今仍不十分清楚。20 世纪 20~40 年代，西欧曾用氯化镁（3%）、焦末（8%~10%）及铁屑（3%~5%）混合加入矿粉中压制团矿，经过几天熟化作用后可以达到良好的强度，能满足高炉使用要求。

在使用回转窑处理硫酸渣氯化球团时，在硫酸渣中加入 1%~2% 的 $CaCl_2$，并在润湿磨机中再磨至粒度达 0.02mm，由于 $CaCl_2$ 溶液均匀分布，生球强度可达 70~80N/球；而在 300~400℃ 温度下充分干燥后，干球强度可达约 500N/球。

2.4.3　其他方法

（1）碳酸化球团法。将精矿粉与 CaO（或 Ca(OH)$_2$）混合造球，置于 CO_2 气氛中，在 200~400℃ 下进行十几个小时的碳酸化，可在球团表面形成碳酸钙（$CaCO_3$）薄层，强度达到 1000N/球。这种球团在高温下使用时，期望在 $CaCO_3$ 分解前能形成新的熔结桥联结以保持球团强度，但实际上高温强度不足。

（2）焦化法。焦炭中 C 的骨架作用使其在低温及高温下均有良好固结强度。把一定矿物混入焦煤中混合结焦是铁矿粉制团的一种方法，并且已进行过多种试验，包括工业性试验，如热压焦矿法、半焦矿法。但这些方法需要大量结焦性煤，而且焦炉受损严重，代价较大。

思　考　题

2-1 炼铁生产常用的铁矿石有哪几种，各有何特点？

2-2 评价铁矿石质量有哪些标准？

2-3 高炉能否直接使用天然块矿冶炼，大量使用可能产生什么问题？

2-4 焦炭在高炉生产中起什么作用，高炉冶炼过程对焦炭质量有哪些要求？

2-5 不同条件下的烧结固相反应有何不同，液相在烧结过程中起什么作用？

2-6 碱度高低对烧结矿各项指标有何影响？

2-7 烧结与球团造块机理主要有哪些不同？

2-8 评价烧结矿和球团矿的中、高温冶金性能有哪些？

2-9 铁精矿粉造生球的原理是什么？

③ 高炉炼铁基础理论

3.1 高炉内还原过程

3.1.1 铁氧化物的还原

3.1.1.1 铁氧化物还原的一般规律

冶金还原反应就是用还原剂夺取金属氧化物中的氧，使之成为金属单质或其低价氧化物的过程。一般可表达为如下通式：

$$MeO + B \Longrightarrow Me + BO \tag{3-1}$$

式中 Me ——由金属氧化物 MeO 还原得来的金属；

  B ——还原剂，可以是气体或固体，也可以是金属或非金属；

  BO ——还原及夺取金属氧化物中的氧而被氧化得到的产物。

图 3-1 列举了高炉中常见氧化物的标准生成自由能变化与温度的关系，$\Delta G^{\ominus} = f(T)$。可用它来判断还原反应的方向和难易，并选择适宜的温度条件。显然，为了适应大规模工业生产的需要和经济效益的需要，在高炉中不能使用比铁昂贵的铝、镁、钙、硅、锰作还原剂，而碳、CO 和 H_2 是高炉炼铁适宜的还原剂。

图 3-1 中各线与 $2C+O_2 \Longrightarrow 2CO$ 线分别相交，各交点对应的温度即为标准状态下用碳还原相应氧化物的开始温度。凡在 CO 直线以上的氧化物，均能被 C 还原。只有在 CO_2（或 H_2O）直线以上的氧化物，方能被 CO（或 H_2）还原。在实际高炉中，$2CO+O_2 \Longrightarrow 2CO_2$ 反应的 $p_{CO}/p_{CO_2} > 1$，即 CO_2 的氧势比标准状态要低得多，因而在 1000℃ 左右，FeO 可被 CO 还原为 Fe。

由图 3-1 看到，在高炉条件下，锰的高价氧化物（MnO_2、Mn_2O_3、Mn_3O_4）比 Fe_2O_3、Fe_3O_4 容易还原；铜、铅、镍、钴、锌、锡是比铁易于还原的金属；铬、锰、硅、钒、钛比铁难还原，它们只能在高炉下部的高温区部分还原进入生铁；而铝、镁、钙在高炉内不能被还原而全部转入炉渣。

铁氧化物的还原过程按照其氧势或分解压大小，从高价到低价逐级进行：

$$Fe_2O_3 \rightarrow Fe_3O_4 \rightarrow FeO \rightarrow Fe \quad (t > 570℃) \tag{3-2}$$

在 $t < 570℃$ 时，还原顺序不经 FeO 阶段，而是按 $Fe_2O_3 \rightarrow Fe_3O_4 \rightarrow Fe$ 进行。因为发生如下反应，FeO 不能稳定存在：

$$4FeO(s) \Longrightarrow Fe_3O_4(s) + Fe(s) \tag{3-3}$$

铁氧化物的还原或分解特性可由图 3-2 得到更好的说明。Fe_2O_3 的分解压（曲线 1）在一切温度下比其他铁氧化物的分解压都高。温度在 570℃ 以上，FeO 的分解压（曲线 3）最小，最稳定；而温度在 570℃ 以下，则是 Fe_3O_4 的分解压（曲线 4）最小，即 Fe_3O_4 比

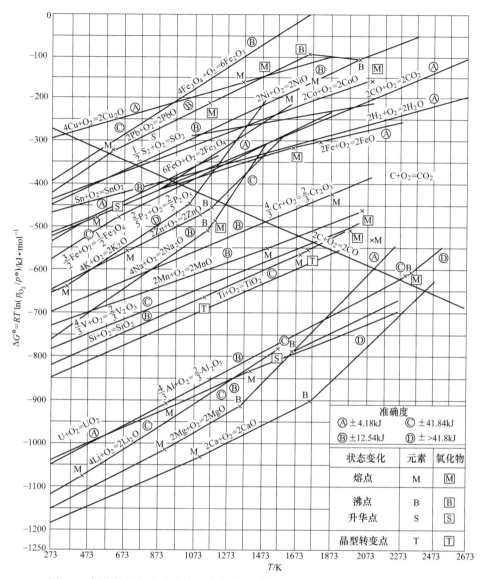

图 3-1 氧化物的标准生成自由能变化 $\Delta G^{\ominus}$（对 1mol O_2 而言）与温度的关系

FeO 更稳定，因而不发生 FeO 还原为 Fe 的反应。

在高炉条件下，CO 和 H_2 等气体还原剂易于向矿石的孔隙内扩散，保证还原剂与铁矿石有良好的接触，并有效地夺取其中的氧。由于高炉中有固体碳存在，CO 和 H_2 的还原能力可得到很大提高。

生铁中的铁，一部分来源于自由铁氧化物的还原；另一部分是从同铁氧化物呈结合状态的化学化合物（如 $2FeO \cdot SiO_2$、$FeO \cdot TiO_2$）中还原出来的，这种还原比较困难；还有一部分氧化铁在造渣和熔化前来不及还原而转入液态炉渣中，然后再从渣中还原（固-液-气反应）为铁。这种还原也比在自由氧化物中还原困难。

有些炉料中的铁不以氧化物形态存在（如 FeS），但它们在高炉内会转变成氧化物而得到还原。

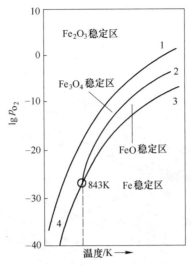

图 3-2　铁氧化物分解压与温度的关系

3.1.1.2　铁氧化物还原的基本反应

在高炉不喷吹燃料时，煤气中含 H_2 很少（1%~3%），还原剂主要是 CO 和 C。喷吹燃料时，煤气中 H_2 含量显著增加（一般可达 4%~10%），H_2 的还原作用不可忽视。

高炉中铁氧化物还原的基本反应如下。在低温区和中温区（570℃<t<1000℃），用 CO 还原：

$$3Fe_2O_3 + CO =\!=\!= 2Fe_3O_4 + CO_2 \qquad \Delta H^{\ominus}_{298} = -53.6kJ/mol \qquad (3-4)$$

$$2Fe_3O_4 + 2CO =\!=\!= 6FeO + 2CO_2 \qquad \Delta H^{\ominus}_{298} = 81.2kJ/mol \qquad (3-5)$$

$$+)\,6FeO + 6CO =\!=\!= 6Fe + 6CO_2 \qquad \Delta H^{\ominus}_{298} = -113kJ/mol \qquad (3-6)$$

$$\overline{Fe_2O_3 + 3CO =\!=\!= 2Fe + 3CO_2 \qquad \Delta H^{\ominus}_{298} = -28.5kJ/mol} \qquad (3-7)$$

用 H_2 还原：

$$3Fe_2O_3 + H_2 =\!=\!= 2Fe_3O_4 + H_2O \qquad \Delta H^{\ominus}_{298} = -12.1kJ/mol \qquad (3-8)$$

$$2Fe_3O_4 + 2H_2 =\!=\!= 6FeO + 2H_2O \qquad \Delta H^{\ominus}_{298} = 164kJ/mol \qquad (3-9)$$

$$+)\,6FeO + 6H_2 =\!=\!= 6Fe + 6H_2O \qquad \Delta H^{\ominus}_{298} = 135.6kJ/mol \qquad (3-10)$$

$$\overline{Fe_2O_3 + 3H_2 =\!=\!= 2Fe + 3H_2O \qquad \Delta H^{\ominus}_{298} = 95.8kJ/mol} \qquad (3-11)$$

在高温区（t>1100℃），最终表现为用固体碳作还原剂的还原反应：

$$FeO + CO =\!=\!= Fe + CO_2 \qquad \Delta H^{\ominus}_{298} = -18.8kJ/mol \qquad (3-12)$$

$$+)\,CO_2 + C_{焦} =\!=\!= 2CO \qquad \Delta H^{\ominus}_{298} = 172.8kJ/mol \qquad (3-13)$$

$$\overline{FeO + C_{焦} =\!=\!= Fe + CO \qquad \Delta H^{\ominus}_{298} = 154kJ/mol} \qquad (3-14)$$

$$FeO + H_2 =\!=\!= Fe + H_2O \qquad \Delta H^{\ominus}_{298} = 22.6kJ/mol \qquad (3-15)$$

$$+)\,H_2O + C_{焦} =\!=\!= H_2 + CO \qquad \Delta H^{\ominus}_{298} = 131.4kJ/mol \qquad (3-16)$$

$$\overline{FeO + C_{焦} =\!=\!= Fe + CO \qquad \Delta H^{\ominus}_{298} = 154kJ/mol} \qquad (3-17)$$

一般把上述在低、中温区所进行的还原反应称为间接还原反应，而把高温区所进行的还原反应称为直接还原反应。

间接还原反应除 $Fe_2O_3 \rightarrow Fe_3O_4$（反应式（3-4）和式（3-8））不可逆外，其他均属于可逆反应。反应进行的方向取决于平衡气相组成，即 p_{CO}/p_{CO_2} 和 p_{H_2}/p_{H_2O} 的比值。为了使反应向生成物方向进行，一般需要有过量的 CO 和 H_2。因此，高炉煤气中的 CO 和 H_2 不可能全部被利用，只能尽量充分利用，降低燃料消耗，节约能源。

一定温度和气相成分条件下，反应的方向可用图 3-3 和图 3-4 来判定。

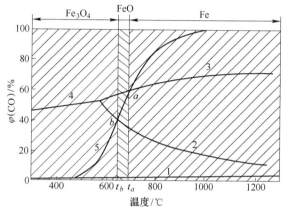

图 3-3　Fe-C-O 体系平衡气相组成　　　图 3-4　Fe-C-O 和 Fe-C-H 体系平衡气相比较

用 CO 还原时，各反应的平衡常数皆可表示为：

$$K_p = \frac{p_{CO_2}}{p_{CO}} = \frac{\varphi(CO_2)_\%}{\varphi(CO)_\%} \quad (3-18)$$

由于

$$\varphi(CO_2)_\% + \varphi(CO)_\% = 100$$

故

$$\varphi(CO)_\% = \frac{100}{1 + K_p} = f(T) \quad (3-19)$$

用式（3-19）即可求出各反应在不同温度下的平衡气相组成 $\varphi(CO)_\%$，而 $\varphi(CO_2)_\% = 100 - \varphi(CO)_\%$。这样，便可得到图 3-3 中的各条曲线。用 H_2 还原铁氧化物的情况类似（见图 3-4）。

图 3-3 中，曲线 2、3、4 于 570℃ 时共同相交。在曲线 2 下方与曲线 1 之间的区域中任何一点，气相成分中 CO 含量均低于曲线 2 上平衡气相所需的 CO 含量，故反应（3-5）只能向左进行，即 FeO 被氧化为 Fe_3O_4，故这个区域为 Fe_3O_4 稳定区。在曲线 3 上方区域内任何一点，气相成分中 CO 含量均高于曲线 3 上平衡气相所需的 CO 含量，故反应（3-6）向右进行，即 FeO 被还原为 Fe，此区域即为 Fe 的稳定区。而在曲线 2 和曲线 3 之间，则为 FeO 的稳定区。

高炉中的还原反应是在碳过剩的情况下进行的，而碳在较高的温度下会发生气化反应，使得最终气相组成总是力图按碳的气化反应（见图 3-3 中曲线 5）建立平衡。

实际上，在高炉内温度低于 685℃ 的上部区域已有金属铁还原出来。这主要是因为高炉内煤气流速极快，在炉内停留时间仅 2~6s，在这种情况下，各反应均不可能达到平衡。

此外，反应（3-13）一般要在1000℃以上才能较快进行，在较低温度下则进行很缓慢。实际高炉内 $\varphi(CO)/\varphi(CO_2)$ 远大于还原反应平衡气相中的 $\varphi(CO)_{平}/\varphi(CO_2)_{平}$，因而能满足还原反应的要求。

由图3-4看出，当 $t<810℃$ 时，CO还原能力比 H_2 强；当 $t>810℃$ 时，H_2 还原能力比CO强。这说明 H_2 的还原能力随着温度的升高而增强。在高炉下部高温区 H_2 激烈地参与还原，对碳的消耗起着积极作用。

在高温区，H_2、CO还原FeO产生 H_2O、CO_2，立即与焦炭发生反应又生成 H_2 和CO，接着参与还原，最终归结为消耗碳的直接还原反应。可见，H_2 和CO在高温直接还原反应的条件下起着中间媒介的作用，从而推动了碳的直接还原反应的进行。由于固态的铁氧化物与焦炭之间的直接反应、浸在渣中的焦炭与FeO的直接还原是有限的，因此，消耗碳的直接还原反应实际上是通过气相的CO和 H_2 来进行的。

3.1.2　其他元素的还原

高炉中难还原的复杂含铁物质有硅酸铁（Fe_2SiO_4）、钛铁矿（$FeTiO_3$）等，它们中的铁氧化物与其他氧化物或脉石成化合状态，形成多种矿物的结合体，一般需先分解成自由FeO，然后再还原。分解需消耗热量，因而焦比升高。

生铁中比铁难还原的元素，常见的有Si、Mn、P等，在冶炼特殊的复合矿石时还有V、Ti、Nb、B等（见图3-1），它们均需在高温下用碳直接还原，比还原铁消耗的热量更多，因而也使焦比升高。

3.1.2.1　硅酸铁的还原

高炉内的硅酸铁（$2FeO \cdot SiO_2$）主要来自高FeO的烧结矿。在高炉冶炼过程中，还原得到的FeO与 SiO_2 作用也会生成一部分硅酸铁。硅酸铁难还原，其结构复杂、组织致密、孔隙率低、内扩散阻力大，不利于还原气体和气体产物的扩散。

硅酸铁熔点低（$1150 \sim 1250℃$）、流动性好，一经熔化便迅速滴入炉缸。在炉缸内进行直接还原还需要消耗大量的热量，使炉缸温度降低，甚至造成炉凉。其反应过程为：

$$Fe_2SiO_4 == 2FeO + SiO_2$$

$$FeO + CO == Fe + CO_2$$

$$CO_2 + C == 2CO$$

$$Fe_2SiO_4 + 2C == 2Fe + SiO_2 + 2CO$$

在高炉中有CaO存在，它可把硅酸铁中的FeO置换成自由状态并放出热量，因而有利于硅酸铁的还原，反应为：

$$Fe_2SiO_4 + 2CaO == Ca_2SiO_4 + 2FeO$$

$$FeO + C == Fe + CO$$

$$Fe_2SiO_4 + 2CaO + 2C == Ca_2SiO_4 + 2Fe + 2CO$$

可见，促进硅酸铁还原的条件是提高炉渣碱度以保证足够的CaO量，同时提高炉缸温度以保证足够的热量。但这些措施会增加燃料消耗。因此，最好是使用高碱度、高还原性、低FeO的烧结矿，尽量减少硅酸铁入炉。

3.1.2.2 锰的还原

A 高炉内锰的分配

锰属于比铁难还原的元素，锰矿石或铁矿石中的锰不能完全还原进入生铁。按冶炼铁种的不同，锰在高炉内以不同比例分配于生铁、炉渣、煤气中，见表 3-1。

表 3-1 锰在高炉内的分配 (%)

铁 种	生 铁	炉 渣	煤 气	铁 种	生 铁	炉 渣	煤 气
炼钢生铁	40~50	<40	5~10	锰 铁	70~80	<10	8~20
铸造生铁	50~60	<30	5~10				

高炉冶炼含锰生铁时，一般随着炉温升高，锰的还原率增加；同时，挥发到煤气中的锰也增加，损失于炉渣中的锰则相对较少。

大多数铁矿石中只含有少量的锰，一般炼钢生铁对锰含量不做规定。当要求生铁含锰时，需在高炉炉料中配加一定数量的锰矿。冶炼锰铁必须专门加入锰矿石。

B 锰氧化物还原规律

锰氧化物在高炉内的还原与铁氧化物类似，也是从高价到低价逐级进行的：

$$MnO_2 \xrightarrow[H_2]{CO} Mn_2O_3 \xrightarrow[H_2]{CO} Mn_3O_4 \underset{H_2}{\overset{CO}{\rightleftharpoons}} MnO \overset{C}{\rightleftharpoons} Mn$$

$MnO_2 \rightarrow MnO$ 一般比较容易，用 CO 和 H_2 间接还原即可。特别是还原到 Mn_2O_3 和 Mn_3O_4 两步，比还原相应的铁氧化物还容易（见图 3-1），反应是不可逆的。从 $Mn_3O_4 \rightarrow MnO$ 是可逆反应，需要过量的 CO 才能保证反应的进行。$MnO \rightarrow Mn$ 则比 $FeO \rightarrow Fe$ 难还原得多，必须在高炉下部高温区用 C 进行直接还原，其反应为：

$$MnO + C = Mn + CO$$

这一反应一般要在 1400℃ 以上进行。由于要吸收大量的热（约为 FeO 直接还原的 1.8 倍），因此温度越高，越有利于锰的还原。冶炼锰铁的焦比一般为 1400~2000kg/t，是炼钢生铁焦比的 2~3 倍。

在高炉中，MnO 常与 SiO_2 结合成低熔点的 $MnSiO_3$（1291℃），这种结合状的 MnO 比自由的 MnO 更难还原，因而最后进入炉渣。炉缸内，渣中（MnO）被碳还原：

$$(MnO) + [C] = [Mn] + CO \qquad \Delta G^{\ominus} = 290300 - 173.2T \quad J/mol \qquad (3-20)$$

$$\lg K = \lg \frac{\gamma_{Mn} \cdot x_{Mn} \cdot p_{CO}}{\gamma_{MnO} \cdot x_{MnO}} = -\frac{15090}{T} + 10.97 \qquad (3-21)$$

温度升高，则 K 增大，有利于（MnO）的还原。炉渣碱度提高，则（MnO）的活度系数 γ_{MnO} 增大，有利于（MnO）的还原。还原出的 Mn 进入铁水，也促进锰的还原。温度、碱度对锰在铁和渣中的分配比 x_{Mn}/x_{MnO}（x 为摩尔分数）的影响如表 3-2 所示。

C 高炉锰还原或冶炼锰铁的基本条件

由以上分析可得，高炉中锰还原的条件是：

（1）足够高的炉缸温度。最有效的措施是提高风温，采用富氧鼓风，并适当提高焦比。冶炼锰铁时，铁水温度应达 1560℃，而渣温应达 1600℃。但炉温过高则会增加锰的挥发损失。

表 3-2　温度、碱度对锰分配比的影响

碱度 R	x_{Mn}/x_{MnO}（实验值）		x_{Mn}/x_{MnO}（高炉中）	
	1500℃	1550℃	1500℃	1550℃
0.8	0.7	1.2		
1.0	0.9	1.6		1.0
1.2	1.2	2.1	0.8	1.7
1.4	1.5	2.8		2.2
1.5	1.6	3.0		

（2）提高炉渣碱度，使锰回收率增加。但随着碱度提高，炉渣黏度也升高，不利于高炉顺行。

（3）正确选择原料。锰矿石的锰含量要高，铁含量和 SiO_2 含量要低，硫、磷要特少。

3.1.2.3　硅的还原

A　生铁对硅含量的要求

生铁中的硅主要来自矿石脉石和焦炭灰分中的 SiO_2，特殊情况下高炉也加入硅石。不同铁种对硅含量的要求也不同。

硅比锰更难还原，需要消耗更多的热量。为了降低焦比、缩短炼钢时间、减少渣量、节省燃料，要求生铁 $w[Si]<0.6\%$ 甚至更低。以保证高炉冶炼和脱硫所需的最低炉温为原则。目前一些高炉冶炼炼钢生铁，其硅含量已降低到 $0.2\% \sim 0.3\%$，甚至 0.1% 或更低；对铸造生铁，则要求含硅在 $1.25\% \sim 4.0\%$ 之间；对硅铁合金，则要求含硅越高越好。高炉冶炼得到的硅铁含硅一般不大于 20%。

B　硅还原规律

SiO_2 是较稳定的化合物，其分解压低，生成热很高，在高炉中比锰难还原。

$$Si + O_2 = SiO_2 \qquad \Delta H_{298}^{\ominus} = -910 kJ/mol \tag{3-22}$$

因此，硅也只能在高温下靠固体碳进行直接还原，其反应为：

$$SiO_2 + 2C = Si(1) + 2CO \qquad \Delta G^{\ominus} = 727400 - 377.04T \quad J/mol \tag{3-23}$$

在高炉内，硅能溶解于铁中，大大有利于硅的还原：

$$Si(1) = [Si]_{\%} \qquad \Delta G^{\ominus} = -131000 - 17.24T \quad J/mol \tag{3-24}$$

由式（3-23）和式（3-24）得：

$$SiO_2 + 2C = [Si]_{\%} + 2CO \qquad \Delta G^{\ominus} = 596400 - 394.28T \quad J/mol \tag{3-25}$$

$$K = \frac{f_{Si} w[Si]_{\%} \cdot p_{CO}^2}{a_C \cdot a_{SiO_2}} \tag{3-26}$$

由式（3-26）可以看到，温度升高，K 值增大，生铁中平衡 $w[Si]$ 也增大。同时，温度升高，SiO_2 还原速度也增加。所以导致生铁中硅含量随温度升高而近似呈线性增加。

C　硅还原的途径

实践和研究证明，硅的还原也是逐级进行的，即 $SiO_2 \rightarrow SiO \rightarrow Si$。

高炉中气态 SiO 主要是在风口前燃烧带附近的高温区域生成的。在高炉内的高温和强还原性气氛（$p_{O_2} \approx 10^{-17} MPa$）条件下，矿石和焦炭灰分中的 SiO_2 被还原为气态 SiO：

$$SiO_2(s) + C \Longrightarrow SiO(g) + CO \qquad \Delta G^\ominus = 788500 - 346.01T \quad J/mol \qquad (3-27)$$

从风口水平上升的 SiO 与下降的铁滴相遇，被铁水中的碳还原，还原出的硅很快溶于铁中：

$$SiO(g) + [C] \Longrightarrow [Si] + CO \qquad (3-28)$$

上升的 SiO 与下降的焦炭接触而被还原：

$$SiO(g) + C_{焦} \Longrightarrow [Si] + CO \qquad (3-29)$$

这两个反应，特别是前者的动力学条件很好，被认为是硅还原的主要方式。

一部分未被还原的气态 SiO 随煤气上升，在高炉中上部分解，反应为 $2SiO(g) = Si + SiO_2$；或被 CO_2 氧化为 SiO_2 颗粒，部分随煤气逸出，造成煤气清洗的困难。另一部分则沉积于炉料孔隙中或料块之间，使料柱透气性恶化，造成高炉难行和悬料。由于这种悬料是在高炉过热状态下 SiO 大量挥发所引起的，称为热悬料。其预防和消除的基本方法就是避免炉温过高，减少 SiO 挥发。

根据风口取样分析，硅的还原在风口水平或渣层以上基本完成，这时铁中的硅含量已接近甚至超过终铁的硅含量。

D　硅还原（或冶炼硅铁）的基本条件

(1) 高的炉缸温度和充足的热储备。生产实践统计指出，炉缸温度越高，则生铁硅含量越高。渣温和硅含量基本呈线性关系。因此，生产中常把生铁硅含量作为判断炉温水平的一个重要标志。

(2) 降低炉渣碱度。炉渣碱度越高，渣中 SiO_2 活度越小，越不利于硅的还原。采用酸性渣操作，可增大 SiO_2 的活度，促进硅的还原。

3.1.2.4　磷的还原

炉料中的磷主要以磷酸钙($Ca_3(PO_4)_2$)形态存在，有时也以磷酸铁($Fe_3(PO_4)_2 \cdot 8H_2O$)形态存在。

磷酸铁比较容易还原，在 900~1000℃ 时即可进行。由于还原可以生成 Fe_3P 和 Fe_2P 等化合物并溶于铁水，因而更加有利于磷的还原。

磷灰石较难还原，还原开始温度为 1000~1100℃，需要直接消耗碳和大量的热量。一般是用碳在高温下进行直接还原。

$$Ca_3(PO_4)_2 + 5C \Longrightarrow 3CaO + 2P + 5CO \qquad (3-30)$$

当有 SiO_2 存在时，其与磷灰石中的 CaO 结合，释放出自由的 P_2O_5，有利于磷的还原。

$$2Ca_3(PO_4)_2 + 3SiO_2 \Longrightarrow 3(2CaO \cdot SiO_2) + 2P_2O_5 \qquad (3-31)$$

$$P_2O_5 + 5C \Longrightarrow 2P + 5CO \qquad (3-32)$$

$$2Ca_3(PO_4)_2 + 3SiO_2 + 10C \Longrightarrow 3(2CaO \cdot SiO_2) + 4P + 10CO \qquad (3-33)$$

在有铁存在时，还原出来的磷溶于铁中，促进了磷的还原。实践证明，炉料带入的磷几乎全部还原进入生铁中，只有冶炼高磷生铁时才有 5%~15% 的磷进入炉渣。因此，要控制生铁中的磷含量，只有使用低磷原料。

3.1.2.5　钒钛磁铁矿的还原和冶炼

钒钛磁铁矿是一种多金属共生的复合矿石，含有铁、钛、钒、镍、铬等多种元素。其中，钒的氧化物以固溶体状态结合于磁铁矿中，即以尖晶石($FeO \cdot V_2O_3$)代替磁铁矿

（FeO·Fe$_2$O$_3$）的部分晶格；含钛矿物常以钛铁矿（FeTiO$_3$）、钛铁晶石（Fe$_2$TiO$_4$）和钛磁铁矿（Fe$_3$TiO$_6$）等形态存在。含钛矿物结构复杂、组织致密，较难还原，一般需在高于 900℃ 的温度下用固体碳进行直接还原。因此，若直接使用钒钛磁铁富矿冶炼，焦比肯定比冶炼普通矿高。

在高炉冶炼条件下，钒只能部分被还原，有 70%~80% 的钒进入生铁。钛比硅更难还原，大部分 TiO$_2$ 转入炉渣。

钒能组成一系列氧化物，其还原顺序也是从高价到低价逐级进行的：

$$V_2O_5 \rightarrow V_2O_4 \rightarrow V_2O_3 \rightarrow VO \rightarrow V$$

钛的主要原化物在还原过程中的还原顺序为：

$$TiO_2 \rightarrow Ti_3O_5 \rightarrow Ti_2O_3 \rightarrow TiO \rightarrow Ti$$

还原出的钛一部分溶入铁中，另一部分还能与 C、N 结合生成 TiC 和 TiN 及固溶体 Ti(C,N)。由于 TiC、TiN 的熔点极高，呈固态微粒悬浮于液体渣中使其黏度急剧增加，造成炉渣变稠。此外，在还原过程中形成的 Ti$_2$O$_3$ 可与 MgO、Al$_2$O$_3$、SiO$_2$ 等形成极难熔的巴依石矿物（含 Ti$_2$O$_3$ 和 MgO 的硅铝酸盐），存在于渣中，也使渣变稠。

国外研究认为，若炉渣含 TiO$_2$ 超过 16%，高炉就不能正常生产。我国炼铁科技工作者经过努力，在 20 世纪 60 年代中期成功地在 1000m^3 级的高炉上用含 TiO$_2$ 高达 25% 的炉渣进行了冶炼，实现了渣、铁畅流，高炉正常生产，且技术经济指标良好。

3.1.3 直接还原与间接还原

3.1.3.1 高炉直接还原度与高炉间接还原度

衡量高炉内直接还原发展程度的指标称为高炉直接还原度，用 R_d 表示。它包括铁、硅、锰、磷等元素及其他一切直接还原反应在内。例如，高温下碳酸盐（MgCO$_3$、CaCO$_3$、FeCO$_3$）分解出的 CO$_2$、矿物内结晶水分解出的 H$_2$O，都有一部分与碳作用生成 CO 和 H$_2$，还有脱硫反应等，它们都直接消耗一部分碳，也属于直接还原范畴。

衡量高炉内间接还原发展程度的指标称为高炉间接还原度，用 R_i 表示。它包括高炉内一切间接还原反应在内（铁氧化物的间接还原，锰、钒、钛的高价氧化物的还原）。

R_d 与 R_i 两者的总和为 1，即：

$$R_d + R_i = 1 \tag{3-34}$$

3.1.3.2 铁的直接还原度

高炉直接还原度（R_d）包括铁、硅、锰、磷等元素及其他一切形式的直接还原，计算起来比较复杂。因此在实际生产中，常常只计算铁的直接还原度（r_d）。r_d 更具有实用价值。但 R_d 与 r_d 指标在概念上有区别，不能混同。

假定从高价氧化铁还原成低价氧化铁（FeO）全部为间接还原，直接还原仅从 FeO 开始。从 FeO 还原为金属 Fe，一部分是靠 CO 和 H$_2$ 的间接还原，另一部分则是靠固体碳的直接还原。用固体碳直接还原 FeO 的金属铁量与从全部铁氧化物中还原出来的金属铁总量之比，称为铁的直接还原度。

3.1.3.3 铁的直接还原度的计算

在高炉喷吹高碳氢化合物燃料（如重油、天然气、烟煤、褐煤等）时，高炉煤气中的

H_2量显著增加，H_2的还原作用不容忽视，应予以单独考虑。此时，由式（3-34）得铁的直接还原度为：

$$r_d = 1 - r_i = 1 - r_{CO} - r_{H_2} \tag{3-35}$$

式中 r_i——铁的间接还原度；

     r_{CO}——铁的 CO 间接还原度；

     r_{H_2}——铁的 H_2 间接还原度。

基于碳氧平衡原理，可采用式（3-36）计算 r_d：

$$r_d = \frac{m(C)_{氧} - m(C)_{风} - m(C)_{Si+Mn+P} - m(C)_{石灰}}{\dfrac{12}{56}(m(Fe)_{生} - m(Fe)_{料})} \tag{3-36}$$

式中 $m(C)_{氧}$——高炉内被氧化的总碳量，kg/t；根据碳平衡，高炉内被氧化的总碳量为燃料、炉料、熔剂带入的碳量与炉尘、生铁带出的碳量之差；

$m(Fe)_{生}, m(Fe)_{料}$——分别为高炉内生铁中的金属铁量、炉料带入的金属铁量，kg/t；

     $m(C)_{Si+Mn+P}$——Si、Mn、P 等元素直接还原消耗的碳量，kg/t；

     $m(C)_{石灰}$——石灰石分解出的 CO_2 在高温下与碳作用生成 CO 所消耗的碳量，kg/t；

     $m(C)_{风}$——到达风口区燃烧的碳量，kg/t，按 C-N_2 平衡原理算出的鼓风消耗量来计算。

铁的直接还原度的计算对高炉配料、高炉设计、计算理论焦比和高炉生产分析都很重要。

3.1.3.4 直接与间接还原发展程度及其对还原剂消耗的影响

A 直接还原反应消耗的碳量与 r_d 的关系

按冶炼 1kg 生铁计算，直接还原消耗碳量 $m(C)_d$，包含非铁元素直接还原消耗碳量 $m(C)_F$ 与铁还原消耗碳量两部分：

$$m(C)_d = m(C)_F + w[Fe] \cdot r_d \times \frac{12}{56} = m(C)_F + 0.214w[Fe] \cdot r_d \tag{3-37}$$

式中 $m(C)_F$——非铁元素 Si、Mn、P 直接还原消耗碳量，kg，$m(C)_F = w[Si] \times \frac{2 \times 12}{28} + w[Mn] \times \frac{12}{55} + w[P] \times \frac{5 \times 12}{2 \times 31}$；

$w[Fe], w[Si], w[Mn], w[P]$——分别为生铁中元素 Fe、Si、Mn、P 的含量，%。

在冶炼生铁品种稳定条件下，$m(C)_F$ 与 $w[Fe]$ 可视为常数，因而 $m(C)_d$ 与 r_d 成正比关系。

B 间接还原反应消耗的碳量与 r_d 的关系

由于 Fe_3O_4 和 FeO 的间接还原反应是可逆的，反应平衡时的气相组成中 $\varphi(CO)/\varphi(CO_2)$ 保持一定比例。为了使还原反应不断进行下去，必须使气相中 CO 浓度超过平衡浓度，即需要过量的 CO。

$$FeO + n_1CO \Longrightarrow Fe + CO_2 + (n_1 - 1)CO$$

$$Fe_3O_4 + n_2CO \Longrightarrow 3FeO + CO_2 + (n_2 - 1)CO$$

高炉是一个逆流反应器，FeO 来自高炉上部 Fe_3O_4 的间接还原，而还原 Fe_3O_4 的气体则来自炉子下部还原 FeO 的产物，因此该气相组成应满足 Fe_3O_4 还原所需 CO 过剩量的要求，此时碳的消耗量 $m(C)_i$ 为间接还原理论上最低的需求量。当 CO 过剩系数为 n 时，有：

$$m(C)_i = 0.214n \cdot w[Fe] \cdot (1 - r_d) \qquad (3-38)$$

C　r_d 对碳消耗量的影响

当生铁的成分已知时，可将式（3-37）和式（3-38）作图 3-5。EF 为生铁渗碳和煤气中甲烷消耗的碳量，kg。由图可见，碳作为还原剂消耗，随着 r_d 的增加，$m(C)_i$ 下降而 $m(C)_d$ 上升。显然，碳消耗量必须满足 $m(C)_i$ 或 $m(C)_d$ 两者中较高者的需求，还原反应才能完成。因此，图中由 ABC 表示的 $m(C)_d$-$m(C)_i$ 折线是不同 r_d 时还原剂消耗的最低消耗线。其中在交点 B 处，$m(C)_i = m(C)_d$ 是碳消耗量最低点。此时 r_d 为理论上最适宜的直接还原度。

然而，伴随还原过程还有热量的需求，碳作为发热剂消耗的碳量 $m(C)_R$ 可由式（3-39）求得：

$$m(C)_R = \frac{Q - 23613 \times (w[Fe] - w(Fe)_L)(1.5 - r_d) \times 0.214}{9797 + q_F + q_Z} \qquad (3-39)$$

式中　23613——1kg 碳燃烧生成 CO_2 和 CO 时发热量的差值，kJ；

　　　　Q——冶炼 1kg 铁的总热量消耗，kJ；

　　$w[Fe]$——生铁中元素 Fe 的含量，%；

　$w(Fe)_L$——炉料中金属铁含量，%；

　　　9797——1kg 碳燃烧生成 CO 时的发热量，kJ；

q_F，q_Z——分别为高炉中氧化 1kg 碳时，鼓风带入热量和成渣热，kJ。

$m(C)_R$ 显然与 r_d 成正比关系，随 r_d 的增加 $m(C)_R$ 也升高，即图 3-5 中的 MK 线。该线与还原最低消耗线的交点 O 是可以同时满足两种需求的最低耗碳量，该点对应的 r_d' 才是该条件下的适宜还原度。高炉冶炼的实际 $r_{d实}$ 往往高出适宜还原度很多。

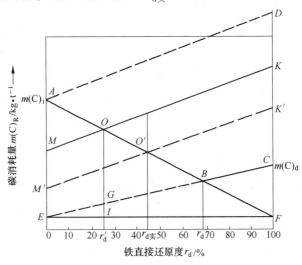

图 3-5　碳消耗量与铁直接还原度 r_d 的关系

此外，当冶炼单位生铁的热量消耗 Q 变化时，MK 线将上下移动，例如 Q 降低，MK 线下移，适宜的 r_d' 也随之升高。因此，若想降低碳消耗量，使燃料比最低，一是降低 r_d，发展间接还原，提高煤气利用率，使燃料消耗沿 MK 线下降；二是降低总热量消耗，改善冶炼条件使 MK 线下降。此时适宜的 r_d' 将随之增大，理论上最低燃料消耗点将沿 $m(C)_i$ 线下降。最终都是使实际的 $r_{d实}$ 尽量接近适宜的 r_d'，使燃料比接近理论上的最低燃料比。

3.1.4 铁矿还原动力学

3.1.4.1 铁矿石还原机理

铁矿石还原机理有多种，未反应核模型理论比较全面地解释了铁氧化物的整个还原过程，是目前公认的理论。其要点是：铁氧化物从高价到低价逐级还原；当一个铁矿石颗粒还原到一定程度后，外部形成了多孔的还原产物——铁壳层，而内部尚有一个未反应的核心（见图3-6）；随着反应的推进，这个未反应核心逐渐缩小，直到完全消失。

当矿石粒度较小或孔隙率较大，还原气体及其产物可自由进出时，则分层性不明显。

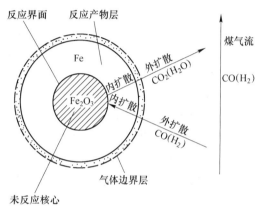

图 3-6 矿球反应过程模型

块矿还原反应过程主要由三个环节组成：

（1）外扩散，即还原气体通过边界层向块矿表面或气体产物自块矿表面向边界层扩散，包括空间对流传质和通过边界层的传质。

（2）内扩散，即还原气体或气体产物通过块矿或固态还原产物层的大孔隙、微孔隙向反应界面或脱离反应界面而扩散，还有铁、氧离子在还原产物层晶格结点间及空位上的扩散。扩散是以分子、原子或离子迁移为基础的传质过程，它宏观表现为分子、原子或离子从高浓度区向低浓度区的转移。

（3）反应界面的化学反应，包括还原气体（CO 或 H_2）在反应界面上的吸附、吸附的还原剂与矿石晶格上氧的结合、气体产物（CO_2 或 H_2O）的脱附及固相还原产物的结晶化学变化及晶格的重建等。这一环节充分反映了还原反应的吸附、自动催化特性。由于新相 Fe 晶格本身的形成和长大起到催化剂作用，大大加速了还原反应的进行。

还原反应速度取决于最慢环节的速度，此最慢环节称为限制步骤或限制性环节。一般在高炉中煤气流速很快，大大超过临界流速。在临界流速下，提高气流速度对还原速度没有影响。这时边界层很薄，传质速度很快，外扩散阻力消失，可保证外扩散顺利进行。因此，外扩散一般不会成为高炉内铁矿石还原的限制步骤，仅在实验室条件下予以考虑。

3.1.4.2 加速铁矿石还原的条件

高炉生产的主要任务是尽可能利用煤气中 CO 与 H_2 的还原能力，使矿石在熔化前尽量还原，减少氧化铁在高炉下部的直接还原。因此，加快铁矿石在固态下（温度不高于

1000℃）的还原速度，对降低直接还原度与焦比、改善高炉技术经济指标具有重大意义。根据前面的动力学分析可知，矿石还原速度主要取决于矿石特性以及煤气流条件。

矿石特性主要是指矿石的还原性，包括粒度、孔隙率和矿物组成等。煤气流条件是指煤气温度、压力、流速和成分以及煤气流性质和分布规律等。

A　改善矿石性质

（1）提高矿石的孔隙率（ε），特别是微孔隙率，可以改善气体内扩散条件，提高内扩散速度。同时，微孔隙多可增加还原气体与矿石的接触和吸附表面积，有利于提高界面化学反应速度。由于内扩散往往是还原反应的限速步骤，所以孔隙率在很大程度上决定了矿石的还原性。但在高炉还原过程中，孔隙率及孔隙的大小、形式（开口或封闭）会因一系列的原因，如矿物组成及晶型转变、膨胀、软熔等而变化。如当矿石局部熔化时，初生的液相便可能堵塞，使孔隙率降低，还原性差。因此，冷态孔隙率并不能完全决定矿石的还原性，还应考虑冶炼过程中孔隙率变化的影响。

（2）缩小矿石粒度（包含均匀性），可增加还原气体与矿石的接触面积，减小还原产物层厚度，缩短还原气体到达未反应核界面和气体产物自内向外逸出的路径，有利于减小内扩散阻力；同时可加速传热，缩短未反应核达到还原反应所需温度的时间，加速还原进程。在扩散速度控制时，完全还原时间与粒度的平方成正比。随着矿石粒度的减小，还原反应将由扩散速度控制转为化学反应速度控制，此时完全还原时间与粒度成正比。因此，粒度缩小到一定程度后，加快反应速度的作用变得不明显，此时的粒度称为临界粒度，高炉冶炼条件下为 3～5mm。此外，矿石粒度不能过小，否则将恶化高炉内气体力学条件，影响煤气分布和高炉顺行，阻碍还原，同时还将增加炉尘吹出量。

（3）改善矿石矿物组成，减少组织致密、结构复杂而易熔的铁橄榄石（Fe_2SiO_4）类型难还原矿物，可加速矿石的还原。

B　控制煤气流条件

（1）保证足够高的煤气温度是进行界面还原反应的必备条件。提高温度对改善扩散和加速还原反应，特别是在反应处于化学反应速度控制时，效果十分显著。但在温度升高的过程中，有时会出现还原速度减慢的现象。如在 400～600℃，由于析碳反应（$2CO = CO_2 + C_黑$）产生大量炭黑，附在矿石表面，阻塞气孔；恶化了煤气与矿石的接触条件；同时，煤气中 CO_2 浓度升高，CO 浓度降低，使还原减慢。在 900～1000℃，由于矿石软化、熔融、造渣，液相阻塞了气孔，恶化了内扩散条件，使还原速度减慢。

（2）控制煤气流速。在低于临界流速范围内，提高煤气流速有利于边界层外扩散的进行，可促进还原；但若超过临界流速，此时不但不能加快还原速度，反而因煤气在炉内停留时间过短而降低煤气能量的利用率。

（3）控制煤气的压力。在化学反应速度控制时，提高压力可加速还原，并且在低压水平阶段时的效果较显著；但压力提高到一定程度后，还原速度几乎不再增加。因为低压阶段，还原气体的吸附覆盖率与压力成正比。在扩散范围内，压力对还原速度没有影响。

（4）提高煤气中还原性气体 CO 和 H_2 的浓度。这样可以增大边界层与化学反应界面的浓度差，从而加速还原气体向反应界面的扩散，提高还原速度。这一浓度差实际上是扩散传质过程的推动力。由于 H_2 的扩散能力比 CO 强，还原气体中少量 H_2 的存在能大大提高 CO 的还原能力与还原速度。因为在 H_2 还原过程中能多次被利用，其还原气体产物 H_2O 又可按 H_2O-C 反应和水煤气反应再生为 H_2，反复利用。用 CO、H_2 混合气体时，还原速度随 H_2 浓度的升高而增加。因此，提高煤气中 H_2 浓度对加速高炉还原过程具有重要意义。

3.2   渗碳和生铁的形成

生铁的形成过程，主要是在已还原出来的金属铁中逐渐溶入其他合金元素和渗碳的过程。

在高炉上部，有部分铁矿石在固态时就被还原成金属铁，随着温度升高，逐渐有更多的铁被还原出来。刚被还原出的铁呈多孔的海绵状，故称海绵铁。这种早期出现的海绵铁成分比较纯，几乎不含碳。海绵铁在下降过程中不断吸收碳并熔化，最后得到含碳较高的（一般大于 4.0%）液态生铁。

（1）第一阶段。CO 在低温下析出的炭黑渗碳。这种粒度极小的固体碳化学活泼性很强。渗碳发生在 800℃ 以下的区域，即高炉炉身的中上部位，有少量金属铁出现的固相区域。这阶段铁中渗碳量约为 1.0%~1.5% 左右。

（2）第二阶段。此阶段为液态铁的渗碳。铁滴形成之后与焦炭直接接触，碳与铁形成 Fe_3C。由于液体状态下铁与焦炭的接触条件得到改善，加快了渗碳过程，到炉腹处时金属铁中已含有 4% 左右的碳了，与最终生铁的碳含量差不多。

（3）第三阶段。发生炉缸内的渗碳过程。炉缸部分只进行少量渗碳，一般渗碳量只有 0.1%~0.5%。

综上可知，生铁的渗碳是沿着整个高炉高度而进行的，在滴落带尤为迅速。这三个阶段中任何阶段的渗碳量增加，都会导致生铁碳含量的增高。生铁的最终碳含量还与生铁中其他元素的含量有关，特别是硅和锰。

3.3   造渣与脱硫

3.3.1   造渣的目的和作用

矿石中的脉石和焦炭的灰分多为 SiO_2、Al_2O_3 等酸性氧化物，熔点很高（SiO_2 1713℃，Al_2O_3 2050℃ 左右）。它们组成的低熔点化合物仍然具有较高的熔化温度（约 1545℃），因此在高炉中只能形成一些非常黏稠的物质，难以流动。尽管熔剂中的 CaO 和 MgO 自身的熔点也很高（CaO 2570℃，MgO 2800℃），但它们能与 SiO_2、Al_2O_3 结合成低熔点（低于 1400℃）化合物，在高炉内熔化并形成流动性良好的炉渣。

可见，造渣就是加入熔剂与脉石和灰分相互作用，并将不进入生铁的物质溶解、汇集成渣的过程。高炉渣应具有熔点低、密度小和不溶于铁水的特点，渣与铁能有效分离，从而获得较纯净的生铁。

在冶炼过程中，高炉渣应满足下列几方面的要求：

（1）炉渣应具有合适的化学成分、良好的物理性质，在高炉内能熔融成液体并与金属分离，还能够顺利地从炉内流出；

（2）具有充分的脱硫能力，保证炼出合格优质生铁；

（3）有利于炉况顺行，能够获得良好的冶炼技术经济指标；

（4）炉渣成分要有利于一些元素的还原，抑制另一些元素的还原，即具有调整生铁成分的作用；

（5）有利于保护炉衬，延长高炉寿命。

为了满足上述要求，高炉炉渣应具有黏度、熔化性和稳定性等。炉渣的化学成分（或碱度）和操作制度（造渣过程），对炉渣性质都有重大影响。

3.3.2　高炉造渣过程

现代高炉多用熔剂性熟料冶炼，一般不直接向高炉加入熔剂。由于在烧结（或球团）生产过程中熔剂已先矿化成渣，大大改善了高炉内的造渣过程。高炉渣从开始形成到最后排出经历了一段相当长的过程。开始形成的渣称为"初渣"，最后排出炉外的渣称为"终渣"。从初渣与终渣之间，其化学成分和物理性质处于不断变化过程的渣称为"中间渣"。

3.3.2.1　初渣的生成

初渣的生成包括固相反应、软化、熔融、滴落几个阶段。

A　固相反应。

在高炉上部的块状带发生游离水的蒸发、结晶水或菱铁矿的分解、矿石产生间接还原（还原度可达30%~40%）等反应。在这个区域还会发生固相反应，形成一些低熔点化合物。固相反应主要是在脉石与熔剂之间或脉石与铁氧化物之间进行的，如 $FeO-SiO_2$、$CaO-SiO_2$、$CaO-Fe_2O_3$ 等低熔点化合物。当高炉使用自熔性烧结矿（或自熔性球团矿）时，固相反应主要在矿块内部进行。

B　矿石软化

随着炉料的下降，炉内温度升高，固相反应生成的低熔点化合物首先出现微小的局部熔化，这就是软化的开始。液相的出现改善了各种矿物的接触条件，继续下降和升温，液相不断增多，最终变成了熔融、流动状态。可见，软化是矿石从固态变成液态的一个过渡阶段，是造渣过程的一个重要环节。

各种矿石有着不同的软化性能。它主要表现在两方面：一是开始软化温度，二是软化温度区间。矿石在高炉内从开始软化到熔化滴落需要一段时间和空间（升温），这就是所谓的软化温度区间（见图3-7）。处于这段空间（即相当于软熔带）内的矿石软化、熔融成黏稠状，形成软熔层（或融着层），并受到上部炉料的压力，因而矿石之间的空隙率和矿石本身的孔隙率大大降低，透气性变差，对气流的阻力很大。显然，矿石开始软化温度越低，初渣出现得越早，软熔带位置就越高；而软化温度区间越大，则软熔层越宽，对气流的阻力越大，对高炉顺行不利。所以，一般希望矿石的开始软化温度高，软化温度区间窄。这样，软熔带位置较低，软熔层较窄，对高炉顺行有利。一般矿石软化温度波动在 700~1200℃ 之间。

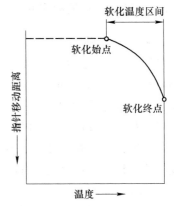

图 3-7　矿石的软化性能

C 初渣生成

从矿石软化到熔融滴落，就形成了初渣。由于矿石还原得到的 FeO 易与 SiO$_2$ 结合成低熔点的硅酸铁，所以初渣中总是含有较高的 FeO。矿石越难还原，初渣中 FeO 含量就越高。这是初渣与终渣在化学成分上的最大差别。

软熔带对煤气阻力和顺行的影响，除矿石的软化特性外，还与矿石品位、渣量、矿焦层厚度（料批重）有关。

3.3.2.2 中间渣的变化

形成的初渣在滴落下降过程中，随着温度升高，其化学成分和物理性质将不断发生变化；FeO 不断被还原减少，流动性随温度升高而增加。实际上，中间渣就是在风口水平以上、软熔带以下正在滴落过程中的炉腹渣。

中间渣能否顺利落下取决于原料成分和炉温的稳定与否。矿石成分不稳定，往往造成炉温和中间渣成分的激烈波动，导致炉渣黏度剧变、高炉炉况不顺。使用热态强度高的焦炭，保证气流正常分布，是中间渣顺利滴落的基本条件。

3.3.2.3 终渣的形成

中间渣经过风口区域后，焦炭和喷吹煤粉燃烧后的灰分参与造渣，使渣中 Al$_2$O$_3$ 和 SiO$_2$ 含量明显升高，而 CaO 和 MgO 却较初渣、中间渣相对降低。炉渣成分与性能趋于稳定后流入炉缸，形成终渣，即通常所说的高炉渣。经风口区再氧化的铁及其他元素在这里又可能被还原到铁水中，使渣中 FeO 含量降低。铁水穿过渣层和渣-铁界面发生的脱硫反应使渣中 CaS 有所增加。

终渣对控制生铁成分、保证生铁质量有重要影响。

3.3.3 高炉渣对冶炼的影响

3.3.3.1 高炉渣的组成

一般的高炉渣主要由 SiO$_2$、Al$_2$O$_3$、CaO、MgO 四种氧化物组成。在用普通矿冶炼炼钢生铁的情况下，它们含量之和在 95% 以上。此外，还有少量的其他氧化物和硫化物。高炉渣成分大致范围如表 3-3 所示。

表 3-3 高炉渣成分范围

成 分	SiO$_2$	Al$_2$O$_3$	CaO	MgO	MnO	FeO	CaS	K$_2$O+Na$_2$O
质量分数/%	30~40	8~18	35~50	<10	<3	<1	<2.5	<1~1.5

高炉渣的成分主要取决于原料的成分和高炉冶炼的铁种。在冶炼特殊矿石时还含有其他成分，例如，冶炼攀枝花钒钛磁铁矿，炉渣中含有 20%~25% 的 TiO$_2$；冶炼包头含氟矿石，炉渣中含有 18% 左右的 CaF$_2$；冶炼锰铁时，炉渣中还含有较高的 MnO(10% 左右)。

3.3.3.2 炉渣碱度及其表示方法

炉渣碱度是判断炉渣冶炼性质的常用指标。通常把 $w(CaO)/w(SiO_2)$ 的值称为炉渣碱度，或称为二元碱度。把 $w(CaO+MgO)/w(SiO_2)$ 的值称为炉渣总碱度，或称为三元碱度。把 $w(CaO+MgO)/w(SiO_2+Al_2O_3)$ 的值称为炉渣全碱度，或称为四元碱度。

在一定冶炼条件下，Al_2O_3 和 MgO 含量变化不大。因此，实际生产中常用二元碱度 $w(CaO)/w(SiO_2)$，习惯上常把 $w(CaO)/w(SiO_2)>1$ 的炉渣称为碱性渣，$w(CaO)/w(SiO_2)<1$ 的炉渣称为酸性渣。

炉渣碱度对高炉顺行和生铁质量有较大影响，主要根据高炉冶炼对铁水成分和炉渣性能的要求而定。根据条件变化和冶炼要求，碱度可通过改变熔剂加入量调整。

3.3.3.3 炉渣性质及其对冶炼的影响

炉渣的性质与其化学成分密切相关，其中碱度对渣的性质有很大影响。直接影响高炉冶炼的炉渣性质有熔化温度、熔化性温度、黏度、稳定性和脱硫性能等。一般希望高炉渣具有适宜的熔化性、较小的黏度、良好的稳定性和较高的脱硫能力。

A　熔化性

熔化性就是炉渣熔化的难易程度。它可用熔化温度和熔化性两个指标来表示。

熔化温度是指加热炉渣时，炉渣固相完全消失、开始完全熔化为液相的温度，即液相线温度（或称熔点）。它可由炉渣相图中的液相线或液相面的温度来确定。熔化温度高，则渣难熔；反之，则易熔。

图 3-8 是 Al_2O_3 含量为 10% 的四元渣系状态图，它反映了炉渣的化学成分与其熔化温度的关系。图中，$w(CaO)<45\%$、$w(MgO)<20\%$、$w(SiO_2)<65\%$ 的区域是一个低熔化温度区，熔化温度都在 1400℃ 以下。如果碱度从 1.0 降低时，熔化温度还稍许降低。但是，如增加碱度至超过 1.3 左右时，熔化温度将急剧升高。

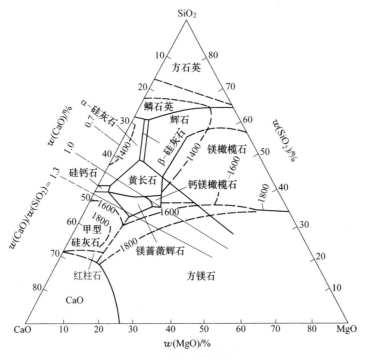

图 3-8　CaO-SiO₂-MgO 四元渣系状态图（$w(Al_2O_3)=10\%$）

最适宜选用的高炉渣区域如图 3-8 所示，即碱度从 0.7 到 1.3、$w(MgO)<20\%$ 的成分范围。依据对结晶过程的研究，该范围涉及了黄长石（$Ca_2MgSi_2O_7$ 与 $Ca_2Al_2SiO_7$ 的固溶体）、

镁蔷薇辉石($Ca_3MgSi_2O_8$)和钙镁橄榄石(Ca_2MgSiO_4)的初晶区。

图 3-9 是范围经过缩小的四元系高炉渣等熔化温度图。图中，在 $w(Al_2O_3)=15\%$、$w(MgO)\leqslant20\%$、$w(CaO)/w(SiO_2)\approx1.0$ 的区域内，熔化温度都较低。碱度低于 1.0 的区域虽然熔化温度也不高，但是由于脱硫能力和流动性不能满足高炉要求，一般不选用。如果碱度超过 1.0 很多，使炉渣成分处于高熔化温度区也是不合适的，因为这样的炉渣在炉缸温度下不能完全熔化且极不稳定。当碱度保持在 1.0 左右时，MgO 含量上限允许达到 $20\%\sim25\%$，Al_2O_3 含量也可达到 20% 以上。

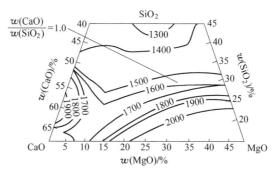

图 3-9　四元系高炉渣等熔化温度图($w(Al_2O_3)=15\%$)

熔化温度过高（如 $t>1450℃$）的炉渣在炉缸温度下不能完全熔化，引起黏度升高，不能采用。但是熔化温度较低，即在较低温度下能完全熔化的炉渣，其流动性并不一定好。而高炉要求炉渣在熔化后必须具有良好的流动性。因此，对高炉生产更具有实际意义的是熔化性温度，即炉渣从不能流动转变为能自由流动的温度。熔化性温度高，表示渣难熔，反之，则易熔。炉渣的熔化性温度可通过测定该渣在不同温度下的黏度，然后画出黏度-温度（$\eta\text{-}t$）曲线来确定。曲线上的转折点所对应的温度，即为炉渣的熔化性温度。

如图 3-10 所示，A 渣的转折点为 a，当温度高于 t_a 时，渣黏度较小，有很好的流动性。但当温度低于 t_a 之后，黏度急剧增高，炉渣很快失去流动性。t_a 就是 A 渣的熔化性温度。一般碱性渣具有急剧的转折点，俗称短渣或石头渣；酸性渣无明显转折点，俗称长渣或玻璃渣。为统一标准，常取 45° 直线与 $\eta\text{-}t$ 曲线的相切点 e 所对应的 t_b 为熔化性温度。有时，在 $\eta\text{-}t$ 曲线上，取其黏度值为 $2.0\sim2.5\ Pa\cdot s$ 时的温度为熔化性温度。

实际高炉渣的熔化性温度在 $1250\sim1350℃$ 之间。

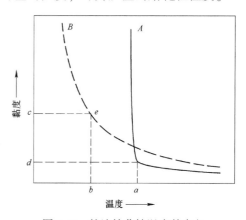

图 3-10　炉渣熔化性温度的定义

B　黏度

炉渣黏度与其流动性互为倒数。黏度大、流动性不好的初渣，将恶化软熔带透气性，增大煤气流阻力，造成高炉不顺。黏稠的终渣则易造成炉缸堆积，风口烧坏，渣、铁难排。黏度小、流动性过好的炉渣，不利于在炉衬上形成保护性渣皮，相反会加剧对炉衬的冲刷和侵蚀，不利于延长高炉寿命。

黏度的单位是 Pa·s（1Pa·s = 10P（泊））。20℃时水的黏度为 0.001Pa·s，蓖麻油为 0.95 Pa·s。正常冶炼条件下，铁水在 1400℃时的黏度为 0.0015Pa·s，适宜的高炉渣黏度范围在 0.5~2Pa·s 之间。

影响炉渣黏度的主要因素是温度和炉渣成分。一般规律是，黏度随温度升高而降低（见图3-10、图 3-11）。在一定温度下，炉渣黏度主要取决于化学成分。

从图 3-12 可以看出，SiO$_2$ 在炉渣中的含量对黏度有着很大的影响。图中黏度最低

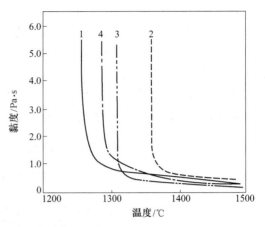

图 3-11　我国部分钢铁厂高炉渣的 $\eta\text{-}t$ 曲线

处，SiO$_2$ 含量为 35% 左右，由此向上，随 SiO$_2$ 含量的增加，炉渣黏度不断增高，并且等黏度曲线几乎和等 SiO$_2$ 线平行。CaO 对炉渣黏度的影响正好与 SiO$_2$ 相反，随着渣中 CaO 含量的增加，黏度逐渐降低，直至达到图中的黏度最低值。如果超过黏度最小区再继续减少 SiO$_2$ 或者增加 CaO，黏度都将急剧增高。

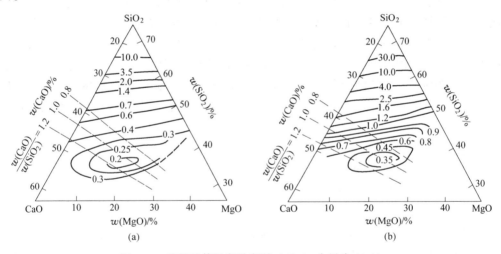

图 3-12　炉渣的等温度黏度图（Al$_2$O$_3$ 含量为 10%）

(a) 1500℃；(b) 1400℃

MgO 对黏度的影响与 CaO 有些相似。在一定的范围内，增加 MgO 含量可引起炉渣黏度降低。特别是在酸性渣中，当保持 $w(\text{CaO})/w(\text{SiO}_2)$ 的值不变而增加 MgO 时，这种影响更为明显。从图中还可以看出，如果保持渣中总碱度 $w(\text{CaO}+\text{MgO})/w(\text{SiO}_2)$ 不变，用 MgO 代替 CaO 时，炉渣黏度虽然也有所下降，但其幅度比较小。无论是保持碱度还是总碱度不变，MgO 在渣中的含量都不能过大。否则，都会引起熔化性温度的升高而使黏度增高。

对 Al$_2$O$_3$ 而言，在碱度为 1.0、MgO 含量相同时（在 25% 以内），随着渣中 Al$_2$O$_3$ 的增加，黏度升高。因此，当渣中 Al$_2$O$_3$ 含量较高时，炉渣的碱度和总碱度允许稍高一些，允

许有较高的 MgO 含量来降低炉渣黏度。

FeO 能显著降低炉渣黏度，但在一般终渣中含量甚少（0.5%左右），影响不明显。但初渣和中间渣中 FeO 含量较高，且波动范围较大（2%~2.5%或更高），因而影响很大。生产中，当高炉炉温偏低、FeO 来不及还原、炉渣 $w(\text{FeO})$ 高达 2%以上时，高炉常出现畅流如水的黑渣。

MnO 对炉渣黏度的影响与 FeO 相似，它对碱性渣的影响比酸性渣大。

C 稳定性

炉渣的稳定性是指炉渣性质（主要是熔化性温度和黏度）随其成分和温度变化而波动的幅度大小。当成分和温度波动时，其性质变化不大或保持在允许范围内的炉渣稳定性好，称为稳定渣；反之，则为不稳定渣。

炉渣的稳定性又有热稳定性和化学稳定性之分。炉渣在温度波动条件下保持性能稳定的能力称为热稳定性。炉渣在成分波动条件下保持稳定性的能力称为化学稳定性。热稳定性可在正常炉温基础上，依据 $\eta\text{-}t$ 曲线转折点的缓急来判断。化学稳定性则可据四元渣系等熔化温度图和等黏度图上曲线的梯度（疏密）来判断。

采用稳定性渣冶炼有利于高炉顺行和获得良好的技术经济指标，也有利于在炉衬上结成稳定的渣皮以保护砖衬。稳定性差的炉渣在炉温或原料成分波动时，软熔带产生波动，造成炉况失常，如难行、悬料、崩料、结瘤或砖衬脱落等。

D 炉渣的表面张力

炉渣的表面张力对炼钢过程有较大实用意义，一般高炉渣的表面张力尚未小到影响高炉冶炼的程度，因此以往研究较少。但是对含有较高 CaF$_2$ 的炉渣来说，由于其表面张力小而容易形成泡沫渣，在炉内易形成液泛现象（即液体被气体向上托升），影响炉内气流分布和炉料的运动，易导致渣罐和渣沟的溢流，造成事故。

表面张力小的炉渣流动性好，有利于炉渣脱硫。

高炉渣的表面张力 σ 在 $(200\sim600)\times10^{-3}\,\text{N/m}$ 之间，只有液态金属表面张力的 $1/3\sim1/2$。金属的表面张力值最大，为 $(1000\sim2000)\times10^{-3}\,\text{N/m}$。

表面张力 σ 与黏度的比值（σ/η）越低，越易形成泡沫渣及液泛现象。

3.3.3.4 特殊成分对炉渣性质的影响

A CaF$_2$

CaF$_2$ 是包头铁矿脉石的特有成分，冶炼时将全部进入炉渣。依据使用的矿石品位和熟料率，包钢高炉渣 CaF$_2$ 的含量波动在 10%~30%范围内。CaF$_2$ 对炉渣的熔化性和黏度有显著的影响。图 3-13 所示是在实验室测得的合成渣中 CaF$_2$ 对炉渣熔化性温度和黏度影响的部分数据。

从图 3-13（a）所示的等熔化性曲线可以看出，虽然炉渣的碱度 R 都是处于 1.5~3.0 的范围内（因渣中 SiO$_2$ 含量比较少），但熔化性温度都是比较低的，并且 CaF$_2$ 含量越高，则熔化性温度降低的幅度越大。CaF$_2$ 对炉渣黏度的影响和对熔化性温度的影响是一致的（见图 3-13（b））。

B TiO$_2$

TiO$_2$ 是高炉冶炼钒钛磁铁矿时炉渣中必然含有的组分。高炉内矿石中的 TiO$_2$ 除极少量

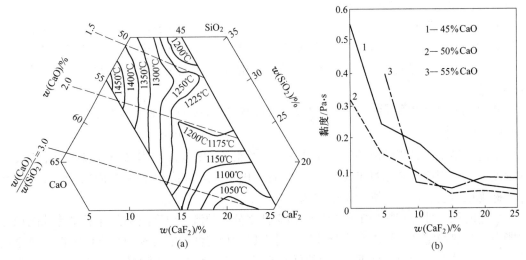

图 3-13　CaF$_2$对炉渣(含 13%Al$_2$O$_3$、2%MgO)熔化性温度和黏度的影响

(a) CaF$_2$对炉渣熔化性温度的影响；(b) CaF$_2$对炉渣黏度的影响

被还原进入生铁（生铁中含 Ti 0.15%~0.35%）外，其余大部分都进入炉渣。依据矿石中 TiO$_2$含量以及配矿情况的不同，高炉渣中 TiO$_2$含量少者在 5% 以下，多者可达 30%。

图 3-14 所示是在实验室对含 TiO$_2$的合成渣进行研究的结果。从图中曲线可以看出，随 TiO$_2$含量的增加，钛渣的黏度增加幅度并不大。但实际生产中，TiO$_2$含量对炉渣性能的影响却很大。这是因为在还原气氛下，TiO$_2$能还原生成高熔点的 TiC 和 TiN 而使渣变稠。

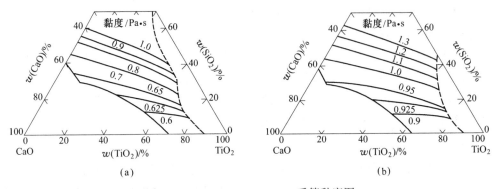

图 3-14　CaO-SiO$_2$-Al$_2$O$_3$-TiO$_2$系等黏度图

(a) 1600℃，w(Al$_2$O$_3$)= 10%；(b) 1600℃，w(Al$_2$O$_3$)= 20%

3.3.4　高炉脱硫

脱硫是冶炼优质生铁的首要问题。研究脱硫先要了解硫在高炉内的行为。

3.3.4.1　高炉内硫的来源及分布规律

高炉中的硫来自入炉的各种原燃料。焦炭中的硫有三种形态，即硫化物、硫酸盐、有机硫，前两者存在于灰分中，后者残存于有机物中。由炉料（包括喷吹物）带入高炉的总硫量m(S)$_料$在冶炼过程中的分布情况是：一部分挥发随煤气逸出高炉，一部分进入生铁，大部分转入炉渣。所以炉内硫的平衡方程为：

$$m(S)_料 = m(S)_气 + m[S] + m(S)$$ (3-40)

以冶炼 1kg 生铁为例：令 $w[S]$ 和 $w(S)$ 分别表示硫在生铁和渣中的百分含量；n 表示单位重量生铁的渣量；$L_S = w(S)/w[S]$，表示硫在渣、铁中的分配系数，则：

$$m[S] = w[S]$$

$$m(S) = n \cdot w(S) = n \cdot L_S \cdot w[S]$$ (3-41)

代入式 (3-40) 得：

$$m(S)_料 - m(S)_气 = w[S] + n \cdot L_S \cdot w[S]$$

所以

$$w[S] = \frac{m(S)_料 - m(S)_气}{1 + n \cdot L_S}$$ (3-42)

这就是高炉冶炼过程中硫的分布规律方程式。

由式 (3-42) 可见，生铁硫含量与四个因素有关。炉料带入的硫量越少，随煤气排除的硫越多，渣量越大，硫的分配系数越高，则生铁硫含量越少。

3.3.4.2 炉渣的脱硫性能

高炉内渣、铁之间的脱硫反应在初渣生成后即开始，在炉腹或滴落带中进行较多，在炉缸中最终完成。炉缸中的脱硫存在两种情况：一是当铁水滴下穿过渣层时，在渣层中脱硫，这时渣与铁接触面积大，脱硫反应进行很快；二是在渣-铁界面上，这时渣与铁接触面积虽不如前者大，但接触时间较长，可保证脱硫反应充分进行，最终完成炉内生铁脱硫过程。

炉渣具有导电性证明，构成炉渣的不是分子而是正、负离子。

脱硫反应是渣-铁界面处进行离子迁移的过程。对脱硫反应可以认为是，原来在铁水中呈中性的原子硫，在渣-铁界面处吸收熔渣中的电子变成为 S^{2-} 而进入炉渣中，而炉渣中的氧负离子 (O^{2-}) 在界面处失去电子变成中性的原子氧而进入铁水中。其离子反应式可写成：

$$[S] + 2e === (S^{2-})$$ (3-43)

$$(O^{2-}) - 2e === [O]$$ (3-44)

$$[S] + (O^{2-}) === (S^{2-}) + [O]$$ (3-45)

反应后进入生铁中的氧与生铁中的碳化合成 CO，并从生铁中排出。

由于铁水中硫和氧的含量很少，可以当作稀溶液用质量百分数 $w[S]_\%$ 和 $w[O]_\%$ 表示，而炉渣中硫和氧的负离子用摩尔分数 $x_{S^{2-}}$ 和 $x_{O^{2-}}$ 表示，则脱硫反应 (见式 (3-45)) 的平衡常数为：

$$K_S = \frac{a_{(S^{2-})} \cdot a_{[O]}}{a_{[S]} \cdot a_{(O^{2-})}} = \frac{w(S)_\% \cdot f_{S^{2-}} \cdot a_{[O]}}{w[S]_\% \cdot f_S \cdot a_{(O^{2-})}} (以 w(S)_\% 代替 w(S^{2-})_\%)$$ (3-46)

所以，硫在渣-金间的分配比为：

$$L_S = \frac{w(S)_\%}{w[S]_\%} = \frac{K_S \cdot f_S \cdot a_{(O^{2-})}}{a_{[O]} \cdot f_{S^{2-}}}$$ (3-47)

L_S 体现了熔渣对金属的去硫能力的强弱。

从热力学分析可得，提高炉渣脱硫能力的三个基本条件为：

（1）提高炉渣碱度，使脱硫剂（CaO 或 MgO）的活性增大，以利于生铁中的硫转变为 CaS 或 MgS，稳定转入炉渣。增加渣中 MgO 含量可降低炉渣黏度，加速渣中硫的传质，改善脱硫反应的动力学条件。

（2）提高炉缸（渣、铁）温度，可推动反应向脱硫方向进行。因为脱硫总反应吸热，需直接消耗碳和大量热量，故必须高温。同时，高温可降低炉渣黏度，改善其流动性，增加硫在渣中的传质速度。

（3）强烈的还原性气氛，可使渣中 FeO 不断地被还原，不断降低其浓度，有利于反应向脱硫方向进行。

在高炉正常生产条件下，炉温受冶炼铁种所限，还原气氛是完全能保证的。因此，脱硫主要靠提高炉渣碱度来进行，即根据生铁含硫情况及时调整入炉石灰石用量以调节炉渣碱度，改变其脱硫能力。

另外，脱硫率还取决于渣-铁界面脱硫化学反应以及硫在铁中和渣中的传质速度。在炉缸渣-铁界面温度条件下，化学反应速率要比硫的传质速率大得多。因此，硫的传质是炉渣脱硫的限制环节。

3.3.4.3　降低生铁硫含量的途径

降低生铁硫含量的途径有以下几种：

（1）降低炉料带入的总硫量。减少入炉原燃料硫含量，是降低生铁硫含量、获得优质生铁的根本途径和有效措施。同时，硫负荷减小也减轻了炉渣脱硫负担，从而减少了熔剂用量和渣量，对降低燃耗和改善顺行有利。降低铁矿石硫含量的主要方法一是选矿，二是焙烧和烧结。选矿可除去矿石中的部分硫，如对于磁黄铁矿（FeS_2），可通过磁选或磁浮联选去硫；焙烧和烧结可去除矿石中大部分的硫。因此，矿石和熔剂带入高炉的硫不多。减少入炉硫量的主要途径是处理焦炭和煤粉。进入高炉的硫大部分是由焦炭带入的。降低焦比（燃料比）以及降低焦炭和喷吹煤粉硫含量的措施，都有利于减少入炉硫量。炼焦过程去除硫量不多，主要靠加强洗煤来去除部分无机硫。

（2）提高煤气带走的硫量。炉料中的硫有相当大一部分在分解反应后以 S 单质和 SO_2、SO_3、H_2S 等形态挥发到煤气中。但在煤气流上升与炉料接触过程中，有一部分硫又被炉料中的 CaO、FeO 和海绵铁吸收而带入下部。CaO 的吸硫作用在高温区、低温区都能进行。所以实际上，在高炉中总有一部分硫随煤气和炉料运动而在高炉内循环。随煤气逸出炉外的硫量，受焦比、渣量、碱度、炉温等复杂因素的影响，如高温有利于硫挥发。但炉温高低首先取决于铁种，而不能为了气化脱硫采取调节炉温措施。生产统计，随煤气逸出的硫量是：炼钢生铁5%～20%，铸造生铁30%，铁合金30%～50%。可见，冶炼高温生铁有利于挥发去硫。

（3）改善炉渣脱硫性能。由式（3-47）可见，增大渣量能降低生铁硫含量。渣量越大，渣中硫的浓度相对越低，越有利于硫从生铁转入炉渣。但在实际中，增加渣量要引起热耗增加、焦比升高，从而使焦炭带入炉内的硫增加。如果增加渣量而焦比不提高，将使炉温降低，从而降低炉渣的脱硫能力。此外，增加渣量对高炉顺行和强化都很不利。可见，大渣量操作不利于高产、优质、低耗。

综上分析，在一定原燃料和冶炼条件下，降低生铁硫含量的主要途径是提高硫在渣、铁间的分配系数，即提高炉渣的脱硫能力。

3.4 典型有害元素的来源及处理

3.4.1 碱金属

3.4.1.1 碱金属来源

高炉炼铁原料中的碱金属元素 K 和 Na 常以硅铝酸盐的形态存在，如钠霞石（$Na_2O \cdot Al_2O_3 \cdot 2SiO_2$）、钾霞石（$K_2O \cdot Al_2O_3 \cdot 2SiO_2$）、白榴石（$K_2O \cdot Al_2O_3 \cdot 4SiO_2$）、钾长石（$K_2O \cdot Al_2O_3 \cdot 6SiO_2$）、硅酸钾（$K_2O \cdot SiO_2$）、霓石（$Na_2O \cdot Fe_2O_3 \cdot 4SiO_2$）、黑云母（$K_2O \cdot 6FeO \cdot Al_2O_3 \cdot 6SiO_2 \cdot 2H_2O$）等。

冶炼 1t 生铁由炉料带入的碱金属氧化物（Na_2O 和 K_2O）的量称为碱负荷。我国西北地区铁矿石中碱金属含量较高，有些高炉的碱负荷高达 10kg/t。

3.4.1.2 碱金属的循环与危害

Na_2O 和 K_2O 比 FeO 稳定，在高炉高温区内待铁还原后才被碳还原，其反应为：

$$K_2SiO_3 + C \Longrightarrow 2K(g) + CO + SiO_2 \tag{3-48}$$

$$Na_2SiO_3 + C \Longrightarrow 2Na(g) + CO + SiO_2 \tag{3-49}$$

由于 K、Na 的沸点很低（K 为 766℃，Na 为 890℃），还原出的金属立即气化进入煤气，在炉内不同区域反应生成不同化合物。如在高温区：

$$K(g) + CO + \frac{1}{2}N_2 \Longrightarrow KOCN(g) \tag{3-50}$$

$$K_2SiO_3 + 2HF + C \Longrightarrow 2KF(g) + SiO_2 + H_2 + CO \tag{3-51}$$

在中温区：

$$2K(g) + SiO_2 + FeO \Longrightarrow K_2SiO_3 + Fe \tag{3-52}$$

$$2K(g) + 2CO_2 \Longrightarrow K_2CO_3 + CO \tag{3-53}$$

$$2K(g) + 3CO \Longrightarrow K_2CO_3 + 2C \tag{3-54}$$

$$2K(g) + FeO \Longrightarrow K_2O + Fe \tag{3-55}$$

在高温区生成的氰化物、氟化物沸点不高，又以气态进入煤气，然后在炉内低温区冷凝成液体或固体。在中温区生成的 K_2CO_3 和 K_2O 都是固相，可沉积在炉料表面孔隙及炉衬缝隙中，也能溶入初渣而被炉渣吸收。

实践证明，炉料带入的碱金属通常大部分进入炉渣而被排出，小部分还原气化后被炉衬、炉料吸收，极少部分随煤气逸出。被炉料吸收的碱金属下行到高温区时再次被还原气化，而后随煤气流上升，形成循环富集。

研究表明，碱金属在炉料孔隙中沉积会加剧矿石体积膨胀，造成炉料破裂粉化，恶化料柱透气性。焦炭吸收碱金属后能使焦炭反应性增加，促进碳溶损反应进行；还可生成 KC_3、KC_8 类的化合物，造成焦炭体积膨胀、强度下降。碱金属在炉衬缝隙内的沉积膨胀以及与耐火材料的渣化作用，将导致耐火砖衬强度降低，并能形成低熔点物质黏附，引起炉墙结厚、形成炉瘤。

据高炉解剖取样测试，高炉内碱金属的分布与循环如图 3-15 所示。研究表明，碱金属的循环区为温度高于 1000℃ 至风口的区域中。通常，循环富集的碱量能达到炉料带入量的 2.5~3 倍，高者甚至能达到 5~6 倍。

3.4.1.3 碱金属危害的防治

碱金属对高炉冶炼有严重的危害，其防治应首先从原料入手，选用碱金属含量低的矿石，降低高炉碱负荷。

当受矿产资源条件限制、高炉碱负荷无法降低时，可在高炉操作中采取以下措施：（1）采用高压操作，提高气相中 CO 分压，阻碍碱金属的气化反应；（2）增加渣量，降低渣中碱金属氧化物活度；（3）降低炉渣碱度，采用偏酸性炉渣操作，提高渣中 K、Na 硅铝酸盐的稳定性，促进炉渣吸收碱金属而排出炉外，即进行"排碱"操作。

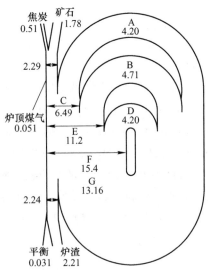

图 3-15　高炉内碱金属的循环
（日本广畑 1 号高炉，kg/t）
A—块状带吸附；B—软熔带吸附；C—块状带；
D—滴落带吸附；E—软熔带；
F—滴落带；G—挥发循环

3.4.2 锌

3.4.2.1 锌来源

铁矿石和焦炭中常含有少量含锌矿物，包括硫化物、氧化物、铁酸盐和硅酸盐等形式。

含锌矿物在高炉上部都将被 CO 或 C 还原，首先生成 ZnO，然后生成金属锌。液态锌的沸点低，几乎不能被渣铁吸收。金属锌以蒸气的形式随煤气向上流动，当温度和气氛条件满足的时候，基本上又重新生成 ZnO。煤气流中残存的锌蒸气和 ZnO 粉末一部分被吸附在铁矿石和焦炭的表面及气孔壁上，剩余部分随煤气一起被排出高炉，而被炉料吸收的锌又将随着料柱下降重新回到高温区，如此循环往复。

锌除了在高炉内部循环外，还在烧结、球团和高炉工序间循环富集，这种循环主要是通过瓦斯灰、除尘灰等载体实现。近年来，由于节能环保和降低成本的需要，钢铁企业在烧结生产中大量回收转炉除尘灰、高炉瓦斯灰等二次资源。有些企业除尘灰含锌甚至高达 10% 以上。富含锌元素的固废以烧结矿、球团矿的形式进入高炉，在高炉生产中锌又从炉顶排出，被收集为各种固废，固废再配入烧结、球团中供高炉使用，最终形成在烧结、球团和高炉工序间的循环。

3.4.2.2 锌对高炉生产的影响

（1）煤气含锌高时，会在上升管处冷凝、积聚，造成上升管阻塞，从而堵塞煤气通路，导致高炉顶压异常波动，高炉上部煤气流紊乱，引起管道行程、悬料、崩料现象，增加了高炉操作的难度，影响正常生产。

（2）锌附着凝结在炉顶设备上，对设备运行造成影响。武钢 5 号高炉定修时换下的布料溜槽侧面黏结着一层厚厚的瘤状金属物质，影响布料精度。经取样分析，该物质含锌高达 62.9%。

（3）锌渗入高炉上部砖衬缝隙中，氧化后体积膨胀，严重时会破坏炉衬，甚至胀裂炉壳，引发安全事故。上部锌富集后形成的"炉瘤"滑落会引起炉况严重失常，甚至造成风口灌渣与烧毁。此外，锌在高炉风口处沉积，渗入耐火砖砖缝，造成砖体疏松，并逐步形成肿瘤状侵蚀体，从而导致风口和二套上翘或破损。

（4）破坏原燃料性能。在炉身上部锌以气体形式渗入焦炭和矿石的孔隙中，沉积后会堵塞表面空隙，影响料柱透气性。另外，锌氧化后体积膨胀，会增加铁矿石和焦炭的热应力，加剧熟料低温还原粉化现象，降低焦炭的反应后强度。

（5）造成炉身黏结。含锌蒸气在上升过程中温度降低变成液态，黏结在砖衬表面，被煤气中的 CO_2 等氧化后，形成低熔点的化合物，结成炉瘤。

总之，由于锌在高炉内的恶性循环和积累，严重影响了炉况的稳定顺行与节能降耗。

3.4.2.3 锌害的防治

锌是高炉炼铁的有害杂质，要减少锌在炉内的富集，主要有两条途径：

（1）选用锌含量低的矿石，尽量减少高锌粉尘用量，降低高炉锌负荷。按照国际标准和《炼铁工艺设计规范》（GB 50427—2008）要求，高炉入炉锌负荷应低于 150g/t，见表 3-4。

表 3-4 高炉生产技术专家委员会制定的高炉锌负荷标准 （g/t）

容积/m³	>4000	4000~3000	3000~2500	2500~2000
锌负荷/g·t⁻¹	<100	<150	<200	<250

（2）锌在炉内有 3 个去向：随渣铁排出、随炉顶煤气带走和在炉内富集。其中，随炉顶煤气带走部分占 80% 以上，随渣铁带走的比例很小，可以忽略。但是，随炉顶煤气排出锌的比例与高炉操作条件有很大关系，排锌需要解决煤气流的分布问题。

思 考 题

3-1 高炉冶炼过程中氧化物还原的热力学条件是什么，高炉内发生哪些主要还原反应？

3-2 直接还原和间接还原在高炉冶炼过程中有什么不同作用？

3-3 为什么通常用生铁中的硅含量来表示炉温？

3-4 从铁氧化物中还原铁和从复杂化合物中还原铁有什么区别？

3-5 高炉炉渣是怎样形成的，炉渣在高炉冶炼过程中起什么作用？

3-6 什么是炉渣的熔化温度和熔化性温度，它对高炉冶炼有什么影响？

3-7 哪些因素影响炉渣的脱硫能力？

3-8 碱金属对高炉冶炼有哪些影响？

3-9 锌对高炉冶炼有哪些影响？

高炉炉料和煤气运动

4.1 炉 缸 反 应

装入高炉的焦炭大部分在风口前燃烧，少部分消耗于直接还原和生铁渗碳。从风口喷吹的燃料也基本上在风口前燃烧。风口前燃料的燃烧和炉缸工作状态对高炉冶炼过程极为重要。

首先，燃料燃烧是高炉冶炼所需热能和化学能的来源。燃料在风口前燃烧，放出大量的热，并产生高温还原性气体（CO、H_2），保证了炉料的加热、分解、还原、熔化、造渣等过程的进行。

其次，燃料燃烧是高炉炉料下降的前提。风口前焦炭及其他燃料的燃烧和炉料的熔化产生了空间，为炉料下降创造了基本条件。风口前燃料燃烧是否均匀有效，对炉料和煤气运动具有重大影响。没有燃料燃烧，高炉炉料和煤气的运动也就无法进行。

第三，除燃料燃烧反应外，直接还原、渗碳、渣-铁间脱硫等反应最后都在炉缸内完成，最终形成生铁和炉渣排出。

因此，炉缸反应既是高炉冶炼过程的开始，又是高炉冶炼过程的归宿。炉缸工作好坏，对高炉冶炼过程起着举足轻重的作用。

4.1.1 炉缸燃烧反应机理

高炉内绝大部分区域都处于焦炭过剩并有大量 CO 的还原性气氛中，只有风口前例外，是氧化性气氛。因为这里有从风口喷射出来的强大鼓风气流，存在大量的自由氧，并且使碳剧烈地燃烧。

理论研究指出，碳燃烧的最初产物既有 CO_2 也有 CO，反应为：

$$C + O_2 \rightleftharpoons CO_2 \qquad \Delta H_{298}^{\ominus} = -395 \text{kJ/mol} \qquad (4-1)$$

$$C + \frac{1}{2}O_2 \rightleftharpoons CO \qquad \Delta H_{298}^{\ominus} = -114.4 \text{kJ/mol} \qquad (4-2)$$

前者为完全燃烧，发生在氧过剩的地方；后者为不完全燃烧，发生在碳过剩、氧不足的地方。燃烧反应在气-固界面上进行，即氧（或 CO_2、H_2O）扩散到碳的反应表面，并被碳原子吸附，形成 C_xO_y 型复合物；而后，C_xO_y 在气相中 O_2 的冲击下或高温的作用下，再分解为 CO_2 和 CO，并且从反应表面脱附而转移到气相中。

高炉风口前由于存在着大量的自由氧，最初生成的那部分 CO 将很快被 O_2 燃烧成 CO_2 反应为：

$$CO + \frac{1}{2}O_2 \rightleftharpoons CO_2 \qquad \Delta H_{298}^{\ominus} = -280.6 \text{kJ/mol} \qquad (4-3)$$

随着向炉缸中心深入，气流中的自由氧消耗殆尽，而生成的大量 CO_2 将遇到炽热焦炭并与之作用，最终生成 CO，其反应为：

$$CO_2 + C_{焦} === 2CO \qquad \Delta H_{298}^{\ominus} = 166.2kJ/mol \qquad (4-4)$$

因此，在炉缸中实际上起主要作用的燃烧反应过程为：

$$C + O_2 === CO_2$$
$$+ \quad CO_2 + C === 2CO$$
$$\overline{2C + O_2 === 2CO}$$

考虑到鼓风带入的氮气，则反应可写成：

$$2C + O_2 + \frac{79}{21}N_2 === 2CO + \frac{79}{21}N_2 \qquad (4-5)$$

可见，在干空气鼓风条件下，碳燃烧的最终产物为 CO 和 N_2。若不考虑 N_2，则炉缸最终煤气成分为 100% 的 CO。若考虑 N_2，则炉缸煤气的理论成分为：

$$\varphi(CO) = \frac{2}{2+3.76} \times 100\% = 34.7\% \qquad (4-6)$$

$$\varphi(N_2) = \frac{3.76}{5.76} \times 100\% = 65.3\% \qquad (4-7)$$

大气鼓风中总含有一定的水分（自然湿度一般为 1%~3%，相当于含水 8~24g/m³）。水蒸气在炉缸的高温下，在氧缺乏、碳过剩的地方和碳发生反应：

$$H_2O + C === CO + H_2 \qquad \Delta H_{298}^{\ominus} = 133.1kJ/mol \qquad (4-8)$$

因此，实际上炉缸煤气中除了 CO 和 N_2 外，还有 H_2。此时炉缸煤气成分可按下式计算。设鼓风中水蒸气的体积百分数为 $f\%$，以 100m³ 鼓风为例，则：

$$V_{CO} = [0.21(100-f) + 0.5f] \times 2 \ m^3 \qquad (4-9)$$

$$V_{N_2} = 0.79(100-f) \ m^3 \qquad (4-10)$$

$$V_{H_2} = f \ m^3 \qquad (4-11)$$

再将体积转换为百分数，即可分别得到 CO、N_2、H_2 的体积分数。

如此，可计算得出各种鼓风湿度下的炉缸煤气成分，如表 4-1 所示。由表可见，增加鼓风湿度（加湿鼓风），则煤气中 H_2、CO 含量增加，N_2 含量相对减少。

表 4-1 鼓风湿度对炉缸煤气成分的影响 （%）

鼓风湿度	干风含氧	炉缸煤气成分		
		CO	N₂	H₂
0	21	34.70	65.30	0
1	21	34.96	64.22	0.82
2	21	35.21	63.16	1.63
3	21	35.45	62.12	2.43
4	21	35.70	61.08	3.22

喷吹燃料时，其中碳氢化合物分解，使炉缸煤气 H_2 含量显著增加，CO、N_2 含量相对降低；富氧鼓风时，由于 N_2 减少，因而 CO 相对增加。

4.1.2 炉缸燃烧反应过程

研究炉缸反应过程，是通过测量风口区煤气成分、温度、压力的变化和渣、铁成分等来进行的。

4.1.2.1 炉缸风口水平煤气成分和温度的变化

研究证明，炉缸燃烧反应过程是逐渐完成的。在风口前沿炉缸半径的不同位置上，由于燃烧条件不同，生成的煤气成分各异。图 4-1 所示为炉缸燃烧反应的经典曲线，它说明以下几个关系。

（1）O_2 与 CO_2。风口前 O_2 充足，与 C 剧烈燃烧生成大量 CO_2（见反应 (4-1)），O_2 剧烈降低直至消失，CO_2 迅速升高达到最大值。

（2）CO_2 与 CO。CO_2 达最大值后，逐渐降低；CO 则迅速升高（见反应 (4-4)）。在燃烧带边缘，CO 接近理论值 34.7%，而炉缸中心则高达 40%~50%，甚至更高，这是由于直接还原反应也产生大量的 CO。

（3）O_2 与 H_2。在通常鼓风条件下，O_2 消失后，鼓风中的水蒸气开始被 C 分解成 H_2（见反应 (4-8)）。

（4）CO_2 与温度分布。风口前随着 C 的激烈燃烧，CO_2 升高，温度也逐渐升高。当 CO_2 达到最大值，温度也达最高点。这是高炉内温度最高之处，称为燃烧焦点。根据压力条件的不同，焦点温度变动在 1900~2200℃ 范围内。随着向炉缸中心深入，CO_2 消失，CO 大量生成（见反应 (4-4)），直接还原热量消耗增加，温度逐渐降低。一般风口水平炉缸中心温度为 1400℃ 左右。

这个经典曲线是在强化程度较低的高炉上获得的。

在现代强化高炉上，热风以 200m/s 以上的速度从风口喷射进入高炉，使风口前形成一个近似球形空间的回旋区，焦块随着鼓风气流处于剧烈的回旋运动状态（见图4-2）。回

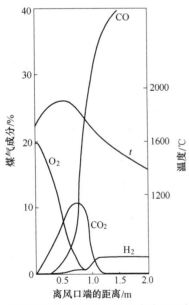

图 4-1 风口前沿炉缸半径上煤成分和温度的分布

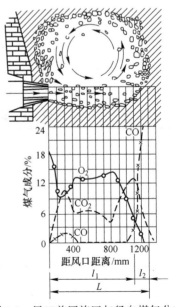

图 4-2 风口前回旋区与径向煤气分布

旋区外围是厚 200~300mm 的中间层。此层焦炭受高速回旋气流的冲击，堆积比较疏松，焦炭不断被气流带走、燃料消耗，而外围焦炭又继续补充进入中间层。

由图 4-2 看到，风口前径向煤气分布也发生了一些变化。在回旋区两端，O_2 含量两度出现剧烈下降，而 CO_2 含量相应出现两个高峰。在空腔里，O_2 含量维持相当高水平，而 CO_2 含量相应维持在较低水平。这充分证明燃烧反应 $C+O_2 = CO_2$ 是在回旋区边缘（与中间层交界）处进行的，而空腔里焦炭甚少。在中间层则进行着剧烈反应 $CO_2+C = 2CO$，因此 CO_2 含量迅速下降，CO 含量急剧升高。

研究表明，回旋区是椭圆形；回旋区不存在气流、焦炭的循环，只有焦炭在回旋燃烧。当气流沿风口轴线射向中心而遇到紧密的焦炭料柱时，便转折向上运动，焦炭被气流带至回旋区上部进行剧烈燃烧，部分焦块在气流惯性力推动下继续回旋燃烧。

4.1.2.2　燃烧带及其大小的确定

研究证明，无论回旋区形状、大小如何，回旋区中煤气和焦炭如何运动，在高炉每个风口前实际都存在着一个燃烧带。所谓燃烧带，就是风口前有 O_2 和 CO_2 的存在并进行着碳的燃烧反应的区域，即回旋区空腔加周围疏松焦炭的中间层。由于燃烧带里是氧化性气氛，所以又称为氧化带。从上面滴下经过这里的铁水，其中已还原的元素（如铁、硅、碳等）有一部分又被氧化，称为再氧化现象。这些元素氧化放热，而到炉缸渣、铁盛聚带还原又吸热。所以再氧化只引起热量的转移，而对整个热平衡无影响。然而，再氧化现象或广义的炉缸氧化作用，对特定条件下的高炉冶炼可能产生重要影响。

燃烧带和回旋区既然是一个空间，就有长、宽、高三个方向的尺寸。沿风口中心线两侧为宽，向上为高，径向为长。显然，燃烧带的长度 $L=l_1+l_2$（见图 4-2），即回旋区长度（l_1）与中间层长度（l_2）之和。可见，燃烧带和回旋区是相互联系而又有区别的两个概念。

燃烧带的大小可按 CO_2 消失的位置来确定。但是当 CO_2 含量降低到 2% 左右时，往往延续相当长的距离才消失。因此，实践中以 CO_2 含量降低到 1%~2% 的位置来确定燃烧带的尺寸。在喷吹燃料或大量加湿的情况下，产生较多的水蒸气，H_2O 同 CO_2 一样，也起着把 O_2 搬到炉缸深处的作用（见反应（4-6）），此时还应参考 H_2O 的影响（也按 1%~2% H_2O）来确定燃烧带。

4.1.3　燃烧带对高炉冶炼过程的影响

燃烧带对炉料和煤气的运动与分布、高炉工作的均匀化和炉况顺行都有很大影响。

4.1.3.1　对煤气流分布的影响

燃烧带是高炉煤气的发源地。燃烧带的大小和分布决定着炉缸煤气的初始（即一次）分布，也在很大程度上决定或影响着煤气流在高炉内的二次分布（软熔带）和三次分布（炉喉）。煤气分布合理，则其能量利用充分，高炉顺行。在冶炼条件一定的情况下，一般扩大燃烧带可使炉缸截面煤气分布较为均匀，有较多的煤气到达炉缸中心和相邻风口之间，有利于炉缸工作均匀化。但燃烧带过长，则炉缸中心气流过分发展，产生中心"过吹"；若燃烧带过短而向两侧发展，则造成中心堆积，边缘气流过分发展。这两种情况都使煤气能量不能充分利用，后者还使炉衬过分冲刷，高炉寿命降低。

4.1.3.2　对炉缸工作均匀化的影响

炉缸工作均匀化是炉缸温度分布均匀、合理，炉缸活跃而无堆积，炉温充沛，渣-铁反应充分，生铁质量良好的统称，是炉况顺行的重要标志之一。

炉缸工作是否均匀，首先取决于燃烧带的大小和分布，也就是煤气流的初始分布。燃烧带的分布和大小主要取决于风口数目、直径和每个风口的进风量。增加风口数目，扩大风口直径，可减小相邻风口间夹角呆滞区，使炉缸周围煤气和温度分布均匀。增加风量，适当扩大燃烧带，可使整个炉缸截面煤气、温度分布均匀，炉缸活跃，保证渣-铁反应充分（见图4-3）。缩小风口直径，可使燃烧带变得狭长，气流向中心发展。

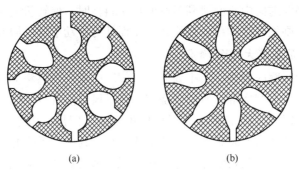

(a)　　　　　　　　(b)

图4-3　燃烧带大小及分布示意图
（a）适当扩大的燃烧带；（b）狭长的燃烧带

燃烧带向炉缸中心伸长，可发展中心气流，使炉缸中心温度升高。燃烧带缩短而向两侧扩展，可发展边缘气流，使炉缸周围温度升高。总之，获得合理分布，适当扩大的燃烧带，可保证炉缸工作的均匀化，避免边缘或中心堆积，从而保证生铁质量和高炉顺行。

4.1.3.3　对炉料下降的影响

燃料燃烧为炉料下降腾出了空间，燃烧带的上方炉料比较疏松，摩擦阻力较小，炉料下降最快。因此，适当扩大燃烧带（包括纵向和横向）可以缩小中心和边缘炉料呆滞区，有利于炉料均匀而顺利地下降，促进顺行。

由上可见，燃烧带对高炉冶炼过程影响重大。控制燃烧带对强化高炉冶炼具有重要意义。

4.1.4　下部调剂原理

燃烧带及其控制原理是高炉下部调剂的理论基础。

影响高炉燃烧带大小和分布的因素可归纳为鼓风动能、燃烧反应速度和炉料分布状况三方面。一般来说，燃烧反应速度快，燃烧反应便可在较小的空间内完成，因而燃烧带缩小；反之，则扩大。在现代高炉条件下，燃烧反应速度已不是限制环节，焦炭（喷吹燃料）的燃烧性对燃烧带影响不大。炉料分布的影响将在4.3.5节讨论。

4.1.4.1　鼓风动能及其与燃烧带的关系

鼓风动能是指鼓风克服风口区的各种阻力向炉缸中心穿透的能力。

生产实践和理论研究证明，鼓风动能（E）与回旋区长度（l_1）（或燃烧带长度L）基本呈直线关系。根据这一关系，可通过调整鼓风动能来控制燃烧带（或回旋区）大小。

在不同的冶炼条件下，客观上都存在着一个适宜的鼓风动能（$E_{适}$），在这个动能下可获得适宜的燃烧带和合理的初始煤气分布，保证炉缸工作均匀、活跃，高炉稳定顺行，生铁质量良好。

高炉容积越大，炉缸直径越大，要求相应有更大的鼓风动能。同一座高炉，冶炼强度低、原料条件差时，应采用较大的鼓风动能，以防止中心堆积；冶炼强度高、原料条件好时，应采用较小的鼓风动能，以防止中心过吹。适宜的鼓风动能与冶炼强度（I）呈双曲线关系（$E \propto 1/I$）。

4.1.4.2　鼓风动能的计算

高炉风口处的鼓风动能可按式（4-12）来计算：

$$E = \frac{1}{2}mW^2 = \frac{V_0 \rho_0}{2 \times 60} \times \left(\frac{V_0 \cdot p_0 \cdot T}{60S \cdot p \cdot T_0}\right)^2 = \frac{1.239 V_0}{120} \times \left(\frac{V_0 \times 0.0313 \times T^2}{60S \cdot p \times 273}\right)^2 \quad (4\text{-}12)$$

展开后合并常数项得：

$$E = 4.18 \times 10^{-14} \times \frac{V_0^3 \cdot T^2}{S^2 \cdot p^2} \quad \text{kg} \cdot \text{m/s}$$

$$= 4.12 \times 10^{-16} \times \frac{V_0^3 \cdot T^2}{S^2 \cdot p^2} \quad \text{kW} \quad (4\text{-}13)$$

式中　m——鼓风质量，kg/s；

$\quad\quad W$——风口鼓风密度，m/s；

$\quad\quad \rho_0$——空气密度，$\rho_0 = 1.293 \text{kg/m}^3$；

$\quad\quad V_0$——单风口的进风量（计示冷风量），m^3/min；

$\quad\quad p_0$——鼓风标准状态大气压，$p_0 = 0.1013 \text{MPa}$；

$\quad\quad T$——热风绝对温度，K；

$\quad\quad S$——风口截面积，m^2；

$\quad\quad p$——热风的绝对压力，MPa，$p = 0.1013 + p_j$（p_j为计示热风压力，即表压，MPa）。

4.1.4.3　影响鼓风动能的因素

凡影响鼓风动能的因素都影响燃烧带的大小。控制这些因素，就可以获得适宜的燃烧带和合理的初始煤气流分布。从式（4-13）看到，影响鼓风动能的主要因素有风量、风温、风压和风口截面积等。

（1）风量，$E \propto V_0^3$。风量增加，鼓风动能显著增加，这种机械力的作用迫使回旋区和燃烧带扩大，特别是向中心延伸。另外，化学因素也在起作用，即风量增加，要求相应扩大燃烧反应空间，从而使燃烧带向各方向扩大。

（2）风温，$E \propto T^2$。从机械因素的作用来看，提高风温，鼓风体积膨胀，动能增加，燃烧带扩大。但从化学因素的作用来看，风温升高，燃烧反应加速，只需较小的反应空间，因而燃烧带缩小。实际研究结果也指出，风温对燃烧带的影响不规律，最终结果由机械和化学因素的优势而定。

（3）风压，$E \propto 1/p^2$。采用高压操作时，由于炉顶压力提高，风压相应升高，鼓风体积压缩，鼓风密度 ρ 增大，则鼓风动能增加；但由于鼓风体积 V_0 减小，风速降低，故动能减小，燃烧带缩短。所以高压操作时如不注意调剂，会导致边缘气流的发展。如果风压的升高是由增加风量引起的，则鼓风动能增加，$E \propto V_0^3$。

由以上分析可见，在鼓风参数中，风量对动能的影响最大。

（4）风口截面积，$E \propto 1/S^2$。风量一定，扩大风口直径，风口截面积 S 增加，风速降低，动能减小，燃烧带缩短并向两侧扩散，有利于抑制中心而发展边缘气流；反之，有利于抑制边缘而发展中心气流。

在喷吹燃料条件下，鼓风动能还与喷吹燃料情况有关。高炉喷吹燃料后，一部分燃料在风口内燃烧，产生煤气使气体体积增加，鼓风动能明显增大，因而燃烧带扩大。

4.1.5 风口区理论燃烧温度

在风口前燃烧带中，焦炭与1200℃左右的高温热风发生燃烧反应，最终变成 CO，放出大量热量，使炉缸煤气温度达到相当高的水平。理论燃烧温度正是衡量高炉炉缸热状态的常用指标。

4.1.5.1 理论燃烧温度

所谓理论燃烧温度，就是在与周围环境绝热（无热损失）的条件下，所有由燃料和鼓风带入的显热（物理热）及其碳燃烧放出的化学热，全部传给燃烧产物炉缸煤气，这时煤气达到的温度称为理论燃烧温度，也就是炉缸煤气尚未与炉料进行热交换的原始温度。

根据这一定义和风口燃烧区热平衡原理，炉料燃烧温度可用式（4-14）计算：

$$t_{理} = \frac{Q_{碳} + Q_{风} + Q_{焦} - Q_{水} - Q_{吸}}{c_{CO}V_{CO} + c_{N_2}V_{N_2} + c_{H_2}V_{H_2}} = \frac{Q_{碳} + Q_{风} + Q_{焦} - Q_{水} - Q_{吸}}{V \cdot c_p^{煤}} \qquad (4-14)$$

式中　　$Q_{碳}$——风口区碳燃烧成 CO 放出的热量，kJ/t；

$Q_{风}$——热风带入的物理热，kJ/t；

$Q_{焦}$——焦炭和其他燃料（如喷吹高温裂化还原气时）带入炉缸的物理热，kJ/t，1kg 焦炭下达风口水平带入的热量一般可按 $0.75 t_{焦} \times 0.4 \times 4.186 = 1.26 t_{焦}$（kJ）计算（$t_{焦}$ 为焦炭下达风口水平时的温度，一般在 1400～1500℃ 范围内）；

$Q_{水}$——鼓风和喷吹燃料中水分分解热，kJ/t；

$Q_{吸}$——将喷吹燃料加热到 1500℃（相当于风口水平焦炭温度）所吸收的热与碳氢化合物分解热之和，kJ/t；

c_{CO}，c_{N_2}，c_{H_2}——分别为 CO、N_2、H_2 的比热容，kJ/(m³·℃)；

V_{CO}，V_{N_2}，V_{H_2}——分别为炉缸煤气中 CO，N_2，H_2 的体积，m³/t；

V——炉缸煤气总体积，m³/t；

$c_p^{煤}$——炉料温度下煤气的平均比热容，kJ/(m³·℃)。

显然，风口区理论燃烧温度直接影响高炉内的传热、传质过程。理论燃烧温度（$t_{理}$）越高，炉缸煤气原始温度越高，与周围环境炉料之间的温差（Δt）就越大，便具有更多的热量传给炉料，有利于炉料的加热。尤其在高炉喷吹燃料时，较高的理论燃烧温度可加速喷吹物的燃烧，改善喷吹效果。

但是在一定的冶炼条件下，理论燃烧温度过高将引起初始煤气体积膨胀，增大了对料柱的阻力，影响炉料下降；同时，也会引起 SiO 的大量挥发，造成高炉难行和悬料。

4.1.5.2 理论燃烧温度的影响因素

由式 (4-8) 可知，影响理论燃烧温度的因素主要有风温、鼓风湿度、燃料喷吹量及成分、焦炭发热量等。在风量一定的情况下，生成煤气量基本不变，鼓风湿度一般也是自然湿度，变化不大，焦炭带到风口水平的物理热在冶炼制度一定时也基本不变。因此，理论燃烧温度主要取决于风温、富氧程度和燃料喷吹量。

在普通鼓风条件下，当风温约为 1000℃ 时，理论燃烧温度可达 1800~2100℃。提高风温，$Q_风$ 增大，虽然由于焦比降低，$Q_碳$ 与 $Q_焦$ 有所降低，但 V_{CO}、V_{N_2} 也减小，仍显著升高。

富氧鼓风时，由于氮含量显著减少，理论燃烧温度仍显著升高。

喷吹燃料后，$Q_吸$、$Q_水$ 都升高，V_{H_2} 显著增大，因而使理论燃烧温度显著下降。喷吹不同种类的燃料，理论燃烧温度降低的程度是不同的。通常，天然气含碳氢化合物最高，分解热最大，生成的煤气量最多，对降低理论燃烧温度的作用最大，重油次之，无烟煤粉最小。

理论燃烧温度与炉缸渣、铁温度有关，但不是严格的依赖关系。如喷吹燃料时，理论燃烧温度降低，但渣、铁温度却升高。因此，理论燃烧温度不宜作为炉温的标志，但它仍是高炉操作，特别是喷吹时的重要参数之一。

4.2 煤 气 运 动

风口前燃料燃烧产生高温还原性煤气（$CO+H_2$），为高炉冶炼提供了热能和化学能。煤气能量是否充分利用，直接关系到焦比、燃料比的高低和其他指标的改善情况。煤气和炉料之间良好的传热是改善高炉能量利用的关键。

4.2.1 煤气上升过程中的变化

高炉煤气自下而上穿过料层而运动时，以对流、传导、辐射等方式将热量传给炉料，同时进行着传质，使煤气在上升过程中，体积、成分和温度都发生了重大变化。

从图 4-4 看到，煤气的总体积自下而上有所增加。通常，鼓风时，炉缸煤气量（这是指体积而言）约为风量的 1.21 倍，而炉顶煤气量约为风量的 1.35 倍；喷吹燃料时，炉缸煤气量约为风量的 1.30 倍，而炉顶煤气量约为风量的 1.45 倍。

煤气体积的增加主要是因为矿石中的 Fe、Si、Mn、P 等元素的直接还原生成一部分 CO，碳酸盐在高温区分解出的 CO_2 与 C 作用生成两倍体积的 CO，而在中温区分解出的 CO_2 也直接增加了煤气体积。

高炉煤气在上升过程中成分的变化如图 4-4 所示。炉缸煤气中 CO 含量在 35%~45% 范围内，而无 CO_2 存在。炉顶煤气中，CO 含量一般为 20%~25%，而 CO_2 含量一般为 15%~22%。两者之和，即 CO 与 CO_2 的总含量一般稳定在 38%~42% 之间。其他成分，如 H_2、CH_4、N_2 等也有所变化。

沿高炉高度，煤气和炉料之间进行着激烈的热交换，煤气的温度自下而上不断降低，仅几秒钟时间就从炉缸处的 1700~1800℃ 降低到炉顶处的 150~300℃。正是因为这个原因，高炉的热效率高达 78%~86%，在各类冶金炉中是最高者。

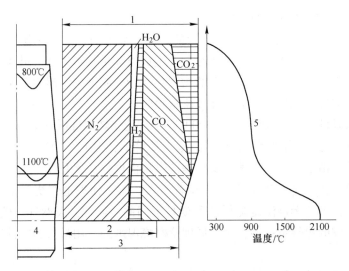

图 4-4　煤气上升过程中量、成分以及煤气温度沿高炉高度的变化

1—炉顶煤气量 $V_{顶}$；2—风量 $V_{风}$；3—炉缸燃烧带煤气量 $V_{燃}$；

4—风口中心线；5—煤气温度

沿高炉截面，煤气温度分布是不均匀的，它主要取决于煤气分布。一般中心和边缘气流较发展，煤气温度也较高。

改善煤气化学能利用的关键是提高 CO 利用率（η_{CO}）和 H_2 利用率（η_{H_2}）。炉顶煤气中 CO_2 越高，CO 越低，则煤气化学能利用越好；反之，则化学能利用越差。

CO 利用率一般表示为：

$$\eta_{CO} = \frac{\varphi(CO_2)}{\varphi(CO_2) + \varphi(CO)} \times 100\% \tag{4-15}$$

显然，在 CO_2 与 CO 含量之和基本稳定不变的情况下，提高炉顶煤气 CO_2 含量，意味着 CO 含量必然降低，而 η_{CO} 必然提高。这就是说，有更多的 CO 参与了间接还原而变成 CO_2，改善了煤气（CO）能量的利用。

炉顶煤气温度（$t_{顶}$）是高炉内煤气热能利用的标志。$t_{顶}$ 越低，说明炉内热交换越充分，煤气热能利用越好；反之，$t_{顶}$ 越高，煤气热能利用越差（传热不好）。

炉顶煤气中的 CO（或 CO_2）含量和 $t_{顶}$ 互相联系、表现一致。一般 $t_{顶}$ 高，CO 含量也高，CO_2 含量则低，煤气能量利用变坏；反之，$t_{顶}$ 低，CO 也低，CO_2 则高，煤气能量利用改善。这说明高炉内传热、传质过程是密切相关的。

4.2.2　高炉热交换

前已指出，高炉内煤气温度仅几秒钟就由炉缸内的 1750℃ 左右降低到炉顶处的 200℃ 左右，而炉料（使用冷料）温度则在数小时内由常温升高到风口水平处的 1500℃ 左右。显然，在煤气和炉料之间进行着激烈的热交换。其基本方程可表示为：

$$dQ = a \cdot F \cdot \Delta t \cdot d\tau \tag{4-16}$$

式中　dQ ——$d\tau$ 时间内，煤气传给炉料的热量；

　　　a ——传热系数；

F——炉料表面积;

Δt——煤气与炉料之间的温度差,$\Delta t = t_{气} - t_{料}$。

由式(4-16)可知,单位时间内炉料所吸收的热量与炉料表面积、煤气和炉料温差、传热系数成正比。而 a 又与煤气速度、温度、炉料性质有关。在风量、煤气量、炉料性质一定的情况下,dQ 主要取决于 Δt。然而,由于沿高炉高度煤气与炉料温度不断变化,因而 Δt 也是变化的,这种变化规律可用图4-5表示。

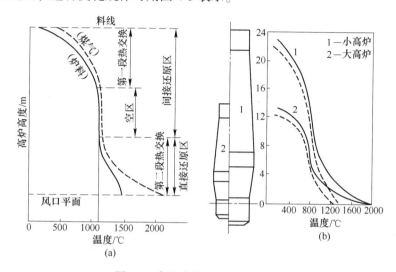

图 4-5　高炉内热交换过程示意图

(a)高炉内热交换过程分区;(b)大、小高炉内炉料和煤气温度沿炉身高度的变化

由图4-5可见,沿高炉高度可将煤气和炉料之间的热交换分为三段区域,上段为热交换区,中段为热交换平衡区,下段为热交换区。在上、下两段热交换区,煤气和炉料之间存在着较大的温差 Δt,而且下段比上段还大;Δt 随着高度而变化,在上段是越向上越大,下段是越向下越大。因此,在这两个区域存在着激烈的热交换。在中段,Δt 较小,而且变化小于20℃,热交换不激烈,被认为是炉料和煤气之间热交换的动态平衡区,因此有人把它称为"空段"或"呆区"。

为考察沿高炉高度上热交换变化的规律,引入水当量的概念。其定义是:单位时间通过高炉某一截面的炉料或煤气,其温度变化1℃时所吸收或放出的热量。炉料和煤气水当量分别用 W_s 和 W_g 表示。

在高炉下部热交换区,由于炉料中碳酸盐激烈分解、直接还原反应激烈进行和熔化造渣等,需要消耗大量热量,因此 $W_s > W_g$,且越往下越大,即单位时间内通过高炉下部某一截面使炉料温度升高1℃所需的热量远大于煤气温度降低1℃所放出的热量。因此,尽管煤气温度迅速下降,但炉料温度升高并不快,煤气的降温速度远大于炉料的升温速度。两者之间存在着较大的温差,而且越向下热交换越激烈。

煤气上升到中部某一高度后,由于直接还原等耗热反应的减少、间接还原放热反应的进行,W_s 逐渐减小,以致在某一时刻与 W_g 相等,即 $W_s = W_g$,此时煤气和炉料间的温差很小(不大于20℃),并维持相当时间,煤气放出的热量和炉料吸收的热量基本保持平衡,炉料的升温速率大致等于煤气的降温速率,热交换进行得很缓慢,从而成为空段。

煤气从空段往上进入上部热交换区。此处进行着炉料的加热、蒸发和分解以及间接还原反应等，由于所需热量较少，$W_s < W_g$，即此时单位时间内炉料温度升高1℃所吸收的热量小于煤气降温1℃所放出的热量，炉料迅速被加热，热交换激烈进行。

煤气和炉料温度升降的速率决定着热交换曲线变化的趋势。

4.3 炉 料 运 动

高炉冶炼过程中，上升煤气流和下降炉料的相向运动影响着整个冶炼过程。上升煤气流影响炉内气体的合理分布和炉料下降，同时还是加热和还原炉料所需能源的来源。没有煤气和炉料间的密切接触，传热、传质等过程就不能顺利进行。当煤气和炉料的相向运动遭到破坏时，就会产生难行、崩料、悬料，影响高炉顺行。因此，炉料和煤气的相向运动往往是高炉冶炼操作中的主要矛盾。

4.3.1 炉料下降

4.3.1.1 炉料下降的原因

焦炭的不断燃烧和消耗，炉料的熔化和渣、铁的排出，直接还原和渗碳引起的碳的溶解损失，炉料下降过程中小块充填于大块之间引起的体积收缩，粉料被吹出引起的炉尘损失等，都是引起炉料下降的因素。但基本因素有两个，即燃料燃烧和渣、铁排放。其中，燃烧起着决定性的作用。

4.3.1.2 炉料下降的力学分析

上述原因仅为下料提供了必要条件，但炉料能否顺利下降还取决于如下的力学关系。

$$p = p_{料} - p_{摩} - p_{液} - p_{气} = p_{料} - (p_{摩} + p_{液} + p_{气}) \tag{4-17}$$

式中　p——决定炉料下降的力（作用于风口水平面上）；

$\quad p_{料}$——料柱本身的重力；

$\quad p_{摩}$——炉墙对炉料和料块内部之间的摩擦阻力，$p_{摩} = p_{墙} + p_{内}$；

$\quad p_{液}$——炉缸内盛积的液体渣、铁对料柱的浮力；

$\quad p_{气}$——上升煤气对料柱的阻力或支撑力。

显然，只有 $p > 0$，即料柱本身重力在克服各阻力作用后为正值时，炉料才能顺利下降；若 $p \leqslant 0$，则料柱不能顺利下降，即产生难行或悬料。

在高炉炉型、原料条件和冶炼强度一定的情况下，$p_{料}$、$p_{摩}$ 变化不大。渣、铁对料柱的浮力 $p_{液}$ 大小取决于排开同体积液体的重量，同时与液体对料柱的作用面积有关，因此变化也不大。$p_{气}$ 是由于高压、高速的煤气流强行通过下降料柱而产生的压力损失，其值的大小可近似用煤气通过料柱的总压差（静压差）Δp 来表示。影响 Δp 的因素很复杂。降低 Δp 则 $p_{气}$ 减小，有利于炉料顺行下降。

因此，改善炉料下降的条件主要靠降低 Δp。

4.3.2 高炉料柱压差

4.3.2.1 料柱压差 Δp 的表达式

煤气通过料柱（自炉缸风口水平至炉喉料线水平）的压力损失，通常采用高炉料柱内

煤气的全压差 Δp 来表示：

$$\Delta p = p_{缸} - p_{喉} \approx p_{热} - p_{顶} \tag{4-18}$$

式中　$p_{缸}$——风口水平炉缸煤气压力；

　　　$p_{喉}$——料线水平炉喉煤气压力；

　　　$p_{热}$——热风压力；

　　　$p_{顶}$——炉顶煤气压力。

由于炉缸和炉喉煤气的平均压力不便于经常测定，实际生产中用热风压力和炉顶煤气压力来代替。

许多研究成果表明，影响 Δp 的因素可概括为下列通式：

$$\Delta p = f \cdot \frac{2\omega^2 \cdot \rho}{d_e} \cdot H \tag{4-19}$$

式中　Δp——气流通过料柱的压力损失，Pa；

　　　f——阻力系数，是雷诺数（Re）的函数；

　　　ω——在给定温度、压力下气流通过料层的实际流速，m/s；

　　　ρ——气体实际密度，kg/m^3；

　　　d_e——散料颗粒间通道的当量直径，m；

　　　H——料层高度，m。

4.3.2.2　影响 Δp 的因素

式（4-19）是在洗涤塔式的散料固定床中经实验得到的，没有考虑到炉料运动和物理化学变化以及热工等因素的影响，不能用于实际高炉的定量计算，但可用于定性地分析各种因素对高炉煤气压力损失 Δp 的影响。

由式（4-19）可见，在一定料层高度、温度、压力情况下，Δp 主要取决于气流速度和料层通道的当量直径，实质也就是料柱的透气性。降低煤气流速，改善料柱透气性，提高料层通道当量直径，是降低高炉料柱压差、改善炉料顺行的主要途径。

4.3.3　改善料柱透气性

4.3.3.1　透气性的表示方法

目前，高炉普遍采用透气性指数（ζ）来表示高炉料柱的透气性好坏或透气状态。

$$\zeta = \frac{V_{风}}{\Delta p} \tag{4-20}$$

式中　$V_{风}$——高炉风量，m^3/min；

　　　Δp——高炉料柱全压差，MPa。

透气性指数把风量和全压差联系起来，能更好地反映出风量必须与料柱透气性相适应的规律。它的物理意义是，单位压差所允许通过的风量。实践表明，在一定的条件下，透气性指数有一个适宜的波动范围。超出这个范围，说明风量和透气性不相适应，应及时调整，否则将引起炉况不顺。

显然，增加料柱孔隙率和煤气通道当量直径 d_e，可以降低 Δp，改善料柱透气性。但高炉料柱部位不同，料柱状态及其影响因素也各异。因此，应按高炉不同部位来讨论改善料柱透气性的问题。

4.3.3.2　改善块状带透气性

在块状带，即矿石未发生软熔的块料区，首先应提高焦炭和矿石的强度，减少入炉料的粉末。特别是要提高矿石的热态强度，增强其在高炉还原状态下抵抗摩擦、挤压、膨胀、热裂的能力，减少或避免在炉内产生粉末，这样可改善料层透气性，降低 Δp。

其次，应大力改善炉料粒度组成。一般来说，增大原料粒度对改善料层透气性、降低 Δp 有利。但当料块直径超过一定数值范围（$d>25\text{mm}$）后，相对阻力基本不降低；而粒度小于 6mm，则相对阻力显著升高。这表明，适宜于高炉冶炼的矿石粒度范围为 6~25mm。对于 5mm 以下的粉末，危害极大，务必筛除。

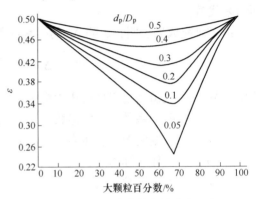

图 4-6　混合粒度散料的孔隙率 ε 与粒度组成的关系

在原料适宜粒度范围内，应通过粒度均匀化来改善料柱透气性。对于粒度均一的散料，孔隙率与原料粒度无关，一般可达 0.5 左右。但在实际生产中，炉料的孔隙率将随大、小块粒度比的不同而变化。

从图 4-6 不难看出，炉料粒度相差越大（大、小颗粒粒径比 d_p/D_p 值越小），孔隙率 ε 越小。因此，为了改善料柱透气性，应缩小同一级粒度范围内的粒度差，提高粒度的均匀性，使 Δp 减小。

综合高炉气体动力学和还原动力学两方面的需要，控制原料粒度的趋势是向小、匀的方向发展。

4.3.3.3　改善软熔带透气性

在高炉软熔带及其以下的区域（包括滴落带），煤气的压力损失要比上部块料带大得多。在这个区域，矿石、熔剂逐渐软化、熔融、造渣，变成液态的渣、铁，而只有焦炭保持着固体状态。熔融而黏稠的初渣或中间渣充填于焦块之间并向下滴落，大大增加了料柱的阻力。

在软熔带、滴落带及炉缸内，主要依靠焦块间的空隙透液、透气。因此，提高焦炭高温强度，改善其粒度组成，对改善这个区域的料柱透气（透液）性具有重要意义。

焦炭粒度也要坚持均匀的原则，如根据不同高炉的情况，可将焦炭分为 40~60mm、25~40mm、15~25mm 三级，分炉使用。过去焦炭的入炉粒度一般都在 40mm 以上，近年来也向缩小的趋势（接近矿石粒度上限）发展。

焦炭高温强度与其反应性（即进行气化反应的能力）有关。反应性好的焦炭，其中部分碳过早气化，产生溶解损失，使焦炭结构疏松、易碎，从而降低其高温强度。因此，应抑制焦炭反应性以推迟其气化反应的进行。

改善造渣是改善软熔带、滴落带透气性、降低 Δp 的另一个重要方面。首先，提高入炉矿品位，减少渣量，以降低透气性差的软熔层厚度，同时相对增加了气流在这个区域的可通截面（或 d_e）；其次，提高矿石的高温冶金性质，如提高软化温度、缩小软化区间，以降低软熔带位置，减小软熔层宽度（即使软熔带变窄），从而减小了对煤气的阻力。另外，改善初渣性质，降低其黏度，增强其稳定性，使其顺利滴落，从而可大大改善高炉下部料柱的透气（液）性。

改善软熔带状况，获得适宜的软熔带位置、结构和形状，是改善高炉料柱透气性的关键环节。高炉解剖调查研究结果表明，从软化到熔滴这个温度区间，按等温线分布，形成与焦炭夹层相间布置的若干软熔层。这些软熔层和焦炭夹层按等温线规律共同组成了一个完整的软熔带（见图4-7）。在软熔带以下，只有焦炭保持着固体状；在软熔带中，仍然明显地保持着按装料顺序形成的焦矿分层状态，只是固态矿石层变成了软熔层或融着层。

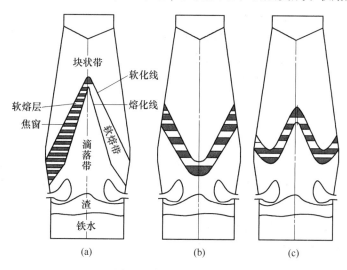

图 4-7　软熔带三种类型
(a) Λ形；(b) V形；(c) W形

显然，软熔带形状、结构（位置、尺寸）对煤气流运动阻力 Δp 有重大影响。它决定着高炉中煤气流分布状况，并对块料带和炉喉煤气分布有重要影响。

4.3.3.4　软熔带形状

软熔带形状随原料和操作条件的变化而有所不同。根据高炉解剖研究结果，软熔带形状基本有三种类型，即 Λ形、V形和 W形，分别示于图4-7(a)~图4-7(c)中。

（1）Λ形软熔带。这种形态促进中心气流发展，有利于活跃、疏松中心料柱，使燃料带产生的大量煤气易于穿过中心焦炭料柱，并横向穿过焦窗，然后折射向上，从而使高炉压差 Δp 降低。同时，改善了煤气流的二次分布状况，增加了煤气流与块料带矿石的接触面和时间，加速了传热、传质过程。此外，由于中心气流发展，边缘气流相对减弱，可减轻炉衬的热负荷和冲刷作用，既能减少热损失，又能保护炉衬，延长高炉寿命。

（2）V形软熔带。这种形状是中心过重、边缘气流过分发展，致使软熔带根部升高、顶部降低的结果。在这种情况下，中心堆积，料柱紧密，透气性差，Δp 升高；大量煤气从边缘逸出，不利于煤气的利用，对高炉强化、顺行也十分不利。

（3）W形软熔带。这种形式是适当发展中心和边缘两道气流的结果，是长期以来高炉操作的传统形式，它能保持高炉顺行，同时在一定程度上改善了煤气能量利用；但不能满足进一步强化和降低燃耗的要求。

根据实验研究，气流通过软熔带的阻力损失与软熔带各参数之间存在如下关系：

$$\Delta p_{软} = k \frac{L^{0.183}}{n^{0.46} \cdot h_c^{0.93} \cdot \varepsilon^{3.74}} \quad (4-21)$$

式中　$\Delta p_{软}$——软化带单位高度上的透气阻力指数；

　　　　k——系数；

　　　　L——软熔带宽度；

　　　　n——焦炭夹层的层数；

　　　　h_c——焦炭夹层的高度；

　　　　ε——焦炭夹层的孔隙率。

显然，软熔带越窄，焦炭夹层层数越多，夹层越高（厚），孔隙率越大，则软熔带透气阻力指数越小，透气性越好；反之，透气性越差。从各因素幂指数看，ε、h_c、n影响较大，故焦炭夹层对软熔带透气性有决定性影响。

4.3.4　改善煤气流分布

合理的煤气流分布是高炉顺行的重要标志之一。在高炉料柱透气良好、煤气流分布合理时，高炉炉料顺利下降，炉况稳定顺行，炉温充足，整个料柱透气性好；煤气能量利用充分，炉顶温度低，而CO利用率高，最终表现为焦比、燃料比降低。可见，炉况顺行与煤气合理分布密切相关。

生产中主要是利用沿炉喉截面不同半径方向上煤气的温度和CO_2分布曲线，来判断煤气分布状况。取样和测温位置一般在炉喉料下$1\sim2m$处。在不同半径方向上进行五点取样。测定结果绘制于图4-8中。由图4-8看到，温度和CO_2曲线两者完全对应相反。因此，生产中一般只绘制CO_2曲线。

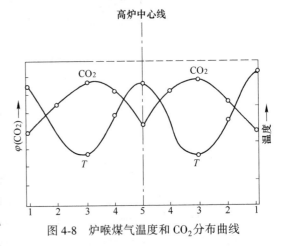

图4-8　炉喉煤气温度和CO_2分布曲线

由图4-8可判断煤气沿炉喉截面和径向的分布状况及利用情况。凡CO_2含量低处，CO含量必然高。煤气温度也高，说明该位置煤气流发展，煤气利用不好；反之，凡CO_2含量高处，CO含量必然低，煤气温度也低，说明该位置煤气流较少，煤气利用较好。

合理的高炉煤气分布规律，首先是要保持炉况稳定，控制边缘与中心两股气流；其次是最大限度地改善煤气利用，降低焦炭消耗。但它没有一个固定模式，随着原燃料条件改善和冶炼技术发展而相应变化。20世纪50年代，烧结矿粉多，无筛分整粒设备，为保持顺行必须控制边缘与中心相近的"双峰"式煤气分布。60年代以后，随着原燃料条件的改善，高压、高风温和喷吹技术的应用，煤气利用改善，形成了边缘CO_2含量略高于中心的"平峰"式曲线。70年代，随着烧结矿整粒技术和炉料结构的改善，出现了边缘煤气CO_2含量高于中心且差距较大的"展翅"形煤气曲线，综合CO_2含量达到19%~20%。

合理的煤气分布曲线不是一成不变的，而是随着生产水平的发展而发展。但无论怎样变化，都必须保持中心与边缘两股气流，过分加重边缘会导致炉况失常。

4.3.5 上部调剂原理

在炉型和原料物理性质一定的情况下，可通过下部控制燃烧带、中部控制软熔带来获得合理的煤气流分布。在高炉炉喉，煤气的分布主要取决于炉料的分布。因此。可以通过布料来控制煤气按一定规律分布。

4.3.5.1 影响炉喉布料的因素

影响炉喉布料的因素很多，如炉料堆角、粒度、密度、形状等原料因素，装料设备形式、参数、炉喉直径和间隙等设备因素和装料工艺制度方面的因素等。

A 原料因素

（1）炉料的种类、粒度、自然堆角、料层厚度等对煤气分布有重要影响。通常，焦炭集中的地方，透气性好，阻力小；矿石集中的地方，透气性差，阻力大。

（2）大块与小块比较，大块集中的地方，透气性好，阻力小；反之，小块集中处阻力大。

（3）料层薄的地方，阻力小，煤气通过得多；料层厚处，阻力大，煤气通过得少。

（4）炉料偏析的影响。在炉料堆角处，大块多，阻力小；在堆尖处，小块粉末多，阻力大。

这种偏析作用是因为散料都有一定的自然堆角。凡粒度大、密度小、表面光滑的炉料，其滚动性好，自然堆角小，分布时领先滚向堆角；粒度小、密度大、表面不规则的炉料，滚动性差，自然堆角大，分布时停滞于堆尖。因此，将不同粒度的矿石倒成一堆时，大块则集中于堆角；而小块，尤其是粉末，则集中于堆尖。炉料粒度不均时，偏析作用影响甚大；经过整粒，使粒度均匀化，可使偏析的影响减小。

B 设备因素

如第1章所述（1.3.2节），高炉炉顶装料有钟式装料和无钟装料两种设备。钟式高炉装料时，炉料从大钟滑落到炉内，由堆尖两侧按一定角度形成料面。无料钟炉顶可通过旋转溜槽进行炉料的单环、多环、扇形或定点布料，更为灵活。

4.3.5.2 装料制度

装料制度是高炉上部调剂的主要手段，正确选择装料制度是保证高炉顺行、获得合理煤气分布、充分利用煤气能量的重要环节。炉料制度的内容包括料线高低、批重大小和装料顺序。

A 料线

钟式高炉大钟全开时，大钟下沿为料线的零位。对于无料钟高炉，料线零位在炉喉钢砖下沿。零位到料面的距离称为料线深度。一般高炉正常的料线深度为 1.5~2.0m。每座高炉在各自具体条件下都有一个适宜的料线，用探尺来测定。高炉装料是按料线分批进行的，每次装料后，大钟关闭或无钟炉顶的溜槽停止工作后，料尺下放到料面并随料面下降，当降到规定的位置时，提起料尺装料。

料线对炉料分布影响的一般规律是，料线越深，堆尖越靠近边缘，边缘分布的炉料越

多。料线对布料的影响示于图 4-9 中。生产中料线一般是
相对稳定的，只有在装料顺序调节尚不能满足要求时才改
变料线。为避免布料混乱，料线一般选在碰撞点以上某一
高度。料线不宜选得太深，因为过深的料线不仅使炉喉部
分容积得不到利用，而且矿-焦界面混合效应加大，不利于
煤气流运动和炉况顺行。

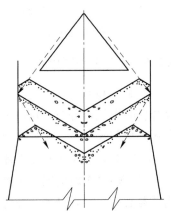

B　批重

装入高炉的每一批炉料是由焦炭、矿石和熔剂按一定
重量比例组成的。三者的总重量称为料批重，其中，矿石
的重量称为矿批重，焦炭的重量称为焦批重。矿石和焦炭
的重量比称为焦炭负荷，即单位重量焦炭所负担的矿石量。

图 4-9　料线对布料的影响

前已讨论，软熔带宽度（L）主要取决于矿石的软化
特性。ε 主要取决于焦炭的质量和粒度组成。在软熔带高度和其他条件一定的情况下，焦
炭夹层层数 n 和高度 h_c 主要取决于料批的大小，即存在着一个适宜的焦（矿）层厚度
问题。

前苏联总结的批重是以焦炭层厚度（$Y_焦$）表示的（1000~2000m³级高炉）：

$$Y_焦 = 250 + 0.1222V_u \tag{4-22}$$

我国鞍钢总结的批重是以矿石批重（$W_矿$）表示的，批重与炉喉直径 d_1 的关系为：

$$W_矿 = 0.43d_1^2 + 0.02d_1^3 \tag{4-23}$$

然而，生产实践表明，现在多数高炉的批重已超过了上述公式计算的上限。

高炉喷吹燃料后，焦炭负荷增加，此时调整批重应保持焦批不动，扩大矿石批重。这
样可保持软熔带焦窗的面积，使煤气能顺利通过。如果保持矿批不动，缩小焦炭批重，不
仅使焦层变薄，而且由于矿-焦层的界面混料效应，使焦窗面积缩小，增大煤气通过的阻
力，不利于炉况顺行。

C　装料顺序

在适宜料线和批重确定的情况下，主要靠炉料落入炉内的先后次序，即装料顺序来控
制炉料和煤气的分布。这是料钟式炉顶的高炉最常用的上部调剂方法之一。

先矿石后焦炭的顺序称为正装，反过来，先焦炭后矿石的顺序称为倒装。装料顺序对
布料的影响在于矿石和焦炭的堆角不同以及装入炉内时原料面（上一批料下降后形成的旧
料面）不同。如果原料面相同，矿石和焦炭两者的堆角相同，则装料顺序对布料将不产生影
响。实际生产中，不同料速时形成的原料面不同，焦炭和矿石在炉喉形成的堆角也有差别。

装料顺序上还有同装和分装之别。在料车双钟装料时，同装是指一批料的矿石和焦炭
全都装在大钟上，然后大钟开启，将矿和焦炭同时装入炉喉；而分装是矿石开一次大钟，
焦炭再开一次大钟。分装的特点是，焦炭或矿石入炉时的实际料线和原料面不同而影响堆
角，从而影响布料。实践证明，分装可减少矿-焦层的界面混合效应，有利于煤气合理分
布，使煤气利用得到改善。

在相同冶炼条件下比较装料顺序的影响，加重边缘和中心的装料顺序是：

加重边缘 ←————————→ 加重中心

正同装—正分装—倒分装—倒同装

一般说来，在无料钟炉顶装料的高炉上，装料顺序对气流分布的调节作用不如料钟式高炉明显，但批重对各种装料设备的高炉都有很大的影响。

4.4 高炉能量利用分析

对于新建及生产中的高炉，为了对冶炼过程进行全面、定量的深入研究，发现增产、节焦的薄弱环节，提出努力方向和改进措施，常常要进行物料平衡和热平衡计算。

4.4.1 高炉能量利用计算

高炉物料平衡和热平衡以配料计算为基础，并严格遵守质量守恒和能量守恒定律。

4.4.1.1 配料计算和物料平衡

配料计算的目的是，根据已知原燃料成分和冶炼条件来决定矿石、燃料和熔剂的需要量，以获得性能良好的炉渣和合乎规格的生铁，并为编制物料平衡和热平衡打好基础。

配料计算和物料平衡必须具备以下数据：

(1) 各种原料（包括喷吹物）的全分析（各种成分的总和应调整到 100%）；

(2) 计算得到或实际所用的各种原料（包括喷吹物）重量、生铁产量、渣量、炉尘吹出量；

(3) 冶炼铁种及成分，炉渣成分和碱度，炉尘的成分；

(4) 炉顶煤气成分；

(5) 鼓风参数（包括富氧程度、湿分等）；

(6) 各种元素在生铁、炉渣、煤气中的分配比例等。

在计算热平衡时，还必须补充风温、炉顶煤气温度、入炉原料温度、冶炼强度等数据。

计算前必须将各种原始数据、资料进行整理、校核，减小计算误差。

计算以冶炼 1t 生铁为基准。根据生铁成分、炉渣碱度和 Fe、Mn 及 CaO 的平衡，分别求出铁矿石（锰矿石）及熔剂的需要量。这样便可按照它们的化学成分，分别求出其带入炉内的各种化学组分含量；再根据各种元素在渣、铁、煤气中的分配率，便可求得最终渣、铁成分。根据相图可初步了解这种炉渣的物理性能是否能满足要求。

为了编制物料平衡，必须进行风量和煤气量的计算。

根据碳平衡原理，首先计算出风口前被鼓风中的氧所燃烧的碳量 $m(C)_风$：

$$m(C)_风 = m(C)_{氧化} - m(C)_直 \qquad (4-24)$$

式中　$m(C)_{氧化}$——被鼓风和炉料中的氧所氧化的碳量，kg；

　　　$m(C)_直$——被炉料中的氧所氧化的碳量（即 Si、Mn、P、Fe 直接还原消耗碳量），kg。

$$m(C)_{氧化} = m(C)_焦 + m(C)_煤 + m(C)_油 - m(C)_铁 - m(C)_甲 \qquad (4-25)$$

式中　$m(C)_焦, m(C)_煤, m(C)_油$——分别为焦炭、喷吹煤粉和重油带入的碳量，kg；

　　　　　$m(C)_铁$——溶于生铁的碳量，kg；

　　　　　$m(C)_甲$——生成甲烷 CH_4 的碳量，kg；此值可取焦炭和煤粉固定碳含量的 0.6%。

而对喷吹重油的高炉，可按

$$m(C)_{甲} = (m(C)_{焦} + m(C)_{煤} + m(C)_{油}) \times 1.5\% \tag{4-26}$$

近似计算得：

$$m(C)_{直} = \frac{24}{28}w[Si] + \frac{12}{55}w[Mn] + \frac{60}{62}w[P] + \frac{12}{56}w[Fe] \cdot r_d \tag{4-27}$$

铁的直接还原度 r_d 可按经验选取。

其次，根据 $m(C)_{风}$ 和氧平衡可计算每吨生铁的鼓风量（湿），即

$$V_{风} = \frac{m(C)_{风} \times 22.4/24}{0.21(1-f) + 0.5f} = \frac{m(C)_{风}}{0.225 + 0.311f} \tag{4-28}$$

式中　f——鼓风湿度，%。

然后将鼓风体积按式（4-29）换算成重量 $G_{风}$（kg）：

$$G_{风} = q_{风} \cdot V_{风} \tag{4-29}$$

式中　$q_{风}$——1m³ 鼓风的重量，kg/m³。

炉顶煤气成分和数量的计算方法是：先分别算出高炉煤气各组分 CH_4、CO_2、CO、H_2、N_2 的体积及其占总体积的百分数，然后再按式（4-30）将煤气总体积量（$V_{煤}$）换算成煤气总重量 $G_{煤}$（kg）：

$$G_{煤} = q_{煤} \cdot V_{煤} \tag{4-30}$$

式中　$q_{煤}$——1m³ 煤气重量，kg/m³。

按质量守恒定律编制物料平衡表，举例如表 4-2 所示。

表 4-2　某高炉物料平衡表

收 入 项 目	数量/kg	支 出 项 目	数量/kg
1. 原料（包括矿、焦、熔剂等）	2404.61	1. 生铁	1000.00
2. 鼓风	1652.66	2. 炉渣	650.80
3. 重油	80.00	3. 煤气	2419.72
4. 煤粉	40.00	4. 水分	64.79
		5. 机械损失	41.61
总 计	4177.27	总 计	4176.92
绝对误差	0.35	相对误差	0.008%

对于生产中的高炉，由于各种原燃料消耗和炉顶煤气成分为已知，配料计算和风量的计算可以大为简化。

物料平衡计算的相对误差一般应小于 0.3%，否则，应检查计算中的错误。

4.4.1.2　热平衡

通过热平衡计算可以了解高炉冶炼过程热量利用情况，从而找到改善热能利用、降低焦比的途径。

常见的热平衡计算法有两种。第一种是建立在盖斯定律基础上的，即依入炉物料的初

态和出炉产物的终态来计算，与炉内实际反应过程无关；第二种是按炉内实际反应过程来计算热量消耗。前者比较简便，但不考虑实际过程；后者比较实际，但计算较繁琐。此外，还有"区域热平衡法"，可根据高炉特定区域（如高炉下部）的实际需要来进行。

实际生产中多用第一种热平衡法。它是先分别计算出冶炼过程中的热收入项和热支出项，然后编制出热平衡法，根据能量守恒定律，热收入应等于热支出来进行比较和检查。

举例如表4-3所示其中热支出第9项外部热损失，是根据热收入总和减去前8项热支出之和得出的。关键是看它所占的百分数是否在合理范围以内。冶炼炼钢生铁时，此值一般为3%～6%，铸造生铁一般为6%～10%。此值过高，说明计算有错误或焦比选择不当，应予以检查和调整。如果测试手段齐备，外部热损失也可用准确实测数据来计算。

表 4-3　某高炉热平衡表

热　收　入			热　支　出		
项　　目	热量/J	比例/%	项　　目	热量/J	比例/%
1. 碳素氧化热	7377844	68.46	1. 氧化物分解与脱硫	6658025	61.78
2. 鼓风带入热	2124807	19.72	2. 碳酸盐分解	62995	0.58
3. 氢氧化放热	645219	5.98	3. 水分分解	139156	1.29
4. 成渣热	21148	0.19	4. 喷吹物分解	217672	2.02
5. 炉料带入热	608276	5.64	5. 游离水蒸发	45008	0.42
			6. 铁水带走	1130220	10.49
			7. 炉渣带走	1116942	10.36
			8. 煤气带走	1157555	10.74
			9. 外部热损失	249721	2.32
共　　计	10777294	100	共　　计	10777294	100

由热平衡计算可得高炉热量利用系数 K_r 为：
$$K_r = 高炉总热收入 - （煤气带走热 + 外部热损失）$$
此值一般为80%～85%，个别高达90%。上例中：
$$K_r = 100 - （10.74 + 2.32） = 86.94\%$$
还可得到碳的利用系数 K_C 为：
$$K_C = \frac{碳的氧化热（包括燃烧成 CO 和 CO_2 放出的热量）}{除进入生铁外的碳全部燃烧成 CO_2 所放出的热量} \times 100\% \qquad (4-31)$$
此值一般在50%～60%之间，个别可达65%。

4.4.2　高炉操作线图及其应用

1967年，法国学者 A·里斯特（A. Rist）和 N·梅依森（N. Meyssem）提出高炉操作线图（简称 Rist 操作线）。该图非常直观地表达出高炉冶炼过程 Fe-O-C 体系的变化和高炉各生产指标间的内在联系，因而常被用来分析高炉状态以及操作变量对高炉冶炼过程的影响。

4.4.2.1　构成操作线的基本原则

高炉冶炼主要反应都涉及氧，是氧从铁矿石和鼓风移向或转变成煤气的进程。如铁矿石的还原碳的燃烧和气化等。在这些涉及氧的反应中，氧有三个来源，即铁的氧化物、脉石中的氧化物和鼓风中的氧。氧也有三个去向，即高温区碳氧化（包括燃烧和气化），最终生成 CO；直接还原，铁及其他氧化物中的氧被碳夺取而变成 CO；间接还原，铁及其他氧化物中的氧被 CO 夺取变成 CO_2。这些生成或转变成的 CO 和 CO_2，最终都进入煤气。

Rist 操作线正是抓住"氧的转移"这个高炉冶炼最本质的特征来描述高炉过程。

在物料平衡和热平衡中，常以 1t 生铁来计算。而操作线则以 1 个铁原子，实际用 1kmol Fe，即质量为 56kg 的铁为基准来计算。这样，能更好地反映出化学反应是以原子、分子为单位进行的本质。例如：

	FeO	+	C	===	Fe	+	CO
工业单位	72kg		12kg		56kg		22.4m³
化学反应单位	1分子		1原子		1原子		1分子

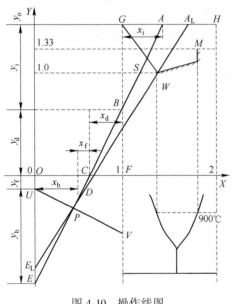

图 4-10　操作线图

操作线图是一平面直角坐标（见图 4-10），X 轴为氧、碳原子比，即 n_O/n_C，主要用来表示氧的去向；Y 轴为氧、铁原子比，即 n_O/n_{Fe}，主要用来表示氧的来源。

在 X、Y 平面上，线段 AB 及其投影 ΔX（或 x）和 ΔY（或 y）代表一种特定类型的氧的迁移。相应的氧量 n_O 与沿着 X 轴的煤气中的碳量 n_C 有关，也与沿着 Y 轴的固体炉料中的铁量 n_{Fe} 有关。

$$\Delta X \equiv x = \frac{n_O}{n_C} \tag{4-32}$$

$$\Delta Y \equiv y = \frac{n_O}{n_{Fe}} \tag{4-33}$$

线段 AB 的斜率为：

$$u = \frac{\Delta Y}{\Delta X} \equiv \frac{y}{x} = \frac{n_O}{n_{Fe}} \cdot \frac{n_C}{n_O} = \frac{n_C}{n_{Fe}} \tag{4-34}$$

由于 x、y 均为正值，所以斜率 u 也为正值。斜率等于碳与铁的产物量的比值，即 n_C/n_{Fe}，实际就是用 C、Fe 原子比表示的单位原子铁的碳量消耗，也就是以比值（CO 分子与 Fe 原子之比值）表示的单位原子铁的还原气体消耗量。

可见，斜率的意义在实际上与焦比（或燃料比）是完全一致的。当原料和冶炼条件一定时，焦比或 n_C/n_{Fe} 是一个定值。由于 $u = n_C/n_{Fe}$ 一定，故 n_O/n_{Fe} 与 n_O/n_C 或 Y 与 X 呈直线关系。

当表示若干氧的迁移过程时，所有的线段都具有同一斜率 u，而且可按一定顺序在斜率为 u 的同一条直线 AE 上互相衔接起来，这就构成了操作线（见图 4-10），由于是以原子比为计量单位，操作线 AE 是一条直线，其斜率 $u = n_C/n_{Fe}$，实际代表了焦比或燃料比。

4.4.2.2　操作线图的组成

取纯碳（X=0）和纯铁（Y=0）为坐标原点 O。

引三条垂直线:

(1) $X=0$,纯碳,即 Y 轴;

(2) $X=1$,纯 CO 气体,这里 $n_O/n_C=1$,即 GF 线;

(3) $X=2$,纯 CO_2 气体,这里 $n_O/n_C=2$,即 HX 线(H 点对 X 轴的垂线)。

引两条水平线:

(1) $Y=0$,纯铁,即 X 轴;

(2) $Y=y_0$,即 y_0H 线,表示炉料中铁的氧化度(n_O/n_{Fe}),例如,$Fe_2O_3=\dfrac{3}{2}=1.5$,$Fe_3O_4=1.33$,$FeO=1.0$。

在 GF 线左侧,即 $0<X<1$ 的区间,为高炉下部 C 氧化为 CO 的直接还原区,并用来描述还原性气体的生成。

在 GF 线右侧,即 $1<X<2$ 的区间,为 CO 转化为 CO_2 的直接还原区,并用来描述还原性气体的利用。

在 X 轴以上,即 $0<Y<y_0$ 的区间,用来表示炉料中铁氧化物提供的氧,并用以描述整个高炉内铁的还原过程。其中,AB 部分在 Y 轴上的投影 y_i,为用于间接还原,使 CO 转变为 CO_2 的氧;BC 部分在 Y 轴上的投影 y_d,为用于直接还原,使 C 变为 CO 的氧。因此,铁氧化物中提供的氧既参与了还原气体的生成,又参与了还原性气体的利用。

在 X 轴以下,即坐标平面负的 Y 值一边,说明除铁的氧化物外,在高炉下部(炉腹、风口区、炉缸)发生作用的其他氧的来源。这些氧只参与还原性气体的生成,而未参与还原性气体的利用。其中,包括碳燃烧、气化、夺取脉石氧化物中的氧而生成的 CO。如 CD 部分,它在 Y 轴上的投影 y_f,为脉石中 Si、Mn、P、S 等氧化物直接还原提供的氧;DE 部分在 Y 轴上的投影 y_b,为鼓风中提供的氧,用于碳的燃烧和气化。

在 $Y>y_0$ 部分,即 y_0H 水平线以上区域,用处很少,但它可说明在高炉以外使高炉煤气完全燃烧所需氧的来源,如在热风炉、加热炉、焦炉中应用高炉煤气作燃料进行的燃烧等。

沿着操作线 AE,可找到各线段及其坐标:

(1) $\overline{AB}(x_i, y_i)$,间接还原;

(2) $\overline{BC}(x_d, y_d)$,铁氧化物直接还原;

(3) $\overline{CD}(x_f, y_f)$,脉石氧化物直接还原;

(4) $\overline{DE}(x_b, y_b)$,鼓风同碳的燃烧。

其中,x_i 为 CO 间接还原生成的 CO_2 量;x_d、x_f、x_b 分别为铁和脉石中 Si、Mn、P 等的氧化物直接还原以及鼓风燃烧碳生成的还原性气体 CO 部分。显然,$x_d+x_f+x_b=1(n_O/n_C=1)$,即上述生成还原性气体 CO 的三部分共同组成为 100% CO 的炉腹煤气。

y_i、y_d、y_f、y_b 分别为间接还原、铁氧化物直接还原、脉石氧化物(Si、Mn、P)直接还原和碳在鼓风中燃烧夺取的氧。显然,$y_i+y_d+y_f+y_b=\Sigma y$,就是冶炼 1kmol Fe 时由燃料(或还原剂)中的碳夺取的总氧量。

上述变量满足下面的关系式:

$$\frac{y_i}{x_i} = \frac{y_d}{x_d} = \frac{y_f}{x_f} = \frac{y_b}{x_b} = \cdots = \frac{u}{1} = u \tag{4-35}$$

沿操作线 AE 上各点的意义及坐标确定如下：

（1）A 点，描述了炉顶煤气情况和炉料中铁的初始氧化度。

$$X_A = 炉顶煤气中碳的氧化度(n_O/n_C)$$

$$= 1 + x_i = 1 + \frac{\varphi(CO_2)}{\varphi(CO) + \varphi(CO_2)}$$

$$= 1 + \eta_{CO} \tag{4-36}$$

式中，$\varphi(CO)$、$\varphi(CO_2)$ 分别为炉顶煤气中 CO 和 CO_2 的体积分数，%。

已知炉顶煤气，便可求出 x_i。$x_i = X_A - 1 = \dfrac{\varphi(CO_2)}{\varphi(CO) + \varphi(CO_2)} = \eta_{CO}$，即炉顶煤气的氧化度或 CO 利用率 η_{CO}。

$$Y_A = y_O = y_i + y_d = 炉料中铁的初始氧化度（n_O/n_{Fe}）$$

即铁氧化物直接和间接还原被夺取氧量的总和。已知入炉矿石成分，便可分别求出原子氧和原子铁数，从而 $n_O/n_{Fe} = Y_A$。

（2）B 点，假定铁的直接还原和间接还原不发生重叠，则 B 点为两者的理论分界点。

$$X_B = 1 = x_d + x_f + x_b \quad （生成 CO 的三个来源）$$

$$Y_B = y_d = 铁氧化物直接还原夺取的氧量$$

显然，铁的直接还原度为：

$$r_d = \frac{y_d}{y_O} \tag{4-37}$$

$$r_i = 1 - r_d \tag{4-38}$$

（3）C 点，是由铁氧化物中来的氧和其他来源的氧生成的两个部分还原性气体 CO 的分界点。

$$X_C = x_f + x_b$$

即由脉石氧化物直接还原和鼓风中的氧与碳燃烧生成的还原性气体 CO 之和，或：

$$X_C = 1 - x_d$$

故 $\qquad x_d = 1 - X_C = 铁的氧化物直接还原生成的 CO 部分$

$$Y_C = 0$$

即铁的氧化物还原的终点。

（4）D 点，是由脉石氧化物提供的氧和鼓风中的氧生成还原性气体 CO 的分界点。

$$X_D = x_b$$

即由鼓风中的氧与碳燃烧生成的还原性气体（CO）部分。x_b 可根据炉顶（或炉腹）或煤气中的氮含量（按氮平衡原理）来计算：

$$x_b = \frac{鼓风中氧的原子数(n_{O_b})}{还原性气体总分子数} = \frac{n_{O_b}}{鼓风中 N_2 的分子数} \times \frac{还原性气体中 N_2 的分子数}{还原性气体总分子数}$$

所以 $\qquad\qquad\qquad x_b = \dfrac{2}{3.76} \times \dfrac{\varphi(N_2)}{1 - \varphi(N_2)} \tag{4-39}$

式中，$\varphi(N_2)$ 为炉顶（或炉腹）煤气中 N_2 的体积分数，%。

$$Y_D = -y_f$$

y_f 可由生铁成分和炉渣硫含量来计算：

$$y_f = y_{Si} + y_{Mn} + y_P + y_{(S)}$$

$$y_{Si} = 3.99 \frac{w[Si]}{w[Fe]} \quad (SiO_2 \text{ 还原进入煤气中的氧原子数})$$

$$y_{Mn} = 1.02 \frac{w[Mn]}{w[Fe]} \quad (MnO \text{ 还原进入煤气中的氧原子数})$$

$$y_P = 4.50 \frac{w[P]}{w[Fe]} \quad (P_2O_5 \text{ 还原进入煤气中的氧原子数})$$

$$y_{(S)} = 1.75 \frac{\text{渣量(t)}}{t_{铁}} \cdot \frac{w(S)}{w[Fe]} = 1.75 z_0 \frac{w(S)}{w[Fe]} \quad (FeS \text{ 还原时进入煤气中的氧原子数})$$

(4-40)

式中　$w[Si]$，$w[Mn]$，$w[Fe]$——分别为生铁中成分 Si、Mn、Fe 的质量分数，%；

　　　　$w(S)$——渣中硫的质量分数，%；

　　　　z_0——渣比，t/t。

（5）E 点，$X_E = 0$ 为鼓风所提供的氧（kmol），是对生成还原性气体的第一个贡献。

$$Y_E = -y_f - y_b$$

即脉石氧化物和鼓风所提供的氧的代数和。作图时，y_f、y_b 均应取负值。$y_b = \dfrac{n_{O_b}}{n_{Fe}}$ 为鼓风中

氧的消耗量，即风量 $\left(\dfrac{dn_{O_b}}{dt}\right)$ 与生铁产量 $\left(\dfrac{dn_{Fe}}{dt}\right)$ 的比值。

为了保持产量固定，风量必须与 y_b 成正比。当风量一定时，产量与 y_b 成反比。

操作线把冶炼单位生铁（原子数）所需风量（与 y_b 成正比）、生铁成分（以 y_f 代表）、铁的直接还原度（以 y_d 表示）、矿石中铁的氧化度（Y_A 或 y_O）、炉顶煤气和 n_C/n_{Fe}（焦比，即 AE 线斜率）相互联系，并简明定量地表示出来。

但是，操作线受到物料平衡、化学平衡（动力学需要）和热平衡三者的限制。

化学平衡限制要求操作线通过 W 点，但不能超过 W 点。这样，通过 W 点的操作线 $A_L E_L$ 就是某一生产条件下的最低理论焦比操作线。$A_L E_L$ 的斜率 u_0，就是该条件下的最低理论焦比。

热平衡的限制要求操作线 AE 通过 UV 上的一个固定点 P。欲达到理论最低焦比，操作线 AE 必须通过 W 点也通过 P 点，即理想操作线。

4.4.2.3　操作线的应用

掌握了高炉操作线原理、性质以及各线段和特性点的意义，就可用它来分析高炉生产问题。

例如，可以根据特定高炉的矿石成分、炉顶煤气成分、生铁成分、风口前燃烧的碳量等数据，在物料平衡和热平衡计算基础上选择适宜的数据组合，如 A 点及斜率、A 点及 D 点或 P 点及斜率等，确定或描绘出该高炉的实际操作线，并与其理想操作线对比，分析各

种因素对焦比的影响。如 A 点的变化，即精料水平的高低（Y_A），煤气利用的好坏（X_A）；B 点的改变，即直接还原的变化（Y_B 或 y_d）；UE 线段（y_b）的变化，即风量或料批的变化；U 点（Y_U 或 y_f）的改变，即直接还原度的变化；V 点（$Y_V = Q/q_d$）的改变，即渣量，炉渣成分，渣、铁温度，生熔剂（石灰石）入炉量的变化，Y_V 根据热平衡计算得出，其物理意义为，把除 FeO 直接还原以外的高温区有效耗热量折算成 Fe 原子被还原时放出的氧量；P 点的改变，表现为 UV 线的变化等，都会使操作线 AE 的斜率（或焦比）发生变化。总之，几乎影响焦比的各种因素都可通过操作线图来进行分析。这时，可按下式求得焦比（K）和焦比的改变量（ΔK）：

$$K = \frac{(y_d + y_f + y_b) \times 12 \times (m(Fe)_{还}/56) + m(C)_{生}}{m(C)_K} \tag{4-41}$$

$$\Delta K = \frac{(\Delta Y_E + \Delta Y_B) \times 12 \times (m(Fe)_{还}/56)}{m(C)_K} \tag{4-42}$$

式中　$m(C)_K$——焦炭中固定碳含量，%；

　　　$m(Fe)_{还}$——碳还原得到的铁量，g；

　　　$m(C)_{生}$——生铁中碳含量，%；

　$y_d + y_f + y_b$——总的碳原子消耗量，其值等于 AE 线斜率（u）。

在操作线图中，只要知道 Y_E（即 $y_f + y_b$）和 Y_B（即 y_d）两线段的变化 ΔY_E 和 ΔY_B，便可求出焦比的变化。

高炉操作线在一个平面直角坐标系内，用一条直接（操作线），把高炉过程的一系列重要参数及其影响因素联系在一起，使操作者对高炉冶炼状况一目了然，并明确降低焦比（或燃料比）的方向和途径，是分析和解决高炉问题的一个重要而方便的工具。但高炉操作线表示的是高炉稳定状态的情况，只是一种"静态模型"。实际高炉炉况常处于变动之中，因此，人们更加需要寻求一种"动态模型"来有效控制高炉，目前正在进行这种研究和探索。

思 考 题

4-1　哪些因素影响炉料的顺利下降？

4-2　炉缸燃烧反应在高炉冶炼过程中起什么作用，燃烧带对高炉冶炼有什么影响？

4-3　风口前理论燃烧温度与炉缸温度有什么区别，哪些因素影响理论燃烧温度？

4-4　炉缸煤气在上升过程中体积、成分和温度发生什么变化？

4-5　煤气上升过程中压力分布规律如何，压降与炉料顺行有什么关系？

4-6　软熔带的位置和结构形状如何影响煤气流运动的阻力与煤气流分布？

4-7　什么是上部调剂，选择装料制度的目的是什么？

4-8　如何根据 CO_2 曲线来分析炉内煤气能量利用与煤气流分布？

高炉操作制度与强化冶炼

5.1 高炉操作制度

高炉操作制度是根据高炉的设备条件、原燃料条件以及产量等方面的要求，制定的合理工作准则。它是对炉况有决定性影响的一系列工艺参数的集合，包括热制度、造渣制度、装料制度、送风制度、冷却制度五个方面。

只有选择合理的操作制度，才能使高炉保持顺行，获得良好的技术经济指标。

5.1.1 热制度

炉缸热制度是指高炉炉缸所具有的高温热量水平。它直接反映了高炉炉缸内的工作状态。充沛而稳定的热制度是高炉顺行的基础。

表示炉缸热制度的指标有两个：一是铁水温度，它一般在 1400~1500℃ 之间，俗称"物理热"；另一个是生铁硅含量。如 3.1.2.3 节所述，炉缸热量越充足，越有利于硅的还原，生铁硅含量就越高。所以，生铁硅含量的高低在一定条件下可以表示炉缸热量的多少，俗称"化学热"。一般情况下，当炉渣碱度变化不大时，两者基本是一致的，即化学热越高，物理热越高，炉温也越高。

5.1.1.1 影响热制度的因素

生产中影响热制度的因素很多。任何影响炉内热量收支的因素都会造成热制度的波动。

(1) 原燃料性质。入炉矿石的品位、粒度对热制度有一定影响。矿石铁含量越高，熔化造渣所消耗的热量越少，有利于降低焦比。同时，渣量减少和矿石粒度均匀都有利于透气性改善和煤气利用率提高。焦炭灰分增加，固定碳含量降低，渣量也增加，从而使热量消耗增加，影响高炉热制度。

(2) 冶炼参数的变动。冶炼参数，如风温、冶炼强度、富氧率、炉顶压力的变化也会影响热制度。热风是高炉冶炼的主要热源之一，提高风温可以有效地增加热量，降低燃料比，改变炉缸热制度。喷吹入炉的燃料是热源和还原剂的来源，实践证明，喷吹燃料能促进炉缸中心温度升高，使整个炉缸截面积的温度梯度减小，保证炉缸工作均匀活跃。风量的增减直接影响料速的变化。风量增加，料速加快，煤气在炉内的停留时间缩短，直接还原增加，会造成炉温向凉。

(3) 设备及其他故障。冷却设备漏水、原燃料称量存在误差、装料设备故障等都能使炉缸热制度发生变化。

热状态是多种操作制度的综合结果。生产中，首先应选择合适的焦炭负荷，再辅以相应的装料制度、送风制度、造渣制度来维持最佳热状态。通常对风温、风量、湿分、喷吹量来进行微调，必要时则用负荷调节来控制。

5.1.1.2　热制度的选择

在既定的冶炼条件下，热制度要根据高炉具体条件及冶炼品种制定。

（1）冶炼产品不同，炉缸热制度要求不同。冶炼炼钢生铁时，$w[Si]$ 应控制在 0.2%~0.5%之间，$w[S]<0.03\%$；冶炼铸造生铁的炉温应高一些；冶炼合金生铁要求的炉温最高。

（2）根据原燃料条件选择。原燃料硫含量高、物理性能好时，可维持偏高的炉温；原燃料稳定时，在保证顺行的基础上，可适当降低生铁硅含量。

（3）结合高炉设备情况选择热制度，如高炉炉缸侵蚀严重或冶炼过程出现严重故障时，要规定较高的炉温。

（4）结合技术操作水平与管理水平选择热制度。高炉操作水平高时，可以将生铁硅含量控制在下限，实现铁水物理温度高的低硅操作。

5.1.2　造渣制度

造渣制度包括造渣过程和终渣性能的控制，即根据原燃料的条件（主要是硫含量）和生铁成分的要求，选择合适的炉渣成分和碱度，以保证炉渣流动性好、脱硫能力强，生铁合格，炉况顺行。造渣制度应根据冶炼条件、生铁品种确定。

在3.3.2节中已对炉渣性能和造渣过程做了详细的介绍。为控制造渣过程，应根据原料冶金性能，如软化、熔化、滴落温度以及软熔过程中的压降进行合理搭配，使软熔带宽度和位置合理，料柱透气性良好。

造渣制度应相对稳定，只有在改换冶炼产品品种或处理特殊炉况（如炉衬结厚需要洗炉、炉衬严重侵蚀需要护炉、排碱）等情况下才调整造渣制度。

造渣制度主要靠调整熔剂和其他附加物的加入量来控制。

5.1.3　装料制度

装料制度是炉料装入炉内方式的总称，包括装入顺序、批重大小、料线高低、布料装置的功能等。它决定了炉料在炉内分布的状况。"上部调剂"的原理参见4.3.5节。

从煤气利用的角度出发，炉料和煤气在高炉横断面上分布均匀，煤气对炉料的加热和还原就充分。但是从炉料下降、炉况顺行角度分析，要求炉子边缘和中心气流适当发展。边缘气流适当发展有利于降低固体料柱与炉墙间的摩擦力，使高炉顺行；适当发展中心是促使炉缸中心活跃的重要手段，也是炉况顺行的重要措施。生产者应根据各自的生产条件，选定适合于生产的煤气分布类型，应用炉料在炉喉分布的规律，采用合理的装料制度来实现高炉炉况顺行、煤气利用率高的效果。

可供生产者选择的装料制度内容有批重、装料顺序、料线以及装料装置的布料功能应用（如双钟马基式旋转布料器的工作制度、变径炉喉活动板的工作制度、无钟炉顶布料溜槽的工作制度）等。

5.1.4　送风制度

送风制度是指通过风口向高炉内输送热风的各种控制参数的总称，包括风量、风温、风差、富氧率、湿分、喷吹燃料以及风口直径、风口中心线与水平的倾角、风口端伸入炉内长度等。

调节上述参数以及喷吹量的操作被称为"下部调剂"手段，其原理详见4.1.4节。通过改变上述参数控制燃烧带的状况和煤气流的初始分布，使其与上部调剂手段相配合，是控制炉况顺行、煤气流合理分布和提高煤气利用的关键。一般来说，下部调节的效果较上部调节快，因此是生产中常用的调节手段。

送风制度的重要参数包括风速、鼓风动能、理论燃烧温度、风口回旋区的尺寸和分布状态等。

5.1.4.1 送风制度的参数

（1）风速。高炉鼓风通过风口时的速度称为风速，有标准风速和实际风速两种表示方法。标准态风速（$v_标$）的计算公式为：

$$v_标 = \frac{4Q}{n\pi d^2} \tag{5-1}$$

式中　Q——风量，m^3/s；

n——风口数，个；

d——风口直径，m。

实际风速（$v_实$）是高炉生产实际情况下，鼓风通过风口时所达到的风速。它计入了风温和风压对鼓风体积的影响，计算公式为：

$$v_实 = v_标 \frac{101.325 \times (273 + t_{热风})}{(101.325 + p_{热风}) \times (273 + t_{冷风})} \tag{5-2}$$

式中　$t_{热风}$——热风温度，℃；

$t_{冷风}$——冷风温度，℃，计算时常将$t_{冷风}=0$代入以简化计算；

$p_{热风}$——热风压力，kPa。

（2）鼓风动能。由式（4-12）可见，鼓风动能大小与风量、风压、风温和风口直径等参数有关。因此，不同的燃料条件、不同炉缸直径的高炉，其适宜的鼓风动能值也各不相同。鼓风动能过小，则炉缸不活跃，初始煤气分布偏向边缘；鼓风动能过大，则易形成顺时针方向的涡流，造成风下方堆积而使风口下端烧坏。

（3）理论燃烧温度。理论燃烧温度是风口前燃烧带热状态的主要标志。它的高低不仅决定了炉缸的热状态和煤气温度，而且也对炉料传热、还原、造渣、脱硫以及铁水温度、化学成分等产生重大影响。在喷吹燃料的情况下，理论燃烧温度低于界限值后，会使燃烧的置换比下降，燃烧消耗升高，甚至使炉况恶化。

（4）风口回旋区的尺寸和分布状态。回旋区形状和大小反映了风口的进风状态，受风速和鼓风动能的影响而变化，将直接影响气流和温度的分布以及炉缸的均匀活跃程度。鼓风动能增加，回旋区深度也增加，边缘煤气流减少，中心气流增强。炉缸直径越大，回旋区应该越深，这样煤气流越向中心扩展，使中心温度充沛，维持良好的透气性和透液性。回旋区以风口数目多些、风口循环区面积大些为宜，这样有利于炉缸工作均匀与炉况顺行。各风口进风量、风口直径、长度和斜度等参数应基本一致。

5.1.4.2 送风制度的操作

（1）风量。风量对炉料下料速度、煤气流分布、造渣制度和热制度都将产生影响。一般情况下，风量与下料速度、冶炼强度和生铁产量成正比关系。风量的调节作用是控制料速，达到预期的冶炼强度；稳定气流，在炉况不顺初期，减少风量是降低压差、消除管道、防止崩料和悬料的有效手段。在炉况稳定的条件下，风量不宜波动太大。

（2）风温。提高风温是强化高炉冶炼的主要措施。在设备允许的条件下，热风温度应控制在最高水平。风温使用不应大起大落。热风炉换炉操作前后风温差应不大于30℃。

（3）风压。风压直接反映炉内煤气量与料柱透气性的适应情况，它的波动是冶炼过程的综合反映，也是判断炉况的重要依据。

（4）鼓风湿度。鼓风带入的水在风口前与碳反应，产生气体，因此也能起到调节风量的作用。对于全焦冶炼的高炉，采用加湿鼓风能控制适宜的理论燃烧温度，使风温稳定在最高水平。喷吹燃料的高炉，基本上不采用加湿鼓风；大喷煤以后，为了稳定喷煤量及提高煤粉燃烧率，可采用脱湿鼓风。

（5）喷吹燃料。喷吹燃料不仅在热能和化学能方面可以取代焦炭，而且也增加了一个下部调节手段。但用喷煤量调节炉温有热滞后现象，没有风温和湿度见效快。一般滞后3~4h。喷吹燃料的高炉应固定风温操作，用煤量来调节炉温。详细论述见5.3.4节。

（6）富氧鼓风。空气中的氧气含量在标准状态下为21%，提高鼓风中的氧含量的操作称为富氧鼓风。富氧鼓风可以提高风口前理论燃烧温度，有利于提高炉缸温度和冶炼强度及增加喷煤量，同时也增加了一个下部调节手段。详细论述见5.3.5节。

（7）风口面积和长度。在一定风量下，风口面积和长度对风口的进风状态起决定性的作用。生产实践表明，一定的冶炼强度必须与合适的鼓风动能相配合。在高强度冶炼时，由于风量、风温必须保持最高水平，通常采用改变风口进风面积的办法来调剂鼓风动能，有时也用改变风口长度的方法来调节边缘与中心气流，所以，调整风口直径和长度便成为下部调节的重要手段。

5.1.5　冷却制度

冷却制度是一个大的系统管理项目，主要是冷却水参数的管理，冷却器破损的检查与处理。其目的在于保障高炉各部位的合理冷却，以维护正常的操作炉型，延长高炉寿命。

冷却制度主要关注冷却水水压、水速以及进出水温差几个参数。

合理的冷却制度要满足以下三方面要求：

（1）高炉各部位的冷却水量与其热流强度相适应；

（2）高炉每个冷却器内的水速、水量和水质要相适应；

（3）保证足够的水压和合理的进出水温差。

5.2　炉况判断与处理

高炉冶炼是在密闭竖炉内进行的复杂的物理化学反应和热交换过程，受到内部和外部的多因素影响。高炉炉况波动是经常性的，操作者必须及时准确地判断炉况，并在此基础上采用调节措施，保证高炉顺行，避免炉况剧烈波动而造成炉况失常。

炉况判断是生产者通过直接观察和仪表监测显示获得可靠信息，然后进行分析，判断炉况可能发生的波动性质和幅度。现代先进高炉还借助于计算机高炉数学模型及人工智能专家系统等进行炉况判断。

5.2.1　正常炉况

高炉操作者通过观察风口、出渣和出铁、下料速度等现象，分析监测仪表提供的热风压力、冷风流量、压差、炉身静压力、透气性指数和料线、炉顶温度和煤气曲线或十字测温温度曲线等数据，综合判断炉况是否正常。

正常炉况时，炉缸工作均匀活跃，炉温充沛稳定，煤气分布合理。其具体标志如下：

(1) 风口明亮，焦炭运动活跃，风口前无生料、不挂渣，风口破损极少。

(2) 炉温充足。表现为铁水物理热高，生铁硅含量合格，硫含量低；渣温充足，流动性良好，流过渣沟不结壳；各风口均匀活跃，明亮而不耀目，风口不挂渣，破损极少。操作人员根据出铁、出渣时的一些物理现象，可凭经验直接判断炉温。生铁硅含量高时铁水黏稠，沟中挂残铁。铁水颜色随硅含量的增高由黄红色变为黄白色。硅含量高的铁水凝固时，表面有石墨碳析出，断面呈黑灰色，称灰口铁。低硅铁断口呈白色放射状，称白口铁。高炉炉渣为石头渣型（碱性炉渣）时，渣颜色越淡，炉温越高，炉温低时颜色渐由黄绿色变为棕黄色；为玻璃渣型（酸性炉渣）时，炉温越高，断面越光亮、平滑，正常颜色为褐色，炉温较低时为棕色。不论是石头渣或是玻璃渣，在炉温过低时，由于含 FeO 过多均变成黑渣。

(3) 下料均匀。料尺移动反映下料的情况。料速均匀表现为料尺曲线整齐、倾角稳定，两个探尺速度一致（相差不超过 0.2m），既无过慢或低料线，也无停滞、陷落及崩落现象。

(4) 煤气流分布合理。表现为风压正常稳定，只有小范围（±5kPa）波动；透气性指数变化平稳，无锯齿状；风量也正常稳定，只有小范围波动而没有上、下尖峰；炉喉温度曲线带窄而稳定。

(5) 炉喉、炉身、炉基温度变化不大，炉喉、炉腰和炉身等处冷却水温差稳定在规定范围内。

5.2.2　异常炉况

与正常炉况相比，炉温波动较大，煤气流分布稍有失常，采用一般调剂手段在短期内可以纠正的炉况称为非正常或异常炉况。

(1) 炉温向热或向凉。炉温向热时，常出现热风压力缓缓升高、透气性指数相对降低，料尺下降速度缓慢，风口明亮耀眼，渣、铁流动性良好的现象。炉温向凉时的现象与之相反。调节时应首先分析原因，然后采取相应的措施，如调整喷煤量、富氧量、风温、焦负荷等参数。

(2) 管道行程。管道行程是高炉横断面某一局部气流过分发展的表现。通常是由于原燃料强度变化、粉末增多、风量与料柱透气性不相适应而产生。低料线操作、布料不合理、风口进风不均匀也会造成管道行程。按其在高炉内行程的部位，可分为上部或下部管道行程、边缘或中心管道行程。管道行程时，风压趋于降低，风量和透气性指数相对增大。管道堵塞后，风压回升，风量锐减，风量和风压呈锯齿状反复波；炉顶或炉喉温度在管道部位明显升高；炉身水温差在管道部位略有升高；下料不均匀，出现偏料、滑料、埋尺等现象；风口工作不均匀；渣铁温度波动较大。管道行程的调节措施主要是调整送风制度、装料制度，即通过上部、下部调剂手段实现。

（3）边缘或中心气流过度发展。边缘气流过度发展的现象是：炉喉煤气边缘 CO_2 含量比正常水平降低，中心上升，煤气曲线 CO_2 含量最高点向中心移动；十字测温的煤气温度边缘高，中心偏低；风压常突然上升导致悬料；炉体温度上升，冷却水温升高，波动大；风口很亮但不活跃，常有生料下降。中心气流过度发展的现象是：炉喉煤气边缘 CO_2 含量高出正常水平，中心下降，煤气曲线呈漏斗形；十字测温的煤气温度边缘过低，中心过高；料速明显不均匀，出铁前慢，出铁后加快；风压高，有波动，出铁前风压升高，出铁后风压下降；炉体温度降低；风口发暗。处理方法是调整装料制度。效果不明显时，应将上部、下部调剂手段结合进行。

5.2.3 失常炉况

由于某种原因造成的炉况波动，如果处理不及时、不准确，就会造成炉况失常。高炉常见的失常炉况有低料线、偏料、崩料、悬料、结瘤和炉缸冻结等。

（1）低料线。由于各种原因不能按时上料，以致探料尺较正常规定料线低 0.5m 以上时，即称低料线。低料线使矿石不能进行正常的预热和还原，导致煤气分布紊乱。它是造成炉凉和炉况不顺的重要原因，必须及时处理。

（2）偏料。高炉截面下料速度不一致，在料尺上呈现斜面（两料尺一边高、一边低，大高炉差 1.0m，小高炉差 0.5m 以上）的现象，称为偏料。短期偏料往往是边缘管道的一种表现。长期偏料的可能原因是：炉内煤气流分布很不均匀或各风口进风不均匀，使得局部区域料速过快或过慢，炉墙部分被侵蚀或结瘤，造成高炉内型不规整；装料设备中心不正；旋转布料器长期工作不正常或料罐矿石分布不均匀。

（3）崩料。高炉煤气分布失常与炉缸热制度被破坏引起炉料突然塌落的现象，称为崩料。崩料往往发生于难行（炉料下降不畅）或停滞之后。崩料的特征是：料尺停滞不动、然后崩落或陷落；风压、风量剧烈地呈锯齿状波动；炉顶与炉喉温度剧烈波动，CO_2 含量曲线紊乱；炉温急剧下降，风口前大量升降，短期内即造成风口涌渣现象，渣、铁温度显著降低；炉顶压力剧烈波动。

（4）悬料。悬料是炉料透气性与煤气流运动不适应、炉料停止下降的失常现象。主要特征是：料尺停滞不动，风压急剧升高，风量随之自动减少；炉顶煤气压力降低。高炉煤气流分布失常和热制度被破坏都可以引起悬料，应根据悬料原因采取相应的消除悬料的措施。

（5）结瘤。高炉结瘤的特征是：炉况经常不顺、难行、崩料、悬料频繁，不能维持正常风量；经常偏料，炉缸工作不均匀（环形瘤此特征不明显）；结瘤部位炉墙温度降低，炉瘤下方的炉墙温度升高；煤气分布紊乱，炉瘤上方 CO_2 含量升高，炉瘤前沿 CO_2 含量降低；有环形瘤时，中心气流发展，炉顶温度各点相差很小；有局部炉瘤时，各点炉顶温度相差增大；炉尘量增加，且粒度变大。对于上部炉瘤，可用发展边缘气流或装入洗炉料的办法进行洗炉清除；对于金属铁凝结的下部炉瘤，在消除结瘤原因（如换掉漏水的冷却部件）后，这类瘤往往能被熔融而逐渐消失。因粉末和炉温波动造成的高炉下部结厚或结瘤，可装洗炉料洗炉，或用降低风温减轻负荷使高温区上移的办法把它熔掉。无论高炉上部或下部，当炉瘤已长得相当大时，清除炉瘤的有效办法只有休风炸瘤。

（6）炉缸冻结。炉缸温度降低到渣、铁不能自铁口自由流出的程度，就是炉缸冻结。炉缸冻结是高炉的严重事故，它容易发生的原因有：连续崩料未能及时制止；洗炉时，炉瘤熔化进入高炉下部（甚至炉缸）进行直接还原，而减轻的焦炭负荷或加入的净焦量不足以弥补这种热消耗，造成炉缸温度剧烈降低；操作失误或称量误差；冷却设备大量漏水。发生炉缸冻结事故后，主要应采取以下措施：首先大量减风 20% ~ 30%（以风口不灌渣为限）；尽量设法让渣、铁流出来；保持较多的风口能正常工作，至少要使靠近铁口的风口畅通；立即加净焦，停止喷吹，并减轻焦炭负荷；减少熔剂，使渣碱度维持低水平；避免在冻结期间坐料或休风换设备，恶化炉况。

5.2.4　开炉、休风、停炉

5.2.4.1　开炉

开炉是一代高炉连续作业的开始。开炉的准备工作和开炉过程的好坏，直接影响高炉操作的技术经济指标和寿命。

开炉前必须严格检查高炉系统的部件和附属设备，使之完全正常、可靠，以避免在开炉过程中休风。

必须根据一定的烘炉制度对高炉和热风炉逐渐加热，除去砖衬中残留的水分，避免因炉衬突然经受高温而引起砖墙破裂。

根据高炉大小和原料条件，选择合理的造渣制度和确定开炉焦比，然后进行开炉配料计算，确定开炉料中焦炭、矿石和熔剂等各种料批的重量组成，以备装炉。

开炉操作分为装炉、点火、炉内操作和炉前操作几个步骤。

A　装炉

开炉装料应符合下列原则：

（1）熔渣应在炉缸内冷料（焦炭）消除后进入炉缸，以免造成炉缸冻结和铁口难开等事故。

（2）在炉缸积存有足够的高温炉渣时，铁水才流到炉缸，以免铁水直接与炉墙接触而凝固或失去流动性。

（3）焦炭量按全炉焦比决定，但不能平均分配。应使沿高炉高度自上而下的温度逐渐升高，保证高炉下部炉墙和上部炉料得到充分加热；开炉料的炉缸填充有木料填充和焦炭填充两类，有时也用部分木柴填在底部，上面再添加焦炭。目前使用较多的是 1/2 或 1/3 填柴法和填焦法。

B　点火

热风点火是使用 700~750℃ 的热风直接向高炉送风，直接点着填充在炉缸内的焦炭，点火的热风温度越高越好。有时也采用人工点火，在风口前放入相当数量的木柴等易燃物，用红热的铁棍伸进风口点火。

不论采用哪种点火方式，点火前均应关闭大、小料钟，打开炉顶放散阀，并切断与煤气系统的联系。当煤气成分、压力接近正常时，接通除尘系统。

C　操作

开炉时风量小，边缘易发展，应采用适当加重边缘的装料制度。由于高炉焦比高，料柱透气性远比正常时好，适当加重边缘不会破坏顺行，而且对炉喉保护板和炉衬的维护都有好处。

为了更好地加热炉料和炉墙，开炉风量不应过大，而应随着炉料下降和顺行情况的改善逐渐加风。

5.2.4.2 休风

高炉生产过程中，有时因临时检修或计划检修而需要短期或长时间的停止送风，称为休风。休风时间超过 8h 的称长期休风，8h 以下的称短期休风。

高炉休风时，由于煤气压力降低，空气容易渗入管道和炉内。此时，高炉煤气（含 CO 和 H_2）与空气混合至一定比例，在适当的温度条件下易着火爆炸，造成设备破坏和人身事故。因此，高炉休风和复风操作中最重要的是防止煤气爆炸。

高炉恢复送风时也要注意煤气安全。复风前，煤气管道中要通入蒸汽，待炉顶煤气有足够压力时，再按操作程序接通煤气系统。

5.2.4.3 停炉

高炉一代寿命将结束而需要大修时，就是停炉。

停炉是一件非常重要的工作，要做到安全、出净残铁、便于拆除和检修。主要有填充停炉法和降料面停炉法两种。

（1）填充停炉法。停炉时开始装入湿的小焦块，并经炉顶喷水，直到小焦块下达风口平面时停止送风；同时，由炉顶喷水冷却，直到焦炭熄灭为止。此法的优点是湿焦和炉顶喷水生成大量水汽，可以冲淡煤气中 CO 的浓度，同时降低了炉顶温度；缺点是需要大量焦丁，停炉扒料工作量大。

（2）降料面停炉法。停炉开始时就停止装料，使料面下降，并从炉顶喷水；当料面到达风口平面或其上 $1\sim2m$ 时停止送风，仍继续喷水；待炉缸内红焦全部熄灭后，开始修理工作。此法优点是大大缩短了修炉时间；但存在安全方面的问题，炉墙容易崩落。

5.3 高炉强化冶炼

高炉冶炼产量与消耗的重要指标，即利用系数（η_u）、冶炼强度（I）和焦比（K）三者之间存在着如下关系：

$$\eta_u = I/K \tag{5-3}$$

显然，欲提高利用系数、强化高炉冶炼，一方面要提高冶炼强度，另一方面要努力降低焦比。提高冶炼强度和降低焦比都可使高炉增产，都是强化高炉冶炼的重要方向。但是，在实际生产中，随着冶炼强度的提高，焦比也有所上升。一旦焦比升高的速率超过冶炼强度提高的速率，则产量不但得不到增加，反而会降低。因此，冶炼强度对焦比的影响成为高炉冶炼增产的关键。

在高炉冶炼的技术发展过程中，人们总结出冶炼强度与焦比的关系为：在一定的冶炼条件（主要是原料条件和操作条件）下，有一个适宜的冶炼强度（$I_{适}$），此时焦比最低。高于或低于这个适宜的冶炼强度值，都要引起焦比的升高。同时，随着冶炼条件的改善，焦比最低点将向提高冶炼强度的方向移动。

应当指出,随着产量和效益的提高,高炉设备,特别是高炉本体的寿命将受到影响,高炉大修和中修的费用不断增加,有可能影响到增产的效益。这个问题已引起人们重视,因此开始研究提高高炉寿命的有效措施,如采用高质量耐火材料、改进高炉冷却方式等。高炉长寿技术的开发和应用,将促进高炉生产实现高产、优质、低耗。因此,高炉长寿已成为炼铁技术的一个重要组成部分和发展标志。

我国当前高炉强化冶炼的方针是:以精料为基础,以节能为中心,改善煤气能量利用,选择适宜冶炼强度,最大限度地降低焦比和燃料比,有效地提高利用系数。它明确指出了强化高炉冶炼的方向,一是要增产,二是要节能。

要在节能的同时实现增产,必须重视开发和采用高炉炼铁新技术。国内外高炉强化冶炼普遍采用精料、高压操作、高风温、喷吹、富氧、综合鼓风和自动控制等技术,促进了高炉生产的发展。

5.3.1 精料

5.3.1.1 精料的要求

精料是高炉强化的物质基础;强化高炉冶炼必须把精料放在首位。随着高炉大型化和自动化以及对强化和节能日益提高的要求,更需要把原料工作做到"精益求精"。

精料的涵义是要求供给高炉的原料,不但质量好,而且数量足。其具体内容可用"高、稳、熟、小、匀、净"六个字来概括。

(1)"高",是指铁矿石的品位高、还原性高,焦炭中固定碳含量高,熔剂中氧化钙含量高,各种原料的(冷态、热态)机械强度高。国外要求入炉天然矿石含铁达 62%以上,自熔性烧结矿含铁达 57%以上,球团矿含铁一般达 60%以上。对焦炭要求固定碳含量高,灰分含量低至 10%以下。由于入炉矿品位提高,焦炭灰分降低,使高炉渣量减少,既节省燃料,又促进强化。在工业生产中一般用 FeO 含量来衡量烧结矿、球团矿的还原性。FeO 含量低,还原性好。国外球团矿 FeO 含量要求小于 1%,烧结矿 FeO 含量要求在 8%以下。日本一些先进企业使用的烧结矿 FeO 含量低于 5%。关于机械强度,不仅要求各种原料冷态强度高,在炉外能经受运转、冲击;而且要求其在炉内高温还原状态下,也能经受起膨胀、挤压、摩擦,即要求热态强度也要高。研究指出,焦炭的强度、粒度在炉内有很大变化。从炉腰以下,粒度减小,强度降低,主要是受碳的气化反应(溶解损失)影响所致。碳溶解损失后造成了许多壁薄、性脆的大气孔,大大降低其强度,使焦粉增加。这种焦粉在回旋区前面(气流方向前端)和下面聚集,形成一层透气性很差的外壳,迫使气流及早向上而难以到达炉缸中心,造成炉缸堆积。同时,焦炭强度降低,也严重影响软熔带、滴落带和炉缸中心料柱的透气性,使高炉运行不顺。前已指出,气化反应与焦炭反应性和温度有关。降低反应性、提高气化反应温度可控制气化反应的发展,从而有利于提高焦炭的高温强度。碱金属对焦炭反应性有很大影响。采取有效措施抑制焦炭的反应性,改善其抗碱(K、Na)性和热稳定性,以提高焦炭的热态强度,强化其料柱骨架作用,对保证高炉料柱透气(液)性、强化高炉冶炼具有十分重要的意义。

(2)"稳",是指各种原料的化学成分稳定、波动小。这是稳定炉况、稳定操作、保证顺行、实现自动控制的先决条件。国内外对入炉矿石成分稳定性的要求如表 5-1 所示。由表可见,我国对入炉矿石成分的波动范围要求较宽。不仅来料复杂、使用多种矿石的高炉需要解决成分稳定问题，使用单种原料的高炉也必须解决这一问题。因为同一矿体，不同采区、不同矿层的矿石成分有时差别也很大。对天然富矿，在入炉前必须混匀；对精矿和富矿粉，在烧结、造球前必须混匀。具体来说，就是在储矿场或原料仓库用"平铺切取"的方法进行混匀。

表 5-1　入炉矿石成分允许波动范围

入炉矿石成分	$w(\mathrm{TFe})/\%$	$w(\mathrm{SiO_2})/\%$	碱度 $w(\mathrm{CaO})/w(\mathrm{SiO_2})$
外　国	±0.3	±0.2	±0.03
中　国	±1.0	±1.0	±0.1

（3）"熟"，是指高炉尽可能使用烧结矿和球团矿，尽量不加石灰石入炉。一般认为，含铁炉料熟料率增加 1.0%，焦比降低 1.2kg/t，增产约 0.3%。前苏联熟料率年平均达 95%，日本 85% 左右。我国高炉通常使用 10% 左右的块矿，熟料率平均在 90% 左右。

（4）"小、匀、净"，是对原料的粒度而言。日本统称为"整粒"。要求平均粒度较小，粒度均匀，缩小上、下限之间的粒度差。超过上限的大块要破碎，小于下限的粉末要筛除干净。这样的原料在高炉内才能保证良好的透气性和还原性。日本进入 20 世纪 70 年代以来，已将烧结矿粒度范围由 5~50mm 缩小到 10~25mm，焦炭粒度为 25~50mm，小于 5mm 的矿石粉末所占比例降到 5% 以下。英国钢铁公司雷德卡厂大力改善矿石粒度组成，使烧结矿平均粒度达到 18~20mm，粒度大于 50mm 和小于 5mm 的比例下降到 3%。另外，矿石和焦炭的粒度差也在逐渐缩小。我国高炉入炉原料粒度控制范围，如表 5-2 所示。表 5-2 所示的粒度范围不是绝对的，应根据矿石特性、高炉炉型、设备条件来具体选择，但总的趋势是要"小、匀、净"。按照"匀"的要求，上述粒度还应分级入炉使用，如焦炭可分为 25~40mm 和 40~60mm 两级，而小于 25mm 的部分还可分出 15~25mm 级供中、小高炉使用。或者将这种 15~25mm 的"焦丁"与矿石混装入炉，既代替了部分块焦，又可改善软熔层透气性，这一措施在国内外高炉实践中已取得良好效果。

表 5-2　我国高炉入炉原料粒度控制范围

原　料	天然矿	烧结矿	球团矿	石灰石	焦　炭
粒度/mm	8~30	5~50	8~16	25~50	25~60

综上所述，精料的关键是要使用高品位（$w(\mathrm{SiO_2})$ 为 5% 左右）、低渣量（小于 300kg/t）、高还原性、低 $w(\mathrm{FeO})$（小于 5%）、高强度、成分稳定、粒度均匀的熔剂性人造富矿，避免石灰石入炉。

5.3.1.2　人造富矿的发展方向

现代高炉强化冶炼要求入炉熟料品位达到 60% 以上，相应铁精矿品位应达到 65%~68%。为此，原矿石必须进一步细磨到小于 325 目（小于 0.044mm）。用烧结矿处理这样的过细精矿有许多困难，主要是精矿细，难脱水，烧结料层透气性差，影响烧结矿的产量和质量。球团则很适宜处理过细精矿。因为粒度越细，成球性越好，球团质量越高。特别是在赤铁矿精矿中增加 0.015mm 粒级的含量，对球团再结晶固结有利。

然而，球团在高温还原条件下，易产生膨胀、碎裂、粉化，使料柱透气性变坏，影响高炉顺行。因此，高炉通常使用一定比例的球团与烧结矿配合进行冶炼。但也有一些企业使用 100% 球团冶炼，如瑞典 SSAB 的高炉。

对单一品种矿石而言，一般可根据其粒度和脉石（主要是 SiO_2）含量来选择（见表 5-3）。

表 5-3　按矿石粒度和成分选择造块方法

粒　度	0~10mm	小于 0.044mm 占 60%~80%	小于 0.074mm 占 60%
成　分		$w(TFe)>62\%$, $w(SiO_2)<8\%$	$w(TFe)>62\%$, $w(SiO_2)<8\%$
造块方法	烧　结	球　团	烧结或球团（如采用球团最好重磨）

对于原料条件复杂，如有富矿粉、精矿粉（粒度较粗）及各种含铁粉尘杂料时，适宜采用烧结法处理。对于原料条件单一，尤其是过细精矿的处理，适宜采用球团法。

由上分析，球团法和烧结法各有利弊，应根据实际情况选择适宜的造块方式，发挥各自优势。

5.3.1.3　提高人造富矿的高温冶金性能

研究并改善人造富矿的高温冶金性能，是现代高炉强化冶炼的迫切需要。

高炉解剖调查结果表明，人造富矿冷态性能固然重要，但热态性能对改善高炉冶炼过程更为重要。所谓热态或高温冶金性能，主要包括高温还原强度、还原性、软熔特性等。人造富矿的高温还原强度对块状带料柱透气性有决定性影响，高温软熔特性对软熔带结构和气流分布有很大影响。不仅要研究矿石的一般还原性，而且还要研究其高温还原性。

A　人造富矿的还原强度

所有矿石在加热还原中都有体积膨胀、强度降低问题，球团最甚。一般认为，体积膨胀率在 20% 之内，对强度影响不大；在 20%~40% 之间，有一定的影响；超过 40%，有严重影响；若膨胀率达到 100%~300%，则称为恶性或"灾难性"膨胀。

还原膨胀、粉化机理尚不十分清楚，根据实验研究提出了各种理论解释，主要有以下两种：

（1）相变说。在矿石还原度低于 30% 阶段，当 $\alpha\text{-}Fe_2O_3 \rightarrow \gamma\text{-}Fe_2O_3$ 时，体积膨胀约 7%；而当 $\gamma\text{-}Fe_2O_3 \rightarrow Fe_3O_4$ 时，体积膨胀增至 20% 以上。这主要由于六方晶格向正方晶格转变时，原子半径增大以及产生楔形裂纹和晶界裂纹。这种膨胀较严重时，引起球团压溃强度明显下降。

（2）胡须说。还原度超过 35% 或 40% 以后，浮氏体 Fe_xO 大量还原为金属铁时，在表面形成大量针状或胡须状的铁晶须。由于晶粒长大过速使球团体积成倍，甚至成 2~3 倍的增长，形成所谓的异常膨胀。在铁氧化物表面层，由于微观结构和组分浓度上的不均匀性，易出现还原的铁晶核。这种铁晶核往往通过其他部位被还原的 Fe^{2+} 的扩散而形成须根，从须根沿一定方向上迅速长大的铁晶须使球团体积迅速膨胀，当其膨胀应力超过球团结构强度时就产生碎裂、粉化，使球团强度急剧降低。这种铁胡须的形成和增长过程在高温电镜下可以清晰看到。

为提高球团（或烧结）矿的高温还原强度，必须抑制其还原膨胀、粉化，主要措施如下：

（1）控制含铁矿物形态，在中性或弱还原性气氛中生产磁铁矿球团。这样可避开 $Fe_2O_3 \rightarrow Fe_3O_4$ 阶段，大大减轻膨胀。

（2）控制脉石成分，使其含适量的 SiO_2。一般高品位、低 SiO_2 的球团膨胀率较高。增加 SiO_2 可增加球团中的渣相，同时 SiO_2 易与 CaO 结合，减少磁铁矿中溶解的 CaO 量，可抑制铁须生成和增长，故可减少异常膨胀。如果 CaO 是与 Fe_2O_3 和 SiO_2 结合而不溶于磁铁矿中，则对抑制异常膨胀、提高还原强度是有利的。

（3）控制原料中的 K、Na、Mg、Mn 含量。碱金属 K、Na 的存在会引起异常膨胀，膨胀率随 K、Na 含量的升高而增加。有时在低还原度条件下，球团中存在 1%～4% 的 K、Na 氧化物，也会使 $Fe_2O_3 \rightarrow Fe_3O_4$ 阶段膨胀率达到 50%～80%；而在 $FeO \rightarrow Fe$ 阶段，使膨胀率高达140%～350%。但在 SiO_2 含量较高的球团中，SiO_2 会与碱金属氧化物形成低熔点液相，减少或抵消碱金属的破坏作用。加入适量的 MgO、MnO 可抑制膨胀，因为 Mg^{2+} 可使磁铁矿晶格常数变小，同时 Mg^{2+} 和 Mn^{2+} 活性较大，易使球团内浮氏体分布均匀，抑制铁须生长速度。

（4）提高焙烧温度，控制焙烧气氛。焙烧温度较高（如 1300℃）可适当发展液相黏结，使部分赤铁矿 Fe_2O_3 分解为 Fe_3O_4，消除赤铁矿在磁铁矿中的共生微晶，减少 $Fe_2O_3 \rightarrow Fe_3O_4$ 阶段的膨胀。控制适宜焙烧气氛，在不影响球团矿还原性的前提下适当提高 FeO 含量，Fe_2O_3 含量自然降低，可减少膨胀。

（5）降低矿粉粒度，增加比表面积，不仅可提高球团冷态强度，而且还能降低其膨胀率，有利于提高其热态强度。

B　人造富矿的高温还原性能

人造富矿在高炉内的还原取决于自身的还原性和高炉操作条件。1100℃ 以上的高温还原性是对精料的一项新要求。高炉解剖表明，高温下矿石的还原和熔融是在同一矿层内同时进行的。熔融会引起高温区还原的停滞。有些球团在温度较低的块状带还原性很好，但在 1100℃ 以上就发生还原停滞。其原因在于，球团内部残留的未还原的 FeO 与脉石反应生成低熔点渣相，渣相的渗出堵塞了外部已还原金属铁壳的细孔，使还原性气体和还原性气体产物的内扩散条件破坏，因而阻碍了矿石的进一步还原。

高温还原性还与矿石软熔性有关。影响高温下熔融物生成的因素有未出现渣相前（低于1100℃）的还原程度（即低温还原性）、渣相的组成和渣量、高温下的荷重等。改善低温还原性可减少 FeO，延缓熔融过程，改善高温还原性能。由图 5-1 可见，将球团在 1000℃ 下预还原到还原度达 80% 后，再分别在 1000℃ 和 1300℃ 下进行高温还原试验，结果 1000℃ 时的还原性比 1300℃ 时好。这是因为 1000℃ 时未形成渣相，预还原球团具有互相贯通的微气孔，有利于气体扩散。而在 1300℃ 下，有无 CaO 存在又有很大差别。对无 CaO 的酸性球团，由于渣相渗出，生成致密金属铁壳而使还原大大减慢；而含 5%CaO 的碱性球团虽生成一些闭气孔，使还原减慢，但情况要比酸性球团好得多。可见，加入 CaO 一般可提高矿石高温还原性能。

加入 MgO 可提高软熔温度，不会生成低熔点渣相，故能改善高温还原性，但有一个适宜的 MgO 含量值。超过 2% 以后，再增加 MgO 使还原度降低，但收缩率随之减小，有利于改善高炉操作条件，提高 CO 的利用率。在 1430℃ 时，白云石球团能保持良好球状，而酸性球团则全部熔解，CaO 球团则介于其间。日本神户钢铁厂的经验表明，酸性球团、

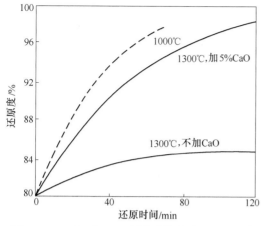

图 5-1　1300℃时 CaO 对预还原球团（1100℃时
还原度为 80%）还原性的影响

CaO 球团和 MgO 自熔球团在 1250℃时的还原率分别为 20.5%、25% 和 70%。

其他如 K_2O、Na_2O 和 S 等在高炉内会产生 Na、K、S_2 的气体而造成循环，它们可能影响矿石的软熔性，必然也要影响其高温还原性。

C　人造富矿的软熔性

人造富矿的软熔性指它的荷重软化性和熔融滴落性。

a　荷重软化性

现代高炉强化要求提高矿石软化性。因此，应模拟高炉实际加热速度，并将测定温度从 1050~1100℃提高到 1400℃。矿石的开始软化温度与脉石成分、含量和分布以及矿石的预还原度有关。一般当矿石中存在低熔点矿物或其他有助于易熔物质生成的条件时，矿石软化温度降低。

图 5-2 示出了天然矿、烧结矿和球团矿的软化特性。由于天然矿石种类多，脉石成分和含量变化大，故收缩率曲线和压差曲线范围很宽。有些矿石在很低的温度下就开始收缩。酸性球团多在 1050℃时开始收缩，在 1100℃以上显著收缩。自熔性烧结矿不但收缩开始温度高（一般在 1200℃以上），同时压差也小，软化性能良好。熔剂性球团和熔剂性烧结矿的软化性能相近，一般随碱度增加，软化温度提高。加 MgO 是提高球团矿软化温度的有效措施。预还原度对软化温度有很大影响，在低还原度范围内，随着预还原度的增加，FeO 含量升高，软化温度降低，收缩率增加，透气性阻力增加；在预还原度较高的范围内，随还原度的提高，FeO 减少，金属铁增多，软化温度提高，收缩率减少。此外，对易熔脉石，透气性阻力升高；相反，难熔脉石则阻力降低。

b　熔融滴落性

过去常以 40% 荷重软化收缩率时的温度为软化终了温度，但高炉解剖调查表明，软熔带终了温度应是渣铁熔化、开始滴落的温度，即熔滴温度。近

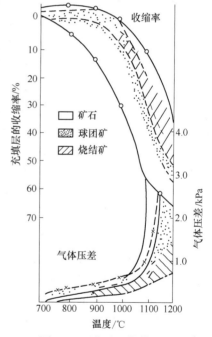

图 5-2　天然矿、烧结矿和
球团矿的软化特性

年来，国内外十分重视熔滴温度及其他熔滴特性的研究，测试设备应满足 1550~1650℃的要求。

不同原料具有不同的熔滴温度。矿石熔融滴落就是在其软化后进一步升温，液相增多，金属铁逐渐聚集，渣铁溶化分层的过程。因此，凡影响软化的因素都影响熔滴性。影响熔滴温度的基本因素有脉石的熔点、数量及分布的均匀程度，金属铁聚集和渗碳程度，

原料预还原度等。

一般脉石熔点高的矿石，熔滴温度也高，反之则低。这适用于渣先滴落或渣、铁同时滴落的情况。若脉石过于难熔，则金属铁因渗碳而先行滴落，或高熔点渣附着于铁珠上同时滴落。

烧结矿在较低碱度（小于 1.5）阶段，提高碱度可提高熔滴温度。在碱度为 1.5~1.8 时，熔滴温度最高。超过此值再提高碱度，尽管脉石熔点升高，但由于金属铁易于渗碳而先行滴落，这时脉石熔点与熔滴温度间的温差增加。在碱度为 1.5~1.6 的烧结矿中加入 MgO 后，可提高渣相熔点。

烧结矿预还原率对熔滴温度影响也很大。预还原率越高，则 FeO 越少，初渣熔点升高，渣量减少，有利于提高熔滴温度。预还原在还原率达 80%~90% 时，熔滴温度最高，超过此值则熔滴温度又降低。

若原料中过剩的 SiO_2 多，则还原率降低，易形成低熔点硅酸盐而使滴落温度降低。而对 SiO_2 少的碱性原料，则熔滴温度降低较少。

含 MgO 的熔剂性球团矿具有良好的软熔性能，其在高炉软熔带的透气性阻力比自熔性烧结矿和球团都低，因此可改善软熔带的透气性。

5.3.1.4 合理炉料结构

长期的生产实践和高炉解剖研究表明，高炉使用单一的烧结矿或球团矿并不能获得最佳的生产技术经济指标。对烧结矿和球团矿冶金性能等的测试研究使人们了解到两种人造块矿有其各自的特点，促使人们探讨如何利用它们的优点组合成一定的炉料结构模式，来使高炉生产获得最佳操作指标。这一模式的普遍规律就是高碱度烧结矿配加酸性炉料（氧化成团、普通烧结矿或天然矿等）。在某些地区，由于资源、加工矿石的技术和设备等条件原因，长期使用酸性氧化球团，向高炉内加入大量熔剂，所以操作指标落后。为改进高炉生产，目前发展为超高碱度烧结矿加上原有的酸性氧化球团的炉料结构。前苏联和日本长期使用熔剂性烧结矿，逐渐发展为高碱度烧结矿配加酸性氧化球团的炉料结构。我国也普遍使用高碱度烧结矿配加酸性球团矿的炉料结构。某些厂家由于缺少生产球团的工艺和设备，但又有一定数量的天然矿，则采用高碱度烧结矿加天然矿的模式组织生产。

A 高碱度烧结矿的冶金性能

国内外高炉生产实践和科学研究表明，自熔性烧结矿在 20 世纪 50 年代替代普通烧结矿，取消生熔剂入炉，使高炉冶炼指标得到大幅度改善，起过良好的作用。但是它的冷强度和一些冶金性能并非是最好的，影响着高炉操作技术指标的改善和高炉技术的进一步发展。而高碱度烧结矿的这些性能却优越得多，其表现为：

（1）具有良好的还原性。矿石的还原性影响着高炉冶炼的指标，我国部分企业烧结矿的还原度与碱度的关系示于图 5-3 中。从图 5-3 可以看出，随着烧结矿碱度的提高，烧结矿还原性变化的普

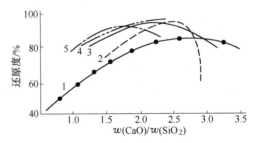

图 5-3　我国部分企业烧结矿的还原度与碱度的关系

1—酒钢；2—韶钢；3—杭钢；4—邯钢；5—攀钢

遍规律为：第一阶段还原性改善较明显，曲线上升较快；第二阶段上升缓慢，一般有一最佳峰值；第三阶段还原性又重新变差，曲线下降。这种变化规律是由烧结矿的黏结相以及矿物组成所决定的。当烧结矿碱度低时，一般 FeO 含量较高，黏结相以铁橄榄石为主，含铁硅酸盐矿物，难还原，因而烧结矿还原性差。随着碱度的提高，烧结矿中易还原的铁酸钙数量增加，渣相减少，还原性得到改善。当碱度提高到一定数值时，铁酸钙成为主相，特别是以针状析出时还原性最佳。如果烧结矿碱度进一步提高，还原性较差的铁酸二钙的数量增加，而且硅酸三钙等渣相也明显增加，导致还原性又重新下降。综上所述，从还原性角度出发，各企业应通过试验将烧结矿碱度提高到峰值附近。

（2）具有较好的冷强度和较低的还原粉化率。我国各企业使用本地资源生产自熔性烧结矿常遇到的问题之一是强度差，在冷却过程中自动碎裂。产生这一现象的原因是，硅酸二钙在降温过程中发生多晶转变，当 β-2CaO·SiO$_2$ 转变为 γ-2CaO·SiO$_2$ 后，体积膨胀10%，随之产生很大的内部应力使烧结矿裂为粉粒。在高氟精矿粉烧结过程中，由于氟使液相黏度和表面张力大幅度降低，易被烧结过程中的气流通过而形成众多的通路，在烧结矿冷却时，给烧结矿留下疏松、多孔的薄壁结构，严重影响强度。在攀钢含钒钛精矿粉烧结时，因其低硅高钛的特点，烧结过程中产生的低熔点液相少，黏结相中出现数量较多的高熔点物相钙钛矿（CaO·TiO$_2$，熔点为1970℃），它的析出不起固结作用，而且性脆、抗压强度低，加之烧结矿中物相种类众多，使烧结矿有较大的内应力。以上各因素使自熔性烧结矿的强度较差。试验研究表明，解决强度问题的办法之一是生产高碱度烧结矿，使黏结相和矿物组成转变成以铁酸钙为主，在宏观结构上使多孔薄壁转变为大孔厚壁，在组织结构上形成牢固的熔蚀结构。同时，由于铁酸钙数量增加，使影响强度的其他矿物数量减少，例如，减少包钢烧结矿中的枪晶石和攀钢烧结矿中的钙钛矿等，也有利于强度的提高。低温还原粉化率在我国一般均较低，但是使用澳大利亚赤铁矿矿粉较多，以及钒钛磁铁矿烧结中再生赤铁矿多时，低温还原粉化率会偏高。烧结矿碱度提高以后，低温粉化率一般随之下降。

（3）具有较高的荷重软化温度。一般来说，当烧结矿碱度在 2.0 以下时，随着碱度的提高，软化开始和终了温度都是上升的，而其软化温度区间则有变窄趋势。烧结矿的荷重软化性能在很大程度上取决于其还原性、矿物组成和孔隙结构。烧结矿还原性好、高熔点矿物多，孔隙结构强，其软化温度就高。正如前述，随着碱度的提高，上述各因素的改进均对荷重软化温度的提高起着有利的影响。

（4）具有良好的高温还原性和熔滴特性。研究表明，烧结矿碱度的提高改善了烧结矿的高温还原性，而熔滴温度也随碱度提高而上升，熔滴温度区间则变窄。

由于高碱度烧结矿具有上述诸多的优点，无论从理论研究结果还是从生产实践经验来看都可以肯定，高炉采用高碱度烧结矿作为炉料是合适的。

B 酸性氧化球团矿的冶金性能

在世界范围内，酸性（自然碱度）氧化球团矿被广泛使用。但在精矿粉中加入 CaO或CaCO$_3$细粉制造适合高炉冶炼碱度要求的自熔性或熔剂性球团矿，国内外均进行了大量研究和工业性试验，却没有得到大规模应用。其原因是：

（1）生产熔剂性球团矿有一定的困难，主要是生球爆裂温度低，CaO 在球团焙烧时形成低熔点化合物，极易在焙烧时造成熔结，同时影响成品球抗压强度。

（2）含 CaO 球团矿的还原强度差，易于产生异常膨胀，使用效果不佳。

近年来，国内外在用 MgO 代替部分 CaO 生产熔剂性球团矿方面进行了大量研究，取得了一定的进展，但还未能达到取代酸性球团矿的程度。其中重要原因之一是，高碱度烧结矿易于生产，而且具有良好的冶金性能，用它与酸性球团矿配合使用，可解决用酸性球团矿冶炼中需向高炉内加大量熔剂的问题，但这也降低了生产熔剂性球团矿的迫切性。

酸性氧化球团的特点是：

（1）生球爆裂温度高，焙烧区间宽，易于生产，而且成品球铁含量高，强度好。

（2）还原性好。由于球团矿的孔隙率较高，因而其还原性优于其他种类的矿石。但是我国的球团矿 SiO_2 含量高，致使其高温还原性较差。

（3）高温冶金性能较差，表现为软化温度低，熔滴特性中的压差陡升温度低和最高压差（Δp_{max}）大。尽管可用配加适量的蛇纹石或白云石来改善，但与烧结矿相比，高温冶金性能仍差。

C　高碱度烧结矿配加酸性球团矿

大量的研究表明，在相同的还原条件下，综合炉料的还原度和低温还原粉化率等性能均居于单一炉料的这些冶金性能之间，而且可以根据单一炉料的测定值用加和法求得综合炉料的还原度，即：

$$R = \sum_{i=1}^{n} R_i \cdot w(i) \qquad (5\text{-}4)$$

式中　R——综合炉料的还原度，%；

　　　R_i——单一炉料的还原度，%；

　　$w(i)$——单一炉料占综合炉料的质量分数，%；

　　　n——综合炉料中所含单一炉料的种类数。

但是，荷重软化和熔滴性能不能用加和法处理，因为矿石在荷重还原软化过程中，不仅在组成综合炉料的单一物料内，而且在单一炉料之间都会发生物理化学变化和出现新相，尽管试验测定的综合炉料的荷重还原软化和熔滴特性仍然居于单一炉料的这些性能之间。

研究表明：（1）综合炉料可以避免酸性炉料（天然矿或酸性球团矿）软化温度过低、软化区间过宽的弱点，同时可提高压差陡升温度，达到自熔性烧结矿的水平，并使最大压差值降低，从而使料柱的透气性得到改善；（2）综合炉料可发挥高碱度烧结矿冶金性能良好的优越性，同时能克服因碱度过高难熔而不能滴落、高炉操作困难的缺点；（3）合理的炉料结构取决于资源条件、矿石加工的技术水平和设备状况以及造块成品矿的价格及其冶金性能，各地钢铁厂宜结合具体条件通过试验、论证后确定。

5.3.2　高压操作

提高炉顶煤气压力的操作称为高压操作，是相对于常压操作而言的。一般常压高炉炉顶压力（表压）低于 30kPa，凡炉顶压力超过此值者均为高压操作。它是通过安装在高炉煤气除尘系统管道上的高压调节阀组，改变煤气通道截面积，使其比常压时小，从而提高炉顶煤气压力。由于炉顶压力提高，高炉内部各部分的压力都相应提高，整个炉内的平均压力也提高，使高炉内发生一系列有利于冶炼的变化，促进了高炉强化和顺行。

自20世纪50年代开始，高压操作成为强化高炉冶炼的有力手段。特别是对2000m³以上大型高炉，高压操作更为明显。可以说，高炉容积越大，为保证强化顺行所需的炉顶压力应越高；高炉强化程度越高，越需要实行高压操作。因此国外一些巨型高炉，如日本大分厂2号高炉（内容积为5070m³），炉顶压力高达275kPa，1980年7月获得平均利用系数2.04t/（m³·d）、燃料比426kg/t（焦比383.4kg/t）的优良结果；日本鹿岛1号高炉（4052m³）炉顶压力高于196kPa，炉顶煤气CO_2含量达到20%~30%，获得了煤气能量利用的高水平。其他4000m³级高炉，炉顶压力一般都在200~300kPa范围内。新设计的巨型高炉，一般都按250kPa以上的高压操作考虑。

5.3.2.1　高压操作系统

高炉炉顶煤气剩余压力的提高，是由煤气系统中的高压调节阀组控制阀门的开闭度来实现的。前苏联最早试验时曾将这一阀组设置在煤气导出管上，它很快被煤气所带炉尘磨坏，因而试验未获成功。后来在改进阀组结构并将其安装在洗涤塔之后，才取得成功（见图5-4）。长期以来，由于炉顶装料设备系统中广泛使用双钟马基式布料器，它既起着封闭炉顶，又起着旋转布料的作用，布料器旋转部位的密封一直阻碍着炉顶压力的进一步提高。只有到20世纪70年代实现了"布料与封顶分离"的原则，即采用双钟四阀、无钟炉顶等装备以后，炉顶煤气压力才大幅度提高到150kPa，甚至达到200~300kPa。

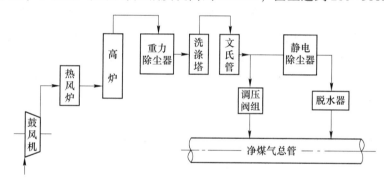

图5-4　高压操作工艺流程图

应当指出，消耗在调压阀组的剩余压力是由风机提供的，而风机为此提高风压消耗了大量的能量（由电动机或蒸汽透平提供）。为有效地利用这部分压力能，人们从20世纪60年代开始试验高炉炉顶煤气余压发电，先后在前苏联和法国取得成功。采用这种技术后，可回收风机用电的25%~30%，节省了高炉炼铁的能耗。图5-5所示为采用余压发电后的高压操作系统。

5.3.2.2　高压操作的影响

A　对燃烧带的影响

由于炉内压力提高，在同样鼓风量的情况下鼓风体积变小，从而引起鼓风动能下降。根据计算，由常压（15kPa）提高到80kPa的高压后，鼓风动能降到原来的76%。同时，由于炉缸煤气压力的升高，煤气中O_2和CO_2的分压升高，促使燃烧速度加快。鼓风动能降低和燃烧速度加快，导致高压操作后的燃烧带缩小。为维持合理的燃烧带以利于煤气量分布，可以增加鼓风量，这对增加产量起着积极的作用。

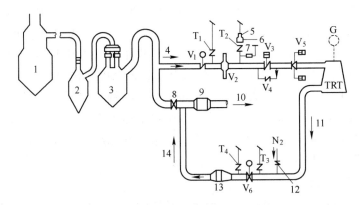

图 5-5　采用余压发电后的高压操作系统

1—重力除尘器；2，3—文氏洗涤塔；4，11，14—煤气；5—主管喷射器；6—蒸汽；7—点火器；
8—减压阀组；9—消声器；10—煤气总管；12—氮气吹扫阀；13—除雾器；
V_1—入口蝶阀；V_2—入口眼睛阀；V_3—紧急切断阀；V_4—旁通阀；V_5—调速阀；
V_6—水封截止阀；$T_1 \sim T_4$—放散阀；G—发电机组；TRT—余压发电透平机

B　对还原的影响

从热力学角度分析，压力对还原的影响是通过压力对反应 $CO_2 + C = 2CO$ 的影响体现的，由于这个反应前后有体积的变化，压力的增加有利于反应向左进行，即有利于 CO_2 的存在，这就有利于间接还原的进行。同时，高炉内直接还原发展程度取决于上述反应进行的程度，高压不利于此反应向右进行，从某种意义上讲，是抑制了直接还原的发展，或者说将直接还原推向更高的温度区域进行，同样有利于 CO 还原铁氧化物而改善煤气化学能的利用。

从动力学角度分析，压力提高加快了气体的扩散和化学反应速度，有利于还原反应的进行。但是有的研究者认为，压力的提高也加快了直接还原的速度，因此压力对铁的直接还原度不会产生明显的影响，单从压力对还原的影响分析，高压操作对焦比没有影响。

研究和实际操作都肯定了高压对硅的还原是不利的，这表明高压对低硅生铁的冶炼是有利的。

C　对料柱阻损的影响

高压操作是指提高炉顶煤气压力，使煤气在炉内的平均压力 p_m 增加，煤气体积受到压缩，流速降低，风口至料面的全压差降低。这是高压操作对高炉冶炼影响的最重要的一个方面。根据 Ergun 方程（式（2-39））在高炉中接近紊流的情况下，忽略其中黏性阻力项，得：

$$\frac{\Delta p}{H} = 1.75 \frac{(1-\varepsilon)^2}{\varphi d_0 \varepsilon^3} \cdot \frac{p_0 T}{p_m T_0} \cdot \rho v_0^2 \tag{5-5}$$

式中　ε ——料层的孔隙率；

　　　d_0 ——颗粒的平均直径；

　　　φ ——形状系数；

　T，p_m ——分别为流体工况下的温度和压力；

T_0，p_0——分别为标态下的温度和压力；

ρ——气体的密度；

v_0——空炉速度。

料层的阻力损失与气流的压力成反比。在其他条件不变的情况下，可写成：

$$\frac{\Delta p_{常}}{\Delta p_{高}} = \frac{p_{高}}{p_{常}} \tag{5-6}$$

由于料层的阻力损失与气流的压力成反比，高压操作以后炉内的总压力 $p_{高}$ 较常压操作时的炉内总压力 $p_{常}$ 大，因此，常压操作时煤气流通过料柱的阻力损失 $\Delta p_{常}$ 大于高压操作时的 $\Delta p_{高}$。这就使得在常压高炉上因 Δp 过高而引起的诸如管道行程、崩料等炉况失常现象在高压操作的高炉上大为减少，而且还可弥补一些强化高炉冶炼技术使 Δp 升高的缺点。

研究者们用不同的方式对高压操作后的 $\Delta p_{高}$ 进行了测定和计算，所得结果不尽相同，但其平均值约为顶压每提高 100kPa，料柱阻损下降 3kPa。在常压提高到 100kPa 时，Δp 的值略大于 3kPa；而顶压由 100kPa 进一步提高到 200 ~ 300kPa 时，此值降到 2kPa/100kPa。

应当指出，高压操作以后，炉内料柱阻损的下降并不是上、下部均相同的，研究表明，高炉上部的阻损下降得多，下部的阻损下降得少（见图 5-6）。造成这种现象的原因是料柱上、下部透气不同，高炉下部由于被还原矿石的软熔，孔隙率急剧下降，压力对 Δp 的作用减弱。

众所周知，煤气通过料柱的阻力损失相当于自下而上的浮力，它与炉料与炉墙之间的摩擦力、炉料与炉料之间的摩擦力等一起阻碍着靠重力下降的炉料运动。高压操作后 Δp 的下降无疑减少了炉料下降的阻力，可使炉况顺行。如果 Δp 维持在原来低压时的水平，则可增加风量，即提高高炉的冶炼强度。

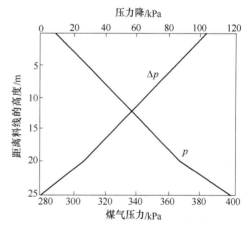

图 5-6 高压高炉高度上的煤气压力变化

早期的生产实践表明，在由常压改为 80kPa 的高压后，鼓风量可增加 10% ~ 15%，相当于提高约 2%/9.8kPa；现在的实践表明，再从 100kPa 往上提高时，这个数值下降到 (1.7% ~ 1.8%)/9.8kPa，比理论计算的 3% 左右要低很多。造成这种差别的原因在于：(1) 炉体下部是决定高炉内冶炼强度的主要反应区域，如前所述，下部 Δp 减少的数值较小；(2) 高压以后，焦比有所降低，炉尘量大幅度降低，在入炉炉料准备水平相同的情况下，上部块状带内料柱透气性也变差；(3) 高压以后，燃烧带和炉顶布料发生变化，上、下部调剂不能相互适应，阻碍了高压操作作用的发挥。

为此，要充分发挥高压对增产的作用，需要改善炉料的性能，特别是焦炭的高温强度、矿石的高温冶金性能和品位（降低渣量）以及掌握燃烧带和布料变化规律，应用上、下部调剂手段加以控制。随着这些工作进展的情况不同，各企业每提高 10kPa 的增产幅度波动在1.1%~3.0%之间。我国宝钢的生产经验是顶压每提高 10kPa，风量可增加 200~250m³/min。

D　对焦比的影响

由于高压操作促进炉况顺行、煤气分布合理、利用程度改善，有利于冶炼低硅生铁等，而且使焦比有所下降。国内外的生产经验是，顶压每提高 10kPa，焦比下降 0.2%~1.5%。

提高炉顶压力的增产作用，只有伴随着风量的增加或冶炼强度的提高才能明显表现出来。因为在焦比不变、焦炭负荷一定的情况下，高炉生产率与风量，亦即单位时间内燃烧的焦炭量成正比。因此在一定冶炼条件下，冶炼强度应与炉顶压力成正比，即提高炉顶压力可相应地提高冶炼强度，从而提高高炉生产率。

高压操作的降焦节能作用已被越来越多的高炉实践所证实。根据实践分析，高压降低燃耗的原因归结为改善了顺行和煤气利用，发展了高炉内的间接还原，抑制了直接还原。

首先，高压操作降低了煤气流速，延长了煤气在炉内与矿石的接触时间，同时减小或消除了管道行程，改善了煤气分布，从而改善了铁矿石的还原条件，使块料带内的间接还原得到充分发展，煤气能量得到充分利用。

其次，直接还原反应取决于反应 $CO_2+C=2CO$ 的发展。提高炉顶压力，炉内平均压力相应提高，促使该反应的平衡向气体体积减小的方向（逆向）移动，从而抑制了直接还原的发展，或者说使直接还原推向更高的温度区域进行。这与压低软熔带、扩大块料带、提高 CO 利用率的要求相一致。高压操作对碳的气化反应的抑制作用，在某种意义上也相当于降低焦炭的反应性。这对减少碳的溶解损失、提高焦炭高温强度、改善软熔带和滴落带的透气（液）性及增加风口燃烧有效碳量都是有利的。

同样，高压可抑制硅还原（$SiO_2+2C=Si+2CO$），有利于降低生铁硅含量，促进焦比降低。研究指出，在提高 CO 压力时，生铁中 $w[Si]$ 显著降低，这是因为硅在生铁中的平衡浓度与 CO 分压的平方成反比。另外，由反应 $SiO_2+CO=SiO+CO_2$ 的平衡常数 $K=p_{SiO} \cdot p_{CO_2}/p_{CO}$ 可得，$p_{SiO}=K \cdot p_{CO}/p_{CO_2}$。因此，提高炉顶压力则气相中 p_{CO}/p_{CO_2} 降低，抑制了 SiO 的挥发，从而减少了硅的还原，节省了燃料。

高压操作改善了煤气分布，促进了炉况稳定顺行和炉温稳定，因而可减少不必要的热量储备，适当降低炉缸和炉腹温度，使燃料消耗降低，也为降低生铁硅含量创造了条件。高压的顺行作用可保障喷吹燃料和高风温发挥更大效用，促进燃耗进一步降低。

高压操作使炉尘吹出量显著减少，单位矿石消耗降低，实际焦炭负荷得到保证，批料出铁量增加，铁的回收率提高，焦比也有所降低。实践证明，实行高压操作、不断提高炉顶压力水平是强化高炉冶炼、增产节能的一条重要途径。根据国内外经验，1000m³ 级高炉的炉顶压力应达到 120kPa 左右；2000m³ 级高炉应达到 150kPa 以上，3000m³ 级高炉应达到 200kPa 左右，4000m³ 级以上巨型高炉应达到 250~300kPa。

高压操作不可避免地要增加鼓风机电耗，但可采取炉顶煤气余压发电予以回收。一般回收的发电量相当于高炉风机电耗的 30%。

5.3.3　高风温

古老的高炉采用冷风炼铁。1828 年，英国第一次使用 149℃的热风炼铁，节省燃料

30%。由于鼓风预热可以大量降低燃料消耗，于是加热鼓风技术很快就被推广开来。采用热风（或高风温）炼铁，是高炉发展史上的一大革新。

提高风温的直观效果是降低焦比。其根本原因在于，鼓风带入的物理热能够有效地代替部分焦炭的燃烧热。因为提高风温后焦比降低，炉顶温度降低，煤气带走的热量减少，单位生铁热损失也减少，高炉热量利用系数 K_T 提高。故热风带入的物理热在高炉下部高温区能全部被利用，而焦炭燃烧后供给的热量只有一部分被利用，另一部分则被煤气带出高炉或成为热损失。因此，提高风温带入的热量与焦炭燃烧提供的热量是不等价的，它比焦炭燃烧热更可贵。高风温还可收到提高炉缸温度、稳定生铁质量、提高喷吹燃料效率、有利于间接还原、改善煤气能量利用等效果。

高炉风温改变主要影响风温节焦效果，引起冶炼过程的变化。

5.3.3.1 高风温的影响

A 风口前碳燃烧

在冶炼单位生铁的热收入不变的情况下，热风带入的显热替代了部分风口前焦炭的碳燃烧放出的热量。同时，风温提高以后焦比降低，由焦炭带入炉内的灰分和硫量减少，减少了单位生铁的渣量和脱硫耗热，使冶炼所需的有效热消耗相应地减少了。

提高风温而减少的燃烧碳量可按式（5-7）计算：

$$\Delta w(C)_{风} = \left(1 - \frac{w(C)_{风1}}{w(C)_{风2}}\right) \times 100\% = \frac{i_{风2} - i_{风1}}{q_c / v_{风} + i_{风2}} \times 100\% \quad (5-7)$$

式中　$w(C)_{风1}, w(C)_{风2}$——分别为不同风温下风口前燃烧的碳量，kg/t；

$\quad\quad\quad i_{风1}, i_{风2}$——分别为不同风温下鼓风的比焓（扣除水分分解热），kJ/m³；

$\quad\quad\quad q_c$——风口前 1kg 焦炭的碳燃烧放出热量，一般为 9800kJ/kg；

$\quad\quad\quad v_{风}$——燃烧 1kg 碳所消耗的风量，m³/kg。

计算表明，风温由 0℃ 提高到 100℃，$\Delta w(C)_{风}$ 为 20.6%；而由 1100℃ 提高到 1200℃，$\Delta w(C)_{风}$ 只有 5.2%。也就是说，每提高风温 100℃ 所减少的 $\Delta w(C)_{风}$ 是递减的。

尽管风温越高，降低焦比的效果越差，但国内外钢铁企业仍在致力于继续提高风温。这是因为喷吹燃料必须要有高风温相配合。风温越高，燃烧温度越高，燃料燃烧越完全，喷吹效果越好。而喷吹燃料本身又有降低燃烧带温度的作用，因而又可促进风温的提高。同时精料水平的提高，使料柱透气性大为改善，为高炉接受风温创造了良好条件。因此，高炉风温水平一直在不断提高。

B 高炉温度分布

风温提高以后，高炉高度上温度的再分布表现为炉缸温度上升，炉身和炉顶温度降低，中温区（900~1000℃）略有扩大（见图 5-7）。这是因为风温提高以后，风口前的理论燃烧温度上升了，每提高 100℃ 风温，$t_{理}$ 上升 60~80℃，而风口前燃烧碳量的减少使风口煤气发生量成比例地减少，并相应地使煤气和炉料水当量的比值下降，结果炉身煤气温度和炉顶煤气温度均下降了。由于随着风温的提高，$\Delta w(C)_{风}$ 的数值变化趋于缓慢，因而每提高 100℃ 风温引起的炉顶煤气温度下降也减缓，而且风温越高，这种减缓的趋势越大。

C 料柱阻损增加

风温提高以后，炉内煤气压差升高，特别是高炉下部的压差会急剧地上升，这将使炉内（尤其是炉腹部位）炉料下降的条件明显变坏，如果高炉是在顺行的极限压差下操作，则风温的提高将迫使冶炼强度降低。据统计，风温每提高 100℃，炉内压差升高约 5kPa，冶炼强度下降 2%～2.5%。炉内压差升高的原因是焦比降低，焦炭在料柱所占体积减小，使料柱透气性变坏；炉子下部温度升高，煤气实际流速增大。还有学者认为，炉子下部温度过高会使 SiO 大量还原并挥发，煤气将它带往上部，并且在炉腹凝聚，在焦块间隙分解成固态，大大恶化了料柱的透气性，严重时造成高炉难行并发展为恶性悬料。

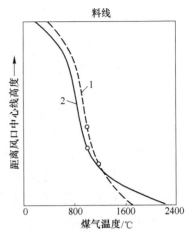

料线

图 5-7　低风温和高风温情况下煤气温度沿高炉高度的分布
1—低风温；2—高风温

5.3.3.2　高风温的获得

实践表明，在现代高炉冶炼的条件下，不喷吹燃料的高炉可使用 1150℃ 风温正常操作，湿度为 1%～2%。在采用大喷吹量，尤其是喷吹含氢高的燃料时，"极限"风温完全取决于热风炉的能力。国外有些研究者在考虑加热鼓风的基建投资和生产费用后认为，在现代条件下可能达到且经济上合算的风温为 1400～1500℃；我国的炼铁工作者也提出，要将风温提高到 1350℃。为获取这样高的风温，需要经济地解决两个方面的问题：一方面，提供能达到火焰燃烧温度（1550～1650℃ 甚至 1700℃ 以上）的高温热量；另一方面热风炉结构能在这样的高温下稳定持久地工作，所有热风管道（包括直吹管和热风阀）能承受这样高的温度，并能维持这样高的温度将热风送入炉内。

此外，还可采取预热助燃空气、提高煤气热值等措施提高风温。利用热风炉废气余热预热助燃空气，是提高风温和热风炉热效率、实现节能的廉价途径。助燃空气温度每提高 100℃，可提高 $t_{理}$ 35℃，或可相应节省煤气热值。若废气温度为 300℃，可将空气预热到 200℃，则可提高 $t_{理}$ 70℃ 以上，从而可相应提高风温。

燃烧热风炉主要采用高炉本身所产生的煤气，但随着高炉煤气能量利用的改善，炉顶煤气中 CO_2 含量增高、CO 含量降低，因而发热值也降低，而提高风温必须使用高热值煤气。

向高炉煤气中或向燃烧器中加入一定数量的高热值煤气（如焦炉煤气，其热值为 16300～17600kJ/m³；天然气的热值为 33500～41900kJ/m³），可使高炉煤气富化，大大提高其热值。

5.3.4　喷吹燃料

喷吹燃料是继高炉使用熟料（人造富矿）之后炼铁技术的又一重大发展。喷吹燃料的主要目的是以其他形式的廉价燃料代替宝贵的冶金焦炭，降低焦比。于是便可减少炼焦生产的负担，节省焦炉基建投资，节约过程能耗。

高炉喷煤技术产生于 170 年前，但直到 20 世纪 50 年代才在工业生产中应用。1968～1978 年，前苏联顿涅茨克钢铁厂在 1033m³ 和 700m³ 两座高炉上进行了长期喷吹煤粉和天然气的试验，喷煤比达到 60～80kg/t。1964～1965 年，美国的威尔顿公司在 3、4 号高炉进行了喷煤操作，最大喷吹比达 43kg/t；1973 年在阿达曼高炉上建成了一套喷煤系统，平均喷煤比达 58.3kg/t。

20 世纪 70 年代，由于国际市场油价便宜、喷油工艺简单，各国纷纷开始采用喷油操作，只有中国等少数国家坚持发展喷煤技术。80 年代初，大规模石油危机爆发，喷煤操作又有了经济优势，高炉喷煤理论和技术从此开始全面发展，全球喷煤高炉总数迅速增加，高炉喷吹量也不断提高。

2000 年前后，欧洲一些高炉的平均喷煤比已经达到 180~200kg/t。如 1997 年，荷兰霍戈文公司 6 号高炉（2828m³）、7 号高炉（4650m³）月喷煤比达 210kg/t，平均焦比降至 234kg/t。1998 年 3 月，日本加古川 1 号高炉月均喷煤比达到 254kg/t。英国钢铁公司斯肯索普厂从 1984 年起一直采用独特的粒煤喷吹技术，月喷煤比已达 200kg/t 以上。进入 21 世纪以来，多数钢铁企业已不再片面追求喷煤量，而是重视提高利用系数和实现低燃料比条件下的喷煤操作。

我国从 60 年代就开始在首钢发展高炉喷煤，是较早实现高炉喷煤工业生产的国家之一。"九五"期间，喷煤成绩较好的鞍钢、马钢、宝钢、邯钢等高炉煤比达到 150~200kg/t。1998~1999 年初，宝钢高炉喷煤取得重大突破，高炉喷煤比突破 250kg/t。1999 年，1 号高炉利用系数为 2.328t/(m³·d)，年平均喷煤比达 238kg/t，焦比为 270kg/t，燃料比为 503.5kg/t。目前，我国重点钢铁企业高炉的平均喷煤比已超过 140kg/t。

喷吹燃料的来源非常广泛，气、液、固体燃料均可用。我国由于资源条件和能源政策的限制，目前仍以喷吹煤粉为主。

5.3.4.1 喷吹燃料对高炉冶炼的影响

A 对风口前燃烧的影响

与焦炭在风口前燃烧相比，喷吹燃料与鼓风中氧燃烧的最终产物都是 CO、H_2 和 N_2，并放出一定的热量。不同之处在于：

（1）焦炭在炼焦过程已完成煤的脱气和结焦过程，风口前的燃烧基本上是碳的氧化过程，而且焦炭粒度较大，在炉缸内不会随煤气流上升。而喷吹燃料却不同，煤粉要在风口前经历脱气、结焦和残焦燃烧三个过程，而且它要在从喷枪出口处到循环区内停留的千分之几到百分之几秒内完成；重油先要经历气化，然后才火燃烧。天然气、重油蒸气和煤粉脱气的碳氢化合物燃烧时，碳氧化成 CO 放出的热量有一部分被碳氢化合物分解为碳和氢的反应所吸收，这种分解热随 $w(H)/w(C)$ 的增加而增大。因此，随着这一比例的增加，风口前燃料燃烧的热值也降低（见表 5-4）。

表 5-4 不同燃料 1kg 碳在风口前燃烧放出的热量

燃 料	$w(H)/w(C)$	燃烧放出的热量	
		kJ/kg	所占比例/%
焦 炭	0.002~0.005	9800	100
无烟煤	0.02~0.03	9400	96
气 煤	0.08~0.10	8400	85
重 油	0.11~0.13	7500	77
甲烷（天然气）	0.333	2970	30

　　碳氢化合物与氧的反应仅在它的热解温度下明显进行，如果重油未能很好雾化而迅速变成蒸气，并达到其热解温度，氧化反应就会产生烟炭，未完全氧化的 CH_4 也可能裂解为烟炭，如果这种烟炭在燃烧带内不气化，就会随煤气流离开燃烧带，这不仅导致炉缸热收入减少，而且这些炭质点（包括喷吹煤粉时在燃烧带内未气化的煤粉质点）大量混入炉渣而使炉缸工况恶化，如炉缸堆积，炉腹渣皮不稳定而脱落，风口和渣口大量烧坏。因此，为避免烟炭形成和残炭不能完全气化，必须使燃料与鼓风尽可能完全和均匀地混合。

　　（2）炉缸煤气量增加，燃烧带扩大。喷吹燃料因含碳氢化合物，在风口前气化后产生大量的 H_2，使炉缸煤气量增加（见表5-5）。煤气量的增加是与燃料中 $w(H)/w(C)$ 有关的，$w(H)/w(C)$ 的值越高，增加的煤气量越多。无烟煤燃烧产生的煤气量略低于焦炭，而烟煤燃烧产生的煤气量大于焦炭。煤气量的增加将增大燃烧带。造成燃烧带扩大的另一原因是，部分燃料在直吹管和风口内就开始燃烧，在管路内形成高温（高于鼓风温度 $100\sim800℃$）的热风和燃烧产物的混合气流，它的流速和动能远大于全焦冶炼时的风速和鼓风动能。

表 5-5　风口前 1kg 燃料燃烧产生的煤气体积

燃　料	V_{CO}/m^3	V_{H_2}/m^3	还原气总和		V_{N_2}/m^3	煤气量/m^3	$\varphi(CO+H_2)/\%$
			m^3	%			
焦　炭	1.553	0.055	1.608	100	2.92	4.528	35.5
重　油	1.608	1.29	2.898	180	3.02	5.918	49.0
煤　粉	1.408	0.41	1.818	113	2.64	4.458	40.8
天然气/$m^3\cdot kg^{-1}$	1.370	2.78	4.15	258	2.58	6.73	61.9
天然气/$m^3\cdot m^{-3}$	0.97	2.00	2.97	185	1.83	4.80	61.9

　　（3）理论燃烧温度下降，而炉缸中心温度略有上升。理论燃烧温度降低的原因在于：1）燃烧产物的数量增加，用于加热产物到燃烧温度的热量增多；2）喷吹燃料气化时因碳氢化合物分解吸热，燃烧放出的热值降低；3）焦炭到达风口燃烧带已被上升煤气加热（约达 $1500℃$），可为燃烧带来部分物理热，而喷吹燃料的温度一般在 $100℃$ 左右。炉缸中心温度和两风口间的温度略有上升的原因是：1）煤气量及其动能增加，燃烧带扩大使到达炉缸中心的煤气量增多，中心部位的热量收入增加；2）上部还原得到改善，在炉子中心进行的直接还原数量减少，热支出减少；3）高炉内热交换改善，使进入炉缸的物料和产品的温度升高。

　　B　料柱阻损与热交换

　　喷吹燃料以后，由炉缸上升到炉顶的煤气主要由三部分组成，即风口前焦炭中的碳燃烧形成的煤气、喷吹燃料燃烧形成的煤气和直接还原形成的煤气。生产实践和理论计算表明，喷吹燃料燃烧形成的煤气的增加总是超过其他两项的减少，最终炉顶煤气量总是有所增加的（喷吹无烟煤时例外）。与此同时，单位生铁的焦炭消耗量减少和炉料中矿焦比上升，这就造成料柱透气性变差。两者的作用使炉内的压差（Δp）升高，导致炉身温度和炉顶温度略有升高。喷吹无烟煤时，由于煤气量不增加，炉身和炉顶温度无明显变化。

　　C　直接还原和间接还原的变化

　　喷吹燃料以后，改变了铁氧化物还原和碳气化的条件，明显地有利于间接还原的发展和直接还原度的降低，具体如下：

(1) 煤气中还原性组分（CO、H_2）的体积分数增加，N_2 的体积分数则降低；

(2) 单位生铁的还原性气体量增加，因为等量于焦炭的喷吹燃料所产生的 CO 与 H_2 总量大于焦炭所产生的，所以尽管焦比降低，CO 与 H_2 总量的绝对量仍然增加；

(3) H_2 的数量和体积分数显著提高，而 H_2 与 CO 相比，在还原的热力学和动力学方面均有一定的优越性；

(4) 炉内温度场变化，使焦炭中碳与 CO_2 发生反应的下部区温度降低，而氧化铁间接还原的区域温度升高，这样前一反应速度降低，后一反应速度则增快；

(5) 焦比降低减少了焦炭与 CO_2 反应的表面积，也就降低了反应速度；

(6) 焦比降低和单位生铁的炉料容积减少，使炉料在炉内停留的时间增长。

5.3.4.2　置换比与喷吹量

喷吹燃料的主要目的是用价格较低廉的燃料代替价格昂贵的焦炭，因此喷吹 1kg 或 $1m^3$ 燃料能替换多少焦炭是衡量喷吹效果的重要指标。

喷吹燃料的置换比取决于以下四个因素：

(1) 喷吹燃料的种类。含碳和氢高的燃料，置换比高。重油含碳和氢最高，置换比最高，一般为 $1.2\sim1.4kg/kg$；无烟煤中碳和氢含量最少，置换比也最低，一般在 0.8 左右。

(2) 喷吹燃料在风口前气化程度。如前所述，喷吹燃料气化时产生烟炭或残焦，不仅产生的热量和还原性气体减少，还可能恶化炉况，影响喷吹效果，使置换比降低。

(3) 鼓风参数。通过对比高风温、高压、富氧和喷吹燃料对高炉冶炼的影响，可以看出，它们的作用和影响有不同之处。例如，提高风温和富氧鼓风可提高理论燃烧温度，降低炉顶煤气温度，喷吹燃料时降低理论燃烧温度，提高炉顶煤气温度；又如，高风温和富氧使 r_d 上升，而喷吹燃料可降低 r_d；再如，高风温、富氧和喷吹燃料都使 Δp 上升，而高压却可使 Δp 降低。因此，风温的高低、是否富氧等都影响置换比的高低。

(4) 煤气利用程度。虽然喷吹燃料可提高煤气的还原能力，但煤气和矿石的接触效果仍然决定了喷吹燃料发挥作用的大小。各高炉置换比的差异与这一点有很大关系。

焦炭在高炉内起的作用为热源、还原剂、生铁渗碳的碳源、料柱透气性的骨架。普遍认为，喷吹燃料可以代替焦炭除骨架以外的作用。所以，最大喷吹量（即最低焦比）应由焦炭骨架作用决定。

5.3.4.3　限制喷吹量的因素

实际生产中，限制喷吹量的因素有以下几方面：

(1) 风口前喷吹燃料的燃烧速率，这是目前限制喷吹量的薄弱环节。如前所述，喷吹燃料最好能在燃烧带内停留的短暂时间里 100% 氧化成 CO 和 H_2，否则重油、天然气形成的烟炭和未完全气化的煤粉颗粒将影响高炉冶炼。燃烧动力学的研究和高炉工业性试验表明，影响燃烧速率的因素主要是温度、供氧、燃料与鼓风的接触界面等。生产实践表明，喷吹的煤粉在风口燃烧带内的燃烧率保持在 85% 以上时，剩余的未气化煤粉不会给高炉带来明显的影响，因为它们在随煤气流上升过程中能继续气化，如：1) 遇焦炭则黏附在其上，随焦炭下降进入燃烧带气化；2) 有少量进入炉渣，成为渣中氧化物直接还原的碳；3) 遇滴落的铁珠则成为渗碳的碳；4) 黏附在矿石、石灰石上成为直接还原的碳而气化。

（2）高温区放热和热交换状况。高炉冶炼需要有足够的高温热量保证高炉下部物理化学反应顺利进行。允许的最低值至少应高于冶炼的铁水温度，允许的炉缸煤气温度下限应保证能过热铁水和炉渣以及保证其他吸热的高温过程（例如锰的还原、脱硫等）的进行。如前所述，喷吹燃料将降低理论燃烧温度，这样允许的最低 $t_{理}$ 就成为喷吹量的限制环节。当喷吹量增加，使 $t_{理}$ 降到允许的最低水平时，就要采用措施维持理论燃烧温度不再下降，如高风温成富氧等措施，以进一步扩大喷吹量。

（3）产量和置换比降低，是限制喷吹量的又一因素。实践表明，随着喷吹量的增加，喷吹燃料的置换比下降，图 5-8 所示为喷吹碳氢化合物燃料时的情况。我国喷吹煤粉的实践也表明，随着喷煤量的增加，置换比呈下降趋势。置换比降低可能导致燃料比过高、经济效益不合理。在风中含氧固定和综合冶炼强度一定的情况下，随着喷吹量的增加，高炉产量如同置换比那样呈下降趋势。在实际生产中，这种产量的降低被置换比的下降所掩盖。例如在冶炼强度一定时，由于喷吹燃料使焦比降低 5%，产量本应提高 5%，但实际仅提高 2%，相当于产量下降了 3%。要使产量不下降，就得采用富氧鼓风。

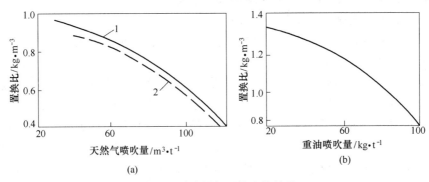

图 5-8　喷吹量与置换比的关系

（a）苏联下塔吉尔钢铁厂喷吹天然气时的微分置换比；（b）奥地利林茨厂喷吹重油时的平均置换比

1—风中水分 1%；2—风中水分 3%

5.3.5　富氧鼓风操作

富氧鼓风是往高炉鼓风中加入工业氧，使鼓风氧含量超过大气氧含量的措施。其目的是提高冶炼强度以增加高炉产量。

如前所述，在用大气鼓风操作的情况下，在提高某一降低焦比因素的值时，其效果是递减的。例如，大气鼓风下风温从 0℃ 提高到 250℃，可使焦比降低 230kg/t；从 500℃ 提高到 750℃，可降低焦比 70kg/t；而从 1000℃ 提高到 1250℃，仅能降低焦比 40kg/t。但在采用富氧鼓风时，可使这种差别消失，当风中氧含量提高到 40% 时差别就等于零。富氧对喷吹燃料也有类似的作用。

5.3.5.1　富氧对高炉冶炼的影响

随着鼓风中氧含量增加，氮含量降低，燃烧 1kg 碳所需风量减少，相应地风口前燃烧产生的煤气量也减少，而煤气中 CO 含量增加，氮含量减少（见图 5-9）。

与提高风温一样，富氧会使理论燃烧温度大幅度升高，但是升高的原因并不相同。提高风温给燃烧产物带来了宝贵的热量；富氧不仅不带来热量，而且因 $V_{风}$ 的减少而使这部分热量的数值减小，$t_理$ 的升高是由煤气量 $V_煤气$ 的减少造成的。富氧 1%，$t_理$ 提高 45~50℃，当 $t_风$ = 1000~1100℃、风中湿度为 1%、富氧到 26%~28% 时，$t_理$ 超过 2500℃。生产实践表明，过高的 $t_理$ 会导致冶炼十分困难。采用降低风温或增加鼓风湿度的方法可以降低 $t_理$，但不利于降低焦比。最好的办法是向炉缸喷吹补充燃料。

富氧对高炉内温度场分布的影响与提高风温时的影响相似。但是富氧造成的燃烧 1kg 碳发生的煤气量减少对煤气和炉料水当量比值降低的影响，超过了提高风温的影响，因此富氧时炉身煤气温度降更严重。由于同时产生煤气量的减少和炉身温度的降低，煤气带入炉身的热量减少，有可能造成该区域内的热平衡紧张，特别是炉料中配入大量石灰石时尤为严重。图 5-10 所示为富氧鼓风时炉身温度下降情况。

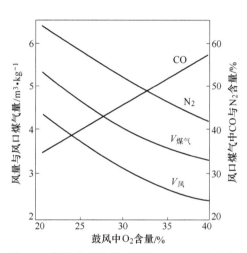

图 5-9　鼓风中氧含量对风量（$V_风$）、产生的
煤气量（$V_煤气$）和煤气中 CO、N_2 含量的影响

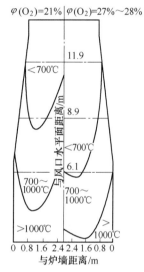

图 5-10　富氧鼓风时炉身温度下降情况
（苏联下塔吉尔钢铁厂 1 号高炉实测资料）

与高风温的影响相似，富氧也降低了炉顶煤气温度。

富氧对间接还原发展有利的方面是，炉缸煤气中 CO 含量提高与 N_2 含量降低。但是要认识到，在焦比保持不变的情况下，富氧并没有增加消耗于单位被还原 Fe 的 CO 数量，而且 CO 含量对氧化铁还原度的影响有递减的特性，因此这种影响是有限的。

富氧对间接还原发展不利的方面是，炉身温度降低、700~1000℃ 时间接还原强烈发展的温度带高度缩小以及产量增加时炉料在间接还原区停留时间缩短。

上述两方面因素共同作用的结果是：间接还原可能发展，亦可能削减，也有可能维持在原来的水平。

5.3.5.2　富氧鼓风操作特点

（1）富氧鼓风对产量的影响。根据理论计算，如果风量、焦比一定，鼓风含氧提高 1% 可增产 4.76%，且随富氧率提高，增产率递减。但实际生产中由于影响因素很多，很难达到增产目标。为了保持炉况稳定顺行，一般都控制炉腹煤气速度在富氧前后保持相对稳定（速度为 3m/s 左右）。为此，富氧后应略减风量，以保持炉腹煤气量相对稳定。生产实践表明，在焦比基本保持不变的情况下，富氧 1% 的增产效果为：风中含氧 21%~

25%，增产 3.3%；风中含氧 25%~30%，增产 3.0%。冶炼铁合金时，由于焦比下降，增产效果提高到 5%~7%。

（2）富氧鼓风对焦比的影响。富氧鼓风对焦比的影响为有利和不利因素共存。富氧鼓风由于鼓风量减少，带入炉内热量相对减少，不利于焦比降低。由于煤气浓度提高，煤气带走的热量减少，有利于焦比降低。一般情况下，当采用难还原的矿石冶炼、风温较低、富氧量少时，因热能利用改善，焦比将有所降低；否则，当采用还原性好的矿石冶炼、风温较高、富氧量很多时，热风带入炉内的热量大幅度降低，将有可能使焦比升高。

（3）富氧鼓风有利于冶炼特殊生铁。富氧鼓风有利于锰铁、硅铁、铬铁的冶炼。硅、锰、铬直接还原反应在炉子下部消耗大量热量，富氧鼓风 $t_{理}$ 提高，正好满足了硅、锰、铬还原反应对热量的需求。因此，富氧鼓风冶炼特殊生铁将会促进冶炼顺利进行和焦比降低。

思 考 题

5-1 高炉强化冶炼包括哪些内容？

5-2 高压操作的条件和优点是什么？

5-3 为什么风温越高，提高风温降低焦比的效果就越小？

5-4 高炉接受高风温的条件是什么？

5-5 喷吹煤粉对冶炼进程有何影响？

5-6 为什么富氧鼓风与喷吹燃料结合能获得良好的冶炼效果？

6 低碳高炉炼铁技术

6.1 CO₂排放概述

地球正在经历以气候变暖为突出标志的气候变化，最近 100 年全球平均地表温度上升了 0.74℃，给世界地表环境和自然生态带来了深刻的影响，对社会和经济发展造成了严重威胁。全球升温加速了冰川及南北极地区的冰川融化，致使海平面升高，危及全球沿海城市和岛国居民的栖息地；气候变化潜在影响水循环，引发了大范围冰雪天气、大规模持续干旱等极端气候现象，致使全球农业种植业和水产养殖业受损。联合国政府间气候变化专门委员会（Intergovernmental Panel on Climate Change，IPCC）评估报告指出，近年来大气 CO_2 浓度增速提高，1960~2005 年大气 CO_2 浓度增长率为 0.00014%/年，而 1995~2005 年的增长率为 0.00019%/年。大气 CO_2 浓度已由工业革命前的 0.0280% 增加到 2005 年的 0.0379%。如果不能有效控制温室气体排放，将致使全球平均气温增幅超过 2℃，将可能对人类产生灾难性的后果。

温室气体主要指大气中由自然或人为产生的，能够吸收和释放地球表面、大气和云层所射出的长波辐射的气体成分（表 6-1）。其中，由人类活动直接产生的温室气体包括二氧化碳（CO_2）、甲烷（CH_4）、氧化亚氮（N_2O）、臭氧（O_3）、氯氟氮化物（CFCs）、六氟化硫（SF_6）等，其中增温效应显著的温室气体为二氧化碳、甲烷和氯氟氮化物，占总增温效应的 93%，其中 CO_2 贡献率为 63%。IPCC 的大量研究表明，人类活动排放的大量 CO_2 是造成气候变暖的主要原因。

表 6-1 主要温室气体的种类和作用（以 2005 年为例）

温室气体种类	增温效应所占比例/%	存留时间/年
二氧化碳（CO_2）	63	数十年至上千年
甲烷（CH_4）	18	12
氧化亚氮（N_2O）	6	114
其他（HFCs+PFCs+SF_6）	<1	1.4~50000
氯氟碳化物（CFCs）等	12	0.7~1700

当今世界，应对气候变化已从全球环境与科学问题逐渐演变为世界主要政治和经济问题，而温室气体 CO_2 减排是其最核心内容。从 1992 年的《联合国气候变化框架公约》，1997 年的《京都议定书》，2009 年的《哥本哈根协议》，到 2015 年的《巴黎协定》，世界各国已经就 CO_2 减排的责任分担、资金技术等问题进行了多轮谈判，展开对未来 CO_2 排放权的激烈争夺。目前，已初步形成了欧盟、"伞形集团"、"77 国集团+中国"、小岛国联盟、石油输出国组织、中欧国家集团、中美洲国家集团、非洲国家集团等利益集团主导的

国际气候谈判格局，其本质是各国保证自身可持续发展权的问题。欧盟、美国、日本等发达国家及部分发展中国家已经开展了实质性的温室气体减排行动，正不遗余力地推动"2摄氏度阈值"与 2050 年将大气 CO_2 浓度控制在 $450×10^{-6}$ 的目标相挂钩。

　　近 150 年以来，全球因化石能源的使用而引起的 CO_2 排放量持续增长，尤其在 1950 年后，CO_2 年排放量呈线性增长，见图 6-1。发达国家 CO_2 排放量急剧增长的阶段主要集中在 1950 年至 1970 年之间；而从 1970 年至今，其 CO_2 排放量基本维持不变。发展中国家 CO_2 排放量急剧增长阶段主要始于 1950 年，在 2000 年后 CO_2 排放量迅速提高。特别是中国、印度、巴西等发展中国家，CO_2 排放量持续增长，尤其是中国，近年来 CO_2 排放量几乎呈指数曲线增长，2007 年 CO_2 排放量已超过美国，成为全球第一大因化石能源燃烧而排放 CO_2 的国家。2013 年，全球化石能源 CO_2 排放量为 322 亿吨，中国 CO_2 排放量为 90.2 亿吨，占世界总排放量 29%。因此，我国在未来较长时期内都将面临国内 CO_2 减排的艰巨任务和严峻的国际压力。

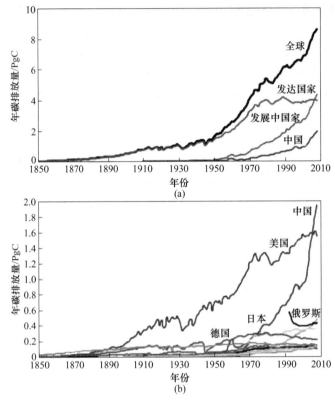

图 6-1　1850~2008 年化石燃料使用引起 CO_2 排放量历年变化

（a）全球、发达国家、发展中国家以及中国；（b）G8+5 国家（俄罗斯数据始于 1992 年）

　　钢铁工业是能源密集型产业，钢铁生产需消耗大量化石燃料，排放大量 CO_2。我国钢铁工业 CO_2 排放量约占全国总排放量的 15%，远高于全球的 5%~6%。究其原因，主要在于：（1）我国钢铁产量巨大，生产所排放 CO_2 量大。（2）我国钢铁生产以高炉-转炉工艺为主，其粗钢产量占我国总产量的 90%，高于世界 70% 的平均值，而高炉-转炉工艺吨钢 CO_2 排放量远高于废钢-电炉工艺。（3）我国吨钢能耗高，CO_2 排放量大。我国大中型钢铁企业吨钢可比能耗比先进产钢国高出约 17.2%。随着钢铁节能技术的普及和落后产能的淘汰，我国吨钢能耗和 CO_2 排放量会逐渐降低，并接近先进产钢国水平。由于在钢铁应用的大部分领域内尚无材料可替代，而我国正在进行工业化和城镇化建设，因此钢铁产量将保持总体稳定，我国钢铁工业 CO_2 排放量仍将维持在一个相对较高的水平。2009 年，我国在哥本哈根气候变化会议上，承诺 2020 年单位 GDP 的 CO_2 排放量比 2005 年下降 40%~50%。2011 年我国工业和信息化部印发的《钢铁工业"十二五"发展规划》要求钢铁工业单位工业增加值 CO_2 下降 18%。2015 年，我国政府在巴黎气候大会上承诺于 2030 年左右使 CO_2 排放达到峰值，并争取尽早实现 2030 年单位国内生产总值 CO_2 排放比 2005 年下降 60%~65%。CO_2 减排已成为钢铁工业亟待解决的问题。

  钢铁冶金的本质是用碳还原氧化铁，生成碳饱和的铁水，并通过氧化精炼，制成不同碳含量的钢水，最后凝固、压延成用户所需的钢材。其热力学基本特征是碳与氧位的交替变化，见图 6-2。图 6-2 中 A→B 是炼铁过程；B→C 是炼钢过程；C→D 是脱氧、精炼过程。由图可见，碳是钢铁工业过程能量流、物质流的主要载体之一，焦炭是高炉中热量及还原剂的来源。铁水中的碳是氧气转炉过程升温及能量平衡的重要保证。除此之外，碳还是影响成品钢材性能的基础元素。与其他有色金属不同，钢铁材料 90% 以上是铁碳或铁碳与少量合金元素组成的铁基合金（除不锈钢、硅钢以外）。钢铁工业的主要排放物为 CO_2，其中 90% 是由高炉及铁前工序排放的，见图 6-3。据统计，钢铁工业排放的 CO_2 占人类活

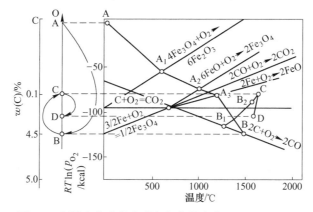

图 6-2　钢铁生产流程中碳与氧位的变化（1cal＝4.17J）

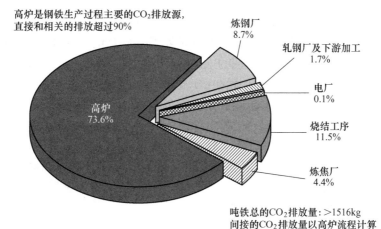

图 6-3　钢铁生产全流程各工序 CO_2 排放构成

（数据来源：德国蒂森克虏伯钢铁公司）

动总排放的 5%~6%，为此冶金工作者正通过各种措施，尽可能减少过程的燃料比（焦比+喷煤、喷油比），在欧洲，最新的成果是 493.4kg（碳）/t（铁水），已接近理论计算的414kg（碳）/t（铁水），见图 6-4。尽管如此，以高炉-转炉为核心的长流程，碳排放仍高达 1.5t（CO_2）/t（铁水），如果考虑到后序生产的能耗，则钢铁生产总的碳排放为2.0~2.5t（CO_2）/t（钢）。

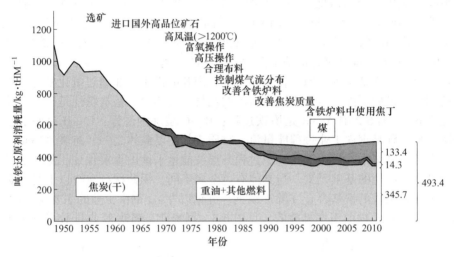

图 6-4　欧洲高炉炼铁还原剂消耗的变化趋势（从 1991 年开始包括新国家）

（来源：VDEh Blast Furnace Committee）

6.2　炼铁系统节能减排技术

对于传统高炉-转炉长流程，炼铁系统的能源消耗主要集中于烧结、焦化及高炉等工序，其能耗约占整个钢铁联合企业能耗的 90%。因此，开展炼铁系统的节能减排对降低炼铁生产成本，提高企业竞争力，实现钢铁工业可持续绿色化发展，具有重要意义。

6.2.1　烧结节能减排技术

烧结是将铁矿粉、熔剂、燃料及返矿按一定比例组成混合料后铺于烧结设备上进行点火和烧结得到人造块矿的过程。烧结生产不仅是处理冶金废弃物料的手段，而且是将各种富矿粉制备成具备良好强度及冶金性能的人造富矿，已成为现代高炉冶炼获取良好经济效益的物质基础。然而从钢铁企业各工序的 CO_2 排放及能耗比例来看，烧结是一个高能耗、高排放的生产过程，烧结过程的 CO_2 排放量占整个钢铁工业排放的 12.2%，能耗占整个钢铁工业的 8.5%。随着全球资源、能源日益枯竭，环境污染日益加剧，开发新型低排放、低能耗的环保烧结技术迫在眉睫。

图 6-5 给出了我国烧结工序能耗的典型结构。可以看出，在所有烧结工序能耗中，固体燃料能耗占比高达 80% 左右，电力消耗紧随其后，其次是点火煤气能耗占 6.49%，而其他能

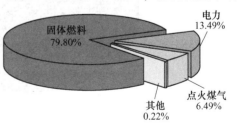

图 6-5　我国烧结工序能耗结构

源消耗占比不到1%。因此，烧结过程的节能减排应着重从降低固体燃料用量出发。近年来，在传统烧结技术包括厚料层烧结、低温烧结、均匀烧结及多层布料烧结等的基础上，国内外推广并应用一些新型烧结技术，如小球团烧结、废气循环烧结、还原烧结、马赛克镶嵌烧结等。

6.2.1.1 小球团烧结法

小球团烧结是将铁矿粉、返矿、熔剂和燃料加水混合造球，制成粒径大于3mm的小球，并在小球表层包裹一定量的石灰和固体燃料，然后在台车上连续焙烧，球体表面产生的液相与固体颗粒之间的毛细力使小球互相熔结，最终得到的产品为类似葡萄状的小球结合体，见图6-6。

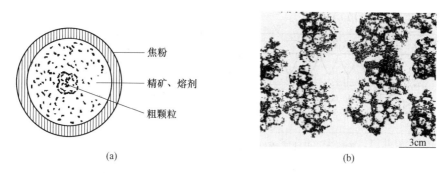

焦粉
精矿、熔剂
粗颗粒

(a)   (b)

图6-6 小球团烧结的生球结构及产品外观特征
(a) 生球结构；(b) 烧结产品外观特征

图6-7所示为小球烧结的工艺流程，其主要包括原料的混合、造球、外滚焦粉、布料干燥及点火焙烧等环节。与传统烧结相比，小球烧结工艺具备以下特点：（1）原料适应性强，从普通烧结原料到全铁精矿烧结，从低碱度到高碱度，燃料采用无烟煤或焦粉，均能适用；（2）制粒流程比传统烧结复杂，从小球烧结工艺流程图可以看出，相比传统烧结流程，小球烧结增加了强化制粒及外滚焦粉等工艺环节；（3）通过强化制粒使外滚煤包裹在生球表面，改变烧结过程中燃料的燃烧条件，改善了料层透气性，使生产能力提高，燃料消耗降低；（4）产品为小球粘连在一起形成的团粒状烧结块，矿相结构由扩散型赤铁矿和细粒铁酸钙组成，还原和粉化性能得到改善。

从国内外小球团烧结技术的投产及高炉冶炼的实际情况来看，小球烧结可以降低烧结成品的SiO_2含量，提高烧结成品的还原度，降低高炉冶炼燃料比，减少渣量，提高高炉利用系数，在提高产量的同时降低炼铁生产能耗。

6.2.1.2 废气循环烧结法

废气循环烧结技术是将烧结过程排出的一部分载热气体返回烧结台车上再循环使用的一种烧结方法。该技术可回收烧结烟气的余热，提高烧结的热利用效率，降低固体燃料消耗。同时，废气循环烧结技术将来自部分风箱的烟气收集，循环返回到烧结料层，废气中的有害成分再进入烧结层中被热分解或转化，粉尘和SO_x会被烧结层捕获，从而减少粉尘、SO_x和NO_x的生成及排放。

废气循环烧结技术已在欧洲和日本等国家应用，目前主要有LEEP、EOS、EPOSINT等技术方案。LEEP工艺由德国HKM公司开发并实现工业化，其工艺流程图见图6-8。可

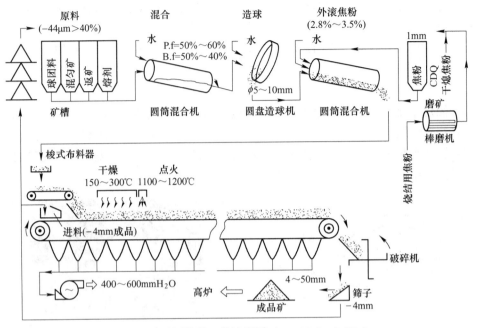

图 6-7　小球团烧结工艺流程图（1mmH$_2$O=9.8Pa）

以看出，该烧结机设有两个废气管道，一个管道从机尾处回收热废气，另一个管道回收烧结机前段的冷废气。循环废气中的氧气提供燃料燃烧所用的大部分氧，当废气循环时，废气中的粉尘被过滤掉，氧化物及氯化物被吸收，CO 燃烧为系统提供热，可减少固体燃料的消耗。研究结果显示，LEEP 工艺可减排废气 45%，烧结燃料消耗降低 5kg/t，占燃料配比的 12.5%。

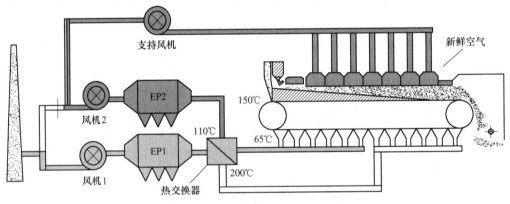

图 6-8　LEEP 工艺的原理示意图

6.2.1.3　还原烧结法

还原烧结又称为预还原烧结，还原烧结不同于传统烧结，它是在对铁矿石进行烧结造块的同时，用还原剂对铁矿石在低于生产液态铁的温度下进行还原的技术。还原烧结-炼铁流程见图 6-9。

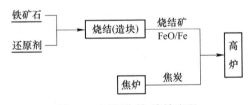

图 6-9　还原烧结-炼铁流程

相比较于传统烧结流程，还原烧结主要具备以下优点：（1）降低高炉的还原负荷，提高高炉生产效率，降低能源损失；（2）烧结矿的预还原以非主焦煤作为还原剂和主要能源，可降低高炉焦比和 CO_2 的排放；（3）还原烧结矿具有更优的低温还原粉化性能和高温软熔性能，高炉冶炼时可使软熔带厚度减薄、炉内压差减小，有利于高炉顺行。

目前国内外对还原烧结法展开了大量研究。日本采用焦粉内裹和外裹相结合的方式，焦炭用量 13%~15%，烧结矿的还原率可达 40%。模拟高炉生产试验表明，还原烧结矿优于普通烧结矿。国内某单位采用国内高品位铁精矿和澳大利亚铁矿粉（85∶15），二元碱度 1.7，燃料比 20%，得到烧结矿金属化率达 45.7%，还原度 80.1%，$RDI_{+3.15}$ 达 97.5%，具备良好的冶金性能。

6.2.1.4　马赛克镶嵌铁矿烧结法（MEBIOS）

马赛克镶嵌铁矿烧结法是由日本 JFE、原住友金属钢铁公司等提出的将某些物料通过制粒制成密度球团（Dense Pellet），然后通过控制布料使其按适当的方式布置于烧结料层中，形成在正常烧结条件下的理想空隙网络。其中，对形成空隙的位置和大小的设计及控制是关键技术。图 6-10 所示为马赛克镶嵌铁矿烧结法工艺示意图。该方法可以有效控制烧结矿的粒度组成，改善烧结过程料层透气性，降低烧结过程的燃料比。此外，通过 MEBIOS 工艺生产出低渣比的优质烧结矿用于高炉，可以降低还原剂用量，既降低生产成本，又符合 CO_2 减排的要求。

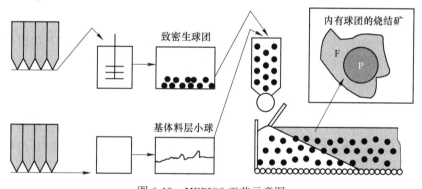

图 6-10　MEBIOS 工艺示意图

6.2.2　球团节能减排技术

球团是除烧结之外，细磨铁精矿粉或其他含铁物料造块的另一种工艺方法。高炉使用球团矿是降低炼铁能耗的重要技术措施之一。球团矿对炼铁节能降耗的作用主要体现在以下几个方面：（1）铁品位高，有利于提高综合炉料入炉品位，对减少渣量起着根本作用；（2）粒度均匀，形状规则，有利于改善高炉上部料层透气性和分布的均匀性，对发展间接还原，提高煤气利用率，降低能耗具有积极作用；（3）强度高，含粉率少，FeO 含量少，还原性能好，有利于炉况顺行顺产，降低能耗；（4）相较于烧结过程，球团矿的生产过程能耗大大降低。因此，针对我国当前高炉冶炼的炉料结构以及现阶段的原燃料条件，在保证球团矿的产品质量基础上，开发球团新技术备受关注。

6.2.2.1　采用优质黏结剂

目前，国内造球所用黏结剂大多为膨润土，用量一般为 2%~3%。生产实际表明，球团中的膨润土经焙烧后约有 90% 仍残留在成品球团矿中。由于膨润土的成分主要是 SiO_2 和 Al_2O_3，球团生产中膨润土配比每降低 1%，可增加球团矿铁品位 0.6%~0.7%，而高炉炉料铁品位每上升 1%，焦比下降 2%，利用系数提高约 3%，可见提高球团品位对于高炉冶炼有着极为重要的作用。单一的膨润土原料，不但资源消耗量大，且使球团品位低、强度低、爆裂温度低，焦比和冶炼残渣高，炼铁能耗增加。

因此，采用特殊的有机质、无机质和膨润土三者组合，开发低添加比、低残留量的球团生产用新型高效节能复合型钠基膨润土产品，取代或部分取代常规的膨润土，提供制备品质优良的氧化球团矿的关键技术，是提高入炉球团矿铁品位，提高膨润土附加值、节约膨润土资源、实现节能减排和提高产量的有效途径。

我国中南大学相关研究人员利用纯碱溶液对天然膨润土进行钠化，再加入有机分子溶液，通过阳离子交换反应（式 6-1），使有机分子阳离子基团一端插入膨润土的晶层之间（式 6-2），开发出黏结性能强、热稳定性能高的有机复合膨润土。从武钢鄂州球团厂工业应用实际生产情况来看，膨润土配比由 3.2% 降低到 1.5%，而成品球团铁品位约提高了 1.08%。

$$CaX + Na^+ \longrightarrow Na_2X + Ca^{2+} \tag{6-1}$$

$$Na_2X + S_G[R]H_G \longrightarrow NaXH_G[R]S_G + Na^+ \tag{6-2}$$

6.2.2.2　复合造块

复合造块法是中南大学烧结球团与直接还原研究所在多年研究基础上提出的一种新型造块方法。该方法将造块原料分为造球料和基体料，其中基体料主要为粒度较粗的铁矿粉、熔剂、燃料及返矿。首先将造球料制备成粒度为 8~16mm 的酸性球团矿，基体料置于圆筒混合机中混匀并制成 3~8mm 的高碱度颗粒料，然后将这两种颗粒料混合并置于烧结机上，通过点火和抽风烧结，焙烧制成由酸性球团矿嵌入高碱度基体组成的人造复合块矿，具体流程见图 6-11。在成矿机理上，混合料中的酸性球团以固相固结获得强度，而基

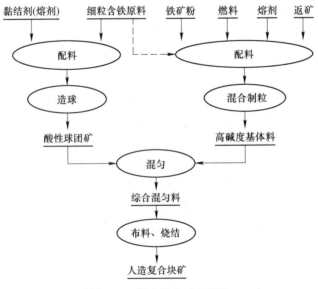

图 6-11　复合造块工艺流程

体料则以熔融的液相黏结获得强度。图 6-12 所示为复合造块最终产品的外观形貌。

相较于传统的烧结及球团过程，复合造块法可大幅提高烧结机生产率，在相同烧结速度条件下，可实现超高料层烧结，降低烧结过程固体燃料消耗，提高产品质量。同时，在高炉冶炼过程中，复合造块可有效解决炉料偏析，提高利用系数，降低焦比和渣比，实现节能降耗。

图 6-12　复合造块产品的外观形貌

6.2.3　焦化节能减排技术

焦化工序是钢铁生产过程资源消耗最多、污染最为严重的工序环节。据不完全统计，焦化工序排放的 CO_2 约占钢铁企业总排放量的 12%，能耗占整个钢铁体系的 13% 以上。此外，焦化工序排放大量以颗粒物、BaP、SO_2、NO_x 等为主的大气污染物，以及难处理的氨氰水、焦油渣等固体废弃物。因此，为实现焦化工艺的节能减排，开发焦化新技术势在必行。

6.2.3.1　干熄焦技术

干熄焦（Coke Dry Quenching）是一种替代湿法熄焦的熄焦技术，是钢铁炼焦工序的重要节能环保技术之一。干熄焦技术首先将炼焦炉推出的大约为 1050℃ 的赤热焦炭置于熄焦室中，在熄焦室中被逆向流动的冷惰性气体（主要成分为氮气，温度 170~190℃）熄灭，同时惰性气体被加热到 700~800℃，然后经除尘后进入余热锅炉，最后将产生的余热蒸汽再送往汽轮机发电。冷却后的惰性气体在循环风机的作用下被送回干熄炉循环，达到连续熄焦的目的，其流程见图 6-13。采用干熄焦装置可回收红焦显热，节约工业水消耗，降低焦化工序能耗；减少环境污染，改善环境质量；同时，干熄焦技术还可改善焦炭质量，降低高炉焦比，提高产量。

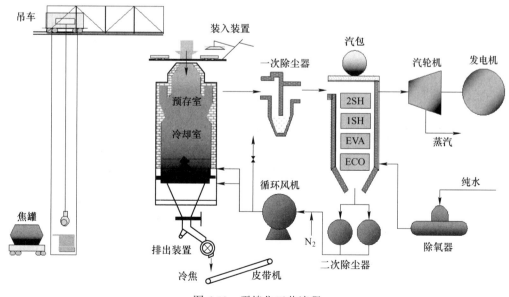

图 6-13　干熄焦工艺流程

日本新日铁住金、JFE、德国蒂森斯梯尔奥托公司在干熄焦技术上处于领先水平。这些公司在扩大干熄焦装置能力、改善冷却室特性、热平衡、物料平衡、自动化、环保等方面实现了最佳化设计，并形成了各自的特点。目前，干熄焦技术在向大型化方向发展，最大的日本福山厂处理红焦能力已达到200t/h，产生的蒸汽量为116.5t/h，小时发电量为34200 kW。我国在建和已建的干熄焦装置已达到了150套，全部投产后干熄焦装置年处理能力将达到$1.5×10^8$t。目前，宝钢、首钢、武钢、马钢、太钢、唐钢、沙钢等大型钢铁公司均已采用干熄焦装置。

6.2.3.2 煤调湿技术

煤调湿炼焦工艺（Coal Moisture Control，简称CMC）是"装炉煤水分控制工艺"的简称，主要是利用焦化厂余热，如高温烟道气、上升管处煤气余热、焦炭显热等，在装炉前将配合煤加热预处理，脱除煤料中的部分水分，保持装炉煤料水分稳定在6%左右，一般工艺流程见图6-14。煤调湿技术的主要优点有：（1）严格的水分控制措施，有利于焦炉操作的稳定性，避免焦炭不熟或过火，大大提高焦炭质量；（2）降低焦炉煤料水分，可缩短结焦时间、提高加热速度、减少炼焦耗热量、减少CO_2气体排放，实现炼焦过程的节能减排；（3）当装炉煤料水分降低时，煤表面水膜逐渐变得不完整，表面张力降低，改善装炉后煤的流动性，使装炉煤料的堆积密度变大，加快结焦速度，提高焦炉的生产能力；（4）装炉煤料的水分稳定，可改善焦炉操作，延长焦炉的使用寿命。

煤调湿技术工业化应用起步于20世纪80年代，在日本发展较早且技术较为成熟，分别经历了第一代导热油煤调湿技术、第二代蒸汽多管回转式干燥机煤调湿技术及第三代流化床煤调湿技术。近年来，第二代蒸汽煤调湿技术在日本得到广泛应用和推广。国内最早采用烟道气煤调湿技术的是济钢，实现了对配合煤进行粒度初级分布、选择性粉碎功能，并在昆钢进行推广应用。运行过程节能减排效果明显，全年利用焦炉烟道废气余热量折算成标煤为6833t，CO_2减排8750t，焦炉生产能力提高5%。

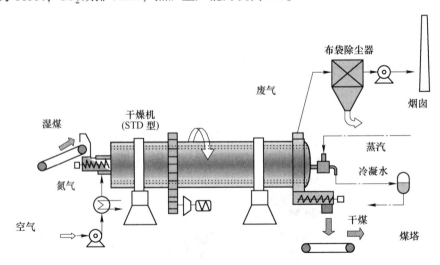

图6-14　煤调湿技术工艺流程

6.2.3.3 SCOPE21炼焦技术

SCOPE21是 Super Coke Oven for Productivity and Environment Enhancement toward the

21st Century 的缩写，其含义是"面向 21 世纪的高效环保型超级炼焦技术"。针对当今炼焦工艺存在的许多需要解决的问题，如煤资源的有效利用、环境保护等，1994 年，日本铁钢联盟与日本煤利用中心合作投入 110 亿日元，开展为期 10 年的 SCOPE21 新炼焦技术研究，以应对 21 世纪初到来的焦炭供应不足的问题。为此，在日本铁钢联盟设置由专家和学者组成的炼焦开发委员会，由 5 家钢铁公司（原新日铁、神户制钢、JFE 钢铁公司、原住友金属工业和日新制铁）和 5 家独立焦化厂（关西热化学、原新日铁化学、住友金属小仓、北海制铁和三菱化学）参与研发。

SCOPE21 工艺是面向 21 世纪，以有效利用煤炭资源、提高生产率以及实现环境保护和节能为目标的革新炼焦技术。SCOPE21 工艺流程如图 6-15 所示，主要包括：（1）原煤干燥和快速加热处理。将原煤通过流动床加热干燥脱水至 200~300℃ 并分级，分级后粗粒煤和粉煤分别在不同的气流加热塔内快速加热至 330~380℃ 并由塔内气流搬送出塔。细煤料热成型后和粗煤料混合密闭输送加入焦炉。（2）中低温出焦。快速加热后的粗粒煤和粉煤混合后装入焦炉，以通常的升温速度干馏，在温度 750~850℃ 左右出焦。（3）改质。中低温出炉的焦饼，用高温气体再加热，提高焦炭质量然后干法熄焦。（4）低 NO$_x$ 排放燃烧。通过调整燃烧室结构和燃烧条件，燃烧时实现低 NO$_x$ 排放。

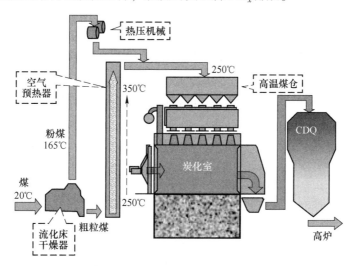

图 6-15　SCOPE21 炼焦工艺流程

目前，SCOPE21 工艺取得的主要成果包括：（1）原煤快速加热处理，提高了煤的黏结性，扩大了弱黏煤和不黏结煤的配煤量，所得焦炭的质量仍能保证高于现有炼焦工艺。另外，在试验期间配煤量可高达 50%。（2）由于预热处理、低温出焦、改进焦炉构造和调整燃烧条件，干馏时间由现有焦炉的 17.5h 缩短为约 7.5h。再加上快速加热后，煤料堆密度增加，产能可以提高到现有工艺的 2.4 倍。（3）高温煤的密闭输送、燃烧室结构改造、燃气控制和炉压调整等措施减少了气体泄露和 NO$_x$ 生成，可以显著降低环境负荷。（4）尽管快速加热处理需要电力消耗，但由于缩短了干馏时间，大大降低了炉内干馏所需的气体燃烧能耗，整体能耗比现有炼焦工艺减少 20% 左右。（5）与现行炼焦工艺相比，SCOPE21 虽然增加了煤预处理设备费和环保设施费等，但由于减少了炭化室，设备费可降低 16% 左右。（6）与现行炼焦工艺相比，SCOPE21 增加了煤预处理时的电耗和燃烧气体等辅助费用，但由于原料成本比传统工艺低和扣除的副产品多，故焦炭生产的总成本费用可降低 18%。

实际上，SCOPE21 是将当今世界炼焦行业的各种先进技术，如流化床煤干燥、快速加热煤预热、DAPS（煤炭水分降至 2%，预先压块成型技术）、管道密闭装煤、高密度硅砖、低 NO_x 排放、密闭推焦、CDQ（干熄焦）、焦炭闷炉改性等集成优化在一个炼焦系统上，以取得最佳节能减排效果。2006 年 4 月，在原新日铁大分厂内建设了第一座工业化 SCOPE21 型新焦炉（5 号焦炉），设计产能 100 万吨/年，工程总投资额约 370 亿日元。经过大约两年的施工，2007 年 11 月焦炉开始烘炉，2008 年 2 月 1 日初次装煤试运转，2008 年 5 月煤预处理设备、焦炉、CDQ 设备完工，开始综合运行。2009 年 1 月操作率达到 184.5%。通过对煤快速预热和对粉煤进行压块提高堆密度，不黏煤或弱黏煤的配合比达到 50% 以上，生产的焦炭质量较高，焦炭强度与传统焦炉相比可提高 2.5%。

6.2.4　传统高炉节能减排技术

随着全球温室效应及环境污染的不断加剧，各国正寻求走低碳经济发展之路。高炉冶炼是钢铁生产中 CO_2 的主要排放工序，直接和相关排放超过钢铁生产总排放量的 90%。因此，高炉系统的节能减排已成为钢铁工业实现低碳发展的关键。降低燃料比、提高煤气利用率、加强能源利用已成为高炉炼铁节能减排的主要目标。目前，各种节能减排新技术，如精料、高压操作、富氧喷煤、高风温操作等常规技术已被各大钢铁企业广泛应用。

6.2.4.1　精料

精料是高炉生产顺行、指标先进、节能降耗的基础。对高炉精料的要求习惯用六字方针来表述，即"高"、"净"、"匀"、"稳"、"少"、"好"。"高"是指入炉含铁原料品位高，是精料的核心，也是高炉实现低碳、高效冶炼的基础；"净"是指入炉原料含有粉末少，通过严格控制入炉原料中小于 5mm 的粉末，提高高炉料柱的空隙度和透气性，为高炉强化冶炼提供条件；"匀"是要求入炉原料的粒度均匀，通过控制入炉烧结矿、球团及焦炭的粒度来改善料柱的透气性；"稳"是指入炉炉料的化学成分和性能稳定，波动范围较小；"少"是要求入炉原料带入的有害元素及杂质少，通过选矿、洗煤及配矿等手段实现；"好"是指入炉矿石的冶金性能好，主要包括转鼓强度、还原粉化性能、热爆裂性能、还原性能及荷重软化性能等。就现阶段入炉原料的生产情况来看，仍需重视的三方面工作为：焦炭质量、高碱度烧结矿及球团矿的性能。

焦炭的性能和质量对高炉炉况好坏和高炉喷煤量具有重要影响。宝钢的实践表明，喷煤 100kg/t 时，入炉焦炭的平均粒度为 50.4mm，到达风口时降到 23mm，粒径差 27mm，而喷煤 200kg/t 以后，焦炭的平均粒度由 53.04mm 降到 17.15mm，粒径差 36mm。这说明：炉料下降过程中焦炭逐渐破损，粒径变小乃至产生很多焦粉，降低了填充床焦炭的空隙度，使得煤气运动遇到的阻力增大，也使冶炼产生的铁水与炉渣在滴落带死料柱内的滞留率增加。从而造成炉况不顺，严重影响生产，造成燃料比升高。因此，提高焦炭质量并制定针对当前大型高炉冶炼条件下的焦炭质量标准十分必要而紧迫。

烧结矿是高炉炼铁的主要含铁原料，我国以碱度 1.75 以上的高碱度烧结矿为主，但存在成分波动大，粒度不均匀等问题。主要是由于大部分厂家生产的烧结矿并不是以针状铁酸钙（SFCA）为主要黏结相的高还原性、高强度、粒度组成好的高碱度烧结矿，也没有按照 SFCA 要求的条件组织生产。要获得 SFCA 高碱度烧结矿，建议采取优化配料、优化烧结工艺等措施，主要包括调整烧结矿碱度 1.8~2.0，控制烧结温度，降低含铁原料中 $w(Al_2O_3)/w(SiO_2)$ 比，控制氧化性烧结气氛等。

酸性氧化球团矿是合理炉料结构中与高碱度烧结矿搭配的最佳炉料。相比烧结矿生产过程，球团矿的生产能耗低、环境负荷小，符合低碳炼铁的要求。目前中国球团矿生产的问题是，磁精粉粒度较粗，比表面积不足 1800cm²/g，精矿粉含 SiO₂ 高，膨润土添加量多等。建议采取细磨深选、合理添加 MgO 等措施，降低生产成本同时，提高球团的性能和质量。

6.2.4.2　高压操作技术

相对于常压操作而言，提高高炉煤气压力的操作称为高压操作，一般认为使高炉顶压处于 0.03MPa 以上的高压下工作，称为高压操作。高压操作是通过安装在高炉煤气除尘系统管道上的高压调节阀组，改变煤气通道截面积，使其比常压时小从而提高炉顶煤气压力。目前我国中型高炉的顶压一般在 0.15MPa 左右，大型高炉顶压一般在 0.20~0.25MPa。

高压操作使炉内压力提高，鼓风动能降低，且由于炉缸内煤气压力升高，煤气中 O₂ 和 CO₂ 的分压升高，促使燃烧速度加快，燃烧带收缩，因此为维持合理的燃烧带以利于煤气量分布，可以增加鼓风量，这对增加产量起积极作用。此外，高压操作不利于 SiO₂ 的还原，强化渗碳过程有利于冶炼低硅生铁，并在一定程度上降低焦比。从实际生产的效果来看，提高炉顶煤气压力 1kPa，可增产 10%，降低焦比 3%~5%，煤气中 CO₂ 含量提高 0.5%，降低燃耗 10kg/tHM，工序能耗降低 8.5kgce/tHM。

6.2.4.3　高风温及富氧喷煤技术

高炉热风温度是影响炼铁工序能耗的重要因素之一，高炉风温每提高 100℃，高炉喷煤比大约提高 20~40kg/tHM，高炉焦比大约降低 15~30kg/tHM。目前，全国大型钢铁联合企业高炉平均风温接近 1100℃，而国外先进的高炉风温一般在 1200℃ 以上，甚至个别企业高达 1300℃，如霍戈文公司艾默伊登厂、新日铁公司名古屋厂、英国钢铁公司塔尔伯特港厂等。高炉高风温技术是一项综合技术，取决于热风炉和高炉两个方面，热风温度的高低与热风炉结构及操作、燃料发热量、燃料及空气的预热方式和配比、高炉运行状况以及高炉与热风炉两者的热衔接程度等密切相关。

高炉喷煤是把原煤（无烟煤、烟煤）经烘干、磨细、用压缩空气（或氮气）输送，通过喷煤枪从高炉风口直接喷入炉缸的生产工艺。高炉喷煤具有用非焦煤代替部分焦炭、减轻环境污染和降低生产成本等多重效果，在富氧操作的配合下可提高高炉的生产能力。因此，高炉富氧喷煤是炼铁技术进步的必由之路，是降低高炉焦比和生铁成本的有效措施。为了最大程度地降低高炉焦比，高炉的喷煤比要在 200kg/tHM 以上。为了实现这一目标，高炉炼铁要实施精料方针，提高入炉矿品位和焦炭质量，改善炉料透气性；控制热风温度大于 1200℃；脱湿鼓风，风中含水控制在 6%~9%；富氧鼓风，富氧率在 1.5% 以上；优化高炉操作，包括送风制度、装料制度、造渣制度和供热制度等。

6.2.5　炼铁二次资源高效利用技术

6.2.5.1　高炉渣

高炉渣是高炉冶炼产生的固体废弃物，每炼出 1t 生铁产生 300~350kg 高炉渣，而高炉渣出渣温度达1400~1500℃，每吨渣含有相当于60kg标准煤的热量，约占高炉工序能耗的14%。因此，开展高炉渣的余热回收和综合利用，是钢铁行业节能降耗的有效途径。

高炉渣的显热利用一直是业内外关注的热点之一，国内外均进行了大量的研究开发工作。目前国外取得较大进展的技术主要为澳大利亚的CSIRO炉渣干粒法和PW干渣固化法。CSIRO炉渣干粒化工艺是将1500℃高炉熔渣用高速旋转托盘进行粒化，然后将空气鼓入炉渣颗粒层和粒化空间进行换热，最后获得约600℃的热空气。PW干渣固化方法则是将耐热钢球加到熔渣中，两者定量混合使熔渣固化，后经传送带送入热量回收容器，从容器底部鼓入冷风，与固化的渣和钢球进行热交换。热风从中部排出，经除尘后进入换热器，冷却后的气体可再循环使用。

我国高炉渣90%以上采用水淬法制取水渣，常用的水处理法有因巴法、图拉法、拉萨法等。目前国内多采用典型底滤法（OCP），其工艺流程见图6-16。底滤法是将高炉熔渣在冲制箱内由多孔喷头喷出的高压水进行水淬，水淬渣流经粒化槽，然后进入沉渣池。沉渣池的水渣由抓斗吊车抓出堆放于渣场继续脱水，沉渣池内的水及悬浮物通过分配渠流入过滤渠，过滤渠内设有砾石过滤层，过滤后的水经积水管由泵加压后送入冷却水塔，循环使用。

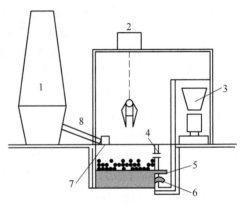

图6-16　底滤法（OCP）工艺流程
1—高炉渣；2—抓斗吊车；3—储料斗；
4—水溢流；5—冲洗空气入口；6—出
水口；7—粒化器；8—冲渣器

冷却后得到的高炉渣常用于生产建筑材料，如水泥、混石材、石膏、高炉矿渣微粉、混凝土的掺合料、空心砖、矿渣刨花板等。目前国内少量高炉渣用于生产质轻、保温、隔音等特点的矿渣棉，其产品可用作保温绝热吸音材料和耐火涂料。国外有部分高炉渣生产微晶玻璃，由高炉渣制备的高档、高强、高附加值的微晶玻璃在建筑、装饰和工业上具有极为广阔的市场前景。

6.2.5.2　瓦斯泥

瓦斯泥或瓦斯灰是高炉炼铁工序中高炉煤气带出的微细粉尘经干式或湿式除尘后得到的固体废弃物，其化学成分复杂，主要含铁、碳、锌等元素，铁含量在30%左右，碳含量在20%左右。瓦斯泥可作为铁矿烧结原料使用，但随着锌的不断富集，高炉锌负荷增加，对高炉炉衬寿命、高炉气流分布及高炉能耗等造成不利影响。因此，寻找经济合理的方法对高炉瓦斯泥进行有效回收利用是钢铁企业亟待解决的问题。

当前瓦斯泥的综合利用主要有直接制备高炉炼铁炉料、直接还原及化学浸出等方法。瓦斯泥直接制备炼铁炉料是将瓦斯泥用作烧结或球团的原料，该方法的优点是可直接利用现有的炼铁工艺设备，工艺简单、成本低、处理量大。但在瓦斯泥直接用于炼铁炉料的制备过程中，锌无法得到脱除而不断富集，增加高炉锌负荷。化学浸出法是通过化学浸出使瓦斯泥中的锌进入溶液，进而实现锌分离的一种方法。化学浸出法主要用于提取瓦斯泥中的锌，针对性强、效果明显。根据浸出剂的不同，化学浸出法可分为酸浸法、碱浸法和氨浸法等。

直接还原法是将瓦斯泥与还原剂在高温下还原焙烧，瓦斯泥中的碳可充当部分还原剂，锌还原成单质锌，而由于锌的沸点低，可挥发进入烟气，而在烟气冷却的过程中锌固化并以氧化物的形式进入粉尘。直接还原法处理瓦斯泥具备处理量大、脱锌效率高等优点，目前常见的直接还原法处理瓦斯泥主要有回转窑法和转底炉法。回转窑法分为一段维尔兹工艺和两段维尔兹工艺，一段法是将粉尘与焦粉、无烟煤等其他物质混合制团，在回转窑中得到粗级氧化锌粉尘，炉渣需进一步无毒处理，用作其他用途。两段法中的第一段处理工艺将粉尘中各种有价金属在炉中以蒸气形式进入第二段处理工艺，从而实现锌与铁的分离，得到粗级氧化锌产品和直接还原铁。转底炉法主要工艺有 INMETCO、FASTMET、DRylron 等，主要工艺流程包括配料制团块、高温还原、烟尘回收三个部分，其主要特点是脱锌率较高，得到的直接还原铁可直接用于炼钢，实现了废物资源有效回收利用。我国马钢、沙钢和日钢均先后建设了转底炉，专门处理含锌粉尘。

6.3 低碳高炉炼铁前沿技术

6.3.1 低碳高炉炼铁技术途径和基本原理

根据目前的技术条件和水平，依靠传统常规技术手段实现高炉节能减排的潜力已经接近其物理极限，只有获得革命性的技术突破才能真正实现高炉炼铁的低碳化。为此，高炉使用含碳复合炉料、喷吹富氢物质、炉顶煤气循环等低碳高炉炼铁前沿技术被提出。总体而言，新工艺主要从两个方面实现低碳冶炼，如图 6-17 所示。一方面是加强炉内 CO 的利用，提高冶炼效率，减少 CO_2 排放，如使用含碳复合炉料和炉顶煤气循环；另一方面是加强炉内氢还原，减少碳素的使用，以达到低碳目标，如喷吹富氢物质。

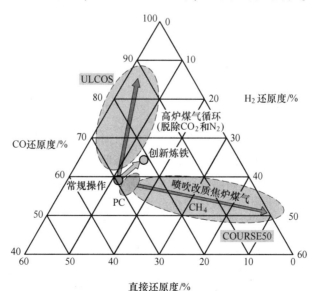

图 6-17 不同工艺条件下的 CO 还原度、H_2 还原度和直接还原度

低碳高炉前沿技术的基本原理可利用 Rist 操作线进行说明，如图 6-18 所示。在高炉热空区温度不变的情况下，提高含铁炉料的还原性、合理布料、高压操作等传统技术可使

高炉实际操作线向理想操作线靠近，从而提高高炉冶炼效率、降低焦比（如 6.2 节所述），但节能降耗效果有限，如图中 $A \rightarrow B$。同时，降低热空区温度也可提高高炉反应效率，如图中 $B \rightarrow C$。在高炉冶炼过程中，热空区温度主要取决于焦炭的气化反应开始温度。高反应性焦炭在较低温度下即可发生气化溶损反应，降低热空区温度。另外，由于含碳复合炉料具有较高的反应性和还原性，高炉使用后也可降低热空区温度。高炉热空区温度降低后，理想操作线上的 W 点向右移动，气相中 CO 平衡浓度降低且 CO 实际浓度增加，使得 CO 实际浓度与平衡浓度的差值增加，从而加速含铁炉料的还原、提高 CO 的利用率、降低 CO_2 排放。另外，W 点向右移动后，实际操作线与理想操作线的差距增大，使得降低焦比的空间增加。

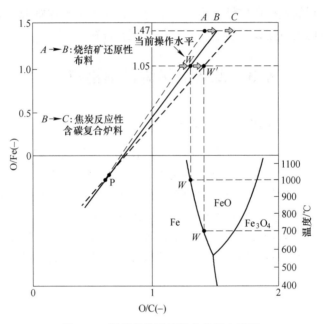

图 6-18　低碳高炉炼铁技术的基本原理

$$FeO + CO \longrightarrow Fe + CO_2 \qquad \lg K_p = \lg\left(\frac{p_{CO_2}}{p_{CO}}\right) = \frac{688}{T} - 0.9 \qquad (6\text{-}3)$$

例如，当温度为 1000℃、900℃、800℃、700℃时，反应（6-3）的平衡常数分别为 0.437、0.486、0.551、0.641。因此，随着温度的降低，间接还原反应平衡会向右移动，从而 CO 的利用率提高，即操作线横坐标 O/C 增加，操作线右移。同样，从叉字曲线上来看，浮氏体间接还原达到平衡时温度的降低，也使得气相组分中 CO 的相对含量减少。

当高炉喷吹富氢物质加强氢的利用后，炉内碳素参与的还原反应相对减少。与碳素相比，氢具有黏度低、扩散系数大、传热性能好和还原速率快的特点，而且 H_2 的还原产物是水，因此高炉喷吹富氢物质可有效降低碳素的使用，减少 CO_2 排放。将高炉炉顶煤气中的 CO 重新循环至炉内参与还原反应可加强碳素的利用，从而降低高炉焦比，减少 CO_2 排放。

现阶段，低碳高炉炼铁成为主要产钢国研究和应用的热点，最具代表性的是日本 COURSE50 和欧盟 ULCOS 项目。

2007 年 5 月，日本提出了"清凉地球 50（Cool Earth 50）"计划。该计划提出开发合适的节能技术使环境保护和经济协调发展。作为实现这一目标的革新性技术之一就是"创新的炼铁工艺技术开发",即 COURSE50(CO$_2$ Ultimate Reduction In Steelmaking Process By Innovative Technology For Cool Earth 50)。2008 年 7 月,日本新能源产业技术综合开发机构(NEDO)委托日本神户制钢、JFE、原新日铁、原新日铁工程公司、原住友金属以及日新制钢 6 家公司共同合作研发 COURSE50 项目。COURSE50 项目通过开发 CO$_2$ 的吸收液和利用废热再生技术,实现高炉煤气 CO$_2$ 的分离和回收,进而通过与地下和水下 CO$_2$ 贮留技术相结合,将向大气排放的 CO$_2$ 减至最小。主要研发的技术包括氢还原铁矿石技术、焦炉煤气提高氢含量技术、CO$_2$ 分离和回收技术以及显热回收技术等,其工艺流程如图 6-19 所示。其研发目标是 2050 年日本钢铁工序排放量减少 30%。按照该目标,2050 年以后,日本吨钢 CO$_2$ 排放量将从 1.64t 减少到 1.15t。

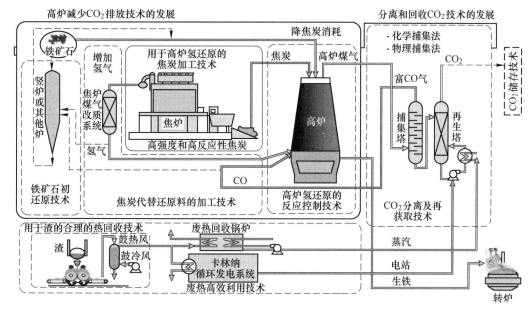

图 6-19 COURSE50 项目工艺流程

COURSE50 项目研发主要分为 3 个阶段,如图 6-20 所示。第一阶段(2008~2017 年)分两步进行,第一步(2008~2012 年)主要进行技术探索、优选,确定氢还原减少 CO$_2$ 排放的效果,同时探索研究高反应性高强度焦炭的制造方法,评估系统能耗等。第二步(2013~2017 年)主要进行以小型试验高炉为主体的"氢还原和分离回收 CO$_2$ 的综合开发",为了确立将氢还原效果最大化的送风操作技术,必须进行 CO$_2$ 分离试验设备和试验高炉的联动试验,获得工业化应用基础数据。第二阶段(2017~2030 年)主要进行大型工业化试验,最终确定项目技术。最后阶段是在 2050 年左右实现技术的推广应用和普及。目前,COURSE50 项目研究处于第一阶段的第二步。第一阶段的研究成果以及第二步研究计划如表 6-2 所示。2014 年 9 月,在新日铁住金君津厂开工建设 10m^3 试验高炉,进行工业试验及研究,试验高炉产量在 35t/d 左右。2015 年 10 月,该试验高炉进行热试运转。2016 年开始进行两年的操作试验,研究向高炉喷吹还原气体和适合氢还原的原燃料条件等,并与设置在君津厂的 CO$_2$ 分离回收试验设备(CAT1、CAT30)进行同步试验,最终在 2017 年确立 CO$_2$ 减排 30% 的目标技术。

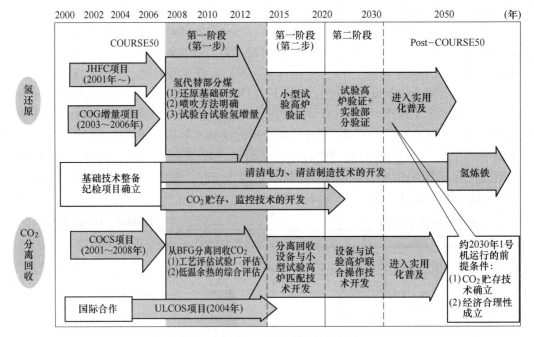

图 6-20　COURSE50 项目开发时间表

表 6-2　COURSE50 项目第一阶段第一步成果和第二步研究计划

主 要 目 标	第一步的成果（2008~2012 财年）	第二步的课题（2013~2017 财年）
（1）氢还原铁矿石： 确立氢还原机理和反应控制的基础技术	包括当初计划外的瑞典 LKAB 公司试验高炉（有效容积 9m³）氢还原试验，碳直接还原率降低，确认高炉输入的 CO_2 降低 2.5%~3.5% 的可能性	（1）通过优化气体喷吹条件，进一步提高效率； （2）包括第一步 SCOPE21 的原料应具备的条件的综合研究，进一步提高效率；并在 10m³ 高炉试验
（2）确立提高氢含量的焦炉煤气改质技术	获得提高氢含量的催化剂，确认了催化剂的活性（氢含量增加一倍）	高炉要求的温度（>800℃），达到降低甲烷含量的新课题
（3）制造氢还原高炉用焦炭： 确立高强度焦炭制造技术	获得强度 DI>88 的焦炭制造方法	在 10m³ 试验高炉中进行评估
（4）从高炉煤气中分离回收 CO_2： 获得从高炉煤气中分离回收 CO_2 技术；达到 CCS2020 所示目标	达到吨 CO_2 2000 日元分离回收高炉煤气 CO_2 的目标；确定分离回收 CO_2 所用能耗的 20% 为未被利用能	进行化学吸收法与 10m³ 试验高炉联动试验；完成物理吸附法实机工艺（50 万吨/年×2 系列）的详细设计；未被利用余热高效利用技术的开发
（5）推进整体优化： 最终确立钢铁企业 CO_2 总体减排 30% 的技术	建立钢铁厂整体综合能耗平衡的评估体系，确定氢还原和 CO_2 分离回收带来的能耗降低水平	随着第二步开发的进展，通过提高整体优化评价，确立 CO_2 减排 30% 的综合技术；探索新技术

　　为积极应对全球变暖，欧盟及欧洲国家制定了减少温室气体排放的政策，超低 CO_2 排放项目 ULCOS（Ultra-Low Carbon Dioxide Steelmaking）应运而生。ULCOS 项目由安赛乐米塔尔公司牵头，15 个欧洲国家（欧盟和挪威）包括 48 个利益相关者共同研究实施，囊括

了西欧主要的钢铁联合企业、钢铁供应链的行业代表以及高校和科研院所中涉及冶金及与此项目相关领域的学术界，其联盟成员如图 6-21 所示。ULCOS 作为一项研究与技术开发项目，旨在开发突破性的炼钢工艺，最终实现吨钢 CO_2 的排放比该项目实施前最先进生产工艺的吨钢排放量还要降低至少 50% 的目标。

图 6-21　ULCOS 项目联盟成员

ULCOS 的研究包括了从基础工艺的评估到可行性研究，最终实现商业化运作。从所有可能减排 CO_2 的潜在技术中进行分析，选择出最有前景的技术。以成本和技术可行性为基础进行选择，对其工业化示范性水平进行评估，最后实现大规模工业化应用。ULCOS 项目在调查了超过 80 种钢铁工艺，经过多轮选择，最终确定将高炉炉顶煤气循环技术 TGR-BF、熔融还原技术 HISARNA、新型气基直接还原技术 ULCORED 和熔融氧化铁电解ULCOWIN 技术作为具有发展前景的突破性技术，见图 6-22。

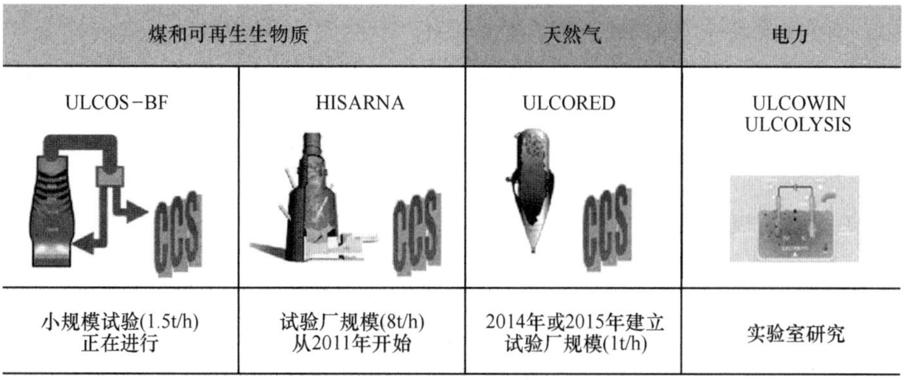

煤和可再生生物质		天然气	电力
ULCOS-BF	HISARNA	ULCORED	ULCOWIN ULCOLYSIS
小规模试验(1.5t/h) 正在进行	试验厂规模(8t/h) 从2011年开始	2014年或2015年建立 试验厂规模(1t/h)	实验室研究

图 6-22　ULCOS 项目最终确定的四项低碳炼铁技术

TRG-BF 技术是 ULCOS 项目研发的重点，其工艺流程示意图如图 6-23 所示，该技术正在安赛乐米塔尔 Florange 钢厂 140 万吨/年高炉上进行中试。高炉喷入氧气和煤粉后，炉顶煤气被分成 CO_2 富集煤气和 CO 富集煤气，CO 富集煤气返回到高炉作还原剂使用，CO_2 富集煤气经过一次和二次除尘净化和压缩后，输送到 CO_2 管网或 CO_2 存储器。

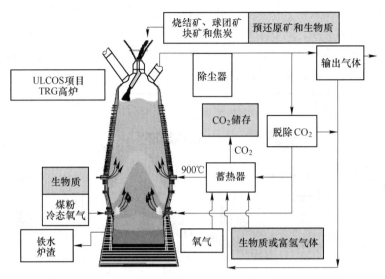

图 6-23　ULCOS 项目确定的 TRG-BF 技术工艺流程示意图

　　ULCOS 项目分三个阶段实施。第一阶段（2004~2009 年）主要任务是分别测试以煤炭、天然气、电以及生物质能为基础的钢铁生产路线，是否有潜力满足钢铁业未来减排二氧化碳的需求。第二阶段（2009~2015 年）是在第一阶段测试成果的基础上，在现有工厂进行两个相当于工业化的试验，并且至少运行一年，检验工艺中可能出现的问题，以便进行修正，并且估算投资和运营费用。第三阶段（2015 年~）的主要任务是在对第二阶段工业化试验成果进行经济和技术分析的基础上，建设第一条工业生产线。这个阶段有别于一般意义上的研发，它将成为真正的工业实践，而且在该阶段，这个项目会受到欧盟在财政上的大力支持。目前，该项目已发展到第二阶段，即 ULCOS Ⅱ。ULCOS Ⅱ是在 ULCOS Ⅰ项目成果的基础上进一步发展、创新的产物，而且将推广至工业规模生产，并在未来 5~15 年内实现真正的工业化生产。目前，TRG-BF 技术的深入研究需要时间、资金，同样也存在风险。TRG-BF 技术目前面临的技术难题有：氧气鼓风口的设计；回收还原气体的再加热；喷射口的两种不同温度和流量控制；全流程的控制。TRG-BF 技术同样也存在着冶金技术上的挑战，包括：如何优化鼓风口的焦煤喷入；高炉炉膛内气体如何有效分布；高炉内黏着区和内部的回收效果如何；对铁水质量和生产效率有何影响。

6.3.2　高炉喷吹富氢物质

　　将含氢物质作为还原剂是高炉炼铁 CO_2 减排的有效对策之一。高炉喷吹富氢物质强化炉内氢还原已成为当今研究的热点。高炉喷吹富氢物质主要基于以下考虑：首先，无论从热力学还是从动力学条件上，高温下 H_2 作铁氧化物的还原剂比 CO 更具优势（图 6-24）；其次，氢还原的气态产物是水蒸气而不是 CO_2，故喷吹含氢物质可减少高炉 CO_2 的产生量，有效缓解温室效应等环境问题；H_2 的导热系数远大于 CO 的导热系数，采取富氢还原传热速度更快，加速气固间对流换热，使还原反应进行得更快；H_2 和 H_2O 的分子尺寸远小于 CO 和 CO_2 分子尺寸，反应物和反应产物更容易在铁矿石孔隙内扩散至反应界面或离开反应界面，H_2 还原铁氧化物比 CO 还原更具有动力学优势。日本采用反应动力学数学模型进行了高炉喷吹富氢物质的操作实践，并将结果应用于炼铁系统的能量及物质平衡分析。操作实践表明，高炉喷吹富氢物质可大幅度减少 CO_2 排放量。考虑到经济成本和安全性等方面，高炉不宜直接喷吹氢气，而是喷吹富氢物质，主要包括煤粉、焦炉煤气、天然气、废弃塑料、重油等。高炉喷吹富氢物质是将氢含量较高的物质利用类似于喷煤的喷吹设施，在一定温度下以高于风口压力通过各个支管喷入高炉。在高炉内，富氢物质通过燃烧和分解反应，为高炉提供发热剂和还原剂，从而代替部分焦炭完成冶炼和还原反应。高炉风口喷吹含氢物质后风口回旋区的主要反应如图 6-25 所示。

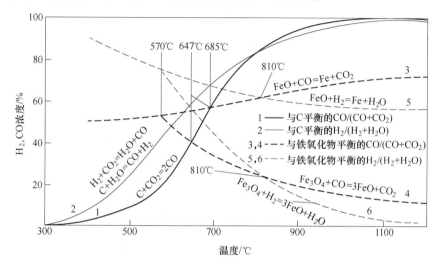

图 6-24　CO 和 H_2 还原铁氧化物的优势区域图

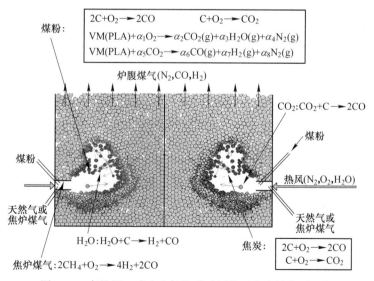

图 6-25　高炉风口喷吹含氢物质后回旋区发生的主要反应

6.3.2.1 高炉喷吹焦炉煤气技术

焦炉煤气是荒煤气经过回收化学产品和净化（脱煤焦油、脱硫、洗氨、脱苯、脱萘等）后形成的产品。焦炉煤气是炼焦的最主要副产品，生产 1t 焦炭可产生约 $420m^3$ 的焦炉煤气。焦炉煤气是优质的富氢资源，不同炼焦工艺下焦炉煤气的组分略有变化，按体积百分数，焦炉煤气一般含 54.0%~59.0% H_2，5.5%~7.0% CO，24.0%~28.0% CH_4。焦炉煤气属于高热值气体，热值高达 16.0~18.0MJ/m^3（标态）。焦炉煤气的典型成分和热值列于表 6-3。在工业生产中，焦炉煤气广泛应用于发电、加热、制氢、制取甲醇、直接还原铁、高炉喷吹等领域。相关研究表明，焦炉煤气利用的最佳途径是用于高炉喷吹，然后是用于生产直接还原铁，其他依次为生产甲醇、PSA 制氢、发电、加热燃烧。

表 6-3　焦炉煤气的典型成分和热值（体积分数）　　　　　（%）

H_2	CH_4	CO	CO_2	N_2	C_2H_4	C_2H_6	C_3H_6	热值 /kJ·m^{-3}（标态）
55~60	23~27	5~8	1~2	3~6	1~1.5	0.5~0.8	≤0.07	16000~18000

高炉喷吹焦炉煤气是指将净化处理后的焦炉煤气经设备加压至高于风口压力，并在压力作用下经过管路系统到达各风口，通过喷枪喷入高炉，其流程如图 6-26 所示。在高炉内，焦炉煤气可以替代部分焦炭，为高炉提供热量和还原剂。高炉喷吹焦炉煤气已在不同国家、不同时期，开展了不同程度的应用实践，均取得了良好的效果。

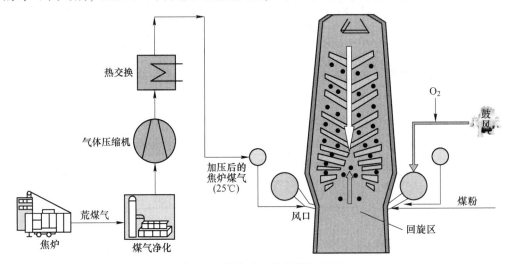

图 6-26　高炉喷吹焦炉煤气流程

A　国外高炉喷吹焦炉煤气

20 世纪 80 年代初期，前苏联马凯沃钢铁公司在多座高炉上完成了喷吹焦炉煤气的试验研究。1980~1981 年，4 号和 5 号高炉焦炉煤气喷吹量分别达到 187m^3/tHM 和 227m^3/tHM。喷吹焦炉煤气后，高炉透气性改善，直接还原度降低，炉顶煤气温度降低，实际产量增加 7%，焦比降低 11kg/tHM。1983 年，所有高炉（除 2 号高炉）均喷吹焦炉煤气。1988 年，该公司两座高炉固定喷吹焦炉煤气，喷吹量达 95m^3/tHM，并计划 1995 年全部高炉喷吹焦炉煤气（250~300m^3/tHM）。喷吹焦炉煤气也提高了经济效益，每年可节约 104 万卢布。另外焦炉煤气燃烧放散的问题也得到了解决，当地环境得到了改善。

20 世纪 80 年代中期，法国索尔梅厂 2 号高炉采取了喷吹焦炉煤气操作，该工艺用螺旋压缩机将净化后的焦炉煤气加压使其压力高于热风压力，然后通过风口喷入高炉。焦炉煤气喷吹量为 5.83m^3/s，喷吹压力为 0.58MPa，喷吹温度为 42℃，喷吹的焦炉煤气与焦炭的置换比为 0.9kg/kg，高炉冶炼条件得到了改善，炉况稳定，喷吹管寿命问题也得到了缓解。该厂继 2 号高炉喷吹焦炉煤气后，又在 1 号高炉上安装了同样的设备。

20 世纪 90 年代中期，美国钢铁公司 Mon Valley 厂的两座高炉（工作容积分别为 1597m³ 和 1366m³）开始喷吹焦炉煤气。2005 年喷吹总量达 14.16 万吨，吨铁喷吹量约为 65kg（150m³）。喷吹后，降低了天然气的喷吹量，消除了焦炉煤气的放空燃烧，降低了能源成本，年节省开支超过 610 万美元。另外，为了能够成功喷吹焦炉煤气，美国钢铁公司改造了高炉风口内面以提高耐热能力，在吹风管上增加了喷嘴，将焦炉煤气和热风一起喷入。

奥钢联 LINZ 厂自 2002 年二季度起开始在 5 号和 6 号高炉喷吹焦炉煤气替代重油，最大喷吹量为 12500m³/h（50kg/tHM），喷吹示意图如图 6-27 所示。在保持焦比 425kg/tHM 不变的条件下，重油消耗从 70kg/tHM 降低到 20kg/tHM。理论燃烧温度降低 200℃，且对冶炼指标没有造成不良影响。通过调节冷风量、富氧率和焦炉煤气喷吹量，可调节炉腹煤气量、提高煤气利用率。还原剂比受原料质量的影响很大。

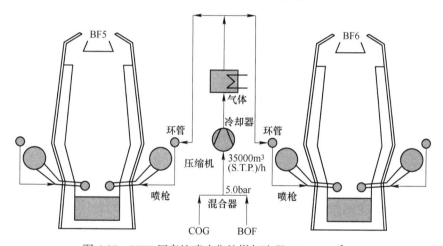

图 6-27　LINZ 厂高炉喷吹焦炉煤气流程（1bar = 10⁵Pa）

另外，高炉喷吹焦炉煤气是日本 COURESE50 项目主要研究内容之一。2012 年，该项目开发氢浓度提高一倍的焦炉煤气富氢改质技术，即利用触媒改质高温焦炉煤气，并将改质后的富氢焦炉煤气用于高炉喷吹，减少对传统还原剂焦炭的使用，从而减少焦炭制造和使用过程中产生的 CO_2。该项目 2018 年进入最终阶段，将建设 100m³ 规模的试验高炉，2030 年将实现高炉喷吹焦炉煤气的工业化。

世界上很多国家对高炉喷吹焦炉煤气进行了深入的研究，而且有些钢厂已经将该工艺成功应用于生产实践，比如意大利的伊泰尔赛登厂以及乌克兰的马克耶夫卡厂等，很早就成功地对高炉进行了焦炉煤气喷吹。我国由于煤气平衡等多方面原因，对这方面的研究和应用尚待加强。在低碳富氢、节能环保日益重要的年代，作为钢铁产量最大的国家，我国亟待进行高炉喷吹焦炉煤气的深入研究并应用于生产实践。

B　国内高炉喷吹焦炉煤气

早在 20 世纪 70 年代末，本钢、徐钢等公司曾在其小型高炉上进行了喷吹焦炉煤气的试验研究，并取得了一定的成果，其中本钢焦炉煤气喷吹量为 81.6m³/tHM。在当时的喷吹条件下，高炉产量提高了 10.8%，焦比降了 3%~10%，炉温稳定，崩悬料大幅降低，炉况顺行程度好转。2010 年承德钢铁公司在 6 号高炉（450m³）上开始了喷吹焦炉煤气工业试验。2011 年 3 月建成新的喷煤系统，6 月焦炉煤气喷吹量为 2500m³/h。随着焦炉煤气喷吹量的增加，承钢焦炉煤气置换比不降反升，节焦效果不明显。

1964 年 12 月，鞍钢炼铁厂结合本钢高炉喷吹焦炉煤气的经验，在 9 号高炉进行了焦炉煤气喷吹试验，每喷吹 1m³ 焦炉煤气，可节约焦炭 0.6~0.7kg，高炉冶炼过程得到了改善，促进了炉况顺行。2011 年底，鞍钢股份有限公司鲅鱼圈钢铁分公司在两座高炉（4038m³）完成喷吹焦炉煤气工程。先期进行压缩空气喷吹试验并调试系统，从 2012 年 7 月首先在 1 号高炉开始喷吹焦炉煤气试运行，试验初期使用 8 根喷枪，喷吹量为 3000~3500m³/h，压力为 0.55~0.60MPa，之后将根据运行效果逐渐扩大煤枪数量，加大喷吹量。喷吹焦炉煤气后，高炉入炉燃料比明显降低，炉顶煤气中的 H_2 含量略有升高趋势，但变化不大。

2013 年 5 月 9 日，中冶东方控股有限公司设计的"高炉喷吹焦炉煤气系统"在辽宁省后英集团海城钢铁有限公司大屯钢厂 580m³ 高炉应用并稳定运行。目前，焦炉煤气喷吹量维持在 50kgtHM 左右，置换比为 0.45~0.50，焦炉煤气加压系统设备运行状态良好，高炉操作也因喷吹焦炉煤气而做相应调整，高炉主要技术参数正常，呈现顺行状态，喷吹焦炉煤气效果逐步显现，工业化试验获得成功，图 6-28 所示为该装置的煤粉喷枪和焦炉煤气喷枪。作为我国钢铁工业可能实施的、降低 CO_2 排放的技术课题之一，该工程的成功实施将对合理梯级使用焦炉煤气资源和低碳炼铁

图 6-28　海城后英集团大屯钢厂的煤粉及焦炉煤气喷枪

起到示范作用。

东北大学利用回旋区数学模型、多流体高炉模型和㶲（yong）分析数学模型对高炉喷吹焦炉煤气进行了详尽的数值模拟和实验研究。研究结果表明，在高炉原有操作不变的基础上，焦炉煤气通过风口直接喷入高炉后，回旋区温度降低，炉腹煤气流量增加。为保持良好的炉缸热状态和维持稳定的风口回旋区条件，可通过减少鼓风和提高富氧率对回旋区进行热补偿。热补偿后，焦炉煤气喷吹量每增加 1m³/s，风量约降低 94.95m³/min，富氧率提高 1.36%。随着焦炉煤气喷吹量的增加，高炉上部温度水平降低（图 6-29），还原气浓度增加，CO 利用率升高，H_2 在间接还原中所占的比例逐渐增加（图 6-30），富氢还原效果明显，炉料还原速度加快。由于软熔带位置下降、厚度变薄以及压力损失大幅降低，高炉透气性得到改善。当焦炉煤气喷吹 11.89m³/s 时，高炉生铁产量提高 26.36%。焦比、全部还原剂消耗量和碳排放分别降低 13.5%、4.1% 和 17.5%。高炉内部㶲损失降低，外部㶲损失增加，总的㶲损失降低（图 6-31）。与未喷吹焦炉煤气操作相比，当焦炉煤气喷吹 11.89m³/s 时，高炉的热力学完善度提高 2.42%，㶲效率提高 0.86%，炉顶煤气的化学㶲增加 366.85MJ/t。

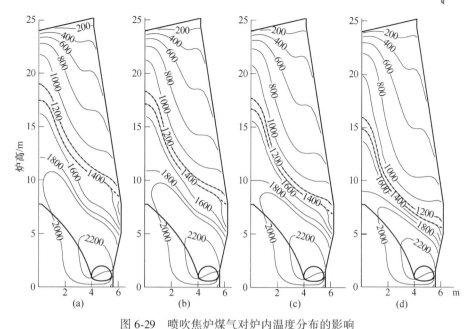

图 6-29　喷吹焦炉煤气对炉内温度分布的影响

（a）Base；（b）COI3.96；（c）COI7.93；（d）COI11.89

　　国内外已对高炉喷吹焦炉煤气技术进行了大量的研究工作，目前已有实际运行的高炉喷吹焦炉煤气工程。根据国内外经验，高炉喷吹焦炉煤气可以有效改进高炉能源结构，降低燃料比，减少 CO_2 排放，这与未来的低碳炼铁发展趋势也是相符的。但是，高炉喷吹焦炉煤气需要配置相应的工艺设备，需要一定的投资维护成本。与国外相比，国内应加大高炉喷吹焦炉煤气的研发力度，以海城钢铁公司高炉喷吹焦炉煤气工程为示范，学习吸收其相关经验，积极推进高炉喷吹焦炉煤气低碳冶炼技术的工业化应用和普及工作。

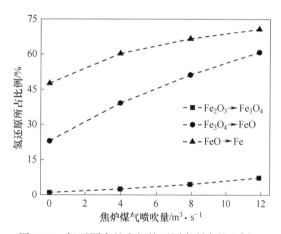

图 6-30　氢还原在整个间接还原中所占的比例

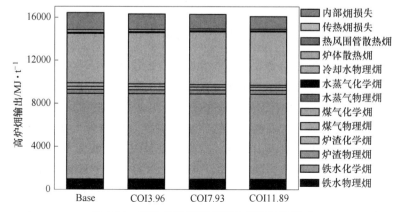

图 6-31　喷吹焦炉煤气对高炉㶲输出的影响

6.3.2.2　高炉喷吹天然气技术

天然气的主要成分是 CH_4 等烷烃类气体，其含量高达 97% 左右，并含有少量的 CO_2、N_2 和水。表 6-4 是典型天然气的成分组成。天然气属于高热值气体，发热量高达 $40.6MJ/m^3$。

表 6-4　天然气的成分 （体积分数） （%）

CH_4	C_2H_6	C_3H_8	C_4H_{10}	C_5H_{12}	C_6H_{14}	CO_2	N_2	H_2O
92.29	3.60	0.80	0.29	0.13	0.08	1.00	1.80	0.01

1957 年，前苏联彼得洛夫斯基工厂首次在高炉上进行了天然气喷吹试验，取得了良好的效果，据统计，仅 1959~1966 年期间，通过喷吹天然气节省了 3.92 亿卢布，同时焦比下降了 7%~14%，产量增加了 4%~7%，此后该工艺开始在前苏联广泛推广，特别是 20 世纪 80 年代末至 90 年代初，133 座高炉中有 112 座喷吹天然气，每年喷吹天然气量超过 $11×10^9m^3$，每吨铁平均消耗天然气 70~100m³。

20 世纪 60 年代，北美高炉的工作者意识到了高炉喷吹天然气的优势，开始进行高炉喷吹天然气操作。图 6-32 是 1990~2014 年间北美高炉喷吹燃料示意图。受燃料价格上涨的影响，1976~1985 年高炉喷吹燃料的总量呈下降趋势，但是天然气的喷吹量一直缓慢增加。从 1985 年开始，北美高炉天然气喷吹量开始大幅增加，特别是在 2011 年以后，喷吹量稳定在 60kg/tHM 附近。

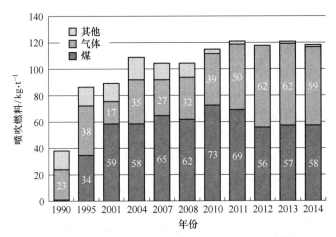

图 6-32　北美高炉 1990~2014 年高炉喷吹燃料示意图

为了提高生产率和降低 CO_2 排放，日本 JFE 京滨 2 号高炉 （5000m³） 首先通过理论计算研究了喷吹天然气高炉各项指标的变化；其次，在实验室条件下研究了还原气中氢含量对铁矿石还原行为和熔滴行为的影响。理论计算表明，高炉喷吹天然气时，应提高富氧率；在炉身效率一定的前提下，喷吹的天然气与焦炭置换比约为 1.0；喷吹天然气不仅可以提高产量，而且可大幅度减少 CO_2 排放。实验研究表明，喷吹天然气后，可减少微粉向死料柱和高炉下部聚积，进而改善高炉下部透气性；气相中氢含量的增加可促进铁矿石的还原，铁矿石收缩减小，料层透气性得到改善。为了证实这些效果，京滨 2 号高炉于 2004 年 12 月开始喷吹天然气，喷吹量达 50kg/tHM，2006~2008 年间高炉利用系数月平均达

$2.56t/(m^3 \cdot d)$，刷新了 $5000m^3$ 以上大型高炉的世界纪录。

20世纪60年代，我国重钢进行了高炉喷吹天然气试验，并取得了良好的技术经济指标。当天然气喷吹量为 $96m^3/tHM$ 时，置换比达 $1.4kg/m^3$，焦比降低 20%，高炉利用系数提高 14.2%，生铁成本降低 2.08 元/tHM。之后，重钢的两座 $620m^3$ 高炉也开始喷吹天然气，直到 1971 年第四季度因天然气供应紧张才停止喷吹。

20世纪80年代，鞍钢从理论计算、天然气喷吹装置改进、喷吹天然气成本分析等几个方面对鞍钢高炉喷吹天然气进行了可行性分析。结果表明，在鞍钢当时条件下，喷吹天然气是可行的，天然气用于高炉喷吹比在其他加热装置中使用更为合理，但从高炉燃料成本角度分析，喷吹天然气后高炉成本有所增加，若从冶金企业能量利用的角度考虑高炉喷吹天然气还是有利的。

当前，由于储量、气源分布以及成本的影响，我国天然气主要用于化工工业、城市燃气事业以及压缩天然气汽车等，很少见到用于高炉喷吹的报道。总之，高炉喷吹天然气有利于加速炉料的还原、降低焦比、增加产量、减少 CO_2 排放，是实现高炉低碳超高效率冶炼的手段之一。由于天然气资源有限，价格昂贵，且产地分布相对比较集中，目前只有北美、俄罗斯、乌克兰的部分高炉喷吹天然气，在其他地区很少有高炉喷吹。因此，邻近天然气产地或天然气供应可得到保证的钢铁企业，可以考虑高炉喷吹天然气技术。

6.3.2.3 高炉喷吹废塑料技术

塑料是石油化工产品，对焦炭的置换比为 1.0 左右。随着工业化程度的提高，产业和社会产生的废塑料将逐年增加。高炉喷吹废塑料不仅可以达到治理"白色污染"的目的，而且可综合利用资源，减少高炉燃料消耗，创造更大的经济效益。高炉喷吹废塑料的主要流程见图 6-33。经过预处理的废塑料按不同品种进行分类（薄膜类塑料和固形类塑料）和分级，然后对固形类塑料进行破碎分解至适合高炉喷吹的粒度范围，最后喷入高炉。而薄膜类塑料需分离出聚氯乙烯（PVC）后才可喷入高炉。高炉喷吹废塑料技术是利用高炉独特的高温、高还原性环境，将废塑料作为一种燃料喷入高炉中。它不仅充分实现了废弃物的资源回收和再利用，节约了煤炭资源，而且具有传统废塑料处理技术无可比拟的能量利用率高、处理后无污染的优点，在当前节能减排、发展低碳经济的大形势下，具有极大的示范意义。

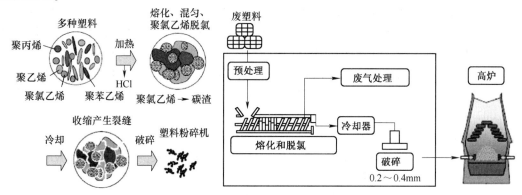

图 6-33 废塑料应用于高炉炼铁的工艺流程

近年来，德国和日本的一些钢铁企业采用了高炉风口喷吹废塑料的环保技术，经过多年实践，取得了许多经验和积极效果，引起了各国环保组织的关注和冶金企业的重视。

自 1991 年起，德国就已积极开发高炉喷吹废塑料技术。1994 年开始进行喷吹废塑料工业性试验，1995 年 6 月在不莱梅钢铁公司耗资 3000 万马克建造了世界上第一套喷吹废塑料系统，成功开发出高炉喷吹混合塑料技术，喷吹能力达 7 万吨/年。不莱梅钢铁公司 2 号高炉（2668m³）有 8 个风口喷吹废塑料，每个风口喷吹量约为 1.25t/h。废塑料先制成 $d \leqslant 10mm$ 的塑料粒，在喷吹量为 35kg/tHM 时是成功的。而后又投资 1500 万马克对两座高炉的喷吹系统进行了改造，每月喷吹量最高为 3500t。此外，德国克虏伯赫施钢铁公司和蒂森钢铁公司也已实际应用，1999 年喷吹量稳定在 40kg/tHM 左右，最高月份达到 59kg/tHM。克虏伯赫施钢铁公司进一步完善了高炉喷吹废塑料的装置，并建成了 9 万吨/年的废塑料喷吹系统。曼内斯曼钢铁公司喷吹废塑料的试验也取得了成功。

在日本，1996 年 10 月首套投资 15 亿日元的高炉喷吹废塑料联合处理系统已在 NKK 公司（现在属于 JFE 公司）京滨厂 1 号高炉（4907m³）运行，年处理废塑料 3 万吨，将废塑料分拣、破碎、粒化后，通过 4 个风口喷入高炉，喷吹量约为 10kg/tHM，最高喷吹量可达 200kg/tHM。该系统可使 CO_2 的排放量减少 30%，只产生少量有害气体，高炉能量利用达到 80% 以上。1997 年初，又与千叶县合作喷吹农用塑料薄膜，但由于担心氯对高炉设备的腐蚀而未应用，计划在 2000 年解决含氯废塑料的喷吹问题。1998 年 1 月在京滨厂建了 1 套年处理能力 1000t 废塑料的回转窑试验设备，对废聚氯乙烯塑料进行热分解，并回收 HCl，将脱氯后的废塑料供高炉喷吹。从 2000 年 4 月份开始制定关于容器包装用废塑料的分选收集及促进其商品化的法律（包装容器再生法），认为在高炉中作为还原剂利用是其他塑料的再商品化手段。NKK 逐渐扩大了可喷吹的废塑料的种类，并于 2000 年 4 月份开始在京滨厂及福山炼铁厂的高炉开始喷吹包装用的含氯废塑料。在 "包装容器再生法" 于 2000 年 4 月全面实施以来，NKK 加速了高炉喷吹废塑料准备工作，除已在京浜厂和福山厂建成年处理废塑料 11 万吨的装置外，并在全国设置 400 个废塑料回收点接受废塑料后送两厂处理，有关厂对此大力支持并向 NKK 提供废塑料，如（1）皮包生产厂埃斯公司（大阪），将本厂回收的废塑料类凡无法作原料再生利用的，一律交 NKK 处理后供高炉喷吹。（2）东京环保大户奥茨公司开发成功医疗用废塑料回收无害化装置，租赁给各大医院并将回收的废塑料就近供应 NKK 等高炉喷吹或锅炉代煤用。

根据德国、日本的实践表明：高炉喷吹废塑料的能量利用率为 80%，其中 60% 是以化学能的形式用来还原铁矿石，总的能量利用率比焚烧或发电高出 1 倍；另外，从环保角度来考虑，有害气体二恶烷和呋喃等剧毒物质的排放量仅为焚烧炉的 0.1%~1.0%。高炉喷吹废塑料的处理费用仅为其他方法的 30%~60%。我国宝钢早在 2001 年初就开始了高炉喷吹废塑料的技术可行性研究，涉及废塑料的选用、脱氯、造粒、气力输送及燃烧特性研究等。2007 年，宝钢研究院、宝钢分公司炼铁厂、安徽工业大学、宝钢工程技术公司等多方合作，顺利完成了喷吹废塑料工业性试验，成功开发出单风口喷吹废塑料 100kg/tHM 以上的集成技术。这项技术为国内首创，并形成了具有自主知识产权的专利技术，从而探索出废弃物资源化利用的有效途径。

从国内外实践可看出，高炉喷吹废塑料无论从理论上还是实践上都是可行的，然而，我国要实现高炉喷吹废塑料的工业应用还存在一些问题。首先是废塑料的回收和分拣。由于废塑料种类多、废弃量大，而且还未形成合理的社会回收体系，需要政府相关部门进行协调；其次是废塑料的造粒处理，需进行充分论证，确定一整套适合我国高炉的喷吹预处理系统；最后是有毒废塑料（PVC）的脱氯处理。氯元素对高炉设备有腐蚀危害，高炉喷吹 PVC 前必须对其进行有效的脱氯处理。

6.3.3 高炉炉顶煤气循环

在高炉生产过程中，焦炭从炉顶加入，富氧鼓风、煤粉及其他燃料从风口喷入高炉，参与炉内的一系列反应。由于动力学条件的限制，CO 和 H_2 在炉内并未全部参与还原反应，炉顶煤气中仍含有一定量的 CO 和 H_2。为了充分利用炉顶煤气中的 CO 和 H_2，可将炉顶煤气循环入炉重新参与铁矿石的还原。高炉炉顶煤气循环工艺如图 6-34 所示，其核心环节是将高炉炉顶煤气经合适处理（除尘净化、脱除 CO_2）后，将其中的还原成分

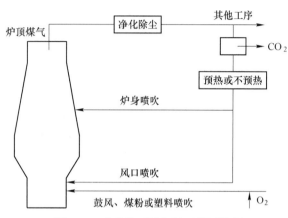

图 6-34　高炉炉顶煤气循环利用技术

（CO 和 H_2）喷入风口或炉身适当位置，从而重新回到炉内参与铁氧化物的还原，加强 C 和 H 的利用。该工艺被认为是改善高炉性能、降低能耗以及减少 CO_2 排放的有效措施之一。目前，很多国家结合本国生产实际，提出了多种高炉炉顶煤气循环利用工艺，如 HRG 工艺（俄罗斯）、JFE 工艺（日本）、FINK 工艺（德国）、W-K LU 工艺（加拿大）、NKK 工艺（日本）、FOBF 工艺（中国）等。这些工艺的主要区别在于：（1）炉顶煤气是否脱除 CO_2；（2）喷入的炉顶煤气是否预热；（3）煤气喷吹的位置；（4）是否采用全氧鼓风；（5）风口是否喷吹富氢介质等。

HRG 工艺是俄罗斯高炉采用的炉顶煤气循环利用工艺，该工艺的主要环节包括：（1）炉顶煤气除尘脱水；（2）一部分净煤气用化学吸附法（MEA）脱除 CO_2；（3）将脱除 CO_2 的煤气加热成热还原气；（4）将适量热还原气喷入风口和炉身。实践经验表明，采用 HRG 法时应该减少鼓风流量，同时富氧率提高到 85% 以上。HRG 法曾长时间应用于俄罗斯 RPA Toulachermet 的 2 号高炉，生产实践表明：采用该工艺后，高炉降焦增产效果显著。与传统高炉操作相比，焦比降低了 28.5%，产量提高了 27.3%，高炉炭素利用率提高了 20%，CO_2 排放量也大幅度减少。HRG 工艺明显改善了高炉的性能，也未对传统的高炉体系做出过大的变革。但采用该工艺喷吹热还原气时，高炉上下部调剂制度的合理确定和新型喷吹风口结构的优化设计都非常关键。

JFE 工艺是将还原气喷吹、废塑料喷吹、使用含碳球团、低温炼铁等多项技术集成的全新高炉炼铁技术，具有如下特点：（1）炉顶煤气除尘脱水成为净煤气；（2）部分净煤气经化学吸附脱除 CO_2；（3）脱 CO_2 后的还原气常温下从风口喷入；（4）加氧燃烧部分冷态还原气将自身加热到 900℃ 左右，然后经炉身喷入；（5）风口喷吹物由常规操作的 100% 煤粉改变成 100% 废塑料或塑料与煤粉的混合物；（6）常规操作的热鼓风改为 100% 冷纯氧。该技术彻底改变了高炉常规操作，是对高炉体系的革新，最终形成"紧凑型高

炉"。基于里斯特操作线和多流体高炉数学模型研究表明：（1）采用此技术喷吹还原气，高炉燃料比大幅度降低；（2）高炉 CO_2 减排达 25%，若加上固定的 CO_2，减排量可达到 86%；（3）高炉生铁产量由炉料发生失流的临界速度决定。

FINK 工艺是 1978 年德国提出的纯氧炼铁技术，具有如下特点：（1）炉缸和炉腰处各设置一排风口，每排风口都进行吹氧和喷吹燃料操作，同时喷吹脱除 CO_2 的炉顶煤气；（2）系统不需要设置加热设备；（3）一部分炉顶煤气外供。该工艺通过两排风口喷吹燃料，可降低焦比，炉腰燃料的燃烧可为炉身间接还原提供热量。但炉腰燃料的燃烧不易控制，实现困难，同时炉腰燃料的燃烧也会对炉腰的结构造成危害。

W-K LU 工艺是由加拿大 McMaster 大学卢维高教授提出的，具有如下特点：（1）仅在炉缸处设置一排风口喷吹脱除 CO_2 的炉顶煤气，同时富氧操作；（2）氧气和循环煤气常温喷入，设备简单；（3）风口喷吹大量煤粉；（4）外供煤气较多。在高炉冶炼过程中，碳的气化溶损反应强吸热，消耗大量的炉缸热量。W-K LU 工艺通过富氧和循环炉顶煤气提高煤气中还原气体浓度，减少气化溶损反应和热耗。

NKK 工艺是日本 Yotaro Ohno 等提出的氧气高炉流程，该工艺在炉缸和炉身中部各设置一排风口，炉缸风口喷入常温氧气和煤粉，同时喷吹未脱除 CO_2 的炉顶循环煤气；燃烧部分炉顶煤气，将燃烧后的热气体通过炉身中部风口喷入高炉，以补充炉料加热所需的热量。NKK 工艺可大量喷吹煤粉，最高可达 350kg/tHM，同时外供大量煤气，但是该工艺需要用燃烧炉燃烧液化石油气生产预热煤气，在消耗大量的燃料的同时消耗了大量的氧气，从而造成工艺燃料比高，氧耗大。

ULCOS 项目中的 ULCOS-BF 工艺将炉顶煤气循环和 CO_2 捕集与储存（CCS）相结合，实现 CO_2 减排，其流程见图 6-35。该工艺具有如下特点：（1）循环利用含有 CO 和 H_2 成分的炉顶煤气；（2）用低温纯氧代替热风从炉缸风口喷入；（3）使用来自于焦炭和喷吹煤种的低碳化石；（4）炉顶煤气中的 CO_2 回收后存入地下。从 1998 年开始，ULCOS-BF 工艺在瑞典 LKAB 厂试验高炉（工作容积为 $8.2m^3$，炉缸直径约为 1.4m，产量 36t/d，还原剂比 530kg/tHM，设置 3 个风口）共进行 27 次试验，每次持续 6~7 周，试验结果如图 6-36 所示。试验时采用三种方案，通过炉顶煤气循环高炉还原剂比显著降低，且试验期间高炉没有发生安全问题，VPSA（变压吸附）操作稳定，高炉与 VPSA 之间匹配良好。试验证明，新开发的炉顶煤气循环利用工艺操作安全性好、效率高、稳定性强。依据热量和质量平衡计算结果，通过喷吹脱 CO_2 炉顶煤气，能够大幅度降低化石碳（焦炭和煤粉）的消耗。通过采用炉顶煤气循环利用技术结合 CCS 技术，CO_2 减排 50%~60% 是切实可行的。

国内学者也对高炉炉顶煤气循环工艺进行了探索和研究，而国内对该工艺的研究主要集中于全氧高炉。全氧高炉存在"上冷"和"下热"问题。"上冷"是指高炉采用纯氧鼓风后带来的炉内煤气量过少，造成炉身炉料加热不足，而"下热"是指全氧鼓风后理论燃烧温度升高、煤气量减少以及直接还原度降低，导致炉缸温度过高。为解决这两个关键问题，北京科技大学提出了 FOBF 氧气高炉流程，该流程在炉缸和炉身同时设置两排风口，炉缸风口鼓入常温氧气并用炉顶煤气作输煤载气喷吹大量煤粉；炉身风口喷吹脱除 CO_2 的预热炉顶煤气（1200K）。该流程在降低焦比和燃料比的同时，很好地解决了氧气高炉"上冷"和"下热"问题，但该流程各工艺所需设备复杂，建造成本高。

钢铁研究总院在前人理论分析与试验研究的基础上，于 2009 年与五矿营钢合作进行

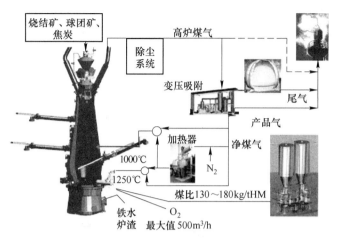

图 6-35　ULCOS-BF 工艺流程

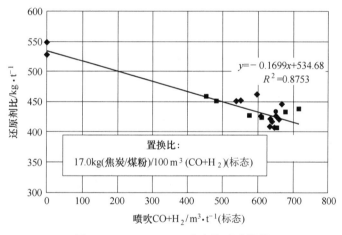

图 6-36　ULCOS-BF 工艺高炉试验结果

了氧气高炉（8m³）工业化试验，由于炉顶煤气脱除 CO_2 装置投资成本高，试验过程中采用焦炉煤气代替炉顶煤气循环。试验结果表明，氧气高炉吨铁喷煤量可以达到 450kg，生产效率大幅度提高。若采用大容积氧气高炉进行工业化生产，有望大幅度降低燃料比和节省成本。

　　尽管高炉炉顶煤气循环工艺能够大幅度降低焦比以及减少 CO_2 排放，但是该工艺的进一步工业化应用还有很多问题有待解决，包括：（1）经济的 CO_2 脱除和固定技术；（2）煤气加热过程中 CO 析碳和安全隐患问题；（3）焦比的大幅降低对焦炭质量的新要求；（4）风口前冷态喷吹物的高效燃烧；（5）新型氧气风口的开发；（6）工艺氧生产的经济成本。

6.3.4　高炉使用高反应性含碳复合炉料

　　高炉炼铁是以焦炭为燃料和还原剂，在高温下将含铁炉料还原为液态生铁的过程。传统的高炉炼铁主要入炉原料为焦炭、烧结矿和球团矿。低碳高炉炼铁炉料构成中，可增加使用高反应性含碳炉料,主要有热压含碳球团和铁焦,如图 6-37 所示。热压含碳球团是铁矿粉和煤混合制成的入炉原料,介于焦炭和烧结造块之间;铁焦是有一定还原率的金属化炉料,主要位于图 6-37 中左下角接近焦炭部位的阴影区。

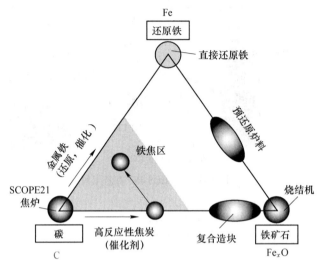

图 6-37　低碳高炉炉料结构

　　铁焦是含铁物料和炼焦煤配合炼制的一种含碳复合炉料。含铁炉料包括高炉灰、转炉烟尘、金属废渣和铁矿粉等,其可以部分代替配煤中的低挥发分组分,在结焦过程中起瘦化作用。含铁物料的添加量取决于煤料性质,一般为 5%~20%。铁焦的生产可采用传统室式炼焦工艺和型焦制备工艺。1865 年,德国首先提出了在炼焦配煤中添加铁矿粉的设想,20 世纪初在鲁尔地区以传统焦炉进行了肥煤中添加 7%~10% 黄铁矿的炼焦试验,结果焦炭机械强度得到提高。30 年代,前苏联用顿巴斯和库兹涅茨煤生产了大量铁焦,并用于高炉冶炼试验。50 年代,美国也开始了铁焦的试验研究,试验生产的铁焦是以 20% 高炉灰和 80% 的炼焦煤在传统焦炉中炼制。在同一时期德国和前苏联进行的高炉冶炼试验,以及英国、法国、波兰、保加利亚和罗马尼亚等国进行的铁焦试验研究,均肯定了铁焦用于炼铁的节能降耗效果,并证明使用铁焦能充分利用各种含铁废渣。60 年代以后,前苏联、罗马尼亚和中国都进行过以气煤为主要原料生产成型铁焦的试验研究。中国所用原料主要为淮南肥气煤、凹山重选和磁选精矿粉。虽然铁焦的生产试验取得了有益的结果,但工业生产上并没有得到推广。

　　近年来,由于世界范围内优质焦煤资源的匮乏,不得不为提高高炉冶炼效率、降低焦比、减少 CO_2 排放而重新认识和研究铁焦在高炉的应用。原新日铁钢铁公司将高钙煤添加至含有 50% 以上主焦煤的配煤中利用室式焦炉成功生产出铁焦,高钙煤的加入量在 5%~8%,并用于室兰 2 号高炉(容积 2902m³)。在高炉中对这种铁焦进行应用试验发现,高炉热空区温度降低,还原剂用量减少,利用系数由 1.89t/(d·m³) 提高到 2.08t/(d·m³),燃料比降低 10kg/tHM,透气性没有明显改变。

　　JFE 钢铁公司将 70% 煤粉与 30% 铁精矿粉,经过混合、预热、热压、竖炉碳化,制得铁焦,制备工艺如图 6-38 所示。铁焦抗压强度达到 4000N,金属化率达 76%,CRI 达 53%。在京滨厂中型高炉代替 10% 焦炭,经过多次连续使用后,取得了在炉况正常下节约焦炭的明显效果。JFE 钢铁公司在千叶厂 5153m³ 的高炉上进行了试验。2013 年,铁焦使用量 43kg/tHM,高炉操作稳定,燃料比降低 13~15kg/tHM。计划到 2020 年将铁焦制造能力扩大到现在的 50 倍,即日产 1500t,且达到实用化水平。

原新日铁研发的铁焦实际应用于高炉生产,具有较好的降低还原剂比效果,但该技术存在以下不足:在配煤时配加高钙煤,对焦炭反应性的提高很有限。而且,高钙煤来源有限,铁焦的热强度低,在高炉内大量使用时可能会影响透气性;煤粉与铁矿粉混合和焦炉温度控制等使得铁焦生产工艺相对更为复杂;对原料煤的要求较高,会增加生产成本。相比较而言,JFE 开发的含碳复合炉料技术具有较大的潜力,可使用低级煤作原料,使用独立的竖炉生产,生产和产量可灵活控制,产品的反应性相对更高,强度比普通焦炭约高一倍,具有较好的应用前景,但将含碳复合炉料实际应用于高炉炼铁生产需解决复合炉料的结构和成分优化、复合炉料的碳化和还原、高炉布料和操作制度优化等关键问题。

太钢、鞍钢、东北大学、北京科技大学、华北理工大学和武汉科技大学等单位在铁焦制备方面已研发多年,积累了较多经验和成果。目前,各单位正积极开展高炉使用铁焦的深入研究和更大规模的工业性试验,争取早日实现铁焦的工业化应用。

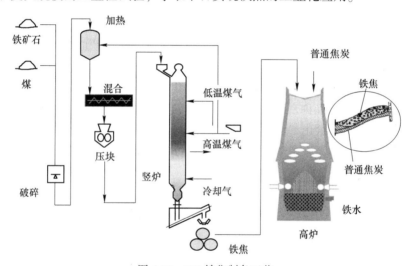

图 6-38　JFE 铁焦制备工艺

6.3.5　二氧化碳捕集与封存技术

二氧化碳捕集与封存(Carbon Dioxide Capture and Storage,缩写 CCS)技术是指通过碳捕集技术,将工业和有关能源产业所产生的 CO_2 分离出来,再通过储存手段,将其输送并封存到海底或地下等与大气隔绝的地方。CCS 技术当前被认为是短期之内应对全球气候变化最重要的技术之一。CCS 技术分为捕集、运输和封存三个环节。对于 CO_2 捕集,目前已掌握的三种方法是燃烧后捕集、燃烧前捕集和富氧燃烧捕集。CO_2 封存方式分为四种,一是通过化学反应把 CO_2 转化为固体无机碳酸盐;二是工业应用,直接作为多种含碳化学品的生产原料;三是注入海洋 1 km 深度以下;四是注入地下岩层。

CCS 作为一种切实可行的 CO_2 削减技术已引起全世界的关注,主要应用于石油开发和电力行业,在钢铁行业的应用较少,但 CCS 技术已开始逐步向产业化发展,其中钢铁行业所占的比重将越来越大。由于炼铁厂生产规模大，可回收大量 CO_2，在减排总量上效应显著。所以，CCS 技术是钢铁行业大幅削减 CO_2 排放量的重要措施。

6.3.5.1　CO_2 捕集技术

对 CO_2 的主要排放源排出的 CO_2 进行分离回收和利用是减排 CO_2 的一种有效控制方法。目前，CO_2 的捕集技术主要有燃烧后脱除（post-combustion capture）技术、燃烧前分离（pre-combustion capture）技术和富氧燃烧分离（oxy-fuel combustion）技术等方式。同时，一些新型的脱除方式，如化学链燃烧分离技术、电化学泵、CO_2 水合工艺和光催化工艺分离烟气 CO_2 技术等也逐渐受到研究者的关注和重视。目前采用最多的 CO_2 捕集技术是燃烧后脱除技术，主要包括吸收分离法、吸附分离法、膜法和低温蒸馏法等。

A　吸收分离法

吸收分离法按吸收分离原理不同，可以分为化学吸收法和物理吸收法。

（1）化学吸收法。化学吸收法是利用 CO_2 和某种吸收剂之间的化学反应将 CO_2 气体从混合气（如烟气）中分离出来的方法。由于 CO_2 为弱酸酸酐，化学吸收法中一般使用弱碱类的有机胺类化合物作为吸收剂，其原理为弱碱（胺）和弱酸（CO_2）进行可逆反应生成一种可溶于水的盐。

化学吸收法适合 CO_2 浓度较低的混合气体的处理，其工艺流程如图 6-39 所示。待处理的原料气进入吸收塔，吸收塔既可以选择空塔也可以选择填料塔；吸收液和原料气逆流通过吸收塔，在此过程中吸收液中的有效成分与 CO_2 发生化学反应，将 CO_2 从原料气中转移到溶液主体中形成富 CO_2 溶液（简称富液）；吸收了 CO_2 的富液进入热交换器预热后进入解吸塔，在解吸塔中受热分解，释放出 CO_2 而变成贫 CO_2 溶液（简称贫液）；贫液经过换热和冷却后再回到吸收塔循环利用；解吸塔塔顶出口 CO_2 经压缩、脱水后通过管道输送处理。

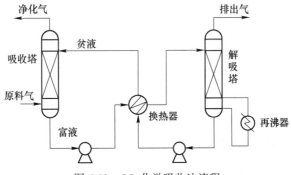

图 6-39　CO_2 化学吸收法流程

目前，工业中广泛采用热碳酸钾法和醇胺法这两种化学吸收法。热碳酸钾法包括本菲尔德法、坤碱法、卡苏尔法等。以醇胺类作为吸收剂的方法有 MEA 法（一乙醇胺）、DEA 法（二乙醇胺）及 MDEA 法（N-甲基二乙醇胺）等。工业上最先使用的是 TEA 法（三乙醇胺），但由于该法 CO_2 的吸收效率低和溶剂的稳定性差，已逐渐被 MEA 和 DEA 所取代。

化学吸收法历史悠久，技术成熟，运行稳定，并不断地推陈出新，气体回收率和纯度可达 99% 以上，但也存在着需要大量外供热能、耗水较大、净化系统复杂、设备庞大、较易腐蚀、操作困难、不易维修保养等不足，这些都限制了其进一步应用。

（2）物理吸收法。物理吸收法的原理是通过交替改变 CO_2 和吸收剂（通常是有机溶剂）之间的操作压力和操作温度以实现 CO_2 的吸收和解吸，从而达到分离处理 CO_2 的目的，在整个吸收过程中不发生化学反应。通常，物理吸收法中吸收剂吸收 CO_2 的能力，随着压力增加和温度降低而增大，反之则减小。

物理吸收法中常用的吸收剂有丙烯酸酯、甲醇、乙醇、聚乙二醇及噻吩烷等高沸点有机溶剂。目前，工业上常用的物理吸收法有 Fluor 法、Rectisol 法、Selexol 法等。物理吸收法仅适用于 CO_2 分压较高、净化度要求较低的情况，一般可采用降压或者提湿予以再生，总能耗比化学吸收法低，但 CO_2 回收率低，脱 CO_2 前需将硫化物去除。目前，物理吸收法一般应用于处理气体中 CO_2 含量高的工艺过程，如合成氨生产过程。

B 吸附分离法

吸附法按吸附原理可分为变压吸附法（PSA）、变温吸附法（TSA）及变温变压吸附法（PTSA）。PSA 法是基于固态吸附剂对原料气中 CO_2 有选择性吸附作用，在高压时吸附、低压时解吸的方法；TSA 法是通过改变吸附剂的温度来进行吸附和解吸的，较低温度下吸收，较高温度下解吸。由于 TSA 法能耗大，目前工业上多采用变压吸附法。吸附法常用的吸附剂有沸石、活性炭、分子筛、氧化铝凝胶等。鉴于 PSA 法和 TSA 法的不足，近年来对 PTSA 的研究比较活跃。图 6-40 为日本东京电力公司建成的 PTSA 法试验工厂流程图。整个系统分 PTSA 和 PS 两级，第一级烟气在常压下被吸附，然后通过加热和降压解吸，比单纯的降压节能 11%，解吸压力范围为 $0.05 \sim 0.15atm$（$1atm = 0.1MPa$），试验条件下能耗为 $560kW \cdot h/t$（辅助设备效率太低）。据资料估计，在应用时，能耗可降低 50% 甚至更低，脱除效率达 90%，CO_2 纯度可达 99%，而 CO_2 体积浓度从 10% 升高 15% 时可降低能耗 25%。

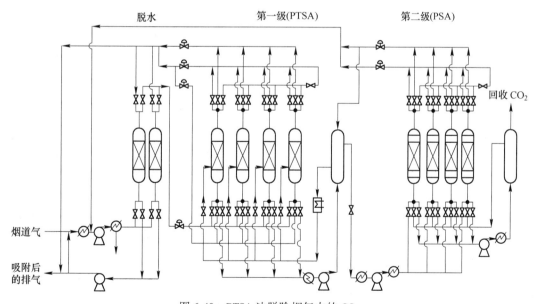

图 6-40 PTSA 法脱除烟气中的 CO_2

吸附法原料适应性广，无设备腐蚀和环境污染，工艺过程简单，能耗低，压力适应范围广；可在常温下操作，可省去加热和冷却的能耗；产品纯度高，而且可以灵活调节，调节能力强，操作弹性大；投资少，操作费用低，维护简单。但吸附解吸频繁，自动化程度要求高，需要大量的吸附剂，更适合于 CO_2 浓度为 20%~80% 的工业气。同时，烟道气含 CO_2 量低，需要大量的能量去压缩 80% 无用组分来满足吸附压力，还需预处理烟气中的 H_2O 和颗粒物，以免吸附剂表面力减弱，而且吸附剂寿命也是个问题。

C　膜法

按吸收原理，膜法可以分为膜分离法和膜吸收法两类。

（1）膜分离法。膜分离法依靠待分离混合气体与薄膜材料之间的不同化学或物理反应，使得某种组分可以快速溶解并穿过该薄膜，从而将混合气体分成穿透气流和剩余气流两部分。气体分离薄膜的分离能力取决于薄膜材料的选择性和两个过程参数：穿透气流对总气流的流量比和压力比。目前，常见的气体膜分离机理有两种：一是气体通过多孔膜的微孔扩散机理；二是气体通过非多孔结构的溶解-扩散机理。其分离原理如图 6-41 所示。

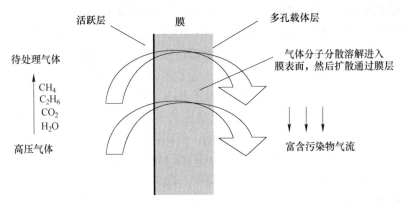

图 6-41　气体分离膜原理

有机聚合物膜已逐步进入了应用阶段，大多数的有机聚合物膜存在渗透性和选择性负相关的关系，即渗透性高的膜，选择性则低；反之，选择性高的膜，渗透性则难以令人满意。此外，膜材料还存在不耐高温和化学腐蚀、易被污染和不容易清洗等缺点。无机膜在用于 CO_2 气体分离时分离系数低。采用单级膜分离时，仅能部分地分离和浓缩 CO_2；实际应用时，需要采取多级循环分离，这样使得无机膜的利用价值大打折扣。

膜分离法非常适用于天然气的处理。在美国，天然气井口有很多的膜分离装置用来处理天然气。在注 CO_2 的三次采油（EOR）中，用膜分离法回收 CO_2 可以大大降低投资成本。目前，膜分离法已经成功应用于炼油尾气、合成氨尾气的氢回收、H_2/CO 合成气比例调节，从 EOR 和生物气中回收 CO_2 等领域。

（2）膜吸收法。膜吸收法与膜分离法相比有很大的不同。膜吸收法中，在薄膜的另一侧有化学吸收液存在，气体和吸收液不直接接触，二者分别在膜两侧流动，膜本身对气体没有选择性，只起隔离气体和吸收液的作用。膜壁上的孔径足够大（聚丙烯膜孔径在 $0.1\mu m$ 左右，N_2、O_2、CO_2 分子直径小于 $3.7\times10^{-3}\mu m$），可以使气体分子自由扩散至吸收液侧，通过吸收液的选择性吸收达到分离气体某一组分的目的。该方法结合了膜分离法和化学吸收法的优点，是一种很有前途的气体分离法。膜吸收法主要采用中空纤维膜接触器进行气体吸收，其吸收原理示于图 6-42。

与传统吸收过程相比，膜吸收法有以下特点：气液两相的界面是固定的，分别存在于膜孔的两侧表面处；气液两相相互不分散于另一相；气液两相的流动互不干扰，流动特性各自可以进行调整；使用中空纤维膜可以产生很大的装填面积，有效提高了气液传质面积。

在膜吸收法中，研究和使用最多的是中空纤维膜接触器。国外对该工艺的研究起步较早，研究方向已经涉及该工艺的各个方面。近年来，随着国外膜吸收技术的发展，国内也逐渐开始利用中空纤维膜接触器进行分离回收 CO_2 的研究，并取得了一定的进展。

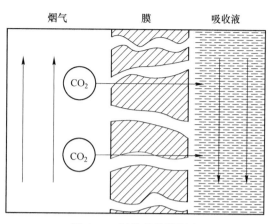

图 6-42 气体吸收膜原理

D 低温蒸馏法

该法是通过低温冷凝来分离 CO_2 的物理过程，一般是将烟气进行多次压缩和冷却，从而引起各气体成分的相变来达到分离烟气中 CO_2 的目的。为了避免延期中的水蒸气在冷却过程中形成冰块，造成对系统的阻塞，有时还需在分离 CO_2 之前干燥以去除水分。该法流程如图 6-43 所示。

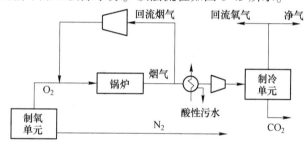

图 6-43 低温蒸馏法流程

低温蒸馏包括直接蒸馏、双柱蒸馏、加添加剂和控制冻结等。低温蒸馏法对于高浓度（体积含量为 60%）CO_2 的回收较为经济，适用于油田现场。从 CO_2 回收塔塔底得到的液态 CO_2（便于运输储存），经泵加压后，再注入油井，提高原油产量，可节省大量能耗，而且能产燃料气，供油田需要。但该法设备庞大、能耗较高、分离效果较差。

6.3.5.2 CO_2 封存技术

目前，CO_2 排放量巨大，远远超过了人类的利用能力，必须寻求合适的储存方法，以免分离后的 CO_2 重返大气或减缓其重返大气的速率。CO_2 的封存方式主要有物理封存、化学封存和生物封存等。

A 物理封存或利用

CO_2 的物理封存不涉及化学变化，主要包括海洋或者深海存储和地质储存。CO_2 的物理存储是一种安全、有效的方法，如图 6-44 所示。

（1）海洋储存。海洋是全球最大的 CO_2 储库，其总储量是大气的 50 多倍。研究表明，被注入海洋的 CO_2 至少会在海洋中存储几百年，注入得越深，CO_2 被保留的时间就越长。目前，将 CO_2 进行海洋储存的方式主要是通过管道或船舶运送到海中储存地点，然后将 CO_2 注入到海底，在海底形成固态的 CO_2 水合物或液态的 CO_2 湖，并溶解碱性矿物质，如石灰石等，从而中和酸性的 CO_2。溶解的碳酸盐矿物质可以将 CO_2 的存储时间延长到大约 1 万年，同时将海洋的 pH 值和 CO_2 分压变化降至最低。总体上，对于 CO_2 的海洋处理，由于涉及对海洋环境的影响和可能引起的生态问题，目前，各国都持谨慎的态度，仍处于研究阶段。

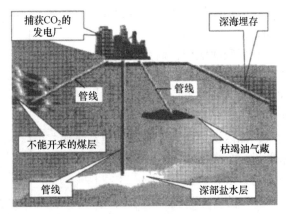

图 6-44　CO_2 物理封存示意图

（2）地质储存。地质储存是永久储存 CO_2 的有效方法。这种方法通过管道技术，将分离后得到的高纯度 CO_2 气体注入地下深处具有适当封闭条件的地层中储存起来，利用地质结构的气密性永久封存 CO_2。适合于 CO_2 储存的地点包括：已枯竭油气藏、深部盐水层、无商业开采价值的深层煤层。

1）油气藏包括多孔储层、盖层。人类对油气资源的工业性开发已经超过一个世纪，数以千计的油气藏已经接近或达到经济开发极限，成为枯竭油气藏，这些油气藏可以成为埋存 CO_2 的场所。利用枯竭的油气藏埋存 CO_2 具有较多优势，如埋存的开发成本低；如果储层证实是闭圈，可埋存数百万年。部分原有油气生产装置可以用来注入 CO_2，注入 CO_2 可提高采油率 $10\% \sim 15\%$，这种已被证实的技术称为注入提高采收率技术（EOR）。CO_2 提高采收率的机理如图 6-45 所示。

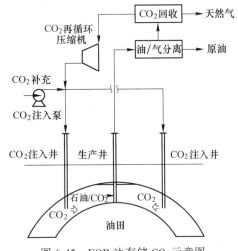

图 6-45　EOR 法存储 CO_2 示意图

2）深部盐水层储存。许多地下的含水层可以埋存 CO_2，这些含水层在较深的地下且含有盐水，这些水不能作为饮用水。CO_2 溶解在水中，部分与矿物质缓慢发生反应，形成碳酸盐，从而实现 CO_2 的永久埋存。CO_2 在盐水层中的溶解机理如图 6-46 所示。适合的含水层必须有低渗透的盖层，使得泄漏减少到最低。深部盐水层注入 CO_2 的技术与枯竭的油气藏相同。

3）无商业开采价值的深层煤层储存。CO_2 被注入合适的煤层，会有选择地替换煤层中的甲烷。尽管甲烷已经采用减压法被开采，但采收率只有 50%。注入 CO_2 可使更多的甲烷被采出，同时 CO_2 被吸附实现永久储存。煤层可吸附两倍于甲烷的 CO_2。也可燃烧再次开采的甲烷，燃烧后 CO_2 再回注煤层。该技术称为强化煤层气开采（Enhanced Coalbed Methane，ECM）技术，其储存 CO_2 的机理如图 6-47 所示。

地质存储具有储存容量大、气密性好等优点。此外，地质存储还可以提高资源（石油、天然气和煤层气等）开采率，从而使该方法成为 CO_2 储存的一个重要方向。

（3）CO_2 的物理利用。CO_2 的物理利用是指在使用的过程中，不改变 CO_2 的化学性质，

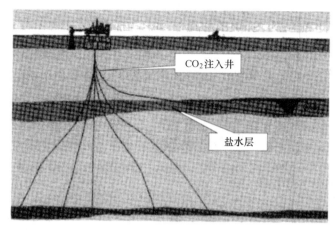

图 6-46 盐水层中储存 CO_2 示意图

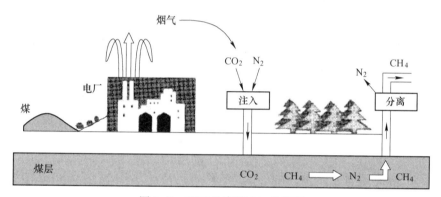

图 6-47 ECM 法存储 CO_2 示意图

它仅仅作为一种工作介质。归纳起来，CO_2 的物理利用主要包括：作制冷剂；用于食品保鲜和储存；作为灭火剂；用于气体保护焊；在低温热源发电站中作为工作介质；液态 CO_2 用于洗涤新钻成的水井，能改善水质并增加水量；用于提高石油采收率；用作香料、药物的提取剂和溶剂。

B 化学固定或利用

CO_2 化学固定法就是将 CO_2 作为碳源，转换成有用的化学物质，以达到固定的目的。由 CO_2 合成化合物达到固定目的可通过两种形式实现：一是以 CO_2 结构；二是以 CO_2 还原的形式。

最佳 CO_2 利用途径是合成的产品具有低能耗、高附加值、大使用量和能永久储存 CO_2 等特点，但目前来看，经济性是个较大的问题，还需要进行大量研究。由 CO_2 合成有用物质，即再资源化可通过下述多种方法来实现：催化加氢合成甲醇、甲烷、碳氢化合物、甲酸；高分子合成聚碳酸酯；有机合成尿素衍生物等；电化学法合成甲酸、甲烷、甲醇等；人工光合成法合成甲烷、甲酸、一氧化碳等；CO_2 直接分解成碳。

C 生物固定或利用

生物固定 CO_2 主要靠植物的光合作用和微生物的自养作用。前者已众所周知，近年来，主要集中在对微生物固定 CO_2 的生化机制与基因工程的研究。

固定 CO_2 的微生物一般分为两类，即光能自养型微生物和化能自养型微生物。前者主要包括微藻类和光合细菌，这类微生物在叶绿素的存在下，以光为能源、CO_2 为碳源合成菌体物质或代谢产物；后者也以 CO_2 为碳源，能源主要有 H_2、H_2S、$S_2O_2^{2-}$、NH^{4+}、NO^{2-}、Fe^{2+} 等。

6.4　我国高炉炼铁低碳化展望

6.4.1　我国高炉炼铁发展现状

从 20 世纪最后 10 年开始，我国钢铁工业进入了快速发展阶段。1995 年生铁产量超过了 1 亿吨，1996 年钢产量达到了 1.012 亿吨；此后生铁和粗钢产量持续高速增长，2014 年粗钢产量达 8.227 亿吨；2015 年粗钢产量为 8.038 亿吨，首次回落。图 6-48 给出了近 20 年我国钢铁年产量的变化。可知，20 年间我国钢铁工业生产能力获得了巨大提高。我国钢铁工业快速发展的主要驱动力是国民经济快速增长加大国内市场对钢铁产品的需求。

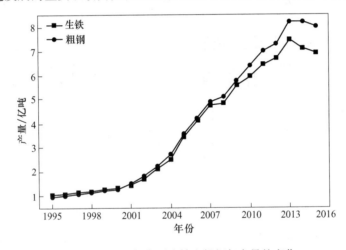

图 6-48　近 20 年中国生铁和粗钢年产量的变化

目前，我国钢铁行业产能严重过剩、环保和能源压力越来越大、资金链紧绷、上游资源缺乏保障。自 2012 年第 1 季度出现 21 世纪首次全行业亏损后，中国钢铁行业全面进入微利甚至局部亏损的局面。加之近两年来京津冀雾霾肆虐，钢铁行业常常被认为是主要元凶之一，面临巨大的困难。中国钢铁行业面临"三低一高"的"新常态"：（1）低增长：生产消费量在峰值平台波动；（2）低价格：钢价总体处于绝对低位，矿价总体处于相对低位；（3）低效益：市场竞争异常激烈，经营困难长期存在；（4）高压力：环保治理保持高压态势，金融环境不利于钢铁产业的发展。面对这种步履维艰的"新常态"，中国钢铁行业只有通过转型升级，才能找到未来的出路。高炉-转炉流程作为中国粗钢生产的主要流程（图 6-49），高炉炼铁肩负着整个钢铁行业在资源、能源和减少污染排放方面的艰巨责任。如何以新挑战为契机，实现低碳炼铁技术的转型升级和创新，是解决钢铁行业困境的重要战略措施之一。

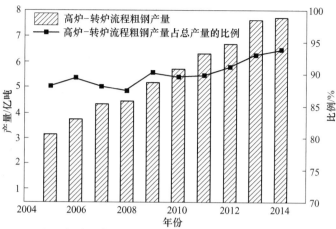

图 6-49 近 10 年我国高炉-转炉流程粗钢产量及其占粗钢总产量的比例

进入 21 世纪以来，我国高炉炼铁指标也得到了明显的改善，如图 6-50 所示。从图 6-50（a）可以看出，高炉炼铁燃料比已经维持在一个稳定水平，近 3 年来受原燃料质量的影响，燃料比略微升高，焦比和煤比近 3 年基本稳定。随着高风温技术的广泛推广，风温从 21 世纪初的 1005℃增加到 2012 年的最高水平 1194.39℃，近两年来风温稍有降低，

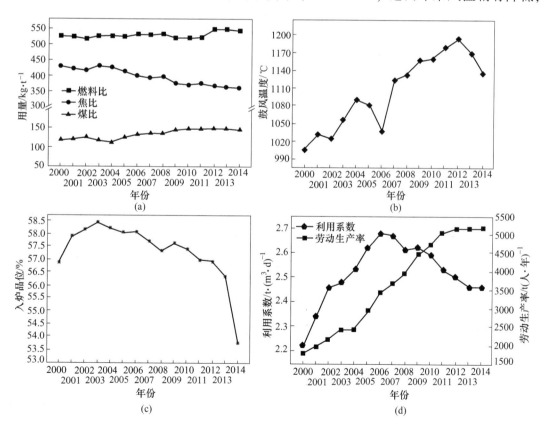

图 6-50 世纪以来重点企业高炉技术经济指标变化

（a）焦比、煤比和燃料比变化；（b）鼓风温度变化；（c）入炉品位变化；（d）高炉利用系数和劳动生产率变化

2014 年风温为 1134.69℃，如图 6-50（b）所示。资源与能源的短缺已经逐渐成为限制炼铁工业发展的重要因素，如图 6-50（c）所示，自 2003 年以来，高炉入炉品位一直呈现降低趋势，2014 年降低到世纪以来最低水平 53.74%。高炉利用系数也在近年来呈现降低趋势，如图 6-50（d）所示。随着我国炼铁技术水平的整体提高，劳动生产率得到了很大提高，近两年也上升到一个稳定的新台阶，当前劳动生产率为 5196.45 吨/（人·年）。

2014 年我国炼铁企业生产技术指标有所改善。据统计，重点企业中有 35 家企业燃料比下降，有 42 家企业煤比有所下降，有 39 家企业焦比在下降，这一成绩是在入炉矿含铁品位和风温有所下降条件下取得的，主要原因是国家加大了淘汰落后产能和节能减排政策实施力度，一批高能耗和环保不达标的高炉被关停，高炉大型化趋势明显，炼铁工序能耗下降。但是也要看到，国际先进水平的燃料比是低于 500kg/tHM，2014 年我国只有宝钢等两家企业的燃料比达到这一水平，而我国整体水平与国外先进水平还存在较大差距。我国目前约有 1480 座高炉，大于 1000m³ 的高炉约有 630 座，平均炉容约为 770m³，产业集中度较低，炼铁企业之间生产指标差距较大。整体来讲，我国的炼铁企业依然是多层次，多结构，不同企业处于不同水平和发展阶段，导致先进与落后指标并存。

6.4.2 我国高炉炼铁低碳化的发展方向

近年来，资源能源尤其是炼焦主焦煤以及优质矿石的日渐贫乏，高炉系统的节能减排已成为钢铁工业实现低碳发展的重点。采用先进技术改造和优化生产流程，淘汰落后装备和技术，降低燃料比，提高煤气利用率，加强能源回收利用等已成为炼铁节能减排的主要途径。

（1）淘汰落后产能，实现装备大型化和合理化。高炉大型化具有生产效率高、降低消耗、节约人力资源、提高铁水质量、减少环境污染等突出优点。据统计，落后的小高炉燃料比一般要比大高炉高 30~50kg/tHM。落后和低水平工业装备能耗高，二次能源回收低，污染处理难度大。

（2）切实降低高炉燃料比。我国高炉炼铁燃料比与国际先进水平的差距在 40kg/tHM 左右，主要原因是我国高炉风温比国际先进水平低 100~150℃；喷煤比与国际领先水平的差距在 40kg/tHM 左右；高炉入炉矿品位比国际先进水平低 3% 左右；焦炭灰分比工业发达国家高 3%，硫含量高约 1.5%，同时炉料成分波动大也是我国高炉燃料比高的重要原因。

（3）做好炼铁生产技术的细节改进。做好传统炼铁技术的细节改进，有助于进一步降低炼铁生产的能耗和 CO_2 排放。主要措施有：1）合理的烧结返矿率。合理的返矿率在 25% 左右，但我国烧结机返矿率一般在 40%~60%，重复烧结率高会大幅增加能耗。2）降低烧结机漏风率。改善烧结机和冷却机及相关风流系统的密封装置，减少烧结机漏风率，国际先进水平为 10%~20%；国内为 30%~50%。采取低负压、低风量（烧结风量配备：日本为 80%~85%；我国为 100~105m³/m² 有效抽风面积）的"慢风烧结"工艺，烧透烧好，不追求产量，力求低能耗。另外，提高风机效率（国外平均为 85%；国内平均为 78%）和工艺风机调速，以降低电能量消耗。3）降低高炉吨铁风耗。我国的一些中小高炉目前是通过采用大风量、高冶炼强度的方法达到提高利用系数的目的，在高炉设计时就采用大风机，风机出力与高炉容积比大于 2，甚至达到 2.5。由于风机处于"大马拉小车"的状态，风耗在 1300~1500m³/tHM 铁，因而造成了炼铁工序能耗高。宝钢高炉的燃料比为 484kg/tHM 左右，风耗在 950m³/tHM 左右。鼓风机与高炉炉容的比例应控制在 1.6~

1.7。4）脱湿鼓风。随着我国钢铁工业布局的调整，大型高炉转向沿海、沿江等地区建设，大气湿度波动对大型高炉的影响不容忽视。高炉鼓风含湿量每降低 $1g/m^3$，综合焦比降低 1kg/tHM，增加喷煤 2.23kg/tHM，置换焦炭 1.78kg/tHM，因为脱湿鼓风能减少炉腹煤气量，有利于高炉顺行而增加产能 0.1%~0.5%。同时还可节约鼓风机电耗，降低煤气消耗。5）煤粉、焦炭水分的测定。水分含量的变化直接影响高炉炉温的控制，而炉温的上下波动不仅关系到生铁的含硫和含硅量、焦比和能源消耗，还会直接影响高炉产量、使用寿命和生铁质量等经济技术指标。采用中子水分测定仪使入炉有效热能恒定，从而稳定炉温，进而保证了高炉的稳定顺行，为高炉增产节焦创造有利条件。

（4）加快低碳炼铁共性和集成关键技术的研发和应用。低碳炼铁共性和集成关键技术主要包括干法熄焦技术（CDQ）、煤调湿技术（CMC）、烧结烟气循环、高炉干式布袋除尘、高炉富氧喷煤技术、高炉喷吹含氢物质、高炉使用磁铁复合新型炉料、高炉煤气循环及其高效利用、燃气-蒸汽联合循环发电（CCPP）等技术。以上技术中有些是已经成熟应用的，而有些属于前沿技术。加强低碳高炉炼铁共性技术的研发，通过关键技术的单独或集成应用，将大幅降低炼铁生产的单位产品能耗，提高资源综合利用率，实现低碳冶炼。

6.4.3 低碳高炉炼铁技术展望

当前中国正处在工业化和城镇化进程的关键时期，钢铁工业仍将作为经济持续发展的重要支柱，钢铁产量长期处于高位的现状不会改变。每年庞大的钢铁产量所导致的高能耗和高污染问题在未来几十年内必将受到严格治理，煤焦等重要化石燃料资源的日趋匮乏也将使炼铁生产的成本大大增加。因此，炼铁生产节能减排面临前所未有的压力。

中国钢铁工业在改革开放 30 年中取得了举世瞩目的进步，无论是设备大型化、连续化（连铸、连轧）、自动化方面，中国大、中型钢铁企业的产能与装备水平已先后进入世界前列，但与日、韩、德等钢铁强国相比，能耗方面仍有较大差距，因此单位碳排放量仍高于先进水平 10%~20%。为此，中国钢铁工业的当务之急是：大力节能、减耗；继续推进流程合理化；发展循环经济，使吨钢的综合能耗与世界先进水平差距缩小，并急需及早制订出二氧化碳减排的技术路线。

迄今钢铁工业仍以碳冶金为基础，生产每吨粗钢的碳排放在 2t 左右（取决于不同流程）。据统计，钢铁工业的碳排放占全球总排放的 5%~6%，在中国则在 15% 左右。针对低碳经济的总体要求，钢铁工业面临着空前的压力和挑战。欧盟、日本、韩国等主要产钢国的技术对策是在现行炼铁生产装备、工艺上尽量节能减排，并同时积极开发下一代低碳高炉炼铁新技术。我国与国际炼铁先进能耗、减排水平尚有显著差距，具有较大的努力空间。相关专家提出，在钢铁工业设备达到炉役期时（2020~2030 年），首先应考虑研发和应用高炉炉顶气循环、焦炉煤气重整后喷吹新技术，从而将炼铁工序的碳排放量降低 30% 左右。

❀❀❀

思 考 题

6-1 试述钢铁行业 CO_2 排放现状及其面临的形势。

6-2 试述高炉炼铁节能减排的主要技术途径。

6-3 试述烧结、球团有哪些节能减排新技术?

6-4 试述高炉喷吹含氢物质的冶炼特点。

6-5 试述高炉使用含碳复合炉料的基本原理。

6-6 二氧化碳捕集和封存主要有哪些技术?

6-7 试述我国高炉炼铁低碳化发展的方向。

7 非高炉炼铁

7.1 非高炉炼铁概述

高炉-转炉流程是当前钢铁生产的主要方式，经过数百年的发展，其技术已经十分完善。但随着全球资源及环境压力的增大，高炉炼铁工艺的发展越来越缓慢，其能耗高、污染重的缺点也越来越明显。为了摆脱这一困境，非高炉炼铁工艺的开发逐渐引起关注。

非高炉炼铁是指除高炉外不使用焦炭作还原剂的炼铁工艺。由于省去了烧结、炼焦这两个高炉炼铁必不可少的高能耗、高污染环节，非高炉炼铁被认为是一种能耗低、环境友好的炼铁工艺，具有摆脱焦炭资源的限制，降低钢铁生产能耗；解决废钢短缺问题，提高钢铁产品质量；提高资源综合利用率，降低环境污染的优点。经过长期的研究和实践，形成了以直接还原和熔融还原为主体的现代非高炉炼铁工业体系。

7.1.1 非高炉炼铁分类

依据产品形态不同，非高炉炼铁技术分为直接还原与熔融还原两大类。经过近几十年的发展，依托不同地区的资源结构，两类工艺均取得了一定的发展。

（1）直接还原。直接还原是指以非焦煤、气体或液体燃料为能源和还原剂，在低于铁矿石熔化温度下，不熔化、不造渣即将铁矿石中氧化铁还原得固态直接还原铁的生产工艺。现代直接还原法已有百余年历史，提出的工艺、方法有数百种。按还原剂的类型，分为气体还原剂法（气基法）、固体还原剂法（煤基法）和电煤法（以电为热源、以煤为还原剂）；按反应器的类型，分为竖炉法、流化床法、回转窑法、转底炉法以及隧道窑法等。

据 2014 年统计数据显示，气基直接还原铁产量占直接还原铁产量近 80%，其竞争力和发展潜力强大。但在一些天然气资源匮乏的地方，气基直接还原炼铁发展障碍重重，为打破这一局限，煤基直接还原得到了开发与应用。虽然在世界范围内煤基直接还原工艺生产的 DRI 占总产量的比例较小，但随着近年来天然气价格的上涨，气基直接还原技术的运行成本大大提高，煤基直接还原技术得到了更大的发展空间。

（2）熔融还原。熔融还原是指一切不用高炉冶炼液态生铁的方法，其主要的作用是取代或补充高炉炼铁法以解决焦炭不足的问题。按主要所用能源的类型，熔融还原可分为以非焦煤为主的煤基流程；仍然需要焦炭（包括低质量焦炭）来支撑料柱的焦基流程和使用大量电热的电热流程。根据工艺类型，熔融还原可分为：三段式、二段式、一段式和电热法。三段式熔融还原流程包括还原和熔炼造气两部分，其中熔炼造气是在同一个设备中包含了熔炼造气段和煤气转化段。二段式也由还原和熔炼造气两部分组成，因此又与三段式统称为二步法。二段式与三段式的主要区别是熔炼造气炉中熔池上方不存在含碳料层。一段式流程只有熔炼段没有还原段，现代化的一段式流程和二段式流程均采用铁浴炉熔炼设备，因此二者又统称铁浴法。近些年来，许多国家均在积极开发研究熔融还原炼铁新工艺。但到目前为止，已经工业化或接近工业化生产的主要有 Corex 工艺和 Finex 工艺。

7.1.2 非高炉炼铁技术经济指标

非高炉炼铁技术繁杂，为统一对各种直接还原或熔融还原方法的生产效果进行评价及考核，经过长期探索制订了一系列的技术经济指标，其具体定义如下：

（1）利用系数（η_u）：与高炉有效容积利用系数相似，即为反应器单位有效容积每日生产出的产品量。

$$\eta_u = \frac{P}{V_u} \tag{7-1}$$

式中　η_u——有效容积利用系数，$t/(m^3 \cdot d)$；

P——产品日产量，t/d；

V_u——反应器有效容积，m^3。

可见，利用系数越大，还原产品产量越高，反应器的生产率也就越高。P 和 η_u 均为生产效率指标，对于一定容积的反应器来说，η_u 随 P 成正比例增加。对于不同容积的反应器，P 没有可比性，此时可用 η_u 进行比较。一般直接还原法的 η_u 在 $0.5 \sim 10$ 之间。

（2）单位容积出铁率（η_{Fe}）：反应器单位有效容积每日产出产品中金属铁含量。由于各非高炉炼铁法生产的产品铁含量差距较大，因此，用单位容积出铁率对利用系数进行补充。

$$\eta_{Fe} = \frac{P_{Fe}}{V_u} \tag{7-2}$$

式中　η_{Fe}——单位容积出铁率，$t/(m^3 \cdot d)$；

P_{Fe}——日产产品中全铁含量，t/d。

（3）煤气利用率（η_g）：还原生成的气体与参加反应的气体之比。

$$\eta_g = \frac{\varphi(CO_2) + \varphi(H_2O)}{\varphi(CO) + \varphi(H_2) + \varphi(CO_2) + \varphi(H_2O)} \times 100\% \tag{7-3}$$

该指标代表煤气化学能利用程度，其中 CO 及 H_2 利用率如下：

$$\eta_{CO} = \frac{\varphi(CO_2)}{\varphi(CO) + \varphi(CO_2)} \times 100\% \tag{7-4}$$

$$\eta_{H_2} = \frac{\varphi(H_2O)}{\varphi(H_2) + \varphi(H_2O)} \times 100\% \tag{7-5}$$

式中　　　　　　　　　η_g，η_{CO}，η_{H_2}——煤气利用率，一氧化碳利用率，氢气利用率，%；

$\varphi(CO_2)$，$\varphi(H_2O)$，$\varphi(CO)$，$\varphi(H_2)$——分别表示对应成分的体积分数，%。

还原气利用率指标有时也用于表示还原气质量，此时称为还原气氧化度。氧化度越高，还原气质量越差。

（4）产品金属化率（M）：产品中金属铁含量与全铁含量之比，即矿石中氧化铁还原到金属铁的程度。

$$M = \frac{w(MFe)}{w(TFe)} \times 100\% \tag{7-6}$$

式中　　　　　　M——产品金属化率,%；

$w(MFe)$，$w(TFe)$——金属铁及全铁质量分数,%。

（5）产品还原度（R）：即生产过程中总失氧率，它与氧化度互补。一般全部铁与氧结合成 Fe_2O_3 时，氧化度为100%。

$$\Omega = \frac{1.5w(Fe^{3+}) + w(Fe^{2+})}{1.5w(TFe)} \quad (7\text{-}7)$$

$$R = (1 - \Omega) \times 100\% \quad (7\text{-}8)$$

式中　R——还原度,%；

　　　Ω——氧化度,%。

矿石失氧率与还原度及金属化率的关系见图7-1。

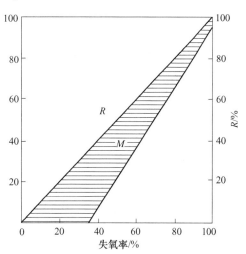

图7-1　矿石失氧率与还原度及金属化率的关系
M—金属化率（%）（阴影部分）；R—还原度（%）

（6）作业强度：又称面积利用系数，即反应器单位断面积每日生产出的产品量，用此指标可衡量反应器的操作强度。应注意计算回转窑作业强度时按其最大纵断面积即直径与窑长乘积进行计算。

（7）矿石处理量：当原料矿石品位相差很大时，可用反应器每日处理矿石量代替产量。

（8）能耗（Q）：由于非高炉炼铁过程中使用的燃料种类繁多，无法像高炉用统一的燃料比来表示过程中的能量消耗水平，因此将工艺过程中使用的一次能源的总热值作为评价该方法的能耗指标。其中，过程一次能源指不同非高炉炼铁法中输入的用于反应过程的化学、能量消耗和流化运载需要以及加工裂解煤气的热耗，但不包括动力能耗。同时，若过程副产品中带出的能量不能回收用于工艺以降低能耗，通常也不应考虑。

7.1.3　非高炉炼铁原燃料

非高炉炼铁所用原燃料使用范围较高炉炼铁法广泛。从全局认为，凡是技术上可行、经济上合理的各种原燃料均可以应用于非高炉炼铁。

7.1.3.1　含铁原料

由于直接还原是在铁氧化物不熔化、不造渣情况下进行的固态还原，所以其含铁原料、脉石成分以及杂质均会保留在还原产品中，所以直接还原工艺对于入炉含铁炉料铁品位有较高的要求，而铁品位的高低一般不会影响操作指标以及工艺的能耗。但对于用于电炉的直接还原铁而言，由于酸性脉石成分会导致电炉产生电耗剧增、生产率下降、炉衬腐蚀加重等问题，因此应尽量提高直接还原入炉原料的铁品位，同时注意控制其酸性脉石 SiO_2 和 Al_2O_3 含量。但为防止矿石，尤其是球团还原过程中的还原粉化、异常膨胀等性能的恶化，应该控制炉料中 SiO_2 含量不能过低。

大多数非高炉炼铁工艺都有一定的脱硫能力，但在气基直接还原过程中，硫的来源主要为含铁原料，因此要求原料硫含量严格低于 0.015%。此外在直接还原流程中，磷大部分仍会留在还原产品中，加重下游炼钢流程脱磷负担，所以入炉原料磷含量应低于

0.015%。对熔融还原及粒铁法而言，由于其产品呈液态或半熔态，原料中的磷易被带入还原进入产品，因此其原料的磷含量应控制在 0.02% 以下。

铅、锌易被还原，并且在不高温度下形成蒸气，进入低温区后再度氧化冷凝，容易造成生产故障；砷则较难还原，直接残留在产品中，因此应保证铅、锌、砷含量尽量低。

碱金属氧化物在冶炼过程中经再循环得以富集，从而影响生产，同时含铁物料中碱金属氧化物的存在会导致球团或者矿石膨胀产生裂纹甚至粉化，从而恶化炉料透气性，因此入炉原料的碱金属含量应尽量少，根据经验其含量应低于 0.02%。

表 7-1 给出了一些典型直接还原工艺适宜使用的铁矿成分。

表 7-1 典型直接还原工艺使用的铁矿成分 (%)

项目	期望成分	典型工艺			
		回转窑	竖炉	反应罐	流化床
Fe	66~69	54~69	65~68	66~67	64
SiO_2	1.5~2.5	0.6~5.0	0.7~3.6	1.3~1.4	2.2
Al_2O_3	0.3~0.5	0.2~4.2	0.3~1.9	0.8~1.0	1.5
CaO	0.4~1.0	0.04~1.0	0.02~1.6	0.5~1.8	0.02
MgO	0.01~1.0	0.04~3.0	0.02~0.3	0.10~0.75	0.6
P_2O_5	0.04	0.005~1.4	0.1~0.13	0.07~0.56	0.23
TiO_2	0.025	0.05~14	0.03~0.42	—	—
MnO	2	0.03~0.6	0.02~2.6	—	0.03
S	0.01	0.001~1.034	0.001~0.009	0.007~0.15	0.024
碱金属	0.02	0.158~0.52	0.02~0.17	—	—
自由水分	3	0.05~4.5	0.3~3.8		

此外由于各工艺使用的反应器不尽相同，炉料的运动形态也各有差异，所以对入炉原料物理性能的要求也有较大差异。

（1）粒度：为保证炉料透气性、还原剂利用率以及炉料顺行，要求含铁物料粒度以及粒度均匀性都较好。各种直接还原工艺对入炉原料的粒度及其范围要求不一，具体见图 7-2。

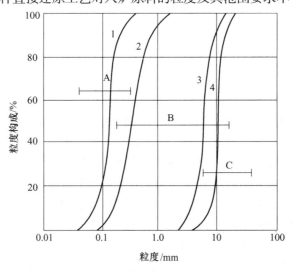

图 7-2 典型直接还原技术使用的矿石粒度

A—流态化法：44μm（19%）~4.76mm（84%）；B—回转窑法：块矿 25~50mm，球团 9.5~16mm；
C—竖炉法：块矿 6~32mm，球团 9.5~16mm；1—磁铁矿；2—细粒赤铁矿；3—分类矿；4—球团

（2）强度：良好的强度是竖炉及回转窑正常生产的必要条件。原料应能经受运载装卸的冲击力，进而保证了入炉炉料产生较少的粉末，一定程度上改善了炉料透气性。表 7-2 给出了两种典型直接还原工艺对于炉料强度的要求标准。

表 7-2 回转窑及竖炉生产用矿石粒度及强度指标

粒度标准及强度指标		回转窑		竖炉	
		希望值	典型值	希望值	典型值
块矿 ASTM	+6mm	≥80	95	≥80	79~85
标准/%	-595μm	≤10	5	≤10	10~11
球团 ASTM	+6mm	≥92	78~93	≥92	6~92
标准/%	-600μm	≤5	3~5	≤5	4~6
耐压强度/kg·球$^{-1}$	D_p=13×9.5mm	≥100	218~313	≥200	171~566

（3）热膨胀性：竖炉对球团矿热膨胀性十分敏感，因为其可能导致竖炉下料不顺的严重操作故障，膨胀率超过 20% 的球团矿不能单独在竖炉中使用。

由于直接还原是在矿石不熔化情况下进行还原，因此矿石或原料的软化温度是直接还原工艺参数选择的一个重要参考指标。直接还原工艺流程中不允许出现炉料之间以及炉料与炉衬之间发生黏结，所以直接还原工艺操作温度一般要求低于矿石软化温度至少 100℃。

热转鼓试验不仅可以测定矿石还原性，还可以鉴定高温强度以及热稳定性这两个重要性能。现行的测定还原性及高温强度的方法仅有高炉矿石冶金性能测定标准方法，而直接还原工艺与高炉具体还原条件不同，所以测定方法也不同，应该有一套适用的测定标准。表 7-3 给出了 Midrex-Linder 热转鼓法试验条件及标准。

表 7-3 Midrex-Linder 热转鼓法试验条件及指标

实 验 条 件		考 察 指 标	
转鼓尺寸	130mm×200mm×20mm	粒度	+3.36mm
转速	10r/min	金属化率	91%~95%
样品质量	500g（10~19mm）	热破裂性	-3.36mm 为 3%
升温制度	50min 内加热升至 760℃		
还原时间	通入还原气，恒温还原 300min 后冷却		
还原气成分	加热气及冷却气：N_2；		
	还原气：55%H_2，36%CO，5%CO_2，4%CH_4；		
	在 26℃时用 H_2O 饱和		
气体流速	0.1m³/min		
样品检验	化学分析		

7.1.3.2 还原剂与燃料

非高炉炼铁工艺开发的初衷是摆脱焦炭资源日益短缺的限制，利用丰富的非焦资源如非焦煤、天然气、石油等作为还原剂和燃料，为冶金反应提供热量以及充当还原剂。因工艺和燃料种类的不同，工艺对燃料的需求和要求也不同。

气基直接还原工艺使用的气体还原剂称为冶金还原气,在还原过程中作为还原剂以及热量载体入炉参与还原。一般评价指标如下:(CO+H₂)含量要达到90%左右,一定比值的 H₂/(CO+H₂),低氧化度(CO₂+H₂O)/(CO+H₂+CO₂+H₂O),低 CH₄ 及 H₂S 含量。常见的天然气体燃料如天然气、石油气,以及炼焦产生的焦炉煤气均具有一定的还原性,但它们都含有大量的碳氢化合物,在铁氧化物还原过程中生成的金属铁会催化碳氢化合物大量分解,发生大量的碳沉积,阻碍还原反应的进行。因此,未经处理的天然气、石油气以及焦炉煤气无法直接用于生产,需经过重整转化,降低碳氢化合物含量,将其最大限度转化为 H₂ 和 CO,达到入炉标准后,方可使用。同时一定量的 N₂ 虽不参与反应,但可以提高还原气的载热能力。因此,气基直接还原工艺均要求还原气中有一定比例的 N₂。对于一些天然气资源匮乏而煤炭资源储量丰富的国家,例如我国,煤制气-气基直接还原工艺也具有相当的前景,利用劣质煤制造冶金还原气是一种可行的办法。目前主流的几种煤气化工艺主要有:Lurgi、Ende、Texaco、Shell 法。但现有的各种方法还存在粉尘产量大,煤气成分波动大等问题,使得煤制气工艺能耗大,设备复杂,不同程度上阻碍了煤制气工艺的发展。

回转窑中,燃料要求能产生长火焰,以便均匀加热回转窑的全长,对此气体和液体燃料都能很好满足。其中固体燃料以烟煤为宜,含挥发分少的无烟煤不适用,褐煤因含水分太高及发热值低也不适用。作还原剂的煤要求具有高的反应性,即煤中 C 与 CO₂ 反应速度要很快。目前对煤的反应性尚无统一的标准进行测定,一般在 CO₂ 气流中于一定温度和时间条件下进行反应,以失重值作为反应性的相对指标。此外无论是还原煤还是燃烧煤,其灰分熔点都有严格要求。低熔点灰分能使炉料和炉墙渣化粘连,造成操作故障。灰熔点的测定,需要在还原气氛下测定其变形、软化、聚球及流变四点温度,一般要求软化温度应高于固体还原法操作温度 50~100℃。回转窑法要求使用煤的灰分熔点高于 1150℃,灰分应小于 25%,硫含量应不大于 0.8%。同时,燃烧用煤应磨成小于 0.075mm(-200 目)的煤粉,回转窑还原煤常常使用 0~3mm 的粒度。

7.1.4　非高炉炼铁产品性质及其应用

非高炉炼铁得到的产品有四种,分别是直接还原铁、粒铁、液态生铁和珠铁。

(1)直接还原铁(Direct Reduction Iron):直接还原所得到的一种呈固态的低温还原铁产品,因其还原失氧形成大量孔洞,因而在显微镜下呈现如海绵的形状,所以俗称海绵铁。其热态时称为 HDRI(Hot DRI),若经热压后形成 HBI(Hot Briquetted Iron),可用作废钢的替代品,作为废钢残留元素的稀释剂,进而提高钢铁产品质量,甚至用来生产优质钢、特种钢。直接还原铁孔隙率高,碳含量低,一般直接还原铁的碳含量在 0.2%~1.2% 之间,但 HYL 法可高达 1.2%~2.0%。由于直接还原铁具有很高的反应活性,暴露在大气中易与氧和水气发生剧烈再氧化反应,使其发生"自燃",因此需要对直接还原铁进行钝化后才能进行储存及运输。处理措施主要有压制成大块及喷涂能隔离空气的物质覆盖直接还原铁表面。

(2)粒铁(Nodule 或 Luppen):多由回转窑和特种电炉得到的一种半熔化还原熔炼产品。粒铁通常碳含量不高(1%~2%),但 S 含量较高(0.1%~1.0%),根据 S 高低可分别用作高炉及电炉原料。粒铁多由品位不高的铁矿作为原料,其脉石可在水淬后磁选分离。其活性不强，但露天放置时间过长仍会有一定程度的氧化和生锈。粒铁虽是一种良好的高炉原料，但却不宜作为电炉炉料，现今多用于冶金多金属共生矿、冶金二次资源综合利用方面。

（3）液态生铁（Smelting Reduction Iron）：通过熔融还原法生产得到的化学成分、物理性质和应用都与高炉铁水相似的液态还原产品。其硫含量不高，Si 含量一般不大于 2%，适合用作氧气转炉原料，但不适合用于铸造。

（4）珠铁（Iron Nuggets）：直接用铁矿粉和煤通过转底炉或第三代炼铁方法得到的产品。该工艺不仅免除了传统的造块流程（烧结和球团），还不用焦炭，可直接得到颗粒状的生铁。和传统的高炉生铁和炉渣的成分比较，珠铁含 Si 量较低，且渣中 FeO 含量高于高炉炉渣。

在埋弧电炉、明弧电炉及感应电炉中都能用直接还原铁代替废钢。与废钢相比，直接还原铁化学成分稳定，能准确控制钢的成分；有害金属杂质含量较少，可以与价格低的轻废钢配合使用；运输及转载装卸方便，能自动连续加料，有利于节电和增产；熔化期噪声较小；供应稳定，价格平稳。但直接还原铁还原不充分，FeO 和酸性脉石（$SiO_2 + Al_2O_3$）含量较高，使电炉渣量增加，影响电炉作业指标。然而适量的直接还原铁 FeO 含量可以形成剧烈"碳沸腾"，使熔池中 H_2 及 N_2 含量降至极低水平，还可以消除局部温度及化学成分不均现象，强化精炼速度，同时可保护炉衬减慢电极氧化。

因 $FeO + C = Fe + CO$ 反应吸热，直接还原铁也可以作为氧气转炉炼钢的冷却剂，其冷却效果为返回废钢的 1.2%~2.0%，约为铁矿石的 1/3。直接还原铁的冷却效果因金属化率降低而增大。此外直接还原铁中 SiO_2 脉石含量会削弱其冷却效果，因此直接还原铁用作冷却剂时，其 SiO_2 含量要求低于 3%（转炉炉渣碱度 3.5）。在生产特低硫、低氮、低锰的特殊钢时；在自动调剂冷却剂的系统中；以及在盛钢桶中作为后吹期冷却剂时，如果合格冷却用废钢短缺，可以用直接还原压块作为冷却剂替代。

在高炉炉料中配加直接还原铁粉可以增加高炉入炉炉料的金属化程度，并使焦比降低从而增加产量，其主要原因是减少了高炉对铁矿石中氧化铁的还原。但由于决定高炉能耗的主要反应为高炉下部的碳"直接还原"，而直接还原铁中已被还原出的铁只能按高炉"直接还原"度有比例地减轻高炉中高能耗碳"直接还原"，因而理论上，高炉使用金属化炉料的总能耗并不能降低太多，再加上直接还原所消耗的能量并不比焦炭便宜很多，因此实际上高炉使用直接还原铁的经济效益并不好，因此没有得到广泛应用。

此外，可在生铁铸造中加入适量的直接还原铁代替生铁，但配加量受限于铸造铁中 Si 和 C 的含量，因为直接还原铁加入量将冲淡铸造铁中 Si 和 C 的成分，严重消耗能量（焦炭）。

7.2　气基直接还原及其应用

7.2.1　Midrex 气基竖炉工艺

7.2.1.1　Midrex 气基竖炉工艺概述

Midrex 气基竖炉工艺由美国 Midland Ross 公司开发，是当今世界直接还原铁产量最大的直接还原工艺。从1936年开始，经长期试验，直至1966年天然气制取还原气和气-固相逆流热交换还原竖炉两项关键技术的研究成功，才使该技术得到了快速发展。Midrex法具有工艺成熟、操作简单、生产效率高、热耗低、产品质量高等优点，因此在直接还原工艺中占统治地位。2014年已发展成为占直接还原铁市场63.2%的主要工艺。2009~2014年世界几种直接还原工艺的产量构成如表7-4所示。

表7-4   2009~2014年世界几种直接还原工艺产量构成   (%)

工 艺		年 份					
		2009	2010	2011	2012	2013	2014
气基	Midrex	59.9	59.7	60.5	61.2	63.5	63.2
	HYL	12.4	14.1	15.2	14.8	15.1	16.2
	其他	0.8	0.5	0.7	0.7	0.2	0.0
煤 基		26.9	25.7	23.6	23.3	21.3	20.6

7.2.1.2 Midrex气基竖炉工艺过程

Midrex法属于气基竖炉直接还原流程，其工艺流程如图7-3所示。该工艺以天然气为原料气，天然气用炉顶气作转化剂。炉顶气经冷却净化后，取其60%~70%用压缩机送入混合室与天然气按反应化学当量混合，再送入装有镍催化剂反应管的重整转化炉，剩余炉顶气用于重整转化炉加热。重整转化炉转化温度控制在900~950℃。重整转化时不另外加氧、空气或水蒸气，转化后的还原气温度为850~900℃，(H_2+CO) 含量约95%。裂解反应为：

$$CH_4 + CO_2 = 2CO + 2H_2 \tag{7-9}$$

$$CH_4 + H_2O = CO + 3H_2 \tag{7-10}$$

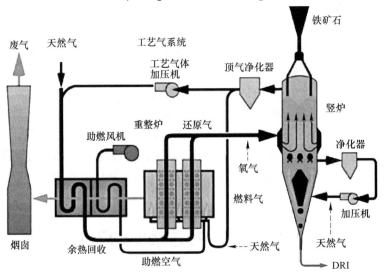

图7-3 Midrex工艺流程图

剩余炉顶煤气作为燃料与适量天然气在混合室混合，送入转化炉反应管外的燃烧空间。助燃空气也要在换热器中预热，以提高燃烧温度。转化炉燃烧尾气 O_2 含量少于1%。高温尾气首先排入一个换热器，依次对助燃空气和混合原料气进行预热，烟气排出换热器后，一部分经洗涤加压作为密封气送入炉顶和炉底的气封装置，其余通过一个排烟机排入大气。

Midrex 竖炉属于对流移动床反应器，分为预热带、还原带和冷却带，预热带和还原带之间没有明确的界限，一般统称还原带。矿石装入竖炉后，在下降过程中首先进入还原带。还原带大部分区域温度在 800℃ 以上，接近炉顶的小段区域（预热带），床层温度迅速降低。在还原带内，矿石被上升的还原气加热，迅速升温，完成预热过程。随着温度的升高，矿石的还原反应逐渐加速，铁矿球团在还原带的停留时间一般为 6h，生成直接还原铁后进入冷却带。冷却带内，由煤气洗涤器（完成煤气的清洗和冷却过程）和煤气加压机（提供循环动力）造成一股自下而上的冷却气流。直接还原铁进入冷却带后，在冷却气流中冷却至接近环境温度排出炉外，获得 DRI 产品；还原后的物料也可高温直接排出，经压块后再冷却，获得 HBI 产品。冷却带下部装有控制排料速度的装置。冷却气由冷却带上部的集气管抽出炉外，经冷却和净化后重复利用。

7.2.1.3 Midrex 气基竖炉技术特点

Midrex 工艺多使用球团和块矿混合炉料。一般要求为：球团 9~16mm 粒级占 95%，冷态抗压强度高于 2450N/个；块矿 10~35mm 粒级占 85%，具有较高的软化温度和中等还原性；混合料含铁品位高，酸性脉石含量低（不高于 3%~5%），CaO、MgO、TiO$_2$ 以及 S 含量分别低于 2.5%、1.0%、0.15% 和 0.008%。为放宽对铁矿石硫含量的要求，Midrex 法改用净化炉顶气作冷却气，在冷却直接还原铁的同时使热直接还原铁脱硫，从冷却段排出后再作为裂化剂，可容许使用硫含量为 0.02% 的铁矿石。

经过多年发展，Midrex 工艺开发者依据原燃料条件以及产品质量要求，对工艺做出适当调整，形成了冷却气大循环、附加热能回收系统、不同热压块系统等一系列革新技术，但 Midrex 还原竖炉的形式基本不变。目前，Midrex 直接还原工艺已形成单机产能分别为 30 万吨/年、50 万吨/年、75 万吨/年、100 万吨/年和 150 万吨/年的系列，相应的竖炉还原带直径分别为 4.25m、5.0m、5.5m、6.5m 和 7.5m。

Midrex 工艺生产指标见表 7-5，其产品的典型成分如表 7-6 所示。Midrex 直接还原工艺虽然具有工艺成熟、操作简单、生产率高、热耗低、产品质量高等优点，在直接还原工艺中占统治地位，但也存在一定的局限性，主要体现为：

（1）要求具有丰富的天然气资源作保障。

（2）Midrex 竖炉还原温度低，反应速度较慢，炉料在还原带大约停留 6h，在整个炉内的停留时间约为 10h。

（3）Midrex 工艺要求铁矿石粒度适宜且均匀，粒度过大会影响 CO 和 H$_2$ 扩散，使反应速度降低；而粒度过小则导致透气性差，还原气分布不均匀，一般小于 5mm 粉末的含量不能大于 5%。同时，对于铁矿石的品位要求高，对于铁矿石中 S 和 Ti 的含量要求也很严格。

（4）与 HYL 比较，Midrex 工艺重整炉处理气体为每吨直接还原铁 1810m^3，体积大，造价相对高。

（5）Midrex 竖炉对铁矿石的硫含量有一定限制，否则含硫炉顶气进入重整炉将造成裂解催化剂失效。

（6）Midrex 竖炉结构复杂，炉内设有冷却气体分配器和直接还原铁破碎器。

表 7-5　Midrex 工艺的生产指标

生 产 指 标	数　　值
铁矿石与球团矿用量之比/%	1.5
能耗/GJ·t^{-1}	10.5
竖炉有效容积利用系数/t·(m^3·d)$^{-1}$	10.0
电耗/kW·h·t^{-1}	130
新水消耗/m^3·t^{-1}	1.5
人力/h·t^{-1}	0.2
维修及设备费用/$·t^{-1}	6.0

表 7-6　Midrex 直接还原产品的典型成分（质量分数）　　　　（%）

化学成分	工厂 1	工厂 2	工厂 3
TFe	94.32	92.78	90.90
MFe	88.36	87.14	85.48
FeO	7.77	7.25	7.08
C	1.01	0.55	1.87
SiO$_2$	1.10	1.20	4.32
Al$_2$O$_3$	0.62	0.90	0.47
CaO	0.65	1.60	0.38
P	0.03	0.07	0.01
S	0.010	0.010	0.003
金属化率	93.7	93.9	94.0

7.2.1.4　Midrex 新发展——煤制气直接还原 MXCOL 工艺

传统的气基竖炉直接还原以天然气为能源，随着石油、天然气资源不断地减少以及价格的上升，气基竖炉的发展受到制约。为了使气基竖炉直接还原工艺摆脱对天然气资源的依赖，探索和采用新的还原气已成为气基竖炉直接还原技术的发展方向。

煤制气技术已有上百年的历史，陆续开发了固定床、流化床、气流床、熔浴床和地下气化等典型气化工艺 100 余种，其中十余种达到工业化程度。目前国际上商业化运行成熟的主要有德士古水煤浆加压制气、壳牌干煤粉加压制气、鲁奇块煤加压制气、恩德干煤粉加压制气等。由于煤制气技术的快速发展，用煤制气作为直接还原工艺的还原剂来生产 DRI 有了新的途径。

Midrex 煤制气直接还原技术于 2014 年在印度 JSPL 建成世界第一座商业化示范工厂。由于 COREX 输出煤气在脱除 CO$_2$ 后与煤制合成气的成分相似，因此 1999 年建成的基于 COREX 输出煤气的直接还原工厂为发展实践 Midrex 煤制气直接还原技术提供了很好的借鉴。Midrex 煤制气直接还原工艺流程如图 7-4 所示。COREX 输出煤气的 Midrex 直接还原工艺如图 7-5 所示。

Midrex 煤制气直接还原技术可以利用普通的煤炭甚至劣质煤炭资源生产优质的炼钢原料，打破高炉炼铁对焦煤资源的依赖。因不需要使用烧结矿和焦炭，也就消除了钢铁冶金

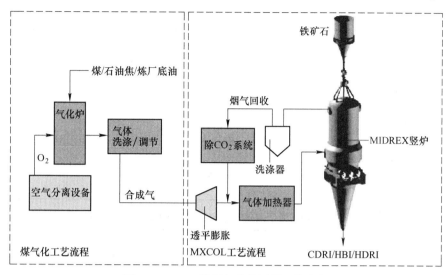

图 7-4　Midrex 煤制气直接还原工艺流程

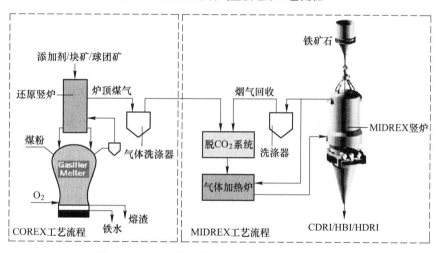

图 7-5　COREX 输出煤气的 Midrex 直接还原工艺

中最主要的污染排放源。煤制气直接还原工艺物料流和能源流的集中度更高，能源利用效率得到显著提高。竖炉还原只有气固两相反应，原理简单，控制简易，生产操作稳定，劳动效率高。生产的产品质量稳定，为持续生产高质量产品提供了前提保证。煤制气工艺设置的脱硫单元能有效脱除煤炭中的硫分，使直接还原产品的硫含量达到非常低的水平。

　　Midrex 煤制气直接还原工艺使用清洁的合成气为燃料，可以完全避免高炉流程由燃料带入的非铁金属元素硅、锰、镍、铬、钛、钒、砷、锑、铋等及硫、磷等有害杂质元素，另外直接还原铁的碳含量可以根据下游工序需要灵活控制，碳含量可以设定为从 0.5% ~ 2.5% 之间的任意值。这项特性可以根据电炉原料组合配置出最佳炉料综合碳含量，以达到最佳的氧气吹炼负荷和熔池脱气氛围，提高生产效率。

　　实践证明，煤制气直接还原技术非常适于天然气资源不足、但煤炭资源丰富地区生产优质的直接还原铁用于生产高端钢材。印度 JSPL 工厂煤制气直接还原 MXCOL 工艺主要经济技术指标如表 7-7 与表 7-8 所示。

表 7-7   印度 JSPL 工厂煤制气直接还原 MXCOL 工艺主要经济技术指标

项　目	指　标	单　位
小时产量	250	吨/小时
日产量	6000	吨/日
年产量	2000000	吨/年
年作业时间	8000	小时/年
年平均作业率	91.3	%
定修时间	14	天/年
直接还原铁金属化率	93	%
直接还原铁含碳量	1.0~3.5	%
热直接还原铁温度	550	℃

表 7-8   印度 JSPL 工厂煤制气直接还原 MXCOL 工艺消耗指标

项　目	单　位	吨产品单耗	小时消耗	年总消耗
球 团	t	1.42	355.07	2840523.63
煤	t	0.72	179.94	1439550.00
氧 气	m^3（标态）	256.37	64092.44	512739543.06
氮 气	m^3（标态）	147.47	4121.67	32973337.08
工业水	t	4.13	1033.39	8267121.27
电	kW·h	157.60	39400.00	315200000.00
MDEA	t	0.00	0.06	469.71
天然气	m^3（标态）	0.36	90.20	721600.00
蒸 汽	t	0.70	113.40	907200.00
硫 黄	t	-0.003	-0.75	-6000

7.2.2　HYL 气基竖炉工艺

7.2.2.1　HYL 气基竖炉工艺概述

HYL 气基竖炉技术属于墨西哥 Hylsa 公司所有，是世界第二大直接还原铁生产工艺。其采用天然气和水蒸气制取还原气，然后还原气在竖炉中将铁矿石还原成直接还原铁。最初的 Hylsa 直接还原铁生产技术称为 HYL 工艺，是固定床直接还原设备的典型代表。1957 年，Hylsa 公司在墨西哥蒙特雷建成世界首家工业性直接还原厂，此后巴西、委内瑞拉、印度尼西亚等国相继引进该直接还原技术。70 年代，在美国 Midrex 公司的逆流式移动床直接还原工艺成功地投入工业应用后，Hylsa 公司在 HYL 工艺的基础上开发出高压逆流式移动床直接还原反应器，并定名为 HYL-Ⅲ。而后，墨西哥 Hylsa 公司又基于 HYL-Ⅲ 法提出了天然气"零重整"的 HYL-ZR 工艺，进一步发展为现在的 HYL/Energiron 工艺。该工艺可直接使用焦炉煤气、煤制气等合成气为还原气，为天然气资源不足的地区以天然气以外的能源发展气基直接还原工艺开辟了新途径。

7.2.2.2　HYL-ZR 气基竖炉工艺过程

HYL-ZR 气基竖炉工艺流程如图 7-6 所示。HYL-ZR 直接还原铁生产工艺流程可以分成两个部分，制气界区和还原界区。制气界区包括还原气的产生和净化。还原气处理系统以水蒸气为增湿剂，制取以 H_2 和 CO 为主的合成气。合成气经脱水后与来自竖炉的经过脱水和脱二氧化碳的炉顶煤气混合形成还原气共同送入还原界区。合成气的自重整反应为：

$$CH_4 + H_2O \Longrightarrow CO + 3H_2 \tag{7-11}$$

$$CO + H_2O \Longrightarrow CO_2 + H_2 \tag{7-12}$$

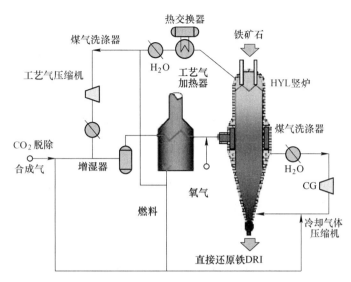

图 7-6　HYL-ZR 工艺流程

还原界区包括还原气的加热和铁矿石的还原。还原气经加热炉加热后从竖炉还原段底部进入炉内，自下而上流动，铁矿石从竖炉炉顶加入，自上而下运动。还原气和铁矿石在逆向运动中发生化学反应，产生直接还原铁。该工艺加料和卸料都有密封装置，料速通过卸料装置中的蜂窝轮排料机进行控制。在还原段完成还原过程的直接还原铁继续下降进入冷却段，冷却段的工作原理与 Midrex 类似。可将冷还原气或天然气等作为冷却气补充进循环系统。直接还原铁在冷却段的温度降低到 50℃ 左右，然后排出竖炉。产品的金属化率约为 91%。若产品为热压块或直接送入电炉，则不需要冷却。

通过部分氧化法可达到提高还原气温度的目的，从而提高直接还原铁产量。在还原气加热炉和竖炉间的管道中喷入氧气，还原气部分氧化并放出热，从而使还原气温度提高。墨西哥蒙特雷 2M5/3M5 厂采用部分氧化法，使还原气温度从 935℃ 提高到 957℃。发生的氧化反应为：

$$2H_2 + O_2 \longrightarrow 2H_2O + Q \tag{7-13}$$

$$2CO + O_2 \longrightarrow 2CO_2 + Q \tag{7-14}$$

$$CH_4 + O_2 \longrightarrow CO + H_2 + H_2O + Q \tag{7-15}$$

7.2.2.3　HYL-ZR 工艺特点

（1）制气部分和还原部分相互独立。HYL 竖炉选择配套的还原气发生设备有很大的灵活性，天然气、焦炉煤气、煤发生气、高炉煤气、转炉煤气等都可成为还原气的原料气。同时，重整炉处理气量变小，每吨直接还原铁仅为 475m³，这使 HYL 工艺重整炉体积小，造价低。而 Midrex 工艺重整炉处理气体体积为每吨直接还原铁 1810m³。

（2）富氢还原。通过天然气和水蒸气在重整炉中催化裂解生产还原气，如使用其他还原气可以通过转移反应或脱除 CO_2 来生产富氢合成气，选择性调节其气体成分，因此还原气中氢含量高，使 HYL 竖炉中还原气和铁矿石的反应为吸热反应，入炉还原气温度较高，为 930℃。Midrex 工艺则主要是天然气和竖炉炉顶气裂解制取还原气，还原气中氢含量相对较低，竖炉中还原气和铁矿石的反应是放热反应，还原气温度不能太高，为 840℃。

（3）操作压力高。HYL 竖炉压力范围为 2~6bar（1bar = 10^5Pa），由于采用高压操作，使反应炉产量达到约 10t/（h·m²），炉顶气体携带的粉尘损失较少，从而降低铁矿石消耗量，也降低工厂的运营成本。由于高温、高压、高氢特点，HYL 竖炉中铁矿石还原速度加快，竖炉生产效率提高。同 Midrex 竖炉相比，同样炉容条件下，HYL 竖炉直接还原铁产量更大。

（4）部分氧化法。部分氧化法技术可提高还原气温度。在还原气加热炉和竖炉间的管道中喷入氧气，还原气部分氧化并放出热，从而使还原气温度提高，反应炉入口还原气体温度可达 1000℃以上。

（5）矿石硫含量要求。HYL 竖炉可以处理硫含量较高的铁矿；而 Midrex 竖炉对铁矿的硫含量有一定限制，否则含硫炉顶气进入重整炉将造成裂解催化剂失效。

HYL 法产品的典型成分及消耗如表 7-9 所示。

表 7-9　HYL 直接还原产品典型成分及消耗

		冷 DRI（4M）	热 DRI
产品成分 /%	全铁（TFe）	88.3	88.3
	金属铁（MFe）	83.0	83.0
	碳化铁（Fe₃C）	55.1	55.1
	碳（C）	4.0	4.0
	金属化率	94.0	94.0
	脉石总量	6.2	6.2
产品温度/℃		50	700
生产消耗	铁矿石/t·t⁻¹	1.38	1.38
	天然气/coal·t⁻¹	2.3	2.4
	电/kW·h·t⁻¹	78	83
	氧气/m³·t⁻¹（标态）	50	55
	新水/m³·t⁻¹	1.1	1.2
	氮气/m³·t⁻¹	12	18

注：1cal = 4.17J。

7.2.2.4　HYL 工艺新动态

A　直接还原铁热送技术（HYL-HYTEMP 技术）

HYL 工艺直接还原铁热送技术（HYL-HYTEMP 技术）是将在竖炉中还原完了的热直接还原铁（约 700℃）用热还原性气体保护排出竖炉，然后通过加热的氮气全密封将热直接还原铁输送到电炉料仓，直接还原铁通过料仓给料器加入电炉，输送氮气则经洗涤后返回输送系统。HYL-HYTEMP 技术流程如图 7-7 所示。若电炉不需要直接还原铁时，可离线冷却或进行热压块处理。

通过采用气力热送系统，大大降低了电炉的能耗。电炉使用热态高碳每吨钢水直接还原铁可节约电能 130kW·h，电炉的供电冶炼时间可减少 30%，电炉的生产能力可提高 20%。电炉使用冷态直接还原铁与热态直接还原铁操作技术指标对比如表 7-10 所示。

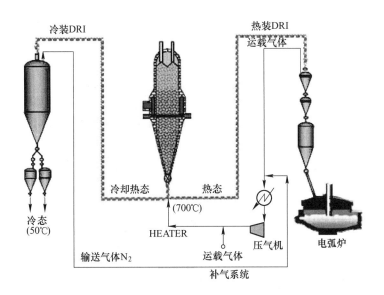

图 7-7   HYL-HYTEMP 技术流程图

表 7-10   电炉使用冷态直接还原铁与热态直接还原铁操作技术指标对比

技 术 指 标	冷装 DRI	热装 DRI
入炉温度/℃	30	600
台时产量/t·h^{-1}	148	196
吨钢能耗/kW·h	550	420
吨钢氧耗/m^3（标态）	38	38
吨钢电极消耗/kg	1.6	1.4
冶炼周期/min	61	46

B   煤制气——HYL 直接还原工艺

美国德士古气体动力公司、墨西哥 Hylsa 公司和德国 Ferrostaal 公司开发了采用煤、石油化焦炭或重油气化炉产生的合成气体，并将其送入 HYL 直接还原装置的工艺。该工艺流程如图 7-8 所示。来自煤气发生炉的氢含量较高的合成煤气被送至 HYL 直接还原设备。对合成煤气进行适当的转换和 CO_2 脱除，能够使得炉顶循环煤气再次利用达到最优化。含氢煤气和循环煤气的混合物在一个煤气直接加热设备中被预热并被通入还原炉。在还原炉内，铁矿石还原后，炉顶煤气通入一个洗涤设备用于除尘和冷却。洗涤后的煤气通过压缩机进行循环。为了进一步降低能耗，可引入一个炉顶煤气换热器。该工艺生产一吨直接还原铁需要由德士古煤气发生炉提供的合成煤气量基本上与传统的富氢煤气改质流程的煤气量相当。根据处理后合成煤气分析，该流程生产的直接还原铁碳含量低于天然气流程生产的典型直接还原铁的碳含量。这是因为在此还原工艺条件下，碳氢化合物是渗碳反应中碳的主要来源。

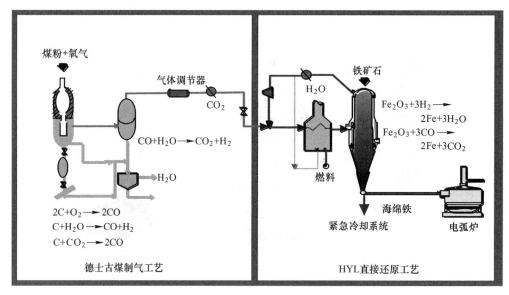

图 7-8   煤制气——HYL 直接还原工艺流程

7.2.3   其他气基直接还原工艺

7.2.3.1   其他竖炉直接还原工艺

除 Midrex、HYL 工艺外，还有几种还原竖炉法，其工艺名称及工艺特点如表 7-11 所示。

表 7-11   其他竖炉直接还原工艺流程特点

工艺流程	工 艺 特 点
Purofer	由德国提出，以天然气、焦炉煤气或重油为一次能源，采用蓄热式转化炉法制备还原气；此外，竖炉不设冷却段，排出竖炉的直接还原铁采用电炉热装或热压成铁块
Armco	由 Armco 钢铁公司开发，以竖炉为还原反应器，利用水蒸气和天然气反应进行催化制气，供竖炉使用
Wiberg-Soderfors	由瑞典开发，不以天然气为一次能源，而使用焦炭或木炭为一次能源，利用炭素溶损反应制备还原气
Plasmared	在 Wiberg-Soderfors 工艺基础上发展起来，以等离子气化炉替代电弧气化炉实现制气，且流程中不设脱硫炉
BL	由上海宝钢集团公司和鲁南化学工业公司联合开发，使用煤作为一次能源，利用德士古煤气化技术与还原竖炉结合，生产直接还原铁

7.2.3.2   流化床法

气基直接还原竖炉法之外，流化床法为主流气基直接还原工艺。固体颗粒在流体作用下呈现如流体一样的流动状态，具有流体的某些性质，该现象称为流态化。流态化技术最早用于矿石的净化，后来被广泛地应用在冶金、化工、食品加工等行业。20 世纪 50 年代，美国开发了多种流化床矿石还原工艺。该工艺的优点是：

（1）流化床内颗粒料混合迅速，水平和垂直方向测定表明，整个床层几乎是恒定温度分布，无局部过热、过冷现象。

（2）气、固充分接触，传热、传质快，反应顺利，显示颗粒小、比表面积大的优越性。

（3）流化作业使用细颗粒料，加工处理步骤减少，在流态下进行各种过程便于实现过程连续化和自动化。

（4）流化床设备简单、生产强度大，装置可小型化。

但该工艺也存在一些缺点，如：

（1）反应器内固体料与流体介质顺流，特别是呈气泡通过床层或发生沟流时，会降低固-气接触效率，能量利用差，因此需采用多段组合床。

（2）固体料在床内迅速混合，易使物料返混和短路，产品质量不均，降低物料转化率。

（3）床内固体颗粒料剧烈搅动、磨损大，粉尘回收负荷大，也增加了设备磨损。

1962 年，Exxon 研究与工程公司研究开发了 Fior（Fluid iron ore reduction）工艺，并于 1976 年在委内瑞拉建设了年产 40 万吨的工厂。1993 年，委内瑞拉 Fior 公司和奥钢联联合在 Fior 工艺基础上开发了以铁矿粉为原料、用天然气制造还原气来生产热压金属团块的直接还原工艺 Finmet，其流程工艺如图 7-9 所示。

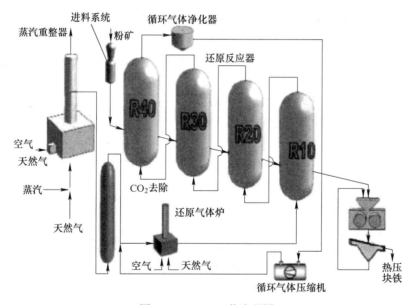

图 7-9　Finmet 工艺流程图

Finmet 是工业应用较成功的装置。该工艺可直接用粒度小于 12mm 的粉铁矿，其生产装置由四级流化床顺次串联，逐级预热和还原粉铁矿。第一级流化床反应器内温度约为 550℃，最后一级流化床反应器内温度约为 800℃，析碳反应主要发生在此流化床反应器内。反应器内的压力保持在 1.1~1.3MPa。产品的金属化率为 91%~92%，碳的质量分数为 0.5%~3.0%，产品热压块后外销或替代优质废钢。以流化床反应器顶部煤气与天然气蒸汽重整炉的新鲜煤气的混合煤气作为还原煤气，混合煤气经过一个 CO_2 脱除系统，在还原煤气炉内加热到 830~850℃，之后被送入流化床还原反应器。使用新鲜煤气是为了补偿还原过程中消耗的 CO 和 H_2。

Finmet 工艺的主要技术改进在于用废气预热代替了 Fior 工艺中的矿粉预热床、改进了旋流器、采用双列流化反应床技术、采用 $\varphi(CO)/\varphi(CO_2)$ 高的还原气等。该法保留了流化床优势，实现能量闭路，提高煤气还原势，增大反应器能力，使产能增加、能耗和成本降低。

其他流化床直接还原工艺流程特点如表 7-12 所示。

表 7-12　其他流化床直接还原工艺流程特点

工艺流程	工　艺　特　点
H-iron	由 Hydrocarbon Research Inc. 和 Bethlehem Steel Co. 联合开发，以氢气为还原气，采用高压低温技术（2.75MPa，540℃），在竖式多级流化床中实现矿粉还原
HIB	以天然气为原料，以水蒸气为裂化剂，通过催化制造 H_2 和 CO 作为还原剂，在双层流化床中生产直接还原铁
Novalfer	制气系统与 H-iron 工艺类似，对进入二级流化床的含铁料进行了磁选以除去其中的脉石成分，提高二级流化床内还原气的利用率及热利用率

7.2.4　气基竖炉直接还原应用于特色冶金资源综合利用

我国金属矿产资源多以多金属共伴生矿为主，这类资源总体储量大，约占我国矿产资源的五分之一。由于多金属共生矿资源的特殊性，其加工、利用、二次资源高效回收再利用以及与之相关的生态环境问题十分复杂，相应的理论、方法及工艺选择十分困难。长期以来，我国在开采和加工这类多金属共生矿资源得到其中部分金属铁的同时，也付出了资源利用率低、能耗高、环境负荷大的代价。

以气基还原为主要代表的非焦冶炼技术在冶金资源综合利用方面具有显著的技术优势。

高铬型钒钛磁铁矿是一种复合铁矿资源，其除铁、钒、钛之外还伴有珍贵的铬资源。该资源的高效利用应立足于充分、有效地回收其中的有价组元。由于高铬型钒钛磁铁矿矿物组成复杂，炉料冶金性能差，高炉冶炼困难，高炉-转炉流程对铁、钒、钛、铬资源利用率极低。高铬型钒钛磁铁矿气基竖炉直接还原-电炉熔分流程如图 7-10 所示。研究表明，气基竖炉直接还原在温度 1100℃、

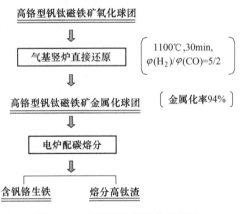

图 7-10　高铬型钒钛磁铁矿气基竖炉直接还原-电炉熔分流程

$\varphi(H_2)/\varphi(CO)=5/2(\varphi(H_2)+\varphi(CO)+\varphi(CO_2)=100\%,\varphi(CO_2)=5\%)$、还原时间 30min 条件下，还原后球团金属化率达 94% 左右。而后进行金属化球团配碳电炉熔分，得到含钒、铬生铁及熔分高钛渣，铁回收率为 99%，钒回收率为 97%，铬收得率为 92%，钛回收率为 94%，实现了高铬型钒钛磁铁矿有价组元高效综合回收利用，见图 7-11。

硼镁铁矿是一种利用价值较高的矿产资源。但其矿物构造复杂、嵌布细、共生关系密切。用硼镁铁矿直接生产硼砂工艺酸、碱耗高，铁资源未得到利用，硼收得率低（约

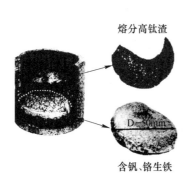

收得率/%			
Fe	V	Cr	TiO$_2$
99	97	92	94

各物质的质量分数/%			
铁			渣
Fe	V	Cr	TiO$_2$
93.5	0.90	0.69	37.52

图 7-11　高铬型钒钛磁铁矿电炉熔分产物形貌、化学成分及有价组元收得率

60%），不仅对资源造成浪费，且生产成本高，经济、环境效益差。高炉法利用硼镁铁矿，获得的富硼渣活性低，不能满足碳碱法硼砂生产的要求。此外，高炉炼铁存在投资大、周期长、污染严重，过于依赖焦煤资源等问题。硼镁铁矿气基竖炉直接还原-熔分研究结果如图 7-12 与表 7-13 所示。硼镁铁矿还原率随还原温度及还原气 $\varphi(H_2)/\varphi(CO)$ 的升高而升高。气基竖炉直接还原温度 1000℃、$\varphi(H_2)/\varphi(CO) = 1/1$（$\varphi(H_2) + \varphi(CO) = 100\%$）、还原时间 30min 条件下，硼镁铁矿氧化球团还原率达 98%，金属化率达 93% 左右。电炉熔分获得熔分生铁及熔分富硼渣，铁回收率为 98% 以上，硼回收率为 99%，实现硼镁铁矿有价组元高效综合回收利用。富硼渣活性达 85% 以上，B$_2$O$_3$ 含量达到"一步法"生产硼酸的要求。

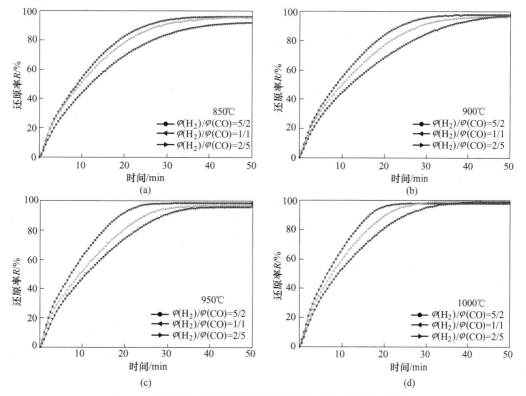

图 7-12　硼镁铁矿还原率随还原温度及还原气氛的变化规律

表 7-13　硼镁铁矿电炉熔分产物化学成分

产物	熔分生铁					熔分富硼渣		
化学成分 /%	B	Si	C	S	P	TFe	B_2O_3	活性
	0.022	0.050	0.023	0.029	0.015	0.83	21.12	89.48

7.3　煤基直接还原及其应用

7.3.1　回转窑法

20 世纪 70 年代末至 80 年代初，以煤基直接还原技术和设备出名的鲁奇公司、克虏伯公司和戴维麦奇公司，在总结以往回转窑生产经验的基础上，经过深入研究，从工艺技术和设备上进行了重大改进，特别是石油、天然气价格的上涨，更促使回转窑直接还原技术稳步发展。1980 年回转窑法生产 DRI 仅 37 万吨，设备运转率为 30.3%，1990 年已有 24 座回转窑在生产炼钢用 DRI，总生产能力达 297 万吨，产量为 136 万吨，设备运转率也提高到 58.4%。从世界煤基回转窑直接还原铁厂的情况来看，煤基回转窑直接还原主要分布在缺乏焦煤和天然气资源的南非和印度等地，目前，全球回转窑法直接还原铁产量已超过 1700 万吨。

回转窑是固体还原剂直接还原工艺，利用回转窑还原铁矿石可按不同作业温度生产直接还原铁、粒铁及液态生铁。回转窑是一个略倾斜放置在几对支撑托轮上的筒形高温反应器。作业时，窑体按一定转速旋转，含铁原料与还原煤（部分或全部）从窑尾加料端连续加入，并加入脱硫剂以控制产品硫含量。随着窑体的转动，固体物料不断地翻滚，从窑头排料端移动。在排料端设有主燃料烧嘴和还原煤喷入装置，提供工艺过程所需要的部分热量和还原剂。沿窑身长度方向装有若干供风管（或燃料烧嘴）向窑中供风，燃烧煤释放的挥发分、还原反应产生的 CO 和煤中的碳用以补充工艺所需大部分热量和调节窑内温度分布。物料移动过程中，被逆向（或同向）高温气流加热，进行物料的干燥、预热、碳酸盐分解、铁氧化物还原及溶碳、渗碳反应，铁矿石在保持外形不变的软化温度以下转变成直接还原铁。

生产高品位直接还原铁供炼钢用的方法有 SL-RN 法、Krupp-CODIR 法和 DRC 法，用于处理含铁粉尘和复合矿综合利用的方法有川崎（Kawasaki）法、SDR（住友）法、SPM（久保田）法、KOHO（新日铁）法及 Welze（维尔兹）法等。回转窑直接还原方法繁多，各有特色，原料和产品也各有差异，但基本工艺过程和原理相同。

回转窑直接还原法的典型工艺流程如图 7-13 所示，其工作原理如图 7-14 所示。

回转窑直接还原工艺具有较长的历史，早先生产粒铁，后转为生产 DRI。回转窑直接还原法的本质特征是以非焦煤为基础，因此能源储量丰富、来源广泛，无烟煤、褐煤或一些次烟煤都可以作为还原剂。与高炉法相比，可省去炼焦；与气体还原剂竖炉相比，不用制气，因而大大简化了钢铁生产的工艺流程。同时，这种方法用途广泛，对原料适应性强，不仅可处理一般铁矿石，还可以处理多金属共生的复合矿石；还可以使用块矿、球团矿、转炉炉尘、瓦斯泥、铁鳞、铁屑、轧钢皮、硫酸渣等。但回转窑工艺也有其固有缺

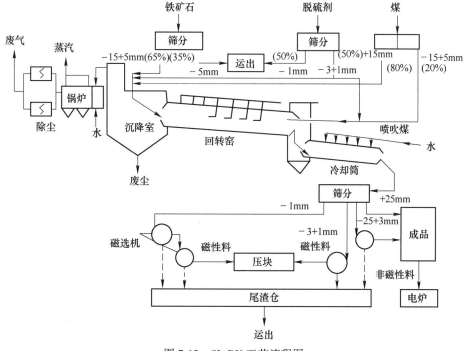

图 7-13 SL-RN 工艺流程图

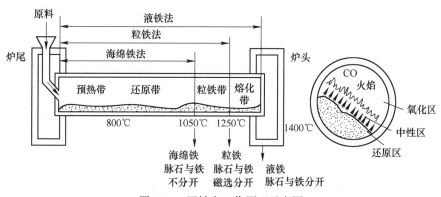

图 7-14 回转窑工作原理示意图

点：（1）原料在窑中随窑体转动而滚动运行，容易粉碎，产生的粉末与煤灰粘在一起易形成结圈，从而破坏炉衬，造成操作事故；（2）为了避免结圈的影响，在操作过程中还原温度不能过高，一般最高在 1100℃左右，造成还原速度不高；（3）生产效率不高；（4）单位投资相对较大；（5）对还原煤种有特殊要求，如灰熔点要高于 1200℃，否则易造成结圈。

从 1975 年开始，我国分别在北京、浙江、福建、四川、云南等地建成了多个直接还原铁回转窑试验装置，开展回转窑法生产炼钢用直接还原铁的试验研究，以及以回转窑为反应器对钒钛磁铁矿进行还原实施钒钛磁铁矿综合利用的研究。1991 年，天津钢管公司引进 DRC 法建成 ϕ4.8m×80.0m 以块矿/球团为原料的回转窑两条，设计年生产能力 30 万吨炼钢用直接还原铁 DRI，实现了我国直接还原铁生产的零突破。此后，辽宁喀左建成年产

2.5 万吨的链箅机-回转窑生产线，北京密云建成年产 6.2 万吨的链箅机-回转窑生产线，山东莱芜建成年产 5.0 万吨的冷固结球团-回转窑生产线（后改造为链箅机-回转窑）。2009 年在新疆富蕴建成年产 15 万吨链箅机-回转窑生产线。

我国回转窑直接还原技术成熟，结圈问题已得到解决，生产指标世界领先。天津钢管在引进 DRC 技术的基础上，进行了大量改造，技术上有了重大进步，年产量最高超过设计产量 20%，煤耗（褐煤）仅 850~900kg/t DRI，尾气余热发电进一步降低了能耗，在使用 TFe 68% 球团时，产品 w(TFe)>94.0%，金属化率大于 93.0%，S、P 含量小于 0.015%，SiO_2 约为 1.0%，回转窑生产指标世界领先。我国自行开发的链箅机-回转窑法（一步法）实现了工业化，煤耗（褐煤）仅 900~950kg/t DRI。

然而，回转窑法对原燃料的要求苛刻，单位产能投资高，运行费用高，生产运行的稳定难度大，难以实现自动化生产，规模难以扩大（最大 20 万吨/年座），难以成为我国 DRI 发展的主体工艺，仅是在资源适宜，中小规模需求条件下可供选择的方法。目前，我国已建成回转窑生产线 6 条，总生产能力约 60 万吨。但 2009 年以来，因天津钢管依靠进口原料，进口原料价格过高被迫停产。喀左、密云、莱芜、富蕴均采用链箅机-回转窑工艺（一步法回转窑），因控制难度大，生产稳定性差，以及经济效益等原因停产。2009 年以来，我国直接还原铁没有回转窑生产的产品，仅仅约 60 万吨的产量，全部为隧道窑生产的产品。虽然目前我国没有炼铁回转窑生产线在运行，但几十年的试验、研究和大量实践经验，为我国炼铁回转窑技术的发展奠定了基础。

7.3.2　转底炉法

转底炉（简称 RHF）工艺是一种煤基快速直接还原技术，其工艺思想最早由 Ross 公司提出。1978 年，加拿大国际镍集团建成第一座利用冶金废弃物回收金属的转底炉。迄今，转底炉的发展已经有 30 多年的历史了。期间，美国、德国、日本等国家都相继投入力量开发研究，先后建立起工业化生产厂。目前该技术已经表现出一定的商业发展潜力。我国自 1990 年代起对转底炉技术进行跟踪研究，近几年在消化吸收国外转底炉技术发展的基础上，先后有多家企业投资建设转底炉装置。

到目前为止，转底炉按生产用途可分成两大类：一类是以回收冶金废弃物为原料，如高炉瓦斯灰、轧钢氧化铁皮等，这种工艺技术已成熟，有多座工厂在生产；另一类是以铁矿粉为原料，作为新一代炼铁工艺已有多次试验成果，并建有商业规模工厂，但技术上还不够成熟，仍在发展中。转底炉由环形炉床、内外侧壁、炉顶、燃烧系统等组成。防尘系统控制炉内保持微负压状态。侧壁、炉顶固定不动，炉床由炉底传动机构带动循环旋转，将加入炉内的炉料经过预热区、高温区、冷却区后还原成直接还原铁排出炉外。炉内分为进、出料区和燃烧区。燃烧区内外侧壁均配有不同数量的烧嘴，通过管道送入燃气配助燃空气燃烧产生的热量来控制每个区的温度。转底炉工艺流程主要分为原料处理和转底炉直接还原两部分。原料处理工序为将含铁原料与一定比例的还原剂（煤、焦粉、兰炭等）进行混合，并根据不同的处理原料配加一定量的添加剂、黏结剂混合均匀后进行造块处理，含碳球团经过烘干后进入转底炉内快速还原，最终得到一定金属化率的直接还原球团。

转底炉工艺的特点主要体现在：（1）在转底炉内还原焙烧的物料是含碳球团。碳和氧化铁之间的接触紧密，具有良好的快速还原条件。（2）转底炉还原工艺是薄料层在高温敞焰中加热，可实现快速还原。炉料在炉内还原时间短，在转底炉中，含碳球团均匀铺在炉底上，料层为 1~3 层球高（15~45mm），随着炉底的旋转，球团被加热到 1100~1350℃，球团在炉底停留时间一般为 8~40min，还原时间和温度取决于原料的特性、料层及其他因素。而传统有罐隧道窑还原时间需要 28~42h，无罐隧道窑也需要 8~12h，回转窑直接还原需要 8~10h。（3）由于薄料层、炉料在转底炉中不受压，且炉料与炉衬之间无相对运动，因此对炉料的强度要求不高，不会产生料团与炉内耐材黏结现象。转底炉适应的种类很多，可以处理冶金尘泥、硫酸渣、铜渣尾矿、赤泥、低品位难采选复合矿等原料，通过选择合适的工艺流程和工艺条件，可以得到合格的焙烧产品。转底炉直接还原工艺的出现，在很大程度上使各种含铁资源得到充分有效的利用。但该工艺在应用发展上还有一些技术难题，如转底炉处理粉尘过程中成球性及还原过程中球团粉化的问题；转底炉生产粒铁时对炉衬和炉底耐火材料的特殊要求问题；转底炉处理高磷矿时虽然脱磷率很高，但产品中磷含量依然较高等问题。转底炉工艺流程及工作原理见图 7-15、图 7-16。

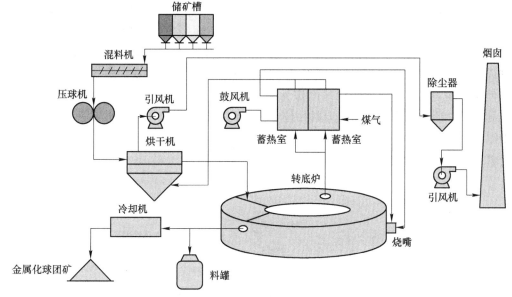

图 7-15 转底炉工艺流程

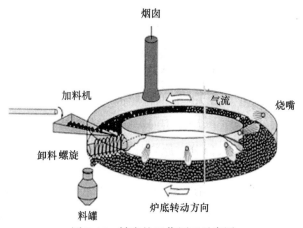

图 7-16 转底炉工作原理示意图

7.3.2.1 ITmk3 工艺

ITmk3（Ironmaking Technology Mark Three）工艺由日本神户钢铁公司及美国米德兰公司联合开发出的第三代煤基直接还原技术，基础研究从 1996 年开始。1998 年在米德兰技术中心的环形炉中对 ITmk3 技术进行了第一次检验。此后，日本神户公司加古川厂建造了直径为 4m、产能为每小时 0.4 吨的环形炉半工业性试验设备。2000 年前后在加古川厂完成了 3000 吨规模的中试，2001~2004 年在美国完成 2.5 万吨规模示范运行，2010 年初首座 50 万吨商业工厂投产。

ITmk3 工艺是在铁-碳相图的新区域中进行探索性试验，在此区域中，含碳球团在 1350~1400℃ 温度下还原和熔化，渣、铁分离后得到粒铁；粒铁金属化率大于 85%，含碳低于 3%。ITmk3 在固-液两相区进行还原反应，这不同于传统直接还原铁技术。由于渣中残留的 FeO 含量低于 2%，不会对耐火材料产生破坏。相对于传统的炼铁技术有如下优点：（1）还原和渣铁分离同时进行；（2）不需要过高的加热温度；（3）不存在 FeO 对耐火材料的侵蚀；（4）炉渣可以彻底从金属中分离出来；（5）铁矿粉和低品位矿都能使用。

ITmk3 工艺流程和设备配置与 Fastmet/Fastmelt 转底炉直接还原工艺十分相似，如图 7-17 所示。神户制钢于 20 世纪 80 年代收购 Midrex 公司后，在 Fastmet 技术基础上进一步改进而发展成为粒铁生产工艺。ITmk3 与 Fastmet/Fastmelt 工艺的核心设备都是转底炉，都可以使用矿粉与煤粉制成含碳的球团作为原料。但是 Fastmet 工艺的产品为 DRI，产品中含有脉石，杂质含量主要依赖于原料品位，对炼钢工艺会造成一定的影响。通过埋弧炉熔化 DRI 可使渣铁分离，从而获得炼钢铁水（即 Fastmelt 法）。而 ITmk3 工艺只需一步在转底炉就能实现渣铁熔分，获得粒铁产品。

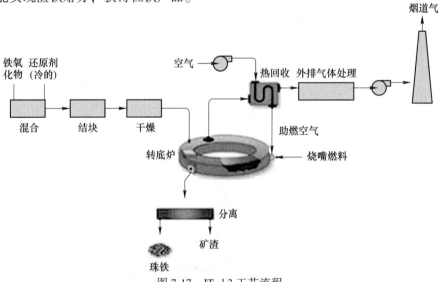

图 7-17 ITmk3 工艺流程

ITmk3 工序整体可划分为四大部分：原料处理部分、还原熔分部分、渣铁分离部分、废气处理部分。原料一般是将矿粉和煤粉混匀，使用造/压球机等设备制成含碳球团/团块。矿粉可以使用一般磁铁矿与赤铁矿，并可使用较低品位矿，甚至选矿厂的尾矿粉，但处理低品位矿会增加能耗，煤粉可以使用发电用普通煤或石油焦及其他的含碳原料，选择范围也很广泛。制好的含碳球团/团块在转底炉中随炉床旋转一周即完成全部反应过程，在 1350~1450℃ 条件下发生还原、渗碳及熔融反应，渣铁熔化并各自聚集，整个过程只需十几分钟，熔化聚集起来的渣和铁冷却后经排料装置排出，获得粒径为 5~25 mm 粒铁产品，粒铁与渣能干净地分离。反应过程中产生的高温烟气用热交换器预热助燃空气后除尘排出。

从工艺上看，ITmk3 具有很多优点，工艺简单、投资省、产品成本低，对原料及还原剂的选择灵活。对于年产 50 万吨的 ITmk3 炼铁厂来说，投资成本为 9000 万~1 亿美元，如果假定含碳球团矿价格为 16 美元/吨，ITmk3 铁块的生产成本为 85~90 美元/吨。ITmk3 工艺的原料既可以是磁铁矿粉，也可以是赤铁矿粉，在工业试验厂使用不同类的铁氧化物都生产出粒铁。ITmk3 工艺可以一步实现渣-铁分离，是富集铁元素的有效方法，提高了利用低品位铁矿粉和超细铁矿粉的可能性。碳供给来源广泛，可以是非焦煤，也可以是其他含碳原料。ITmk3 工艺的产品为无渣纯铁，其碳量可以控制，无二次氧化，不会产生细粉末，易于运输，铁块的化学成分主要为铁 96%~97%，碳 2.5%~3.5%，硫 0.05%。

7.3.2.2 Inmetco 和 Fastmet 工艺

1978 年，加拿大国际镍集团和德国德马格公司合作，为处理利用冶金废弃物，在美国宾州建成世界上第一座具有生产规模的转底炉，转底炉直径为 16.7 m，宽 4.3 m。它所采用的工艺称为 Inmetco 工艺。2000 年，日本新日铁广畑厂建成以钢铁厂含铁废弃物为原料的转底炉，外径为 21.5 m，宽 2.8 m，年产能力达 19 万吨。2000 年和 2002 年，新日铁君津厂先后建成两座转底炉，年产能力达 10~13 万吨，金属化率达 75%~85%。广畑厂采用的是美国 Midrex 公司开发的 Fastmet 工艺，其工艺流程见图 7-18，君津厂则采用了 Inmetco 工艺。这两种工艺都是将金属废料、煤粉和黏合剂混合造球，经干燥后在转底炉内还原，但在装料、烧嘴形式、炉温分布、金属收集、运输设备以及高温废气热量利用等方面则各有特点。它们都可以实现冶金废弃物的再利用，但如用铁矿粉作原料，按同一工艺处理则不能把料中的铁与脉石及煤中灰分分离，这些杂质必然进入炼钢过程，使渣量增加，造成炼钢的能耗上升和产量下降。

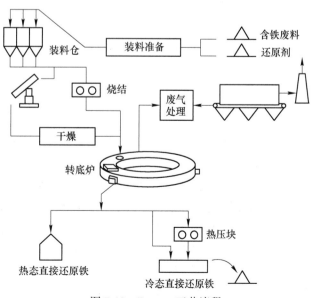

图 7-18 Fastmet 工艺流程

7.3.2.3　Fastmelt 和 Redsmelt 工艺

当以铁矿粉为原料，采用转底炉法生产还原铁时，为使渣、铁分离，一般采用埋弧电炉（矿热炉）作为熔分手段，以热直接还原铁装入电炉熔分，获得铁水热装入电炉炼钢或铸块，这就是 Fastmelt 工艺，这种工艺是在 Fastmet 工艺基础上由美国 Midrex 公司开发的，其工艺流程如图 7-19 所示。Fastmelt 的设计理念是获得大于 90% 的高金属化率还原铁，由 RHF 生产的还原铁装入熔炼炉以生产熔融铁。为防止 DRI 熔炼炉内的耐火材料受损害，减少 DRI 中的 FeO 含量，在 DRI 熔炼炉内的熔炼过程显得非常重要。最大限度还原的熔融铁可以降低 DRI 炉内的热负荷，与冷装铁矿石相比，可以保护耐火材料。Fastmelt 工艺生产液态铁水的主要特点是流程短，设备占地面积少，反应时间短，整个工艺过程无废水、废气等二次污染物产生。德国曼内斯曼公司于 1985 年获得 Inmetco 转底炉技术许可证，并将其与埋弧电炉组成 Redsmelt 法熔融还原炼铁水工艺。1996 年 5 月意大利 Italimpianti 公司和曼内斯曼合并，在意大利 Genova 建造了一套模拟转底炉箱式实验装置。

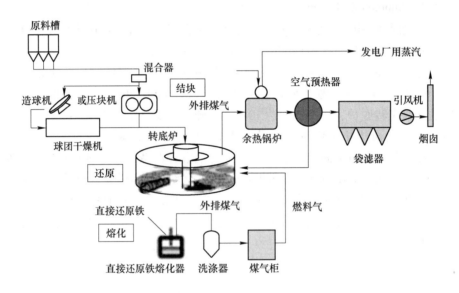

图 7-19　Fastmelt 工艺流程

7.3.3　其他煤基直接还原工艺

7.3.3.1　Kinglor-Metor 法

Kinglor-Metor 法是由意大利的 Kinglor Metor 矿冶公司开发的一种煤基竖炉法。该法将 6～25mm 球团矿（块矿）与碎煤、石灰石一起自顶部加入竖炉反应管，反应管用碳化硅制成长方形的断面。外面用天然气燃烧加热，温度自顶部 350℃ 到底部 1050℃，在高温下通过 CO 还原铁矿石，生成的 CO_2 则被焦炭气化成 CO，因此总反应效果相当于固体碳直接还原。还原产物出炉后，经过筛选除掉剩余碳及脱硫生成物。该工艺优点是设备简单，无运转机件，还原剂的适应性广。缺点是生产率低，碳化硅反应管价格昂贵而且易于损坏。该工艺于 1978 年在米兰的阿尔维迪公司建成一座直接还原装置，其工艺流程如图 7-20 所示。

该工艺的关键装置是加热炉和还原反应器。其中加热炉根据炉内温度分布要求，沿炉腔高度设有 6 层煤气燃烧器，以天然气或其他燃气作为燃料进行燃烧。燃烧产生的热量以辐射和对流的方式传递给反应管，为反应管内的炉料和煤反应提供所需的热量。还原装置由 6 个垂直的自承式反应器组成，反应器呈矩形断面，由三部分构成：上部为预热段；中部为还原段，内有耐火炉衬，外部由耐热钢包裹；下部为冷却段，暴露在炉腔外部。预热段和还原段的温度可以通过调节各层的燃烧强度来控制，一般预热段温度控制在 850℃ 左右，还原段温度控制在 1050℃ 左右。

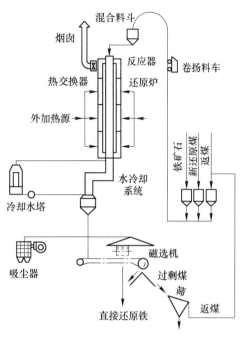

图 7-20 KM 法工艺流程

7.3.3.2 固体反应罐法

此法是将细粒矿石与炭粉还原剂和脱硫剂混合加入反应罐中，从外面加热到一定温度后由固体碳进行铁氧化物的还原。这种固体碳还原反应是通过气体 CO 进行的，但由于矿石处于静止状态而炉料导热性又不良，从而限制了还原反应发展。生产周期很长且生产率很低是这一方法的最大缺点，然而设备简单，操作容易是其优点，因而在实际上仍有一定使用价值。

Hoganas 法是最主要的固体反应罐法，在瑞典已有多年生产历史，20 世纪 50 年代经过技术改造后，实现了机械化生产。该法使用高级精矿粉（$w(\mathrm{Fe}) = 69\% \sim 70\%$）为原料，精矿粉经过压制后装入黏土质或碳化硅质坩埚中，然后用还原焦粉和石灰在矿粉周围充填。加入的石灰量为混合料的 10%~15%，这就能使反应罐中有良好的脱硫效果。充填方式有间隔式或花格式多种。还原碳需配加过量以保证还原反应充分及冷却过程中不被再氧化，坩埚在装料后加盖但并不密封，在还原过程中生成的 CO 自坩埚排出后即在隧道窑中燃烧，这能提供所需热量消耗的 80%。装料后的坩埚排列在料车上送入隧道窑中加热，经 30 h 升温到 1220℃，然后经 60 h 的保温及冷却，在炉料温度下降到 200℃ 以下时推出窑外，卸料后清除灰分、过剩碳及熔剂而得成品直接还原铁。

1956 年瑞典成立的 Hoganas 法工厂有 165 m 隧道窑，其中有 50 m 加热段、55 m 保温段及 60 m 冷却段。除瑞典外，加拿大、墨西哥及美国在 20 世纪 50 年代都建立过年产 2 万吨左右的隧道窑直接还原铁生产工厂，其生产方法与工艺流程与 Hoganas 法大同小异。我国本溪地区在新中国成立前（1946 年）及新中国成立后（1958 年）都进行过类似的直接还原铁生产。

7.3.3.3 EDR 法

EDR 法是 Midrex 工艺的一个分支，主要是为缺乏天然气资源的地区而开发的。该工艺与传统的竖炉工艺的主要区别在于：竖炉热源由电力提供而不是由还原气提供；入炉料由矿石和煤组成；还原剂由煤的气化反应提供；由于炉内不依靠还原剂提供热量，竖炉料柱内的气流量远低于气基直接还原竖炉，该特点有利于使用低透气性矿煤混合炉料。

EDR 竖炉截面呈矩形，在炉衬内表面装有数组对称耐热钢电极，电极通过放电为竖炉还原提供所需的热量。矿石、煤粉和石灰石组成的混合炉料由炉顶装入，自上向下逆煤气流运动。在煤气流和电极共同作用下，炉料温度逐渐升高，依次形成预热段和还原段。还原后的直接还原铁经冷却段冷却后，排出炉外。按气路划分，EDR 流程可分为两种，如图7-21 所示。

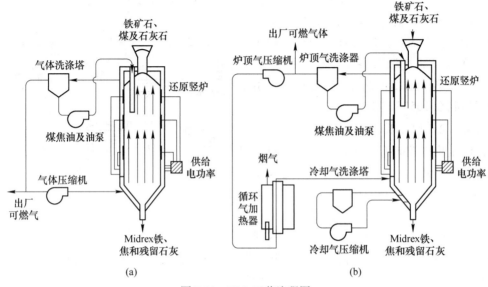

图 7-21　EDR 工艺流程图

图 7-21（a）是 EDR 工艺的一般流程。炉内反应之后形成的炉顶煤气排出竖炉，经过洗涤脱除煤焦油后得到净煤气。净煤气一部分作为竖炉顶部的冷却气，冷却直接还原铁，另一部分可出厂作为可燃气。脱的煤焦油可以通过一个油泵返回竖炉再次利用。图 7-21（b）流程与（a）流程的主要区别在于炉顶煤气的处理：其一，净化后的煤气经过加热后再进入竖炉循环利用；其二，采用了经典的 Midrex 流程中的冷却气循环方式对热直接还原铁进行冷却。

7.3.4　煤基还原应用于特色冶金资源综合利用

在煤基直接还原工艺中，近几年转底炉直接还原在中国发展较快，龙蟒集团、马鞍山钢铁公司、日照钢铁、沙钢、攀钢先后建成投产了年处理能力 10～20 万吨的转底炉，尽管大多数用于处理钢铁厂含铁尘泥生产 DRI 厂内循环利用，但是也积累了处理钒钛磁铁矿及新西兰海砂生产 DRI 的经验。煤基直接还原技术不用焦炭、烧结矿，可以完全使用非炼焦煤，可以直接处理传统高炉炼铁很难利用的各类低品质难选的含铁资源，如含较高的硅、铝、镁、钛等氧化物，含铁 45%～60% 的难选赤铁矿、难还原的铁矿石，高炉难于大量使用的钒钛磁铁矿、有色冶金含铁废渣（铜渣、赤泥、硫酸渣等）以及大型高炉无法使用的含锌、铅及碱金属高的钢铁厂含铁尘泥等。钒钛磁铁矿、高铁铝土矿、硼镁铁矿等特色冶金资源煤基直接还原基本流程如图 7-22 所示。

高铁铝土矿煤基直接还原-分选研究表明（图 7-23），在还原温度 1400℃、还原时间 180min、配碳比 2.0、铝土矿粒度小于 2.0mm 条件下，磁性产物中 TFe 78.23%，金属化

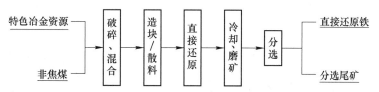

图 7-22　特色冶金资源煤基直接还原基本流程

率 97.56%，铁的收得率 89.24%，非磁性产物中 Al_2O_3 的品位为 53.32%，Al_2O_3 的收得率为 86.09%。在一定温度范围内，温度越高，高铁铝土矿煤基直接还原产物中的铁颗粒越大，越有利于磁选分离铁与其他脉石成分。得到的磁性产物为金属化率较高的金属铁粉，可进一步处理用于钢铁生产，非磁性产物为高品位的含铝资源，可作为铝工业生产原料。

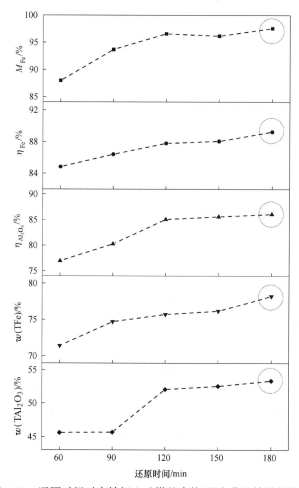

图 7-23　还原时间对高铁铝土矿煤基直接还原-分选效果的影响

硼镁铁矿煤基直接还原-分选研究表明，在还原温度 1250℃、还原时间 60min、配碳比 1.4、矿粒度 0.5~2.0mm、煤粒度 0.5~1.5mm 条件下，磁性产物中 TFe 87.78%，金属化率 93.52%，铁的收得率 88.02%；非磁性产物中 B_2O_3 和 MgO 含量分别为 15.88%、43.75%，收得率分别为 88.86%、94.60%，实现了铁与硼镁的有效分离。磁性物为分选产物，非磁性物为分选尾矿，如图 7-24 和表 7-14 所示。磁性产物为高金属化率的金属铁粉，可经进一步处理用于钢铁生产，非磁性为较高品位的含硼镁资源，可作为硼镁工业的优质原料。

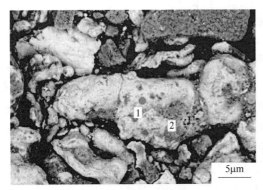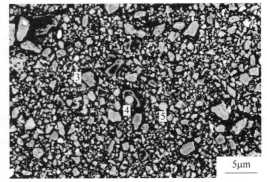

图 7-24　硼镁铁矿煤基直接还原-分选产物和分选尾矿 SEM 图像

表 7-14　分选产物和分选尾矿 EDS 分析结果

元素	C	O	Fe	Mg	Ca	Si	S	Al	总量
点 1/%	4.32	2.92	92.41	0.36	—	—	—	—	100
点 2/%	9.76	23.36	35.47	18.06	0.33				100
点 3/%	24.32	9.16	49.03	5.71	—	1.30	10.29	0.19	100
点 4/%	82.89	10.92	0.87	0.35		0.25	4.73	—	100
点 5/%	18.53	42.70	1.34	24.62	—	12.49	—	—	100

煤基直接还原-分选技术可以用于处理难选特色冶金资源，通过控制还原条件，促使还原出的金属铁颗粒形核、聚集、长大，可以使金属铁颗粒与脉石分离。特色冶金资源中铁的回收率均在 85% 以上，其他有价组元的回收率与传统工艺相比有较大提高。特色冶金资源煤基直接还原-分选技术采用非焦煤，不依赖焦炭，为我国的多金属共生铁矿的开发利用提供新的技术途径，在我国具有广阔的发展和应用前景。

7.4　熔融还原炼铁

熔融还原是指非高炉炼铁方法中那些主要以非焦煤为燃料、不用冶金焦炭或仅使用少量焦炭生产高质量液态热铁水，环境污染极小的工艺过程。熔融还原炼铁工艺是当代冶金工业非常关注的前沿研究开发课题之一。

熔融还原法是先把普通煤装入熔融气化炉，然后吹入氧使煤燃烧、分解，将生成的煤气作还原煤气导入还原竖炉，在还原竖炉内将块矿石和矿石颗粒还原到金属化率为 95% 左右。

国内外的众多冶金专家对熔融还原工艺已研究多年，目前，真正应用于工业生产的只有 Corex 工艺和 Fastment 工艺两种方法，除此之外，Finex 工艺、HIsmelt 工艺、HIsarna 也得到很大的进步，本章重点讲述 Corex、Finex、HIsmelt、HIsarna 这四种工艺的原理、工艺流程及特点和应用前景。

7.4.1 Corex 工艺

7.4.1.1 Corex 工艺概述

Corex 工艺是由奥钢联开发的, 以非焦煤为能源, 以块矿或球团为原料, 采用竖炉作预还原反应器, 采用半焦填充床或半焦浮动床作为终还原和熔融造气装置的一种铁水生产工艺方法, 所得铁水的成分与高炉铁水相似。

Corex 是 20 世纪 70 年代末形成该工艺的概念流程, 由德国 Korf 公司和奥钢联 (VAI) 合作开发, 1981 年在德国克尔 (Kehl/Rhine) 建成了年产 6 万吨铁水的半工业性试验装置 (即 KR 法), 先后进行各种试验, 证明了工艺的可行性。1985 年 4 月 VAI 与南非依斯科尔公司签约决定在 Pretoria 厂建造一座 C-1000 型的 Corex 装置, 从 1991 年 3 月起这一技术在世界上进一步推广; 第二套 C-2000 型 Corex 装置于 1995 年 11 月在韩国浦项 (POSCO) 建成投产; 第三套 C-2000 型于 1998 年 12 月在南非萨尔达纳建成投产; 第四、第五套 C-2000 型分别于 1999 年 8 月和 2001 年 4 月在印度京德尔公司建成投产。目前, 除了第一套 C-1000 因原料运输成本过高而关闭外, 其余 4 套 C-2000 型 Corex 装置都在生产运行中。

2005 年宝钢向奥钢联引进 Corex 技术并进一步扩容为 C-3000, 将其设计产能从 80 万吨扩大到 150 万吨/年, 于 2007 年 11 月 8 日出铁, 实现了连续 4 年顺行生产, 对我国非高炉炼铁技术的发展及人才培养、熔融还原生产和设备制造、维护经验的积累, 起到了重大推动作用。这是世界上第一座大型的 Corex 炼铁炉, 也是第六套 Corex-3000 型 Corex 装置, 目前生产稳定; 2011 年 3 月 28 日第二座 Corex-3000 型 Corex 装置投产, 这也是世界上第七座 Corex-3000 型 Corex 装置。但是由于原料存储、投资、技术掌握熟练程度等原因, 其生产成本高于高炉。宝钢 Corex C-3000 技术的引进, 又一次带动了国内熔融还原技术的发展, 迎来了国内第二次熔融还原发展的热潮。由于其铁水成本高于高炉的成本, 引起了国内炼铁界对其技术的质疑。因成本原因, 停产后转迁到球团矿及块煤价格便宜的新疆八一钢铁厂, 2015 年 6 月 18 日点火开炉。

7.4.1.2 Corex 工艺流程

Corex 熔融还原炼铁过程分别在两个反应器中完成, 即在上部的预还原竖炉内, 将铁矿石还原成金属化率 92%~93% 的直接还原铁; 而在下部的熔融气化炉内, 将直接还原铁熔炼成铁水, 同时产生高温高热值的还原煤气。Corex 工艺流程示于图 7-25, 其主要设备示于图 7-26。

Corex 法预还原竖炉采用高架式结构, 使用天然块矿和球团矿为含铁料, 燃料为块状非焦煤。矿石按预定料批装入还原竖炉, 在下降运动中被逆向流动的还原气体预热和还原, 降至竖炉底部的矿石已被还原成金属化率大于 90% 的直接还原铁, 料温为 800~900℃。直接还原铁和熔剂 (石灰石、白云石) 通过直接还原铁螺旋加入下部的熔融气化炉。

Corex 的熔融气化炉有两个作用: 熔化预还原矿石; 产生预还原竖炉所需的还原气。块煤借助螺旋给料机加到熔融气化炉上部, 挥发分在 1100~1150℃ 高温下干馏脱气, 然后成为半焦, 在熔融气化炉底部形成风口带固定床。氧气自炉缸上部鼓入使半焦/焦炭燃烧产生高温煤气, 再与煤干馏裂解气体汇合成含 95% 左右 $(CO+H_2)$ 的高温优质还原气体。

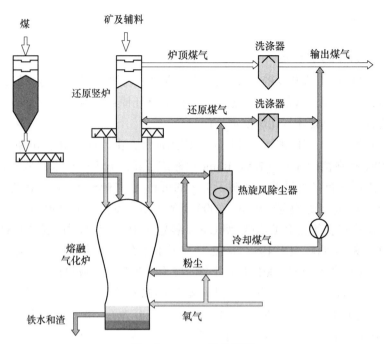

图 7-25　Corex 工艺流程

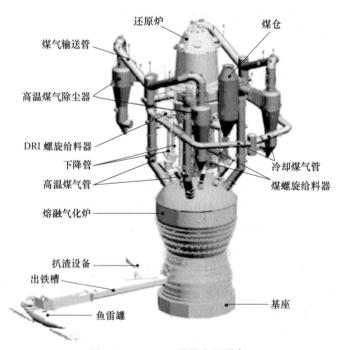

图 7-26　Corex 工艺的主要设备

直接还原铁在熔融气化炉内进一步完成还原、熔化、渗碳,渗入炉缸。随铁矿石一起加入的熔剂在熔融气化炉中进行分解、造渣、脱硫,形成的渣铁性质类似高炉,积存于炉缸底部,定期从铁口和渣口放出。还原气体自熔融气化炉出来后冷却至 850℃ 左右进行除尘,大部分粉尘在热风旋风除尘器内与气体分离,然后返吹入熔融气化炉,加以循环使用。从热风旋风除尘器出来的还原煤气通过环形围管被送入预还原竖炉，逆流穿过下降的矿石层，自预还原竖炉炉顶排出，经清洗后与未进入还原竖炉的富余煤气汇成干净的中等热值煤气，以供利用。

7.4.1.3 Corex 工艺对原燃料的要求

含铁原料 Corex 工艺使用的块矿、球团矿或者两者混合使用，在入炉前测试矿石的还原性能、热爆裂性和还原后强度，以选择还原后强度好的矿石入炉。Corex 工艺要求块矿的含铁量大于 55%、球团矿的含铁量大于 60%，对于矿石中的 TiO_2 含量严格控制。Corex 工艺中铁矿石及球团矿的成分与物理性能见表 7-15。

表 7-15 **Corex 工艺中铁矿石及球团矿的成分与物理性能**

项 目	参 数	分 析 值
化学成分/%	TFe	>60
	$SiO_2+Al_2O_3$	<6
	P	<0.1
	S	<0.03
转鼓试验	转鼓指数（+0.3）/%	>95
	转鼓指数（-0.5）/%	<5
静态还原试验（荷重下）	还原速度/%	>0.4
	金属化率/%	>90
粉碎指数（-0.3mm）	块矿/%	<30
	球团矿/%	<10
磨损指数（-0.5mm）	块矿/%	<5
	球团矿/%	<3

Corex 工艺中，由煤的挥发分和半焦提供热量与煤气，依靠半焦及焦炭保证下层固定床的透气性。同时，煤也应该保持一定的粒度，粒度不够则造成煤气通过还原炉带的粉尘过多，使除尘条件恶化。为了调节半焦床的透气性，除 CSR 和 CRI 指标外，半焦的平均粒度（MPS）和热爆裂性也是必要的。随着煤的平均粒度的减小，半焦床的透气性将会降低，甚至形成管道。因此，煤气的显热不能满足充分传到半焦床，导致铁水温度降低、产量较少。如表 7-16 所示，印度 JINDAL 钢铁公司 Corex 工艺用煤的典型标准。

表 7-16 **印度 JINDAL 钢铁公司 Corex 工艺用煤的典型标准**

项 目	指 标	参 考 值
煤的工业分析	M/%	<4
	FC/%	>59
	V/%	25~27
	A/%	<11
	S/%	<0.6
	热值/kJ·kg^{-1}	>29000

项　目	指　标	参 考 值
反应后指标	CSR（+10mm）/%	>45
	CRI/%	<5
	热爆裂指数（+10mm）/%	>80
	热爆裂指数（-2mm）/%	<3
	裂解热/kJ·kg^{-1}	越小越好
	MPS/mm	20~25

　　为了达到造渣和脱硫的目的，需要加入一定量比例的溶剂，一般采用白云石和石灰石为主，从理论上讲，熔剂应经过预热后加入，由于迅速调节渣碱度的需要，熔剂可通过加煤系统直接加到熔融气化炉内，从设计的角度，直接加入熔融气化炉的能力最大按总熔剂量的30%。加入熔融气化炉的熔剂粒度应比加入预还原的粒度小。Corex 工艺的熔剂的化学成分见表 7-17。

表 7-17　Corex 工艺的熔剂的化学成分　　　　　　　　　（%）

名　称	化 学 成 分					
	CaO	MgO	SiO$_2$+Al$_2$O$_3$	P$_2$O$_5$	SO$_2$	SiO$_2$
石灰石	≥50	—	≤3.0	≤0.04	≤0.025	≤3.0
白云石	—	≥19	—	—	≤6.0	≤10

7.4.1.4　Corex 工艺特点

　　Corex 熔融还原炼铁工艺，采用了成熟的气基竖炉法直接还原铁生产技术和高炉炼铁技术。Corex 工艺的预还原竖炉部分相当于高炉炉身中、上部，熔融气化炉部分相当于高炉的炉缸与炉腹部分并向上延伸。截去了高炉的炉身下部和炉腰部分，避免了高炉内影响料柱透液性、透气性和气流分布的软熔带的产生，为 Corex 工艺直接使用非炼焦煤炼铁创造了条件。

　　(1) 炉缸形成死料柱。Corex 熔融气化炉中部以下有煤、半焦和直接还原铁组成的料柱，下部有半焦和焦炭组成的死料柱。死料柱的存在，使熔化后的渣铁在高温区与焦炭的接触时间增加，铁水温度升高，铁、硅还原，渗碳、脱硫等反应有条件充分进行。分析料柱结构表明，炉缸的焦炭量随着固定床深度的增加而增加。和高炉死料柱的作用一样，死料柱在炉缸起到碳源作用，提供铁水碳饱和及降低渣中残余 FeO 所需要的碳。

　　(2) 炉尘回收，返入熔融气化炉。煤在熔融气化炉加热脱除挥发分的气化过程中，产生含碳粉尘，并被煤气带离气化炉。煤气经除尘，控制还原气含尘量在一定范围内。回收的炉尘在炉体适当位置返吹入熔融气化炉。这样，可以防止炉尘堆积，而且可通过调节吹氧量使炉尘燃烧产生的热量将炉顶温度控制在 1100℃ 左右，使气相中的焦油、苯等高分子碳氢化合物分解为 H$_2$、CO。所以，炉尘回收系统也是 Corex 工艺的无污染操作。

　　(3) 粒度分布与煤气流控制。以炉料与煤气相向运动为基础的竖炉还原，保持料柱的一定空隙率，煤气流的低压降，可防止悬料，增加煤气流通量，矿石得到充分还原。为此，除严格控制矿石粒度和还原气的含尘量外，还要尽量减少矿石在加热还原过程中的碎裂现象。

（4）环境污染小。由于 Corex 工艺用煤直接炼铁，基本不需要焦炭，避免了冶金工厂的主要污染部分（焦炉），工艺过程紧凑。尤其是没有了炼焦过程的焦煤装炉、出焦、炉门密封不严造成的煤气泄漏，使 Corex 熔融还原炼铁成为环境保护十分可取的炼铁工艺。以高炉–焦炉–烧结工艺排出的有害物质为 100% 计，则 Corex 熔融还原炼铁工艺的排放量大为改善。

（5）生产技术指标好。Corex 熔融气化炉和还原竖炉都采用高压操作，压力 400kPa 左右，铁水成分比较稳定且易控制，[Si] 的含量为 0.1% ~ 0.2%，平均 [S] 含量为 0.025%，但有时受原料影响波动大。

（6）流程短、投资省、生产成本低。与焦炉–烧结–高炉工艺流程相比，Corex 熔融还原炼铁工序少，流程短，从矿石到炼出铁水仅需 10 h，而高炉工艺需要 25 h。

以年产 150 万吨铁水为例，高炉工艺的投资为 625 DM/tHM，而 Corex 工艺为 510 DM/tHM，投资降低 18.4%。另外，所需人员减少 56.5%。在印度 JINDAL 公司，Corex 生产成本比常规高炉低 15% ~ 25%，而铁水质量完全相同。

（7）煤气可以多级利用。Corex 工艺生产铁水的同时，产生大量副产煤气（1750m³/tHM）。Corex 煤气主要含有 CO 和 H_2，含杂质量很低，纯净，热值高（约 7000kJ/m³），Corex 输出煤气可以实现多级利用，可供发电、竖炉直接还原或企业煤气平衡用。

综上所述，Corex 工艺的优点可概括为：使用非焦煤，不用建设炼焦厂；不用建烧结厂，直接使用块矿；生产的铁水可用于氧气转炉炼钢；Corex 熔融还原的基建投资、生产成本、能源消耗等都低于传统的高炉炼铁系统；环境污染轻；可生产优质高热值煤气，以解决钢铁企业的煤气平衡问题。

Corex 演化了高炉炼铁技术，取得了商业成功，但同时也遗留了高炉炼铁的一些缺点：

（1）对矿石的质量要求较为严格，必须使用球团矿和天然块矿等中等均匀粒度的块状原料，不能使用磷含量高的矿石，还是离不开造块工艺。

（2）Corex 煤耗高，约为 950kg/tHM，且对煤的质量有较高要求。只适用挥发分在一定范围内（<35%）的块煤，而且要求使用的块煤热稳定性高，也是一个潜在问题。Corex 需要解决块煤在储运过程中产生的粉煤的利用问题。

（3）还原尾气的综合利用决定着整个工艺能耗及操作成本。只有实现煤气的充分利用，Corex 才有较好的经济效益。

（4）氧耗量大，约 580m³/tHM。Corex 设备要配套大型制氧机，C-2000 设备需要制氧设备 7.6 万立方米/h，投资较大。

7.4.1.5 宝钢 Corex-3000 工艺应用

宝钢集团八一钢铁，由罗泾搬迁 Corex C-3000，年产铁 135 万吨/年，于 2015 年 6 月 18 日点火送氧并成功出铁，并维持在日产铁 3000 吨水平，后因新疆地区钢铁产能严重过剩，经济效益下滑，以及事故检修而停产。宝钢 Corex-3000 工艺使用矿种包括南非 Sishen 块矿、CVRD 球团矿、Samarco 球团矿、DRI、烧结筛下粉和球团筛下粉，其配比情况见表 7-18。表 7-19 所示为燃料消耗的总量和配比。

表 7-18　配比情况

项目	CVRD 球团矿	Samarco 球团矿	Sishen 块矿	烧结粉	CVRD 球团粉	DRI	合计
总量/kg	730066	78019	50969	43725	6836.2	7049.5	916665.8
单耗/kg·t^{-1}	1182.85	126.41	82.58	70.84	11.08	11.42	1485.18
配比/%	79.64	8.51	5.56	4.77	0.75	0.77	100.00

注：表中单耗数据是以全部铁量（合格铁量+不合格铁量）计算。

表 7-19　燃料消耗的总量和配比

项目	块煤	Samarco 球团矿	Sishen 块矿	烧结粉	CVRD 球团粉	DRI	合计
总量/kg	152989	320270.8	33975.1	123004.0	11127.7	516.7	641883.3
单耗/kg·t^{-1}	247.87	518.90	55.05	199.29	18.03	0.84	1039.98
配比/%	23.83	49.90	5.29	19.16	1.73	0.08	100.00

A　罗泾 Corex 建设和使用情况

宝钢 1 号 Corex 炉于 2007 年 11 月 8 日投产，从运行近 4 年的生产实践看，主要技术经济指标呈逐年改善趋势。2010 年公司加大对 Corex 炉生产技术攻关力度，一些主要技术经济指标明显得到提升，1 号 Corex 炉投产以来历年指标见表 7-20。

表 7-20　宝钢 1 号 Corex 炉投产以来历年指标

项　目	单　位	2007 年	2008 年	2009 年	2010 年	2011 年
产　量	万　吨	8.21	100.52	100.43	107.49	53.15
熔炼率	t/h	77.74	133.19	124.44	137.49	133.65
作业率	%	83.03	85.92	92.13	98.24	91.55
燃料比	kg/t	1444.2	1022.8	1002.9	995.36	985.33
焦比	kg/t	359.5	254.57	176.06	186.55	172.73
块矿比	%	0.49	5.31	18.43	15.98	29.22
$w[Si]$	%	0.99	0.61	0.98	0.87	0.83
$w[S]$	%	0.096	0.057	0.067	0.073	0.051
铁水温度	℃	1483	1517	1519	1510	1506

注：2009 年和 2011 年的 5 月、6 月数据有限产影响，2011 年数据为前 6 个月值。

B　宝钢 Corex 搬迁八钢原因和使用情况

在 2010~2012 年间，宝钢集团下属的八钢公司地处新疆维吾尔自治区，煤炭资源丰富，同时铁矿石资源也比较符合 Corex 使用特点，综合考虑宝钢集团对上海地区钢铁结构调整的整体规划和部署、罗泾中厚板生产经营情况、新疆地区资源禀赋情况等因素，宝钢集团在 2012 年期间做出拆迁 Corex 炉至八钢的决定，并于 2015 年 6 月 18 日在八钢点火成功，实现了宝钢非高炉炼铁技术的薪火相传。

Corex 炉在八钢重建后，经过了约 70 余天生产运行实践，后因新疆地区钢铁市场供需严重过剩，以及冬季实行经济运行需要，进行暂时性停产检修。但从 Corex 炉在八钢运行的 70 余天情况显示，总体生产状况较为顺利，熔炼率、燃料比均达到预期目标，累计铁水产量 15.02 万吨，最高日产曾突破 4000 吨，燃料比曾降至 730kg/tHM，焦比降至

430kg/tHM，氧耗随燃料结构变化逐步降低，铁水质量也逐步能满足后道工序要求，铁水成本基本接近八钢 2500m³ 高炉成本区间。因此，通过 Corex 炉在八钢的生产实践，Corex 炉可以做到与传统高炉一样的成本竞争力，为在不同资源禀赋条件下发展非高炉炼铁技术做出了有益探索。

7.4.2 Finex 工艺

7.4.2.1 Finex 工艺概述

Finex 是一项创新性的炼铁技术，建立在 Corex 工艺基础上的一种新的熔融还原工艺。改变了传统的用高炉炼铁的方式，使用廉价的粉状铁矿石和烟煤作为原料，不但节省了大量的投资和生产成本，同时还减少了污染物排放量。

2003 年 5 月，示范装置全部转入按 Finex 工艺运行。Finex 示范工厂取得成功后，2004 年 8 月浦项开工建设一套年产 150 万吨的 Finex 工艺炼铁装置，设计目标年产铁水 150 万吨，年均日产 4200t 铁水。这套 150 万吨装置于 2007 年 4 月投产，到 2007 年 4 季度，产量达到设计目标 150 万吨/年。

2013 年，全球熔融还原（Corex+Finex）装置共生产铁水 730 万吨。2014 年 1 月，韩国浦项又投产了一座 200 万吨 Finex 装置。关于 Finex 的建设投资，浦项公司以韩国浦项的价格为基础，以建设年产生铁 300 万吨炼铁系统为目标，将高炉流程与 Finex 流程（Finex 1.5MT 两套，包括各流程本身的全系统以及制氧机、发电站等）进行投资对比，Finex 的建设投资比高炉流程节省 20%。同时，对两种流程的生产成本也根据浦项的实际情况进行了对比计算，Finex 生产成本低 15%。

2015 年 5 月 22 日，重庆市发改委印发《关于 POSCO-重钢 Finex 综合示范钢厂项目核准的批复》，标志着重钢集团拟与 POSCO 合作的 Finex 综合示范钢厂项目正式获得政府批准，按照项目计划重庆钢铁公司与韩国 POSCO 公司合资在重庆建设以年产 300 万吨铁水的 Finex 熔融还原生产线为基础的年产 300 万吨板材生产线。但在当前钢铁市场低迷的背景下，项目能否实施，关键是重庆地区的原燃料条件是否能满足 Finex 工艺的要求和生产线的经济可行性和合理性。

7.4.2.2 Finex 工艺流程

在 Corex 的基础上，韩国浦项公司（POSCO）和奥钢联（VAI）实施开发 Finex 计划。于 2001 年动工，2003 年 5 月建成一座 60 万吨/年的 Finex 示范厂，同时利用了原有 Corex 的熔融气化炉。Finex 工艺流程如图 7-27 所示。

流态化床由 3 级反应器组成，粉矿和粒度 8 mm 以下的添加剂，由矿槽经提升进入流化床反应器，炉料干燥预热，并按重力依次进入 R4 和 R2 中进行预还原，最后在底部的 R1 反应器中还原。经 R1 出来的细颗粒状的直接还原铁（DRI），在热状态下被压制成热压块（HCI），然后装入熔融气化炉。煤将通过筛分，小于 80 mm 的煤直接装入熔融气化炉，小于 8 mm 的粉煤加入有机黏结剂后压成煤块入炉。熔融气化炉中产生的热还原气体通入 R1 并依次再通过 R2、R3、R4 后排出，炉顶煤气经除尘净化后约 41% 通过加压变压吸附去除 CO_2，使煤气中的 CO_2 从 33% 降到 3%，然后回到 R1 作为还原气体再利用，以节约煤的消耗。当吨铁煤耗率为 850kg 时，可输出利用的剩余煤气约 1530m³/t（标态），总

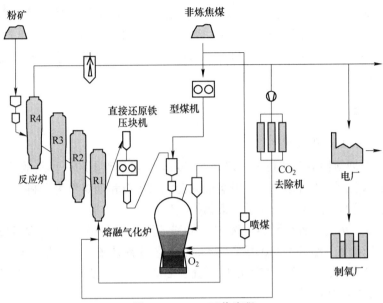

图 7-27　Finex 工艺流程

热值约为 10760MJ/t，单位热值约为 7044kJ/m³（标态）。

此外 Finex 是一种新工艺，POSCO 正在研究提高 Finex 的喷煤技术，目标是把燃料比降低到 720kg/t 以下。喷煤还有利于调整炉温，提高生产率，有利于降低铁水硅含量。目前铁水含硅量高达 0.8%，目标是降到 0.5% 以下，以减少投资费用和降低成本。图 7-28 所示为高炉流程和 Finex 流程的投资比较。2008 年 4~9 月的运行状况见表 7-21。

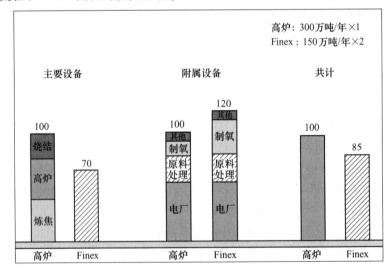

图 7-28　高炉流程和 Finex 流程的投资比较

表 7-21　Finex 150 万吨装置运行指标

指　标		目　标	实际 2008 年 4~9 月
产　量	万吨/年	≥150	约 150
	t/d	≥4200	4240

续表 7-21

指 标		目 标	实际 2008 年 4~9 月
作业率	%	≥97	97.8
吨铁煤比	kg	≤730	720
铁水/%	[S]	≤0.030	0.027
成分/%	[Si]	≤0.80	0.75

2008 年 5~9 月，150 万吨 Finex 装置与浦项正在运行中的 4 号高炉（3795 m³）操作指标的比较见表 7-22。

表 7-22　150 万吨 Finex 与浦项 4 号高炉操作指标比较

项 目	单 位	Finex 1.5MT	浦项 4 号高炉
产 量	t/d	4320	8920
生 铁	温度/℃	1527	1508
	$w[C]/\%$	4.5	4.5
	$w[Si]/\%$	0.77	0.48
	$w[S]/\%$	0.027	0.027
炉 渣	碱 度	1.22	1.26
	$w(Al_2O_3)/\%$	18	15
	吨铁渣量/kg	300	299

Finex 示范厂投产后，遇到的最主要的问题是流态化床反应器的黏结和阻塞，2007 年以后情况大为好转。150 万吨 Finex 装备投产后不久就超过了示范厂，现在已接近高炉水平。Finex 工艺由于不需要炼焦及烧结工序，故 Finex 对环境的污染小于高炉工艺，由图 7-29 可以看出，Finex 工艺 SO_x、NO_x 及粉尘的排放量远远低于高炉工艺。

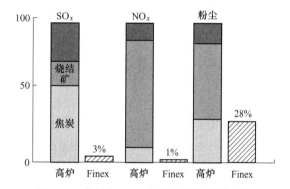

图 7-29　高炉与 Finex 污染物排放量的比较

7.4.2.3　Finex 工艺特点

Finex 利用了成功实现产业化的 Corex 熔融气化炉和竖炉工艺设备，为熔融还原炼铁工艺的发展做出了新贡献。其主要工艺特点如下：

（1）有利于资源利用，减少资源的制约。Finex 工艺流程主要由三个系统组成，Finex 可 100%地使用非焦煤，且对煤适用范围很广。非焦煤的使用既解决了匮缺的炼焦煤资源供应问题，又降低了生铁的生产成本。浦项公司试验表明，Finex 工艺对铁矿石的成分和粒度组成及品种无严格的限制。粉矿的直接使用，既降低了原料加工成本，同时又拓宽了铁矿资源供应渠道。

（2）大幅度减少污染源，明显提高环保水平。Finex 因不需要使用炼焦、烧结、球团等环境污染严重的工艺，可明显减少对大气和水域的污染。熔融气化炉内的煤炭燃烧和气化使用纯氧，NO_x产生极少。煤中的硫在熔融气化炉中生成 H_2S，随还原煤气进入流化床，在流化状态下与加入的熔剂生成 CaS 和 MgS 随炉渣排出，铁水中的硫含量与高炉相似，为 0.015%~0.025%。同时 Finex 工艺是一个紧凑密闭的流程，故烟尘的排放量也更低。

（3）原燃料使用更加宽泛。Finex 则全部用粉矿甚至是部分铁精粉，粉矿粒度小于8mm 的可全部利用，使用范围广泛（包括低品位矿石等）。Finex 工艺开发煤压块技术使用普通煤粉制作的型煤低温、高温强度高于块煤，不但在运送和入炉过程中损失较少，而且装入熔融气化炉之后，急速升温导致的爆裂现象明显少于块煤且可做到无焦冶炼。

（4）生产更加顺行。从生产实践可见，Finex 作业率大大优于 Corex，已接近高炉作业率水平。Finex 采用流态化还原技术，经过 10 多年的攻关现在已能做到连续 300 天无故障连续作业，操作管理简单；且因使用热压块（HDI）和型煤，系统粉料少，炉料大小均匀，Coke bed 强度好，熔融炉透气性好，煤气流易于控制，生产稳定顺行。

（5）能耗大大降低。Finex 因系统粉料少、炉料粒度均匀、强度好，故透气性好，炉况稳定，煤气利用率高；并且 Corex 比 Finex 故障多，作业率低，休慢风率高，热损失大，加大其能耗。Finex 采用了煤气分离（PSA）回用技术，约 60% FOG 进入 PSA，分离富化煤气回用作为流态化床还原气的补充，提高煤气利用率。

（6）生产成本大幅下降。Finex 工艺的技术优势在于其独拥的型煤技术和流态化还原技术，故能使用低品质原燃料。原料成本低，加上煤耗低，约为 260kg/t，其生产成本大大下降。根据 POSCO 经验，其生产成本比高炉流程低 15%，商业化竞争优势明显。

7.4.3 HIsmelt 工艺

7.4.3.1 HIsmelt 工艺概况

HIsmelt 是澳大利亚开发的直接使用粉矿、粉煤和热风（1200℃）及少量天然气（22 m³/t），铁矿物不进行预还原的熔融还原炼铁法。该方法从 1991 年开始进行试验，在1997~1999 年以炉缸直径 2.7 m 的竖式熔融造气炉取代了卧式炉，其中最长的连续时间为38 天，先后共生产铁水 2 万多吨，这为 HIsmelt 技术的发展奠定了基础。

2002 年，由澳大利亚力拓、美国纽柯、日本三菱和中国首钢共同参股（股份依次为60%、25%、10%、5%），在西澳奎纳纳（Kwinana）建设了炉缸直径为 6m，年产 80 万吨的商业化示范工厂。

原计划于 2004 年 4 季度投产的年产 80 万吨的 HIsmelt 示范装置（直径为 6m），自2005 年 4 月开始进行调试，到 2005 年 11 月底试验取得进展，铁水产量及消耗达到设计能力的 50%（设计煤耗是 650~700kg/tHM、氧耗 270m³/tHM，生产能力为 2500tHM/天）。随后两年多时间里，经过相应的改进和生产操作的变化，还原炉实现了设计能力的 75%~80%。受全球经济危机的影响，Hismelt 示范场的产品不具有成本优势，自 2008 年 12 月该示范厂已停产，计划待全球经济回暖后再恢复生产。

7.4.3.2 HIsmelt 工艺流程

HIsmelt 工艺是一种全然不同的冶炼方法。HIsmelt 工艺可以使用宽范围的、不同质量的含铁原料，也能够使用非焦煤和钢铁厂废弃物作原料。动态熔融过程不依赖原料的物理性质，完全不同于传统高炉技术，该工艺不再需要焦炉、烧结和球团厂。HIsmelt 工艺能够做出快速反应，所以其产量也可简单快捷地调整。其建设的 HIsmelt 工艺系统组成见图 7-30。

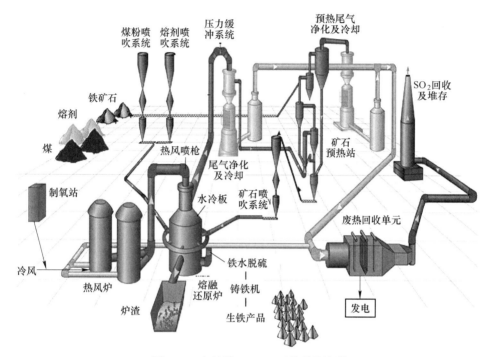

图 7-30　奎纳纳 HIsmelt 工艺系统流程

HIsmelt 技术的核心是熔融还原炉（SRV）（图 7-31），即可以有效替代高炉的功能。当粉矿和非焦煤喷入金属熔池中后，SRV 提供了一种独特的熔炼方法。原料进入熔池后快速反应，反应产生的气体和煤的挥发分在富氧的热空气（HAB）中燃烧来提供工艺过程所需要的热量。熔池内呈现强烈搅动以增加反应和热传输的面积，从而实现了工艺过程的高效。

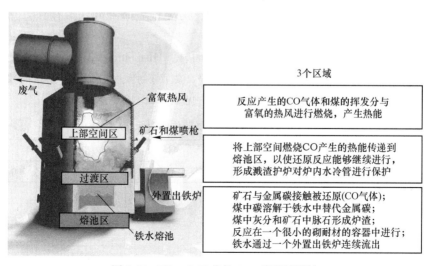

图 7-31　HIsmelt 工艺的 SRV 熔融还原炉

铁矿粉利用 SRV 出来的煤气在预热器中先被加热，然后和煤粉与熔剂一起喷入 SRV 的熔池中。当矿石在铁水和炉渣中熔化时，炼铁过程就即时开始。热铁水通过前置炉连续放出，炉渣通过水冷渣口分批放出，进入渣处理过程。SRV 中出来的煤气在煤气烟罩中从 1450℃ 冷却至 1000℃，过程中产生的蒸汽用于发电厂。大约 50% 的 1000℃ 煤气送入矿石预热器，其余的 SRV 煤气和再从预热器出来的煤气经过除尘器去除固体颗粒和降温后用于发电厂。另外，一部分除尘后的煤气也可用做热风炉的燃料。热风炉和发电厂的两种燃烧后烟气先去除 SO_2 后再排放到大气。

HIsmelt 熔融造气炉内的氧化性气氛决定了其炉渣中（FeO）含量较高，SiO_2 难以进行还原，即使有 SiO_2 被还原，最终也会被 FeO 氧化成 SiO_2，所以铁水里几乎不含 Si；同时，由于渣中的 FeO 高，影响炉渣的脱硫能力，铁水含硫高；但由于强烈的氧化性气氛，磷被氧化进入炉渣和煤气，使铁水含磷量降低到极低的水平。HIsmelt 工艺生产的铁水及炉渣成分分别见表 7-23 和表 7-24。

表 7-23　HIsmelt 的典型铁水成分

项　目	典型值	允许范围	说　明
$w(C)/\%$	4.3±0.2	3.3~4.5	
$w(Si)/\%$	0	0	本工艺 Si 不能还原
$w(Mn)/\%$	0.1	0~0.2	
$w(S)/\%$	0.08±0.2	0.02~0.05	需脱硫
$w(P)/\%$	0.03±0.1	0.02~0.05	矿石含 0.12
温度/℃	1480±15	1450~1550	

表 7-24　HIsmelt 的典型炉渣成分

组　成	$w(CaO)/w(SiO_2)$	含量（质量分数）/%				
		FeO	Al_2O_3	MgO	S	P_2O_5
含　量	1.25	<5	16	8	0.11	1.7

HIsmelt 熔融还原生产的铁水磷低、硫高，几乎不含硅，不能直接供传统的炼钢流程使用。若将 HIsmelt 铁水用于传统的 BOF 转炉，需要预先添加硅铁或锰铁，并进行炉外脱硫。

2008 年 12 月 HIsmelt 示范厂已停产，总体而言，HIsmelt 工厂目前只能算是半工业性生产，作业率不高，新技术有许多难题需要解决，生产操作、设备维护经验需要积累。因此，要满足炼铁工业化的生产还需要一段时间，见表 7-25。

表 7-25　HIsmelt 最佳作业指标

项目	指标	时间	项目	指标	时间
日最高产量	1834t	2008 年 12 月	连续生产记录	68d	2006 年 4~6 月
周最高产量	11106t	2008 年 12 月	年产量	9000t	2005 年
月最高产量	37345t	2008 年 5 月		89000t	2006 年
最低煤耗	810kg/t	2007 年 8 月		114870t	2007 年
周最高作业率	99%	2008 年 6 月		82218t	截至 2008 年 6 月

目前，HIsmelt 已经停止试验。同时 HIsarna 与 HIsmelt 反应器进行了组合，成为新的 Hisarna 工艺。这一新的工艺将在"超低二氧化碳排放（ULCOS）"项目下进行开发，将在德国的撒斯特建一个产能为 6.5 万吨/年的中间试验工厂，计划将进行为期 3 年的小规模试验阶段。

7.4.3.3 HIsmelt 工艺特点

HIsmelt 熔融还原炼铁工艺是现代氧气炼钢技术和高炉炼铁技术的有机结合，它是直接以铁矿粉和钢铁厂的轧钢皮、除尘灰等工业含铁粉料作原料，使用烟煤或无烟煤等非焦煤破碎成煤粉作还原剂，直接冶炼熔融铁水的炼铁工艺。HIsmelt 工艺与其他熔融还原工艺相比具有以下优点：

（1）生产效率高，操作简便。在 HIsmelt 工艺中，煤与矿石、熔剂等通过多组喷枪直接喷入铁浴中，使煤粉中的碳能够迅速熔入铁液，并与铁浴中的 FeO 发生反应，产生的气体（H_2、CO）与喷吹载气、未熔解的矿、煤粉等在铁浴中形成"涌泉"，溶解碳还原 FeO 的速度比固体碳还原 FeO 的速度高出 1~2 个数量级，铁浴中 FeO 还原速度不受限于反应区的工作状态和铁浴中 FeO 含量，为此 HIsmelt 工艺的生产效率较其他熔融还原工艺高。

HIsmelt 工艺操作灵活，可以通过停止喷吹矿粉、煤粉，停掉喷吹的热风来结束反应的进行。喷吹煤粉和热风，使铁浴加热到操作温度就可喷吹矿粉进行冶炼生产。生产的启动、关闭操作简便，可使炼铁和炼钢作业更有效地衔接。

（2）碳回收率高，对环境污染小。直接向铁浴中喷吹煤粉，可以使煤粉中的碳氢化合物在铁浴中裂解，产生的碳也直接熔解在铁浴中，提高了碳的回收率。SSPP 的研究表明，当煤粉在铁水和熔渣温度下进行快速裂解时，煤粉挥发分中碳的回收率比通常的近似分析法获得的数据高出 10%~30%。据 HIsmelt 试验数据测算，与高炉工艺相比，每吨铁水的 CO_2 排放量可降低近 20%。

（3）二次燃烧率高，传热速度快。将煤粉直接喷入铁浴，煤粉很快被铁液所熔解，可最大限度地降低散入炉气中的碳量，避免碳和 O_2 或 CO_2 发生反应，提高二次燃烧率。SSPP 和 HRDF 的试验证明，其二次燃烧率均可稳定地控制在 60% 左右。

（4）渣中 FeO 含量低。使用多组喷枪均匀地将煤粉和矿粉喷进铁浴后，可迅速地将煤粉和矿粉、熔剂等熔解并迅速进行还原反应，有利于限制渣中的 FeO 含量；另外采用热风操作，减少溅入二次燃烧区铁滴的二次氧化，保证熔渣中的 FeO 含量处于较低的水平。SSPP 和 HRDF 的试验结果表明，熔渣中的 FeO 可控制在 5% 以下，对炉衬侵蚀程度较其他采用低预还原度矿粉操作工艺要小。

（5）吨铁煤耗低。采用温度高达 1200℃ 的热风并高速向炉内喷吹，可有效地搅拌熔池，提高二次燃烧率，将二次燃烧的热量迅速传入铁浴，直接向熔池提供相当于熔池总热收入 10%~15% 的物理热。根据 SSPP 和 HRDF 的试验结果和考虑预还原及终还原联动后操作的结果，HIsmelt 公司预测吨铁煤耗采用低挥发分煤时可降至 600kg/t，采用高挥发分煤时可降至 800kg/t。而日本 DIOS 的报道数据为 850kg/t。

HIsmelt 工艺存在的问题为：

（1）示范工厂的试生产尚未结束，示范装置的设备运行结果、设备利用率、生产稳定性以及消耗指标等还不明确；铁水成分达不到炼钢生铁标准。

（2）由于渣中的 FeO 含量高，炉衬耐材寿命问题还有待解决。因此，可以认为

HIsmelt 是一种正在开发中的尚未证明是成熟的熔融还原新炼铁技术，还不能作为独立钢厂的主要热铁水供应技术和方法。

特别值得指出的是，几十年来，直接使用铁矿粉和氧气的一步法熔融还原炼铁工艺都以失败告终（如 Dored 法、Vibeg 法、EV 法、Johnson 法等），失败的主要原因都是渣中FeO 高，耐火材料侵蚀过快，铁的回收率低，铁损高，能耗高，经济上不合算。HIsmelt从原理上与这些工艺完全类似，但并未提出有重大技术突破、能克服这些瓶颈的解决方案。尽管 HIsmelt 已经过多年的开发研究和中间试验，但是由于至今还没有建成一座有一定规模（30~50 万吨/年）的、进行连续生产的工业示范装置，工业化应用难以预期。

7.4.4　HIsarna 工艺

7.4.4.1　HIsarna 工艺概况

HIsarna 是欧洲钢铁工业联盟与力拓联合开发 HIsarna 熔融旋涡熔炼炉和 HIsmelt 熔融炉相结合的一种熔融还原炼铁工艺，并伴随喷吹纯氧的技术，该工艺有望减少二氧化碳排放 20%。如果配合 CCS，二氧化碳排放量将降低 80%。

2008 年 11 月，ULCOS 项目联盟和拥有 HIsmelt 工艺全部知识产权的力拓公司联合宣布进行合作开发，目标是将 HIsarna 工艺中的旋风熔化炉与 HIsmelt 的熔炼炉合为一体。

HIsarna 工艺开发取得进展，所建的半工业试验装置（8t/h）自 2010 年起开展了 4 次试验。煤耗已低于 750kg/t。2011~2014 年塔塔钢铁公司在荷兰建立年产铁水 6.5 万吨的HIsarna 中试厂，共进行 4 次 HIsarna 工艺的试验性生产。2014 年 5 月，位于荷兰艾默伊登钢厂的年产能 6 万吨的 HIsarna 中试设备进行了第四次试验，此次试验持续 6 周左右。2016 年计划进行为期半年的第五次试验，欧盟决定为这次试验提供 740 万欧元资金支持，占试验所需金额的 1/3。如果项目试验成功，后期还将建造工业化规模生产厂，据估算成本在 3 亿欧元左右。塔塔钢铁公司计划 2017 年建设一座年产 80 万吨的新设备，新建设备计划 2020 年投产。

HIsarna 技术的主要优势是取消了现在高炉炼铁过程中所需烧结/球团和炼焦这两大高耗能工序。如果该技术可行且能够成功实现工业化生产，将有利于降低钢铁制造成本、减少能源消耗和二氧化碳排放，使资源利用效率提高到一个新水平。

7.4.4.2　HIsarna 工艺流程

HIsarna 工艺是 ULCOS 开发的一种新的熔融还原工艺，在该工艺中，直接使用粉矿和粉煤，不需粉矿造块和焦化步骤。粉矿在旋风熔化炉内预还原和熔化，终还原发生在煤氧喷吹的渣铁熔池中。与高炉流程相比，HIsarna 工艺可显著减少煤的用量，大幅减少 CO_2 的排放量。此外，它还可以生物质、天然气或氢部分取代煤。HIsarna 工艺布局如图 7-32所示。HIsarna 工艺的过程气体几乎可以全部处理，原因在于此工艺采用全氧，所以在CO_2 存放之前的废气处理量最小。

HIsarna 工艺的核心是铁浴还原反应区和其上部旋风熔融区组成的紧凑式反应器，见图 7-33。如图所示，粉矿、熔剂和氧一同送入旋风熔融还原炉的旋风段，在此部分中，氧将熔池烟气近乎完全氧化燃烧产生高温，将粉矿和熔剂熔化，并进一步加热到熔化温度。同时，粉矿通过热分解和熔池烟气的还原可得到 20% 的预还原度。

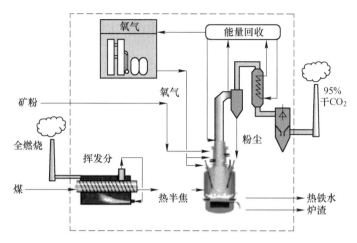

图 7-32 HIsarna 工艺的整体布局示意图

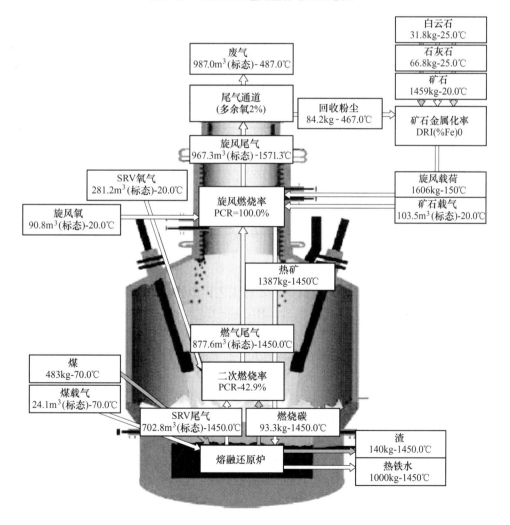

图 7-33 HIsarna 反应器炉型及流程模型

　　原煤在喷入熔池之前通过煤分解炉部分分解和预热，形成半焦，部分分解所需的热量由挥发分分解燃烧放出的热量供给，这一技术措施减少了熔池对热量的需求。工艺过程产出的热铁水可进入转炉或电炉。

　　HIsarna 工艺可进一步分解为以下 5 个部分：矿料准备、旋风熔化、二次燃烧、熔池还原、废气处理。每一部分由 1 个或更多个单元操作组成。这种划分为采用 ULCOS 评估平台对工艺过程热平衡和物料平衡分析提供了方便。

　　2011～2014 年塔塔钢铁公司在荷兰建立年产铁水 6.5 万吨的 HIsarna 中试厂，共进行 4 次 HIsarna 工艺的试验性生产。最近两次试生产的主要数据是：小时铁水产量为 7t，达到设计产能的 90%；吨铁水煤的使用量为 750kg，达到了设计值；二次燃烧率稳定保持在 90% 以上；铁水中碳量为 4%～4.5%，硅和锰含量在 0.05% 以下，磷含量明显低于传统高炉铁水，硫含量则高于传统高炉铁水，铁水温度为 1450℃；炉渣与传统高炉炉渣组成相似，不同点为渣中氧化亚铁含量达到 5%，远远高于传统高炉炉渣约 0.5% 的含量；该工艺成功地使用了赤铁矿。

　　以高炉过程的能量和物料消耗为基准，应用 ULCOS 评估平台对 HIsarna 工艺进行了评估，评估结果与其他工艺评估结果的比较见表 7-26。表 7-26 也给出了两种 CO_2 减排支撑技术，即 CCS（CO_2 捕集和存储）及生物质替换化石燃料的应用结果。比较结果表明，HIsarna 工艺是目前惟——个净能耗可以低于高炉的技术路线，CO_2 的排放也最低。

表 7-26　ULCOS 各工艺评估结果

项　目	Reference（BF）	RHF-EAF	FB-EAF	HIsarna
主要能耗	100	107	127	83
CO_2 样本排放	100	89	96	79
由生物质替代的最大 CO_2 排放减少量	—	27	32	7
采用 CCS 技术排放的最大 CO_2 排放量	—	46	56	20

　　注：100 代表高炉的参考能量消耗和 CO_2 排放。

7.4.4.3　HIsarna 工艺特点

　　HIsarna 工艺与之前经过了工业规模开发的工艺，如 Romelt、Dios、AISI 以及正处于商业示范阶段的 HIsmelt 等工艺相比可发现，HIsarna 工艺除继承了这些高比例熔融还原（熔融状态下还原的比例不低于 80%）的优点，如可 100% 地应用粉矿和粉煤，比较理想地应对了煤矿资源劣化，还可处理高磷矿；流程短、投资产能效率高且灵活；排放少，节能环保，符合低碳低污染炼铁发展方向外，还有以下优点：

　　（1）HIsarna 工艺的核心单元，如旋风式熔化炉和铁浴还原炉已分别在 Hoogven 和 HIsmelt 公司经过了长期开发和验证，基本属于成熟的单元。

　　（2）以无缝连接的方式将成熟单元连接成一体化的紧凑单元（紧凑式还原炉），为反应区 3 个主要工艺问题的解决提供了有利条件，即：1）在降低了对紧凑式还原炉下部还原区对高的二次燃烧率需求的同时，最大限度地强化了原料和燃料的预热，与以往熔融还原工艺相比，更好地解决了还原吸热和氧化放热造成再氧化的矛盾。2）还原炉上部矿粉大部分还原为亚铁，以熔融态进入还原区，为控制还原炉亚铁提供了方便，从而可与其他水冷等技术配合，较大幅度地提高炉衬寿命。HIsmelt 公司与宝钢交流的最新信息表明，其新开发的耐材将使一代炉龄的寿命达到 5 年的水平。3）尾气能量得到了充分利用，排出气体中的各种可燃气成分均接近零。

（3）系统添加煤的分解单元后，不仅将煤的使用种类扩展到高挥发分，而且可方便地应用生物质还原剂。

（4）采用全氧操作为应用 CCS 技术提供了条件，但即便不采用该技术，其排放指标也低于高炉。

7.5 国内外非高炉炼铁发展及展望

7.5.1 国外非高炉炼铁发展

近年来，直接还原铁产量持续稳定增长。如图 7-34 所示，2014 年世界直接还原铁总产量达到 7455 万吨，其中，以天然气为主要能源的气基直接还原产量占 79.4%，煤基直接还原工艺产量占 20.6%。印度是直接还原铁产量最大的国家，2014 年共生产直接还原铁 1731 万吨。其他主要国家为伊朗 1455 万吨，沙特 646 万吨，墨西哥 598 万吨，俄罗斯 535 万吨。

年份	总量	年份	总量	年份	CDRI	HBI	HDRI	总量
1970	0.79	1988	14.09	2006	48.41	8.60	2.69	59.70
1971	0.95	1989	15.63	2007	55.79	8.34	2.99	67.12
1972	1.39	1990	17.68	2008	56.52	8.19	4.24	67.95
1973	1.90	1991	19.32	2009	52.54	6.93	4.86	64.33
1974	2.72	1992	20.51	2010	56.60	7.21	6.47	70.28
1975	2.81	1993	23.65	2011	59.41	7.60	6.20(e)	73.21
1976	3.02	1994	27.37	2012	59.51	7.90	5.73(e)	73.14
1977	3.52	1995	30.67	2013	62.50	6.17	6.25	74.92
1978	5.00	1996	33.30	2014	62.37	5.17	7.01	74.55
1979	6.64	1997	36.19					
1980	7.14	1998	36.96					
1981	7.92	1999	38.60					
1982	7.28	2000	43.78					
1983	7.90	2001	40.32					
1984	9.34	2002	45.08					
1985	11.17	2003	49.45					
1986	12.53	2004	54.60					
1987	13.52	2005	56.87					

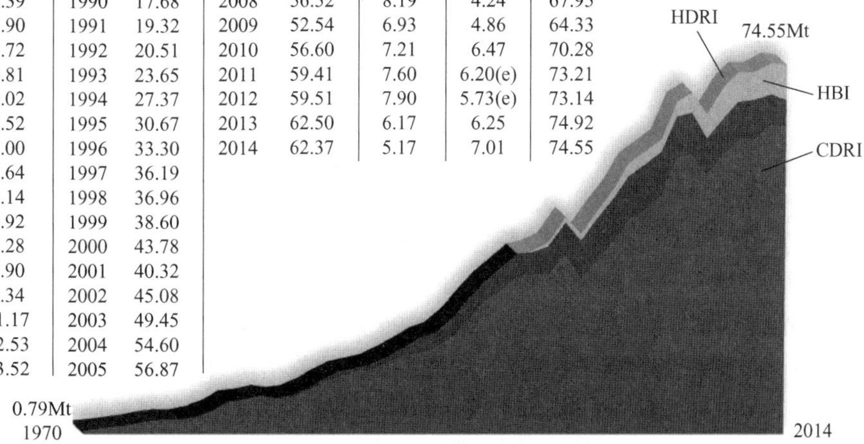

图 7-34 世界直接还原铁产量

气基竖炉直接还原工艺实现了大型化，单机年产能已达到 200 万吨，如阿布扎比的阿联酋钢铁工业公司直接还原竖炉单机年产能 200 万吨，埃及 Suez 钢公司直接还原竖炉单机年产能 190~220 万吨，纽柯钢公司计划建设年产 250 万吨的直接还原竖炉。直接还原竖炉实现了大型化改变了以往直接还原铁生产单机规模难以扩大的缺欠，成为直接还原铁发展的热点。由于气基直接还原工艺主要以天然气为能源，其应用区域受到限制。随着化工行业煤制气技术的发展和成熟，以及竖炉直接还原技术的发展和进步，煤制气-竖炉直接还原技术应运而生，并成为发展热点。Midrex 公司在南非以 Corex 熔融还原的尾气作为 Midrex 竖炉还原气生产 DRI 成功实现了工业化生产。高温 Corex 尾气用加入冷却、净化后的 Corex 尾气调整温度，调整温度后的 Corex 尾气直接进入 Midrex 竖炉进行还原。该技术最大限度利用了 Corex 尾气的显热和化学能，同时回避了高 CO 含量煤气加热可能产生析碳反应的问题。生产实践证明，煤制气-竖炉直接还原铁生产是可行的。墨西哥 HYL 公司的 HYL 技术取消天然气的重整工序，实现了天然气零重整竖炉技术工业化生产，并提出直接使用焦炉煤气、合成气、煤制成气为还原气的 Energiron 技术，为缺乏天然气资源地区发展气基直接还原工艺开辟了新途径。此外，竖炉直接还原铁热出料、直接还原铁热输送、热 DRI 直接入电炉冶炼可大幅度降低电耗，提高电炉生产能力，为竖炉生产 DRI-电炉短流程进一步降低能耗提供了条件。近年来，新建的气基竖炉直接还原铁-电炉炼钢生产线多数采用直接还原铁热出料、热输送、热装电炉工艺。以 DRI/HBI 为原料的电炉，当采用 700℃ DRI 热装时，吨钢电耗比冷 DRI/HBI 冶炼降低 110~160kW·h，熔炼时间可减少 10%~20%，电炉产能可提高 15% 以上。实现工业化生产的直接还原铁热输送方法有印度 ASSAR 公司使用的保温罐法，HYL 公司的气体管道输送法，德国 Aumund 公司的热输送机法等。

转底炉煤基直接还原工艺是近几年研究热点，国外已建成多座不同规模生产装置，诸多工艺中工业和应用最广泛的是 Fastmet 工艺，其次是 Inmetco 工艺，ITmk3 工艺的工业化炉较少。2009 年，动力钢公司在美国的明尼苏达州建立了一座年产 50 万吨的 ITmk3 转底炉，直径 68 m，是目前世界上最大的转底炉，对推动转底炉粒铁工艺在各国的发展有重大贡献。其余工艺大都停留在实验阶段，并未投产，北美建成的数个转底炉直接还原铁厂都在闲置，日本建设的几座转底炉直接还原装置也只用来处理钢铁厂内的粉尘。

熔融还原技术的研究开始于 20 世纪 20 年代，早期的研究大多采用一步法，由于难以克服在熔炼过程中高 FeO 熔渣对炉衬的严重侵蚀和能耗高的原因，所以都以失败告终。20 世纪 80 年代，发达国家（如德国、日本、美国、澳大利亚、荷兰、奥地利以及苏联等国）为抢占 21 世纪钢铁工业技术制高点，在国际上掀起开发煤基熔融还原炼铁新工艺的浪潮。印度国家矿山开发公司（NMDC）的 Bailadila 矿山曾建了一座 30 万吨/年采用 Romelt 工艺的装置，采用粉矿和尾矿生产。该装置由于技术原因于 2005 年停产；Ausmelt 是澳大利亚 Ausmet 公司提出的一种新的一步法熔融还原工艺；日本开发 DIOS 法是使用粉矿和粉煤生产铁水的铁浴法熔融还原炼铁工艺，已于 1996 年结束试验。HIsmelt 是澳大利亚开发的直接铁矿物不进行预还原的熔融还原炼铁法，处于示范场研究阶段，受全球经济危机的影响，2008 年 12 月西澳奎纳纳示范厂已停产。日本神户制钢与美国米德兰（Midrex）公司联合开发转底炉（RHF）直接还原新工艺（Fastmet），被命名为"第三代炼铁法"（ITmk3）。在美国明尼苏达州的西尔巴比镇合资建设第一套 50 万吨/年的商业工厂，于 2010 年 1 月投产。

目前世界上 Corex 工艺正在生产的 Corex 装置分别是韩国 POSCO 厂（Pohang）一座 C-C2000 炉，产铁水 60 万~80 万吨/年，于 1995 年投产；印度 JINDAL 厂两座 C-2000 竖炉，产铁水 2×80 万吨/年，第一套装置已于 1999 年 12 月投产，第二套装置于 2001 年 8 月投产；南非 SALDANHA 厂一座 C-2000，为 Corex 炉+直接还原竖炉，产铁水 65 万吨/年，于 1998 年 12 月投产；宝钢集团八一钢铁，由罗泾搬迁 C-3000，年产铁 135 万吨，于 2015 年 6 月 18 日点火送氧并成功出铁。

Finex 是建立在 Corex 工艺基础上的一种新的熔融还原工艺。韩国 POSCO 的 Finex 于

2001 年 1 月~2003 年 5 月建成 60 万吨/年规模的 Finex 示范性工厂并于 2003 年 6 月投产，产量可达到 80 万吨/年水平，其余指标也达到或超过预定的目标，在 2004 年 8 月 POSCO 决定建造 150 万吨/年 Finex 以取代其原有的中型高炉，到 2007 年 4 月才正式投产。2013 年，Finex 装置共生产铁水 730 万吨。2014 年 1 月，韩国浦项又投产了一座 200 万吨 Finex 装置。2015 年 5 月 22 日，POSCO 与重钢集团合作拟建立 Finex 综合示范钢厂项目正式获得政府批准。

HIsarna 是欧洲钢铁工业联盟与力拓联合开发一种熔融还原炼铁工艺，2008 年 11 月，HIsarna 工艺开发取得进展，所建的半工业试验装置（8t/h）为 2011~2014 年塔塔钢铁公司在荷兰建立的年产铁水 6.5 万吨的 HIsarna 中试厂，进行了 4 次试验性生产。2014 年 5 月，位于荷兰艾默伊登钢厂的年产能 6 万吨的 HIsarna 中试设备进行了第四次试验。2016 年计划进行为期半年的第五次试验，如果项目试验成功，后期还将建造工业化规模生产厂。塔塔钢铁公司计划 2017 年建设一座年产 80 万吨的新设备，新建设备计划 2020 年投产。

7.5.2 我国非高炉炼铁发展历程

自 20 世纪 50 年代开始，中国对直接还原技术进行了大量且广泛的开发研究，并于上世纪末实现了 DRI 工业化生产，但其受资源条件的限制及市场需求的影响而发展极为缓慢，中国 DRI 产量从未超过 60 万吨。受资源条件限制，中国直接还原生产厂全部是煤基隧道窑罐式法或煤基回转窑法。隧道窑罐式法是最古老的 DRI 生产方法，虽通过改变还原罐的材质（碳化硅、耐热钢）及以燃气替代手烧煤等技术改造，但单窑产能难以大幅扩大，总能耗（标煤）仍高于高炉炼铁，不能满足钢铁工业发展的需要。煤基回转窑法通过中国技术人员的努力，克服了"结圈"、再氧化、作业率低和运行不稳定等问题，实现了连续稳定生产。天津钢管公司还原铁厂通过对进口设备和工艺进行大规模改造、优化生产原料、加强管理等措施达到同类生产设备的世界先进水平，设备作业率超过 95%，连续作业超过 180 天，煤耗约 900kg/t，金属化率月平均 93.1%，产量超过设计能力的 20%，废气用于发电，使生产能耗大幅度下降。但煤基回转窑单机产能小、操作控制难度大、对原料要求苛刻。依靠隧道窑罐式法和回转窑法很难满足中国对 DRI 的需求。20 世纪 90 年代开始，我国先后在舞阳、鞍山等地建成多座试验或工业化试生产装置。近年来，随着钢铁工业发展、环境保护的需要，含铁尘泥处理以及复合矿综合利用的需要，转底炉工艺受到人们的关注。现已建成用于复合矿的综合利用（四川龙蟒、攀研院）、含铁粉尘利用（马钢、沙钢）、生产预还原炉料（山西翼城、莱钢、天津荣程）转底炉十余座，转底炉在我国出现发展热潮。虽然转底炉不是炼钢用 DRI 生产的成熟方法，但转底炉法在冶金厂含铁尘泥处理方面是一种有效方法。目前，我国投产的几条转底炉工业生产线，主要用于处理钢铁厂的固体废弃物和钒钛磁铁矿，在处理铬矿、硼镁铁矿、高磷鲕状赤铁矿、硫酸渣、铜渣、铅渣、赤泥等原料方面也具有一定优势。

焦炉煤气是中国特有的还原气体资源，至今中国焦化生产还有焦炉煤气未得到合理利用。国内一些专家对焦炉煤气生产甲醇、发电和 DRI 进行了对比计算，结果表明焦炉煤气生产 DRI 在能源利用、经济效益、对水需求以及环境影响等方面均优于生产甲醇、发电。本钢、首钢均进行过以焦炉煤气为气源，竖炉生产 DRI 的试验。此外，煤制气技术的成熟，为煤制气–气基竖炉生产 DRI 的发展和实现工业化提供了机遇，为天然气资源不足的地区以天然气以外的能源发展气基直接还原工艺开辟了新途径。我国在 20 世纪末开展了相关的技术开发研究，如宝钢煤制气–气基竖炉直接还原的 BL 法工业性试验，陕西恒迪公司煤制气竖炉还原生产直接还原铁的半工业化试验以及广东韶关钢铁厂用发生炉煤气为还原气的竖炉半工业化试验等。后续因煤制气成本等问题而均未投产，设备先后被拆除。

减轻钢铁生产对环境的压力，改善钢铁生产的能源结构，节约能源是我国发展熔融还原的主要动力。我国熔融还原及相关技术的研究始于 20 世纪 60 年代，在基础研究、模拟试验和相关技术开发方面，曾取得许多基础研究和应用研究的成果，为后续开发工作奠定了基础。1984 年在冶金部的支持下东北大学开始了实验室规模的流化床预还原-竖炉熔融还原法的研究，经过 2 年多的时间研究了 16 项课题，做了 13 次实验室小型竖炉热模拟试验，最终炼出了合格生铁。1999 年，承德冶金部试验厂建成了 2 t/h COSRI 的半工业联动热态试验装置，由于受到资金、经济条件的限制等因素，被迫终止。2007 年 10 月 15 日五矿营口中板厂、中冶京诚工程技术有限公司和中国钢研科技集团公司三方签订合作协议，开展了年产 20 万吨熔融还原工业试验装置的开发和工业试验研究。最终由于试验炉高热值煤气的输出问题而被迫停炉。2005 年宝钢向奥钢联引进 Corex 技术并进一步扩容为 C-3000，2007 年 11 月 8 日出铁，实现了连续 4 年顺行生产。2011 年 3 月 28 日第二座 C-3000 型 Corex 装置投产，宝钢 C-3000 技术的引进，带动了国内熔融还原技术发展的热潮，由于因成本原因，停产后转迁到球团矿及块煤价格便宜的新疆八一钢铁厂，并于 2015 年 6 月 18 日在八钢点火成功，实现了宝钢非高炉炼铁技术的薪火相传，也为结合不同区域的资源禀赋条件来发展非高炉炼铁技术做出了积极的探索。2015 年 5 月 22 日，重钢集团拟与韩国 POSCO 合作的 Finex 综合示范钢厂项目正式获得政府批准，按照项目计划重庆钢铁公司与韩国 POSCO 公司合资在重庆建设以年产 300 万吨铁水的 Finex 熔融还原生产线为基础的年产 300 万吨板材生产线。

7.5.3　我国非高炉炼铁发展展望

非高炉炼铁技术是我国钢铁工业的重要前沿技术和发展方向，长期以来，世界各国钢铁企业对非高炉炼铁工艺都给予极大的关注，并进行研究以及建设其工艺设备。随着我国对于环境保护的越加重视，低碳环保经济将成为钢铁企业发展的主流，节能环保相关产业已经列入国家的战略新兴产业规划，实现环保的技术产业化。非高炉炼铁是指除高炉以外的不使用焦炭作还原剂的炼铁工艺，省去高炉炼铁中烧结、炼焦的高能耗、高污染环节，非高炉炼铁符合环保要求，可做到低能源消耗、低资源消耗、低排放再循环使用。从世界范围看，钢铁企业"绿色化"是不可逆转的浪潮。现在，国际社会和各国政府都认识到，全球的资源环境危机正日益加深，非高炉炼铁技术有助于钢铁工业摆脱困境，减少钢铁企业对于环境的压力，未来非高炉炼铁将在我国乃至全球得到迅速发展。

7.5.3.1　直接还原

直接还原是短流程钢铁生产的基础，短流程因是钢铁工业的发展方向而受到钢铁界的推崇。同时，生产 DRI 因不使用焦煤而减小其对环境的不良影响。DRI 用途广泛，需求量不断增大，生产商品 DRI 的直接还原厂不断减少，进入国际市场 DRI 的增加速度远低于 DRI 生产的增加速度，造成国际市场 DRI 价格不断攀升且成为国际钢铁市场中最紧俏的产品之一，直接还原铁生产有广阔的发展前景。

（1）当前，我国发展直接还原的主要问题是：

1）生产规模过小。我国直接还原铁企业的数量累计已超过60家，基本上都是煤基直接还原厂，大多数直接还原铁厂的生产能力小于5万吨/年，总产能仅约80万吨/年。生产规模过小，使得工厂的原燃料组织、产品销售以及环境保护等环节出现诸多问题，成为我国直接还原铁生产发展的重大障碍。对于煤基直接还原法而言，单机生产能力通常都比较小。回转窑单机生产能力小于15.0万吨/年；隧道窑反应罐法单机生产能力难以超过3.0万吨/年；转底炉法单机生产能力预计可达50.0万吨/年，但至今尚未实现正常工业化生产。

因此，单纯依靠现有的煤基直接还原工艺来发展DRI生产和扩大生产规模具有较大难度。由于资源条件的局限，在今后一段时期内，煤仍将是中国直接还原铁生产的主要能源，但必须积极开发新的直接还原技术。因此，近年提出的煤制气-竖炉直接还原工艺，可以借鉴化工生产的煤制气及气基竖炉直接还原的成熟技术，实现DRI生产的大型化，故备受关注，有望成为中国发展直接还原铁生产的主攻方向。

2）缺乏稳定的原料供应渠道。直接还原铁生产必须使用高品质的原料，通常直接还原铁生产用含铁原料要求$w(\mathrm{TFe})>68\%$，$w(\mathrm{SiO_2})<3.5\%$。然而，我国缺乏适合生产直接还原铁用的高品位铁矿石资源，以进口块矿或球团为原料的企业需直接面对国际市场矿石价格不断上涨的挑战，这使得原料问题显得更加突出和严峻。原料供应渠道不畅、来源不稳是严重影响我国直接还原企业生产的又一重要原因。

因此，利用国内资源和铁矿精选技术，建立依靠国内资源的、稳定畅通的原料供应渠道是我国发展直接还原铁工业的当务之急。

3）气基直接还原受资源条件限制而发展缓慢。国外（印度、南非）的发展经验表明，利用气基竖炉法是迅速扩大DRI生产的有效途径。竖炉还原具有还原速度快、产品质量稳定、自动化程度高、单机产能大等优势。由于受到天然气资源的限制，我国气基直接还原的发展偏于缓慢，至今尚无生产性工厂。

随着我国天然气资源的开发、焦炭工业的改造整合、焦炉煤气的集中回收和再利用，我国一些地区具备了发展气基直接还原的适宜条件。同时，煤制气技术（包括工业氧和水蒸气为氧化剂的煤制合成气、地下煤气化等）在国内化工行业的应用和发展日益成熟。因此，气基竖炉直接还原将成为中国今后发展直接还原铁生产的重要方向之一。

4）缺乏统一规划，资金投入不足。我国钢铁工业的发展受到废钢和直接还原铁供应不足的困扰，但全国对直接还原的发展缺乏统一规划，而且资金投入不足，造成低水平、小规模的重复建设多，难以形成大型骨干型生产企业是我国直接还原发展的另一重要缺陷。科学确立我国发展直接还原的整体规划、合理制订我国直接还原铁的质量标准和直接还原铁生产企业的准入标准、大力扶持大型骨干型DRI生产企业的建设是我国发展直接还原生产的重要途径。

（2）我国直接还原技术发展展望。

1）我国已具备发展直接还原铁生产的资源条件。

①煤制气技术成熟。煤炭是我国主要能源，约占总能源消耗的70%。煤制气技术是我国煤化工、化工产业常规的成熟技术，世界所有的已工业化的煤制气方法，在我国均有工

业化生产线，全国有大量的煤制气装置在长期工业化生产运行。通过与煤化工行业的沟通，以动力煤为原料，低压气化生产气基竖炉还原气（H_2+CO 含量大于 92%，H_2O+CO_2 含量小于 4.0%，CH_4 含量不小于 2.0%）技术是成熟的，净还原气生产成本可控制在不大于 0.55 元/m^3（标态），可以满足气基直接还原铁竖炉生产的需要。

②磁铁矿精选技术成熟。东北大学等多家单位多年来，为解决我国发展直接还原铁缺乏高品位铁精矿的问题，成功开发了铁精矿的精选技术，试验研究和工业化生产表明：我国多地（吉林、辽宁、河北、山东、湖北、山西等）具有的磁铁矿资源，通过细磨、单一磁选可以经济地生产 $w(TFe)>70.50\%$，$w(SiO_2)<2.0\%$ 的高品位精矿粉。高品位精矿粉经链箅机-回转窑生产能满足气基竖炉生产直接还原铁的氧化球团。经气基直接还原竖炉还原后可获得 $w(TFe)>95.00$，$w(SiO_2)<3.00\%$ 的高品质直接还原铁，是洁净钢生产的优质铁源材料和残留元素的稀释剂。工业化生产线生产表明：以 TFe 品位 65%~67% 的普通铁精矿为原料，采用单一磁选可以获得 TFe 品位 70.50%~71.00%、SiO_2 含量小于 2.00%、P 含量小于 0.005%、S 含量为 0.035% 的高纯铁精矿，铁总回收率大于 93%，吨高纯铁精矿生产成本为 50.0~60.0 元，为我国发展直接还原铁奠定了资源基础。

2）钢铁工业及装备制造业健康绿色发展对直接还原铁需求旺盛。直接还原铁是洁净钢、优质钢、特殊钢生产不可缺少的残留元素的稀释剂，是洁净原材料。2014 年我国电炉钢产量约占粗钢产量 10.00%，约为 8000 万吨/年，是世界电炉钢产能最大的国家。按世界直接还原铁产量与电炉钢产量比值，我国直接还原铁需求量为 1084 万吨。按扣除中国，世界电炉钢平均消耗直接还原铁约 160kg/t 计算，我国直接还原铁需求量应达到 1280 万吨。

我国每年进口废钢超过 1500 万吨，进口废钢中优质重废钢数量较少，残留元素难以控制，为保证钢水的洁净度，需要残留元素的稀释剂——优质直接还原铁。我国是世界装备制造业大国，装备制造业通常采用废钢为原料生产铸、锻件坯料，需要高品质的直接还原铁作为废钢残留元素的稀释剂，以保证铸、锻件坯料化学成分的稳定、合格。因我国没有直接还原铁生产，迫使一些装备制造业工厂不得不用钢坯作为原料生产铸、锻件坯料，不仅造成生产成本大幅度上涨，同时造成资源的浪费。

3）直接还原是多金属复合矿综合利用有效手段。我国多金属复合铁矿资源多，多金属复合铁矿资源的综合利用是我国钢铁工业和国民经济可持续发展的重要方向之一。直接还原是多金属复合铁矿实现综合利用的有效手段，如钒钛磁铁矿的铁、钒、钛的综合利用；硼铁矿的铁硼分离；低品位红土镍矿的利用；我国大量难选矿的开发利用等。利用直接还原技术实现钒钛磁铁矿、硼镁铁矿、高铁铝土矿等难选复合铁矿资源的综合利用是我国钢铁工业和国民经济可持续发展的需要。

4）建设煤制气-气基竖炉示范性生产线是推动直接还原发展的当务之急。虽然，我国具备了发展直接还原生产的资源条件，煤制气-气基直接还原铁竖炉技术成熟，但至今我国没有一个煤制气-气基直接还原铁竖炉工业化生产线。在有条件的地区，建设适当规模的示范性工业化生产线是推动我国直接还原铁发展的当务之急。

7.5.3.2　熔融还原

从 20 世纪 80 年代初开始，在短短十多年的时间内，数十种熔融还原工艺，如以煤为主要能源、以工业氧或富氧空气为原始反应介质进行还原和熔化的氧煤工艺（Corex、

DIOS、HIsmelt、ROMELT、川崎法等）；以煤为还原剂、以电为主要热源的电煤工艺（INRED、ELRED、PLASMASMELT 等）通过了工业或半工业性试验。国内外众多钢铁企业和研究机构纷纷投入大量人力和物力，进行熔融还原的研究开发，在学术论坛上形成强大的"熔融还原风暴"，许多专业人士甚至兴奋地预言"熔融还原将给钢铁工业带来革命性的改变"，"钢铁工业技术的革命"开始了。人们对熔融还原改变钢铁生产面貌、促进钢铁工业的良性发展报以极大的期待。然而，经过 20 多年的实践和发展，在数十种通过工业试验验证的熔融还原工艺中，只有奥钢联开发的 Corex 工艺实现了工业化生产。自 1989 年 11 月第一台 Corex 装置投入生产到现在，占全世界生铁总产量的不足 1.0%。其他的熔融还原工艺均未进入工业化生产阶段，许多研究进入"休眠状态"。

国内对熔融还原炼铁技术及其发展达成了比较统一的认识，包括：（1）熔融还原是钢铁生产的前沿技术，钢铁工业的发展方向，具有广阔的发展前景。当前，熔融还原技术的成熟程度、可靠性、经济性等方面还未达到预期水平，还有待开发和研究，在实践中积累经验。（2）Corex 是当前熔融还原技术中最成熟的技术，已实现工业化生产多年，但该工艺对原燃料的苛刻要求、投资高等问题限制了其快速发展。开发低成本的型煤、冷固结球团等技术将大大提高其竞争力。（3）Finex 是 Corex 技术的进一步发展方向，还没有生产经验可以借鉴，采用该技术建设生产性装置还有一定的技术风险。如果 Finex 技术进一步成熟，将来可能取代 Corex。因此，在选择熔融还原工艺时，应为采用该技术留有改造发展的空间。（4）与传统的高炉炼铁相比，熔融还原的最大优势是环境友好。若要使高炉达到熔融还原同样的环保水平，巨大的投入和消耗将使高炉的优势丧失殆尽。因此，发展熔融还原的主要魅力仍是可以大幅减轻钢铁生产的环保压力。（5）目前，熔融还原的能耗、投资、运行的稳定性、作业率等方面还不能与传统高炉冶炼相比。

目前，我国从国外引进的熔融还原炼铁技术未能实现预期的设计目标，国内自主创新的新工艺尚未能实现工业应用，国内炼铁生产将长期维持高炉为主、其他炼铁工艺为辅的生产方式。多年的研究和生产实践表明，合理引进国外先进生产技术，并加以消化吸收，从而开发我国自主知识产权的熔融还原工艺，与高炉炼铁协同生产，是熔融还原在我国发展的必经之路。

我国铁矿资源丰富，种类繁多，铁品位在 50% 以下的铁矿占总量的 95% 以上，有些特殊矿，如高磷铁矿直接用于高炉冶炼将会增加铁水中磷含量，严重影响产品质量及生产成本；又如，高铝铁矿冶炼过程中高 Al_2O_3 含量致使炉渣熔点升高，造渣困难，能耗高，不适合高炉直接冶炼。其他诸如硼镁铁矿、钒钛磁铁矿等资源利用的情况也类似。因此，必须依据我国原燃料的特点，开发适宜我国炼铁资源和技术条件的熔融还原技术对加强资源高效利用，促进钢铁产业结构调整和升级具有重要意义，可满足"后高炉时代"的重大战略需求。

思 考 题

7-1 直接还原工艺的主要特征是什么？

7-2 熔融还原工艺的主要特征是什么？

7-3　试比较 Midrex 和 HYL-ZR 流程的异同点。

7-4　试比较 Corex 和 Finex 熔融还原工艺的异同点。

7-5　什么是直接还原铁，其主要用途有哪些？

7-6　转底炉处理冶金粉尘的技术优势有哪些？

7-7　试述我国发展直接还原铁生产面临的问题及其建议。

7-8　试述国内外非高炉炼铁发展及展望。

炼钢篇

LIANGANG PIAN

8 概 述

8.1 炼钢的发展历程

钢与生铁的区别首先是在碳的含量中得到体现，理论上一般把碳含量小于 2.11% 的铁碳合金称为钢，它的熔点为 1450~1500℃，而生铁的熔点为 1100~1200℃。在钢中，碳元素和铁元素形成 Fe_3C 固溶体，随着碳含量的增加，其强度、硬度增加，而塑性和冲击韧性降低。由于钢具有很好的物理化学性能和力学性能，可进行拉、压、轧、冲、拔等深加工，所以用途十分广泛。用途不同对钢的性能要求也不同，从而对钢的品种也提出了不同的要求，例如，输送油、气的管线钢要求具有抗 HIC（氢致裂纹）性能，这样就要求钢中的硫含量必须极低（$w[S]<30×10^{-6}$）；用于汽车面板的钢要求具有超深冲性能，这样就要求钢中的碳含量和氮含量极低（$w[C]+w[N]<50×10^{-6}$）。石油、化工、航天航空、交通运输、农业、国防等许多重要的领域均需要各种类型的大量钢材，人们的日常生活更离不开钢。总之，钢材仍将是本世纪用途最广的结构材料和最主要的功能材料。

最早的炼钢方法是 1740 年出现的坩埚法，它是将生铁和废铁装入由石墨和黏土制成的坩埚内，用火焰加热熔化炉料，之后将熔化的炉料浇注成钢锭。此法几乎无杂质元素的氧化反应。

1856 年，英国人亨利·贝塞麦（H. Bessemer）发明了酸性空气底吹转炉炼钢法，也称为贝塞麦法，第一次解决了用铁水直接冶炼钢水的难题，从而使钢的质量得到提高；但此法要求铁水的硅含量大于 0.8%，而且不能脱硫。目前该方法已被淘汰。

1865 年，德国人马丁（Mar Tin）利用蓄热室原理发明了以铁水、废钢为原料的酸性平炉炼钢法，即马丁炉法。1880 年，出现了第一座碱性平炉。由于其成本低、炉容大、钢水质量优于转炉，同时原料的适应性强，平炉炼钢法一时间成为世界上主要的炼钢法。

1878 年，英国人托马斯（S. G. Thomas）发明了碱性炉衬的底吹转炉炼钢法，即托马斯法。该方法是在吹炼过程中加石灰造碱性渣，从而解决了高磷铁水的脱磷问题。此法在当时西欧的一些国家特别适用，因为西欧的矿石普遍磷含量高。但托马斯法的缺点是炉子寿命低，钢水中氮含量高。

1899 年，出现了完全依靠废钢为原料的电弧炉炼钢法，解决了充分利用废钢炼钢的问题。此炼钢法自问世以来一直在不断发展，是当前主要的炼钢法之一，由电炉冶炼的钢目前占世界钢产总量的 30%~40%。

20 世纪 40 年代，大型空气分离机的出现使氧气制造成本大大降低，这样为氧气在炼钢中的应用奠定了基础。瑞典人罗伯特·杜勒首先进行了氧气顶吹转炉炼钢的试验，并获得成功。1952 年，奥地利的林茨城（Linz）和多纳维兹城（Donawitz）先后建成了 30t 的氧气顶吹转炉车间并投入了生产，所以此法也称为 LD 法，美国称为 BOF 法（Basic

Oxygen Furnace）或 BOP 法（Basic Oxygen Process）。由于氧气转炉炼钢法生产率高、成本低、钢水质量高、便于自动化操作，一经问世就在世界范围内得到迅速推广和发展，并逐步取代平炉。目前，世界上用平炉炼钢的国家相当少，我国已没有平炉。可以说，氧气顶吹转炉炼钢是近 60 年钢铁领域的重大事件之一。1964 年 12 月，我国第一座 30t LD 转炉在首钢投产。

1965 年，加拿大液化气公司研制成双层管氧气喷嘴。1967 年，西德马克西米利安钢铁公司引进此技术并成功开发了底吹氧转炉炼钢法，即 OBM（Oxygen Bottom Maxhuette）法。美国钢铁公司于 1971 年引进 OBM 法，1972 年建设了 3 座 200t 底吹转炉，命名为 Q-BOP（Quiet BOP）。

在顶吹氧气转炉炼钢发展的同时，1978~1979 年成功开发了转炉顶底复合吹炼工艺，即从转炉上方供给氧气（顶吹氧），从转炉底部供给惰性气体或氧气，它不仅提高了钢的质量，降低了消耗和吨钢成本，而且更适合供给连铸优质钢水。

值得一提的是，我国首先于 1972~1973 年在沈阳第一炼钢厂成功开发了全氧侧吹转炉炼钢工艺，并在上海、唐山等地的企业推广应用，但后来因受到转炉复吹工艺的挑战而未能再发展。

总之，炼钢技术经过 200 多年的发展，产品质量、生产效率、技术水平、自动化程度均得到了很大提高，生产成本、环境污染、能源消耗得到了大幅度降低，本世纪炼钢技术会面临更大的挑战，相信会有新技术不断涌现，使钢铁在与其他材料的竞争中获得更强的竞争力和更广泛的市场。

8.2　我国钢铁工业的状况

我国很早就掌握了铁的冶炼技术，东汉时就出现了冶炼和锻造技术，南北朝时期就掌握了灌钢法，曾在世界范围内处于领先地位。但旧中国钢铁工业非常落后，产量很低，从 1890 年建设汉阳钢铁厂起至 1948 年的半个世纪中，钢产量累计 200 万吨，而 1949 年只有 15.8 万吨。

新中国成立后，特别是改革开放以来，我国的钢铁工业得到了迅速发展，1980 年钢产量达到 3712 万吨，1990 年达到 6500 万吨，1996 年首次突破 1 亿吨大关，首次成为世界第一产钢大国；2003 年产量达到 2.2 亿吨，占世界产量的 1/4，是美国、日本和韩国三国钢产量之和；之后连续跨越 3 亿吨、4 亿吨、5 亿吨台阶，2010 年产量达到 6.28 亿吨，占世界产量近一半。2012 年产量突破 7 亿吨，2014 年达到 8.2 亿吨，2015 年为 8.04 亿吨。2005 年，我国结束了自建国以来连续 57 年净进口钢的历史，彻底扭转了总体生产能力不足、制约国民经济发展的局面，圆了几代钢铁人的梦想。图 8-1 所示为历年来我国钢产量的变

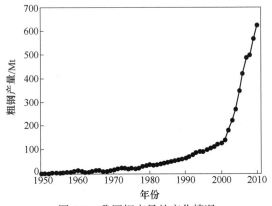

图 8-1　我国钢产量的变化情况

化情况。可以这样讲,我国的钢铁工业对世界产生了重要影响,我国不仅是产钢大国,而且已经开始迈入钢铁强国的行列。但与世界先进水平相比,目前我国的吨钢能耗、吨钢耗水量、废水排放量、吨钢工业粉尘排放量等指标仍有较大的差距;我国低端钢材出口量大、高端钢材进口量多的局面仍没有得到根本改变。因此,我国要发展成为真正的钢铁强国,还有大量的工作要做,还需要付出巨大的努力。

8.3　炼钢的基本任务

炼钢的基本任务是脱碳、脱磷、脱硫、脱氧,去除有害气体和非金属夹杂物,提高温度和调整成分,可以归纳为"四脱"(脱碳、氧、磷和硫)、"二去"(去气和去夹杂)、"二调整"(调整温度和成分)。采用的主要技术手段为供氧、造渣、升温、加脱氧剂和合金化操作。

8.3.1　钢中的磷

对于绝大多数钢种来说,磷是有害元素。钢中磷含量高会引起钢的"冷脆",即从高温降到0℃以下,钢的塑性和冲击韧性降低,并使钢的焊接性能和冷弯性能变差。磷是降低钢的表面张力的元素,易析出聚集在晶界处,随着磷含量的增加,钢液的表面张力降低显著,从而降低了钢的抗热裂纹性能。在钢的连铸坯中,磷的偏析度仅次于硫,而且其在铁固溶体中扩散速率很小,因而磷的偏析很难消除,从而严重影响了钢的性能,所以脱磷是炼钢过程的重要任务之一。

磷在钢中以 $[Fe_3P]$ 或 $[Fe_2P]$ 形式存在,但通常是以 $[P]$ 来表达。除钙外,很多元素很难在冶炼温度下与磷结合生成磷化物。炼钢过程的脱磷反应是在金属液与熔渣界面进行的,其反应的热力学和动力学将在后面炼钢过程的基本反应中做详细介绍。

鉴于磷对钢的不良影响,不同用途的钢对磷含量有着严格的要求,如非合金钢中,普通质量级钢要求 $w[P] \leqslant 0.045\%$,优质级钢要求 $w[P] \leqslant 0.035\%$,特殊质量级钢要求 $w[P] \leqslant 0.025\%$,有的钢种甚至要求 $w[P] \leqslant 0.010\%$。

但在特定的条件下可利用磷对钢性能的有利作用,如炮弹钢加入磷元素,钢的脆性可使炮弹爆炸时碎片增多;易切钢中加磷是利用其降低钢塑性的特点,以提高钢的切削性能;耐蚀钢中加入磷元素是利用其对钢的强化和耐腐蚀性能;低硅高磷硅钢片的发展则是利用磷具有提高钢的磁导率的特性。

8.3.2　钢中的硫

硫对钢的性能会造成不良影响,钢中硫含量高会使钢的热加工性能变坏,即造成钢的"热脆"性。硫在钢中以 FeS 的形式存在,FeS 的熔点为1193℃,Fe 与 FeS 组成的共晶体的熔点只有985℃。液态 Fe 与 FeS 虽然可以无限互溶,但在固溶体中的溶解度很小,仅为0.015%~0.020%。当钢中的硫含量超过0.020%时,钢液在凝固过程中由于偏析使得低熔点 Fe-FeS 共晶体分布于晶界处,在1150~1200℃的热加工过程中,晶界处的共晶体熔化,钢受压时造成晶界破裂,即发生"热脆"现象。如果钢中的氧含量较高,则 FeS 与 FeO 形成的共晶体熔点更低(940℃),更加剧了钢的热脆现象的发生。锰可在钢的凝固期间生成

MnS 和少量的 FeS，纯 MnS 的熔点为 1610℃，共晶体 FeS-MnS（FeS 占 93.5%）的熔点为 1164℃，它们能有效地防止钢热加工过程的热脆。锰还能增加钢的淬透性、耐磨性。因此在冶炼一般钢种时，要求将 $w[Mn]$ 控制在 0.4%~0.8% 范围内。在实际生产中，还将 $w[Mn]/w[S]$ 作为一个指标进行控制。因为研究发现，钢中的 $w[Mn]/w[S]$ 对钢的热塑性影响很大，从低碳钢高温下的拉伸实验结果可以发现，提高 $w[Mn]/w[S]$ 的值可以提高钢的热延展性，如图 8-2 所示。一般 $w[Mn]/w[S] \geqslant 7$ 时不产生热脆。

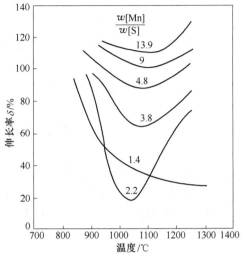

图 8-2　$w[Mn]/w[S]$ 对低碳钢
热延展性的影响

此外，硫还会明显降低钢的焊接性能，引起高温龟裂，并在金属焊缝中产生许多气孔和疏松，从而降低焊缝的强度。硫含量超过 0.06% 时，会显著恶化钢的耐蚀性。硫是连铸坯中偏析最为严重的元素，从而增加了连铸坯内裂纹的倾向。

硫除了对钢材的热加工性能、焊接性能、抗腐蚀性能有比较大的影响外，对力学性能的影响主要表现在：钢材横向的强度、延展性、冲击韧性等显著降低，钢材抗 HIC 性能显著降低。

不同钢种对硫含量有着严格的规定。非合金钢中，普通质量级钢要求 $w[S] \leqslant$ 0.045%，优质级钢要求 $w[S] \leqslant 0.035\%$，特殊质量级钢要求 $w[S] \leqslant 0.025\%$，有的钢种如管线钢要求 $w[S] \leqslant 0.005\%$，甚至更低。但对有些钢种，如易切削钢，硫则作为合金元素加入，要求 $w[S] = 0.08\% \sim 0.20\%$，常用于制作易加工的螺钉、螺帽、纺织机零件、耐高压零件等。

8.3.3　钢中的氧

在吹炼过程中，由于向熔池供入了大量的氧气，这样当达到吹炼终点时，钢水中含有过量的氧，也就是说钢中实际氧含量高于平均值。如果不进行脱氧，这样在其后的出钢和浇注过程中，随着温度的降低，钢液中的氧溶解度降低，促使碳氧反应继续进行，钢液剧烈沸腾，不仅使浇注变得困难，而且也得不到正确凝固组织结构的连铸坯。钢中氧含量高还会产生皮下气泡、疏松等缺陷，并加剧硫的热脆作用。在钢的凝固过程中，氧以氧化物的形式大量析出，这样会降低钢的塑性、冲击韧性等加工性能。

氧在固态钢中的溶解度很小，主要是以氧化物夹杂的形式存在，而非金属夹杂物是钢的主要破坏源，对钢材的疲劳强度、加工性能、延性、韧性、焊接性能、抗 HIC 性能、耐腐蚀性能等均有显著的不良影响。

一般测定的氧是钢中的全氧，即氧化物中的氧和溶解的氧之和；使用浓差法测定的氧才是钢液中溶解的氧；在铸坯或钢材中取样是全氧样。

脱氧的任务包括以下三个：

（1）根据具体的钢种，将钢中的氧含量降低到所需的水平，以保证钢水在凝固时能得到合理的凝固组织结构；

（2）使成品钢中非金属夹杂物含量最少、分布合适、形态适宜，以保证钢的各项性能指标；

（3）得到细晶结构组织。

常用的脱氧剂有 Fe-Mn、Fe-Si、Mn-Si、Ca-Si 等合金。

8.3.4　钢中的气体

钢液中的气体会显著降低钢的性能，而且容易造成钢的许多缺陷。钢中的气体主要是指氢与氮，它们可以溶解于液态和固态纯铁和钢中。

8.3.4.1　钢中的氢

氢在固态钢中的溶解度很小，在钢水凝固和冷却过程中，氢会与 CO、N_2 等气体一起析出，形成皮下气泡、中心缩孔和疏松，造成白点和发纹。在钢的热加工过程中，钢中含有氢气的气孔会沿加工方向被拉长形成发裂，进而引起钢材的强度、塑性和冲击韧性降低，即发生"氢脆"现象。

在钢材的纵向断面上，呈现出的圆形或椭圆形的银白色斑点称为"白点"，其实质为交错的细小裂纹。它产生的主要原因是，钢中的氢在小孔隙中析出的压力和钢相变时产生的组织应力的综合力超过了钢的强度。白点在钢中不是短时间内形成的，而是在金属冷却一段时间后才出现的，也就是有一个孕育期。一般白点产生的温度低于 200℃。氢主要来自原材料、耐火材料及炉气的水分。因此，应采用各种措施降低钢中的氢含量。

钢在高压氢作用下还会产生裂纹，通常呈网络状，严重时还可以鼓泡，这种现象称为氢蚀。究其原因是在高温高压下，氢与钢中的碳形成甲烷并在晶界聚集，生产网络状裂纹，甚至开裂鼓泡。

8.3.4.2　钢中的氮

钢中的氮以氮化物的形式存在，它对钢质量的影响表现出双重性。氮含量高的钢种长时间放置将会变脆，这一现象称为"老化"或"时效"。原因是钢中氮化物（Fe_4N）的析出速度很慢，逐渐改变着钢的性能。钢中氮含量高时，会使钢发生第一类回火脆性，即在 250~450℃ 温度范围内，其表面发蓝，钢的强度升高，冲击韧性降低，称为"蓝脆"。

氮和氢的综合作用会使铸坯产生结疤和皮下气泡，在轧制过程中产生裂纹和发纹。氮含量增加，钢的焊接性能变坏，造成焊接热影响区脆化，降低磁导率、电导率。

但钢中加入适量的铝，可生成稳定的 AlN，能够压抑 Fe_4N 的生成和析出，不仅可以改善钢的时效性，还可以阻止奥氏体晶粒的长大。氮可以作为合金元素起到细化晶粒的作用，在冶炼铬钢、镍铬系钢或铬锰系钢等高合金钢时，加入适量的氮能够改善塑性和高温加工性能。

8.3.5　钢中的非金属夹杂物

非金属夹杂物包括氧化物、硫化物、氮化物、碳化物和它们的复合物或化合物。正常条件下，钢的温度冷却到固相线以下时就发生硫化物、碳化物和氮化物析出。小颗粒的特殊氧化物、硫化物、碳化物和氮化物夹杂已被用于提高钢性能的微观结构控制。但是，绝大多数氧化物夹杂和一些硫化物夹杂则已在钢液中形成，如果在钢凝固之前这些夹杂还没有得以去除，那么它们将引起连铸产品的缺陷，给连铸生产顺行带来问题和困难，降低生产率、产品性能、金属收得率等。表 8-1 列出了引发生产事故和产品质量问题的连铸坯中宏观夹杂物的临界尺寸。只有夹杂物数量少、尺寸小且分布均匀的"洁净"钢，才能满足对钢的深冲性和耐久性要求更高且不断增长的特殊用途需要。

表 8-1　引发生产事故和产品质量问题的连铸坯中宏观夹杂物的临界尺寸　　　（μm）

产品	板坯或大方坯中的临界尺寸	产品	板坯或大方坯中的临界尺寸
冷轧板	240 *	冷镦件	100 * *
易拉罐	50 *	钢帘线	30 * *
UOE 管	200 *	轴承滚珠	15 *
ERW 管	140 *		

注：* 为板坯数据；* * 为大方坯数据。

8.3.5.1　夹杂物的分类

钢中的非金属夹杂物按来源可以分为外来夹杂和内生夹杂。

（1）外来夹杂。外来夹杂是指冶炼和浇注过程中，带入钢液中的炉渣和耐火材料以及钢液被大气氧化所形成的氧化物。考虑到外来夹杂的组成有钢的二次氧化产物、多成分钢包渣、中间包覆盖剂、结晶器保护渣和中间包耐火材料，因此它们的结构是相当复杂的。它们中一些不稳定氧化物常常被钢液中的脱氧元素还原。同时，这些外来夹杂在许多场合中与内生夹杂聚合。因此，外来夹杂呈现多相复合结构。钢液输运过程中产生的由不同结构与比例组成的宏观夹杂物包括以下五种：

1）脱氧与再氧化产物，如铝镇静钢的 Al_2O_3 或 Si-Mn 镇静钢的锰硅酸铝盐；

2）从钢包带入中间包、$w(CaO+MgO)/w(SiO_2)=3\sim8$ 的 $CaO\text{-}MgO\text{-}SiO_2\text{-}Fe_tO$ 系转炉渣；

3）钢包精炼渣，通常是 $CaO\text{-}Al_2O_3\text{-}SiO_2$ 系（铝镇静钢 SiO_2 含量低，硅镇静钢 Al_2O_3 含量低）；

4）$CaO\text{-}Al_2O_3\text{-}SiO_2$ 系的中间包覆盖剂，$w(CaO)/w(Al_2O_3+SiO_2)$ 的值高；

5）$w(CaO)/w(SiO_2)\approx1$，组成为 $CaO\text{-}Al_2O_3\text{-}SiO_2\text{-}(NaF)$ 的结晶器保护渣。

（2）内生夹杂。钢中大部分内生夹杂是在脱氧和凝固过程中产生的。内生夹杂包括四个方面：

1）脱氧时的脱氧产物，也称为一次夹杂，即：

$$n[M]+m[O]\Longrightarrow M_nO_m \qquad (8\text{-}1)$$

式中，M 代表钢液中的脱氧元素，如 Mn、Si 或 Al。当 M 以纯金属（如 Al）或 Fe-Mn、Fe-Si、Si-Mn 合金加入到钢液时，熔化的铝或合金周围将产生过饱和，从而导致氧化物 M_nO_m（MnO、SiO_2、$MnO\text{-}SiO_2$ 或 Al_2O_3）形核生长，并进而形成液态的球形夹杂物、不规则固态夹杂物或固态簇状夹杂物，它们的尺寸可以与外来夹杂物一样，大到几百微米。Sakao 采用典型脱氧反应的 $\Delta G^{\ominus}$ 推荐值计算了 $w[O]$ 和 $w[M]$ 的修正值，见图 8-3。

2）钢液温度下降时，硫、氧、氮等杂质元素溶解度下降而以非金属夹杂物形式出现的生成物，也称为二次夹杂。此类夹杂的尺寸通常比较小，从不足 $1\mu m$ 到 $20\mu m$，除非是在一次夹杂物上析出或相互聚合在一起。图 8-4 所示为用 CaO-Al$_2$O$_3$ 渣钢包精炼后 300t LCAK（低碳铝镇静）钢中典型的 Al$_2$O$_3$ 夹杂。

3）凝固过程中因溶解度降低、偏析而发生反应的产物。在钢液凝固期间，当溶质在凝固钢中的溶解度低于钢液时，残存的钢液中将发生溶解氧和脱氧元素的正偏析，正偏析导致溶度积超常，小颗粒夹杂物会在残存钢液中析出或在悬浮的夹杂物上生长；钢液凝固期间，温度下降，溶

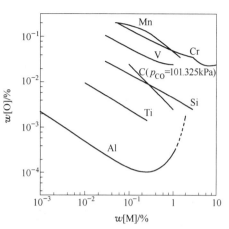

图 8-3 1873K 时与铁液中不同
脱氧元素修正后的脱氧平衡

质在熔体中进一步富集并降低了溶度积，其他更小尺寸的夹杂物也有可能析出或在熔体中生长。为了区分夹杂物的最后两个来源，把它们列为三次夹杂。对于用 Al 脱氧的钢液，由于极大部分的溶解氧在固态与液态间固、液共存的糊状区形成时已消尽，可不考虑三次夹杂的形成，但对于用 Mn 和 Si 脱氧的钢液，二次和三次夹杂均会形成。

4）固态钢相变溶解度变化生成的产物。

根据化学成分的不同，夹杂物又可以分为氧化物夹杂、硫化物夹杂和氮化物夹杂。

（1）氧化物夹杂，即 FeO、MnO、SiO$_2$、Al$_2$O$_3$、Cr$_2$O$_3$ 等简单的氧化物，FeO-Fe$_2$O$_3$、FeO-Al$_2$O$_3$、MgO-Al$_2$O$_3$ 等尖晶石类和各种钙铝的复杂氧化物，以及 2FeO-SiO$_2$、2MnO-SiO$_2$、3MnO-Al$_2$O$_3$-2SiO$_2$ 等硅酸盐；

（2）硫化物夹杂，如 FeS、MnS、CaS 等；

（3）氮化物夹杂，如 AlN、TiN、ZrN、VN、BN 等。

按照加工性能分，夹杂物还可分为塑性夹杂、脆性夹杂和点状不变形（半塑性）夹杂。

（1）塑性夹杂，如 SiO$_2$ 含量低的铁锰硅酸盐和硫化锰，它在热加工时沿加工方向延伸成条带状；

（2）脆性夹杂，是完全不具有塑性的夹杂物，如 Al$_2$O$_3$、Cr$_2$O$_3$、ZrO$_2$ 等简单氧化物，FeO-Al$_2$O$_3$、MgO-Al$_2$O$_3$、CaO-6Al$_2$O$_3$ 等双氧化物，熔点高的氮化物以及尖晶石类复合氧化物；

（3）点状不变形(半塑性)夹杂，如 SiO$_2$ 含量超过 70% 的硅酸盐、CaS、钙的铝硅酸盐等。

对夹杂物进行显微评定时，根据 ASTM 和我国国家标准 GB 10561—89 将夹杂物分为四类：A 类为硫化物，B 类为氧化铝类，C 类为硅酸盐，D 类为球状或点状氧化物。评级则按含量的递增分为五级，并允许评半级，如 0.5 级、1.5 级。

8.3.5.2 钢基体变形后的夹杂物形状

钢液和钢中夹杂物的形状很大程度上取决于它们的熔点。当它们的熔点低于熔体（钢液）温度时，因熔体与夹杂物间界面张力的作用，液态夹杂物变形成球形。但当铸坯在接近或高于夹杂物的熔点温度进行热轧时，夹杂物就会沿着轧制方向被拉长。

图 8-4　用 CaO-Al₂O₃ 渣钢包精炼后 300t LCAK 钢中典型的 Al₂O₃ 夹杂

（a）小球形夹杂；（b）八面体夹杂；（c）小的多边形夹杂；（d）大的多边形夹杂；

（e）圆盘状夹杂；（f）树枝状夹杂；（g）簇状物夹杂；（h）夹杂物聚集

夹杂物在钢的热加工和冷加工过程中变形。现在已经利用变形后夹杂物的形状进行了许多分类,具体如下。

热加工前及期间,如果夹杂物的化学成分基本均匀且为玻璃相,没有大量坚硬的结晶相析出,而且在热加工过程中能被拉长,那么这类夹杂就被分为 A 类。那些嵌入在伸长的玻璃基体中,尺寸小、坚硬的结晶态夹杂也被列为 A 类。典型的例子是低熔点 MnS 和硅酸盐。

热轧温度下,由脆性相和某些塑性相组成的夹杂物在热轧过程中破碎成不连续碎片条痕,这种夹杂被列为 B 类。夹杂物中脆性相的起因为:液态夹杂物冷却过程的相分离,脆性颗粒和塑性颗粒的聚合导致复合结构的形成,或固态夹杂物颗粒表面转变成可变形的外壳。铝酸盐和硅酸盐的软化温度接近或高于热轧温度,它们就属于这类夹杂。

第三类夹杂是由钢液中初期固体颗粒聚合的簇状物组成,以簇状物形态留在凝固组织中。氧化铝簇状物就是这类夹杂的一个典型。热轧时,如果钢中的簇状物在热轧温度下不变形,那么它们将沿轧制方向碎裂成尺寸较小的聚合物(由初期固体颗粒聚合而成),并呈条状分布。一种极端的情况是,尺寸较小聚合物之间的距离变得相当大,在有限的显微镜视觉范围内只能看到单一的聚合物出现,这样的夹杂物归为 C 类。从开始就由单一的聚合物形成的固态不变形夹杂,如不规则致密 Al_2O_3 颗粒或球形 SiO_2 颗粒,也被列为 C 类。

钢液中的 A 类夹杂和许多 B 类夹杂是以球形出现的,而一些 B 类夹杂和大多数 C 类夹杂则分别呈现不规则块状和簇状。经常发生 A、B、C 三类夹杂中两种或三种结合在一起的情况,以复合物的形式共存于钢中。

由于夹杂物的形状在一定程度上受钢基体压缩比和热加工温度的综合影响,因此,上面的夹杂物分类或多或少带有随意性。

8.3.5.3 夹杂物对钢性能的影响

表 8-1 中已列出了一些典型钢产品所要求的宏观夹杂物临界尺寸和化学组成。LCAK 冷轧板经受了热轧和冷轧过程的大幅度压缩,其结果是尺寸小于 $240\mu m$ 的坚硬的 Al_2O_3 簇状物破裂成小碎片,这对一般用途的板材而言不会引发任何可估计到的问题。但是对用于易拉罐生产的冷轧薄板,在冲压后还必须承受更加苛刻的展薄拉伸、折边和皱折等,裂纹大都发生在罐的折边和皱折上。对罐的生产来讲,缺陷发生率(废品率)超过 $(20\sim30)\times10^{-6}$(1 百万个罐中占 $20\sim30$ 个)是不可接受的。要满足这样的要求,必须将连铸坯中 Al_2O_3 夹杂的含量和尺寸分别减少到 30×10^{-6}(全氧含量 $w[TO]\approx15\times10^{-6}$)和 $50\mu m$ 以下。

对于 UOE 管的板材和 ERW 管的带卷,通过无损超声波探伤检验发现:如果 UOE 管和 ERW 管的连铸坯中夹杂物尺寸分别大于 $200\mu m$ 和 $150\mu m$,那么就会在它们的成品中产生缺陷,这些产生缺陷的位置有发生断裂和焊接缺陷的潜在危险。如果夹杂物尺寸大于 $100\mu m$,那么由大方坯热轧而成的棒材在进行冷锻时就有可能产生裂纹。此外,如果用于帘线生产的大方坯内的夹杂物尺寸超过 $30\mu m$,那么钢棒在冷拔过程中就会发生断裂。

对于用途更苛刻的钢,钢液的洁净度就要求更高。对于市场比较急需的一些钢产品,其对夹杂物尺寸的要求在表 8-2 中列出,表中也列出了避免杂质元素偏析的极限含量。对用于易拉罐塑性叠膜、冷轧的薄带,其夹杂物的极限尺寸是 $5\mu m$,比传统易拉罐所要求的还要小。表 8-2 中,用于显像管阴罩(CRT)和大规模集成电路(LSI)引线枢的薄板,如果其内夹杂物的尺寸大于 $5\mu m$ 就会被判有缺陷。在 CRT 侵蚀时,这些夹杂物会模糊遮罩上的穿通孔边角，结果造成 CRT 上的图像模糊不清；或在引线枢压力冲孔时引发裂纹，造成冲孔收得率损失。

表 8-2　高性能钢所能承受的夹杂物最大尺寸和杂质最大含量

用　途	主要性能	夹杂物最大尺寸/μm	杂质最大含量/×10⁻⁶
易拉罐（DI）镀锡板	抗摺裂	<20	$w[C]<20, w[N]<30$
SEDDQ 板	平均 $r>2.0$		S 含量低
显像管阴罩用钢	侵蚀污点	<5	
大规模集成电路用引线枢	冲压裂纹	<5	
酸气管	HIC	形状控制	$w[S]<5$
液化天然气板材	脆　化		$w[P]<30, w[S]<10$
船板钢	Z 向裂纹	形状控制	$w[P]<30, w[S]<10$
轴承，轴承座圈	轧制疲劳	<10	$w[O]<10, w[Ti]<15$
滚珠轴承	疲劳裂纹	<15	$w[O]<15, w[Ti]<50$
轮胎线	断　裂	形状控制，<20	$w[Al]<10$
弹簧丝	疲劳裂纹	形状控制，<20	$w[Al]<10$

注：DI 表示深冲展薄拉伸，SEDDQ 表示超深冲性，Z 向裂纹指平行轧制方向的裂纹，r 为塑性应变比（即冲压成型宽度与厚度上的应变值之比）。

如果滚珠轴承钢中的钛含量超过 0.002% 则是有害的，因为增加了钢中形成不变形 TiO_2-TiN 夹杂的危险。TiO_2-TiN 夹杂会聚合成尺寸不小于 20μm 的簇状物。其他尺寸超过 15μm 的不变形固体夹杂因形成疲劳裂纹，也将使轴承的滚珠、滚轴和轴环的疲劳寿命下降 10%。为了降低这些夹杂物的数密度，$w(O)_{夹杂}$ 必须保持在 0.001% 以下，而 $w[Ti]$ 控制在 0.0015%~0.002%。大方坯中尺寸为 20μm 的不变形固体 Al_2O_3 夹杂会在钢丝冷拔生产高强度帘线的过程中引发断裂，从而显著降低钢线的生产率。为了避免这类问题，Al_2O_3 夹杂的尺寸必须小于 20μm。对于弹簧丝则需要采用更严格的标准。

由于非金属夹杂对钢的性能产生严重影响，因此在炼钢、精炼和连铸过程中应最大限度地降低钢液中夹杂物的含量，控制其形状和尺寸。

8.3.6　钢的成分

为了保证钢的各种物理和化学性质，应将钢的成分调整到规定的范围之内。涉及钢成分控制的主要元素为：

（1）碳。炼钢的重要任务之一就是把熔池中的碳氧化脱除至所炼钢种的要求。从钢的性质可以看出，碳也是重要的合金元素，它可以增加钢的强度和硬度，但对韧性产生不利影响。钢中的碳决定了冶炼、轧制和热处理的温度制度。碳能显著改变钢的液态和凝固性质，如在 1600℃、$w[C]≤0.8\%$ 时，每增加 0.1% 的碳，使钢的熔点降低 6.5℃，密度减少 4kg/m³，黏度降低 0.7%，[N] 的溶解度降低 0.001%，[H] 的溶解度降低 0.0044cm³/g，增大凝固区间 17.79℃。不同用途的钢对碳含量的控制不尽相同，根据碳含量的不同，将钢划分为低碳钢、中碳钢和高碳钢。

（2）锰。锰的作用是消除钢中硫的热脆倾向，改变硫化物的形态和分布以提高钢质。钢中的锰是一种非常弱的脱氧剂，在钢中碳含量非常低、氧含量很高时，可以显示出其协助脱氧作用，提高其脱氧能力。锰还可以略微提高钢的强度，并可以提高钢的淬透性能。它可稳定并扩大奥氏体区，常作为合金元素用于奥氏体不锈钢、耐热钢等的生产。

（3）硅。硅是钢中最基本的脱氧剂。普通钢中硅含量在 0.17% ~ 0.37%，是冶炼镇静钢的合适成分，在 1450℃ 左右钢凝固时，能保证钢中与其平衡的氧量小于与碳平衡的氧量，从而抑制凝固过程中 CO 气泡的产生。生产沸腾钢时，$w[Si] = 0.03% ~ 0.07%$，$w[Mn] = 0.25% ~ 0.70%$，它只能微弱控制 C-O 反应。硅具有提高钢力学性能的作用，它还增加了钢的电阻和导磁性，是生产用于制作电动机、变压器、电器等硅钢的重要元素。硅对钢液的性质影响较大，1600℃ 纯铁中每增加 1% 的硅，使碳的饱和溶解度降低 0.294%，铁的熔点降低 8℃，密度降低 80kg/m³，[N] 的饱和溶解度降低 0.003%，[H] 的溶解度降低 0.014cm³/g，钢的凝固区间增加 10℃，钢液的收缩率提高 2.05%。在生产低碳铁合金时，常通过增加溶解的硅量来减少溶解的碳量。

（4）铝。铝是终脱氧剂，生产镇静钢时，$w[Al]$ 多在 0.005% ~ 0.05% 范围内，通常为 0.01% ~ 0.03%。钢中铝的加入量因氧含量的不同而异，对高碳钢，铝应少加些，而低碳钢则应多加，一般加入量为 0.3 ~ 1.0kg/t。铝加入到钢中将与氧发生反应而生成 Al_2O_3，在出钢、镇静和浇注时生成的 Al_2O_3 大部分上浮排除，在凝固过程中大量细小分散的 Al_2O_3 还能促进形成细晶粒钢。铝是调整钢的晶粒度的有效元素，它能使钢的晶粒开始长大并保持到较高的温度。

为了进一步提高或改善钢的性能，向碳钢中添加合金元素以满足不同用途的需要已成为钢种开发和生产的惯用做法，即所谓的低合金钢和合金钢的开发与生产。对这类钢种的成分控制比较复杂，具体的内容可参阅金属材料与热处理方面的文献资料。

8.4 钢 的 性 能

8.4.1 铁碳相图

碳钢和铸铁都是铁碳合金，是应用最广泛的金属材料。铁碳相图是研究铁碳合金的重要工具，了解并掌握铁碳相图对于钢铁材料的研究和使用、各种热加工工艺（包括连铸工艺）的制订等都具有很重要的指导意义。所以在介绍钢的性能之前，有必要重温铁碳相图。图 8-5 所示就是 Fe-Fe₃C 相图。

8.4.1.1 铁碳相图中的点、线、区及其意义

图 8-5 中各特性点的温度、碳含量及其意义示于表 8-3 中。相图中的液相线是 ABCD，固相线是 AHJECF，有五个单相区：ABCD 以上为液相区（L）；AHNA 为 δ 固溶体区（δ）；NJESGN 为奥氏体区（γ 或 A）；GPQG 为铁素体区

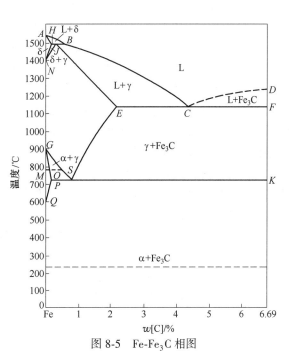

图 8-5　Fe-Fe₃C 相图

（α 或 F）；DFK 为渗碳体区（Fe_3C 或 C_m）。

表 8-3　铁碳相图中的特性点

符号	温度/℃	$w[C]$/%	说　明	符号	温度/℃	$w[C]$/%	说　明
A	1538	0	纯铁的熔点	J	1495	0.17	包晶点
B	1495	0.53	包晶转变时液态合金	K	727	6.69	渗碳体的成分
C	1148	4.30	共晶点	M	770	0	纯铁的磁性转变点
D	1227	6.69	渗碳体的熔点	N	1394	0	α-Fe ⇌ δ-Fe 的转变温度
E	1148	2.11	碳在 γ-Fe 中的最大溶解度	O	770	约 0.5	$w[C]$≈0.5%合金的磁性转变点
F	1148	6.69	渗碳体的成分	P	727	0.0218	碳在 α-Fe 中的最大溶解度
G	912	0	α-Fe ⇌ γ-Fe 转变温度 A_3	S	727	0.77	共析点（A_1）
H	1495	0.09	碳在 δ-Fe 中的最大溶解度	Q	600	0.0057	600℃时碳在 α-Fe 中的溶解度

相图中有七个两相区，它们分别存在于相邻两个单相区之间。这些两相区分别是 L+δ、L+γ、L+Fe_3C、δ+γ、γ+α、γ+Fe_3C 及 α+Fe。

此外，相图上有两条磁性转变线，MO 为铁素体的磁性转变线，230℃虚线为渗碳体的磁性转变线。

Fe-Fe_3C 相图上有三条水平线，HJB 为包晶转变线，ECF 为共晶转变线，PSK 为共析转变线。事实上，Fe-Fe_3C 相图即由包晶反应、共晶反应和共析反应三部分连接而成。

8.4.1.2　包晶转变

在 1495℃的恒温下，$w[C]$=0.53%的液相与 $w[C]$=0.09%的 γ 铁素体发生包晶反应，形成 $w[C]$=0.17%的奥氏体，其反应式为：

$$L_B + \delta_H \rightleftharpoons \gamma_J \tag{8-2}$$

进行包晶反应时，奥氏体沿 δ 相与液相的界面生核，并向 δ 相和液相两个方向长大。包晶反应终了时，δ 相与液相同时耗尽，变为单相奥氏体。$w[C]$=0.09%～0.17%的合金由于 δ 铁素体的量较多，当包晶反应结束后，液相耗尽，仍残留一部分 δ 铁素体。这部分 δ 相在随后的冷却过程中，通过同素异晶转变生成奥氏体。$w[C]$=0.17%～0.53%的合金，由于反应前的 δ 相较少、液相较多，所以在包晶反应结束后仍残留一定量的液相，这部分液相在随后的冷却过程中结晶成奥氏体。

$w[C]$<0.09%的合金，在按匀晶体转变为 δ 固溶体之后，继续冷却时将在 NH 与 NJ 线之间发生固溶体的同素异晶转变，生成单相奥氏体。$w[C]$=0.53%～2.11%的合金，按匀晶转变凝固后，组织也是单相奥氏体。

总之，$w[C]$≤2.11%的合金在冷却过程中都可在一定的温度区间内得到单相的奥氏体组织。

应当指出，对于铁碳合金来说，由于包晶反应温度高，碳原子的扩散较快，所以包晶偏析并不严重。但对于高合金钢来说，合金元素的扩散较慢，可能造成严重的包晶偏析。

8.4.1.3　共晶转变

Fe-Fe_3C 相图上的共晶转变是在 1148℃的恒温下，由 $w[C]$=4.3%的液相转变为

$w[C] = 2.11\%$ 的奥氏体和渗碳体组成的混合物，其反应式为：

$$L_C \Longleftrightarrow \gamma_E + Fe_3C \tag{8-3}$$

共晶转变形成的奥氏体与渗碳体的混合物称为莱氏体，以符号 L_d 表示。凡是在 $w[C] = 2.11\% \sim 6.69\%$ 范围内的合金，都要进行共晶转变。

在莱氏体中，渗碳体是连续分布的相，奥氏体呈颗粒状分布在渗碳体的基底上。由于渗碳体很脆，所以莱氏体是塑性很差的组织。

8.4.1.4　共析转变

Fe-Fe_3C 相图上的共析转变是在 727℃ 的恒温下，由 $w[C] = 0.77\%$ 的奥氏体转变为 $w[C] = 0.0218\%$ 的铁素体和渗碳体组成的混合物，其反应式为：

$$\gamma_S \Longleftrightarrow \alpha_P + Fe_3C \tag{8-4}$$

共析转变的产物称为珠光体，用符号 P 表示。共析转变的水平线 PSK 称为共析线或共析温度，常用符号 A_1 表示。凡是 $w[C] \geqslant 0.0218\%$ 的铁碳合金都将发生共析转变。

经共析转变形成的珠光体是层片状的，其中铁素体和渗碳体的含量可以用杠杆定律进行计算，即：

$$w[Fe] = \frac{SK}{PK} \times 100\% = \frac{6.69 - 0.77}{6.69 - 0.0218} \times 100\% = 88.7\%$$

$$w[Fe_3C] = 100\% - w[Fe] = 11.3\%$$

渗碳体与铁素体含量的比值约为 1/8。这就是说，如果忽略铁素体和渗碳体密度的微小差别，则铁素体的体积是渗碳体的 8 倍。在金相显微镜下观察时，珠光体组织中较厚的片是铁素体，较薄的片是渗碳体。

8.4.1.5　三条重要的特性曲线

(1) GS 线。GS 线又称为 A_3 线，它是在冷却过程中由奥氏体析出铁素体的开始线，或者说是在加热过程中铁素体溶入奥氏体的终了线。事实上，GS 线是由 G 点（A_3 点）演变而来的，随着碳含量的增加，使奥氏体向铁素体的同素异晶转变温度逐渐下降，从而由 A_3 点变成了 A_3 线。

(2) ES 线。ES 线是碳在奥氏体中的溶解度曲线，当温度低于此曲线时，就要从奥氏体中析出次生渗碳体，通常称为二次渗碳体。因此，该曲线又是二次渗碳体的开始析出线。ES 线也称为 A_{cm} 线。由相图可以看出，E 点表示奥氏体的最大溶碳量，即奥氏体的溶碳量在 1148℃ 时为 $w[C] = 2.11\%$，其物质的量之比相当于 9.1%。这表明，此时铁与碳的物质的量之比约为 10 : 1，相当于 2.5 个奥氏体晶胞中才有 1 个碳原子。

(3) PQ 线。PQ 线是碳在铁素体中的溶解度曲线。铁素体中的最大溶碳量于 727℃ 时达到最大值 $w[C] = 0.0218\%$。随着温度的降低，铁素体中的溶碳量逐渐减少，在 300℃ 以下，溶碳量 $w[C] < 0.001\%$。因此，当铁素体从 727℃ 冷却下来时，要从铁素体中析出渗碳体，称为三次渗碳体，记为 Fe_3C_{III}。

根据组织特征，铁碳合金按碳含量划分为以下七种类型：

(1) 工业纯铁：$w[C] < 0.0218\%$；

（2）共析钢：$w[C] = 0.77\%$；

（3）亚共析钢：$w[C] = 0.0218\% \sim 0.77\%$；

（4）过共析钢：$w[C] = 0.77\% \sim 2.11\%$；

（5）共晶白口铁：$w[C] = 4.30\%$；

（6）亚共晶白口铁：$w[C] = 2.11\% \sim 4.30\%$；

（7）过共晶白口铁：$w[C] = 4.30\% \sim 6.69\%$。

8.4.2　钢的力学性能

钢的性能涉及物理性能、化学性能、力学性能和工艺性能等，其中，物理性能、化学性能和工艺性能将在后面的章节中做介绍。目前对钢质量考核涉及最多的指标是力学性能，为此，本节专门对钢的力学性能进行介绍。

钢的力学性能是指其在受外力作用时所表现的行为，这种行为通常表现为金属的变形和断裂。钢的力学性能可以理解为抵抗外加载荷引起的变形和断裂的能力。当外加载荷的性质、环境的温度与介质等外在因素不同时，对钢的力学性能的要求也不同。常用的力学性能指标有强度、刚度、弹性、塑性、硬度、韧性、疲劳强度等。

8.4.2.1　强度、刚度及弹性

强度和刚度是钢铁材料极为重要的力学性能指标，一般采用拉伸试验法测定。拉伸试验所用的试样尺寸与形状应符合国家标准的规定。试验时将钢试样装夹在万能试验机上，然后逐渐施加拉伸载荷，直至将试样拉断为止。这样可根据试验机上自动记录的试样承受载荷和产生变形量之间的关系，测出该钢种的拉伸曲线，从而确定钢的强度和刚度。

图 8-6 所示为退火低碳钢的拉伸曲线，低碳钢在拉伸过程中，可分为弹性变形、塑性变形和断裂三个阶段。在弹性变形范围内一般服从胡克定律，即变形与受力成正比，即当载荷不超过 F_e 时，若再卸除载荷，试样能完全恢复到原来的形状和尺寸。当载荷继续增加时，试样将产生塑性变形，并在 s 点附近出现平台或锯齿状线段，这时载荷不增加或只有微小增加，试样会继续伸长，这种现象称为屈服。屈服后，试样开始发生明显的塑性变形，要继续变形必须不断增加载荷，即变形抗力增加，这种现象称为形变强化或加工硬化。当载荷增加到 F_b 时，试样的局部截面缩小，产生所谓的"缩颈"现象，试样承受载荷的能力减小；当达到曲线上 k 点时，试样断裂。

为了消除拉伸试验中试样尺寸的影响，需采用应力-应变曲线，如图 8-7 所示，其形状与图 8-6 的拉伸曲线形状相同。应力是指试样单位面积上承受的载荷，即：

$$\sigma = \frac{F}{S_0} \tag{8-5}$$

式中　F——试样所承受的载荷，N；

　　　S_0——试样的原始截面积，mm^2。

应变是指试样单位长度的伸长量，即：

$$\varepsilon = \frac{\Delta l}{l_0} \tag{8-6}$$

式中　Δl——试样标距长度的伸长量；

　　　l_0——试样的原始标距长度。

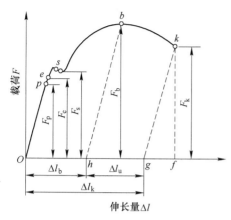

图 8-6　退火低碳钢的拉伸曲线

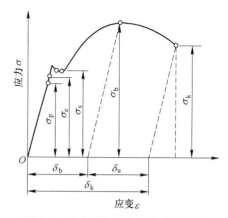

图 8-7　退火低碳钢的应力-应变曲线

应力-应变曲线中的弹性变形阶段可测出钢的弹性模量（E）、弹性极限（σ_e），并依次确定钢的刚度和弹性。

弹性模量标志着钢材抵抗弹性变形的能力，工程上将这种能力称为刚度。它为应力与应变之比，即：

$$E = \frac{\sigma}{\varepsilon} \tag{8-7}$$

钢在不产生塑性变形时所能承受的最大应力称为弹性极限，即：

$$\sigma_e = \frac{F_e}{S_0} \tag{8-8}$$

屈服强度即为屈服点的应力，是指拉伸试验过程中力不增加而试样仍然能继续伸长时的应力，用 σ_s 表示，即：

$$\sigma_s = \frac{F_s}{S_0} \tag{8-9}$$

弹性极限和屈服强度都表征了钢铁材料开始塑性变形的抗力。从变形程度来看，弹性极限规定的残余变形小，屈服强度规定的残余变形大一些。但从工程技术和标准中的定义来看，它们并无原则性差别，只是规定的塑性变形大小不同而已。屈服强度是工程技术上重要的力学性能指标之一，是大多数结构件选材和设计的依据。

抗拉强度（强度极限）是指钢材断裂前所承受的最大应力，用 σ_b 表示，即：

$$\sigma_b = \frac{F_b}{S_0} \tag{8-10}$$

式中，F_b 为试样拉断前承受的最大载荷。试样在拉伸过程中达到最大载荷前是均匀变形，抗拉强度 σ_b 是反映钢铁材料抵抗最大均匀塑性变形的能力。因此，它是设计和选材的主要依据之一，同时也是评定钢铁材料的重要力学性能指标之一。

8.4.2.2　塑性

塑性是指钢铁材料在静载荷作用下产生永久变形而不致引起破坏（断裂）的性能。载荷消失后留下来的部分不可恢复的变形，称为塑性变形。钢的塑性用伸长率和断面收缩率表示。

（1）伸长率。伸长率用 δ 表示，是指试样拉断后标距的伸长量 $l_k - l_0$ 与原始标距 l_0 的比值，即：

$$\delta = \frac{l_k - l_0}{l_0} \qquad (8\text{-}11)$$

式中　l_k——试样拉断后的标距长度；

　　　l_0——试样的原始标距长度。

很显然，不同钢种的伸长率不同，而且钢的伸长率还受试样尺寸的影响。为了使具有不同尺寸的同一种钢材得到一样的伸长率，试样必须按比例增大或减小其长度或截面积。为此，用 $l_0 = 5d_0$ 的试样测得的伸长率记作 δ_5，用 $l_0 = 10d_0$ 的试样测得的伸长率记作 δ_{10}。

（2）断面收缩率。断面收缩率用 Ψ 表示，是指断裂后试样截面的相对收缩值，即：

$$\Psi = \frac{S_0 - S_k}{S_0} \times 100\% \qquad (8\text{-}12)$$

式中　S_k——试样拉断后断裂处的最小截面积；

　　　S_0——试样的原始截面积。

伸长率和断面收缩率越大，说明钢的塑性变形量越大，钢的塑性就越好。对于进行压力加工的型材或零件，钢必须具有良好的塑性。

8.4.2.3　硬度

硬度是衡量钢软硬程度的指标，是指钢在静载荷作用下抵抗局部变形，特别是塑性变形、压痕和划痕的能力。硬度实际上是一种表征钢的弹性、塑性、形变强化、强度和韧性等一系列不同物理量组合的综合性能指标。

硬度的试验方法有压入法和划痕法两大类。常用的是压入硬度法，即将一定载荷压入被测试的钢表面，根据被压入程度来测定其硬度。压入法根据加载速度的不同，分为静载压入法和动载压入法。静载压入法中，根据载荷、压头和表示方法的不同，又分为布氏硬度、洛氏硬度、维氏硬度和显微硬度等。

（1）布氏硬度。布氏硬度是 1900 年由瑞典人布利奈尔（Brinell）提出的。其测定原理是用一定大小的载荷 $F(\text{N})$，将直径为 $d(\text{mm})$ 的淬火钢球压入被测钢的表面，保持一定时间后卸去载荷，载荷与钢表面压痕的凹陷面积 $A(\text{mm}^2)$ 的比值称为布氏硬度，用 HB 表示。布氏硬度的优点是压痕面积大，能较好反映材料的平均硬度；数据较稳定，重现性好。其缺点是测试麻烦，压痕较大，不适合测量成品及薄件材料。

（2）洛氏硬度。1919 年，洛克威尔（Rockwell）提出了直接用压痕深度来确定硬度值的方法。测试时，用顶角为 120° 的金刚石圆锥体或者用直径为 1.588mm 的淬火钢球作为压头，载荷的施加分两次进行，先加初载荷，再加主载荷，将压头压入钢的表面，卸去主载荷后，根据压头压入的深度 h 最终确定其硬度值。h 值越大，材料就越软。为了适应数值越大硬度越大的习惯，采用一个常数 C 减去 h 来表示硬度的大小，并以每 0.002mm 的压痕深度为一个硬度单位，由此获得的硬度称为洛氏硬度，常用 HR 表示。为了能用一种硬度计测量从极软到极硬材料的硬度，采用不同的压头，并施加不同的载荷，从而组成不同的洛氏硬度标尺，较常用的有 HRA、HRB 和 HRC 三种。洛氏硬度的优点是测量迅速、简便，试样表面损伤较小。其缺点是压痕较小，测得的硬度值不够准确；不同标尺硬度值之间不能直接比较大小。

（3）维氏硬度。维氏硬度于 1925 年由史密斯（Smith）和桑兰德（Sandland）提出，因在维克尔斯（Vickers）厂最早使用而得名。其试验原理与布氏硬度相似，区别在于压头采用锥面为 136° 的金刚石正四棱锥体，将其以选定的试验力压入试样表面，按规定保持一定时间后卸除试验力，测量压痕两对角线长度。维氏硬度用四棱压痕单位面积上所承受的平均压力表示，符号为 HV，单位为 MPa。维氏硬度的优点是不受测试方法、施加载荷和压头规定条件的约束；精确可靠，误差较小。其缺点是测量效率不如洛氏硬度。

8.4.2.4　韧性

钢在断裂前吸收塑性变形能量的能力，称为钢的韧性。常用韧度来衡量钢韧性的好坏，韧性与韧度在习惯上不加以区分。钢在冲击载荷作用下，抵抗变形、破坏的能力称为冲击韧度。冲击韧度通常用一次冲击试验来测定，用冲击吸收功表示冲击韧度的大小。

冲击试验所用试样为标准的夏比缺口试样，在摆锤式冲击试验机上，用规定高度的摆锤对处于简支梁状态的缺口试样进行一次冲击，可测得冲击吸收功 A_K（单位为 J）。根据 U 形和 V 形两种试样缺口形状不同，冲击吸收功分别用 A_{KU} 和 A_{KV} 表示。试样缺口处单位截面积上的冲击吸收功称为冲击韧度，用 a_K 表示，即：

$$a_K = \frac{A_K}{S_0} \tag{8-13}$$

对于某些用于工程的中低强度钢，当温度降低到某一程度时，会出现冲击吸收功明显下降的现象，这种现象称为冷脆现象。通过测定钢在不同温度下的冲击吸收功，就可测出其冲击吸收功与温度的关系曲线，如图 8-8 所示。在某个温度区间，冲击吸收功发生急剧下降，试样断口由韧性过渡到脆性，这个区间称为韧脆转变温度范围。这个温度越低，钢的低温冲击性能就越好。因此，常在低温下服役的结构钢，其使用温度应高于韧脆转变温度。

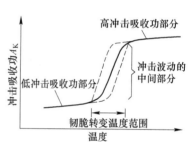

图 8-8　冲击吸收功与温度的
关系曲线示意图

A_K 是一个由强度和塑性共同决定的综合性力学性能指标，对钢的设计和生产具有指导意义，不仅可以评定出钢的低温脆性情况，而且可以评定出钢的铸坯质量和热加工产品质量。通过测定 A_K 和对试样断口进行分析，能够揭示钢的内部缺陷，如气泡、夹杂、偏析等炼钢与连铸过程缺陷以及过热、过烧、回火脆性等热加工缺陷。

8.4.2.5　疲劳强度

疲劳断裂是指在循环载荷的作用下，钢的零件或构件，如齿轮、曲轴、弹簧、轴承等经过较长时间工作或多次应力循环后所发生的突然断裂现象。疲劳断裂具有突然性，危害很大。疲劳断裂的特点有：它是一种低应力脆断，断裂应力低于钢的屈服点；断裂前没有明显的塑性变形；疲劳断裂对钢的表面和内部缺陷非常敏感，疲劳裂纹常在表面缺口、脱碳层、夹杂物、碳化物及孔洞等处形成；实验数据比较离散。

大量研究表明，钢所受的交变应力的最大值越大，则疲劳断裂前所经历的应力循环周次越低，反之就越高。根据交变应力与应力循环周次之间关系建立起来的曲线，称为疲劳曲线。疲劳强度是指钢经无限次循环应力也不发生断裂的最大应力值，记作 σ_D，即疲劳曲线中平台位置对应的应力，如图 8-9 所示。通常，疲劳强度的测定是在对称弯曲条件下进行的，此时的强度记作 σ_{-1}。根据 GB/T 4337—1984 的规定，一般取钢铁材料循环周次为 10^7 时所能承受的最大循环应力为疲劳强度。在规定循环周次 N_0 下，不发生疲劳断裂的最大循环应力值称为条件疲劳强度，记作 σ_r 或 σ_N。

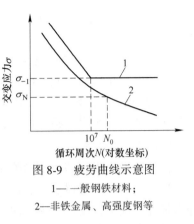

图 8-9　疲劳曲线示意图
1——一般钢铁材料；
2——非铁金属、高强度钢等

疲劳根据其表现的形式可分为高周疲劳（如齿轮、曲轴）、低周疲劳（如桥梁、船壳）、热疲劳（如汽轮机叶片、热轧辊）、冲击疲劳（如弹簧）、接触疲劳（如滚动轴承、钢轨）等。

8.5　钢（材）的分类及编号

8.5.1　钢的分类

8.5.1.1　按化学成分分类

按是否加入合金元素，可将钢分为碳素钢和合金钢两大类。

（1）碳素钢。碳素钢是指钢中除含有一定量为了脱氧而加入的硅（一般 $w[Si] \leqslant 0.40\%$）和锰（一般 $w[Mn] \leqslant 0.80\%$）等合金元素外，不含其他合金元素的钢。根据碳含量的高低，碳素钢又可分为低碳钢（$w[C] \leqslant 0.25\%$）、中碳钢（$0.25\% < w[C] \leqslant 0.60\%$）和高碳钢（$w[C] > 0.60\%$）。

（2）合金钢。合金钢是指钢中除含有硅和锰作为合金元素或脱氧元素外，还含有其他合金元素（如铬、镍、钼、钛、钒、铜、钨、铝、钴、铌、锆和稀土元素等），有的还含有某些非金属元素（如硼、氮等）的钢。根据钢中合金元素含量的多少，合金钢又可分为低合金钢、中合金钢和高合金钢。一般合金元素总含量小于 3% 的为普通低合金钢，总含量为 3%~5% 的为低合金钢，大于 10% 的为高合金钢，总含量介于 5%~10% 之间的为中合金钢。按钢中所含有的主要合金元素的不同，合金钢可分为锰钢、硅钢、硼钢、铬镍钨钢、铬锰硅钢等。

8.5.1.2　按冶炼方法和质量水平分类

按炼钢设备不同，钢可分为转炉钢、电炉钢、平炉钢。其中，电炉钢包括电弧炉钢、感应炉钢、电渣钢、电子束熔炼及有关的真空熔炼钢等。

按脱氧程度不同，钢可分为沸腾钢（不经脱氧或只经微弱脱氧）、镇静钢（脱氧充分）和半镇静钢（脱氧不完全，介于镇静钢和沸腾钢之间）。利用电炉冶炼的都是镇静钢。沸腾钢的优点是钢中硅含量很低（$w[Si] \leqslant 0.07\%$），通常适用于模铸，钢的收得率高、生产成本低、表面质量和深冲性能好；其缺点是偏析大，性能不均匀。镇静钢模铸时收得率低，其优点是组织致密、偏析小、质量均匀，优质钢和合金钢一般都是镇静钢。

按质量水平不同，主要是针对钢中硫、磷和其他杂质元素的含量要求，钢可分为普通钢（$w[S] \leqslant 0.05\%$，$w[P] \leqslant 0.045\%$）、优质钢（$w[S] \leqslant 0.035\%$，$w[P] \leqslant 0.035\%$）和高级优质钢（$w[S] \leqslant 0.025\%$，$w[P] \leqslant 0.025\%$）。

8.5.1.3 按用途分类

按用途，钢可大致分为结构钢、工具钢、特殊性能钢三大类。

（1）结构钢。结构钢是目前生产最多、使用最广的钢种。它包括碳素结构钢和合金结构钢，主要用于制造机器和结构的零件及建筑工程用的金属结构等。

1）碳素结构钢，是指用来制造工程结构件和机械零件用的钢，其硫、磷等杂质含量比优质钢高些，一般 $w[S] \leqslant 0.055\%$，$w[P] \leqslant 0.045\%$。优质碳素钢 $w[S]$ 和 $w[P]$ 均不大于 0.040%。碳素结构钢的价格最低，工艺性能良好，产量最大，用途最广。

2）合金结构钢，是在优质碳素结构钢的基础上，适当地加入一种或数种合金元素，用来提高钢的强度、韧性和淬透性。合金结构钢根据化学成分（主要指碳含量）、热处理工艺和用途的不同，又可分为渗碳钢、调质钢和氮化钢。渗碳钢是指用低碳结构钢（$w[C] \leqslant 0.25\%$）制成零部件，经过表面化学处理（渗碳或氰化）、淬火并低温回火（200℃左右）后，使零件表面硬度高（大于60HRC）而心部韧性好，既耐磨又能承受高的交变负荷或冲击负荷。调质钢的碳含量大于 0.25%，所制成的零件经淬火和高温回火（500~650℃）调质处理后，可得到适当的高强度与良好的韧性。氮化钢一般是指以中碳合金结构钢制成零件，先经过调质或表面火焰淬火、高频淬火处理，获得所需要的力学性能，然后再进行氮化处理，以进一步改善钢的表面耐磨性能。

（2）工具钢。工具钢包括碳素工具钢、合金工具钢和高速工具钢，再细分又有刃具钢、量具钢和模具钢等。碳素工具钢的硬度主要以碳含量（$0.65\% \leqslant w[C] \leqslant 1.30\%$）的高低来调整。为了提高钢的综合性能，有的钢中加入 $0.35\% \sim 0.60\%$ 的锰，它主要用来制作车刀、锉刀、刨刀、锯条等。合金工具钢不仅有很高的碳含量（有的高达2.30%），而且有较高含量的铬（达13%）、钨（达9%）、钼、钒等合金元素，这类钢主要用于各式模具。高速工具钢除含有较高的碳含量（1%左右）外，还含有很高含量的钨（有的高达19%）和铬、钒、钼等合金元素，具有较好的赤热硬性，这类钢主要用于制作切削性能要求高的工具。

（3）特殊性能钢。特殊性能钢是指具有特殊化学性能或力学性能的钢，如轴承钢、弹簧钢、不锈钢、高温合金钢等。

1）轴承钢，是指用于制造各种环境中工作的各类轴承圈和滚动体的钢，对其要求有高而均匀的硬度（61~65HRC），好的耐磨性，高的弹性极限和接触疲劳强度以及适当的韧性；对特殊工作条件下的轴承钢，还有耐高温、耐腐蚀、耐冲击和防磁等不同要求。这类钢含碳1%左右，含铬最高不超过1.65%，要求内部组织和化学成分均匀，对夹杂物和碳化物的数量及分布要求高。

2）弹簧钢，主要含有硅、锰、铬合金元素，具有高弹性极限、高疲劳强度以及高冲击韧性和塑性，专门用于制造螺旋簧及其他形状的弹簧，对钢的表面性能及脱碳性能的要求比一般钢严格。

3）不锈钢，是在大气、水、酸、碱和盐等溶液或其他腐蚀介质中具有一定化学稳定性的钢的总称。一般来讲，耐大气、蒸汽和水等弱介质腐蚀的钢称为不锈钢，耐酸、碱和盐等强介质腐蚀的钢称为耐腐蚀钢。不锈钢具有不锈性，但不一定耐腐蚀，而耐腐蚀钢则一般具有较好的不锈性。根据其化学成分的不同，不锈钢又可分为马氏体不锈钢（以13%Cr钢为代表）、铁素体不锈钢（以18%Cr钢为代表）、奥氏体不锈钢（以18%Cr-8%Ni钢为代表）和双相不锈钢。

4）高温合金钢，是指在应力及高温同时作用下，具有长时间抗蠕变能力与高的持久强度和抗蚀性的金属材料，常用的有铁基合金钢、镍基合金钢、钴基合金钢、铬基合金钢、钼基合金钢及其他合金钢等。高温合金钢主要用于制造燃汽轮机、喷气式发动机等高温下工作的零部件。

8.5.2　钢材的分类

钢材种类比较多，一般可分为型材、板材、钢管和钢丝四大类。

（1）型材，品种很多，指具有一定断面形状和尺寸的实心长条钢材，如圆钢、方钢、扁钢、六角钢、角钢、钢轨、工字钢、槽钢、异型钢等。一般直径为5～25mm的热轧圆钢称为线材。

（2）板材，指宽厚比和表面积均很大的扁平钢材。按厚度 b 不同，其可分为薄板（$b<3mm$）、中板（$3mm \leqslant b<20mm$）、厚板（$20mm \leqslant b<50mm$）和特厚板（$b \geqslant 50mm$）。

（3）钢管，指中空截面的长条钢材。按截面形状不同，其可分为圆管、方形管、六角管和异型截面管；按加工工艺不同，又可分为无缝管和焊接管两大类。

（4）钢丝，是线材的再次冷加工产品，也称线材制品，如圆钢丝、扁钢丝、三角钢丝。除直接使用外，钢丝还可用于生产钢丝绳、钢绞线和其他制品。

8.5.3　钢的编号

我国钢的编号采用化学元素符号和汉语拼音字母并用的原则，即钢号中的化学元素采用元素符号表示，如 Si、Mn、Cr 等，用"RE"表示稀土元素的总含量；产品名称、用途、冶炼等采用汉语拼音表示，如（滚珠）轴承钢用"G"表示、钢轨钢用"U"表示、桥梁钢用"q"表示等，见表8-4。下面将对钢的编号方法做具体介绍。

表8-4　钢的代号

名　称	采用的汉字	汉语拼音字母符号
碳素结构钢	屈	Q
低合金高强度钢	屈	Q
耐候钢	耐候	NH
保证淬透性钢		H
易切削非调质钢	易非	YF
热锻用非调质钢	非	F
易切削钢	易	Y
电工用热轧硅钢	电热	DR
电工用冷轧无取向硅钢	无	W
电工用冷轧取向硅钢	取	Q
电工用冷轧取向高磁感硅钢	取高	QG

名 称	采用的汉字	汉语拼音字母符号
（电讯用）取向高磁感硅钢	电高	DG
电磁纯铁	电铁	DT
碳素工具钢	碳	T
塑料模具钢	塑模	SM
（滚珠）轴承钢	滚	G
焊接用钢	焊	H
钢轨钢	轨	U
铆螺钢	铆螺	ML
锚链钢	锚	M
地质钻探钢管用钢	地质	DZ
船用钢		采用国际符号
汽车大梁用钢	梁	L
矿用钢	矿	K
压力容器用钢	容	R
桥梁用钢	桥	q
锅炉用钢	锅	g
焊接气瓶用钢	焊瓶	HP
车辆车轴用钢	辆轴	LZ
机车车轴用钢	机轴	JZ
管线用钢		S
沸腾钢	沸	F
半镇静钢	半	b
镇静钢	镇	Z
特殊镇静钢	特镇	TZ
质量等级		A、B、C、D、E

（1）非合金钢。

1）普通碳素结构钢。该类钢的钢号表示方法，由代表屈服点汉语拼音的第一个字母 Q、屈服点数值、质量等级符号（A、B、C、D，D 为最高级）及脱氧方法符号（F、b、Z、TZ）四部分组成。如 Q235AF，表示屈服点大于 235MPa 的 A 级沸腾钢。目前对此类钢镇静的脱氧方式一般不表示，如 Q195、Q215A、Q215B、Q235（B、C、D）、Q275 等。

2）优质碳素结构钢。该类钢的钢号用钢中平均碳含量的两位数字表示，单位为万分之一。如 40 号钢，表示的是平均碳含量为 0.40% 的优质钢，最高的牌号目前为 85。锰含量（0.7%~1.0%）较高的钢，在碳含量数字后面再附加"Mn"，如 40Mn 表示碳含量为 0.40%，含锰量为 0.7%~1.0% 的优质钢。

3）碳素工具钢。该类钢是在钢号前加"T"表示，其后为表示钢中平均碳含量的千分之几的数字，如 T9 表示的就是碳含量为 0.9% 的碳素工具钢，目前最高的牌号为 T13。

高级优质碳素工具钢则在钢号的最后加上"A"。

（2）普通低合金结构钢。这类钢也称低合金高强度钢，表示方法与普通碳素结构钢基本相同，由代表屈服点汉语拼音的第一个字母 Q、屈服点数值、质量等级符号（A、B、C、D、E）构成，如 Q345E 表示屈服点大于 345MPa 的 E 级低合金高强度结构钢。

（3）合金结构钢。该类钢的钢号由"数字+合金元素+数字"构成。合金元素前面的数字表示碳的平均含量（单位为万分之一），合金元素后面的数字表示此元素的近似含量（单位为百分之一），如平均含量为 1.5%~2.5% 时，需在元素后面标"2"；如合金元素平均含量低于 1.5%，则不标明其含量。如为高级优质钢，则在最后加上"A"。对钢的性能起重要作用的微量元素，如 Ti、Nb、V、Zr 等也应在钢号中标出。例如，碳含量为 0.22%~0.29%、铬含量为 2.1%~2.5%、钼含量为 0.90%~1.10%、硅含量为 0.17%~0.37%、锰含量为 0.50%~0.80%、钒含量为 0.30%~0.50% 的高级钢，其钢号为 25Cr2Mo1VA。

（4）合金工具钢。该类钢的编号原则上与合金结构钢相同，只是碳含量的表示方法不同，钢号前的第一位数字的碳含量单位为千分之一，当平均碳含量不小于 1.0% 时不标出数值，如 9Mn2V 表示钢中平均碳含量为 0.85%~0.95%，铬含量为 1.70%~2.00%，钒含量为 0.10%~0.25%。合金工具钢按钢组可分为：量具刃具用钢，牌号有 9SiCr、8MnSi、Cr06、Cr2、9Cr2、W 等；耐冲击工具用钢，牌号有 4CrW2Si、5CrW2Si、6CrW2Si 等；冷作模具钢，牌号有 Cr12、Cr12Mo1V、Cr5Mo1V、9Mn2V、CrWMn、9CrWMn、Cr4W2MoV、6Cr4W3Mo2VNb、6W6Mo5Cr4V 等；热作模具钢，牌号有 5CrMnMo、5CrNiMo、3Cr2W8V、3Cr3Mo2W2V、8Cr3、4CrMnSiMoV、4Cr3Mo3SiV、4Cr5W2VSi 等；无磁模具钢，牌号有 7Mn15Cr2Al、3V2WMo 等；塑料模具钢，牌号有 3Cr2Mo 等。对于高速工具钢，一般不标出碳含量，仅标出合金元素含量平均值的百分含量，如 W18Cr4VCo5，其碳含量为 0.70%~0.80%，钨含量为 17.5%~19.0%，铬含量为 3.75%~4.50%，钒含量为 0.80%~1.20%，钴含量为 4.25%~5.75%，硅含量为 0.20%~0.40%，锰含量为 0.10%~0.40%。当平均碳含量不小于 1.0% 时，在钢号的最前面加上"C"，如 CW6Mo5Cr4V2 表示其碳含量为 0.95%~1.05%。

（5）轴承钢。除高碳铬不锈轴承钢以外，该类钢在钢号前冠以"G"，其后为"Cr"和数字，数字表示 Cr 含量平均值的千分之几，如 GCr15 表明铬的平均含量为 1.5% 的滚动轴承钢。轴承钢可分为：高碳铬轴承钢，牌号有 GCr9、GCr9SiMn、GCr15、GCr15SiMn；高碳铬不锈轴承钢，牌号有 9Cr18、9Cr18Mo；渗碳轴承钢，牌号有 G20CrMo、G20CrNiMo、G20Cr2Ni4 等。

（6）不锈钢和耐热钢。这两类钢的钢号前面数字表示碳含量的千分之几，如 1Cr13 表示该钢平均碳含量为 0.1%。但碳含量小于 0.03% 或小于 0.08% 时，在钢号前分别冠以"00"和"0"，如 0Cr18Ni9、00Cr18Ni10N。

思　考　题

8-1　炼钢的基本任务是什么，通过哪些手段实现？

8-2　磷和硫对钢产生哪些危害？

8-3　实际生产中为什么要将 $w[Mn]/w[S]$ 作为一个指标进行控制？

8-4　氢和氮对钢产生哪些危害？

8-5　钢中的夹杂物是如何产生的，对钢的性能产生哪些影响？

8-6　外来夹杂和内生夹杂的含义是什么？

8-7　钢的力学性能指标有哪些，其含义是什么？

8-8　钢按用途可分为哪几类？

8-9　我国钢材的编号遵循什么原则？

炼钢的基础理论

9.1　钢液的物理性质

9.1.1　钢液的密度

钢液的密度是指单位体积钢液所具有的质量，常用符号 ρ 表示，单位通常采用 kg/m^3。正确确定钢液的密度，对于研究分析其结构、黏度、表面张力以及其与夹杂物、熔渣间的分离过程具有重要意义。影响钢液密度的因素主要有温度和钢液的化学成分。总的来讲，温度升高，钢液的密度降低，原因在于原子间距增大。固态纯铁的密度为 $7880kg/m^3$，1550℃时液态纯铁的密度为 $7040kg/m^3$，钢的变化与纯铁类似。表 9-1 所示为纯铁的密度与温度的关系。

表 9-1　纯铁的密度与温度的关系

温度/℃	20	600	912	912	1394	1394	1538	1538	1550	1600
状　态	α-Fe	α-Fe	α-Fe	γ-Fe	γ-Fe	δ-Fe	δ-Fe	液体	液体	液体
$\rho/kg \cdot m^{-3}$	7880	7870	7570	7630	7410	7390	7350	7230	7040	7030

各种金属和非金属元素对钢密度的影响不同，其中碳的影响较大且比较复杂。当碳含量为 0.15% 和 0.40% 时，铁碳熔体的密度出现了最小值和最大值，究其原因是铁碳熔体的结构发生了变化。碳含量小于 0.15% 时，结构为近似于 δ-Fe 的近程排列；碳含量大于 0.40% 时，结构为近似于 γ-Fe 的近程排列。表 9-2 所示为铁碳熔体的密度随碳含量和温度的变化情况。

表 9-2　铁碳熔体的密度随碳含量和温度的变化情况　　　　　　　（kg/m^3）

$w[C]/\%$	密　度				
	1500℃	1550℃	1600℃	1650℃	1700℃
0.00	7460	7040	7030	7000	6930
0.10	6980	6960	6950	6890	6810
0.20	7060	7010	6970	6930	6810
0.30	7140	7060	7010	6980	6820
0.40	7140	7050	7010	6970	6830
0.60	6970	6890	6840	6800	6700
0.80	6860	6780	6730	6670	6570
1.00	6780	6700	6650	6590	6500
1.20	6720	6640	6610	6550	6470
1.60	6670	6570	6540	6520	6430

其他元素对钢液密度的影响主要体现在其本身密度的大小，一般而言，元素本身密度大于铁的密度，其成分的增加相应也使钢液的密度增加，如 W、Co、Ni、Cu 等；反之就降低，如 Al、Si、Mn、P、S 等。成分对钢液密度的影响可用经验式（9-1）计算：

$$\rho_{1600} = \rho_{1600}^0 - 210w[\mathrm{C}]_\% - 164w[\mathrm{Al}]_\% - 60w[\mathrm{Si}]_\% - 55w[\mathrm{Cr}]_\% -$$

$$7.5w[\mathrm{Mn}]_\% + 43w[\mathrm{W}]_\% + 6w[\mathrm{Ni}]_\% \tag{9-1}$$

式中，ρ_{1600}^0 为纯铁液在 1600℃ 时的密度，kg/m^3；元素含量的适用范围为 $w[\mathrm{C}]_\% < 1.7$，$w[\mathrm{Al}]_\%$、$w[\mathrm{Si}]_\%$、$w[\mathrm{Cr}]_\%$、$w[\mathrm{Mn}]_\%$、$w[\mathrm{W}]_\%$、$w[\mathrm{Ni}]_\%$ 均在 18 以下。应注意：式（9-1）中 $w[i]_\%$ 为元素 i 的质量百分数，即计算时以 1% 为单位。

Jimbo 和 Cramb 提出了钢液密度随碳含量和温度变化的计算式，见式（9-2）：

$$\rho = (7100 - 73.2w[\mathrm{C}]_\%) - (8280 - 87.4w[\mathrm{C}]_\%) \times 10^{-4}(t - 1550) \tag{9-2}$$

式中，ρ 的单位为 kg/m^3；t 的单位为℃；$w[\mathrm{C}]_\%$ 为碳元素的质量百分数。

对于固体钢而言，其密度还与组织有关，一般是按马氏体、屈氏体、索氏体、珠光体、奥氏体的顺序依次增高。

9.1.2　钢的熔点

钢的熔点是指钢完全转变成均一液体状态时的温度，或是冷凝时开始析出固体的温度。钢的熔点是确定冶炼和浇注温度的重要参数，纯铁的熔点约为 1538℃，当某元素溶入后，纯铁原子之间的作用力减弱，铁的熔点就降低。一般来讲，浓度相同的溶质元素，其原子半径越大，熔点降低的程度就越小。降低的程度还主要取决于加入元素的浓度，相对原子质量和凝固时该元素在熔体与析出固体之间的分配。各元素使纯铁熔点降低的程度可表示为：

$$\Delta t = \frac{1020}{M_i}(1 - K) \cdot w[i]_\% \tag{9-3}$$

式中　M_i——溶质元素 i 的相对原子质量；

$w[i]_\%$——元素 i 在液态铁中的质量百分数；

K——分配系数，$K = w(i)_\% / w[i]_\%$（$w(i)_\%$ 为元素 i 在析出固体中的质量百分数），$1-K$ 则称为偏析系数。

某些元素的分配系数和偏析系数见表 9-3。

表 9-3　某些元素的分配系数和偏析系数

元　素	相对原子质量	K	$1-K$	元　素	相对原子质量	K	$1-K$
Al	26.98	0.92	0.08	Ni	58.71	0.83	0.17
B	10.82	0.11	0.89	N	14.00	0.25	0.75
C	12.01	0.20	0.80	O	16.00	0.02	0.98
Cr	52.01	0.95	0.05	P	30.98	0.13	0.87
Co	58.94	0.94	0.06	Si	28.09	0.83	0.17
Cu	63.54	0.90	0.10	S	32.07	0.02	0.98
H	1.01	0.27	0.73	Ti	47.90	0.40	0.60
Mn	54.94	0.90	0.10	W	183.86	0.95	0.05
Mo	95.95	0.86	0.14	V	50.95	0.96	0.04

钢的熔点通常用经验式进行计算，常用的经验式如下（熔点 $t_熔$ 的单位为℃）：

$$t_熔 = 1538 - 90w[C]_\% - 28w[P]_\% - 40w[S]_\% - 17w[Ti]_\% - 6.2w[Si]_\% -$$
$$2.6w[Cu]_\% - 1.7w[Mn]_\% - 2.9w[Ni]_\% - 5.1w[Al]_\% - 1.3w[V]_\% -$$
$$1.5w[Mo]_\% - 1.8w[Cr]_\% - 1.7w[Co]_\% - 1.0w[W]_\% - 1300w[H]_\% -$$
$$90w[N]_\% - 100w[B]_\% - 65w[O]_\% - 5w[Cl]_\% - 14w[As]_\% \tag{9-4}$$

或

$$t_熔 = 1536 - 78w[C]_\% - 7.6w[Si]_\% - 4.9w[Mn]_\% - 34w[P]_\% -$$
$$30w[S]_\% - 5.0w[Cu]_\% - 3.1w[Ni]_\% - 1.3w[Cr]_\% - 3.6w[Al]_\% -$$
$$2.0w[Mo]_\% - 2.0w[V]_\% - 18w[Ti]_\% \tag{9-5}$$

9.1.3　钢液的黏度

黏度是钢液的一个重要性质，它对冶炼温度参数的制定、元素的扩散、非金属夹杂物的上浮和气体的去除以及钢的凝固结晶都有很大影响。黏度是指以各种不同速度运动的液体各层之间所产生的内摩擦力。通常将内摩擦系数或黏度系数称为黏度。

黏度有两种表示形式，一种为动力黏度（kinetic viscosity），用符号 μ 表示，单位为 Pa·s（即 N·s/m²，也可采用单位泊（P），1P=0.1 Pa·s）；另一种为运动黏度（kinematic viscosity），常用符号 ν 表示，单位为 m²/s，即：

$$\nu = \frac{\mu}{\rho} \tag{9-6}$$

钢液的黏度比正常熔渣的黏度要小得多，1600℃时其值为 0.002~0.003Pa·s。纯铁液1600℃时的黏度为 0.0005Pa·s，碳含量为 4.0%的铁液在1425℃时黏度为 0.0015Pa·s。

影响钢液黏度的因素主要是温度和成分。温度升高，黏度降低。钢液中的碳对黏度的影响非常大，这主要是因为碳含量使钢的密度和熔点发生变化，从而引起黏度的变化。当 $w[C]<0.15\%$ 时，黏度随着碳含量的增加而大幅度下降，主要原因是钢的密度随碳含量的增加而降低；当 $0.15\% \leqslant w[C]<0.40\%$ 时，黏度随碳含量的增加而增加，原因是此时钢液中同时存在 δ-Fe 和 γ-Fe 两种结构，密度是随碳含量的增加而增加的，而且钢液中生成的 Fe_3C 体积较大；当 $w[C] \geqslant 0.40\%$ 时，钢液的结构近似于 γ-Fe 排列，钢液密度下降，钢的熔点也下降，故钢液的黏度随着碳含量的增加继续下降。生产实践也表明，同一温度下，高碳钢钢液的流动性比低碳钢钢液好。因此，一般在冶炼低碳钢时温度要控制得略高一些。温度高于液相线 50℃时，碳含量对钢液黏度的影响见图 9-1。实际应用中，常用流动性来表示钢液的黏稠状况，黏度的倒数即为流体的流动性。

由于 Si、Mn、Ni 能使钢的熔点降低，所以钢液中 Si、Mn、Ni 含量增加，钢液的黏度降低；尤其是这些元素含量很高时，降低更显著。但钢液中 Ti、W、V、Mo、

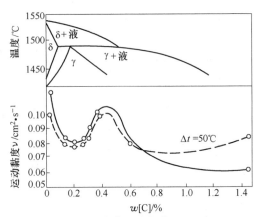

图 9-1　温度高于液相线 50℃时，碳含量对钢液黏度的影响

Cr 含量的增加则使钢液的黏度增加，原因是这些元素易生成高熔点、大体积的各种碳化物。

钢液中非金属夹杂物含量增加，使钢液的黏度增加、流动性变差。钢液中的脱氧产物对流动性的影响也很大，当钢液分别用 Si、Al 或 Cr 脱氧时，初期由于脱氧产物的生成，钢液中夹杂物的含量高，黏度增大，但随着夹杂物的不断上浮或形成低熔点的夹杂物，黏度又会下降。因此，实际生产中如果脱氧不良，钢液的流动性一般不好。为了提高钢液的流动性，主要是依靠调节温度和有效去除夹杂物的工艺手段来实现。

9.1.4 钢液的表面张力

任何物质的分子之间都有吸引力。钢液因原子或分子间距非常小，它们之间的吸引力较强，而且钢液表面层和内部所引起的这种吸引力的变化不相同。内部每一质点所受到吸引力的合力等于零，质点保持平衡状态，而表面层质点受内部质点的吸引力大于气体分子对表面层质点的吸引力，这样表面层质点所受的吸引力不等于零，且方向指向钢液内部。这种使钢液表面产生自发缩小倾向的力称为钢液的表面张力，用符号 σ 表示，单位为 N/m。实际上，钢液的表面张力就是指钢液和它的饱和蒸气或空气界面之间的一种力。

钢液的表面张力不仅对新相的生成（如 CO 气泡的产生、钢液凝固过程中结晶核心的形成等）有影响，而且对相间反应（如脱氧产物、夹杂物和气体从钢液中的排除）、渣钢分离、钢液对耐火材料的侵蚀等也产生影响。影响钢液表面张力的因素很多，但主要有温度、钢液成分及钢液的接触物。

钢液的表面张力是随着温度的升高而增大的，原因之一是温度升高时表面活性物质（如 C、O 等）热运动增强，使钢液表面过剩浓度减少或浓度均匀化，从而引起表面张力增大。

1550℃ 时，纯铁的表面张力为 1.7 ~ 1.9 N/m。溶质元素对纯铁液表面张力的影响程度取决于它的性质与铁的差别大小。如果溶质元素的性质与铁相近，则对纯铁液的表面张力影响较小，反之就较大。一般来讲，金属元素的影响较小，非金属元

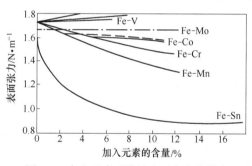

图 9-2 合金元素对熔铁表面张力的影响

素的影响较大。图 9-2 所示为部分合金元素对熔铁表面张力的影响。Ni、Cr、Co 的影响较小，原因是它们与铁的性质相近，而且自身的表面张力不大，如 $\sigma_{Cr} = 1.59$ N/m（1612℃），$\sigma_{Ti} = 1.51$ N/m（1660℃），$\sigma_{Zr} = 1.4$ N/m（1900℃）。虽然 $\sigma_{Mo} = 2.06$ N/m，但 Mo 进入钢液后会产生一定的吸附作用。Si、Mn 等元素有减小钢液表面张力的倾向。图 9-3 所示为硫和氧对铁液表面张力的影响，从中可以看出，S、O 是很强的表面活性物质，很少量的 S、O 就能使钢液的表面张力大幅下降。产生这种影响的原因主要是，它们在钢液中生成的 FeS 或 FeO 被排挤到钢液表面。与 S、O 相比，N 对钢液表面张力的影响要小些，这可能与它的原子半径较大有关。P、B 也是较强的表面活性物质，也能大大降低钢液的表面张力。碳对钢液表面张力的影响呈现出复杂的关系，如图 9-4 所示。由于钢的结构和密度随着碳含量的增加而发生变化，它的表面张力也会随着碳含量的变化而发生变化。

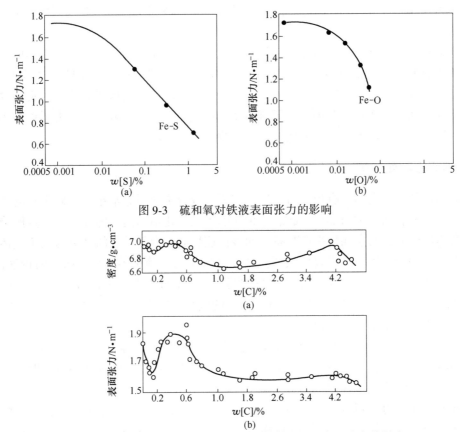

图 9-3　硫和氧对铁液表面张力的影响

图 9-4　液相线以上 50℃时，碳对铁碳熔体密度和表面张力的影响

9.1.5　钢的导热能力

钢的导热能力可用导热系数（也称热导率）来表示，即当体系内维持单位温度梯度

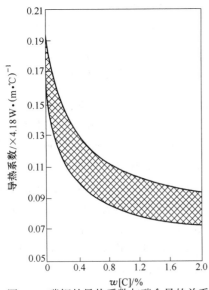

图 9-5　碳钢的导热系数与碳含量的关系

时，在单位时间内流经单位面积的热量。钢的导热系数用符号 λ 表示，单位为 W/(m·℃)。

影响钢导热系数的因素主要有钢液的成分、组织、温度，非金属夹杂物含量以及钢中晶粒的细化程度等。

通常钢中合金元素越多，钢的导热能力就越低。在合金钢中，合金元素破坏晶体点阵结构和其中的势能体系，这样就增加分子热振动或电子运动的阻力，导致钢的导热系数降低。各种合金元素对钢的导热能力影响的次序为：C、Ni、Cr 最大，Al、Si、Mn、W 次之，Zr 最小。合金钢的导热能力一般比碳钢差，高碳钢的导热能力比低碳钢差。碳钢的导热系数与碳含量的关系如图 9-5 所示。

一般来讲，具有珠光体、铁素体和马氏体组织的钢，导热能力在加热时都降低，但在临界点 A_{c3}（α-Fe 与 γ-Fe 相互转变温度）以上加热时导热能力将增加，这是由于在组织上出现了奥氏体，奥氏体的导热能力在加热时是增加的。钢坯经退火后导热系数增大约 50%，轧、锻钢坯经退火后导热系数增加 15%~20%。钢坯经轧制加工后，导热系数比铸态钢高，原因是组织发生了变化。

各种钢的导热系数随温度变化的规律不一样，800℃ 以下碳钢的导热系数随温度的升高而下降，800℃ 以上则略有升高。图 9-6 所示为高、中、低三种不同碳含量的钢的导热系数随温度的变化情况。

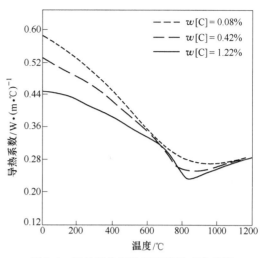

图 9-6 钢的导热系数随温度的变化情况

9.2 熔渣的物理化学性质

炼好钢首先要炼好渣，所有炼钢任务的完成几乎都与熔渣有关。熔渣的结构决定着熔渣的物理化学性质，而熔渣的物理化学性质又影响着炼钢的化学反应平衡及反应速率。因此在炼钢过程中，必须控制和调整好炉内熔渣的物理化学性质。

9.2.1 熔渣的作用、来源、分类与组成

9.2.1.1 熔渣在炼钢过程中的作用

熔渣在炼钢过程中的作用主要体现在以下几个方面：

（1）去除铁水和钢水中的磷、硫等有害元素，同时能将铁和其他有用元素的损失控制在最低限度内。熔渣还能吸收铁水中的钒、铌等有益元素的氧化物而成为钒渣或铌渣，然后再从中提取钒或铌，可以说熔渣是炼钢去除杂质的精炼剂。

（2）炼钢熔渣覆盖在钢液表面，保护钢液不过度氧化、不吸收有害气体，保温，减少有益元素烧损。

（3）防止热量散失，以保证钢的冶炼温度。

（4）吸收钢液中上浮的夹杂物及反应产物。

熔渣在炼钢过程中也有不利作用，主要表现在：侵蚀耐火材料，降低炉衬寿命，特别是低碱度熔渣对炉衬的侵蚀更为严重；熔渣中夹带小颗粒金属及未被还原的金属氧化物，降低了金属的收得率。

因此，造好渣是炼钢的重要条件。要造出成分合适、温度适当并具有适宜于某种精炼目的的炉渣，应发挥其积极作用，抑制其不利作用。

9.2.1.2 熔渣的来源

熔渣的来源主要有以下几个方面：

（1）炼钢过程有目的加入的造渣材料，如石灰、石灰石、萤石、硅石、铁矾土及火砖块；

（2）炼钢过程中的化学反应产物，包括钢铁材料中 Si、Mn、P、Fe 等元素的氧化产物以及脱磷、脱硫产物等；

（3）冶炼过程被侵蚀的炉衬耐火材料。

9.2.1.3　熔渣的分类与组成

不同炼钢方法往往采用不同的渣系进行冶炼，造不同成分的炉渣可达到不同的冶炼目的，例如，转炉炼钢过程中造的是碱性氧化渣，而电炉炼钢过程中造的是碱性还原渣，它们在物理化学性质和冶金反应特点上有明显的差别。碱性氧化渣因碱性氧化物（CaO）和 FeO 含量较高，具有脱磷、脱硫的能力。碱性还原渣因含有 CaC_2，不仅具有脱硫能力，而且还有脱氧能力。表 9-4 所示为转炉和电炉炼钢法的炉渣成分和性质。

表 9-4　转炉和电炉炼钢法的炉渣成分和性质

类　别	化学成分	转炉中组成/%	电炉中组成/%	冶金反应特点
酸性氧化渣	CaO+FeO+MnO	约 50	约 50	钢水中 C、Si、Mn 氧化缓慢；
	SiO_2	约 50	约 50	不能脱 P、脱 S；
	P_2O_5	1~4		钢水中 $w[O]$ 较低
碱性氧化渣	CaO/SiO_2	3.0~4.5	2.5~3.5	钢水中 C、Si、Mn 氧化迅速；
	CaO	35~55	40~50	能较好脱 P；
	FeO	7~30	10~25	能脱去 50% 的 S；
	MnO	2~8	5~10	钢水中 $w[O]$ 较高
	MgO	2~12	5~10	
碱性还原渣（白渣）	CaO/SiO_2		2.0~3.5	脱 S 能力强；
	CaO		50~55	脱 O 能力强；
	CaF_2		5~8	钢水易增 C；
	Al_2O_3		2~3	钢水易回 P；
	FeO		<0.5	钢水中 $w[H]$ 增加；
	MgO		<10	钢水中 $w[N]$ 增加
	CaC_2		<1	

9.2.2　熔渣的化学性质

9.2.2.1　熔渣的碱度

碱度是判断熔渣碱性强弱的指标。熔渣中碱性氧化物含量总和与酸性氧化物含量总和之比称为熔渣碱度，常用符号 R 表示。熔渣碱度的大小直接对渣-钢间的物理化学反应，如脱磷、脱硫、去气等产生影响。由于碱性氧化物和酸性氧化物种类很多，为方便起见，当炉料中 $w[P]<0.30\%$ 时，规定：

$$R = \frac{w(CaO)}{w(SiO_2)}$$

当炉料中 $0.30\% \leqslant w[P]<0.60\%$ 时，规定：

$$R = \frac{w(\mathrm{CaO})}{w(\mathrm{SiO_2}) + w(\mathrm{P_2O_5})}$$

当加白云石造渣、渣中 MgO 含量较高时，表示为：

$$R = \frac{w(\mathrm{CaO}) + w(\mathrm{MgO})}{w(\mathrm{SiO_2})}$$

当熔渣的 $R<1.0$ 时为酸性渣，由于 SiO_2 含量高，高温下可拉成细丝，所以称为长渣，冷却后呈黑亮色玻璃状。当 $R>1.0$ 时为碱性渣，称为短渣。炼钢熔渣 $R \geqslant 3.0$。

炼钢熔渣中含有不同数量的碱性氧化物、中性氧化物和酸性氧化物，它们酸碱性的强弱可排列如下：

$$\mathrm{CaO>MnO>FeO>MgO>CaF_2>Fe_2O_3>Al_2O_3>TiO_2>SiO_2>P_2O_5}$$

$\longleftarrow$ 碱性 中性 　　酸性 $\longrightarrow$

此外，也可以用过剩碱的概念来表示熔渣的碱度，即认为碱性氧化物全都是等价地确定出酸性氧化物对碱性氧化物的强度，并假定两者是按比例结合，结合以外的碱性氧化物的量为过剩碱，表示方法如下：

$$过剩碱 = x_{\mathrm{CaO}} + x_{\mathrm{MgO}} + x_{\mathrm{MnO}} - 2x_{\mathrm{SiO_2}} - 3x_{\mathrm{P_2O_5}} - x_{\mathrm{Fe_2O_3}} - x_{\mathrm{Al_2O_3}} \tag{9-7}$$

式（9-7）实际上是用 O^{2-} 的物质的量来表示熔渣的碱度，碱性氧化物离解产生 O^{2-}，如 CaO、MgO 和 MnO，而酸性氧化物则消耗 O^{2-}，如 SiO_2 与 $2O^{2-}$ 结合成 SiO_4^{4-}、P_2O_5 与 $3O^{2-}$ 结合成 $2PO_4^{3-}$。熔渣中 O^{2-} 浓度越高，则碱度越高。

要注意，式（9-7）的表达是假设熔渣为理想溶液，当溶渣中的 $w(\mathrm{SiO_2})+w(\mathrm{Al_2O_3})+w(\mathrm{P_2O_5})$ 超过 15% 时，就不应将其按理想溶液处理。

9.2.2.2　熔渣的氧化性

熔渣的氧化性也称熔渣的氧化能力，它是熔渣的一个重要的化学性质。熔渣的氧化性是指在一定的温度下，单位时间内熔渣向钢液供氧的数量。在其他条件一定的情况下，熔渣的氧化性决定了脱磷、脱碳以及夹杂物的去除程度等。由于氧化物分解压不同，只有（FeO）和（Fe_2O_3）才能向钢中传氧，而（Al_2O_3）、（SiO_2）、（MgO）、（CaO）等不能传氧。

熔渣的氧化性通常是用 $\Sigma w(\mathrm{FeO})_\%$ 表示。$\Sigma w(\mathrm{FeO})_\%$ 包括（FeO）本身和（Fe_2O_3）折合成的（FeO）两部分。将（Fe_2O_3）折合成（FeO）有两种方法。

（1）全氧折合法：　$\Sigma w(\mathrm{FeO})_\% = w(\mathrm{FeO})_\% + 1.35 w(\mathrm{Fe_2O_3})_\%$ $\tag{9-8}$

（2）全铁折合法：　$\Sigma w(\mathrm{FeO})_\% = w(\mathrm{FeO})_\% + 0.90 w(\mathrm{Fe_2O_3})_\%$ $\tag{9-9}$

式（9-8）中的系数 1.35 表示 1mol Fe_2O_3 可以生成 3mol FeO，即 $3 \times 72/160$；而式（9-9）中的系数 0.90 表示 1mol Fe_2O_3 可以生成 2mol FeO，即 $2 \times 72/160$。通常按全铁折合法将 Fe_2O_3 折算成 FeO，原因是取出的渣样在冷却过程中，其表面的低价铁有一部分被空气氧化成高价铁，即 FeO 氧化成 Fe_3O_4，因而使分析得出的 Fe_2O_3 量偏高，用全铁折合法折算可抵消此误差。

根据熔渣的分子理论，部分氧化铁会以复杂分子形式存在，不能直接参与反应，氧化铁的含量反映不出实际参加反应的有效含量，也就是反映不出熔渣真正的氧化性。因此，熔渣的氧化性用氧化亚铁的活度 $a_{(\mathrm{FeO})}$ 来表示则更为精确。

$$a_{(FeO)} = \frac{w[O]_\%}{w[O]_{\%饱和}} \tag{9-10}$$

在 1600℃ 下，由实验测定在纯 FeO 渣中，金属铁液中溶解的 $w[O]_{\%饱和} = 0.23$。$w[O]_{\%饱和}$ 与温度间具有下列关系：

$$\lg w[O]_{\%饱和} = 2.734 - \frac{6320}{T} \tag{9-11}$$

$w[O]_\%$ 可应用氧浓度电池直接测出。

设

$$L_0 = \frac{1}{w[O]_{\%饱和}} = \frac{a_{(FeO)}}{w[O]_\%} \tag{9-12}$$

$$\lg L_0 = \frac{6320}{T} - 2.734$$

式中，L_0 为氧在渣-铁间的平衡分配系数。在一定温度下，熔渣中 $a_{(FeO)}$ 升高，铁液中氧含量也相应增高；当 $a_{(FeO)}$ 一定时，铁液中 $w[O]_\%$ 也是随着温度升高而提高。

式 (9-10) 只适用于铁液中除氧以外而无其他杂质元素的情况，对于钢液而言，该式就不适用。熔渣对钢液的氧化能力一般是用钢液中与熔渣相平衡的氧含量和钢液中实际氧含量之差来表示，即：

$$\Delta w[O]_\% = w[O]_{\%渣-钢} - w[O]_{\%实} \tag{9-13}$$

当 $\Delta w[O]_\% > 0$ 时，渣中氧能向钢液扩散，此时的熔渣称为氧化渣；当 $\Delta w[O]_\% < 0$ 时，钢液中的氧向渣中转移，此时的熔渣具有脱氧能力，称为还原渣；当 $\Delta w[O]_\% = 0$ 时，此时的渣称为中性渣。

式 (9-13) 中的 $w[O]_{\%渣-钢}$ 可用式 (9-14) 求解：

$$w[O]_{\%渣-钢} = \frac{a_{(FeO)}}{L_0} \tag{9-14}$$

$w[O]_{\%实}$ 在氧化末期主要与碳含量有关，这样可以得出关系式 (9-15)：

$$\Delta w[O]_\% = f(\Sigma w(FeO), R, w[C], T) \tag{9-15}$$

即 $\Delta w[O]_\%$ 是熔渣 FeO 的总量、碱度、钢液中的碳含量及温度的函数。

从 1600℃ 时多元渣系中的 FeO 等活度图 (见图 9-7) 可以看出，当熔渣碱度 $R = w(CaO)/w(SiO_2) = 1.87$ 时，$a_{(FeO)}$ 最大，熔渣的氧化性最强。$w(CaO)/w(SiO_2)$ 的值过高或过低都会使 $a_{(FeO)}$ 下降，即降低熔渣的氧化性。

从分子理论看，当 $w(CaO)/w(SiO_2) < 1.87$ 时，$a_{(FeO)}$ 随碱度的增加而增大。因为随着碱度增加，渣中的 CaO 含量增加，CaO 从硅酸铁 ($FeO \cdot SiO_2$) 中将 FeO 置换出来，使 $a_{(FeO)}$ 增加；而当 $w(CaO)/w(SiO_2) > 1.87$ 时，$a_{(FeO)}$ 随碱度的增加而

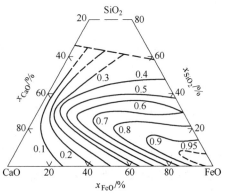

图 9-7　1600℃ 时 CaO-SiO₂-FeO
渣系中的 FeO 等活度图

降低，因为随着碱度的增加，渣中 CaO 含量增多，除和 SiO₂ 结合消耗一部分 CaO 外，多

余的 CaO 将与 Fe_2O_3 结合生成铁酸钙（$CaO \cdot Fe_2O_3$），使 $a_{(FeO)}$ 降低。

从离子理论来看，熔渣中 $a_{(FeO)}$ 有下列关系：

$$a_{(FeO)} = a_{(Fe^{2+})} \cdot a_{(O^{2-})} \tag{9-16}$$

碱度较低的熔渣中，O^{2-} 浓度比较低，$a_{(FeO)}$ 也比较低。随着碱度的增加，O^{2-} 浓度增加，因而 $a_{(FeO)}$ 增大。当继续提高碱度时，则生成铁酸根离子：

$$3\underbrace{Fe^{2+} + 3O^{2-}}_{3FeO} + \underbrace{Ca^{2+} + O^{2-}}_{CaO} = \underbrace{Ca^{2+} + 2FeO_2^- + Fe}_{CaFe_2O_4} \tag{9-17}$$

式（9-17）表明，Fe^{2+} 和 O^{2-} 的浓度都降低，从而使 $a_{(FeO)}$ 下降。

可见，熔渣碱度过高或过低都不利于提高熔渣的氧化性。

当渣中 $\Sigma w(FeO)_\%$ 一定时，碱度低时，$a_{(FeO)}$ 随温度的升高而略有减少，温度对 $a_{(FeO)}$ 几乎没有影响；碱度较高时（$R>1.4$），$a_{(FeO)}$ 随温度的升高而减少。但从反应动力学来看，当熔渣碱度和 $\Sigma w(FeO)_\%$ 一定时，温度越高则熔渣的流动性越好，熔渣中（FeO）的反应能力增强，熔渣的氧化性增强。

熔渣氧化性在炼钢过程中的作用体现在对熔渣自身的影响、对钢液的影响和对炼钢操作工艺影响三个方面，具体如下：

（1）影响化渣速度和熔渣黏度。渣中 FeO 能促进石灰溶解，加速化渣，改善炼钢反应动力学条件，加速传质过程；渣中 Fe_2O_3 能和碱性氧化物反应生成铁酸盐，降低熔渣熔点和黏度，避免炼钢渣"返干"。

（2）影响熔渣向熔池传氧、脱磷和钢液的氧含量。低碳钢液氧含量明显受熔渣氧化性的影响，当钢液的碳含量相同时，熔渣氧化性强则钢液氧含量高，而且有利于脱磷。

（3）影响铁合金和金属收得率及炉衬寿命。熔渣氧化性越强，铁合金和金属收得率越低；熔渣氧化性强，炉衬寿命降低。

9.2.2.3 熔渣的还原性

在平衡态条件下，熔渣的还原性主要取决于渣中的 FeO 含量和碱度。图9-8 给出了 1600℃ 时熔渣的碱度和渣中 $w(FeO)$ 与钢液中 $w[O]$ 之间的关系。可以看出，碱度为 1.87 时，钢液中的 [O] 最高；碱度相同时，（FeO）越低，钢液中的 [O] 就越低。碱度为 3.0 时，如能将渣中的 FeO 含量控制在 0.5%，则钢液中的 [O] 的含量为 0.009%。电弧炉的还原期和炉外精炼过程中，要达到脱氧、脱硫和减少合金烧损的目的，就需要造高碱度、低氧化性和流动性好的还原渣，通常将渣中的氧化铁降到 0.5% 以下，碱度控制在 3.0~4.0。

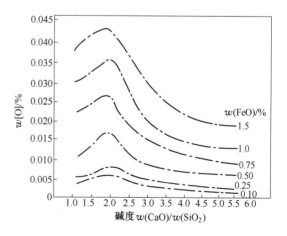

图 9-8　1600℃ 时熔渣的碱度和渣中 $w(FeO)$ 与钢液中 $w[O]$ 之间的关系

9.2.3 熔渣的物理性质

9.2.3.1 熔渣的熔点

熔渣的熔化温度是固态渣完全转化为均匀液态时的温度；同理，液态熔渣开始析出固体成分时的温度为熔渣的凝固温度。通常，炼钢过程要求熔渣的熔点低于所炼钢种的熔点 $50 \sim 200℃$。除 FeO 和 CaF_2 外，其他简单氧化物的熔点都很高，它们在炼钢温度下难以单独形成熔渣，实际上它们是形成多种低熔点的复杂化合物，如 $CaO \cdot SiO_2$、$MnO \cdot SiO_2$、$2FeO \cdot SiO_2$、$CaO \cdot MgO \cdot SiO_2$ 等。熔渣的熔化温度与熔渣的成分有关，一般来说，熔渣中高熔点组元越多，熔化温度越高。熔渣中常见的氧化物的熔点见表9-5。

表 9-5 熔渣中常见的氧化物的熔点

化 合 物	熔点/℃	化 合 物	熔点/℃
CaO	2600	$MgO \cdot SiO_2$	1557
MgO	2800	$2MgO \cdot SiO_2$	1890
SiO_2	1713	$CaO \cdot MgO \cdot SiO_2$	1390
FeO	1370	$3CaO \cdot MgO \cdot 2SiO_2$	1550
Fe_2O_3	1457	$2CaO \cdot MgO \cdot 2SiO_2$	1450
MnO	1783	$2FeO \cdot SiO_2$	1205
Al_2O_3	2050	$MnO \cdot SiO_2$	1285
CaF_2	1418	$2MnO \cdot SiO_2$	1345
$CaO \cdot SiO_2$	1550	$CaO \cdot MnO \cdot SiO_2$	>1700
$2CaO \cdot SiO_2$	2130	$3CaO \cdot P_2O_5$	1800
$3CaO \cdot SiO_2$	>2065	$CaO \cdot Fe_2O_3$	1220
$3CaO \cdot 2SiO_2$	1485	$2CaO \cdot Fe_2O_3$	1420
$CaO \cdot FeO \cdot SiO_2$	1205	$CaO \cdot 2Fe_2O_3$	1240
$Fe_2O_3 \cdot SiO_2$	1217	$CaO \cdot 2FeO \cdot SiO_2$	1205
$MgO \cdot Al_2O_3$	2135	$CaO \cdot CaF_2$	1400

9.2.3.2 熔渣的黏度

黏度是熔渣重要的物理性质之一，它对元素的扩散、渣-钢间的反应、气体的逸出、热量的传递、铁损及炉衬寿命等均有很大的影响。影响熔渣黏度的因素主要有三个方面，即熔渣的成分、熔渣中的固体质点和温度。

一般来讲，在一定的温度下，凡是能降低熔渣熔点的成分，在一定范围内增加其浓度，可使熔渣黏度降低；反之，则使熔渣黏度增大。在酸性渣中提高 SiO_2 含量时，在熔渣内生成结构复杂、体积大且活动性小的络合负离子（$Si_xO_y^{2-}$），络合负离子排列有序，堆积紧密，这样会导致熔渣黏度升高；相反，在酸性渣中提高 CaO 含量，会使黏度降低，原因是渣中 O^{2-} 增加，改变了 Si 与 O 的比例关系，促使硅氧负离子的键断裂，变成体积较小的离子。

碱性渣中，熔渣的 CaO 含量超过50%后，黏度随 CaO 的增加而增加。SiO_2 在一定的范围内增加，能降低碱性渣的黏度；但 SiO_2 含量超过一定值而形成 $2CaO \cdot SiO_2$ 时，则使熔渣变稠，原因是 $2CaO \cdot SiO_2$ 的熔点高达2130℃。FeO（熔点1370℃）和 Fe_2O_3（熔点1457℃）有明显降低熔渣熔点的作用，因此，增加 FeO 含量使熔渣的黏度显著降低。MgO

在碱性渣中对黏度的影响很大，当 MgO 含量超过 10% 时，会破坏熔渣的均匀性，使熔渣变黏。Al_2O_3 能降低渣的熔点，从而具有稀释碱性渣的作用。CaF_2 本身熔点较低，它能降低熔渣的黏度。

在炼钢过程中希望造渣材料完全溶解，形成均匀相的熔渣。但实际上，炉渣中往往悬浮着石灰颗粒、MgO 质颗粒、熔渣自身析出的 $2CaO \cdot SiO_2$ 和 $3CaO \cdot P_2O_5$ 固体颗粒以及 Cr_2O_3 等。这些固体颗粒的状态对熔渣的黏度产生不同的影响。少量尺寸大的颗粒（直径达几毫米），对熔渣黏度影响不大；尺寸较小（$10^{-3} \sim 10^{-2}$ mm）、数量多的固体颗粒呈乳浊液状态，使熔渣的黏度增加。

对酸性渣而言，温度升高，聚合的 Si—O 离子键易破坏，黏度下降。对碱性渣而言，温度升高有利于消除没有熔化的固体颗粒，因而黏度下降。总之，温度升高，熔渣的黏度会降低。

表 9-6 所示为熔渣和钢水的黏度值。1600℃ 炼钢温度下，熔渣黏度在 $0.02 \sim 0.1$ Pa·s 之间。

表 9-6　熔渣和钢水的黏度值

物　质	温度/℃	黏度/Pa·s	物　质	温度/℃	黏度/Pa·s
水	25	0.00089	稠熔渣	1595	0.2
铁　水	1425	0.0015	FeO	1400	0.03
钢　水	1595	0.0025	CaO	接近熔点	<0.05
稀熔渣	1595	0.002	SiO_2	1942	1.5×10^4
中等黏度渣	1595	0.02	Al_2O_3	2100	0.05

9.2.3.3　熔渣的密度

熔渣的密度决定熔渣所占据的体积大小及钢液液滴在渣中的沉降速度。熔渣由各种化合物组成，化合物的密度见表 9-7。

表 9-7　熔渣中化合物的密度　　　　　（kg/m³）

化合物	密　度	化合物	密　度	化合物	密　度
Al_2O_3	3970	MnO	5400	V_2O_3	4870
Na_2O	2270	P_2O_5	2390	ZrO_2	5560
CaO	3320	Fe_2O_3	5200	CaF_2	2800
CeO_2	7130	FeO	5900	FeS	4580
Cr_2O_3	5210	SiO_2	2320	CaS	2800
MgO	3500	TiO_2	4240		

固体炉渣的密度可近似用式（9-18）计算：

$$\rho_{渣} = \Sigma \rho_i w(i)_{\%} \tag{9-18}$$

式中，ρ_i 为各化合物的密度；$w(i)_{\%}$ 为渣中各化合物的质量百分数。

有关熔渣的密度与组成及温度的关系目前研究还不多，1400℃ 时熔渣的密度 $\rho_{渣}^0$ 与组成的关系可用式（9-19）表示：

$$\frac{1}{\rho_{渣}^0} = (0.45w(SiO_2)_\% + 0.286w(CaO)_\% + 0.204w(FeO)_\% + 0.35w(Fe_2O_3)_\% +$$

$$0.237w(MnO)_\% + 0.367w(MgO)_\% + 0.48w(P_2O_5)_\% +$$

$$0.402w(Al_2O_3)_\%) \times 10^{-3} \tag{9-19}$$

当熔渣的温度高于1400℃时，密度常用式（9-20）表示：

$$\rho_{渣} = \rho_{渣}^0 + 70\left(\frac{1400 - t}{100}\right) \tag{9-20}$$

式中　$\rho_{渣}$——高于1400℃时的密度，kg/m³，一般液态碱性渣的密度为3000kg/m³，固态碱性渣的密度为3500kg/m³，$w(FeO) > 40\%$ 的高氧化性的密度为4000kg/m³，酸性渣的密度一般为3000kg/m³；

　　　　$\rho_{渣}^0$——熔渣1400℃时的密度，kg/m³。

9.2.3.4　熔渣的表面张力与界面张力

熔渣的表面张力主要影响渣-钢间的物理化学反应及熔渣对夹杂物的吸附等。熔渣的表面张力普遍低于钢液，电炉熔渣的表面张力一般高于转炉。氧化渣（35%~45% CaO，10%~20% SiO₂，3%~7% Al₂O₃，8%~30% FeO，2%~8% P₂O₅，4%~10% MnO，7%~15% MgO）的表面张力为0.35~0.45 N/m；还原渣（55%~60% CaO，20% SiO₂，2%~5% Al₂O₃，8%~10% MgO，4%~8% CaF₂）的表面张力为0.35~0.45N/m；钢包处理的合成渣（55% CaO，20%~40% Al₂O₃，2%~15% SiO₂，2%~10% MgO）的表面张力为0.4~0.5 N/m。

不同熔体的表面张力如表9-8所示。

表9-8　不同熔体的表面张力

熔　体	测定温度/℃	表面张力/N·m⁻¹	熔　体	测定温度/℃	表面张力/N·m⁻¹
CaO	1500	0.586	熔　渣	1500	0.3~0.8
FeO	1400	0.584	钢　液	1500	约1.5
Al₂O₃	2050	0.690	(0.3%C)		
SiO₂	1500	0.295	纯铁液	1550	1.7~1.9
P₂O₅	400	0.054	铜	1183	1.103
MnO·SiO₂	1570	0.415	镍	1470	1.615
CaO·SiO₂	1570	0.400	铅	327	0.473

影响熔渣表面张力的因素有温度和成分。熔渣的表面张力一般是随着温度的升高而降低的，但高温冶炼时，温度的变化范围较小，因而影响也就不明显。SiO₂和P₂O₅具有降低FeO熔体表面张力的功能，而Al₂O₃则相反。CaO一开始能降低熔渣的表面张力，但后来则是起到提高熔渣表面张力的作用，原因是复合阴离子在相界面的吸附量发生了变化。MnO的作用与CaO类似。

可以用表面张力因子近似计算熔渣体系的表面张力，即：

$$\sigma_{渣\text{-}气} = \Sigma x_i \sigma_i \tag{9-21}$$

式中　$\sigma_{渣\text{-}气}$——熔渣的表面张力，N/m；

x_i——熔渣主元 i 的摩尔分数；

σ_i——熔渣主元 i 的表面张力因子，N/(m·mol)。

常见的各种氧化物的表面张力因子见表 9-9。

表 9-9　常见的各种氧化物表面张力因子　　　　　　　　(N/(m·mol))

氧化物 \ 温度（表面张力因子）	1300℃	1400℃	1500℃	1600℃
K_2O	0.168	0.153		
Na_2O	0.308	0.297		
CaO		0.614	0.586	0.661
MnO		0.653	0.641	
FeO		0.584	0.560	
MgO		0.512	0.502	
SiO_2		0.285	0.286	0.223
Al_2O_3		0.640	0.630	0.448～0.602
TiO_2		0.380		
B_2O_3	0.0336	0.960		
PbO	0.140	0.140		
ZnO	0.550	0.540		
ZrO_2		0.470		

两个凝聚相接触时，相界面上出现的张力称为界面张力。熔渣与金属熔体相互接触时，其间的张力示意图如图 9-9 所示。在平衡状态下，熔渣的表面张力 $\sigma_{渣-气}$ 与金属液-熔渣接触面之间的夹角 θ 称为接触角或润湿角，可用来衡量熔渣与金属液两相间的润湿程度。渣-金间的界面张力越大，θ 角越大，渣-金间的润湿越差，渣、钢分离越好，夹杂物就越容易在钢液中上浮而被去除；但对某些化学反应而言，渣-钢间的界面张力过大，必然会影响其效果。熔渣在炼钢过程中除了与钢液接触外，还与炉衬接触，如果它们之间的界面张力越大，则对炉衬的侵蚀就越轻微。

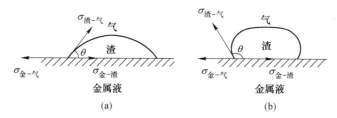

图 9-9　渣-金-气三相界面示意图

碱性氧化渣与钢液间的界面张力在 0.5～1.0N/m 之间，$\Sigma w(FeO)$ 越高，界面张力就越小；碱性还原渣中 CaC_2 是很强的表面活性物质，将其含量增加到 3%，就可使渣-钢的界面张力由 1.2N/m 降到 0.7～0.8N/m，从而有利于电炉生产过程的钢-渣界面脱氧，但出钢时要求渣、钢能有效分离，不希望渣中有较高含量的 CaC_2 成分。脱氧产物 MnO-SiO_2-Al_2O_3 渣系与钢液间的界面张力为 0.8～1.2N/m，随 MnO 含量的增高而降低。

9.3 硅、锰的氧化和还原反应

炼钢用的钢铁料中含有硅、锰，成品钢对硅、锰的含量也有要求。因此，有必要了解硅、锰在炼钢过程中的氧化和还原规律。

9.3.1 硅的氧化和还原

硅的氧化和还原反应可由以下反应式来表达：

$$[Si] + 2[O] \rule[0.5ex]{1em}{0.5pt} (SiO_2) \qquad \Delta G^{\ominus} = -594285 + 229.76T \quad J/mol$$

$$[Si] + [O] \rule[0.5ex]{1em}{0.5pt} SiO(g) \qquad \Delta G^{\ominus} = -97267 + 27.95T \quad J/mol$$

$$[Si] + 2(FeO) \rule[0.5ex]{1em}{0.5pt} (SiO_2) + 2[Fe] \qquad \Delta G^{\ominus} = -386769 + 202.3T \quad J/mol$$

$$[Si] + O_2 \rule[0.5ex]{1em}{0.5pt} (SiO_2)(s) \qquad \Delta G^{\ominus} = -824470 + 219.42T \quad J/mol$$

$$[Si] + 2(FeO) + 2(CaO) \rule[0.5ex]{1em}{0.5pt} (Ca_2SiO_4) + 2[Fe]$$

$$2[C] + (SiO_2) \rule[0.5ex]{1em}{0.5pt} [Si] + 2CO$$

上面的反应式表明，硅的氧化和还原反应的影响因素有温度、炉渣成分、金属液成分和炉气氧分压。

温度低有利于硅的氧化；降低炉渣中 SiO_2 的含量，如增加 CaO、FeO 含量有利于硅的氧化；炉渣氧化能力越强，越有利于硅的氧化；金属液中增加硅元素的含量，有利于硅的氧化；炉气氧分压越高，越有利于硅的氧化。

硅氧化是吹氧炼钢的主要热源之一。在转炉吹炼初期，由于硅的大量氧化，熔池温度升高，进入碳氧化期。在钢液脱氧过程中，由于含硅脱氧剂的氧化，可补偿一些钢包的散热损失。总之，硅的氧化有利于保持或提高钢液的温度。

硅氧化反应受炉渣成分的影响，同样，硅氧化反应产物影响炉渣成分，如 SiO_2 降低炉渣碱度，不利于钢液脱磷、脱硫，侵蚀炉衬耐火材料，降低炉渣氧化性，增加造渣消耗。

金属液中硅氧化使 $w[Si]$ 降低，从而影响金属液中其他成分，如 [C]、[Mn]、[P]、[S] 等的活度及热力学条件。可见，硅氧化反应平衡是非稳态。

9.3.2 锰的氧化和还原

锰的氧化也是炼钢重要反应之一。锰能增加钢的淬透性、耐磨性，在转炉炼钢时，通常根据钢种对锰含量的要求和钢中的"残（余）锰"量进行脱氧和合金化。

锰的氧化和还原反应可由下式来表达：

$$[Mn] + [O] \rule[0.5ex]{1em}{0.5pt} (MnO) \qquad \Delta G^{\ominus} = -244316 + 106.84T \quad J/mol$$

$$[Mn] + (FeO) \rule[0.5ex]{1em}{0.5pt} (MnO) + [Fe] \qquad \Delta G^{\ominus} = -123307 + 56.48T \quad J/mol$$

$$[Mn] + O_2(g) \rule[0.5ex]{1em}{0.5pt} 2(MnO) \qquad \Delta G^{\ominus} = -361495 + 111.63T \quad J/mol$$

$$(MnO) + [C] \rule[0.5ex]{1em}{0.5pt} [Mn] + CO$$

与硅的氧化和还原一样，影响锰的氧化和还原反应的因素有温度、炉渣成分、金属液成分和炉气氧分压。

温度低有利于锰的氧化；炉渣碱度高，使（MnO）的活度提高，在大多数情况下，（MnO）基本以游离态存在，$(MnO \cdot SiO_2) + 2(CaO) \rule[0.5ex]{1em}{0.5pt} (2CaO \cdot SiO_2) + (MnO)$；如果

$a_{(MnO)} > 1.0$，则不利于锰的氧化；炉渣氧化性强，有利于锰的氧化；能增加 Mn 元素活度的元素，其含量增加有利于锰的氧化；炉气氧分压越高，越有利于锰的氧化。

在碱性转炉炼钢过程中，当脱碳反应激烈进行时，炉渣中（FeO）大量减少，温度升高，使钢液中锰含量回升，这就是产生了所谓的锰还原。温度越高，还原出来的锰量就越大，残（余）锰量也就越高，因此，可根据钢液中的残（余）锰量大体判断熔池的温度。在酸性渣中，$a_{(MnO)}$ 很低，锰的氧化较为完全。

锰的氧化也是吹氧炼钢热源之一，但不是主要的。在转炉吹炼初期，锰氧化生成 MnO 可帮助化渣，并减轻初期渣中 SiO_2 对炉衬耐火材料的侵蚀。在炼钢过程中应尽量控制锰的氧化，以提高钢液残（余）锰量，发挥残（余）锰的作用。一般认为钢液中的残（余）锰量有如下作用：

（1）防止钢液的过氧化，或避免钢液中含过多的过剩氧，以提高脱氧合金的收得率，减少钢中氧化物夹杂；

（2）可作为钢液温度高低的标态，炉温高有利于（MnO）的还原，残（余）锰含量高；

（3）能确定脱氧后钢液的锰含量达到所炼钢种的规格，并节约 Fe-Mn 用量。

9.4 碳氧化反应

碳氧化反应是炼钢过程中极其重要的反应，炼钢过程中的碳氧反应不仅完成脱碳任务，而且还具有以下作用：

（1）加大钢-渣界面，加速反应的进行；

（2）搅拌熔池，均匀成分和温度；

（3）有利于非金属夹杂的上浮和有害气体的排出；

（4）放热升温。

当然，爆发性的碳氧反应会造成喷溅。

熔池中的碳氧反应可写成如下三种基本形式：

$$[C] + \frac{1}{2}O_2 === CO \qquad \Delta G^{\ominus} = -136900 - 43.51T \quad J/mol$$

$$[C] + [O] === CO \qquad \Delta G^{\ominus} = -22364 - 39.63T \quad J/mol$$

$$[C] + (FeO) === [Fe] + CO \qquad \Delta G^{\ominus} = 98799 - 90.76T \quad J/mol$$

在吹氧炼钢过程中，金属液中的一部分碳在反应区内被气体氧化，一部分碳与溶解在金属液中的氧进行氧化反应，还有一部分碳与炉渣中（FeO）反应，生成 CO。

上述第二个碳氧反应式的平衡常数为：

$$K_p = \frac{p_{CO}}{a_{[C]} \cdot a_{[O]}} \qquad (9-22)$$

如果取 $p_{CO} = 100kPa$，则可得：

$$K_p = \frac{1}{a_{[C]} \cdot a_{[O]}} = \frac{1}{f_C \cdot f_O \cdot w[C]_\% \cdot w[O]_\%} \qquad (9-23)$$

温度一定，K_p 是定值，若令 $m = w[C]_\% \cdot w[O]_\%$，$f_C \cdot f_O = 1$，则 $m = 1/K_p$，m 即为

碳氧浓度积。各研究者测定 1600℃ 的 K_p 值在 318.4~497 之间，这样可以得出 p_{CO} = 100kPa 的 m 值位于 0.002~0.003 范围内，一般多取 m = 0.0025。当达到平衡时，m 为一常数，在坐标中表现为一双曲线，见图 9-10。

实际上 m 不是真正的平衡值，因为碳和氧的浓度并不等于它们的活度，只有当 $w[C]_\%$ → 0 时，$f_C \cdot f_O$ = 1，此时 m 才接近平衡态。$w[C]_\%$ 提高时，因 $f_C \cdot f_O$ 减小，m 值增加，如 $w[C]_\%$ = 1.0 时，m = 0.0036；$w[C]_\%$ = 2.0 时，m = 0.0064。

由于碳氧反应是放热反应，因此随温度升高，K_p 减小，m 值升高，曲线向右角移动。由

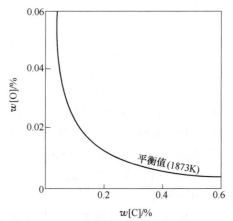

图 9-10 常压下碳氧浓度之间的关系示意图

（$w[C]_\% \cdot w[O]_\% = m$，外压为 100kPa）

于在炼钢过程中存在着反应 $[Fe]+[O]=[FeO]$，钢中实际氧含量比碳氧平衡时的氧含量高，如果将与渣中 FeO 平衡的氧含量记作 $w[O]_{FeO}$，则钢中氧含量高于 C-O 平衡的氧含量，但低于 $w[O]_{FeO}$。具体的差距要视炼钢的方法、炉子的类型及操作工艺而定。

习惯上，将炼钢熔池中实际的氧含量 $w[O]_{\%实}$ 与碳氧平衡的理论氧含量之间的差称为过剩氧。炼钢熔池中出现过剩氧，m 值高于理论值的原因可以归纳为以下几个方面：

（1）炼钢熔池中过剩氧与脱碳速度有关，脱碳速度大，过剩氧少；

（2）C-O 平衡的理论氧含量是在 p_{CO} = 100kPa 的条件下得出的，而实际炉中 p_{CO} 大于或小于 100kPa，如顶吹氧气转炉中 p_{CO} 约为 120kPa，而顶底复吹转炉中 p_{CO} 约为 70kPa；

（3）熔池中碳含量处于低碳时，钢液的 $w[O]_{\%实}$ 还受 $a_{(FeO)}$ 和温度的影响，当钢液中碳含量一定时，氧含量随温度的增加而略有增加。

因此，如果熔池中脱碳反应是 $[C] + [O] = CO$，可以用式（9-24）来计算熔池中的氧量，即与 CO 气泡相平衡的氧浓度为：

$$w[O]_{\%平} = \frac{m \cdot p_{CO}}{w[C]_\%} \tag{9-24}$$

气泡中 CO 分压可看作近似等于外界压力，用式（9-25）计算：

$$p_{CO} = 101325 + 98066\rho_金 \cdot h_金 + 98066\rho_渣 \cdot h_渣 + 98066\frac{2\sigma}{r_{CO}} \tag{9-25}$$

式中　　p_{CO}——气泡中 CO 分压，Pa；

　　$h_金$，$h_渣$——分别为 CO 气泡上金属液和渣的高度，m；

　　$\rho_金$，$\rho_渣$——分别为金属液和渣的密度，kg/m^3；

　　　　σ——金属液的表面张力，N/m；

　　r_{CO}——气泡的半径，m。

熔体和炉渣相平衡时，$w[O]_\%$ 取决于炉渣中 $a_{(FeO)}$ 和分配常数 L_{FeO}，可表示为：

$$w[O]_{\%渣平} = a_{(FeO)} \cdot L_{FeO} = w(FeO)_\% \cdot f_{FeO} \cdot L_{FeO} \tag{9-26}$$

式中　　$w(FeO)_\%$——渣中氧化铁的质量百分数；

　　　　f_{FeO}——渣中氧化铁的活度系数；

L_{FeO} —— FeO 的分配系数，$\lg L_{FeO} = \lg w[O]_{\%饱和} = 2.734 - \dfrac{6320}{T}$；

$w[O]_{\%饱和}$ —— 纯氧化铁渣在铁中的最大溶解度，1600℃时为 0.23。

若熔体中氧的平衡浓度为已知，则可以用式（9-27）来计算渣-钢间的浓度差：

$$\Delta w[O]_{\%渣-钢} = w[O]_{\%渣平} - w[O]_{\%平均} = a_{(FeO)} \cdot L_{FeO} - w[O]_{\%平均} \qquad (9-27)$$

在实际炼钢过程中很关心实际的脱碳速率，下面根据单位时间内氧的消耗来确立脱碳速率的计算式。

单位时间内氧的消耗与供氧速度 v_{O_2}、碳含量 $w[C]_\%$、钢中的氧含量 $w[O]_\%$ 以及渣中的氧量 $w(O)_\%$ 存在着以下关系：

$$v_{O_2} \cdot dt = -\frac{16}{12} dw[C]_\% + dw[O]_\% + dw(O)_\%$$

忽略过剩氧 $\Delta w[O]_\%$ 的变化，熔体中氧含量的变化值可用下式确定：

$$dw[O]_\% = d\left(\frac{m \cdot p_{CO}}{w[C]_\%}\right) = \frac{m \cdot p_{CO}}{w[C]_\%^2} \cdot dw[C]_\%$$

在 dt 时间内，渣中氧含量的变化值与（FeO）含量的变化值、Q_s 之间存在以下关系式：

$$dw(O)_\% = dw(FeO)_\% \cdot \frac{16}{72} Q_s$$

式中，Q_s 为渣量与金属质量之比；而 $w[O]_\% = w(FeO)_\% \cdot f_{FeO} \cdot L_{FeO}$，

则
$$dw(FeO)_\% = \frac{dw[O]_\%}{f_{FeO} \cdot L_{FeO}} = -\frac{m \cdot p_{CO} \cdot dw[C]_\%}{w[C]_\%^2 \cdot f_{FeO} \cdot L_{FeO}}$$

$$dw(O)_\% = -\frac{16m \cdot p_{CO} \cdot Q_s}{72 w[C]_\%^2 \cdot f_{FeO} \cdot L_{FeO}} \cdot dw[C]_\%$$

这样将 $dw[O]_\%$ 和 $dw(O)_\%$ 的表达式代入氧量平衡式可得：

$$-\frac{dw[C]_\%}{dt} = \frac{0.75 v_{O_2}}{1 + a/w[C]_\%^2} \qquad (9-28)$$

式中，$a = 0.75m \cdot p_{CO}\left(1 + \dfrac{0.222 Q_s}{f_{FeO} \cdot L_{FeO}}\right)$，$a$ 值最好由实验确定。

其实上述的脱碳速率方程只适用于金属液中碳含量比较高的情形，此时氧向熔池中的传输速度是脱碳反应的控制性环节。但随着脱碳的进行，脱碳的机理将逐渐发生改变，当碳降到 0.2%~0.4% 的临界值时，脱碳速率受 [C] 由钢液内部到达反应界面的传质所控制，其速率方程可写为：

$$-\frac{dw[C]_\%}{dt} = k_C w[C]_\% \qquad (9-29)$$

式中，k_C 为碳的传质系数，顶吹氧时约为 $0.015s^{-1}$，底吹氧时为 $0.017s^{-1}$。氧气顶吹转炉内的脱碳速率一般在 $(0.2~0.4)\%/\min$，顶底复吹转炉内因动力学条件要好于顶吹转炉，其脱碳速率要高于顶吹转炉。

9.5　钢液的脱磷

通常认为，磷在钢中是以 $[Fe_3P]$ 或 $[Fe_2P]$ 形式存在的，为方便起见，均用 $[P]$ 表示。高炉冶炼不具备脱磷的条件，铁矿石中的磷几乎全部进入铁水中，因此，脱磷依靠炼钢过程来完成。炼钢过程的脱磷反应是在金属液与熔渣界面进行的，首先是 $[P]$ 被氧化成 (P_2O_5)，而后与 (CaO) 结合成稳定的磷酸钙，其反应式可表示为：

$$2[P] + 5(FeO) + 4(CaO) \Longrightarrow (4CaO \cdot P_2O_5) + 5[Fe]$$

或

$$2[P] + 5(FeO) + 3(CaO) \Longrightarrow (3CaO \cdot P_2O_5) + 5[Fe]$$

从 $CaO\text{-}P_2O_5$ 相图中可以看出，$3CaO \cdot P_2O_5$ 最为稳定，$4CaO \cdot P_2O_5$ 次之。可以认为，存在于碱性渣中的应是 $3CaO \cdot P_2O_5$。由于 $3CaO \cdot P_2O_5$ 和 $4CaO \cdot P_2O_5$ 的反应生成自由能值很相近，在热力学分析时，由两种磷酸盐得出的结论基本上是一致的。液态渣中多是 $3CaO \cdot P_2O_5$，固态渣中有 $4CaO \cdot P_2O_5$ 存在。在实验室条件下，达到平衡时的反应产物通常是 $4CaO \cdot P_2O_5$，这样脱磷反应平衡常数可表示为：

$$K_P = \frac{a_{(4CaO \cdot P_2O_5)}}{a_{[P]}^2 \cdot a_{(FeO)}^5 \cdot a_{(CaO)}^4} = \frac{\gamma_{4CaO \cdot P_2O_5} \cdot x_{4CaO \cdot P_2O_5}}{w[P]_\%^2 \cdot f_P^2 \cdot x_{FeO}^5 \cdot \gamma_{FeO}^5 \cdot x_{CaO}^4 \cdot \gamma_{CaO}^4} \tag{9-30}$$

平衡实验受炉渣和金属熔池成分的影响较大，一般都在简化条件下得出，而且各研究人员的结果也不尽相同，下面是三个数据：

$$\lg \frac{1}{a_{[P]}^2 \cdot a_{[O]}^5} = \lg \frac{1}{w[P]_\%^2 \cdot w[O]_\%^5} = \frac{96600}{T} - 42.9 \, (a_{(4CaO \cdot P_2O_5)} = 1, \ a_{(CaO)} = 1) \tag{9-31}$$

$$\lg \frac{\gamma_{P_2O_5} \cdot x_{P_2O_5}}{a_{[P]}^2 \cdot a_{[O]}^5} = \frac{39060}{T} - 29.17 \tag{9-32}$$

$$\lg \gamma_{P_2O_5} = -1.02\Sigma A_i x_i - \frac{20780}{T} + 9.390 \tag{9-33}$$

式中，$\Sigma A_i x_i = 23x_{CaO} + 17x_{MgO} + 8x_{Fe_tO} + 33x_{Na_2O} + 13x_{MnO} + 20x_{CaF_2} - 26x_{P_2O_5}$，$x_i$ 表示的是炉渣中某成分 i 的摩尔分数。用 $w[P]_\%$、$w[O]_\%$ 分别代替 $a_{[P]}$、$a_{[O]}$，可得：

$$\lg w[P]_\%^2 \cdot w[O]_\%^5 = -1.02\Sigma A_i x_i - \frac{59840}{T} + 38.56 + \lg x_{P_2O_5} \tag{9-34}$$

$$\lg \frac{w(P)_\%}{w[P]_\%} = \frac{22350}{T} - 24.0 + 7\lg w(CaO)_\% + 2.5\lg\Sigma w(FeO)_\% \quad (w(CaO)_\% > 24) \tag{9-35}$$

在炼钢条件下，脱磷效果可用熔渣与金属中磷含量的比值来表示，称为磷的分配系数，即：

$$L_P = \frac{w(P)_\%}{w[P]_\%^2} \quad \text{或} \quad L_P = \frac{w(P_2O_5)_\%}{w[P]_\%} \quad \text{或} \quad L_P = \frac{w(4CaO \cdot P_2O_5)_\%}{w[P]_\%^2} \tag{9-36}$$

L_P 主要取决于熔渣成分和温度。不管 L_P 采用何种表达方式，均表明了熔渣的脱磷能力，L_P 越大，说明脱磷能力越强，脱磷越完全。

由于实际测定炉渣中磷的活度会遇到很大的困难，为了避免这种困难，Wagner 着眼于炉渣中的磷具有离子性的特点，提出了炉渣磷容这个概念。

离子理论的脱磷反应式可写为：

$$2[P] + 5[O] + 3(O^{2-}) \rightleftharpoons 2(PO_4^{3-})$$

$$K_P = \frac{a_{(PO_4^{3-})}^2}{a_{[P]}^2 \cdot a_{[O]}^5 \cdot a_{(O^{2-})}^3} = \frac{f_{PO_4^{3-}}^2 \cdot w(PO_4^{3-})_\%^2}{f_P^2 \cdot w[P]_\% \cdot a_{[O]}^5 \cdot a_{(O^{2-})}^3} = L_P \cdot \frac{f_{PO_4^{3-}}^2}{f_P^2 \cdot a_{[O]}^5 \cdot a_{(O^{2-})}^3} \quad (9\text{-}37)$$

定义 C_P 为磷容，即 $C_P = K_P \cdot \dfrac{a_{(O^{2-})}^3}{f_{PO_4^{3-}}^2}$，则

$$C_P = L_P \cdot \frac{1}{f_P^2 \cdot a_{[O]}^5} \quad (9\text{-}38)$$

取样分析炉渣和钢液中的磷含量可得到 L_P；应用氧浓度电池直接测定 $a_{[O]}$，再根据钢液成分和相互作用系数 ε_P^i，可求出 f_P，从而最终得到 C_P。这样就简化了热力学的计算，用 C_P 进行定量讨论。因此，C_P 也可以理解为炉渣容纳磷的能力。

影响脱磷反应的因素主要是炼钢熔池温度、炉渣成分和金属液的成分。

（1）炼钢温度的影响。脱磷反应是强放热反应，如熔池温度降低，脱磷反应的平衡常数 K_P 增大，L_P 增大，从热力学观点来讲，低温脱磷比较有利；但是，低温不利于获得流动性良好的高碱度炉渣。因此，熔池温度必须适当，才能获得最好的脱磷效果。

（2）炉渣成分的影响。炉渣成分的影响主要表现为炉渣碱度和炉渣氧化性的影响。P_2O_5 属于酸性氧化物，CaO、MgO 等碱性氧化物能降低它的活度，碱度越高，渣中 CaO 的有效含量越高，L_P 越大，脱磷越完全。但是，碱度并非越高越好，加入过多的石灰则化渣不好，炉渣变黏，影响流动性，对脱磷反而不利。图 9-11 所示为终点熔渣碱度与钢中 $w[P]$ 的关系。熔渣中（FeO）含量对脱磷反应具有重要作用，渣中（FeO）是脱磷的首要因素。因为磷首先氧化生成 P_2O_5，然后再与 CaO 作用生成 $3CaO \cdot P_2O_5$ 或 $4CaO \cdot P_2O_5$。作为磷的氧化剂，（FeO）可增大 $a_{(FeO)}$；而作为碱性氧化物，（FeO）可降低 $\gamma_{P_2O_5}$，因此，随着炉渣（FeO）含量增加，L_P 增大，促进了脱磷。但作为炉渣中的碱性氧化物，（FeO）的脱磷能力远不及（CaO），当炉渣中的（FeO）含量高到一定程度后，相当于稀释了炉渣中（CaO）的浓度，这样会使炉渣的脱磷能力下降。图 9-12 所示为终点熔渣中 $w(TFe)$ 与钢中 $w[P]$ 的关系。

（3）金属成分的影响。首先，钢液中应有较高含量的 [O]，如果钢液中 [Si]、[Mn]、[Cr]、[C] 含量高则不利于脱磷，因此，只有当与氧结合能力高的元素含量降低时，脱磷才能顺利进行。此外，钢液中各元素含量对 [P] 的活度有影响，但通常影响不太大。

目前不少转炉炼钢车间采用溅渣护炉技术，渣中的 MgO 含量较高，因此要注意调整好熔渣的流动性，否则对脱磷产生不利影响。

总之，脱磷的条件为：高碱度、高（FeO）含量（氧化性）、流动性良好的熔渣，充分的熔池搅动，适当的温度和大渣量。

要保证钢液脱磷的效果，还必须防止回磷现象。所谓回磷现象，就是指磷从熔渣中又返回到钢液中。成品钢中磷含量高于终点磷含量也属于回磷现象。熔渣的碱度或氧化亚铁

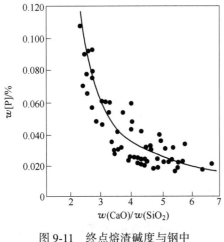

图 9-11 终点熔渣碱度与钢中
$w[P]$ 的关系

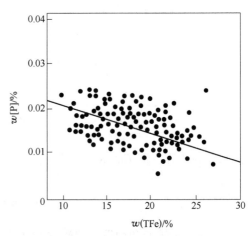

图 9-12 终点熔渣中 $w(TFe)$ 与
钢中 $w[P]$ 的关系

含量降低、石灰化渣不好、温度过高等,均会引起回磷现象。出钢过程中,由于脱氧合金加入不当、出钢下渣、合金中磷含量较高等因素,也会导致成品钢中磷含量高于终点磷含量。由于脱氧,炉渣碱度、(FeO)含量降低,钢包内有回磷现象,反应式如下:

$$2(FeO) + [Si] = (SiO_2) + 2[Fe]$$

$$(FeO) + [Mn] = (MnO) + [Fe]$$

$$(4CaO \cdot P_2O_5) + 2(SiO_2) = 2(2CaO \cdot SiO_2) + (P_2O_5)$$

$$2(P_2O_5) + 5[Si] = 5(SiO_2) + 4[P]$$

$$(P_2O_5) + 5[Mn] = 5(MnO) + 2[P]$$

$$3(P_2O_5) + 10[Al] = 5(Al_2O_3) + 6[P]$$

此外,脱氧剂本身也会直接还原磷酸盐,反应如下:

$$(4CaO \cdot P_2O_5) + 5[Mn] = 2[P] + 5(MnO) + 4(CaO)$$

$$2(4CaO \cdot P_2O_5) + 5[Si] = 4[P] + 5(SiO_2) + 8(CaO)$$

$$3(4CaO \cdot P_2O_5) + 10[Al] = 6[P] + 5(Al_2O_3) + 12(CaO)$$

通常采用的避免钢水回磷的措施有:挡渣出钢,尽量避免下渣;适当提高脱氧前的炉渣碱度;出钢后向钢包渣面加一定量石灰,增加炉渣碱度;尽可能采取钢包脱氧,而不采取炉内脱氧;加入钢包改质剂。

炼钢过程的脱磷反应是渣-金界面反应,对于脱磷反应的效果而言,除了用磷容量、磷分配系数表述外,还有一个时间的概念,即脱磷速率。脱磷速率主要取决于[P]向反应界面的传质和产物由界面向渣中的传质。因此,工艺因素是影响速率的关键。可以用双膜传质理论来表示脱磷过程的速率方程,即:

$$-\frac{dw[P]_\%}{dt} = \frac{A}{V_m} \cdot \frac{1}{1/k_m + 1/(k_s K)} \left(w[P]_\% - \frac{w(P)_\%}{L_P} \right) \quad (9-39)$$

式中 k_m, k_s——分别为磷在金属和熔渣中的传质系数,Oeter 计算出 $k_m = 3.90 \times 10^{-5}\,\text{m/s}$,
$k_s = 1.15 \times 10^{-5}\,\text{m/s}$;

A——反应界面积;

V_m——钢液体积;

K——以物质浓度（mol/m^3）表示的磷的分配系数，即 $K = c_{(P)}/c_{[P]}$;

L_P——以质量百分数表示的磷的分配系数，即 $L_P = w(P)_\% / w[P]_{\%平}$。

若取 $K = 300$，则 $k_m \ll k_s K$，式（9-39）可简化为：

$$-\frac{dw[P]_\%}{dt} = \frac{A}{V_m} \cdot k_m \cdot (w[P]_\% - w[P]_{\%平}) \tag{9-40}$$

在氧气顶吹转炉炼钢初期，用统计方法分析脱磷过程得到的脱磷速率方程为：

$$-\frac{dw[P]_\%}{dt} = R_P w[P]_\% \tag{9-41}$$

式中，R_P 为脱磷速率常数，与脱碳速度、氧枪位置、供氧强度等因素有关，一般由实验测定获得。

还原脱磷即指在还原条件下进行脱磷，近些年来也备受关注。要实现还原脱磷，必须加入比铝更强的脱氧剂，使钢液达到深度还原。通常加入 Ca、Ba 或 CaC_2 等强还原剂。还原脱磷反应为：

$$3[Ca] + 2[P] = 3(Ca^{2+}) + 2(P^{3-})$$

$$3[Ba] + 2[P] = 3(Ba^{2+}) + 2(P^{3-})$$

$$3CaC_2(s) + 2[P] = 3(Ca^{2+}) + 2(P^{3-}) + 6[C]$$

还原脱磷加入强还原剂的同时，还需加入 CaF_2、CaO 等熔剂造渣。还原脱磷一般是在金属不宜用氧化脱磷的情况下才使用，如含铬高的不锈钢，采用氧化脱磷会引起铬的大量氧化。还原脱磷后的渣应立即去除，否则渣中的 P^{3-} 又会被重新氧化成 PO_4^{3-} 而造成回磷。

9.6 钢液的脱硫

钢液的脱硫主要是通过两种途径来实现，即炉渣脱硫和气化脱硫。在一般炼钢操作条件下，炉渣脱硫占主导。从氧气转炉硫的衡算可以得出，氧化渣脱硫占总脱硫量的 90% 左右，气化脱硫占 10% 左右。

9.6.1 渣-钢间的脱硫反应

根据熔渣的分子理论，碱性氧化渣与金属间的脱硫反应为：

$$[S] + (CaO) = (CaS) + [O] \qquad \Delta G^\ominus = 98474 - 22.82T \quad J/mol$$

$$[S] + (MnO) = (MnS) + [O] \qquad \Delta G^\ominus = 133224 - 33.49T \quad J/mol$$

$$[S] + (MgO) = (MgS) + [O] \qquad \Delta G^\ominus = 191462 - 32.70T \quad J/mol$$

事实上硫在金属液中存在三种形式，即 [FeS]、[S] 和 $[S^{2-}]$。FeS 既溶于钢液，也溶于熔渣。渣-钢间的脱硫反应可以认为是这样进行的：钢液中的硫先扩散至熔渣中，即 [FeS]→(FeS)，进入熔渣中的 (FeS) 与游离的 CaO（或 MnO）结合成稳定的 CaS 或 MnS。

根据熔渣的离子理论,脱硫反应可表示为:

$$[S] + (O^{2-}) \rightleftharpoons (S^{2-}) + [O]$$

在酸性渣中几乎没有自由的 O^{2-},因此酸性渣脱硫作用很小;而碱性渣则不同,具有较强的脱硫能力。上式反应的平衡常数可写为:

$$K_S = \frac{a_{(S^{2-})} \cdot a_{[O]}}{a_{[S]} \cdot a_{(O^{2-})}} = \frac{w(S)_\% \cdot f_{S^{2-}} \cdot a_{[O]}}{w[S]_\% \cdot f_S \cdot a_{(O^{2-})}} \tag{9-42}$$

式中 $f_{S^{2-}}, f_S$ ——分别为熔渣和金属中硫的活度系数;

$a_{[O]}, a_{(O^{2-})}$ ——分别为金属和熔渣中氧的活度。

里查森(F. D. Richardson)将式(9-43)定义为硫容,即:

$$C_S = K_S \cdot \frac{a_{(O^{2-})}}{f_{S^{2-}}} \tag{9-43}$$

硫容表达了炉渣容纳硫的能力。如果将硫的分配系数定义为:

$$L_S = \frac{w(S)_\%}{w[S]_\%} = K_S \cdot \frac{a_{(O^{2-})}}{f_{S^{2-}}} \cdot \frac{f_S}{a_{[O]}} \tag{9-44}$$

则

$$C_S = L_S \cdot \frac{a_{[O]}}{f_S} \tag{9-45}$$

取样分析炉渣中和钢液中的硫含量可求出 L_S,应用氧浓度电池可直接测定 $a_{[O]}$,根据钢液成分和相互作用系数 ε_S^i 可算出 f_S,从而可以定量确定 C_S。

影响钢-渣间脱硫反应的因素主要有熔池温度、炉渣成分和钢液成分。

(1)炼钢温度的影响。钢-渣间的脱硫反应属于吸热反应,反应热在 $108.2 \sim 128$kJ/mol 之间,因此高温有利于脱硫反应进行。温度的重要影响主要体现在,高温能促进石灰溶解和提高炉渣的流动性。

(2)炉渣碱度的影响。炉渣碱度高,游离 CaO 多或 $a_{(O^{2-})}$ 增大,有利于脱硫;但碱度过高常会导致炉渣黏度增加,反而降低脱硫效果。

(3)炉渣中(FeO)含量的影响。从热力学角度可以看出,(FeO)含量高不利于脱硫。当炉渣碱度高、流动性差时,炉渣中有一定的(FeO)有助于熔化渣。

(4)金属液成分的影响。金属液中 [C]、[Si] 能增加硫的活度系数 f_S、降低氧活度 $a_{[O]}$,有利于脱硫。

总之,脱硫的有利条件为:高温,高碱度,低(FeO)含量,良好流动性。

9.6.2 气化脱硫

气化脱硫是指金属液中 [S] 以气态 SO_2 的方式被去除,反应式可表示为:

$$[S] + 2[O] \rightleftharpoons \{SO_2\}$$

在炼钢温度下,从热力学角度来讲,上述反应理应能进行。但在钢液中含有 [C]、[Si]、[Mn] 的条件下,要直接气化脱硫则是不可能实现的。只有当钢液中没有 [Si]、

[Mn] 或含 [C] 很少时，在氧化性气流强烈流动并能顺利排出的条件下，才有可能气化脱硫。因此，钢液气化脱硫的最大可能是钢液中 [S] 进入炉渣后再被气化去除，即：

$$(S^{2-}) + \frac{3}{2}O_2 = \{SO_2\} + (O^{2-})$$

在顶吹氧气转炉熔池的氧流冲击区，由于温度很高，硫以 S、S_2、SO 和 COS 的形态挥发是可能的。在电弧炉炉气中已证明有 COS 存在，所以有可能发生下列脱硫反应，即：

$$S_2 + 2CO = 2COS$$

$$SO_2 + 3CO = 2CO_2 + COS$$

9.6.3 脱硫反应动力学

在炼钢过程中，脱硫反应和脱磷反应相同，都是渣-钢界面反应，脱硫反应的速率方程可表示为：

$$-\frac{dw[S]_\%}{dt} = \frac{A}{W_m} \cdot \frac{L_S w[S]_\% - w(S)_\%}{L_S/(\rho_m k_m) + 1/(\rho_s k_s)} \tag{9-46}$$

式中　W_m——钢水的质量；

　　　A——反应界面积；

　　　k_m，k_s——分别为硫在钢和渣中的传质系数；

　　　ρ_m，ρ_s——分别为钢和渣的密度。

当钢液中硫的传质系数 k_m 很大时，$L_S/(\rho_m k_m) \to 0$，此时硫的传质阻力集中于炉渣，则式（9-46）的脱硫反应速率方程表示为：

$$-\frac{dw[S]_\%}{dt} = \frac{A}{W_m} \cdot \rho_s k_s \cdot (L_S w[S]_\% - w(S)_\%) \tag{9-47}$$

当 L_S 一定、k_s 很大，即硫的传质阻力集中于钢液，也即 $1/(\rho_s k_s) \to 0$ 时，则脱硫速率方程变为：

$$-\frac{dw[S]_\%}{dt} = \frac{A}{W_m} \cdot \rho_m k_m \cdot \left(w[S]_\% - \frac{w(S)_\%}{L_S}\right) \tag{9-48}$$

从以上的脱硫速率方程可以提出提高脱硫速率的措施如下：

（1）反应界面积 A 越大，脱硫速率就越快。熔池沸腾程度、渣-钢间的乳化状况、喷吹搅拌的程度等均对渣-钢界面的大小产生影响。

（2）当炉渣黏度低、熔池活跃、钢液和炉渣的硫含量差值大时，k_m、k_s 大，脱硫速率快。

（3）炉渣碱度、炉渣氧化性和熔池温度等操作工艺条件均对 L_S 产生影响，一切旨在提高 L_S 的措施均可促进脱硫反应。

9.7　钢液的脱氧

9.7.1　脱氧的方式

不管是哪种炼钢方法，都需要在熔池中供氧去除 C、Si、Mn、P 等杂质元素。氧化精炼结束后，钢液达到了一定成分和温度，氧含量一般会偏离 C-O 平衡线，即钢中的实际氧含量往往高于平衡值；而且如果终点的碳含量越低，钢中实际的氧含量偏离平衡值就会越大。此外，熔渣中的全铁含量越高，钢中的氧含量也会增高。因此，如果钢液不进行脱氧，在后续的连铸过程中，随着钢液温度的下降，钢液中氧的溶解度降低，因而促使了 C-O 反应的继续进行，钢液发生沸腾，造成浇注困难，连铸坯也就得不到正确的凝固组织结构。钢中氧含量高还会产生皮下气泡、疏松等缺陷，并加剧硫的危害作用。此外，还会生成过多的氧化物夹杂，降低钢的塑性、冲击韧性等力学性能。所以，必须去除钢中的过剩氧。在出钢或浇注过程中，加脱氧剂适当减少钢液氧含量的操作称为脱氧。目前，高品质钢生产中的脱氧环节显得越来越重要，对其工艺技术要求也越来越高。

在实际生产中，随着加入钢中的脱氧元素和量的不同，其脱氧的程度不同，浇注凝固后的铸坯或铸锭结构、性质也不同。如果在冶炼终点向钢液中加入少量的脱氧剂，只是使钢中的氧含量稍有降低（$w[O]$ 降低到 0.025% ~ 0.030%），这样在后续的凝固过程中还会发生 C-O 反应，即有沸腾现象，这类钢称为沸腾钢，这是模铸生产中主要采用的一种脱氧方式，有利于提高模铸的金属收得率。如果向冶炼终点钢液中加入足够的脱氧剂进行充分脱氧，使脱氧后钢液中的氧含量低于碳含量（$w[O]<0.005\%$），这样在后续的浇注凝固过程中再也不会发生 C-O 反应，这类钢称为镇静钢，目前连铸生产的钢大都属于此类钢。脱氧程度介于上述两者之间的钢称为半镇静钢。

按脱氧原理分，脱氧方法有三种，即沉淀脱氧法、扩散脱氧法和真空脱氧法。

沉淀脱氧法是指将脱氧剂加到钢液中，它直接与钢液中的氧反应生成稳定的氧化物，即直接脱氧。沉淀脱氧效率高、操作简单、成本低，对冶炼时间无影响，但沉淀脱氧的脱氧程度取决于脱氧剂的能力和脱氧产物的排出条件。

扩散脱氧是根据氧分配定律建立起来的，一般用于电炉还原期或钢液的炉外精炼。随着钢液中氧向炉渣中的扩散，炉渣中（FeO）逐渐增多，为了使（FeO）含量保持在低水平，需在渣中加脱氧剂来还原渣中的（FeO），这样可以保证钢液中的氧不断向渣中扩散。扩散脱氧的产物存在于熔渣中，这样有利于提高钢液的洁净度，但扩散脱氧的速度慢、时间长，可以通过吹氩搅拌或钢渣混冲等方式加速脱氧进程。另外，进行扩散脱氧操作前需换新渣，以防止回磷。

真空脱氧法是将钢包内钢液置于真空条件下，通过抽真空打破原有的碳氧平衡，促使碳与氧的反应达到通过钢中碳去除氧的目的。此法的优点是脱氧比较彻底，脱氧产物为 CO 气体，不污染钢液，而且在排出 CO 气体的同时还具有脱氢、脱氮的作用。

9.7.2 脱氧剂和脱氧能力

炼钢常用的脱氧元素有硅、锰和铝。

（1）硅。硅的脱氧生成物为 SiO_2 或硅酸铁（$FeO \cdot SiO_2$）。硅脱氧反应为：

$$[Si] + 2[O] \Longrightarrow SiO_2(s) \qquad \Delta G^{\ominus} = -576440 + 218.2T \quad J/mol$$

$$K = \frac{1}{f_{Si}w[Si]_\% \cdot f_O^2 w[O]_\%^2} \tag{9-49}$$

当 $w[Si]<2\%$ 时，$f_{Si} \cdot f_O^2$ 的值接近 1，于是可得：

$$w[Si]_\% \cdot w[O]_\%^2 \approx a_{[Si]} \cdot a_{[O]}^2$$

炉渣碱度越高，SiO_2 的活度越小，残余氧量越低，硅的脱氧效果越好。各种牌号的 Fe-Si 是常用的脱氧剂。

（2）锰。锰是弱脱氧剂，常用于沸腾钢脱氧，其脱氧产物并不是纯 MnO，而是 MnO 与 FeO 的熔体。锰脱氧反应式可表示为：

$$[Mn] + [O] \rightleftharpoons (MnO)(1) \qquad \Delta G^{\ominus} = -244300 + 107.6T \quad J/mol \qquad (1)$$

$$[Mn] + (FeO) \rightleftharpoons (MnO) + Fe(1) \qquad\qquad\qquad\qquad\qquad\qquad (2)$$

实验测得上述两个反应的平衡常数 K_1 和 K_2 分别为：

$$\lg K_1 = \lg \frac{x_{MnO(1)}}{w[Mn]_\% \cdot a_{[O]}} = \frac{12760}{T} - 5.62 \qquad (9\text{-}50)$$

$$\lg K_2 = \lg \frac{x_{MnO(1)}}{x_{FeO} \cdot w[Mn]_\%} = \frac{6440}{T} - 2.95 \qquad (9\text{-}51)$$

当金属锰含量增加时，与之平衡的脱氧产物中的 x_{MnO} 也随之增大。当 x_{MnO} 增加到一定值时，脱氧产物开始有固态的 FeO·MnO 出现。

（3）铝。铝是强脱氧剂，常用于镇静钢的终脱氧，铝脱氧反应为：

$$2[Al] + 3[O] \rightleftharpoons Al_2O_3 \qquad \Delta G^{\ominus} = -1242400 + 394.93T \quad J/mol$$

需要指出的是，钢中脱氧产物的组成与温度及脱氧元素的平衡浓度有关，$w[M]$ 低及 $w[O]$ 高时，形成 FeM_xO_y 复杂化合物，如向钢液中加入的 Al 量低而 $w[O]$ 较高时，形成的脱氧产物为 $FeO·Al_2O_3$；$w[M]$ 高及 $w[O]$ 低时，则生成纯氧化物 M_xO_y，如钢液中 $w[Al] > 0.9 \times 10^{-5}\%$ 时，脱氧产物为 Al_2O_3。

使用两种或多种脱氧元素制成的复合脱氧剂，如硅锰、硅钙、硅锰铝、钙铝、硅铝、硅铝钡等复合脱氧剂时，形成的产物一般为低熔点复杂化合物，如 Si-Mn-Al 合金的脱氧产物为 $3MnO·Al_2O_3·3SiO_2$；Si-Ca 合金的脱氧产物 $2CaO·SiO_2$，但一般在 Al 脱氧后加入，能形成液态的铝酸钙 $C_{12}A_7$；Si-Al 合金的脱氧产物是 $FeO·SiO_2·Al_2O_3$。复合脱氧剂有以下优点：

（1）可以提高脱氧元素的脱氧能力；

（2）有利于形成液态的脱氧产物，便于产物的分离与上浮；

（3）有利于提高易挥发元素在钢中的溶解度，减少元素的损失，提高脱氧元素的脱氧效率。

9.7.3　脱氧反应动力学

脱氧反应可分为以下三个步骤：

（1）脱氧剂加热熔化，溶解到钢液中；

（2）脱氧元素 M 和钢液中 [O] 反应生成脱氧产物，有时脱氧产物是由脱氧元素在渣-钢界面与渣中（O）反应生成的；

（3）脱氧产物上浮至渣中。

上述三个步骤对于脱氧过程来讲是交叉进行的，并不能截然分开。但如果具体到一个脱氧元素质点，则存在以下三个步骤：

（1）固体脱氧剂加入到钢液中发生吸热熔化，熔化时间不仅与脱氧剂熔化的吸热量和钢液的供热量有关，还与脱氧元素的扩散有关，扩散系数大，溶解速度快，出钢过程中钢液的搅动能加速脱氧元素的溶解。

（2）在沉淀脱氧过程中，脱氧元素和钢液中的氧反应生成脱氧产物，是一个在钢液中产生新相的过程。脱氧产物的生成在实际生产中并未遇到困难，因为钢液中有夹杂物、未熔脱氧剂以及包衬耐材等现成表面，而且脱氧剂能在局部达到饱和。

（3）脱氧产物的聚合、长大和上浮。在炼钢温度下，脱氧产物为液态，这是聚合、长大最基本的条件。影响脱氧产物上浮速度的因素有脱氧产物颗粒大小、钢液黏度、钢液和脱氧产物的密度差、钢液与脱氧产物之间的界面张力等。

9.7.4 脱氧合金化

目前冶炼和连铸的钢种主要为镇静钢，各种牌号的合金钢、高碳钢、中碳钢和低碳优质钢都属于镇静钢。镇静钢脱氧比较完全，一般脱氧后的钢液氧含量小于 0.002%。镇静钢的脱氧可分为两种类型，即钢包内脱氧；炉内预脱氧，钢包内终脱氧。

脱氧和合金化操作不能截然分开，而是紧密相连，大多数钢种均在钢包内完成脱氧合金化操作。合金化操作的关键问题是合金化元素的加入次序。合金元素加入的一般原则是：

（1）脱氧元素先加，合金化元素后加；

（2）脱氧能力比较强且比较贵重的合金，应在钢液脱氧良好的情况下加入；

（3）熔点高、不易氧化的元素，可加在炉内。

脱氧元素被钢液吸收的部分与加入总量之比，称为脱氧元素的收得率（η）。在生产碳素钢时，如知道终点钢液成分、钢液量、钢合金成分及其收得率，便可根据成品钢成分计算脱氧剂加入量。

$$脱氧剂加入量 = \frac{w[M]_{\%规格中限} - w[M]_{\%终点残余}}{w[M]_{\%脱氧剂} \cdot \eta} \times 出钢量 \qquad (9\text{-}52)$$

准确判断和控制脱氧元素收得率，是达到预期脱氧程度和提高成品钢成分命中率的关键。冶炼一般合金钢和低合金钢时，合金加入量的计算方法和脱氧剂基本相同；而冶炼高合金钢时，合金加入量大，必须考虑加入的合金量对钢液重量和钢液终点成分的影响。

$$合金加入量 = \frac{w[M]_{\%规格中限} - w[M]_{\%残余} - w[M]_{\%其他合金带入}}{w[M]_{\%合金} \cdot \eta} \times 出钢量 \qquad (9\text{-}53)$$

9.8 铬、钒、铌、钨的反应

9.8.1 铬的氧化与还原

铬是不锈钢的主要元素，其氧化还原的影响因素有炉渣碱度、温度和炉渣中 $w(FeO)_{\%}$（氧化性）。

9.8.1.1 炉渣碱度的影响

有研究表明，在1600℃下，当炉渣碱度 $R \leqslant 1.0$ 时，随着碱度的增加，铬氧化反应的平衡常数变化不大，酸性碱度下［Cr］氧化成 CrO；当炉渣碱度为 1.0~2.0 时，CrO 向 Cr_2O_3 过渡，随着碱度的增加，铬氧化反应的平衡常数迅速降低；但当碱度大于 2.0 时，碱度增加，铬氧化反应的平衡常数变化不大。可见，在炼钢过程中，当炉渣碱度大于 2.0 时再通过改变炉渣碱度来控制铬的氧化，收效不大。

但铬的还原受炉渣碱度的影响比较大。当炉渣碱度小于 1.0 时，随着碱度的增加，炉渣中 $w(Cr)_\%$ 降低，这是由于炉渣中的 CrO 易被［Si］还原。当炉渣碱度为 1.0~2.0 时，由于炉渣中碱度增加，$w(Cr)_\%$ 也降低，但降低速度缓慢。总之，提高碱度有利于铬的还原。

9.8.1.2 温度的影响

通常通过控制铬、碳的氧化转化温度来实现碳和铬的选择性氧化。所谓转化温度，是指高于此温度时碳氧化而铬不氧化，低于此温度时铬氧化而碳不氧化。

吹氧时铬的直接氧化反应为：

$$\frac{4}{3}[Cr] + O_2 === \frac{2}{3}(Cr_2O_3)$$

$$2[C] + O_2 === 2CO$$

由上述两式可得：

$$\frac{4}{3}[Cr] + 2CO === \frac{2}{3}(Cr_2O_3) + 2[C] \qquad \Delta G^\ominus = -497167 + 318.3T \quad J/mol$$

$$K_{Cr} = \frac{\gamma_{Cr_2O_3}^{2/3} \cdot x_{Cr_2O_3}^{2/3} \cdot f_C^2 w[C]_\%}{f_{Cr}^{4/3} \cdot w[Cr]_\%^{4/3} \cdot p_{CO}^2}$$

$$\Delta G = \Delta G^\ominus + RT\ln K_{Cr}$$

当上述反应达到平衡时，$\Delta G = 0$，这样可以计算出转化温度。很显然，金属液成分、炉渣成分改变，转化温度也随之变化。在相同的碳含量下，转化温度随铬含量的增加而增高；在相同的铬含量下，转化温度随碳含量的降低而增高。转化温度的理论计算有助于更好地控制冶炼操作。在一般情况下，为了达到脱铬保碳的目的，熔池温度不超过 1400℃。

在冶炼不锈钢时，应尽量避免铬损失，脱碳保铬是冶炼的中心问题。由于钢液中 $w[Cr] \approx 18\%$，铬氧化物为 Cr_3O_4，其反应式为：

$$3[Cr] + 4CO === (Cr_3O_4) + 4[C] \qquad \Delta G^\ominus = -934706 + 617.22T \quad J/mol$$

$$\Delta G = \Delta G^\ominus + RT\ln \frac{f_C^4 \cdot w[C]_\%^4 \cdot \gamma_{Cr_3O_4} \cdot x_{Cr_3O_4}}{f_{Cr}^3 \cdot w[Cr]_\%^3 \cdot p_{CO}^4} \qquad (9\text{-}54)$$

这样可根据式（9-54）来确定铬、碳的氧化转化温度。

9.8.1.3 炉渣中 $w(FeO)_\%$ 的影响

温度高有利于脱碳保铬，但随着炉渣氧化性的增加，$w[Cr]_\% / w[C]_\%$ 降低，［Cr］的氧化增多。这表明，炉渣氧化性控制也是实现脱碳保铬目的所必须考虑的因素。

总之，炉渣碱度高，有利于渣中铬的还原；炉渣氧化性强，可促进钢液中铬的氧化；

温度高、CO 分压低，可达到脱碳保铬的目的。

9.8.2 钒的氧化

含钒炉渣的岩相分析证明，渣中有钒尖晶石（$FeO \cdot V_2O_3$），这说明钒氧化生成 V_2O_3。炼钢过程中，钒易在初期氧化，形成 V_2O_3 进入渣中。因此，为了尽量使铁液中的钒氧化进入炉渣，达到提钒保碳的目的，应控制好吹炼温度，从而控制 [V]、[C] 氧化的转向温度。钒氧化反应可用下列反应式表示：

$$\frac{4}{3}[V] + O_2 = \frac{2}{3}V_2O_{3(s)} \qquad \Delta G^{\ominus} = -772785 + 211.42T \quad J/mol$$

$$\frac{4}{5}[V] + O_2 = \frac{2}{5}V_2O_{5(l)} \qquad \Delta G^{\ominus} = -563166 + 163.39T \quad J/mol$$

$$Fe_{(l)} + 2[V] + 4[O] = FeV_2O_{4(s)}$$

$$2[V] + 3[O] = V_2O_{3(s)}$$

V_2O_3 的熔点为 1967℃，V_2O_5 的熔点为 670℃。

影响钒氧化的因素有炉渣的碱度和氧化性、炉气 CO 分压、熔池温度和金属液成分。

（1）低于转化温度（1420℃）有利于钒的氧化，可提高提钒效率，获得高品位的钒渣。提钒后的半钢仍适合于炼钢的技术要求，可见，温度是钒选择性氧化最重要的影响因素。

（2）炉渣中 $w(FeO)$ 高有利于钒的间接氧化。在提钒过程中，铁液中 [Si] 也被氧化，形成 $FeO \cdot V_2O_3 \cdot SiO_2$ 系的酸性渣，FeO 与 V_2O_3 结合形成钒尖晶石（$FeO \cdot V_2O_3$）。炉渣碱度高有利于钒的氧化，生成钒尖晶石，进一步提高钒在渣-铁间的分配比。

（3）铁液中含有能增大钒活度系数的元素，有利于碳的氧化。

（4）炉气中 CO 低有利于碳的氧化，而不利于提钒保碳。

9.8.3 铌的氧化

含铌铁液提铌炼钢，也存在铌和碳的选择性氧化问题。[Nb]、[C] 氧化的反应式可写为：

$$[Nb] + 2CO = \frac{1}{2}Nb_2O_4 + 2[C] \qquad \Delta G^{\ominus} = -525092 + 301.62T \quad J/mol$$

根据上式可计算出 [C]、[Nb] 氧化的转化温度，一般为 1400℃。当温度高于 1400℃时，[C] 优先氧化；当温度低于 1400℃时，[Nb] 优先氧化。

根据热力学的计算，当金属液中硅含量为 0.07% 时，[Si] 对 0.01% [Nb] 的氧化仍有抑制作用。因此要提铌，首先应彻底完成硅的氧化。

9.8.4 钨的氧化

炼含钨的钢时，也涉及钨的氧化。钨氧化成 WO_2 或 WO_3，其反应式为：

$$[W] + 3(FeO) = (WO_3) + 3[Fe]$$

WO_3 是不稳定的化合物，易被铁还原。炼含钨的钢时，在酸性渣下，当渣中 WO_3 的含量很低时，氧化反应容易达到平衡；在碱性渣下，WO_3 与 CaO 形成钨酸钙。钨的氧化与炉渣的碱度和氧化性有关。

9.9 氢、氮的反应

9.9.1 铁液中氢、氮的溶解度

氢在纯铁液中的溶解度是指在一定的温度和 100kPa 气压下，氢在纯铁液中的溶解度服从西华特定律，即在一定的温度下，气体的溶解度与该气体在气相中分压的平方根成正比。

$$\frac{1}{2}H_{2(g)} \Longrightarrow [H]$$

$$w[H]_\% = K_H\sqrt{p_{H_2}} \tag{9-55}$$

式中 $w[H]_\%$——纯铁液中氢的溶解度；

   p_{H_2}——纯铁液外面的氢气分压，kPa；

   K_H——氢分压为 100kPa 时，纯铁液中氢溶解度反应的平衡常数。

$$\lg K_H = -\frac{1909}{T} - 1.591 \tag{9-56}$$

在 1600℃时，氢在纯铁液中的极限溶解度为 26×10^{-6}。

氮在纯铁液的溶解度与氢类似，也服从西华特定律，即：

$$\frac{1}{2}N_{2(g)} \Longrightarrow [N]$$

$$w[N]_\% = K_N\sqrt{p_{N_2}}$$

在 1600℃时，氮在纯铁液中的极限溶解度为 0.044%。K_N 与绝对温度间的关系可表示为：

$$\lg K_N = -\frac{518}{T} - 1.063 \tag{9-57}$$

氮在纯铁液中的溶解度与温度和分压的关系为：

$$\lg w[N]_\% = -\left(\frac{518}{T} + 1.063\right) + \frac{1}{2}\lg p_{N_2} \tag{9-58}$$

9.9.2 影响氢和氮在钢中溶解度的因素

气体在钢中的溶解度取决于温度、相变、金属成分以及与金属相平衡的气相中该气体的分压。从图 9-13 可以看出：

（1）氢和氮在液态纯铁中的溶解度随温度的升高而增加；

（2）固态纯铁中气体的溶解度低于液态；

（3）氮在固态纯铁 γ-Fe 中的溶解度随温度的升高降低，原因是有氮化物析出；

（4）在 910℃发生 α-Fe 向 γ-Fe 转变，1400℃时发生 γ-Fe 向 δ-Fe 转变，溶解度也发生突变，在奥氏体中因晶格常数大，能溶解更多的气体。

氢和氮被铁液或钢液吸收的过程是相当复杂的，包括吸附、吸收及液相传质等环节。

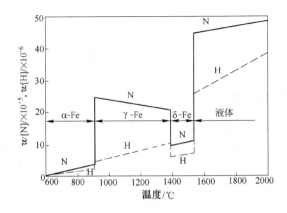

图 9-13　分压为 100kPa 时，氢和氮在纯铁中的溶解度

研究表明，控制氢和氮吸收的环节是其在金属液中的扩散，同样，其排出也是相同的控制环节。许多工艺因素，如原料成分、铁液或钢液的温度和成分、吹炼氧气的纯度和压力等均对钢中的氢或氮含量产生影响。很显然，从上述的热力学条件可以看出，在钢液的精炼过程中增加熔池上方的真空度，即进行真空处理，是有利于脱除钢中的氢或氮的。

思 考 题

9-1　熔渣在炼钢中的作用体现在哪些方面？

9-2　什么是熔渣的氧化性，在炼钢过程中熔渣的氧化性是如何体现的？

9-3　炼钢过程残（余）锰的含义是什么，钢液中的残（余）锰有何作用？

9-4　什么是碳氧浓度积，1600℃时的理论值为多少？

9-5　炼钢过程的碳氧反应的作用是什么，脱碳速率如何表达？

9-6　什么是磷的分配系数和炉渣磷容，影响炼钢过程脱磷的因素有哪些？

9-7　什么是硫容，影响炼钢过程脱硫的因素有哪些？

9-8　钢液的脱氧方式有哪几种，各有什么特点？

9-9　什么是较为活泼的金属在炼钢过程中的转变温度，金属铬在不锈钢冶炼中如何来保证其不被氧化？

9-10　什么是气体在金属液中的溶解度，影响溶解度的因素有哪些？

炼钢用原材料和耐火材料

原材料是炼钢的基础，原材料的质量和供应条件对炼钢生产的各项技术经济指标产生重要影响。对炼钢原料的基本要求是：既要保证原料具有一定的质量和相对稳定的成分，又要因地制宜，充分利用本地区的原料资源，不宜苛求。炼钢原料分为金属料、非金属料和气体。

(1) 金属料，包括铁水、废钢、生铁、铁合金、海绵铁；

(2) 非金属料，包括造渣剂（石灰、萤石、铁矿石）、冷却剂（废钢、铁矿石、氧化铁、烧结矿、球团矿）、增碳剂和燃料（焦炭、石墨籽、煤块、重油）；

(3) 氧化剂，包括氧气、铁矿石、氧化铁皮。

转炉入炉原料结构对炼钢进程及各项指标产生重要影响。原料结构包含三方面的内容：1) 钢铁料结构，即铁水和废钢及废钢种类的合理分配；2) 造渣料结构，即石灰、白云石、萤石、铁矿石等的配比制度；3) 充分发挥各种炼钢原料的功能使用效果，即钢铁料和选渣料的合理利用。

耐火材料简称耐材，是由无机非金属材料构成的。耐材是炼钢的保障，在炼钢的高温、多相反应、物理化学侵蚀等环境条件下，对炼钢用的耐火材料有非常严格的要求，需要其能承受气体、灰尘、熔渣、液态金属等物质的物化作用，具有一定的砌筑、打结性能。

10.1 金 属 料

10.1.1 铁水

铁水是转炉炼钢的主要原材料，一般占装入量的70%~100%。铁水的化学热和物理热是转炉炼钢的主要热源。因此，对入炉铁水的化学成分和温度有一定的要求。

10.1.1.1 对铁水中元素的要求

(1) 硅 (Si)，是重要的发热元素，铁水中硅含量高，炉内的化学热增加，铁水中硅量增加0.10%，废钢的加入量可提高1.3%~1.5%；渣量增加，有利于脱磷、脱硫。但硅含量过高将会使渣料和消耗增加，易引起喷溅，降低金属收得率；同时，渣中过量的SiO_2也会加剧对炉衬的侵蚀，影响石灰化渣速度，延长吹炼时间。通常，铁水中的硅含量以0.30%~0.60%为宜，一般大中型转炉铁水中硅含量偏下限，热量不富余的小型转炉铁水中硅含量则偏上限。

(2) 锰 (Mn)，是发热元素，铁水中锰氧化后形成的 MnO 能有效促进石灰溶解，加快成渣，减少助熔剂的用量和炉衬侵蚀。同时铁水含锰高，终点钢中残（余）锰高，从而可以减少合金化时所需的锰铁合金，有利于提高钢水的洁净度。转炉用铁水对锰含量与硅含量的比值要求为 0.8~1.0，目前使用较多的为低锰铁水，锰含量为 0.20%~0.80%。

（3）磷（P），是高发热元素，对一般钢种来说是有害元素，因此要求铁水磷含量越低越好，一般要求铁水中 $w[P] \leqslant 0.20\%$。铁水中的磷含量越低，炼钢工艺就越简单，越有利于提高各项技术经济指标。如果铁水中的磷含量高，需采用铁水预脱磷处理或双渣操作。

（4）硫（S），除了含硫易切削钢外，绝大多数钢种要求去除硫这一有害元素。氧气转炉单渣操作的脱硫效率只有 30%~40%。我国炼钢技术规程要求入炉铁水的硫含量不超过 0.05%。当前，为了生产优质低硫钢或超低硫钢，对兑入转炉前的铁水前进行预处理，以满足后续对硫含量控制的要求。

10.1.1.2　对铁水带渣量的要求

高炉渣中 S、SiO_2 和 Al_2O_3 的含量较高，过多的高炉渣进入转炉内会导致转炉钢渣量大，石灰消耗增加，造成喷溅，降低炉衬寿命，因此，进入转炉的铁水要求带渣量不得超过 0.5%。如果铁水的带渣量过大，则要在铁水兑入转炉之前进行扒渣处理。

10.1.1.3　对铁水温度的要求

铁水温度是铁水含物理热多少的标志，铁水物理热占转炉热收入的 50%。应努力保证入炉铁水的温度，保证炉内热源充足和成渣迅速。我国炼钢规定入炉铁水温度应高于 1250℃，并且要相对稳定。一般高炉的出铁温度在 1350~1450℃ 之间，由于铁水在运输和待装过程中散失热量，不少企业采用混铁车或混铁炉的方式供应铁水。但随着管理、操作、技术等各方面的进步，目前在国内正在大力推广铁水"一包到底"的新流程，即采用集铁水承接、运输、缓冲、预处理、转炉兑多功能于一体的铁水包，从高炉接铁水并运送到炼钢厂，不倒包直接进行预处理后兑入转炉冶炼，从而取消了混铁车、铁水包维修工序、铁水倒包站和除尘设施，加快了生产节奏，减少了排放，节约了成本，提高了经济效益。

10.1.2　废钢

转炉和电炉炼钢均使用废钢，氧气顶吹转炉用废钢量一般是总装入量的 10%~30%。废钢分为一般废钢、轧辊、次废铁、报废车等。

转炉炼钢对废钢的要求如下：

（1）废钢的外形尺寸和块度，应能保证从炉口顺利加入转炉。废钢的长度应小于转炉口直径的 1/2，块重一般不应超过 300kg。国标要求废钢的长度不大于 1000mm，最大单件重量不大于 800kg。

（2）废钢中不得混有铁合金。严禁混入铜、锌、铅、锡等有色金属和橡胶，不得混有封闭器皿、爆炸物和易燃易爆品以及有毒物品。废钢的硫、磷含量均不大于 0.050%。

（3）废钢应清洁干燥，不得混有泥沙、水泥、耐火材料、油物等。

（4）不同性质的废钢应分类存放，以免混杂。非合金钢、低合金钢、废钢可混放在一起，不得混有合金废钢和生铁。合金废钢要单独存放，以免造成冶炼困难，产生熔炼废品或造成贵重合金元素的浪费。

电炉炼钢对废钢的要求与转炉炼钢的要求基本相同，只是不同容量的电炉对废钢的尺寸要求有所不同，如 50t 电炉要求废钢的最大截面不超过 800mm×800mm，最大长度不超过 1000mm；100t 电炉要求废钢的最大截面不超过 2000mm×2500mm，最大长度不超过 2500mm。

10.1.3　生铁

生铁主要在电炉炼钢中使用，其主要目的在于提高炉料或钢中的碳含量，并解决废钢或重料来源不足的困难。由于生铁中含碳及杂质较高，电炉钢炉料中生铁配比通常为 10%~25%，最高不超过 30%，否则会引起全溶碳过高，延长冶炼时间，增加电耗，降低炉衬的使用寿命。

电炉炼钢对生铁的质量要求较高，一般 S、P 含量要低，Mn 含量不能高于 2.5%，Si 含量不能高于 1.2%。如果硅含量过高，将会侵蚀炉衬或延缓熔池的氧化沸腾时间。用于还原期增碳的生铁必须选用无锈且 S、P 含量均小于 0.05% 的优质生铁。

10.1.4　海绵铁

海绵铁是用氢气或其他还原性气体还原精铁矿而得到的。一般是将铁矿石装入反应器中，通入氢气、CO 气体或使用固体还原剂，在低于铁矿石软化点以下的温度范围内反应，不生成铁水也没有熔渣，仅把氧化铁中的氧脱掉，从而获得多孔性的金属铁，即海绵铁。

海绵铁中金属铁含量较高，S、P 含量较低，杂质较少。电炉炼钢直接采用海绵铁代替废钢铁料，不仅可以解决钢铁料供应不足的困难，而且可以大大缩短冶炼时间，提高电炉钢的生产率。此外，以海绵铁为炉料还可以减少钢中的非金属夹杂物及氮的含量。由于海绵铁具有较强的吸水能力，使用前必须保持干燥或以红热状态入炉。

10.1.5　铁合金

铁合金用于调整钢液成分和脱除钢中杂质，常用的铁合金种类有：

（1）Fe-Mn、Fe-Si、Fe-Cr、Fe-V、Fe-Ti、Fe-Mo、Fe-W 合金等；

（2）复合脱氧剂，如 Ca-Si、Al-Mn-Si、Mn-Si、Cr-Si、Ba-Ca-Si、Ba-Al-Si 合金等；

（3）纯金属，如 Mn、Ti（海绵钛）、Ni、Al。

对铁合金块度的要求是，加入钢包中的尺寸为 5~50mm，加入炉中的尺寸为 30~200mm。往电炉中加 Al 时，常将其化成铝饼，用铁杆穿入再插入钢液。

铁合金烘烤温度为：锰铁、铬铁、硅铁应不低于 800℃，烘烤时间应大于 2h；钛铁、钒铁、钨铁应加热至近 200℃，烘烤时间应大于 1h。

10.2　非 金 属 料

10.2.1　造渣剂

10.2.1.1　石灰

石灰是碱性炼钢方法的造渣料，主要成分为 CaO，由石灰石煅烧而成，是脱磷、脱硫不可缺少的材料，用量比较大。其质量好坏对吹炼工艺、产品质量和炉衬寿命等产生重要影响。因此，要求石灰 CaO 含量高、SiO_2 和 S 含量低、生过烧率低、活性高、块度适中；此外，石灰还应保持清洁、干燥和新鲜。

对石灰成分的具体要求为：$w(CaO) \geq 85\%$，$w(SiO_2) \leq 3.0\%$（电炉小于 2%），$w(MgO) \leq 5\%$，$w(Fe_2O_3 + Al_2O_3) \leq 3\%$，$w(S) \leq 0.15\%$，$w(H_2O) \leq 0.3\%$。对于转炉，要求石灰块度为 20~50mm；对于电炉，要求块度为 20~60mm。

石灰的化渣速度是炼钢过程成渣速度的关键，所以对炼钢用石灰的活度提出要求。石灰的活度也称水活度，是石灰反应能力的标志，也是衡量石灰质量的重要参数。目前常用盐酸滴定法来测量水活性，当盐酸消耗量大于 300mL 时才属于优质活性石灰。通常把于 1050~1150℃ 温度下在回转窑或新型竖窑内焙烧的石灰，即具有高反应能力的体积密度小、孔隙率高、比表面积大、晶粒细小的优质石灰称为活性石灰，也称软性石灰。活性石灰的水活性度大于 310mL，体积密度为 1700~2000kg/m³，孔隙率高达 40%，比表面积为 0.05~0.13m²/kg。使用活性石灰能减少石灰、萤石消耗量和炼钢渣量，有利于提高脱硫、脱磷效果，减少炉的热损失和对炉衬的侵蚀。

此外，石灰极易水化潮解生成 $Ca(OH)_2$，要尽量使用新焙烧的石灰。同时，对石灰的储存时间应加以限制，一般不得超过两天。

10.2.1.2 萤石

萤石的主要成分是 CaF_2，熔点约为 930℃。萤石能使 CaO 和阻碍石灰溶解的 2CaO·SiO_2 外壳的熔点显著降低，生成低熔点 3CaO·CaF_2·$2SiO_2$（熔点为 1362℃），加速石灰溶解，迅速改善炉渣流动性。萤石助熔的特点是作用快、时间短。但大量使用萤石会增加喷溅，加剧炉衬侵蚀，并污染环境。

对转炉用萤石的要求是：$w(CaF_2) \geq 85\%$，$w(SiO_2) \leq 5.0\%$，$w(S) \leq 0.10\%$，$w(P) \leq 0.06\%$，块度在 5~50mm 之间，且要干燥、清洁。

近年来，萤石供应不足，各钢厂从环保角度考虑，使用多种萤石代用品，如铁锰矿石、氧化铁皮、转炉烟尘、铁矾土等。此外，吹炼高磷铁水回收炉渣做磷肥时，不允许加入萤石，可用铁矾土代替作熔剂。

10.2.1.3 白云石

白云石的主要成分为 $CaCO_3$·$MgCO_3$。经焙烧可成为轻烧白云石，其主要成分为 CaO·MgO。多年来，氧气转炉采用生白云石或轻烧白云石代替部分石灰造渣得到了广泛应用。实践证明，采用白云石造渣时对减轻炉渣对炉衬的侵蚀、提高炉衬寿命具有明显效果。溅渣护炉操作时，通过加入适量的生白云石或轻烧白云石保持渣中的 MgO 含量达到饱和或过饱和，使终渣能够做黏，出钢后达到溅渣的要求。

（1）对生白云石的要求是：$w(MgO) \geq 20\%$，$w(CaO) \geq 29\%$，$w(SiO_2) \leq 2.0\%$，烧碱含量不大于 47%，块度为 5~30mm。烧碱一般是指白云石在 1000℃ 左右失去的重量。

与轻烧白云石相比，生白云石在炉内分解吸热多，因此，用轻烧白云石效果最为理想。

（2）对轻烧白云石的要求是：$w(MgO) \geq 35\%$，$w(CaO) \geq 50\%$，$w(SiO_2) \leq 3.0\%$，烧碱含量不大于 10%，块度为 5~40mm。

10.2.1.4 火砖块

火砖块是浇注系统的废弃品，它的作用是改善熔渣的流动性，特别是对 MgO 含量高的熔渣，其稀释作用优于萤石。火砖块中含有约 30% 的 Al_2O_3，易使熔渣起泡并具有良好的透气性。但火砖块中还含有 55%~70% 的 SiO_2，能大大降低熔渣的碱度及氧化能力，对脱磷、脱硫极为不利。因此，在电炉炼钢的氧化期应绝对禁用，在还原期要适量使用，只有在冶炼不锈钢或高硫钢时才使用稍多一些。火砖块在使用前应干燥良好，块度要合适均匀，控制在 50~150mm 之间。

10.2.1.5 合成造渣剂

合成造渣剂是用石灰加入适量的氧化铁皮、萤石、氧化锰或其他氧化物等熔剂，在低温下预制成型。这种合成渣剂熔点低、碱度高、成分均匀、粒度小，且在高温下易碎裂，成渣速度快，因而改善了冶金效果，减轻了炼钢造渣负荷。高碱度烧结矿或球团矿也可作合成造渣剂使用，它们的化学成分和物理性能稳定，造渣效果良好。近年来，国内一些钢厂以转炉污泥为基料制备复合造渣剂，也取得了较好的使用效果和经济效益。

10.2.2 增碳剂

在冶炼过程中，由于配料或装料不当以及脱碳过量等原因，有时造成钢中碳含量没有达到预期的要求，这时要向钢液中增碳。常用的增碳剂有增碳生铁、电极粉、石油焦粉、木炭粉和焦炭粉。

增碳生铁要求表面清洁、无锈，且硫、磷含量低，使用前应进行烘烤。生铁中的碳含量在 4% 左右，属于比较低的，在使用其增碳时用量要适宜，以避免钢水量增加而引起其他元素成分的波动。此外，生铁加入量过大不利于提高钢的洁净度。因此，其用量一般不超过 0.05%。电极粉中碳含量较高，硫含量和灰分较低，是一种比较理想的增碳剂。石油焦粉中灰分极少，硫含量也很低，是理想的增碳剂，不过价格高。木炭粉中杂质含量也很低，但其增碳时的收得率低且价格较高，目前一般不使用。焦炭粉是用冶金焦磨制而成的，价格低廉，是常见的增碳剂，但其中的灰分和硫含量较高，增加效果不如上述的几种增碳剂。

转炉冶炼高碳钢种时，使用含杂质很少的石油焦作为增碳剂。对顶吹转炉炼钢用增碳剂的要求是：固定碳含量要高，灰分、挥发分和硫、磷、氮等杂质含量要低，且干燥、干净、粒度适中。其固定碳组分为：$w(C) \geqslant 96\%$，$w(S) \leqslant 0.5\%$，挥发分含量不大于 1.0%，含水率不大于 0.5%，粒度为 1~5mm。

10.3 氧 化 剂

氧气是转炉炼钢的主要氧化剂，其纯度达到或超过 99.5%。氧气压力要稳定，并脱除水分。炼钢用的氧气一般由公司内附设的制氧厂供应，用管道输送。氧气的使用压力一般在 0.6~1.2MPa 范围内，因此，为了保证炼钢使用的氧压，并考虑输送氧过程的压头损失，必须要有专门的储氧装置，把氧气加压到 2.5~3.0MPa。

铁矿石中铁的氧化物存在形式是 Fe_2O_3、Fe_3O_4 和 FeO，其氧含量分别是 30.06%、27.64% 和 22.28%。在炼钢温度下，Fe_2O_3 不稳定，在转炉中较少使用。铁矿石作为氧化剂使用时要求铁含量高（全铁含量大于 56%），杂质量少，块度合适。在氧气转炉冶炼操作中，铁矿石主要是用来氧化钢液中的磷、硅、锰等元素，稳定渣中的磷化物。

氧化铁皮也称铁鳞,是钢坯加热、轧制和连铸过程中产生的氧化壳层,铁量占70%~75%。氧化铁皮有助于化渣和冷却作用,主要是用于稳定渣中的脱磷产物,提高脱磷效果。使用时应加热烘烤,保持干燥。

10.4　耐 火 材 料

炼钢用的耐火材料要求耐火温度高、高温下的力学性能好,需要具备抗高温物理化学作用侵蚀的能力。炼钢用的耐火材料必须是高熔点物质,大多数是氧化物。

10.4.1　耐火材料的主要性能

(1) 耐火度。耐火材料在高温下无荷重时抵抗高温作用而不熔化或不软化的能力称为耐火度,以℃表示。耐火度是衡量耐火材料品质的一个重要指标。耐火材料无一定的熔点,耐火度所表示的是软化到一定程度时的温度,因大多数耐火材料不是纯物质,所以其耐火度要低于纯物质的熔点。耐火度主要与耐火材料的矿物组成有关,如镁质材料的耐火度高于2000℃;硅质材料为1770℃;黏土制品的耐火度与其所含的 Al_2O_3 量成正比,与所含的 SiO_2 量成反比。

(2) 荷重软化开始温度。荷重软化开始温度又称高温荷重变形温度。耐火材料的标准试样在高温下, $1mm^2$ 承受 $0.2N$ 静负荷作用时所引起的压缩量为 0.6% 的变形温度称为荷重软化温度。对于硅质和碱性耐火材料而言,荷重软化开始温度更能说明其品质。也有研究人员通过在带孔的耐火材料试样中充填熔渣来进行荷重软化开始温度测定,以此检验耐火材料吸收熔渣时对荷重软化开始温度的影响程度,这在一定程度上也可反映耐火材料抗熔渣侵蚀的能力。

(3) 重烧变化率。耐火材料在高温条件下长期使用时,其相的成分发生了变化,产生再结晶和进一步烧结的现象,从而造成体积发生不可逆的膨胀或收缩,这种膨胀或收缩通常用体积变化百分率或线变化百分率表示,即所谓的重烧变化率。重烧变化率表征了耐火材料在高温条件下使用时的体积稳定性。

(4) 抗热震性。耐火材料抵抗温度急剧变化而不被破坏的能力称为抗热震性,通常用次数来表示。我国通用的试验方法是,将标准砖一端在炉内加热到850℃后再放入流动冷水中冷却,如此反复,直至试样损失20%的重量为止。对于不能在水中冷却的耐火材料,可用强制通风冷却条件试验。抗热震性主要取决于耐火材料的胀缩性。热胀小、孔隙率低的耐材,其抗温度骤变的能力就好,如高烧结性、熟料多的黏土砖的抗热震性好;而硅质耐材因在不同温度下发生晶型转变,体积变化大,抗热震性不好。

(5) 孔隙率和密度。孔隙率分为真孔隙率和显孔隙率。耐火材料中全部气孔占有的体积与其总体积之比,称为真孔隙率,也称孔隙率;耐火制品中与大气相通的开口孔体积与制品总体积之比,称为显孔隙率。孔隙率用百分数表示。耐火制品的密度与气孔有关,不包括气孔在内的单位体积耐火材料具有的质量称为真密度,包括全部气孔体积在内的单位体积耐火材料具有的质量称为体积密度。孔隙率和密度是耐火制品致密程度的指标。高密度制品的力学性能好,也有利于抗渣侵蚀和抗热震性能。得到高密度制品的关键是高压成形设备。

（6）抗渣性。耐火材料在高温下抵抗熔渣侵蚀作用而不被破坏的能力称为抗渣性。对于炼钢用的耐火材料，抗渣侵蚀是非常重要的性能。耐火材料的抗渣性除了与熔渣的化学性质及成分、黏度、温度有关外，还与其自身的矿物组成和组织结构是否致密有关。黏土制品的抗渣性与 Al_2O_3 含量的关系并不大，而在很大程度上取决于坯体的结构，一般低烧结性制成的细颗粒制品的抗渣性较好。

（7）常温耐压强度。耐火材料在常温下单位面积上所能承受的最大压力，称为常温耐压强度（MPa）。常温耐压强度是泥料加工质量、制品构造均匀性和烧结程度的重要指标，它与孔隙率、抗渣性和荷重软化开始温度等性能有关。

（8）导热系数。单位温度梯度下，单位时间内通过耐火材料单位垂直面积的热量称为导热系数，单位为 W/（m·℃）。导热系数是耐火材料的一种重要指标，不同的耐火材料其导热能力有很大的差别。化学组成越复杂，杂质含量越多，其导热系数降低得越明显。大部分耐火材料的导热系数是随温度的升高而增大的，如黏土砖、硅砖；但也有耐火材料的导热系数是随温度升高而下降的，如镁砖、碳化硅砖等。

10.4.2　耐火材料的分类

耐火材料的分类有多种方法，按其化学性质可分为碱性、中性、半酸性和酸性，见表10-1。碱性耐火材料的主要成分是 MgO 或 MgO+CaO，是炼钢最为重要的耐火材料，如镁砖、白云石质、镁碳质材料，其特点是耐火度很高，且耐碱性熔渣侵蚀。在高温下与碱性或酸性熔渣均不易起明显反应的耐火材料称为中性耐火材料，如炭砖、铬砖（主要成分为 Cr_2O_3）、高铝质（主要成分为 Al_2O_3、SiO_2）。SiO_2 占93%以上的耐火材料称酸性耐火材料，如硅砖、石英玻璃制品、熔融石英制品等。酸性耐火材料在高温下能够抵抗酸性熔渣的侵蚀，易与碱性熔渣发生化学反应。

表 10-1　按化学性质分类的耐火材料

化学性质	名　称	主　要　指　标
碱　性	镁质耐火泥 镁　砂 镁质砖 镁硅砖	耐火度高（不低于2000℃），荷重软化开始温度较高（不低于1500℃），有极高的抗压强度（约39MPa），体积密度大（2600kg/m³），抵抗碱性熔渣侵蚀能力强；但热稳定性较差，传热能力强
	白云石砖 白云石	耐火度较高（1770~1800℃，最高可达2300℃），抗渣性好，热稳定性比镁砖好，传热能力比镁砖低；但吸水能力强，易粉化
中　性	耐火黏土 黏土砖	有良好的热稳定性和抗渣性，但荷重软化开始温度较低
	高铝砖	耐火度和荷重软化开始温度较高，抗热震性和抗渣性较好
	铬　砖	不与酸、碱起反应，耐火度较高（1990~2100℃）
半酸性	半硅砖	荷重软化开始温度高，热稳定性比酸性材料好
酸　性	石　英 硅　砖	荷重软化开始温度和耐火度较高，但热稳定性较差

按化学矿物组成，可将耐火材料分为硅质、黏土质、镁质、碳质、氧化物等，见表10-2。

表 10-2 按化学矿物组成分类的耐火材料

耐火材料	名　称	主要组成及含量
硅质材料	石英及脉石英	$w(SiO_2) > 93\%$
	硅　砖	$w(SiO_2) > 93\%$
	石英玻璃制品	$w(SiO_2) > 99\%$
黏土制品	耐火黏土	含 Al_2O_3、SiO_2 等
	半硅砖	$w(SiO_2) \leq 65\%$，$w(Al_2O_3) = 15\% \sim 30\%$
	黏土砖	$w(SiO_2) \leq 65\%$，$w(Al_2O_3) = 30\% \sim 46\%$
	高铝砖	$w(Al_2O_3) \geq 46\%$
镁质材料	镁　砂	含 MgO 等
	镁　砖	$w(MgO) > 80\%$
	白云石砖	$w(CaO) > 40\%$，$w(MgO) > 35\%$
	镁铬砖	$w(Cr_2O_3) = 10\% \sim 30\%$，$w(MgO) = 30\% \sim 37\%$
	镁橄榄石砖	$w(MgO) = 35\% \sim 55\%$
碳质材料	碳质材料	含某些元素的碳化物等
	石墨制品	$20\% \sim 70\%$ 的碳化物
	焦炭制品	$70\% \sim 90\%$ 的碳化物
	碳化硅制品	$w(SiC) = 30\% \sim 90\%$
氧化物	高熔点金属氧化物	氧化铍、氧化钍等
其　他		W、B、Ti、Mo 等的氮化物、碳化物，Mo、Zr 硼化物

按加工方式和外观，耐火材料可分为烧成砖、不烧成砖、电熔砖、不定形耐火材料（包括浇注料、捣打料、可塑料、喷射料等）、绝热材料、耐火纤维、高温陶瓷材料等。

按照耐火度或使用温度，耐火材料可分为低级耐火材料（耐火度为 1580 ~ 1650℃，使用温度在 1100℃ 以下）、普通耐火材料（耐火度为 1670 ~ 1730℃，使用温度在 1100 ~ 1400℃）、高级耐火材料（耐火度为 1750 ~ 2000℃，使用温度在 1400℃ 以下）、特级耐火材料（耐火度高于 2000℃，用于特殊用途）。

10.4.3 耐火材料的损毁与防治

在炼钢过程中耐火材料损毁的原因很多，有耐火材料自身性能和质量不高的原因，也有使用耐火材料的条件不适合以及炉子设计不当等原因。耐火材料的损毁往往是多种因素综合造成的。

炼钢中使用碱性耐火材料炉衬，在吹炼初期，Si、Mn 等氧化形成的酸性渣对碱性耐火材料有强烈的侵蚀作用，改变了耐材的组成和结构；在吹炼终期，终渣的（ΣFeO）含量高，温度也高，降低了耐材的耐火度；吹炼过程中，操作温度的剧烈变化以及钢液、熔渣、气流的冲击等因素加速了耐火材料的损毁。

因此，要提高炼钢炉衬的寿命，首先应从提高耐火材料的性能着手，采用高纯原料、高压成形、高温烧成的"三高"技术，以得到高纯度、高密度、高强度的高碱性耐火材料。其次，要选择正确的耐火材料砌筑方法，使冶炼过程中的炉衬能均衡侵蚀，并且改进冶炼工艺（如造渣工艺）。再次，采用喷补技术，如目前被广泛应用的溅渣护炉技术，对此技术将在后面的章节中做介绍。此外，还要注意耐火材料的存放与管理。

思 考 题

10-1 转炉和电炉炼钢用的原材料各有哪些？

10-2 转炉炼钢对铁水成分和温度有何要求？

10-3 什么是活性石灰，它有哪些特点？

10-4 萤石在炼钢中起什么作用？

10-5 什么是合成造渣剂，它有何作用？

10-6 耐火材料有哪些性能？

10-7 炼钢过程中如何保证炉衬的寿命？

11　氧气转炉炼钢法

转炉按炉衬耐火材料的性质可分为碱性和酸性转炉，按供入氧化性气体的种类可分为空气和氧气转炉，按供气部位可分为顶吹、底吹、侧吹及顶底复合吹转炉，按热量来源可分为自供热和外加热燃料转炉。

自 1856 年英国人贝塞麦发明酸性空气底吹转炉炼钢法起，开始了用转炉大量生产钢水的历史。20 世纪 50 年代用氧气代替空气炼钢，是炼钢史上的一次重大变革；70 年代出现的氧气底吹转炉和顶吹复合转炉，是氧气转炉在发展和完善道路上取得的丰硕成果。氧气转炉的高速发展是其他炼钢法无法比拟的，图 11-1 所示为以 LD 法为主体的自供热转炉的发展演变过程，图 11-2 所示为由传统供热法向外加燃料联合供热法转炉发展的演变过程。目前，转炉炼钢已经形成了多种高效的生产工艺，充分发挥和保持着转炉炼钢的技术优势和强大竞争优势。图 11-3 所示为转炉炼钢功能的发展与完善。

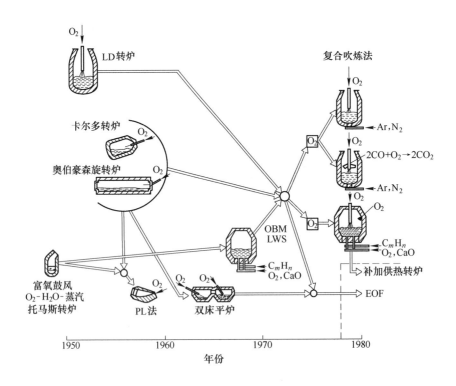

图 11-1　以 LD 法为主体的自供热转炉的发展演变过程

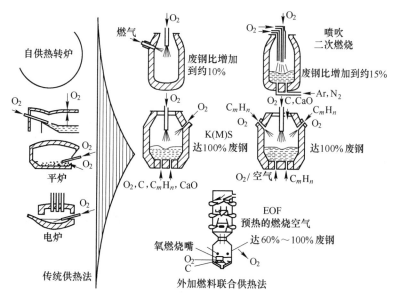

图 11-2　由传统供热法向外加燃料联合供热法转炉发展的演变过程

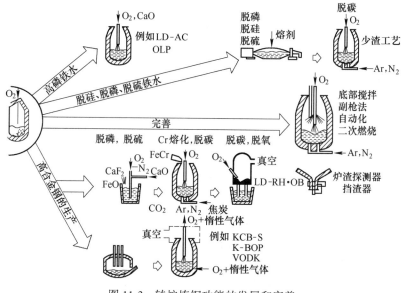

图 11-3　转炉炼钢功能的发展和完善

11.1　顶吹氧气转炉炼钢法

正如前述，氧气顶吹转炉炼钢法是 1952 年奥地利的林茨城（Linz）和多纳维兹城（Donawitz）先后建成了 30t 的氧气顶吹转炉车间并投入了生产应用，所以也称 LD 法。由于氧气转炉炼钢法生产率高、成本低、钢水质量高、便于自动化，一经问世就在世界范围内得到了迅速推广和发展，并逐步取代平炉。图 11-4 为顶吹氧气转炉炼钢布置及工艺流程示意图。

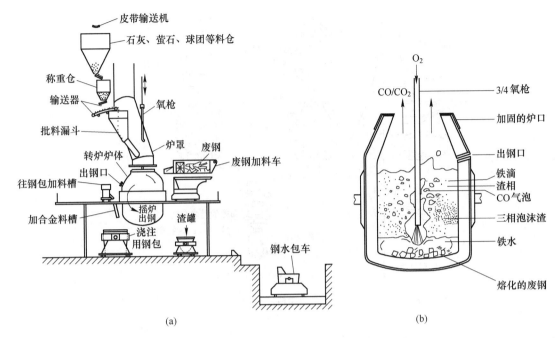

图 11-4　顶吹氧气转炉炼钢布置及工艺流程示意图

（a）转炉车间布置；（b）LD 转炉

11.1.1　一炉钢的吹炼过程和熔池内元素的氧化规律

从装料到出钢、倒渣，转炉一炉钢的冶炼过程包括装料、吹炼、脱氧出钢、溅渣护炉和倒渣几个阶段。一炉钢的吹氧时间通常为12~18min，冶炼周期为30min左右，目前水平高的操作，其冶金周期可控制在24min以内。图11-5所示为实际吹炼一炉钢过程中金属和炉渣成分的变化。

转炉出完钢后，倒净炉渣，堵出钢口，兑铁水和加废钢，降枪供氧，开始吹炼。在送氧开吹的同时，加入第一批渣料（石灰、萤石、铁皮、铁矿石），加入量相当于全炉总渣量的2/3；开吹4~6min后，第一批渣料化好，再加入第二批渣料。如果炉内化渣不好，则加入第三批萤石渣料。

吹炼过程中的供氧强度，小型转炉为 2.5~4.5m³/(t·min)，120t 以上的转炉一般为 2.8~3.6m³/(t·min)。

吹炼开始时，氧枪枪位采用高枪位，目的是为了早化渣、多去磷、保护炉衬。在吹炼过程中要适当降低枪位，以保证炉渣不返干、不喷溅，快速脱碳与脱硫，熔池均匀升温为原则。在吹炼末期要降枪，主要目的是使熔池钢水成分和温度均匀，加强熔池搅拌，稳定火焰，便于判断终点；同时降低渣中的铁含量，减少铁损，达到溅渣的要求。

当吹炼到所炼钢种要求的终点碳范围时即停吹，倒炉取样，测定钢水温度，取样快速分析 [C]、[S]、[P] 的含量，当温度和成分符合要求时就出钢。

当钢水流出总量的1/4时，向钢包中加脱氧剂，进行脱氧和合金化，至此一炉钢冶炼完毕。

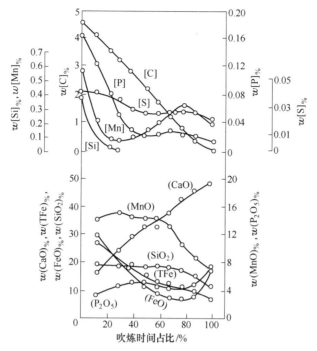

图 11-5　实际吹炼一炉钢过程中金属和炉渣成分的变化

11.1.1.1　硅的变化规律

在吹炼初期，铁水中的 [Si] 与氧的亲和力大，而且 [Si] 氧化反应为放热反应，低温下有利于此反应的进行。因此，[Si] 在吹炼初期就大量氧化，其反应式可表示如下：

$$[Si] + \{O_2\} =\!=\!= (SiO_2) \qquad （氧气直接氧化反应）$$
$$[Si] + 2[O] =\!=\!= (SiO_2) \qquad （熔池内反应）$$
$$[Si] + 2(FeO) =\!=\!= (SiO_2) + 2[Fe] \qquad （界面反应）$$
$$2(FeO) + (SiO_2) =\!=\!= (2FeO \cdot SiO_2)$$

随着吹炼的进行，石灰逐渐溶解，$2FeO \cdot SiO_2$ 转变为 $2CaO \cdot SiO_2$，即 SiO_2 与 CaO 牢固地结合为稳定的化合物，SiO_2 的活度很低，在碱性渣中 FeO 的活度较高，这样不仅使 [Si] 被氧化脱除到很低程度，而且在碳剧烈氧化时也不会被还原，即使温度超过 1530℃，[C] 与 [O] 的亲和力也会超过 [Si] 与 [O] 的亲和力，终因 (CaO) 与 (SiO$_2$) 结合为稳定的 $2CaO \cdot SiO_2$，[C] 也不能还原 (SiO$_2$)。

硅的氧化对熔池温度、熔渣碱度和其他元素的氧化产生影响。[Si] 氧化可使熔池温度升高；[Si] 氧化后生成 (SiO$_2$)，降低熔渣碱度，熔渣碱度影响脱磷、脱硫；熔池中 [C] 的氧化反应只有在 $w[Si]<0.15\%$ 时才能激烈进行。

可见，影响硅氧化规律的主要因素是 [Si] 与 [O] 的亲和力、熔池温度、熔渣碱度和 FeO 活度。

11.1.1.2　锰的变化规律

在吹炼初期，[Mn] 也迅速被氧化，但不如 [Si] 氧化得快。其反应式可表示为：

$$[Mn] + \frac{1}{2}\{O_2\} =\!=\!= (MnO) \qquad （氧气直接氧化反应）$$

$$[Mn] + [O] =\!=\!= (MnO) \qquad (熔池内反应)$$

$$[Mn] + (FeO) =\!=\!= (MnO) + [Fe] \qquad (界面反应)$$

$$(SiO_2) + (MnO) =\!=\!= (MnO \cdot SiO_2)$$

锰的氧化产物是碱性氧化物,在吹炼前期形成($MnO \cdot SiO_2$)。但随着吹炼的进行和渣中 CaO 含量的增加,会发生($MnO \cdot SiO_2$)$+2(CaO)=(2CaO \cdot SiO_2)+(MnO)$反应,($MnO$)呈自由状态,吹炼后期炉温升高后($MnO$)被还原,即发生反应$(MnO)+[C]=[Mn]+\{CO\}$或$(MnO)+[Fe]=(FeO)+[Mn]$。因此,吹炼终了时,钢中的锰含量也称残(余)锰。

残(余)锰高可以降低钢中硫的危害,但冶炼工业纯铁时则要求残(余)锰越低越好。影响残(余)锰的因素有:

(1)炉温高有利于(MnO)的还原,残(余)锰量高;

(2)碱度升高,可提高自由(MnO)的含量,残(余)锰量增加;

(3)降低熔渣中(FeO)含量,可提高残(余)锰含量;

(4)铁水中锰含量高,采取单渣操作,钢水残(余)锰也会高些。

11.1.1.3　碳的变化规律

碳的氧化规律主要表现为吹炼过程中碳的氧化速度。碳氧反应的基本形式已在前面炼钢基础理论的章节做了介绍。

影响碳氧化速度变化规律的主要因素有熔池温度、熔池金属成分、熔渣中(FeO)含量和炉内搅拌强度。在吹炼的前、中、后期,这些因素在不断发生变化,从而体现出吹炼各期不同的碳氧化速度。

(1)吹炼前期。熔池平均温度低于1500℃,$[Si]$、$[Mn]$含量高且与$[O]$的亲和力均大于$[C]$与$[O]$的亲和力,(FeO)含量较高,但化渣、脱碳消耗的(FeO)较少,熔池搅拌不强烈,碳的氧化速度不如中期高。

(2)吹炼中期。熔池温度高于1500℃,$[Si]$、$[Mn]$含量降低,$[P]$与$[O]$的亲和力小于$[C]$与$[O]$的亲和力,碳氧化消耗较多的(FeO),熔渣中(FeO)含量有所降低,熔池搅拌强烈,反应区乳化较好,致使此期的碳氧化速度高。

(3)吹炼后期。熔池温度很高,超过1600℃,$[C]$含量较低,(FeO)含量增加,熔池搅拌不如中期,碳氧化速度比中期低。

可以用图11-6来表示转炉吹炼过程中碳氧反应速度变化。

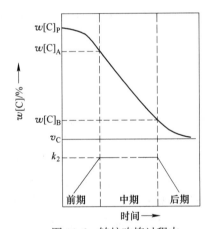

图 11-6　转炉吹炼过程中碳氧反应速度变化

$w[C]_P$—初始碳含量;$w[C]_A$—前期结束时的碳含量;
$w[C]_B$—中期结束时的碳含量;v_C—脱碳速率;
k_2—中期的脱碳速率

11.1.1.4　磷的变化规律

磷的变化规律主要表现为吹炼过程中的脱磷速度。脱磷反应的主要形式见第9章。

脱磷速度的变化规律，主要受熔池温度、熔池中金属［P］含量、熔渣中（FeO）含量、熔渣碱度、熔池的搅拌强度或脱碳速率的影响。

顶吹氧气转炉吹炼的各个时期，影响脱磷速度的因素可概括在表11-1中。

表11-1　顶吹氧气转炉吹炼各期影响脱磷速度的因素

因　素 时　期	熔池温度	（FeO）含量	炉渣碱度	降碳速度
前　期	较低	较高	低	低于中期
中　期	较高	较低	较高	高于初期
后　期	高	高	高	低于中期

前期不利于脱磷的因素是炉渣碱度比较低，因此，及早形成碱度较高的炉渣是前期脱磷的关键。

中期不利于脱磷的因素是（FeO）含量较低，因此，控制 $\Sigma w(\text{FeO})$ 达到 $10\% \sim 20\%$、避免炉渣返干是中期脱磷的关键。

后期不利于脱磷的热力学因素是熔池温度高。

11.1.1.5　硫的变化规律

硫的变化规律也主要表现在吹炼过程中的脱硫速度，脱硫反应的形式见第9章。

脱硫速度变化规律的主要影响因素与脱磷的类似，不同时期其表现不同。在吹炼前期，由于温度和碱度较低，（FeO）含量较高，渣的流动性差，因此脱硫能力较低，脱硫速度很慢；吹炼中期，熔池温度逐渐升高，（FeO）含量比前期有所降低，碱度因大量石灰熔化而增大，熔池乳化比较好，是脱硫的最好时期；吹炼后期，熔池温度已升至出钢温度，（FeO）含量回升且比中期高，碱度高，熔池搅拌不如中期，因此，脱硫速度低于或稍低于中期。

11.1.1.6　氮的变化规律

氧气吹炼过程中，转炉熔池氮含量的变化规律与脱碳反应密切相关。吹炼过程中熔池内脱碳反应产生的CO气泡内氮的分压几乎为零，相对氮而言就是一个小小的真空室，这样钢中的氮就会进入CO气泡内，并随CO气体排出炉外。脱碳速度越快，终点氮含量也就越低。转炉吹炼初期就开始发生脱氮现象，但到吹炼中期脱氮却出现了停滞，究其原因，中期的脱碳反应主要是在氧射流的冲击区附近进行的，钢中的氮向气泡的扩散减慢，熔池中的CO气泡数量也在减少。到吹炼后期，脱碳控制环节虽然发生了改变，但脱碳反应还是回归到钢中的碳与通过渣中传输的氧进行结合，在熔池内部脱氮反应又重新恢复。需要指出，在转炉停吹前 $2 \sim 3\text{min}$ 会出现增氮的现象，原因是吹炼后期废气量减少，从炉口卷入的空气量增多，从而造成炉气中的氮分压增大，氮向熔池钢液侧传输。

综上所述，熔池中［Si］、［Mn］、［C］、［P］、［S］、［N］在吹炼过程中的变化规律各有其特点，也存在着相互影响的关系。

11.1.2　熔池内炉渣成分和温度的变化规律

转炉吹炼过程中熔池内的炉渣成分和温度影响着元素的氧化和脱除规律，而元素的氧化和脱除又影响着炉渣成分和熔池温度的变化。

11.1.2.1 炉渣中（FeO）含量的变化规律

炉渣中（FeO）含量的变化取决于它的来源和消耗两方面。（FeO）的来源主要与枪位、加矿量有关，（FeO）的消耗主要与脱碳速度有关。

（1）枪位。所谓枪位，是指氧枪喷嘴与熔池金属液面间的距离。枪位低时，高压氧气流股冲击熔池，熔池搅拌比较剧烈，渣中的金属液滴增多，形成渣、金乳浊液，脱碳速度加快，消耗渣中更多的（FeO），从而使渣中（FeO）含量降低。枪位高时，脱碳速度低，渣中（FeO）含量增高。

（2）矿石。渣料中加的矿石多，则渣中（FeO）含量增高。

（3）脱碳速度。脱碳速度高，渣中（FeO）含量低；脱碳速度低，渣中（FeO）含量高。

氧气顶吹转炉通过改变枪位可达到化渣、降碳的不同目的，与其他炼钢方法相比，具有操作灵活的特点。

11.1.2.2 炉渣碱度的变化规律

炉渣碱度的变化规律取决于石灰的溶解、渣中（SiO_2）含量和熔池温度。吹炼初期，熔池温度不高，渣料中石灰还未大量熔化。吹炼一开始，[Si]迅速氧化，渣中（SiO_2）含量很快升高，有时可达到30%。因此，初期炉渣碱度不高，一般为1.8~2.3，平均为2.0左右。

吹炼中期，熔池的温度比初期高，促进大量石灰熔化，熔池中[Si]已氧化完了，SiO_2来源中断。中期脱磷速度、熔池搅拌均比前期强，这些因素均有利于形成高碱度炉渣。

吹炼后期，熔池的温度比中期进一步提高，接近出钢温度，有利于石灰渣料熔化，在中期炉渣碱度较高的基础上，吹炼后期仍能得到高碱度、流动性良好的炉渣。

11.1.2.3 吹炼过程中熔池温度的变化规律

熔池温度的变化与熔池的热量来源和热量消耗有关。

吹炼初期，兑入炉内的铁水温度一般为1300℃左右，铁水温度越高，带入炉内的热量就越高，且[Si]、[Mn]、[C]、[P]等元素氧化放热；但加入废钢可使兑入的铁水温度降低，加入的渣料在吹炼初期大量吸热。综合作用的结果是，吹炼前期终了时熔池温度可升高至1500℃左右。

吹炼中期，熔池中[C]继续大量氧化放热，[P]也继续氧化放热，均使熔池温度提高，可达1500~1550℃。

吹炼后期，熔池温度接近出钢温度，可达1650~1680℃，具体因钢种、炉子大小的不同而异。

在整个一炉钢的吹炼过程中，熔池温度约提高350℃。

综上所述，顶吹氧气转炉开吹以后，熔池温度、炉渣成分、金属成分相继发生变化，它们各自的变化又彼此相互影响，形成高温下多相、多组元、极其复杂的物理化学变化。

11.1.3 顶吹氧气转炉炼钢工艺

顶吹氧气转炉炼钢工艺主要包含装料、供氧、造渣、温度及终点控制、脱氧及合金化等内容。

11.1.3.1 装料制度

装料制度的目的是确定转炉合理的装入量及合适的铁水废钢比。

A 装料次序

对使用废钢的转炉,一般先装废钢后再装铁水。先加洁净的轻废钢,再加入中型和重型的废钢,以保护炉衬不被大块废钢撞伤。过重的废钢最好在兑铁水后装入。

为了防止炉衬过分急冷,装完废钢后应立即兑入铁水。炉役末期以及废钢装入量比较多的转炉,也可以先兑铁水后加废钢。

B 装入量

装入量是指炼一炉钢时铁水和废钢的装入数量,它是决定转炉产量、炉龄及其他技术经济指标的主要因素之一。装入量中,铁水和废钢配比应根据热平衡计算确定。通常,铁水配比为70%~90%,其值取决于铁水温度和成分、炉容比、冶炼钢种、原材料质量和操作水平等。

在确定装入量时,必须考虑以下因素:

(1)炉容比。炉容比是指新转炉砌砖完成后的容积,即工作容积 V 与公称吨位 T 之比,单位为 m^3/t,通常在 $0.7~1.0m^3/t$ 之间波动。我国转炉炉容比一般不小于 $0.75m^3/t$,见表 11-2。

表 11-2 国内一些企业顶吹转炉的炉容比

厂 名	宝 钢	首 钢	鞍 钢	本 钢	攀 钢	首 钢	太 钢
吨位/t	300	210	180	120	120	80	50
炉容比/$m^3 \cdot t^{-1}$	1.05	0.97	0.86	0.91	0.90	0.84	0.97

(2)熔池深度。合适的熔池深度应大于顶枪氧气射流在熔池中的最大穿透深度,以保证生产安全、炉底寿命和冶炼效果。不同公称吨位转炉的熔池深度见表 11-3。

表 11-3 不同公称吨位转炉的熔池深度

公称吨位/t	300	210	100	80	50	30
熔池深度/mm	1949	1650	1250	1190	1050	800

(3)炉子附属设备。炉子附属设备应与钢包容量、浇注吊车起重能力、转炉倾动力矩大小、连铸机的操作等相适应。

目前国内采用三种控制装入量的方法,即定量装入法、定深装入法和分阶段定量装入法。

定量装入法是指整个炉役期间,保证金属料装入量不变。此种装入法便于稳定操作、组织生产和实现过程自动控制,适宜于大型转炉;但其缺点是容易造成炉役前期装入量偏大、熔池偏深,后期则偏小、偏浅,因此对小容量转炉不是很适合。

定深装入法是指整个炉役期间,随着炉子容积的增大依次逐渐增大装入量,保证每炉的金属熔池深度不变。此种装入法氧枪操作稳定,有利于提高供氧强度和减少喷溅,不会造成氧气射流冲击炉底的事件;但其缺点是装入量和出钢量变化频繁。

　　分阶段定量装入法是指将炉子按炉膛的扩大程度划分为若干阶段，每个阶段实行定量装入法。分阶段定量装入法兼有定量和定深两种装入法的优点，是生产中最常见的装入制度。

11.1.3.2　供氧制度

　　供氧制度的主要内容包括确定合理的喷嘴结构、供氧强度、氧压和枪位控制。供氧是保证炼钢过程中杂质去除速度、熔池升温速度、造渣制度、控制喷溅、去除钢中气体与夹杂物的关键操作，关系到终点的控制和炉衬的寿命，对一炉钢冶炼的技术经济指标产生重要影响。

　　A　氧枪

　　氧枪是转炉供氧的主要设备，它是由喷嘴、枪身和尾部结构组成的。喷嘴是用导热性能良好的紫铜经锻造和切割加工而成，有的也用压力浇注而成。喷嘴的形状有拉瓦尔型、直筒型和螺旋型等。目前应用最多的是多孔的拉瓦尔型喷嘴。拉瓦尔型喷嘴是收缩-扩张收缩型喷嘴，当出口氧压与进口氧压之比 $p_出/p_进<0.528$ 时形成超声速射流，如图 11-7 所示。

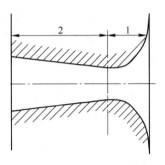

图 11-7　拉瓦尔型喷嘴示意图
1—收缩段；2—扩张段

　　氧气是可压缩流体，当高压低速氧气气流进入拉瓦尔管收缩段时，氧气流的速度提高并达到声速，此时只有增大管径，使氧气流产生绝热膨胀，降低氧气压力和密度，才能继续提高氧气流速度，当氧压与外界压力相同时就可获得超声速氧射流，压力能转化为动能，这就是拉瓦尔型喷嘴的设计原理。

　　在相同射流穿透深度的情况下，氧枪枪位可以高些，这就有利于改善氧枪的工作条件和炼钢的技术经济指标。

　　氧枪的枪身由三层同心套管构成，中心管道是氧气通道，中间管是冷却水的进水通道，外层管是出水通道。喷嘴与中心套管焊接在一起。氧枪所用的冷却水的压力一般应达到0.6~0.8MPa，以保证出水温度不超过40℃。枪尾部接供氧管、进水管和出水管。

　　B　氧射流与熔池的相互作用

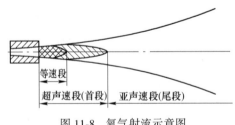

图 11-8　氧气射流示意图

　　超声速氧气射流具有湍流属性，射流边界上的质点可以沿法向运动到边界以外的介质中去，从而将自身的动量传递给周围介质的质点并牵引其前行。射流与周围介质之间还会发生传质，即射流质点逸出边界而进入周围介质。从氧枪喷嘴流出的超声速氧气射流，其行为可划分为三个区段，如图 11-8 所示。第一个区段为超声速等速段，即在此区段内氧气射流的速度一直保持为出口速度不变；第二个区段为超声速的减速段，即过等速段后射流边界与周围介质气体发生摩擦，卷入了部分介质气体而减速，直至其中心轴线上某点速度为声速（马赫数 $Ma=1$）为止。第一个区段和第二个区段也称首段，其长度约为喷嘴喷孔直径的 6 倍。此后的区段为亚声速段，也称尾段，即此段内的氧气射流速度低于声速，射流速度与其周围介质的速度逐渐接近，并最终沉没在周围的介质中。氧气射流首段的扩张角为 $10° \sim 20°$，氧气射流尾段的扩张角为 $22° \sim 26°$。

其实氧气射流射入转炉炉膛内，与炉内介质存在温度差、浓度差和密度差，是具有化学反应的逆向流中非等温超声速湍流射流，与自由射流相比有很大差异。氧气射流的能量主要用于搅动熔池、克服阻力及能量损失。研究表明，非弹性碰撞的能量损失为总初始动能的 $70\% \sim 80\%$，对熔池起搅拌作用的能量仅占 20%。

氧气射流接触熔池时在液面上形成冲击凹坑，凹坑区的温度相当高，在 $2000 \sim 2700℃$ 之间。图 11-9 为氧气射流作用熔池表面的示意图。穿透深度和冲击面积是反映凹坑特征的两个参数。前人在理论和实践上均进行了大量研究，弗林等人在 $0.05 \sim 90t$ 转炉上得出了确定穿透深度的公式为：

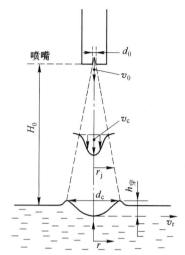

图 11-9 氧气射流作用熔池表面的示意图
$h_{穿}$—氧气射流的穿透深度；
d_c—氧气射流冲击熔池的直径

$$h_{穿} = 3.4 \times 10^6 \cdot p_0 \cdot d_0 \cdot H_0^{-0.5} + 3.81$$
$$(11\text{-}1)$$

式中　$h_{穿}$——穿透深度，cm；

　　　p_0——喷嘴压力，Pa；

　　　d_0——喷嘴直径，cm；

　　　H_0——喷嘴在静止液面上的高度（即枪位），cm。

巴莆契兹曼斯基提出了如下的计算式：

$$h_{穿} = 100K \frac{p_0^{0.5} \cdot d_0^{0.5}}{\rho_1^{0.4} \cdot \left(1 + \dfrac{H_0}{d_0 B}\right)}$$
$$(11\text{-}2)$$

式中　K——考虑转炉实际吹炼特点的系数，取 40；

　　　p_0——氧气的滞止压力，Pa；

　　　d_0——喷嘴出口直径，m；

　　　ρ_1——金属的密度，kg/m^3；

　　　B——常数，对低黏度的液体取 40。

对于 $100 \sim 130t$ 的氧气顶吹转炉，3、4 孔喷枪的穿透深度为 $35 \sim 40cm$，而单孔喷枪的穿透深度则为 $60 \sim 70cm$。

关于氧气射流对熔池的有效冲击面积，日本的川上提出了如下的计算式：

$$d_c = 4.82 \times 10^4 \times \left(\frac{h_{穿}}{v_c}\right)^2$$
$$(11\text{-}3)$$

式中　d_c——有效冲击直径，m，见图 11-9；

　　　v_c——液面氧气射流中心流速，m/s，由式（11-4）计算，即

$$v_c = v_0 \cdot \frac{d_0}{H_0} \cdot \frac{p_0}{0.404}$$
$$(11\text{-}4)$$

v_0——氧气射流在喷嘴出口处的流速,m/s。

熔池的搅拌强度与射流的冲击强度密切相关。氧射流的冲击力大,即低枪位或高氧压硬吹,则射流的穿透深度大、冲击面积小,对熔池搅拌强烈;反之,高枪位或低氧压软吹,则射流的穿透深度小、冲击面积大,对熔池搅拌弱。采用单孔的拉瓦尔型喷嘴,很难将冲击深度与面积两者调节得恰到好处;而多孔的拉瓦尔型喷嘴,通过选择适当的孔数和喷孔夹角,可以在同一冲击深度下得到较大的冲击面积。熔池在氧射流的作用下,将受到搅拌,产生环流、喷溅、振荡等复杂运动。

在不同的吹炼方式下,熔池的化学反应的表现形式也不同。硬吹时,载氧液滴大量进入钢液中,碳氧反应激烈,熔池氧化性较弱;软吹时,则进入钢液中的氧少,熔渣氧化性提高。

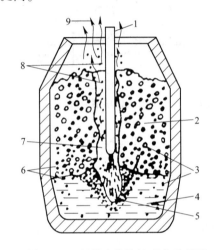

图 11-10　转炉内的泡沫现象示意图

1—氧枪;2—气-钢-渣乳化相;3—CO 气泡;
4—金属熔池;5—火点;6—金属液滴;7—CO 气流;
8—飞溅出的金属液滴;9—烟尘

研究已表明,顶吹氧气吹炼过程中,用于熔池搅拌的能量主要来自碳氧反应产生的 CO 气体,氧射流的贡献并不大,即使其能量全部用于搅拌熔池,也仅仅是 CO 搅拌能的 10%~20%。因此,顶吹转炉的缺点之一就是吹炼前期和末期搅拌不足,因为此时产生 CO 气泡的数量有限。

在顶吹氧气转炉吹炼过程中,有时炉渣会起泡并从炉口溢出,这就是吹炼过程中发生的典型的乳化和泡沫现象。由于氧射流对熔池的强烈冲击和 CO 气泡的沸腾作用,使熔池上部金属、熔渣和气体三相剧烈混合,形成了转炉内发达的乳化和泡沫状态,如图11-10所示。

对于乳化(emulsification)概念目前已有准确的描述,它是指金属液滴或气泡弥散在炉渣中,若液滴或气泡数量较少且在炉渣中自由运动,这种现象称为渣钢乳化或渣气乳化;若炉渣中仅有气泡且数量少,气泡无法自由运动,这种现象称为炉渣泡沫化(slag foaming)。由于渣滴或气泡也能进入金属熔体中,转炉中还存在金属熔体中的乳化体系。

渣钢乳化是冲击坑上沿流动的钢液被射流撕裂成金属液滴所造成的。通过对 230t LD 转炉乳液的取样分析,发现其中金属液滴比例很大,吹氧 6~7min 时占 45%~80%,10~12min 时占 40%~70%,15~17min 时占 30%~60%。可见,吹炼时金属和炉渣混合充分。

研究表明,金属液滴比金属熔池的脱碳、脱磷更有效。金属液滴尺寸越小,脱除量越多。而金属液滴的硫含量比金属熔池的硫含量高,金属液滴尺寸越小,硫含量越大。生产实践表明,冶炼中期硬吹时,由于渣内富有大量的 CO 气泡以及渣中氧化铁被金属液滴中的碳所还原,导致炉渣的液态部分消失而返干。软吹时,由于渣中(FeO)含量增加,并且氧化位(即浓度比 $c_{Fe^{3+}}/c_{Fe^{2+}}$)升高,持续时间过长就会产生大量起泡沫的乳化液,乳化的金属量非常大,生成大量 CO 气体,容易发生大喷或溢渣。因此,必须正确调整枪位和供氧量,使乳化液中的金属保持在某一百分比。

C　供氧参数

（1）供氧压力。供氧压力应保证射流出口速度达到超声速，并使喷嘴出口处氧压稍高于炉膛内的炉气压力。对三孔喷嘴，供氧压力可由如下的经验式计算：

$$p_{O_2} = 8.33 \times 10^5 \times \frac{Q \cdot \sqrt{T_0}}{d_t} \tag{11-5}$$

式中　T_0——氧气温度，K；

　　　Q——氧气流量，m^3/min；

　　　d_t——喷嘴喉口直径，mm。

目前，大型转炉的供氧压力为 0.8~1.2MPa。

（2）氧气流量。氧气流量指在单位时间内向熔池供氧的数量，常用标准状态下的体积量度，其单位为 m^3/min 或 m^3/h。氧气流量是根据吹炼每吨金属料所需要的氧气量、金属装入量、供氧时间等因素决定的，即：

$$氧气流量 = \frac{单位金属的需氧量(m^3/t) \times 金属装入量(t)}{供氧时间(min)} \tag{11-6}$$

一般金属的实际氧耗量为 50~60m^3/t。

氧气流量还可用下列公式进行计算：

$$氧气流量 = \frac{(w[C]_{\%铁} \times 铁水比 - w[C]_{\%终点}) \times 10^{-2} \times 金属装入量(t)}{脱碳效率 \times 供氧时间(min)} \times 933(m^3/t) \tag{11-7}$$

式中　$w[C]_{\%铁}$——铁水中碳的质量分数，如 4.5 表示铁水中碳含量为 4.5%；

　　　$w[C]_{\%终点}$——吹炼终点钢水中碳的质量分数；

　　　铁水比——金属料中铁水所占的比例，如 90%，即 0.90；

　　　脱碳效率——需要考虑其他元素的氧化，一般取 0.70~0.75；

　　　933——每吨碳氧化所需氧气的量。

（3）供氧强度。供氧强度指在单位时间内每吨钢的氧耗量，单位是 $m^3/(t \cdot min)$。供氧强度的大小根据转炉的公称吨位、炉容比来确定。目前，国内小型转炉的供氧强度为 2.5~4.5 $m^3/(t \cdot min)$，大于 120t 转炉的供氧强度为 2.8~3.6$m^3/(t \cdot min)$，国外转炉供氧强度在 2.5~4.0$m^3/(t \cdot min)$ 之间波动。

D　供氧操作

供氧操作是指调节氧压或枪位，达到调节氧气流量、喷嘴出口气流压力及射流与熔池的相互作用程度的目的，以控制化学反应进程的操作。采用硬吹时，氧枪枪位低，氧气射流对熔池的冲击力大，冲击深度深，气-熔渣-金属液乳化充分，炉内的反应速度快，产生大量的 CO 气泡搅拌熔池，同时降低熔渣中的全铁（TFe）含量，因此长时间的硬吹易造成熔渣返干。采用软吹时，氧枪枪位高，氧气流对熔池的冲击力减小，冲击深度变浅，熔池内部的搅动减弱，脱碳速度降低，熔渣中的 TFe 含量有所增加，也容易引起喷溅。转炉吹炼的不同时期，因熔渣成分、金属成分、熔池温度和化渣情况明显不同，因而氧枪枪位也应有所不同，合理的枪位对冶炼的进程控制至关重要。

吹炼前期，硅、锰迅速氧化，渣中的 SiO_2 含量大，熔池温度不高，此时要求将加入炉内的石灰尽早熔化以形成碱度达到 2.0 的熔渣，减轻酸性渣对炉衬的侵蚀，提高脱磷、脱硫率。为此，除了适当加入萤石或氧化铁皮助熔外，还应采用较高的枪位，使渣中的 ΣFeO 含量稳定在 25%~30% 的水平。枪位过低，渣中 ΣFeO 含量低，石灰表面易形成高熔点且致密的 $2CaO \cdot SiO_2$，阻碍石灰的溶解；枪位过高，会发生严重的喷溅。合理的枪位应使熔渣刚到炉口而不溢出。

炉内所加入的石灰熔化后吹炼就进入了中期，也是强烈脱碳期。这个阶段，在前期枪位的基础上就应当适当降枪，降低渣中 ΣFeO 的含量，以避免强烈脱碳发生的严重喷溅。但渣中 ΣFeO 含量的降低将使熔渣的熔点上升、流动性下降，会使熔渣出现返干。为了防止中期熔渣返干，也需要适当提枪，使渣中 ΣFeO 含量保持在 10%~15%。

吹炼后期因脱碳反应较弱，喷溅不易发生，此阶段的任务是调整好熔渣的氧化性和流动性，准确控制终点。如果中期的化渣不甚理想，后期首先就应适当提枪化渣，接近终点时再适当降枪，加强熔池搅拌。

供氧操作分为恒压变枪、恒枪变压和分阶段恒压变枪三种方法，国内多采用第三种操作法。恒压变枪是在吹炼一炉钢的过程中保持氧压不变，只变化枪位，其优点是操作简单、灵活，吹炼时间比较稳定，也比较容易做到使氧枪在接近设计条件下工作。国内大多数企业采用了分阶段恒压变枪操作，如"高—低—高—低"、"高—低—低"模式，如图 11-11 所示。"高—低—高—低"模式就是开吹时枪位较高，及早形成初期渣，二批料加入后适当降枪，当吹炼中期熔渣返干时提枪或加入适量助熔剂以改善熔渣流动性，终点拉碳出钢；"高—低—低"模式的开吹枪位较高，吹炼过程中枪位逐渐降低，吹炼中期加入适量助熔剂以调整熔渣流动性，终点拉碳出钢。

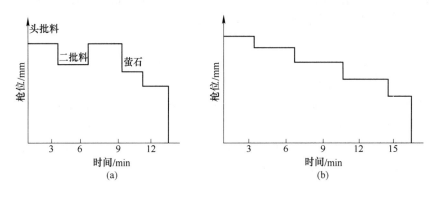

图 11-11　转炉吹炼过程中的枪位模式

（a）"高—低—高—低"；（b）"高—低—低"

当然，也有一些转炉吹炼采用了变压与变枪位的操作，这不但可以迅速化渣，而且可以提高吹炼前期和后期的供氧强度，缩短吹氧时间。

11.1.3.3　造渣制度

造渣是炼钢的一项重要操作。脱磷、脱硫主要是通过造渣来完成的。造渣制度是确定合适的造渣方法、渣料的种类、渣料的加入数量和时间以及加速成渣的措施。由于转炉冶炼时间短，必须快速成渣才能满足冶炼进程和强化冶炼的要求；同时，造渣对避免喷溅、减少金属损失和提高炉衬寿命都有直接影响。

A　成渣过程及造渣途径

转炉冶炼各期，都要求炉渣具有一定的碱度、合适的氧化性和流动性以及适度的泡沫化。吹炼初期，要保持炉渣具有较高的氧化性，$\Sigma w(\text{FeO})$ 稳定在 25%~30% 之间，以促进石灰熔化，迅速提高炉渣碱度，尽量提高前期脱磷、脱硫率，避免酸性渣侵蚀炉衬。吹炼中期，炉渣的氧化性不得过低，$\Sigma w(\text{FeO})$ 保持在 10%~15% 之间，以避免炉渣返干。吹炼末期，要保证去除磷、硫所需的炉渣高碱度，同时控制好终渣氧化性，如冶炼 $w[\text{C}] \geqslant$ 0.10% 的镇静钢，终渣 $\Sigma w(\text{FeO})$ 应控制为不大于 20%；冶炼沸腾钢，终渣 $\Sigma w(\text{FeO})$ 应不小于 12%，需避免终渣氧化性过弱或过强。

炉渣黏度和泡沫化程度也应满足冶炼进程需要。前期要防止炉渣过稀，中期渣黏度要适宜，末期渣要化透做黏。泡沫性炉渣应尽早形成，并将其泡沫化程度控制在合适范围内，以实现喷溅少、拉碳准、温度合适，达到去除磷和硫的最佳吹炼效果。

转炉成渣过程具体如下：

(1) 吹炼初期，炉渣主要来自铁水中硅、锰、铁的氧化产物。加入炉内的石灰块由于温度低，表面形成冷凝外壳，造成熔化滞止期，对于块度为 40mm 左右的石灰，渣壳熔化需数十秒。由于发生硅、锰、铁的氧化反应，炉内温度升高，促进了石灰熔化，这样炉渣的碱度逐渐得到提高。

(2) 吹炼中期，随着炉温的升高和石灰的进一步熔化，同时脱碳反应速度加快导致渣中 (FeO) 含量逐渐降低，使石灰熔化速度有所减缓，但炉渣泡沫化程度则迅速提高。由于脱碳反应消耗了渣中大量的 (FeO)，再加上没有达到渣系液相线正常的过热度，使化渣条件恶化，引起炉渣异相化，并出现返干现象。

(3) 吹炼末期，脱碳速度下降，渣中 (FeO) 含量再次升高，石灰继续熔化并加快了熔化速度。同时，熔池中乳化和泡沫现象趋于减弱和消失。

初期渣的主要矿物为钙镁橄榄石和玻璃体 (SiO_2)。钙镁橄榄石是锰橄榄石 $(2\text{MnO} \cdot \text{SiO}_2)$、铁橄榄石 $(2\text{FeO} \cdot \text{SiO}_2)$ 和硅酸二钙 $(2\text{CaO} \cdot \text{SiO}_2)$ 的混合晶体。当 (MnO) 含量高时，它是以 $2\text{FeO} \cdot \text{SiO}_2$ 和 $2\text{MnO} \cdot \text{SiO}_2$ 为主，通常玻璃体不超过 7%~8%，渣中自由氧化物相 (RO) 很少。

中期渣中，石灰与钙镁橄榄石和玻璃体作用，生成 $\text{CaO} \cdot \text{SiO}_2$、$3\text{CaO} \cdot 2\text{SiO}_2$、$2\text{CaO} \cdot \text{SiO}_2$ 和 $3\text{CaO} \cdot \text{SiO}_2$ 等产物，其中最可能生成且最稳定的是 $2\text{CaO} \cdot \text{SiO}_2$，其熔点为 2103℃。

末期渣中 RO 相急剧增加，生成的 $3\text{CaO} \cdot \text{SiO}_2$ 分解为 $2\text{CaO} \cdot \text{SiO}_2$ 和 CaO，并有 $2\text{CaO} \cdot \text{Fe}_2\text{O}_3$ 生成。

B　石灰渣化机理及其影响因素

炼钢过程中，成渣速度主要是指石灰熔化速度，所谓快速成渣主要是指石灰快速溶解于渣中。

吹炼初期，各元素的氧化产物 FeO、SiO_2、MnO、Fe_2O_3 等形成了熔渣。加入的石灰块就浸泡在初期渣中，初期渣中的氧化物从石灰表面向其内部渗透，并与 CaO 发生化学反应，生成一些低熔点的矿物，引起石灰表面的渣化。这些反应不仅在石灰块的外表面进行，而且也在石灰气孔的内表面进行。

　　但是在吹炼初期，SiO_2 易与 CaO 反应生成钙的硅酸盐，沉积在石灰块表面上，如果生成物是致密、高熔点的 $2CaO \cdot SiO_2$（熔点 2130℃）和 $3CaO \cdot SiO_2$（熔点 2070℃），则将阻碍石灰的进一步渣化溶解；如生成 $CaO \cdot SiO_2$（熔点 1550℃）和 $3CaO \cdot 2SiO_2$（熔点 1480℃），则不会妨碍石灰溶解。在吹炼中期，碳的剧烈氧化消耗大量的（FeO），熔渣的矿物组成发生了改变，即 $2FeO \cdot SiO_2 \rightarrow CaO \cdot FeO \cdot SiO_2 \rightarrow 2CaO \cdot SiO_2$，从而导致熔点升高，石灰的渣化有所减缓。吹炼末期，渣中（FeO）有所增加，石灰的渣化加快，渣量又有增加。

　　影响石灰溶解速度的因素主要有石灰本身质量、铁水成分、炉渣成分和供氧操作，具体如下：

　　(1) 欲使石灰尽快地吸收 FeO 和 Fe_2O_3 而生成低熔点的铁酸钙，则石灰的块度要小、单位表面积要大、晶粒度要细、孔隙率要高，这样轻烧石灰才具有反应能力强、渣化快的特点。

　　(2) 石灰块周围的炉渣成分，如 SiO_2、MnO、Fe_2O_3、Al_2O_3 等对石灰溶解速度也有较大影响，关键是要防止炉渣成分在温度不高时生成正硅酸钙（$2CaO \cdot SiO_2$）。

　　(3) 铁水中 $w[Mn] = 0.6\% \sim 1.0\%$ 时，初渣形成快，中期渣返干现象减轻；铁水中 [Si] 含量过低，炉渣较难熔化。

　　(4) 助熔剂，如萤石（CaF_2）、铁矾土（Al_2O_3）、矿石或铁皮均能加速石灰的溶解，但其用量必须合适。

　　(5) 适当地采取高枪位，炉渣中（FeO）增加，便于尽快形成碱性渣。

C　白云石造渣

　　采用白云石或轻烧白云石代替部分石灰石造渣，可提高渣中 MgO 含量，对减轻炉渣对炉衬的侵蚀具有明显效果。

　　MgO 在低碱度渣中有较高的溶解度，采用白云石造渣，初期渣中 MgO 含量提高，会抑制溶解炉衬中的 MgO，减轻初期炉渣对炉衬的侵蚀。同时，前期过饱和的 MgO 会随着炉渣碱度的提高而逐渐析出，使后期渣变黏，可以使终渣挂在炉衬表面上，形成炉渣保护层，有利于提高炉龄。

　　在保证渣中有足够高的 $\Sigma w(FeO)$、渣中 $w(MgO)$ 不超过 6% 的条件下，增加初期渣中 MgO 含量有利于早化渣，并可推迟石灰石表面形成高熔点、致密的 $2CaO \cdot SiO_2$ 壳层。

D　萤石的化渣作用

　　萤石的主要成分为 CaF_2，并含有 SiO_2、Fe_2O_3、Al_2O_3、$CaCO_3$ 和少量磷、硫等杂质，熔点约为 930℃。萤石加入炉内后，在高温下即爆裂成碎块并迅速熔化。它的作用体现在如下三方面：

　　(1) CaF_2 与 CaO 作用形成熔点为 1362℃ 的共晶体，直接促进石灰的熔化；

　　(2) 萤石能显著降低 $2CaO \cdot SiO_2$ 的熔点，使炉渣在高碱度下有较低的熔化温度；

　　(3) CaF_2 可降低炉渣黏度。

　　但是，萤石用量增加对提高炉龄不利，并且氟会造成环境污染，目前应力求减少萤石的使用量。

E　造渣方法

　　根据铁水成分和所炼钢种来确定造渣方法。常用的造渣方法有单渣法、双渣法和双渣留渣法。

（1）单渣法，是指整个吹炼过程中只造一次渣，中途不倒渣、不扒渣，直到吹炼终点出钢。入炉铁水中 Si、P、S 含量较低，或者钢种对 P、S 含量要求不太严格以及冶炼低碳钢时，均可以采用单渣操作。采用单渣操作，工艺比较简单，吹炼时间短，劳动条件好，易于实现自动控制。单渣操作脱磷效率一般在 90% 左右，脱硫效率为 30%~40%。

（2）双渣法，是指整个吹炼过程中需要倒出或扒出 1/2~2/3 的炉渣，然后加入渣料重新造渣。根据铁水成分和所炼钢种的要求，也可以多次倒渣造新渣。在铁水含磷高且吹炼高碳钢时、在铁水硅含量高为防止喷溅时或者在吹炼低锰钢种为防止回锰时等，均可采用双渣操作。双渣操作的脱磷效率可达 95% 以上，脱硫效率约为 60%。但双渣操作会延长吹炼时间，增加热量损失，降低金属收得率，也不利于过程自动控制。其操作的关键是决定合适的放渣时间。

（3）双渣留渣法，是指将双渣法操作的高碱度、高氧化铁、高温、流动性好的终渣留一部分在炉内，然后在吹炼第一期结束时倒出，重新造渣。此法的优点是可加速下炉吹炼前期初期渣的形成，提高前期的脱磷、脱硫率和炉子热效率，有利于保护炉衬，节省石灰用量。采用留渣操作时，在兑铁水前首先要加废钢稠化冷凝熔渣，当炉内无液态渣时方可兑入铁水，以避免引发喷溅。

F 泡沫渣

在吹炼过程中，由于氧射流与熔池的相互作用，形成了气-熔渣-金属液密切混合的三相乳化液。分散在炉渣中的小气泡的总体积往往是熔渣本身体积的数倍甚至数十倍。熔渣成为液膜将气泡包住，引起熔渣发泡膨胀，形成泡沫渣。正常泡沫渣的厚度经常达 1~2m，甚至达 3m。

由于炉内产生乳化现象，大大发展了气-熔渣-金属液的界面，加快了炉内化学反应速度，从而达到良好的吹炼效果。当然，若控制不当，严重的泡沫渣也会引发事故。

大量的研究表明，气泡少而小，炉渣表面张力低，炉渣黏度大，温度低，泡沫容易形成并稳定地存在于渣中，生成泡沫渣。

吹炼前期，脱碳速度小，泡沫小而无力，易停留在渣中，炉渣碱度低，$\Sigma w(\text{FeO})$ 较高，有利于渣中铁滴生成 CO 气泡，并含有一定量的 SiO_2、P_2O_5 等表面活性物质，因此易起泡沫。

吹炼中期，脱碳速度大，大量的 CO 气泡能冲破渣层而排出，炉渣碱度高，$\Sigma w(\text{FeO})$ 较低，SiO_2、P_2O_5 表面活性物质的活度降低，因此导致泡沫渣的条件不如吹炼初期；但如能控制得当，避免或减轻熔渣返干现象，就能得到合适的泡沫渣。

吹炼后期，脱碳速度降低，产生的 CO 减少，碱度进一步提高，$\Sigma w(\text{FeO})$ 较高，但 $w[\text{C}]$ 较低，产生的 CO 少，表面活性物质的活度比中期进一步降低。因此，泡沫稳定的因素大大减弱，泡沫渣趋向消除。

G 喷溅

喷溅是顶吹转炉吹炼过程中经常出现的一种现象，尤其是爆发性大喷，是炼钢的一种恶性事故。实践表明，喷溅会造成大量铁损和热量损失，使温度及成分难以控制，并且污染环境。

喷溅发生的主要原因是碳与氧的不均衡反应，瞬间产生大量的 CO 气体，将金属和熔渣从炉口托出炉外。爆发性喷溅、泡沫性喷溅和金属喷溅是氧气顶吹转炉吹炼常见的喷溅。

操作中防止喷溅的基本措施是：

（1）保证合理的装入量，避免超装，防止熔池过深、炉容比过小。

（2）控制好熔池温度，前期不过低，中、后期不过高。严格避免强烈冷却熔池，以确保脱碳反应均衡发展，消除爆发式碳氧反应。

（3）通过合理的加料和氧枪枪位控制好渣中（FeO）含量，使渣中（FeO）不出现明显的聚集现象，防止炉渣过分发泡或引发爆发性的碳氧反应。在吹炼中期注意控制渣中（FeO）含量，避免炉渣严重返干而造成金属喷溅。

11.1.3.4　温度制度

在吹炼过程中，需要正确控制温度。温度制度主要是指炼钢过程的温度控制和终点温度控制。

转炉吹炼过程的温度控制相对比较复杂，如何通过加冷却剂和调整枪位使钢水的升温和成分变化达到协调，同时达到吹炼终点的要求，是温度控制的关键。

A　吹炼过程热量的来源和消耗

转炉炼钢最突出的优点是不需要外加热源。

（1）热量来源。铁水的物理热和化学热各占热量来源的约一半。铁水的物理热取决于铁水温度和钢铁料中铁水比；而化学热就是铁水中各元素氧化或成渣过程放出的热量，与铁水的化学成分有关。铁水中的碳在吹炼过程中氧化为 CO 及 CO_2，约占化学热的 50%；硅是主要化学热源之一，但铁水中硅含量容易波动，控制温度时应注意硅含量的变化；高炉铁水中锰含量比较稳定，单位发热量低，炼钢过程中［Mn］的氧化量也不多，锰不是主要的化学热源；磷在铁水中含量比较稳定，在吹炼低磷铁水时，［P］并非主要供热元素；硫对供热无大影响；铁氧化反应热在化学热中占有一定的比例，但铁氧化过多将影响金属收得率。

（2）热量消耗。习惯上将转炉的热量消耗分为两部分，一部分是直接用于炼钢的热量，即用于加热钢水和炉渣的热量；另一部分是未直接用于炼钢的热量，即废气、烟尘带走的热量，炉口炉壳的散热损失和冷却剂的吸热等。

表 11-4 分析了转炉吹炼过程中热量的收入、支出及损失的情况，其中，铁水的入炉温度为 1250℃，废钢及其他原料的温度为 25℃，废钢的加入量占总物料的 10%，炉气和烟尘的温度为 1450℃。从表中可以看出，在热量的消耗中，钢水的物理热约占 60%，炉渣带走的热量约占 14%，炉气和烟尘的物理热约占 10%，金属铁珠及喷溅带走热、炉衬及冷却水带走热、生白云石及矿石分解热及其他热损失共占约 7%。

表 11-4　转炉吹炼过程中的热量平衡（以 100kg 铁水为基础）

收　入			支　出		
项　目	热量/kJ	比例/%	项　目	热量/kJ	比例/%
铁水物理热	114500.00	52.42	钢水物理热	131887.16	60.38

收 入			支 出		
项 目	热量/kJ	比例/%	项 目	热量/kJ	比例/%
氧化热和成渣热	98266.06	44.99	炉渣物理热	29828.29	13.66
其中：C 氧化	57229.85	26.20	废钢物理热	19536.40	8.94
Si 氧化	23361.60	10.70	炉气物理热	18762.21	8.59
Mn 氧化	2769.48	1.27	烟尘物理热	2442.45	1.12
P 氧化	3416.40	1.57	渣中铁珠物理热	1144.88	0.52
Fe 氧化	6296.29	2.88	喷溅金属物理热	1467.80	0.67
SiO_2 氧化	3133.08	1.43	轻烧白云石分解热	2437.10	1.12
P_2O_5 氧化	2059.36	0.94	热损失	10921.38	5.00
烟尘氧化热	5075.36	2.32			
炉衬中碳的氧化热	586.25	0.27			
合　计	218427.67	100.00	合　计	218427.67	100.00

（3）转炉热效率。转炉热效率是指加热钢水的物理热和炉渣的物理热占总热量的百分比。LD 转炉热效率比较高，一般在 75% 以上。原因是 LD 转炉上的热量利用集中，吹炼时间短，冷却水、炉气热损失低。LD 转炉高的热效率具有特殊意义：使用冷却剂的范围可扩大；可增加作为 FeO 来源的铁矿石的使用量，扩大在造渣过程中起主要作用的 FeO 的来源。

B　出钢温度

不同钢种要求的出钢温度不同。出钢温度首先取决于所炼的钢种，钢种不同，其液相线温度（凝固温度）也不同，它可根据钢种的化学成分而定。钢液的凝固温度（液相线温度）计算有多种经验公式，目前常用的计算公式见式（9-4）和式（9-5）。对于特殊钢种，可由式（11-8）确定：

$$t_{液} = 1536 - (100.3w[C]_\% - 22.4w[C]_\%^2 - 0.61 + 13.55w[Si]_\% - 0.64w[Si]_\%^2 +$$

$$5.82w[Mn]_\% + 0.3w[Mn]_\%^2 + 0.2w[Cu]_\% + 4.18w[Ni]_\% +$$

$$0.01w[Ni]_\%^2 + 1.59w[Cr]_\% - 0.007w[Cr]_\%^2) \tag{11-8}$$

出钢温度还需考虑从出钢到浇注各阶段的温降，这样出钢温度的确定依据式（11-9）：

$$t_{出} = t_{液} + \Delta t + \Delta t_1 + \Delta t_2 + \Delta t_3 + \Delta t_4 + \Delta t_5 \tag{11-9}$$

式中　Δt——钢液的过热度，它与钢种、坯型有关，板坯取 15~20℃，低合金方坯取 20~25℃；

Δt_1——出钢过程温降；

Δt_2——从出钢完毕至精炼开始之前的温降；

Δt_3——钢水精炼过程的温降；

Δt_4——从钢水精炼完毕至开浇之前的温降；

Δt_5——钢水从钢包至中间包的温降。

C　冷却剂的冶金特点和冷却效应

转炉获得的热量除用于各项必要的支出外，通常有大量富余热量，需加入一定数量的冷却剂。冷却剂的冶金特点包括其自身的冷却效应以及对化渣、喷溅、氧耗、钢铁料消耗和冷却剂加入方法的影响。要准确控制熔池温度，用废钢作冷却剂的效果最好；但为了促进化渣，也可以搭配一部分铁矿石或氧化铁皮。目前主要采用定废钢调矿石或定矿石调废钢等冷却方式。

冷却剂的冷却效果，是冷却剂被加热到一定温度所消耗的物理热和冷却剂发生化学反应消耗的化学热之和。不同冷却剂的冷却效果可按式（11-10）计算。

（1）废钢冷却剂：

$$Q_{废} = M[c_S(t_M - t_r) + L_S + c_L(t_P - t_M)] \tag{11-10}$$

式中　$Q_{废}$——废钢冷却剂的冷却效果，kJ/kg；

M——废钢加入量，kg；

c_S，c_L——分别为固态钢和液态钢的平均比热容，分别取 0.699kJ/(kg·℃)、0.837kJ/(kg·℃)；

t_M——废钢的熔化温度，可取 1500℃；

t_r——室温，可取 25℃；

L_S——熔化潜热，可取 272kJ/kg；

t_P——出钢温度，℃。

例如，1kg 废钢由 25℃升高至 1680℃的出钢温度时的冷却效应是 1454kJ/kg。

则加入 M kg 废钢，对 W t 转炉的温降（$\Delta t_{废}$，℃）为：

$$\Delta t_{废} = Q_{废} / [(M + 1000W)c_L + 1000W_s \cdot c_{SL}] \tag{11-11}$$

式中　W_s——渣量，t，通常是钢水量的 10%；

c_{SL}——液态渣的比热容，可取 1.247kJ/(kg·℃)。

（2）矿石冷却剂：

$$Q_{矿} = M\left[c_0(t_{M0} - t_r) + L_{S0} + w(Fe_2O_3) \cdot \frac{112}{160} \cdot Q_{溶解1} + w(FeO) \cdot \frac{56}{72} \cdot Q_{溶解2}\right] \tag{11-12}$$

式中　$Q_{矿}$——矿石冷却剂的冷却效果，kJ/kg；

M——冷却剂矿石量，kg；

c_0——铁矿石的比热容，1.016kJ/(kg·℃)；

t_{M0}——铁矿石加入熔池后需升温度值，如 1350℃；

L_{S0}——铁矿石的熔化潜热，可取 209kJ/kg；

$w(Fe_2O_3)$，$w(FeO)$——分别为铁矿石中 Fe_2O_3 和 FeO 的质量分数；

$Q_{溶解1}$，$Q_{溶解2}$——分别为 Fe_2O_3 和 FeO 的溶解热，可取 6459kJ/kg 和 4249kJ/kg；

112/160——2Fe 与 Fe_2O_3 的相对分子质量之比；

56/72——Fe 与 FeO 的相对分子质量之比。

例如，如果铁矿石中只含 81.4%的 Fe_2O_3，那么加入 1kg 铁矿石的冷却效应是 5236kJ/kg。

如果规定废钢的冷却效应值为 1.0，则铁矿石的冷却效应就为 5236/1454 = 3.6。表 11-5 给出了常用冷却剂的冷却效应值。

表 11-5　常用冷却剂的冷却效应值

冷却剂	废　钢	铁矿石	烧结矿	氧化铁皮	金属球团	生铁块	石灰石	石　灰	萤　石
冷却效应值	1.0	3.0~3.6	3.0	3.0	1.5	0.7	2.2	1.0	1.0

D　吹炼过程的温度控制

温度控制的办法主要是适时加入需要数量的冷却剂，以控制好过程温度，并为直接命中终点温度提供保证。冷却剂的加入时间因条件不同而异，废钢在吹炼时加入不方便，通常在开吹前加入；利用矿石或铁皮作冷却剂时，由于它们同时又是化渣剂，加入时间往往与造渣同时考虑，多采用分批加入方式。

冷却剂加入需考虑铁水的硅含量、所炼钢种、炉衬及空炉时间的变化。

在吹炼前期结束时，温度应为 1450~1550℃，大炉子、低碳钢取下限，小炉子、高碳钢取上限；中期的温度为 1550~1600℃，中、高碳钢取上限，因为后期挽回温度时间少；后期的温度为 1600~1680℃，取决于所炼钢种。

当吹炼后期出现温度过低时，可加适量的 Fe-Si 或 Fe-Al 提温。加 Fe-Si 提温时需配加一定量的石灰，以防止钢水回磷。当吹炼后期出现温度过高时，可加适量的铁皮或矿石降温。如铁水温度低，碳含量也低，可兑入适量的铁水再吹炼，在兑铁水前倒渣，并加 Fe-Si 以防止产生喷溅。

11.1.3.5　终点控制和出钢

终点控制是转炉吹炼末期的重要操作，主要是指终点温度和成分的控制。由于脱磷、脱硫比脱碳操作复杂，总是尽可能提前让磷、硫含量达到终点所需的范围。因此，终点的控制实质就是脱碳和温度的控制。停止吹氧又俗称为"拉碳"。达到终点的具体表现为：

(1) 钢中碳含量达到所炼钢种要求的控制范围；

(2) 钢中 P、S 含量低于规定下限要求的一定范围；

(3) 出钢温度保证能顺利进行精炼和浇注；

(4) 达到钢种要求控制的氧含量。

终点碳含量主要根据所炼钢种的要求来控制，但应考虑脱氧剂和铁合金碳含量的影响。吹炼中钢水的碳含量和温度达到吹炼目标要求时刻的一次拉碳，如能准确命中，则可以避免后吹，否则需要进行补吹。拉碳时不管是 C 含量偏高、S 与 P 含量偏高，还是温度偏低，均需要补吹。生产实践表明，在进行补吹的情况下，钢中氧和氮含量升高，铁的损失增加，炉衬寿命降低，冶炼成本增加。

因此，目前采用经验控制吹炼终点办法和转炉的自动控制，尤其是转炉的终点预报，可以具有较高的终点命中率。经验控制方法有两种，即拉碳法和增碳法。

拉碳法就是熔池中碳含量达到出钢要求时停止吹氧，即吹炼终点符合终点的具体目标，不需要再专门向熔池中追加增碳剂增碳。"一次拉碳"是指熔池中碳含量和温度达到目标要求时的停氧操作。因此，它具有终点钢水氧含量和终渣（FeO）含量较低、终点钢水锰含量较高、金属收得率较高、氧气消耗量较少等优点。

增碳法是在吹炼平均碳含量不小于 0.08% 的钢种时，都采取吹到 0.05%~0.06% 的碳时停吹，然后按照所炼钢种的规格在钢包内增碳。其优点体现在：终点容易命中，与"拉碳法"相比省去了倒炉、取样及随后的补吹时间，因而生产率高、终渣（FeO）含量高、化渣好、去磷率高、热量收入较多，有利于增加废钢用量。

需要指出的是，随着炼钢技术的不断发展，目前不少炼钢厂采用计算机动态控制炼钢，转炉终点命中率可达到90%以上，即通过安装在转炉上的副枪探头测定碳含量，或对烟道中炉气连续检测、分析并预报终点碳，此部分内容将在后面章节做专门介绍。

靠经验炼钢，终点的命中率在60%左右。人工凭经验判断终点碳的方法有：

（1）看火焰，即看转炉内碳氧反应在炉口形成的火焰。火焰的颜色、亮度、形状、长度随炉内脱碳量和速度有规律地变化，从火焰的外观可推断炉内的碳含量，如吹炼前期因碳氧反应少、温度低，炉口火焰短，颜色呈暗红色；吹炼中期碳氧反应激烈，火焰白亮，长度增加；吹炼后期，脱碳速度下降，火焰收缩、发软、打晃且稀薄。

（2）看火花，即看炉气从炉口带出的金属小粒遇到空气后被氧化产生的火花。碳含量高，火花呈火球状和羽毛状，弹跳有力；随着碳含量的降低，火花依次爆裂成多叉、三叉、二叉，弹跳力减弱；当碳含量小于0.10%时，火花几乎消失。

（3）取钢样，即在正常吹炼条件下，于吹炼终点拉碳后取钢样，将样勺表面的覆盖渣扒开，根据钢水的沸腾情况判断终点的碳含量。

同时，采用红外碳硫分析仪、直读光谱仪等成分快速测定手段验证经验判断的准确性。

当转炉吹炼终点符合要求时，接着就是摇炉出钢。转炉出钢口应具有一定的直径、长度和合理的角度，以维持合适的出钢时间。因此，在生产中要对出钢口进行严格检查和维护，并定期更换。转炉出钢时间为2~6min，采用红包出钢和挡渣出钢法。自1970年日本人发明挡渣球法挡渣出钢后，先后又出现了多种挡渣出钢方式，其目的是有利于准确控制钢水成分，减少钢水回磷，特别是降低钢中夹杂物含量，提高钢包精炼效果。目前，炉外精炼要求钢包渣层厚度小于50mm，吨钢渣量小于3kg/t。

目前采用的挡渣法有挡渣球法、挡渣塞法、气动挡渣器法和气动吹渣法等，如图11-12所示。

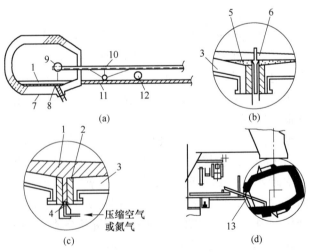

图 11-12　挡渣法示意图

（a）挡渣球法；（b）挡渣塞法；（c）气动挡渣器法；（d）气动吹渣法

1—炉渣；2—出钢口砖；3—炉衬；4—喷嘴；5—钢渣界面；6—挡渣锥；7—炉体；8—钢水；
9—挡渣球；10—挡渣小车；11—操作平台；12—平衡球；13—气动吹渣装置

（1）挡渣球法。挡渣球的密度介于钢液与炉渣之间，为 $4200 \sim 4500 kg/m^3$。在出钢即将结束时将其投入转炉内出钢口附近，随着钢液液面的降低，挡渣球下沉而堵住出钢口，避免钢液上方的熔渣流入钢包内。挡渣球一般在出钢量达到 $2/3 \sim 3/4$ 之间时投入，挡渣的命中率较高。

（2）挡渣塞法。挡渣塞的结构由塞杆和塞头组成，塞杆上部是用来夹持定位的钢棒，下部包裹耐火材料。出钢即将结束时，按照转炉出钢角度严格对位，用机械装置将塞杆插入出钢口。出钢结束后，塞头就封住了出钢口。塞头上有沟槽，炉内剩余钢液可通过沟槽流出，钢渣则被挡在炉内。其效果比挡渣球好，目前应用比较广泛。

（3）气动挡渣器法。出钢即将结束时，由机械装置从转炉外部用挡渣器喷嘴向出钢口内吹气，阻止炉渣的流出。但此法对出钢口的形状和位置要求严格，喷嘴与出钢口中心线必须对中。

（4）气动吹渣法。采用高压气体将出钢口上部钢液面上的钢渣吹开挡住，达到除渣的目的。该法能使钢包渣厚度控制在 $15 \sim 55 mm$ 范围内。

11.1.3.6 溅渣护炉

在转炉出完钢后，利用高压氮气将转炉内的炉渣溅到炉壁上，在转炉内壁上形成一定厚度的溅渣层，作为下一炉炼钢的炉衬，这一工艺称溅渣护炉。溅渣护炉技术可以大幅度提高转炉炉龄，目前，我国的转炉普遍采用溅渣护炉工艺，使转炉炉龄由采用溅渣护炉工艺前的 $1000 \sim 3000$ 炉提高到 10000 炉以上。转炉炉龄的提高，减少了转炉炼钢耐火材料的消耗，节约了资源，提高了转炉的利用率和生产能力。

溅渣护炉工艺主要涉及氧枪吹 N_2、炉渣和炉衬三个方面。因此，对溅渣护炉效果有重要影响的工艺参数有供 N_2 参数、炉渣物理性质及渣量、镁炭砖中的碳含量和溅渣时间。

A 供 N_2 参数

影响溅渣护炉的供 N_2 参数有 N_2 工作压力、N_2 流量、喷孔夹角、喷孔个数和枪位。N_2 的工作压力和流量应达到氧枪喷头供氧的工作压力和流量，这样才能保证 N_2 射流具有足够大的冲击能力，将炉渣溅起。防止氧枪喷头偏离正常的工作条件，造成氮气射流速度衰减过快，难以保证 N_2 射流的冲击力。

喷孔夹角应与炉子的高宽比相适应。喷孔夹角小，炉渣易溅到炉帽上，随喷孔夹角增加，炉渣溅起高度逐渐下降。渣粒溅起时，受到一个垂直向上的分力，使渣粒溅起一定高度；另一个力为水平分力，使渣粒黏结到炉壁上。喷孔夹角大，渣粒所受的水平分力大，渣粒飞行方向与水平方向的夹角小，在炉壁下部与衬砖相遇而黏结；喷孔夹角小，渣粒垂直向上的分力大，溅起的高度高。

在供 N_2 参数中，最重要的、最易改变的就是溅渣枪位。溅渣枪位一般指氧枪喷头距炉底的距离，也可指氧枪喷头距静止金属熔池液面的距离。枪位的高低影响到渣坑的形状和溅起的渣量。低枪位使渣坑呈杯状，高枪位使渣坑呈盘状，两者之间的枪位使渣坑呈碗状。渣粒是从渣坑的切线方向溅起，因此，渣坑形状不同，渣粒溅起的角度就不同，如图 11-13 所示。高枪位溅渣线，低枪位溅炉帽，存在一个较佳的枪位，兼顾炉衬各个部位，如图 11-14 所示。确定溅渣枪位，要考虑喷孔夹角和炉子高宽比。喷孔夹角大，炉子高宽比大时，可适当选择低一些的枪位。在实际操作中，也可以在合适溅渣枪位附近采用上下改变枪位进行溅渣护炉操作，使炉渣被溅起的数量最多和角度最佳。

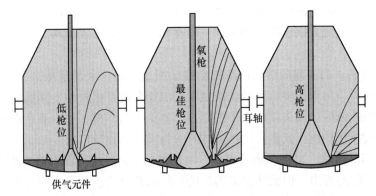

图 11-13　复吹转炉溅渣枪位对溅渣效果影响示意图

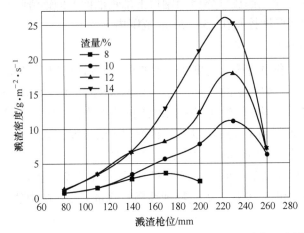

图 11-14　150t 转炉在水模溅渣护炉试验中溅渣密度与枪位、渣量的关系

B　炉渣物理性质及留渣量

炉渣的物理性质对溅渣护炉效果有重要的影响，在炉渣的物理性质中，对溅渣护炉有重要影响的是炉渣的熔化性温度、黏度。炉渣的熔化性温度低，在高温下，溅渣层容易熔化，无法起到保护炉衬的作用；炉渣黏度低，炉渣容易溅起，但不易挂在炉壁上，溅渣层薄；但炉渣黏度过大时，炉渣难以溅起，也不易挂在炉壁上。炉渣的这两个物理性质与炉渣的成分，特别是与炉渣的（FeO）、（Fe$_2$O$_3$）和（MgO）含量有关。

为了提高溅渣层的耐高温侵蚀能力，希望溅到炉壁上的炉渣的熔化性温度高。因此，在冶炼过程中，对于冶炼一般的钢种，要控制好炉渣的氧化性和适合的 MgO 含量，使炉渣能够满足溅渣护炉的要求。冶炼低碳钢、超低碳钢、低磷钢、超低磷钢时，在炉渣高氧化性的条件下溅渣，炉渣的熔化性温度和黏度均低，需要在溅渣开始时，加入改渣剂或调渣剂，降低炉渣中的（FeO）和（Fe$_2$O$_3$），提高（MgO）含量，以提高炉渣的熔化温度和黏度。

在实验室采用改渣剂对现场的炉渣进行调整炉渣成分的试验中，向炉渣中加入不同重量的改渣剂，炉渣熔化性温度变化如图 11-15 所示。由图可知，随着改渣剂加入量增加，炉渣熔点得到提高。在加入量为 9.5kg/100kg 炉渣的试验，向炉渣中加入改渣剂前、后的成分及熔点变化如表 11-6 所示。由表可知，在转炉终渣中加入改渣剂后，渣中（Fe_2O_3）、（FeO）和（MgO）发生了较大变化，（Fe_2O_3）和（FeO）含量降低，（MgO）含量得到提高。炉渣成分发生了如此变化后，它的熔点和黏度都得到提高。

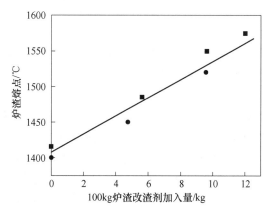

图 11-15 改渣剂加入量与炉渣熔化温度的关系

表 11-6 加入改渣剂前后炉渣成分及熔化温度变化

炉渣组元	$w(CaO)/\%$	$w(SiO_2)/\%$	$w(MgO)/\%$	$w(Fe_2O_3)/\%$	$w(FeO)/\%$	$w(MnO)/\%$	熔点/℃
未加改渣剂	42.18	15.00	14.91	5.99	16.16	1.63	1417
加改渣剂	44.19	15.08	16.21	2.55	12.11	—	1550

留渣量的大小影响到溅渣层的厚度和溅渣过程所要求的热量。留渣量过大时，溅渣的孕育期（吹氮气开始到有炉渣渣粒从炉口溅出的时间）长，起渣晚，减少了有效溅渣时间。留渣量过小，渣中所含热量不足，炉渣温度很快降低，炉渣无法溅起，造成没有充足的起渣时间，溅渣层薄。留渣量小时，渣池浅，N_2 射流易于穿透渣池而直接冲击炉底。因此，溅渣前的留渣量要合适与准确。一般留渣量为转炉出钢量的 8%~12%，小炉子取下限，大炉子取上限。

C 镁炭砖中的碳含量

镁炭砖中的石墨具有提高炉衬的耐热冲击能力、防止裂纹产生、降低炉渣对炉衬的润湿作用。但采用溅渣护炉工艺后，需要炉渣能够润湿炉衬，使炉渣与炉衬更好的黏结在一起。因此，镁炭砖中的碳含量不能过高，以防溅渣时炉渣粘不上炉壁。

D 溅渣时间

溅渣时间长短反映了溅到炉壁上的渣量多少，其与转炉容量、留渣量、炉渣的黏度和温度有密切关系。在正常情况下，溅渣时间在 3~5min 之间。小炉子 3~4min，大炉子 4~5min。当留渣量大、炉渣氧化性强或炉渣温度高时，由于溅渣的孕育期长（2min 以上），在生产条件允许的条件下，可以适当延长溅渣时间，以保证有足够的起渣时间，提高溅渣护炉效果。

11.2 底吹氧气转炉炼钢法

贝塞麦发明的酸性底吹空气转炉炼钢法，只能很好地进行脱碳，但不能脱磷、脱硫。

因此到 1878 年，托马斯发明了碱性底吹转炉，用石灰造渣，能较好地进行脱磷，炼钢副产品炉渣可做磷肥，从此，碱性底吹空气的托马斯法在欧洲和美国盛行起来，尤其是在欧洲，一直到 1920 年，此法是当时的主要炼钢法。其实在炼钢生产中用氧气代替空气的优越性人们早已知晓，只是在当时的条件下无法生产出廉价的氧气。1950 年前后，制氧技术有了大的突破，为氧气在炼钢中的应用奠定了坚实基础。但在 1950~1960 年期间，底吹转炉并没有完全用氧气吹炼，富氧量只用到 40%，如果再提高富氧度，喷嘴寿命就会降低。1952 年，奥地利成功开发了顶吹氧气转炉炼钢法，以生产率高、钢质好、含氮低等优点而得以迅速推广与应用，但顶吹氧气转炉不适于吹炼高磷铁水，底吹空气转炉仍有继续存在的必要。在此期间，为吹炼高磷铁水，比利时和法国同时发明了氧气石灰粉法（LD-AC法），瑞典发明了卡尔多（Kaldo）法，德国发明了旋转转炉炼钢法等。

1965 年，加拿大液化气公司成功研制了双层管氧气喷嘴。1967 年，德国马克西米利安公司引进了此喷嘴技术，并成功开发了底吹氧气转炉炼钢技术，称为 OBM 法（Oxygen Bottom Blowing Maxhutfe）。此喷嘴内层钢管通氧气，钢管与其外层无缝管的环缝中通碳氢化合物，利用包围在氧气外层的碳氢化合物的裂解吸热和形成还原性气幕冷却保护氧气喷嘴。与此同时，比利时、法国研制成功了与 OBM 法相似的方法，法国命名为 LMS 法，是以液态的燃料油作为氧气喷嘴的冷却介质，在 30t OBM 炉上取得了较好的效果，钢中 $w[N]$ 从 $100×10^{-6}$ 降到 $20×10^{-6}$，炉子寿命由 100 次增到 200 次以上。1971 年，美国钢铁公司引进了 OBM 法；1972 年，建设了 3 座 200t 底吹氧气转炉，命名为 Q-BOP 法（Quiet-BOP）。此后，底吹氧气转炉在欧洲、美国和日本又得到了进一步发展。

11.2.1 底吹氧气转炉的结构特点

底吹氧气转炉的结构如图 11-16 所示。炉身和炉底可拆卸分开，不同吨位的炉子在底吹上安装不同数目的吹氧喷嘴，一般为 6~22 支。例如，230t 底吹氧气转炉有 18~22 个喷嘴，150t 有 12~18 个喷嘴。

喷嘴在炉底上的布置，最常用的是炉底和喷嘴垂直，而且与炉子转动轴对称。为了改善熔池搅拌，也有喷嘴与炉底倾斜布置的，而且与炉子转动轴不对称。

喷嘴冷却剂可根据当地的实际情况，采用天然气、丙烷、丁烷等碳氢化合物。为了提高脱磷、脱硫效率，在由喷嘴内管吹氧的同时吹炭粉和萤石粉等造渣剂。根据不同的冶炼目的，内管除吹氧外，还可吹氩或氮气。

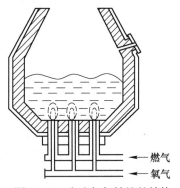

图 11-16　底吹氧气转炉的结构

底吹氧气转炉没有顶吹氧气转炉那样的氧枪，不需要高厂房，这对将生产率不高的平炉改为底吹氧气的转炉十分有利。

11.2.2 底吹氧气转炉的炉内反应

11.2.2.1 吹炼过程中各成分的变化

吹炼过程中钢水和炉渣成分的变化如图 11-17 所示。

吹炼初期，铁水中 [Si]、[Mn] 优先氧化，但 [Mn] 的氧化只有 30%~40%，这与

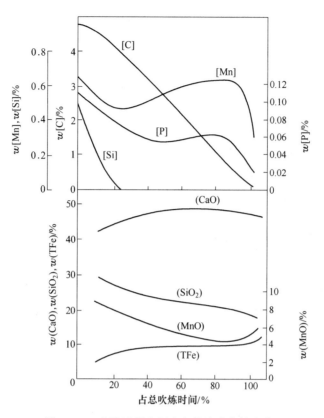

图 11-17 吹炼过程中钢水和炉渣成分的变化

LD 转炉吹炼初期有 70%以上的锰氧化不同。

吹炼中期，铁水中的碳大量氧化，氧的脱碳利用率几乎是 100%，而且铁矿石、铁皮分解出来的氧也被脱碳反应消耗，这体现了底吹氧气转炉比顶吹氧气转炉的熔池搅拌良好的特点。由于良好的熔池搅拌贯穿整个吹炼过程，渣中的（FeO）被钢中的 [C] 还原，渣中（FeO）含量低于 LD 转炉，铁合金收得率高。

11.2.2.2 碳氧平衡

底吹氧气转炉和顶吹氧气转炉吹炼终点钢水碳含量 $w[C]$ 与氧含量 $w[O]$ 的关系，如图11-18所示。

在钢水中 $w[C]_\% \geqslant 0.07$ 时，底吹氧气转炉和顶吹氧气转炉的[C]-[O]关系都比较接近于 $p_{CO} = 0.1MPa$、1600℃时的[C]-[O]平衡关系；但当钢水中 $w[C]_\% < 0.07$ 时，底吹氧气转炉内的[C]-[O]关系低于 $p_{CO} = 0.1MPa$ 时的[C]-[O]平衡关系，这说明底吹氧气转炉和顶吹氧气转炉在相同的钢水氧含量下，与之相平衡的钢水碳含量，底吹转炉比顶吹转炉要低。究其原因是，底吹转炉中随着钢水碳含量的降低，冷却介质分解产生的气体对[C]-[O]反应

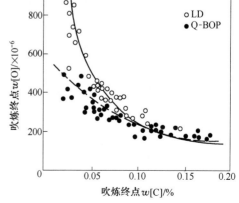

图 11-18 吹炼终点 $w[C]$ 与 $w[O]$ 的关系图

的影响大，使[C]-[O]反应的平衡CO分压低于0.1MPa。此外，研究发现，底吹转炉与顶吹转炉控制脱碳机理发生改变的临界碳含量不同，底吹转炉中由供氧速率控制环节向钢水中碳扩散控制环节转变的碳量要低一些，如230t底吹转炉为0.3%~0.6%，而180t顶吹转炉为0.5%~1.0%。因此，底吹转炉具有冶炼低碳钢的优势。

11.2.2.3　锰的变化规律

底吹氧气转炉熔池中锰的变化有两个特点：（1）吹炼终点$w[Mn]$比顶吹转炉高，如图11-19所示；（2）[Mn]的氧化反应几乎达到平衡，如图11-20所示。

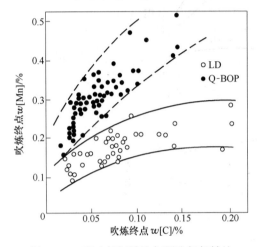

图11-19　底吹氧气转炉与顶吹氧气转炉吹炼终点$w[Mn]$和$w[C]$的关系

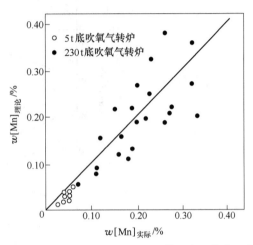

图11-20　钢水中$w[Mn]$的理论值和实际值的比较

底吹转炉钢水残（余）锰高于顶吹转炉的原因是底吹氧气转炉渣中（FeO）含量低于顶吹转炉，而且其CO分压（约0.04MPa）低于顶吹转炉（0.1MPa），相当于顶吹转炉中的[O]活度为底吹转炉的2.5倍。此外，底吹转炉喷嘴上部的氧压高，易产生强制氧化，Si氧化为SiO_2并被石灰粉中的CaO所固定，这样MnO的活度增大，钢水残（余）锰增加。

底吹转炉钢水中的锰含量取决于炉渣的氧化性，其反应式可写为：

$$(FeO) + [Mn] \Longrightarrow (MnO) + [Fe] \tag{11-13}$$

$$\lg K = \lg \frac{x_{MnO}}{w[Mn]_\% \cdot x_{FeO}} = \frac{6440}{T} - 2.95 \tag{11-14}$$

按照上式计算的钢水中理论锰含量与实际锰含量的比较见图11-20，可以看出，两者的变化趋势比较一致。

11.2.2.4　铁的氧化和脱磷反应

A　低磷铁水条件下铁的氧化和脱磷反应

[P]的氧化与渣中（TFe）含量密切相关。如图11-21所示，底吹氧气转炉渣中（TFe）含量低于顶吹氧气转炉，这样不仅限制了底吹氧气转炉不得不以吹炼低碳钢为主，而且也使脱磷反应比顶吹氧气转炉滞后进行，但渣中（TFe）含量低，金属的收得率就高。

图 11-22 所示为 Q-BOP 和 LD 转炉吹炼过程中 [P] 的变化，从中可以看出，在低碳范围内，底吹氧气转炉的脱磷效果并不逊色于 LD 炉。其原因可归纳为，在底吹喷嘴上部气体中 O_2 分压高，产生强制氧化，P 生成 PO（气），并被固体石灰粉迅速化合为 $3CaO \cdot P_2O_5$，从而具有 LD 转炉所没有的比较强的脱磷能力。在 LD 转炉火点下生成的 $Fe_2O_3 \cdot P_2O_5$ 则比较稳定，再还原速度缓慢，尤其是在低碳范围时脱磷明显，也说明了这个问题。为了提高底吹氧气转炉高碳区的脱磷能力，通过从炉底喷入铁矿石粉或返回渣和石灰粉的混合料的方法，已取得明显的效果。

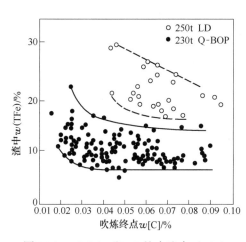

图 11-21　Q-BOP 和 LD 炉内渣中（TFe）

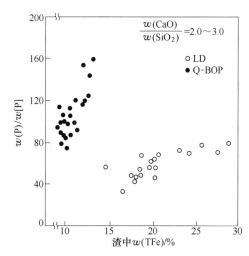

图 11-22　Q-BOP 和 LD 转炉吹炼过程中[P]的变化

B　高磷铁水条件下的脱磷反应

可采用留渣法吹炼高磷铁水，将前炉炉渣留在炉内一部分，前期吹入石灰总量的 35% 左右，后期吹入 65% 左右造渣，中期不吹石灰粉。吹炼前期可脱去铁水磷含量的 50%；吹炼末期的炉渣被 CaO 所饱和，供下炉吹炼用。

11.2.2.5　脱硫反应

230t 底吹转炉吹炼过程中，当熔池中的碳含量达到 0.8% 左右时，$w[S]$ 达到最低值，说明吹炼初期固体 CaO 粉末有一定的直接脱硫能力。但随着炉渣氧化性的提高，熔池有一定量的回硫，吹炼后期随着流动性的改善，熔池中磷含量又降低。

图 11-23 所示为 230t 底吹氧气转炉内渣-钢间硫的分配系数与炉渣碱度的关系。与顶吹氧气转炉相比，底吹氧气转炉具有较强的脱硫能力，特别是在炉渣碱度为 2.5 以上时表现得更明显。即使在钢水低碳范围内，底吹氧气转炉仍有一定的脱硫能力，原因是其内的 CO 分压比顶吹转炉的低，而且熔池内的搅拌一直持续到吹炼结束。

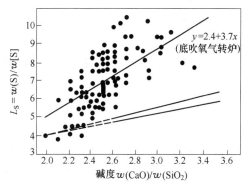

图 11-23　230t 底吹氧气转炉内渣-钢间硫
分配系数与炉渣碱度的关系

（原始硫含量为 0.025%~0.031%，温度为
1630~1680℃，CaO 含量为 45~55kg/t）

11.2.2.6　钢中的氢和氮

底吹氧气转炉钢中的氢含量比顶吹转炉的高，其原因是底吹转炉用碳氢化合物作为冷却剂，分解出来的氢被钢水吸收。如某厂顶吹氧气转炉钢水中的平均氢含量为 2.6×10^{-6}，而底吹氧气转炉的平均值则为 4.5×10^{-6}。

图 11-24 所示为底吹氧气转炉内吹炼终点 $w[C]$ 与 $w[N]$ 的关系，从中可以看出，底吹转炉钢水的氮含量，尤其是在低碳时比顶吹转炉的低，原因是底吹转炉的熔池搅拌一直持续到脱碳后期，有利于脱气。

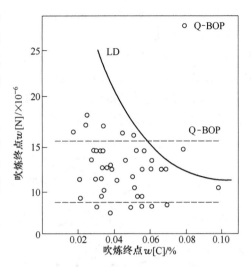

图 11-24　吹炼终点 $w[C]$ 与 $w[N]$ 的关系

11.2.2.7　底吹氧气转炉与顶吹氧气转炉的比较

与顶吹氧气转炉相比，底吹氧气转炉的优点有：

（1）金属收得率高；

（2）Fe-Mn、Al 等合金消耗量降低；

（3）脱氧剂和石灰消耗量降低；

（4）氧耗降低；

（5）烟尘少，是顶吹的 1/3~1/2，喷溅少；

（6）脱碳速度快，冶炼周期短，生产率高；

（7）废钢比增加；

（8）搅拌能力大，氮含量低。

底吹转炉所反映出来的缺点有：

（1）炉龄较低；

（2）渣中 ΣFeO 含量少，化渣比较困难，脱磷效果不如 LD 转炉；

（3）钢中氢含量较高。

11.3　侧吹氧气转炉炼钢法

1952 年，唐山钢厂用碱性侧吹空气转炉吹炼中磷铁水（$w[P]_\% =0.2\sim0.6$）的试验获得成功。它是通过摇炉改变炉子的倾角，调节熔池面与风眼的相对位置和吹炼深度，控制造渣，进行钢水脱碳和脱磷。1958 年，碱性侧吹空气转炉炼钢法在我国中、小型钢铁企业普遍推广，成为当时重要的炼钢方法。但实践表明，侧吹转炉用空气吹炼时，普遍存在风眼部位侵蚀严重、吹损大、热量不充裕等缺点。

1973 年，沈阳第一炼钢厂和东北大学（原东北工学院）提出了转炉侧吹全氧炼钢法，并在 3t 侧吹转炉上进行试验并获得成功。连续进行了 17 个炉役的试验，共吹炼出 910 炉钢，产钢 3000 余吨，各项指标较好。图 11-25 所示就是氧气侧吹转炉的炉型。1974 年 1

月起，此炼钢法迅速推广到上海、唐山、天津等地，使用的企业近 20 家，吹炼出了上千万吨钢，其中唐山钢铁公司炼钢厂使用此法 25 年，产钢 800 多万吨。

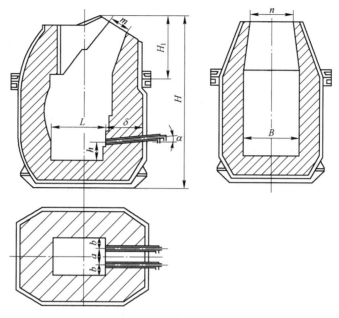

图 11-25　氧气侧吹转炉的炉型

11.3.1　全氧侧吹转炉炼钢法冶金过程的基本规律

11.3.1.1　吹炼过程的基本控制方式和工艺操作特征

国内 3~8t 全氧侧吹转炉基本上保持空气侧吹转炉摇炉控制制度，可通过控制装入角度和合理摇炉，实行对造渣和冶金过程的灵活控制。图 11-26 所示为上钢一厂 8t 全氧侧吹转炉两炉钢的控制示例。

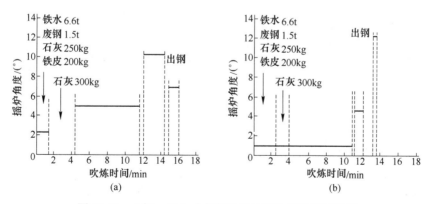

图 11-26　上钢一厂 8t 全氧侧吹转炉两炉钢的控制示例

(a) 氧气压力为 0.8MPa，$w[S]=0.08\%$，$w[P]=0.33\%$；

(b) 氧气压力为 1MPa，$w[S]=0.065\%$，$w[P]=0.14\%$

全氧侧吹转炉吹炼过程中熔池成分的变化规律基本上与碱性氧气顶吹转炉和平炉相似，可以进行前期脱磷。图 11-27 所示为转炉不同吹炼方式下的熔池成分的变化规律。

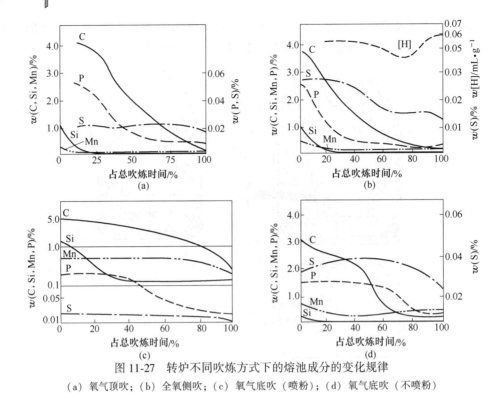

图 11-27　转炉不同吹炼方式下的熔池成分的变化规律

（a）氧气顶吹；（b）全氧侧吹；（c）氧气底吹（喷粉）；（d）氧气底吹（不喷粉）

11.3.1.2　炉内的温度特征

全氧侧吹转炉内，由于埋入式吹氧的良好传热条件、冷却介质和炉气的部分燃烧等原因，炉子热效率既高于氧气顶吹炼钢法，也可以高于氧气底吹炼钢法。吹炼 $w[Si]_\% < 1.0$、$w[P]_\% < 1.0$、$w[Mn]_\% = 0.2 \sim 0.5$ 的铁水时，$6 \sim 8t$ 全氧侧吹转炉可以加 $25\% \sim 30\%$ 的废钢，显著高于同容量的氧气顶吹转炉。图 11-28 所示为全氧侧吹转炉和空气侧吹转炉上测定的熔池温度曲线。

全氧侧吹转炉间隙时间内，继续对氧枪供柴油（$1kg/（支 \cdot min)$左右）和通入小氧量（$0.03 \sim 0.05kg/cm^3$），这对防止由炉衬急冷急热引起的破损和炉内温度大幅度下降所引起吹炼热量不足具有重要意义。图 11-29 为 6t 空气侧吹转炉和全氧侧吹转炉炉衬上测定的温度变化情况。

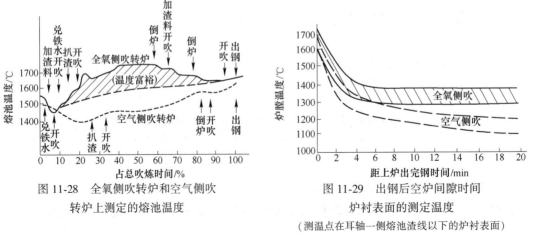

图 11-28　全氧侧吹转炉和空气侧吹
转炉上测定的熔池温度

图 11-29　出钢后空炉间隙时间
炉衬表面的测定温度

（测温点在耳轴一侧熔池渣线以下的炉衬表面）

11.3.1.3 炉渣的物理化学性能

全氧侧吹良好的搅拌和温度条件，可以造中碱度（3.0～4.0）、低氧化铁含量（10%～20%）的黏性炉渣，在保证足够的脱磷、脱硫能力下，尽量减轻初期渣对炉衬的侵蚀，发挥末期渣对炉衬表面的保护作用，避免发生顶吹转炉的泡沫渣。

与氧气底吹转炉不同，全氧侧吹转炉渣中的 $\Sigma(\text{FeO})$ 含量在不同碳含量下可以进行调整（见图 11-30）。在吹炼过程中除碳激烈氧化期炉渣返干、$\Sigma(\text{FeO})$ 含量下降外，初期渣 $\Sigma(\text{FeO})$ 含量波动在 6%～15% 之间，末期 $\Sigma(\text{FeO})$ 含量基本可以稳定在 10%～20% 之间（见图 11-31），如控制不当也有高达 30%～50% 的情况发生。

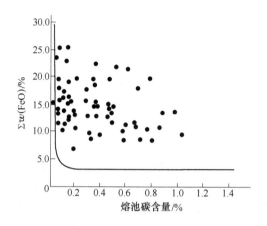

图 11-30　全氧侧吹转炉和底吹转炉熔池碳含量与 $\Sigma w(\text{FeO})$ 的关系

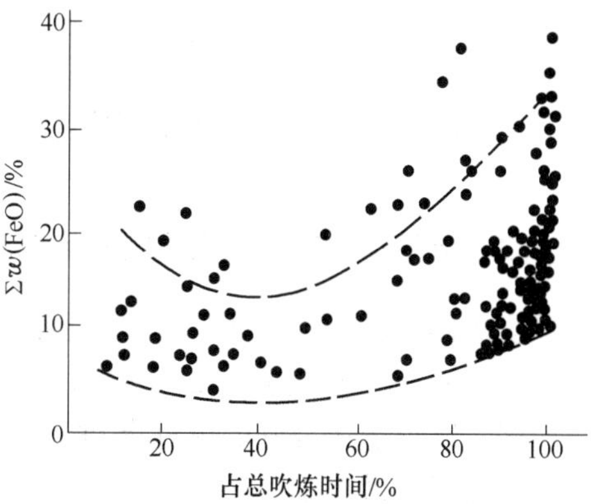

图 11-31　全氧侧吹转炉吹炼过程中 $\Sigma w(\text{FeO})$ 的变化

11.3.1.4 脱磷与脱硫能力

（1）脱磷。脱磷过程是全氧侧吹转炉区别于氧气底吹转炉的一个冶金特征。图 11-27 表明，底吹转炉不喷粉时，只有将熔池中的碳含量吹到 0.05% 以下，渣中（FeO）才能富集而获得脱磷的能力。全氧侧吹转炉不喷石灰粉，就可将中低磷铁水直接拉碳生产重轨、45 号等中碳钢。图 11-32 表明在正常操作时，全氧侧吹转炉吹炼前期的脱磷效率通常可达到 40%～50%，最好可达到 70%～80%。图 11-33 表明，在直接拉碳出钢的条件下，平均全程脱磷效率超过了 90%。

（2）脱硫。全氧侧吹转炉具备脱硫的因素是：1）温度高；2）搅拌好；3）前期可化渣脱硫；4）气化脱硫条件较好；5）渣中的（FeO）含量容易控制。通常，氧气底吹转炉的脱硫能力要略高于氧气顶吹转炉，图 11-34 表明，全氧侧吹转炉的脱硫效率不低于氧气底吹转炉。

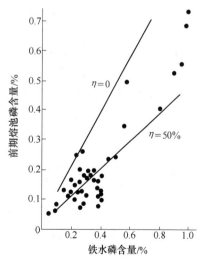

图 11-32　全氧侧吹转炉前期的脱磷效率

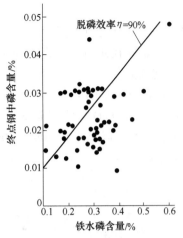

图 11-33　高拉碳炉次的全程脱磷效率

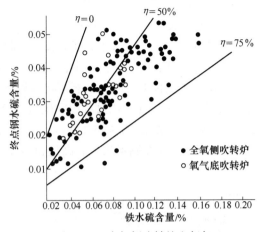

图 11-34　全氧侧吹转炉和氧气
底吹转炉的脱硫能力

11.3.2　全氧侧吹转炉炼钢法的特点与优势

全氧侧吹转炉炼钢法具有如下特点与优势：

（1）有利于控制渣中 $\Sigma(FeO)$ 含量。将氧气以埋入式从侧面直接吹入熔池上部的钢-渣界面区，既可造成良好的搅拌条件，大大增加钢-渣间的反应面积，又可对炉渣的物理化学性能进行有效控制。渣中 $\Sigma(FeO)$ 含量的控制条件，比氧气顶吹转炉和氧气底吹转炉有利。全氧侧吹转炉炉渣中 $\Sigma(FeO)$ 含量的下限可以低到3%左右（相当于氧气底吹转炉炉渣），上限可以比氧气顶吹转炉炉渣还高。为了前期脱磷，可以适当提高初渣 $\Sigma(FeO)$ 含量，提前造渣。终点则可以实行高拉碳、低氧化铁操作，必要时还可以在终点造成 $\Sigma w(FeO) < 5\%$ 的炉渣，改善脱氧条件。

（2）有利于强化熔池的搅拌。转炉埋入式侧吹氧可以通过调节氧枪数量和几何距离，保证反应区的体积和面积不小于氧气顶吹，氧流的动能可以全部用于搅拌熔池，从而避免氧气顶吹转炉内存在的反射回流可能引起的飞溅。

（3）有利于灵活控制冶金过程。全氧侧吹转炉可以通过摇炉灵活控制氧流与钢渣的相对位置（如图 11-35 所示）。对于 $100 \sim 300\text{mm}$ 厚的渣层，只需使炉体作 $7° \sim 15°$ 以下的摇动就可以对冶金过程实施灵活控制。

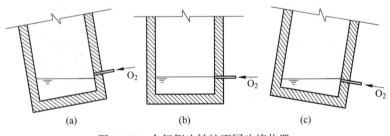

图 11-35　全氧侧吹转炉不同吹炼位置
（a）吊吹；（b）浅面吹；（c）深吹

（4）有利于提高供氧强度。侧墙上分散布置氧枪和埋入式吹氧，可增加氧枪的数量，扩大孔径，提高供氧强度，这比氧气顶吹转炉单枪操作要方便得多。

（5）有利于提高炉龄和枪龄。与底吹转炉相比，全氧侧吹转炉的炉龄要高 200~300 炉，炉底和氧枪面炉衬不必中途更换。这种差别不仅与冶炼操作有关，还与侧面吹氧方式有关，即侧吹氧枪口周围的炉衬在吹炼时承受钢液的冲刷力可能比底吹要轻一些；底吹氧枪口周围吹炼时生产的 SiO_2 等酸性氧化物，可能会强烈吸取炉衬中的碱性氧化物，而侧吹时生成的 SiO_2 可以部分被吹搅在一起的渣中 FeO、CaO 等所固定，减轻了对炉衬的化学侵蚀；可以在吹炼末期造高碱度、低氧化铁的非泡沫渣，甚至可以利用炉渣挂覆于炉衬表面，减轻炉渣对炉衬的侵蚀；空炉停吹时炉衬的表面温度不会低于 1300℃。

（6）有利于冶炼操作。停吹和倒炉进行取样、兑铁水、加废钢、补炉及出钢等操作时，氧枪枪口始终朝下，不怕渣钢倒灌和物料的冲砸，处于最安全的位置。保持在 $0.05kg/cm^2$ 的氧压即可以进行各项操作。

11.4 顶底复合吹炼转炉炼钢法

氧气转炉顶底复吹冶炼法（如图 11-36 所示）可以说是顶吹转炉和底吹转炉冶炼技术不断发展的必然结果。1978 年 4 月，法国钢铁研究院（IR-SID）在顶吹转炉上进行了底吹惰性气体搅拌的实验并获得成功。1979 年 4 月，日本住友金属发表了转炉复合吹炼的报告，从而加速了各国对 LD 转炉的改造。到 1981 年底，全世界采用复吹的转炉达 81 座。由于复吹法在冶金效果、操作以及经济上均体现出一系列的优点，加之容易改造，在世界范围内的普及速度相当快。我国首钢、鞍钢分别在 1980 年和 1981 年开始进行复吹的实验研究，并于 1983 年分别在首钢 30t 转炉和鞍钢 180t 转炉上推广使用。

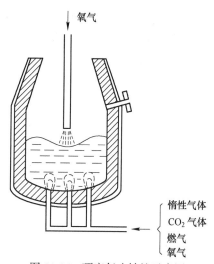

图 11-36 顶底复吹转炉示意图

11.4.1 顶底复合吹炼转炉炼钢法的类型

国内外所采用的顶底复合吹炼法主要是为解决顶吹氧气转炉，特别是大型炉子熔池搅拌强度不足的问题而发展起来的。虽然各厂根据自身条件开发了多种顶底复吹方式，但归纳起来主要有以下三类：

（1）顶吹氧、底吹惰性气体的复吹工艺。其代表方法有 LBE、LD-KG、LD-OTB、NK-CB、LD-AB 等，顶部 100%供氧气，并采用二次燃烧技术以补充熔池热源；底部供给惰性气体，吹炼前期供氮气，后期切换为氩气，供气强度在 0.03~0.12 $m^3/(t \cdot min)$ 范围内。底部多使用集管式喷嘴、多孔塞砖或多层环缝管式供气元件。

（2）顶底复合吹氧工艺。其代表方法有 BSC-BAP、LD-OB、LD-HC、STB、STB-P 等，顶部供氧比为 60%~95%，底部供氧比为 5%~40%。底部的供氧强度在 0.2~2.5$m^3/(t \cdot min)$ 范围内，属于强搅拌类型，目的在于改善炉内动力学条件的同时使氧与杂质元素直接反应，加速吹炼过程。底部供气元件多使用套管式喷嘴，中心管供氧，环管供天然气、液化石油气或油等冷却剂。

（3）底吹氧、喷熔剂工艺。其典型代表有 K-BOP。在顶吹转炉底部，通过底枪在吹氧的同时喷吹石灰等熔剂，吹氧强度一般为 $0.8 \sim 1.3 \mathrm{m}^3/(\mathrm{t} \cdot \min)$，熔剂的喷入量取决于钢水脱磷、脱硫的量。此工艺除加强熔池搅拌外，还有使氧气、石灰和钢水直接接触，加速反应速度的优点。

11.4.2　底部供气元件的类型及特点

底部供气元件是复吹技术的核心，目前有喷嘴型、砖型和多微管透气塞型三类。它们都必须满足分散、细流、均匀、稳定的供气要求。

（1）喷嘴型供气元件。它有单管、双层套管、环缝管或双槽式等形式。单管式为圆形等截面钢管，适用于喷吹 Ar、N_2 等气体，由于流量调节范围有限，而且易烧损，已经很少使用。双层套管式中心管通氧气，内、外管间环缝通碳氢化合物保护介质，或者内管和环缝均通 Ar、N_2、CO_2 等相同介质，但压力和流量不同。环缝管是将内管用泥料堵塞，环缝通气，最大限度地扩大了双层套管内、外压差，但它不适合于喷吹氧化性较强的气体。由于冷却介质流量不足、冷却过度、喷管堵塞和气流的"后坐"现象等，喷嘴型供气元件有时存在烧结和结瘤现象，需要从冷却介质工艺参数方面加以改进。使用碳氢化合物作喷嘴的冷却介质，在喷嘴出口周围可以形成蘑菇头（炉渣与金属的凝结层，其中有放射气孔带），对喷嘴有保护作用。蘑菇头大小取决于所吹气体的冷却能力及流量。

（2）砖型供气元件。砖型供气元件包括弥散型透气砖、砖缝组合型透气砖和直孔型透气砖三类。弥散型透气砖适于喷吹 Ar、N_2 等搅拌气体，气体阻力大，透气量小，不能喷吹氧化性气体。砖缝组合型供气阻力小，适用于喷吹惰性气体，但容易漏气且各缝气流不均匀。直孔型透气阻力小，而且气流分布较均匀，不容易漏气。

（3）多微管透气塞型供气元件。它是钢管型与砖型供气元件两者的结合，微管直径早期为 1.5mm 左右，现增大到 3~4mm。微管的合理排布方式是保证管上形成的蘑菇头连接起来，因此，管距应在设定蘑菇头半径的 2 倍以内。

11.4.3　顶底复合吹炼转炉内的反应

（1）成渣速度。复吹转炉与顶吹、底吹两种转炉相比，熔池搅拌范围大且强烈，从底部喷入石灰粉造渣，成渣速度快。通过调节氧枪枪位化渣，加上底部气体的搅动，形成高碱度、流动性良好和具有一定氧化性的炉渣，需要的时间比顶吹转炉或底吹转炉的都短。

（2）渣中 $\Sigma(\mathrm{FeO})$ 含量。顶底复吹转炉在吹炼过程中，渣中 $\Sigma(\mathrm{FeO})$ 含量的变化规律与顶吹转炉、底吹转炉有所不同，这是它炉内反应的特点之一。复吹转炉渣中 $\Sigma w(\mathrm{FeO})$ 的变化规律如图 11-37 所示。从图中可看出，从吹炼初期开始到中期 $\Sigma(\mathrm{FeO})$ 含量逐渐降低，中期变化平稳，后期又稍有升高，其变化的曲线与顶吹转炉有某些相似之处。就渣中 $\Sigma(\mathrm{FeO})$ 含量而言，顶吹转炉（LD）>复吹转炉（LD/Q-BOP）>底吹转炉（Q-BOP），见图 11-38。复吹转炉炉渣的 $\Sigma w(\mathrm{FeO})$ 低于顶吹的原因主要为：1）从底部吹入的氧生成的 FeO 在熔池的上升过程中被消耗掉；2）有底吹气体搅拌，渣中 $\Sigma(\mathrm{FeO})$ 含量低，也能化渣，在操作中不需要高含量的 $\Sigma(\mathrm{FeO})$；3）上部有顶枪吹氧，所以其 $\Sigma(\mathrm{FeO})$ 含量要高于底吹氧气转炉。

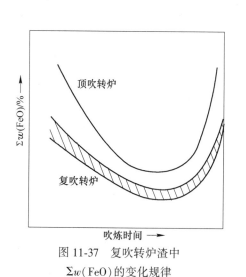

图 11-37 复吹转炉渣中
$\Sigma w(\text{FeO})$ 的变化规律

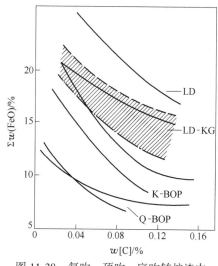

图 11-38 复吹、顶吹、底吹转炉渣中
$\Sigma w(\text{FeO})$ 的比较

（3）钢水中的碳。吹炼终点的[C]-[O]关系和脱碳反应不引发喷溅，也反映了复吹转炉的冶金特点。复吹转炉钢水的脱碳速度高且比较均匀，原因是从顶部吹入大部分氧，从底部吹入少量的氧，供氧比较均匀，脱碳反应也就比较均匀，使渣中 $\Sigma(\text{FeO})$ 含量始终不高。在熔池底部生成的 FeO 与[C]有更多的机会反应，FeO 不易聚集，从而很少产生喷溅。图 11-39 所示为复吹转炉、顶吹转炉、底吹转炉吹炼终点的[C]-[O]关系，复吹转炉的[C]-[O]关系线低于顶吹转炉，比较接近底吹转炉的[C]-[O]关系线。在相同碳含量下，复吹转炉的金属收得率高于顶吹转炉。图 11-40 所示为 65t 复吹转炉底部吹入惰性气体前后钢水中[C]-[O]关系的变化。吹入惰性气体后，钢水中的[C]-[O]关系线下移，原因是吹入熔池中的 N_2 或 Ar 小气泡降低 CO 的分压，同时还为脱碳反应提供场所。因此，在相同碳含量的条件下，复吹转炉钢水中的氧含量低于顶吹转炉钢水。

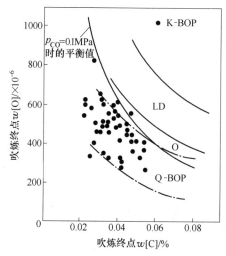

图 11-39 复吹转炉、顶吹转炉、底吹
转炉吹炼终点的[C]-[O]关系

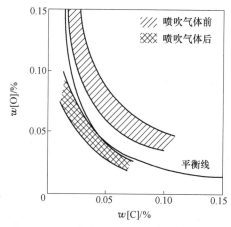

图 11-40 65t 复吹转炉底部吹入惰性气体前后
钢水中的[C]-[O]关系的变化

（4）钢水中的锰。顶底复吹转炉中$\Sigma w(FeO)$低，在吹炼初期，钢水中的锰只有30%~40%被氧化；待温度升高后，在吹炼中期的后段时间又开始回锰，所以出钢前钢水中的残（余）锰量较顶吹转炉高，见图11-41。

（5）钢水中的磷。从炉底部吹入的氧气可与金属液反应生成FeO，FeO与[P]反应，也有可能氧直接氧化金属液中的[P]而生成P_2O_5。从反应的动力学来看，强有力的熔池搅拌有利于脱磷，在吹炼初期，脱磷率可达40%~60%，以后保持一段平稳时间，吹炼后期脱磷又加快，如图11-42所示。复吹转炉磷的分配系数相当于底吹转炉，但比顶吹高得多。

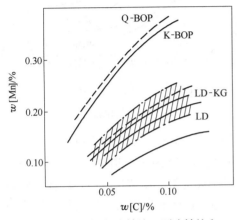

图 11-41　2.5t 复吹转炉、顶吹转炉和
底吹转炉钢水中锰含量的变化

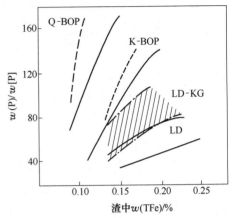

图 11-42　2.5t 复吹转炉、顶吹转炉和
底吹转炉钢水中磷含量的变化

（6）钢水中的硫。顶底复吹转炉的脱硫条件较好，原因有以下四个方面：

1）底部喷石灰粉、顶吹氧能及早形成较高碱度的炉渣；

2）渣中$\Sigma w(FeO)$比顶吹低；

3）底部喷石灰粉有利于改善脱硫反应动力学条件；

4）熔池搅拌好、反应界面大也有利于改善脱硫反应动力学条件。

顶底复吹转炉石灰单耗低、渣量少，铁合金单耗相当于底吹转炉，氧耗介于顶吹与底吹之间。顶底复吹转炉能形成高碱度氧化性炉渣，提前脱磷，直接拉碳，生产低碳钢种，对吹炼中、高磷铁水有很大的适应性。

11.4.4　顶底复合吹炼转炉少渣冶炼

铁水经预脱硅、预脱磷和预脱硫处理后，为转炉提供低硅、低磷和低硫的铁水，这样就可以不大量造渣，简化转炉操作，转炉内只进行脱碳和升温操作。这就是转炉少渣冶炼的基本含义。

1979年，新日铁室兰厂开发了脱硅铁水在转炉内的小渣量冶炼法，即SMP法（slag minimizing process）。在此基础上，新日铁君津厂于1982年投产了采用石灰熔剂脱磷、脱硫预处理的ORP法（optimizing the refining process）法，即首先在高炉铁水沟加入氧化铁皮进行脱硅，铁水硅含量降至0.15%以下，然后进入鱼雷罐车与上一次的脱磷脱硫剂进行混合，待渣铁分离后扒渣，再向鱼雷罐车内喷入石灰粉剂，进行脱磷脱硫处理，脱磷率约

88%，脱硫率约 80%。同年，日本住友金属也投产采用了苏打粉进行铁水预处理的 SARP 法（sumitomo alkali refining process），即将高炉铁水首先脱 Si，当 $w[Si]$ <0.1% 以后，扒出高炉渣，然后喷吹苏打粉 19kg/t，其结果使铁水脱硫 96%，脱磷 95%。1983 年，神户制钢开发了石灰和苏打粉联合预处理铁水的 OLTPS 法。1986 年，新日铁大分厂在君津 ORP 基础上进行了改进，投入使用了 ORP-M 工艺，进一步提高铁水处理量和提高脱 P 效率，如图 11-43 所示。由此，开创了转炉少渣冶炼的发展历程，并逐渐完善，形成了今天的转炉生产中的先进工艺流程。

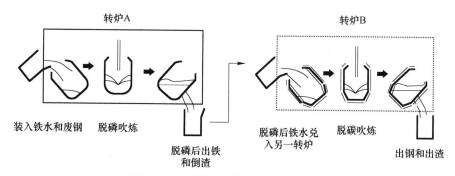

图 11-43　日本新日铁的 ORP-M 工艺

采用转炉作为铁水预处理设备已经成为该技术发展的一个新趋势，如住友的复吹转炉 SRP，神户的顶吹"H 炉"，川崎的低吹转炉 Q-BOP 等。住友在鹿岛厂 250t 和和歌山厂 160t STB 复吹转炉（脱磷炉）进行预处理，与公称容量相等的 STB 复吹转炉（脱碳炉）构成两级逆流反应器的 SRP 工艺（simple refining process），其工艺特点体现在：(1) 复吹的脱磷炉可用廉价的脱磷剂进行快速处理，10min 内可得到 $w[P]$ <0.02% 的低磷铁水；(2) 底吹的条件下可熔化 7% 的废钢，较大的底吹气量因提高了磷的分配比和石灰的溶解度可进一步提高脱磷速度，减少渣量；(3) 与常规工艺相比，冶炼一般钢种，石灰的用量可减少一半。新日铁开发了同一转炉进行铁水脱磷预处理和脱碳的 MURC 工艺（multi-refining converter），类似传统"双渣法"炼钢，并在室兰和大分制铁所应用，其特点是前期脱磷渣一般可倒出 50%，脱碳渣可直接留炉用于下一炉脱磷吹炼，冶炼周期在 33~35min，如图 11-44 所示。

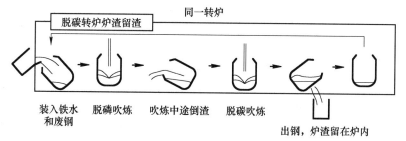

图 11-44　日本新日铁的 MURC 工艺

复吹转炉少渣冶炼的冶金特性：

(1) 还原性功能。由于渣量少，复吹转炉中 $\sum$(FeO) 低，底部吹 Ar 或 N_2 搅拌熔池，使熔池中渣、钢的氧分压都降低，而具有一定程度的还原性功能。这样吹入的锰矿粉，可利用渣量少，$\sum$(FeO) 低，熔池温度高的特点，使 MnO 直接还原，回收锰矿中的 Mn，从而提高钢液中锰含量。

（2）钢中的氢明显减少。由于散装料及铁合金消耗量减少，少渣精炼时钢水和炉渣的氢含量明显减少，可以稳定地得到终点 $w[H]<2.0\times10^{-6}$ 的钢水。

（3）铁损明显减少。由于渣量减少，渣带走的铁损明显减少。由于覆盖钢水的渣层薄，使烟气带走的烟尘量增多。

11.4.5　顶底复吹转炉底枪布置与熔池搅拌

复吹转炉出现初期，底枪（即底部供气元件）支数是沿用底吹氧气转炉的多支底枪布置的。一般而言，30~70t 的复吹转炉底枪有 6~12 支；150~220t 的复吹转炉底枪有 9~12 支。随着复吹转炉底吹技术的不断完善，底枪支数太多，不论从供气工艺和设备维修，还是底枪寿命等都不适应复吹转炉冶炼快节奏运转，故逐渐由多支底枪转变为 4 支、2 支甚至 1 支底枪。转炉采用溅渣护炉后底枪支数又有所增加，由 1~2 支增加 4 支、6 支、8 支、10 支，甚至还有 16 支底枪的复吹转炉。

从底枪在复吹转炉炉底的布置来看存在着对称布置和非对称布置两种布置方式。对称布置是指对炉底所有底枪采取对称轴的布置方式，非对称布置是指对炉底所有底枪找不到对称轴的布置方式。欧洲转炉多采用多支底枪对称布置，如武钢三炼钢 250t 的转炉 16 支底枪（西班牙技术），梅钢 150t 转炉 8 支底枪，沙钢 180t、南钢 150t 转炉 10 支底枪。而日本转炉多采用少支底枪对称分布，如早期的宝钢 300t 转炉两支底枪。从目前我国复吹转炉的底枪布置位置来看，存在不同的布置位置，有的转炉底枪布置在（0.23~0.32）D（D 为熔池直径）的位置，有的转炉布置在 0.7D 的位置。表 11-7 为我国的一些复吹转炉的底枪支数和布置方式，这些复吹转炉大多数采用对称布置且有的底枪布置在小于 0.4D 的位置。

表 11-7　我国一些复吹转炉底枪支数和布置方式

厂名	转炉容量/t	底枪支数/支	底枪布置位置及方式	供气强度 /m³·(t·min)⁻¹（标态）
太钢	80	4	0.45D，对称	0.03~0.08
三钢	100	6	（0.46~0.63）D 非对称	0.04~0.20
济钢	120	8	非对称	0.02~0.09
通钢	120	8	4 支 0.61D、4 支 0.32D，对称	0.02~0.10
三钢	120	6	非对称	0.04~0.20
梅钢	150	8（1 号、2 号炉）；10（3 号炉）	0.63D（1 号、2 号炉），对称；4 支 0.23D、6 支 0.63D（3 号炉），对称	0.01~0.10
南钢	150	10	6 支 0.60D、4 支 0.29D，对称	0.04~0.08
沙钢	180	10	6 支 0.61D、4 支 0.27D，对称	0.04~0.08
鞍钢	180	8	0.625D，对称	0.025~0.08
包钢	210	4	0.60D，对称	0.03~0.09
迁钢	210	12	对称	0.025~0.15
涟钢	210	12	0.51D，对称	
武钢	250	16	0.60D，对称	
中天	120	8	0.45D，对称	

　　图 11-45 所示为我国一些复吹转炉的底枪布置，图中这些底枪布置对于所有底枪均有对称轴存在，所以属于对称的底枪布置，且底枪布置较为分散。

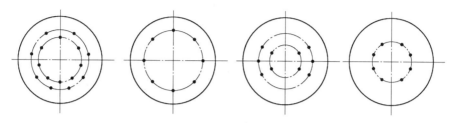

图 11-45　我国一些复吹转炉的对称底枪布置形式

　　图 11-46 所示为 100t 复吹转炉原底枪布置方式，原底枪布置采用 6 支底枪对称布置，其中有两支底枪布置在 0.26D 上，其余 4 支底枪布置在 0.50D 上。按照相似理论，以 1∶8.5 的几何相似比在实验室建立复吹转炉吹炼的物理模型，在试验中，保证修正的弗鲁德数相等，进行不同底枪布置的复吹转炉熔池物理模拟试验，测定熔池的混匀时间。图 11-47 所示为在该底枪布置方式和顶吹气体流量为 $Q_{T,m}=41m^3/h$（标态）条件下，进行物理模拟试验，测定的熔池混匀时间与顶枪枪位 $h_{L,m}$ 和底吹气体流量 $Q_{B,m}$ 的关系。由图可知，原底枪布置的复吹转炉的熔池混匀时间在 50~62s 之间。在试验中观察发现，由于原底枪

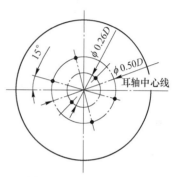

图 11-46　100t 复吹转炉
原底枪对称布置（方案 1）

布置有两支底枪布置在 0.26D 上，过于靠近转炉炉底中心，从底部吹入的底吹气体在上升的过程中，与顶吹向下的气体射流在熔池液面相碰撞，造成气体的搅拌能损失，使得熔池混匀时间长，并且随底吹气体流量增加时熔池混匀时间变化不大。图 11-48 所示为 100t 复吹转炉原底枪布置冲击坑形状，由图可以看到，由于布置在 0.26D 上的两支底枪的上升气流与顶吹气体射流在冲击坑内相碰撞，造成冲击坑的水平截面变成"8"字形状。

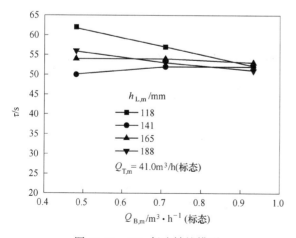

图 11-47　100t 复吹转炉模型
原底枪布置的熔池混匀时间

图 11-48　100t 复吹转炉模型
原底枪布置冲击坑形状

　　分别采用 4 支或 6 支底枪对称布置在 0.50D、0.63D 上，如图 11-49 所示。对这些对称底枪布置进行试验，测定 100t 复吹转炉熔池混匀时间，结果如图 11-50 所示，图中的混匀时间是顶枪枪位分别为 141mm 和 165mm 试验测定的混匀时间的平均值。由图可知，对于这三种对称底枪布置，转炉熔池的混匀时间在 50~60s 之间，熔池混匀时间依然较长，并且在研究的底吹气量范围内，底吹气量增加对熔池搅拌效果不明显。

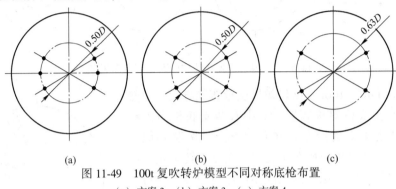

图 11-49　100t 复吹转炉模型不同对称底枪布置

（a）方案 2；（b）方案 3；（c）方案 4

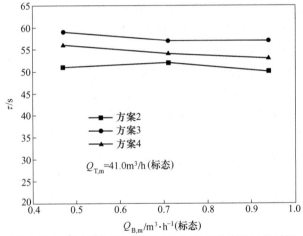

图 11-50　100t 复吹转炉模型对称底枪布置熔池混匀时间

　　图 11-51 所示为采用 3、4、5、6 支底枪非对称相对集中布置在 0.42D、0.50D 和 0.63D

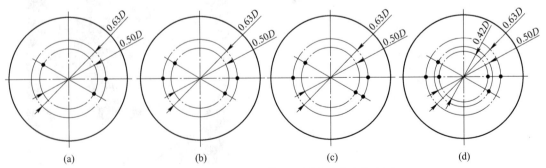

图 11-51　100t 复吹转炉模型不同非对称底枪布置

（a）方案 5；（b）方案 6；（c）方案 7；（d）方案 8

上的底枪布置，试验测定了这些非对称底枪布置的转炉熔池的混匀时间，结果如图 11-52 所示，图中的混匀时间依然为顶枪枪位为 141mm 和 165mm 试验测定的混匀时间的平均值。由图可知，采用非对称的底枪布置，转炉熔池的混匀时间降低到了 32~46s，除方案 5 外，其他三种底枪布置方案在底吹气体流量大于 $0.7\mathrm{m}^3/\mathrm{h}$（标态）后，熔池的混匀时间均小于 40s，上述的结果表明采用非对称相对集中底枪布置有助于改善熔池的混匀时间，降低混匀时间 30% 左右。

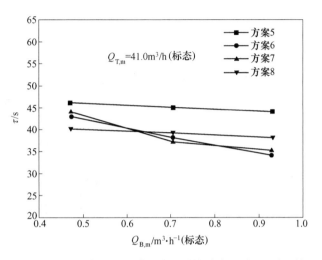

图 11-52　100t 复吹转炉模型非对称底枪布置熔池混匀时间

　　转炉采用对称底枪布置，特别是底枪分散对称布置时，每支底枪吹入熔池的搅拌气流在自身周围产生一个自下而上循环流动的搅拌子区域。由于底枪对称布置，造成熔池流体的水平流动速度很小，这些搅拌子区域相互独立，不利于转炉整个熔池混匀，造成混匀时间长。而转炉采用非对称相对集中的底枪布置时，可以在熔池中形成非对称的流体流动，从而驱使流体产生水平流动，有利于整个熔池的搅拌混匀，缩短熔池的混匀时间。

　　图 11-53 所示为采用底枪布置方案 6 的 100t 复吹转炉熔池混匀时间随顶枪枪位和底吹

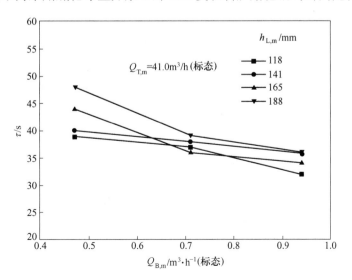

图 11-53　100t 复吹转炉模型底枪布置方案 6 的熔池混匀时间

气量的变化。从图可以看出，底枪布置方案 6 不仅可以缩短转炉熔池的混匀时间，而且随着底吹气量的增加，熔池混匀时间随之下降，说明底吹气体的搅拌作用得到体现。由图还可看出，在小的底吹气量如 0.47m³/h（标态）下，低的枪位有利于熔池混匀，枪位升高，混匀时间增大，随底吹气量增加，顶吹枪位对熔池混匀的作用下降。这主要是由于顶吹气体对转炉熔池的搅拌混匀作用没有底吹气体大。

图 11-54 所示为采用底枪布置方案 6 的复吹转炉形成的冲击坑形状。由图可见，由于没有了 0.26D 的两支底枪，底吹气体不再与顶吹气体相碰撞，形成的冲击坑的水平截面形状呈圆形。

在福建三钢 1 号、2 号 100t 复吹转炉的不同炉役在相同的炉龄期间考察了不同底枪布置时转炉的冶金效果。1 号 100t 复吹转炉采用不同的底枪布置的终点冶金效果如表 11-8 所示，由表可知，采用非对称底枪相对集中布置后，复吹转炉吹炼终点冶金指标得到改善，在平均终点碳含量和温度下，钢水平均氧含量、平均碳氧浓度积、平均残锰、平均终渣 TFe 和平均终点磷含量都得到了降低。图 11-55 和图 11-56 所示分别为原对称底枪布置（2 号炉、方案 4）和优化后非对称底枪相对集中布置（2 号炉、方案 8）的吹炼终点碳氧浓度关系。由图 11-55 可以看出，原 4 支底枪采用对称布置，转炉吹炼终点碳氧浓度积偏离热力学平衡值较大，平均碳氧浓度积为 0.0033，而图 11-56 中的数据表明，采用非对称底枪相对集中布置时，转炉吹炼终点碳氧浓度积与热力学平衡值的偏离程度变小，平均的碳氧浓度积为 0.027。

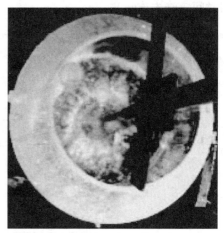

图 11-54　100t 复吹转炉模型
底枪布置方案 6 的冲击坑

表 11-8　1 号 100t 复吹转炉不同底枪布置的终点冶金效果

底枪布置方案	平均 w[C]/%	平均 w[O]/%	平均碳氧积	碳氧积≤0.0027 的炉数/%	平均 w[Mn]/%	平均 w(TFe)/%	平均 w[P]/%	平均 t/℃
方案 1	0.051	0.060	0.0031	11	0.183	15.23	0.0167	1635
方案 8	0.056	0.047	0.0026	42	0.212	13.36	0.0148	1631

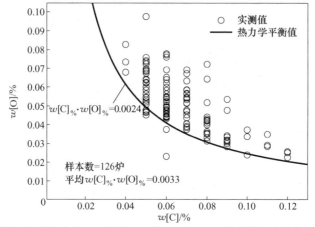

图 11-55　采用对称底枪布置（2 号炉、方案 4）的 100t 复吹转炉吹炼终点氧和碳含量

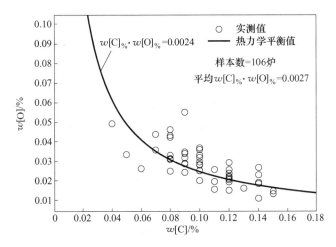

图 11-56　采用非对称底枪布置（2 号炉、方案 8）的 100t 复吹转炉吹炼终点氧和碳含量

对 120t 复吹转炉分别采用 4、6、8 支底枪以非对称方式布置，如图 11-57 所示，按照相似原理以 1∶10 的几何相似比建立复吹转炉模型，进行物理模拟试验。图 11-58 和图 11-59 所示分别为不同底枪布置方案在顶枪枪位分别为 140mm 和 180mm 时，复吹条件下熔池混匀时间随底吹气体流量的变化。从图 11-58 可以看出，在顶枪枪位为 140mm 的条件下，当底吹气体流量为 0.52m³/h（标准）时，底枪支数对复吹转炉熔池的混匀时间影响较大，4 支底枪的混匀时间最短，而 8 支底枪的混匀时间最长，6 支底枪的混匀时间位于两者之间。这是由于在小的底吹气体流量下，底枪支数越多，单位时间内从每支底枪吹入到转炉熔池中的气体量越小，等价于分散供气方式，不利于熔池的混匀。因此，在小的底吹气量下，即使以非对称方式的布置底枪，采用较多的底枪时，熔池的混匀时间长，而采用较少底枪支数，有利于转炉熔池混匀。当底吹气量增加，三种底枪布置方案的混匀时间相差不大，并且熔池混匀时间随底吹气量增加变化不大。图 11-59 所示的试验结果表明，顶枪枪位提高，复吹转炉熔池的混匀时间有所延长，并且随底吹气量增加而有所下降；8 支底枪布置方案 C4 的混匀时间比 4 支和 6 支底枪布置方案 A3 和 B5 的混匀时间长。

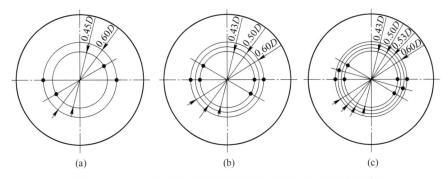

图 11-57　120t 复吹转炉模型不同底枪支数的非对称布置方式
（a）A3；（b）B5；（c）C4

图 11-60 所示为 120t 复吹转炉模型不同底枪支数采用对称布置方式的底枪布置位置，为了对比图 11-57 和图 11-60 两类底枪布置对转炉熔池的搅拌作用，在纯底吹的条件下，

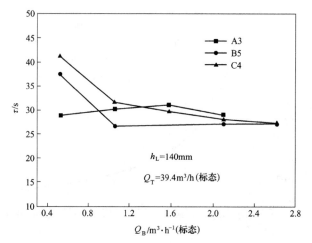

图 11-58　底枪布置 A3、B5、C4 在 $Q_T = 39.4 \mathrm{m^3/h}$（标态）和 140mm 枪位的混匀时间

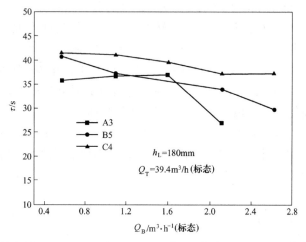

图 11-59　底枪布置 A3、B5、C4 在 $Q_T = 39.4 \mathrm{m^3/h}$（标态）和 180mm 枪位的混匀时间

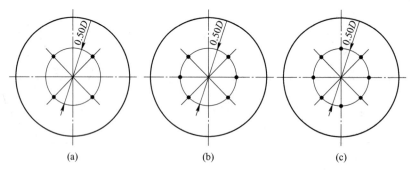

图 11-60　120t 复吹转炉模型不同底枪支数的对称布置方式

(a) A1；(b) B1；(c) C1

以不同底吹气流量搅拌转炉熔池，测定转炉熔池的混匀时间，结果如图 11-61 所示。由图可以看出，采用非对称相对集中的方式布置复吹转炉的底枪，转炉熔池的搅拌效果得到很

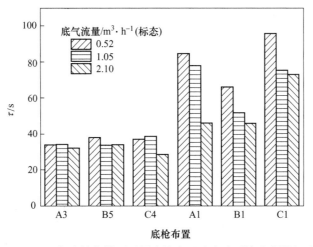

图 11-61　120t 复吹转炉模型不同底枪布置纯底吹时熔池的混匀时间

大改善，转炉熔池的混匀时间明显低于分散对称布置底枪的转炉。C1 为 8 支底枪均匀布置在同一圆周上的对称底枪布置方式，在所研究的底吹气量下，熔池混匀时间最长。这是由于从 C1 方案底枪吹入的底吹气体在此圆周上形成了一个屏障，将熔池隔离成内外两个区域，这两个区域之间的传质受到该气体屏障的阻碍，造成熔池混匀时间延长。因此，这种底枪布置方式不利于整个转炉熔池的混匀。

图 11-62 所示为福建三钢 120t 转炉采用 B5 非对称底枪相对集中布置的吹炼终点碳氧浓度关系。由图可知，转炉吹炼终点碳氧浓度积与热力学平衡值的偏离程度较小，有较多炉次的碳氧浓度积低于 1600℃ 和 $p_{CO} = 0.1MPa$ 的热力学平衡值，终点平均碳氧浓度积为 0.0025。

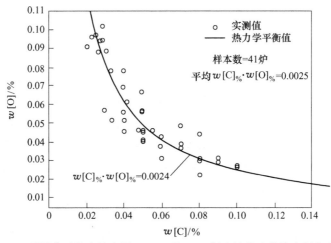

图 11-62　采用非对称底枪布置（B5）的 120t 复吹转炉吹炼终点氧和碳含量

11.5　氧气转炉炼钢的自动控制技术

近年来，在炼钢过程中应用计算机控制已成为钢铁工业发展的重要方向，并且也是衡量炼钢技术水平高低的重要标志。采用计算机控制转炉炼钢过程，可以提高大型设备生产效率，加强质量管理和生产管理，减轻工人劳动强度，改善转炉炼钢操作，优化工艺流程，降低生产成本，提高终点命中率，减少补吹次数，提高出钢质量。

11.5.1 转炉炼钢自动控制过程

所谓计算机控制系统，是指对象、过程、计算机系统、各种控制装置、操作设备和检测仪器等有机结合的综合体。针对转炉炼钢，其计算机控制过程可描述为：

（1）在上一炉的冶炼终点启动本炉装料计算。根据知识模型计算出本炉冶炼所需铁水和废钢量，以便在铁水站和废钢场进行主原料准备，同时计算出本炉冶炼所需石灰、轻烧、萤石等辅原料的量，为本炉冶炼做好准备。

（2）在铁水和废钢装入转炉后启动静态控制模型，计算出本炉冶炼需加冷却剂量和吹氧量。

（3）氧枪降入炉内，按规定供氧制度、枪位模式、辅原料加入制度和供气制度进行吹炼。

（4）达到静态计算吹氧总量90%左右时，下副枪检测钢水温度和成分。

（5）启动动态控制模型，根据副枪测得的数据计算出为达命中终点目标需补加冷却剂量和补吹氧量。

（6）吹炼达到补吹氧量值时自动提升氧枪，对钢水进行终点检测，若钢水温度和成分都达到目标要求范围，则允许出钢；否则，进行再吹炼处理。

（7）收集并分析整个冶炼过程中的实际数据，对静态和动态模型进行修正。

11.5.2 转炉自动控制系统结构

转炉炼钢自动控制系统一般分为三级，即生产管理级（三级）、过程控制级（二级）和基础自动化级（一级）。生产管理级也称厂级管理级，其主要功能是负责生产信息的管理，并将这些信息加工处理后下传给过程控制级，同时接收由过程控制级反馈回来的有关数据，完成数据的分析、存储、查询等操作。过程控制级主要是对冶炼过程进行监督和控制，完成过程控制模型的计算，并将计算结果和设定值下装到基础自动化级，同时与生产管理级进行数据交换，接收来自基础自动化级的过程数据。基础自动化级主要由 PC 机、可编程序逻辑控制器（PLC）及各种检测设备等组成，它是整个控制系统的硬件保证，其主要功能是接收过程控制级下装数据以完成冶炼过程中各种操作，并将采集到的过程信息传给过程控制级。转炉炼钢自动控制系统分级示意图如图 11-63 所示。

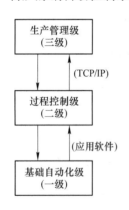

图 11-63　转炉炼钢自动
控制系统分级示意图

过程控制级与生产管理级和基础自动化级通过基于以太网（Ethernet）且采用 TCP/IP 协议的网络系统相连接，同时采用应用软件对基础自动化级进行管理和操作。

11.5.3 转炉炼钢数学模型

转炉炼钢的知识模型主要包括装入量模型、造渣模型等，这些转炉冶炼的工艺模型是依据其工艺特点而建立的，这在前面的章节中已做了比较详细的介绍。

11.5.4 转炉炼钢终点控制模型

从广义上讲，模型是对事物行为规律的描述，是系统中各因素的具体化，即系统中各因素间整体性、关联性、协调性、因果性的具体化，通常采用数学表达式描述。转炉炼钢过程控制模型是应用数学关系式并结合具体方法来对转炉冶炼过程进行定量描述，表达出冶炼过程所关心的主要参数及影响这些参数的主要因素，达到控制钢水质量的目的。它不仅直接指导转炉冶炼过程的进行，同时还是自动控制系统中承上启下的桥梁，可以说它是整个自动控制系统的核心。过程控制系统的建立和运行需要相适应的过程控制模型，过程控制模型是过程控制系统建立和正常运行的基础，只有建立合理的过程控制模型，过程控制系统的建立和运行才有依据和保证。

11.5.4.1 转炉炼钢静态控制

转炉炼钢过程静态控制模型的建立依据再现性原理。所谓再现性原理，是指对某一具体转炉炉役，在生产条件和工艺操作相同的前提下，各炉次冶炼效果一致，若按与相邻正常历史炉次（参考炉次）完全相同的生产条件和工艺操作对本炉次进行冶炼，则本炉次的冶炼效果应与参考炉次的冶炼效果相同。基于再现性原理建立转炉炼钢过程静态控制模型，虽无法保证本炉次生产条件和工艺操作与历史炉次完全相同，但在生产条件和工艺操作稳定的基础上，该原理仍适用且收到一定效果。应用再现性原理，应假设整个转炉炉役期间转炉内部炉型可通过溅渣护炉和炉型修补等措施保持不变。依据再现性原理建模过程中，参考炉次的选取应符合以下要求：生产条件和工艺操作正常，且与本炉次相似；冶炼终点命中目标范围；距本炉次时间最近。

鉴于增量控制模型应用较为广泛和成功，且多数先进控制技术应用也以其为基础，因此在借鉴了机理模型和统计模型原理的基础上，可采用对参考炉次进行增量计算的方法来建立转炉炼钢过程静态控制增量模型。该方法对转炉参考炉次进行考察，运用统计学方法获得参考炉次终点控制实绩，并将控制实绩进行筛选，用于指导本炉次冶炼。对终点进行增量控制比较贴近冶炼过程具体情况，也可减小系统偏差带来的影响。静态增量控制模型原理及其在整个冶炼过程中的作用如图 11-64 所示。

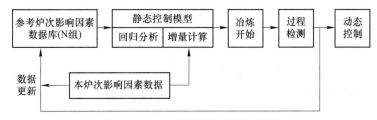

图 11-64 静态增量控制模型原理图

根据参考炉次建立的影响因素数据库所提供的数据与本炉次影响因素数据一起提供给静态控制模型进行回归分析，通过静态模型提供的控制变量增量回归方程和本炉次控制参量计算公式，分别计算出控制参量增量值和本炉次控制参量值，用于指导本炉次冶炼。为提高模型适用性和控制精度，炉役期间需对参考炉次影响因素数据库不断更新，以更新后的数据库影响因素数据进行参考炉次冶炼实绩计算来指导本炉次冶炼。可采用递推方法实现参考炉次影响因素数据库的更新，即在本炉次静态冶炼结束阶段对钢水进行检测，若冶炼结果符合预先设定目标范围，则将本炉次冶炼数据存入数据库，作为最新数据取代原数据库中的旧数据，以更新后的数据库来指导下一炉次冶炼。

11.5.4.2　转炉炼钢终点动态控制

静态控制模型是在做了一些假设的前提下，将转炉整个炉役期间工艺操作看成完全连续的过程，认为相邻炉次炉内变化对冶炼结果的影响近似完全相同的基础上建立的。由于转炉内部物理化学变化极其复杂，各因素间耦合性极强，因此，单纯应用静态控制模型指导冶炼的效果并不理想，需通过冶炼后期控制参量的动态调整来提高被控参量终点命中率。

其实，无论是对冶炼终点碳含量和温度的预报还是控制，实质都是在静态控制基础上对冶炼被控参量的修正，修正前提是要知道钢水在修正开始时刻的状态值，为获得用于后期动态修正的初始状态，要求引入必要的检测手段。

对熔池钢水状态进行检测的方法很多，副枪技术是其中应用最为广泛和有效的一种。转炉副枪装置可用来快速、间断地检测冶炼过程熔池钢水状态，尤其适合生产节奏较快的转炉炼钢及全连铸过程，并已成为转炉炼钢实现过程自动控制不可或缺的重要工具。副枪技术也存在局限，由于空间的原因，不能在小于 100t 的转炉上安装副枪。

转炉副枪是广义概念，其得名是相对于转炉喷吹氧气的氧枪，它同样是从炉口上部插入炉内的水冷枪。一般转炉副枪分为操作副枪和测试副枪两类，操作副枪用来向转炉内喷吹石灰粉、附加燃料或精炼用气体；测试副枪则用来检测转炉冶炼过程熔池钢水状态，即以此来测定钢水温度、碳含量及溶解在钢水中的氧浓度和熔池液面高度，也可取样进行化学分析。

副枪装置的主要功能是对冶炼过程熔池钢水状态进行检测，通过副枪检测可获得冶炼期间熔池钢水某时刻状态，根据该状态对冶炼进程采取必要的修正措施，使冶炼向既定方向行进。副枪检测技术虽然可行，但由于成本等原因，每炉只应用副枪一次，因此，应力争经后期动态修正一次命中目标范围。目前，广泛采用的静态控制结合以副枪检测为基础的动态控制的控制策略就由此衍生，即以副枪检测为分界，将转炉冶炼终点控制分为前、后两阶段，分别采用不同方法建立相应控制模型。以副枪检测值及其他已知影响因素值为初始值来预报钢水最终被控参量值，与传统意义上的实时反馈有一定区别，从严格意义上来讲，这种动态预报模型也是一种静态模型。

利用副枪技术对钢水进行温度和碳含量测定，为要建立的动态预报模型提供了实时数据。应用基于径向基函数（RBF，Radial Basis Function）的人工神经网络技术，搭建起副枪检测值及冶炼因素数据值与冶炼终点碳含量和温度间的网络关系，建立起转炉炼钢终点动态预报模型。

人工神经网络（ANN，Artificial Neural Networks）借鉴人脑结构和特点，是通过大量简单处理单元（神经元或节点）互连组成的大规模并行分布式信息处理和非线性动力学系统。它从微观结构和功能上对人脑进行抽象、简化，是模拟人类智能的一条重要途径，反映了人脑功能的若干基本特征，如并行信息处理、学习、联想、模式分类、记忆等，它具有巨量并行性、结构可变性、高度非线性、自学习性和自组织性等特点。因此，它能解决常规信息处理方法难以解决或无法解决的问题，尤其是那些属于思维（形象思维）、推理及意识方面的问题。

转炉炼钢过程极为复杂，存在大量难以定量和模型化的因素，传统动态控制模型很难对其做到准确无误地描述，且通用性不强，模型效果受到限制。人工神经网络所具备的任意逼近特性及良好的学习和自适应能力，使其对解决转炉炼钢这类复杂非线性强耦合系统的建模问题有着独特优势。从控制角度来讲，理想做法当然是直接求出终点状态控制参量值（指补吹氧量和补加冷却剂量），但实际系统的复杂性、不确定性增加了直接求解的难度，为更好地解决问题，采取在预报基础上的控制策略。采用泛化性能、收敛速度良好、拓扑结构简单的 RBF 神经网络建立转炉冶炼终点动态预报模型，目的就是在综合分析各终点状态影响因素并结合冶炼过程检测信息的基础上，对终点钢水碳含量和温度做出准确预报。

思 考 题

11-1　氧气顶吹转炉冶炼过程中元素的氧化、炉渣成分和温度的变化体现出什么样的特征？

11-2　什么是转炉的炉容比，确定装入量应考虑哪些因素？

11-3　供氧制度的含义是什么，氧枪的枪位对熔池中的冶金过程产生哪些影响？

11-4　转炉的成渣过程有何特点，成渣速度主要受哪些因素影响，如何提高成渣速度？

11-5　造渣的方法有哪几种，各有什么特点？

11-6　什么是终点控制，终点的标志是什么？

11-7　什么是溅渣护炉，其操作有什么要求？

11-8　底吹氧气转炉炼钢法与顶吹氧气转炉炼钢法相比体现出哪些工艺特征？

11-9　侧吹氧气转炉炼钢法的特点体现在哪些方面？

11-10　顶底复合吹炼工艺与顶吹工艺相比有哪些特点？

11-11　转炉底部供气元件端部的"炉渣—金属蘑菇头"是怎样形成的？

11-12　炼钢自动化的含义是什么，目前有哪几种方法？

12 电 炉 炼 钢

12.1　电炉炼钢的历史及其发展

电炉是采用电能作为热源进行炼钢的炉子的统称。按电能转换热能方式的差异，炼钢电炉可分为电渣重熔炉（利用电阻热）、感应熔炼炉（利用电磁感应）、电子束炉（依靠电子碰撞）、等离子炉（利用等离子弧）以及电弧炉（利用高温电弧）等几种。

目前，世界上电炉钢产量的 95% 以上都是由电弧炉生产的，因此炼钢电炉主要指电弧炉。传统电炉是以废钢为主要原料，以三相交流电作电源，利用电流通过石墨电极与金属料之间产生电弧的高温来加热、熔化炉料，是用来生产特殊钢和高合金钢的主要方法。电弧炉从诞生至今已经超过 110 年。在这百年中，电弧炉的设备工艺技术在不断发展，产量在不断提高，其原因正是在于电弧炉炼钢的经济效益与环境优势。

12.1.1　电炉炼钢的发展历史

电弧炉是继转炉、平炉之后出现的又一种炼钢方法，它是在电发明之后的 1899 年，由法国的海劳尔特（Heroult）在 La Praz 发明的。它发展于阿尔卑斯山（Alps）的峡谷中，原因是在距它不远处有一个火力发电厂。电弧炉的出现开发了煤的替代能源，使得废钢开始得以经济回收，最终使得钢铁成为世界上最易于回收的材料。

电弧炉炼钢从诞生以来，其发展速度虽然不如 20 世纪 60 年代前的平炉，也比不上 60 年代后的转炉，但随着科技的进步，电弧炉钢产量基本呈稳步增长态势，见图 12-1。尤其是 20 世纪 70 年代以来，电力工业的进步、科技对钢的质量和数量要求的提高、大型超高

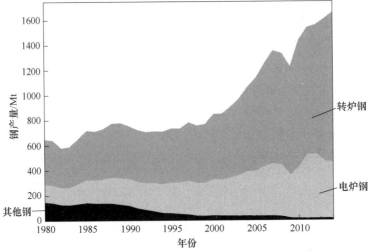

图 12-1　几种炼钢方法的兴衰（产量比例随时间变化）

功率电炉技术的发展以及炉外精炼技术的采用，使电炉炼钢技术有了很大的进步。发展到 2000 年，电炉钢比例最高时达到 33.9%，此后随着世界钢产量突破 15 亿吨，由于转炉钢产量的快速增长，电炉钢降至 2014 年的 27%，见表 12-1。

表 12-1　近 40 年世界粗钢产量与电炉钢比

年份	1970	1980	1990	1996	1997	1998	1999	2000	2001	2002	2003
总钢产/亿吨	6.0	7.16	7.70	7.52	7.99	7.75	7.89	8.47	8.50	9.04	9.70
电炉钢比/%	14.2	22.0	27.9	33.3	33.7	33.6	33.5	33.9	33.5	33.7	33.5
年份	2004	2005	2006	2007	2008	2009	2010	2011	2012	2013	2014
总钢产/亿吨	10.7	11.4	12.5	13.5	13.3	12.1	14.1	15.27	15.48	16.06	16.60
电炉钢比/%	33.0	31.9	31.6	30.8	30.7	27.9	28.7	33.3	33.1	28.1	27

从世界范围内看，2000 年以来，非洲钢铁产能增幅不大，但电炉钢厂的产能增加较多，电炉钢厂产量也呈现逐年走高的态势，目前非洲的钢厂以电炉钢厂为主，电炉钢的占比达到 67%，高于全球平均水平。欧洲电炉钢的比例达到 40% 以上，其中，美洲电炉钢比例也较高，其中电炉钢比例最高的是美国。美国由于有丰富的废钢和充足廉价的电力，使得电炉发展迅速，其电炉钢比例在 2010 年已达到 61.3%，目前维持在 60% 左右。欧洲各个国家电炉钢比例差别较大，意大利和西班牙电炉炼钢比例超过 2/3，卢森堡、葡萄牙和斯洛文尼亚这一比例达到 100%，德国电炉炼钢比例占 30% 以上，与此相反，在奥地利、荷兰、捷克、斯洛伐克和匈牙利，转炉炼钢比例超过 90%。在亚洲范围内，印度电炉钢比例增速较快，从 2000 年的 32.1% 上升到 2010 年的 60.5%，目前仍维持在 60% 以上，但与其他国家不同，印度这部分电炉钢中有部分为感应炉熔炼钢。韩国和日本电炉钢比例分别保持在 40% 和 20% 左右，而我国电炉钢产量虽有所增加，但由于转炉钢发展迅速，电炉钢比例则呈现下滑的趋势，从最高 23.2% 下滑至 10% 以下。

电炉钢除了在传统的特殊钢和高合金钢领域继续保持其相对优势外，正在普钢领域表现出强劲的竞争态势。在产品结构上，电炉钢几乎覆盖了整个长材生产领域，诸如圆钢、钢筋、线材、小型钢、无缝管，甚至部分中型钢材等，并且正在与转炉钢争夺板材（热轧板）市场。

12.1.2　电炉炼钢发展前景

因为废钢-电弧炉炼钢流程具有经济效益与环境优势，有利于钢铁工业的可持续发展，所以电炉炼钢具有良好的发展前景。

12.1.2.1　废钢资源与生态环境

由于废钢铁是电炉的主要原料，故电弧炉相当于钢铁工业的回收工具，它既回收从电弧炉流程返回的废钢，也回收从氧气转炉流程返回的废钢。这种现象，使得大型联合企业与小型钢厂形成一个闭环。为此，各个国家均把废钢铁视为宝贵资源。

自从有钢铁产品以来，按全世界所生产的粗钢逐年相加，求得的积累钢产量到目前已超过 500 亿吨。按废钢循环动态平衡的观点来分析，钢铁产品 10~20 年将转化为废钢。若按 20 年折旧计算，每年由此而产生的废钢量将在 25 亿吨，该值为目前世界年粗钢总量的

1.6 倍左右。目前废钢利用率较低，若按 55% 的回收利用率（见表 12-2），每年可利用的废钢达 12.3 亿吨，用它来生产不到 4 亿吨电炉钢（包括转炉用的部分废钢）应该说绰绰有余。这说明就目前世界范围来看，废钢资源是不缺乏的，而且随着钢铁积累量的增加，废钢利用率的提高，可利用的废钢量将继续增加。当废钢循环达到动态平衡，世界电炉钢产量比例将接近废钢利用率。

表 12-2　几种物质的回收利用率

物质名称	钢铁	玻璃	纸	铝	塑料
回收率 /%	55	45	35	27	10

钢的良好的可再生性及环境、资源和能源等方面日益苛刻的要求，使得尽可能多的利用废钢成为国际趋势。废钢如得不到有效的回收和利用，将成为巨大的潜在环境污染源，有些甚至可能对水质、土壤等构成严重威胁。大量锈蚀的钢铁废料，不但造成资源的浪费，也将造成严重的粉尘污染。废钢的堆积本身也给环境带来不利影响。

12.1.2.2　能源供应

电炉用电能炼钢，除废钢原料外，电耗占炼钢成本比例最大。随着电力工业的发展，对电炉尤为有利。美国电炉发展速度快的原因是与电力充足、电价便宜分不开的。另外，废钢铁为非氧化物，相比铁氧化物来说属于一种化学能的载能体。使用废钢代替生铁炼钢，可以显著节约能源消耗。高炉-转炉炼钢流程和废钢-电炉炼钢流程吨钢可比能耗情况见表 12-3。可见，后者较前者吨钢能耗减少一半以上。

表 12-3　两种炼钢流程吨钢可比能耗（标煤）

工　序	高炉-转炉流程 /kg	废钢-电炉流程 /kg	备　注
焦　化	34.17		
烧　结	57.91		
炼　铁	413.88		
炼　钢	1.34	186.27（含 LF 炉）	
连　铸	16.53	16.53	
热　轧	68.64	68.64	
冷　轧	64.71	64.71	
燃料加工、运输及能源损失	41.95	21.46	按占能耗 6% 估算
合　计	699.13	357.61	

12.1.2.3　电炉流程

当今钢铁工业所采用的炼钢流程，经长期的发展竞争，主要为以下两种，即高炉-转炉炼钢流程与废钢-电炉炼钢流程。后者与前者相比较，具有流程短，设备布置、工艺衔接紧凑，投入产出快，故称其为"短流程"。"短流程"是有前提的，即该流程必须是高效、节能的，起码是世界上流行的"三位一体"（即由电炉-炉外精炼-连铸组成的流程），或者"四个一"（即由电炉-炉外精炼-连铸-连轧组成的流程）。也正是由于这种高效、节能的流程才赋予电弧炉炼钢强大的生命力。"短流程"的优点见表 12-4。

表 12-4　"短流程"的优点

比较项目	比较结果	举 例 说 明
投资	省 1/3~1/2	长流程为 6000~9000 元/t，短流程为 3000~5000 元/t
建设周期	短 1/3~1/2	长流程为 3~5 年，短流程为 1.5~2 年
生产能耗	低 1/2	
操作成本	低 1/4	
劳动生产率	高 1~3 倍	每人每年产钢量长流程为 500~900t/（年·人），短流程为 1000~3000t/（年·人）
占地面积	小 1/2~3/5	
环境污染	减少废气 86%，废水 76%，废物 97%	尤其是减少 CO_2 的排放量，改善生态平衡

12.1.2.4　电炉炼钢与环境保护

电炉炼钢有利于环境保护，无论从当前还是长远考虑，都会迫使人们去发展电炉。目前，人们已经感到 CO_2 的排放对人类生存的威胁。据报道，过去 50 年因温室效应，南极气温上升 2.5℃，达到零下 3℃，全球气候异常现象剧增。现今全球工业化加速，CO_2 的排放与日俱增，南极升温将会变快，冰雪融化后果不堪设想。目前世界各国都在研究减少 CO_2 等有害气体排放的办法，如设想用核电为热源，用海水制 H_2 作还原剂，以消除 CO_2 的排放。

就钢铁工业来说，全世界钢铁工业 CO_2 的排放量占人类总排放的 5% 左右，而中国 CO_2 的排放量占全国总排放量的 10% 以上。图 12-2 和图 12-3 所示分别为高炉-转炉炼钢流程和废钢-电炉炼钢流程物质、能源及环境负荷情况。可以看出，采用废钢-电炉炼钢流程吨钢将减少 CO_2 排放总量 80%。

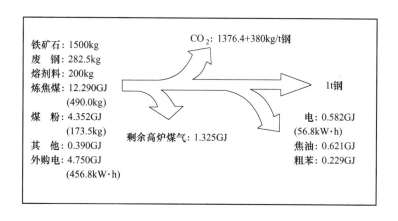

图 12-2　高炉-转炉炼钢流程物质、能源及环境负荷情况

综上分析可见，充足的废钢资源与环保意识的加强，以及能源与流程的优势，有利于钢铁工业的可持续发展，使得以废钢为主要原料的电弧炉炼钢前途光明。

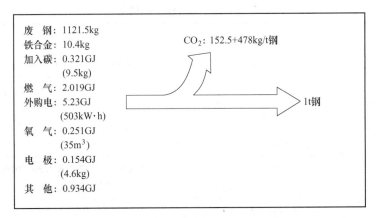

废　钢: 1121.5kg
铁合金: 10.4kg
加入碳: 0.321GJ
　　　　(9.5kg)
燃　气: 2.019GJ
外购电: 5.23GJ
　　　　(503kW·h)
氧　气: 0.251GJ
　　　　(35m³)
电　极: 0.154GJ
　　　　(4.6kg)
其　他: 0.934GJ

CO_2: 152.5+478kg/t钢

1t钢

图 12-3　废钢-电炉炼钢流程物质、能源及环境负荷情况

12.2　电炉炼钢设备

电炉炼钢设备包括机械结构和电气设备两部分，见图 12-4。

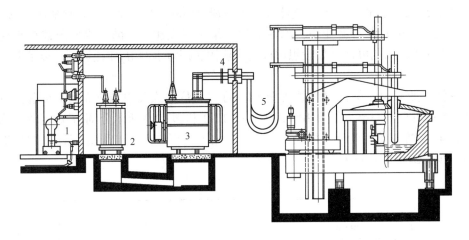

图 12-4　电炉设备布置示意图
1—高压控制柜（包括高压断路器、初级电流互感器与隔离开关）；
2—电抗器；3—电炉变压器；4—次级电流互感器；5—短网

12.2.1　电炉的大小与分类

12.2.1.1　电炉的大小

电炉的大小可以用其熔池的额定容钢量来表示，常称为额定容量、公称容量或标准容量，也常用炉壳直径表示。电炉的公称容量大体上在 1.6~350t（炉壳直径在 1.8~9.0m）范围内。随着电炉超高功率化、大型化的发展，炉子大与小的区分界限也在改变，通常把 40t（炉壳直径 4.6m）以下的电炉看作小炉子，把 50t（炉壳直径 5.2m）以上的电炉看作大炉子。

就电炉大型化而言，美国领导世界潮流，200st 级炉子很多（1st 等于 0.907t），350st

以上就有 6 座，1971 年投产了 400st（炉壳直径 9.8m，变压器容量 162MV·A）的电炉 1 座，用于生产钢锭。2000 年美国西北钢线材公司投产了世界最大的电炉为 415t。日本最大电炉为 250t，中国最大电炉为 160t。电炉超高功率化、大型化提高了生产率，降低了炼钢成本。20 世纪 70 年代开始至今，许多国家开始兴建大型超高功率电炉，逐步淘汰 40t 以下的小炉子。

在电炉发展过程，超高功率化、大型化对电炉的发展起到积极促进作用，但目前来看，较多的电炉容量在 60~120t 之间，相应能力在 30~80 万吨/年之间。这不仅是由于该吨位范围内的电炉本身单体技术比较完善和成熟，更重要的是它与精炼、连铸、轧机等在工程上的匹配与衔接更容易优化，经济上也更合理。

应该说，世界范围电炉大型化的速度已经缓慢，但中国电炉的大型化还远远不够。我国目前钢铁企业拥有近 360 座电炉，其中大部分电炉为 20 世纪 80 年代后建设，装备基本处于同时代的先进水平。目前我国 70t 及以上电炉能力占电炉炼钢总能力超过 50%，100t 及以上电炉占总能力的近 1/3。

12.2.1.2 电炉的分类

电炉设备的分类方法很多：

（1）按炉衬耐火材料的性质，可分为酸性电炉、碱性电炉；

（2）按电流特性，可分为交、直流电炉；

（3）按功率水平，可分为普通功率、高功率及超高功率电炉；

（4）按废钢预热，可分为竖炉、双壳炉、康斯迪炉等；

（5）按出钢方式，可分为槽式出钢、偏心底出钢（EBT）电炉、中心底出钢（CBT）电炉及水平出钢（HOT）电炉等；

（6）按底电极形式，可分为触针式、导电炉底式及金属棒式直流炉。

12.2.2 电炉的机械结构

一般电炉的机械结构主要由四部分组成：炉体装置、炉子倾动机构、电极升降机构及炉盖提升旋转机构，见图 12-5。

12.2.2.1 炉体装置

炉体是电炉最主要的装置，它是用来熔化炉料和进行各种冶金反应的容器。现代电炉炉体的机械结构包括：炉壳及水冷炉壁、水冷炉盖、水冷炉门及开启机构、偏心炉底出钢箱、出钢口开启机构及电极密封圈等。

（1）炉壳。炉壳包括炉壳底、炉身壳和上部加固圈，如图 12-6 所示。炉壳在工作过程中除承受炉衬和炉料的重量外，还承受炉衬加热后的热应力，这要求炉壳具有足够的刚度和强度。炉壳通常由钢板焊接而成，钢板厚度与炉壳直径大小有关，根据经验大约为炉壳直径的 1/200，一般厚度为 12~30mm。

（2）水冷炉壁与水冷炉盖。超高功率大型电弧炉要采用水冷炉壁与水冷炉盖，其形式有板式、管式及喷淋式等，但比较普遍的是管式水冷炉壁。整个水冷炉壁由 6~12 个水冷构件组成，如图 12-6 所示。其材质主要有钢质与铜质，铜质水冷炉壁在炉壁的下面靠近渣线附近。对于偏心底出钢电炉，水冷炉壁布置在距渣线 200mm 以上的炉壁上，占炉壁

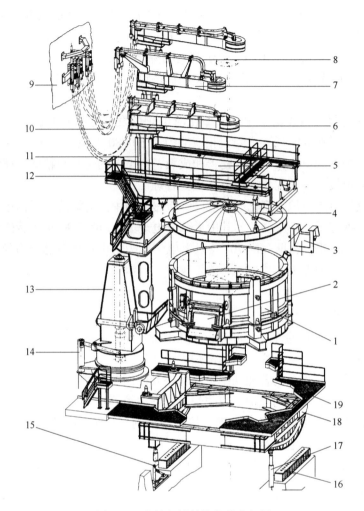

图 12-5　电炉机械结构部件分解图

1—炉体；2—炉门；3—出钢槽；4—炉盖；5—炉盖悬吊机构；6—电极夹头；7—电极横臂；
8—导电铜管；9—变压器室；10—挠性水冷电缆；11—电极升降机构；12—走台；
13—炉盖提升机构；14—炉盖旋转机构；15—炉子锁紧机构；16—摇架轨道；
17—倾动油缸；18—摇架倾动平台；19—倾动平台

面积的 $80\% \sim 85\%$。另外，采用水冷炉壁后炉容积扩大，增加了废钢装入量。电弧炉水冷炉盖的材质为钢质。整个水冷炉盖可由一个水冷构件组成或由 $5 \sim 6$ 个水冷构件组成，如图 12-7 所示。水冷炉壁、水冷炉盖的安装分为炉壳内装式与框架悬挂式两种。前者有完整的钢板炉壳，水冷炉壁、水冷炉盖采取内装式；后者没有完整的钢板炉壳，而是水冷的框架，依靠悬挂在上面的水冷炉壁、水冷炉盖组成完整的炉体。为了便于运输、安装、维护以及提高寿命，将装有水冷炉壁的整个炉体制成上、下两部分，在水冷炉壁的下沿与炉底及渣线分开，采用法兰连接。

（3）炉门。炉门由炉门框、炉门盖、炉门坎和炉门升降机构组成。炉门框是用钢板焊成的"Π"形水冷箱。炉门框上部嵌入炉墙内，用以支撑炉门上部的炉墙。炉门盖用钢板焊成，现在多数为水冷炉门盖。炉门坎固定在炉壳上，便于流渣操作。炉门升降机构有手动、气动、电动和液压传动等方式。大型电弧炉多采用自动控制方式打开炉门。

（4）偏心底出钢箱。超高功率电炉配炉外精炼要求电炉无渣出钢，常采用偏心底出钢，而取消出钢槽，以改善炉外精炼的冶金效果。但是，偏心底出钢电炉的偏心度的大小、出钢口的粗细及出钢箱的高低等均影响偏心底出钢电炉的生产效果，故应予以重视。

图 12-6 炉壳及水冷炉壁

图 12-7 水冷炉盖

12.2.2.2 电炉倾动机构

电炉与转炉不同，电炉炼钢时要求炉体能够向出钢方向倾动 40°~45°出净钢水，偏心底出钢电炉要求向出钢方向倾动 15°~20°出净钢水；向炉门方向倾动 10°~15°以利出渣，这要靠倾动机构来完成。

目前广泛采用摇架底倾结构（见图 12-8），它由摇架支持在相应的导轨上，导轨与摇架之间有销轴或齿条防滑、导向。摇架与倾动平台连成一体，炉体坐落在倾动平台上，并加以固定。倾动机构驱动方式多采用液压倾动。它是通过两个柱塞油缸推动摇架，使炉体倾动，回倾一般靠炉体自重。

图 12-8 摇架底倾结构

偏心底出钢电炉为了防止炉渣进入钢包中，采取提高电炉的回倾速度，由正常的 1°/s 提高至 3°/s，故要求用活塞油缸。

12.2.2.3 炉盖提升旋转机构

炉盖旋转式电炉早在 1925 年就出现了，我国 20 世纪 70 年代后才大量采用。炉盖旋转式与炉体开出式相比较，它的优点是：装料迅速、占地面积小、金属结构重量轻以及容易实现优化配置。炉盖提升旋转机构分为落地式和共平台式。

（1）落地式。炉盖的提升和旋转动作均由一套机构来完成。升转机构有自己的基础，且与炉子基础分开布置（故又称分列式），整个机构不随炉子倾动。装料时，升转机构上升将炉盖及其上部结构顶起，然后升转机构旋转，将炉盖旋开。由于炉盖旋开后与炉体无任何机械联系，所以，装料时的冲击震动不会波及炉盖和电极，因而也延长了炉盖的使用寿命及减少了电极的折断。炉盖与旋转架用连杆固定。此种升转机构有两种形式：一种炉盖的提升、转旋由一个液压缸完成，如升转缸，它适用于小炉子（不大于 10t）；另一种炉盖的提升、转旋由两个液压缸来完成，即主轴先将炉盖顶起，然后在主轴下部的液压缸施径向力，使主轴转旋，完成炉盖的开启，此种适用大炉子。

（2）共平台式。这种结构，它的炉体、倾动、电极升降及炉盖的提升旋转机构全都设置在一个大而坚固的倾动平台上，即四归一的共平台式。因炉子基础为一整体（故又称整体式），整个升、转机构随炉体一起倾动（见图 12-5）。它的提升与旋转是分开的两套机构。

12.2.2.4 电极升降机构

电极升降机构由电极夹持器、横臂、立柱及传动机构等组成。它的任务是夹紧、放松、升降电极和输入电流。

（1）电极夹持器（或称卡头、夹头）。电极夹持器多用铜或用内衬铜质的钢夹头，铬青铜的强度高，导电性好。夹持器的夹紧常用弹簧式（碟簧），而放松则采用气动或液压。碟簧与气缸可位于电极横臂内，或在电极横臂的上方或侧部。

（2）横臂。横臂是用来支持电极夹头和布置二次导体。横臂要有足够的强度，大电炉常设计成水冷的。近年出现的铜-钢复合水冷导电横臂和铝合金水冷导电横臂，不但结构简单，而且强度高，阻抗低，后者还具有重量轻，反应灵敏等优点。

（3）电极立柱。电极立柱为钢质结构，它与横臂连接成一个 Γ 形结构，通过传动机构使矩形立柱沿着固定在倾动平台上的导向轮升降，故常称为活动立柱。

（4）电极升降驱动机构。电极升降驱动机构的传动方式有电机与液压传动。液压传动系统的启动、制动快，控制灵敏，速度高达 $6 \sim 10 m/min$，大型先进电炉均采用液压传动，而且用大活塞油缸。

12.2.3 电炉炼钢的排烟与除尘

钢铁工业对环境造成的污染主要是排放的废水、废气和废渣（即三废），危害极大，其中影响最大的是废气。各国标准规定排放的气体中粉尘含量在 $50 \sim 150 mg/m^3$ 范围内。而电炉直接排放气体中的粉尘含量高于 $20000 mg/m^3$，每吨钢的灰尘量高达 20kg。电炉炼钢粉尘的主要成分见表 12-5。粉尘粒度很细，小于 $1 \mu m$ 的比例超过 50%。

表 12-5　电炉炼钢粉尘的主要成分　（%）

Fe_2O_3	ZnO	CaO	SiO_2	PbO	FeO	其他
40	24	5	5	4	3	19

国家环境保护法要求，在上冶金设备的同时必须建立除尘设备。

12.2.3.1 排烟方法

目前，世界范围电炉采用的排烟方法有炉顶第四孔、车间屋顶大罩法、第四孔与车间屋顶结合法以及电炉封闭罩法等，见图 12-9。

（1）炉顶第四孔法。随着电炉的大型化、高功率化，加大吹氧量，氧-燃助熔，使烟尘量成倍增加，烟气温度也大为提高。这就要求车间由被动排烟变主动吸烟，以改善车间内的环境。故采取由炉顶直接从炉内吸出烟尘（又称直接排烟法），即电炉中烟尘由炉顶第四孔（直流炉为第二孔），依次经水冷弯管、燃烧室、降温除尘后排放。此法特点是需要系统流量小，排烟效率高，但热损失大，且影响炉内冶金过程；在装料、出钢过程等停机时烟尘不能吸收而产生二次烟尘。

（2）车间屋顶大罩。车间屋顶大罩位于车间屋顶主烟气排放源顶端的最高处。工作时

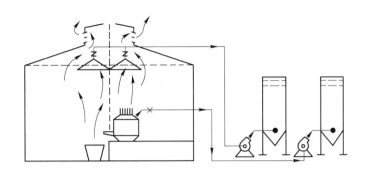

图 12-9　电炉排烟除尘方法示意图

电炉中的烟尘和车间中的野风同时被吸入大罩中排除。尤其当车间内有几台电炉或多处排放烟气时车间屋顶大罩均可以兼顾。此法特点是不影响炉内冶金过程和电炉的操作，较好地解决了车间多处烟气的排放以及二次烟尘的排放。但车间内部环境改善得不彻底，且有野风的大量带入，要求系统有很大的能力。第四孔法与车间屋顶大罩结合比较完美，使车间内外环境均有所改善。

（3）电炉封闭罩。电炉炼钢产生的烟尘用上述方法可以解决，但大型电炉在熔化炉料时产生的高强度的噪声，高达 110dB。为此，德国、美国等开发出全封闭罩或狗窝（dog house），它是用一个内衬硅酸铝等隔热吸音材料的大罩，将整个电炉封闭起来。这样在排烟的同时，还可以有效地抑制噪声，大大地改善了车间内的操作条件及减少对环境的污染。此封闭罩虽然造价高，但排烟效果好，排烟率接近 100%，罩外噪声可以降低 20~30dB，因此，近些年得到广泛采用。此法常与第四孔排烟法结合，并进行废钢预热，除具有上述优点外，解决烟尘的二次排放问题，减少对炉内冶金过程的影响，并节约了能源。第四孔排烟法结合电炉封闭罩的实例，如抚钢 50t 电炉即采用此种二级除尘，设计用第四孔排出的高温废气进行废钢预热。宝钢 150t 双壳电炉则采取三级排烟，即炉顶第二孔排烟（为单电极直流电炉）+电炉封闭罩+车间屋顶大罩，使之成为"无烟"车间，并采用炉顶第二孔排出的高温废气对废钢进行预热。

12.2.3.2　除尘方法

除尘设备的种类很多，有重力、湿法、静电以及布袋除尘器等。大多数电炉除尘系统采用布袋除尘法。它是用多孔编织物制成的过滤布袋，有玻璃纤维的，工作温度为 260℃，但寿命低，为 1~2 年；大多数用聚酯纤维，即涤纶的，工作温度低（135℃），但涤纶耐化学腐蚀性能好、耐磨，其寿命高，为 3~5 年。与其他除尘设备相比，布袋除尘的优点为：价格便宜、设备简单、运行可靠、操作容易以及便于增容；布袋除尘的主要缺点为：必须把烟气冷却到所选布袋材质能承受的水平，除尘系统占空间较大。

布袋除尘器结构与工作原理是：若干条数米长的布袋布置在除尘室中，当烟尘经冷却后（低于 135℃）进入除尘室中，经布袋过滤后的净气离开除尘室进入排气筒排空；当布袋中灰尘（外壁或内壁）聚积至一定厚度时，对气流的阻力加大，布袋的内外压差增大，将触发一个信号，启动空气反吹或振动装置，使灰尘由布袋外壁（或内壁）下落，进入到布袋除尘器下部的灰仓中，再经铰笼运送至储灰室，对灰尘定期进行清理。

12.2.4 电炉电气设备

电炉电气设备包括"主电路"设备和电控设备。一般电炉炼钢车间的供电系统有两个：一个系统由高压线直接供给电炉变压器，然后送到电炉上，这段线路称电炉的主电路；另一个系统由高压线供给工厂变电所，再送到需要用电的其他低压设备上，这也包括电炉的电控设备，如高压控制柜、操作台及电极升降调节器等。

12.2.4.1 电炉的主电路

电炉主电路设备参见图 12-4，电炉主电路如图 12-10 所示。它的作用是实现电热转换，完成冶炼过程。

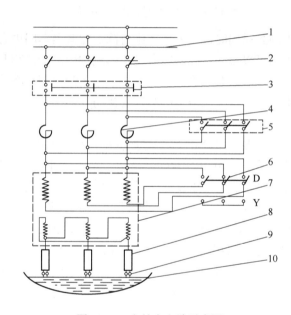

图 12-10 电炉主电路示意图

1—高压电缆；2—隔离开关；3—高压断路器；4—电抗器；5—电抗器转换开关；
6—变压器转换开关；7—电炉变压器；8—电极；9—电弧；10—熔池

主电路电器（元件）的组成及其作用如下：

（1）隔离开关。隔离开关用以检修设备时断开高压电源，为一无载刀形开关。

（2）高压断路器。高压断路器是电炉的操作开关，用来切断电源以保护电源和电器。当电流过大时，断路器会自动（在负载下）跳闸切断电源。高压断路器的种类有油断路器、空气断路器、磁吹断路器、SF_6 断路器及真空断路器，后者使用广泛。

（3）电抗器。电抗器串联在变压器一次侧，用来增加电路电抗值，以稳定电弧燃烧及限制短路电流。

（4）电炉变压器。电炉变压器是一种特制的专用变压器，与一般电力变压器相比，具有以下特点：

1）变压比大，变压级别多，如 50t/35MV·A 超高功率电炉，$K = U_1/U_2 = 35000V/(220 \sim 570) = 61 \sim 159$，计 16 级；

2）二次电流大，数以万计，如 50t/35MV·A 的二次电流为 43kA，130t 直流电炉的二次电流为 120kA；

3）过载能力大，可长时间超载 10%～20%；

4）机械强度大，冷却条件好，采用强迫"油"循环"水"冷却方式。

（5）电炉短网。电炉短网是指从电炉变压器低压侧出线到石墨电极末端为止的二次导体，如图 12-4 所示。它包括石墨电极、横臂上的导电铜管（或横臂），挠性电缆及硬母线。由于这段导线流过的电流特别大，又称大电流导体（或大电流线路），而长度与输电电网相比又特别短，为 10～25m（如 200t 电炉炉中心至变压器墙的距离不大于 13m），故常称为短网或短线路。短网中因流过的电流很大，故要求水冷。三相短网的布线方式影响三相功率的平衡；短网的阻抗，影响输入功率的大小。

（6）电极。电炉炼钢用电极要求强度大、电阻低及热膨胀系数小，故常用石墨电极。它的作用是将大电流引入炉内并产生高温电弧。由于制造石墨电极的原料石油焦价格及加工成本较高，这使得电极消耗占炼钢成本的比例较高，因而降低电极消耗就显得十分重要。涂层电极、浸渍电极及水冷电极等，均可使电极消耗降低 10% 左右。

（7）电弧。电弧炉就是利用电弧产生的高温进行熔炼金属的。电弧是气体放电（导电）现象的一种形态。气体放电的形式按气体放电时产生的光辉亮度不同可分为三种：无声放电（弱）、辉光放电（明亮）和电弧放电（炫目）。电弧产生过程为：从电炉操作的表面现象看，合闸后，首先使电极与钢铁料做瞬间接触，而后拉开一定距离，电弧便开始燃烧起弧。实质上，当两极（电极与钢料）接触时产生非常大的短路电流（$I_d = （2～4）I_n$，I_n 为额定电流），在接触处，由于焦耳热而产生赤热点，于是在阴极将有电子逸出。当两极拉开一定距离后（形成气隙），极间就是一个电场（存在一个电位差）。在电场作用下，电子向阳极加速运动，在运动过程中与气体分子、原子碰撞，使气体发生电离。这些电子与新产生的离子、电子在电场中做定向加速运动的过程又使另外的气体电离。这样，电极间隙中的带电质点数目会突然增加，并快速向两极移动，气体导电形成电弧。电流方向由正极向负极。由此可见，电弧产生过程大致分四步：1）短路热电子放出；2）两极分开形成气隙；3）电子加速运动气体电离；4）带电质点定向运动，气体导电，形成电弧。这一过程是在一瞬间完成的，电极与钢料交换极性，电流方向以 50 次/s 改变方向。

12.2.4.2 电炉电控设备

电炉电控设备包括高压控制系统、低压控制系统及其台柜以及电极自动调节器等。

（1）高压供电系统。高压控制系统的基本功能是接通或断开主回路及对主回路进行必要的保护和计量。一般电炉的高压控制系统由高压进线柜（高压隔离开关、熔断器、电压互感器）；真空开关柜（真空断路器；电流互感器）；过电压保护柜（氧化锌避雷器组及阻容吸收器）；三面高压柜，以及置于变压器室墙上的高压隔离开关（带接地开关）组成。高压控制柜上装有隔离开关手柄、真空断路器、电抗器及变压器的开关、高压仪表和信号装置等。高压控制系统所计量的主要技术参数有：高压侧电压、高压侧电流、功率因数、有功功率、有功电度及无功电度。

（2）低压控制系统及其台柜。电炉的低压控制系统由低压开关柜、基础自动化控制系统（含电极自动调节系统）、人机接口相应网络组成。低压开关柜系统主要由低压电源柜、PLC 柜及电炉操作台柜等组成。电炉操作台上安装有控制电极升降的手动、自动开关，炉盖提升旋转、电炉倾动及炉门、出钢口等炉体操作开关，低压仪表和信号装置等。

（3）电极自动调节器。电极自动调节系统包括电极升降机构与电极自动调节器，重点后者。电弧炉对调节器的要求：1）要有高灵敏度，不灵敏区不大于6%；2）惯性要小，速度由零升至最大的90%时，需要时间$t \leq 0.3s$，反之$t \leq 0.2s$；3）调整精度要高，误差不大于5%。按电极升降机构驱动方式的不同，电极升降调节器可以分为机电式调节器和液压式调节器两种。通常前者用于容量20t以下的电弧炉，后者用于30t以上的中大型电弧炉。机电式电极升降调节器类型有：电机放大机-直流电动机式、晶闸管-直流电动机式、晶闸管-转差离合器式、晶闸管-交流力矩电机式和交流变频调速式等。目前应用的主要是后两种及微机控制的产品。液压式调节器按控制部分的不同，可分为模拟调节器、微机调节器、PLC调节器三种形式，前两种已经逐渐被PLC调节器取代。目前上电炉基本都是采用PLC控制。

12.2.5　电炉电气特性及供电制度

简言之，供电制度是指电炉冶炼各段阶所采取的电压与电流。供电制度的严格定义指某一特定的电弧炉，当能量供给制度确定之后，在确定的某一电压下工作电流的选择。而电气特性是制定供电制度的基础。

12.2.5.1　电炉等值电路

为了便于问题的分析，将主电路图（图12-10）简化为三相电原理图。从电路的角度，经一定方法处理可以把三相电原理图中的电抗器、变压器与短网等用一定的电阻和电抗来表示。而把每相电弧看成一可变电阻，三个电弧对变压器构成Y形接法的三相负载，中点是金属。经过一定方法处理（折算），可得到电炉三相等值电路，见图12-11（a）。当电炉三相等值电路的三相为对称负载时，即三相电压、电流及电弧电阻相等，可以用单相等值电路来表示三相等值电路，如图12-11（b）所示。

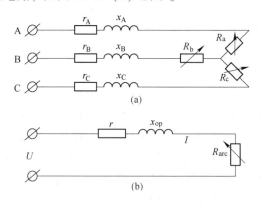

图 12-11　电弧炉等值电路

（a）电炉三相等值电路：r_A，r_B，r_C—单相电路电阻；x_A，x_B，x_C—单相电路电抗；R_a，R_b，R_c—电弧电阻

（b）电炉单相等值电路：U—单相等值电路的相电压，$U = U_2/\sqrt{3}$（U_2为变压器二次电压）；

I—电弧电流，$I = I_2$；r—单相等值电路电阻，$r = r_{变} + r_{网} + r_{抗}$；$x_{op}$—单相等值电路电抗，$x_{op} = x_{变} + x_{网} + x_{抗}$；$R_{arc}$—电弧电阻

12.2.5.2　电炉的电气特性

对于电炉的电气特性，在此主要研究某一电压下，电炉的各个电气量值随电流变化的规律性。

A 电气特性曲线

由图 12-11 （b）单相等值电路看出，它是一个由电阻、电抗和电弧电阻三者串联的电路。按此电路，根据交流电路定律可以作出阻抗、电压和功率三角形，见图 12-12。

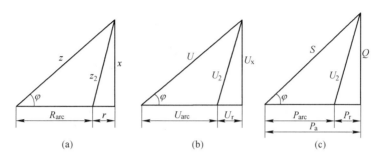

图 12-12 阻抗（a）、电压（b）和功率三角形（c）

由图 12-12 可写出表示电路各有关电气量值表达式，见表 12-6。由表 12-6 中 5～13 式可以看出，上述各电气量值在某一电压下（x、r 一定）均为电流 I 的函数，$E = f(I)$。故可将它们表示在同一个坐标系中，见图 12-13。图中的横坐标为电流，纵坐标为各电气量值，这样便得到理论电气特性曲线。图中 U_{arc}、U_r 和 U_x 分别为电弧、电阻和电抗分压。

表 12-6 电路各有关电气量值表达式

序号	参数	量纲	符号及计算公式	备注
1	相电压	V	$U = U_2/\sqrt{3}$	
2	二次电压	V	U_2	
3	总阻抗	M Ω	$z = \sqrt{(r + R_{arc})^2 + x^2}$	
4	电弧电流	kA	$I = U/z$	
5	表观功率	kV·A	$S = \sqrt{3}IU = 3I^2 z$	三相
6	无功功率	kvar	$Q = 3I^2 x$	三相
7	有功功率	kW	$P = \sqrt{S^2 - Q^2} = 3I\sqrt{U^2 - (Ix)^2}$	三相
8	电损失功率	kW	$P_r = 3I^2 r = P - P_{arc}$	三相
9	电弧功率	kW	$P_{arc} = 3I^2 R_{arc} = 3IU_{arc} = 3I(\sqrt{U^2 - (Ix)^2} - Ir)$	三相
10	电弧电压	V	$U_{arc} = P_{arc}/3I$	
11	电效率	%	$\eta_E = P_{arc}/P_a$	
12	功率因素	%	$\cos\varphi = P_a/S$	
13	耐材磨损指数	MW·V/m²	$R_E = U_{arc}^2 I/d^2$	

B 几个特殊点的讨论

由电气特性曲线上可以看出如下几个特殊点（从左至右）。

a 空载（用下标"0"表示）

空载相当电极抬起成"开路"状态，没有电弧产生，此时：

$$R_{arc} \rightarrow \infty,\ I_0 = 0,\ P_0 = 0$$

讨论：虽然 $U_{arc} = U_2$，$\cos\varphi = \eta = 1$，但因无任何热量放出，故此规范无任何意义。

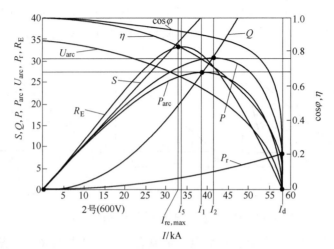

图 12-13　电炉的电气特性曲线

b　电弧功率最大（用下标"1"表示）

电弧功率是进入炉内的热源，研究此点规范很有意义。由电弧功率与电弧电流表达式（表 12-6 中 9 式和 4 式），有函数关系：

$$P_{arc} = f(I) = f[\psi(R_{arc})] \tag{12-1}$$

对复合函数求导并令导数等于零，解得当 $R_{arc} = \sqrt{r^2 + x^2} = z_2$，电弧功率有最大值，将此式代入表 12-6 中的 4 式中得：

$$I_1 = \frac{U}{\sqrt{(r + \sqrt{r^2 + x^2})^2 + x^2}} = \frac{U}{\sqrt{2z_2(r + z_2)}} \tag{12-2}$$

对应最大电弧功率为：

$$P_{arc} = 3I_1^2 R_{arc} = \frac{3}{2} \cdot \frac{U_2^2}{(r + z)} \tag{12-3}$$

讨论：（1）I_1 对应的电弧功率最大，此点对应的 $\cos\varphi$、η 比较理想；（2）当 $I_{工作} > I_1$，P_{arc} 减少，同时 $\cos\varphi$、η 值降低；（3）工作电流的选择一般 $I_{工作} \leqslant I_1$；（4）为了提高 P_{arc}，可提高 I_1，这可以通过提高变压器的二次电压 U_2 或降低回路的电抗 x 与电阻 r，从而可以使所选工作电流大些。

c　有功功率最大（用下标"2"表示）

用以上类似的数学分析方法求出，当 $R_{arc} = x - r$ 时，有功功率有最大值，此时电流为：

$$I_2 = \frac{\sqrt{2}}{2} \cdot \frac{U_2}{x} \tag{12-4}$$

对应最大有功功率为：

$$P_a = 3I_2^2(R_{arc} + r) = 3I_2^2 x = Q \tag{12-5}$$

讨论：（1）只有满足 $R_{arc} = x - r > 0$ 时，即 $x > r$ 时，才能出现有功功率最大值；（2）U 与 I 相位差为 $\varphi = 45°$，$\cos\varphi = 0.707$，为一常数；（3）比较 $I_2/I_1 = f(x/r) > 1$，即 $I_2 > I_1$，I_2 总是在 I_1 的右边，而选择 $I_{工作}$ 时，主要考虑 I_1。

d 短路（用下标"d"表示）

这相当石墨电极与金属料接触或插入钢水中，即发生短路，此时，$R_{arc}=0$，短路电流为：

$$I_d = \frac{U_2}{\sqrt{r^2+x^2}} = \frac{U_2}{z} \qquad (12-6)$$

讨论：（1）因为 $R_{arc}=0$，$P_{arc}=0$，所以 $P_a=P_r=3I^2r$，即有功功率全部消耗在装置电阻上，炉内无热量输入；（2）$P_{arc}=0$，$\eta=0$，但 $\cos\varphi \neq 0$；（3）$R_{arc}=0$，使短路电流很大，$I_d/I_n \geqslant 2$，极易损坏电器，故要求短路电流要小、短路时间要短。

短路分为人为的短路与操作短路。人为短路如送电点弧，其目的是要起弧，这要求时间短，即做瞬间短路；短路试验要求电极插入钢水中，为避免短路损坏电器，试验中采用最低档电压，使短路电流尽量小些，且短路时间尽量短。而操作短路应加以限制，通过提高电路的电抗可以限制短路电流，同时使电弧燃烧连续稳定。

e 耐火材料磨损指数最大（用"$R_{E,max}$"表示）

用以上类似的数学分析方法可求出，当 $R_{arc}=(r+\sqrt{9r^2+8x^2})/2$ 时，耐火材料磨损指数有最大值，此时电流为：

$$I_{r_{E,max}} = \frac{U}{\sqrt{(1.5r+0.5\sqrt{9r^2+8x^2})^2+x^2}} \qquad (12-7)$$

对应最大耐火材料磨损指数为：

$$R_{E,max} = \frac{I_{r_{E,max}}^3 R_{arc}^2}{d^2}$$

式中 d ——电极侧部至炉壁衬最短距离，m。

12.2.5.3 供电制度的确定

在一定的设备条件下，供电制度合理与否不但影响冶炼过程的顺利，还影响炉衬寿命、冶炼时间、电能消耗以及设备利用等。

TG 公司在未增加装备的条件下，引进消化 Demag 提供的供电曲线，取得节电 20kW·h/t，缩短冶炼时间 5min 的效果。抚顺钢厂采用优化供电曲线，节电 29kW·h/t，缩短冶炼时间 5min。

从供电曲线表面上看，当能量供给制度确定之后，供电制度实际上就变成了在某一电压下工作电流的确定问题。在传统的确定方法中，最重要的是遵守电气特性所表达的规律性，即以"经济电流"概念来确定工作电流，其确定方法也适用超高功率电炉。下面就从经济电流概念出发，讨论工作电流的确定。

A 经济电流的确定

a 经济电流的概念

观察电气特性曲线（图 12-13）可以发现：在电流较小时，电弧功率随电流增长较快（即变化率 dP_{arc}/dI 大），而电损功率随电流增长缓慢（即变化率 dP_r/dI 小）；当电流增加到较大区域内时，情况恰好相反。这说明在特性曲线上有一点（电流）能使电弧功率与电损功率随电流的变化率相等，即 $dP_{arc}/dI = dP_r/dI$，而这一点对应的电流称为经济电流，

用 I_5 表示。

因为电流小于 I_5 时，电弧功率小，熔化得慢；大于 I_5 时，电弧功率增加不多，电损失功率增加不少，故 I_5 得名"经济"电流。另外，在 I_5 附近的 $\cos\varphi$、η 也比较理想。

b 求经济电流 I_5

由电弧功率、电损功率及电弧电流表达式（表 12-6 中的式 9、8 及 4），有下列关系：

$$P_{\text{arc}} \text{ 或 } P_{\text{r}} = f(I) = f[\psi(R_{\text{arc}})] \tag{12-8}$$

P_{arc}、P_{r} 分别对 R_{arc} 求复合函数的导数，并联立求解得：$R_{\text{arc}} = r + \sqrt{4r^2 + x^2}$，此时对应的电流即为经济电流 I_5：

$$I_5 = \frac{U_2}{\sqrt{\left(2r + \sqrt{4r^2 + x^2}\right)^2 + x^2}} \tag{12-9}$$

将 I_5/I_1 的比值同时除以 r 可得：$I_5/I_1 = f(x/r) < 1$，即 I_5 在 I_1 的左边，此时 $\cos\varphi$、η 仅与 x/r 比值有关。

讨论：（1）$I_5 < I_1$，只有当 x/r 很大时，I_5 才接近 I_1；（2）实际设计中，比值 $x/r = 3 \sim 5$，对应 $\cos\varphi = 0.83 \sim 0.88$，$\eta = 0.82 \sim 0.86$，而 $I_5/I_1 = 0.81 \sim 0.89$，应该说比较理想，这比 I_1 时还要好。

B 工作电流的确定

I_5 的求出似乎就给出工作电流，即 $I_{\text{工作}} \leq I_5 = (0.8 \sim 0.9) I_1$。但若将耐火材料磨损指数 $R_{\text{E}} = U_{\text{arc}}^2 I/d^2 = f(I)$ 也表示在图 12-13 的电气特性曲线中，可以看出，$I_{\text{工作}} = I_5$ 恰好在 R_{E} 最大值附近。

对于小型普通功率电炉，R_{E} 较低，$R_{\text{E}} < 400\text{MW} \cdot \text{V/m}^2$。一般 $R_{\text{E}} < 450\text{MW} \cdot \text{V/m}^2$ 为安全值，此时炉壁热点损耗不剧烈。

但对于大型超高功率电炉，功率水平大幅度提高，炉壁热点磨损极为严重，R_{E} 的峰值达到大于或等于 $800\text{MW} \cdot \text{V/m}^2$，此时工作电流的选择必须避开 R_{E} 峰值（这也是超高功率电炉投入初期，采取低电压、大电流的原因），所选的工作电流不再是在 I_1 左面接近 I_5 的区域，而是接近 I_1 或超过 I_1（当然是在 $1.2I_n$ 的范围内）。此种情况，P_{arc} 增加了，虽然 P_{r} 有所增加，$\cos\varphi$ 略有降低，但由于低电压、大电流电弧的状态发生了变化，成为"粗短弧"，使电炉传热效率提高，更主要的是炉衬寿命得到保证，R_{E} 减小。

当采用泡沫渣时，可实现埋弧操作，此时不用顾及 R_{E} 的影响，而采用低电流、高电压的细长弧供电（操作），那么确定工作电流的原则不变，仍为 $I_{\text{工作}} \leq I_5 < I_1$。

当然 $I_{\text{工作}} \leq I_5$ 是有条件的，不能一味地追求，还必须考虑变压器额定电流 I_n 的允许值，即设备允许的最大电流 $I_{\max} = 1.2I_n$。在电炉变压器选择正确时，应能保证 $I_{\max}$ 接近 I_5，否则将出现以下情况，均对设备不利：

（1）$I_{\max} \gg I_5$，说明变压器选大了（电流高了），因为受经济电流概念要求 $I_{\text{工作}} \leq I_5 \ll I_{\max}$，使得变压器能力得不到充分发挥，否则工作点不合理；

（2）$I_{\max} \ll I_5$，说明变压器选小了（电流小了），因为若满足经济电流确定原则 $I_{\max} \ll I_{\text{工作}} \leq I_5$，使得变压器长时间超载运行，这些对设备都是不利的，也不经济。

考虑诸因素，工作电流选择原则为：$I_{\text{工作}} \leq I_{\max} \leq I_5 < I_1$。

至此，制订供电制度就变得简单了，即当能量供给制度确定之后，根据工艺、设备及炉料等选择各阶段电压，再根据工作电流确定原则来选择工作电流。

12.3　电炉炼钢冶炼工艺

12.3.1　电炉冶炼操作方法

电炉冶炼操作方法一般是按造渣工艺特点来划分的，目前普遍采用双渣还原法与双渣氧化法。

（1）双渣还原法。双渣还原法（返回吹氧法）的特点是冶炼过程中有较短的氧化期，既造氧化渣又造还原渣，能吹氧去碳、去气、去夹杂。但由于该种方法去磷较难，故要求炉料应由含磷低的返回废钢组成。双渣还原法由于采取了小脱碳量、短氧化期，不但能去除有害元素，还可以回收大量的合金元素。此法适合冶炼不锈钢、高速钢等含 Cr、W 高的钢种。

（2）双渣氧化法。双渣氧化法（氧化法）的特点是冶炼过程有氧化期，能去碳、去磷、去气、去夹杂等杂质，对炉料无特殊要求，冶炼过程既有氧化期又有还原期，有利于钢质量的提高。目前，几乎所有的钢种都可以用氧化法冶炼。以下主要介绍氧化法冶炼工艺。

12.3.2　传统电炉炼钢冶炼工艺

传统的氧化法冶炼工艺操作过程由补炉、装料、熔化、氧化、还原与出钢 6 个阶段组成，主要分为三期，俗称老三期。传统电炉老三期工艺因其设备利用率低、生产率低、能耗高等缺点，满足不了现代冶金工业的发展，必须进行改革，但它是电炉炼钢的基础。

12.3.2.1　补炉

炉衬寿命长是高产、优质、低耗的关键。

（1）影响炉衬寿命的主要因素。影响炉衬寿命的主要因素有炉衬的种类、性质和质量（包括制作、打结、砌筑质量），高温电弧辐射和熔渣的化学侵蚀，吹氧与钢液、炉渣等的机械冲刷以及装料的冲击。为了提高炉衬寿命，除选择高质量的耐火材料与先进的筑炉工艺外，还要加强维护，即在每炉钢出完后要进行补炉。如遇特殊情况，还需采用特殊的方式进行修砌垫补。

（2）补炉部位。炉衬各部位的工作条件不同，损坏情况也不一样。炉衬损坏的主要部位是炉壁渣线，渣线受到高温电弧的辐射、渣钢的化学侵蚀与机械冲刷以及冶炼操作等损坏严重，尤其渣线的 2 号热点区还受到电弧功率大、偏弧等影响，侵蚀严重，渣线 2 号热点区的损坏程度常常成为换炉的依据。出钢口附近因受渣、钢的冲刷也极易减薄。炉门两侧常受热震的作用、流渣的冲刷及操作与工具的碰撞等，损坏也比较严重。因此，一般电炉在出钢后要对渣线、出钢口及炉门附近等部位进行修补，无论进行喷补或投补，均应重点补好这些部位。

（3）补炉原则。补炉的原则是高温、快补、薄补。补炉是将补炉材料喷投到炉衬损坏处，并借助炉内的余热在高温下使新补的耐火材料和原有的炉衬烧结成为一个整体，而这种烧结需要很高的温度才能完成。一般认为，较纯镁砂的烧结温度约为 1600℃，白云石的烧结温度约为 1540℃。电炉出钢后,炉衬表面温度下降很快,因此应该抓紧时间趁热快补。薄补的目的是为了保证耐火材料良好地烧结。经验表明,新补的厚度一次不应大于30mm,需要补得更厚时应分层多次进行。

(4) 补炉方法。补炉方法可分为人工投补和机械喷补,根据选用材料的混合方式不同,又分为干补和湿补两种。人工投补,补炉质量差、劳动强度大、作业时间长、耐火材料消耗也大,故仅适合小炉子。目前,在大型电炉上多采用机械喷补。机械喷补设备种类较多,有炉门喷补机、炉内旋转补炉机等。机械喷补补炉速度快、效果好。

(5) 补炉材料。碱性电炉人工投补的补炉材料是镁砂、白云石或部分回收的镁砂。用黏结剂湿补时选用卤水或水玻璃,干补时一般掺入沥青粉。机械喷补的材料主要用镁砂、白云石或两者的混合物,还可掺入磷酸盐或硅酸盐等黏结剂。

12.3.2.2　装料

目前电炉广泛采用炉顶料筐装料,每炉钢的炉料分 1~3 次加入。装料的好坏影响着炉衬寿命、冶炼时间、电耗、电极消耗以及合金元素的烧损等。因此要求装料合理,而装料合理与否主要取决于炉料在料筐中的布料合理与否。

合理布料的顺序如下:先将部分小块料装在料筐底部,借以保护料筐的链板或合页板,减缓重料对炉底的冲击,以保护炉底,及早形成熔池;在小块料的上面、料筐的中心部位装大块料或难熔料,并填充小块料,做到平整、致密、无大空隙,使之既有利于导电,又可消除料桥及防止塌料时折断电极,即保护电极;其余的中、小块料装在大料或难熔料的上边及四周;最后在料筐的上部装入小块轻薄料,以利于起弧、稳定电流和减轻弧光对炉盖的辐射损伤,即保护炉顶。

另外,渣钢、汤道钢等不易导电的炉料应装在远离电极的地方,以免影响导电;生铁不要装在炉门附近或炉坡上,而要装在大料或难熔料的周围,以利用它的渗碳作用,降低大料或难熔料的熔点,从而加速熔化。凡随炉料装入的铁合金,为了保证元素的收得率,应根据它们不同的物化性能装在不同的位置,如钨铁、钼铁熔点高且不易氧化,可装在高温区,但不要装在电极下边;铬铁、镍板、锰铁等应装在远离高温区的位置,以减少它们的挥发损失。

现场布料(装料)经验为:下致密、上疏松、中间高、四周低、穿井快、不搭桥,炉门口无大料,提前助熔效果好。

12.3.2.3　熔化期

传统工艺熔化期占整个冶炼时间的 50%~70%,电耗占 60%~80%。因此,熔化期的长短影响生产率和电耗的高低,熔化期的操作影响氧化期、还原期的顺利与否。

A　熔化期的主要任务

熔化期主要有以下三个任务:

(1) 将块状的固体炉料快速熔化,并加热到氧化温度;

(2) 提前造渣,早期去磷;

(3) 减小钢液吸气与挥发。

B　熔化期的操作

熔化期主要是合理供电、及时吹氧、提前造渣。其中,合理供电制度是使熔化期顺利进行的重要保证。

    a　炉料熔化过程及供电

装料完毕即可通电熔化。但在供电前应调整好电极，保证整个冶炼过程中不切换电极，并对炉子冷却系统及绝缘情况进行必要的检查。

炉料熔化过程见图 12-14，基本可分为四个阶段（期），由于各阶段熔化的情况不同，所以供电情况也不同，见表 12-7。

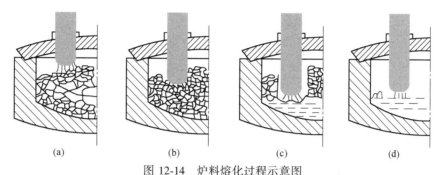

图 12-14　炉料熔化过程示意图

（a）起弧期；（b）穿井期；（c）主熔化期；（d）熔末升温期

表 12-7　炉料熔化过程与操作

熔化过程	电极位置	必要条件	措	施
起弧期	送电 $\rightarrow 1.5d_{电极}$	保护炉顶	较低电压	炉顶布轻废钢
穿井期	$1.5d_{电极} \rightarrow$ 炉底	保护炉底	较大电压	石灰垫底
主熔化期	炉底 → 电弧暴露	快速熔化	最大电压	
熔末升温期	电弧暴露 → 全熔	保护炉壁	低电压、大电流	炉壁水冷化加泡沫渣

（1）第一阶段——起弧期。通电开始，在电弧的作用下，一少部分元素挥发并被炉气氧化，生成红棕色的烟雾，从炉中逸出。送电起弧至电极端部下降 $1.5d_{电极}$ 深度为起弧期（2~3min）。此期电流不稳定，电弧在炉顶附近燃烧辐射。二次电压越高，电弧越长，对炉顶辐射越厉害，并且热量损失也越多。为了保护炉顶，在炉上部布一些轻薄小料，以便让电极快速插入料中，以减少电弧对炉顶的辐射，供电上采用较低电压、电流。

（2）第二阶段——穿井期。起弧完了至电极端部下降到炉底为穿井期。此期虽然电弧被炉料所遮蔽，但因不断出现塌料现象，电弧燃烧不稳定。供电上采取较大的二次电压、大电流或采用高电压带电抗操作，以增加穿井的直径与穿井的速度。但应注意保护炉底，办法是加料前采取石灰垫底，炉中部布大、重废钢以及采用合理的炉型。

（3）第三阶段——主熔化期。电极下降至炉底后开始回升时，主熔化期开始。随着炉料不断地熔化，电极渐渐上升，至炉料基本熔化（大于80%），仅炉坡、渣线附近存在少量炉料，电弧开始暴露给炉壁时，主熔化期结束。在主熔化期，由于电弧埋入炉料中，电弧稳定，热效率高，传热条件好，故应以最大功率供电，即采用最高电压、最大电流供电。主熔化期时间占整个熔化期的约70%。

（4）第四阶段——熔末升温期。电弧开始暴露给炉壁至炉料全部熔化为熔末升温期。此阶段因炉壁暴露，尤其是炉壁热点区的暴露受到电弧的强烈辐射，故应注意保护。此时供电上可采取低电压、大电流，否则应采取泡沫渣埋弧工艺。典型的熔化期供电曲线见图12-15。

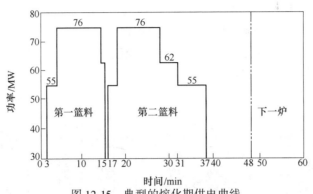

图 12-15　典型的熔化期供电曲线

b　及时吹氧与元素氧化

吹氧是利用元素氧化热加热、熔化炉料的。当固体料发红（约900℃）时开始吹氧最为合适，吹氧过早会浪费氧气，过迟则增加熔化时间。熔化期吹氧助熔，初期以切割为主，当炉料基本熔化形成熔池时，则以向钢液中吹氧为主。

一般情况下，熔化期钢中的 Si、Al、Ti、V 等几乎全部氧化，Mn 氧化 40%～60%，P 氧化 40%～50%，这与渣的碱度和氧化性等有关；而在吹氧时，C 氧化 10%～30%，Fe 氧化 2%～3%。

c　提前造渣

为提前造渣，用 2%～3% 的石灰垫炉底（留钢操作、导电炉底等除外），这样在熔池形成的同时就有炉渣覆盖，使电弧稳定，有利于炉料的熔化与升温，并可减少热损失，防止吸气和金属的挥发。由于初期渣具有一定的氧化性和较高的碱度，可脱除一部分磷；当磷高时，可采取自动流渣、换新渣操作，脱磷效果更好，为氧化期创造条件。

脱磷任务主要在熔化期完成。通过在加料前，在炉底加 2%～3% 左右，提前造高碱度、高氧化性炉渣，并采用流渣、造新渣的操作等在熔化期基本完成脱磷任务。

C　缩短熔化期的措施

缩短熔化期的措施如下：

（1）减少热停工时间；

（2）提高变压器输入功率；

（3）强化用氧，如吹氧助熔、氧-烧助熔；

（4）余钢、渣回炉；

（5）废钢预热等。

12.3.2.4　氧化期

要去除钢中的磷、气体和夹杂物，必须采用氧化法冶炼。氧化期是氧化法冶炼的主要过程。传统冶炼工艺中，当废钢炉料完全熔化并达到氧化温度、磷脱除 70% 以上时进入氧化期。为保证冶金反应的进行，氧化开始温度应高于钢液熔点 50～80℃。

（1）氧化期的主要任务，具体如下：

1）当脱磷任务重时，继续脱磷达到要求（小于 0.02%）；

2）脱碳至规格下限；

3）去气、去夹杂（利用[C]-[O]反应）；

4）提高钢液温度。

（2）造渣与脱磷。可以看出，氧化期要造好高氧化性、高碱度和流动性良好的炉渣，并及时流渣、换新渣，抓紧在氧化前期（低温）快速脱磷。

（3）氧化与脱碳。按照熔池中氧的来源不同，氧化期操作分为矿石氧化、吹氧氧化及矿氧综合氧化三种。近些年强化用氧的实践表明，除钢中磷含量特别高而采用矿氧综合氧化外，均用吹氧氧化，尤其当脱磷任务不重时，通过强化吹氧氧化钢液可降低钢中碳含量。

（4）气体与夹杂物的去除。电炉炼钢钢液去气、去夹杂是在氧化期进行的。它是借助碳氧反应、一氧化碳气泡的上浮，使熔池产生激烈沸腾，促进气体和夹杂的去除，均匀成分与温度。为此，一定要控制好脱碳反应速度，保证熔池有一定的激烈沸腾时间。

（5）氧化期的温度控制。氧化期的温度控制要兼顾脱磷与脱碳两者的需要，并优先脱磷。在氧化前期应适当控制升温速度，待磷含量达到要求后再放手提温。一般要求氧化末期的温度略高于出钢温度 20~30℃，这主要考虑两点：

1）扒渣、造新渣以及加合金将使钢液降温；

2）不允许钢液在还原期升温，否则将使电弧下的钢液过热，大电流弧光反射会损坏炉衬，导致钢液吸气。

当钢液的温度、磷、碳含量等符合要求时，扒除氧化渣并造稀薄渣，进入还原期。

12.3.2.5 还原期

传统电炉炼钢工艺中，还原期的存在显示了电炉炼钢的特点。

（1）还原期的主要任务，具体如下：

1）脱氧至要求值(脱至$(30~80)\times10^{-6}$)；

2）脱硫至一定值；

3）调整钢液成分，进行合金化；

4）调整钢液温度。

其中，脱氧是核心，温度是条件，造渣是保证。

（2）脱氧操作。电炉常用综合脱氧法，其还原操作以脱氧为核心，简述如下：

1）当钢液的温度、$w[P]$、$w[C]$符合要求，扒渣大于 95%；

2）加 Fe-Mn、Fe-Si 块等预脱氧（沉淀脱氧）；

3）加石灰、萤石、火砖块造稀薄渣；

4）稀薄渣形成后还原，加炭粉、Fe-Si 粉等脱氧（扩散脱氧），分 3~5 批，7~10min/批（这是老三期炼钢还原期时间长的原因）；

5）搅拌，取样，测温；

6）调整成分，即合金化（合金化计算将在后面单独介绍）；

7）加 Al 或 Ca-Si 块等终脱氧（沉淀脱氧）；

8）出钢。

（3）温度的控制。考虑到出钢到浇注过程中的温度损失，出钢温度应比钢的熔点高出 100~140℃。由于氧化末期控制钢液温度高于出钢温度 20~30℃以上，扒渣后还原期的温度控制实际上是保温过程。如果还原期大幅度升温，一是钢液吸气严重；二是高温电弧加重对炉衬的侵蚀；三是局部钢水过热。为此，应避免还原期后进行升温操作。

12.3.2.6　出钢

传统电炉炼钢冶炼工艺中，钢液经氧化、还原后，当化学成分合格、温度合乎要求、钢液脱氧良好、炉渣碱度与流动性合适时即可出钢。因出钢过程的钢、渣接触可进一步脱氧与脱硫，故要求采取"大口、深冲、钢渣混合"的出钢方式。

传统电炉老三期冶炼工艺操作集熔化、精炼和合金化于一炉，包括熔化期、氧化期和还原期，在炉内既要完成废钢的熔化，钢液的脱磷、脱碳、去气、去除夹杂物以及升温，又要进行钢液的脱氧、脱硫、合金化以及温度、成分的调整，因而冶炼周期很长。这既难以满足对钢材越来越严格的质量要求，又限制了电炉生产率的提高。

12.3.3　现代电炉炼钢冶炼工艺

现代电炉冶炼已从过去包括熔化、氧化、还原精炼、温度和成分控制以及质量控制的炼钢设备，变成仅保留熔化、升温和必要精炼功能（脱磷、脱碳）的化钢设备，而把那些只需要较低功率的工艺操作转移到钢包精炼炉内进行。钢包精炼炉完全可以为初炼钢液提供各种最佳精炼条件，可对钢液进行成分、温度、夹杂物、气体含量等的严格控制，以满足用户对钢材质量越来越严格的要求。尽可能把脱磷甚至部分脱碳提前到熔化期进行，而在熔化后的氧化精炼和升温期只进行碳的控制和不适宜在加料期加入的较易氧化而加入量又较大的铁合金的熔化，对缩短冶炼周期、降低消耗、提高生产率特别有利。

电炉采用留钢留渣操作，熔化一开始就有现成的熔池，辅之以强化吹氧和底吹搅拌，为提前进行冶金反应提供良好的条件。从提高生产率和降低消耗方面考虑，要求电炉具有最短的熔化时间和最快的升温速度以及最少的辅助时间（如补炉、加料、更换电极、出钢等），以期望达到最佳经济效益。

12.3.3.1　快速熔化与升温操作

快速熔化和升温是当今电弧炉最重要的功能，将第一篮废钢加入炉内后，这一过程即开始进行。为了在尽可能短的时间内将废钢熔化并使钢液温度达到出钢温度，在电炉中一般采用以下操作手段来完成：以可能最大的功率供电，用氧-燃烧嘴助熔，吹氧助熔和搅拌，底吹搅拌，泡沫渣以及其他强化冶炼和升温等技术。这些都是为了实现最终冶金目标，即以为炉外精炼提供成分、温度都符合要求的初炼钢液为前提，因此还应有良好的冶金操作相配合。

12.3.3.2　脱磷操作

脱磷操作的三要素，即磷在渣-钢间分配的关键因素有炉渣的氧化性、石灰含量和温度。随着渣中 FeO、CaO 含量的升高和温度的降低，渣-钢间磷的分配系数明显提高。因此，在电弧炉中脱磷主要就是通过控制上面三个因素来进行的，所采取的主要工艺有：

（1）强化吹氧和氧-燃助熔，提高初渣的氧化性；

（2）提前造成氧化性强、碱度较高的泡沫渣，并充分利用熔化期温度较低的有利条件，提高炉渣脱磷的能力；

（3）及时放掉磷含量高的初渣并补充新渣，防止温度升高后和出钢时下渣回磷；

（4）采用喷吹操作强化脱磷，即用氧气将石灰与萤石粉直接吹入熔池，脱磷率一般可达 80%，并能同时进行脱硫，脱硫率接近 50%；

（5）采用无渣出钢技术，严格控制下渣量，把出钢后磷含量降至最低，一般下渣量可控制在 2kg/t，对于 P_2O_5 含量为 1% 的炉渣，其回磷量不大于 0.001%。

出钢磷含量控制应根据产品规格、合金化等情况综合考虑，一般应小于 0.02%。

12.3.3.3 脱碳操作

电炉配料采取高配碳，其目的主要是：

（1）熔化期吹氧助熔时碳先于铁氧化，从而减少了铁的烧损；

（2）渗碳作用可使废钢熔点降低，加速熔化；

（3）碳氧反应造成熔池搅动，促进了渣-钢反应，有利于早期脱磷；

（4）在精炼升温期，活跃的碳氧反应扩大了渣-钢界面，有利于进一步脱磷，有利于钢液成分和温度的均匀化和气体、夹杂物的上浮；

（5）活跃的碳氧反应有助于泡沫渣的形成，可提高传热效率，加速升温过程。

配碳量与碳的加入形式、吹氧方式、供氧强度及炉子配备的功率关系很大，需根据实际情况确定。

12.3.3.4 合金化

现代电炉合金化一般是在出钢过程中于钢包内完成，那些不易氧化、熔点又较高的合金，如 Ni、W、Mo 等铁合金可在熔化后加入炉内，但采用留钢操作时应充分考虑前炉留钢对下一炉钢液所造成的成分影响。出钢时要根据所加合金量的多少来适当调整出钢温度，再加上良好的钢包烘烤和钢包中热补偿，可以做到既提高合金收得率，又不造成低温。

出钢时钢包中合金化为预合金化，精确的合金成分调整最终是在精炼炉内完成的。为使精炼过程中成分调整顺利进行，要求预合金化时被调成分不超过规格中限。

12.3.3.5 温度控制

良好的温度控制是顺利完成冶金过程的保证，如脱磷不但需要有高氧化性和高碱度的炉渣，也需要有良好的温度相配合。这就是强调应在早期脱磷的原因，因为那时温度较低有利于脱磷。而在氧化精炼期，为造成活跃的碳氧沸腾，要求有较高的温度（高于 1550℃）；为使炉后处理和浇注正常进行，根据所采用的不同工艺，要求电炉初炼钢液有一定的过热度，以补偿出钢过程、炉外精炼以及钢液的输送等过程中的温度损失。

出钢温度应根据钢种并充分考虑以上各因素来确定。出钢温度过低，钢液流动性差，浇注后易造成短尺或包中凝钢；出钢温度过高，使钢的洁净度变坏，铸坯（或锭）缺陷增加，消耗量增大。总之，出钢温度应在能顺利完成浇注的前提下尽量控制得低些。

偏心炉底出钢电炉的出钢温度低（出钢温降小），可节约能源，减少回磷。

12.3.3.6 泡沫渣操作

A 泡沫渣操作的优点

采用水冷炉壁、炉盖技术能提高炉体寿命，可其对 400mm 宽的耐火材料渣线来说，作用是有限的。由于电炉泡沫渣技术的出现，其炉渣发泡厚度可达 300~500mm，是电弧长度的 2 倍以上，从而可以使电炉实现埋弧操作。埋弧操作可解决两方面的问题：一方面真正发挥了水冷炉壁的作用，提高炉体寿命；另一重要方面是使长弧供电成为可能，即采用大电压、低电流。它的优越性在于弥补了早期"超高功率供电"的不足，带来了以下优点：（1）提高炉衬寿命，降低耐火材料消耗；（2）降低电损失功率，减少电耗；（3）减少电极消耗；（4）改善三相电弧功率平衡；（5）提高功率因数。

现代电炉熔池形成得早，因此可适当高配碳、提前吹氧，使炉渣发泡。电炉泡沫渣操作主要在熔化末期电弧暴露与氧化末期间进行。它是利用向渣中喷炭粉和吹入氧气产生的一氧化碳气泡，通过渣层而使炉渣泡沫化。良好的泡沫渣要求长时间将电弧埋住，这既要求渣中有气泡生成，还要求气泡有一定寿命。

B　影响泡沫渣的因素

影响泡沫渣的因素如下：

（1）吹氧量。泡沫渣主要是由碳氧反应生成大量的 CO 所致，因此，提高供氧强度既增加了氧气含量，又提高了搅拌强度，促进碳氧反应激烈进行，使单位时间内的 CO 气泡生成量增加，在通过渣层排出时使渣面上涨、渣层加厚。

（2）熔池碳含量。碳含量是产生 CO 气泡的必要条件，如果碳含量不足，将使碳氧反应乏力，影响泡沫渣生成，这时应及时补碳以促进 CO 气泡的生成。

（3）炉渣的物理性质。增加炉渣的黏度、降低其表面张力和增加炉渣中悬浮质点数量，将提高炉渣的发泡性能和泡沫渣的稳定性。

（4）炉渣化学成分。在碱性炼钢炉渣中，FeO 含量和碱度对泡沫渣高度的影响很大。一般来说，随 FeO 含量升高，炉渣的发泡性能变差，这可能是 FeO 使炉渣中悬浮质点溶解，导致炉渣黏度降低所致。碱度在指数 2 附近有一峰值，此时泡沫渣高度达到最大值。

（5）温度。在炼钢温度范围内，随温度升高炉渣黏度下降，熔池温度越高，生成泡沫渣的条件越差。

C　泡沫渣的控制

良好的泡沫渣是通过控制 CO 气体发生量、渣中 FeO 含量和炉渣碱度来实现的。足够的 CO 气体量是形成一定高度的泡沫渣的首要条件。形成泡沫渣的气体不仅可以在金属熔池中产生，也可以在炉渣中产生。熔池中产生的气泡主要来自溶解碳与气体氧、溶解氧的反应，其前提是熔池中有足够的碳含量。渣中 CO 主要是由碳与气体氧、氧化铁等一系列反应产生的，其中，碳可以颗粒形式加入，也可以粉状形式直接喷入。事实证明，喷入细粉可以更快、更有效地形成泡沫渣，产生泡沫渣的气体 80% 来自渣中，20% 来自熔池。熔池产生的细小分散气泡既有利于熔池金属流动、促进冶金反应，又有利于泡沫渣形成；而渣中产生的气体则不会造成熔池金属流动。研究表明，增加炉渣的黏度，降低表面张力，使炉渣的 $R = 2.0 \sim 2.5$、$w(\mathrm{FeO}) = 15\% \sim 20\%$ 等，均有利于炉渣的泡沫化。

美国、德国等国家开发的水冷碳-氧枪，专门用于由电炉炉门操作造泡沫渣，效果较好，我国现已大量采用。最近，德国、意大利开发的碳-氧-燃复合式炉壁喷枪，可根据炉内不同阶段，进行氧-燃助熔、碳-氧造渣、吹氧去碳及二次燃烧等强化用氧操作。这种复合式炉壁喷枪实现了关炉门操作，其效果是消除冷点、造渣埋弧、加速反应及回收能量。

12.3.4　钢液的合金化

炼钢过程中调整钢液合金成分的操作称为合金化，它包括电炉过程钢液的合金化及精炼过程后期钢液的合金成分微调。传统电炉炼钢的合金化一般是在氧化末期、还原初期进行预合金化，在还原末期、出钢前或出钢过程中进行合金成分微调。而现代电炉炼钢的合金化一般是在出钢过程中于钢包内完成，出钢时钢包中合金化为预合金化，精确的合金成分调整最终是在精炼炉内完成的。合金化操作主要指合金加入时间与加入数量。

12.3.4.1　合金加入时间

加入铁合金总的原则是：熔点高、不易氧化的元素早加，如镍可随炉料一同加入，收得率仍在95%以上；熔点低、易氧化的元素晚加，如硼铁要在出钢过程中加入钢包中，回收率只有50%左右。

合金加入的具体原则是：

（1）不易氧化的元素（比铁与氧结合能力差的元素）可在装料时、氧化期或还原期加入，如 Cu、Ni、Co、Mo、W；较易氧化的元素一般在还原初期加入，如 P、Cr、Mn；易氧化的元素一般在还原末期加入，即在钢液和炉渣脱氧良好的情况下加入，如 V、Nb、Si、Ti、Al、B、稀土元素（La、Ce 等）。为提高收得率，许多工厂在出钢过程中加入稀土元素、钛铁等，有时还在浇注的过程中加入稀土元素。

（2）熔点高、密度大的铁合金，加入后应加强搅拌。例如，钨铁的密度大、熔点高，会沉于炉底，其块度应小些。

（3）加入量大、易氧化的元素应烘烤加热，以便快速熔化。

（4）在许可的条件下，优先使用便宜的高碳铁合金（如高碳锰铁、高碳铬铁等），然后再考虑使用中碳铁合金或低碳铁合金。

（5）贵重的铁合金应尽量控制在中下限，以降低钢的成本。如冶炼 W18Cr4V（含 W17.5%~19%）时，每节省 1% 的 W 可节约 15kg/t 钨铁（钨铁含 W70%，收得率为 95%）。

另外，脱氧操作和合金化操作也不能截然分开。一般来说，用于脱氧的元素先加，合金化元素后加；脱氧能力比较强且比较贵重的合金元素，应在钢液脱氧良好的情况下加入。比如，易氧化元素 Al、Ti、B 的加入顺序与目的应为：出钢前 2~3min 插铝脱氧、加钛固定氮，出钢过程再加硼以提高硼的回收率。此种情况下，三者的收得率分别为 65%、50%、50%。

12.3.4.2　合金加入数量

化学成分对钢的质量和性能影响很大，现场根据冶炼钢种、炉内钢液量、炉内成分、合金成分及合金收得率等快速、准确地计算合金加入量。

（1）合金加入量计算模型的确定。根据元素平衡建立 n 元高合金钢的元素平衡方程，推导出计算 n 元高合金钢中某种合金加入量的计算公式（推导过程省略）为：

$$g_i = \frac{(a_j - b_j) \cdot G}{f_j \cdot c_{i,j}} + \frac{a_j}{f_j \cdot c_{i,j}} \frac{G \sum \dfrac{a_j - b_j}{f_j \cdot c_{i,j}}}{1 - \sum \dfrac{a_j}{f_j \cdot c_{i,j}}} \qquad (12\text{-}10)$$

式中 g_i——某种合金的加入量，对于一确定的合金，其合金牌号应优先选择高碳的低成本合金，kg；

    G——炉中钢液的重量，要求准确，kg；

    a_j——合金微调钢液中元素需达到的含量，%；

    b_j——钢水中元素初始含量，%；

    $c_{i,j}$——合金中第 j 种元素合金的含量，%；

    f_j——第 j 种元素的收得率，合金加入时间不同，其收得率不同%。

上述通过建立 n 元高合金钢的元素平衡方程推导出的，计算 n 元高合金钢中某种合金加入量的计算公式，简称为"n 元合金计算公式"。此计算公式在推导过程中考虑到合金的收得率及炉中钢水量的变化，因此比传统多元高合金成分的计算方法——比份系数法（或称补加系数法）科学、准确，它适合所有的钢种及整个炼钢过程（包括电弧炉内、电弧炉出钢过程及 LF 成分微调等）所加合金的计算。将 n 元合金计算公式编成程序用计算机进行计算，有利于实现快速、准确地计算，对钢液进行窄成分控制以及自动称量、自动加入，为电炉炼钢过程计算机控制打下基础。在应用式（12-10）计算合金的加入量、选择追加合金的种类与牌号时，应注意以下优先原则：1) 优先选择现场有的、价格便宜的合金，但加入后要保证钢液中磷或（和）碳含量不超标，否则应选择磷、碳含量低的合金；2) 当需要用硅锰合金来调整钢液的硅与锰含量时，应在首先保证钢中锰含量的情况下控制成分。

（2）单元高合金钢合金加入量的计算（即单元合金含量 $\Sigma E > 4\%$）。当 $i = j = 1$ 时，由 n 元合金计算公式得：

$$g = \frac{G(a-b)}{f(c-a)} \tag{12-11}$$

由于有"$c-a$"项，此法又称为扣本身法；又由于 G 是炉内钢液量，此法还称为钢液量法。若用出钢量计算，要扣除炉内成分。

（3）碳素钢和低合金钢的计算（包括单元低合金钢，$\Sigma E < 3\%$）。当所炼钢种的合金含量很低，即 $c-a \approx c$ 或 $a < 3\%$ 时，则单元合金计算公式近似为：

$$g = \frac{G(a-b)}{fc} \tag{12-12}$$

此即 n 元合金计算公式的第一项。

（4）多元高合金加入量的计算。此计算方法很多且复杂，近似算法请查阅炼钢操作手册及有关书籍。

12.4 现代电炉炼钢技术

12.4.1 超高功率电炉的发展及其特征

12.4.1.1 超高功率电炉概念

超高功率电炉这一概念是 1964 年由美国联合碳化物公司的 W. E. Schwabe 与西北钢线材公司的 C. G. Robinson 两个人提出的，并且首先在美国的 135t 电炉上进行了提高变压器功率、增加导线截面等一系列改造，目的是利用废钢原料、提高生产率、发展电炉炼钢。超高功率简称"UHP"（Ultra High Power）。由于其经济效果显著，使得西方主要产钢国，如前联邦德国、英国、意大利及瑞典等纷纷应用 UHP 电炉。20 世纪 70 年代，全世界都大力发展 UHP 电炉，几乎不再建普通功率电炉。

在实践过程中，UHP 电炉技术得到不断完善和发展。尤其是 UHP 电炉与炉外精炼、连铸相配合，显示出高功率、高效率的优越性，给电炉炼钢带来勃勃生机。从此，电炉结束了仅仅冶炼特殊钢的使命，成为一个高速熔化金属的容器。

12.4.1.2　UHP 电炉及其优点

UHP 一般指电炉变压器的功率是同吨位普通电炉功率的 2~3 倍。由于功率成倍增加等原因，UHP 电炉的主要优点有：缩短熔化时间，提高生产率；提高电热效率，降低电耗；易与炉外精炼、连铸相配合，实现高产、优质、低耗的目标。对于 150t UHP 电炉，生产率不低于 100t/h，电耗可达 420kW·h/t 以下，即生产节奏转炉化。

表 12-8 所示为当时一座 70t 电炉改造实施超高功率化后的效果。

表 12-8　70t 电炉改造实施超高功率化后的效果

指　标	额定功率	熔化时间/冶炼时间	熔化电耗/总电耗	生产率
单　位	MV·A	min	kW·h/t	t/h
普通功率（RP）	20	129/156	538/595	27
超高功率（UHP）	50	40/70	417/465	62

12.4.1.3　UHP 电炉的技术特征

A　高功率水平

功率水平是 UHP 电炉的主要技术特征，它表示每吨钢占有的变压器额定容量，即：

$$功率水平 = \frac{变压器额定容量(kV·A)}{公称容量或实际出钢量(t)} \tag{12-13}$$

并以此来区分普通功率（RP）、高功率（HP）和超高功率（UHP）。

在 UHP 电炉发展过程中曾出现过许多分类方法，目前许多国家均采用功率水平分类方法。1981 年，国际钢铁协会（IISI）在巴西会议上提出了具体的分类方法，见表 12-9。

表 12-9　电炉按功率水平的分类

类　别	RP	HP	UHP
功率水平/kV·A·t^{-1}	<400	400~700	>700

注：1. 表中数据主要指 50t 以上的电炉，对于大容量电炉可取下限；
　　2. UHP 电炉功率水平没有上限，目前已达 1000kV·A/t 且还在增加，故出现 SUHP 一说。

目前国内电炉的功率水平普遍低下，但国内也引进了一些高水平电炉，其功率水平较高，如南京钢铁联合公司的 70t/60MV·A 电炉，苏州苏兴特钢公司与江阴兴澄钢铁公司的 100t/100MV·A 电炉等。

B　高变压器利用率

变压器利用率指时间利用率与功率利用率，它反映了电炉车间的生产组织、管理、操作及技术水平。

时间利用率，是指一炉钢总通电时间与总冶炼时间之比，用 T_u 表示。

功率利用率，是指一炉钢实际输入能量与变压器额定能量之比，或指一炉钢总的有功能耗与变压器的额定有功能耗之比，用 C_2 表示。

$$T_u = \frac{t_2 + t_3}{t_1 + t_2 + t_3 + t_4} = \frac{t'}{t} \tag{12-14}$$

$$C_2 = \frac{\overline{P}_2 \cdot t_2 + \overline{P}_3 \cdot t_3}{P_n(t_2 + t_3)} \tag{12-15}$$

而冶炼周期（即冶炼时间）为：

$$t = (t_2 + t_3) + (t_1 + t_4) = t' + t'' = \frac{W \cdot G \times 60}{P_n \cdot \cos\varphi \cdot C_2} + t'' \tag{12-16}$$

式中　t_1，t_4——分别为出钢间隔与热停工时间，即非通电时间 t''；

　　　　t_2，t_3——分别为熔化与精炼通电时间，即总通电时间 t'；

　　　　$\overline{P}_2$，$\overline{P}_3$——分别为熔化与精炼期平均输入功率；

　　　　P_n——变压器的额定功率；

　　　　W——电能单耗；

　　　　G——出钢量；

　　　　$\cos\varphi$——功率因数。

分析以上三式可知，提高变压器利用率、缩短冶炼时间的措施有：

（1）减少非通电时间，如缩短补炉、装料、出钢以及过程热停工时间，均能提高 T_u、缩短冶炼时间、提高生产率；

（2）减少低功率的精炼期时间，如缩短或取消还原期、采取炉外精炼，可缩短冶炼时间、提高功率利用率 C_2、充分发挥变压器的能力；

（3）减少通电时间、提高功率水平 P_n/G、提高 C_2 以及降低电耗，均能够缩短冶炼时间、提高生产率。

UHP 电炉要求 T_u 与 C_2 均大于 0.7，使电炉真正成为高速熔器。

C　优化的电炉炼钢工艺流程

电炉炼钢工艺流程优化的核心是缩短冶炼周期、提高生产率，而 UHP 电炉的发展也正是围绕着这一核心进行的。在完善电炉本体的同时，注重与炉外精炼等装置相配合，真正使电炉成为高速熔器，从而取代了"老三期"一统到底的落后工艺，变成废钢预热（SPH）→UHP 电炉→炉外精炼（SR），配合以连铸或连轧，形成高效节能的"短流程"，见图 12-16。其中，相当于把熔化期的一部分任务分出去，采用废钢预热，再把还原期的任务移到炉外，并且采用熔化期和氧化期合并的熔氧合一的快速冶炼工艺。

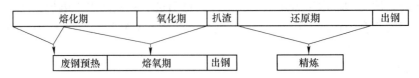

图 12-16　电炉的功能分化图

电炉作用的改变带来明显的效果，日本将这一变革过程称为"电炉的功能分化"。其中扮演重要角色的是 UHP 电炉，它的出现使功能分化成为现实，它的完善和发展促进了"三位一体"、"四个一"电炉工艺流程的进步。

D　抑制电炉产生的公害

电炉产生的公害主要是烟尘、噪声以及电网公害。

a　烟尘与噪声

电炉在炼钢过程中产生的烟尘量大于 $20000mg/m^3$，占出钢量的 1% ~ 2%，即 10 ~ 20kg/t，超高功率电弧炉取上限（由于强化吹氧等）。因此，电炉必须配备排烟除尘装置，使排放粉尘含量达到标准（小于 $150mg/m^3$）。

超高功率电炉产生的噪声高达 110dB，要求设法降低。采用电炉全密闭罩可以使罩外的噪声强度减为 80~90dB。

许多电炉钢厂为了解决烟尘与噪声污染，采取炉顶第四孔排烟法与电炉全密闭罩相结合的方法。

b　电网公害

电炉炼钢产生的电网公害主要包括电压闪烁与高次谐波。电压闪烁（或电压波动）实质上是一种快速的电压波动，是由较大的交变电流冲击而引起的电网扰动。电压波动可使白炽灯光和电视机荧屏高度闪烁，电压闪烁由此得名。

超高功率电炉加剧了闪烁的发生。当闪烁超过一定值（限度），如 0.1 ~ 30Hz，特别是 1~10Hz 时，会使人感到烦躁。这属于一种公害，要加以抑制。

为了使闪烁保持在允许的水平，解决的办法有两种：

（1）要有足够大的电网，即电炉变压器要与有足够大的电压、短路容量的电网相连，前联邦德国规定：

$$P_{短网} \geqslant 80P_n \sqrt[4]{n} = 80P_n \quad （当电炉为 1 座时，即 n = 1 时）$$

一般认为，若供电电网的短路容量达变压器额定容量的 80 倍以上，就可视为足够大。

（2）采取无功补偿装置进行抑制，如采用晶体管控制的电抗器（TCR）。

由于电弧电阻的非线性特性等原因，使得电弧电流波形产生严重畸变，除基波电流外，还包含各高次谐波。产生的高次谐波电流注入电网，将危害供电电网电气设备的正常运行，如使发电机过热，使仪器、仪表、电器误操作等。

抑制的措施是采取并联谐波滤波器，即采取 L-C 串联电路。

实际上，电网公害的抑制常采取闪烁、谐波综合抑制，即 SVC 装置——静止式动态无功补偿装置（见图 12-17）。

12.4.2　超高功率电炉相关技术

UHP 电炉的出现和发展伴随着新技术的广泛采用。这些新技术既包括 UHP 电炉生产必须解决的问题，否则将限制生产的关键技术，如电极、耐火材料等；又包括高效、节能、进一步降低成本的深化技术。这些都加速了电炉的更新换代，确立了电炉在炼钢法中的地位。

12.4.2.1　相关名词术语

（1）电炉的热点（区）与冷点（区）。在电炉炉衬的渣线水平面上，距电极最近点称

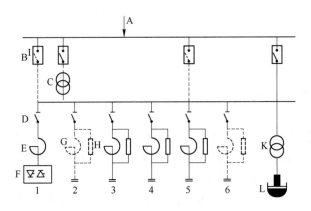

图 12-17 静止式动态无功补偿装置（SVC 装置）

为热点，而距电极最远点称为冷点。电炉炉衬的侵蚀状况与主要原因见表 12-10。电炉炉体的更换常常以 2 号热点区炉衬的损坏程度作为依据。

表 12-10 电炉炉衬的侵蚀状况与主要原因

侵蚀严重程度			
侵蚀部位	渣 线	热 点	2 号热点区
主要原因	钢、渣、弧的作用与操作	钢、渣、弧的作用与操作，距电弧近	钢、渣、弧的作用与操作，距电弧近，为热区，功率大及偏弧严重

（2）耐火材料磨损（侵蚀）指数。耐火材料磨损指数这一概念是在 20 世纪 60 年代后期由 W. E. Schwabe 提出的，以此来描述由于电弧辐射引起耐火材料损坏的指标，并以耐火材料侵蚀指数的大小来反映耐火材料损坏的外部条件，表达式如下：

$$R_E = \frac{P'_{arc} \cdot U_{arc}}{d^2} = \frac{I \cdot U^2_{arc}}{d^2} \tag{12-17}$$

式中，P'_{arc}、U_{arc} 及 d 分别为单相电弧功率、电弧电压及电极侧部至炉壁衬的最短距离；R_E 的单位为 MW·V/m²。当电弧暴露后，对 R_E 应加以限制，一般认为它的安全值在 400~450MW·V/m² 之间。超高功率电炉因电弧功率 P'_{arc} 成倍增加，而使 R_E 达到 800~1000MW·V/m²，此时必须采取措施。分析上式，P'_{arc} 增加，使 R_E 变大；而 U_{arc} 减少（P'_{arc} 一定）或 d 增加，均能使 R_E 变小，如采用腰鼓形炉型、倾斜电极以及低电压供电等。

（3）粗短弧与细长弧。由公式：$P'_{arc} = U_{arc} \cdot I$，电弧长度 $L_{arc} = U_{arc} - (30~50)$ 与电弧截面直径 $D_{arc} \propto I$ 可知，当功率一定时，低电压、大电流使电弧的状态粗而短；反之，电弧细而长。

（4）三相电弧功率不平衡度，计算如下：

$$K_{P, arc} = \frac{P_{max} - P_{min}}{P_{mean}} \times 100\% \tag{12-18}$$

式中，P_{max}、P_{min} 和 P_{mean} 分别为三相电弧功率中最大的、最小的和三相平均的电弧功率。

因为
$$P'_{arc} = I(\sqrt{U^2 - I^2 x^2} - Ir)$$

所以
$$K_{P,\,arc} = f(I,\,U) \propto \frac{I}{U}$$

当功率一定时，低电压、大电流将使三相电弧功率不平衡度增大，反之减小。

（5）电抗百分数——装置电抗的相对值，计算如下：

$$x\% = \frac{x}{z} = \frac{xI}{U} = \sin\varphi \tag{12-19}$$

（6）功率因数，计算如下：

$$\cos\varphi = \sqrt{1 - (x\%)^2} \tag{12-20}$$

当 x 一定时，低电压、大电流使 $x\%$ 增加、$\cos\varphi$ 降低；反之，$\cos\varphi$ 提高。

12.4.2.2 超高功率电炉相关技术

对于 UHP 电炉的关键技术的研究，主要是围绕电炉输入功率成倍提高后所带来的一系列问题而展开的。

A 合理供电

UHP 电炉投入初期，由于输入功率成倍提高，R_E 达到 $800MW \cdot V/m^2$ 以上，炉衬热点区损坏严重，炉衬寿命大幅度降低。为此，首先在供电上采用低电压、大电流的粗短弧供电。粗短弧供电的优点是减少电弧对炉衬的辐射，保证炉衬寿命；增加熔池的搅拌与传热；稳定电弧，提高电效率。当时把这种粗短弧供电称为"超高功率供电"或"合理供电"。

但这种早期超高功率供电的特征是低电压、大电流，存在诸多不足，如超高功率、大电流使电极消耗大为增加，$W_{电极} \propto I^2$；大电流使电损失功率增加，$P_r = 3I^2 r$；低电压、大电流使 $x\%$ 增加，$\cos\varphi$ 降低；低电压、大电流使三相电弧功率严重不平衡。

围绕上述不足，许多学者开展了降低电极消耗与短网改造的研究，并为此做了大量的工作。

B 降低电极消耗

电极消耗主要分为端部消耗和侧部消耗。端部消耗主要由于高温升华与剥落；侧部消耗主要由于高温氧化。扣除折损后，端部与侧部消耗比例如表 12-11 所示。

表 12-11 电极端部与侧部消耗比例

影响因素	端部（升华剥落）	侧部（高温氧化）	影响因素	端部（升华剥落）	侧部（高温氧化）
RP 电极消耗比例/%	35	65	UHP 电极消耗比例/%	65	35

降低电极消耗可以从两个方面开展工作，一方面研制高质量电极，另一方面采用新技术降低电极消耗，如开发涂层电极、浸渍电极及水冷电极。这些技术可以降低电极消耗 5%~10%，但这些措施只能减少占电极总消耗 35% 的侧部氧化消耗，对端部消耗的降低则无能为力。

C 短网改造

针对早期超高功率供电不足的问题，对短网进行了研究与改造工作，主要围绕以下三个方面：

（1）降低电阻，减少损失功率，提高输入功率，如增加导体截面、减少长度、改善接触等；

（2）降低电抗，增加功率因数，提高功率输入，如增加导体截面、减少长度、合理布线；

（3）改进短网布线，平衡三相电弧功率，如三相导体采取空间三角形布置或修整平面法。

D　提高炉衬寿命

超高功率使炉衬寿命大为降低，前述供电上采取粗短弧，但仅限于"保命"，要想较好地解决这一问题必须寻求新的耐火炉衬，由此水冷炉壁、水冷炉盖应运而生。

1972 年，日本开发的水冷挂渣炉壁（即耐久炉壁）率先在日本采用，后推广到美国、西欧，发展非常迅速。目前，超高功率电炉普遍采用水冷炉壁，面积可达 70% 以上，水冷炉壁块的寿命达 6000 次；炉盖水冷面积可达 80% ~ 85%，水冷炉盖块寿命达 4000 次。炉壁采用水冷后，热点区的问题基本得到解决，炉衬寿命得到一定的提高。虽然冷却水带走一些热量(5% ~ 10%)，但由于提高炉衬寿命、减少冶炼时间等，其综合效果明显。

必须强调指出，水冷炉壁、水冷炉盖技术是高功率、大电炉派生出的，因此对低功率、小电炉是不适合的。

E　氧-燃助熔

炉壁采用水冷后，"热点"问题得到基本解决，但"冷点"问题突出了。大功率供电废钢熔化迅速，使热点区很快暴露给电弧，而此时冷点区的废钢还没有熔化，炉内温度分布极为不均。为了减少电弧对热点区炉衬的高温辐射、防止钢液局部过烧，而被迫降低功率，"等待"冷点区废钢的熔化。

超高功率电炉为了解决"冷点"区废钢的熔化，采用氧-燃烧嘴，插入炉内冷点区进行助熔，实现废钢的同步熔化，解决炉内温度分布不均的问题。此项技术是 20 世纪 70 年代由日本首先开发采用，目前日本、西欧、北美等大多数的电炉都采用氧-燃烧嘴强化冶炼。天津钢管公司用氧-油烧嘴，攀钢集团、成都钢管公司用氧-燃烧嘴，抚钢用氧-煤烧嘴。氧-燃烧嘴通常布置在熔池上方 0.8 ~ 1.2m 的高度，用 3 ~ 5 支烧嘴对准冷点区（见图 12-18），在废钢化平前使用。每座电炉所配氧-燃烧嘴的总功率一般为变压器额定功率的 15% ~ 30%，每吨钢功率为 100 ~ 200kW/t。采用氧-燃烧嘴一般可降低电耗 10% ~ 15%，使生产率提高值大于 10%，所用的燃料有煤、油或天然气等。

F　二次燃烧技术

a　二次燃烧技术的意义

由于超高功率电弧炉冶炼过程的氧-燃烧嘴助熔、强化吹氧去碳及泡沫渣操作，产生大量富含一氧化碳（CO）的高温废气，其中只有少量的 CO 被燃烧成二氧化碳（CO_2），而大部分由第四孔排出后与空气中的氧燃烧成 CO_2。这一方面会增加废气处理系统的负担（在系统内燃烧，并存在爆炸的危险），另一方面则造成大量的能量（化学能）浪费。

前述的废钢预热是利用排出废气的物理热，而二次燃烧是利用炉内的化学热。有人计算得知：碳的不完全燃烧反应（$2C+O_2 = 2CO$）放热量为 1.4kW·h/kg，碳的完全燃烧反

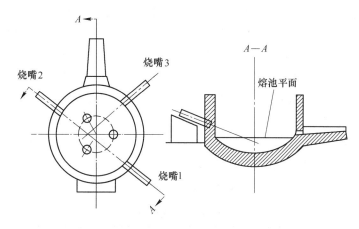

图 12-18　氧-燃烧嘴在电炉炉体上的布置

应（$C+O_2 = CO_2$）放热量为 5.8kW·h/kg，即为不完全燃烧反应放热量的 4 倍，这对电弧炉来说是一个巨大的潜在能源。

为此，在熔池上方采取适当供氧使生成的 CO 再燃烧成 CO_2，即二次燃烧或后燃烧（Post Combustion），产生的热量直接在炉内得到回收，同时也减轻了废气处理系统的负担。

b　二次燃烧技术的发展

1993 年，德国巴顿钢厂（BSW）与美国纽柯公司（Nucor）将二次燃烧技术分别应用于 80t 和 60t 电弧炉上，并取得成功。之后此技术发展很快，美国、德国、法国、意大利等国家均达到工业应用水平。国内的宝钢为 150t 双壳炉的每一个炉体配备了一支用于二次燃烧的水冷氧枪，由炉门插入，向熔池面吹氧。

二次燃烧采用特制的烧嘴，也称二次燃烧氧枪或 PC 枪，一般由炉壁或由炉门插入至钢液面，用于炉门的二次燃烧氧枪常与炉门水冷氧枪结合，形成"一杆二枪"。为了提高燃烧效率，将 PC 枪插入泡沫渣中，使生成的 CO 燃烧成 CO_2，其热量直接被熔池吸收。当然，吹入的氧气也会有一部分参与脱碳和用于铁的氧化。

电弧炉中二次燃烧反应进行的程度（即二次燃烧率）用式（12-21）表示：

$$PCR = \frac{\varphi(CO_2)}{\varphi(CO) + \varphi(CO_2)} \times 100\% \qquad (12\text{-}21)$$

即 CO 燃烧成 CO_2 的体积占 CO 体积与 CO_2 体积之和的百分数。PCR 值越大，说明二次燃烧反应越充分，化学能利用率越高。

c　二次燃烧技术的效果

采用二次燃烧技术可以降低电耗、缩短冶炼时间、提高生产率并有利于废气处理。美国纽柯公司普里毛斯钢厂的实验数据为：吹氧 2.8m³/t，节电 13.5kW·h/t；当吹氧量增加到 9m³/t 时，节电 40kW·h/t，冶炼时间缩短 4min；但电极、氧气消耗略有增加。

G　无渣出钢技术

a　无渣出钢技术的意义

传统电炉炼钢"老三期"工艺操作为：装料熔化、氧化扒渣、造渣还原、带渣出钢，带入钢包中的是还原性炉渣，带渣出钢对进一步脱硫、脱氧、吸附夹杂等是有益无害的。而当电炉功能分化后，超高功率电炉与炉外精炼相配合，电炉出钢时的炉渣是氧化性炉渣，这种氧化性炉渣带入钢包精炼过程将会给精炼带来极为不利的影响，如使钢液增磷，降低脱氧、脱硫能力，降低合金回收率以及影响吹氩效果与真空度等。

于是，围绕避免氧化渣进入钢包精炼过程这一问题，出现了一系列渣、钢分离方法。

b　渣、钢分离方法

早期的渣、钢分离方法有人工或机械扒渣、倒包法及真空吸渣法等，但这些方法都存在增加劳动强度、增加工序设备以及增加温度损失等缺点，因而生命力不强。近十几年出现的一些渣、钢分离方法（也称出钢分离法），如表 12-12 所示。

表 12-12　出钢分离法

出钢法	简称	制造公司	备　注	出钢法	简称	制造公司	备　注
低　位	Tea Spout	Demag（德）	Siphon	侧面炉底	SBT	Whiting（美）	
偏心炉底	EBT	Demag（德）	1983	水　平	HOT	Empco（加）	
偏位炉底	OBT	Fuchs（德）	1988，椭圆形炉壳	滑　阀	SG	Metacon（美）	1986，Slide Gate

这些方法中，效果最好、应用最广泛的是 EBT 法（Eccentric Bottom Tapping），即偏心炉底出钢法。首台 EBT 电炉是 1983 年 Demag 为丹麦 DDS 钢厂制造的 110t/70MV·A 电炉。

c　EBT 电炉的结构特点

EBT 电炉的结构如图 12-19 所示，它是将传统电炉的出钢槽改成出钢箱，出钢口在出钢箱底部垂直向下。出钢口下部设有出钢口开闭机构，用于开闭出钢口；出钢箱顶部中央设有塞盖，以便出钢口的填料与维护。

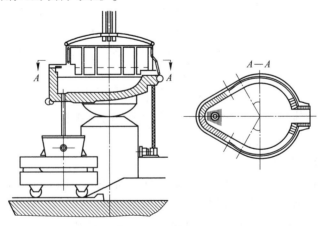

图 12-19　EBT 电炉的结构

EBT 电炉的出钢操作为：出钢时，向出钢侧倾动少许（约 3°）后，开启出钢机构，填料在钢液静压力作用下自动下落，钢液流入钢包，实现自动开浇出钢。否则需要施以外力或烧氧出钢，一般要求自动开浇率在90%以上。当钢液出至要求的约95%时迅速回倾以防止下渣，回倾过程还有约5%的钢液和少许炉渣流入钢包中，炉摇正后（炉中留钢10%~15%，留渣不小于95%），检查维护出钢口，关闭出钢口，加填料，装废钢，起弧。

d EBT电炉的优点

EBT电炉主要优越性在于，采用偏心炉底出钢实现了无渣出钢及减少出钢倾角（仅需要倾动15°~20°便可出净钢液），增加了水冷炉壁使用面积。其优点如下：

（1）出钢倾动角度减少，可简化电炉倾动结构；降低短网的阻抗；增加水冷炉壁使用面积，提高炉体寿命。

（2）留钢留渣操作，可无渣出钢，改善钢质，有利于精炼操作；此外，留钢留渣有利于电炉冶炼、节能。

（3）炉底部出钢，可降低出钢温度，节约电耗；减少二次氧化，提高钢的质量；提高钢包寿命。

由于EBT电炉的诸多优点，其在世界范围迅速得到普及。现在建设的电炉，尤其是与炉外精炼配合的电炉，一定要求无渣出钢，而EBT是首选。

H 电炉底吹搅拌技术

a 问题的提出

电炉熔池的加热方式与感应炉不同，更比不上转炉。它属于传导传热，即由炉渣传给表层金属，再传给深层金属；它的搅拌作用极其微弱，仅限于电极附近区域，这就造成熔池内的温度差和浓度差大。因此，电炉熔池形状要设计成浅碟形的，在操作上要求加强搅拌。国内钢厂操作规程要求在测温、取样前，用2~4个耙子对钢液进行搅拌。但这样搅拌劳动强度大，人为干扰多，而且炉子越大（如大于30t）问题越突出。为了改善电炉熔池搅拌状况，国内外采用了电磁搅拌器；但效果并不理想，设备投资大，而且故障多，目前已不采用。

为解决上述问题，受底吹转炉的启发，20世纪80年代，日本新日铁、美国联合碳化物公司、墨西哥钢研所、前苏联车里雅宾斯克钢铁公司等先后研究出电炉底吹气搅拌工艺，由于经济效果显著，发展很快。电炉底吹气体加强了熔池的搅拌，这对电炉炉型来说是一场革命，可使电炉炉型由浅碟形变成桶形。

b 底吹搅拌系统及冶金效果

电炉底吹搅拌工艺即在电炉炉底安装供气元件，向炉内熔池中吹Ar、N_2搅拌钢液。底吹系统的关键是供气元件。供气元件有单孔透气塞、多孔透气塞及埋入式透气塞多种，常用后两种。

电炉底吹气体加强熔池搅拌，可产生如下效果：

（1）加速废钢与合金的熔化，缩短冶炼时间约10min；

（2）降低电耗20kW·h/t以上；

（3）提高金属与合金的收得率；

（4）提高脱P、S等效果。

有人把"EBT电炉、直流电炉、底吹电炉"称为20世纪80年代三大技术。

I　冶炼工艺的改革

超高功率电炉炼钢工艺改变了传统电炉的"老三期"工艺，而把电炉仅作为一个高速熔器，采取超高功率送电，提前造渣脱磷，强化吹氧去碳，氧化性钢水无渣出钢，然后进行炉外精炼、连铸、连轧。应该说，超高功率电炉促进了炉外精炼乃至整个流程的发展。

J　智能电弧炉

智能电弧炉（IAF，the Intelligent Arc Furnace）是电弧炉炼钢技术发展的又一新的动态，它将人工智能技术应用于电弧炉炼钢。由美国科劳威尔（Coralville）神经网络应用工程公司开发的电弧炉智能控制器，应用人工神经网络技术，具有自学习、自适应的智能特性，在解决交流电弧炉的"三相识别"、"闪烁"等难题方面取得了显著效果。

12.4.3　废钢预热节能技术

废钢预热按其结构类型，可分为分体式与一体式（即预热与熔炼是分或是合）、分批预热式与连续预热式；按使用的热源，可分为外加热源预热与利用废气预热，前者指用燃料烧嘴预热。下面主要介绍利用电炉排出的高温废气进行废钢预热的技术。

电炉采用超高功率化与强化用氧技术，使废气量大大增加，废气温度高达1200℃以上，废气带走的热量占总热量支出的15%以上，相当于$80 \sim 120 kW \cdot h/t$。废钢在熔炼前进行预热，尤其是利用电炉排出的高温废气进行预热，是高效、节能最直接的办法，提高了炉料带入的物理热。到目前为止，世界上废钢预热方法主要有料篮预热法、双壳电炉法、竖窑式电炉法以及炉料连续预热法等。

12.4.3.1　料篮预热法

1980年，日本将世界上第一套料篮式废钢预热装置用在50t电炉上，次年又将这种废钢预热装置用在100t电炉上。之后，在不到10年的时间里，日本就有约50套废钢预热装置投入运行。

料篮预热法的工作原理及预热效果是：电炉产生的高温废气（1200~1400℃）由第四孔水冷烟道经燃烧室后进入装有废钢的预热室内进行预热。废气进入预热室的温度一般为700~800℃，排出时为150~200℃，每篮料预热30~40min，可使废钢预热至200~250℃。每炉钢的第一篮（相当于60%）废钢可以得到预热。料篮预热法能回收废气带走热量的20%~30%，可节电20~30kW·h/t，节约电极0.3~0.5kg/t，提高生产率约5%。

该种废钢预热法存在的问题主要有产生白烟、臭气；高温废气使料篮局部过烧，降低其使用寿命；预热温度低，废钢装料过程温降大等。针对这些问题，采取了再循环方式、加压方式、多段预热方式、喷雾冷却方式以及后燃烧方式等措施对付白烟与臭气，采用水冷料篮以及限制预热时间、温度等措施来提高料篮的寿命。但是实际操作结果表明，这些措施不尽理想，而且这些措施均使原本废钢预热温度就不高（废钢入炉前温降大，降至100~150℃）的情况进一步恶化，综合效益甚微。这就促使欧美和日本积极开发新的废钢预热工艺。

12.4.3.2　双壳电炉法

双壳电炉是 20 世纪 70 年代出现的炉体形式。双壳电炉具有一套供电系统、两个炉体,即"一电双炉"。一套电极升降装置交替对两个炉体进行供热熔化废钢,如图 12-20 所示。

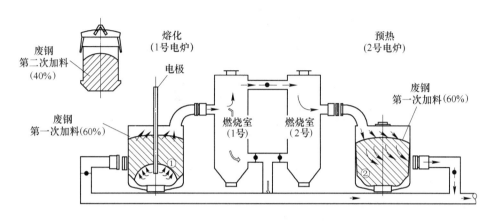

图 12-20　双壳电炉工作原理图

双壳电炉的工作原理是:当熔化炉(1 号)进行熔化时,所产生的高温废气由炉顶排烟孔经燃烧室后进入预热炉(2 号)中进行预热废钢,预热(热交换)后的废气由出钢箱顶部排出,经冷却与除尘。每炉钢的第一篮(相当于 60%)废钢可以得到预热。双壳炉的主要特点有:(1)提高变压器的时间利用率,由 70%提高到 80%以上,或减小变压器容量;(2)缩短冶炼时间,提高生产率 15%~20%;(3)节电 40~50kW·h/t。新式双壳炉自 1992 年由日本首先开发第一座,到 1997 年已有 20 多座投产,至今仍为很多钢厂所采用,其中大部分为直流双壳炉。为了增加预热废钢的比例,日本钢管公司(现并入JEF)采取增加电炉熔化室高度,并采用氧-燃烧嘴预热助熔,以进一步降低能耗,提高生产率。

12.4.3.3　竖窑式电炉法

进入 20 世纪 90 年代,德国的 Fuchs 公司研制出新一代电炉——竖窑式电炉(简称竖炉)。1992 年,首座竖炉在英国的希尔内斯钢厂(Sheerness)投产;到目前为止,Fuchs公司投产和待投产的竖炉有 30 多座。竖炉的结构、工作原理(见图 12-21)及预热效果为:竖炉炉体为椭圆形,在炉体相当于炉顶第四孔(直流炉为第二孔)的位置配置一竖窑烟道,并与熔化室连通。装料时,先将大约 60%的废钢直接加入炉中,余下的(约 40%)由竖窑加入,并堆在炉内废钢上面。送电熔化时,炉中产生的高温废气(1400~1600℃)直接对竖窑中废钢料进行预热。随着炉膛中的废钢熔化、塌料,竖窑中的废钢下落,进入炉膛中的废钢温度高达 600~700℃。出钢时,炉盖与竖窑一起提升 800mm 左右,炉体倾动,由偏心炉底出钢口出钢。

为了实现 100%废钢预热,Fuchs 竖炉又发展了第二代竖炉(手指式竖炉),它是在竖窑的下部与熔化室之间增加一水冷活动托架(也称指形阀),将竖炉与熔化室隔开,废钢分批加入竖窑中。废钢经预热后,打开托架加入炉中,实现 100%废钢预热。手指式竖炉

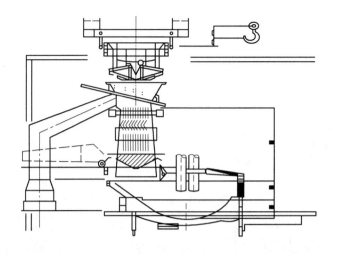

图 12-21　竖炉的结构工作原理

不但可以实现 100% 废钢预热，而且可以在不停电的情况下，由炉盖上部直接连续加入高达 55% 的直接还原铁（DRI）或多达 35% 的铁水，实现不停电加料，进一步减少热停工时间。

竖炉的主要优点是：（1）节能效果明显，可回收废气带走热量的 60% 以上，节电 60kW·h/t 以上；（2）提高生产率 15% 以上；（3）减少环境污染；（4）与其他预热法相比，还具有占地面积小、投资省等优点。

12.4.3.4　炉料连续预热法

手指式竖炉实现炉料半连续预热，而康斯迪电炉（Consteel Furnace）实现炉料连续预热，也称炉料连续预热电炉（见图 12-22）。该形式电炉于 20 世纪 80 年代由意大利得兴（Techint）公司开发，1987 年最先在美国的纽柯公司达林顿钢厂（Nucor-Darlington）进行

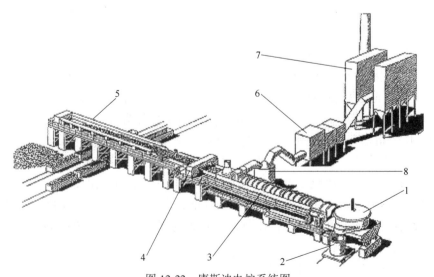

图 12-22　康斯迪电炉系统图

1—炉体；2—钢包；3—预热烟道；4—动态密封装置；5—炉料输送系统；
6—锅炉；7—除尘器；8—燃烧室

试生产，获得成功后在美国、日本、意大利等国家推广使用。到目前为止，世界上已投产和待投产的康斯迪电炉近 20 台，其中近半数在中国。

炉料连续预热电炉由炉料连续输送系统、废钢预热系统、电炉熔炼系统、燃烧室及余热回收系统等组成。炉料连续预热电炉的工作原理与预热效果是：炉料连续预热电炉是在连续加料的同时，利用炉子产生的高温废气对行进的炉料进行连续预热，可使废钢入炉前的温度高达 500~600℃，而预热后的废气经燃烧室进入余热回收系统。

炉料连续预热电炉由于实现了废钢连续预热、连续加料、连续熔化，因而具有如下优点：(1) 提高了生产率，降低了电耗（80~100kW·h/t）和电极消耗；(2) 减少了渣中的氧化铁含量，提高了钢水的收得率等；(3) 由于废钢炉料在预热过程中碳氢化合物全部烧掉，冶炼过程熔池始终保持沸腾，降低了钢中气体含量，提高了钢的质量；(4) 变压器利用率高，高达 90% 以上，因而可以降低功率水平；(5) 容易与连铸相配合，实现多炉连浇；(6) 由于电弧加热钢水，钢水加热废钢，电弧特别稳定，电网干扰大大减少，不需要用 "SVC" 装置等。康斯迪电炉的技术经济指标如表 12-13 所示。康斯迪电炉有交流、直流之分，不使用氧-燃烧嘴，废钢预热不用燃料，并且实现了 100% 连装废钢。

表 12-13 康斯迪电炉的技术经济指标

节约电耗	节约电极	增加收得率	增加炭粉	增加吹氧量
100kW·h/t	0.75kg/t	1%	11kg/t	8.5m³/t

12.4.4 直流电弧炉技术

12.4.4.1 直流电弧炉的发展概况

由于交流电弧每秒过零点 100 次，在零点附近电弧熄灭，然后再在另一半波重新点燃，因而交流电弧稳定性差。而直流电弧稳定，加之直流供电的其他优点，使得人们早在 19 世纪就开始了对直流电弧炉的研究和试验，但由于当时的整流技术所限阻碍了直流电弧炉技术的发展。20 世纪 70 年代，大型高功率、超高功率电炉的出现与发展使得炼钢电弧炉的功率成倍增加，强大交变电流的冲击加重了电网电压闪烁等电网公害，以至于需要采取价格昂贵的动态补偿装置。

由于电力电子技术的飞速发展，大功率晶闸管元器件获得开发并实现工业化生产，促使大容量整流装置的问世和实用化，使得直流电弧炉再度崛起。20 世纪 80 年代，一些工业发达的国家纷纷开发直流电弧炉，并获得了显著的进展。

最早用于炼钢生产的直流电弧炉是由德国的 GHH-BBC 集团于 1982 年开发的，接着瑞典的 ASEA 公司（现瑞士的 ABB 集团）及法国的 IRSID-CLECIM 集团（CLECIM 公司现改名为 KVAERNER METALS）等分别开发出形式各异的直流电弧炉。

由于直流电弧炉具有突出优点，在国内外发展很快，迄今为止，全世界已经投产的 50t 以上的直流电弧炉有 100 多台，在今后较长一段时间内将与交流炉共存。

12.4.4.2 直流电弧炉设备

直流电弧炉是将三相交流电经可控硅整流变成单相直流电，在炉底电极（阳极）和石墨电极（阴极）之间的金属炉料上产生电弧进行冶炼，直流电弧炉设备布置见图 12-23，直流电弧炉基本回路见图 12-24。

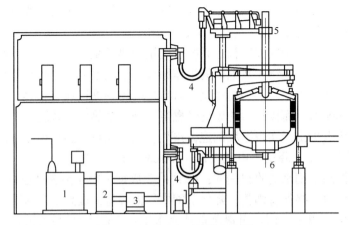

图 12-23　直流电弧炉设备布置

1—整流变压器；2—整流器；3—直流电抗器；4—水冷电缆；5—石墨电极；6—炉底电极

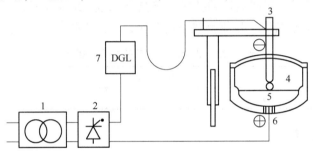

图 12-24　直流电弧炉基本回路

1—炉子整流变压器；2—整流器；3—石墨电极；4—电弧；

5—熔池；6—炉底电极；7—直流电抗器

直流电弧炉与交流电弧炉设备的主要区别在于，增加可控硅整流装置、炉顶石墨电极由三根变成一根及增设炉底电极等。其中，炉底电极的设置是直流电弧炉的最大特征。炉底电极是直流电弧炉技术的关键，目前世界上运行的几种有代表性的直流电弧炉的基本形式，其主要区别在于炉底电极的结构。

炉底电极按其结构特点可大致分为：法国 CLECIM（集团）公司开发的钢棒式水冷炉底电极、德国 GHH（集团）公司开发的触针式风冷炉底电极、奥地利 DVAI 公司开发的触片式炉底电极以及瑞士 ABB（集团）公司开发的导电炉底式风冷炉底电极。

12.4.4.3　直流电弧的特性

（1）电流密度提高。直流与交流相比，无集肤效应和邻近效应，在二次导体与石墨电极截面中电流分布均匀，在同样截面下，可通过的电流增加了 20% ~ 30%，见图 12-25。

（2）阳极效应。从直流电弧热分布来看，底

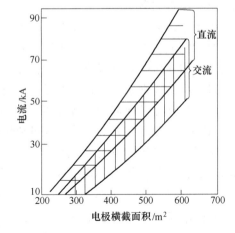

图 12-25　直流与交流电炉用石墨电极的载流量比较

阳极区发热量占总电弧热量的 43%，阴极区占 36%，弧柱区占 21%。直流电弧炉所产生热量的 72% 集中于废钢熔池上，而交流电弧炉仅有 65% 集中于废钢熔池上。电弧功率以三种方式传递给炉衬与废钢熔池，即辐射、对流和阳极效应。在电流、电压相同的条件下（10kA/125V），直流（DC）与交流（AC）电弧炉的功率分布比较如表 12-14 所示。

表 12-14　直流与交流电弧炉的功率分布比较　　　　　　（%）

传递方式	DC 电弧	AC 电弧	传递方式	DC 电弧	AC 电弧
炉衬:	28	35	熔池:	72	65
辐射	20	24	辐射	10	12
对流	4	3	对流	50	45
阳极效应	4	8	阳极效应	12	8

（3）循环搅拌。直流电弧炉的电弧电流产生的电动力（循环搅拌），使电弧下钢液沿其炉底向外侧炉壁运动，然后沿钢液表面返回电弧下。这种强烈的循环搅拌使得直流电弧炉钢液的成分、温度较交流电弧炉更均匀。

（4）电弧稳定。在相同功率下，直流电弧炉可以在较高的电压、较小的电流下稳定操作（电弧稳定）。

（5）耐火材料磨损指数。直流电弧炉与交流电弧炉相比，由于其电极极性发生根本变化，热量分布也不同，标志耐火材料侵蚀的耐火材料磨损指数（R_E）也发生变化。考虑到交流电弧中每个电弧供热截面是炉子截面的 1/3；而直流电弧炉将全部电弧热供给整个炉子，电弧覆盖面扩大 3 倍。因此，直流电弧炉耐火材料磨损指数的计算公式是在交流电弧炉耐火材料磨损指数的计算公式中引入一个修正系数 1/3，即：

$$R_{E, DC} = \frac{P_{arc} U_{arc}}{3d^2} \qquad (12-22)$$

表 12-15 从安全性、导电性、砌筑与维护、炉底寿命及成本等方面，对图 12-26 所示的几种形式炉底电极进行综合比较与评价。

表 12-15　不同形式炉底电极的综合比较与评价

项　目	评价角度	炉底电极形式			
		CLECIM 式	GHH 式	DVAI 式	ABB 式
安全性	漏钢可能性	无	无	无	无
导电性	导电的保证	金属棒导电	金属触针导电	金属触片导电	耐火材料导电
耐火材料	炉底用耐火材料	镁碳质或镁钙碳质捣打料、镁钙铁质捣打料与镁炭砖	干式镁质捣打料或镁炭砖	镁碳质或镁钙碳质捣打料、镁钙铁质捣打料等	镁碳质导电耐火材料，常用的有镁炭砖、捣打料、接缝料和修补料
搅　拌	熔池搅拌	较好	较好	较好	最好
电弧偏弧	偏弧对策	不同二次导体供给不同的电流（最有效）	改变二次导体布线方式（较有效）	不同二次导体供给不同电流（较有效）	改变二次导体的布线方式（较有效）

续表 12-15

项　目	评价角度	炉底电极形式			
		CLECIM 式	GHH 式	DVAI 式	ABB 式
炉　容	最大吨位/t	160	150	120	100
冷　却	冷却方式	强制水冷	强制风冷	强制风冷	强制风冷
电流密度	允许电流密度 /A·mm^{-2}	50	100	100	0.5~1.8
砌筑与维修	复杂程度	简单	复杂	复杂	简单
	维修难易	易	难	难	易
	电极更换	容易	较易	较易	较易
启动方式	冷(重新)启动方式	金属棒接在底阳极上,使之突出于耐火材料	金属细屑铺在底阳极上	新炉使金属触片突出于耐火材料,金属细屑铺在底阳极上	薄钢板或金属细屑铺在导电炉底上
寿　命	消耗速度 /mm·炉$^{-1}$	1.0	0.5~1.5	0.3~0.6	1.0
	最高寿命/炉	2760	2000	1200	4000
炉底电极	成　本	适　中	适　中	适　中	较　高
费　用	维修费用 /元·t^{-1}	<2	1.0~1.5	1.9	4~10

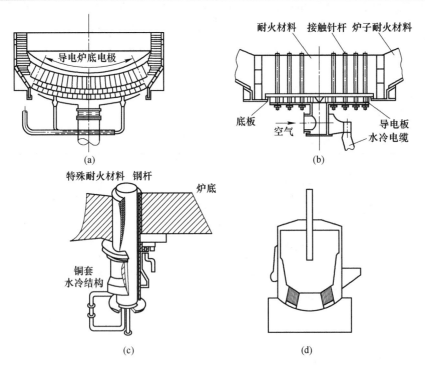

图 12-26　直流电弧炉的炉底电极

(a) ABB 式;(b) GHH 式;(c) CLECIM 式;(d) DVAI 式

12.4.4.4　直流电弧炉的特点

理论与实践均证明，直流电弧炉与交流电弧炉相比具有如下优点：

（1）石墨电极消耗大幅度降低，可降低 50% 左右，这是直流电弧炉最大的优点。原因是炉顶电极由三变一，电极表面减少阳极效应。

（2）降低电能消耗，与相同条件的交流电弧炉相比，直流电弧炉可节约电能 5% ~ 10%。原因是单相电阻损失少，损耗低。

（3）对电网的干扰和冲击小，电压闪烁降低了 50% 左右，根据电网条件可省去昂贵的动态补偿装置或减小补偿装置的容量。

（4）炉衬寿命提高，耐火材料消耗降低，喷补材料可节约 30%。

（5）噪声降低 10~15dB。

（6）电磁搅拌力强，钢液成分及温度均匀。

但存在的问题有：

（1）大型直流电弧炉受偏弧的抑制，偏弧现象见图 12-27；

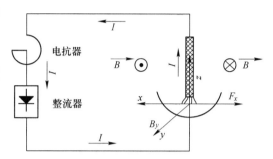

（2）大直径石墨电极的开发，这将阻碍大型直流电弧炉的发展。

图 12-27　直流电弧炉产生偏弧的原理

2001 年，由德国 SGL 炭素公司开发的世界上最大直径（ϕ800mm）的 UHP 电极在电弧炉上应用，效果很好，在 140kA 工作电流下，电极消耗为 0.9kg/t，通电时间为 23 ~ 24min，冶炼周期为 33~34min，电耗为 350kW · h/t。

12.4.5　高阻抗电弧炉

12.4.5.1　电弧炉高阻抗技术的发展过程

正常情况下，要求电炉回路中具有一定的电抗，其目的是为了保证电弧的稳定连续燃烧和限制短路电流。以往的做法是在变压器一次侧串联电抗器。

UHP 电炉运行初期采用低电压、大电流，粗短弧供电后，电抗百分数大大增加，功率因数降低很多，虽然电弧比较稳定，但大电流引起了诸多不足。为此，对于 20t/9000kV · A 以上的电炉，在设计与改造时，采取了一系列降低电抗以提高功率因数的措施（而对于 10t/5500kV · A 以下的电炉，还是要带电抗的）。

交流电弧炉大面积水冷炉壁及泡沫渣埋弧操作的采用，使得长弧供电成为可能，长弧供电有许多优点，但高电压长弧供电使功率因数大幅度提高，将使短路冲击电流大为增加，也将导致电弧不稳定、输入功率降低。为了改善此种状况，采取提高电炉装置电抗的方法，以便适合长弧供电。

直流电弧炉能最大限度地降低电压闪烁 40%，交流电弧炉为了与之竞争而提出采用高阻抗技术。

12.4.5.2　电弧炉高阻抗技术及其优点

高阻抗电弧炉即指通过提高电炉装置的电抗，使回路的电抗值提高到原来的两倍左右。对于 50t/30MV·A 以上的普通阻抗电弧炉，其电抗值为 3.5~4.0mΩ，当其电抗值增加至 7~8mΩ 时，即成为高电抗或高阻抗电弧炉，这种高阻抗电弧炉更适合长弧供电。

增加电抗的办法是在电炉变压器的一次侧串联一固定电抗器或饱和电抗器，大多为串联固定电抗器。而饱和电抗器可进一步减少电炉对电网的干扰，但价格昂贵。高阻抗电弧炉主电路如图 12-28 所示。

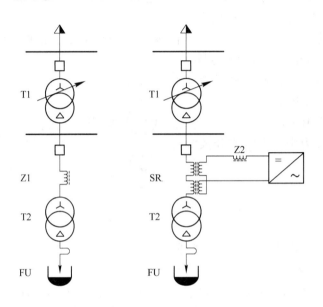

图 12-28　高阻抗电弧炉主电路
T1—电网变压器；Z1—固定电抗器；SR—饱和电抗器；
T2—电炉变压器；FU—电炉；Z2—电抗器

高阻抗电弧炉具有如下优点：

（1）电耗与电极消耗降低，因电流大为减小；（2）电弧稳定性高，因电抗高、功率因数低；（3）减少电压闪烁约 30%，因电流波动小；（4）降低回路电动应力，因短路电流小。

抚顺特钢公司、南京钢铁公司、淮阴钢铁公司、安阳钢铁公司等引进的 60~100t 交流电炉以及国内设计制造的 40~70t 交流电炉，几乎都是高阻抗电弧炉。

思 考 题

12-1　何谓"短流程"，它具有哪些优点，电炉炼钢工艺路线的"三位一体"、"四个一"指什么？

12-2　画出电弧炉主电路图，给出主电路电器的组成及其作用。

12-3　电弧炉短网指的是什么，由哪几部分导体组成？

12-4　传统电炉氧化法冶炼过程包括哪几个阶段，其中熔化、氧化及还原各期的主要任务是什么？

12-5　试述现代电炉炼钢工艺操作特点。

12-6　试述采用超高功率（UHP）电炉的目的及其主要优点。

12-7　RP、HP 及 UHP 电炉按功率水平如何划分？

12-8 氧-燃烧嘴主要解决什么问题？

12-9 试述底吹供气元件的种类及吹入的介质、电炉底吹气体搅拌技术的冶金效果。

12-10 废钢预热节能技术有哪几种？说出其设备特点和节能效果。

12-11 电炉炼钢采取无渣出钢的意义是什么，渣、钢分离技术有哪些，偏心炉底出钢电炉的优点有哪些？

12-12 试述直流电弧炉与交流电弧炉设备的主要区别以及直流电弧炉的优越性。

13 炉 外 处 理

13.1 炉外处理技术概述

随着科学技术的进步，国民经济各部门对钢的质量要求日益提高，优质钢和洁净钢的需求量不断增长，市场对炼钢流程提出高效率、低成本的要求，因此，仅由高炉-转炉炉内、电炉炉内生产出合格钢水的工艺已基本成为历史。

现代炼钢流程如下：高炉→铁水预处理→转炉→钢水二次精炼→连铸；电炉→钢水二次精炼→连铸。其中，铁水预处理与钢水二次精炼可统称为炉外精炼（处理）。炉外精炼是在初炼炉（转炉、电炉）以外的钢包或专用容器中，对金属液（铁水或钢液）进行炉外处理的方法。铁水预处理的主要目的是脱硫、脱硅及同时脱磷、脱硫，钢水二次精炼的主要目的是脱碳、脱气（H、N）、脱氧、脱硫、去夹杂物、控制夹杂物的形态、调整成分及温度等。采用炉外精炼技术可以提高钢的质量，扩大品种，缩短冶炼时间，提高生产率，调节炼钢炉与连铸的生产节奏，并可降低炼钢成本，提高经济效益。

铁水预处理与钢水炉外精炼技术产生于 19 世纪末期，发展于 20 世纪 50 年代。由于各种钢材的性能对钢的成分以及洁净度的要求不同，研究发明了各种不同功能的炉外精炼方法。20 世纪 70 年代以后，随着连铸技术的发展，铁水预处理与钢水炉外精炼技术也得到了迅速发展，并且促进了连铸生产的优化。它不仅适应了连铸生产对优质钢水的严格要求，大大提高了铸坯的质量，而且在温度、成分及时间节奏的匹配上起到了重要的协调作用，成为连接炼钢与连铸的桥梁，用以协调炼钢与连铸生产的重要手段，为连铸提供具有准确目标成分和温度的钢液。

20 世纪 80 年代以后，工业技术的发展需要更多超低碳，超深冲，超低硫、磷的优质钢材，而传统的冶炼工艺难以生产出工业发展需要的优质钢材。对钢材质量要求的不断提高，又促进了炉外精炼技术的发展，在原有设备的基础上开发出许多新的冶金功能，形成了真空和非真空两大系列不同功能的系统技术。铁水预处理技术也得到了迅速发展，发展了脱硫、脱硅和脱磷的"三脱"处理工艺。转炉实现了少渣冶炼操作，降低了石灰和钢铁料的消耗。铁水预处理、转炉和炉外精炼结合成连续冶炼工序，针对不同的钢种，将各种工艺优化组合成最佳的冶炼工艺，便可达到优质、高效、低耗的冶炼目的。1992 年，中国金属学会在安徽马鞍山组织召开了全国第一届炉外处理学术会议，正式提出了"炉外处理"概念，将铁水预处理、钢包精炼、中间包冶金纳入其范畴，而目前主要指的是铁水预处理与钢包精炼两个工序。其含义就是在冶炼炉生产铁水或钢水的基础上，以更加经济、有效的方法，改进铁水或钢水的物理与化学性能的冶金技术。

13.1.1 铁水预处理技术发展概况

铁水预处理是指铁水进入炼钢炉之前所进行的某种处理，可分为普通铁水的脱硫、脱硅和脱磷预处理（简称铁水"三脱"处理）和特殊铁水的提钒、提铌、提钨预处理（简称铁水"三提"处理），同时提取其他虽不贵重但在经济上对综合利用有利的元素。铁水预处理技术始于铁水炉外预脱硫处理，作为避免出现号外铁水的补救措施而用于生产。1877 年，伊顿（A. E. Eaton）等人将之用于处理不合格生铁。铁水预脱硅、脱磷处理则始于 1897 年，英国人赛尔（Thiel）等人用一座平炉进行预处理铁水，脱硅、脱磷后在另一座平炉中炼钢，结果比两座平炉同时炼钢效率成倍提高。到 20 世纪初，人们主要致力于炼钢工艺的开拓和改进，铁水预处理技术发展曾一度迟缓。直至 20 世纪 60 年代，随着炼钢工艺的不断完善和材料工业对钢铁产品质量的严格要求，铁水预处理得到了迅速发展，逐步形成为钢铁冶金的必要环节；与此同时，不断发展了铁水预处理过程提钒、提铌、提钨、提铬等技术，使铁水预处理成为钢铁冶金中综合利用的一项技术。

铁水预处理技术日臻成熟，已成为现代化钢铁企业生产流程的重要环节。近年来，铁水"三脱"处理在日本研究得较多，已在一些钢厂推广应用，尤其是铁水预脱硫处理已在工业发达国家的钢厂得到较普遍的推广应用。我国的宝钢、武钢、鞍钢、攀钢、唐钢、邯钢等也都采用了铁水预脱硫处理，宝钢和太钢还采用了铁水"三脱"处理。特殊铁水的预处理正在结合我国攀钢、包钢、承钢等共生矿资源的综合利用开展开发性的研究，以提取钒、铌、钨为主要目的，综合铁水脱硫、脱硅和脱磷。下面主要讨论铁水"三脱"预处理。

现代工业的发展和科学技术的进步，对钢材的质量和实用性能要求越来越高，要求钢的化学成分控制在较窄的范围内。石油及天然气输送管线、汽车工业要求钢材具有高强度、低温韧性、良好的冷成形和焊接性能；为改善板材厚度方向的性能，对低硫钢的要求日趋迫切。例如，火车时速已由 100km/h 提高到 200km/h 以上，要求钢轨能承受高速冲击和车轮磨滚，车体结构轻而牢固，汽车的轻便高速化要求有高深冲性的车壳钢板和高强度的传动零件及车架；深层采油深达 5000m 以上，要求使用高强度、耐冲击扭震的钻杆和油井管，如果一根管断裂，就会造成钻井报废，损失上百万元以上；(40~100)×10^4kW 的火力发电机组，要求有经受 625℃ 蒸汽温度和 18MPa 压力的锅炉管以及磁感应强度高而铁芯损失少的电机硅钢片；长跨度大桥，要求有易焊、耐蚀并有 185MPa 屈服强度的高强厚板；大型化工和炼油工业，要求有耐蚀、耐压钢材；仪表电机工业的发展，要求有光洁的高强度钢和易切削钢；处于狂风巨浪的海上采油平台、载重 30~50 万吨的货轮以及超高层建筑，都对钢材性能提出了严格的要求；而原子能工业、导弹和军工等对钢材性能及质量的要求更高。

用户对钢材质量的要求，其主要指标是钢材洁净度、均匀性能和精度，这是稳定钢材质量的重要方面。为了满足市场需求，世界各国钢铁工业都在不遗余力地通过降低钢中杂质，特别是磷、硫含量的途径来提高钢材质量，而各种炉外处理技术则是获得高洁净度、均匀性能和高精度钢材的重要措施，关键环节是选择相应的精炼措施达到一定的冶金目的，保证用户的需要。

传统的转炉生产工艺流程已逐渐被现代化钢铁生产工艺流程所代替，即高炉炼铁→铁水预处理→转炉冶炼→炉外精炼→连铸连轧或连铸→铸坯热送直接轧制，这已成为国内外大型钢铁企业技术改造后的普遍模式。目前，铁水预处理已被公认为高炉－转炉－连铸工艺流程降低钢中杂质含量的最佳工艺，是改善和提高转炉操作的重要手段之一。

为了减轻转炉冶炼负担，长期以来对铁水预脱硫处理开展了大量研究并得到了迅速发展。20世纪70年代后期，由于超低硫、磷钢需求量的增长，又在铁水预脱硫处理的基础上开发成功铁水预脱磷处理技术。因为脱磷必须先脱硅，这样铁水的"三脱"处理技术与分离转炉功能的目标相结合，导致产生了多种被认为是最佳工艺流程的生产模式。

铁水预处理和炉外精炼技术的发展，使炼钢炉的前后工序整合成一个整体工艺，一些新的联合前后工序的最佳流程的出现，使冶炼效益进一步提高，钢质量得到进一步改善，能耗和成本进一步降低，从而将转炉炼钢推进到一个全新的发展时期。

转炉采用低硫、低磷、低硅铁水冶炼，能给转炉带来一系列好处，如减少造渣材料（石灰等）的消耗，吹炼过程中产生的渣量少。因此，吹炼过程中炉渣外溢和喷溅减少，炉渣对炉衬的侵蚀减少，炉龄显著提高，并且提高了转炉生产率、钢液收得率和钢液残（余）锰量（由炉渣带走的铁和锰量减少），转炉的吹炼时间缩短，生产率提高，钢水质量提高。

铁水预处理的目的针对炼钢而言，主要是使其中硫、磷、硅的含量降低到所要求的范围内，以简化炼钢过程，提高钢的质量。铁水预处理按需要可以分别在炼铁工序和炼钢工序的设备内，如铁水沟、鱼雷罐、铁水包或专用冶金炉内进行；而对回收某些有益成分的处理则有铁水提钒、提铌、提钨和提铬等，对这些特殊铁水，通过预处理可有效地回收利用有益元素，实现综合利用。

13.1.2　钢水炉外精炼技术发展概况

长期以来，特殊钢大多是在电弧炉内熔化和精炼的。随着科学技术的发展，对炼钢的生产率、钢的成本、钢的洁净度以及使用性能都提出了越来越高的要求。传统的炼钢设备和炼钢工艺难以满足用户越来越高的要求。20世纪60年代，在世界范围内，传统的炼钢方法发生了根本性的变化，即由原来单一设备初炼及精炼的一步炼钢法，变成由传统炼钢设备初炼，然后再进行炉外精炼的二步炼钢法，出现了各种各样的钢水炉外精炼法。

传统的炼钢方法中，电炉炼钢法采用电弧作为热源，所以在温度、炉内气氛和炉渣性质的控制上有相当大的灵活性，长期以来被公认为是具有较强精炼能力的一种炼钢方法。尽管如此，这种方法的工艺本身存在着矛盾和不合理，使由电弧作为热源的优越性不能充分发挥或被难以避免的、不合理的工艺安排所抵消。例如，碱性电弧炉中所造的还原渣具有较强的脱硫能力，但是由于炉内渣-钢接触界面面积太小，脱硫不能充分进行，即还原渣的脱硫能力不能被充分利用。又如，对于防止大断面合金结构钢和大锻件钢最敏感的缺陷——白点来说，要求把钢中的氢含量降低到 3×10^{-6} 以下，这在电弧炉冶炼的氧化期，如果经过激烈而均匀的碳氧化沸腾是完全可以达到的；但是，紧接着的还原期，却又使钢中的氢含量回升到 $(5 \sim 7) \times 10^{-6}$，而出钢、浇注后氢含量则几乎回复到熔氢时的水平。有试验认为，在电弧炉冶炼的氧化期，不论将钢中的氢含量降得多么低，扒除氧化渣后，随着以石灰为主的稀薄渣料的加入，钢中的氢含量都会急剧升到与大气中水蒸气分压平衡或者与炉气中水蒸气分压平衡的数值。当渣料不干燥（特别是石灰）时，会使炉膛中的水蒸气分压达到较大的数值，在整个还原期内，钢中的氢含量基本上保持不变或略有缓慢增加。此外，在对钢洁净度影响最大的氧含量方面，情况也很相似，只是变化更剧烈一些。在电炉的还原期，钢液内溶解的氧含量（以 $w[O]$ 表示）不大于 8×10^{-5}，插铝终脱氧后进一步降低到小于 3×10^{-5}，而且钢中的氧化物夹杂也可以大部分上浮排除。如白渣保持 15min 后，$w[O]$ 与总氧量（$w[TO]$）就趋一致。所以一般认为，电炉还原期钢液的洁净度很高。但在出钢过程中，由于钢液与大气接触，$w[O]$ 急剧升高。如果钢液与大气接触达到平衡的话，$w[O]$ 就会回复到脱氧前的水平 $(1 \sim 2) \times 10^{-4}$，给浇注带来恶劣的后果。为此，生产上采用两种办法解决此矛盾。一种方法是钢渣混出，借还原渣保护钢液，减少钢液与大气的直接接触，并通过钢包内的渣钢混合进一步发挥白渣的脱氧作用，同时把二次氧化的产物吸引到渣中。正因为如此，在通常情况下，炉内白渣中 $\Sigma w(FeO) = 0.3\% \sim 0.5\%$，而出钢后包中 $\Sigma w(FeO)$ 上升到 1% 左右，甚至更高一些。另一种办法是增加钢中溶解的铝量（习惯上称为残铝量），用钢中的残铝对出钢引起的二次氧化的钢液脱氧。如出钢前残铝量为 0.05% ~ 0.07%，出钢后则降到 0.03%。这样可以稳定钢液氧含量和保护钢液中的其他合金元素（如硅）。但是这两项措施只能解决钢厂的现场合格率问题，对于钢的内在质量未必有益，特别是提高残铝明显地恶化了钢的洁净度。对夹杂的研究已经表明，钢中氧化物夹杂主要来源于混渣、二次氧化和浇注系统耐火材料的侵入。而出钢和浇注时的二次氧化，则是成品钢材中脆性氧化铝系夹杂的主要成因。

为了解决工艺安排上的这种不合理性，在操作中规定了一些预防措施，如还原期加入料的严格烘烤、缩短还原期、包中加铝、延长镇静时间等，但是这些措施并没有从根本上解决问题。因此，只能将未脱氧的"粗钢液"从炉中倒出，在具有浇注功能的容器中（通常是钢包）有针对性地创造精炼条件，再将精炼的钢液直接浇注（最好在各种保护措施下），也就是尽量避免已精炼的钢液再与大气接触。这样就出现了钢的精炼从传统的炼钢炉内移到炉外，发展各种各样炉外精炼法的技术背景。

炉外精炼技术出现和迅速发展的技术原因，除传统的炼钢工艺无法满足用户对钢材质量日益严格的要求外，还由于因传统工艺难以适应炼钢领域而出现的一系列新技术。例如，超高功率电弧炉技术的出现，显著地提高了废钢的熔化速率，从而提高了电炉的生产率。但是按照老的电炉炼钢工艺，在电炉内还要经过相当长时间的氧化和还原才能出钢。这样，超高功率缩短熔化期的效果就被冲淡，并且还使大功率的变压器长时间地低负荷运行，降低了超高功率电炉的功率利用率，这显然是不合理的。为了充分发挥超高功率技术的优越性，只有改革电炉炼钢工艺，使大部分精炼任务不再在炉内完成，尽量提高熔化时间占整个冶炼时间的比例。又如连铸技术的出现，连铸机要求炼钢设备能定时、定量地提供一定温度的优质钢液。使用传统的炼钢工艺就较难以满足这些要求，连铸技术的作用不能充分发挥，车间连铸比难以提高。若在炼钢设备与连铸机之间设置一种具备保持和调温的缓冲设备，则必然可显著地改善炼钢设备和连铸机的配合。至今，已有相当数量的炉外精炼方法可以起到这种缓冲的作用。

钢水二次精炼不但有很长久的历史，而且种类繁多。在 1950 年以前，就有钢包底部吹氩搅拌钢水以均匀钢水成分、温度和去除夹杂物的 Gazal 法（法国）。到了 20 世纪 50 年代，由于真空技术的发展和大型蒸汽喷射泵的研制成功，为钢液的大规模真空处理提供了条件，开发出了各种钢液真空处理方法，如钢包除气法、倒包处理法（BV 法）等。较为典型的方法是 1957 年前西德多特蒙德（Dortmund）和豪特尔（Horder）两公司开发的提升脱气法（DH 法）和 1957 年前西德德鲁尔钢铁公司（Ruhrstahl）和海拉斯公司（Heraeus）共同发明的钢液真空循环脱气法（RH 法）。

20 世纪 60 年代至 70 年代，是钢液炉外精炼多种方法发明的繁荣时期，这是与该时期提出生产洁净钢、连铸要有稳定的钢水成分和温度以及扩大钢的品种密切相关的。在这个时期，炉外精炼技术形成了真空和非真空两大系列。真空处理技术有：前西德于 1965 年开发的用于超低碳不锈钢生产的真空吹氧脱碳法（VOD 法）和 1967 年由美国开发的真空电弧加热去气法（VAD 法），1965 年瑞典开发的用于不锈钢和轴承钢生产的用电弧加热、带电磁搅拌和真空脱气的钢包精炼炉法（ASEA-SKF 法），1978 年在日本开发的用于提高超低碳钢生产效率的 RH 吹氧法（RH-OB 法）。非真空处理技术有：1968 年在美国开发的用于低碳不锈钢生产的氩氧脱碳精炼法（AOD 法）；1971 年在日本开发的配合超高功率电弧炉、代替电炉还原期对钢水进行精炼的钢包炉（LF），以及后来配套真空脱气（VD）发展起来的 LF-VD 法；喷射冶金技术，如 1976 年由瑞典开发的氏兰法（SL 法）、1974 年由前西德开发的蒂森法（TN 法）及日本开发的川崎喷粉法（KIP 法）；喂合金包芯线技术，如 1976 年由日本开发的喂丝法（WF 法）；加盖或加浸渣罩的吹氩技术，如 1965 年由日本开发的密封吹氩法（SAB 法）和带盖钢包吹氩法（CAB 法）、1975 年由日本开发的成分调整密封吹氩法（CAS 法）。

20 世纪 80 年代以来，炉外精炼已成为现代钢铁生产流程水平和钢铁产品高质量的标志，并朝着功能更全、效率更高、冶金效果更佳的方向发展和完善。这一时期发展起来的技术主要有 RH 顶吹氧法（RH-KTB 法）、RH 多功能氧枪法（RH-MFB 法）、RH 钢包喷粉法（RH-IJ 法）、RH 真空喷粉法（RH-PB 法）、真空川崎喷粉法（V-KIP 法）和吹氧喷粉升温精炼法（IR-UT 法）等。

13.2　炉外精炼的基本手段

到目前为止，为了创造最佳的冶金反应条件，所采用的基本手段不外乎有搅拌、真空、加热、渣洗、喷吹及喂丝等几种。当前名目繁多的炉外精炼方法也都是这些基本手段的不同组合。

13.2.1　搅拌

对反应容器中的金属液（铁水或钢液）进行搅拌，是炉外精炼最基本、最重要的手段。它是采取某种措施给金属液提供动能，促使它在精炼反应器中对流运动。金属液搅拌可改善冶金反应动力学条件，强化反应体系的传质和传热，加速冶金反应，均匀钢液成分和温度，有利于夹杂物聚合长大和上浮排除。

反应器的搅拌强度可以用单位重量的金属液所得到的搅拌能密度 $\dot\varepsilon$ 衡量，搅拌的效果通常用反应器内的均匀混合时间 τ 来反映。对于同一反应器，通常搅拌能密度 $\dot\varepsilon$ 越大，均匀混合时间就越短，即 τ 与 $\dot\varepsilon$ 成反比关系。在钢铁冶金领域，中西恭二等人最早建立了均匀混合时间与搅拌能密度的关系，即：

$$\tau = 800\dot\varepsilon^{-0.4} \tag{13-1}$$

事实上，反应器内的均匀混合时间除了与搅拌能密度有关外，还与搅拌方式、熔池的几何形状等有关。

13.2.1.1　机械搅拌

常温或工作温度不太高的系统普遍采用机械搅拌，如化工、选矿、轻工、食品等部门，广泛应用各种旋转、振动、转动着的倾斜容器或叶片、螺旋桨等机械搅拌方法。这类搅拌有设备简单、搅拌效率高、操作方便等优点。但是对于高温的冶金熔体，很少选用这种简便的机械搅拌。铁水预处理的 KR 法可作为冶金熔体采用机械搅拌的一个例子。该法用一耐火材料做成的截面为十字形的搅拌器，垂直插入铁水包中旋转而搅动铁水。它具有机械搅拌的全部优点，但由于搅拌器材质方面的问题，难以用于钢液搅拌。

卡尔多炉和罗托法旋转式转炉都是使炉体旋转，从而带动炉内金属液体的搅动，这也可算是用于钢液的一种机械搅拌方法。但由于炉衬寿命低、消耗功率太大以及其他一些工艺和操作上的原因，都没有得到推广应用。

现有的几十种钢水炉外精炼方法中，没有一种是采用机械搅拌方法的。

13.2.1.2　气体搅拌

气体搅拌是一种应用较为广泛的搅拌方法，主要是各种形式的吹氩搅拌。应用这类搅拌的炉外精炼方法有钢包吹氩、CAB、CAS、LF、VAD、VOD、AOD、SL、TN 等方法。

气体搅拌方法可以取得以下三方面的效果：

(1) 调温，主要是冷却钢液。对于开浇温度有比较严格要求的钢种或浇注方法，都可以用吹氩的办法将钢液温度降低到规定的要求。

(2) 混匀。在钢包底部适当位置安放气体喷入口，可使钢包中的钢液产生环流，用控制气体流量的方法来控制钢液的搅拌强度。实践证明，这种搅拌方法可促使钢液的成分和温度迅速地趋于均匀。

(3) 净化。搅动的钢液增加了钢中非金属夹杂碰撞长大的机会。上浮的氩气泡不仅能够吸收钢中的气体，还会黏附悬浮于钢液中的夹杂，把这些黏附的夹杂带至钢液表面而被渣层所吸收。

气体搅拌通常有如下两种形式：

(1) 底吹氩。底吹氩大多数是通过安装在钢包底部一定位置的透气砖吹入氩气。这种方法的优点是均匀钢水温度、成分和去除夹杂物的效果好，设备简单，操作灵活，不需占用固定操作场地，可在出钢过程或运输途中吹氩。钢包底吹氩搅拌还可与其他技术配套组成新的炉外精炼方式；其缺点是透气砖有时易堵塞，与钢包寿命不同步。

(2) 顶吹氩。顶吹氩是通过吹氩枪从钢包上部浸入钢水而进行吹氩搅拌，要求设立固定吹氩站，该法操作稳定也可喷吹粉剂。但顶吹氩搅拌效果不如底吹氩好。

吹氩搅拌对金属液所做的功包括：氩气在出口处因温度升高产生的体积膨胀功 W_t，氩气在金属液中因浮力所做的功 W_b，氩气从出口前的压力降至出口压力时的膨胀功 W_p，氩气吹入时的动能 W_e。从它们的计算值比较可知，W_t 和 W_b 较大；而 W_p 和 W_e 较小，可忽略。为了便于计算，氩气对钢液的搅拌能密度通常用式 (13-2) 计算：

$$\dot{\varepsilon} = \frac{6.2QT_L}{W}\left[1 - \frac{T_G}{T_L} + \ln\left(1 + \frac{H_0}{1.46 \times 10^{-5}p_2} \right) \right] \tag{13-2}$$

式中 Q——气体流量，m^3/min；

      W——钢液重量，t；

  T_G，T_L——分别为气体与钢液的温度，℃；

     H_0——钢液深度，m；

     p_2——钢液面压力，Pa。

由式（13-2）可知，增加吹氩流量、提高真空度、增大钢液的深度均可提高氩气对钢液的搅拌能。另外，研究和实践表明，底吹透气砖的安装位置对氩气搅拌作用的影响也很大。对于钢包底吹氩，通常将透气砖安装在包底半径的 1/2 位置附近，可以获得理想的搅拌效果。

13.2.1.3　电磁搅拌

利用电磁感应的原理使钢液产生运动，称为电磁搅拌。20 世纪 50 年代以来，一些大吨位的电弧炉采用了电磁搅拌，以促进诸如脱硫、脱氧等精炼反应的进行以及保证熔池内温度和成分的均匀。各种炉外精炼方法中，SKF 法采用了电磁搅拌。

对钢水施加一个交变磁场，当磁场以一定速度切割钢液时会产生感应电势，这个电势可在钢液中产生感应电流 J，载流钢液与磁场的相互作用产生电磁力 f，从而驱动钢液运动，达到搅拌钢液的目的。电磁搅拌能可表示为按时间变化的电磁力使钢液相对于感应线圈高度移动所做的功，感应电流和电磁力的计算式为：

$$J = \sigma v \times B \tag{13-3}$$

$$f = J \times B \tag{13-4}$$

式中 σ——钢液的电导率；

     v——磁场和钢液的相对运动速度；

     B——磁场强度。

由此可知，电磁搅拌能主要取决于磁场强度。要增大磁场强度，必须增大输入感应线圈中的电流。电磁搅拌分为推斥搅拌和运动搅拌两种。单相的交变电流通过感应绕组（或称搅拌器）会产生一脉动磁场，若被搅拌的金属液处于该磁场中，所产生的搅拌称为推斥搅拌。推斥搅拌的搅拌力几乎与金属熔体的容器壁相垂直。感应炉坩埚中的金属熔体的搅拌就属于这种搅拌。运动搅拌是由移动磁场作用而产生的，搅拌力作用于切线方向，金属熔体沿器壁内表面运动。这种搅拌广泛应用于电弧炉或炉外精炼的电磁搅拌中。

13.2.1.4　循环搅拌

典型的循环搅拌有 RH 与 DH 的搅拌方式，也就是所谓的吸吐搅拌。

在 RH 精炼中，钢包内的搅拌是由真空室内钢液注流进入钢包中引起的，其搅拌能为注入钢液的动能：

$$\dot{\varepsilon} = 0.5 U_d^2 Q_m [60(W_m - W_{m,v})] \tag{13-5}$$

$$Q_m = 3.8 D_u^{0.3} D_d^{1.1} Q_{Ar}^{0.31} h_{ns}^{0.5} \tag{13-6}$$

式中 Q_m——钢液的循环量，t/min；

     U_d——下降管管口钢液注流的线速度，m/s；

     W_m——钢液总重，t；

   $W_{m,v}$——真空室内钢液重量，t；

D_u——上升管直径，cm；

D_d——下降管直径，cm；

Q_{Ar}——氩气流量，m^3/min；

h_{ns}——吹氩管至钢液面距离，cm。

从这两个公式可以看出，增大吸吐搅拌能可通过增大钢液循环量来实现。增加吹氩流量、增大上升管直径和下降管直径，均可增大吸吐搅拌能。

温度梯度和浓度梯度通过搅拌很容易消除。在一个合理的气量下，经过 2~3min 就可以达到均匀化效果。

13.2.1.5 搅拌方法的比较

常用钢包搅拌工艺示意图见图 13-1，各类搅拌输入能量范围及均匀化效果见表 13-1。

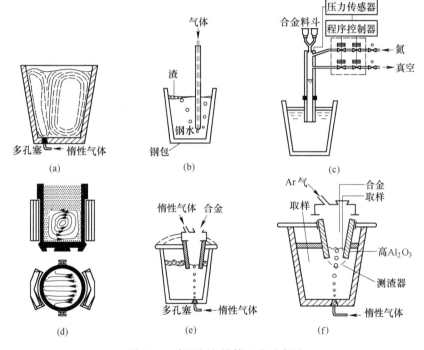

图 13-1 常用钢包搅拌工艺示意图

(a) 包底吹气搅拌；(b) 埋入式喷枪 (SL)；(c) 脉动混合 (PM)；(d) 电磁感应搅拌；
(e) 封顶吹氩 (CAB)；(f) 密封吹氩 (CAS)

表 13-1 各类搅拌输入能量范围及均匀效果

方 法	输入搅拌能 /$W \cdot m^{-3}$	结 果			
		元素	含量/%	处理前偏差/%	处理后偏差/%
RH	600~800	C	0.16	1.05×10^{-2}	0.77×10^{-2}
		Mn	1.20	3.08×10^{-2}	2.2×10^{-2}
钢包吹氩	400~800	Si	0.60	3.9×10^{-2}	1.35×10^{-2}
		Mn	1.10	3.2×10^{-2}	1.70×10^{-2}
		Al	0.020	0.5×10^{-2}	0.25×10^{-2}

续表 13-1

方　法	输入搅拌能 /W·m⁻³	结　果			
		元素	含量/%	处理前偏差/%	处理后偏差/%
DH	500~700	C	0.092		0.9×10⁻²
		Si	0.271		1.5×10⁻²
		Mn	0.450		1.9×10⁻²
		Al	0.0036		0.1×10⁻²
ASEA-SKF	50~200	C	0.0036		0.8×10⁻²
		Si	0.29		3.1×10⁻²
		Mn	0.82		3.0×10⁻²

吹气搅拌和电磁搅拌是各种炉外精炼方法中应用较多的两种搅拌方法，也是比较好控制和调节并容易与其他精炼手段组合的搅拌方法。下面将比较这两种搅拌方法，并通过比较讨论评价一种搅拌方法的优劣时应考虑的因素。

A　搅拌能力及其调节性能

在吹气搅拌中，上浮的气泡带动着钢液的运动，所以搅拌钢液所消耗的能量来自于上浮气泡的本身。当处理容量增大时，熔体的体积增大，即熔体所形成的熔池深度加深、截面积增大。而当熔池深度增加时，上浮气泡提供的能量也将成比例增加。随着熔池截面的增大，可相应增加透气砖的截面和数量以增大吹气量，从而也增大了吹入气体所提供的搅拌能量。由此定性分析可见，吹气搅拌时，其搅拌能力将不受处理容量的限制。当电磁搅拌器的型号和大小、钢包炉的尺寸和炉衬厚度等结构条件一定时，搅拌器所提供的搅拌能取决于输入搅拌器电功率的大小。所以在当今处理容量范围内（最大的 SKF 钢包炉容量为 140t），电磁搅拌的搅拌能力也是不成问题的。

吹气搅拌和电磁搅拌方法的搅拌能力，即向金属熔体提供的搅拌能量，分别与一系列工艺因素和结构因素有关。但是在运行的条件下，对搅拌能大小有重大影响的因素，对于吹气搅拌来说是吹气量或吹气强度，对于电磁搅拌来说则是搅拌器的工作电流。所以在运行过程中，可以改变这两个参数，分别对这两种搅拌方法搅拌的强弱予以调节。

由通过包底的透气砖吹气搅拌的水力学模型可以观察到，在气体入口的正上方二相流（吹入气体和被搅拌的液体）流速最高，被气体带动向上流的液体到达液面后向四周流动，然后在包壁附近向下流动而形成环流。这种流动形式，在包底的四周有低速流动的"死点"，特别是对于 300~350t 的大钢包。而电磁搅拌的钢液，在包内各点的动能要比吹气搅拌均匀一些。在相同的处理容量和正常操作所用的工艺参数下，电磁搅拌所产生的搅拌能量比气体搅拌要弱一些。但是对于某种冶金目的，例如促进非金属夹杂的上浮排出，就并不要求用很强烈的搅拌。由于气体从透气砖中排出以及气泡的数量、大小、上浮速度等过程和参数受很多难以有效控制的因素影响，一般认为，电磁搅拌比吹气搅拌容易控制，也比较可靠。

B　对钢包的要求

钢包炉的精炼容器通常简称为钢包炉或钢包，均具备盛载、运输钢液和浇注的功能，所以其外形类似于只用于浇注的一般钢包。两种钢包的差别，前者的熔池直径（D）与深度（H）的比值更小一些，即钢包更细高一些。这种形状有利于钢包的烘烤和保温，可以节省包衬耐火材料的用量，提高输入的搅拌能量和降低钢包炉径向的距离，这样当选用电弧加热时，可缩短短网的长度以降低供电回路的总阻抗。

吹气搅拌和电磁搅拌两种方法，对钢包的 D/H 值的要求不完全相同。对于电磁搅拌，为了取得更高的搅拌效率，要求搅拌器尽可能高一些，炉衬尽可能薄一些，这样，在钢包炉设计时应选取较大的熔池深度，通常选 $D/H = 1$。由于钢包炉（特别是具备真空手段的钢包炉）要求液面以上留出高度为 800～1000mm 的自由空间，SKF 钢包炉的外形就更显得细高。此外，应用电磁搅拌的钢包炉外壳要求用无磁性钢制成。这些要求除提高制作费用外，还在创造的精炼反应条件方面产生不利的影响。例如，在相同的处理容量下，为提高 H，必然缩小 D，较小的熔池直径使钢包炉中渣-钢间的比表面积减小，这样对于顶渣起重要作用的脱硫反应就受到了抑制，降低了顶渣的脱硫作用；又如，在电弧加热时，D 的缩小使电弧与炉衬间的距离缩短，加剧了炉衬的热侵蚀。对于吹气搅拌，则 D/H 值的选取就可以更多地考虑耐材的寿命、渣-钢比表面积的大小等工艺方面的要求。所以，吹气搅拌的钢包炉的 D/H 值通常都选取为大于 1。为了改善钢包炉内钢液的运动，提高钢包炉底部的寿命，减少底部的散热，增加包衬与电弧之间的距离，吹气搅拌的钢包炉内型不一定要设计成直桶形，而更多的是设计成锥桶形。

C 对精炼反应的影响

吹气搅拌时，在喷口的上方形成了向上运动的二相流，此二相流促使钢包炉中的钢液与顶渣之间强烈地搅动。若顶渣是高碱度的低氧势渣（习惯上称还原渣），则对脱硫这样一类精炼反应是有促进作用的；但是，若顶渣是氧势较高的炉渣，如普钢精炼时由初炼炉带入的氧化渣，则必然会促进顶渣对已脱氧钢液供氧和回磷。而在电磁搅拌时，渣、钢之间的搅动就要缓和一些。

强烈的搅拌对夹杂的上浮排出不一定有利。悬浮于钢液中的夹杂可能会随钢流循环运动，而仍保留于钢液中。此外，运动中的钢流还有可能从顶渣中卷入渣滴和冲刷炉衬耐火材料，造成新的夹杂来源。对于洁净度要求很高的钢，从去除夹杂这一点来看，选用电磁搅拌将优于吹气搅拌。

应用电弧加热的钢包炉，当采用吹气搅拌时，其增碳的倾向要大于电磁搅拌。对于精炼一般的含碳钢种，这种增碳倾向的差别可能还不太明显。但是对于超低碳钢的精炼，在增碳这一点上，电磁搅拌又将优于吹气搅拌。

吹气搅拌时，在钢液中形成了大量的气泡，从而显著地扩大了气-液界面。若喷吹的是不含氢或氮的干燥气体，则每一个气泡对溶解于钢中的氢和氮来说就相当于一个小的真空室，从而促进了钢中氢和氮的排出。若所吹的气体不干燥，如气体中水或水蒸气的含量大于 0.08% 时，就有增氢的危险。钢液中的气泡同样也促进了碳氧反应的进行。可见，电磁搅拌在脱气方面不如吹气搅拌。

吹气搅拌会加速钢液的降温，吹入的气体将带走一部分热量。所带走热量的多少，取决于所吹气体的比热容、吹气量和钢液的温度等。当吹氩搅拌时，因氩气的比热容为 0.5234 J/(kg·K)，只是氮气的 1/2、氢气的 1/28，所以氩气带走的热量并不算多。加速降温的主要原因是，强烈的液面搅动增加了液面的热辐射。电磁搅拌在钢液降温方面就要优越得多。

D　设备投资和运行费用

电磁搅拌的设备复杂，所以其投资要比吹气搅拌装置高得多，在运行过程中设备的维护工作量也大，技术要求也高；但是其运行操作要比吹气搅拌简单，若不考虑设备的折旧和备品备件，则其运行费用也将比吹氩搅拌低一些。

13.2.2　真空

真空是炉外精炼中广泛应用的一种手段。目前采用的 40 余种炉外精炼方法中，将近有 2/3 配有抽真空装置。随着真空技术的发展、抽真空设备的完善和抽真空能力的扩大，在炼钢中应用真空将越来越普遍。

真空对以下冶金反应产生影响：气体在钢液中的溶解和析出，用碳脱氧，脱碳反应，钢液或溶解在钢液中的碳与炉衬的作用，合金元素的挥发，金属夹杂及非金属夹杂的挥发去除。由于具备真空手段的各种炉外精炼方法的工作压力均大于 50Pa，所以炉外精炼所应用的真空只对脱气、碳脱氧、脱碳等反应产生较为明显的影响。

当冶金反应生成物为气体时，通过减小反应体系的压力（即抽真空），可以使反应向着生成气态物质的方向移动。因此在真空下，钢液将进一步脱气、脱碳及脱氧。

向钢液中吹入氩气时，从钢液中上浮的每个小气泡都相当一个小真空室，气泡内的 H_2、N_2 及 CO 等分压接近于零，钢中的 [H]、[N] 以及碳氧反应产物 CO 将向小气泡中扩散并随之上浮排除。因此，吹氩对钢液具有"气洗"作用。例如，电弧炉冶炼不锈钢的返回吹氧法，在 1600℃下很难使 $w[C]$ 降至很低的数值。而在 AOD 法中，向钢液中吹入不断变换 $\varphi(Ar)/\varphi(O_2)$ 比例的气体，可以降低碳氧反应中产生的 CO 分压，从而使钢液的 $w[C]$ 很容易达到超低碳水平。

钢中气体可来自于与钢液相接触的气相，所以它与气相的组成有关。氮气在空气中约占 79%；而在炉气中，氮的分压由于 CO 等反应产物逸出，稍低于正常空气，在 (0.77~0.79)×10^5Pa 之间。空气中氢的分压很小，约为 $5.37×10^{-2}$Pa，与此相平衡的钢中氢含量是 $2×10^{-8}$。由此可见，决定钢中氢含量的不是大气中氢的分压，而应该是空气中水蒸气的分压和炼钢原材料的干燥程度。空气中水蒸气的分压随气温和季节而变化，在干燥的冬季可低达 304Pa，而在潮湿的梅雨季节可高达 6080Pa，相差 20 倍。至于实际炉气中水蒸气的分压，除取决于大气的湿度外，还受燃料燃烧的产物、加入炉内的各种原材料、炉衬材料（特别是新炉体）中含水率的影响。其中主要影响因素是原材料的干燥程度。

真空脱气时，因降低了气相分压，而使溶解在钢液中的气体排出。从热力学的角度来讲，当气相中氢或氮的分压为 100~200Pa 时，就能将气体含量降到较低水平。

溶解于钢液中的气体向气相的迁移过程，由以下步骤组成：

（1）通过对流或扩散（或两者的综合），溶解在钢液中的气体原子迁移到钢液-气相界面；

（2）气体原子由溶解状态转变为表面吸附状态；

（3）表面吸附的气体原子彼此相互作用，生成气体分子；

（4）气体分子从钢液表面脱附；

（5）气体分子产物扩散进入气相，并被真空泵抽出。

根据目前的研究一般认为，在炼钢的高温下，上述步骤(2)~(4)的速率是相当快的。

气体分子在气相中，特别是在气相压力远小于 0.1MPa 的真空中，其扩散速率也是相当快的，因此，步骤（5）也不会成为真空脱气速率的限制性环节。所以，真空脱气的速率必然取决于步骤（1）的速率，即溶解在钢中的气体原子向钢-气相界面的迁移。在当前各种真空脱气的方法中，被脱气的钢液都存在着不同形式的搅拌，其搅拌的强度足以假定钢液本体中气体含量是均匀的；也就是说，由于搅动的存在，在钢液的本体中，气体原子的传递是极其迅速的。控制速率的环节只是气体原子穿过钢液扩散边界层时的扩散速率。

采用专门的真空装置，将钢液置于真空环境中精炼，可以降低钢中气体、碳及氧的含量。常用的真空装置主要有 VD、RH 等，见图 13-2。

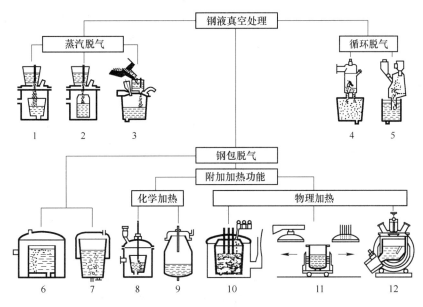

图 13-2　钢水真空处理工艺示意图

1—滴流钢包脱气法；2—真空浇注法；3—出钢脱气法；4—真空循环脱气法（RH 法）；
5—真空提升脱气法（DH 法）；6—真空罐脱气（Finkl 或 VD 法）；7—钢包真空脱气法
（Gazad 法）；8—真空精炼法（VOD 法）；9—真空精炼法（VODC 法）；10—真空电弧加热
（VAD 法）；11—真空电弧加热精炼法（ASEA-SKF 法）；12—槽型真空感应炉

为了有效地去除钢中的气体，可采取如下措施：

（1）使用干燥的原材料和耐火材料。钢液中溶解的氧量对氢在钢液中的溶解度有很大影响。已终脱氧的成品钢液比冶炼过程中的钢液更容易吸氢。而氢的主要来源又是炉气、车间大气、与钢液直接接触的原材料和耐火材料中所含的水分。所以要求在出钢和浇注过程中，所用的石灰、铁合金、浇注系统的各种耐火材料均应保持干燥。

（2）降低与钢液接触的气相中气体的分压。这可从两方面采取措施，一是降低气相的总压，即采用真空脱气，将钢液处于低压的环境中，也可采用各种减小由钢液和炉渣造成的静压力的措施；另一方面是用稀释的办法来减小气体的分压，如在吹氩、碳氧反应产生一氧化碳气体所形成的气泡中，气体的分压就极低。

（3）在脱气过程中增加钢液的比表面积（A/V）。使钢液分散是增大比表面积的有效措施。在真空脱气时使钢液滴流化，如倒包法、真空浇注、出钢真空脱气等；或使钢液以一定的速度喷入真空室，如 RH、DH 法等。采用搅动钢液的办法，使钢液与真空接触的界面不断更新，也起到了扩大比表面积的作用，使用吹氩搅拌或电磁搅拌的各种真空脱气的方法都属于这种类型。

（4）提高传质系数。各种搅拌钢液的方法都能不同程度地提高钢中气体的传质系数。

（5）适当地延长脱气时间。对于那些钢液与真空接触时间不长的脱气方法，如 RH 或 DH 法，适当地延长脱气时间可以提高脱气效果。

（6）利用生成的氮化物的排除脱氮。氮在钢中的溶解度比氢大一个数量级，而氮在钢中的扩散系数却比氢小两个数量级，所以在钢液的真空脱气中，去氮效率比去氢效率低得多。但是氮可以与某些合金元素形成不溶解于钢的氮化物，可依靠这些氮化物的排除而脱除部分的氮。例如，含钛钢种加钛铁后会形成一些 TiN，然后促使 TiN 从钢液中排出，这样可脱除 14% 左右的氮。

13.2.3　添加精炼剂

炉外精炼中金属液（铁水或钢液）的精炼剂，一类为以钙的化合物（CaO 或 CaC_2）为基的粉剂或合成渣；另一类为合金元素，如 Ca、Mg、Al、Si 及稀土元素等。将这些精炼剂加入钢液中，可起到脱硫、脱氧、去除夹杂物、进行夹杂物变性处理以及调整合金成分的作用。

精炼剂的添加方法主要有渣洗法、喷吹法和喂线法。

13.2.3.1　渣洗法

渣洗法是在出钢时，利用钢流的冲击作用使钢包中的合成渣与钢液混合，以精炼钢液。渣洗是获得洁净钢并能适当进行脱硫和脱氧的最简便的精炼手段。早在 20 世纪 30 年代，就有人提出用熔渣来精炼金属，并且付诸实践，取得了一定的效果。40 年代，在某些国家得到广泛应用的混合炼钢，也包含了用熔渣精炼钢液。60 年代使用的轴承钢的氧化性渣洗工艺、一些合金结构钢和不锈钢的异炉渣洗工艺，都是利用合成渣（在专门的炼渣炉中熔炼），借出钢时钢流的冲击作用使钢液与合成渣充分混合，从而完成脱硫、脱氧、去除夹杂等精炼任务。在电弧炉冶炼中，有的还在出钢前控制和调整还原渣的成分、流动性和温度，出钢时钢渣混出，借此使钢液与还原渣充分混合，以进一步利用还原渣的精炼作用（称为同炉渣洗），这种工艺也是利用了渣洗原理。炉外精炼方法中也有选用渣洗的，如 LF 法，在钢包中加入固体的合成渣料，并用电弧加热、吹氩搅拌以促进合成渣对钢液的精炼；又如 VSR 法，钢流经真空脱气后，再通过一液态的合成渣渣层，以完成合成渣对钢液的精炼任务。

渣洗工艺有一定的脱硫和脱氧效果，但是不能去除钢液中的气体，而且在造渣材料不干燥的情况下，还有可能使钢液增氢。另外，为了提高精炼效果，应尽可能地扩大渣-钢接触界面，也就是尽可能地提高合成渣乳化的程度。但是精炼反应完成后，又要求乳化了的合成渣渣滴尽可能充分地从钢液中排出。根据斯托克斯上浮公式，颗粒越小，在平静的液体中上浮速度也就越小。这样，要使极细的渣滴上浮，需要有足够长的镇静时间；然而随着镇静时间的延长，钢液温度下降、黏度增加，更不利于渣滴的上浮，所以往往有极细的渣粒残存于钢中，成为大颗粒非金属夹杂。为使镇静时间延长，但又未采用加热手段，只有提高出钢温度，特别是应用固体合成渣时，较高的出钢温度就显得更为重要。但过高的出钢温度，对钢质量、原材料消耗、能源的利用都是不利的。初炼炉的炉渣，特别是氧化性的初炼炉炉渣，对合成渣的精炼作用是极其有害的。所以在渣洗前，将钢液与初炼炉炉渣分离就成为决定渣洗效果的重要工序。各种各样的挡渣出钢技术和钢包炉中除渣的方法被研发出来，但至今尚没有一种有效、简便的方法问世。由于影响渣洗效果的因素较多且难以定量控制，渣洗效果的重现性较差。

尽管有上述矛盾和不足存在，由于渣洗的精炼效果和该精炼手段的简便易行、低费用，其一直被广泛地应用。单独应用渣洗手段的炉外精炼方法有异炉渣洗、同炉渣洗等，与其他精炼手段组合的方法有 CAB、VSR、LF 法等。

13.2.3.2 喷吹法

大多数钢铁冶金反应是在钢-渣界面上进行的。加速反应物质向界面运动或反应产物离开界面的传输过程以及扩大反应界面积，是强化冶金过程的重要途径。喷射冶金通过载气将反应物料的固体粉粒吹入熔池深处，不仅可以加快物料的熔化和溶解，而且大大增加了反应界面，同时还强烈搅拌熔池，从而加速了传输过程和反应速率。所以，喷射冶金是强化冶金过程、提高精炼效果的重要方法。

盛钢桶吹氩搅拌，向铁水包内吹入铁矿粉、碳化钙和石灰的粉状材料进行脱硅、脱硫、脱磷的铁水预处理，向钢液深处吹入硅钙等粉剂进行非金属夹杂物变性处理等过程，都采用喷射冶金方法。此外，喷射冶金也是添加合金材料，尤其是易挥发元素进行化学成分微调以提高合金收得率的有效方法。喷射冶金方法的缺点是，粉状物料的制备、储存和运输比较复杂，喷吹工艺参数（如载气的压力与流量、粉气比等）的选择与喷吹效果关系密切，喷吹过程熔池温度损失较大，需要专门的设备和较大的气源。

早在 20 世纪 50 年代，喷射冶金方法就曾被用来向铁水喷吹碳化钙、金属镁等材料以降低硫含量，但未受到重视。1969 年，德国蒂森公司在平炉上试验成功喷吹 CaC_2 的方法，生产出焊接性能好、硫含量低、各向异性小的结构钢，并建成与 270t 平炉配套使用的喷吹设备。随后，法国钢铁研究院、瑞典冶金研究所等许多国家的研究机构对这种新方法进行了大量喷吹机理和工艺的研究，如喷粉时的气力输送原理、吹气时容器内的流体力学现象及冶金反应动力学特征，喷吹冶金粉剂对钢液或铁水脱氧、脱硫及控制非金属夹杂物形态的机理和冶金效果，粉剂的制备、储存和运输，喷吹设备和控制装置等，使喷射冶金发展成为一种适应性强、使用灵活、冶金效果显著、经济效益良好的钢铁精炼方法，并迅速推广应用。我国于 1977 年开始将喷射冶金列为钢铁企业重点推广技术，大多数钢铁企业先后建起了喷粉站或在炼钢、炼铁车间增添了喷粉设备，对铁水和几十个钢种进行了处理，获得了良好的效果。

13.2.3.3 喂丝法

喂丝法是将易氧化、密度轻的合金元素置于低碳钢包芯线中，通过喂丝机将其送入钢液内部。

喂丝技术和射弹法（即将合金添加剂以弹丸的形式射入钢液的精炼方法）是在钢包喷粉技术之后发展起来的。喷粉处理技术是用载气将粉状物料喷入钢液进行精炼钢液的技术。由于加入的物料由块状改变为粉状，大大增加了反应界面。同时，高压的粉气流对钢液造成强烈搅动，大大改善了冶金反应的动力学条件。所以，喷粉技术具有传统精炼技术所不具备的反应速度快、效率高、产品质量好、经济效益显著的特点。但是，其缺点是喷粉技术的粉剂制备、远距离输送、防潮和防爆炸的条件要求高；喷吹处理后钢液的氢、氮含量增加；钢的铝含量控制难以及温度损失大等。与之相比较，在吹氩技术配合下的喂丝技术不仅具备了喷粉技术的优点，消除或大大减小了其缺点，而且在添加易氧化元素、调整钢的成分、控制气体含量、设备投资与维护、生产操作与运行费用、产品质量、经济效益和环境保护等方面的优越性更为显著。因此，喂丝技术在 20 世纪 80 年代得到了迅速推广。

几种合金的喂入与喷粉工艺示意图见图 13-3。

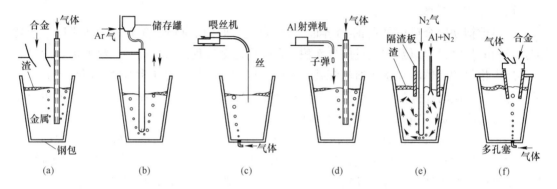

图 13-3　几种合金的喂入与喷粉工艺示意图

（a）普通工艺；（b）喷粉；（c）喂丝；（d）射弹；（e）喷 Al；（f）CAS（SAB）

13.2.4　加热

在炉外精炼过程中，若无加热措施，则钢液不可避免地逐渐冷却。影响冷却速率的因素有钢包的容量（即钢液量）、钢液面上熔渣覆盖的情况、添加材料的种类和数量、搅拌的方法和强度以及钢包的结构（包壁的导热性能、钢包是否有盖）和使用前的烘烤温度等。在生产条件下，可以采取一些措施以减少热损失，但是如没有加热装置，要使钢包中的钢液不降温是不可能的。

无加热手段的炉外精炼装置，精炼过程中钢液的降温常用以下两种办法来解决，一是提高出钢温度，另一种是缩短炉外精炼时间。但是，这两种办法都不理想。因为提高出钢温度必然会受到炼钢设备的限制。虽然氧气转炉和电弧炉可以在一定范围内提高出钢温度，但是它受到炉体耐火材料和钢质量的限制，同时还会降低某些技术经济指标。缩短炉外精炼时间，使一些精炼任务不能充分完成。

为了充分完成精炼作业、使精炼项目多样化、增强对精炼不同钢种的适应性及灵活性、使精炼前后工序（例如精炼前炼钢炉的初炼和精炼后的连铸）之间的配合能起到保障和缓冲作用以及能精确控制浇注温度，要求精炼装置的精炼时间不再受钢液降温的限制。为此，在设计一些新的炉外精炼装置时都考虑采用加热手段。

常用的加热方法有电加热和化学加热。电加热是将电能转变成热能来加热钢液的。这种加热方式主要有电弧加热和感应加热。电弧加热原理与电弧炉相似，采用石墨电极，通电后在电极与钢液间产生电弧，依靠电弧的高温加热钢液。由于电弧温度高，在加热过程中需控制电弧长度及造好发泡渣进行埋弧加热，以防止电弧对耐火材料产生高温侵蚀。化学加热是利用放热反应产生的化学热来加热钢液的。常用的方法有硅热法、铝热法和 CO 二次燃烧法。化学加热需吹入氧气，其与硅、铝、CO 反应才能产生热量。铝氧化的反应和热效应为：

$$2[Al] + \frac{3}{2}\{O_2\} \Longrightarrow Al_2O_3 \qquad \Delta H_{298}^{\ominus} = -1594752J/mol \qquad (13\text{-}7)$$

氧化 1% 的铝时，钢液温度升高：

$$\Delta t = \frac{-\Delta H_{298}^{\ominus} - (-\Delta H_0)}{\dfrac{2M_{Al} \times 99}{M_{Fe}} \times c_{p,\ Fe} + c_{p,\ Al_2O_3}} \qquad (13\text{-}8)$$

式中　　ΔH_0——吹入的 1mol 氧气温度升高至 1600℃ 时所吸收的热量，ΔH_0 = -51748.85J/mol；

　　M_{Al}，M_{Fe}——分别为元素 Al、Fe 的相对原子质量；

　　$c_{p,Fe}$，c_{p,Al_2O_3}——分别为 Fe、Al_2O_3 的比定压热容，J/(℃·mol)。

通过计算可知，若产生的热量全部被钢液吸收，则氧化 1kg 的铝约使 1t 钢液的温度升高 35℃。在 AOH(钢液的铝氧加热法)、RH-OB、RH-KTB、CAS-OB 和 IR-UT 法中，采用铝热法加热钢液。这类加热方法的工艺安排主要由以下三个方面组成：

(1) 向钢液中加入足够数量的铝，并保证其全部溶解于钢中或呈液态浮在钢液面上。AOH 所用的加铝方法是喂丝，特别是喂薄钢皮包裹的铝丝。通过控制喂丝机，可以定时、定量地加入所需的铝量。CAS-OB 法则是通过浸入罩上方的加料口加入块状铝。

(2) 向钢液吹入足够数量的氧气。伯利恒钢公司取得专利的 AOH 法，是使用耐火陶瓷制成的氧枪插入钢液熔池中，向钢液供氧。此法可根据需要定量地控制氧枪插入深度和供氧量，这样可使吹入的氧气全部直接与钢液接触，氧气利用率高，产生的烟尘少，由此可准确地预测铝的氧化量和升温的结果。CAS-OB 法的供氧是由氧枪插入浸入罩内，向钢液面顶吹氧。由于浸入罩内的钢液面上基本无渣，而且加入的铝块迅速熔化而浮在钢液面上，吹入的氧气仍有较高的利用率。

(3) 钢液的搅拌是均匀熔池温度和成分、促进氧化产物排出的必不可少的措施。吹入的氧气不足以满足对熔池搅拌的要求，所以都采用吹氩搅拌。AOH 法是用吹氩枪插入钢液吹氩，并辅以包底设置透气砖吹氩。CAS-OB 法则是在处理的全程一直进行底吹氩。

吹氧期间，铝首先被氧化，但是随着喷枪口周围局部区域中铝的减少，钢中的硅、锰等其他元素也会被氧化。硅、锰、铁等元素的氧化会与钢中剩余的铝进行反应，大多数氧化物会被还原。未被还原的氧化物一部分变成了烟尘，另一部分留在渣中。这种加热方法氧气利用率很高，几乎全部的氧都直接或间接地与铝作用，通常可较为准确地预测钢中铝含量的控制情况。不过当高氧化性的转炉渣进入钢包过多时，会增加铝的损失和残铝量的波动。吹氧前后钢中碳含量的变化不大，对于高碳钢（例如 $w[C]$ = 0.8%），碳的损失也不超过 0.01%。当钢中硅含量较高时，钢中锰的烧损不大。钢中硅的减少约为硅含量的 10%。钢中磷含量平均增加 1×10^{-5}，这是由于加铝量大，使渣中 P_2O_5 被还原所致。钢中硫含量平均增加 1×10^{-5}，这是因为吹氧期间提高了钢和渣的氧势，从而促进硫由渣进入钢中。钢中氮含量的变化波动于$(-1.5 \sim 1.3) \times 10^{-5}$之间。由于钢中硅的氧化，使熔渣的碱度降低；钢中锰的氧化，使熔渣的氧势增加，这些都能导致钢液洁净度的下降，所以在操作过程中，应创造条件促进铝的氧化和抑制硅、锰的氧化。

对于 260t 的钢包，加铝 0.26kg/t，吹氧强度为 185L/(min·t)，可升温 5.6℃，升温速率可达 5.6℃/min，热效率为 60%。

为了定量地描述钢液成分、温度的变化与钢液搅拌、供氧条件等参数之间的关系，樋口善彦等人提出了钢中元素氧化反应的数学模型。该模型假定在钢包中存在两个区域，氧枪的正下方为反应区，反应区之外均为混合区，并假定各区域中的物质在任何时候都是各自完全混合的。由此，可分别建立反应区和混合区的热平衡和各元素的物料平衡。反应区的大小用反应区的体积与包内钢液的体积之比（ε）来描述，并认为 ε 与顶吹氧的供氧制度（氧气流量、氧压、枪位等）存在着确定的函数关系。反应元素向反应区的供给速率，用混合区的元素含量与钢液循环速度的乘积来计算。钢液的循环速度可由吹氩搅拌的参数来计算，并假定向反应区循环的钢水量与钢包内钢液的循环量之比也为 ε。反应区元素氧化的比例按元素氧化反应式的平衡常数计算，并认为平衡氧浓度最小的元素优先与供给的氧反应，当供氧速率大于优先氧化元素的供给速率时，平衡氧浓度次小的元素参加氧化。理论计算的 ε 值，用吹氧前后实测的铝浓度修正，从而求得在操作条件下的最佳 ε 值。求解按上述条件列出的方程组，可以很好地说明实际操作数据，可以定量分析顶吹氧升温时钢中铝、硅、锰的氧化行为。计算结果还表明，为了促进铝的氧化，抑制硅、锰的氧化，要求有一定强度的钢液搅拌，即存在着一个最小的吹氩强度。顶吹氧气流股对钢液的穿透深度越大，就越能促进钢中铝的氧化。

在 RH-KTB 和 RH-MFB 精炼方法中，由于有顶枪吹氧，能将脱碳形成的 CO 再次燃烧。因此在这两种炉外精炼中，还可利用 CO 燃烧提供热量补偿。与电加热相比较，化学加热的升温速度快，耐火材料热负荷小，设备简单，投资费用低。但若铝热法和硅热法操作不当，易产生氧化物夹杂。

钢包精炼过程进行加热无疑增加了工艺的灵活性，添加剂数量、钢液最终温度和处理时间均可以自由选择。最常用的加热方法有电弧加热、感应加热和利用电阻的辐射加热，除此之外，也可以利用等离子弧及燃烧嘴，还可以利用化学热。其中，常用钢包加热系统工艺示意图见图 13-4。

炉外精炼过程中，具有放热反应的 AOD、CLU 和 VOD 炉也要考虑过程的热损失，根据热平衡计算，有下列关系式：

$$W_I = C_m \Delta t_R + W_s Z + W_A A \tag{13-9}$$

式中　W_I——每吨钢需供的能量，kW·h/t；

　　　C_m——钢液比能耗，取 0.23kW·h/(t·℃)；

　　　Δt_R——从出钢到处理站的温降，℃；

　　　W_s——渣料熔化和过热到 1873K 的比能耗，$W_s \approx 5.8$kW·h/(%·t)；

　　　Z——渣钢比，%；

　　　W_A——加入物熔化和过热到 1873K 的比能耗，kW·h/(%·t)；

　　　A——加入物的比率，%。

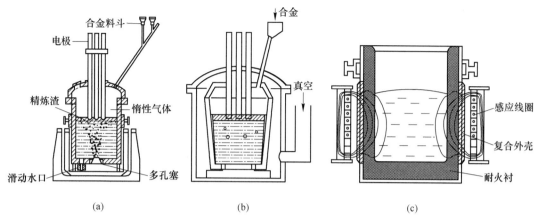

图 13-4　常用钢包加热系统工艺示意图
（a）钢包炉；（b）真空电弧脱气（VAD）；（c）钢包感应加热

通常以 $Z = 1\% \sim 5\%$、$A = 1\%$、降温为 $50 \sim 80℃$ 计，求得 W_I 约为 $30kW \cdot h/t$，若按热效率 $\eta_H = 30\% \sim 40\%$ 计，实际输入能量应为 $80 \sim 120kW \cdot h/t$。利用埋弧加热，限制搅拌气流量（小于 $0.5m^3/min$），可获得较好的加热效果，也可发展等离子加热和单相直流加热的可能性。

ASEA-SKF 精炼炉的比功率是 $60 \sim 90kW/t$，加热速度为 $3 \sim 5℃/min$。为获得足够大的加热功率，一个 250t 的 LF 炉应配备 $40MV \cdot A$ 的电源系统。为稳定埋弧加热，必须控制钢液面的波动，使电弧长度保持最短。

RH 法和 DH 法为防止真空室黏结钢渣并延长精炼时间，采用铝热法。为延长 GAZID 法真空吹氩精炼时间，采用硅热法以升温。对 VOD 及 VODC 法，应借鉴顶吹转炉废钢加热的 CO 再燃法，开发 CO 二次燃烧技术。

13.3　铁水预处理技术

所谓铁水预处理，是指铁水兑入炼钢炉之前，对其进行脱除杂质元素或从铁水中回收有价值元素的一种铁水处理工艺。铁水预处理分为普通铁水预处理和特殊铁水预处理两类。普通铁水预处理包括铁水脱硅、脱硫和脱磷（即"三脱"）。特殊铁水预处理是针对铁水中的特殊元素进行提纯精炼或资源综合利用而进行的处理过程，如铁水提钒、提铌、提钨等。

铁水预处理工艺兴起于 20 世纪 70 年代，开发初期，仅作为避免出现号外铁水的补救措施而用于生产。目前，铁水预处理和钢水炉外精炼已成为近 50 年来钢铁工业迅速发展起来的两项重要工艺技术，随着钢铁生产技术的进步，其逐渐发展成为对完善和优化整个钢铁生产工艺流程、确保节能降耗、优质高效总体目标得以全面实现所不可缺少的独立工艺环节。

铁水预处理在日本、美国等国家发展非常快，处理量基本上在 70% 以上，有的企业已达 100%。其中，日本"三脱"技术发展最快，应用最广泛。我国铁水预处理起步较晚，但近年来发展很快，宝钢、太钢等分别建成了"三脱"预处理设备，鞍钢、武钢等多家企业都建成了铁水预脱硫、预脱磷设备。

13.3.1 铁水预脱硅

铁水预脱硅技术是基于铁水预脱磷技术而发展起来的。由于铁水中硅的氧势比磷的氧

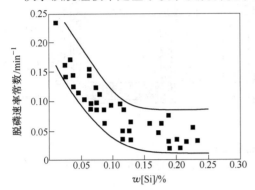

势低得多,当脱磷过程加入氧化剂后,硅与氧的结合能力远远大于磷与氧的结合能力,所以硅比磷优先氧化。脱磷前,必须优先将铁水中的硅氧化到远远低于高炉铁水硅含量的 0.15% 以下,这样磷才能被迅速氧化去除,如图 13-5 所示。所以,为了减少脱磷剂用量、提高脱磷效率,开发了铁水预脱硅技术。

13.3.1.1 铁水预脱硅的基本原理

铁水中的硅与氧有很强的亲和力,因此

图 13-5　硅含量与脱磷速率常数的关系

硅很容易与氧反应而被氧化去除。常用的铁水脱硅剂均为氧化剂,主要有两种,一是固体氧化剂,如高碱度烧结矿、氧化铁皮、铁矿石、铁锰矿、烧结粉尘;二是气体氧化剂,如氧气或空气。

铁水预脱硅的基本反应式和 $\Delta G^{\ominus}$ 见表 13-2。

表 13-2　铁水预脱硅的基本反应式和 $\Delta G^{\ominus}$

脱硅剂种类	反应式	$\Delta G^{\ominus}/J \cdot mol^{-1}$	反应式编号
固体脱硅剂脱硅	$[Si]+2(FeO)=SiO_2(s)+2Fe$	$-356020+130.47T$	(1)
	$[Si]+2/3Fe_2O_3(s)=SiO_2(s)+4/3Fe(l)$	$-287800+60.38T$	(2)
	$[Si]+1/2Fe_3O_4(s)=SiO_2(s)+3/2Fe(l)$	$-275860+156.49T$	(3)
吹氧脱硅	$[Si]+O_2(g)=SiO_2(s)$	$-821780+221.16T$	(4)

由 $\Delta G^{\ominus}$ 与温度的关系可知,在通常的高炉铁水温度范围(1300~1400℃)内, $\Delta G_4^{\ominus} < \Delta G_2^{\ominus} < \Delta G_1^{\ominus} < \Delta G_3^{\ominus} < 0$,硅的氧化反应均为放热反应,且气体脱硅剂比固体脱硅剂的反应更容易进行。但生产实践已经证明,固体脱硅剂加入熔池后会产生熔解热和熔化热,使脱硅过程变成吸热过程,固体脱硅剂加入熔池后使熔池温度下降,典型的例子见图 13-6。当脱硅量为 0.4% 时,气固喷吹法与顶部加固体脱硅剂相比,温度变化相差 210℃;而铁水包表面吹氧同时使用固体脱硅剂与单独使用固体脱硅剂相比,温度相差 170℃。

13.3.1.2 铁水预脱硅的方法及其选择

铁水预脱硅主要有三种方法:高炉出铁沟

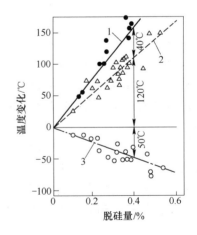

图 13-6　不同脱硅方法对铁水温度的影响

1—氧化铁随氧气一起喷入鱼雷罐车;2—氧化铁随氧气一起由顶部加入;3—顶部加入氧化铁

脱硅法；鱼雷罐车或铁水罐中喷射脱硅剂脱硅法；"两段式"脱硅法，即为前两种方法的结合，先在铁水沟内加脱硅剂脱硅，然后在鱼雷罐车或铁水罐中喷吹脱硅。

A　高炉出铁沟脱硅法

高炉出铁沟脱硅法是直接将脱氧剂加入高炉铁水沟中脱硅，脱氧剂一般是铁鳞。其优点是脱硅不占用时间，能大量处理，温降小，时间短，渣、铁分离方便；缺点是用于脱硅反应的氧的利用率低，工作条件较差。

高炉出铁沟中脱硅剂的加入方式有以下几种：

（1）投撒给料法，向铁水流表面投入熔剂，并利用出铁沟内铁水落差进行搅拌。

（2）气体搅拌法，在投撒给料法的基础上，向铁水表面吹压缩空气加强搅拌，促进脱硅反应进行。该法比投撒给料法的熔剂利用率高。

（3）液面喷吹法，依靠载气将熔剂喷向铁水表面。

（4）铁液内喷吹法，通过耐火材料喷枪，利用载气向铁水内喷吹熔剂。

各种加入方法的实际试验结果示于图 13-7 中。由图可见，脱硅效率按投撒给料法、气体搅拌法、喷吹法递增。采用投撒给料法，要使硅降低到 0.1% 以下比较困难。

B　鱼雷罐车或铁水罐中喷射脱硅剂脱硅法

鱼雷罐车或铁水罐中喷射脱硅剂脱硅法的特点是工作条件好，处理能力大，脱硅效率高且稳定；缺点是占用时间长，温降较大。Takeshi Suzuki 在鱼雷罐车中进行了喷粉脱硅试验，得到了脱硅氧的利用率与平

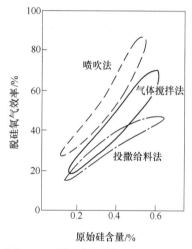

图 13-7　不同脱硅剂加入方式的比较

均 $w[Si]_\%$（处理前后的 $w[Si]_\%$ 的算术平均值）的关系。当平均 $w[Si]_\%$ 小于 0.1 时，吹 10%~40% 氧与不吹氧相比，脱硅氧的利用率差别不大。当平均 $w[Si]_\%$ 大于 0.1 时，吹氧过程脱硅氧的利用率显著提高。

C　两段式脱硅法

当铁水硅含量低于 0.4% 时，可采用简单的铁水沟脱硅法；当硅含量大于 0.4% 时，脱硅剂用量增大，泡沫渣严重，适宜采用脱硅效率高的喷吹法或两段式脱硅法。若炼钢厂扒渣能力不足，应采用两段式脱硅法，利用挡渣器分离渣、铁。我国台湾中钢的实践表明，使用两段式脱硅操作可使硅含量下降到 0.15% 以下，同时，脱磷、脱硫的程度也明显提高。日本新日铁某厂在高炉出铁沟和 300t 鱼雷罐车上采用两段式脱硅法进行脱硅处理，处理后硅含量可以达到 0.12%。

13.3.2　铁水预脱硫

13.3.2.1　铁水预脱硫的意义

铁水中含有大量的硅、碳和锰等还原性好的元素，能够大大提高硫在铁水中的活度系数，在使用不同类型的脱硫剂，特别是强脱硫剂，如钙、镁、稀土等金属及其合金时，不

会发生大量的烧损以致影响脱硫反应的进行,使硫很容易就能脱到很低水平。对高炉来说,铁水炉外脱硫能给高炉减轻负担,降低焦比,减少渣量,提高生产率。对炼钢,则能减轻负担,简化操作,提高炼钢生产率,减少渣量和提高金属收得率,并为转炉冶炼品种钢创造条件。铁水炉外脱硫与炼铁、炼钢相结合,可以对铁水实现深度脱硫,从而为转炉冶炼超低硫钢创造条件。

13.3.2.2 铁水预脱硫的基本原理

在铁水预处理温度下,硫元素的稳定状态是气态(硫的沸点为445℃);但在有金属液和熔渣的情况下,硫能溶解在金属液和熔渣中。硫在铁液中的溶解度很高,在铁水温度下能与很多金属和非金属元素结合成气-液相化合物。这为开发各种脱硫方法创造了有利条件。各种脱硫方法的实质都是将溶解在金属液中的硫转变为在金属液中不溶解的相,进入熔渣或经熔渣再以气相逸出。

脱硫剂是决定脱硫效率和脱硫成本的因素之一。日本新日铁曾做过计算,脱硫剂的费用为脱硫成本的80%以上。因此,选择好脱硫剂的种类是降低成本的关键。目前生产中常用的脱硫剂有石灰(CaO)、碳化钙(CaC_2)、苏打(Na_2CO_3)、金属镁、钙以及由它们组成的各种复合脱硫剂。

A 金属、氧化物及碳化物脱硫

典型脱硫剂的脱硫反应式和$\Delta G^\ominus$见表13-3。

表13-3 典型脱硫剂的脱硫反应式和$\Delta G^\ominus$

反 应 式	$\Delta G^\ominus / \text{J} \cdot \text{mol}^{-1}$	反应式编号	备 注
$Mg(g) + [S] = MgS(s)$	$-427367 + 180.67T$	(1)	
$[Mg] + [S] = MgS(s)$	$-372648 + 146.29T$	(2)	
$Mn(l) + [S] = MnS(s)$	$-153789 + 555.52T$	(3)	
$Ca(l) + [S] = CaS(s)$	$-416600 + 80.98T(851 \sim 1487℃)$	(4)	
$Ca(g) + [S] = CaS(s)$	$-569767 + 168T(1487 \sim 1727℃)$	(5)	
$CaC_2(s) + [S] = CaS(s) + 2[C]$	$-359245 + 109.45T$	(6)	
$CaO(s) + [S] = CaS(s) + [O]$	$109070 - 29.27T(851 \sim 1487℃)$ $108946 - 30.10T(1487 \sim 1727℃)$	(7)	
$2CaO(s) + [S] + 1/2[Si] = CaS(s) + 1/2(2CaO \cdot SiO_2)(s)$	$-251930 + 83.36T$	(8)	$w[Si] \geqslant 0.05\%$
$CaO(s) + [S] + [C] = CaS(s) + CO(g)$	$86670 - 68.96T(851 \sim 1487℃)$ $86545 - 69.80T(1487 \sim 1727℃)$	(9)	$w[Si] < 0.05\%$
$MgO(s) + [S] + [C] = MgS(s) + CO(g)$	$164675 - 67.54T$	(10)	
$MnO(s) + [S] + [C] = MnS(s) + CO(g)$	$115017 - 75.91T$	(11)	
$BaO(s) + [S] + [C] = BaS(s) + CO(g)$	$29686 - 59.83T$	(12)	
$Na_2O(l) + [S] + [C] = Na_2S(l) + CO(g)$	$-34836 - 68.54T$	(13)	

为了定量地比较各种脱硫剂脱硫能力的大小,可以从各脱硫反应的平衡常数与$\Delta G^\ominus$和温度的关系式,求出各脱硫反应的平衡常数K值来进行比较。

表13-4所示为1350℃下各种脱硫剂的相对脱硫能力和平衡硫含量(平衡$w[S]\%$)。

表 13-4　各种脱硫剂的相对脱硫能力和平衡硫含量（1350℃）

脱硫剂	Mg	Mn	Ca	CaC$_2$	CaO
平衡常数 K	$2.06×10^4$	111.8	$1.5×10^9$	$6.94×10^5$	6.489
相对大小	3170	17.2	$2.3×10^8$	$1×10^5$	1
平衡 $w[S]_\%$	$1.6×10^{-5}$	$3×10^{-3}$	$2.2×10^{-8}$	$4.9×10^{-7}$	$3.7×10^{-3}$
对应反应式编号	（1）	（3）	（4）	（6）	（9）

脱硫剂	MgO	MnO	BaO	Na$_2$O
平衡常数 K	0.017	1.833	147.45	$5×10^4$
相对大小	0.002	0.282	22.7	7700
平衡 $w[S]_\%$	1.16	$1.1×10^{-2}$	$1.3×10^{-4}$	$4.8×10^{-7}$
对应反应式编号	（10）	（11）	（12）	（13）

从表 13-4 可以看出，CaC$_2$、Mg 和 Na$_2$O 的脱硫能力均比 CaO 强很多，而且前三者脱硫反应平衡时的硫含量也可以达到较低的水平。实际处理中，如果要求铁水预脱硫终点硫含量小于 0.005%，可选用 Mg、CaC$_2$ 以及它们组成的复合脱硫剂。用苏打粉脱硫时，由于会产生回硫现象，很难达到 0.005% 以下的水平。用石灰脱硫时，理论计算能达到 0.005% 以下，但是由于石灰颗粒表面容易形成很薄、很致密的 2CaO · SiO$_2$ 层，阻碍了脱硫反应的继续进行，通常很难达到 0.005% 以下的水平，只有在石灰粉中配加少量的 CaC$_2$ 和 Al 粉后才能达到。在铁水中溶入一定的铝量，使其在石灰表面上生成钙铝酸盐（3CaO · Al$_2$O$_3$ 和 12CaO · 7Al$_2$O$_3$）。钙铝酸盐具有较强的容硫能力，可以显著地提高石灰的脱硫速度和脱硫效率，如图 13-8 所示。MnO、MgO 等基本不具备脱硫能力。

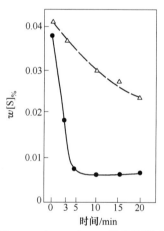

图 13-8　加 Al 对 CaO 脱硫的影响
（w(CaO)/w(SiO$_2$) = 1.05）
△—单独 CaO；●—CaO+Al

实际生产中，Na$_2$O、Mg、CaC$_2$ 等的脱硫能力只比 CaO 大几倍到几十倍，这主要是受脱硫剂气化损失以及动力学方面因素的影响。目前，CaC$_2$、Mg、CaO、Na$_2$O 被广泛地应用于铁水脱硫，尤其是近年来，金属镁脱硫在铁水预处理中所占的比例越来越大，已经成为铁水预处理脱硫的主流方法。金属钙和钙合金具有很强的脱硫能力，目前被广泛应用于钢水精炼脱硫和钢中非金属夹杂物的变性处理过程中。

B　碱性渣脱硫

按熔渣的离子理论，碱性渣脱硫反应可参见第 8 章的描述。强化碱性渣脱硫能力的热力学条件是提高熔渣的碱度、降低脱硫体系中的氧势、提高脱硫温度。

13.3.2.3　铁水预脱硫的方法

目前已经开发的铁水预脱硫方法很多，部分典型处理方法归纳于表 13-5 和图 13-9 中。

表 13-5　常用铁水脱硫处理方法分类

类　别			脱硫方法及特征	脱硫效果 $w[S]_0 = 0.03\% \sim 0.04\%$
一级	二级	三级		
分批处理法		铺撒法	在高炉出铁过程中连续地往出铁沟或铁水罐内撒入脱硫剂,也可撒在铁水流中或铁水表面上,利用铁水的混冲将其搅拌均匀	苏打粉 8~10kg/t, $\eta_S = 60\% \sim 70\%$
	摇动法	回转炉法	在回转炉的铁水面上加入石灰粉和焦炭粉,并进行搅拌,搅拌转速为 34r/min	石灰粉 10~20kg/t,炭粉 1~2kg/t, $\eta_S = 90\%$
		摇包法	在偏心回转包的铁水中加入脱硫剂,包的转速为 40~50r/min	石灰粉 15kg/t,炭粉 15kg/t,CaC_2 5kg/t,$\eta_S = 80\% \sim 90\%$
		DM 摇包法	摇包能正、反双向进行,铁水和脱硫剂混合良好,转速为 43r/min,正逆换向周期为 14s,中间停止 3s	CaC_2 5kg/t,$\eta_S = 80\% \sim 90\%$
	机械搅拌法	DO 法	用由耐火材料制成的 T 形管状搅拌器搅拌铁水,转速约为 30r/min	CaC_2 5kg/t,$\eta_S = 80\% \sim 90\%$
		RS 法	用铁芯加强的耐火材料制成倒 T 形搅拌器,转速为 60~70r/min,在铁水表面附近旋转	CaC_2 5kg/t,$\eta_S = 80\% \sim 90\%$
		KR 法	将耐火材料制成的十字形搅拌桨插入铁水中进行搅拌,转速为 70~120r/min,搅拌时铁水中央部位形成涡井,脱硫剂卷入其中以致混合良好	CaC_2 2~3kg/t,$\eta_S = 90\% \sim 95\%$; 苏打粉 6~8kg/t,$\eta_S = 80\% \sim 90\%$; 90% 石灰-5% 萤石-5% C 4kg/t,$\eta_S = 90\%$
		赫歇法	在搅拌桨于铁水中旋转的同时,由转轴中心孔向铁水中喷入丙烷,促进石灰的脱硫	石灰粉 12.5 kg/t,丙烷 9L/t,$\eta_S = 80\%$
		NP 法	用耐火材料制成的门型搅拌器来搅拌铁水,转速为 77r/min,在搅拌的同时从搅拌器双叉端部喷出氮气,强化混合和使铁水面上保持惰性气氛,以提高脱硫剂的利用率和防止回硫	CaC_2 2~3kg/t,$\eta_S = 90\%$

类 别			脱硫方法及特征	脱硫效果 $w[S]_0 = 0.03\% \sim 0.04\%$
一级	二级	三级		
分批处理法	喷吹法	ATH 法	在混铁车内斜插入喷枪,用载流气体送入脱硫剂并进行搅拌	CaC_2 3~4kg/t, $\eta_S = 85\% \sim 90\%$; 60% 石灰-3% 萤石-12% 炭粉 6~8kg/t, $\eta_S = 85\% \sim 90\%$; 5kg/t 石灰-0.16kg/t Al, $\eta_S = 70\%$; 镁粒 0.6~0.7kg/t(85%~93% Mg), $\eta_S = 90\%$
		TDS 法	在混铁车内垂直插入喷枪,用载流气体送入脱硫剂并进行搅拌	
		铁水罐喷射法	将喷枪垂直或倾斜地插入铁水罐深部,用载流气体送入脱硫剂并进行搅拌	
		IRSID 法	利用插入式喷枪,向铁水罐、混铁车或混铁炉内喷吹石灰粉、碳化钙或氰氨化钙的空气流或氮气流	石灰粉 9.3kg/t, $\eta_S = 50\%$
	吹气搅拌法	PDS 法	将脱硫剂加到铁水面上,通过铁水罐底部的透气砖注入氮气、氩气或其他气体搅拌铁水,使之与脱硫剂混合	CaC_2 4~6kg/t, $\eta_S = 77\% \sim 85\%$
		CLDS 法	它是改进的 PDS 法,一般能连续处理 4 罐铁水,可以提高脱硫效率,省去除渣操作和减少铁损失,但是需要倒包处理	
		GMR 法	又称气泡泵法,从耐火材料圆筒底部内侧向铁水中吹入气体,气泡上浮迫使铁水向上流动,同时脱硫剂向下运动,造成良好搅拌	CaC_2 5kg/t, $\eta_S = 90\% \sim 95\%$
	镁脱硫法	镁焦脱硫法	利用插入式钟罩(简称插罩),将含镁 40%~45% 的镁焦加入到铁水罐内进行脱硫处理	镁焦 1.2kg/t, $\eta_S > 75\%$
		镁锭脱硫法	在蒸发器内部空心杆内吊有镁锭,使用时将端部带有蒸发器的插杆沉入到铁水熔池深处,同时在杆中供入空气	Mg 0.43kg/t, $\eta_S = 50\% \sim 75\%$
		吹镁脱硫法	采用氩气、氮气等作为输送气体,利用垂直喷枪将镁粉或镁颗粒喷入铁水罐或鱼雷罐车中	Mg 0.43 kg/t, $\eta_S = 80\% \sim 95\%$
		镁合金脱硫法	典型的为"三明治"法,是将镁硅铁放在已预热的铁水罐底部,并覆盖一层铸铁车屑,然后兑入铁水,这样可使放出镁蒸气的时间持续数分钟之久	

续表 13-5

类别			脱硫方法及特征	脱硫效果 $w[S]_0 = 0.03\% \sim 0.04\%$
一级	二级	三级		
分批处理法	连续处理法	平面流动法	向流铁沟内的铁水面连续加入脱硫剂	
		涡流法	将涡流装置与高炉出铁沟相连接，出铁时加入脱硫剂，利用涡流运动搅拌	
		机械搅拌法	在高炉出铁沟上装有机械搅拌器，出铁时加入脱硫剂并开动搅拌器，搅拌器旋转方向与铁水流动方向相反，得到良好的混合	CaC_2 1.8~2.3kg/t，$\eta_S = 80\%$；石灰 7.9kg/t，$\eta_S = 60\%$
		电磁搅拌法	在高炉出铁沟附近安装电磁搅拌器，出铁时使铁水与脱硫剂混合，促进脱硫反应	

注：$w[S]_0$ 表示钢水中的初始硫含量。

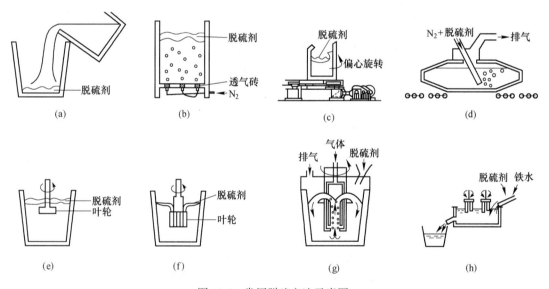

图 13-9　常用脱硫方法示意图

（a）倒包法；（b）PDS 法；（c）摇包法；（d）鱼雷罐车脱硫法（喷吹法）；（e）机械搅拌法（Rhcinstadil 法）；
（f）机械搅拌卷入法（KR 法）；（g）吹气环流搅拌法；（h）搅拌式连续脱硫法

　　近年来，炉外脱硫工艺日臻完善。由于不同企业的生产条件不同，对工艺的要求也不一致，所以上述各种方法都在发挥着不同的作用。在众多的脱硫工艺方法中，KR 法和以镁为主的喷吹法成为目前应用最普遍的方法。

　　KR 法是日本于 1965 年开发的。我国武钢 20 世纪 70 年代从日本引进了 KR 脱硫装置，在十字形大型搅拌器的激烈搅拌作用下，铁水和脱硫剂紧密混合。此法金属损失很小，因为是在铁水熔池深部进行搅拌，金属喷溅较少。其脱硫率与搅拌器的转速有关，见图

13-10。

目前国内普遍应用的镁脱硫方法有单喷颗粒镁、CaO-Mg 复合喷吹、CaC_2-Mg 复合喷吹，这几种方法均具有生产 $w[S] \leqslant 0.005\%$ 铁水的深脱硫能力。武钢、南钢、青钢等企业采用第一种方法，鞍钢、本钢、梅钢等采用第二种方法，宝钢采用第三种方法。前两种方法应用得较为普遍，两者处于竞争发展的局面。

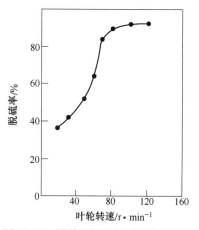

图 13-10 搅拌器转速与脱硫率的关系

13.3.3 铁水预脱磷

近年来，随着用户对高强度、高韧性、高抗应力腐蚀性能钢种需求量的不断增加和质量要求的日益严格，世界各国都在努力降低钢中磷含量。如对于低温用钢、海洋用钢、抗氢致断裂钢和部分厚板用钢，除了要求有极低的硫含量以外，也要求钢中的磷含量小于 0.01%，甚至在 0.005% 以下。此外，为了降低氧气转炉钢的生产成本和实行少渣炼钢，也要求铁水磷含量小于 0.015%。因此，20 世纪 80 年代以来，许多冶金工作者致力于研究铁水的预处理脱磷问题，开发了各种处理方法。

13.3.3.1 铁水预脱磷的基本原理

在铁水温度下，由于铁水中的磷不能直接氧化成 P_2O_5 气体而去除，而是首先氧化成 P_2O_5，然后与强碱性氧化物结合成稳定的磷酸盐而从铁水中去除。因此在实际铁水预脱磷过程中，要有效地脱去铁水中的有害杂质磷，首先要有适当的氧化剂将溶解于铁水中的磷氧化，然后采用强有力的固定剂，使被氧化的磷牢固地结合在炉渣中。

A 碱性氧化物脱磷

各种碱性氧化物的脱磷反应式和 $\Delta G^\ominus$ 见表 13-6。

表 13-6 各种碱性氧化物的脱磷反应式和 $\Delta G^\ominus$

反 应 式	$\Delta G^\ominus / J \cdot mol^{-1}$	反应式编号
$\frac{6}{5}CaO(s) + \frac{4}{5}[P] + O_2(g) = \frac{2}{5}(3CaO \cdot P_2O_5)(s)$	$-828342 + 249.90T$	(1)
$\frac{8}{5}CaO(s) + \frac{4}{5}[P] + O_2(g) = \frac{2}{5}(4CaO \cdot P_2O_5)(s)$	$-846190 + 256.58T$	(2)
$\frac{6}{5}MgO(s) + \frac{4}{5}[P] + O_2(g) = \frac{2}{5}(3MgO \cdot P_2O_5)(s)$	$-744030 + 256.58T$	(3)
$\frac{6}{5}MnO(s) + \frac{4}{5}[P] + O_2(g) = \frac{2}{5}(3MnO \cdot P_2O_5)(s)$	$-732725 + 276.76T$	(4)
$\frac{6}{5}FeO(l) + \frac{4}{5}[P] + O_2(g) = \frac{2}{5}(3FeO \cdot P_2O_5)(s)$	$-643960 + 197.20T$	(5)
$\frac{6}{5}Na_2O(l) + \frac{4}{5}[P] + O_2(g) = \frac{2}{5}(3Na_2O \cdot P_2O_5)(s)$	$-1017734 + 257.1T$	(6)

在标准状态下，为了定量地比较上述各种碱性氧化物脱磷能力的大小，计算得到的 1350℃ 下各反应的平衡常数见表 13-7。

表 13-7 各种碱性氧化物脱磷能力的比较（1350℃）

脱硫剂	FeO	MnO	MgO	CaO	Na$_2$O	来　源
平衡常数 K	2.6×10^{10}	1.32×10^9	3.43×10^{10}	4.15×10^{13}	2.06×10^{19}	
相对大小	7	0.05	1.32	1.6×10^3	7.9×10^8	张信昭
	7	3	30	1.0×10^5		特克道根
	7	3	1000	3.0×10^4		弗勒德

由上述数据可以看出，Na$_2$O 的脱磷能力最强，其次是 CaO。但由于目前关于脱磷的热力学数据还不太精确，各研究者的计算结果只能作为参考。

B　碱性熔渣脱磷

在氧化性条件下，碱性熔渣脱磷反应可参见第 8 章的描述。目前，脱磷反应的平衡常数尚无统一的数值，各工厂常常在上述基础研究的指导下结合自己的生产条件，提出实际的脱磷分配比与渣成分等的关系式，从而实现优化脱磷操作。

13.3.3.2　铁水预脱磷的方法

根据所用容器的不同，铁水预脱磷的方法可以分为三类：一种是在高炉出铁沟或出铁槽内进行脱磷，一种是在铁水包或鱼雷罐车中进行预脱磷，第三种是在专用转炉内进行铁水预脱磷。这三种方法在工业上均得到了实际应用。但由于在鱼雷罐车和铁水包中脱磷存在一些问题，许多厂家纷纷研究在转炉内进行脱磷的预处理方法，最早的是在日本神户制钢采用的 H 炉，随后新日铁、住友、日本钢管也纷纷采用了这一技术。

与鱼雷罐车内或铁水包内进行的铁水预处理脱磷相比，在转炉内进行铁水脱磷预处理的优点是转炉的容积大、反应速度快、效率高，可节省造渣剂的用量，吹氧量较大时也不易发生严重的溢渣现象，有利于生产超低磷钢，尤其是中高碳的超低磷钢。另外，在转炉内进行铁水预处理时脱磷剂可以喷粉或块状的形式加入。神户制钢的 H 炉和新日铁的 LD - ORP 炉是用喷粉法加入的，其优点是反应速度快，效率高；缺点是需增设喷粉设备，原有设备需要做较大的改动。日本钢管福山厂和住友的 SRP 直接将脱磷剂加入炉内，利用较强的底吹搅拌，也能达到较好的脱磷效果；但为了化渣良好，需采取相应措施。韩国浦项公司技术研究所也在 300t 和 100t 的复吹转炉上进行了铁水脱磷预处理实验，研究了该过程中铁水成分的变化，认为在浦项第二炼钢厂采用 TDS（Top Desulphurization）脱硫预处理的情况下，适于在转炉中进行铁水脱磷预处理。经脱磷后的铁水可用来生产 $w[\text{P}] < 0.004\%$ 的超低磷钢。

目前国内也面临类似的情况，故在新建或改建预处理脱磷装置的时候，应考虑到这一发展趋势，并对此进行研究，结合自身的情况加以利用，从而达到经济而高效地大批量生产低磷钢的目的。

13.3.4　铁水同时脱硫、脱磷

从前面所讨论的脱硫、脱磷反应的热力学条件可知，脱磷和脱硫的主要不同在于对炉渣（或金属液）氧化性的要求。前者要求高氧化性，而后者要求低氧化性，因此认为脱硫和脱磷不可能同时进行。

在氧化性条件下，渣-铁间的磷硫分配比可表示为：

$$\lg L_P = \lg \frac{w(P)_\%}{w[P]_\%} = \lg C_P + \lg f_P + \frac{5}{2}\lg a_{[O]} \tag{13-10}$$

$$\lg L_S = \lg \frac{w(S)_\%}{w[S]_\%} = \lg C_S + \lg f_S - \lg a_{[O]} \tag{13-11}$$

在温度和铁水成分一定时，选择磷容量 C_P 和硫容量 C_S 较大的渣系，就能得到较大的 L_P 和 L_S 值，实现铁水同时脱磷、脱硫。在一定渣系条件下，可以通过控制熔渣-铁水界面的氧位来调节 L_P 和 L_S 值的大小，即增大氧位能增大 L_P 和减小 L_S，反之亦然。这样，可以根据铁水脱磷和脱硫的程度要求，控制合适的氧位，有效地实现铁水同时脱磷、脱硫。

用脱硫和脱磷能力大的 Na_2O 和石灰系渣进行实验，可找出同时满足脱磷和脱硫所必需的氧位。水渡等得出 Na_2O 和 CaO 脱磷、脱硫平衡时 a_P、a_S 与 $a_{[O]}$、p_{O_2} 的关系，如图 13-11 所示。

用 Na_2CO_3 分解产生的 Na_2O 脱磷、脱硫，在很大的 $a_{[O]}$ 波动范围（$10^{-3} \sim 10^{-1}$）以内，均可使 $a_{[P]}$ 和 $a_{[S]}$ 降到 0.001 以下，因此用苏打作熔剂，很容易达到同时脱磷、脱硫效果。而用 CaO 脱磷、脱硫则不然，要想达到 $a_{[P]} \leqslant 10^{-3}$，必须使 $a_{[O]} \geqslant 0.1$；而要想达到 $a_{[S]} \leqslant 10^{-3}$，必须要求 $a_{[O]} \leqslant 0.001$。这样看来，用石灰渣系时将难以达到同时脱磷、脱硫的要求。但实际经验证明，利用喷吹方法可以在铁水罐内不同部位造成不同的氧势，见图 13-12。在喷嘴及喷枪附近氧势高，可进行脱磷反应；在罐底、内衬及渣-铁界面附近氧势低，有利于脱硫。可见，在同一反应器中可以实现同时脱磷和脱硫。但是由于很难控制好不同区域的氧势，所以控制好脱磷和脱硫的限度也很不容易。

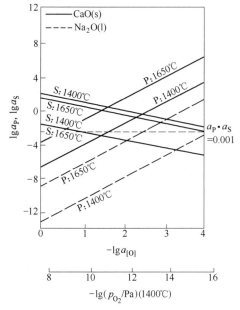

图 13-11 Na_2O 和 CaO 脱磷、脱硫平衡时的活度与铁水中氧活度的关系

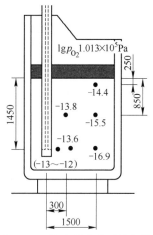

图 13-12 铁水罐喷吹时的氧势

理论上的突破促进了工艺技术的发展，目前铁水同时脱磷、脱硫工艺已在工业上广泛应用，表13-8给出了铁水预处理（"三脱"）方面的工业生产结果。其中典型的工艺如日本的SARP法（Sumitomo Alkali Refining Process，住友碱性精炼工艺），生产工艺流程图见图13-13。它是将高炉铁水首先脱硅，当$w[Si]<0.1\%$以后扒出高炉渣，然后喷吹苏打粉19kg/t，其结果使铁水脱硫96%、脱磷95%。

表13-8　铁水"三脱"预处理工业生产结果

厂　名	脱硅剂、脱磷剂、脱硫剂配方/%	三脱结果/%				工艺特点
		$w[Si]_o$ $w[Si]_f$	$w[P]_o$ $w[P]_f$	$w[S]_o$ $w[S]_f$	η_P η_S	
新日铁君津 （Kimitsu） ORP（320t 混铁车）	轧钢皮或（铁砂+精炼渣） 35CaO+55 轧钢皮+5CaF$_2$+5CaCl$_2$	0.50 0.15	0.120 0.015	0.025 0.005	87.5 80.0	炉前上置脱硅，同时脱磷，脱硫、脱磷渣返回脱硅
住友鹿岛 （Kashima） SARP （400t 混铁车）	锰矿或铁矿或烧结返矿 烧结矿粉 Na$_2$CO$_3$+顶吹 O$_2$	0.64~0.4 0.08	0.100 0.005	0.050 0.002	95.0 96.0	高炉炉前脱硅，喷吹二次脱硅，喷吹脱磷、脱硫
住友专用炉 SRP （和歌山、鹿岛）	转炉渣（+铁矿）+CaO+CaF$_2$ 50 转炉渣+40 铁矿+10 CaF$_2$	0.1~0.3 0.7~1.6	0.103 0.011	约 0.040 约 0.020	89.3 约 50	双转炉逆流操作脱磷渣$w(C)/w(S)\geqslant$2.5
NKK 京滨 （Keihin） （260t 铁水罐）	8CaO+84 轧钢皮+8CaF$_2$ 22CaO+23LD 渣+47 轧钢皮+8 CaF$_2$	0.30 0.12	0.110 0.014		87.3	炉前顶喷脱硅，在线配料喷吹
NKK 福山 （Fukuyama） （200t 铁水罐）	（0~20）CaO+（70~100） 轧钢皮+（0~10）CaF$_2$ 25CaO+62.5 轧钢铁皮+12.5 CaF$_2$	0.25 0.10	0.110 0.030	0.030	72.7	炉前顶喷脱硅，炉前喷吹脱磷
神户加古川 （Kakogawa） （350t 混铁车）	轧钢铁皮+CaO （30~50）CaO+（40~60） 轧钢皮+（5~15）CaF$_2$ CaC$_2$+CaO	0.40 0.08	0.078 0.015	0.046 0.015	80.8 67.4	喷吹脱硅（高[Si]时二次脱硅），分期脱磷、脱硫
太钢二钢	90 轧钢铁皮+10 CaO 35 CaO+55 轧钢铁皮+10 CaF$_2$	0.69 0.10	0.082 0.013	0.030 0.023	84.15 23.57	两次脱硅，同时脱磷、脱硫
宝钢二炼钢 （320t 混铁车）	高炉炉前脱硅： 烧结矿粉+石灰+萤石 Na$_2$CO$_3$	0.40 ≤0.20	0.090 ≤0.01	0.020 0.003	≥90 ≥85	炉前上置脱硅，先脱磷、再脱硫，在线配料

注：下标 o、f 分别表示初始和最终。

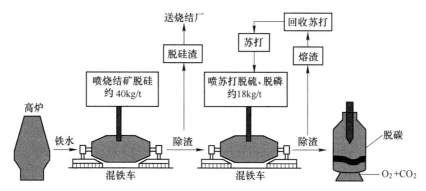

图 13-13　SARP 生产工艺流程图

为了获得最佳的冶炼效果，新日铁君津厂开发了铁水脱硅、脱磷、脱硫（"三脱"）预处理技术，配合转炉少渣冶炼和 MnO 矿熔融还原，形成"最佳精炼"工艺，即 ORP 法（Optimizing Refining Process）。该方法是采用石灰基熔剂同时进行铁水脱磷、脱硫处理。首先在高炉铁水沟加入氧化铁皮进行脱硅，铁水硅含量降至 0.15% 以下后的铁水进入鱼雷罐车，与上一次的脱磷、脱硫剂进行混合，待渣、铁分离后扒渣。向鱼雷罐车内喷入石灰粉剂，进行脱磷、脱硫处理，处理后脱磷率约 88%，脱硫率约 80%。

目前，采用转炉作为铁水预处理设备已经成为该技术发展的一个新趋势，如住友的复吹转炉 SRP、神户的顶吹"H 炉"、川崎的底吹转炉 Q-BOP 等。住友在鹿岛厂 250t 与和歌山厂 160t STB 复吹转炉（脱磷炉）进行预处理，与公称容量相等的 STB 复吹转炉（脱碳炉）构成两级逆流反应器（SRP 工艺）。利用脱碳炉块状转炉渣返回脱磷炉配成脱磷剂（炉渣＋铁矿＋石灰＋萤石），顶吹氧，底吹 Ar 或 CO_2。经过 8~10min 处理，$w[P]$ 由 0.103% 脱至 0.011%。当渣中 $w(CaO)/w(SiO_2) \geqslant 2.5$ 时，脱硫率不低于 50%。

13.3.5　铁水预处理提钒

由于各地矿产资源不同，铁水的元素含量各不相同。我国西南、华北、华东地区的矿石中含有钒，由此种矿石冶炼的铁水中含钒较高，可达 0.4%~0.6%。由于钒是重要的工业原料，对这些铁水要采用特殊的预处理方法以提取其中的钒。

13.3.5.1　铁水提钒的基本原理

目前，我国进行含钒铁水提钒主要采用氧化提钒工艺，即先对含钒铁水吹氧气或富氧空气，使铁水中钒氧化进入炉渣，然后把含钒炉渣富集分离，进一步提炼出钒铁合金。

在吹氧过程中，由于钒与氧有很强的亲和力，钒与氧反应过程主要生成五种氧化物，各反应式及 $\Delta G^{\ominus}$ 见表 13-9。

表 13-9　钒氧化反应式和 $\Delta G^{\ominus}$

反 应 式	$\Delta G^{\ominus}/J \cdot mol^{-1}$	反应式编号
$2[V]+O_2 = 2VO(s)$	$-761540+239.76T$	(1)
$\dfrac{4}{3}[V]+O_2 = \dfrac{2}{3}V_2O_3(s)$	$-772050+211.22T$	(2)

反 应 式	$\Delta G^{\ominus}/\text{J}\cdot\text{mol}^{-1}$	反应式编号
$[V]+O_2=\dfrac{1}{2}V_2O_4(s)$	$-671100+193.53T$	(3)
$[V]+O_2=\dfrac{1}{2}V_2O_4(l)$	$-609860+159.47T$	(4)
$\dfrac{4}{5}[V]+O_2=\dfrac{2}{5}V_2O_5(l)$	$-562630+163.23T$	(5)

通过比较各反应的 $\Delta G^{\ominus}$ 可以看出，在铁水预处理温度和顶渣条件下，酸性的 V_2O_5 最稳定。因此，通常都采用将富含 V_2O_5 的炉渣富集分离的方法来提钒。

在吹氧提钒过程中，要求铁水中的钒尽可能氧化进入渣中，同时为了保证提钒后的铁水（半钢）中有足够的化学热，即保留尽可能高的发热元素碳，必须研究提钒保碳问题。根据选择性氧化原理，为了提钒保碳，可应用反应式（13-12）来确定 $[V]$、$[C]$ 氧化的转化温度。

$$\frac{2}{3}[V] + CO =\!\!=\!\!= \frac{1}{3}(V_2O_3) + [C]$$

$$\Delta G^{\ominus} = - 255765 + 151.18T \quad \text{J/mol} \tag{13-12}$$

当反应达到平衡时，$\Delta G=0$，则：

$$RT\ln \frac{a_{[C]} \cdot a_{(V_2O_3)}^{\frac{1}{3}}}{a_{[V]}^{\frac{2}{3}} \cdot p_{CO}} = 255765 - 151.18T \tag{13-13}$$

根据已知铁水成分计算出各物质的活度，代入式（13-13）就可求出 $[V]$、$[C]$ 氧化的转化温度。在提钒操作中，只要控制铁水温度低于转化温度，就能达到提钒保碳的目的。根据通常的铁水条件，一般将吹炼温度控制在 1420℃ 以下。

13.3.5.2 铁水提钒的方法

国内外在铁水提钒工艺方面做了大量研究，目前已经开发出来的方法有摇包法、转炉法、雾化炉法和槽式炉法，德国、南非主要采用转炉法和摇包法，我国主要采用转炉法和雾化法。

A 雾化提钒

雾化提钒工艺是我国自行研制的一种提钒方法。铁水经中间包，以一恒定的流股经过雾化器流入雾化室，与此同时，经水冷雾化器供给一定压力和流量的压缩空气或富氧空气，在雾化室中铁水流股与高速的空气流股相遇而被粉碎或雾化成小于 2mm 的液滴，它们与氧的接触面积增大，加快了铁水中钒、硅、碳等元素的氧化反应，从而获得钒渣和半钢。雾化提钒工艺流程见图 13-14。

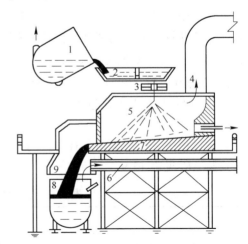

图 13-14 雾化提钒工艺流程
1—铁水罐；2—中间包；3—雾化器；4—烟道；5—雾化室；
6—副烟道；7—出钢槽；8—半钢罐；9—烟罩

雾化提钒工艺中,当雾化器结构和供气量一定时,铁水流量的控制至关重要。铁水流量大,雾化不好,且空气中的供氧不足,钒的氧化少;铁水流量小,雾化充分,供氧过度,将增加碳和铁的氧化,使钒渣中FeO多,影响钒渣质量。因此,要控制好铁水流量,主要应使中间罐水口尺寸变化小,并要保证中间罐铁水液面稳定。

雾化提钒过程中不能加入冷却剂,只适用于含硅低的含钒铁水,并要控制好铁水温度,不能过高。

B 转炉提钒

转炉提钒是铁水中Fe、V、C、Si、Mn、Ti、P、S等元素选择性氧化反应的过程。这些元素的选择性氧化取决于该元素在铁水中的组分变化、与氧的亲和力大小、反应温度以及钒渣的成分变化。因此,优化、完善提钒过程的冷却制度、供氧制度和终点控制制度,以确保提钒保碳目标的实现,是关键技术难点所在。

转炉提钒有空气侧吹转炉提钒、氧气顶吹转炉提钒和复吹转炉提钒等几种形式。图13-15为我国攀钢转炉提钒的工艺流程图。提钒过程中为了控制反应温度,在兑入含钒铁水后要兑入一定量的冷却剂。冷却剂通常采用生铁块,有的厂家加入部分球团矿。在顶吹转炉提钒中,氧枪的控制根据钒的氧化环节来调节。据有关研究指出,当铁水钒含量大于0.20%时,钒的氧化以渣-铁界面上的间接氧化为主;当铁水钒含量小于0.20%时,钒的氧化以熔池内的直接氧化为主。因此,在提钒吹炼中氧枪控制应先高后低。

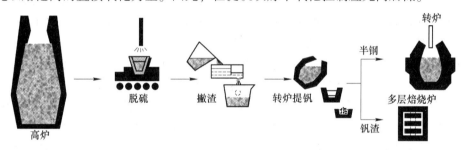

图13-15 攀钢转炉提钒工艺流程图

13.3.6 铁水预处理提铌

含铌的铁矿石在高炉冶炼时,其中的$Fe(NbO_3)_2$、$Ca_2Nb_2O_5$等被还原,有70%~80%的铌进入铁水,使铁水铌含量达到0.05%~0.1%。为了从含铌铁水中提取金属铌,经过我国冶金工作者的多年研究,开发了氧化提铌方法,即通过在专用的转炉中进行氧化性吹炼,使铁水中的铌氧化进入炉渣,然后回收渣中的Nb_2O_4。由于铌与钒在元素周期表中属于同族元素,两者性质相似,因此提铌过程同样存在提铌保碳问题。为了防止碳的大量氧化,将提铌温度控制在[C]、[Nb]氧化的转化温度以下(通常不超过1400℃),吹炼过程中采用生铁块或矿石作冷却剂来控制熔池温度。

13.4 钢水二次精炼方法

钢水二次精炼方法很多,各种精炼方法在原理、工艺及装置上各有特点,以下对目前世界上常用的精炼方法加以介绍。

13.4.1 钢包吹氩技术

起初的常压钢包吹氩，即在普通钢包底部开一孔，并安装一个耐火材料的多孔透气塞，氩气通过透气塞吹入钢包中可促使钢中夹杂物迅速上浮，使钢液成分和温度均匀化。然而这种简单的钢包吹氩存在一些不足，如吹氩时钢包上面的炉渣被吹开，钢水暴露于空气中，造成钢水的二次氧化；渣中不稳定氧化物及变价氧化物继续与钢水作用；钢水冲刷耐火材料，不断带入外来夹杂物。为了克服简单钢包吹氩的上述缺陷，采取钢包带浸渍罩及封顶盖或在封闭炉体内吹氩精炼装置。

13.4.1.1 保护罩加合成渣吹氩法

1965 年，日本新日铁公司开发出带钢包盖加合成渣吹氩精炼的 CAB（Capped Argon Bubbling）法，其示意图见图 13-1(e)。

合成渣成分为：$w(CaO):w(SiO_2):w(Al_2O_3) = 40:40:20$。这种合成渣熔点低、流动性好、吸收夹杂物能力强。改进后的钢包吹氩法有以下优点：吹氩时钢液不与空气接触，避免二次氧化；浮出的夹杂物被合成渣吸附和溶解，不会返回钢中；钢液在包盖下，大大减少降温。当前几乎各钢厂，特别是有连铸机的钢厂均采用钢包吹氩处理钢液。吹氩压力为 0.2~0.6MPa，吹氩时间 2~6min，对 20t 的钢包，吹氩量为 0.1~0.3m³/min；宝钢 300t 钢包的吹氩强度曾达 1.5m³/min；德国胡金根厂 225t 钢包脱硫处理，加顶渣后吹氩强度达到 2.7m³/min。

当合成渣中 $w(FeO) \leqslant 2\%$、采用优质耐火材料时，钢包吹氩可使钢中氧含量达 0.002%~0.004%，最大夹杂物小于 20μm。由于不在炉内及出钢时加铝终脱氧，而在吹氩处理时由罩内加入，可避免出钢时吸氮，经处理钢中氮含量可降低 20%~30%。钢包吹氩时，为防止二次氧化污染钢液，以在钢液面上不形成强烈沸腾为准。同时在挡渣出钢时，钢液表面应覆盖炭化稻壳或酸化石墨保温覆盖材料。钢包吹氩温降在 20~30℃之间，因无补偿热源，炼钢炉出钢温度必须提高 30℃，增加炼钢炉热负荷。

CAB 法的最大优点是设备简单，操作方便。其主要用于普通钢生产，连铸前使钢液成分及温度均匀，消除大颗粒夹杂，但精炼钢水洁净度不高。

13.4.1.2 封闭式吹氩成分微调法

成分调整密封吹氩的 CAS（Composition Adjustment by Sealed Argon Bubbling）法，是用来在钢包内对钢液中合金元素含量进行调整的方法。如图 13-1（f）所示，首先利用钢包底吹氩排开钢包顶渣，然后将由耐火材料保护的浸渍罩插入钢包内吹氩口的上方，并挡掉炉渣，在罩内可加入各种合金元素进行微合金化。钢液受底部吹氩搅拌，成分与温度迅速均匀，在密闭条件下受氩气保护的合金收得率很高，对镇静钢而言，钛收得率接近 100%，铝收得率为 85%。

以宝钢的 300t 钢包为例，CAS 吹氩压力为 0.8MPa，吹氩强度为 0.3~0.5m³/min，浸渍深度为 100~200mm，吹氩时间为 6~8min。处理过程中钢液温降与钢种及脱氧方式有关，全脱氧钢一般约为 15℃，半脱氧钢为 0~5℃，低碳铝镇静钢为 17~20℃。CAS 法微调成分准确，碳、硅、锰、铝和钛的合金收得率为 80%~100%，明显优于钢包吹氩。CAS

处理钢成分命中率不小于98%。

在CAS处理法的基础上，新日铁公司开发了CAS-OB（Composition Adjustment by Sealed Argon Bubbing-Oxygen Blowing）法，即在CAS装置的浸渍罩内部加一支顶吹氧枪，在处理过程中加铝调温。操作时，当需要对钢液升温时，首先将铝从浸渍罩内加入钢液中，然后利用氧枪顶吹氧，利用化学热对钢液加热，同时底部吹氩搅拌。吹氧升温后，再吹氩精炼，钢液中绝大部分 Al_2O_3 夹杂上浮得到纯净钢水。

以日本住友公司180t钢包为例，升温30℃时，吨钢耗铝1.05kg，吨钢耗氧0.78m³；平均升温速度为7℃/min，最快速度达13℃/min，升温命中率达98%以上。

13.4.2 钢包喷射冶金

钢包喷射冶金，就是用惰性气体（主要为氩气、氮气）作载体，向钢水喷吹合金粉末或精炼粉剂，以达到调整钢的成分、脱硫、去除夹杂和改变夹杂物形态等目的。它是一种快速精炼手段，目前在生产中应用的方法主要是CAB/TN（Thyssen-Niederrhein）法和SL（Scandinavian Lancers）法。

CAB/TN法是德国Thyssen-Niederrhein公司于1974年开发出的方法。美国卢肯斯钢铁公司和美国钢铁公司引进这一方法，用以配合大型超高功率电弧炉，喷吹Ca-Si或Mg粉，先对钢水进行充分脱氧，然后脱硫。根据美国钢铁公司的经验，每吨钢液喷吹0.272kg的Mg或2.27kg的Ca-Si，$w[S]$ 从0.02%降至0.006%，有些炉次降到0.002%。脱硫剂可用金属Ca、金属Mg、Ca-Si、电石等，其中以金属Ca效果最好。经钙处理后，钢中夹杂物数量明显减少，某些夹杂物类型得到改变，钢的组织获得改善，性能大幅度提高。

SL法是由斯堪的纳维亚喷枪公司（Scandinavian Lancers AB）研制成功的，1976年投产后得到了迅速的发展和应用，我国也引进了多套SL喷粉装置。SL法除具有CAB/TN法拥有的优越性外，还可以喷吹合金粉末，使合金元素的收得率接近100%。

SL法与CAB/TN法比较，设备更为简单，操作更为可靠。SL法钢包内衬用烧结耐火砖，而CAB/TN法必须用白云石包衬，不仅耐火材料成本增加，而且维修较困难，必须热喷补。

喷射冶金的基本特征是利用氩气（或氮气）作载体，将粉料喷射到钢液深部，气动连续输送，显著改善了钢液内冶金反应的热力学条件和动力学条件，其工艺原理如图13-3（b）、（e）所示。

喷射冶金的冶金特点如下：

（1）扩大反应表面积。将块料加工成1mm以下的粉剂，反应表面积增大几百倍。喷入粉料与钢液间的热交换和传质过程，可以在粉料或反应产物上浮至熔池界面以前充分进行，甚至在熔池深部完成。这就大大增加了喷吹粉剂与熔池组元反应速度，并改善了反应条件。

（2）连续供料与控制供料。连续供料可以均衡冶金反应，提高精炼效果。利用Ca-Si处理A52号钢，加3kg/t物料，一次加入和分四批加入相比，脱硫效果相差一倍以上。若采用连续喷入，效果差别更大。按程序调节供料、供气参数，采用专用装置实现按数量、品种、喷入次序等控制粉料的喷吹，以实现对钢液内反应进行合理控制，这对钢中夹杂物的数量、尺寸、形态有决定性的影响。

（3）解决了活性元素加入问题。对于密度明显大于或小于钢液密度的合金材料、在炼钢温度下蒸气压很高的元素以及放散有害蒸气的元素，用常规加料方法有困难。如钙（沸点为1489℃，1600℃下蒸气压为0.020MPa）、镁（沸点为1105℃，1600℃下蒸气压为2.533MPa）等蒸气压很高的元素，可依靠喷射冶金方法加入。

（4）反应在熔池被强烈搅动下进行。精炼过程钢液被强烈搅拌，粉剂迅速与钢液混合均匀，有良好的动力学条件。

从20世纪70年代末开始，喷射冶金的发展令人瞩目，但其技术的开发及理论研究仍处于不断发展、成熟的阶段。喷射冶金技术分别用于铁水炉外处理，电炉、转炉内脱磷和增碳，炉内还原期脱氧、脱硫，炉外钢包中深度脱硫，对非金属夹杂物进行变性处理，对钢液进行微合金化等。

喷射冶金不具备真空去气、脱碳功能，也无法形成还原气氛，这是喷射冶金的局限性。目前一些钢厂已将喷射冶金方法与LF、VOD、RH等精炼工艺进行有机结合，形成精炼双联法、组合精炼法或多功能精炼法等。

13.4.3　喂线技术

合金芯线处理技术简称喂丝或喂线，是将Ca-Si、稀土合金、铝、硼铁和钛铁等多种合金或添加剂制成包芯线，通过机械的方法加入钢液深处（如图13-3所示），对钢液脱氧、脱硫，进行非金属夹杂物变性处理和合金化等精炼处理，以改善冶金过程、提高钢的洁净度、优化产品的使用性能、降低处理成本等。

含钙包芯线是常用的一种包芯线。金属钙是一种强脱氧剂和脱硫剂，加钙处理可改善钢的质量。然而，由于钙是非常活泼的金属，易氧化，因此直接加钙会引起沸腾喷溅，烧损大，在钢中分布也难均匀。20世纪80年代开发的喂线技术（Wire Feeding，简称WF），为向钢液中加钙提供了有效手段，它可代替喷枪喷吹技术。用80~300m/min的速度喂入钙线，可把钙线送到使钢液静压力超过钙蒸气压的深度。在1600℃时，超过金属钙蒸气压要求的深度约为1.5m。在通常的炼钢温度下，钢液中金属钙线在1~3s内即熔化，如以180m/min的速度喂入钙线，至少能插入熔池3m深。在熔化过程中，球状钙的液滴缓慢浮升，并与周围钢液反应，因它不存在气相载体，向上移动时间较长，有足够的时间与钢液发生反应。

喂含钙合金线的收得率，对于向钢锭模中加钙线，最高达20%~30%；向钢包中喷钙，收得率仅为10%~20%。这是由于喷吹法Ca-Si+Ar气流造成钢液强烈搅动，妨碍[O]与[S]反应，致使Ca与炉渣、包衬反应而使Ca-Si损失。而向钢液中喂线，其合金收得率很高。

在含钙合金芯线中广泛应用Ca-Si、Ca-Si-Ba、Ca-Al等。此外，易氧化元素（B、Ti、Zr）和控制硫化物形态的元素（Se、Te等）均可采用喂线法加入。目前工业上应用的包芯线的种类和规格很多，我国生产的包芯线有硅钙、稀土合金、铝、镁、碳、钛铁、硼铁等。

综合对比各种炉外精炼技术，喂线技术存在以下优越性：

（1）合金收得率高。喂入钢液的合金芯线能稳定而垂直地穿透渣层，避免合金元素烧损，合金收得率高且稳定。

（2）合金微调接近目标值。用喂线法进行合金成分微调时，可保证成品各元素波动范围小，接近目标值。

（3）铝的收得率提高。喂线法加铝时，可使铝收得率提高 2.5 ~ 4 倍，收得率可达 94.5% ~ 98.6%，钢中酸溶铝的含量 $w[Al]_s$ 的标准差从 0.01% 降至 0.008%。它特别适用于深冲铝镇静钢的生产，可精确控制钢中 $w[Al]_s$ 值。

13.4.4 真空钢包处理

真空钢包处理或精炼方法很多，见图 13-2。早年德国波鸿厂采用一种静态脱气装置，将钢包置于真空室内进行脱气，效果不明显。美国芬克尔父子公司（A. Finkl & Sons）将简单的钢包吹氩与真空脱气相结合，形成一种钢包真空处理方法，定名为芬克尔法，也常称 VD（Vacuum Degassing）法，在真空度为 13.33 ~ 266.64Pa 下精炼，有很好的去气和脱氧效果，见图13-2中6。法国在精炼钢包上加一密封盖，并与真空系统连接，在减压下吹氩精炼，称为 Gazid 法，见图 13-2 中 7。这种方法广泛应用，不仅可除气，而且可以进行合金化，生产高合金钢。美国共和钢铁公司在静态真空脱气基础上加电磁搅拌，成为有效的真空精炼装置，与电弧炉配合，可以进行脱氧、去气、去除非金属夹杂及成分微调。

13.4.5 电弧加热的真空精炼炉

瑞典滚珠轴承公司（SKF 公司）与通用电气公司（ASEA）合作开发了 ASEA-SKF 精炼炉。1965 年，在哈尔弗斯（Hallefors）厂建成一座 30t ASEA-SKF 精炼炉，它具有在钢包内对钢液真空脱气、电弧加热、电磁搅拌的功能。其生产过程为：在初炼炉熔化加热钢料、脱磷、脱碳，必要时调整镍、钼等成分含量，在温度合适时出钢；钢包车上设有低频电磁搅拌线圈，可以随时对钢水进行电磁搅拌，同时钢包底部装有吹氩用多孔透气塞，也可以用氩气搅拌钢水；在真空炉盖上还有吹氧管，根据不同的精炼要求，可以在减压下吹氧脱碳；根据精炼钢水的温度变化，钢包可移至电弧加热炉盖下进行常压电弧加热和补加合金。ASEA-SKF 法具有很全面的精炼手段，它可以实现去气、脱氧、脱硫、去夹杂、脱碳、调整成分等多功能，其示意图见图 13-2 中 11。此法突出的优点是提高钢质量，增加产量，扩大品种。

可见，ASEA-SKF 精炼炉具有电弧加热与低频电磁搅拌的功能，是一般真空脱气设备所不具备的。它的主要优点有：

（1）钢液温度能很快均匀，有利于钢洁净度的提高与铸坯（或铸锭）表面质量的改善，并减少耐火材料的损耗；

（2）使加入的合金熔化快，成分均匀、稳定；

（3）电弧加热提高熔渣的流动性，加快钢-渣反应速度，有利于脱氧和去除夹杂；

（4）电磁搅拌可提高真空脱气的效率。

13.4.6 真空电弧脱气精炼炉

美国芬克尔父子公司在吹氩钢包真空脱气法（VD 法）的基础上，于 1967 年与摩尔公司共同开发了在低压下进行电弧加热的精炼炉（Vacuum Arc Degassing，简称 VAD），其示意图见图 13-2 中 10、图 13-16。VAD 法的主要设备有真空罐、真空管道及其真空系统、电极水冷密封装置等，使其能在真空状态下加热与脱气。精炼钢包内砌高铝砖、镁炭砖，包底有供吹 Ar 的透气砖。

VAD 炉具有电弧加热、吹氩搅拌、真空脱气、包内造渣、合金化等多种精炼手段。实践证明，VAD 精炼炉具有以下功能：

（1）有效地防止炉渣回磷；

（2）炉渣具有高碱度、强还原性，脱硫率高达 80%，钢中 $w[S]$ 在 0.009% ~ 0.0015% 范围内；

（3）脱氧彻底，$w[TO]$ 达 0.0013%；

（4）脱氢良好，$w[H] \leqslant 0.0003\%$；

（5）去氮率为 50% ~ 60%；

（6）初炼钢水夹杂物含量为 0.0117%，经 VAD 处理降至 0.0057%。

日本用 VAD 法炼超低碳钢达到以下水平：$w[C] \leqslant 0.002\%$，$w[N] \leqslant 0.0042\%$，$w[TO] \approx 0.005\%$，$w[P] \approx 0.005\%$，$w[S] \approx 0.002\%$。

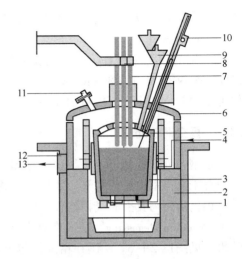

图 13-16　VAD 法设备示意图

1—滑动水口；2—真空室；3—钢包；4—惰性气体；5—防溅包盖；6—真空室盖；7—电极；8—电极夹头；9—合金料斗；10—测温取样装置；11—窥视孔；12—抽气管道；13—抽气系统

13.4.7　不锈钢炉外精炼

近 20 年来，世界不锈钢产量增长了四倍以上，2004 年世界不锈钢产量达到 2458 万吨，占钢总产量的 2.45%。这是由于近年不锈钢在化工及动力设备方面的传统市场有所发展，在汽车工业及建筑业方面的应用正在扩大，不锈钢的应用深入家庭灶具、厨具及餐具。近十年，世界不锈钢生产设备开工率一直保持在 90% 左右，在世界总钢产量十几年徘徊不前的今天，其产量仍以每年 6% ~ 7% 的速率增长。这无疑促进了不锈钢炉外精炼及薄板坯连铸连轧的发展。

当前不锈钢生产技术的发展方向是：

（1）发展不锈钢冶炼工艺。完善现有炉外精炼方法生产不锈钢的技术（VOD、VODC、RH-OB、CLU 法），开发新技术（VCR、K-OBM-S、K-BOP 等），见图 13-17。

（2）采用廉价原料降低生产成本。如采用高碳铬铁代替微碳铬铁、用白冰镍 NiO 代替金属镍 Ni。应用不锈钢返回料冶炼，回收有价值金属，并采取相应技术降低废料中杂质（如磷）。

（3）开发新产品。如高纯铁素体不锈钢 Cr18Mo2、Cr26Mo1（要求钢中 $w[C] + w[N] \leqslant 0.015\%$）等马氏体不锈钢。

（4）完善配套技术。完善综合配套技术，特别是不锈钢连铸技术，如不锈钢带钢连铸。

13.4.7.1　VOD 法

VOD（Vacuum Oxygen Decarburization）法称为真空吹氧脱碳法，它是 1965 年由德国维腾公司（Witten）开发出的技术，其工艺示意图见图 13-17（c），设备示意图见图 13-

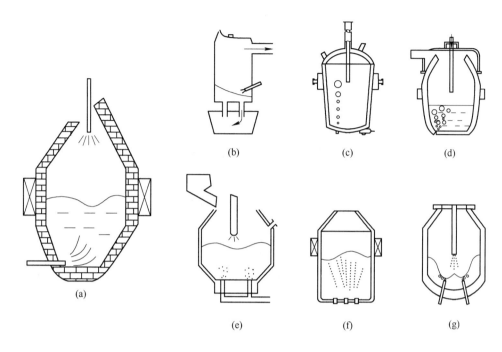

图 13-17　不锈钢炉外精炼方法示意图

(a) AOD; (b) RH-OB/KTB; (c) VOD; (d) VODC/AOD-VCR; (e) K-BOP; (f) CLU; (g) LD/MRP

18。VOD 的设备与 VD 的设备构成基本相同，主要的区别在于 VOD 法增加了氧枪及其升降系统、供氧系统。VOD 法是在真空室内由炉顶向钢液吹氧，同时由钢包底部吹氩搅拌钢水，当精炼达到脱碳要求时停止吹氧，然后提高真空度进行脱氧，最后加 Fe-Si 脱氧。它可以在真空下加合金、取样和测温。因为发生强烈的碳氧反应，要求钢包上部的自由空间的高度为 1.0~1.2m。

　　VOD 法具有脱碳、脱氧、脱气、脱硫及合金化等功能，主要用于生产不锈钢或超低碳合金钢。图 13-19 给出了 VOD 法处理工艺流程图。

　　VOD 法可以与电弧炉双联生产不锈钢，由电弧炉冶炼初炼钢液，使钢液内的碳含量脱至 0.4%~0.5%。电弧炉配料应保证达

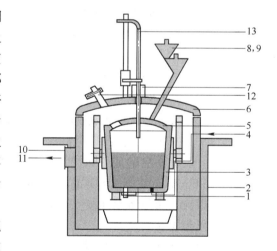

图 13-18　VOD 设备示意图

1—滑动水口；2—真空室；3—钢包；4—惰性气体；
5—防溅包盖；6—真空室盖；7—窥视孔；
8，9—合金料斗；10—抽气管道；
11—抽气系统；12—真空密封套；
13—氧枪装置

到规定要求，初炼钢液中含碳偏高时，对铬的回收有利。VOD 炉中脱硫困难，电炉要进行脱硫处理。VOD 炉中脱碳量为 0.3%~0.5%。采用消耗式喷枪或水冷喷枪吹氧，可根据氧利用率控制终点碳。用 VOD 炉冶炼超低碳、超低氮不锈钢，十分有利。

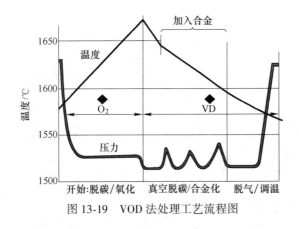

图 13-19　VOD 法处理工艺流程图

13.4.7.2　SS-VOD 法

1977 年，日本川崎钢铁公司在 VOD 法的基础上采取了增强真空下吹氩搅拌，即 SS-VOD（Strong Stirring Vacuum Oxygen Decarburization）法，也称为强搅拌真空吹氧脱碳法。此法适于生产超低碳、超低氮铁素体不锈钢，可生产出 $w[C] \leqslant 0.001\%$、$w[N] \leqslant 0.0025\%$ 的 00Cr26Mo1 钢，适用于制造抗应力腐蚀的不锈钢器件。

13.4.7.3　K-VOD/VAD 法

K-VOD/VAD 法是美国芬克尔-莫哈（Finkl-Moh）公司在 VAD 基础上发展起来的。它兼具 VOD 和 AOD 的优点。与 AOD 法相比，由于降低了氩气消耗及耐火材料消耗，生产成本降低 130 元/t，而且在浇注前不用再倒换钢包，减少了二次氧化。与 VOD 相比，由于此法脱碳速度大，初炼钢液可以有较高碳含量；具有良好脱硫能力，钢中硫含量可降至 0.005% 以下水平。K-VOD/VAD 法适合建在小型电炉炼钢车间内，因为它占的空间很小，相应容量的电炉厂房不需要改造便可以安装这种设备。

13.4.7.4　VODC 法

VODC 的全名是"真空吹氧脱碳转炉（Vacuum Oxygen Decarburization Converter）"，见图 13-21（d）。1976 年，德国蒂森特钢公司所属维腾厂将原来一座 25t LD 转炉进行改造，重新砌炉衬，装上真空罩，并与原来 55tVOD 炉的真空系统相连，构成 VODC 炉，该炉的有效容积为 28m³，可熔炼 55t 钢液。VODC 炉中熔池表面上负压空间比 VOD 钢包上部空间大得多，熔池直径与熔池深度比例合理，吹惰性气体能强烈搅拌熔池，加强渣还原作用，提高脱氧与脱硫效果。

维腾厂 55t VODC 炉生产不锈钢的工艺如下：

（1）大气压下顶吹。用 50t 电弧炉（30/36MV·A）将炉料熔化，初炼钢液 $w[C] = 1.47\%$，$w[Si] = 0.2\%$，$w[Cr] = 17.97\%$，温度为 1438℃。钢液兑入转炉，在大气下以 80m³/min 的流量向熔池吹氧，17min 后钢水温度上升到 1776℃，$w[C]$ 降至 0.24%，$w[Cr]$ 为 16.3%，顶吹精炼过程底吹氩流量为 0.5m³/min。

（2）真空精炼。当敞口转炉顶吹炼到 $w[C] = 0.24\%$ 时，添加 12kg/t 的铁矿石作氧化剂，将转炉盖上真空罩进行负压处理。在熔池不吹氧条件下，铁矿石及钢中溶解的氧自动脱碳，炉底继续以 0.5m³/min 的流量吹氩，促使熔池循环，最终炉内压力降至 266.64Pa，终点碳含量控制在 0.017%。

（3）炉渣还原。炉渣还原过程也在真空下完成，还原前向熔池加入 52kg/t 的石灰和 4kg/t 的萤石以及 9.5kg/t 的 Fe-Si，铬收得率达 98.5%，$w[S]<0.006\%$。

13.4.7.5　AOD 炉

AOD 炉即氩氧脱碳（Argon Oxygen Decarburization）法，见图 13-17（a）。它是美国联合碳化物公司（UCC）的克里夫斯基（W. Krivsky）的一项专利。1968 年，乔斯琳（Joslyn）钢公司在世界上建成第一台 AOD 炉（15t）。至今，UCC 公司仍对世界各国 AOD 炉收专利费。

目前，全世界不锈钢总产量的 75% 是由 AOD 法生产的；其次是 VOD 法，占总产量 15%；其余 10% 为 CLU 法、ASEA-SKF 法、RH-OB 法、LFV 法等生产的。

AOD 的原理是以吹入熔池的惰性气体（Ar、N_2）作稀释气体，降低碳氧反应产物 CO 的分压，使冶炼平衡从 Cr 氧化移到 C 氧化精炼法，从而达到降碳保铬的目的。AOD 炉处理工艺过程见图 13-20。

目前，不锈钢二次精炼工艺设备主要以 AOD 法和 VOD 法为主，而 AOD 法比 VOD 法的发展速度快，其主要原因是：

（1）采用电炉-AOD 炉双联炼钢工艺法。由于 AOD 炉可吹入大量气体，炉料的选择灵活性大，脱碳速度快，可使用 100% 废不锈钢或廉价的高碳铬铁及废普通碳钢来配料，对 Si、S 等含量限制范围较宽，故生产效率高、成本低；而 VOD 炉脱碳量只有 0.5% 左右，必须在电炉或顶底吹转炉中进行脱碳粗炼。

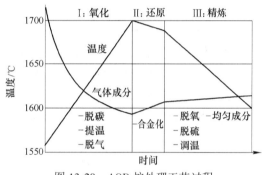

图 13-20　AOD 炉处理工艺过程

（2）AOD 炉热效率好，脱 C 时可添加大量的冷却材料（废钢或其他冷料），添加总量可占出钢量的 0~15%，甚至可增加到 25%，而 VOD 炉废钢或其他冷料的加入总量仅为出钢量的百分之几（使用特殊设备可以增加到 6%）。因此，AOD 炉除二次精炼外，还可承担部分冶炼任务。

（3）采用电炉-AOD 炉双联。电炉只进行熔化升温，熔化完毕后钢中碳含量在 1.5%~2.0% 范围内即可精炼，因而生产率高。

（4）AOD 炉可以随时扒渣和进行二次造渣，故容易生产含硫极低的钢。

（5）AOD 法与 VOD 法精炼设备相比，设备简单，投资省，据报道，AOD 的投资额是 VOD 的 1/3~1/2；维修简便，不易发生差错或事故，若生产中有些耽搁或其他问题，用 AOD 法钢水可以较长时间地停在炉内，通过后吹提温不会影响成分或产品质量。

（6）AOD 法比 VOD 法更容易控制精炼过程，易于实现自动化。

但 VOD 法也有它的独到之处，如：

（1）通过对真空度的控制，可完全控制 [C] 氧化进行脱碳，脱碳后，还原渣中的 Cr_2O_3 只需添加少量的还原剂即可。

（2）在钢包内精炼，精炼后不吸收 [N]、[C]，一般 $w[C]+w[N]$ 低于 0.02%，而 AOD 炉则在 0.03% 以上，所以 VOD 更易于冶炼超低碳、氮及氧不锈钢。

（3） VOD 法的氩气消耗量少，小于 $1m^3/t$（标态），而 AOD 精炼不锈钢消耗氩气 11~12m^3/t，消耗氩气费用占成本的 40%。目前国内虽然有较大的制氧能力，但早期建的制氧机附带制氩装置的极少。

表 13-10 所示为 VOD 法和 AOD 法的精炼水平的比较。

表 13-10　VOD 法和 AOD 法的精炼水平的比较

元　素	VOD		AOD	
	达到水平	精炼条件	达到水平	精炼条件
C	$<10\times10^{-6}$	铁素体不锈钢精炼时间为 160min	$<100\times10^{-6}$	通过氩气强搅拌
N	$<30\times10^{-6}$	确保脱碳量 $w[C]>1\%$	$<100\times10^{-6}$	确保脱碳量 $w[C]>1\%$
O	$<30\times10^{-6}$	Al 脱氧	$<10\times10^{-6}$	Al 脱氧
S	$<10\times10^{-6}$	使用特殊氧枪，依靠 Al 进行温度补偿	$<30\times10^{-6}$	依靠 Al 还原进行的单渣法
P	$<100\times10^{-6}$	通过 CaF_2 脱磷	$<100\times10^{-6}$	通过 Li_2CO_3 脱磷

通过比较可知，AOD 炉设备简单，基建投资少，操作及维修便利，重复性高；对原料要求不严格，可以全部使用返回钢及高碳铬铁等廉价材料；生产率高，经济性好，不仅能生产不锈钢、耐热钢、耐蚀钢、高温合金、硅钢及纯铁，还可冶炼结构钢、工具钢。而VOD 法则特别适合于生产 C、N、O 含量极低的特殊钢。

13.4.7.6　CLU 法

CLU 法基本上与 AOD 法类似，为了减少一氧化碳分压，不采用昂贵的氩气而代之以廉价的水蒸气，于 1972 年由法国克鲁斯奥特-罗伊勒（Creusot-Lone）公司与瑞典乌迪赫尔姆（Uddeholm）公司合作开发，见图 13-17（f）。该法于 1973 年在乌迪赫尔姆的德格福斯（Degerfors）厂 70t 炉上试验成功。水蒸气接触钢水后分解成氢和氧，起降低一氧化碳分压的作用，促进钢中碳氧反应；而且因水蒸气分解时吸收大量的热，在吹炼时无需再采取其他制冷措施，就可以使钢水温度保持在 1700℃ 以下，这对提高炉衬寿命十分有利。精炼终期吹氩去氢，氩消耗量仅为 AOD 法的 1/10。

AOD 法与 CLU 法的共同优点是，可以用廉价的高碳铬铁冶炼超低碳不锈钢。CLU 法还有节约氩气、提高炉龄的优点。CLU 的不足是由于在较低温度下吹炼，铬的氧化比AOD 法高，为了还原渣中的 Cr_2O_3，硅铁消耗比 AOD 法高。

13.4.7.7　AOD-VCR 法

AOD 法精炼不锈钢存在以下缺点：

（1） 随钢中碳含量降低，铬的氧化性明显增加；

（2） 在 $w[C]$ 很低的精炼阶段，继续吹氩降低一氧化碳分压以实现脱碳的目的受到限制。因此，日本大同特殊钢公司对 AOD 法进行改造，充分利用 AOD 强力搅拌作用，同时附加真空功能，这种不锈钢精炼技术称为 VCR（Vacuum Converter Refiner），见图 13-17（d）。大同特殊钢公司将涩川厂 20t VOD 改造成 VCR 炉，于 1989 年 1 月投产。在取得经验的基础上，该公司又在知多厂新建一台 70t VCR 装置，并于 1992 年 1 月投产。

VCR 配有高排气能力的真空设备，由一台蒸汽喷射泵和四台水环泵组成，顶部设有可移式真空盖，可实现 AOD-VCR 精炼工艺。精炼不锈钢工艺分为两个阶段：第一阶段为 AOD 精炼阶段，在大气压下通过底部风嘴向熔池吹 O_2+Ar（或 N_2）混合气体，Ar 流量为 $48\sim52m^3/min$（70t AOD），直至钢水碳含量达到 0.1%；第二阶段为 VCR 阶段，当 $w[C]$ ≤0.1%时，停止吹氧，盖上真空罩，在 $20.00\sim26.66kPa$ 的真空下通过底部风嘴往熔池中吹惰性气体 Ar（或 N_2），流量为 $20\sim30m^3/min$（70t VCR），在真空作用下依靠溶解氧和渣中化合氧进一步脱碳，熔池温度下降 $50\sim70℃$。

表 13-11 所示为涩川厂 20t AOD 炉用 AOD 法及 AOD-VCR 法精炼 SUS304 和 SUS316L 不锈钢时的氩消耗及硅消耗。由表 13-11 可见，采用 AOD-VCR 代替 AOD 精炼不锈钢，氩气的消耗减少 81.5%~83%，硅的消耗下降 12.8%~36.4%。

表 13-11 涩川厂 20t AOD 炉用 AOD 法及 AOD-VCR 法的氩、硅消耗

钢 种	精炼方法	氩消耗（标态）/$m^3 \cdot t^{-1}$	下降率/%	硅消耗（标态）/$kg \cdot t^{-1}$	下降率/%
SUS304	AOD	4.8	83	7.8	12.8
	AOD/VCR	0.8		6.8	
SUS316L	AOD	17.3	81.5	11.8	36.4
	AOD-VCR	3.2		7.5	

以知多厂 70t 精炼炉为例，在低碳区（$w[C]<0.1\%$），VCR 法脱碳速率常数 K_V 是 AOD 法脱碳速率常数 K_A 的 2 倍。VCR 精炼 Cr13、Cr20 及 Cr18Ni8 型不锈钢时，从 $w[C]<0.1\%$ 时开始，真空精炼 $10\sim20min$，$w[C]$ 即可降到 0.002%。

VCR 真空精炼过程中氮气分压为 50.66Pa，Cr13 钢中 $w[N]$ 为 0.002%~0.004%时达到极限值。表 13-12 所示为 VCR 法所能达到的氮、碳浓度。

表 13-12 VCR 法所能达到的氮、碳浓度 (%)

元素＼钢种	Cr13	Cr20	Cr18Ni9	元素＼钢种	Cr13	Cr20	Cr18Ni9
[C]	0.002	0.002	0.002	[C]+[N]	0.004~0.006	0.009~0.010	0.008~0.011
[N]	0.002~0.004	0.007~0.009	0.006~0.008				

13.5 典型钢水炉外精炼技术

上节已对常用的钢水二次精炼方法做了概述，本节将对 LF 精炼和 RH 精炼这两种最常见、应用最广泛的典型炉外精炼工艺进行详细阐述。

13.5.1 LF 炉精炼技术

1971 年，日本特殊钢公司开发了采用碱性合成渣，埋弧加热，吹氩搅拌，在还原气氛下精炼的钢包炉（Ladle Furnace，简称 LF），其工艺示意图见图 13-4（a）。LF 钢包精炼炉精炼是在大气压力下用电极对钢渣进行电弧加热，由于电极采用碳质材料，在高温下与钢液中的氧反应生成 CO，可营造一种还原性气氛，从而有良好的脱硫、脱氧效果。钢包底部安置了透气砖，可对钢液进行吹氩搅拌，以使钢液的成分和温度更加均匀，同时促进钢液中非金属夹杂物的上浮。因 LF 钢包炉设备简单，投资费用低，操作灵活和精炼效果好而受到普遍重视，并得到了广泛的应用。除超低碳、氮等超纯净钢外，几乎所有的钢种都可以采用 LF 炉精炼，特别适合轴承钢、合金结构钢、工具钢及弹簧钢等的精炼。精炼后轴承钢全氧含量降至 0.001%，[H] 降至 0.0003%~0.0005%，[N] 降至 0.0015%~0.002%，非金属夹杂物总量在 0.004%~0.005% 范围内。

13.5.1.1　LF 炉设备

现在应用比较广的 LF 炉是以三相电极加热为主要特征，包括电源变压器系统、短网、电极加热系统、水冷炉盖系统、合金渣料加入系统、喂线系统、除尘系统、测温取样系统、底透气砖吹氩搅拌系统、包底吹氩透气砖及滑动水口、钢包及钢包车控制系统等。LF 炉设备如图 13-21 所示。

13.5.1.2　LF 精炼工艺流程

LF 炉通常是与电弧炉，特别是超高功率电弧炉相配合，以发挥 LF 炉的多功能、适应不同钢种精炼的作用。但是，随着特殊钢品种的多样化和对普通钢种性能的要求日益增高，普通钢与特殊钢之间的界限正在打破，所以 LF 炉也开始与氧气转炉相配合，被应用于转炉钢厂。

LF 精炼操作工艺主要分为 LF 接钢准备、钢包吹氩、LF 温度控制、LF 脱氧、LF 造渣、LF 脱硫、LF 成分控制等操作。下面介绍 LF 炉的实际操作流程：

（1）转炉出钢的过程中，向钢包里加入合金及造渣剂，同时对钢包进行吹氩，吹氩过程一直持续到钢包调到 LF 精炼位（电炉则无此操作）；

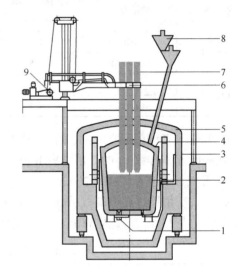

图 13-21　LF 炉设备组成示意图

1—滑动水口；2—钢包；3—惰性气体；4—防溅包盖；
5—真空室盖；6—电极夹头；7—电极；
8—合金料斗；9—电极升降

（2）出钢完毕后，钢包车将钢包运到 LF 精炼工作台，进行连接吹氩、测定渣厚、吹氩、炉盖下降等操作；

（3）造渣：增大吹氩量，将造渣料加到裸露的钢液面上；

（4）进行测温取样，然后根据钢液成分温度确定供热、造渣及合金的加入情况；

（5）重复步骤（3），直到钢液成分温度达到产品要求；

（6）对钢液进行喂钙等操作对夹杂物变性处理；

（7）测温取样，达到要求后提升炉盖，卸吹氩管，台车开出，吊包至浇注平台。

LF 工艺流程如图 13-22 所示。

13.5.1.3　LF 炉的冶金功能及特点

作为炉外精炼的主要设备，LF 炉有很多重要作用，概括来说主要有以下功能：

（1）炉内还原气氛。LF 炉本身不具备真空系统。在精炼时，即在不抽真空的大气压

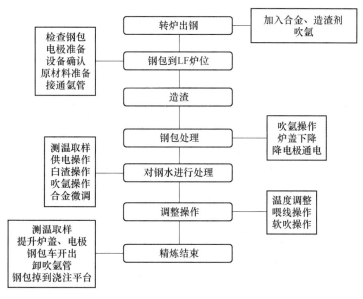

图 13-22　LF 工艺流程简图

下进行精炼时，钢包上的水冷法兰盘、水冷炉盖及密封橡皮圈可以起到隔离空气的密封作用。再加上还原性渣以及加热时石墨电极与渣中的 FeO、MnO、Cr$_2$O$_3$ 等氧化物作用生成 CO 气体，增加了炉气的还原性。除此之外，石墨电极还与钢包中的氧气反应生成碳氧化物，从而可使 LF 炉内气氛中的氧含量降至 0.5%。如此阻止了炉气中的氧向金属传递，保证了精炼时炉内的还原气氛。钢液在还原条件下精炼可以进一步脱氧、脱硫以及除去非金属夹杂物，有利于钢液质量的提高。

（2）搅拌功能。搅拌是炉外精炼常用的方法之一，如一些大吨位的电炉采用电磁搅拌以促进诸如脱硫、脱气等精炼反应的进行，同时保证熔池内温度及成分的均匀。LF 炉在钢包底部布置有透气砖，通过底吹氩的形式来搅拌钢液。氩气搅拌有利于钢-渣之间的化学反应，它可以加速钢-渣之间的物质传递，有利于钢液的脱氧、脱硫反应的进行。吹氩搅拌还可以去除非金属夹杂物，特别是对 Al$_2$O$_3$ 类型的夹杂物上浮更为有利，吹氩可加速其上浮速度。

吹氩的另一作用是可以加速钢液中的温度和成分均匀；能准确地调整复杂的化学组成，而这对于优质钢又是必不可少的要求。此外，吹氩搅拌还可以加速渣中氧化物的还原，对回收铬、铝、钨等有价值的合金元素有利。

为了使吹入的氩气能获得最充分的搅拌效果，冶金学术界及工程领域的工作者在透气砖布置方式、吹气量的大小等方面做了大量的研究工作，其中透气砖的布置方式一般有四种，即布置在中心 $r/R = 0$、$r/R = 1/3$、$r/R = 1/2$、$r/R = 2/3$ 四个位置，如图 13-23 所示。透气砖的类型一般有两种，即弥散多孔型和狭缝型，这两种类型的透气砖各有其优缺点。前者紊动搅拌能小，速度场分布较为合理，但寿命短；后者紊动搅拌能大，透气砖上方的气泡上升速度快，速度场分布较差，但寿命较长。目前很多钢厂趋向于采用狭缝式透

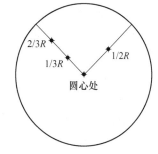

图 13-23　透气砖的布置
方式示意图

气砖。

吹氩搅拌是 LF 炉最主要的精炼手段之一,通过吹氩搅拌钢液可以达到以下目的:

1)均匀钢液的成分和温度。通过透气砖喷入的氩气可使钢液产生环流,钢液中的化学成分和温度可以迅速均匀化。搅拌的强度也可以通过喷入的氩气量的大小来调节,因此对钢液的搅拌不仅非常充分而且也可以很方便地控制。

2)脱气和去除夹杂物。吹入的氩气为不参加反应的惰性气体,氩气泡相当于一个个小的"真空室",其中 H_2、N_2、CO 等气体的分压接近于零,因此可以去除钢液中的气体,具有"气洗"的作用;同时吹入的氩气泡可以黏附钢中夹杂物颗粒,从而带动夹杂物的上浮,同时上浮气泡所引起的钢液的搅动,促进夹杂物颗粒的碰撞合并而上浮。

3)加速脱硫。吹氩可以实现钢液循环,增加了钢渣接触界面,为脱硫创造了良好的动力学条件。

(3)埋弧加热功能。LF 炉由专用的三相变压器供电,其整套供电系统、控制系统、监测和保护系统以及燃弧的方式与电炉相似。LF 精炼炉是采用三根石墨电极进行加热的。加热时电极插入渣层中采用埋弧加热法,这种方法的辐射热小,对炉衬有保护作用,与此同时加热的热效率也比较高,热利用率好。浸入渣中的石墨电极与渣中的氧化物反应:

$$C + FeO \longrightarrow CO + Fe \tag{13-14}$$

$$C + MnO \longrightarrow CO + MnO \tag{13-15}$$

$$2C + WO_2 \longrightarrow 2CO + W \tag{13-16}$$

$$5C + V_2O_5 \longrightarrow CO + 2V \tag{13-17}$$

其结果不仅使渣中不稳定的氧化物减少了,提高了炉渣的还原性,而且还可提高合金元素的回收率。石墨电极与氧化物作用的另一结果是生成 CO 气体。CO 气体的生成使 LF 炉内气氛具有还原性,钢液在还原性气氛下精炼,可进一步提高质量。

LF 炉的加热功能有以下作用:

1)为白渣精炼奠定了基础。目前钢液的深脱硫等任务一般移至 LF 炉进行,因此 LF 炉可以充分利用加热功能进行白渣精炼,为脱硫等精炼任务创造了良好的热力学条件。

2)精确控制钢液温度。LF 炉的加热功能不仅可以防止钢液冷却,还可以精确控制钢液的温度,其精度可以控制在±(3~5)℃,这样为精炼后的连铸创造了有利条件。

(4)白渣精炼功能。LF 炉是利用白渣进行精炼的,它不同于主要靠真空脱气的其他精炼方法。白渣在 LF 炉内具有很强的还原性,这是 LF 炉内良好的还原性气氛和氩气搅拌相互作用的结果。一般渣量为金属量的 2%~8%。通过白渣的精炼作用可以降低钢中氧、硫及夹杂物的含量。LF 炉冶炼时可以不用加脱氧剂,而是靠白渣对氧化物的吸附以达到脱氧的目的。

白渣精炼是 LF 炉另一项重要功能,主要有脱硫、脱氧、去除夹杂功能。随着对钢液质量要求的不断提高,目前各钢厂都采用了这项技术来强化脱硫。选择合适的精炼渣及冶炼工艺,可以大大提高脱硫效率、缩短精炼时间、降低生产成本。在 LF 炉精炼过程中,精炼渣的作用主要表现在以下几个方面:

1）脱硫。这是精炼渣在精炼过程中最主要的任务之一，由于 LF 炉工艺的特殊性，要求脱硫处理时间短，脱硫效率高。尤其超低硫钢的冶炼对精炼渣提出了更高的要求。不仅要求精炼渣具有相对高的碱度，以达到良好的脱硫效果，另外要有良好的流动性，以创造更好的脱硫动力学条件。

2）脱氧和吸收非金属夹杂物。某些特殊用途的钢种对钢中非金属夹杂物的要求非常严格。因此，精炼渣的脱氧能力及吸收夹杂物的能力就显得尤为重要。钢液脱氧不仅要考虑降低钢液中的溶解氧，还要考虑去除脱氧产物。精炼渣有脱氧作用，同时还可吸收脱氧产物，使脱氧产物容易从钢液中排除，以达到降低钢液中全氧含量的目的。

3）稳定电弧和埋弧加热，使耐材免受弧光烧蚀。

4）熔池的保温隔热，维持钢水温度。

5）隔绝空气，防止钢液吸收气体。

因此研究精炼渣对提高钢液的质量、降低 LF 炉电耗等都具有十分重要的意义。

（5）合金微调与窄成分控制。钢液成分调整包括初炼炉（电炉或转炉）出钢过程钢液的合金化及 LF 炉精炼后期（钢液升温期后、吊包前）钢液的合金成分微调。精炼炉成分的控制一般分为粗调和微调，粗调 1 次，微调 1~3 次。

粗调：钢水到站后，将炉渣熔化好，合金熔化均匀；吹氩搅拌至少在 3min 后测温，钢水温度在液相线温度以上 45℃取样；精炼炉测温取样分析以后，根据钢水中的成分，对于主要元素进行粗调，将它们的成分范围控制在成分下限的 0.05% 左右。

微调：在还原渣形成以后，合金收得率高，易于命中目标，这时候将化学成分分为 1~3 次调整好。由于这类调整成分范围较小，所以称为微调。取样的试样要求确认试样无渣、无气孔、无冒涨。

合金加入的基本原则如下：

1）合金元素加入钢包炉内，加入量要适合，保证熔化迅速，成分均匀，回收率高；

2）合金元素和氧的亲和力比氧和铁的亲和力小时，这些合金可在电炉出钢期完全加入，如 Ni、Cu、W、Mo 等；

3）某些合金元素和氧的亲和力比氧和铁的亲和力大时，这些合金可部分在电炉出钢期加入，少量在精炼期加入，如 Cr、Mn、V、Si；

4）某些合金元素和氧的亲和力比氧和铁的亲和力大得多时，这些合金元素必须在脱氧良好的情况下加入，如 Ti、B、Ca。

总的来说，LF 炉相对其他精炼方法而言 LF 炉在精炼功能方面有如下特点：

1）热效率高，升温快，温度控制精准（5K 左右）；

2）可以对钢液进行成分微调，主要的合金加入是在转炉出钢过程进行，达到成分下限之后再根据需要，在 LF 炉精炼环节进行微调；

3）可以对钢液进行脱氧、脱硫、去气以及去夹杂等优化操作。在脱硫之前，需要对钢液先进行脱氧，使氧含量达到较低水平；

4）对钢包底吹氩，使钢水成分温度均匀化；

5）对钢液中残留的夹杂物进行变性处理，使之对钢的危害降到最低；

6）可以作为转炉与连铸的中间平台的缓冲平台，保证转炉、连铸匹配生产，实现多炉平衡顺利浇注；

7) 设备简单，投资少，成本较低。

13.5.1.4　LF 炉炉前钢水的要求

A　对炉前钢水自由氧含量的要求

钢水终点自由氧含量越高，要求脱氧剂的加入量也就越多，生成的夹杂物总量也就越多。降低钢水终点碳氧积，可以达到降低钢水终点氧含量的目的，还可以减少脱氧剂的加入量。具体措施有：适当降低出钢温度以及维护好炉型，避免前后大面及耳轴过厚及"长胖"，增强复吹效果及保证一定的后搅拌时间，有利于降低钢水终点碳氧积。

B　对转炉下渣的要求

转炉渣中的 P_2O_5 使钢水回 P；转炉渣中的 FeO 侵蚀钢包、增加脱 O 合金渣料的消耗，延长精炼钢水的脱 O 时间，转炉渣中的 FeO 在 20% 左右，而在精炼过程中，要求渣中的 (FeO+MnO) 含量小于 1%。转炉渣中的 SiO_2 是非稳定性产物，渣中的 SiO_2 易使钢水增 Si。对一般钢种，要求转炉吨钢下渣量小于 5kg。

13.5.1.5　LF 炉脱硫原理简介

对于大多数钢，硫是有害元素（除易切削钢外）。硫在凝固结晶过程中随着其溶解度的降低而析出，并与铁在晶界上生成低熔点的 FeS，形成包围铁素体结晶粒的网状组织。热加工过程中，由于晶界硫化物的熔化而造成钢的"热脆"，从而使钢的加工性能和使用性能变坏。连铸坯产生的热裂纹，与钢中硫特别是硫在晶界的偏析有关。为避免连铸坯产生内部裂纹和提高表面质量，即使对普通钢硫质量分数也要求低于 0.020%；为减少结构钢各向异性，硫质量分数要求小于 0.010%；要求更高冲击韧性，更均匀力学性能的输油气管用钢、海上采油平台用钢、厚船板钢、航空用钢、要求有良好深冲性能的薄板钢以及要求有良好磁性的硅钢，硫质量分数要求低于 0.005%；高压容器等超低硫钢种，其硫质量分数要求为 0.0005%~0.0010%。因此，钢液的脱硫是生产优质钢和高级钢的主要条件之一。

脱硫过程的热力学条件是获得低硫钢液的必要措施。在 LF 炉外精炼时实现的是与电弧炉还原期一样的碱性还原渣脱硫，其主要特点是在熔渣内进行强烈的脱氧反应：

$$(FeO) + C == [Fe] + (CO) \tag{13-18}$$

同时发生脱硫反应：

$$[FeS] + (CaO) == (CaS) + (FeO) \tag{13-19}$$

该反应是吸热反应，从反应式可看出提高炉渣的碱度、降低炉渣氧化性、提高温度均有利反应正向进行。

由以上两式得：

$$[FeS] + (CaO) + C == (CaS) + [Fe] + (CO) \tag{13-20}$$

若加 Si 或 Al 脱氧，炉内反应还有：

$$2[FeS] + 2(CaO) + Si == 2(CaS) + 2[Fe] + (SiO_2) \tag{13-21}$$

$$3[FeS] + 3(CaO) + 2Al == 3(CaS) + 3[Fe] + (Al_2O_3) \tag{13-22}$$

LF 法具有加热和吹氩搅拌的功能，可提高钢-渣流动性，改善脱硫等各反应的动力学条件。因此，在 LF 内可以创造极为优越的脱硫热力学和动力学条件，适合于生产低硫、超低硫钢。提高脱 S 效率的措施主要有以下几方面：

（1）提高转炉的挡渣效果，减少到钢包的转炉终渣量，是提高脱硫率的有效方法。因为到 LF 炉的转炉终渣量少，在加入同样碱性氧化物量的情况下，使 LF 炉熔渣的碱度提高；到 LF 炉的转炉终渣量少，渣中的（FeO+MnO）含量就低，减少脱氧剂用量，能快速达到脱硫条件；

（2）尽快化渣脱 O，形成碱度高、流动性好、FeO 含量低的白渣，加快脱 S 速度；

（3）视渣的黏稠度加入部分 CaF_2 等调渣；

（4）若脱 S 没达到要求，可补加渣料；

（5）钙线的喂入也有脱 S 作用。

13.5.1.6 LF 炉温度控制技术

在 LF 钢包精炼炉的冶金工艺中，处理过程中各种各样的热损失是需要重点考虑的问题，因为目前在大多数生产厂，连铸已经成为了主要的甚至是唯一的钢水浇注手段。为了满足连铸的连续浇注要求，对钢水的温度控制精度和供钢周期提出了更高的要求。从转炉出钢到钢水到达连铸开始中间包浇注之前，期间由于各种炉后精炼处理，钢水会有许多热量的损失和热量获得，主要包括：

（1）因热传导由钢包衬带走的热量，因热辐射向周围散失的热量，因与空气对流损失的热量；

（2）由于钢包吹氩搅拌等，热量的传输速度将进一步增加；

（3）因添加物，如铁合金、合成渣或喂线所引起的钢水温度降低；

（4）通过电弧加热输入钢水的热量或通过化学加热输入钢水的热量。其中，LF 钢包精炼炉的电弧加热手段是价廉而有效的，并且在加热过程中基本不会对钢水的成分造成污染（注意，有时因电极头的熔入、加完覆盖剂后的事故升温等导致钢液增碳）。

当钢水倒入钢包时，由于热传导，热量会通过包衬壁和包底散失，从而在钢水内部形成温度梯度。温度分层的程度通常取决于钢包的热累积、钢包大小、出钢温度和渣层厚度。在钢包底部有冷钢和顶部有热钢的情况下，温度梯度为 $20 \sim 40 ℃$，并将导致对流运动。

温度控制对钢水的冶炼操作和产品质量都具有十分重要的意义。因为，过度的过热会对连铸操作和铸坯的宏观及微观组织产生比较大的影响。通过氩气搅拌可消除温度分层，但是应认真考虑适当的搅拌时间，因为长时间的搅拌可能会污染钢水。

13.5.1.7 LF 炉钢中气体控制技术

钢中的氮和氢对大多数的钢的性能有负面作用。LF 精炼操作过程钢液会吸氮，由于精炼过程钢液脱氧良好，溶解氧小于 10×10^{-6}，在精炼温度下，钢液中的氮含量远未达到平衡，只要钢液与大气接触就会吸氮，因而减少钢液的裸露非常重要。目前 LF 精炼过程的较好水平，可以保证增氮量小于 5×10^{-6}。LF 增氮的主要原因是钢液与大气的接触，特别是弧区增氮。炭粉及铁合金带入的氮也会在一定程度上使钢液中氮含量增加。

LF 过程中要注意加入合金后钢液的搅拌，以免钢液裸露增氮，同时加热采用大功率并且配有泡沫渣，使钢液迅速升温，其时间与泡沫渣持续时间相当。泡沫渣包围弧光，可以有效地提高电能利用率，减少对炉衬的辐射，同时有利于防止钢液吸氮。

铝脱氧钢比硅脱氧钢更容易吸氮。为了控制钢水吸氮量，对 LF 炉有以下要求：

（1）良好的密封效果；

（2）吹氩搅拌时尽量控制吹氩流量，避免钢液面裸露。

脱氮反应在精炼过程中基本不存在，这只有在真空处理下才能实现。从理论上讲，钢包精炼过程中的底吹氩搅拌有助于降低钢中氢含量。但是，由于还原精炼是吸气过程（O、S 表面活性元素降低，增加了钢液吸气的趋势），加上加入钢水中的合金和渣料中含的水分，在精炼终点有部分增氢。吸氢主要来源于水蒸气，其程度决定于钢水中的氧活度，如下式：

$$H_2O(g) \Longrightarrow 2[H] + [O] \tag{13-23}$$

平衡常数如下式：

$$\lg K = \lg w[H]^2 w[O]/p_{H_2O} = -(10610/T) + 11913 \tag{13-24}$$

由上式可以看出，脱氧钢更加敏感。减少钢中的 H 的方法是：适当延长软吹氩时间或经过真空处理。

13.5.1.8　LF 炉吹氩技术

钢水气体搅拌对脱氧、脱硫、去夹杂、夹杂物形状的改变、钢水成分及温度均匀等功能而言是必不可少的，并且对这些工艺的效果起着决定性的作用。钢水气体搅拌精炼的优点在于成本低而表面搅拌能量高。气体搅拌能使炉渣与金属间的质量转移速度提高，因而能更快地使钢水与炉渣接近平衡，提高精炼效率。钢水的对流混合除了控制混匀速度外，在将反应物运送到反应区（如脱氧和脱硫）以及分配电弧热能方面也发挥着重要作用。而且，搅拌与扰动将促进夹杂聚结并帮助其上浮。吹氩的作用主要是均匀钢水成分、温度、脱气，促使夹杂物的上浮。

吹氩注意事项：

（1）钢包内炉渣结块、结壳，通电化渣前，可适当增加氩气流量，冲开渣面；

（2）合金成分调整时，适当加大氩气流量；

（3）精炼白渣脱硫时，适当加大氩气流量；

（4）测温、取样时，要调小氩气流量；

（5）钢包等待时，调小氩气流量以渣面微动、钢液面不裸露为宜，并且每隔几分钟测温一次。

13.5.1.9　LF 炉喂线技术

喂线技术是 20 世纪 70 年代后期在国外兴起并在 80 年代获得发展的技术，其目的是把密度轻、沸点低、易氧化以及在钢水中的溶解度很小的钙，比其他方法更经济有效地加入到钢水中。所谓喂线技术，是包芯线制造技术和应用技术的总称，它是先将欲加入钢液或铁液中的各种添加剂（如脱氧剂、脱硫剂、变质剂、合金等）破碎成一定的粒度，然后用冷轧低碳钢带将其包裹成为一条具有任意长度的复合材料（即通常所说的包芯线），然后借助于喂线机，使规定长度的包芯线以一定的速度穿过渣层，并到达装有钢液或铁液的钢包或铁液包的底部附近，随着包芯线在该处的不断熔化，被其包裹着的添加剂将不断地熔化进入钢液或铁液中。通过添加剂与其周围钢液或铁液的相互作用，达到对被处理熔液进行脱氧、脱硫、微合金化、成分微调以及变质处理，改善被处理金属的使用性能，提高其洁净度等目的。应用喂线技术使易氧化元素的加入和微量元素的控制变得简单而可靠，使元素收得率大大提高，并能改变非金属夹杂物的形态和数量，提高产品质量。

向钢水中添加钙时，重要的是保证 CaSi 的投放深度应足以防止钙的蒸发。在钢水中的分解过程中，如果硅伴随着钙，因为很强的相互反应，有望实现低得多的平衡蒸汽压力。因此，CaSi 线的回收率要比钙铁线要高。

利用喂线技术往铁液或钢液中加入合金元素，尤其适合于加入具有下列一个或几个特性的元素：

(1) 熔点或沸点低；

(2) 密度小；

(3) 钢液或铁液中的溶解度小；

(4) 与氧亲和力强；

(5) 蒸汽压力大；

(6) 易于生成有毒蒸气或反应烟尘。

由于所加入的合金元素与被处理金属液之间的反应是在被处理熔液内部进行的，因而能够避免合金元素被空气和熔渣氧化烧损；又由于这一反应是在具有一定静压头的钢液或铁液深处进行的，因而能使添加剂或其蒸气与被处理金属之间有较大的接触面积和较长的作用时间。因此，与其他铁液或钢液的精炼处理方法相比，喂线技术具有如下一些优点：

(1) 合金收得率高；

(2) 加入合金量精确，结果重现性好；

(3) 添加剂用量少；

(4) 处理成本低；

(5) 操作安全可靠；

(6) 对环境污染轻；

(7) 容易实现处理作业的机械化或自动化等。

13.5.1.10　LF 炉夹杂物控制技术

夹杂物对钢材性能的影响主要表现在以下几个方面：抗拉强度、冲击韧性、抗层状撕裂性能、抗氢致裂纹（HIC）、抗疲劳强度、应力侵蚀、机械加工性能。在铝镇静或 Al-Si 镇静钢中，脱氧产物为高熔化点的氧化铝簇，且氧化铝颗粒形状不规则。这些因素使它们不容易凝聚成块，从而沉积在中间包水口的内表面并最终导致堵塞。这些固体颗粒在热变形加工后会在钢材内部形成串状或簇状物，在热加工、焊接或热处理后会形成裂纹。有两种方法可以消除这些缺陷：Ca 处理、软吹。

如果仅仅采用第二种方法，是不能完全去除夹杂物的。在向钢水中添加钙时，初期钙与氧化铝积极反应并形成 CaO 含量高（40%～60%）、密度低、熔点低、呈圆形、大的铝酸盐颗粒。这些夹杂物为 CA、C_3A 和 $C_{12}A_7$，其熔点低于 1600℃。因为表面张力大，这些杂质易于聚结，从而尺寸变大，上浮加快。特别是如果再加上适度的吹氩搅拌，那么杂质的撞击会更加剧。因此，氧化铝含量和总氧会降低。残余的氧化物夹杂物为球形，体积很小，而且在炼钢温度时呈液态。当夹杂物 Al_2O_3、CaO 和 $C+C_6A$ 去除后，钢水的流动性迅速提高。这样，在浇注过程中就不会发生夹杂物的沉积和水口堵塞现象。

铝镇静钢中的 Al_2O_3 夹杂主要为细小的颗粒状、链条状夹杂物，很难去除，必须进行变性处理。铝镇静钢中的 [Al] 很高，达到 0.02%～0.05%，相应钢中的 Al_2O_3 夹杂物也很多，必需喂入 Ca 线，进行 Ca 处理，使夹杂物变成容易上浮的球状夹杂物或液态夹杂物。LF 炉采取白渣精炼，使得钢中全氧含量较低，氧化物夹杂减少。钢水出站前喂钙线，对钢中夹杂进行变性处理，喂钙线后保证弱吹氩时间大于 5min 甚至更长，有利于夹杂物从钢水中上浮进入渣中，以达到去除夹杂物的作用。通过弱搅拌可使钢液中夹杂铝含量（Al_xO_y）降到 $20×10^{-6}$ 以下，夹杂物总量降低了 50%。

LF 精炼结束前的弱搅拌非常重要，钢水弱搅拌净化处理技术是指通过弱的氩气搅拌促使夹杂物上浮，它对提高钢水质量起到关键的作用。因为钢包炉熔池深，钢液循环带入钢包底部的夹杂和卷入钢液的渣需要一定时间和动力促使上浮。弱搅拌不会导致卷渣，吹入的氩气泡可为 10μm 或更小的不易排出的夹杂颗粒提供黏附的基体，使之黏附在气泡表面排入渣中。另外，变性的夹杂物也需要有一定的时间上浮。所以 LF 过后的弱搅拌和镇静是非常必要的，否则有可能造成小夹杂排不出来而滞留在钢液中。

13.5.1.11　LF 防止增碳技术

对 LF 炉设备防止增碳就是防止石墨电极对钢水的增碳。使用电极平头技术，使三相电极同时起弧，防止了某一相电极已插入钢水中，其他相电极还在下降的情况。低碳钢处理过程中的增碳现象与电弧长度和搅拌特征有关。

根据理论研究及实践的结果，当电弧电压大于 70W 时，短弧引起的增碳大大减小。吹氩随着 LF 炉处理过程中的需要，有时采用较大的压力及流量，有时采用较小的压力及流量，使钢水液面波动幅度大小不一，引起石墨电极端面到钢水液面的距离变化。

在低碳钢处理过程中，为了防止增碳，电极升降自动控制时可采用恒阻抗控制策略，维持石墨电极端面到钢水液面的距离，使电弧长度相对恒定。

13.5.1.12　LF 炉精炼过程的造渣制度

不同的冶炼流程中，各类炉渣在金属的冶炼过程中分别起到分离或吸收杂质，除去粗金属中有害于金属产品性能的杂质，富集有用金属氧化物及精炼金属的作用，并能保护金属不受环境的污染及减少金属的热损失。在电炉冶炼中，炉渣还起着电阻发热的作用。因此，炉渣在保证冶炼操作的顺利进行，冶炼金属熔体的成分和质量，金属的回收率以及冶炼的各项技术经济指标等方面都起了决定性的作用。也有人形容为"炼钢在于炼渣，好渣之下出好钢"，生动地说明了炉渣在冶炼过程中起的作用。

LF 炉精炼过程的造渣一般分为两部分：一是在出钢过程中添加部分渣料；二是在 LF 炉工位添加渣料。为了减轻 LF 炉精炼的脱氧、脱硫任务，一般在电炉出钢过程中，进行钢水的预脱氧及钢水的预脱硫操作。采用这一操作可以使 LF 炉精炼时的脱硫工序前移，提高脱硫效率。由于电炉出钢过程中高温钢水强大的冲击搅拌动能，能形成高碱度、低熔点的脱硫熔渣，对钢水产生精炼效果，在成本增加不多的前提下，使得成品钢的硫质量分数得到稳定地控制。

此外，利用电炉出钢过程中添加渣料形成的液态高碱度脱硫熔渣与钢水的密度差，促使其在与钢水充分接触的同时，不断从钢水内部不同层面上浮析出（"倒沉淀"过程），形成对脱氧、脱硫钢水的"过滤"效果，捕捉产生的脱氧及脱硫产物，为后续钢水的 LF 炉精炼和钙处理创造条件，促进钢中夹杂物改性，达到净化钢水的目的。在钢水到达 LF 炉工位时，迅速造渣或者保持适合 LF 炉精炼的白渣，利用炉渣的高碱度、强还原性及吸附夹杂物的能力，实现对钢水起到进一步精炼的作用。

合成精炼渣的作用：

LF 炉精炼过程中向钢包内加入特殊配比的合成渣料，在电弧加热下熔化成液态渣，以达到进一步精炼钢液，绝热保温的目的，其冶金作用如下：

(1) 采用高碱度、高还原性渣料可以进一步脱除钢中硫、氧；

(2) 保护包衬，提高热效率；

(3) 吸收钢中夹杂物，净化钢液；

(4) 隔绝空气，防止钢液吸收气体；

(5) 对夹杂物进行变性处理。

13.5.1.13 LF 炉精炼渣确定原则

(1) 尽量使渣系在低熔点区（渣面具有良好的流动性）。渣的流动性好，从而有利于界面反应，有利于吸收上浮的夹杂物。炉渣过稀过稠都会降低脱氧脱硫速度。若渣面有结块的，说明结块部分存在高熔点物质，或整个渣面流动性不好而结壳，说明渣系熔点偏高，可加入一些铝矾土或助熔剂如 CaF_2、B_2O_3 等以便化渣。进站渣稀，加石灰或菱镁矿。

(2) 精炼前期造泡沫渣。做到埋弧加热，增强通电升温的效果。

(3) 造还原性的白渣。

尽快造好还原性和流动性好的碱性顶渣用于吸收夹杂和覆盖钢水，减少因渣的氧化性致使钢液 Al、Ti 的二次氧化。Al 比 Si 有更强的脱氧能力。以 Al 处理钢液，（FeO+MnO）含量更低，脱硫更容易。但是一定的浇注过程（如小断面连铸）以及一定的钢用途限制了钢中含铝量，所以造渣技术要与一定的钢种相适应。某些渣相区内渣子容易熔化。如果遵循这些规律，得到所要求的好结果是无问题的。由于渣不能像钢那样进行快速分析，所以要求在操作的过程中多取渣样观察，待渣先冷却下来再根据渣颜色以及渣面的情况进行调渣操作。

13.5.1.14 LF 炉耐火材料

随着洁净钢、品种钢需求的不断增长，冶炼制度的强化，连铸比和二次精炼比的提高，出钢温度的升高，钢水在钢包内停留时间的延长以及吹氩、真空处理等操作的增多使钢包的工作环境变得日趋恶劣，对耐火材料的要求也越来越苛刻，必须有性能合适的耐火材料与之相比配。钢包内衬寿命不高是影响炉外精炼发展的严重障碍，这种情况在具有加热手段的精炼炉上表现尤为突出。由于 LF 钢包精炼炉在精炼过程中要进行电弧加热，吹氩搅拌和渣精炼，因此钢包耐火材料受到连续的热冲击、化学腐蚀、机械磨损、侵蚀等损坏。所以，精炼炉钢包内衬对精炼处理而言非常重要。

钢包耐火材料所受到的环境主要有以下特征：

(1) 高温：由于埋弧再加热的原因使钢包渣线部位温度比较高。熔渣对耐火材料的侵蚀、熔渣的流动均和温度成正比。另外，由于电弧的不稳定性，可能会出现高温辐射作用，导致钢包壁出现"过热点"。

(2) 侵蚀性熔渣：LF 精炼过程中常采用的精炼合成渣，造渣原料有：萤石、石灰、电石等；液态熔渣含有高腐蚀性的铝酸钙和氟化钙等。

(3) 长时间的保温：精炼及加热时间加上钢包保温的总时间长达 4~5h，使内衬温度升高，因而增加了熔渣侵蚀及钢水的渗透。

（4）熔池内强烈搅拌：在精炼过程中的连续吹氩搅拌，增加了钢水对内衬的机械磨损；在高真空下，衬砖与钢水反应加剧，增加了耐火材料的组织劣化，影响内衬的稳定性。

（5）间隙操作：精炼钢包是间隙式操作设备，使用过程中温度波动范围大，从出钢时的 1650℃ 以上到空包时的 900℃ 以下，而且具有急冷急热的特点。

A　LF 炉内衬对耐火材料的要求

由于钢包各层的工作环境不同，因此各层对耐火材料的要求也不同，如钢包隔热层要求热导率低、隔热性能好；永久层除要求热导率低，隔热性能好，还要求它能够在 1300~1400℃ 下长期使用，并具有足够的常温和高温强度，能够短时间抵抗钢水的冲击，防止穿包事故的发生；包壁和包底工作层要求抗侵蚀、抗剥落、热稳定性能要好、不粘渣、拆包容易；渣线层宜选用耐侵蚀、耐渣蚀、热稳定性能好、高温结构性能稳定的镁碳砖和镁铬砖，它可以克服因钢水及炉渣渗透引起塌落的结构剥落现象；座砖宜采用抗热震性能好的高铝质座砖，水口可采用耐侵蚀、抗冲刷的刚玉质水口砖。

B　LF 炉内衬的侵蚀

LF 使用初期，由于渣线部位侵蚀严重，钢包使用寿命低，耐火材料占了成本的60.2%。钢包包衬损毁主要由以下几个方面因素引起：

（1）钢液与熔渣向包衬中扩散，发生熔蚀作用。当 CaO、SiO_2 及 CaF_2 与砖发生化学反应时，砖面形成熔渣渗透层，而基质被硅酸盐填充。当温度急变时，导致耐火材料的剥落。

（2）在高温下，耐火材料自身产生的反应所造成的损坏，如生成新矿物所产生的相变带来的体积效应等。

（3）耐火材料自身的热膨胀效应造成的损坏。

（4）热冲击和机械冲刷。长时间的吹氩搅拌以及三相电极加热时电极至包壁距离小，使包壁遭受强烈的机械冲刷和热冲击，造成包衬的损坏。

（5）人为的操作原因导致的耐火材料损坏，如耐火材料的选择与搭配不恰当、砌筑烘烤方式不对、拆包不当损坏钢包永久层等。

钢包的耐火材料包括钢包炉盖、渣线部位耐材、内衬、水口、滑板和透气砖、出钢口填料（引流砂）等。下面对不同材料分别加以说明。

a　炉盖用耐火材料

炉盖是 LF 钢包精炼炉设计的关键部分，因为很多情况下钢包精炼炉的冶金效果在很大程度上取决于炉子内的气氛控制。为了避免空气从炉盖和钢包之间的间隙及炉盖开孔处进入炉内，采取了一些必要的保护措施，包括使用过程中必须采取的包口清理和维护工作。LF 炉盖一般用浇注料打结而成，LF 炉盖的浇注料应满足如下要求：

（1）具有良好的耐高温性能，这是因为 LF 精炼操作过程的炉渣喷溅会引起炉盖耐火材料的侵蚀。

（2）具有良好的抗热震性和耐剥落性，这是因为 LF 精炼是在间歇操作及不断的温度变化过程条件下完成的。

一般选用电熔钢玉和特级矾土为主要原料，纯铝酸钙水泥（4%~8%）作结合剂，加入8%~12%的二氧化硅和氧化铝超微粉及少量添加物和高效减水剂。

b 渣线部位用耐火材料

LF精炼渣属于$CaO-SiO_2-Al_2O_3$渣系，碱度较高，渣中含有Al_2O_3，且渣线部位受电弧加热时的弧光辐射，所以渣线部位要选用耐侵蚀和抗热震的碱性或者复合耐火材料，主要有$MgO-Cr_2O_3$砖、$MgO-CaO$砖、$MgO-CaO-C$砖及$MgO-C$砖。由于渣线部位的耐火材料所受的环境恶劣，寿命一般低于钢包包衬其他位置。为提高渣线部位寿命，采用钢包渣线喷补技术，即选用电熔镁和镁白云石砂为喷补主原料，以复合盐、水泥和超细粉作结合剂，配以促凝剂、增塑剂、烧结剂等。

c 包壁用耐火材料

包壁一般用高铝砖，传统的高铝砖虽然耐蚀性好，但炉渣渗透严重，引起结构剥落，耐用性不稳定，加之炉渣渗透部位收缩产生裂纹，导致损坏。包壁多采用镁铝碳砖以及刚玉尖晶石质浇注料。

d 包底用耐火材料

LF包底，特别是迎钢面受钢液冲击部位的耐火材料，由于反复热循环产生裂纹、炉渣渗透，造成结构的剥落以及钢液侵入冲击砖与包底砖之间接缝处，造成包底的损坏。包底一般用锆英石砖或高铝砖砌筑或高钙镁质干式捣料。

e 包底透气砖

透气砖是精炼耐火材料中的重要组成部分，在大多数的炉外精炼设备中，都采用透气砖吹入惰性气体，以强化熔池搅拌，纯净钢液，并使温度成分均匀。透气砖由透气芯和安装座砖两部位构成，分为弥散型、定向气孔型、缝隙型三种形式。

（1）弥散型透气砖。弥散型透气砖如图13-24（a）所示。砖内有很多无规律分布的气孔结构，因此其特点是在低气压下能产生相当好的单气泡群。当受较大压力时，靠近砖表面处会形成许多大气泡，由于强烈的反向冲击，热蚀加重，蚀损加快。弥散型透气砖会因孔隙发生渗透，形成致密部位，在钢包间歇状态（维修期间）或重新开始吹气时，透气砖表面容易不断地受到周期性的热侵蚀、渗透作用、固化作用而发生剥落。

（2）定向型透气砖。在致密耐火砖中设置小直径的通道，称为"定向气孔"，如图13-24（b）所示。在定向气孔透气砖中气体通过一定数量的定径孔道吹入钢液。其显著特点是可以用与炉衬砖相同甚至更高密度的耐火材料制造，这就增大了透气砖的高温抗压强度，具有较大的抗侵蚀性和抗金属渗透性，延长了透气砖的寿命。

（3）狭缝型透气砖。狭缝型透气砖的气体通道为条形缝，其狭缝的数量和长度可以调节的范围很大，所以透气性比较可靠，但由于狭缝数量多，容易断裂和蚀损，所以寿命短。根据狭缝的形状、数量以及位置等，狭缝型透气砖可以有图13-24（c）~（f）所示的形式。

f 透气砖的材质

透气砖的材质主要有烧结镁质、镁铬质、高铝质和刚玉质等。其中，大型钢包精炼使用的透气砖的制备采用以板状刚玉为颗粒料，以电熔白刚玉、纯铝酸钙水泥、尖晶石、活性$\alpha-Al_2O_3$微粉、减水剂、氧化铬等为细粉，经过冷成型以后烧成。近年来，在精炼钢包中使用最普遍的是包铁皮的圆锥形透气砖，并与座砖配合，装在包底的砌砖内。为便于更

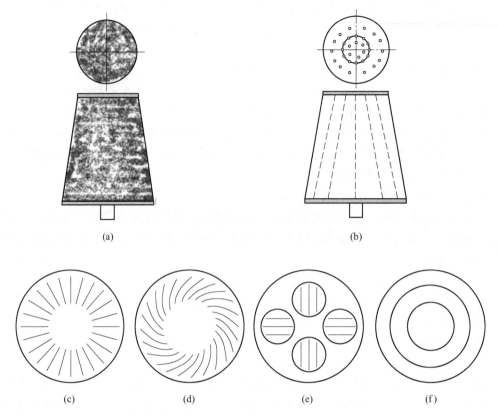

图 13-24　透气砖示意图

（a）弥散型透气砖；（b）定向气孔型透气砖；（c）星形狭缝；（d）螺旋狭缝；（e）管状狭缝；（f）环形狭缝

换，还在透气砖和座砖之间加设套砖。随着定向透气砖质量的提高，其使用寿命可以与包底寿命相同。

C　提高 LF 炉内衬寿命的措施

针对前面所述的一些钢包损坏原因，提高钢包使用寿命的主要措施有：

（1）选择耐高温、耐侵蚀、耐热冲击的优质耐火材料作包衬；

（2）钢包内衬采用先进的振动冷态浇注，实现使用不定形浇注料浇注；

（3）正确选择和搭配耐火材料，做到均衡砌包。钢包寿命的长短，不是取决于哪些耐火材料的性能最好，而是取决于哪些部位耐火材料的寿命最低，由损坏最快处决定；

（4）了解所选用的耐火材料的性能，合理制订钢包的使用条件，如烘烤制度的制订等；

（5）尽可能缩短钢包的使用周期，做到"红包"工作，减少温度波动大的热剥落；

（6）电炉和钢包炉优化工艺；

（7）对包衬耐火材料损坏部分及时进行修补处理。

13.5.1.15　变压器容量的确定

根据精炼工艺及生产节奏（多炉连浇）所要求的 LF 炉处理周期，由升温期所要求钢水的升温与加热时间，即钢水的升温速度，确定 LF 炉变压器容量及变压器有关参数，一般 LF 炉功率水平为 150~200kV·A/t，有的达到 300kV·A/t 以上。

根据 LF 炉的工作特点，由焦耳-楞次定律，推导出 LF 炉变压器额定容量与钢水平均升温速度的关系式：

$$P_n = \frac{60vcG}{\cos\varphi\eta_e\eta_h} = \frac{60vcG}{\cos\varphi\eta} \tag{13-25}$$

式中　v——当 LF 炉钢包工况达到热稳态时，钢水的平均升温速度，$v = \Delta t/\tau$（Δt 为 LF 炉中钢水的温升，℃；τ 为 LF 炉中钢水纯升温时间，min），℃/min，一般要求 3~5℃/min；

　　　c——钢液的比热容，J/(kg·℃)，$c = 0.83×10^3$J/(kg·℃)；

　　$\cos\varphi$——功率因数，$\cos\varphi = P_a/P_n$，一般为 0.78~0.82；

　　　G——LF 炉处理钢水量，t；

　　　η_e——LF 炉电效率，$\eta_e = P_{arc}/P_a$（P_a，P_{arc} 分别为 LF 炉有功功率、电弧功率，kW），一般为 0.85~0.95；

　　　η_h——钢包本体热效率，0.4~0.5；

　　　η——LF 炉总效率或 LF 炉热效率，为 0.3~0.4，其大小与 LF 炉装备以及控制水准有关，如钢包的状况（包衬结构、炉役期、烘烤状况等）、LF 炉热损失（包衬绝热、水冷、排烟等）、短网阻抗等，还与造渣及其操作、热停工时间及其处理周期等工艺操作水平有关。

分析上式可以看出，LF 炉变压器额定容量与处理钢水量和所需要的升温速度成正比，与功率因数和 LF 炉热效率成反比。当处理钢水量一定时，LF 炉变压器额定容量主要是钢水升温速度和 LF 炉热效率的函数。

13.5.1.16　LFV 炉

多功能 LF 炉当增设真空手段后被称为 LFV，根据生产的钢种及其质量要求，还可以装设氧枪及供氧系统、喷粉系统等，使之成为一个多功能的钢包精炼炉。根据工艺要求，它可以完成真空脱气、吹氧脱碳、吹氩搅拌、电弧加热、脱氧、脱硫、合金化等精炼任务。它相当于真空脱气（VD）、真空吹氧脱碳装置（VOD）及非真空的钢包炉（LF）的有机组合，即可以完成所有的精炼任务，也可以选择完成其中的几项精炼任务。这种组合成的多功能精炼炉几乎可以精炼所有的钢种，也可以用高碳铬铁代替微碳铬铁炼超低碳不锈钢等超纯钢种。

13.5.1.17　LF 炉精炼工艺现场操作流程

（1）配电工精炼前的检查与准备。按设备操作规程认真检查各选择开关是否正确；检查各指示信号，仪表显示是否正常，发现问题及时通知有关人员处理；检查高压电系统是否正常，如有异常时，报告调度室，并及时通知电气有关人员处理；检查无误后，报告精炼炉炉长。

（2）精炼工精炼前确认电极升降系统正常，三相电极长度能满足精炼需要，特别是转炉开新炉及回炉钢水；检查电极接头处有无缝隙，如有缝隙，则吊至电极接长装置拧紧；检查电极头有无松动，松动时把电极头打掉；检查备用电极是否接长，数量是否充足；确认测温、定氧、取样装置工作正常，测温头、定氧头、取样器数量充足；检查渣料、合金料、脱氧剂、增碳剂等是否充足，并确认合金成分；确认炉盖升降正常，炉盖水冷系统、导电铜臂、电极夹钳等无漏水现象；检查炉盖耐材能否继续使用，特别是电极孔周围耐材能否继续使用；确认喂丝机工作正常，各类线数量充足，成分明确，安装到位；检查底吹气管网有无漏气，总管压力 1.5MPa 以上；确认钢包车行走正常，停位准确，轨道内无障碍物；平台准备好大包保温剂。

（3）钢包吊到精炼工位后，专人指挥行车把钢包平稳座正。检查机架有无变形，检查包壁是否发红；检查钢包上沿有无残钢、残渣、异物等，防止钢包沿超高，确保钢包与炉盖平整接触；接通吹氩管，调整吹氩流量。

（4）精炼钢包车运行至加渣料工位停稳后，检查工位是否准确；向钢包内加入造渣材料，渣料比为石灰：萤石＝3：1～5：1，视渣况调整配比，吨钢渣料加入量为4～7kg 钢。

（5）钢水包放上座包工位，接通底吹 Ar 气，进行吹气搅拌。吹 Ar 常用流量：130～150L/min（标态），压力：0.2～0.4MPa。

（6）精炼钢包放上座包工位，在合适位置取样全分析、测温。

（7）开动座包车，使精炼包进入加热工位，下降加热盖。

（8）根据测定温度及所炼钢种要求，调节好输入电压和电流，下降三相电极进行通电加热。

（9）停电，升起三相电极，升炉盖，测温，要求钢水温度、成分合格。

（10）加料造渣：钢水在加热工位，首先向钢包加入适量的合成埋弧渣，厚度为75mm 左右。然后，降下电极并起弧。调节电流，对钢水进行升温和调温操作。视情况吨钢分批加入石灰 3～6kg、预熔渣或调渣剂（造渣脱氧剂）2～4kg，用较大功率送电约5min。每根石墨电极电流设定：32000A，电压设定：200V。电流可在 27000～32000A 之间调整。电压可在 120～380V 之间分挡调整。

（11）造还原渣：炉渣化好后，停电测温、取样，调整吹 Ar 强度。往钢包中加铝粒或铝块，按吨钢 0.2～0.5kg 分批加入。根据渣样、钢样加石灰或调渣剂、合金后送电。铝粒要求：$w(Al) > 99.0\%$，粒度为：0.5～1.0mm。

（12）精炼时间的控制：保证精炼时间 32min 以上，钙处理后必须保证软吹 Ar 时间5min 以上，钙样必须喂完钙线后软吹氩 3min 才取样。钙铁线或硅钙线喂线速度控制在3.5～4.5m/s。

（13）精炼过程中，原则上禁止开高压吹 Ar 精炼，若因异常情况确需要开高压搅拌，时间不能超过 2min。

（14）加入渣料和合金后，必须保证 15min 精炼时间。

（15）白渣出钢，保证 $w(FeO+MnO) \leqslant 1.0\%$。

（16）精炼应根据生产节奏、钢包状况控制好上台钢水温度，确保中包过热度在20～35℃。

（17）喂丝前温度、成分必须符合要求。

13.5.2　RH 炉精炼技术

RH 真空处理是众多的炉外精炼法中的一种，它是 1957 年由联邦德国鲁尔（Ruhrstahl）和海拉斯（HeraeuS）钢厂联合研制的真空循环脱气精炼法，取两公司名称的首字母简称而来。它将真空精炼与钢水循环流动结合起来。最初 RH 装置主要是对钢水脱氢，后来增加了真空脱碳、真空脱氧、改善钢水纯净度、喷粉脱硫、温度补偿、均匀温度和成分合金化等功能。RH 法是一种重要的炉外精炼方法，具有处理周期短、生产能力大、精炼效果好、容易操作等一系列优点，非常适合与大型炼钢炉相配合，早在 1980 年 RH 技术就基本定型，在炼钢生产中获得了广泛应用。而且随着技术的进步和精炼功能的扩展，在生产超低碳钢方面表现出了显著的优越性，是现代化钢厂中一种重要的炉外处理装置。随炼钢炉的大型化，RH 处理设备随之大型化，当前世界最大的 RH 设备已达 360t。RH 法原理如图 13-25 所示。

RH 发展到今天，大体分为 3 个发展阶段。

（1）启用阶段（1968~1980 年）：RH 装备技术在全世界广泛采用。随着转炉大型化的发展，RH 也实现了大型化，世界上最大的 RH 精炼设备为 360t。

（2）多功能 RH 精炼技术的确立（1980~2000 年）。这一时期 RH 的技术发展趋势主要是：

1）优化 RH 工艺设备参数，扩大处理能力；

2）开发多功能 RH 精炼工艺和装备，使 RH 具有脱硫、脱磷等功能；

3）开发 RH 热补偿和升温技术；

4）实现全部钢水进 RH 真空处理。

经过这一时期，RH 技术几乎达到尽善尽美的地步。日本在这一时期对 RH 的技术发展做出重要贡献，先后开发出 RH-OB 法、RH-PB 法和 KTB 法等著名新工艺。

（3）接近反应极限的真空精炼技术（2000 年~今）：为了解决极低碳钢（$\omega(C) \leq 10 \times 10^{-6}$）的精炼难题，需要进一步克服钢水的静压力，以提高脱碳速度。因为在极低碳区，真空度已不再决定反应的热力学条件，而反应钢水深度（即钢水静压力）则决定了反应速度。由于反应层越来越浅，如何扩大反应界面是提高反应速度的限制环节，解决这一问题，日本川崎公司采用喷吹氢气向钢水增氢，进而利用真空脱氢产生的微气泡提高脱碳的反应面积，达到深度脱碳的目标。日本新日铁公司研究开发的 REDA 工艺采用直筒型浸泽罩代替 DH 浸泽管进行真空处理，使钢水的循环流量大幅度提高，解决了极低碳钢的精炼困难。采用上述两种工艺，RH 可以生产 $\omega(C) = 3 \times 10^{-6}$ 的极低碳钢。

1966 年大冶特钢公司引进国内第一台 RH 设备，设备运作良好，技术的关键是蒸汽喷射泵要求稳定的蒸汽压力，必须由专用锅炉供蒸汽，环流管耐火材料质量至为关键。20 世纪 70~80 年代武钢和宝钢等相继引进了 RH 及 RH-OB 设备，目前我国已有 20 多套 RH 设备投产，其中有些 RH 设备是我国自行设计、制造的。

武汉钢铁公司的 RH 多功能真空精炼炉是 1997 年投产，主要用于生产硅钢、深冲钢等超低碳高质量钢种。采用 RH-KTB/WPB 后，冶炼低碳钢时转炉的出钢碳可提高到 0.045%~0.055%，同时可降低出钢温度，从而减轻可转炉负担，提高金属收得率和转炉

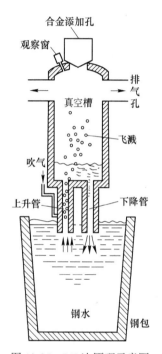

图 13-25 RH 法原理示意图

炉龄。同时能稳定全连铸生产并对事故钢水进行升温处理和成分调整，减少钢水回炉和改钢号，使回炉率降至小于 0.15%。

在国外 RH 技术已用于不同钢种工艺流程，如日本山阳特殊钢厂轴承钢工艺流程：EAF（电炉）-LF-RH-连铸。日本大同特钢厂及爱知钢公司生产优质弹簧钢工艺流程：EAF-LF-RH-连铸。德国克虏伯生产弹簧钢采用 ASEA-SKF 操作，但钢水纯净化、去气效果均不如 LF+RH。

13.5.2.1　RH 工作原理简介

在 RH 真空处理装置中，钢液的真空脱气在一个砌有耐火砖衬的真空室中进行。真空室的底部有两个用耐火材料制成的可插入钢液中的插入管，将插入管插入钢液，对真空室抽真空形成负压差，在大气压力的作用下使钢液由插入管进入真空室。当向其中一根插入管（上升管）中通入驱动气体（惰性气体 Ar），利用气泡泵的原理就能使钢包中的钢液上升，经真空室然后在重力的作用下从下降管回流入钢包而不断使钢水产生循环运动；提升气体的另一个作用是使钢水在上升插入管内上升的过程中产生沸腾从而大幅增加钢液与气相（上升插入管内钢水中的 Ar 气泡、真空室内的气体）的接触面积，由于气相中 H_2、N_2 的分压极低，溶解于钢液中的 [H]、[N] 便从钢液中逸出而进入气相。同时，进入真空槽在低压环境状态下的钢水，还进行一系列的冶金反应，比如碳氧反应。为满足钢种要求、精确控制钢水成分，通常，RH 处理中还需进行合金化处理。

13.5.2.2　RH 工艺简介

RH 钢包台车在受包位接收由行车吊来的待处理钢水，受包后钢包台车开到保温剂投入位，加入铝渣，或直接开至真空槽下方的处理位置，由人工判定钢液面高度，随后顶升钢包至预定高度，进行测温、取样、定氧及测渣层厚度等操作。钢包被液压缸继续顶升，将真空槽的浸渍管浸入钢水并到预定的深度。与此同时，上升浸渍管以预定的流量吹入氩气。随着浸渍管完全浸入钢液，真空阀打开，真空泵启动进行脱氢处理，在规定时间及规定低压条件下持续进行循环脱气操作，以达到脱氢的目标值。真空脱碳处理（低碳或超低碳等级钢水）：循环脱气将持续一定时间以达到脱碳的目标值。在脱碳过程中，钢水中的碳和氧反应形成一氧化碳并通过真空泵排出，如钢中氧含量不够，可通过顶枪吹氧提供氧气。脱碳结束时，钢水通过加铝进行脱氧。钢水脱氧后，合金料通过真空加料系统加入真空槽。对钢水进行测温、定氧和确定化学成分。钢水处理完毕，真空阀关闭，真空泵系统依次停泵，同时真空槽复压，重新处于大气压状态，钢包下降至钢包台车。钢包台车开至加保温剂工位，投入保温剂。钢包台车开到钢水接受跨，行车把钢包吊运至连铸大包回转台。工艺流程简图如图 13-26 所示。

13.5.2.3　RH 功能

采用 RH 工艺能够达到以下效果：

（1）脱氢。经循环处理后，脱氧钢可脱氢约 65%，未脱氧钢可脱氢约 70%；使钢中的氢降到 2×10^{-6} 以下。统计分析发现，最终氢含量近似地与处理时间成直线关系，因此，如果适当延长循环时间，氢含量还可以进一步降低。

（2）脱氧。循环处理时，碳有一定的脱氧作用，特别是当原始氧含量较高，如处理未脱氧的钢，这表明钢中溶解氧的脱除，主要是依靠真空下碳的脱氧作用；如 RH 法处理未

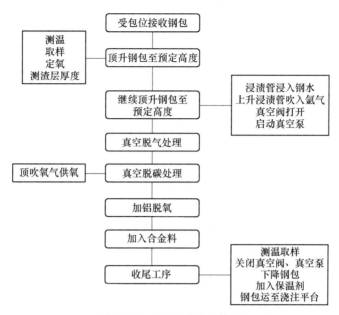

图 13-26 RH 工艺流程简图

脱氧的超低碳钢，$w[O]$ 可由 $(200 \sim 500) \times 10^{-6}$ 降到 $(80 \sim 300) \times 10^{-6}$，处理各种碳含量的镇静钢，$w[O]$ 可由 $(60 \sim 250) \times 10^{-6}$ 降到 $(20 \sim 60) \times 10^{-6}$。

（3）去氮。与其他各种真空脱气法一样，RH 法的脱氮量也是不大的。当钢中原始氮含量较低时，如 $w[N] < 50 \times 10^{-6}$，处理前后氮含量几乎没有变化。当 $w[N] > 100 \times 10^{-6}$ 时，脱氮率一般只有 $10\% \sim 20\%$。

（4）脱碳。在冶炼深冲钢和汽车面板钢、IF 钢等钢种时，采用自然脱碳和强制脱碳工艺，可将钢中的碳脱至 0.0005% 以下。

（5）加热。采用化学方法（主要使用铝热法）对钢水加热，以满足后续精炼和连铸的需要。这种功能可以挽救低温钢水，还可以降低转炉的出钢温度。

（6）脱磷。RH 吹氧工艺与喷粉结合，在 RH 能够进行脱磷操作，效果较好。

（7）脱硫。RH 脱硫分为两种，一种是喷粉脱硫，使用顶枪或者专用的喷枪进行喷粉，采用 $CaO+CaF_2$ 粉剂，使用多功能顶枪喷粉，脱硫率可以达到 80% 以上；另一种是顶渣经过 LF 改质的白渣，在 RH 工艺过程中，不使用喷粉脱硫，还能够继续脱 $10\% \sim 30\%$ 硫。

（8）均匀钢水温度。可保持连铸中间包钢水温度波动不大于 5℃。

（9）均匀钢水成分和去除夹杂物。可生产出 T[O] ≤0.0015% 的超纯净钢。

13.5.2.4 RH 法的特征参数

处理容量、循环因数、处理时间、循环流量、真空度、真空泵的抽气能力等参数都是循环脱气法在设计和操作时应考虑的主要工艺参数。

A 处理容量

处理容量指的是被处理钢液的流量。对于 RH 法，其处理量的上限在理论上是没有限制的，而处理容量的下限，即 RH 法处理的最小容量，则取决于处理过程中温降的情况。

当处理容量小于 30t 时，钢液的温降相当显著。为保证一定的开浇温度，只有提高出钢温度或缩短处理时间，而这两种办法都会使处理的效果降低。

B　处理时间

钢包在 RH 工位的停留时间称为处理时间。该时间的绝大部分一直在进行真空脱气，所以脱气时间略短于处理时间。为了使钢液充分脱气，就要保证有足够的脱气时间。钢水通过一定时间的真空脱气处理，气体含量及夹杂物都能不同程度地减少。

C　循环因数

循环因数 W 即循环次数，是处理过程中通过真空室的总钢液量与处理容量 Q 之比。在脱气条件（循环流量、驱动气体流量、真空度）一定时，返回钢包的钢液气体含量也就一定。这样，循环开始后，进入真空室的钢液气体含量主要取决于已脱气钢液返回钢包后与钢包中钢液混合的状况。为了使氢含量较高的钢液有效地脱氢，例如要求最终氢含量小于 2×10^{-6}，则循环因数必须取 5 或 5 以上。

D　循环流量

单位时间内通过真空室的钢液成为循环流量，它的大小主要取决于上升管直径和驱动气体的流量。循环流量是 RH 设备特性和工艺的重要参数，因此人们对它进行了大量的研究。以下就各种参数的影响情况进行讨论。

（1）气体流量。研究结果表明，气体流量增大时，环流量也增大，但当气体流量增大到一定程度时，环流量会达到饱和。

（2）环流管内径。环流管径增大时，使环流截面积增大，从而减小钢液循环流动的阻力，提高驱动气体的抽引效率。所以，环流管径增大，环流量亦随之显著增大。

（3）吹入气体深度。许多研究结果都表明，环流量与吹入气体深度的平方根成正比。当然，在吹气深度很小时，上升管由于气泡行程太短，气液间混合不好，使换流量显著减小，和吹入深度的平方根不成比例。总之，较大的吹入气体深度，有利于气泡的分散和膨胀，使其作用于液体的时间和行程加长，从而更充分地发挥驱动气体的抽引效率，增大换流量。

综上所述，提高环流量的途径有：增大吹入气体流量；增大环流管内径；在可能的条件下增大吹入气体深度。

E　真空度

处于真空状态下的气体的稀薄程度称为真空度，通常用气体的压强来表示。压强值的单位很多，国际单位制中压强的基本单位是 Pa。

F　工作泵抽气能力

工作泵抽气能力大小，应根据处理的钢种、处理容量、脱气时间、循环流量以及处理过程中钢液脱气规律来确定。真空循环脱气过程中，气体的析出速率是不同的。在处理前期由于钢液原始含气量大，而后期气体析出量大为减少。如果按脱气高峰来考虑真空泵的抽气能力，则所选真空泵的抽气能力会偏大，而按整个脱气时间的平均脱气量来考虑，则抽气能力又偏低。比较合理的方法，是按脱气过程中钢液脱气规律来考虑真空泵的抽气能力。

13.5.2.5　RH 处理模式

RH 设备和操作随着实际应用不断发展,从单一的脱氢处理发展为充分利用真空下的碳氧反应,于是出现了轻处理、本处理、深脱碳等处理方式。

A　RH 轻处理模式

1977 年,日本新日本钢铁公司大分厂研究出了一种新的 RH 处理工艺,称 RH 轻处理工艺。RH 轻处理工艺就是利用 RH 的循环、脱碳功能,在低真空条件下,对未脱氧钢水进行短时间处理,同时将钢水温度、成分调整到适于连续铸钢的工艺要求。这种工艺的特点是,转炉钢水在 RH 真空室内的低真空度下,使钢水中的 [C] 和 [O] 产生反应,形成 CO 气泡,以减少氧的含量,然后再加少量的脱氧剂。

轻处理是指在 6~7kPa 较低真空度下（与本处理相比）进行成分、温度调整的处理方式,基本可以分为未脱氧钢水的轻处理模式和完全脱氧钢水的轻处理模式。完全脱氧钢水的轻处理模式只是成分和温度的调整;未完全脱氧钢水的轻处理的目的是真空碳脱氧,降低氧含量。未脱氧钢的轻处理方式比完全脱氧轻处理方式每吨钢约可减少 1kg 的合金铝,这样可以节省脱氧所需的合金铝,减少脱氧产物的污染,脱氧完全镇静后易于精确地调整和命中钢水的成分。在真空槽内进行脱氧反应还可以防止增氮（相对于 LF 用铝脱氧）。

RH 轻处理过程主要分为 3 个阶段:

(1) 碳氧反应阶段。从抽真空开始,RH 真空室内发生

$$[C] + [O] \Longrightarrow CO \qquad (13\text{-}26)$$

的化学反应,该反应可节省脱氧所需的合金铝,同时可提高钢水的纯净度。

(2) 脱氧合金化阶段。一般认为钢中 $w[C] \leqslant 0.01\%$ 后即可执行加铝脱氧的操作,随后进行其他合金元素的调整,如碳和锰等。

(3) 纯循环阶段。指的是加入最后一批合金料至破真空这段时间,是成分均匀化与夹杂物上浮去除的阶段。

RH 轻处理工艺的优点是可以降低脱氧剂的消耗量。在采用 RH 轻处理法时,转炉出钢时钢水中的碳含量较高,自由氧含量比较低,自由氧在 RH 轻处理中会进一步降低,因此所需的脱氧剂就很少。同时,在进行 RH 轻处理时,由于真空中的脱碳反应可以降低钢水中碳的含量,因此可以提高氧气转炉的终点碳,从而提高了钢水的残锰量,锰铁的消耗量也降低了。RH 轻处理工艺的第二个优点是提高终点碳含量,渣中总铁含量也相应降低了,从而不但可以降低炉渣对转炉内衬的侵蚀,提高转炉内衬的使用寿命,而且可以提高钢水的收得率。

B　RH 本处理模式

RH 本处理模式的主要目的是在高真空度下（真空槽内压力低于 133Pa）,以去除钢水中的氢、氧（脱氧生成物）为目的的真空脱气处理方式。本处理要求钢水必须是完全镇静钢,$w[O] \leqslant 5 \times 10^{-6}$。RH 本处理开始后迅速全泵投入,在 3~5min 内达到目标真空度,同时调整环流气量增加反应界面以提高脱氢能力。通常使钢水经过 5~8 次以上的循环,然后经合金微调后结束处理。在高真空度下处理终点 $w[H] \leqslant 2 \times 10^{-6}$。

C　RH 深脱碳处理模式

深脱碳处理模式针对钢种为超低碳钢（碳含量小于 50×10^{-6}）,代表钢种为 IF 钢（Interstitial-Free Steel），即无间隙原子钢。其工艺特点是要求真空度高，达到 65Pa 以下；要求处理的钢水为不经过脱氧的钢，含氧量控制在 0.04%~0.08% 之间，碳含量小于 0.05%；处理时间较长（一般大于 15min），冶炼时间大于 30min；对环流气体的控制较为严格。

13.5.2.6　RH 脱氢原理

气体在钢液内的溶解度与系统的压力有关，氢和氮在钢中的溶解度服从平方根定律，即

$$w[H]_\% = K_H \sqrt{p_{H_2}} \tag{13-27}$$

$$w[N]_\% = K_N \sqrt{p_{N_2}} \tag{13-28}$$

冶金过程的各种化学反应都向平衡态方向自发进行。气体在钢中的溶解与化学反应相似，抽真空降低系统内的气体分压 p_H 和 p_N 将引起平衡移动，使钢中的气体含量 [H] 和 [N] 降低，所以要达到一定的脱气效果，就得造成一定的真空度。

溶解在钢液中的气体向气相的迁移过程由以下步骤所组成：

（1）溶解在钢液中的气体原子通过扩散和对流迁移到钢液-气相界面。

（2）气体原子由溶解状态转变为表面吸附状态。

（3）表面吸附的气体原子彼此相互作用，生成气体分子。

（4）气体分子从钢液表面脱附。

（5）气体分子扩散进入气相，并被真空泵抽出。

在炼钢温度和一定真空度下，步骤（2）~（5）进行的相当迅速，脱气速度主要取决于步骤（1），即溶解在钢中的气体原子向液-气相界面的迁移。因此，在抽真空的同时应加强钢液搅拌，加快脱气过程。

13.5.2.7　RH 真空碳脱氧原理

在常压下碳的脱氧能力很弱，必须使用强脱氧剂（Si、Al 等）脱氧，在真空条件下，碳的脱氧能力显著提高，因为碳氧反应生成 CO 气体，其反应式为：

$$[C] + [O] \longrightarrow CO \tag{13-29}$$

抽真空降低系统内 CO 的分压 p_{CO}，使化学平衡向着生成 CO 的方向移动，增强碳的脱氧能力，钢中的碳和氧含量降低。在真空条件下，碳的脱氧能力达到和硅、铝相当的水平，并且碳的脱氧产物为 CO 气体，可以从钢液中排除，不会形成非金属夹杂物滞留在钢中影响钢的质量。CO 气体上浮过程中搅拌钢液造成沸腾，为脱氢和脱氮创造更为有利的条件。

总之，利用真空处理，可以使已经达到平衡的脱气、脱碳和脱氧反应继续进行，从而提高钢的质量。真空度越高，各项反应的气体分压越低，反应进行得越充分。

13.5.2.8　RH 真空脱碳原理

RH 脱碳的方式主要有两种，即自然脱碳和强制脱碳。

（1）RH 自然脱碳。自然脱碳又称 VCD（vacuum carbon deoxidation），它是在 RH 炉抽真空条件下，钢液中的碳和氧进行反应的脱碳方式。在钢水温度为 1600℃ 和合金含量较低的条件下，RH 自然脱碳的热力学方程可简化为：

$$w[C]_\% w[O]_\% = 0.002 p_{CO} \times 10^{-5} \tag{13-30}$$

当钢中溶解氧在 0.02% 以上，初始碳含量为 0.03% 以下时，自然脱碳可成功进行。

（2）RH 的强制脱碳。强制脱碳（本处理）也称为真空条件下的吹氧脱碳。当钢水中碳的质量分数高于 0.03% 以上，钢中的游离氧浓度低于 0.02% 时，钢水中的氧含量不能满足于自然脱碳需要，需要使用顶枪吹氧强制脱碳。

13.5.2.9　RH 对氮的控制

氮主要以化合物形态存在于钢中，溶解状态的氮很少。氮在钢中的作用是双重的，在一定条件下，氮被认为是一种重要的合金元素，常以合金或渗入的方法加入钢中以提高钢的硬度、强度、抗蚀性等，但氮在钢中也有不利的一面，影响钢的性能。就转炉钢而言，大部分是低碳钢，氮的有害影响尤为突出，某些特殊钢种如 IF 钢氮含量要求小于 30×10^{-6}。

A　脱氮热力学

钢液中的溶解氮遵守 Sievert 定律，可用下式表示：

$$\frac{1}{2} N_2 = [N] \tag{13-31}$$

$$w[N]_\% = K_{[N]} \sqrt{p_{N_2}} \tag{13-32}$$

式中　$K_{[N]}$——平衡常数。

氮在钢中溶解度随分压下降而下降，但远高于氢的溶解度。合金元素对氮在钢中溶解度的影响有如下规律：凡能与氮形成氮化物的合金元素如 V、Cr、Nb、Mn，特别是 Ti 等将提高氮在钢中的溶解度；其他元素如 Si、C、Ni 等存在降低氮在钢中溶解度。

B　脱氮动力学

脱氮的动力学过程与氢相同，其限制性环节是氮在金属中的扩散。但实际的脱氮速率及效果远低于脱氢速率，原因是：

（1）氮在钢液中扩散系数小于氢的扩散系数。

（2）氮在钢中与其他合金元素形成稳定的氮化物，而这些氮化物，在炼钢温度下，分解压力都很低。

（3）脱氮受到表面活性元素氧和硫的影响。

C　脱氮效率

RH 脱氮效率远低于脱氢效率。原始氮含量低时，RH 处理过程氮含量基本没有变化，氮含量高时，脱氮效率为 10%～30%，总的脱氮效率波动在 0～30% 之间。当原始氮含量低于 25×10^{-6} 时，如果 RH 操作不当，甚至会引起增氮现象。

D　影响最终氮含量的因素

（1）原始氮含量控制。由于真空脱氮效果较差，目前生产低氮钢时，主要靠控制前工序转炉出钢氮含量，在 RH 处理过程中保持少量脱氮或避免增氮。

（2）适当延长真空时间，脱氮效率提高，但改善并不显著。

（3）保持真空室的密封，防止漏气。

13.5.2.10　RH 温度控制

RH 处理过程中的温度损失主要有以下几个方面：

（1）RH 抽真空后，烟气带走的显热。

（2）RH 耐火材料升温需要钢液部分的热量。

（3）RH 表面的热损失。

(4) 钢包钢水的热散失,包括渣面的辐射、钢包壁的对流等。

(5) 合金化过程的热损失。

RH 的温度不足,主要通过铝热法或者硅热法来进行温度补偿,即通过向钢水中添加铝或硅,通过吹氧氧化放热促使钢液升温。

13.5.2.11 RH 用氧技术

RH 技术不断发展,其一是与吹氧脱碳相结合,衍生出吹氧循环真空脱气法 RH-OB (Oxygen Blowing);川崎顶吹氧真空脱气法 RH-KTB (Kawasaki Top Blowing);RH 法的另一发展是与喷射冶金相结合附加喷粉功能,如新日铁的循环脱气喷粉 RH-PB。几种 RH 真空处理方法的概况,见表 13-13。

表 13-13 RH 真空处理方法的发展

型号	RH	RH-OB	RH-KTB	RH-PB (I)
代号意义	Ruhrstahl Heraeus 真空循环脱气法	RH-Oxygen Blowing Degassing Process 带升温的真空脱气	RH-Kawasaki Top Blowing 川崎顶吹氧真空脱气法	RH-Powder Blowing 循环脱气喷粉
年代国别	1957 年 德国蒂森钢铁公司	1978 年 日本新日铁	1988 年 日本川崎	1985 年 日本新日铁
主要功能	真空脱气,减少杂质,均匀成分和温度	同 RH,并能加热钢水	同 RH,并可加速脱碳,补偿热损失	同 RH,并可喷粉脱硫、磷
处理效果	$w[H]<0.0002\%$,去氢率 50%~80%;$w[N]<0.004\%$,去氮率 15%~25%,$w[O]=0.002\%~0.004\%$,减少夹杂物 65%以上	同 RH,且可使处理终点碳 $w[C]\leq0.0035\%$	$w[H]<0.00015\%$ $w[N]<0.004\%$ $w[O]<0.003\%$ $w[C]<0.002\%$	$w[H]<0.00015\%$ $w[N]<0.004\%$ $w[C]<0.003\%$ $w[S]<0.001\%$ $w[P]<0.002\%$
适用钢种	适用于对氢含量要求严格的钢种;主要是低碳薄板钢、超低碳深冲钢、厚板钢、硅钢及轴承和重轨钢	同 RH,还可以生产不锈钢,多用于超低碳钢的处理	同 RH,多用于普碳钢、冲压钢、超低碳深冲钢及超深冲钢	同 RH,主要用于超低硫磷钢、薄板钢等处理
备注	原为钢水脱氢开发,短时间可使 [H] 降低到远低于白点敏感极限以下	为钢水升温而开发	快速脱碳达超低碳钢范围,二次燃烧可补偿处理过程中的热损失	可同时脱氧硫磷,PB 是用 OB 管喷入,I 是指插入盛钢桶

A RH-O 技术

1969 年德国蒂森钢铁公司亨利希钢厂开发了 RH-O 技术,首次用铜质水冷氧枪从真空室顶部向真空室内循环着的钢水表面吹氧以强化脱碳冶炼低碳不锈钢,既缩短了冶炼周期又降低了脱碳过程中铬的氧化损失。但在工业生产中 RH-O 技术暴露出以下问题:氧枪结瘤严重,因氧枪动密封不良而使氧枪枪位无法调整。这些问题一时无法解决,而当时 VOD 精炼技术能较好地满足不锈钢生产的要求,所以 RH-O 技术未能得到广泛应用。RH-O 吹氧示意图如图 13-27 所示。

B RH-OB 技术真空侧吹氧技术

日本新日铁室兰厂于 1972 年根据 VOD 过程的原理开发了 RH-OB 技术，示意图如图 13-28 所示。RH-OB 是一种可通过加铝吹氧强制脱碳并达到升温效果的精炼方法。通过置于真空室下部侧壁水平设置的双层不锈钢浸入式喷嘴，内层在吹氧时通入氧气，非吹氧状态就通往氩气或氮气。RH-OB 真空侧吹技术有强制降碳、加铝升温和不吹氧降碳三种处理模式。

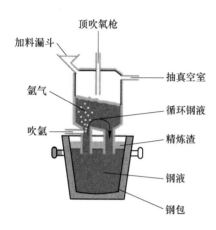

图 13-27 RH-O 吹氧示意图

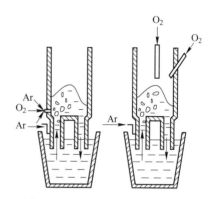

图 13-28 RH-OB 吹氧技术示意图

RH-OB 侧吹氧的过程中，由于包含循环氩气的钢液进入真空室后，再遇到侧吹氧枪吹入的氧气，伴随着气泡的破裂和激烈的碳氧反应，就产生剧烈的钢液飞溅。在真空室槽壁上黏附着大量冷钢，严重影响下一炉精炼钢的质量。为了防止喷嘴堵塞和冷却喷嘴，需要吹氩保护，真空泵能要加大约 20%。耐火材料易损坏、消耗高。近年来已不采用这种结构。

C RH-KTB 真空吹氧技术

在传统的 RH 基础上，日本川崎公司于 1986 年成功地开发了 RH 顶吹氧 RH-KTB 技术，示意图如图 13-29 所示。该法是从 RH 真空室顶部插入一可垂直升降的水冷氧枪，通过该氧枪向真空室内钢液吹定量氧气和惰性气体，在脱碳反应受氧气供给速率支配处理前半期，向真空槽内的钢水液面吹入氧气，增大氧气供给量，因而可在 [O] 较低的水平下大大加速脱碳。同时利用炉气中 CO 的二次燃烧提供附加热量，以此来补偿

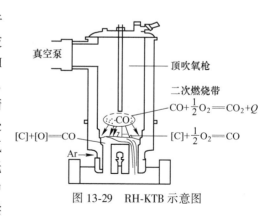

图 13-29 RH-KTB 示意图

精炼过程中的温降。其综合效果可使转炉出钢温度降低约 26℃。该方法不需要额外添加热源，成本低；不需延长处理时间，生产作业率高；使用灵活，操作简便。当然，RH-KTB 技术也有其不足之处，如增加了氧枪及其控制系统，要求真空室有更高的高度。但在现有的真空吹氧技术中仍有着广泛的应用。

D RH-MFB 多功能氧枪

1992 年日本新日铁公司广畑厂在日本原川崎公司开发 RH-KTB 精炼技术之后，为降低初炼炉的出钢温度以及脱碳的需要，开发了多功能喷嘴的 RH 顶吹氧技术（图 13-30）。该法的主要功能是在真空状态下的吹氧脱碳、铝化学加热钢水，在大气状态下吹氧气、天然气燃烧加热烧烤真空室及清除真空室内壁形成的结瘤物，真空状态下吹天然气、氧气燃烧加热钢水及防止真空室顶部形成结瘤物。MFB 氧枪由四层钢管组成，中心管吹氧，环缝输入天然气或焦炉煤气，外管间通冷却水。

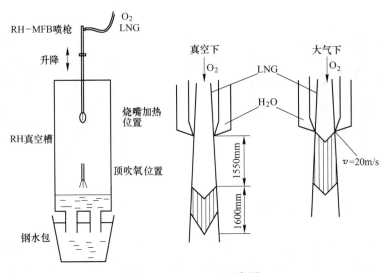

图 13-30　RH-MFB 示意图

13.5.2.12　RH 法钢液运动特性

RH 流场的描述多用在水模型中加入示踪剂摄影的方法进行。这些实验的结果证实，RH 法的搅拌机能是十分有效的。下降管内流出的钢液流股可以穿透钢包内的钢液而到达底部，钢包内基本无死区存在。除了用示踪剂对 RH 法的钢包内钢液流态进行研究外，许多人还力图用数值计算法，根据湍流控制方法对处理过程中的钢包内的速度分布进行定量描述。

该方法虽然在计算的过程中作了一些简化（主要是假设为二维流场），但对于流场的定量分析以及过程中反应的预测和研究还是有一定意义的。

13.5.2.13　RH 合金化过程

在精炼处理的不同阶段，根据需要会进行钢水的成分调整，即在不同时刻需要加入不同种类及不同量的合金，这样对加料时刻与加入的合金量的把握将成为重要因素。能否在准确的时间内加入适量的所需合金，将直接影响钢水的处理周期及钢水品质。据放射性同位素的研究结果，当在真空室内添加相当于钢水量 0.5% 的合金时，只需半个循环，其合金元素在钢包中就可混合均匀。

一般来讲，混合状况的好坏取决于如下因素：

（1）合金添加速度。添加合金时必须对添加速度进行控制，否则短时间内加得过多，会造成钢水温度的降低使环流破坏或形成合金元素分布不均匀，一旦分布不均匀，短时间内难以使之混合均匀。加得太慢又使加料时间过长，对生产不利。最大的添加速度取决于 RH 的钢水循环流量。一般为钢水循环流量的 2%~4%。

（2）添加角度。真空条件下合金的添加是通过真空室内壁上一个倾斜的溜槽进行的。合金在真空室内的最佳落点应在上升管附近，因为该处钢水运动剧烈，最有利于合金在钢水中的混合。

（3）合金粒度。RH 真空处理用合金，其粒度的大小由以下因素确定：其一有利于合金在钢水中的混合，过大的合金，由于 RH 真空处理时温度比转炉出钢时低，则难以熔化，从这个意义上讲，颗粒小的合金是有利的。但 RH 真空处理又有其特殊性，它在真空室内受被抽气体的影响，颗粒小的合金易被气流带走，甚至进入粉尘分离器中，特别是在 RH 真空处理前期，钢水中气体发生量大，更易将小颗粒合金抽入真空管道，从而影响成分命中率，给真空管网带来损害。一般 RH 真空处理用的合金粒度以 3~15mm 为宜。

（4）合金本身的理化性质。合金本身的熔化性能、氧化性能、合金化时的吸热与放热、挥发特性、扩散与传质特性及其密度，对合金的均匀化都有影响。由于 RH 真空处理是一个降温过程，处理时间都有严格的限制，因此合金的种类、添加地点、数量及合金化时间，都要根据合金本身的理化性质合理选择，才能确保合金化的均匀性。

（5）均匀化时间。合金化主要在 RH 处理后期进行。当最后一批合金加入后，究竟循环多长时间才能保证合金元素的均匀性呢？最精确的方法是通过放射性同位素来确定各种合金元素的均匀化时间。

RH 真空脱碳完毕，或在真空条件下利用碳脱去部分氧后，或当真空度低于 6600Pa 后，即可按钢种目标成分的要求，添加适量的合金进行脱氧、合金化或成分微调。在添加合金过程中，一般先进行粗调，在 RH 脱碳期间加入价格较便宜的合金，将钢水成分的实际值控制在一个与目标值偏差较大的范围内，再根据提取钢水试样的化学分析结果和操作人员的经验再次加入合金对钢水成分进行微调，使最终的钢水成分比较接近目标值。合金的添加顺序有以下规律：

（1）熔化的、不易氧化的合金先加：如 Fe-Cr、Fe-W、Fe-Mo、F-Ni 等。

（2）以脱氧为目的的元素先加，如 Al 或 Si；合金化元素后加，以避免其他易氧化的合金元素因氧化而引起浪费。

（3）Mn、Cr、V、Nb 在 Al（或 Si）脱氧后加入，特别注意 Si 脱氧钢种（不能用 Al 脱氧），因 Mn、Si 要生成 Mn-Si 化合物，此时 Mn 要在脱氧终了加入。

（4）与氧有很强亲和力的元素，如 Ti、B、Ce、Zr，在脱氧终了后加入，以避免合金收得率下降。

（5）对于已脱氧的钢水，碳应和其他高密度合金一起加入，或在此之前尽早加入。若需碳脱氧，则应小批量多批投入，以避免太强烈的碳氧反应。

13.5.2.14　RH 喂丝操作

喂丝是指借助喂丝机将比较轻、易氧化、易挥发的合金元素制成包芯线快速输入钢液，在钢液深处溶解，从而达到脱氧、脱硫、改变夹杂物的形态实现成分微调等冶金目的的精炼手段。喂丝有利于提高元素的收得率、成分命中率，大幅度降低贵重金属元素的加入量，降低冶金成本费用。

13.5.2.15　RH精炼技术的展望

（1）40多年来，RH及RH多功能精炼技术在国内外得到了广泛应用和迅速发展，其喷吹气体和粉剂的实用技术在一定程度上已经确立，今后RH技术的主要发展方向是实现多功能化、高效化和长寿化。RH多功能精炼工艺主要包括：真空脱碳与超低碳钢冶炼技术，真空脱气与超低氮钢精炼技术，喷吹脱磷、脱硫技术，脱氧与加杂物上浮技术和吹氧进行热补偿工艺。实现RH多功能的技术关键是研究开发多功能氧枪，将喷氧和钢水热补偿等功能集为一体，达到高效化生产和设备长寿化的目标。RH装备技术的进步集中体现在高效化生产、设备长寿化和重点智能控制等方面。

（2）随着我国大型钢铁企业不断从国外引进先进RH精炼设备与工艺技术，我们发现各厂家的RH主体设备的差别很小，操作技术、消耗指标和最后的保证值都相差不大，更多的则关注是如何发挥RH的设备使用率上。目前，我国钢铁企业普遍采用高效连铸技术装备，连铸机拉速越来越快，出现了连铸生产环节等待炉外精炼环节的状况，限制了连铸机的生产效率。所以在选择RH装置时多在布置上做文章。典型的几个布置方案，如快速更换式、大包回转台式、双工位和三工位式。

（3）快速更换式结构特征：钢包（或钢包车）升降装置，单处理位，单真空系统，双真空室台车三个车位，双烘烤预备。快速换真空室，这样省去换罐占用的处理时间，以提高RH作业率。这样布置的RH处理周期为30~50min。

（4）大包回转台式结构特征：大包回转台，钢包升降，单处理位，双真空室车三个车位，双烘烤预备，快速换真空室，另外的好处是：可以减少吊车占用时间。缺点是：吸嘴维修还是要在处理位进行，占用处理时间。这样布置的RH处理周期为30~45min。

（5）双工位结构特征：双钢包升降装置，单液压站，双处理位转换使用，单真空系统，双钢包车，双真空室车四个车位，利用双枪烘烤，快速换真空室，也省去换罐占用的处理时间，提高了作业率。但在换其中一个真空室时，需要8h左右的时间烘烤加热，这时相当于单工位的。这样布置的RH处理周期为20~40min。

（6）目前由于国内钢铁产能释放、市场供需矛盾突出、国内外市场价格差异增大、国内出口退税政策以及国外贸易壁垒等多个方面的影响，提高产品附加值将是我国钢铁企业的努力方向，而RH正是这个问题解决的直接杀手锏。

钢铁冶炼洁净钢的发展一直在要求增加钢水炉外精炼能力。目前宝钢一炼钢RH处理比为53%左右，国外强势钢铁企业RH处理比一般高于70%，有的甚至达到90%以上。可见，提高RH的处理能力和处理比，是我国钢铁企业生产精品钢材，替代进口，最大化地满足国内市场需要，实现企业经济效益最大化和社会效益最佳化的有效途径。

13.6　炉外精炼发展趋势

当前国际钢铁工业技术进步的方向，已集中于对传统的钢铁生产工艺流程进行合理组合、系统优化，以及对以薄板坯连铸连轧技术为核心的新流程进一步优化开发。在这两个方面，炉外处理技术都是不可缺少的重要组成部分。日本由20世纪70年代就开始研究并发展了许多炉外处理方法及设备，并在线应用到生产中，结果其钢铁产品在世界市场的竞争力大大增强。20年来，欧美主要工业国家的钢铁企业整体优化水平也有很大的提高。

有的转炉炼钢厂实现了百分之百的顶底复合吹炼和少渣或无渣出钢，全部钢水炉外精炼和连铸；有的工厂对铁水也全部进行炉外预处理；一些电炉生产厂对全部钢水进行精炼，除锻材等个别钢种外，已全部实现连铸。实践表明，只有生产工艺流程整体优化，才能促使钢铁生产迅速发展，产品才具有竞争力。

13.6.1 炉外精炼技术的发展趋势

当前炉外精炼技术的主要发展趋势如下：

(1) 钢液全部炉外精炼。在实际生产中，炉外精炼设备百分之百地在线运行。早在20世纪80年代末至90年代初，日本转炉钢的炉外精炼比就已达到70%，特殊钢生产的炉外精炼比高达94%，新建电炉短流程钢厂全部采用炉外精炼。

(2) 炉外精炼多功能化。多功能化是指由单一功能的炉外精炼设备发展成为多种精炼功能的设备和将各种不同功能的装置组合到一起建立综合处理站，如 LF-VD、CAS-OB、RH-OB、RH-KTB，上述装置中分别配置了喂合金线（铝线）、合金包芯线（Ca-Si、Fe-Ti、炭粉等）等。这种多功能化的特点，不仅适应了不同品种生产的需要，提高了炉外精炼设备的适应性，还提高了设备的利用率、作业率，缩短了流程，在生产中发挥了更加灵活、全面的作用。不在一个精炼炉中完成多项精炼任务，而是在不同精炼装置中分别完成，以便最经济、最有效地发挥不同精炼工艺的功能。已形成的一些较常用的多功能处理模式如下：

1) 以钢包吹氩为核心，与喂线、喷粉、化学加热、合金成分微调等一种或多种技术相结合的精炼站，用于转炉-连铸生产的衔接。

2) 以真空处理装置为核心，并与上述技术中的一种或几种技术复合的精炼站，主要用于转炉-连铸生产相衔接。

3) 以钢包炉（LF）为核心，并与上述技术及真空处理等一种或几种技术相复合的精炼，主要用于电炉-连铸生产衔接。

4) 以 AOD 为主体，包括 VOD、转炉顶底复吹在内的不锈钢精炼技术。

(3) 炉外设备不断升级。相关技术不断得到开发和完善。这主要有高寿命精炼用耐火材料及热喷补技术和装备；适用于钢包精炼的高供气强度底吹元件；纯净钢炉外精炼所需要的痕量元素分析技术；以炉外精炼为重点的计算机生产管理、物流控制技术等。它们已变成炉外精炼系统工程技术中不可分割的重要组成部分。

(4) 炉外精炼效率不断提高。外精炼技术的发展是为了实现钢铁生产优质高效、节能降耗的目标。炉外精炼技术发展的这一特点是在不断争议中逐渐形成的。优质的特点最容易为人们所接受，高效的特点在提高整个生产流程的生产效率、朝紧凑化方向的发展过程中也逐渐被人们认识到。但节能降耗的特点，至今在各个钢厂的生产实践中仍有不同程度的差别和争议。例如，对于全部钢水 RH 真空处理的生产实践，其经济性和可行性仍是不少人争议的内容。但毫无疑问的是，炉外精炼技术已成为现代钢铁生产先进水平的主要标志。

(5) 炉外精炼流程不断优化。炉外精炼技术的发展具有不断促进钢铁生产流程优化重组、不断提高过程自动控制和冶金效果在线监测水平的显著特点。例如：LF 钢包精炼技术促进了超高功率电炉生产流程的优化；AOD、VOD 实现了不锈钢生产流程优质、低耗、高效化的变革等。突出的流程优化重组的实例说明了这一技术发展的重要作用。

几十年来，炉外精炼技术已发展成为门类齐全、功能独到、系统配套、效益显著的钢铁生产主流技术，发挥着重要的作用，但炉外精炼技术仍处在不断完善与发展之中。未来10年之内，炉外精炼技术仍将在以下的几个重点方面取得进展：

1）新的炉外精炼技术对钢铁生产流程的变革将起到积极的推动作用；

2）配套同步发展辅助技术，包括冶炼炉准确的终点控制技术、工序衔接技术智能化等；

3）无污染的精炼技术及过程的环保技术。

13.6.2 尚待解决的问题

炉外精炼技术本身的发展和相关技术的完善，对于钢铁生产流程的整体优化及钢铁产品质量的影响十分重要。在完善钢铁生产系统工艺和炉外精炼技术中，钢液温度补偿技术-加热方法，防止钢液处理后的再氧化，现有车间生产工艺流程的优化以及炉外精炼智能化控制技术等问题还需要进一步研究。

13.6.2.1 钢液温度补偿技术

在各种炉外精炼处理过程中，钢液温度都会降低。钢液温度下降程度与处理的钢液量、钢包的结构及预热温度、钢液表面的保温情况等因素有关。在 40~50min 的精炼处理过程中，温度下降 30~60℃，在个别条件下，降温速度可高达 10~20℃/min。为保证后续工序（连铸或其他处理）正常进行，钢液在精炼过程中或处理之后必须加热补偿温度损失。

钢液加热的方法很多，目前应用较多的是电弧加热。这种方法采用电弧直接加热钢液，热效率较高。但由于电弧对钢包衬的辐射，恶化了包衬的工作条件，降低了寿命。此外，小容量钢包（小于 30t）直径小，在三相电极的布置和容纳方面也有问题。其他物理加热方法也都各有利弊。另一种是化学加热方法，如 CAS-OB 法，在向钢液中加铝、硅的同时吹氧，保证处理后的钢液温度符合连铸要求。这种方法的不足之处是铝和合金的消耗量增加，可适用的钢种有限。目前用于炉外精炼的加热方法的加热速度不大，约为 3~5℃/min，这不利于提高生产率，不适应生产的需要。因此，钢液处理过程中的温度补偿方法已成为炉外精炼重要的相关技术。

13.6.2.2 洁净钢液的再污染问题

经过精炼处理后的高洁净度钢液，在随后的出钢或浇注过程中与大气和耐火材料接触时被再度污染，即吸气和二次氧化；洁净度越高，吸气和二次氧化的程度越大。虽然很多炉外精炼容器都有浇注的功能或采取真空浇注、保护浇注措施，但是在很多情况下，纯净的钢液仍然会被污染。研究结果表明，浇注时钢液的杂质含量将比精炼后明显升高，如 $w[H]$ 增加 10%~80%，$w[N]$ 增加 10%~100%，$w[TO]$ 增加 70%~160%。由此可见，浇注时钢液的再污染将显著地抵消精炼效果。如何防止精炼后的钢液再度吸气和二次氧化，已成生产洁净钢的限制性环节。

13.6.2.3 现有车间生产工艺流程的优化

我国目前洁净钢生产虽然已有很好的基础和条件，但普遍存在流程长、消耗大、效率不高的问题，因此，根据系统优化的原则与各厂的具体条件，如何选择合适的炉外精炼方法、设备的容量、处理工艺以及辅助设施的配套等，都有待于深入研究。除了上述加热方法、耐火材料、钢液污染问题突出之外，在炉外精炼设备与初炼炉的匹配上也应认真考虑。

13.6.2.4 炉外精炼智能化控制技术

智能化技术在炉外精炼领域的重要性将日益突出。炉外精炼过程的整体智能控制依赖于各环节的智能化控制水平，其研究仍处于起步阶段。目前，现有炉外精炼智能控制的重点是 L1、L2 基础与过程控制，以满足生产任务和计划自动传输为主，一般炼钢厂都可以达到，也能够满足常规产品的开发要求。但有关炉外精炼智能控制研究较少。单纯依靠原有的自动化控制技术，已经不能完全满足成本和市场的要求。炉外精炼过程各监测手段和控制模型的不断优化将促进炉外精炼智能控制的进一步发展。更先进的监测手段和可靠的整体优化控制方案及两者的有机结合将成为今后炉外精炼智能化炼钢的发展趋势。

思 考 题

13-1　比较传统炼钢流程与现代炼钢流程，指出传统炼钢流程的缺点，试述钢水二次精炼的优越性。

13-2　试述钢水二次精炼的手段及达到的目的。

13-3　什么是铁水预处理，铁水预处理的种类有哪些？

13-4　为什么铁水预脱磷前必须进行铁水预脱硅处理？

13-5　简单分析金属镁预脱硫的基本原理。

13-6　如何实现铁水同时脱磷、脱硫？

13-7　钢水二次精炼的主要方法有哪些？

13-8　LF 炉主要有哪些冶金功能？

13-9　RH 真空处理的工作原理及冶金功能是什么？

13-10　试述不锈钢炉外精炼的种类、AOD 与 VOD 法各自的特点，解释"降碳保铬"的含义。

13-11　试述炉外精炼技术的发展趋势及需要解决的问题。

14　连 续 铸 钢

14.1　概　述

连续铸钢（简称连铸）是钢铁工业发展过程中继氧气转炉炼钢后的又一项革命性技术。连铸是将钢液用连铸机浇注、冷凝、切割而直接得到铸坯的工艺，它是连接炼钢与轧钢的环节。连铸所用的钢水通常需要经过二次精炼。

连铸的主要设备由钢包、中间包、结晶器、结晶器振动装置、二次冷却和铸坯导向装置、拉坯矫直装置、切割装置、出坯装置等部分组成，如图 14-1 所示。

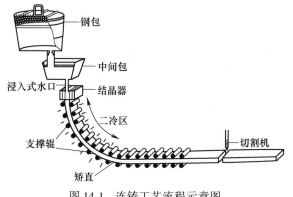

图 14-1　连铸工艺流程示意图

自工业化连铸机出现至今已有近 60 年，在这个过程中连铸技术得到了不断发展，机型、工艺、设备得到了不断改进，品种质量得到了不断提高，信息技术的应用使连铸的技术水平得到了飞速发展，生产效率得到不断提高，已从单炉浇注发展到多炉浇注，从铸坯冷送发展到热送、直装、直轧，实现连铸连轧，目前正向半无头、无头轧制方向迈进。

14.1.1　连铸技术发展概况

最早提出将液态金属连续浇注成形的设想可追溯到 19 世纪 40 年代，美国的塞勒斯（G. E. Sellers）于 1840 年、莱恩（J. Lainy）于 1843 年以及英国的贝塞麦（H. Bessemer）于 1846 年提出了各种连铸有色金属的方法。美国亚瑟（B. Atha）和德国土木工程师达勒恩（R. M. Daelen）分别于 1866 年和 1877 年提出了以水冷、底部敞口固定结晶器为特征的常规连铸概念。两者的不同之处在于：亚瑟采用一个底部敞开、垂直固定的厚壁铁结晶器，并与中间包相连，进行间歇式拉坯；达勒恩采用固定式水冷薄壁铜结晶器，进行连续拉坯、二次冷却，并带飞剪切割、引锭杆垂直存放装置，更接近现代的连铸工艺。1920~1935 年间，连铸技术主要用于有色金属，尤其是铜和铝的领域。

炼钢生产的大炉容量、高浇注温度和钢本身比热低，这些情况在有色金属生产中未曾遇到过。因此，要在炼钢领域实现连铸生产，要做的最重要的一项开拓性工作是提高一台连铸机的浇注能力，最关键的是提高浇注速度。1913年，瑞典人皮尔逊(A. H. Pehrson)提出结晶器以可变的频率和振幅做往复振动的想法。1933年，德国人容汉斯(S. Junghans)真正将这一想法付诸实施。

振动结晶器的构想和付诸实施，不仅使浇注速度提到一个较高的水平，而且使连铸技术成为通向钢铁领域发展的基石。世界上第一台工业生产性连铸机是1951年在苏联红十月钢厂投产的立式半连续式装置。它是双流机，断面尺寸为180mm×600mm。作为连续式浇注的铸机，是1952年建在英国巴路钢厂的双流立弯式铸机，其生产断面尺寸为50mm×50mm和180mm×90mm的小方坯。加拿大阿特拉斯钢厂（Atlas）于1954年投入使用了方板坯兼用的不锈钢连铸机，它可以生产一流的168mm×620mm板坯，也可以生产两流的150mm×150mm方坯。1959年，前苏联的新列别茨克厂建成了一台宽板坯铸机。日本住友和罗西为新日铁光厂提供了世界上第一台不锈钢宽板坯连铸机并于1960年12月投产，板坯宽度为1050mm。连续铸钢技术就这样经历了从20世纪40年代进行试验开发、50年代开始步入工业生产、60年代出现弧形铸机、70年代由能源危机推动大发展，到80年代进入连铸技术全面高速发展期和90年代及21世纪面临新的变革与发展的60年发展历程。

需要特别介绍的是20世纪80年代以来的连铸技术发展情况，由于连铸技术被广泛应用和备受重视，连铸装备、工艺及相关技术得到了全面高速发展，新技术层出不穷，这体现在生产工艺流程采用炼钢-精炼-连铸的优化组合，中间包冶金受到高度重视，结晶器采用在线调宽和多形式锥度及液压振动，二冷区采用气水喷雾冷却，采用多点矫直，结晶器液面自动控制、二冷动态控制等。1980年世界的连铸比为29.9%，1990年达到64.1%，2000年达到86%，有40个以上国家或地区的连铸比超过了90%，实现全连铸的国家或地区有20多个。连铸技术的全面进步为连铸机实现高效率创造了条件，拉速、作业率、漏钢率、铸坯无缺陷率等指标得到了改善，一些企业的连铸生产效率得到全面提升，见表14-1～表14-3。在这一时期，连铸技术出现了一次重大革命，即薄板坯连铸连轧（TSCR）工艺的工业应用，截至2013年，全世界已有29个国家共建63条TSCR生产线，共计铸机97流，生产能力超过11000万吨。此外，薄带连铸技术（Strip Casting）进入了工业化试验，如欧洲的EUROSTRIP、美国的Nucor等分别建立了试验厂，可生产(2~5)mm×1400mm和(0.7~2.0)mm×2000mm规格的薄带。

表 14-1　部分国外先进板坯连铸机的指标

年　份	工　厂　名	连铸坯尺寸/mm×mm	拉速/m·min^{-1}	作业率/%	漏钢率/%	年产量/万吨
1988	日本住友鹿岛厂3号连铸机	270×1450	>2.0	>90	<0.02	>300
1985	日本钢管公司福山厂5号连铸机	220×(700~1650)	2.2~2.5	93	<0.02	>300
1995	美国阿姆科阿什兰厂	240×(900~2040)	2.0	>90	<0.05	200
1992	美国钢公司格拉尼厂	220×(900~2040)	1.65	90	<0.05	160
1991	德国克虏伯公司莱茵豪森厂	260×(850~1650)	1.6	>85	<0.03	>200
	日本福山厂6号连铸机	220×1200	3.0	>80	<0.02	>230

续表 14-1

年 份	工 厂 名	连铸坯尺寸 /mm×mm	拉速 /m·min⁻¹	作业率 /%	漏钢率 /%	年产量 /万吨
	美国钢公司蒙·互利厂	(210~250)× (700~1650)	2.0	>90	<0.05	260
1990	日本大分厂 4 号连铸机		2.0	>90	<0.05	380
	日本千叶 3 号连铸机	260×1600	2.0	>90	<0.05	
	日本名古屋 2 号连铸机	250×1200	2.2	>90	<0.05	
2004	日本加古川厂		3.5			

表 14-2 部分国外先进方坯连铸机的指标

工 厂 名	铸坯断面 /mm×mm	原拉速 /m·min⁻¹	高拉速 /m·min⁻¹	作业率/%	溢漏率/%	年产量 /万吨
康卡斯特（Concast）公司	150×150	2.0	3.5			
德马克（Demag）公司	130×130	3.0	4.3			
首钢三炼钢厂	120×120	2.4	3.6~4.0	>85	0.44	
西班牙轧钢公司	130×130		3.0	97	0.4	14
韩国浦项公司	160×160		2.0	85	<0.5	10
济 钢	150×150	1.6	2.4	>85	<1.0	12
广州钢厂	150×150	1.8	2.4~2.8	>85	<1.0	15
奥钢联（西班牙）	130×130		3.3			
神户钢厂	135×135		4.3			
鲁尔奥特（Ruhrort）公司	130×130		3.5			

表 14-3 部分国外先进圆坯连铸机的指标

工 厂 名	圆坯直径/mm	拉速 /m·min⁻¹	作业率 /%	溢漏率 /%	年产量 /万吨
德国曼内斯曼胡金根厂 1 号连铸机	177/220	3.5	90	<0.5	140
德国曼内斯曼胡金根厂 2 号连铸机	177/220/310/430	2.5	90	<0.5	120
日本住友和歌山厂	187/335	2.7	85	<0.5	60

进入 21 世纪，连铸工艺与钢铁生产流程得到了不断优化，电磁技术、液压振动、动态轻压下技术、中间包加热、结晶器涂层等新技术的开发应用，对连铸生产扩大生产品种、提高钢质量及生产流程合理配置，提高生产效率产生了重要影响。高牌号硅钢、高牌号管线钢、各种牌号的不锈钢等高品位钢实现了连铸生产。薄板坯连铸连轧生产线由当时开发投产时只能浇注碳钢，已发展到能浇注硅钢、不锈钢、微合金化高强度钢。为增大压缩比、提高钢材性能与质量以及不断满足相关行业发展的需要，国内外许多企业为此而建

设大断面连铸机。例如，日本加古川 2 号大方坯连铸机的断面为 380mm×600mm（$R=$ 15m）；韩国世亚钢铁集团为提高特殊钢的质量，2005 年 9 月新建投产了断面为 390mm× 510mm（$R=16.5$m）的大方坯连铸机；为提高和稳定轴承钢的性能，我国的大冶钢厂于 2001 年建成了 350mm×470mm（$R=16$m）的大方坯连铸机；攀枝花钢铁集团公司也于 2005 年建成投产了 360mm×450mm（$R=16$m）的大方坯连铸机；SMS-Demag 公司为德国 迪林根钢厂（Dillinger）5m 轧机设计制造了（230~400）mm×（1400~2200）mm 超厚板坯连 铸机；奥钢联（VAI）公司在 2006 年 7 月成功地把奥钢联林茨钢厂板坯厚度为 285mm 的 5 号连铸机改造为坯厚 355mm×1600mm 的基础上，为韩国 POSCO 的一台 5.5m 轧机配套设 计并制造了一套（250~400）mm×（1600~2200）mm 的超厚板坯连铸机，并于 2010 年 2 月投 产；日本新日铁名古屋已能生产厚度达 600mm 的特厚板坯；我国的宝钢和首钢采用引进 的方式，也已建设能浇注 400mm 厚的超厚板坯连铸生产线。

我国连铸经历了起步晚、发展艰难、引进移植、自创体系、快速发展、高效化改造等 阶段。近十几年来，我国连铸发展的速度已达到世界主要产钢国的增长水平，并且在连铸 技术及装备的研究方面取得了突破性进展。1996 年，连铸比首次突破 50%；2000 年，连 铸比突破 80%，连铸坯产量突破 1 亿吨；2004 年，连铸坯产量达到 2.6 亿吨，连铸比达到 95.66%；2009 年，连铸坯产量突破 5 亿吨，连铸比达到 97.4%。2015 年连铸坯产量 7.9 亿吨，连铸比达到 98.3%。在产量不断增长的同时，我国的连铸坯质量满足了包括高附加 值产品在内的各类钢材的需要，而且在装备国产化方面有了更大的进步，连铸机的设计及 制造均已能立足国内。值得一提的是，我国的薄板坯连铸技术的发展更加突出，截至 2015 年，我国已有 16 条（31 流）薄（中薄）板坯连铸连轧生产线投产，生产能力达到 3946 万吨/年，成为世界上近终形连铸生产能力和产量最大的国家。此外，异型坯连铸也在国 内得到了很大的发展，马钢、莱钢、河钢等企业先后建成投产了生产 H 型钢的连铸生产 线，已满足大型建筑需要。

当今世界连铸比已达到 90%，工业发达国家的连铸比均在 98% 左右，全连铸的国家已 达 28 个。连铸技术的发展在工艺、装备等方面均有飞跃的进步，同时连铸技术已经延伸 到上至冶炼、下至轧制，其在生产流程中的中心地位得到更充分的体现。今后，连铸技术 的发展仍将是适应钢的品种开发和质量进一步提高的主题，连铸工艺过程的负过热度浇 注、半凝固态轧制将可能逐步进入工业生产行列；薄板坯连铸连轧生产线朝半无头、无头 轧制方向发展，实现从钢水到最终成品的不间断生产。

14.1.2 连铸的优越性

与传统模铸工艺相比，连续铸钢工艺具有如下优点：

（1）简化了工序，缩短了流程。省去了脱模、整模、钢锭均热、初轧开坯等工序，由 此可节省基建投资费用约 40%，减少占地面积约 30%，节省劳动力约 70%。

（2）提高了金属收得率。采用模铸工艺，从钢水到钢坯，金属收得率为 84%~88%， 而连铸工艺则为 95%~96%，金属收得率提高 10%~14%。

（3）降低了能源消耗。采用连铸工艺比传统工艺可节能 1/4~1/2。

（4）生产过程机械化、自动化程度高。设备和操作水平的提高，采用全过程的计算机 管理，不仅从根本上改善了劳动环境，还大大提高了劳动生产率。

（5）提高质量，扩大品种。几乎所有的钢种均可以采用连铸工艺生产，如超洁净度钢、硅钢、合金钢、工具钢等 500 多个钢种都可以用连铸工艺生产，而且质量很好。

14.1.3　连铸机的基本机型及其特点

按结晶器是否移动，连铸机可以分为两类。其中一类是固定式结晶器的各种连铸机，如立式连铸机、立弯式连铸机、弧形连铸机、椭圆形连铸机、水平式连铸机等。这些机型已经成为现代化连铸机的基本机型，如图 14-2 所示。典型的机型应该是立式连铸机、立弯式连铸机、弧形连铸机、直结晶器弧形连铸机。

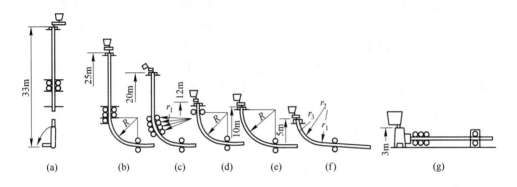

图 14-2　连铸机机型示意图

（a）立式连铸机；（b）立弯式连铸机；（c）直结晶器多点弯曲连铸机；（d）直结晶器弧形连铸机；
（e）全弧形连铸机；（f）多半径弧形（椭圆形或超低头）连铸机；（g）水平式连铸机
R—铸机半径；$r_1 \sim r_3$—矫直半径

立式连铸机是早期应用最广的一种机型，其基本特点是，铸机的主要设备布置在垂直线上，从钢水浇注到铸坯切成定尺，整个工序都是在垂直位置完成的。铸坯切成定尺后，由升降机或运输机运到地面。立式连铸的主要优点体现在：结晶器内钢水中的非金属夹杂物上浮条件好，而且能在凝固的铸坯中均匀分布；坯壳冷却比较均匀，对浇注优质钢和合金钢有利；铸坯在整个过程中不受任何弯曲、矫直作用，更适合于裂纹敏感高的钢种浇注。其缺点是：设备高度大，建设费用大，操作不方便，控制能力差，设备维护及事故处理困难，钢水静压力大，铸坯的鼓肚变形更为突出。

立弯式连铸机的上半部与立式连铸机相同，即在垂直方向进行浇注和冷却凝固，铸坯完全凝固后将其顶弯 90°，然后在水平方向上对铸坯进行切断和输出。与立式连铸机相比，其最大的优点是适度降低了连铸机的高度，铸坯的定尺不受限制，运输方便。

全弧形连铸机（又称单点矫直弧形连铸机）是于 20 世纪 60 年代出现并被迅速推广应用的机型，其特点是结晶器、二冷装置以及拉矫设备均布置在一个圆的 1/4 弧度上，铸坯在结晶器内形成弧形，出结晶器后沿着弧形轨道运动，接受喷水冷却直至完全凝固。这类铸机的高度基本等于圆弧半径。其优点是：铸机的高度低，设备重量较轻，投资费用较低，设备安装和维护方便；铸坯凝固过程中承受的钢水静压力较小，可减少因鼓肚变形而产生的内裂和偏析。其缺点是：凝固钢水中夹杂物上浮不充分，夹杂物易向内弧侧聚集，造成铸坯内弧侧约 1/4 处夹杂物富集缺陷；为防止内裂，要求铸坯在矫直前完全凝固，限制了拉速和生产能力。

　　直结晶器弧形连铸机是采用直结晶器,结晶器往下配2.5~3.5m的直线段,带有液心的铸坯经过直线段后被逐渐弯曲成弧形,之后采用多点矫直技术对带液心的铸坯进行矫直。这类铸机避免了全弧形连铸机铸坯内弧侧约1/4处夹杂物富集缺陷,保留了立式连铸机凝固过程夹杂物易上浮的优点,并仍具有弧形连铸机设备高度较低、建设费用较低的优点,因而目前被广泛应用。其缺点是,对于裂纹敏感钢种易在外弧侧产生裂纹。

　　薄板坯连铸机的形式与直结晶器弧形连铸机基本类似,后面有专门章节对其介绍。

　　另一类是同步运动式结晶器的各种连铸机,如图14-3所示。这类机型的结晶器与铸坯同步移动,铸坯与结晶器壁间无相对运动,因而也没有相对摩擦,能够达到较高的浇注速度,适合于生产接近成品钢材尺寸的小断面或薄断面的铸坯,即近终形连铸,如双辊式连铸机、双带式连铸机、单辊式连铸机、单带式连铸机、轮带式连铸机等。这些也是正在开发中的连铸机机型。

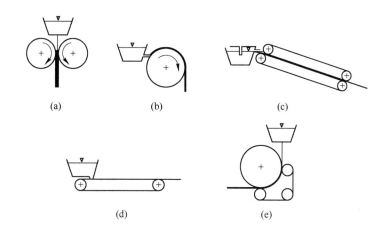

图14-3　同步运动式结晶器连铸机机型示意图
(a) 双辊式连铸机; (b) 单辊式连铸机; (c) 双带式连铸机;
(d) 单带式连铸机; (e) 轮带式连铸机

　　按铸坯断面形状,连铸机可分为方坯连铸机、圆坯连铸机、板坯连铸机、异型连铸机、方/板坯兼用型连铸机等。按钢水的静压头,连铸机还可分为高头型、低头型和超低头型连铸机等。

14.2　连铸机的主要设备

14.2.1　连铸机的基本参数

14.2.1.1　弧形连铸机规格的表示方法

　　弧形连铸机规格的表示方法为:

$$aRb - c$$

其中　a——组成1台连铸机的机数,若机数为1时可以省略;

R——机型为弧形或圆形连铸机；

b——连铸机的圆弧半径，m，若椭圆形铸机为多个半径之乘积，也表示可浇注铸坯的最大厚度，坯厚＝b/（30～36）m；

c——铸机拉坯辊辊身长度，mm，还表示可容纳铸坯的最大宽度，坯宽＝c－（150～200）mm。

14.2.1.2　铸坯断面尺寸规格

铸坯断面尺寸是确定连铸机的依据。由于成材需要，铸坯断面形状和尺寸也不同。目前已生产的连铸坯形状和尺寸范围如下：

小方坯：70mm×70mm～200mm×200mm；

大方坯：200mm×200mm～450mm×450mm；

矩形坯：150mm×100mm～400mm×560mm；

板坯：150mm×600mm～400mm×2200mm；

薄板坯：（50～90）mm×（650～1640）mm；

圆坯：ϕ80～800mm。

14.2.1.3　连铸机的弧形半径

铸机的圆弧半径 R 是指铸坯外弧曲率半径，单位为 m。它是确定连铸机总高度的重要参数，也是标志所能浇注铸坯厚度范围的参数。

根据经验公式（14-1）可确定基本圆弧半径，也是连铸机最小圆弧半径：

$$R \geqslant cD \tag{14-1}$$

式中　R——连铸机圆弧半径；

D——铸坯厚度；

c——系数。小方坯连铸机取 30～40，大方坯连铸机取 30～50，板坯连铸机取 40～50，而在国外，普通钢取 33～35，优质钢取 42～45。

14.2.1.4　拉坯速度

拉坯速度 v_c 是指每分钟拉出铸坯的长度，单位是 m/min，简称拉速。拉坯速度可用经验公式（14-2）来确定：

（1）用铸坯断面确定拉速，公式如下：

$$v_c = \xi \frac{l}{A} \tag{14-2}$$

式中　ξ——断面形状速度系数，m·mm/min；

l——铸坯断面周长，mm；

A——铸坯断面面积，mm^2。

式（14-2）只适用于大方坯、小方坯、矩形坯和圆坯。ξ 的取值为：小方坯，ξ＝65～85 m·mm/min；大方坯（矩形坯），ξ＝55～75m·mm/min；圆坯，ξ＝45～55m·mm/min。

（2）用铸坯的宽厚比确定拉速。铸坯厚度对拉坯速度影响最大，由于板坯的宽厚比较大，可采用经验公式（14-3）确定拉速：

$$v_c = \frac{\xi}{D} \tag{14-3}$$

式中　D——铸坯厚度，mm；

　　　ξ——断面形状速度系数，m·mm/min。经验值见表 14-4。

表 14-4　铸坯断面形状速度系数经验值

铸坯形状	方坯、宽厚比小于 2 的矩形坯	八角坯	圆坯	板坯
系数/m·mm·min^{-1}	300	280	260	150

（3）最大拉坯速度。限制拉坯速度的因素主要是铸坯出结晶器下口坯壳的安全厚度。对于小断面铸坯，坯壳安全厚度为 8~10mm；对于大断面板坯，坯壳厚度应不小于 15mm。最大拉坯速度为：

$$v_{max} = \frac{K_m^2 L_m}{\delta^2} \tag{14-4}$$

$$\delta = K_m \sqrt{\frac{L_m}{v_{max}}} \tag{14-5}$$

式中　v_{max}——最大拉坯速度，m/min；

　　　K_m——结晶器内钢液凝固系数，mm/min$^{1/2}$；

　　　L_m——结晶器有效长度（结晶器长度减去 100mm）；

　　　δ——坯壳厚度，mm。

14.2.1.5　液相穴深度和冶金长度

液相穴深度 $L_{液}$ 是指从结晶器液面开始到铸坯中心液相凝固终了的长度，也称为液芯长度。液相穴深度是确定连铸机二冷区长度的重要参数，对于弧形铸机来说，液相穴深度也是确定圆弧半径的主要参数。它直接影响铸机的总长度和总高度。

液相穴深度与拉速的关系式为：

$$L_{液} = \frac{D^2}{4K_{凝}^2} v_c \tag{14-6}$$

式中　$K_{凝}$——凝固系数。

液相穴深度与铸坯厚度、拉坯速度和冷却强度有关。铸坯越厚，拉速越快，液相穴深度就越大，连铸机也越长。在一定程度内，增加冷却强度有助于缩短液相穴深度。但对一些钢种来说，冷却强度需要特别控制。

根据最大拉速确定的液相穴深度为冶金长度 $L_{冶}$。冶金长度是连铸机的重要结构参数，决定着连铸机的生产能力，也决定了铸机半径或高度，对二次冷却区和矫直区结构以及铸坯的质量都会产生重要影响。

$$L_{冶} = \frac{D^2}{4K_{凝}^2} v_{max} \tag{14-7}$$

铸机长度 $L_{机}$ 是从结晶器液面到最后一对拉矫辊之间的实际长度。这个长度应该是冶金长度的 1.1~1.2 倍。即：

$$L_{机} = (1.1 \sim 1.2)L_{冶} \tag{14-8}$$

14.2.1.6　连铸机的流数

一台连铸机能够同时浇注铸坯的个数，称为连铸机的流数。在生产中，有1机1流、1机多流和多机多流三种形式的连铸机。方坯铸机最多可浇注4~6流，大型板坯采用1流或2流。

连铸机的流数可按式（14-9）确定：

$$n = \frac{W}{Av\rho t} \tag{14-9}$$

式中　n——1台连铸机浇注的流数；

　　　　W——钢包容量，t；

　　　　v——平均拉坯速度，m/min；

　　　　ρ——连铸坯密度，t/m³；

　　　　t——钢包浇注时间，min。

14.2.2　钢包

钢包又称为大包，是用于盛放钢液并进行精炼和浇注的容器。钢包的容量应与炼钢炉的最大出钢量相匹配。钢包由外壳、内衬和铸流控制机构三部分组成，见图14-4。

钢包外壳一般由锅炉钢板焊接而成，包壁和包底钢板厚度分别为14~30mm和24~40mm，为了保证烘烤时水分排出，在钢包外壳上钻有一些直径为8~10mm的小孔。钢包内衬一般由保温层、永久层和工作层组成。保温层紧贴外壳钢板，厚10~15mm，主要作用是减少热损失，常用石棉板砌筑；永久层厚30~60mm，一般由一定保温性能的黏土砖或高铝砖砌筑；工作层直接与钢液、炉渣接触，受到化学侵蚀、机械冲刷和热震作用，可根据工作环境砌筑不同材质、厚度的耐火砖，使内衬各部位损坏程度同步。内衬耐火材料的选

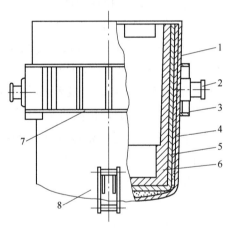

图 14-4　钢包结构示意图
1—包壳；2—耳轴；3—支撑座；
4—保温层；5—永久层；6—工作层；
7—腰箍；8—倾翻吊环

择对改善钢的质量、稳定操作、提高生产率有着重要的意义。包壁和包底可砌筑高铝砖、蜡石砖或铝炭砖，其耐侵蚀性能好，不易挂渣；钢包的渣线部位，用镁炭砖砌筑，不仅耐熔渣侵蚀，而且其耐剥落性能好。钢包内衬若使用镁铝浇注料整体浇灌，在高温作用下可提高钢包的使用寿命。

钢包使用前必须经过充分烘烤。钢包通过滑动水口的开启、关闭来调节钢液铸流的流量。滑动水口由上水口、上滑板、下滑板、下水口组成。长水口又称保护套管，用于在钢包与中间包之间保护铸流，避免了铸流的二次氧化、飞溅以及敞开浇注带来的卷渣问题。目前长水口的材质有熔融石英质和铝碳质两种。

目前承托钢包的方式主要有钢包回转台和钢包支架等。其中，钢包回转台是现代连铸

中应用最普遍的运载和承托钢包的设备，如图 14-5 所示，通常设置在钢水接受跨与浇注跨柱列之间。

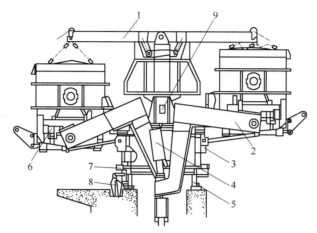

图 14-5　钢包回转台示意图

1—钢包盖装置；2—叉形臂；3—旋转盘；4—升降装置；5—塔座；
6—称量装置；7—回转环；8—回转夹紧装置；9—背撑梁

钢包回转台有直臂式和双臂式两种，均设有独立的称量系统。为了适应连铸工艺的要求，目前钢包回转台趋于多功能化，增加了吹氩、调温、倾翻倒渣、加盖保温等功能。

14.2.3　中间包

中间包简称中包，位于钢包与结晶器之间，起着减压、稳流、去渣、储钢、分流等作用。当前对钢产品质量的要求变得更加严格。中间包不仅仅只是生产中的一个容器，而且在洁净钢的生产中发挥着重要作用。20 世纪 70 年代人们已认识到，改变中间包形状和加大中间包容积可以达到延长钢液的停留时间、提高夹杂物去除率的目的；安装挡渣墙（坝），可以控制钢液的流动，实现夹杂物有效碰撞、长大和上浮。80 年代，发明了多孔导流挡墙和中间包过滤器。在防止钢液被污染的技术开发中，最近已有实质性的进展。借助先进的中间包设计和操作，如中间包加热、热周转操作、惰性气氛喷吹、预熔型中间包渣、活性钙内壁、中间包喂丝以及中间包夹杂物行为的数学模拟等，如图 14-6 所示。在现代连铸的应用和发展过程中，中间包的作用显得越来越重要，其内涵在被不断扩大，从而形成一个独特的领域——中间包冶金。

中间包的容量是钢包容量的 20% ~ 40%，20 世纪 90 年代中后期，小方坯连铸机配备中间包容量可达 20 ~ 40t，板坯用的中间包甚至达到 80t；中间包内钢水液面的深度为 500 ~ 850mm，大方坯、合金钢方坯和板坯连铸机的中间包钢水深度为 800 ~ 1000mm，也就是说，中间包朝大容量方向发展，其目的是增加钢水在中间包内的停留时间。在通常浇注条件下，钢液在中间包内停留时间应在 8 ~ 10min 范围内，才能起到上浮夹杂物和稳定铸流的作用。中间包的尺寸确定主要包括它的高度、长度、宽度的确定。

中间包的结构应具有最小的散热面积和良好的保温性能。一般常用的中间包断面形状为三角形、矩形和 T 字形等，如图 14-7 所示。中间包内衬是由保温层、永久层和工作层

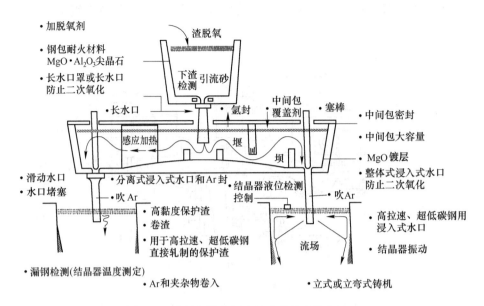

图 14-6　中间包提高钢水洁净度的各种方法

组成的。保温层紧贴包壳钢板，以减少散热，一般可用石棉板、保温砖或轻质浇注料砌筑。永久层与钢液直接接触，可用高铝砖、镁质砖砌筑，也可用硅质绝热板、镁质绝热板或镁橄榄石质绝热板组装砌筑。

中间包设有包盖，目的在于保温和保护钢包包底不致过分受烤而变形。在包盖上开有注入孔和塞棒孔。水口直径应根据连铸机在最大拉速时所需的钢液流量来确定。水口直径 d 可由式（14-10）计算确定：

$$d^2 = 375 \frac{Q}{\sqrt{H}} \qquad (14\text{-}10)$$

式中　d——水口直径，mm；

　　　　Q——一个水口全开时的钢液流量，t/h；

　　　　H——中间包的钢液深度，mm。

中间包用塞棒与水口相配合来控制铸流。一般用厚壁钢管作棒芯，浇铸时在芯管内插入直径稍小的钢管并

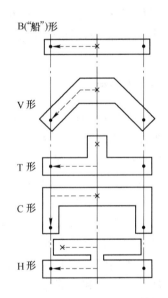

图 14-7　不同中间包形状的俯视图

引入压缩空气进行冷却，也可以将塞棒作为中间包吹氩棒。中间包塞棒是用锆碳质或铝碳质耐火材料，经过高压整体成形。

中间包采用滑动水口，安全可靠，有利于实现自动控制；但对结晶器内钢液的流动也有不利影响，易造成偏流。中间包的滑动水口装置通常做成三层滑板，上、下滑板固定不动，中间用一块活动滑板控制铸流。小方坯连铸机中间包采用由稳定性好的耐火材料制成的定径水口。目前除了部分小方坯连铸机外，都采用了浸入式水口加保护渣的保护浇注。浸入式水口的形状和尺寸直接影响结晶器内钢液流动，从而对铸坯的表面和内部质量乃至

连铸的顺行产生直接影响。

目前采用最多的浸入式水口有单孔直筒形和双侧孔两种。双侧孔浸入式水口的侧孔有向上倾斜、向下倾斜和水平状三种，如图 14-8 所示。浇注大型板坯可采用箱式浸入式水口，如图 14-9 所示。

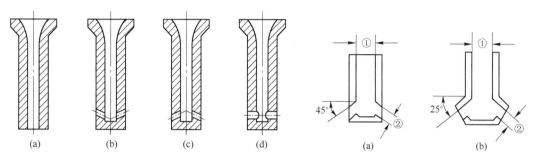

图 14-8　浸入式水口基本类型示意图

（a）单孔直筒形水口；（b）侧孔向上倾斜状水口；
（c）侧孔向下倾斜呈倒 Y 形水口；（d）侧孔呈水平状水口

图 14-9　箱式浸入式水口示意图
①—入口尺寸；②—出口尺寸

定径水口采用锆质（ZrO_2）耐火材料，或者内镶锆质、外套高铝质复合材料制作。

中间包的支撑、运输、更换均是在专门的中间包小车上实现的。小车的结构要利于浇注、捞渣和烧氧等操作，同时应具有横移和升降调节功能。小车行走机构一般是两侧单独驱动，并有自动停车定位装置。中间包的升降机构有电动或液压驱动两种。中间包车还设有电子称量系统和保护渣自动下料装置。

14.2.4　结晶器

14.2.4.1　结晶器的结构

结晶器是连铸机非常重要的部件，称为连铸设备的"心脏"。钢液在结晶器内冷却，初步凝固成一定坯壳厚度的铸坯外形，并被连续地从结晶器下口拉出，进入二冷区。结晶器应具有导热性和刚性良好、不易变形和内表面耐磨等优点，而且结构要简单，便于制造和维护。

按结晶器的外形可分为直结晶器和弧形结晶器。直结晶器用于立式、立弯式及直弧形连铸机，而弧形结晶器用在全弧形和椭圆形连铸机上。从结构来看，结晶器分为管式结晶器和组合式结晶器。小方坯及矩形多采用管式结晶器，而大型方坯、矩形坯和板坯多采用组合式结晶器。

管式结晶器结构简单，易于制造、维修，广泛应用于中小断面铸坯的浇注，最大浇注断面为 180mm×180mm。如图 14-10 所示。

组合式结晶器如图 14-11 所示，是由 4 块复合壁板组合而成。每块复合壁板都是由铜质内壁和钢质外壳组成的。在与钢壳接触的铜板面上铣出许多沟槽，形成中间水缝。复合壁板用双螺栓连接固定，冷却水从下部进入，流经水缝后从上部排出。4 块壁板有各自独立的冷却水系统。在 4 块复合壁板内壁相结合的角部，垫上厚 3~5mm 并带来 45°倒角的铜片，以防止铸坯角裂。

随着连铸机拉坯速度的提高，出结晶器下口的铸坯坯壳厚度越来越薄，为了防止铸坯

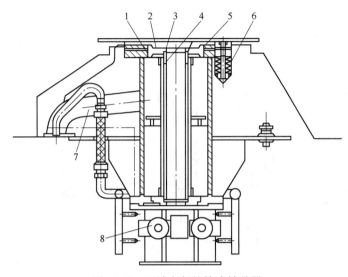

图 14-10　两端卡紧的管式结晶器

1，3—O 形密封圈；2—润滑法兰；4—铜管；5—压紧法兰；6—压紧弹簧；7—排水管；8—足辊

变形或出现漏钢事故，采用多级结晶器技术。多级结晶器即在结晶器下口安装足辊、铜板或冷却格栅。

　　为了能够预报结晶器漏钢事故，在结晶器四面铜壁外通过均布的螺栓埋入多套热电偶，热电偶测到的温度数据输入计算机，若某一点温度突然升高，说明这一点附近出现了漏钢的状况。也有根据结晶器内壁与铸坯坯壳间摩擦力的大小来检测结晶器内坯壳是否有漏钢。目前先进的连铸机同时配有这两套检测系统。

14.2.4.2　结晶器的重要参数

　　在连铸过程中，结晶器充当着一次冷却的角色，其长度是一个非常重要的参数。确定结晶器

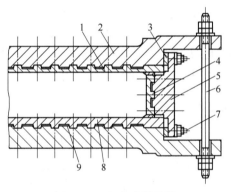

图 14-11　组合式结晶器

1—外弧内壁；2—外弧外壁；3—调节垫块；4—侧内壁；5—侧外壁；6—双头螺栓；7—螺栓；8—内弧内壁；9— 一字形水缝

长度的主要依据是，铸坯出结晶器下口时的坯壳最小厚度。对于大断面铸坯，要求坯壳厚度大于 15mm，小断面铸坯为 8~10mm。根据大量的理论研究和实践经验，结晶器长度一般在 700~900mm 内比较合适，也有的是 1200mm。目前大多数倾向于把结晶器长度增加到 900mm，薄板坯连铸机结晶器的长度超过了 1000mm，有的达到了 1200mm，小方（圆）坯结晶器为 800~1000mm，方（圆）坯结晶器为 700~1100mm。为了适应高拉速的需要，大多数倾向于把结晶器长度做适当增加。

　　为了获得良好的一次冷却效果，凝固坯壳与结晶器铜板必须保持良好的接触。由于钢液在结晶器内冷却凝固生成坯壳的同时伴随着体积收缩，结晶器铜板内腔必须设计成上大下小的形状，即所谓的结晶器锥度。这样可以减少因收缩产生的气隙，改善结晶器的导热。结晶器倒锥度常用以下两种方法表示：

$$\varepsilon_1 = \frac{S_上 - S_下}{S_上 \, l_m} \times 100\% \tag{14-11}$$

式中　ε_1——结晶器 1m 长度的倒锥度,%/m;

　　　$S_上$——结晶器上口断面积,mm^2;

　　　$S_下$——结晶器下口断面积,mm^2;

　　　l_m——结晶器的长度,m。

上式的倒锥度主要用于方坯和圆坯结晶器的设计,一般结晶的锥度每米长的倒锥度为 0.4%~0.8%。板坯的宽厚比较大,一般板坯结晶器宽面设计成平行,厚度方向的凝固收缩比宽度方向的收缩要小得多,其锥度主要是宽度方向的锥度,按式(14-12)计算:

$$\varepsilon_2 = \frac{b_上 - b_下}{b_上 \, l_m} \times 100\% \tag{14-12}$$

式中　$b_上$——结晶器上口宽度,mm;

　　　$b_下$——结晶器下口宽度,mm。

700mm 长的板坯结晶器宽度方向倒锥度一般取 0.5%~1.0%。拉速大,倒锥度自然选择要大一些。

对于不同钢种、不同断面,应有不同的锥度,根据浇注钢种的收缩系数确定。上述表达的是单锥度的确定方法,是依据凝固钢种的线收缩,很显然与实际钢的结晶凝固特性不能很好地吻合,从而造成连铸过程中气隙不均匀,不利于均匀传热和提高拉速。因此,近年来已经逐步淘汰了单锥度结晶器,出现了多锥度、抛物线形锥度、钻石形、凸形等多种类型的结晶器。

大量的研究和实践表明,结晶器内钢液凝固时导出的热量大部分在弯月面及其以下 200~400mm 范围内,结晶器下部导出的热量仅占 20%~30%。很显然,结晶器上、下部的凝固收缩不一样,双锥度、多锥度结晶器就是依据这一实际情况而设计的,使结晶器的内腔更贴近凝固坯壳,气隙进一步均匀和减小。抛物线形结晶器是依据钢液在结晶器内凝固符合平方根定律,即凝固坯壳的生长与凝固时间的平方根成正比,结晶器内腔的锥度适应抛物线方程。这种多形式锥度设计一般适合管式结晶器,组合式结晶器实施难度很大。

14.2.4.3　结晶器的材质与寿命

由于结晶器内壁直接与高温钢液接触,要求其内壁材质导热系数要高,膨胀系数要低,在高温下有足够的强度和耐磨性,塑性要好,易于加工。目前使用铜合金做结晶器内壁。在铜中加入含量为 0.08%~0.12% 的银,能提高结晶器内壁的高温强度和耐磨性。在铜中加入含量为 0.5%~1.0% 的铬或加入一定量的磷,可显著提高结晶器的使用寿命。还可以使用铜铬锆砷合金或铜锆镁合金制作结晶器内壁(锆的含量控制在 0.15%~0.25%)。

为了提高结晶器铜壁内表面的耐磨性能,以提高结晶器使用寿命,普遍在结晶器的铜板表面镀 0.05~0.15mm 厚的铬、镍、镍铁合金等镀层。以往常镀铬,但铬与铜的热膨胀系数差别很大,在实际工作过程中常因温度变化大而造成镀层剥落,所以目前在板坯结晶器中已改用镀镍、镍铁合金或镍钴合金。镍与铜的结合力较强,但其硬度要低于铬,也容易出现热裂,长期使用易引起酥脆而剥落。

结晶器使用寿命实际上是指结晶器内腔保持原设计尺寸、形状的时间。只有保持原设计尺寸、形状，才能保证铸坯质量。结晶器的寿命，可用结晶器浇注铸坯的长度来表示。提高结晶器寿命的措施有：提高结晶器冷却水水质，保证结晶器足辊、二次冷却区的对弧精度，定期检修结晶器，合理选择结晶器内壁材质及设计参数等。

14.2.4.4　结晶器的润滑

为防止铸坯坯壳与结晶器内壁黏结，减少拉坯阻力和结晶器内壁的磨损，改善铸坯表面质量，结晶器必须进行润滑。目前的润滑手段主要有两种，即润滑油润滑和保护渣润滑。

润滑剂可以用植物油或矿物油，目前用植物油中的菜籽油者居多。对于大（圆）方坯和板坯连铸，采用保护渣来达到润滑的目的。保护渣可人工加入，也可用振动给料器加入。保护渣的性质、种类将在后面的章节中做介绍。

14.2.4.5　结晶器液面控制

连铸过程中，结晶器液位波动对连铸坯质量和生产的稳定性都有极大影响，尤其是开浇、浇注后期、换包等非稳态浇注时危害更大。因此，连铸机结晶器液面控制是实现连铸生产顺行的关键环节。一个有效的结晶器液位控制系统需要由液位检测装置、执行机构、模型辨识、控制器和控制策略几个方面组成。在结晶器液位检测方面，目前采用磁感应法、热电偶法、红外线法和同位素法等来监测并控制液面，以同位素法居多。

同位素法由放射源、探测器、信号处理及输出显示等部分组成。该法用^{137}Cs 或^{60}Co作放射源。同位素法精度高、稳定性强，其结构如图 14-12 所示。在装有放射源的结晶器壁上，加一块活动保护板；放射源的储存和运送必须在设备供货的专门屏蔽桶内，进一步提高了安全性。

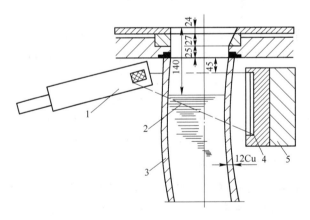

图 14-12　结晶器液面控制原理图

1—闪烁计数器；2—液位理想控制高度；3—结晶器铜壁；4—放射源；5—铅筒

在结晶器液位的实际控制中，除了液面的有效检测外，很重要的是如何快速响应实现液面的稳定控制，一项重要的工作是改进和完善结晶器液位控制模型。传统的结晶器控制模型多以经典的 PID（比例积分微分）为主，它能够以较高的精度控制稳态生产条件下的结晶器液位控制问题。但在连铸生产过程中，连铸结晶器液位控制系统具有时变性、非线性、多干扰等特点，并且系统开环增益也较大，目前常用的 PI 控制系统鲁棒性较差，越来越无法满足高的自动化生产和质量要求。例如在生产过程中，中间包内的塞棒可能受到钢液的侵蚀，导致钢水流量不能精确控制，水口和塞棒黏上凝固钢液或突然脱落、水口堵塞或烧损等非线性、时变现象，均会使塞棒特性曲线中的工作点发生突变和控制系统的特性发生变化。为此，在最近 20 年里，对结晶器液位控制模型的研究也主要集中在如何灵敏、有效地解决由于非线性、时变等非稳态条件引起的液位控制问题，提出了一些具有代表性的控制策略。在原有 PI 控制的基础上，采用基于参数辨识的智能控制方法进行液位控制，有很好的鲁棒性和有效性，将会成为结晶器有效液位控制系统的主流方向。

14.2.4.6 结晶器的振动装置

结晶器振动在连铸过程中扮演非常重要的角色。结晶器的上下往复运行实际上起到了"脱模"的作用。由于坯壳与铜板间的黏附力因结晶器振动而减小，防止了在初生坯壳表面产生过大应力而导致裂纹的产生或引起更严重的后果。当结晶器向下运动时，因为"负滑脱"（振动过程中结晶器下行速度大于拉坯速度）作用，可"愈合"坯壳表面裂痕，并有利于获得理想的表面质量。目前结晶器的振动有正弦振动和非正弦振动两种方式，如图 14-13 所示。

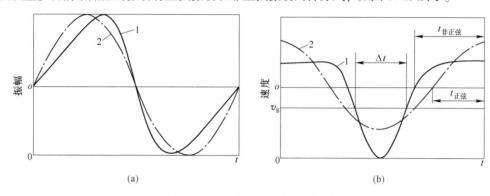

图 14-13 正弦振动和非正弦振动
(a) 振幅与时间的关系；(b) 速度与时间的关系
1—非正弦振动；2—正弦振动；t—时间；Δt—负滑脱时间

正弦波式振动的速度与时间的关系为一条正弦曲线。正弦振动用一简单的偏心轮连杆机构就能实现，振动时冲击小、加速度小，易于提高振动频率，减小振痕，改善铸坯质量。正弦振动方式在连铸机上被广泛应用。

由于拉速提高后，结晶器保护渣用量相对减少，坯壳与结晶器壁之间发生黏结而导致漏钢的可能性增加。为了解决这一问题，除了使用新型保护渣外，另一个措施就是采用非正弦振动，使得结晶器向上振动时间大于向下振动时间，以缩小铸坯与结晶器向上振动之间的相对速度。非正弦振动的优点体现在以下几方面：

(1) 振动时结晶器上升时间相对较长，速度平稳，减少了对坯壳的拉伸应力；

(2) 下降速度快，对坯壳施加压应力较大，利于修复拉裂的坯壳和顺利脱模；

(3) 负滑脱时间减少，可减轻振痕深度；

(4) 减少结晶器的摩擦阻力和拉坯阻力。

振动装置的类型比较多，有长臂型、差动齿轮型、短臂四连杆型、四偏心型、复式短臂四连杆型、半板簧型、全板簧型、串接式全板簧型等，目前应用比较多的是后五种，属于比较先进的振动装置。振动装置的驱动有机械、液压等方式。机械驱动在小方坯连铸机上使用广泛，又分为杠杆式和直动式，以直动式效果最好；液压缸驱动有伺服阀控制和数字缸控制两种方式，具有可在线调整振幅、振频、波形等功能，振动精度高，稳定性好。

结晶器振动的参数有：

振幅 A，即振动曲线半波的行程，或上、下运行总行程的 1/2。

振动频率（振频）f，即单位时间内振动的次数。f 常用式（14-13）计算：

$$f = \frac{1000(1 + E) \times v_c}{4A} \tag{14-13}$$

式中　f——振频，$\min^{-1}$；

　　　E——负滑脱率，%；

　　　v_c——拉速，m/min；

　　　A——振幅，mm。

负滑脱时间 $t_n(s)$，即结晶器向下振动时速度超过拉速的那一段时间，可用式（14-14）计算：

$$t_n = \frac{60}{\pi f} \times \arccos\left(\frac{1000 v_c}{\pi f A}\right) \tag{14-14}$$

负滑脱率 E，即结晶器向下振动时速度超过拉速的程度，可用式（14-15）计算：

$$E = \frac{\bar{v}_0 - v_c}{v_c} \tag{14-15}$$

式中　$\bar{v}_0$——一完整周期中振动速度的平均值，$\bar{v}_0 = 2Af$。

连铸过程中，结晶器向上运动时，弯月面处的初生坯壳被"拉开"，而在结晶器向下运动时，特别是在负滑脱时间，坯壳又被"愈合"，坯壳不断被拉开与愈合，就形成了铸坯表面所谓的振痕。负滑脱时间结束的时刻就是一个振痕的完成时刻，接着又开始下一个振痕的形成过程。因此，振痕与振痕之间的距离 h 取决于拉速与频率，即

$$h = \frac{v_c}{f} \tag{14-16}$$

可见，减少振动幅度，提高振动频率，减少负滑脱时间，可使振痕深度减少。当然，除了振动参数影响振痕深度外，其还与保护渣的黏度、与钢水的界面张力以及钢水液面的稳定性等有关。

14.2.4.7　结晶器快速更换台

结晶器、结晶器振动装置及二次冷却区零段三部分设备安装在一个台架上，这个台架称为结晶器快速更换台，如图 14-14 所示。这种快速更换台的设备可整体更换，保证了结晶器、二次冷却区零段对弧精确，在漏钢时可以迅速处理事故，使结晶器、支撑导向段进行清理、维护和检查调整。采用快速更换台可大大提高铸机的生产率。在实际生产过程中要十分注意快速更换台的使用和维护，及时清污和防锈，经常检查水箱、管路的密封以及各检测仪表的工作状态。

14.2.5　二次冷却系统

铸坯从出结晶器开始至完全凝固的过程称为二次冷却。二次冷却系统装置又称为二次

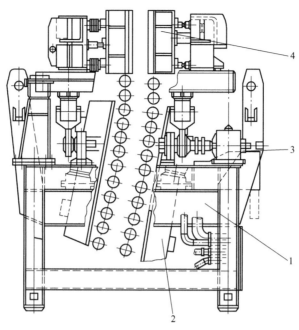

图 14-14　结晶器快速更换台

1—框架；2—零段；3—振动发生机构；4—结晶器

冷却段或二次冷却区，简称二冷区。

二冷区的作用体现在以下几个方面：

（1）带液芯的铸坯从结晶器中拉出后，通过喷水或喷气水直接冷却，使铸坯快速凝固，以进入拉矫区；

（2）对未完全凝固的铸坯起支撑、导向作用，以防止铸坯的变形；

（3）在上引锭杆时对引锭杆起支撑、导向作用；

（4）采用直结晶器的弧形连铸机，二冷区的第一段把直坯弯成弧形坯；

（5）采用多辊拉矫机时，二冷区的部分夹辊本身又是驱动辊，起到拉坯作用；

（6）对于椭圆形连铸机，二冷区本身又是分段矫直区。

二次冷却装置的结构形式主要有箱式结构、房式结构。房式结构的夹辊全部布置在敞开的牌坊结构的支架上，整个二冷区是由一段或若干段开式机架组成的。在二冷区的四周，钢板构成封闭的房室，故称为房式结构，如图 14-15 所示。目前新设计的连铸机均采用房式结构。

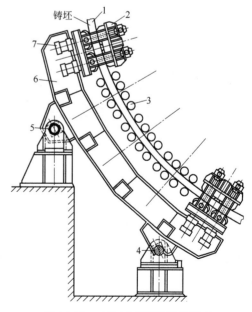

图 14-15　二冷区支导装置的底座

1—铸坯；2—扇形段；3—夹辊；4—活动支点；

5—固定支点；6—底座；7—液压缸

　　连铸坯从结晶器进入二冷区时坯壳还很薄，液芯的钢液会对坯壳产生静压力而使坯壳产生鼓肚。为此，需要密集的导辊支撑坯壳，这就需要事先对导辊的排列进行计算和设计，即所谓的辊列设计。辊列设计首先要选定铸机机型，其次要选择确定一些重要参数，如结晶器长度、铸机的弧形半径、综合凝固系数 $K_\text{凝}$、坯壳允许的总变形率、导辊的许用应力及许用最大挠度、导辊开口度的变动量、坯壳的厚度和宽度、内弧辊间距、最大浇注速度、二冷比水量、铸坯表面温度分布等。在此基础上，根据 $\delta_i = K_\text{凝}\sqrt{L/v_c}$（$L$ 为距弯月面的距离）计算弯曲点和矫直点位置的坯壳厚度 δ_i；然后进一步计算弯曲点、矫直点凝固界面的变形率 ε_i，即：

$$\varepsilon_i = \left(\frac{D}{2} - \delta_i\right) \times \left(\frac{\pm 1}{R_i - D/2}\right) \times 100\% \tag{14-17}$$

式中　D——铸坯厚度，cm；

　　　　R_i——铸机外弧弯曲半径，cm，上式弯曲时取负号，矫直时取正号。

　　再计算多点弯曲和多点矫直时的变形率及各点的弯曲半径和矫直半径、计算几何尺寸（包括辊直径）和确定分节辊的位置，最后确定辊距。图 14-16 示出了一板坯辊列。

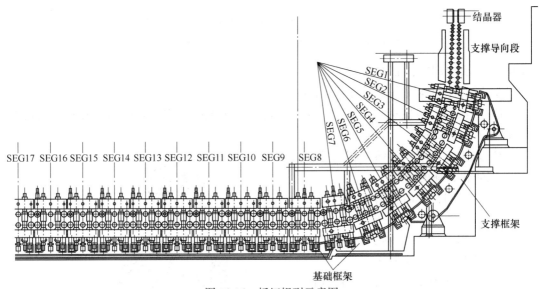

图 14-16　板坯辊列示意图

　　二次冷却有水喷雾冷却和气喷雾冷却两种方法。主要根据铸坯断面和形状、冷却部位的不同要求，选择喷嘴类型。

　　水喷雾冷却也称喷淋冷却，水的雾化仅靠所施加的压力和喷嘴的特性。压力喷嘴就是利用冷却水本身的压力作为能量，将水雾化成水滴。常用的压力喷嘴喷雾形状有实心圆锥形喷嘴、空心圆锥形喷嘴、扁喷嘴和矩形喷嘴等，如图 14-17 所示。喷淋系统可分为单喷嘴系统和多喷嘴系统两种。单喷嘴系统采用广角、大流量喷嘴，具有喷嘴数量少、不易堵塞和便于维修的优点。多喷嘴系统中，每一排布置多个小角度的喷嘴，其优点是适合对铸坯实施强冷，有利于提高拉速；缺点是容易被堵塞，增加维修量。通常，一台连铸机同时采用这两种冷却系统，结晶器下口的足辊段采用多喷嘴系数，提高冷却强度，其余区段采用单喷嘴系统。

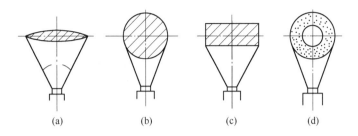

图 14-17 几种雾化喷嘴的喷雾形状图

（a）扇平形；（b）圆锥形（实心）；（c）矩形；（d）圆锥形（空心）

气-水雾化喷嘴用高压空气和水从不同方向进入喷嘴内或在喷嘴外汇合，利用高压空气的能量将水雾化成极细的水滴而形成高速的"气雾"，这气雾中包含大量颗粒小、速度快、动能大的水滴，因而冷却效果大大改善。这是一种高效冷却喷嘴，有单孔型和双孔型两种，如图 14-18 所示。就喷嘴数量而言，气-水冷却系统属于单喷嘴系统。气-水冷却系统使用的压缩空气的工作压力为 0.2MPa，提供的压力范围为 0.15~0.25MPa。

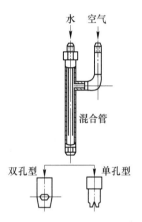

图 14-18 气-水雾化喷嘴
结构示意图

喷嘴的布置应以铸坯受到均匀冷却为原则，喷嘴的数量沿铸坯长度方向由多到少。

喷嘴的选用按机型不同布置如下：

（1）小方坯连铸机普遍采用压力喷嘴，足辊部位多采用扁平喷嘴，喷淋段则采用实心圆锥形喷嘴，二冷区后段可用空心圆锥喷嘴。其喷嘴布置如图 14-19 所示。

（2）大方坯连铸机可用单孔型气-水雾化喷嘴冷却，但必须用多喷嘴喷淋。

（3）大板坯连铸机多采用双孔型气-水雾化喷嘴单喷嘴布置，如图 14-20 所示。

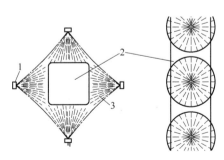

图 14-19 小方坯连铸机喷嘴布置图

1—喷嘴；2—方坯；3—充满圆锥的喷雾形式

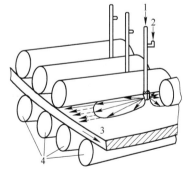

图 14-20 双孔型气-水雾化喷嘴单喷嘴布置

1—水；2—空气；3—板坯；4—夹辊

对于某些裂纹敏感的合金钢或热送铸坯，还可采用干式冷却，即二冷区不喷水，仅靠支撑辊及空气冷却铸坯。夹辊用小辊径密排以防铸坯鼓肚变形。

14.2.6　拉坯矫直装置

所有的连铸机都装有拉坯机。弧形连铸机的铸坯需矫直后水平拉出，因而早期的连铸机的拉坯辊与矫直辊装在一起，称为拉坯矫直机，也称拉矫机。现代化板坯连铸机采用多辊拉矫机，驱动辊已伸向弧形区和水平段，实际上拉坯传动已分散到多组辊上，所以拉矫机已不是原来的含义，由一对拉辊变成了驱动辊列系统。

对拉坯矫直装置的要求有：

（1）应具有足够的拉坯力，以克服结晶器、二次冷却区、矫直辊、切割小车等一系列阻力，将铸坯顺利拉出。

（2）能够在较大范围内调节拉速，适应改变断面和钢种的工艺要求以及快速送引锭杆的要求；拉坯系统应与结晶器振动、液面自动控制、二次冷却区配水实现计算机闭环控制。

（3）应具有足够矫直力，以适应可浇注的最大断面和最低温度铸坯的矫直，并保证在矫直过程中不影响铸坯质量。

（4）在结构上除了要满足适应铸坯断面变化的输送引锭杆的要求外，还要考虑未矫直的冷铸坯通过以及多流连铸机在结构布置方面的特殊要求；结构要简单，安装、调整要方便。

小方坯的小矩形坯厚度较薄，凝固较快，液相深度也较短，当铸坯进入矫直区已完全凝固，因此属于单点矫直，如图 14-21（a）所示。单点矫直是由内弧 2 个辊和外弧 1 个辊，共 3 个辊完成的。大方坯、大板坯采用带液芯多点矫直。如图 14-21（b）所示，每 3 个辊为一组，每组辊为 1 个矫直点。一般矫直点取 3~5 点。采用多点矫直可以把集中 1 点的应变量分散到多个点完成，从而消除铸坯产生内裂的可能性，可以实现铸坯带液芯矫直。

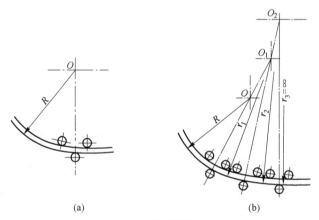

（a）　　　　　　　　　（b）

图 14-21　矫直配辊方式

（a）单点矫直；（b）多点矫直

R—铸机半径；$r_1 \sim r_3$—矫直半径

多辊拉矫机增加了辊子数目，有 12 辊、32 辊甚至更多辊，实施对铸坯的多点矫直。由于拉辊多，每对拉辊上的压力小，因而拉矫辊的辊径也小，这有利于实现小辊距密辊排列，即使带液芯铸坯进行矫直也不致产生内裂，从而能够提高拉坯速度。图 14-22 为整体架五辊拉矫机示意图。

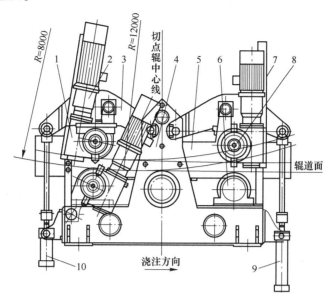

图 14-22　整体架五辊拉矫机示意图
1—减速器；2—电动机；3—上辊架；4—机架；5—水隧道；6—自由辊；
7—防护装置；8—传动辊；9—脱锭液压缸；10—压下液压缸

14.2.7　引锭装置

引锭杆是结晶器的"活底"。开浇前用它堵住结晶器下口。浇注开始后，结晶器内的钢液与引锭杆头凝结在一起，通过拉矫机的牵引，铸坯随引锭杆连续地从结晶器下口拉出，直到铸坯通过拉矫机与引锭杆脱钩为止，引锭装置完成任务。

引锭杆由引锭头及引锭杆本体两部分组成。引锭杆有挠性和刚性两种结构。挠性引锭杆一般制成链式结构。链式引锭杆又有长节距和短节距之分。长节距引锭杆由若干节弧形链板铰接而成，引锭杆和弧形链板的外弧半径等于连铸机的曲率半径。短节距链式引锭杆的节距较小，约为 200mm，适用于多辊拉矫机。

引锭杆装入结晶器的方式有两种，即上装式和下装式。上装式引锭杆是引锭杆从结晶器上口装入，引锭装置包括引锭杆、引锭杆车、引锭杆提升和卷扬装置、引锭杆防落装置、引锭杆导向装置和脱引锭杆装置等，适用于板坯连铸机。下装式引锭杆是从结晶器下口装入引锭杆，通过拉坯辊反向运转输送引锭杆，设备简单，但浇钢前的准备时间较长。

引锭杆与铸坯脱钩后，存放在一定位置，准备下次开浇使用。

常用的引锭头主要有钩头式。引锭头可与拉矫机配合实现脱钩。当引锭头通过拉辊后，用上矫直辊压一下第一节引锭杆的尾部，便可使引锭头与铸坯脱开，如图 14-23 所示。

许多连铸机在拉矫机上矫直辊前面铸坯的下方安装一根液压驱动的顶杆，帮助铸坯与引锭头脱开。

部分小方坯连铸机在拉矫机头部拧上一个螺栓作为引锭头，拉出铸坯后与坯头一起切断，将坯头连同螺栓一起丢弃。此结构简单，使用方便，成本低廉。

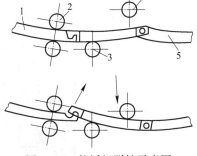

图 14-23　拉矫机脱锭示意图
1—铸坯；2—拉辊；3—下矫直辊；
4—上矫直辊；5—长节距引锭杆

14.2.8　辊缝测量装置

为适应现代连铸机浇注断面的变化及保持铸坯的尺寸精确，减少铸坯发生鼓肚变形，必须经常对辊缝进行测量、调整。

辊缝可以人工测量，但测量精度较低，工作条件恶劣。目前采用专用的辊缝测量装置，或在引锭杆上安装两个位移传感器，分别与上、下辊接触，两个位移传感器的输出信号送进得出（迭加得出）两个辊间的距离。

14.2.9　铸坯切割装置

目前连铸机所用的铸坯切割装置有火焰切割和机械剪切两种类型。

火焰切割是用氧气和燃气产生的火焰来切割铸坯。燃气有乙炔、丙炔、天然气和焦炉煤气等，生产中多用煤气。切割不锈钢或某些高合金铸坯时，还需向火焰中喷入铁粉、铝粉或镁粉等材料，使之氧化形成高温，以利于切割。

火焰切割装置包括切割小车、切割定尺装置、切缝清理装置和切割专用辊道等。火焰切割小车由割炬、同步机构、返回机构以及电、水、燃气、氧气等管线组成。火焰切割的同步机构的作用是为了使小车在切坯过程中与铸坯同步运行，以保证铸坯切缝整齐。

机械剪切设备又称为机械剪和剪切机，由于是在运动过程中完成铸坯剪切的，因而也称为飞剪。

机械剪切按驱动方式不同，又分为机械飞剪和液压飞剪。前者通过电动机系统驱动，后者通过液压系统驱动。机械飞剪和液压飞剪都是用上下平行的刀片做相对运动来完成对运动中铸坯的剪切，只是驱动刀片上下运动的方式不同。

14.2.10　出坯系统的各种设备

铸坯热切后的热送、冷却、精整、出坯等工序，称为连铸机的后步工序。后步工序中，设备主要与铸坯切断以后的工艺流程、车间布置、所浇钢种、铸坯断面及对其质量的要求有关。

对于小断面连铸机，生产批量少，铸坯切断后直接由输出辊道送往冷床，或由集料装置吊运至精整工段堆冷并进行人工精整。在这种情况下，后步工序设备有输送辊道、铸坯横移设备、冷床或集料装置等。当需要将铸坯进一步切成短定尺时，还应有二冷切割设备。

对于现代化大型板坯生产线来说，后道工序设备比小型连铸机要复杂些。除了输送辊道、铸坯横移设备和各种专用吊具外，还应有板坯冷却装置、板坯自动清理装置、翻板机和垛板机等。此外，如打号机、去毛刺机、自动称量装置等，都是连铸机后步工序的必备设备。

14.2.11　连铸车间布置

连铸是炼钢与轧钢之间取代铸锭与初轧的工艺环节，在炼钢与成品轧机之间起到承上启下的作用。因此，连铸生产必须与炼钢生产相匹配，其产品必须满足轧钢的要求。为此，连铸车间布置应考虑连铸机与炼钢炉的匹配、连铸机与轧钢机的配合、必要的设备维修区和铸坯检查精整区、铸坯的运输。

现代连铸机在厂房的立面布置均为高架式。就其平面布置而言，有纵向布置、横向布置和靠近轧机布置等多种方式。连铸机的中心线与厂房柱列相平行的布置方式，称为纵向布置。连铸机中心线与厂房柱列相垂直的布置方式，称为横向布置。为了进一步发挥连铸机的节能优势，已开发实现了铸坯热送、直接轧制和连铸连轧工艺，打破了连铸机必须建立在炼钢厂房内或炼钢车间旁边的传统模式，而是将连铸机建立在靠近轧钢车间的位置。

弧形连铸机的长度 L 是指从结晶器中心至出坯挡板之间的总长度，实际也是铸机弧形段与水平段之和的水平距离，即：

$$L = R + L_1 + L_2 + L_3 + L_4 \qquad (14\text{-}18)$$

式中　R——连铸机圆弧半径，m；

$\quad L_1$——拉矫机长度，取 1.5~1.8m；

$\quad L_2$——拉矫机至切割区距离，火焰切割区为 3~5m，若机械剪切则为零；

$\quad L_3$——输出辊道长度，m，从切割区终点到冷床入口辊道的长度，应大于最大定尺长度的 1.5 倍，同时还要大于引锭杆长度；

$\quad L_4$——出坯冷床的长度，m。

连铸机总长度较长，各段设备的维修要求也不同。一般是将连铸机圆弧半径 R 以前的部分设在连铸跨，其余部分布置在切割跨和出坯跨。

图 14-24 中，H 是铸机的总高度（m），是从拉矫机底座基础面至中间包顶面的距离。

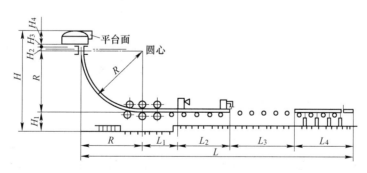

图 14-24　弧形连铸机总体尺寸示意图

$$H = R + H_1 + H_2 + H_3 + H_4 \qquad (14\text{-}19)$$

式中　H_1——拉矫机底座基础至铸坯底面距离，一般取 0.5~1.0m；

$\quad H_2$——弧形中心至结晶器顶面（上口边缘）的距离，常取结晶器长度的一半，为

$0.35 \sim 0.45\text{m}$;

H_3——结晶器上口边缘至中间包水口距离，取 $0.1 \sim 0.2\text{m}$;

H_4——中间包全高，一般取 $1 \sim 1.5\text{m}$，较大中间包可取 2m。

由连铸机总高度来确定厂房高度。将铸机总高度再加上钢包的高度、吊车主钩升高极限和安全距离，可以确定厂房高度，厂房高度以吊车轨面标高为准。

14.3　钢的凝固及连铸坯的凝固结构

14.3.1　钢凝固结晶的特点

不论是连铸还是模铸，其工艺实质是完成钢从液态向固态的转变，也就是钢的结晶过程。钢的结晶需两个条件：

(1) 一定的过冷度，此为热力学条件；

(2) 必要的核心，此为动力学条件。

钢液中含有各种合金元素，它的结晶温度不是一点而是一个温度区间，见图 14-25。钢水在 T_1 开始结晶，到达 T_s 结晶完毕。T_1 与 T_s 的差值为结晶温度范围，用 ΔT_c 表示，即：

$$\Delta T_c = T_1 - T_s \tag{14-20}$$

从结晶温度范围和两相区宽度的关系中，可以看出 ΔT_c 对凝固组织的影响。由于钢液结晶是在一个温度区间内完成的，因此在这个温度区间里固相与液相并存。实际的结晶状态如图 14-26 所示。

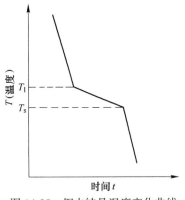

图 14-25　钢水结晶温度变化曲线

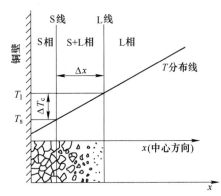

图 14-26　钢水结晶时两相区状态图

钢液在 S 线左侧完全凝固，在 L 线右侧为全部液相，在 S 线与 L 线之间固、液相并存，称此区为两相区，S 线与 L 线之间的距离称为两相区宽度 Δx。当 Δx 较大时，晶粒度较大，反之则小。晶粒度大意味着树枝晶发达，发达的树枝晶使凝固组织的致密性变差，易形成气孔，偏析也较严重。

两相区宽度与结晶温度范围梯度有关，可用式（14-21）表示：

$$\Delta x = \frac{1}{\mathrm{d}T/\mathrm{d}x}\Delta T_c \tag{14-21}$$

14.3.2　成分过冷

钢结晶过程中，在结晶前沿会有溶质大量析出并积聚，这样固相中溶质浓度就会低于原始浓度，这种现象称为选分结晶。

温度过冷是钢液结晶的必要条件之一。由于选分结晶，钢液结晶还伴随成分变化，并对过冷产生影响。图 14-27 示出浓度为 c_0 的合金的成分过冷过程。图 14-27（b）中，c_0 成分合金的结晶方向与散热方向相反，液相的热量通过已凝固晶体散出，这样得到如图 14-27（c）所示的温度分布。

当合金冷却至 T_1 时，从液相中结晶出固相；继续冷却至 T_s 时，结晶出固相的成分 c_0。根据平衡关系，这时在液-固相界面上与固相平衡的液相成分为 c_L。很明显，c_L 远大于 c_0，图 14-27（d）所示为组分浓度在液相中的分布曲线。在液相中，组分的浓度随着与相界面距离的增加，从 c_L 降至 c_0。

由于相界面前沿液相成分变化，相应地引起平衡结晶温度的改变。离相界面近的液相中组分浓度高，这部分液相的结晶温度较低，即贴近相界面处液相的结晶温度就是对应于 c_L 成分液相线上的平衡温度 T_s；反之，远离相界面液相结晶温度则较高。这就得到图 14-27（e）所示的结晶温度和距相界面的关系曲线。从图 14-27（e）可见，此时液相内的实际温度分布与之有较大差别，这个差别就是阴影部分。在阴影区内合金的温度均低于液相的平衡结晶温度，即均处于过冷状态。过冷度大小是有区别的，其数值可通过图 14-28 求出。做垂线 x，它被结晶温度分布曲线与实际温度分布曲线所截，得到线段 AB，AB 之长即为所求。从图 14-28 中可以看出，固-液相界面的过冷度已经降低，其过冷度甚至比远离相界面处还小，这种凝固前沿过冷度减少的现象称为成分过冷。

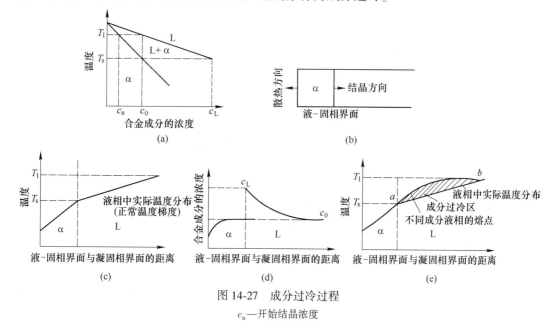

图 14-27　成分过冷过程

c_n—开始结晶浓度

实践证明，过冷度的大小对晶粒形态有决定性的影响。当过冷度很小时，晶粒规则生长，其表现为凝固前沿平滑地向液相推进；当过冷度较大时，凝固前沿则跳跃式向液相推进，形成柱状晶。

14.3.3 化学成分偏析

在最终凝固结构中溶质浓度分布是不均匀的，最先凝固的部分溶质含量较低，而最后凝固的部分溶质含量则很高，这种成分不均匀的现象称为偏析。它分为宏观偏析和显微偏析。

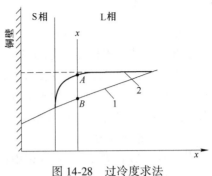

图 14-28 过冷度求法

1—液相中实际温度；2—不同成分液相的熔点

在实际生产中，钢液是在快速冷却条件下结晶的，因而属于非平衡结晶。图 14-29 所示为钢液凝固的非平衡结晶过程。结晶开始形成的树枝晶较纯，随着冷却，外层陆续形成溶质浓度为 c_2'、c_3'、c_4' 的树枝晶，含有浓度较高的溶质元素，如图 14-30 所示，形成了晶粒内部溶质浓度的不均匀性，中心晶轴处浓度低，边缘晶界处浓度高。这种呈树枝分布的偏析称为显微偏析或树枝偏析。

显微偏析大小可用显微偏析度来表示：

$$A = \frac{c_间}{c_轴} \tag{14-22}$$

式中　A——显微偏析度；

　　　$c_间$——晶间处的溶质浓度；

　　　$c_轴$——晶轴处的溶质浓度。

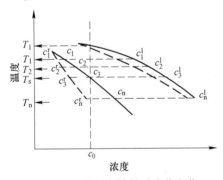

图 14-29 非平衡结晶时成分变化

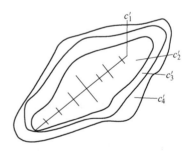

图 14-30 树枝偏析的形成

当 $A>1$ 时，称偏析为正，即正偏析；当 $A<1$ 时，称偏析为负，即负偏析。

影响显微偏析的主要影响因素有冷却速度、溶质元素的偏析倾向、溶质元素在固体金属中的扩散速度。

钢液在凝固过程中，铸坯横截面上最终凝固部分的溶质浓度高于原始浓度。未凝固钢液的流动导致整体铸坯内部溶质元素分布的不均匀性，即宏观偏析，也称低倍偏析。可通过化学分析或酸浸显示铸坯的宏观偏析。

宏观偏析的大小可用宏观偏析量来表示：

$$B = \frac{c - c_0}{c_0} \times 100\% \tag{14-23}$$

式中　B——宏观偏析量；

　　　c——测量处的溶质浓度；

　　　c_0——钢水原始溶质浓度。

当 $B>0$ 时，称偏析为正；当 $B<0$ 时，称偏析为负。

生产工艺中可采取以下措施来控制偏析：

（1）增加钢液的冷凝速度。通过抑制选分结晶中溶质向母液深处的扩散来减小偏析。

（2）合适的铸坯断面。小断面可使凝固时间缩短，从而减轻偏析。

（3）采用各种方法控制钢液的流动，如适宜的浸入式水口、加入 Ti、B 等变性剂等。

（4）工艺因素，如适当降低浇注温度和浇注速度，有利于减轻偏析；防止连铸坯鼓肚变形，可消除富集杂质母液流入中心空隙，以减小中心偏析等。

（5）降低钢液中 S、P 含量。S、P 是钢中偏析倾向最大的元素，对钢的危害也最大，因此通过减少钢液中 S、P 含量也可减轻偏析对钢材质量的影响。

（6）电磁搅拌。搅拌可打碎树枝晶，细化晶粒，减小偏析。

（7）凝固末端的轻压下技术。

14.3.4　凝固收缩

热胀冷缩现象在钢凝固过程中表现为凝固收缩。它包含如下三方面的收缩：

（1）液态收缩。钢液由浇注温度降至液相线温度过程中产生的收缩称为液态收缩，即过热度消失时的体积收缩。这个阶段钢保持液态，收缩量为 1%。

（2）凝固收缩。钢液在结晶温度范围形成固相并伴有温降，这两个因素均会对凝固收缩有影响。结晶温度范围越宽，收缩量就越大。凝固收缩量约为总量的 4%。

（3）固态收缩。钢由固相线温度降至室温过程中，钢处于固态，此过程的收缩称为固态收缩。由于收缩使铸坯的尺寸发生变化，也称为线收缩。其收缩为总量的 7%~8%。

三种收缩中，固态收缩量最大，在温降过程中会产生热应力，在相变过程中会产生组织应力。应力是产生铸坯裂纹的根源，因此，固态收缩对铸坯质量影响相当大。

14.3.5　连铸坯的凝固传热和结构特点

14.3.5.1　连铸凝固传热机制

从本质上来说，连铸是一个热量传输过程，也是把钢液转变为固体钢的加工过程。在连铸机内，钢液由液态转变为固态传输的热量包括：

（1）过热，指钢液进入结晶器时的温度与钢的液相线温度之差。前者也称浇注温度，一般把开始浇注 10min 左右经均匀混合后在中间包测得的温度当作浇注温度。

（2）潜热，指钢液由液相线温度冷却到固相线温度，即完成从液相到固相转变的凝固过程中放出的热量。

（3）显热，指从固相线温度冷却到出铸机时表面温度达到 1000℃ 左右时放出的热量。

上述热量的放出是通过辐射、传导和对流三种方式进行的。钢液在连铸机中的凝固传热是在三个冷却区内实现的，即结晶器（一次冷却区）、包括辊子冷却系统在内的喷水冷却区（二次冷却）和向周围环境辐射传热区（三次冷却）三个区域，如图 14-31 所示。

辐射传热区一般是从完全凝固后，即从液相穴末端开始的。而从结晶器到最后一个支

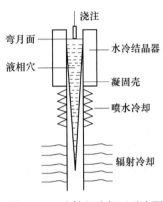

图 14-31　连铸机冷却区示意图

撑辊之间的传热包括辐射、传热和对流这三种传热机制的综合作用。在液相穴内，特别是在结晶器内注流出水口的区域附近，传热主要取决于钢液的流动状态以及凝固前沿与铸坯表面之间的温度梯度。而液相穴的长短和浇注速度的高低，与钢水过热度和铸坯在铸机内的传热过程有密切关系。连铸过程的传热不仅影响铸机的生产率，还会影响铸坯质量。因为凝固前沿的晶体强度和塑性都很低，当有应力（如热应力、鼓肚应力、矫直弯曲应力等）作用时，很容易产生裂纹，凝固坯壳由于冷却不均也会造成很大的热应力。坯壳在冷却过程中会发生相变（$\delta \rightarrow \gamma \rightarrow \alpha$），特别是在二次冷却区内，铸坯与夹辊和喷水交替接触，坯壳温度反复下降和回升，使铸坯组织发生变化，相当于经受反复"热处理"，从而影响溶质偏析和硫化物、氮化物在晶界的析出和沉积，进而影响钢的高温性能，增加钢的高温脆性。

14.3.5.2　结晶器内的凝固传热

在连铸设备中，结晶器被称为是连铸机的心脏，是一个非常重要的部件。由中间包进入结晶器内的钢液通过结晶器壁散热冷却，形成一定厚度的坯壳。这个过程是在初生凝固坯壳与结晶器之间具有连续的相对运动的情况下进行的，因此要求结晶器具有良好的冷却效果，保证铸坯出结晶器时形成厚度均匀而强度足够的坯壳，以能抵抗钢液静压力和拉坯力，不发生胀裂或拉漏等事故，保证连铸的顺行。

A　结晶器内的传热机理

钢液在结晶器内的凝固传热可分为拉坯方向的传热和垂直于拉坯方向的传热两部分。拉坯方向的传热包括结晶器内弯月面上钢液表面的辐射传热和铸坯本身沿拉坯方向的传热，相对而言，这部分热量是很小的，仅占总传热量的 3% ~ 6%。在结晶器内，钢液和坯壳的绝大部分热量是通过垂直于拉坯方向传递的。钢液在结晶器内的凝固过程可近似地看作是向结晶器壁的单向传热。钢液的热量通过坯壳、气隙、结晶器铜壁和冷却水界面，最后由冷却水带走。

由于钢液与结晶器铜壁的润湿作用，钢液与铜壁接触，形成了一个半径很小的弯月面，如图 14-32 所示。弯月面半径 r 可用式（14-24）表示

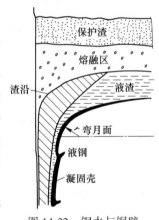

图 14-32　钢水与铜壁弯月面的形成

$$r = 1.699 \sqrt{\frac{\sigma_{\mathrm{m}}}{\rho_{\mathrm{m}} g}} \qquad (14\text{-}24)$$

式中　r——弯月面半径，m，r 值一般为 0.005 ~ 0.01m；

　　　σ_{m}——钢液表面张力或钢-渣界面张力，N/m；

　　　ρ_{m}——钢液密度，kg/m^3；

g——重力加速度，m/s^2。

弯月面对初生坯壳很重要，良好稳定的弯月面可确保初生坯壳的表面质量和坯壳的均匀性。保持弯月面的稳定状态，最根本的方法是提高钢液的洁净度，减少夹杂物含量；选用性能良好的保护渣，吸附弯月面上的夹杂物，可保持弯月面薄膜的弹性；另外，可人工及时清除弯月面下的夹杂物，以防拉漏。

已凝固的高温坯壳发生 $\delta \to \gamma$ 的相变，引起坯壳收缩，收缩力牵引坯壳离开铜壁，气隙开始形成；气隙形成使传热的热阻增加，坯壳温度回升、强度降低，在钢水静压力作用下使其再次贴紧铜壁；传热条件有所改善，坯壳增厚，于是又产生冷凝收缩，牵引坯壳再次离开铜壁。这样周期性地离合 2~3 次，坯壳达到一定厚度并完全脱离铜壁，气隙稳定生成，如图 14-33 所示。由于结晶器角部区域是二维传热，最先生成坯壳，收缩力大，形成气隙也最大。由于钢水的静压力无法将角部的坯壳压向铜壁，因而角部一开始就形成了永久性气隙。所以初生坯壳形成后，角

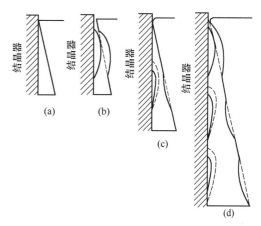

图 14-33 结晶器坯壳形成示意图
（a）形成坯壳；（b）平衡状态；（c）形成皱纹与凹陷；（d）坯壳出结晶器

部区域的传热变得比边部更差，相对而言，角部区域坯壳最薄，见图 14-34。角部成了坯壳最薄弱的部位。在实际生产中，角部漏钢的几率比其他部位高。为了均匀传热，将方坯和板坯结晶器的角部都做成圆角。

结晶器内的传热需要经过五个过程，如图 14-35 所示。

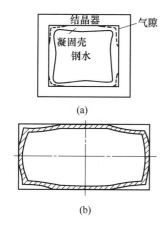

图 14-34 结晶器横向气隙形成示意图
（a）方坯结晶器；（b）板坯结晶器

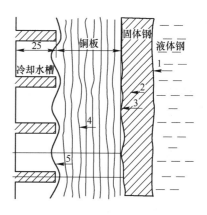

图 14-35 结晶器内传热过程示意图
1—铸坯液芯与坯壳间的传热；2—坯壳内的导热；
3—坯壳与结晶器壁间的传热；4—结晶器铜壁内的导热；5—结晶器壁与冷却水间的传热

a　铸坯液芯与坯壳间的传热

由于从中间包水口注入结晶器的钢流造成了钢液的复杂运动，使过热的液芯与坯壳之间产生对流热交换，不断地把过热量传给坯壳。

由实测可知，液芯与坯壳之间的热流密度随钢液过热度的增加而增大，当钢液过热度为30℃时，热流密度为30W/cm^2。液芯内钢液的对流传热，可使钢液的过热度很快消失。虽然过热度变化对结晶器总热流的影响并不大，结晶器铸坯四个面中部的坯壳厚度基本相同，但铸坯角部坯壳厚度则是随浇注温度的升高而减薄，这样就增加了拉漏的危险性。因此，虽然可以忽略过热度对结晶器总热流的影响，但把过热度限制在一定范围内是很有必要的。

法国钢铁研究所等单位曾研究过此热交换过程，并给出了计算液芯与坯壳之间传热系数的经验式：

$$h = \frac{2}{3}\rho c v_s \left(\frac{c\mu}{\lambda}\right)^{-\frac{2}{3}} \cdot \left(\frac{L v_s \rho}{\mu}\right)^{-\frac{1}{2}} \quad (14\text{-}25)$$

式中　h——液芯与坯壳间的传热系数，W/(cm^2·℃)；

　　　ρ——钢液密度，g/cm^3；

　　　c——钢的比热容，J/(g·℃)；

　　　v_s——钢液流速，cm/s；

　　　μ——钢液黏度，g/(s·cm)；

　　　λ——钢液导热系数，W/(cm·℃)；

　　　L——传热处的结晶器高度，cm。

b　坯壳内的导热

在忽略沿拉坯方向传热的前提下，可以认为在凝固坯壳内的传热是单方向传导传热，坯壳靠钢水一侧温度很高，靠铜板一侧温度较低，坯壳内的这种温度梯度可高达550℃/cm。这一传热过程中的热阻取决于坯壳的厚度和钢的导热系数。因此，坯壳对液芯过热量，特别是两相区的凝固潜热向外传递构成了很大热阻，热阻可表示为e_m/λ_m（e_m为凝固壳厚度，λ_m为钢的导热系数）。若坯壳厚度为1cm，就可以构成大约3.3cm^2·℃/W的热阻。

传热速率取决于垂直于铸坯表面的温度梯度。当温度梯度为550℃、坯壳厚度为1cm时，相对的传热系数为0.3W/(cm^2·℃)，热流为105W/cm^2。

c　坯壳与结晶器壁间的传热

当钢液进入结晶器时，除了在弯月面附近有很小面积的结晶器壁表面与钢液直接接触进行热交换外，其余部分结晶器壁表面与凝固坯壳之间还进行固-固间的热交换。根据接触条件的不同，可以把铸坯与结晶器表面接触的区域划分为三个不同的区域。图14-36为结晶器壁与凝固坯壳的接触状态示意图。

（1）弯月面区，钢液与铜壁直接接触时热流密度相当大，高达150~200W/cm^2，可使钢液迅速凝固成坯壳，冷却速度达100℃/s。

（2）紧密接触区，在钢水静压力作用下，坯壳与铜壁紧密接触，两者以无界面热阻的方式进行导热热交换。在这个区域里导热效果比较好。

（3）气隙区，当坯壳凝固到一定厚度时，其外表面温度的降低使坯壳开始收缩，因而在坯壳与铜壁之间形成充有气体的缝隙，称为气隙。由于坯壳与铜壁紧密接触时结晶器角部冷却最快，首先会在角部出现气隙，随后再向中部扩展。在气隙中，坯壳与铜壁之间的热交换以辐射和对流方式进行。由于气隙造成了很大界面热阻，降低了热交换速率，所以坯壳在气隙处可出现回温膨胀或抵抗不住钢水静压力而重新紧贴到铜壁之上，使气隙很快消失。气隙消失后，界面热阻也随之消失，导热量增加，会使坯壳再降温收缩而重新形成气隙，然后再消失、再形成，如此重复，所以在结晶器内，坯壳与铜壁的接触表现为时断时续。实验表明，气隙一般都是以小面积而不连续的形式存在于铜壁与坯壳之间，气隙出现的位置具有随机性，并没有固定的空间位置。但统计结果表明，距弯月面越远，气隙出现得越多，厚度也越大。所以使结晶器具有一定的锥度。对于减少气隙的存在，增强结晶器冷却效果是行之有效的一个必要措施。

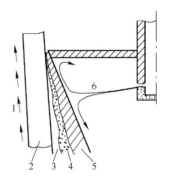

图 14-36　结晶器壁与凝固坯壳的
接触状态示意图
1—冷却水；2—结晶器；3—气隙；
4—渣膜；5—坯壳；6—钢流

由于坯壳角部的刚度较大，出现在角部的气隙比出现在坯壳表面中部的气隙厚，因此角部气隙的界面热阻也比中部的大。故当气隙存在时，从中部至角部的坯壳与铜壁间的热流密度是逐渐减小的。这说明沿结晶器截面上的冷却强度是不均匀的。

由于气隙的存在和坯壳表面温度的变化，沿结晶器长度方向上坯壳与铜壁间的热流密度也是变化的。图 14-37 所示为小方坯连铸结晶器中热流密度与时间的关系。从图中可以看出，热流密度沿结晶器长度方向是逐渐降低的。

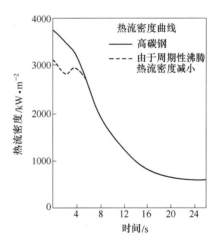

图 14-37　小方坯连铸结晶器的
热流密度与时间的关系

d　结晶器铜壁内的导热

由于铜壁的导热性能很好，并且一般铜壁都比较薄，所以它的热阻很低，其传热系数为 $2W/(cm^2 \cdot \text{℃})$。热阻可表示为 e_{Cu}/λ_{Cu}（e_{Cu} 为铜壁厚度，λ_{Cu} 为铜导热系数）。决定铜壁散热量大小的主要因素是铜壁两表面的温度分布。习惯上把铜壁面向坯壳的一面称为热面，而把面向冷却水的一面称为冷面。图 14-38 给出了沿结晶器长度方向上铜壁热面和冷面的分布情况。

影响铜壁面温度分布的主要因素是冷却水流速、结晶器壁厚和钢液碳含量。图 14-39 所示为冷却水流速对铜壁面温度分布的影响。由图可知，在水流速为 $5 \sim 8m/s$ 时，接近结晶器钢液面区域的水缝中的冷却水开始沸腾。水流速较低时，在结晶器壁温度较低的条件下就可以产生冷却水沸腾。水流速增高至 $11m/s$ 时，可使冷面温度明显下降，沸腾完全消失，热面温度也相应降低。

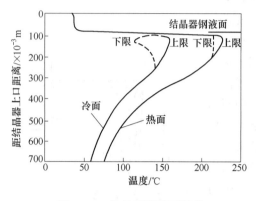

图 14-38 结晶器铜壁面温度

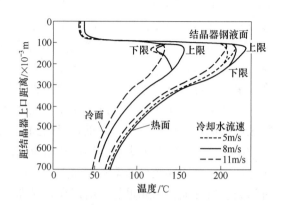

图 14-39 冷区水流速对铜壁面温度分布的影响
（钢碳含量大于 0.2%，结晶器壁厚为 9.53mm）

图 14-40 所示为板坯结晶器铜壁厚度对其热面中心线温度的影响规律。沿拉坯方向，不同位置的热流密度决定着温度增量；铜板加厚，热阻增大，则热流密度一定时热面与背板之间温差加大，并使热面温度升高；厚度每增加 5mm，热面最大温升约 30℃，且出现在弯月面附近和铜镍分界处；适当减小铜板厚度可降低热面温度，有助于降低铜板热应力和热变形，延长结晶器使用寿命。由于厚壁结晶器常用于浇注较大断面铸坯，与小断面浇注相比，较少遇到冷却水沸腾现象。

图 14-41 所示为钢液碳含量对铜壁面温度分布的影响。浇注高碳钢与低碳钢相比，铜壁面温度分布有较大差别。高碳钢温度较高，浇注时易产生冷却水沸腾；而同样条件下浇注低碳钢时，则不会产生沸腾。

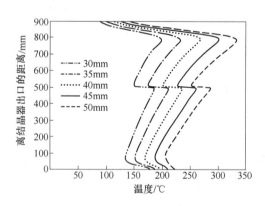

图 14-40 板坯结晶器铜壁厚度对其
热面中心线温度的影响

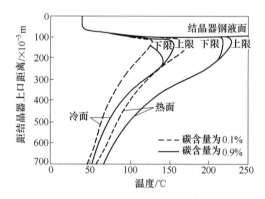

图 14-41 钢液碳含量对铜壁面温度分布的影响
（结晶器壁厚为 9.53mm，冷却水流速为 8m/s）

e 结晶器壁与冷却水间的传热

在结晶器水缝中，强制流动的冷却水迅速将结晶器铜壁散发出的热量带走，保证铜壁处于再结晶温度之下，不发生晶粒粗化和永久变形。

结晶器壁与冷却水之间传热有三种不同的情况，如图 14-42 所示。

图 14-42 中的第一区，即强制对流传热区，热流密度与结晶器壁的温差成线性关系，冷却水与壁面进行强制对流换热。两者间的传热系数受水缝的几何形状和水的流速的影响，可以由式（14-26）进行计算：

$$h = 0.023 \frac{\lambda}{d} \left(\frac{dv}{\nu}\right)^{0.8} \cdot \left(\frac{\nu}{a}\right)^{0.4} \quad (14\text{-}26)$$

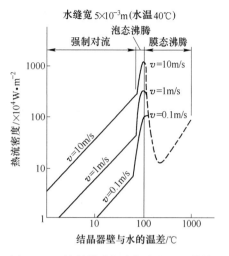

图 14-42　结晶器壁与冷却水的界面传热

式中　h——传热系数，W/（cm² · ℃）；

λ——水导热系数，W/（cm² · ℃）；

d——水缝当量直径，cm；

v——水的流速，cm/s；

ν——水的黏度，cm²/s；

a——水的导温系数，cm²/s。

图 14-42 中的第二区（中部），即泡态沸腾区，可看到当结晶器壁与水温差稍有增加时，热流密度会急剧增加。这是由于冷却水被汽化生成许多气泡，造成水流的强度扰动而形成了泡态沸腾传热。

图 14-42 中的第三区（右半部），即膜态沸腾区，可看到当热流密度由增加转为下降，而结晶器壁温度升高很快，此时会使结晶器产生永久变形，甚至烧坏结晶器。这是由于结晶器与水的温差进一步加大时，冷却水汽化过于强烈，气泡富集成一层气膜，将冷却水与结晶器壁隔开，形成很大的热阻，传热学上称之为膜态沸腾。

对于结晶器来说，应力求避免在泡态沸腾和膜态沸腾区内工作，尽量保持在强制对流传热区工作，这对于延长结晶器使用寿命相当重要。为此，应做到以下两点：

（1）结晶器水缝中的水流速应大于 8m/s，以避免水的沸腾，保证良好的传热，但流速再增加时对传热影响不大；

（2）结晶器进、出口水温差控制在 6~8℃ 之间，不能超过 10℃。

B　结晶器内的传热计算

铸坯和铜壁之间的传热情况比较复杂，从理论上对此做出准确的预测相当困难，曾经有各种各样根据经验关系函数和根据实测结果进行边界条件设定的方法。坯壳和结晶器之间的传热系数是结晶器内的位置、拉速及保护渣特性参数的函数，而且还与钢的线性收缩性、钢的高温强度、结晶器锥度和长度以及坯壳的表面温度等有关。因此，一般采用热平衡方法来研究结晶器的传热速率，即结晶器导出的热量＝冷却水带走的热量，得：

$$\bar{q} = Q_w c_w \Delta t_w / F \quad (14\text{-}27)$$

式中　$\bar{q}$——结晶器平均热流密度，W/cm²；

Q_w——结晶器冷却水流量，g/s；

c_w——水的比热容，J/（g · ℃）；

Δt_w——结晶器冷却水进、出水温度差，℃；

　　F——结晶器内与钢水接触的有效面积，cm^2。

　　Savage 和 Pritchard 给出了水冷却铜结晶器的热流密度（q，W/cm^2）与钢水停留时间的关系式为：

$$q = 268 - 33.5\sqrt{\tau} \tag{14-28}$$

式中　　τ——钢水在结晶器中的停留时间，s。

　　用拉速 v 和结晶器内钢水高度 L 来代替 τ，积分式（14-28）可得平均热流密度为：

$$\bar{q} = 1/\tau_m \int_0^{\tau_m} q\mathrm{d}t = 268 - \frac{2}{3} \times 33.5\sqrt{\tau_m} = 268 - 22.3\sqrt{\frac{L}{v}} \tag{14-29}$$

式中　　τ_m——钢水通过结晶器的时间，s；

　　　　L——结晶器内钢水高度，cm；

　　　　v——拉坯速度，cm/s。

　　Lait 等人调查了不同浇注条件下（如不同的结晶器形状、润滑方式、浇注速度、铸坯尺寸等）实际测量得到的平均热流密度为：

$$\bar{q} = 268 - 22.19\sqrt{\tau_m} \tag{14-30}$$

　　蔡开科推荐了式（14-31）：

$$\bar{q} = 268 - 27.6\sqrt{\tau_m} \tag{14-31}$$

　　连铸传热计算过程中，由于结晶器设计参数及结构不同，一般采用以下形式：

$$\bar{q} = 268 - \beta\sqrt{\tau_m} \tag{14-32}$$

式中　　β——常数，由实际测定的结晶器热平衡计算确定。

　　C　影响结晶器传热的因素

　　从前述结晶器传热机理的分析中可知，钢液把热量传给冷却水要经过以下环节，即坯壳与钢液间界面、坯壳、坯壳与铜壁界面、铜壁、铜壁与冷却水界面等。若在结晶器某一横断面上观察钢液与冷却水的热交换，则可以把两者之间的传热看成是一个稳定态传热过程，结晶器散热热流密度可以表示为：

$$q = (t_c - t_w)/R \tag{14-33}$$

式中　　q——结晶器热流密度，W/m^2；

　　　　t_c——钢液温度，℃；

　　　　t_w——冷却水温度，℃；

　　　　R——结晶器内传热总热阻，$m^2 \cdot ℃/W$。

　　结晶器内各部分热阻在总热阻中所占的百分比大体如下：坯壳26%，坯壳与结晶器之间气隙71%，结晶器壁1%，结晶器与冷却水界面2%。可见，气隙对结晶器内的热交换和钢液的凝固起决定性作用。因此，改善结晶器传热的主要措施应是减小热阻，从结晶器设计参数和操作工艺两个方面进行考虑。

　　a　设计参数对结晶器传热的影响

　　（1）结晶器锥度。为了获得良好的一次冷却效果，凝固坯壳与结晶器铜板必须保持良好的接触。由于钢液在结晶器内冷却凝固生成坯壳的同时伴随着体积收缩，结晶器铜板内腔必须设计成上大下小的形状，即所谓的结晶器锥度。这样可以减少因收缩产生气隙，改善结晶器的导热。结晶器的倒锥度不仅可以减小下部气隙热阻，有利于传热，从而增加坯壳厚度，还可以降低结晶器出口坯表面温度，减少铸坯表面裂纹的生成，有利于提高拉速。但倒锥度应有一定限制，过大时会增大拉坯阻力和结晶器壁的磨损。

（2）结晶器长度。作为一次冷却，结晶器长度是一个非常重要的参数。热量主要是从结晶器上部传递的，相对而言，结晶器下部传热量比较小。确定结晶器长度的主要依据是铸坯出结晶器下口时的坯壳最小厚度。从传热的角度来看，结晶器不宜过长，否则会影响传热效率。

（3）结晶器内表面形状。适当地改变结晶器内表面形状，如制成锯齿形、凹形、凸形或其他形状，可以增加有效周长，减少气隙，改善传热，减少表面热裂纹。

（4）结晶器材料。结晶器的材料应具有良好的导热性和热稳定性，还应具有良好的机械加工性能，必要时在壁表面镀铬或镍。目前多采用铜合金，如铜铬、铜银、铜锆合金等作为结晶器的材料，它们导热性比较好，弹性极限和再结晶温度也比较高，其性能见表14-5。

表 14-5 结晶器材料的性能

材　料	导热系数/W·(cm·℃)$^{-1}$	弹性极限/MPa	再结晶温度/℃
铜铬合金	3.55	294	450
铜银合金	3.75	245	250
铜锆合金	3.65	281	

（5）结晶器壁厚度。结晶器壁厚度增加，其热面温度也增加。40mm 壁厚的结晶器热面温度可达 300~400℃，在此温度下，普通铜要发生再结晶甚至软化，所以要限制结晶器壁的厚度。但若厚度太薄，浇注时结晶器会产生弹性变形。因此需要有一个最佳厚度，它取决于具体的浇注条件。方坯结晶器壁厚度为 8~10mm，对传热影响不大；板坯结晶器铜板厚度由 40mm 减少到 20mm 时，热流仅增加 10%。

　　b　操作工艺对结晶器传热的影响

（1）拉速。由图 14-43 可知，结晶器平均热流密度随拉速的增加而增加，结晶器壁的温度也随之增加，但结晶器内单位质量钢液传出的热量却随之减少，因而导致坯壳减薄。由图14-44可以看出，拉速增加10%，结晶器出口坯壳厚度大约减少5%，所以拉速是控制结晶器出口坯壳厚度最敏感的因素。操作时，应保证铸坯出结晶器下口时坯壳不致被拉漏的安全厚度，通常小断面铸坯坯壳的安全厚度为 8~10mm，大断面板坯坯壳的厚度应不小于 15mm。在此前提下应尽可能采用高的拉速，以充分发挥铸机的生产能力。

（2）过热度。理论计算及实测表明，当拉速和其他工艺条件一定时，过热度每增加10%，结晶器最大热流密度可增加 4%~7%，坯壳厚度可减小 3%，但过热度对平均热流密度的影响并不大。当过热度过高时，因结晶器液相穴内钢液的搅动冲刷，会使凝固的坯壳部分重熔，这样会增加拉漏的危险。

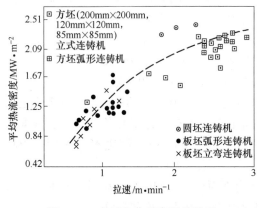

图 14-43　拉速与热流密度的关系

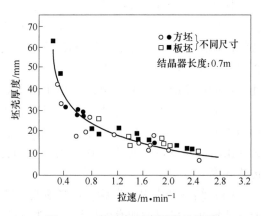

图 14-44　拉速与坯壳厚度的关系

（3）结晶器润滑剂。为防止铸坯坯壳与结晶器内壁黏结，减少拉坯阻力和结晶器内壁的磨损，改善传热效果和铸坯表面质量，结晶器必须进行润滑。目前的润滑手段主要有两种，即润滑油润滑和保护渣润滑。润滑油可以用植物油或矿物油，油在高温下裂化分解成为碳氢化合物气体，可充满气隙。这类气体比空气热阻小得多，因而可以改善传热。对于

大方坯和板坯连铸，采用保护渣来达到润滑的目的。用保护渣润滑时，钢液在渣层下浇注，由于结晶器振动，可在弯月面处把液态渣带入坯壳与铜壁间的气隙，形成均匀的渣衣，由于渣比气体导热系数大得多，可改善传热。渣层的厚度取决于渣的成分、黏度、熔点等性能。熔点低、黏度小的保护渣，在铸坯沿结晶器壁滑动时可形成厚度均匀的保护渣膜，能起到理想的润滑作用并达到良好的传热效果。图 14-45 示出了油和保护渣对结晶器传热量的影响。由图可知，润滑油的

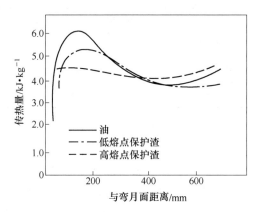

图 14-45　结晶器润滑手段与传热的关系

传热效果比保护渣要好一些。一般油润滑的平均热流密度比保护渣的要高 13%。

（4）结晶器冷却水流速和温度。很多研究表明，结晶器水流速的增高可明显地降低结晶器壁温度，但总热流不会发生很大变化。其原因是，结晶器冷面传热的提高被由热面坯壳收缩量增加而引起的气隙厚度的增加所抵消。冷却水温度在 20~40℃ 范围内波动时，结晶器总热流变化不大。冷却水压力是保证冷却水在结晶器水缝之中流动的主要动力，结晶器冷却水流速在 6~12m/s 内变化，总热流量的变化不会超过 3%。冷却水压力必须控制在 0.5~0.66MPa 范围内，提高水压可以加大流速，也可减少铸坯菱变和角裂，还有利于提高拉坯速度。结晶器进、出水温度差一般控制在 6~8℃ 范围内，出水温度为 45~50℃。出水温度过高，结晶器容易形成水垢，影响传热效果。因此，生产中要保持结晶器冷却水量和进、出水温度差的稳定，以利于坯壳均匀生长。

14.3.5.3　二次冷却区的凝固传热

铸坯中心的热量是通过坯壳传导至铸坯表面的，当喷雾水滴打到铸坯表面时就会带走

一定的热量，而铸坯表面温度会突然降低，使中心与表面形成很大的温度梯度，这就成为铸坯冷却的动力。相反，突然停止水滴的喷射，铸坯表面的温度就会回升。图 14-46 所示为二冷区铸坯表面传热方式。雾化水滴以一定速度喷射到铸坯表面时，大约有 20% 的水滴被气化，这部分蒸发带走的热量约占 55%；铸坯辐射散热占 25% 左右；铸坯与夹辊间的传导散热约占 17%；空气对流传热约占 3%。

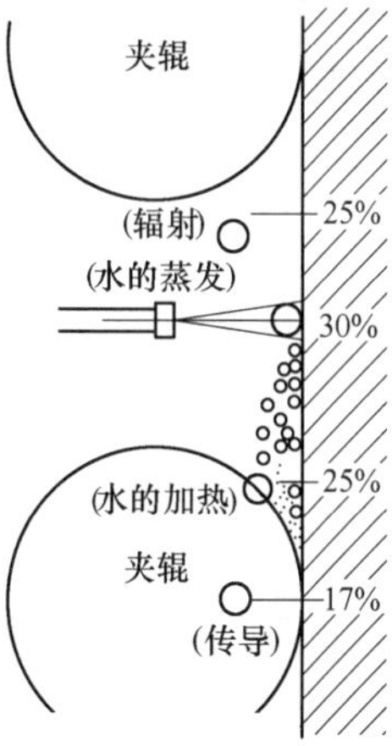

在设备和工艺条件一定时，铸坯辐射传热和支撑辊的传热基本变化不大，而喷淋水的传热占主导地位。因此，要想提高二冷区的冷却效率，就必须研究喷雾水滴与高温铸坯之间的热交换。它是一个复杂的传热过程，可用对流传热方程来表示：

图 14-46　二冷区铸坯表面
传热方式

$$\Phi = h(t_s - t_w)A \qquad (14\text{-}34)$$

式中　Φ——热量，kW；

h——传热系数，最大可达 $4kW/(m^2 \cdot ℃)$；

t_s——铸坯表面温度，℃；

t_w——冷却水温度，℃；

A——喷雾冷却铸坯表面积，m^2。

气雾冷却的传热系数与喷嘴形式、铸坯特征、铸坯表面氧化、冷却水的压力和流量都有关系，因此，其经验公式也各种各样。针对具体问题，只能根据实际情况寻找比较相符的关系式。

除冷却水温度和表面温度对传热有影响外，其他因素对铸坯表面传热的影响反映在传热系数上。要想提高二冷区冷却效率和保证铸坯质量，就要提高传热系数 h 值和在二冷区各段 h 值的合理分布。而 h 值是与单位时间内单位面积的铸坯表面接受的水量（水流密度）有关，即：

$$h = B \cdot W^n \qquad (14\text{-}35)$$

式中　h——传热系数，$W/(m^2 \cdot ℃)$；

B——经验系数；

W——喷水密度，$L/(m^2 \cdot s)$；

n——经验系数，一般在 0.4~0.8 之间。

在生产条件下测定 h 与 W 的关系很困难，一般是在实验室内用热模拟装置测定喷雾水滴与高温铸坯间的传热系数。不同研究者所得出的经验公式形式各异，大体有以下几种：

E. Bolle 等：　$h = 0.423W^{0.556}$　$(1 < W < 7L/(m^2 \cdot s)$，$627℃ < t_s < 927℃)$

$h = 0.36W^{0.556}$　$(0.8 < W < 2.5L/(m^2 \cdot s)$，$727℃ < t_s < 1027℃)$

M. Ishiguro 等：$h = 0.581W^{0.451}$　$(1 - 0.0075t_w)$

K. Sasaki 等：　$h = 708W^{0.75}t_s^{-1.2} + 0.116$　$(kcal/(m^2 \cdot h \cdot ℃)$，

$1.67 < W < 41.7L/(m^2 \cdot s)$，$700℃ < t_s < 1200℃)$

E. Mizikar：　$h = 0.076 - 0.10W$　$(0 < W < 20.3L/(m^2 \cdot s))$

M. Shimada 等：$h = 1.57W^{0.55}$　$(1 - 0.0075t_w)$

T. Nozaki 等：$h = 1.57W^{0.57}$　$(1 - 0.0075t_s)/\alpha$

Concast：$h = 0.875 \times 5748 \times (1 - 7.5 \times 10^{-2}t_w)W^{0.451}$　$(kcal/(m^2 \cdot h \cdot ℃))$

H. Müller 等：$h = 82W^{0.75}v_w^{0.40}$　$(9 < W < 40L/(m^2 \cdot s))$

蔡开科等：$h = 0.61W^{0.597}$　$(3 < W < 10L/(m^2 \cdot s)，t_s = 800℃)$

　　　　　$h = 0.59W^{0.385}$　$(3 < W < 20L/(m^2 \cdot s)，t_s = 900℃)$

　　　　　$h = 0.42W^{0.351}$　$(3 < W < 12L/(m^2 \cdot s)，t_s = 1000℃)$

J. K. Brimacombe：$h = 0.13 + 0.35W$

以上各式中，h 的单位除标明外，其余均为 $kW/(m^2 \cdot$
$s)$；W 的单位均为 $L/(m^2 \cdot$
$s)$；v_w 为喷淋水滴速度，m/s；t_w 为喷淋水温，℃；t_s 为铸
坯表面温度，℃；α 为与导辊冷却有关的系数。

随着计算机模拟技术和测温技术的发展，目前也可采
用传热计算与铸坯温度测量的校核来确定二冷区各段的传
热系数 h。

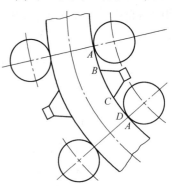

图 14-47　一个辊距之内的
不同冷却区域

A　二冷区传热机理

二冷区内铸坯的冷却情况与结晶器内有很大的不同。
在二冷区，铸坯除了向周围辐射和向支撑辊导热之外，主
要的散热方式是表面喷水强制冷却。铸坯在二冷区每一个
辊距之内都要周期性地通过四种不同的冷却区域，如图
14-47所示的 AB、BC、CD、DA 区。

（1）AB 空冷区，是指喷淋水不能直接覆盖的区域。在该区内坯壳主要以辐射形式向
外散热，另外，还与空气和喷溅过来的小水滴或水汽进行对流换热。空冷区的热流密度可
用式（14-36）计算：

$$q = \varepsilon C_0\left[\left(\frac{T_w}{100}\right)^4 - \left(\frac{T_g}{100}\right)^4\right] + h(T_w - T_g) \tag{14-36}$$

式中　q——坯壳表面热流密度，W/m^2；

　　　ε——坯壳表面黑度，0.7~0.8；

　　　C_0——黑体辐射系数，$W/(m^2 \cdot K^4)$，约为 $5.675W/(m^2 \cdot K^4)$；

　　　T_w——坯壳表面温度，K；

　　　T_g——周围空气温度，K；

　　　h——传热系数，$W/(m^2 \cdot K)$，当邻近铸坯表面的空气流速不大于 $3m/s$ 时，$h =$
　　　　　$20 \sim 23W/(m^2 \cdot K)$。

（2）BC 水冷区，是指被喷淋水直接覆盖的区域。在该区内一部分冷却水被汽化，由
于汽化吸热量很大，1kg 水可吸收 2200kJ 左右的热量，从而使铸坯表面大量散热。实测结
果表明，当铸坯表面喷水冷却、铸坯表面温度保持在1050℃时，若耗水量在 0.56~1.94L/
$(m^2 \cdot s)$内变化，则汽化水相对量为 8% ~ 10%。铸坯消耗于冷却水的热流密度可按式
（14-37）计算：

$$q_v = \eta C_e \rho_w W \qquad (14\text{-}37)$$

式中　q_v——消耗于冷却水汽化的热流密度，W/m^2；

　　　η——变为蒸汽的水的百分率，%；

　　　C_e——水的汽化热，J/kg；

　　　ρ_w——水的密度，kg/m^3；

　　　W——单位坯表面积耗水量，也称喷水密度，$m^3/(m^2 \cdot s)$。

未被汽化的水还要沿坯壳表面流动，与坯壳进行着强制对流换热。当坯壳水平放置而喷嘴进行纵向冲洗时，对流换热系数可由式（14-38）确定：

$$h = C \frac{\lambda}{d} \cdot \left(\frac{vd}{\upsilon} \right)^n \qquad (14\text{-}38)$$

式中　h——传热系数，$W/(m^2 \cdot ℃)$；

　　　C——经验常数（紊流下 $C = 0.032$）；

　　　λ——喷淋水导热系数，$W/(m^2 \cdot ℃)$；

　　　d——坯壳特征尺寸，m；

　　　v——喷淋水沿坯壳表面流速，m/s；

　　　υ——喷淋水黏度，m^2/s；

　　　n——经验常数（紊流下 $n = 0.8$）。

　　事实上，二冷区铸坯表面热交换不完全符合式（14-38）的应用条件，因为水的沸腾以及汽膜的形成破坏了铸坯表面的边界层，而且喷嘴水流速度场不均匀等许多因素都使对流换热系数的确定变得十分困难和复杂。目前工程计算中多采用式（14-35）的形式。

　　（3）CD 空冷与水冷混冷区。该区虽不能被喷淋水直接覆盖，但有一部分水在重力作用下从 BC 区沿坯表面流入该区，所以该区兼有 AB 区和 BC 区的传热形式。空冷辐射与水冷蒸发、对流各占的比例，要根据坯的空间位置、喷嘴形式和辊列布置等影响因素而定。

　　（4）DA 辊冷区。由于坯壳的鼓肚变形，夹辊与坯壳表面不是线接触而是面接触，DA 弧即为该接触面的截线，在该区内坯壳以接触导热的形式向辊散热。

　　B　影响二冷区传热的因素

　　一般情况下，二冷区内辐射散热与夹辊冷却主要受连铸机设备类型与布置的制约，在生产中属于基本固定或不易调整的因素。而水冷是二冷区内主要的冷却手段，对喷淋水冷却效率有影响的很多因素在生产中是可变和可调整的，这些因素的变化直接影响着二冷区内的热交换。

　　（1）喷嘴结构和布置。理想的喷嘴应具有很好的雾化特性，具体来讲，就是喷嘴的结构应能使喷淋水雾化得很细且有较高的喷淋速度，使水滴在铸坯表面分布均匀。喷嘴的形式有许多种，目前常用的有扁平喷嘴、螺旋喷嘴、圆锥喷嘴和薄片喷嘴等。有关喷嘴的特性已在二冷系统中做了介绍。喷嘴的布置对铸坯冷却的均匀程度有很大影响，应尽量保证铸坯表面喷雾覆盖的连续性。所以布置喷嘴时，可以使两相邻喷嘴喷雾面之间有一定的重叠。试验证明，当喷雾面重叠 10%时，对重叠面上的铸坯冷却的均匀性影响不大。

　　（2）喷水密度和铸坯表面温度。在一定范围内，喷水密度的提高可显著提高二冷区的传热效率。图 14-48 所示为传热系数与喷水密度的对应关系。由图可知，当喷水密度较低时，传热系数随其增加而明显升高；当喷水密度增加到一定程度时，传热系数曲线随之呈平坦趋势，这说明喷水密度超出一定范围之后对传热系数的影响就不大了。原因在于，当喷水密度增加到一定程度时，接近表面的水滴与从表面弹回来的水滴相撞的几率增大，从而使动能损失增大，而且易于在铸坯表面形成蒸汽膜，妨碍了水滴与铸坯表面的直接接触，从而影响水滴的传热效率。当喷水密度超过 $20 m^3/(m^2 \cdot h)$ 时，传热系数就不再增加。根据试验，喷淋水滴落到铸坯表面时可能出现两种不同的传热形式。当铸坯表面温度不高（低于 300℃）时，水滴始终与铸坯表面保持接触，这种现象称为润湿。水滴碰到铸坯表面后，由于水滴的蒸发不大，不会影响到它与铸坯的接触，经过一段时间接触传热后，水滴沿铸坯表面流走，这种水滴的传热效率比较高。当铸坯表面温度比较高时，水滴一碰到铸坯就会破裂并且超速蒸发，水滴与铸坯的接触只是瞬间，炸裂的细水滴很快从铸坯表面离开，然后又聚集起来，而后又炸裂，这种现象称为"干壁"，它的冷却效率比较低。图 14-49 所示为扁平喷嘴的喷水密度和铸坯表面温度对热流密度的影响。

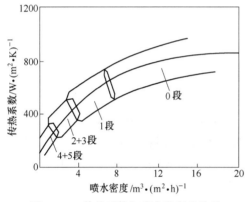

图 14-48 传热系数与喷水密度的关系

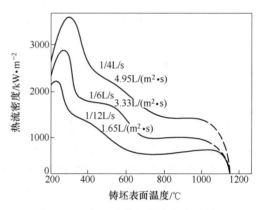

图 14-49 扁平喷嘴的喷水密度和铸坯
表面温度对热流密度的影响

（3）喷淋水滴速度和喷嘴压力。研究表明，喷淋水滴与铸坯表面碰撞速度的高低对传热有很大影响。当水滴的韦伯准数 $We > 80$ 时，水滴碰撞到铸坯表面后铺展并分裂成若干个小水滴；当水滴的韦伯准数 $We < 30$ 时，水滴在铸坯表面铺展开，加热后自身旋转，最后离开铸坯表面，始终没有分裂；当水滴的韦伯准数 We 在 30~80 之间时，水滴在铸坯表面铺展开后并不分裂，在自身旋转过程中才分裂。韦伯准数用式（14-39）表示：

$$We = \rho d v_w^2 / \sigma \tag{14-39}$$

式中　ρ——水滴密度，kg/m^3；

　　d——水滴直径，m；

　　v_w——水滴流速，m/s；

　　σ——水滴表面张力，N/m。

水滴碰撞到铸坯表面后若能够马上分裂成若干小水滴，则可以增加水滴与铸坯的传热接触面积，提高传热效率。当水滴的密度、直径、表面张力确定之后，韦伯准数与水滴流速的平方成正比。因此，提高水滴碰撞铸坯表面的速度，就能提高水滴的传热效率。喷淋水在喷嘴的出口速度取决于管道中的压力。压力增加，喷淋水出口流速提高。

（4）喷嘴的堵塞。由于管道壁脱落的锈蚀物和喷淋水内泥沙等杂质的不断堆积，喷嘴在使用一段时间后会出现不同程度的堵塞甚至堵死。这种现象的发生不仅会加重铸坯冷却不均的程度，而且对传热效率有很大影响。因此，改善喷淋水的纯净度，定期和及时地检修或更换堵塞的喷嘴是极其必要的。

（5）比水量。比水量即单位质量铸坯所需的冷却水量，是一个重要参数，其变化直接影响着二冷区的传热效率。比水量由式（14-40）定义：

$$P = \frac{Q}{S\rho v_c} \tag{14-40}$$

式中　P——比水量，m^3/kg；

　　　Q——二冷区喷水量（喷水密度与喷水总面积的乘积），m^3/s；

　　　S——铸坯断面积，m^2；

　　　ρ——铸坯密度，kg/m^3；

　　　v_c——拉速，m/s。

当铸坯断面尺寸、钢种、喷嘴形式及其布置确定之后，比水量主要受喷水密度和拉速的影响。当拉速固定时，比水量与喷水密度成正比。因此，比水量对传热系数的影响与喷水密度的影响相同，比水量高过一定程度时，也会出现"热饱和"现象。但喷水密度固定时，比水量的变化与拉速的变化成反比关系。所以说，二冷区冷却效率的高低不能单独以比水量的大小来衡量，还应该同时考虑拉速对比水量的影响。

C　二冷配水的优化

连铸机的生产能力和铸坯质量在很大程度上取决于二冷区各冷却段配水方案的选择。配水优化的含义是在制定各段喷淋水量、喷嘴形式与布置、喷淋区长度时，使连铸机达到最大生产率来浇注无缺陷的产品，也就是建立最合理的二冷制度。

二冷配水优化方案在制定时要遵循冶金冷却准则和工艺条件。

冶金冷却准则包括：

（1）液芯长度限制准则。为了避免内裂和中心偏析以及鼓肚，要求对铸坯液芯长度进行限制。

（2）局部温度限制准则。很多钢种在某些温度区间延展性变差，这与钢组织相变有关，不同钢种有不同的低延展性温度区间。

（3）表面回温限制准则。由于二冷区与结晶器冷却强度的不同以及二冷区内不同位置冷却强度的变化，铸坯表面沿出坯方向上会出现温度回升现象。这种再加热现象严重时，会使局部产生较大张应力而造成横裂等缺陷，所以应限制铸坯表面沿出坯方向上的回温率，一般应把回温率限制在100℃/m之内。

（4）冷却速度限制准则。铸坯表面冷却速度过快会使局部处于高张应力状态，使得已形成的裂纹变大，并会生成新的裂纹。因此，最大表面冷却降温速率应限制在200℃/m之内。

（5）表面温度限制准则。为了能使支撑辊间的坯壳鼓肚达到最小，应把带液芯段的铸坯表面温度限制在一定水平之下，以免因温度过高使坯壳刚度降低，引起鼓肚量加大，加重鼓肚缺陷。一般情况下，带液芯的铸坯表面温度不宜超过1100℃。

为了满足冶金冷却准则的要求，二冷制度优化需要在现场实际冷却工艺条件允许的情况下进行。冷却工艺条件对配水优化有以下两种约束：

（1）喷嘴约束。二冷区各区段内热交换的强弱、均匀程度等将受到各区段喷嘴的特性（包括形式、喷水角、雾化程度、压力、喷淋覆盖面及最大喷水量等）以及喷嘴的密度与布置的约束。

（2）管网约束。二冷区内总喷水量的大小以及在各区段内水量的分配，将受到供水管网特性（包括流动阻力、几何位置等）的约束，还要受到管网动力系统（如水泵的压力、流量、功率等条件）的约束。

在统筹考虑整体目标、冶金冷却准则和工艺条件约束的前提下，可以着手进行配水优化方案的制订与选择。但应该注意，目标、准则与约束之间有时是不能兼顾的，甚至是相互矛盾的。在实际优化工作中，冷却强度的确定一般都是根据主要目标进行综合优化的过程。有时候，在各种矛盾着的要求之间制定的折中方案也能导致综合性的"优化"。

14.3.5.4　辐射区的传热

连铸坯出二冷区后，在空冷区主要靠对流传热和辐射传热方式散热，故空冷区导出的平均热流密度由式（14-41）计算：

$$\bar{q} = h(t_b - t_a) + \sigma\varepsilon\left[(t_b + 273)^4 - (t_a + 273)^4\right] \qquad (14\text{-}41)$$

式中　t_a——空气温度，℃；

　　　t_b——铸坯表面温度，℃；

　　　σ——斯忒藩-玻耳兹曼常量，$5.67\times10^{-8}\text{W}/(\text{m}^2\cdot\text{K}^4)$；

　　　ε——黑度，一般取0.8。

14.3.5.5　凝固传热的平方根定律

连铸坯在凝固过程中坯壳厚度的变化可以借助于平方根定律进行计算，即：

$$\delta = K\sqrt{\tau} \qquad (14\text{-}42)$$

式中　δ——凝固厚度，mm；

　　　τ——凝固时间，min；

　　　K——平均凝固系数，$\text{mm}\cdot\text{min}^{-0.5}$。

为了表明钢水过热度对凝固坯壳厚度的影响，还可应用修正公式（14-43）：

$$\delta = K\sqrt{\tau} - c \qquad (14\text{-}43)$$

式中，c表示一个与温度有关的时间间隔，可以在0~10之间变化。从理论上来讲，在此时间间隔内没有凝固发生，只是消除了钢水的过热。在计算铸坯整个断面的总凝固时间时，应该扣除c的影响。结晶器断面尺寸对凝固系数的影响如图14-50所示。

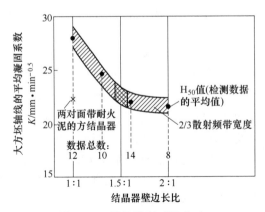

图14-50　结晶器断面尺寸对平均凝固系数K的影响

可以看出，平均凝固系数是结晶器壁边长比的函数。对方形断面来说，$K=28$；对边长比为 1.6：1 的断面，$K=22$。图 14-50 是在没有二次冷却的情况下做出的。图 14-51 所示为平均凝固系数 K 与二次冷却喷水量之间的关系。在图14-52所示的曲线中，对于圆坯凝固，按平方根定律，凝固系数 K 的值是从 23 开始出现对应关系的，随液芯量的减少，K 值急剧增大；对于 100~400mm 直径的圆坯，总凝固时间内的 K 值可以取 31。

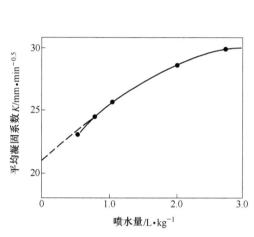

图 14-51 平均凝固系数 K 与
二次冷却喷水量之间的关系

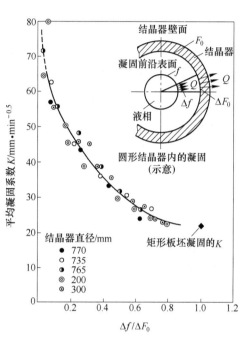

图 14-52 圆坯凝固时凝固系数的变化
F_0—结晶器壁面面积；f—凝固前沿
表面面积；Q—散热量

图 14-53 所示为不同直径圆坯的凝固厚度与凝固时间的关系。可以看出，在小直径圆坯的情况下，凝固 2min 之后，坯壳厚度要比同一时间下大圆坯的坯壳厚度大 30%~40%。

K 值的大小主要受结晶器冷却水和钢水温度、结晶器形状参数、保护渣等因素的影响。在通常计算中，K 值对于小方坯可取 20~26，对于板坯可取 17~22。拉速也是影响坯壳厚度的因素之一。拉速与坯壳的厚度成反比。小方坯由于具有要求的安全坯壳厚度较薄、K 值大以及结晶器长度长等特点，拉速较高。板坯则相反，因更注重质量，拉速通常不超过 2m/min。

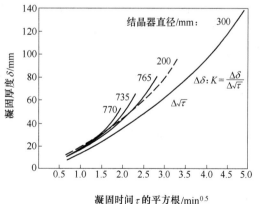

图 14-53 不同直径圆坯的凝固
厚度与凝固时间的关系

14.3.5.6　连铸坯的凝固结构

铸坯的凝固过程分为三个阶段。第一阶段，进入结晶器的钢液在结晶器内凝固，形成坯壳，出结晶器下口的坯壳厚度应足以承受钢液静压力的作用。第二阶段，带液芯的铸坯进入二次冷却区继续冷却，坯壳均匀稳定生长。第三阶段为凝固末期，坯壳加速生长。根据凝固条件计算三个阶段的凝固系数（$mm/min^{0.5}$）分别为 20、25、27~30。

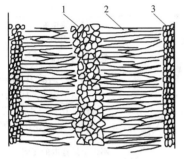

图 14-54　铸坯结构示意图

1—中心等轴晶；2—柱状晶带；3—细小等轴晶带

一般情况下，连铸坯从边缘到中心是由细小等轴晶带、柱状晶带和中心等轴晶带组成的，如图 14-54 所示。

出结晶器的铸坯，其液相穴很长。进入二次冷却区后，由于冷却的不均匀，致使铸坯在传热快的局部区域柱状晶优先发展，当两边的柱状晶相连或由于等轴晶下落被柱状晶捕捉时，就会出现"搭桥"现象，如图 14-55 所示。这时液相穴的钢水被"凝固桥"隔开，桥下残余钢液因凝固产生的收缩得不到桥上钢液的补充，形成疏松和缩孔，并伴随有严重的偏析。

从铸坯纵断面中心来看，这种"搭桥"是有规律的，每隔 5~10cm 就会出现一个"凝固桥"及伴随的疏松和缩孔，很像小钢锭的凝固结构，因此得名"小钢锭"结构。

从钢的性能角度来看，希望得到等轴晶的凝固结构。等轴晶组织致密，强度、塑性、韧性较高，加工性能良好，成分、结构均匀，无明显的方向异性。而柱状晶的过分发展会影响加工性能和力学性能。柱状晶有如下特点：

（1）柱状晶的主干较纯，而枝间偏析严重。

（2）由于杂质（S、P 夹杂物）的沉积，在柱状晶交界面构成了薄弱面，是裂纹易扩展的部位，加工时易开裂。

（3）柱状晶充分发展时形成穿晶结构，出现中心疏松，降低了钢的致密度。

因此，除了某些特殊用途的钢（如电工钢、汽轮机叶片用钢等）为改善导磁性、耐磨性、耐蚀性而要求有柱状晶结构外，绝大多数钢种都应尽量控制柱状晶的发展，扩大等轴晶宽度。

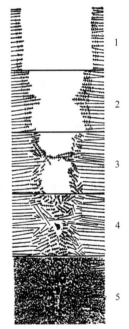

图 14-55　"小钢锭"结构示意图

1—柱状晶均匀生长；2—某些柱状晶优先生长；
3—柱状晶搭接成"桥"；4—"小钢锭"凝固
并产生缩孔；5—铸坯的实际宏观结构

14.3.6　连铸凝固传热过程的数学描述

连铸工艺过程实际是一个凝固传热的过程。对于此过程的研究有多种方法，大体上可分为实验研究和数学模拟两类。实验研究方法是在现场或实验室的条件下，利用物理和化学手段以及各种测量仪器、仪表，对连铸坯的传热凝固过程进行实际验证。实验研究直观、准确、可信度高，但由于客观条件的限制，对凝固传热过程往往很难做出全面的解释，而且投入的人力、物力也很大。数学模拟方法适用范围广，不受现场条件的限制，可以获取实验无法获取的信息，可以说是对实验研究的补充和完善，两者互相验证与促进。在过去的几十年中，开展了大量有关连铸凝固传热过程的数学模拟研究，在优化连铸工艺、提高铸坯质量和连铸机的设计方面发挥了重要作用。

14.3.6.1　连铸凝固传热的数学模型建立

目前广泛使用有效传热系数概念来研究与铸坯有关的各种传热现象。即为了简化模型和计算，将液相穴内的对流传热通过提高钢液的导热系数值，使液芯内的导热量高于实际值从而作为对流换热的等效补偿。

连铸坯自结晶器内钢水弯月面处以一定的拉速移动，热量从铸坯中心向坯壳表面传递，所传递热量的多少取决于金属的热物理性能和铸坯的边界条件。为了导出连铸坯凝固传热数学模型，首先建立坐标系。

以板坯为例，设板坯厚度方向为 x 轴，宽度方向为 y 轴，拉坯方向为 z 轴，考虑到铸坯及其冷却效果的对称性，可取 1/4 断面为研究对象，假定板坯断面温度分布为 $T(x,y,\tau)$，τ 表示时间，建立了坐标系，如图 14-56 所示。

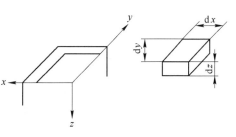

图 14-56　坐标系选择图

在建立铸坯凝固模型时，有必要剔除一些对模型影响不大的次要因素，并且根据连铸实际过程，对模型做出以下的假设：

（1）弯月面处的复杂传热不做特殊处理；

（2）结晶器拉坯方向导热量很小，占总热量的 3%~6%，故主要考虑水平方向导热，即板坯厚度方向 x 轴和宽度方向 y 轴的导热；

（3）由于液相穴中钢液对流运动，液相穴的导热系数大于固相区的导热系数，且随温度而变；

（4）钢的热物理特性在液态、凝固两相区以及固态为分段常数，且各向同性；

（5）凝固在枝晶间产生；

（6）结晶器钢水温度与浇注温度相同；

（7）连铸机同一冷却段均匀冷却；

（8）沿铸坯厚度方向分内弧和外弧两个部分，以内弧部分为研究对象。

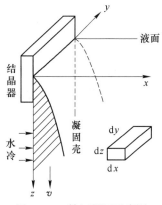

图 14-57　铸坯凝固示意图

假想从结晶器的钢水弯月面处沿铸坯中心取一高度为 $\mathrm{d}z$、厚度为 $\mathrm{d}x$、宽度为 $\mathrm{d}y$ 的微元体，与铸坯一起向下运动（如图 14-57 所示）。微元体热平衡为：

$$微元体的热量 = 接收热量 - 支出热量$$

微元体接受和支出的热量具体如下。

（1）钢流由顶面带入微元体的热量（dx、dy 面）：$\rho vctdxdy$

（2）铸坯宽面中心传给微元体的热量（dy、dz 面）：$k_{eff}\dfrac{\partial t}{\partial x}dydz$

（3）铸坯窄面中心传给微元体的热量（dx、dz 面）：$k_{eff}\dfrac{\partial t}{\partial y}dxdz$

（4）微元体内储存热量：$-\rho c\dfrac{\partial t}{\partial \tau}dxdydz$

（5）微元体向下运动带走热量（dx、dy 面）：$\rho vc\left(t+\dfrac{\partial t}{\partial z}dz\right)dxdy$

（6）微元体宽面传走热量（dy、dz 面）：$\left[k_{eff}\dfrac{\partial t}{\partial x}+\dfrac{\partial}{\partial x}\left(k_{eff}\dfrac{\partial t}{\partial x}\right)dx\right]dydz$

（7）微元体窄面传走热量（dx、dz 面）：$\left[k_{eff}\dfrac{\partial t}{\partial y}+\dfrac{\partial}{\partial y}\left(k_{eff}\dfrac{\partial t}{\partial y}\right)dy\right]dxdz$

（8）内热源项，即凝固潜热项：S_o

将各项热量代入能量平衡方程，化简后得：

$$\rho c\frac{\partial t}{\partial \tau}-\rho vc\frac{\partial t}{\partial z}-\frac{\partial}{\partial x}\left(k_{eff}\frac{\partial t}{\partial x}\right)-\frac{\partial}{\partial y}\left(k_{eff}\frac{\partial t}{\partial y}\right)-S_o=0 \tag{14-44}$$

若将坐标系置于铸坯上，微元体以相同拉速和铸坯一起向下运动，则微元体的相对速度为零，所以对于板坯凝固的二维传热微分方程为：

$$\rho c\frac{\partial t}{\partial \tau}=\frac{\partial}{\partial x}\left(k_{eff}\frac{\partial t}{\partial x}\right)+\frac{\partial}{\partial y}\left(k_{eff}\frac{\partial t}{\partial y}\right)+S_o \tag{14-45}$$

式中　　t——温度，℃；

ρ——密度，kg/m^3；

c——比热容，$kJ/(kg \cdot ℃)$；

k_{eff}——有效导热系数，$W/(m \cdot ℃)$；

S_o——内热源项。

14.3.6.2　连铸凝固传热数学模型的初始条件和边界条件

为求解二维非稳态传热偏微分方程，需要给出初始条件和边界条件。对于式（14-45），其初始条件为：

（1）　　　　　　　　$t=t_c(x\geqslant 0,\ y\geqslant 0,\ \tau\geqslant 0,\ z=0)$

（2）　　　　　　　　$t(x,\ 0)|_{x=0}=t_b(\tau=0)$

（3）　　　　　　　　$x_s|_{\tau=0}=0$

式中　　t_c——浇注温度，℃；

t_b——铸坯初期表面温度，℃；

x_s——铸坯的凝固壳厚度，mm。

对于导热问题，常见的边界条件可归纳为以下大三类：

第一类边界条件是已知任何时刻边界面上的温度分布。边界上的温度在任何时刻保持恒定不变，则 t 为常数；若 t 随时间变化，则 $t = f(\tau)$。

第二类边界条件是已知任何时刻边界面 B 上的热通量，即：

（1）给定热通量：$-\lambda \dfrac{\partial t}{\partial x}\Big|_B = q_B$

（2）绝热边界：$\dfrac{\partial t}{\partial x}\Big|_B = 0$

第三类边界条件是已知周围介质的温度 t_f 和边界面与周围介质之间的对流给热系数 h，即：

$$-\lambda \frac{\partial t}{\partial x}\Big|_B = h(t_b - t_f)$$

因此，对于描述板坯连铸过程的凝固传热微分方程式（14-45）的边界条件为：

（1）铸坯中心。铸坯中心线两边为对称传热，断面温度分布也是以中心对称分布，即：

$$-\lambda \frac{\partial t}{\partial x} = -\lambda \frac{\partial t}{\partial y} = 0$$

（2）固-液界面。

$$t(x_s,\ \tau) = t_s$$

$$\lambda \frac{\partial t}{\partial x}\Big|_{x=x_s} = \rho L_f^* \cdot \frac{\mathrm{d}x_s}{\mathrm{d}\tau}$$

式中　t_s——固相线温度，℃；

　　　　ρ——钢的密度，kg/m^3；

　　　L_f^*——转换凝固潜热，kJ/kg，$L_f^* = C(t_1 - t_s) + L_f$（$C$ 为系数；t_1 为液相线温度，℃；

　　　　　　L_f 为钢水凝固潜热，kJ/kg）。

（3）铸坯表面。铸坯中的热量是在连续运动过程中通过铸坯表面传出去的。由于铸坯依次通过结晶器、二冷区和空冷区，各冷却区冷却特点不同，边界条件也各不相同。

结晶器：　　　　$-k_{eff} \dfrac{\partial t}{\partial n} = \rho_w c_w W \dfrac{\Delta t}{A_m}$

二冷区：　　　　$-k_{eff} \dfrac{\partial t}{\partial n} = h(t - t_w) + \sigma \varepsilon \big[(t + 273)^4 - (t_{ext} + 273)^4 \big]$

铸坯中心：　　　$-k_{eff} \dfrac{\partial t}{\partial n} = 0$

式中　$\dfrac{\partial t}{\partial n}$——温度场函数 t 的法向导数，$\dfrac{\partial t}{\partial n} = \dfrac{\partial t}{\partial x} n_x + \dfrac{\partial t}{\partial y} n_y$（$n_x$、$n_y$ 是求解区域边界外法线的

　　　　　　方向余弦）；

　　　k_{eff}——有效导热系数，$W/(m \cdot ℃)$；

　　　　ρ_w——水的密度，kg/m^3；

　　　　c_w——水的比热容，$kJ/(kg \cdot ℃)$；

　　　　W——结晶器冷却水流量，m^3/s；

Δt——结晶器进、出水温差，℃；

A_m——结晶器表面积，m^2；

t_w——冷却水温度，℃；

h——铸坯与冷却水之间的传热系数，$W/(m^2 \cdot ℃)$；

σ——斯忒藩-玻耳兹曼常数，$W/(m^2 \cdot K^4)$；

ε——铸坯表面黑度；

t_{ext}——环境温度，℃。

在实际的数值计算中，针对结晶器和二冷区的不同传热特点，传热条件的处理也有其特殊性。下面介绍目前通常的处理方法。

（1）结晶器内壁的传热边界条件。正如前述，连铸结晶器的传热机理非常复杂，其影响因素包括保护渣性质、钢种成分及过热度、结晶器锥度及形状、结晶器振动方式、浸入式水口参数、冷却水流量、冷却水温度、拉坯速度等。理论上可以将热量由钢液传递至冷却水的过程等效于串联电路，即钢液热阻、凝固坯壳热阻、保护渣热阻、气隙热阻、铜壁热阻以及冷却水热阻。其中，气隙热阻是结晶器传热的限制性环节，其阻值大小占总热阻的71%~90%。在模型计算过程中，通常根据结晶器冷却水流量和进、出口水温差折算为结晶器高度方向的热流密度分布曲线。早在1954年，Savage和Pritchard就根据Krainer和Tarmann的结果和自己的研究，针对不同浇注条件下结晶器平均热流的计算，给出了热流密度与铸坯停留时间的关系式，即式（14-28）；Lait等人在此基础上进行了修正，给出了类似的方程式（14-30）；Samarasekera和Brimacombe还给出了距离结晶器边角不同位置处（2.5~37.5mm）的热流密度分布规律，并研究认为，方坯连铸结晶器的传热系数在弯月面下方不远处达到峰值$1500W/(m^2 \cdot K)$，而在结晶器较下方至弯月面距离400mm处则达到最低值$750W/(m^2 \cdot K)$，其平均传热系数约为$1000W/(m^2 \cdot K)$；刘旭东等人根据实际连铸机结晶器铜板热电偶实测值和进、出口水温差，得到了热通量$q(MW/m^2)$与结晶器高度的关系，即：

宽面：　　$-k\dfrac{\partial t}{\partial y} = q = 2.53 - 1.745\sqrt{0.8-z}$　（$0.0m < z < 0.8m$）

$-k\dfrac{\partial t}{\partial y} = q = 2.53 - 25.23(z-0.8)$　（$0.8m < z < 0.9m$）

窄面：　　$-k\dfrac{\partial t}{\partial x} = q = 2.558 - 1.543\sqrt{0.8-z}$　（$0.0m < z < 0.8m$）

$-k\dfrac{\partial t}{\partial x} = q = 2.558 - 25.5(z-0.8)$　（$0.8m < z < 0.9m$）

式中　k——导热系数。

（2）二冷区的传热边界条件。对二冷区边界条件的确定是建立准确凝固传热数学模型的前提。二冷区的热交换涉及三种传热形式：1）热传导，即夹送辊接触铸坯表面和喷淋水接触铸坯表面的换热；2）热辐射，即高温铸坯辐射散热；3）热对流，即气雾喷淋引起的空气和水蒸气扰动带走的热量。一般采用上面已给出的表示式，式中唯一的可控量为h，即采用一个与水流密度相关联的综合传热系数h来表示冷却水与铸坯表面的热交换效率，h的经验式很多，见前面有关二冷传热机理的描述。

14.3.6.3 微分方程的离散与求解

前面推导得出的连铸过程二维非稳态凝固传热数学模型的基本方程组，只是凝固传热数学模型的解析形式。由于铸坯的凝固过程是一个不稳定的导热过程，按照不稳定导热偏微分方程的解析法确定正在冷却和凝固的铸坯温度场分布规律是很困难的。要实现对该模型的求解，需采用数值计算方法实现数学模型的离散化，即将微分方程转化成代数方程，然后采用计算机语言编制仿真程序，实现连铸凝固传热过程的数值模拟。更详细的描述可参考有关的论文和专著。

14.3.7 连铸坯凝固冷却过程中的相变和受力

连铸坯在凝固过程中，凝固坯壳一直处于很复杂的受力状态。在钢液静压力、拉坯力、矫直力和热应力等各种力的作用下，坯壳将产生各种复杂的变形，如果变形量过大，就会使坯壳产生裂纹或形状缺陷，直接影响连铸坯的质量和成材率。各种力在坯壳上作用的强弱及引起相应变形的大小，在很大程度上与钢的高温力学特性有关。

在铸坯完全凝固以后继续降温，其内部将发生相变，并伴随体积变化。相变过程也存在类似形核及核长大的特征，故也称"二次结晶"。相变的结果取决于钢的成分和冷却条件。对于不同碳含量的钢，冷却时发生的相变主要是奥氏体分解。在不同的冷却条件下，奥氏体可以转化为珠光体，还可以转化为马氏体、贝氏体等。在空冷条件下，碳素钢一般转化为珠光体，某些合金钢（如高速钢）则转变为马氏体。奥氏体转变为珠光体、马氏体的过程中，体积膨胀，其中马氏体密度小，因而膨胀大。此时铸坯的外形尺寸已经确定，体积的变化导致应力的产生。

铸坯在凝固及冷却过程中主要受三种力的作用，即热应力、组织应力和机械应力。热应力是铸坯表面与内部温度不均、收缩不一而产生的应力。组织应力是由于相变引起体积变化而产生的应力。因相变的不同组织应力具有一定的复杂性，影响组织应力的因素首先是温度，同时还取决于钢的成分，不同钢种产生的组织应力有很大差别。机械应力是铸坯在下行和弯曲、矫直过程中受到的应力。

14.3.7.1 钢液的静压力

在连铸坯未完全凝固之前，坯壳内的内表面始终受到钢液静压力的作用，除水平连铸机和超低头连铸机机型外，其他连铸机结晶器弯月面与铸坯全凝固点处的垂直高度可达数米，位压头所形成的强大静压力常常是致使坯壳鼓肚变形和引起拉坯摩擦阻力的主要原因。钢液的静压力可用式（14-46）计算：

$$p = \rho g h_0 \tag{14-46}$$

式中 p——与结晶器弯月面垂直距离为 $h_0(\mathrm{m})$ 的坯壳某点的钢液静压力。

14.3.7.2 拉坯力

在连铸过程中，坯壳横断面始终受拉坯力作用，拉坯力是由拉矫机输出的拉坯力矩转化而来的。拉坯力的大小取决于铸坯在运动中遇到的阻力，通过对拉坯阻力的确定，即可由力平衡原理来确定拉坯力。拉坯阻力包括铸坯在结晶器内的阻力（F_1）、铸坯在二冷装置内的阻力（F_2）、铸坯通过矫直辊的阻力（F_3）、铸坯通过切割设备的阻力（F_4）和铸坯自重产生的当量拉坯力（F_5）。则拉坯力为：

$$F = F_1 + F_2 + F_3 + F_4 - F_5 \tag{14-47}$$

（1）铸坯在结晶器内的阻力。假定结晶器内坯壳均为理想塑性体，钢液静压力全部由器壁来承受，器壁与坯壳间的摩擦阻力为：

$$F_1 = \xi \rho g (a + b) l^2 \tag{14-48}$$

式中 ξ——摩擦系数，由试验确定 $\xi = 0.1 \sim 1.0$；

  a，b——分别为结晶器内壁宽度和厚度，m；

  l——弯月面至结晶器下口的垂直距离，m。

（2）铸坯在二冷装置内的阻力。铸坯在二冷装置内的阻力由铸坯支撑导向部件间的阻力和夹辊的摩擦阻力组成。小断面的铸坯 F_2 可能很小，但对板坯而言则往往很大。根据国内各厂的实际经验，二冷区内铸坯单位断面积上的拉坯阻力为 $0.8 \sim 2.0$MPa，小坯取上限，大坯取下限。

（3）铸坯通过矫直辊的阻力。铸坯通过矫直辊时的阻力 F_3 是由矫直摩擦力矩所产生的阻力组成，可以用式（14-49）计算：

$$F_3 = \frac{ab^2}{5} \left(\frac{1}{R} + \frac{2\zeta + \xi D}{\varPhi L} \right) \sigma_S \tag{14-49}$$

式中 a，b——分别为铸坯宽度和厚度，m；

  R——连铸机的弧形半径，m；

  ζ——矫直辊与铸坯的滚动摩擦系数，可取 1；

  D——矫直辊颈的直径，m；

  ξ——矫直辊颈的摩擦系数；

  $\varPhi$——矫直辊直径，m；

  L——辊间距，m；

  σ_S——钢在高温下的屈服强度极限，Pa。

（4）铸坯通过切割设备的阻力。铸坯通过切割设备所遇到的阻力就是，铸坯在切割时带动切割设备做同步运动所需要的力。该力的大小取决于采用什么形式的切割设备。

1）采用火焰切割小车时：

$$F_4 = \xi Q \tag{14-50}$$

式中 ξ——小车运行阻力系数，可取 $0.008 \sim 0.01$；

  Q——火焰切割小车总重，N。

2）采用摆动剪时，即为推动剪刀台所需的力：

$$F_4 = \frac{Qe\sin\alpha}{h_1} + P \tag{14-51}$$

式中 Q——剪切机摆动部分自重，N；

  e——剪刀机摆动部分重心位置，mm；

  α——最大摆角；

  h_1——刀口与摆动中间距离，mm；

  P——由剪刀机复位装置的弹簧力产生的阻力，N。

(5) 铸坯自重产生的当量拉坯力。对于弧形连铸及部分铸坯的自重在水平拉辊处产生的当量拉坯力，可根据力矩平衡条件获得，即：

$$F_5 = \frac{2r_0 G}{R + r} \sin \frac{\pi}{4} = \frac{(R^3 - r^3) a\rho g}{3(R + r)} \qquad (14\text{-}52)$$

式中　　r_0——1/4 弧长铸坯的重心位置，mm；

　　　　G——1/4 弧长铸坯重量，N；

　　R，r——分别为铸坯的外弧和内弧半径，m；

　　　　a——铸坯宽度。

14.3.7.3　矫直力

矫直力过大常常是造成铸坯横裂的重要原因。当铸坯完全凝固时，矫直铸坯所需矫直力矩 M 为：

$$M = S \cdot \sigma_S = \frac{ab^2}{5} \sigma_S \qquad (14\text{-}53)$$

式中　　σ_S——铸坯的屈服强度极限，800℃时约为 49MPa；

　　a，b——分别为铸坯宽度和厚度，m。

14.3.7.4　热应力

凝固过程中的坯壳，由于其外表面被强制冷却，内部凝固界面又接近钢液温度，因此，在坯壳内部存在很大的温度梯度。由于温度分布的强烈不均匀，使得坯壳各部分的自由伸缩受到互相制约，从而在坯壳内部产生很大的热应力。热应力过大会使铸坯在内部和表面生成裂纹或使原有裂纹扩大。

由于坯壳的温度分布比较复杂，热应力的准确描述比较困难，需要建立专门的数学模型进行计算。一般粗略估算可按式（14-54）进行：

$$\sigma_{热} = \frac{2}{3}(t_s - t_b) \frac{\alpha E}{1 - \nu^2} \qquad (14\text{-}54)$$

式中　　$\sigma_{热}$——铸坯的表面热应力，Pa；

　　t_s，t_b——分别为钢的固相线温度和坯壳的表面温度，℃；

　　α，E，ν——分别为坯壳的收缩系数、弹性模量和泊松比。

铸坯产生裂纹的根本原因是应力集中。当铸坯所承受的拉应力超过该部位钢的强度极限和塑性允许的范围时，就会产生裂纹。在三种应力中，热应力、组织应力无疑起了关键作用，机械应力则加大了裂纹产生的可能性，可通过多点弯曲、多点矫直、使铸坯有适宜的厚度和准确的对弧以及使二冷区有合理的辊缝量来减少铸坯的变形量。

减少由于应力造成的裂纹的具体措施有：

（1）采用合理的配水和合适的冷却制度，以使铸坯的表面温度避开高温下的脆性区间，冷却要均匀，防止铸坯表面回热。

（2）对于某些合金钢、裂纹敏感性强的钢种，可采用干式冷却或干式冷却与喷水冷却结合使用。干式冷却可使铸坯表面、芯部温度趋于一致，大大减少热应力的产生。

（3）合理调节和控制钢液成分，降低钢中有害元素的含量，可确保减少铸坯热裂的倾向性。

（4）出拉矫机的铸坯可根据不同钢种采用不同的缓冷方式，如可采用空冷、坑冷等，也可直接热送。

14.4　连铸操作工艺

14.4.1　连铸钢液的准备

钢液应具有合适的温度、稳定的成分，并尽可能降低夹杂物含量，保持钢液的洁净度和良好的可浇性。

14.4.1.1　钢液温度的控制

浇注温度是指中间包内的钢液温度。一般中间包在开浇 5min、浇注过程、浇注结束前 5min 均应测温，其所测温度的平均值为平均浇注温度。

浇注温度包括两部分，即钢液的液相线温度（凝固温度）与超出凝固温度的钢液的过热度，可用式（14-55）表示：

$$t_c = t_1 + \Delta t \tag{14-55}$$

钢液液相线温度与钢种的化学成分有关，可用式（9-4）或式（9-5）计算。

钢液的过热度是根据浇注的钢种、铸坯的断面、中间包容量、包衬材质、烘烤温度、浇注过程中热损失情况、浇注时间等诸因素综合考虑确定的。

对于某一钢种来说，液相线温度加上合适的过热度，确定为该钢种的目标浇注温度。表 14-6 为中间包钢液过热度参考值。

表 14-6　中间包钢液过热度参考值　　　　　　　　　　　　（℃）

浇注钢种	板坯和大方坯	小方坯
高碳钢、高锰钢	10	10~20
合金结构钢	5~15	5~15
铝镇静钢、低合金钢	15~20	25~30
不锈钢	15~20	20~30
硅　钢	10	15~20

连铸钢液自出钢后进入钢包直到注入结晶器的整个过程中经历一系列的温降，总温降 $\Delta t_总$ 可用式（14-56）来表示：

$$\Delta t_总 = \Delta t_1 + \Delta t_2 + \Delta t_3 + \Delta t_4 + \Delta t_5 \tag{14-56}$$

式中　Δt_1——出钢过程的温降，℃，主要是钢液流的辐射散热、对流散热和钢包内衬吸热所形成的温降，取决于出钢温度的高低、出钢时间的长短、钢包容量的大小、内衬的材质和温度状况、加入合金的种类和数量等因素，尤其是受出钢时间和包衬温度波动的影响较大，经验表明，大容量钢包的出钢温降为 20~40℃，中等容量钢包为 30~60℃，小容量钢包通常为 40~80℃甚至更高，尽可能减少出钢时间、维护好出钢口、采用"红包周转"、保持包底干净、包内衬装绝热材料等可以降低出钢过程的温降；

Δt_2——从出钢完毕到钢液精炼开始之前的温降,℃, 温降速度为 $0.5 \sim 1.5$℃/min, 主要是钢包包衬的继续吸热、钢液面通过渣层的散热、运输路途和等待时间的热损失, 钢液面覆盖剂和钢包加盖均可以减少热损失, 也能稳定浇注温度, 由此能够使出钢温度降低 $10 \sim 20$℃, 钢包烘烤、充分预热、减少钢水在钢包内滞留时间, 可以减少过程的温降;

Δt_3——钢液精炼过程的温降,℃, 主要是依据钢液炉外精炼方式和处理时间而定, 这一阶段的温降速度通常为 $0.5 \sim 1.5$℃/min;

Δt_4——钢液处理完毕至开浇之前的温降,℃, 主要取决于钢包开浇之前的等待时间, 通常温降速度在 $0.5 \sim 1.2$℃/min 之间;

Δt_5——钢液从钢包注入中间包的温降,℃, 这一过程的温降与出钢过程相似, 包括注流的散热、中间包内衬的吸热及钢液液面的散热等, 钢包注流的散热温降与注流的保护状况有关。

因此, 钢液温度的控制主要是使中间包浇注温度在目标温度范围之内。为此, 应该稳定出钢温度, 提高终点温度的命中率; 减少钢液传递过程的温降; 充分发挥精炼的调节作用。

14.4.1.2　钢液成分的控制

除温度控制外, 对连铸钢液很重要的一点就是成分控制。根据连铸工艺的特点及铸坯的质量要求, 必须对连铸用钢液成分严格控制。如多炉连浇, 钢液成分必须控制在较窄的范围内, 以使炉与炉的钢液成分相对稳定, 保证铸坯性能均匀; 对钢中可能引起裂纹的元素要严格控制, 或者避开成分裂纹敏感区, 或者加入第三元素。钢液成分控制的内涵包括钢液的成分、流动性 (可浇性) 和洁净度的控制这几方面。

硫对钢的热裂纹敏感性有突出的影响, 因此, 硫是关系铸坯质量和连铸工艺的重要元素之一。钢液中的硫含量低于 0.025%, 是保证产品质量的基本条件。钢种不同, 对硫含量的要求也不同。

碳是影响钢组织性能的基本元素, 尤其是需要在热处理状态使用的钢, 其影响尤为突出。为此, 钢液碳含量要精确控制。在多炉连浇时, 各炉次间钢液碳含量的差别要小于 0.02%。钢中碳含量为 $0.10\% \sim 0.12\%$ 时, 铸坯纵裂敏感性最强, 主要是由于钢液凝固过程有包晶反应, 体积突变产生应力, 导致裂纹。所以碳控制尽量避开裂纹敏感区。

硅、锰成分不仅影响钢的性能, 还影响钢液的可浇性。要求硅、锰含量控制在较窄范围内; 炉与炉成分波动要求 $w[Si] = \pm(0.10\% \sim 0.12\%)$、$w[Mn] = \pm 0.10\%$, 以保证铸坯成分、性能稳定; 同时, 还要求有一定的 $w[Mn]/w[Si]$。钢液经过炉外精炼和成分微调后, 能够实现成分的精确控制。

钢的成分中有些元素不是任意加入的, 而是随炼钢原料带入炉内, 冶炼过程又不能将其去除而残留于钢中, 称之为残留元素, 如 Cu、Sn、Sb、As 等。由于这些元素的综合作用较为复杂, 要精选入炉废钢, 应限制这些元素的含量。铜含量最高应控制在 0.20% 以下, 也可加入第三元素抵消其不良影响。

钢液的洁净度主要是指钢中非金属夹杂物的数量、形态、分布。由于夹杂物的存在不仅影响钢液的可浇性和连铸操作的顺行, 而且还破坏了钢基体的连续性、致密性, 危害了钢的质量。钢中夹杂物由内生夹杂物和外来夹杂物组成。内生夹杂物主要是脱氧产物。外来夹杂物包括在浇注过程中钢液的二次氧化产物、被冲刷的耐火材料以及卷入的钢包渣、中间包渣和结晶器浮渣等。内生夹杂颗粒细小，外来夹杂颗粒粗大。因此，应采用相应的措施来保证所浇钢种洁净度的要求。主要是要做好对氧的控制，少渣或无渣出钢，发挥炉外精炼与中间包冶金以及电磁力的作用。详细的描述可见前面的有关章节。

14.4.2　浇注前的准备

浇注前的准备包括钢包的准备、中间包的准备、结晶器的检查、二冷区的检查、拉矫机和剪切装置的检查、堵引锭头操作等。

14.4.2.1　钢包的准备

钢包的准备工作包括：清理钢包内的残钢残渣，保证包内干净；安装和检查滑动水口，在水口内装好引流砂；烘烤钢包至1000℃以上；已装钢水的钢包坐到回转台后，在开浇前安装长水口，长水口与钢包水口的接缝要密封。

14.4.2.2　中间包的准备

中间包的准备工作包括：中间包工作层以及控流装置的砌筑、水口的安装、塞棒的安装以及中间包的烘烤等。

连接中间包与结晶器的水口有两种类型，即定径水口和浸入式水口。对于多流小方坯连铸机，使用定径水口敞开式浇注时，根据铸坯断面和拉速选择水口直径。定径水口由锆质或锆质与高铝质复合材料制作。各流水口的中心距应与连铸机流间距相一致，砌筑误差不得超过±1.5mm。中间包水口烘烤后、使用之前，应将其堵住。为了便于自动开浇，水口的引流方法有三种，如图14-58所示。此外，还可用金属锥（钢或铜质）将定径水口的下口堵住，从包内填入引流砂，并撒少量的Ca-Si合金粉，浇注时拔下金属锥待引流砂流出，即能自动开浇，简单方便。大方（圆）坯和板坯连铸采用浸入式水口。浸入式水口有两种安装方式，即内装式与外装式。内装式是浸入式水口从中间包底由内向外伸出，由于是整体结构，密封性好；外装式也是组合式，即在中间包体底部滑动水口的下水口接装浸入式水口，这种方式简单方便，但必须注意接口处的密封，以防吸入空气，污染钢液。安装水口时应注意：水口与座砖的缝隙应用胶泥填平；浸入式水口不得有裂纹和缺损，不得弯曲变形；根据所浇断面与拉速确定水口直径；浸入式水口一定要装平、装正，伸出部分一定要与中间包底相垂直，并与结晶器准确对中；外装浸入式水口应对托架进行仔细检查。对吹气防塞型浸入式水口，安装后接好喷嘴接头，再装入托架内。在水口接口处要均匀涂抹胶泥，然后送气；浸入式水口装好后，要确保水口内孔畅通无堵塞，使用前最好在外壁包一层耐火纤维毡。

塞棒是控制钢流量和防止中间包内卷渣的一个重要部件。当前使用的塞棒都预留吹气通道，以免水口堵塞。塞棒的材质为高铝，渣线部位为复合氧化锆质。安装前要检查塞棒，要求不得弯曲、变形，若塞棒表面无涂层，镶嵌件有残损、松动或不到位，均不得使用；安装时，塞头顶点偏向开闭器方向，留有2~3mm的晴头；安装完毕要试开闭几次，检查开闭器是否灵活，开启量应在60~80mm之间。

中间包烘烤应注意：中间包的包盖盖好后，中间包小车必须开至结晶器上方，保证浸入式水口与结晶器正确对中定位，然后返回到烘烤位置；塞棒必须处于关闭位置，避免运

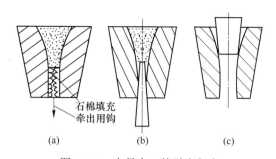

图 14-58　定径水口的引流方法

(a) 从下面堵石棉绳；(b) 从下面堵木塞；(c) 从上面堵木塞

送过程中发生跳动或振动而发生断裂；塞棒和水口需要烘烤，烘烤时塞棒应开启 30mm 以上，并在其周围沿长度方向加导烟罩，以使塞棒、水口烘烤均匀，烘烤温度控制在 1000℃ 左右；浸入式水口伸出部分应在烘烤箱内烘烤；对于工作层为耐火涂层的中间包，在干燥 2~4h 后烘烤，以 35~60℃/min 的速度升温，达到 1000~1200℃ 时即可投入使用；内衬为砌砖的中间包，要充分加热，烘烤 1~2h，使表面温度达到 1000℃ 以上。

14.4.2.3　结晶器的检查

在浇注前对结晶器的检查包括：认真检查结晶器内腔铜管及铜板表面有无严重损伤，同时还要检查结晶器冷却水压力是否正常，不得有渗水现象；检查结晶器振动装置运行是否正常，依据所浇注坯断面设定的拉速，调定相应的振动频率和振幅；检查润滑油在结晶器内壁的分布情况，并调节相应的供油量；组合式结晶器内壁角部缝隙应小于 0.3mm，并用铜片使宽窄面接触板呈 135°的斜角，以防铸机起步拉漏；检查结晶器下口足辊是否转动，足辊、格栅部位喷嘴是否齐全；结晶器的大、小盖板放置应该平整，结晶器与盖板间的空隙用石棉绳堵好，并用耐火泥抹平。

14.4.2.4　二冷区的检查

二冷区的任务是支撑、引导和拉动铸坯运行，并喷水冷却，使铸坯在矫直或切割前完全凝固。为此，应检查：二冷区供水系统是否正常，水质是否符合要求；二冷区喷嘴是否齐全，各个喷嘴是否畅通；根据所浇钢种、断面设定喷淋水量；气-水喷嘴用压缩空气的压力应在 0.4MPa 以上，雾化气压应在 0.2MPa 以上。

14.4.2.5　拉矫机和剪切装置的检查

拉矫装置承担拉动和矫直铸坯以及输送引锭杆的任务。因此，要根据拉坯辊压下动力检查气压或液压系统，并调节给定的冷热坯的冷压紧力；将主控室内选择开关置于浇注位置，检查结晶器振动和润滑送油装置以及二冷区水闸阀、蒸汽抽风机等设备是否能随拉坯矫直辊同步运行；确认引锭头尺寸与所浇注坯断面尺寸是否一致，应确保引锭头无严重变形、清洁无油脂等；检查上装式或刚性引锭杆的存放装置是否正常运行。

切割装置及其他设备的检查内容为：检查火焰切割装置及剪切机械运行是否正常，并校验割枪；启动各组辊道，升降挡板、横移机、翻钢机、推钢机、冷床等设备应运行正常。

14.4.2.6　堵引锭头操作

当确认一切正常后，按要求将引锭头送入结晶器；若结晶器长 700mm 时，引锭头应距顶面 550~600mm；若结晶器长 900mm 时，应距顶面 600~700mm。堵引锭头应注意：确认引锭头干燥、干净，否则可用压缩空气吹扫；在引锭头与结晶器四壁的缝隙内，用石棉绳或纸绳填满、填实、填平；在引锭头的沟槽内添加清洁废钢屑、铝粒和适量微型冷却钢片，以使引锭头处钢液充分冷却，避免拉漏；结晶器内壁涂以菜籽油，防止钢液与结晶器黏连。

14.4.3　浇钢操作

14.4.3.1　钢包浇注

钢包浇注的操作为：

（1）钢包坐到回转台，转至浇注位置并锁定。此时，中止中间包烘烤，并关闭塞棒；若为定径水口，应堵上木塞或金属锥并填上引流砂。

（2）中间包运至浇注位置，与结晶器重新严格对中定位，偏差不得大于 1.5mm；定径水口的中间包将摆动槽对准水口位置。

（3）在中间包底均匀撒放 Ca-Si 合金粉，以保证钢液的流动性。

（4）调节中间包小车，将浸入式水口伸入结晶器到认定位置，水口距引锭头面 50~100mm；然后要多次启闭塞棒，再次检查其开启的灵活性及关闭的严密性。

（5）敞开式浇注时，操作人员直接观察注流情况及中间包内的钢液液面。

（6）采用保护浇注时，钢包就位后安装保护套管。开启滑动水口，若水口不能自开，取下保护套管，烧氧引流；在水口全开的情况下钢液流出一定数量，即滑动水口吸收了足够的热量后，关闭水口，再将保护套管重新装上；立即开启滑板，调节到适当开度，控制中间包钢液到预定位置，并将接口重新密封好。

（7）当中间包钢液面达到预定高度并浸没保护套管时，可向中间包内加覆盖剂（如炭化稻壳）。

14.4.3.2　中间包浇注

中间包浇注分为有用塞棒开浇和用定径水口开浇。

当流入中间包内的钢液达到 1/2 高度时，中间包可以开浇。

用塞棒开浇时应注意：控制开浇不要过猛或过大，以免引锭头密封材料被冲击离位或者钢液飞溅造成挂钢、重皮；钢液注入结晶器后，在液面未没过浸入式水口侧孔时，塞棒开启 1、2 次，以确认塞棒控制正常；结晶器液面没过浸入式水口侧孔后，即可添加保护渣。浇注板坯时，可加入开浇专用保护渣或常规保护渣；液面距结晶器上口 80~100mm 时，拉坯矫直机构、结晶器振动及二冷区水阀门同时启动；塞棒有吹 Ar 装置时，开浇时 Ar 流量控制在较低范围，当结晶器液面稳定之后再慢慢调整 Ar 流量，以防结晶器液面翻动。

用定径水口开浇时应注意：通过摆动槽控制起步时间，摆动 1~3 次，起步时间为 20~35s，以确保铸坯坯壳厚度；拉矫机启动时，结晶器振动机构、二冷区喷水阀、结晶器润滑油系统同步运行；多流连铸机中间包的水口可按顺序逐一开浇，一般离钢包铸流近的水口先开，远离的水口后开；结晶器液面稳定以后，可将开关置于自动控制位置，实施液面自动控制。

14.4.3.3　连铸机的启动

拉矫机构的起步就是连铸机的启动。从钢液注入结晶器开始到拉矫机构的启动时间，即为起步时间。小方坯的起步时间为 20~35s，板坯为 1min 左右。对于多流连铸机来说，各流开浇时间不同，所以起步时间也有差异，起步时间也称"出苗"时间。

起步拉速为 0.3~0.4m/min，保持 30s 以上，缓慢增加拉速；1min 以后达到正常拉速的 50%，2min 后达到正常拉速的 90%；再根据中间包内钢液温度设定拉速。

14.4.3.4　正常浇注

在中间包开浇 5min 后，在离钢包铸流最远的水口处测量钢液温度，根据钢液温度调整拉速，当拉速与铸温达到相应值时即可转入正常浇注，即：

(1) 通过中间包内钢液重量或液面高度来控制钢包铸流的流量，同时要注意保护套管的密封性和中间包保温，并按规定测量中间包钢液温度。

(2) 准备控制中间包钢流量，结晶器液面保持在距上沿 75~100mm，液面波动控制在 ±5mm。

(3) 浸入式水口插入深度应以结晶器内热流分布均匀和不产生结晶器卷渣为准则。

(4) 正常浇注后，结晶器内的保护渣由开浇渣改为常规渣，要保证均匀覆盖，不得有局部透红，液渣层厚度保持在 10~15mm 之间，要及时捞出渣条和渣圈。保护渣的消耗量一般在 0.3~0.5kg/t。

(5) 敞开浇注时，要随时注意润滑油量，并及时捞出液面浮渣。

(6) 主控室内要监视各设备运行情况及各参数的变化。

14.4.3.5　多炉连浇

当转入正常浇注后，还需实现多炉连浇操作，包括更换钢包和快速更换中间包等。

更换钢包时，原则上不降低拉速，更不能停机或中间包下渣。可通过称量设备、所浇连铸坯的长度、浇注时间或者测量中间包液面深度估算出钢包内钢液的数量，绝对不能下渣。钢包更换前，要提高中间包液面高度，储存足够量的钢液，这对小容量中间包尤为重要，这样在不降低拉速的情况下，给第二包钢液的衔接留有充分的时间。卸下保护套管，清理衔接的部位。第二包钢液到位后，按程序装好保护套管，并保持良好的密封性，即可开浇。

快速更换中间包是实现多炉连浇的关键。更换中间包通常要求在 2min 内完成换包，最长不得超过 3min；否则由于"新"、"旧"铸坯的焊合不牢、接痕拉脱而发生漏钢事故。其换包程序为：

(1) 首先将钢包旋至浇注位置；

(2) 当上一中间包液面降至预定高度时，降低拉速，停止待用新中间包的烘烤，并运送至原中间包旁边；

(3) 关闭旧中间包，拉矫机构停机，升起中间包，浸入式水口提出结晶器上口，同时同向开动两中间包小车，使新中间包到达浇注位置；

(4) 钢包开浇，钢液注入新中间包，待钢液液面达到预定位置时开始下降中间包；

(5) 清除结晶器原保护渣，当浸入式水口插入钢液面以后，开启中间包塞棒，并启动拉矫机构，拉速为 0.3m/min，当接痕离开结晶器下口以后，按开浇程序逐步调整拉速直到正常浇注，同时依据开浇程序加入保护渣。

为了提高连铸机的生产率，提出了不同钢种的连浇技术。异钢种连浇的钢包和中间包的更换与常规多炉连浇没什么本质区别，关键是不同钢种的钢液不能混合。因此，当上一炉钢液浇注完毕之后，在结晶器内插金属连接件，并投入所谓的隔热材料，使其形成隔层，防止钢液成分的混合。但隔层的上、下钢液必须凝固成一体，可继续浇注。这种方法浇注的铸坯大约经过 3m 的混合过渡区之后，其成分可达到均匀。

14.4.3.6　浇注结束

浇注结束后应采取的措施有：

（1）钢包浇注完毕后，中间包继续维持浇注，当中间包钢液量降低到 1/2 时，开始逐步降低拉速，直到铸坯出结晶器。

（2）当中间包钢液量降低到最低限度时，迅速将结晶器内保护渣捞干净，之后立即关闭塞棒或滑板，并开走中间包车，浇注结束。

（3）结晶器内捞净保护渣之后，用钢棒或氧气管轻轻均匀搅动钢液面，然后用水喷淋铸坯尾端，加快凝固封顶。

（4）确认尾坯凝固，按钮旋到"尾坯输出"，拉出尾坯。拉速逐步缓慢提高，最高拉速仅是正常拉速的 20%~30%，浇注结束。

（5）用定径水口敞开式浇注小断面铸坯，浇注结束时，首先将摆动槽置于中间包水口下方，用金属锥堵住水口。由于小断面铸坯凝固速度快，当铸坯出结晶器后快速拉走铸坯，浇注结束。

14.4.4　连铸操作规范

14.4.4.1　连铸作业区岗位职责

连铸作业区岗位主要包括机长、主控工、大包工、拉钢工、火切工。机长：负责铸机生产、设备运行、铸坯质量等全面工作。主控工：室内所有设备操作，主要包括送引锭、工艺参数设定、能源介质的关停等。钢包工：负责挂好钢包水口液压缸，操作液压缸的开启，保证中间包重量稳定浇注，往中间包内投放覆盖剂等。拉钢工：负责铸机生产前准备，生产过程监护设备运行，加保护渣等。火切工：监护火切设备运行，测量铸坯定尺，处理连铸坯的头、尾坯等。

14.4.4.2　中间包检查

第一步：浸入水口上沿，高出中间包底部 1~2cm，包腔干净无杂物。

第二步：稳流器上沿高出挡渣墙流钢孔上沿。

第三步：溢流口深度控制在 14~16cm。

第四步：检查塞棒、塞棒机构横臂螺丝无松动。

第五步：塞棒与塞棒水口对中、无偏斜。

第六步：冲击区无杂物。

第七步：浸入水口底部尽量保证在一条水平线上，差别不得大于 5mm。

第八步：浸入水口间距按照流间距控制在 ±3mm 之内。

14.4.4.3　中间包准备及使用

第一步：中间包吊上后及时将岩棉垫垫好。

第二步：安装好连续测温管。

第三步：检查塞棒行程及是否偏斜，然后将塞棒升起，将塞棒机构锁住。

第四步：缠绕好岩棉毡，做好浸入水口的保温工作。

第五步：将浸入水口对中下抽风，缓慢下降中间包车，同时观察中间包浸入水口情况。

第六步：中间包车落下后，将下抽风盖板盖好。

第七步：中间包烘烤离开浇约一个小时，要对塞棒进行紧固，先紧固横臂螺丝，然后紧固塞棒螺丝。

第八步：中间包浇注过程需定期对塞棒进行检查，先检查横臂螺丝，然后检查塞棒螺丝。

14.4.4.4　中间包开浇起步操作

第一步：安装电动缸。

第二步：将电动缸下方螺栓拧紧，减少电动缸与塞棒机构之间的间隙。

第三步：安装电源线。

第四步：调整中间包车位置，保证浸入水口与结晶器对中和浸入深度。

第五步：安装液压缸。

第六步：检查仪表等均正常后，主操开始手动压棒开浇。

第七步：主操压棒的同时副操观察液面情况，及时与主操做好控棒、启动振动系统及调整拉速的沟通。

第八步：设定液位与实际液位差别在3mm以内的时间超过5s后，棒控稳，打到液面自动状态，开浇正常后，调整中间包车高度，保证浸入深度。

14.4.4.5　钢包开浇起步操作

第一步：升高浇注钢包臂，取下钢包长水口。

第二步：旋转钢包机械手角度，使钢包长水口顺利放至事故渣盘上方。

第三步：使用高压氧气将长水口内的残余钢渣吹扫干净。

第四步：查看钢包长水口内是否吹扫干净，长水口碗部是否有残钢。

第五步：安装长水口岩棉垫，岩棉垫不得折叠。

第六步：将长水口旋转至中间包下水口正下方，且与钢包下水口垂直对正，下降钢包升降臂，使长水口与下水口紧密结合，岩棉垫不得折叠。

第七步：钢包长水口与其下水口套接好后，将机械手强制上升按钮达到投入状态，继续下落升降臂，与液面保证100mm间距左右，然后进行开浇操作。

第八步：开浇正常后，继续下落钢包升降臂，保证钢包长水口浸入深度控制在200~250mm之间。

14.4.5　浇注温度控制

对内衬为绝热板的中间包来说，第一包钢液温度比正常浇注温度高10~20℃，中间包开浇温度应以在钢种液相线以上20~50℃为宜。根据钢种质量的要求控制过热度（典型钢种的过热度控制见表14-6），并保持均匀、稳定的浇注温度。在浇注初期、浇注末期和换包时，可采用中间包加热技术，以补偿钢液温降损失。在正常浇注过程中也可适当加热，以补偿钢液的自然温降。

14.4.6　拉速的控制

浇注的钢种、铸坯的断面、中间包容量和液面高度、钢液温度等因素均影响拉坯速度。在生产中浇注的钢种和铸坯断面确定以后，拉速是随浇注温度进行调节的。为了调节方便，设定拉速每 0.1m/min 为一挡，当浇注温度低于目标温度下限时，拉速可以提高 1~2 挡，即拉速提高 0.1~0.2m/min；当浇注温度高于目标温度 6~10℃，拉速降低 1~2 挡；当浇注温度高于目标温度 11~15℃ 时，拉速降低 2~3 挡；如浇注温度再高，则应考虑拒浇。此外，结晶器长度对拉速也有影响。

14.4.7　冷却水控制

连铸坯的凝固冷却，其热量的放出通过辐射、传导和对流三种方式进行。钢液的凝固传热是在三个冷却区内实现的，即结晶器冷却区（一次冷却）、包括辊子冷却系统的喷水冷却区（二次冷却）和向周围辐射传热区（三次冷却）三个区域。

14.4.7.1　结晶器冷却

钢液在结晶器内形成足够厚度、均匀的坯壳，这是铸坯凝固的基础，也是铸坯质量的关键所在。

结晶器用冷却水是经过处理的软水，其用量根据铸坯尺寸而定。

小方坯结晶器是按结晶器周边长度供给冷却水，每毫米的供水量为 2.0~2.5L/min。在生产中，实际供水量一般在 2.5~3.0L/(min·mm) 范围内，比参考值稍高些。

板坯结晶器的宽面与窄面分别供给冷却水，给水量在 1.4L/(min·mm) 左右，其经验数据如表 14-7 所示。

表 14-7　板坯结晶器宽面与窄面供水量

板坯尺寸 /mm	厚度	250	210	170	250	210	170
	宽度	1000~1600	1000~1600	1000~1600	700~1000	700~1000	700~1000
冷却水流量 /L·min⁻¹	宽面	2150	2150	2150	1750	1750	1750
	窄面	340	285	230	340	285	230
	总量	4980	4870	4760	4180	4070	3960

冷却水压力是保证冷却水在结晶器水缝之中流动的主要动力，结晶器冷却水流速为 6~12m/s。冷却水压力必须控制在 0.5~0.66MPa 范围内，提高水压可以加大流速，也可减少铸坯菱变和角裂，还有利于提高拉坯速度。

结晶器进、出水温度差一般控制在 6~8℃，出水温度约为 45~50℃。出水温度过高，结晶器容易形成水垢，影响传热效果。因此，生产中要保持结晶器冷却水量和进、出水温度差的稳定，以利于坯壳均匀生长。

另外，结晶器锥度也影响凝固铸坯的冷却。因此，要保持结晶器锥度，以形成最小的气隙，确保对铸坯的冷却及对坯壳的支撑。当结晶器锥度小于规定值时，应及时更换。通常拉速高，可用较小锥度的结晶器，拉速低，锥度可大些。

14.4.7.2 二次冷却

从结晶器下口拉出带液芯的铸坯，进入二冷区仍需继续喷水冷却，直至完全凝固。

目前二冷区主要是采用喷水冷却方式。雾化水滴以一定速度喷射到铸坯表面（见图14-46），大约有20%的水滴被汽化，这部分蒸发带走的热量约占55%；铸坯辐射散热占25%左右；铸坯与夹辊间的传导散热约占17%；空气对流传热约占3%。在设备和工艺条件一定时，辐射传热和辊子传导传热变化不大，喷淋水的传热占主导地位。铸坯中心的热量是通过坯壳传到铸坯表面的，当喷雾水滴打到铸坯表面时就会带走一定的热量，而铸坯表面温度会突然降低，使中心与表面形成很大的温度梯度，而这就成了铸坯冷却的动力；相反，如突然停止水滴的喷射，铸坯表面的温度就会回升。

二冷区的供水量是沿连铸机长度方向从上到下逐渐减少的，即：

$$Q \propto \frac{1}{\sqrt{\tau}} \tag{14-57}$$

式中　Q——冷却水量；

τ——铸坯凝固时间。

在生产上，供水量真正做到均匀逐渐递减是很困难的，所以根据连铸机机型、对铸坯质量的要求，将二冷区分为若干冷却段，冷却水按比例分配到各冷却段，如图14-59和图14-60所示。

二冷区各区段距离钢液面的位置分别为H_0，H_1，H_2，$\cdots$，H_n，则各区段的水量为：

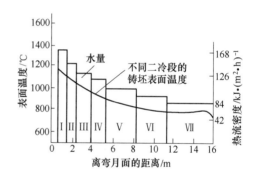

图 14-59　二冷区分段冷却示意图

$$Q_0 : Q_1 : Q_2 : \cdots : Q_n = \frac{1}{\sqrt{H_0}} : \frac{1}{\sqrt{H_1}} : \frac{1}{\sqrt{H_2}} : \cdots : \frac{1}{\sqrt{H_n}} \tag{14-58}$$

$$Q_i = Q_{总} \cdot \frac{1}{\sqrt{H_i}} \left/ \left(\frac{1}{\sqrt{H_0}} + \frac{1}{\sqrt{H_1}} + \frac{1}{\sqrt{H_2}} + \cdots + \frac{1}{\sqrt{H_n}} \right) \right. \tag{14-59}$$

通过上式可以估算各区段的水量。实际情况是，足辊段或"0"段的水量Q_0要比计

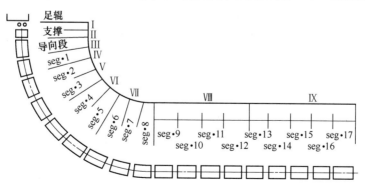

图 14-60　板坯连铸机二冷区各冷却段范围示意图

算值大得多，习惯将此段水量设成总水量的 20%～30%。

二冷区的冷却还应根据钢种的高温脆性曲线来考虑，以保证铸坯质量。从图 14-61 所示的高温脆性曲线可以看出有三个脆性区，即：

（1）高温区，从液相线以下 50℃ 到 1300℃。在此区域内，钢的伸长率为 0.2%～0.4%，强度为 1～4MPa，塑性与强度都很低，尤其是有磷、硫偏析存在时更加剧了钢的脆性，这也是固-液相界面容易产生裂纹的原因。

（2）中温区，从 1300℃ 到 900℃。钢在这个温度范围内处于奥氏体相区，它的强度取决于晶界析出的硫化物、氧化物的数量和形状。若由串状改为球状分布，则可明显提高强度。

（3）低温区，从 900℃ 到 700℃。在此区域内，钢处于 $\gamma \rightarrow \alpha$ 相变温度区，若再有 AlN、Nb(C,N) 的质点沉淀于晶界处，钢的延性大大降低，容易形成裂纹，并加剧扩展。从 900℃ 到 700℃ 时，钢的延性最低，极易产生裂纹。

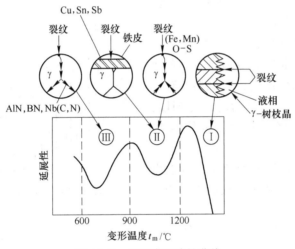

图 14-61　钢的高温脆性曲线

二冷区的冷却制度分为强冷与弱冷。在矫直前铸坯表面温度达到 900℃ 以上，采用弱冷却制度，二次冷却的比水量（单位重量钢水所使用的冷却水量）一般为 0.5～1.0L/kg；铸坯维持在 700～650℃ 范围内，待奥氏体完全转变后再矫直，避开脆性"口袋区"，冷却比水量相应要高一些，一般为 2～2.5L/kg。

依据钢的裂纹敏感性分为五类，对每类钢应选择合适的比水量，表 14-8 所示参考值。

表 14-8　钢种与比水量

钢　种	比水量/L·kg^{-1}	钢　种	比水量/L·kg^{-1}
低碳深冲薄板	0.8～1.1	管线、低合金钢（$w[C]>0.25\%$）	0.5～0.7
低中碳结构钢	0.7～0.9	高合金钢、裂纹敏感性强钢种	0.2～0.6
船用中厚板	0.7～0.8		

在实际生产中，可利用前面介绍的凝固传热模型计算每一个钢种和断面的冷却模式，设计水表，并根据现场检测不断优化和完善二冷制度，满足连铸坯质量控制的要求。

14.4.8 保护浇注

精炼后成分和温度都合格的洁净钢液，在从钢包到中间包再注入结晶器的传递过程中，与空气、耐火材料和熔渣相接触，仍发生着物理化学作用，导致钢液二次氧化，从而严重影响连铸钢水的质量。根据示踪试验所测定的数据，铸坯中夹杂物来源比例为：出钢过程钢液氧化产物占 10%，脱氧产物占 15%，熔渣卷入约占 15%，铸流的二次氧化占 40% 左右，耐火材料的冲刷约占 20%，中间包渣占 10%。为此，钢液在各传递阶段均应严格加以控制，减少污染，以保证钢液的洁净度。目前采用全过程的保护浇注来严格控制钢的二次污染。如图 14-62所示。

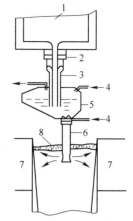

图 14-62　保护浇铸示意图
1—钢包；2—滑动水口；3—长水口；
4—氩气；5—中间包；6—浸入式水口；
7—结晶器；8—保护渣

14.4.9 保护渣

结晶器目前用的固体保护渣有两种类型，即发热型保护渣和绝热型保护渣。当前普遍应用绝热型保护渣。

14.4.9.1 保护渣的功能

保护渣具有如下功能：

(1) 绝热保温。向结晶器液面加固体保护渣覆盖其表面，可减少钢液热损失。钢液通过保护渣的散热量比裸露状态的散热量要减少 9/10 左右，从而避免了钢液面的冷凝结壳。尤其是浸入式水口外壁四周覆盖了一层渣膜，减少了相应位置冷钢的聚集。

(2) 隔绝空气，防止钢液的二次氧化。保护渣均匀地覆盖在结晶器钢液表面，阻止了空气与钢液的直接接触，再加上保护渣中炭粉的氧化产物和碳酸盐受热分解逸出的气体可驱赶弯月面处的空气，有效地避免了钢液的二次氧化。

(3) 吸收非金属夹杂物，净化钢液。加入的保护渣在钢液面上形成一层液渣，可良好地吸附和溶解从钢液中上浮的夹杂物，达到清洁钢液的作用。

(4) 在铸坯凝固坯壳与结晶器内壁间形成熔化渣膜。在结晶器的弯月面处有保护渣的液渣存在，由于结晶器的振动以及结晶器壁与坯壳间气隙的毛细管作用，将液渣吸入并填充于气隙之中，形成渣膜。在正常情况下，与坯壳接触的一侧由于温度高，渣膜仍保持足够的流动性，在结晶器壁与坯壳之间起着良好的润滑作用，防止了铸坯与结晶器壁的黏结，减少了拉坯阻力。渣膜厚度一般为 50~200μm。

(5) 改善了结晶器与坯壳间的传热。在结晶器内，由于钢液凝固形成的凝固收缩，铸坯凝固壳脱离结晶器壁而产生了气隙，使热阻增加，影响了铸坯的散热。保护渣的液渣均匀地充满气隙，减小了气隙的热阻。据实测，气隙中充满空气时导热系数仅为 0.09W/(m·K)，而充满渣膜时的导热系数为 1.2W/(m·K)，由此可见，渣膜的导热系数是充满空气时的 13 倍。由于气隙充满渣膜，明显地改善了结晶器的传热，使坯壳得以均匀生长。

14.4.9.2 保护渣的结构

保护渣有三层结构，即液渣层（也称熔渣层）、烧结层（也称过渡层）、粉渣层（在

最上层，也称原渣层）。保护渣三层全部厚度为 30～
50mm，其中液渣层为 5～20mm，温度较高，与钢液温
度相近；烧结层为 5～20mm，温度为 800～900℃；原
渣层温度为 400～500℃。薄板坯浇注时的全部渣层可
达 100～150mm。也有将保护渣看作由四层构成，即将
液渣层细分成半熔化层和液态渣层，如图 14-63 所示。
液渣层不断被消耗，烧结层下降并受热熔化而形成液
渣，与烧结层相邻的原渣又形成烧结层。因此，生产
中要连续、均匀地补充添加新的保护渣，以保持原渣
层的厚度在 25mm 左右。若结晶器液面为自动控制状
态，原渣层还可适当厚些。在保护渣总厚度不变的情
况下，各层厚度处于动平衡状态，达到生产上要求的
层状结构。

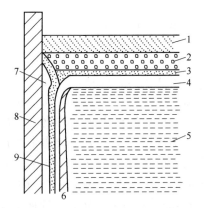

图 14-63　保护渣熔化过程示意图
1—粉渣层；2—烧结层；3—半熔化层；
4—液态渣层；5—钢液；6—凝固坯壳；
7—渣圈；8—结晶器；9—渣膜

结晶器壁与凝固坯壳之间的渣膜也为三层结构，
结晶器壁侧为玻璃态或极细晶粒的固体层，某些情况下为极薄的结晶层；中间为液体-晶
体共存层；凝固坯壳侧为液态层，冷凝时呈玻璃态。可以说，渣膜结构及厚度直接关系到
结晶器与凝固坯壳间的润滑状态及传热。渣膜厚度与保护渣自身的性质、拉速、结晶器的
振动参数有关，而且在结晶器上下不同部位其厚度分布也各不相同。渣膜总厚度一般为
1～3mm，其中的液相厚度为 0.1～0.2mm。

生产上可以直接测定液渣层的厚度，其方法是用镍-铜偶丝插入结晶器钢液面以下约
2s，取出后量出两偶丝长度之差即为液渣层厚度，也可用钢-铝偶丝或钢-铜偶丝插入测出
其偶丝长度差。板坯结晶器较宽，其边缘和中心浸入式水口区域温度不一样，可测不同位
置的液渣层厚度，以便控制保护渣处于正常层状结构。液渣层厚度也可用经验式（14-60）
计算：

$$d_L = \frac{0.02S_R}{abv_c w} \tag{14-60}$$

式中　　d_L——液渣层厚度，mm；

$\quad S_R$——渣化率，%；

a, b——结晶器断面尺寸，m；

$\quad v_c$——浇注速度，m/min；

$\quad w$——渣消耗速度，kg/t。

板坯连铸时，保护渣液渣层厚度一般为 8～15mm。

14.4.9.3　保护渣的组成及基本化学成分

保护渣由三部分组成，即基料、助熔剂和熔速调节剂。基料是保护渣的主要部分，其
成分基本处于 CaO-Al$_2$O$_3$-SiO$_2$ 三元系中黏度和熔化温度变化比较平缓的区域；助熔剂用来
调节保护渣的物性；熔剂调节剂用来调节保护渣的熔化速度和结构。

保护渣的基本化学成分范围是：CaO 25%～45%；SiO$_2$ 20%～50%；Al$_2$O$_3$ 0～15%；
F$^-$ 0～10%；Na$_2$O+K$_2$O 1%～15%；MgO 0～10%；TiO$_2$ 0～5%；Li$_2$O 0～4%；B$_2$O$_3$ 0～7%；

BaO 0~10%；MnO 0~10%；C 0~10%；H_2O 小于 0.5%。

Al_2O_3、SiO_2、B_2O_3 是玻璃体形成物，可增加保护渣的黏度，降低析晶温度；CaO、CaF_2、Na_2O+K_2O、MgO、Li_2O、BaO 可降低黏度，调节熔点和结晶温度；C 是熔速调节剂，起骨架作用。

14.4.9.4 保护渣的理化性能

（1）熔化特性，包括熔化温度、熔化速度和熔化的均匀性等。保护渣的熔化温度应低于坯壳温度。结晶器下口铸坯温度为 1250℃ 左右，因此，熔化温度通常为 1100~1200℃，主要取决于保护渣的成分。表 14-9 所示为各成分在一定条件下对保护渣熔化温度的影响。

表 14-9　各成分在一定条件下对保护渣熔化温度的影响

成　分	CaO	SiO_2	Al_2O_3	MgO	Na_2O+K_2O	CaF_2	MnO	B_2O_3	ZrO_2	Li_2O	TiO_2	BaO
对熔化温度的影响	↑	↓	↑	↓	↓	↓	↓	↓	↑	↓	↓	↓

熔化速度决定了钢液面形成液渣层的厚度和保护渣消耗量。调节保护渣的熔化速度的有效方法是，在保护渣中加入炭粉。碳质材料与保护渣基料间的界面张力较大，基料熔化后，对碳质材料不润湿、不吸收。相反，由于碳质材料的存在，其分布于基料颗粒的周围，可阻止基料颗粒的接触、融合，从而控制了保护渣的熔化速度。保护渣加入后能够铺展到整个结晶器液面上，形成的液渣沿四周均匀地流入结晶器壁与坯壳之间。为此，对保护渣基料的化学成分要选择得当，渣料的粒度要细，应充分搅拌或有足够的研磨时间以达到混合均匀。

（2）黏度。指保护渣所形成的液渣流动性的好坏，也是保护渣的重要性质之一。黏度的单位为 Pa·s。液渣黏度过大或过小都会造成坯壳表面渣膜的厚薄不均匀，致使润滑、传热不良。为此，保护渣应保持合适的黏度值，其随浇注的钢种、断面、拉速、铸温而定。通常在 1300℃ 时，黏度小于 0.14Pa·s；目前国内所用保护渣的黏度在 1250~1400℃ 时，多处于 0.1~1Pa·s 的范围内。保护渣的黏度取决于化学成分，可以通过改变碱度来调节黏度。连铸用保护渣碱度一般在 0.85~1.10。酸性渣具有较大的硅氧复合离子团，能够形成"长渣"或稳定性渣。这种渣在冷却到液相线温度时，其流动性变化较为缓和。所以连铸用保护渣为酸性或偏中性渣。表 14-10 所示为各成分对保护渣黏度的影响。

表 14-10　各成分对保护渣黏度的影响

成　分	CaO	SiO_2	Al_2O_3	MgO	Na_2O+K_2O	CaF_2	MnO	B_2O_3	ZrO_2	Li_2O	TiO_2	BaO
对黏度的影响	↓	↑	↑	↓	↓	↓	↓	↓	—	↓	—	↓

（3）界面特性。熔渣的表面张力和钢-渣界面张力是两个重要参数。其大小对结晶器内弯月面曲率半径的大小，钢-渣的分离，夹杂物的吸收，渣膜的厚薄都有不同程度的影响。保护渣的表面张力 σ 可由实验测定或用经验公式计算得出。一般要求保护渣的表面张力不大于 0.35N/m。保护渣中 CaF_2、SiO_2、Na_2O、K_2O、FeO 等组元为表面活性物质，可降低熔渣的表面张力；而随着 CaO、Al_2O_3、MgO 含量的增加，熔渣的表面张力增大。降低熔渣表面张力，可以增大钢-渣的界面张力，有利于钢-渣的分离，也有利于夹杂物从钢液中上浮排除。结晶器内钢液由于表面张力的作用形成弯月面，钢液面上有无液渣覆盖，

弯月面的曲率半径不同。有保护渣覆盖时,弯月面的曲率半径比敞开浇注时要大,曲率半径大有利于弯月面坯壳向结晶器壁铺展变形,也不易产生裂纹。

(4) 吸收溶解夹杂物的能力。保护渣应具有良好地吸收夹杂物的能力,尤其是在浇注铝镇静钢种时,保护渣溶解吸收 Al_2O_3 的能力更为重要。保护渣一般为酸性渣系或偏中性渣系,这种渣系在钢-渣界面处有吸收 Al_2O_3、MgO、MnO、FeO 等夹杂物的能力。生产实验指出,随保护渣碱度 $w(CaO)/w(SiO_2)$ 的增加,其吸收溶解 Al_2O_3 的能力增大;当 $w(CaO)/w(SiO_2)>1.10$ 时,保护渣吸收溶解 Al_2O_3 的能力有所下降;当保护渣中 Al_2O_3 的原始含量大于10%时,液渣吸收溶解 Al_2O_3 的能力迅速下降。为此,当保护渣碱度在 0.85~1.10 时,渣中 Al_2O_3 的原始含量要尽量低,不能大于10%。

(5) 保护渣水分,包括吸附水和结晶水两类。保护渣的基料中有苏打、固体水玻璃等,这些材料吸附水的能力极强,颗粒越细,吸附的水分也越多。可吸附水分的保护渣很容易结团,质量变坏,也给连铸操作带来麻烦,因此要求保护渣的含水率要小于 0.5%;配制保护渣的原料需要烘烤,温度不低于 110℃,以去除吸附水;当浇注质量要求高的钢种时,保护渣的原料烘烤温度应达 800℃左右,以去除材料的结晶水。烘烤后的原料应及时配料混匀,配制好的保护渣粉要及时罐封以备使用。

此外,目前对保护渣的结晶特性也给予了重视。保护渣的结晶特性主要包括析晶温度、在一定冷却条件下的结晶率以及结晶析出的物相组织。析晶温度是保护渣熔渣冷却过程中析出晶体的温度。结晶率用渣凝固后析出晶区部分所占的质量分数或体积分数表示。它们对凝固过程中坯壳受到的摩擦力以及向结晶器壁的传热产生影响。

14.4.9.5 保护渣的消耗特性

保护渣的消耗特性是指单位铸坯质量或单位铸坯周边表面积所消耗的渣量,用 kg/t 或 kg/m^2 表示。它关系到连铸坯的表面质量及连铸操作的顺行。

保护渣的消耗量与保护渣的性能、浇注工艺、结晶器的振动、结晶器的断面均有较大的关系。保护渣的黏度和熔化温度升高,保护渣的消耗量下降;拉速增加,过热度下降,保护渣的消耗量下降;正滑脱时间增加,保护渣的消耗量增加,非正弦振动形式的消耗量大于正弦振动形式。保护渣的消耗量一般为 0.25~0.60kg/m²,具体与机型、断面、浇注条件和工艺均有关系。有不少研究者也提出了形式各异的计算保护渣消耗量的经验式,可参阅其他相关的文献资料。

14.4.9.6 保护渣使用规范

保护渣必须保证干燥,在使用过程中做到勤加、少加、均匀加、保持黑面操作的原则。不同钢种使用不同性能的保护渣,浇注过程大多数保护渣厚度保持在 40~60mm 之间,液渣厚度保持在 8~15mm 之间。保护渣加入过程中需要注意:要做到勤加保护渣,不能让保护渣出现堆积现象;浸入式水口附件和板坯连铸结晶器窄面由于钢水流动激烈,可适当多加保护渣;不能让钢水暴露,以免造成钢水二次氧化;渣圈需及时捞出,以免引起铸坯表面质量缺陷。

保护渣具体使用规范如下:

第一步:打开烘烤器电源。

第二步:将保护渣通过滤网加入烘烤器内。

第三步：烘烤半个小时以上后，根据需要将保护渣放入桶内，桶内要保证洁净、干燥。

第四步：放保护渣结束后，要用手感觉保护渣温度，确认烘烤效果。

第五步：将烘烤的保护渣沿结晶器四周缓慢加入结晶器。

第六步：浇注过程经常沿结晶器四周补渣，防止结晶器钢液裸露。

14.4.10 中间包覆盖剂

传统中间包覆盖剂用得最多的是炭化稻壳。炭化稻壳具有排列整齐、互不相通的蜂窝状组织结构，而每一个蜂窝都是由以 SiO_2 为骨架的植物纤维组成。因此，炭化稻壳的密度小，只有 $0.08 \sim 0.149 kg/cm^3$，导热性差，是很好的保温剂。炭化稻壳灰分的主要成分是 SiO_2 和 $39\% \sim 50\%$ 的固定碳，也能很好地防止二次氧化。对于低碳和超低碳钢种，直接覆盖炭化稻壳有增碳的危险。

当前中间包覆盖剂的冶金功能和结晶器用保护渣有些相近，具有隔热保温、减少热损失、隔绝空气、防止钢液二次氧化、吸收溶解上浮的夹杂物等作用。中间包覆盖剂在较长时间内不更换者，属于不消耗型覆盖剂。在吸收溶解夹杂物后，覆盖剂仍然能够保持性能稳定。除此之外，覆盖剂对包衬、水口、塞棒等耐火材料的侵蚀量要最小，蚀损物不会进入结晶器。

中间包覆盖剂一般可采用硅酸盐系、$CaO\text{-}SiO_2\text{-}Al_2O_3$ 系、$CaO\text{-}SiO_2\text{-}Al_2O_3\text{-}MgO$ 系或 $SiO_2\text{-}Al_2O_3\text{-}Na_2O$ 系等。覆盖剂的碱度 $w(CaO)/w(SiO_2)$ 一般在 $0.75 \sim 1.0$ 之间，熔化温度一般为 $1180 \sim 1210℃$，能形成三层结构，消耗量大致在 $2 \sim 5 kg/t$。

根据钢种的不同，所用覆盖剂也应有所区别，但其成分与结晶器保护渣有些相近。可以是粉状、粒状或块状，但粒度要大些。

目前中间包采用双层渣覆盖，与钢液直接接触的是与结晶器保护渣功能相近的覆盖渣，而在此上面再加一层炭化稻壳。但适用于中间包长时间连浇的保护渣的成分和性能，仍有待于进一步完善。

14.5 连铸坯质量

连铸坯的质量决定着最终产品的质量。评价连铸坯质量应从以下几方面入手：

（1）连铸坯的洁净度，指钢中夹杂物的含量、形态和分布。这主要取决于进入结晶器之前钢液的洁净度以及钢液在传递过程中被污染的程度。为此，应选择合适的精炼方式，采用全过程的保护浇注，尽可能降低钢中夹杂物含量。

（2）连铸坯的表面质量，主要是指连铸坯表面是否存在裂纹、夹渣及皮下气泡等缺陷。连铸坯这些表面缺陷主要是钢液在结晶器内坯壳生长过程中产生的，与浇注温度、拉坯速度、保护渣性能、浸入式水口的设计、结晶器振动以及结晶器液面的稳定因素有关。

（3）连铸坯的内部质量，指连铸坯是否具有正确的凝固结构以及裂纹、偏析、疏松等缺陷的程度。二冷区冷却水的合理分配、支撑系统的严格对中，是保证铸坯质量的关键。采用铸坯压下技术和电磁搅拌技术，还会进一步改善连铸坯内部质量。

（4）连铸坯的外观性质，指连铸坯的形状是否规矩、尺寸误差是否符合规定要求。其与结晶器内腔尺寸和表面状态及冷却的均匀性有关。

14.5.1 连铸坯的洁净度

与模铸相比，连铸的工序环节多，浇注时间长，因而夹杂物的来源范围广，组成也较为复杂，而且夹杂物从结晶器液相穴内上浮比较困难。夹杂物的存在破坏了钢基体的连续性和致密性。大于 $50\mu m$ 的大型夹杂物往往伴有裂纹出现，造成连铸坯低倍结构不合格，板材分层，并损坏冷轧钢板的表面等，对钢危害很大。夹杂物的大小、形态和分布对钢质量的影响也不同，如果夹杂物细小，呈球形弥散分布，对钢质量的影响比集中存在要小些；当夹杂物大，呈偶然性分布，数量虽少但对钢质量的危害也较大。

高端产品的生产对夹杂物的要求更高，如用于轮胎的钢帘线要求钢中总氧含量小于 10×10^{-6}，夹杂物尺寸小于 $5\mu m$；轴承钢中总氧含量每低 1×10^{-6}，其寿命可提高 10 倍，要求其总氧含量为 $(4\sim6)\times10^{-6}$；优质宽厚板和管线钢连铸坯要求总氧含量小于 10×10^{-6}，MnS 夹杂全部转化为球形 CaS；用于易拉罐的镀锡板要求总氧含量小于 10×10^{-6}，钢中 Al_2O_3 夹杂物小于 $10\mu m$；生产汽车外板（O5 板）要求钢中总氧含量小于 20×10^{-6}，且 Al_2O_3 夹杂物尺寸小于 $20\mu m$。所以，降低钢中夹杂物就更为重要了。

连铸机的机型对铸坯内夹杂物的数量和分布有着重要影响。不同的连铸机机型，其铸坯内夹杂物的分布有很大差别。就弧形结晶器而言，铸流对坯壳的冲击是不对称的，上浮的夹杂物容易被内弧侧液-固界面所捕捉，因而在连铸坯内弧侧距表面约 10mm 处就形成了 Al_2O_3 夹杂物的聚集，大型夹杂物也多集中于连铸坯内弧内侧厚度的 $1/5\sim1/4$ 部位，如图 14-64 所示，由此可见，弧形结晶器的铸坯夹杂物分布很不均匀，偏聚于内弧侧。倘若是直结晶器，铸流冲击是对称的，液相穴夹杂物的上浮比较容易，同时夹杂物分布也比较均匀。

铸坯夹杂物聚集机理表明，液相穴内有利于夹杂物上浮的有效垂直长度应不小于 2m，因而要消除弧形连铸坯内夹杂物的聚集，最好建设带有 $2\sim3m$ 垂直长度的弧形连铸机。

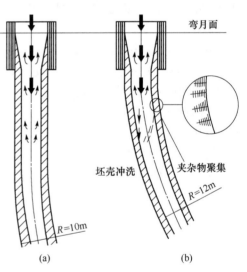

图 14-64 液相穴内夹杂物上浮示意图
(a) 带垂直段立式连铸机；(b) 弧形连铸机

连铸机的机型不同，连铸坯内夹杂物的数量也有明显的差异。如按 1kg 铸坯重计算铸坯夹杂物的数量，立式铸机为 0.04mg/kg，立弯式铸机为 0.46mg/kg，弧形铸机为 1.75mg/kg，水平铸机为 1.35mg/kg。

提高钢的洁净度就应在钢液进入结晶器之前，从各工序着手尽量减少对钢液的污染，并最大限度地促使夹杂物从钢液中排除。为此，应采取以下措施：

（1）无渣出钢。转炉应该挡渣出钢；电炉采用偏心炉底出钢，阻止钢渣进入钢包。

（2）根据钢种的需要选择合适的精炼处理方式，以净化钢液，改善夹杂物的形态。

（3）采用无氧化浇注技术。在钢包→中间包→结晶器阶段均采用保护浇注；中间包使用双层渣覆盖剂，隔绝空气，避免钢液的二次氧化。

（4）充分发挥中间包作为冶金净化器的作用。采用中间包吹 Ar 技术，改善钢液流动状况，消除中间包死区；加大中间包容量和加深熔池深度及采用控流装置，延长钢液在中间包内的停留时间，促进夹杂物上浮，进一步净化钢液。

（5）连铸系统选用耐高温、熔损小、高质量的耐火材料，以减少钢中外来夹杂物。

（6）充分发挥结晶器作为钢液净化器和铸坯质量控制器的作用。选用的浸入式水口应有合理的开口形状和角度，控制铸流的运动，促进夹杂物的上浮分离；并采用性能良好的保护渣，吸收溶解上浮夹杂物，净化钢液。

（7）采用电磁技术，控制铸流的运动。经计算得出，在静止状态下，大于 1mm 的渣粒上浮速度为 0.10~0.20m/s，而铸流向下流动速度为 0.06~0.12m/s。可见，结晶器液相穴内铸流流股冲击区域内夹杂物上浮是困难的，有部分夹杂物很可能被凝固的树枝晶所捕集。实际上，在铸坯表面以下 10~20mm 处，往往夹杂物含量较高。采用电磁制动技术可以抑制铸流的运动，促进夹杂物上浮，提高钢液的洁净度。

14.5.2 连铸坯表面质量

连铸坯表面质量的好坏决定了铸坯在热加工之前是否需要精整，也是影响金属收得率和成本的重要因素，还是铸坯热送和直接轧制的前提条件。

连铸坯表面缺陷形成的原因较为复杂，但总体来讲，主要是受结晶器内钢液凝固所控制。连铸坯表面缺陷如图 14-65 所示。

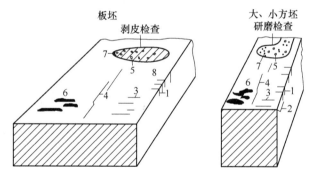

图 14-65　连铸坯表面缺陷示意图

1—角部横裂纹；2—角部纵裂纹；3—表面横向裂纹；4—宽面纵向裂纹；5—星状裂纹；
6—振动痕迹；7—气孔；8—大型夹杂物

14.5.2.1 表面裂纹

表面裂纹就其出现的方向和部位，可以分为面部纵向裂纹与横向裂纹、角部纵裂纹与横裂纹、星状裂纹等。

A　纵向裂纹

纵向裂纹，板坯多出现在宽面的中间部位，如图 14-66 所示；方坯多出现在棱角处。纵裂纹常与纵向表面凹陷共生，发生在凹陷谷底，如图 14-67 所示。粗大的表面纵裂，长可达数米，深度为 20~30mm，宽度为 10~20mm，严重时会贯穿板坯。微细的表面纵裂，长 3~25mm，有的可达 100mm；宽度一般为 1~2mm，有的小于 1mm；深度为 3~4mm。若表面纵向裂纹长度小于 10mm、深度小于 0.7mm，铸坯轧制前加热表面氧化为约 1mm，有可能不造成钢材缺陷；若铸坯表面存在深度为 2.5mm、长度为 300mm 的裂纹，轧成板材后就会形成 1125mm 的分层缺陷。严重的裂纹深度达 10mm 以上，将造成漏钢事故或废品。

图 14-66　连铸坯的表面纵向裂纹

图 14-67　连铸坯的表面凹陷缺陷

其实早在结晶器内坯壳表面就存在细小裂纹，铸坯进入二冷区后，微小裂纹继续扩展形成明显裂纹。初生凝固坯壳受力包括：凝固收缩应力，即因凝固收缩而产生的坯壳环向的应力；两个凝固层之间的应力，即新凝固层对初生坯壳的作用力；收缩、鼓肚形成的坯壳应力，即收缩、气隙、钢水静压力作用；坯壳本身的温度梯度形成的热应力。这些力中，坯壳经受的热应力最大，其次是弯曲应力。由于结晶器弯月面区初生坯壳厚度不均匀，其承受的应力超过了坯壳高温强度，在薄弱处产生应力集中致使产生纵向裂纹。坯壳厚度不均匀还会使小方坯发生菱变，使圆坯表面产生凹陷，这些均是形成纵向裂纹的决定因素。有研究者对产生表面裂纹的铸坯取样分析发现：凡是有纵向裂纹产生的部位，均是少或无细小等轴晶之处。边缘细小等轴晶层的厚度差有的达 5~6mm，这说明出现表面纵向裂纹的铸坯在结晶器内形成坯壳时极不均匀。坯壳内细晶层较薄处在结晶器内的凝固较快，出现了过早的集中收缩，进而产生了凹陷。收缩使得坯壳过早地与结晶器形成了气隙，这样就增加了热阻，减小了冷却强度，从而形成了有利于柱状晶生长的条件。而柱状晶的晶界存在大量的易偏析元素（如 S、P 等），其结合强度较差，在随后的凝固应力及各种机械应力的作用下产生了纵裂纹源。

纵裂是否产生主要取决于以下因素：

（1）结晶器内初生坯壳厚度是否均匀；

（2）坯壳高温力学强度；

（3）坯壳所受应力大小；

（4）出结晶器后坯壳所受机械应力与热应力大小。

其中最为关键的是初生坯壳生长的均匀性。含碳 0.09%~0.17% 的亚包晶成分铸坯容易发生表面纵裂的主要原因是，由于凝固过程发生包晶转变。γ 奥氏体的密度大于 δ 铁素体，凝固过程中坯壳发生了约 0.38% 的收缩，坯壳体积收缩大，产生较大的体积应力。若结晶器冷却不均匀，就会发生同一高度处的初生坯壳进入包晶转变时间上不一致的情况，即在冷却较弱处坯壳尚未进入包晶转变，而冷却较强处则已进入了转变。已开始包晶转变的坯壳由于相变收缩而脱离结晶器壁，气隙增大，传热减慢，坯壳变得较薄，而尚未转变的坯壳则生长较快，这样就最终造成了初生坯壳的不均匀。较薄的坯壳处造成应力集中，从而导致裂纹的产生。图 14-68 较为形象地示出了亚包晶成分钢在结晶器中凝固时与其他成分钢的差别。从图 14-69 所示的收缩系数和坯壳的不均匀程度可以进一步看出，亚包晶成分钢连铸过程的确是很容易产生表面裂纹。

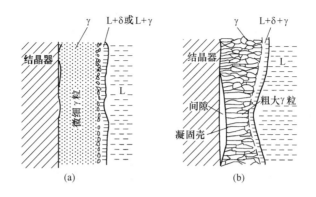

图 14-68 亚包晶成分钢和其他成分钢在结晶器内的凝固特征示意图
（a）非亚包晶成分钢；（b）亚包晶成分钢

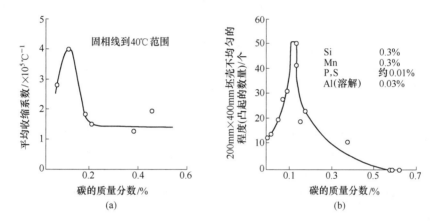

图 14-69 碳含量对钢凝固收缩和坯壳均匀性的影响

此外，除表面纵向裂纹外，表面凹陷常出现在初生凝固坯壳收缩较大的钢种中，究其原因主要是钢的凝固特性造成初生坯壳收缩大，若弯月面区域冷却强度过强，就会使坯壳不均匀生长；结晶器液面波动过大，渣圈将保护渣流入的局部通道封死，造成保护渣不均匀流入或渣圈沿拉坯方向被逐渐带入。

因此，为了控制连铸坯的表面纵向裂纹和凹陷，应采用以下措施：

（1）结晶器采用合理的倒锥度。坯壳表面与器壁接触良好，冷却均匀，可以避免产生裂纹和发生拉漏。

（2）选用性能良好的保护渣。在保护渣的特性中，黏度对铸坯表面裂纹影响最大，高黏度保护渣使纵向裂纹增加。对于易产生凹陷的钢种，应选用高熔点、高黏度、高碱度（结晶性）的保护渣，以控制固渣层厚度和热流，减缓对初生坯壳的冷却；对于易黏结的钢种，应选用低熔点、低黏度、低碱度（玻璃性）的保护渣，以控制液渣层厚度和摩擦力。黏度与拉速的乘积应控制在 $0.2 \sim 0.4 Pa \cdot s \cdot m/min$ 范围内，钢液面液渣层厚度控制为 $10 \sim 15mm$，渣耗量控制为 $0.3 \sim 0.5 kg/m^2$ 或 $0.5 \sim 0.7 kg/t$。

（3）浸入式水口的出口倾角和插入深度要合适，安装要对中，以减轻铸流对凝固坯壳的冲刷，使其生长均匀，可防止纵向裂纹的产生。

（4）根据所浇钢种确定合理的浇注温度及拉坯速度。

（5）保持结晶器液面稳定。结晶器液面波动区间应控制在±5mm以内。

（6）钢的化学成分应控制在合适的范围。钢中碳含量对板坯纵向裂纹的影响是，当钢中 $w[C] \approx 0.10\%$ 时，由于凝固处于包晶区，此时温度在固相线以下 20~50℃，钢的线收缩最大，出现纵向裂纹最为严重；当钢中 $w[C] > 0.20\%$ 时，产生纵向裂纹的几率很小。铸坯厚度不同，拉速不同，出现裂纹的严重程度也不相同。钢中 $w[P] > 0.015\%$，$w[S] > 0.015\%$ 时，钢的强度与塑性降低较多，容易产生纵向裂纹。

（7）采用热顶结晶器。即在弯月面区 75mm 铜板内镶入导热性差的材料，如不锈钢等，使结晶器此处的热流密度减少 50%~70%，延缓坯壳的收缩，减轻铸坯表面的凹陷，从而减少了裂纹发生几率。

角部纵裂纹常常发生在铸坯角部 10~15mm 处，有的发生在棱角上，即板坯宽面与窄面交界棱角附近部位。由于角部是二维传热，结晶器角部钢水凝固速度较其他部位要快，初生坯壳收缩较早，形成了角部不均匀气隙，热阻增加，影响坯壳生长，其薄弱处承受不住应力作用而形成角部纵裂纹。角部纵裂纹产生与否的关键在于结晶器。通过试验指出，若将结晶器窄面铜板内壁纵向加工成凹面，呈弧线状，这样在结晶器 1/2 高度上，角部坯壳被强制与结晶器壁接触，由此热流增加了 70%，坯壳生长均匀，因而避免了铸坯凹陷和角部纵裂纹。

另外还发现，当板坯宽面出现鼓肚变形时，若铸坯窄面能随之呈微凹状，则无角部纵裂纹发生；这可能是由于窄面的凹下缓解了宽面突起时对角部的拉应力。

小方坯的菱变会引起角部纵裂纹。为此，结晶器水缝内冷却水流分布要均匀，保持结晶器内腔的正规形状、正确尺寸、合理倒锥度和圆角半径以及规范的操作工艺，可以避免角部裂纹的发生。

B　横向裂纹

连铸坯表面横向裂纹、角部横裂纹是发生较多的铸坯表面缺陷，尤其是中碳钢（0.09%~0.20%）、低合金钢和含 Nb、V、Ti 微合金化钢铸坯的发生率较高。

表面横向裂纹可能出现在连铸板坯的宽面、窄面或角部，多出现在铸坯的内弧侧振痕波谷处和铸坯的上表面，深度为 2~7mm，宽 0.2mm，长度通常为 10~100mm，如图 14-70 所示，在铸坯表面通常较难发现。裂纹部分氧化，但在裂纹内端则少有脱碳和氧化现象。裂纹处于铁素体网状区，正好是初生奥氏体晶界，晶界处还有 AlN 或 Nb(C,N) 的质点沉淀，因而

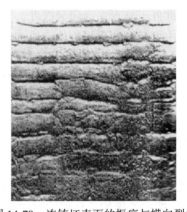

图 14-70　连铸坯表面的振痕与横向裂纹

降低了晶界的结合力，诱发了横向裂纹的产生。铸坯矫直时，内弧侧受拉应力作用，由于振痕缺陷效应而产生应力集中，如果正处于 700~900℃ 脆化温度区，就促成了振痕波谷处

横向裂纹的生成。当铸坯表面有星状龟裂纹时，由于受矫直应力的作用，以这些细小的裂纹为缺口扩展成横向裂纹。浇注高碳钢和高磷硫钢时，若结晶器润滑不好，摩擦力稍有增加也会导致坯壳产生横向裂纹。

表面横向裂纹产生机理可表述为：凝固坯壳在结晶器振动过程中受到保护渣道周期性变化的压力而变形，形成振痕，同时伴随着该区域晶间偏析的出现，这些区域熔点较低，易于形成晶间微裂纹；由于振痕波谷处向结晶器的热传输降低而使温度较高，从而促进该区域奥氏体晶粒长大；在矫直时，铸坯内弧侧承受拉伸应力，在振痕波谷处应力集中；凝固组织粗大，坯壳强度低；同时振痕波谷处又常是析出物的集中处。因此，振痕波谷处容易产生横向裂纹。

大多数研究者认为，横向裂纹是在凝固过程中产生的。Mintz 认为，钢中 N 易与 Al、V、Nb 等元素形成氮化物并在晶界析出，从而降低了钢的热塑性，促进了裂纹的发生；Harada 等发现，偏析是横向裂纹的起源，振痕下最容易产生裂纹并在奥氏体晶界发展，最终形成大量横向裂纹；Takeuchie 等认为，含 Al、Nb、V 钢铸坯易产生细小的横向裂纹，在弯曲或矫直中扩展成较大的横向裂纹；Jana 等认为，由于成分偏析与产生微孔，微孔在应力作用下收缩产生裂纹。

一般认为，在连铸设备较佳的情况下，微合金高强度钢（如含 B 钢、含 Nb 钢）及全铝含量较高的碳素结构钢（如 Q345C、Q345D、Q345E）连铸板坯在振痕波谷处产生的横向裂纹与在矫直时出现的脆性"口袋区"有关，如图 14-61 所示。由于受钢种成分的影响，不同钢种的脆性"口袋区"的温度区间不尽相同，但一般都出现在 600~900℃温度范围内。"口袋"的高温端为奥氏体单相区，该区域有 AlN、B(C,N)、Nb(C,N) 等在晶界处的析出。这些析出物作为基体材料里的第二相粒子，在受到应力作用时产生应力集中，形成孔洞，随后孔洞生长、汇合形成裂纹，如图 14-71 所示；"口袋"的中间部分为奥氏体和铁素体两相区，奥氏体晶界上形成铁素体，导致在奥氏体晶粒周围形成铁素体层，在该温度范围内铁素体比奥氏体软，变形开始时，应变就集中在晶界的铁素体内，造成延展性断裂；"口袋"的低温端延展率得以恢复是由于铁素体的体积百分率增高，延展率完全恢复，必须有近 50%的奥氏体转变成铁素体。

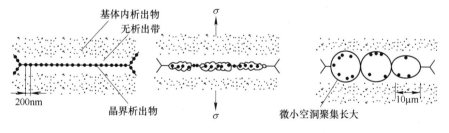

图 14-71　晶界析出物形成晶界开裂示意图

减少横向裂纹可以从以下几方面着手：

（1）实行成分控制。选择碳和合金添加量，避免包晶凝固，尤其是要避开碳含量为 0.1%~0.13%的包晶凝固；尽可能减少 Nb，使用 V 取代 Nb；尽可能减少 Al、N；向含 Nb 钢中添加 V；可考虑加 Ti。

（2）结晶器采用高频率、小振幅振动。振动频率为 200~400 次/min，振幅为 2~

4mm，是减少振痕深度的有效方法。

（3）二冷区采用平稳的热冷却，矫直时铸坯的表面温度要高于质点沉淀温度或高于 $\gamma \rightarrow \alpha$ 转变温度，避开低延性区。

（4）降低钢中 S、O、N 的含量或加入 Ti、Zr、Ca 等元素，抑制碳氮化物和硫化物在晶界的析出。

（5）选用性能良好的保护渣。

（6）保持结晶器液面稳定。

C 星状裂纹

星状裂纹一般是指发生在晶间的细小裂纹，呈星状或网状。其通常隐藏在氧化铁皮之下而难以发现，经酸洗或喷丸后才出现在铸坯表面，分布无方向性。星状裂纹深度可达 1~4mm，宽度为 0.3~1.5mm，如图 14-72 所示。金相观察发现，裂纹沿初生奥氏体晶界扩展，裂纹中富集氧化物，如图 14-73 所示。轧成材后，裂纹走向不规则，细如发丝，深浅不一，最深可达 1mm，必须人工修复。铸坯表面星状裂纹在加热和轧制过程中大部分不能消除，成为成品板表面的微裂纹缺陷。

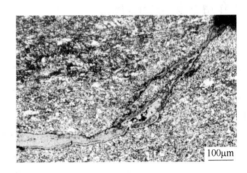

图 14-72　铸坯表面的星状裂纹　　　　图 14-73　星状裂纹的显微结构

星状裂纹形成的原因及机理如下：

（1）铜的渗透和富集：结晶器下部铜板渣层破裂，发生铜板与坯壳的直接摩擦接触，铜熔点较低（1040℃），熔化后向铸坯表面层的奥氏体晶界渗透，产生热脆现象，增加了坯壳裂纹的敏感性。钢中含 Cu 0.05%~0.20%，高温铸坯因 Fe 氧化，在 FeO 皮下形成低熔点含 Cu 的富集相，形成液相沿晶界穿行，在 1100~1200℃ 高温时具有很大的裂纹敏感性。

（2）晶界硫化物、氮化物脆性：结晶器镀层虽然阻断了 Cu 向晶界的渗透，但有 AlN、BN 或硫化物在晶界沉淀或形成液体薄膜，降低了晶界的强度，引起晶界的脆化，在外力（摩擦力）作用下形成网状裂纹。

（3）H_2 过饱和析出：坯壳温度降低时，H 析出并向晶界微孔隙扩散成 H_2，造成附加应力，最终导致坯壳沿晶界断裂，形成网状裂纹。

减少铸坯表面星状裂纹的措施有：

（1）结晶器铜板表面应镀铬或镀镍，减少铜的渗透；

（2）精选原料，降低 Cu、Sn 等元素的原始含量，以控制钢中残余成分 $w[Cu]$ <0.20%；

（3）降低钢中硫含量，并控制 $w[Mn]/w[S]>40$，有可能消除星状裂纹；

（4）控制钢中 Al、N 的含量；

（5）选择合适的二次冷却制度。

14.5.2.2 表面夹渣

表面夹渣是指在铸坯表皮下 2～10mm 处镶嵌有大块的渣子，因而也称为皮下夹渣。就表面夹渣的组成来看，锰-硅盐系夹杂物的外观颗粒大而浅，Al_2O_3 系夹杂物细小而深，若不清除，会造成成品表面缺陷，增加制品的废品率。夹渣的导热性低于钢，致使夹渣处坯壳生长缓慢，凝固壳薄弱，这往往是拉漏的起因，一般渣子的熔点高易形成表面夹渣。

敞开浇注时，由于二次氧化，结晶器表面有浮渣。浮渣的熔点和流动性以及钢液的浸润性均与浮渣的组成有直接关系。对硅铝镇静钢，浮渣的组成与钢中的 $w[Mn]/w[Si]$ 有关。当 $w[Mn]/w[Si]$ 低时，形成浮渣的熔点高，容易在弯月面处冷凝结壳，产生夹渣的几率较高。因此，钢中的 $w[Mn]/w[Si]$ 最好大于 3。对用铝脱氧的钢，铝线喂入数量也影响夹渣的性质，当钢液加铝量大于 200g/t 时，浮渣中 Al_2O_3 增多，熔点升高，致使铸坯表面夹渣猛增。所以 $w[C]=0.15\%～0.30\%$ 的低锰钢，加铝量应控制在 70～120g/t 范围内；当 $w[C]<0.20\%$ 时，最佳加铝量为 50～100g/t。

此外，可以加入能够软化和吸收浮渣的材料，改善浮渣的流动性，以减少铸坯的表面夹渣。

用保护渣浇注时，产生夹渣的根本原因是由于结晶器液面不稳定。因此，水口出孔的形状和尺寸变化、插入深度的变化、吹气量的变化、塞棒失控以及拉速突然变化等，均会引起结晶器液面的波动，严重时导致夹渣。结晶器液面波动对卷渣的影响为：液面波动区间为 ±20mm 时，皮下夹渣深度小于 2mm；液面波动区间为 ±40mm 时，皮下夹渣深度小于 4mm；液面波动区间大于 ±40mm 时，皮下夹渣深度小于 7mm。

当皮下夹渣深度小于 2mm 时，铸坯在加热过程中可以消除；当皮下夹渣深度为 2～5mm 时，热加工前铸坯必须进行表面精整。为消除铸坯表面夹渣，应采取的措施为：

（1）控制结晶器表面波动，使其小于 ±5mm；

（2）浸入式水口插入深度应控制在最佳位置；

（3）浸入式水口出孔的倾角要选择得当，以出口流股不致搅动弯月面渣层为原则；

（4）控制中间包塞棒的吹氩气量，防止气泡上浮时对钢-渣界面强烈搅动和翻动；

（5）选用性能良好的保护渣，并且钢中 Al_2O_3 的原始含量应小于 10%，同时控制一定厚度的液渣层。

14.5.2.3 皮下气泡与气孔

皮下气泡是指在铸坯表皮以下，直径约为 1mm、长度在 10mm 左右、沿柱状晶生长方向分布的气泡；这些气泡若裸露于铸坯表面，称其为表面气泡。小而密集的小孔称为皮下气孔，也称皮下针孔。在加热炉内铸坯皮下气泡表面氧化，轧制过程不能焊合，产品形成裂纹；埋藏较深的气泡，也会使轧后产品形成细小裂纹。钢液中氧、氢含量高是形成气泡的原因。浇注铝镇静钢时，为了防止水口的黏结和堵塞，通常会在中间包的水口、滑板、浸入式水口吹入一定量的氩气，但在结晶器中形成的尺寸为 0.1～3mm 的氩气泡有可能被弯月面处的凝固坯壳捕获，从而形成气孔，有的还与非金属夹杂物碰撞后黏合在一起并形成铸坯中的表层气孔，在冷轧板表面会造成线状缺陷和鼓包缺陷。为此，要采取以下措施：

(1) 强化脱氧，如钢中 $w[Al]>0.008\%$，可以消除 CO 气泡的生成；

(2) 凡是入炉的一切材料以及与钢液直接接触的所有耐火材料，如钢包衬、中间包衬及保护渣和覆盖剂等，必须干燥，以减少氢的来源；

(3) 采用全程保护浇注；

(4) 选用合适的精炼方式降低钢中含气量；

(5) 控制中间包塞棒/滑板、浸入式水口的吹入 Ar 气量。

14.5.3　连铸坯内部质量

铸坯的内部质量是指铸坯是否具有正确的凝固结构、偏析程度、内部裂纹、夹杂物含量及分布状况等。凝固结构是铸坯的低倍组织，即钢液凝固过程中形成的等轴晶和柱状晶的比例。铸坯的内部质量与二冷区的冷却及支撑系统是密切相关的。连铸坯的内部缺陷如图 14-74 所示。

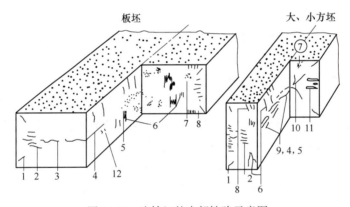

图 14-74　连铸坯的内部缺陷示意图

1—内部角裂；2—侧面中间裂纹；3—中心线裂纹；4—中心线偏析；
5—疏松；6—中间裂纹；7—非金属夹杂物；8—皮下鬼线；9—缩孔；
10—中心星状裂纹、对角线裂纹；11—针孔；12—半宏观偏析

14.5.3.1　中心偏析与中心疏松

钢液在凝固过程中，由于溶质元素在固、液相中的再分配形成了铸坯化学成分的不均匀性，中心部位碳、磷、硫的含量明显高于其他部位，这就是中心偏析。

在铸坯的断面上分布有细微的孔隙，这些孔隙称为疏松。分散分布于整个断面的孔隙称为一般疏松，在树枝晶间的小孔隙称为枝晶疏松，铸坯中心线部位的疏松称为中心疏松。一般疏松和枝晶疏松在轧制过程中均能焊合，唯有中心疏松伴有明显的偏析，轧制后完全不能焊合。图 14-75 为 240mm×240mm 大方坯纵向和 245mm 厚板坯中剖面的照片，可以清楚地看出各种类型的偏析和中心疏松的形貌。

中心偏析往往与中心疏松和缩孔相伴而存在，从而恶化了钢的力学性能，降低了钢的韧性和耐蚀性，严重影响了产品质量。中心偏析和疏松会引起钢材的一系列质量问题，如

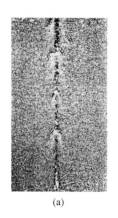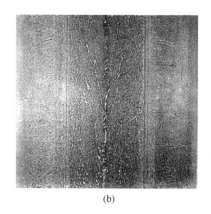

（a）   （b）

图 14-75　连铸坯偏析和疏松照片

（a）大方坯（240mm×240mm）；（b）板坯（245mm 厚）

导致高碳线材拉拔性能降低与拉断率增大；降低天然气输送管线钢抗氢致裂纹的能力，从而造成管子破裂；降低海洋钻探与平台用结构钢的焊接性能等。有效控制和减少中心偏析与疏松是公认的连铸生产三大质量问题之一。

中心偏析是由于铸坯凝固末期，尚未凝固、富集偏析元素的钢流流动所造成的。铸坯的柱状晶比较发达，凝固过程常有"搭桥"发生。方坯的凝固末端液相穴窄尖，"搭桥"后钢液补缩受阻，形成"小钢锭"结构，如图 14-55 所示，因而周期性、间断性地出现了缩孔与偏析。相比之下，板坯的凝固末端液相穴宽平，尽管有柱状晶"搭桥"，但钢液仍能进行补充，见图 14-76。但当板坯发生鼓肚变形时，也会引起液相穴内富集溶质元素的钢液流动，从而形成中心偏析。中心疏松是在铸坯厚度中心最终凝固部的枝晶间产生的微小空隙。从表 14-11 所列数据可以看出，富集溶质元素的母液流动是加剧中心偏析的重要原因。

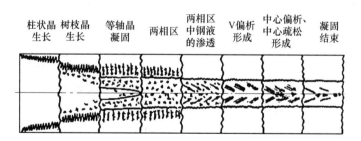

图 14-76　连铸坯凝固过程中心偏析与中心疏松形成示意图

表 14-11　偏析与铸坯鼓肚变形和凝固搭桥的关系

取样位置	鼓肚偏析		凝固搭桥偏析	
	无鼓肚	有鼓肚	无凝固桥	有凝固桥
板坯边缘 $w(C)/\%$	0.203	0.203	0.138	0.002
板坯中心 $w(C)/\%$	0.194	0.269	0.138	0.013

目前，关于中心偏析与中心疏松形成的原因主要有以下三个理论：

（1）溶质元素析出富集理论。在铸坯的凝固过程中，钢液的选分结晶特性不可避免地导致了晶间液相区溶质元素的富集。与此同时，铸坯凝固收缩又使得富集溶质元素的钢液不断向铸坯中心附近补充并凝固，从而形成了溶质含量中心高、周围低的分布状态，即中心偏析。

（2）中心钢锭凝固理论。当浇注碳含量超过 0.5% 的钢水时，即使是中等过热度的钢液，也有柱状晶强烈生长的趋势。在凝固后期，由于铸坯断面中心柱状晶的搭桥，当桥下面的钢液继续凝固时，得不到上部钢液的补充，从而形成缩孔、中心疏松和中心偏析。

（3）铸坯芯部空穴抽吸理论。铸坯在结晶末期，钢液由液体向固体转变，该转变伴随着体积收缩和热收缩，从而产生一定的空穴，这些在铸坯芯部的空穴具有负压，造成含有富集溶质元素的钢液被吸入芯部而形成中心偏析。

综合各理论可以认为，固-液界面的溶质再分配是宏观偏析的起因，而自然对流是形成宏观偏析的主要途径。

一般情况下，除了保证连铸机的设备要求外，减少或消除中心偏析和中心疏松的技术可分为以下四类：

（1）减少钢中的有害元素。主要采用的技术手段为铁水预处理、炉内炼钢过程中的脱硫和脱磷、炉外精炼技术等。但这些手段不能完全去除有害元素。

（2）低过热度浇注。过热度较高时两相区温度梯度较大，柱状晶生长过程中枝干较纯，而枝晶偏析较严重，在热应力作用下偏析区域被延伸，加大了偏析区间的宽度；另外，柱状晶生长发达易引起穿晶结构，会造成中心偏析、中心疏松和缩孔的同时出现。低过热度浇注虽能增加液相穴内等轴晶的数量，但实际生产中为了防止水口堵塞，浇注温度一般不宜过低。

（3）电磁搅拌技术。连铸过程的电磁搅拌技术是指通过在连铸机的不同位置安装不同类型的电磁搅拌装置，利用其所产生的电磁力强化铸坯内钢液的流动，从而改善其凝固过程的流动、传热和传质过程，产生抑制柱状晶发展、促进成分均匀与夹杂物上浮细化的热力学和动力学条件，进而控制铸坯凝固组织，改善铸坯质量的一项冶金技术。电磁搅拌器按在连铸机上的安装位置可分为中间包加热用电磁搅拌器（Heating Electromagnetic Stirring，H-EMS）、结晶器电磁搅拌器（Mold Electromagnetic Stirring，M-EMS）、二冷区电磁搅拌器（Strand Electromagnetic Stirring，S-EMS）、凝固末端电磁搅拌器（Final Electromagnetic Stirring，F-EMS），如图 14-77 所示。H-EMS 其主要作用是利用非金属夹杂物与金属液之间导电性的差异来实现两者的分离；M-EMS 是目前各种连铸机普遍使用的装置，特别是方圆坯连铸机，通过电磁搅拌的作用，使初凝坯壳趋于均匀并促进夹杂物上浮，对于改善连铸坯的表面质量、细化晶粒和减少铸坯内部夹杂及中心疏松和偏析等均有着良好的作用；S-EMS 可有效阻断铸坯内柱状晶的形成，扩大等轴晶区和减轻铸坯中心偏析；F-EMS 能够通过搅动凝固末端的液体，打断生长过快的柱状晶间产生的"搭桥"，消除因选分结晶造成的钢液中各成分浓度不均匀现象，是进一步减轻铸坯中心偏析、中心疏松和 V 形偏析的有效措施。

虽然电磁搅拌技术在改善连铸坯内部质量方面作用十分明显，但其搅拌位置往往难以准确控制，当搅拌位置不合适时会引起白亮带负偏析。在固相率较高时，搅拌作用不明显；此外电磁搅拌设备的灵活性、适应性较差，维护费用较高。

此外，目前组合形式的电磁搅拌也在连铸过程得到应用，一般有结晶器和二冷区一段组合搅拌 M+ S_1、二冷区分段搅拌 S_1+ S_2、结晶器和凝固末端组合搅拌 M+ F、二冷区一段与凝固末端组合搅拌 S_1+ F 及结晶器、二冷区一段和凝固末端组合搅拌 M+ S_1+F，如图 14-78 所示。组合形式电磁搅拌能综合单一搅拌的优点，增大搅拌的有效作用范围，产生宽且晶粒较细的等轴区，同时可避免白亮带的恶化。据日本神户制钢的经验，对一些质量有特殊要求的钢种，特别是高碳钢，在采用组合搅拌条件下，不但等轴晶比率较高，偏析度较小，而且还可以消除因搅拌而产生的白亮带。从经济上来说，组合搅拌系统的投资成本大，仅适用于那些难以浇注的合金钢和高碳钢连铸工艺。

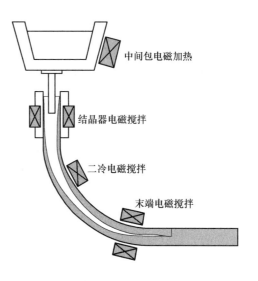

图 14-77　连铸机安装电磁搅拌器示意图

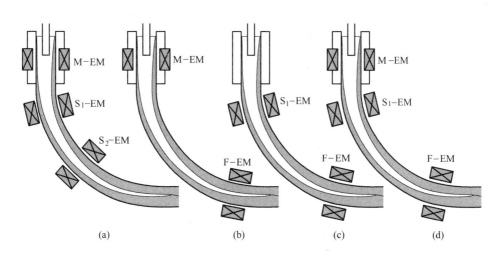

图 14-78　各种组合式电磁搅拌
(a) M+S_1-EMS 或 S_1+S_2-EMS；(b) M+F-EMS；(c) S_1+F-EMS　(d) M+S_1+F-EMS

（4）轻压下技术。铸坯轻压下技术（Soft Reduction，SR）是指，通过在连铸坯凝固末期附近施加压力（热应力和机械应力）产生一定的压下量以阻碍含富集偏析元素的钢液流动，从而消除中心偏析，同时补偿连铸坯的凝固收缩量以消除中心疏松，如图 14-79 所示（大方坯轻压下是通过多架拉矫机来实现的，而板坯则是通过扇形段压下来实现）。图 14-80 示出了传统连铸工艺与实施轻压下后的效果变化。轻压下技术能够有效改善铸坯内部质量，是当前正在大力发展的连铸新技术之一，已成为连铸机先进性的一个重要技术标志。

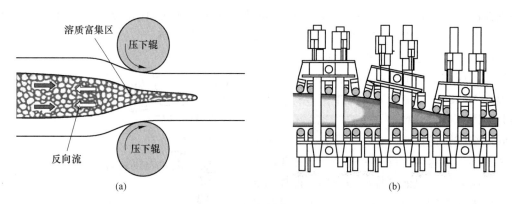

图 14-79　连铸坯凝固末端轻压下示意图

（a）辊式轻压下原理示意图；（b）轻压下设备工作示意图

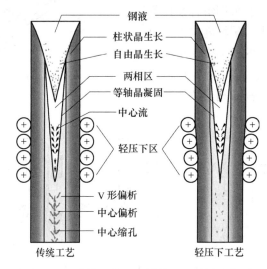

图 14-80　连铸坯凝固末端轻压下效果示意图

由表 14-12 可知，到目前为止，轻压下主要通过辊式轻压下、热应力轻压下或凝固末端连续锻压技术（面式轻压下）来实现的。其中，热应力轻压下应用范围较小（如裂纹敏感钢），而凝固末端连续锻压技术因其设备复杂、成本较高等原因，应用也受到了限制。目前辊式轻压下已成为轻压下技术应用的主要方向。

表 14-12　轻压下方式分类

名称和类别	方式	图　例	应用范围	特　点
机械应力轻压下	辊式轻压下		板坯 方坯 圆坯	消除中心缺陷效果良好，投资经济

名称和类别	方式	图 例	应用范围	特 点
机械应力轻压下	连续锻压式压下	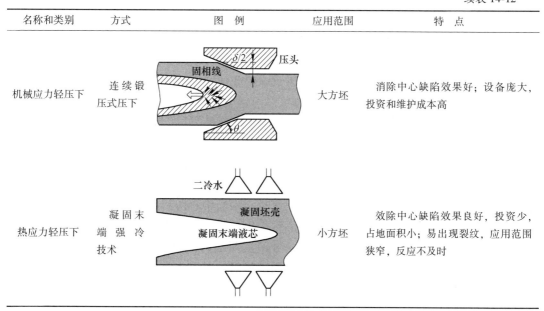	大方坯	消除中心缺陷效果好；设备庞大，投资和维护成本高
热应力轻压下	凝固末端强冷技术	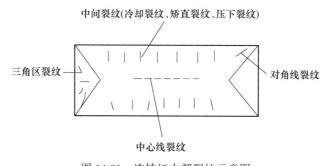	小方坯	效除中心缺陷效果良好，投资少，占地面积小；易出现裂纹，应用范围狭窄，反应不及时

14.5.3.2 内部裂纹

铸坯从皮下到中心出现的裂纹都是内部裂纹，由于是在凝固过程中产生的裂纹，也称凝固裂纹。从结晶器下口拉出带液芯的铸坯，在弯曲、矫直和夹辊的压力作用下，于凝固前沿薄弱的固液界面上沿一次树枝晶或等轴晶界裂开，富集溶质元素的母液流入缝隙中，因此这种裂纹往往伴有偏析线，也称其为"偏析条纹"。在热加工过程中"偏析条纹"是不能消除，在最终产品上必然留下条状缺陷，影响钢的力学性能，尤其是对横向性能危害最大。铸坯的内部裂纹有皮下裂纹（中间裂纹）、中心线裂纹、三角区裂纹等，见图14-81。

中间裂纹(冷却裂纹、矫直裂纹、压下裂纹)

三角区裂纹

对角线裂纹

中心线裂纹

图 14-81 连铸坯内部裂纹示意图

（1）皮下裂纹，也称中间裂纹或径向裂纹，一般分布铸坯上、下表面与中心线之间的区域，大部分距铸坯表面 20mm 以内；方坯多发生在厚度的 1/4 处，细小裂纹与表面垂直。皮下裂纹大都靠近角部，也有在菱变后沿断面对角线走向形成的。主要原因是由于铸坯表面层温度反复变化导致相变，坯壳受热膨胀，凝固前沿引起张力应变，当某一局部位置的张力应变超过该处的极限变形值时就会产生断裂现象，并继续沿两相组织的交界面扩展而最终形成中间裂纹。因此，应制定合理的二冷区冷却制度，避免铸坯表面回温不超过

100℃/m。此外，还要注意浇注温度、拉速的控制，避免过高的过热度、过高的拉速、过弱的二冷区冷却强度。

（2）矫直裂纹，是带液芯的铸坯进入矫直区，铸坯的内弧表面受张力作用，矫直变形率超过了凝固前沿固-液界面的临界允许值，从晶间裂开而形成的。

（3）压下裂纹，是与拉辊压下方向相平行的中心裂纹。当压下过大时，即使铸坯完全凝固也有可能形成裂纹。

（4）中心线裂纹，是在铸坯横断面中心线上出现的裂纹，并伴有 P、S 元素的正偏析，也称为断面裂纹。研究认为，此裂纹是由于在凝固最后阶段铸坯芯部少量未凝固钢水被已凝固部分包围，凝固收缩得不到补充所致。中心线裂纹的产生与浇注条件有关，如多炉连浇时，换钢包或中间包出现异常情况；在凝固末端附近，辊子的开口度变化或开口度过大、辊子弯曲、不适当改变辊子压力等因素都会引起中心线裂纹的产生。如加热过程中裂纹表面被氧化，将使铸坯报废。这种缺陷很少出现，一旦出现则危害极大。

（5）中心星状裂纹，是在方坯断面中心出现的呈放射状的裂纹。其形成原因主要是由于凝固末期液相穴内残余钢液凝固收缩，而周围的固体阻碍其收缩产生拉应力，中心钢液凝固又放出潜热加热周围的固体而使其膨胀，在两者综合作用下使中心区受到破坏，从而导致放射性裂纹产生。

（6）三角区裂纹，主要发生在板坯，绝大多数始于铸坯的两侧距窄边 50mm 左右处。其产生的原因是由于沿铸坯的宽度方向冷却不均匀，导致其内部和表面同时存在数个相互邻接的高温区和低温区（具体数量取决于喷嘴的布置及其冷却特性）。在凝固最后阶段，铸坯内部温度较高区域尚有部分钢液未凝固，而相邻温度较低区域已基本凝固，但尚不具有足够的延性以抵抗变形，此时若铸机扇形段对弧精度不高且夹辊的开口度不合理会导致发生铸坯鼓肚，残余液相静压力作用而使坯壳发生变形，当凝固前沿所受的拉应力超过钢的临界值时坯壳即会被撕裂，若相邻钢水不能进行充分填充则将形成裂纹。为此，首先应加强辊列精度控制，其次应对二次冷却系统进行合理设计，包括喷嘴的选型和布置、纵向水量的分配以及二冷强度的设定等。

总之，为减少铸坯内部裂纹应采取以下措施：

（1）对板坯连铸机，可采用压缩浇注技术或者应用多点矫直技术、连续矫直技术，均能避免铸坯内部裂纹的发生；

（2）二冷区夹辊辊距要合适，要准确对弧，支撑辊间隙误差要符合技术要求；

（3）二冷区冷却水分配要适当，保持铸坯表面温度均匀；

（4）拉辊的压下量要合适，最好用液压控制机构。

14.5.4　连铸坯形状缺陷

14.5.4.1　鼓肚变形

带液芯的铸坯在运行过程中，在两支撑辊之间受高温坯壳中钢液静压力作用而发生鼓胀成凸面的现象，称为鼓肚变形，如图 14-82 所示。板坯宽面中心凸起的厚度与边缘厚度之差称为鼓肚量，用以衡量铸坯鼓肚变形的程度。高碳钢在浇注大、小方坯时，在结晶器下口侧面有时会产生鼓肚变形，同时还可能引起角部附近的皮下晶间裂纹。

板坯鼓肚会引起液相穴内富集溶质元素钢液的流动，从而加重铸坯的中心偏析，也有可能形成内部裂纹，给铸坯质量带来危害。

鼓肚量的大小与钢液静压力、夹辊间距、冷却强度等因素有密切关系。鼓肚量随辊间距的 4 次方而增加，随坯壳厚度的 3 次方而减小。减少鼓肚变形应采取以下措施：

（1）降低连铸机的高度，以减小钢液对坯壳的静压力；

（2）二冷区采用小辊距密排列，铸机从上到下，辊距应由密到疏布置；

（3）支撑辊要严格对中；

（4）加大二冷区冷却强度，以增加坯壳厚度和坯壳的高温强度；

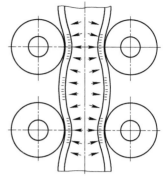

图 14-82　连铸坯鼓肚示意图

（5）防止支撑辊的变形，板坯的支撑辊最好选用多节辊。

14.5.4.2　菱形变形

菱形变形也称为脱方，是大、小方坯的缺陷。菱形变形是指铸坯的一对角小于 90°，另一对角大于 90°。两对角线长度之差称为脱方量。用（脱方量/对角线平均长度）×100% 来衡量菱形变形程度。铸坯的菱形变形程度应控制在 3% 以下。

由于结晶器四壁冷却不均匀，因而形成的坯壳厚度不均匀，引起收缩的不均匀，这一系列的不均匀导致了铸坯的菱形变形。在结晶器内由于四壁的限制，铸坯仍然能保持方坯；可一旦出了结晶器，如果二次冷却仍然不够均匀、支撑不充分，那么铸坯的菱变会进一步地发展；即使是二冷能够均匀冷却，由于坯壳厚度的不均匀造成的温度不一致，坯壳的收缩仍然是不均匀的，菱形变形也会有发展。

引起结晶器冷却不均匀的因素较多，如冷却水质的好坏、流速的大小、进出水温度差、结晶器的几何形状和锥度都会影响结晶器冷却性的均匀性。控制这些因素是控制菱形变形的关键。

14.5.4.3　圆坯变形

圆坯变形是指圆坯变成椭圆形或不规则多边形。圆坯直径越大，变成椭圆的倾向越严重。形成椭圆变形的原因有：

（1）圆形结晶器内腔变形；

（2）二冷区冷却不均匀；

（3）连铸机下部对弧不准；

（4）拉矫辊的夹紧力调整不当，过分压下。

针对以上形成的原因可采取相应措施，及时更换变形的结晶器，保证连铸机严格对弧，二冷区均匀冷却，也可适当降低拉速以增加坯壳强度，避免变形。

14.6　薄板坯连铸连轧

薄板坯连铸连轧（TSCR）是 20 世纪 80 年代末开发成功的生产热轧板卷的一种全新的短流程工艺，是继氧气转炉炼钢、连铸之后钢铁工业最重要的革命性技术之一，世界各国都给予了关注，并先后投入了大量的人力、物力进行研究、开发和推广。截至 2013 年底，全球已建薄板坯连铸连轧生产线 63 条 97 流，年生产能力达 11008 万吨。截至 2015 年底，我国共建成并投产的生产线有 16 条（珠钢、邯钢、包钢、鞍钢、唐钢、马钢、涟钢、本钢、济钢、通钢、酒钢、日照），连铸机 31 流，其中有德国西马克公司的 CSP，意大利达涅利公司的 FTSR 和我国鞍钢具有自主知识产权的 ASP，生产能力达 3946 万吨/年。

14.6.1　薄板坯连铸工艺的优点

目前应用于工业生产的薄板坯连铸工艺作为近终形浇注，它与传统板坯连铸相比具有下述特点：

（1）板坯厚度小。薄板坯厚度为 20 ~ 80mm，宽度一般为 800 ~ 1600mm，最宽可达 2000mm。典型薄板坯厚度为 50mm，而厚板坯厚度为 250mm。奥钢联的薄板坯最佳厚度为 70mm。

（2）拉坯速度大。目前几种典型薄板坯连铸设计拉速均在 5m/min 左右，高于传统板坯连铸速度。

（3）凝固速度快。对于 50mm 厚的薄板坯，全凝固时间为 0.9min，而 250mm 的厚板坯全部凝固需 23.1min。薄板坯的凝固过程处于快速凝固区，内部组织晶粒细化，球状晶区较大，中心偏析少，板坯致密度高。

（4）出坯温度高。铸坯的全凝固点控制在离铸机出口尽可能近的位置上，全凝固点处铸坯表面温度为 1150℃，边部温度为 970℃，平均温度达 1300℃。

（5）冶金长度短。薄板坯薄，冶金长度很短，为 5 ~ 6m，传统板坯的液芯长度都超过 20m，250mm 厚的厚板坯冶金长度可达 40m。薄板坯铸机重量只有相同生产能力厚板坯铸机重量的 1/3 ~ 1/2。

（6）比表面积大。50mm×1500mm 薄板坯的比表面积为 5.3m²/t，宽度相同、250mm 厚的厚板坯的比表面积为 1.2m²/t。比表面积大，散热速度增大，从而使连铸坯的缺陷产生几率增加。

与传统热轧带钢生产相比，薄板坯连铸连轧具有非常大的优越性。传统热轧带钢生产一般是将炼钢车间冶炼钢水铸成一定规格长度的厚板坯，冷却后送往轧钢车间，经处理、编组后，需由加热炉进行再加热至轧制温度才能轧制成材，炼钢车间与轧钢车间是两个相对独立的车间，生产线不连续。而薄板坯连铸连轧是将连铸机和连轧机连成一条生产线，钢水由薄板坯连铸机铸成一定规格长度的薄板坯，随即进入在线的再加热炉进行少量加热，送入连轧机轧制成材。这使得：

（1）大大缩短了生产线长度，减少了总图面积。薄板坯连铸连轧缩短了从结晶器至热带卷取机间的距离，同时省去了传统热轧带钢生产中的板坯存放、处理车间。

（2）大大缩短了生产周期。连铸连轧是一个连续的过程，省去了大量的中间滞留时间，由钢水至成卷一般在 15 ~ 30min 内，而传统生产需要 5h。

（3）减少了设备，节约了能耗。薄板坯厚度较薄，致使可省去传统带钢生产中的初轧机组，铸坯由精轧机组直接轧制成材。另外，铸坯在高温状态下只需少量加热即可轧制，节省了能源。据统计，薄板坯连铸连轧可节省设备约 30%，动力及能耗节约 50%。

（4）产品成本降低，经济效益提高。

以上几方面的优点必然使基建投资少，资金占用少，能源、人力消耗低，经济效益高。正是由于薄板坯连铸连轧具有如此大的优越性，所以一经出现便迅速成为现代热轧带钢生产的发展趋势。

14.6.2 薄板坯连铸连轧技术的发展历程

薄板坯连铸连轧技术的发展可以说经历了研发期、引入期、成长期和成熟期四个发展历程。

（1）研发期（1985~1989年）。1986年，德国施罗曼西马克（SMS）开发成功了采用漏斗形结晶器，以拉速6m/min生产50mm×1600mm板坯的CSP（Compact Strip Production）工艺。1987年，德国施罗曼德马克（MDH）开发成功了采用立弯式结晶器，以4.5m/min的拉速生产出60mm×900mm和70mm×1200mm薄板坯的ISP（Inline Strip Production）工艺。1988年，VAI采用薄平板结晶器在瑞典Avesta改造的铸机上浇出厚度为70mm的不锈钢薄板坯，即CONROLL（Continuous Casting and Rolling）工艺。意大利达涅利、日本住友等公司也开始着手研发工作。

（2）引入期（1989~1994年）。1989年7月，美国纽柯公司在印第安纳州的克劳福兹维尔建成了世界上第一个CSP车间，年产80万吨，标志着薄板坯连铸连轧技术投入了工业生产。1992年，意大利的阿维迪建成了年产50万吨的ISP生产线。意大利达涅利的FTSR、日本住友的QSP技术以及VAI的CONTROLL等技术尚处于半工业试验状态。

（3）成长期（1994~1999年）。SMS加大铸坯的厚度，减少结晶器的变截面的变化程度，二冷段采用液芯压下技术，优化SEN，采用液压振动，开发高压水除鳞装置；MDH将平板形结晶器改成橄榄形，优化SEN形状，加大铸坯厚度（如从60mm变为75mm），采用无芯轴步进式热卷箱，最后又采用直通式辊底炉；达涅利公司开发出H^2结晶器或凸透镜式结晶器，降低变截面引起的坯壳应力，加大熔池，可采用高拉速，使浇注包晶钢成为可能。纽柯Hickman（1995年）、加拿大Algoma（1997年）、采用了达涅利开发的工艺，获得较好的产品质量，特别是表面质量。

（4）成熟期（1999年至今）。目前，薄板坯连铸连轧已逐步进入成熟期，工艺技术、设备配置的基本框架已形成。今后一段时间，此技术的发展和完善主要是围绕：进一步提高拉速，以提高产量，实现规模经济，获得更好的经济效益；进一步提高产品质量、扩大产品范围；进一步减小产品厚度，实现以热代冷，提高产品竞争能力。据报道，最近意大利阿尔维迪和西门子建设无头轧制连铸连轧生产线，由奥钢联提供建设世界上第一条阿尔维迪ESP带钢无头轧制生产线，该生产线的构想是：ISP生产70mm薄板坯，经粗轧后坯厚10mm，进行感应加热，再送5机架连轧。连铸拉速可达8m/min，精轧出口速度达12.5m/s。

14.6.3 薄板坯连铸连轧的关键技术

薄板坯连铸连轧的关键技术主要包括结晶器、铸坯带液芯或固芯压下、高压水除鳞、中间缓冲炉（均热炉又称辊底炉）、板形及平直度自动控制（如CVC、PFC/CFC等）、板带卷取等硬件技术和连铸连轧的衔接等软件技术以及相关的钢水精炼技术。

（1）结晶器技术。结晶器技术包括浸入式水口、结晶器内腔的结构、结晶器电磁制动及结晶器液压振动等。浸入式水口的几何形状设计，对结晶器钢水的流场及保护渣层的分布有着重要的影响。它的外部轮廓决定了结晶器上部区域钢液的流动状态；它的内部形态，特别是出口的位置与形状决定了结晶器内部钢流形态与流动能量的分布。目前浸入式水口已开发应用到了第四代技术。结晶器内腔的结构是结晶器的核心技术，也是不同工艺的本质区别之一，如 ISP 的结晶器为立弯式、CSP 的结晶器为漏斗形、达涅利公司的结晶器为凸透镜形、奥钢联的结晶器为平行板形直式等，如图 14-83 所示。

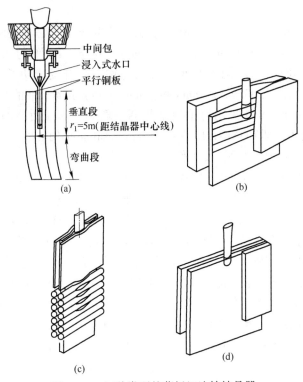

图 14-83 四种类型的薄板坯连铸结晶器

（a）立弯式结晶器（第一代），德马克公司 ISP 工艺；（b）漏斗形结晶器，西马克公司 CSP 工艺；
（c）凸透镜形结晶器；达涅利公司 FTSR 工艺；（d）平行板形直式结晶器，奥钢联 CONROLL 和 ASP 工艺

1）图 14-83（a）所示的是德国德马克公司 ISP 工艺的第一代结晶器，为立弯式，侧板可调，上口断面为矩形，尺寸为(60~80) mm×(650~1330) mm。意大利阿维迪厂于 1993 年将原平板形结晶器改为小漏斗形（也称橄榄形），即结晶器上口宽边最大厚度为 60mm+(10×2) mm，这种形状一直保持到结晶器下口仍有(1.5×2) mm 的小鼓肚。近年来，其结晶器的小鼓肚越改越大，上口的鼓肚为(25×2) mm，下口的鼓肚仍为(1.5×2) mm。

2）图 14-83（b）所示的是德国西马克公司 CSP 工艺所采用的漏斗形结晶器，上口宽边两侧均有一段平行段，然后与一圆弧相连接。漏斗形状在结晶器内保持到 700mm 长度，上口为 170mm，结晶器出口处铸坯厚度为 50~70mm，结晶器总长 1120mm。

3）图 14-83（c）所示的是意大利达涅利公司 FTSR 工艺的全鼓肚（又称凸透镜形）结晶器。结晶器的鼓肚形状自上而下贯穿整个结晶器，并一直延伸到扇形 1 段中部。因鼓肚到平直距离加长，凝固坯壳的应力有所降低。该结晶器上口为 180mm，长 1200mm，宽

1200~1620mm，下口出口厚度为 55~70mm。

4）图 14-83（d）所示的是奥钢联 CONROLL 和 ASP 工艺中的平行板形直式结晶器，浸入式水口也是扁平的，结晶器断面尺寸为(70~125)mm×1500mm。

与传统板坯相比，由于薄板坯连铸结晶器的空间较小、拉速较高，为了保持结晶器液面的稳定和连铸的顺行，必须采用电磁制动（EMBR）手段来控制结晶器内钢液的流动。结晶器电磁制动在结晶器上部产生一个强度可变的磁场，钢水穿过磁场而产生电位差，在钢水中形成小回路的电流，产生制动力迫使钢流的速率降低，并使钢水的流动速率均匀分布，从而稳定了钢液面并使钢液面上的保护渣层能够均匀分布，如图 14-84 所示。结晶器液压振动用于改善结晶器壁和铸坯坯壳间的接触状况，传统方法是用偏心轮驱动的结晶器机械振动装置，只能提供一个近似正弦曲线的振动方式，负滑脱时间几乎为一定值而不能进一步缩小；而采用液压振动就可以通过选择合适的振动函数来降低负滑脱时间。

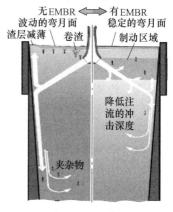

图 14-84　结晶器内电磁制动示意图

（2）铸坯带液芯或固芯压下。铸坯带液芯或固芯压下包括在结晶器出口处的带液芯压下和在二冷段末端的固芯压下装置。图 14-85 为 ISP 和 CSP 流程带液芯压下示意图。薄板坯允许的总应变量应小于 0.7，液芯压下区单辊压下量以不超过 1.5mm 为宜，压下速率不

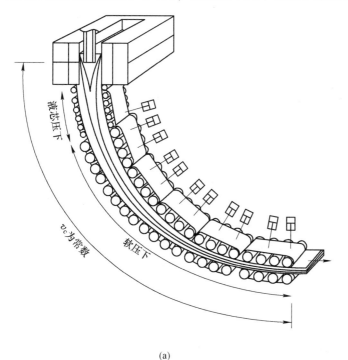

(a)

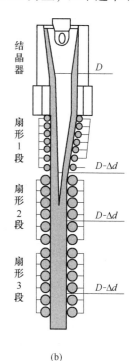

(b)

图 14-85　薄板坯连铸带液芯压下示意图

（a）ISP 流程；（b）CSP 流程

D—铸坯出结晶器的厚度；Δd—减薄的厚度

超过 $0.3 \sim 0.5$ mm/s。采用该技术后，既可适当加大铸坯断面，便于浸入式水口的插入和提高压缩比，又可减少轧钢机组的数量（甚至取消初轧机组），进一步降低投资成本，还可提高产品质量。

（3）高压水除鳞技术。高压水除鳞是铸坯轧制前对铸坯表面质量无缺陷化的重要手段。高压水通过特制的喷嘴，可将铸坯表面的氧化铁皮及表面黏渣等清除。

（4）中间缓冲炉技术。中间缓冲炉是连接连铸和连轧的中间缓冲环节。所有辊底炉的辊道设计都大同小异，辊子是一个带绝热环的水冷管道，薄板坯在绝热环上运输，为了防止水冷管过热或通过水冷管的不必要热损失，绝热环之间应填充绝热材料。中间缓冲炉的设计形式、铸坯块数及其长度，应根据连铸机和精轧机组的能力匹配而定。

（5）板形及平直度控制系统。板形及平直度控制系统采用了著名的 CVC 工艺，通过板形及平直度控制能够确定成品板厚而不用过多考虑各道次压下量如何分配。辊子的弹性变形、热变形及辊子的磨损度均通过该控制系统监控，并在线调整辊缝予以校正，使板带规格严格控制在公差范围内。沿板带长度方向均匀一致的温度分布也起到了良好的作用，板带长度方向上几乎没有任何形状变化。通过 PFC/CFC 系统可使辊子磨损和热变形共同作用，从而使板带边部产生的皱纹及波浪等缺陷消除。

（6）板带卷取技术。板带卷取可采用卷取箱技术和有轴心或无心卷取技术。要求做到卷取与开卷时操作方便、顺利。

连铸连轧的衔接等软件技术，包括物流衔接、温度或能量衔接、质量衔接和控制以及管理过程的衔接等。

14.6.4 典型的薄板坯连铸连轧工艺

典型的薄板坯连铸连轧工艺主要有德国西马克公司的 CSP 工艺和德马克公司的 ISP 工艺、意大利达涅利公司的 FTSR 工艺、奥地利奥钢联的 CONROLL 工艺、日本住友金属的 QSP 工艺、美国蒂平斯公司的 TSP 工艺及德国西马克公司、蒂森公司和法国尤西诺尔·沙西洛尔公司共同开发的 CPR 工艺等。各种薄板坯连铸连轧技术各具特色，同时又相互影响、互相渗透，并在不断地发展和完善。

14.6.4.1 CSP 工艺

CSP 工艺是由德国西马克公司开发的世界上最早的并投入工业化生产的薄板坯连铸连轧技术。自 1989 年在美国纽柯公司建成第一条 CSP 生产线以来，随着技术的不断改进，该生产线不断发展与完善，现已进入成熟阶段。CSP 技术的主要特点是：

（1）如图 14-86 所示，该技术采用常规工艺设备，由采用漏斗形结晶器的立弯式薄板坯连铸机、摆动剪、CSP 直通辊底式加热均热炉、轧机入口辊道、事故剪、高压水除鳞机、轧边机、粗轧机组（5 或 6 机架）、层流冷却与输送辊道、地下卷取机、钢卷输出装置等组成；

（2）可生产 0.8mm 或更薄的碳钢、超低碳钢；

（3）生产钢种包括低碳钢、高碳钢、高强度钢、高合金钢、超低碳钢及无取向硅钢。

CSP 生产线的工艺流程为：铁水预处理→钢水冶炼→钢水精炼→CSP 连铸→热轧卷。

CSP 薄板坯连铸采用的主要技术有钢包下渣检测、带自动液面监控和流动控制的中间包、漏斗形结晶器、结晶器自动在线调宽、结晶器监控、结晶器液面控制、保护浇注、液

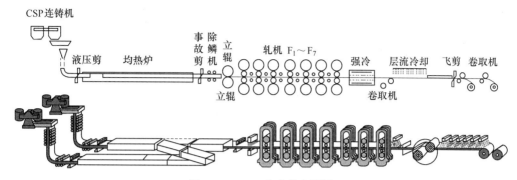

图 14-86　CSP 生产线布置图

芯动态压下、二冷动态控制等。其中，漏斗形结晶器是 CSP 生产线的核心。结晶器长 1100mm，用铜（表面镀锆、铬）制成，可在高温下抵抗永久性变形。漏斗形结晶器解决了浸入式水口插入结晶器的难题，结晶器顶部的漏斗形状可以容纳大直径的浸入式水口，可提供足够的空间防止坯壳与水口之间形成搭桥。结晶器顶部漏斗中心宽为 170mm（或 190mm），边部上口为 50mm（或 70mm），下部出口为 50mm（或 70mm），坯壳形成后在向下拉坯过程中逐步变形，形成 50mm（或 70mm）厚薄板坯。

14.6.4.2　ISP 工艺

ISP 技术是由德国德马克公司最早开发的，1992 年 1 月在意大利阿维迪钢厂建成投产，设计能力为 50 万吨/年。ISP 是目前最短的薄板坯连铸连轧生产线，主要技术特点是：

（1）采用直弧型铸机、小漏斗形结晶器、薄片状浸入式水口、连铸用保护渣、液芯压下和固相铸轧技术、感应加热接克日莫那炉（也可用辊底式炉）、电磁制动闸、大压下量初轧机、带卷开卷、精轧机，轧辊轴向移动、轧辊热凸度控制、板形和平整度控制、平移式二辊轧机；

（2）生产线布置紧凑，不使用长的均热炉，总长度仅为 180m 左右，从钢水至成卷仅需 30min，充分显示其高效性；

（3）二次冷却采用气雾或空冷，有助于生产断面较薄且表面质量要求高的产品；

（4）整个工艺流程热量损失较小，能耗少；

（5）可生产 1.0mm 或更薄的产品。

其最关键的技术是使用铸轧技术。ISP 工艺是目前多种薄板坯连铸连轧工艺中第一个使用铸轧技术的工艺。液芯和固态铸轧连续进行，即铸坯出结晶器并在二冷段经液芯压下后，完成了 20% 左右的变形量，当铸坯完全凝固后，经 2 或 3 架粗轧机再轧制减薄 60%，铸坯的厚度可达 15mm。经铸轧后的板坯具有较高的冷却速率，可获得与电磁搅拌效果相同的均匀的温度和成分。

目前能产生的钢种有深冲钢、合金结构钢、油田管道用钢、高强度低合金钢、中碳钢、高碳钢、耐大气腐蚀钢、铝镇静钢。

14.6.4.3　FTSR 工艺

FTSRQ（Flexible Thin Slab Rolling for Quality）工艺后称 FTSR 工艺，是由意大利达涅利公司开发出的又一种薄板坯连铸连轧工艺。铸坯出结晶器下口断面厚度为 90mm，出铸机后变为 70mm，经粗轧后减薄为 35~40mm，经 6 机架精轧后最后轧成 1.0mm 的带钢，生产带卷的能力为 200~250 万吨/年，典型的工艺布置见图 14-87。该工艺具有相当的灵活性，能浇注范围较宽的钢种，可提供表面和内部质量、力学性能、化学成分均匀的汽车工业用板。目前我国的唐钢、本钢、通钢均采用此工艺。此工艺的主要技术特点是：

（1）采用直弧型铸机、H^2（高质量、高拉速）结晶器、结晶器液压振动、三点除鳞、浸入式水口、连铸用保护渣、动态软压下、熔池自动控制、独立的冷却系统、辊底式均热炉、全液压宽度自动控制轧机、精轧机全液压的 AGC、机架间强力控制系统、热凸度控制系统、防止黏皮的辊星系统、工作辊抽动系统、双缸强力弯辊系统等；

（2）可生产低碳钢、中碳钢、高碳钢、包晶钢、特种不锈钢等。

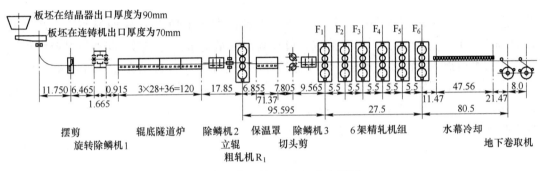

图 14-87　典型的 FTSR 工艺布置图

14.6.4.4　CONROLL 技术

CONROLL 技术是由奥钢联公司开发的，铸坯厚度较大，可达 130mm，该技术与传统的热轧带钢生产相接近。其主要技术特点是：

（1）采用超低头弧形连铸机、平行板形直式结晶器、结晶器宽度自动调整、新型浸入式水口、结晶器液压驱动、旋转式高压水除鳞、二冷系统动态冷却、步进式加热炉、液态轻压下、液压 AGC、工作辊带液压活套装置、轧机 CVC 技术等；

（2）可生产低碳钢、中碳钢、高碳钢、高强度钢、合金钢、不锈钢、硅钢、包晶钢等。

14.6.4.5　QSP 技术

QSP 技术是日本住友金属开发出的生产中厚板坯的技术，开发的目的是在提高铸机生产能力的同时生产高质量的冷轧薄板。其主要技术特点是：

（1）采用直弧型铸机、多锥度高热流结晶器、非正弦振动、电磁闸、二冷大强度冷却、中间罐高热值预热燃烧器、辊底式均热炉、轧辊热凸度控制、板形和平整度控制等；

（2）可生产碳钢、低碳铝镇静（LCAK）钢、低合金钢、包晶钢等。

14.6.5　我国的薄板坯连铸连轧技术

我国早在 20 世纪 60 年代中期就已自行开发薄板坯连铸机。"七五"期间，薄板坯连铸列为我国重点攻关项目，在原冶金部组织领导下，由北京钢铁研究总院和北京冶金自动化研究院出技术，由兰州钢铁厂出资、出场地，新建了 1 条立弯式漏斗形（CSP 型）薄板坯连铸试验机，配备 1 台 5t 电炉，于 1990 年 10 月热负荷试拉成功，最大拉速达到 4.5m/

min，铸出了 50mm×900mm×6000mm 的薄板坯。在此基础上又进一步改进设备，提高检测和自动化水平，建起了半工业试验机，原 5t 电炉扩容到 10t，出钢量达 20t，于 1993 年成功地铸出 Q235 钢 100 多炉，连浇率为 20%，平均拉速为 3m/min，拉成率达 95%，合格率达 97%。

1996 年，我国从德国 SMS 捆绑式引进了 3 条 CSP 生产线，分别建在珠江钢厂、邯郸钢铁公司和包头钢铁公司。前者采用电炉炼钢，后两个公司是长流程企业，采用转炉炼钢。由于转炉冶炼周期短、容量大，出结晶器口的坯厚增加到 70~80mm，并 2 流连铸，除采用带液芯压下技术外，邯钢还增设了 1 架粗轧机，以使进入精轧机的坯厚不大于 50mm。3 条 CSP 线主要的共同点是：

（1）立弯式机型；
（2）漏斗形结晶器；
（3）结晶器液压振动；
（4）液芯压下（LCR）技术；
（5）摆动式加热炉；
（6）热轧带卷最薄厚度达 1.0mm。

珠钢 CSP 生产线已于 1999 年 8 月建成投产，并后续冷轧带钢生产设备，紧随其后的邯钢 CSP 线也在同年 12 月投产，效果都很好。包钢 CSP 生产线在 2001 年投产。3 条 CSP 生产线的主要设备特点见表 14-13。

表 14-13　3 条 CSP 生产线的主要设备特点

项　目	珠　钢	邯　钢	包　钢
炼　钢	150t HUE AC 1 台	150t BOF 2 台	230t BOF 2 台
精炼设备	LF 1 台，VD 1 台	LF 2 台，RH 1 台	LF 1 台，VD 1 台
机　型	立弯式	立弯式	立弯式
结晶器	漏斗形	漏斗形，带 EMBR	漏斗形
流　数	1	1	1 机双流
铸坯断面/mm×mm	(40~50)×1300	(50~80)×1680	(50~70)×1560
液芯压下/mm	10	20	20
最大铸速/m·min⁻¹	6~7.5	4.8	5.5
加热炉/m	191.8	170	190
产品规格（宽×厚）/mm×mm	(1100~1350)×(1.2~12.7)	(900~1680)×(1.2~21.0)	(1020~1530)×(1.0~20.0)
产量/万吨·年⁻¹	79.2	123	100
最终规模/万吨·年⁻¹	150~200	200	200

唐钢超薄热带钢工程连铸系统于 2002 年 10 月 14 日热负荷试车成功，这是我国第一条采用 90/70mm 铸坯和平均 5.46m/min 高拉速设计、优化的中间包及浸入式水口、H² 漏斗形结晶器、结晶器漏钢预报和动态轻压下等关键工艺和设备的薄板坯连铸生产线，主要的设备技术参数见表 14-14。此后，马钢、涟钢、本钢、济钢、通钢、酒钢的薄板坯连铸连轧生产线相继投产。鞍钢拥有国内自成体系的 ASP 生产线，即中薄板连铸连轧生产线，

其出结晶器的铸坯厚度为 100~135mm。山东日照钢厂于 2014 年以来先后投产 3 条 ESP 生产线，主要技术特征是采用无头轧制技术，3+5 个机架，恒速轧制，产品最薄厚度为 0.8mm，在线感应均热技术（整条生产线更加紧凑高效，全长 191m），80mm 铸坯最高拉速为 6.0m/min，单流年产量 200 万吨，如图 14-88 所示。

表 14-14　唐钢薄板坯连铸机的主要设备技术参数

项　目	参　数	项　目	参　数
连铸机型	直弧型	中间包容量/t	38（最大容量 42）
铸机主半径/mm	5000	中间包操作水平/mm	900（溢流高度 1100）
铸坯尺寸/mm×mm	90/70×（860~1730）	结晶器设计	H^2 大漏斗形，长 1200mm
弯曲点和矫直点数量	8 点弯曲和 3 点矫直	结晶器宽度调整	在线自动调整
轻压下控制	通过数学模型控制	结晶器振幅/mm	±（0~100）
扇形段数量	10	结晶器振动频率 /次·min^{-1}	0~600
冶金长度/m	14.24	漏钢和黏结防护	热电偶自动控制
拉坯速度/m·min^{-1}	2.8~6.0（二期 v_{max} = 7.3）	浇注钢种	超低碳、低碳、中碳和高碳钢，包晶钢，HSLA 钢
年产量/万吨	150（二期 250）	引锭杆系统	刚性弹簧板链式结构，底部插入
二次冷却	气水雾化动态控制		

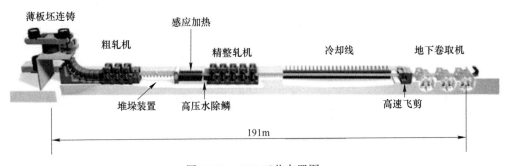

图 14-88　ESP 工艺布置图

　　在薄板坯生产线投产的同时，国内不少厂家结合自身技术改造都在进一步思考引用或嫁接这一近终形现代化前沿工艺技术的问题，如昆钢引进美国 Tippins 公司现代化炉卷轧机，将使用中厚板坯连铸机生产热轧带钢和后接冷轧设备的项目。可以说，我国的薄板坯连铸连轧工艺技术及其进步已在国际上扮演重要角色，已成为我国钢铁工业技术进步的一个重要标志。

14.7　薄带连铸

14.7.1　薄带连铸技术的优点

作为终极连铸技术，薄带连铸技术将连续铸造、轧制在熔池内一次完成，将传统意义上的连铸过程与轧制过程在理论上结合到一起，这种简化方式符合连铸过程的发展方向。传统板坯、薄板坯和薄带连铸连轧工艺参数的比较如表 14-15 所示。

表 14-15　传统板坯、薄板坯和薄带连铸工艺比较

工 艺 参 数	板坯连铸	薄板坯连铸	薄带连铸
产品厚度/mm	150~300	20~70	1~4
总凝固时间/s	600~1100	40~60	0.15~1.0
拉速/m·min^{-1}	1.0~2.8	4~6	30~120
结晶器平均热流/MW·m^{-2}	1~3	2~3	6~15
金属熔池重量/t	>5	约 1	<0.4
坯壳平均冷却速率/K·s^{-1}	约 12	约 50	约 1700

与传统工艺相比，薄带连铸技术具有许多优点：

（1）生产线由几百米缩短到几十米，基建投资大幅度减少。据测算：薄带连铸工艺与传统连铸工艺相比，可节约基建投资 1/3~1/2。

（2）薄带连铸的节能效率和生产效率大大提高。据测算：薄带连铸技术与连铸连轧过程相比，吨钢可节约能源 800kJ，CO_2 排放量降低 85%，NO_x 降低 90%，SO_2 降低 70%。

（3）薄带连铸冷却速度高达 10^2~10^3℃/s，可显著细化晶粒，减少偏析，改善产品的组织结构，可生产传统方法难以生产的、加工性能不好的金属制品，如高速钢、高硅钢薄带等。

（4）适合产量规模较小，与直接还原等新流程匹配，形成符合钢铁循环经济、环境友好、可持续发展的新流程。

14.7.2　薄带连铸技术发展历程

1856 年英国的 Henry Bessemer 最先提出了液态铸轧生产方法的雏形，设计了双辊薄带连铸机，并获得了用双辊浇注钢和铸铁薄板的专利，其方法如图 14-89 所示。但由于当时技术、设备及控制水平有限，采用该方法所生产的铸轧板在质量上还不能与常规轧制板相媲美，再加上当时能源问题还没被人们所重视，所以该技术并未得到足够重视。

直到 20 世纪，苏联 Eahob 和德国 Duter 对 Bessemer 提出的薄带连铸技术进行了改进，并先后获得专利。20 年代，Hazelett 在前人工作的基础上开发了许多金属带式连铸机，并实现了有色金属薄带的商业化生产，但仍然无法实现钢的薄带连铸。70 年代前后英国的 Singer 在粉末冶金工艺的基础上发展了一种集金属液雾化沉积凝固与轧制为一体的金属带制造工艺，即喷射铸造（Spray Casting），并很快被用于生产金属铝基复合材料，但在钢带的生产上仍然存在问题。直至 80 年代中期，美国 Drexel 大学就钢带的喷射铸造进行了比

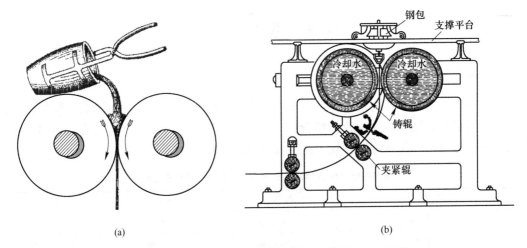

(a)　　　　　　　　　　　　　　(b)

图 14-89　Bessemer 所绘双辊薄带连铸机草图（a）及其
专利中记载的双辊薄带连铸机（b）

较系统研究，并在实验室成功生产出高速钢带。随着快速凝固技术的发展，又因能源危机等因素，80 年代成为薄带连铸技术研发最为活跃的时期，世界上几乎所有大的钢铁企业和一些知名院校（如麻省理工学院、牛津大学等）纷纷开设项目展开对这一技术的研究，各种铸机和工艺相继问世，但仍未走出实验室和实验工厂。自 90 年代起，随着对薄带连铸技术研究的不断深入和国际间合作的广泛展开，薄带连铸技术取得了突破性进展，能够生产出厚 10mm 以下的薄钢带，宽度最大可达 1900mm。1992 年，美国的阿路德姆公司投产了首条工业规模单辊薄带连铸机生产线，标志薄带连铸技术已逐步进入工业化试制阶段。21 世纪初，美国 Nucor 公司经过多年的研发之后宣布双辊薄带连铸碳钢获得成功，但一直并未进行工业化推广应用。

14.7.3　薄带连铸机分类

薄带连铸技术的工艺方案以结晶器不同可分为辊式、带式、辊带式等，相应的铸机类型有单辊铸机、双辊铸机（同径或异径）、双带铸机、轮带铸机、内轮铸机、喷射铸机等，如图 14-90 所示。据不完全统计，全世界有四十余台（套）铸机用于研究和开发薄带连铸技术。在形式众多的薄带连铸铸机类型中，除单辊铸机已有工业化生产样机并开始工业化试生产外，其他铸机虽未投入工业化应用，但有相当的铸机已完成了中试，一些工业规模的薄带连铸生产线正在开发和新建之中。目前，发展较快也是最有希望投入工业化应用的铸机有双辊铸机、单辊铸机及喷射铸机三种，其他类型铸机进展缓慢，仍停留在实验室和中间试验阶段。

14.7.3.1　单辊铸机

单辊铸机开发的领先者是美国的 Allegheny Ludlum 公司和奥地利 VAI 公司。两公司于 1992 年 5 月合作建设了世界上首条单辊薄带连铸机生产线，其产品规格为厚 0.5~3mm、宽 1220mm，投产以来已获得质量不低于传统工艺的满意效果。单辊铸机的工作原理是将钢水从中间包溢流出来，送到内冷却的旋转辊上，或从小孔计量嘴将钢水直接送到旋转辊最高点，像钢水平面流动技术一样。单辊铸机用来生产非晶带和微晶带（带厚小于

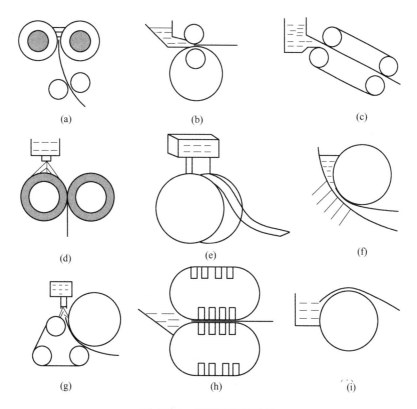

图 14-90 薄带连铸机类型

(a) 双辊铸机；(b) Hazelet 环式铸机；(c) 双带式铸机；(d) 喷射铸机；(e) 单辊铸机；
(f) 内轮式铸机；(g) 辊带式铸机；(h) 移动模块式铸机；(i) 拖曳式铸机

0.5mm）是成功的，但生产厚 0.5mm 以上的钢带时还存在两个主要的问题：由于单辊薄带是单面凝固，所以薄带内部组织结构不均匀；薄带长度方向的厚度不均匀。

14.7.3.2　双辊铸机

双辊铸机的开发研究主要集中在日本的新日铁、法国的于齐诺尔、韩国的浦项、澳大利亚的 BHP、美国的 Nucor、中国的宝钢等钢铁公司。这种铸机目前全世界研究得最多，在生产 1~10mm 厚的薄钢带方面，这种铸机被认为是最有前途的。

14.7.3.3　喷射铸机

喷射铸机是由英国人 Singer 提出，并于 20 世纪 70 年代末开发成功的一种快速凝固装置，目前发展主要在英国和美国。其工艺原理有点类似于粉末轧制成型，将金属液喷射雾化成滴，落到基体（衬底）材料上液滴展成一层薄薄的液体并快速凝固。基体材料可以是轧辊，也可以是金属带模。如果是轧辊，钢带的凝固和轧制可同时发生。这种铸机由于加了一套液体雾化装置，钢带成本较其他方法要高一些，但仍然比传统的连铸工艺低。和其他方法相比，其冷却速度最高可达 $10^4 ℃/s$，因此可以用来生产性能更好的钢带。用这种铸机生产的薄带需经轧制或挤压，以提高带坯的强度和表面质量。该工艺目前已实现半工业化生产，但在生产 10mm 厚度以上的钢带上仍未有重大进展。目前美国的 Drexel 大学正在重点研究这种工艺，已能生产出厚 10mm、宽 1000mm、长 2m 的钢带，但生产率低。

14.7.3.4　内轮铸机

内轮铸机的发展主要在日本。这种铸机中，小轮放在大轮后面，金属液注入大轮和小轮的间隙中凝固成薄带。这种铸机克服了单辊铸机的主要缺陷，但过程很难严格控制，发展前景不容乐观。

14.7.3.5　辊带铸机

辊带铸机主要是由瑞典的 MEFOS 公司和德马克公司合作在瑞典的吕勒欧开发出来的。其工艺原理是把金属液送到冷带上，上面通过与辊接触（或作自由面）凝固成薄带。这种铸机在钢液的流动、单带冷却及边缘控制上取得了较大突破，并于 1992 年 10 月投产了中试生产线，产品规格为（5~10）mm×500mm×1000mm，铸速为 30~60m/min。

14.7.3.6　双带铸机

双带铸机目前主要用于生产有色金属薄带，也适合生产 10~20mm 厚的钢带，但在生产钢带时存在的主要问题是如何保证钢液非常平稳地注入模子，并且要防止氧化，否则生产出来的钢带组织缺陷非常严重、表面质量很差。

对于薄带连铸技术，需要指出的是，目前厚 6mm 以下规格的技术要比厚 6~20mm 的发展得快。薄钢带（厚 6mm 以下）的连铸是全世界关注的重点，正在进行的薄钢带连铸技术研究的项目中，绝大部分是针对厚 6mm 以下的薄钢带，采用铸机的类型以双辊铸机为主。而关于厚钢带的连铸，目前似乎没有任何一种铸机适合于生产厚 6~20mm 的钢带，有色金属薄带生产中的成功经验也很难直接用于钢带的生产。世界上大约有 15 个公司和研究单位把重点放在厚钢带直接铸造技术上，但进展很缓慢。目前，有两种铸机相对而言似乎较有前途，一种是英国钢铁公司几年前发展起来的模车铸造技术，但近年来没有该技术的进一步报道；另一种是由英国 Singer 提出的目前正在美国 Drexel 大学重点研究的喷射铸造技术。

14.7.4　双辊薄带连铸技术

14.7.4.1　双辊薄带连铸特点

图 14-91 所示的是韩国 POSCO 公司所建造的薄带连铸生产线，用于工业实验。可以说目前的双辊薄带连铸机结构大同小异。钢液经过中间包均匀地注入到由两铸辊与端面侧封板所形成的熔池中，由于铸辊的冷却作用，与铸辊相接触的钢液在铸辊上慢慢地形成凝壳，随着铸辊的转动凝壳不断地加厚，当两个铸辊上的凝壳相互接触，凝固过程结束形成铸带。随着铸辊的转动，铸带在铸辊轻压的作用下，脱离铸辊进入弧形板和辊道区域，最后卷取成卷或切成定尺。

双辊薄带连铸技术不仅具有亚快速凝固特点，可以细化晶粒、抑制偏析，显著改善铸带的微观结构，提高铸带的组织性能，而且可以简化生产工序，缩短生产周期，降低设备投资，具有工艺流程短，投资少，节约能源，生产成本低，环境友好等一系列优点。已经接近工业化生产的 Eurostrip 表明，薄带钢连铸工艺吨钢产品的能耗（0.4GJ）比传统的连铸连轧工艺（3.2GJ）低约 7.5 倍。取消中间加热环节和缩短加热时间，使吨钢有害气体的排放量大为降低：CO_2 的排放量降低 7 倍（从 185kg 降低到 25kg），NO_x 的排放量降低 15 倍（从 290g 降低到 20g），SO_2 的排放量降低 3 倍多（从 50g 降低到 15g）。

双辊薄带连铸技术特点决定了它可以用于制备传统工艺难以轧制的材料以及具有特殊性能的新材料，可以解决某些材料（如特殊不锈钢、复合材料等）塑性差和难加工的问题。

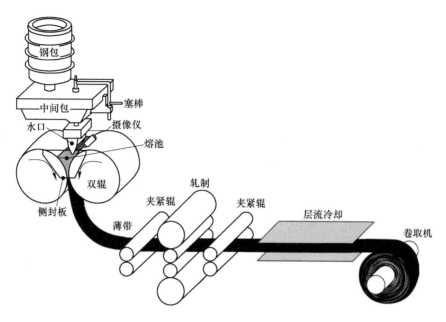

图 14-91　双辊薄带连铸示意图

14.7.4.2　国外双辊薄带连铸发展状况

双辊薄带连铸技术最早由英国 H. Bessemer 于 1856 年提出来，150 多年来一直为人们所重视，各国都在竞相开展该项技术的研究，但在前期均未获得成功，其主要技术障碍是钢水的纯净度要求较高；熔池液面高度控制精度达不到±2mm 的要求；铸辊本身结构、性能及冷却效果达不到要求；熔池液面高度、铸辊转速、铸带厚度等工艺参数范围较窄，彼此难以互相匹配最终实现闭环控制，导致铸带质量不稳定等。20 世纪 70 年代是传统连铸的快速发展时期，目前传统连铸技术已基本成熟。为了降低连铸坯的厚度，以最大限度地减少热轧机机架数量，实现板带材短流程生产，取得低投资、低成本、快节奏的生产方式与经济效益，20 世纪 80 年代德国西马克、日本住友等公司开发了薄板坯连铸技术并首先在美国纽柯公司投入生产。20 世纪 80 年代末期和 90 年代初期，由于钢铁工业市场竞争激烈，为了进一步降低薄带材的设备投资和生产成本，借助于计算机和自动化水平的提高，世界上 40 多个研究机构和钢铁企业掀起了一个研究薄带连铸的新高潮，先后建设了几十台双辊薄带连铸实验铸机和工业试验机组（表 14-16）。其中影响较大的薄带研究项目有欧盟、德、法、意、奥等国钢铁与设备制造商联合开发的 EUROSTRIP 薄带连铸项目、新日铁-三菱重工的薄带连铸项目、美国 NUCOR 和 BHP 公司合作开发的 CASTRIP 薄带连铸项目、韩国 POSCO 开发的薄带连铸项目等。

表 14-16　典型双辊薄带连铸机特点

研究单位	安装地	铸机类型	辊宽/mm	辊直径/mm	铸速/m·min⁻¹	带厚/mm	试验材料
于齐诺尔·萨西洛尔/蒂森	法国	同径式	865	1500	20~100	1~6	不锈钢硅钢

续表 14-16

研究单位	安装地	铸机类型	辊宽/mm	辊直径/mm	铸速/m·min⁻¹	带厚/mm	试验材料
浦项公司/Davy（英）	韩国	同径式	350	750	30~50	2~6	碳钢 不锈钢
新日铁和三菱重工工业公司	日本	同径式	1330	1200	20~130	1.6~5	不锈钢
BHP 公司/IHI 公司	澳大利亚	同径式	1900		30~40	2	低碳钢 不锈钢
英国钢铁公司	英国	同径式	400	750	8~21	2~6	碳钢 不锈钢
日立造船公司	日本	同径式	1050	1200	20~50	2~5	
日本金属工业公司/Krupp(德)	德国	异径式	1050	950 600	30~60	1~5	合金钢
CSM 公司/(Ilva)	意大利	同径式	800	1500	8~100	2~7	电工钢 不锈钢
贝西默尔公司	加拿大	同径式	200	600		2~5	碳钢 不锈钢
蒂森公司/SMS 公司	德国	同径式	1200		5	6	合金钢 普通碳钢
Hunter 工程公司	美国	同径式	2000	1000	15	6~10	铝材
涿神公司	中国	同径式	1300~1600	650~1100	0.5~1.5	6~10	铝材

A　美国纽柯公司 Castrip 生产线

2000 年，IHI、BHP 与美国的纽柯钢铁公司合作开发了薄带连铸设备，并将该生产线命名为 Castrip。世界上第一套 Castrip 双辊薄带生产流程建在纽柯公司克劳福兹维尔厂，投资 1 亿美元，连铸机的钢包容量为 110t，双辊直径为 500mm，最高铸速为 150m/min，常用铸速为 80m/min，带钢设计厚度为 0.7~2.0mm，宽度为 1000~2000mm，卷重 25t。2002 年 5 月热试车，其产品为碳钢和不锈钢，年设计产能为 50 万吨。

Castrip 双辊薄带生产线投产以来，产量一直稳步提高，带钢厚度规格越来越薄，是世界上首次采用双辊薄带连铸法生产超薄浇铸带钢（USC）的厂家，发货的最薄带钢厚 0.84mm。其产品大部分用户是建筑业，主要用来替代农业用冷轧薄板。Castrip 设备投产以来，尽管已对不锈钢、电工钢和高碳钢等进行了大量中试，但主要品种是建筑和制造业用低碳钢，将来产品范围将扩大到易切削钢种。

Castrip 工艺的主要优点是不经冷轧工序可以生产薄钢板。通常化工品包装桶盖用厚度为 1.0~1.1mm 的冷轧板，现在可用 Castrip 带钢替代。由于废钢价格不断上涨，为降低成本，Castrip 生产线可以用高残余元素废钢为原料。Castrip 工艺带钢冷却速度快，残余元素（如铜）在未形成偏析之前已经凝固。目前，Castrip 生产线已成功浇注出含铜 0.6% 的钢水。与常规连铸和轧钢技术相比，Castrip 工艺投资低、节能环保、废气排放少，可生产高附加值薄规格产品，设备占地少、生产更灵活。

纽柯钢铁公司又宣布将在 Blytheville 厂建第二条 Castrip 生产线，年生产能力为 50~60 万吨，并计划将第三条生产线建成海外合资公司。

B 欧洲 Eurostrip 工程

欧洲早在 20 世纪 80 年代就开始带钢直接浇注的研究和试验。为了加快薄带连铸技术的产业化进程，1999 年 9 月蒂森·克虏伯钢公司、法国于齐诺尔公司和奥钢联工业设备制造公司签署了合作协议，共同开发薄带连铸技术，合作的项目定名为 Eurostrip 工程。1999 年 12 月，蒂森·克虏伯不锈钢公司克雷费尔德厂的带钢连铸机投产，钢包容量为 90t，中间包容量为 18t，铸辊直径 1500mm，铸速 40~90m/min（最大铸速 150m/min），成功浇注了 36t 304 不锈钢，铸带厚度为 3mm，宽度为 1430mm。克雷费尔德厂的带钢连铸机是欧洲第一台能进行工业性生产的双辊立式薄带连铸机。

Eurostrip 工程的第二个厂建在意大利 AST 公司的特尔尼厂，钢包容量 20t，中间包容量 3t，最大铸速 100m/min，产品最薄 2mm，宽 800mm，生产不锈钢和电工钢，年生产能力 40 万吨。特尔尼厂目前已成功地浇注了电工钢和 304 不锈钢薄带，带卷的单重为 20t。

C 日本新日铁/三菱重工的双辊薄带连铸技术

新日铁和三菱重工合作进行带钢连铸的研究和试验始于 20 世纪 80 年代中期。1989 年 11 月在试验机上连续浇注 10t 不锈钢获得了成功，带厚 1.6~5.5mm，带宽 800mm。该薄带连铸机的技术参数如下：钢水包容量 10t，中间包容量 1.6t，浇注速度 20~130m/min，铸辊宽度 800~1330mm，铸辊直径 1200mm。新日铁公司双辊薄带连铸机已成功地浇注出重 10t、厚 1.6mm、宽 1330mm 的 304 不锈钢带卷。其连铸薄带钢的冷轧产品的力学性能和抗腐蚀性能达到或优于传统工艺生产的冷轧带钢。

1996 年新日铁在光厂建了据称为世界上第一台商业性生产的带钢连铸机，设备由三菱重工制造，1997 年底投产，生产的是 304 奥氏体不锈钢，带厚 2~5mm，带宽 760~1330mm，铸速 20~75m/min，钢包容量 60t，年生产能力 40 万吨。该铸机使用的两个水冷铸辊的直径为 1200mm。生产自动控制系统包括自动开浇、钢水液面控制、辊缝预压力控制、水口浸入深度控制等。浇注带钢的厚度和结晶均匀，已用于生产冷轧带钢并制成厨房用具。

D 韩国浦项与英国戴维公司共同开发的薄带连铸机

浦项公司与英国戴维公司 1989 年 7 月合作进行薄带连铸技术的研究，在浦项厂内建造了 1 号双辊薄带连铸试验机，于 1991 年 12 月投入了使用。该铸机的主要参数：辊径 1750mm，带宽 350mm，带厚 2~6mm，铸速 30~50m/min。通过对该铸机生产的铸态带坯及其冷轧带钢进行了大量金相、力学性能测试和表面质量分析之后，证实其浇注的带坯与传统工艺生产的带钢相比较，焊接性能和深冲性能并不比后者差。有了第一台试验连铸机的经验，浦项与戴维两家公司合作于 1994 年建造了一台接近工业规模的 2 号带钢连铸机，可生产 (2~6)mm×1300mm 的不锈钢及碳素钢薄带，铸速 30~50m/min，带卷重 10t，目前正致力于将带钢浇注与在线轧制相结合，生产出更薄规格的带钢，并能改善带钢质量，以代替冷轧产品。

14.7.4.3 我国双辊薄带连铸发展状况

我国从 20 世纪 50 年代开始薄带钢铸轧工艺的研究，到目前为止中试级别钢的薄带铸轧技术已取得重要进展，并开始向工业规模方向发展。例如，东北大学开发出了 $\phi450mm$ ×254mm 中双辊铸轧机，配备有全面的工艺参数检测系统和控制系统。我国还于 20 世纪 60 年代和 70 年代初在重庆、上海建设了大小两套连铸—行星轧机轧制薄带生产实验线，但未能取得成功，此后带钢连铸技术的研究趋于停止状态。直到 20 世纪 80 年代，随着国外带钢连铸技术研究工作的兴起，我国也重新开始了这方面的研究工作。研究项目先后被列入国家"七五"、"八五"攻关项目，国家自然科学基金重大项目和"973"项目。

东北大学于 1983 年建立了第一台异径双辊式铸机，1990 年 3 月又建成了第二台异径双辊式铸机，辊径分别为 500mm 和 250mm，辊宽为 210mm，直流电动机驱动，可调速，配有磨辊装置，等离子切割机和小型热轧机等，成功铸轧出 2.1mm×207mm 高速钢薄带，单炉可达 110kg，带坯长度可达 30m，并利用铸轧出的薄带坯加工出合格的锯条，刀片等。"八五"期间，建设了一条异径双辊铸轧薄带钢实验线，完善了熔炼和测试手段，成功地铸轧出了高速钢薄带。1999 年，新建了一台等径双辊式铸机，辊径 500mm，辊宽 250mm，铸速 30~100m/min，带钢的厚度为 1~5mm。实验钢种为高速钢、不锈钢、硅钢和普碳钢。

上海钢铁研究所承担国家"七五"、"八五"攻关项目，开展双辊薄带连铸技术研究，建成了一台 1200mm×600mm 中试规模的试验铸机，带厚 2~6mm，产品以 304 不锈钢为主。带坯经冷轧后的带钢性能达到了传统工艺生产的水平，该连铸机于 1996 年 2 月通过了技术鉴定，但未能实现推广应用。

重庆大学于 1990 年自行研发制作了辊径为 250mm、辊宽为 150mm 的同径双辊薄带连铸机，在高速钢薄带连铸工艺、显微组织和铸带后续处理工艺等方面开展了研究工作，同时也对不锈钢、碳钢以及硅钢和镁合金进行了双辊薄带连铸工艺研究。

除了科研院所工作外，宝钢、南昌钢铁等国内多家钢铁公司也积极致力于双辊薄带连铸技术的研究与开发。其中宝钢在上钢五厂建成了一套辊径为 800mm、辊宽为 1050mm 的工业薄带连铸机，进行了不锈钢、硅钢和耐候钢等钢铁材料的浇注实验，并对 304 不锈钢薄带连铸工艺与组织进行了较为深入的分析与研究。2012 年，国内第一条薄带连铸工业化示范生产线在宝钢宁波投入建设；2014 年 3 月，工业化示范线热负荷试车成功，9 月实现 200t 钢水的连浇、轧制和卷取，11 月生产出 0.9mm 超薄厚度热轧带钢；2015 年，薄带连铸生产线已经生产出超薄规格集装箱用钢等产品。

目前影响薄带连铸产业化的主要问题是生产成本和表面质量。耐火材料消耗、结晶器消耗在工序成本中占比例过高；由于薄带坯表面积大，生产过程中没有二次处理措施，对铸态的表面质量（裂纹，表面凹坑）要求非常高。相信通过冶金工作者们的不懈努力，代表 21 世纪钢铁冶金技术发展方向的薄带连铸一定会得到推广应用。

思 考 题

14-1 连铸与模铸相比体现出哪些优越性？

14-2 什么是拉坯速度，如何确定？

14-3 如何确定液相穴深度和冶金长度？

14-4 中间包冶金的含义是什么？

14-5 为什么说结晶器是连铸机的"心脏",结晶器的重要参数有哪些?

14-6 "负滑脱"的含义是什么,浇注速度提高后可采用哪些措施来解决坯壳与结晶器壁的黏结问题?

14-7 什么是二次冷却区,它的作用体现在哪些方面,二冷配水遵循的基本原则是什么?

14-8 什么是凝固偏析,生产工艺中可采取哪些措施来控制偏析的产生?

14-9 结晶器内初生坯壳的凝固特征是什么,连铸过程中凝固坯壳的生长有什么特点?

14-10 包晶钢的凝固有哪些特点,为什么包晶钢是很难连铸的钢种之一?

14-11 连铸坯产生内部裂纹的根本原因是什么,有哪些具体措施可以减少因应力造成的裂纹?

14-12 连铸坯产生表面纵裂纹和横裂纹的原因有哪些,如何防治?

14-13 什么是浇注温度,如何确定?

14-14 连铸保护渣的冶金功能是什么,其在结晶器中体现出什么样的结构特征?

14-15 如何来评价连铸坯的质量,连铸坯的表面质量和内部质量的含义是什么?

14-16 与传统连铸相比,薄板坯连铸体现出哪些特点?

14-17 薄板坯连铸连轧的核心技术包括哪些,今后的发展趋势是什么?

14-18 薄带连铸的技术优势体现哪些方面,目前其实现工业化应用的难点是什么?

参 考 文 献

[1] 张家驹. 铁冶金学[M]. 沈阳：东北工学院出版社，1987.

[2] 王筱留，等. 钢铁冶金学（炼铁部分）[M]. 北京：冶金工业出版社，2004.

[3] Biswas A K. Principles of Blast Furnace Ironmaking[M]. Australia：Cootha Pub.，1981.

[4] 周传典，等. 高炉炼铁生产技术手册[M]. 北京：冶金工业出版社，2002.

[5] 张树勋，等. 钢铁厂设计原理（上册）[M]. 北京：冶金工业出版社，1994.

[6] 傅菊英，等. 烧结球团学[M]. 长沙：中南工业大学出版社，1996.

[7] 黄希祜. 钢铁冶金原理[M]. 3版. 北京：冶金工业出版社，2002.

[8] 周取定，等. 铁矿石造块理论与工艺[M]. 北京：冶金工业出版社，1989.

[9] F. 卡佩尔，等. 铁矿粉烧结[M]. 杨永宜，等译. 北京：冶金工业出版社，1979.

[10] 成兰伯. 高炉炼铁工艺及计算[M]. 北京：冶金工业出版社，1991.

[11] 拉姆 A H. 现代高炉过程的计算分析[M]. 北京：冶金工业出版社，1987.

[12] 刘云彩. 高炉布料规律[M]. 北京：冶金工业出版社，1993.

[13] 王国雄，等. 现代高炉煤粉喷吹[M]. 北京：冶金工业出版社，1997.

[14] 杨天均，等. 高炉富氧煤粉喷吹[M]. 北京：冶金工业出版社，1996.

[15] 史占彪，等. 非高炉炼铁学[M]. 沈阳：东北工学院出版社，1991.

[16] 方觉，等. 非高炉炼铁工艺与理论[M]. 北京：冶金工业出版社，2002.

[17] 杨天均，等. 熔融还原[M]. 北京：冶金工业出版社，1998.

[18] 王筱留. 高炉生产知识问答[M]. 北京：冶金工业出版社，1998.

[19] [日] 萬谷志郎. 鉄鋼製錬[M]. 日本金属学会，2000.

[20] 东北工学院炼铁教研室. 高炉炼铁（上、中、下）[M]. 北京：冶金工业出版社，1977.

[21] Verein Deutscher Eisenhüttenleute. Slag Atlas[M]. Germany：Verlag Stahleisen GmbH，1995.

[22] [日] 重見彰利. 製銑ハンドブック[M]. 東京：地人書館，1979.

[23] 那树人. 炼铁工艺学 [M]. 北京：冶金工业出版社，2014.

[24] 傅菊英，朱德庆. 铁矿氧化球团基本原理、工艺及设备 [M]. 长沙：中南大学出版社，2004.

[25] 李向伟，尹腾，董遵敏. 大型高炉高锌负荷冶炼技术的研究与应用 [J]. 炼铁，2015，2：8~11.

[26] 张寿荣. 炼铁系统节能——我国钢铁工业 21 世纪技术进步的重点 [J]. 钢铁，2005，40（5）：1~4.

[27] 冯根生. 我国铁矿粉烧结技术发展思路及措施 [J]. 山东冶金，2013，35（3）：1~6.

[28] 项钟庸. 全面贯彻"十字方针"，建立"高效"完整理念，提高高炉炼铁节能减排绩效 [J]. 钢铁技术，2008（3）：1~5.

[29] 张建良，杨天钧. 我国炼铁生产的方向：高效节能 环保低成本 [J]. 炼铁，2014，33（3）：1~11.

[30] 胡俊鸽，周文涛，董刚. 日本 COURSE50 技术研究现状 [J]. 鞍钢技术，2015（1）：8~12.

[31] Jean Pierre Birat. 超低 CO_2 炼钢项目与其他减排项目及减排新理念 [J]. 世界钢铁，2014（5）：22~30.

[32] 殷瑞钰，齐渊洪，叶才彦. 我国高炉喷吹废塑料的可行性和前景 [J]. 钢铁，1999，34（3）：9~12.

[33] 储满生，柳政根. 铁矿热压含碳球团制备及其应用技术 [M]. 北京：科学出版社，2012.

[34] 骆仲泱，方梦祥，李明远，等. 二氧化碳捕集、封存和利用技术 [M]. 北京：中国电力出版社，2012.

[35] 徐匡迪. 低碳经济与钢铁工业 [J]. 钢铁，2010，45（3）：1~12.

[36] 张建良，刘征建，杨天钧，等. 非高炉炼铁 [M]. 北京：冶金工业出版社，2015.

[37] 赵庆杰，李艳军，储满生，等. 直接还原铁在我国钢铁工业中的作用及前景展望 [J]. 攀枝花科技

与信息, 2010, 35 (4): 1~10.

[38] 王舒黎. 钢铁冶金学 (中册). 东北工学院内部教材, 1984.

[39] 徐文派. 转炉炼钢学[M]. 北京: 冶金工业出版社, 1988.

[40] 曲英, 等. 炼钢学原理[M]. 北京: 冶金工业出版社, 1980.

[41] 陈家祥, 等. 钢铁冶金 (炼钢部分)[M]. 北京: 冶金工业出版社, 1990.

[42] 戴云阁, 李文秀, 龙腾春. 现代转炉炼钢[M]. 沈阳: 东北大学出版社, 1998.

[43] 王雅贞, 李承祚. 氧气顶吹转炉炼钢工艺与设备[M]. 2版. 北京: 冶金工业出版社, 2001.

[44] 王雅贞, 李承祚. 转炉炼钢问答[M]. 北京: 冶金工业出版社, 2003.

[45] [日] 万谷志郎. 钢铁冶炼[M]. 李宏, 译. 北京: 冶金工业出版社, 2001.

[46] 张承武. 炼钢学[M]. 北京: 冶金工业出版社, 2003.

[47] 王贵斗. 金属材料与热处理[M]. 北京: 机械工业出版社, 2008.

[48] Y. Sahai, T. Emi. 洁净钢生产的中间包技术[M]. 朱苗勇, 译. 北京: 冶金工业出版社, 2009.

[49] H. Sakao. Fundamentals of Steelmaking Reaction-Oxidation Reaction in Handbook of Iron and Steel 3rd. Ed. vol. 1 [M]. Tokyo: ISIJ, 1981.

[50] R. Dekkers. Non-Metallic Inclusions in Liquid Steel [D]. Ph. D. Thesis, Katholieke Universiteit Leuven, June, 2002.

[51] R. Dekkers, B. Blanpain and P. Wollants, Metall. Mater. Trans. B, 2003, 34B, 161~171.

[52] 邱绍岐, 祝桂花. 电炉炼钢原理及工艺[M]. 北京: 冶金工业出版社, 2001.

[53] 萧泽强. 熔池侧吹氧技术的开发、应用和研究[M]. 北京: 冶金工业教育资源开发中心, 2004.

[54] R. I. L. Guthrie. Engineering in Process Metallurgy[M]. New York: Oxford University Press, 1989.

[55] 翟玉春, 刘喜海, 徐家振. 现代冶金学[M]. 北京: 电子工业出版社, 2001.

[56] 关玉龙, 等. 电炉炼钢技术[M]. 北京: 科学出版社, 1990.

[57] 马廷温. 电炉炼钢学[M]. 北京: 冶金工业出版社, 1990.

[58] 阎立懿, 武振廷, 芮树森. 电弧炉热平衡与节能途径. 钢铁编辑部, 1991.

[59] 李士琦, 等. 现代电弧炉炼钢[M]. 北京: 原子能出版社, 1995.

[60] 朱应波, 等. 直流电弧炉炼钢技术[M]. 北京: 冶金工业出版社, 1997.

[61] 冶金部特钢信息网. 国外特殊钢生产技术[M]. 北京: 冶金工业出版社, 1996.

[62] 李正邦. 钢铁冶金前沿技术[M]. 北京: 冶金工业出版社, 1997.

[63] 徐曾启. 炉外精炼[M]. 北京: 冶金工业出版社, 1994.

[64] 张信昭. 喷粉冶金基本原理[M]. 北京: 冶金工业出版社, 1988.

[65] 张荣生. 钢铁生产中的脱硫[M]. 北京: 冶金工业出版社, 1986.

[66] 汪大洲. 钢铁生产中的脱磷[M]. 北京: 冶金工业出版社, 1986.

[67] 梁连科, 等. 冶金热力学及动力学[M]. 沈阳: 东北工学院出版社, 1990.

[68] 冯聚和, 艾立群, 刘建华. 铁水预处理与钢水炉外精炼[M]. 北京: 冶金工业出版社, 2006.

[69] 李晶. LF精炼技术 [M]. 北京: 冶金工业出版社, 2001.

[70] 俞海明. 电炉钢水的炉外精炼技术 [M]. 北京: 冶金工业出版社, 2010.

[71] 俞海明. 转炉钢水的炉外精炼技术 [M]. 北京: 冶金工业出版社, 2011.

[72] 干勇, 倪满森, 余志祥. 现代连续铸钢实用手册[M]. 北京: 冶金工业出版社, 2010.

[73] 蔡开科, 程士富. 连续铸钢原理与工艺[M]. 北京: 冶金工业出版社, 1994.

[74] 郑沛然. 连续铸钢工艺与设备[M]. 北京: 冶金工业出版社, 1991.

[75] 王雅贞, 张岩, 刘术国. 连续铸钢工艺与设备[M]. 北京: 冶金工业出版社, 2003.

[76] 卢盛意. 连铸坯质量[M]. 2版. 北京: 冶金工业出版社, 2000.

[77] 史寰兴, 余志祥. 实用连铸技术[M]. 北京: 冶金工业出版社, 1999.

［78］闫小林．连铸过程原理及数值模拟［M］．石家庄：河北科学技术出版社，2001．

［79］王维．连续铸钢 500 问［M］．北京：化学工业出版社，2009．

［80］冶金报社．连续铸钢 500 问［M］．北京：冶金工业出版社，1994．

［81］朱苗勇，祭程，罗森．连铸坯的偏析及其控制［M］．北京：冶金工业出版社，2015．

［82］张小平，梁爱生．近终形连铸［M］．北京：冶金工业出版社，2001．

［83］张金柱，潘国平，杨兆林．薄板坯连铸装备及生产技术［M］．北京：冶金工业出版社，2007．

［84］毛新平，高吉祥，柴毅忠．中国薄板坯连铸连轧技术的发展［J］．钢铁，2014，49（7）：49～60．